2015
中国海洋年鉴
CHINA OCEAN YEARBOOK

《中国海洋年鉴》编纂委员会 编

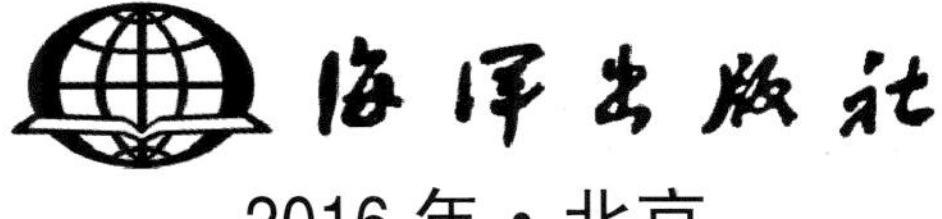

2016 年 • 北京

2014年4月12日，中国海洋工程咨询协会理事会一届五次会议在北京召开。同时举行了 2013年度海洋工程科学技术奖暨双十佳颁奖大会

时任国家海洋局党组成员、副局长王宏在颁奖大会上为获奖代表颁奖

2014 年 6 月 7 日，2014 世界海洋日暨国家海洋局建局50周年系列活动启动仪式及“海丝情 · 中国梦”2013 年度海洋人物颁奖仪式在福建省福州市隆重举行

时任国家海洋局局长刘赐贵为中央电视台著名主持人欧阳夏丹、加拿大籍主持人大山颁发“海洋公益形象大使”聘书

2014年1月16日，全国海洋工作会议在北京隆重召开

2014年7月22日，国家海洋局召开座谈会，纪念国家海洋局成立50周年

海洋战略规划与经济

2014世界海洋日“创新驱动蓝色经济发展”专场活动，国家海洋信息中心、海洋环境预报中心、海洋技术中心分别与福建省海洋与渔业厅签订备忘录，共同推进海洋观测、海洋经济运行监测与评估能力、海洋环境预警报能力等建设

2014年7月22日，《2014中国海洋发展指数报告》发布

海洋战略规划与经济

2014年7月10日，国家海洋事业发展高级咨询委员会第四次会议在北京召开

2014年 1月8日，全国海洋经济调查领导小组第一次会议在京召开，标志着我国第一次全国范围的海洋经济调查正式启动

海域使用管理

2014年福建省莆田市涵江临港产业园现场监视监测

2014年辽宁省营口市白沙湾海洋观测站和无人机基地工程效果图

2014年福建省宁德市蕉城游艇园区域用海规划图

海域使用管理

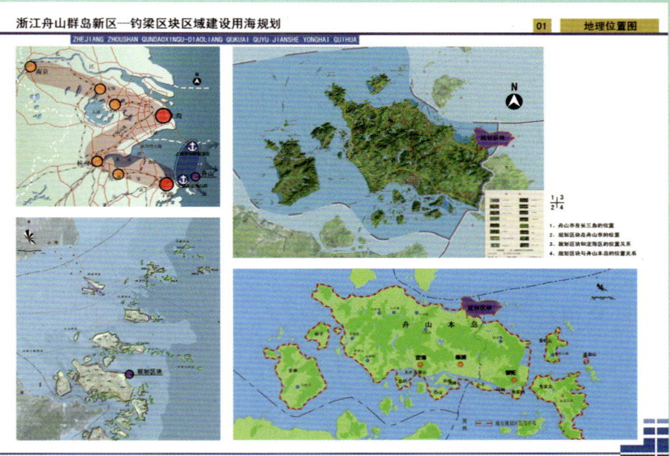

国家海洋局2014年批准浙江舟山群岛新区—钓梁区块区域建设用海规划

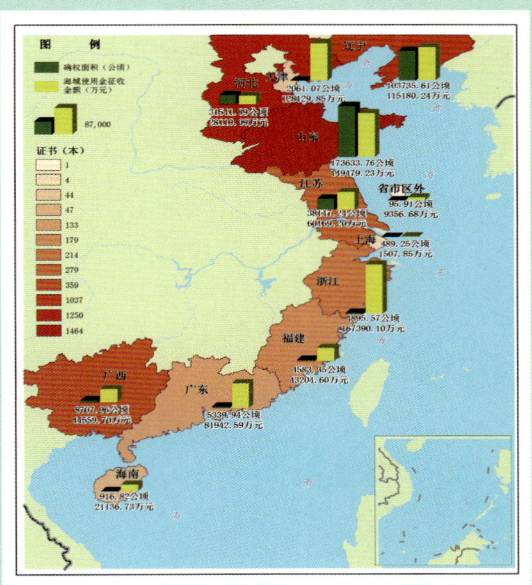

2014年全国海域使用确权及海域使用金征收情况示意图

2014年上海市用海项目现场踏勘

海洋环境保护

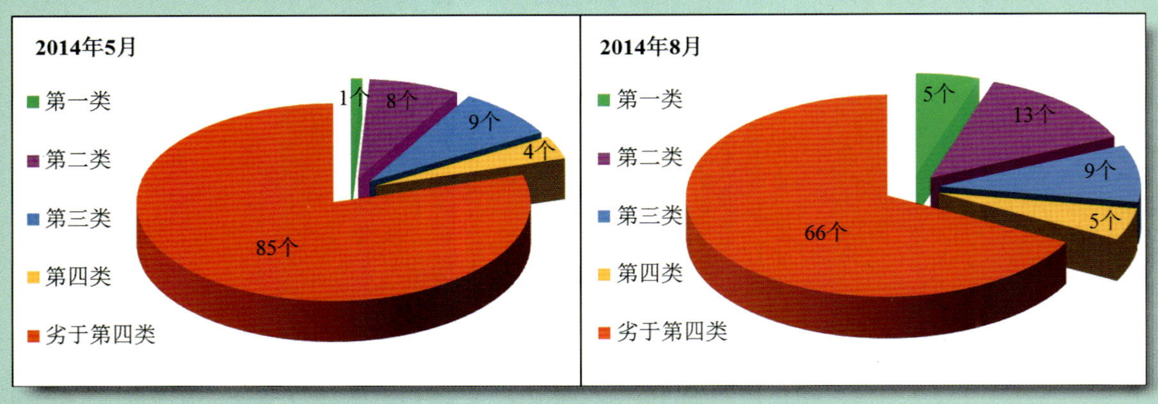

2014年5月和8月入海排污口邻近海域水质等级

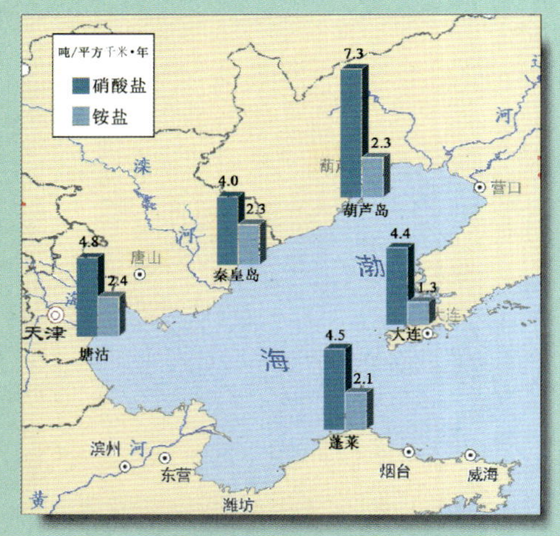

2014 年渤海各监测站硝酸盐和铵盐湿沉降通量

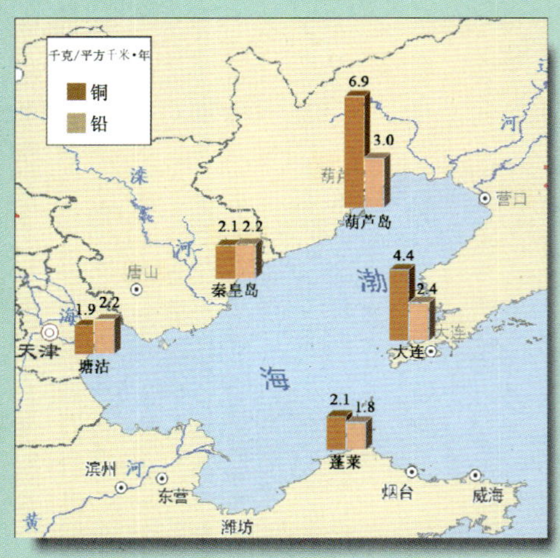

2014 年渤海各监测站铜和铅湿沉降通量

海洋环境保护

海　区	赤潮发现次数	赤潮累计面积（平方千米）
渤　海	11	4 078
黄　海	2	19
东　海	27	2 509
南　海	16	684
合　计	56	7 290

2014年全国各海区赤潮情况

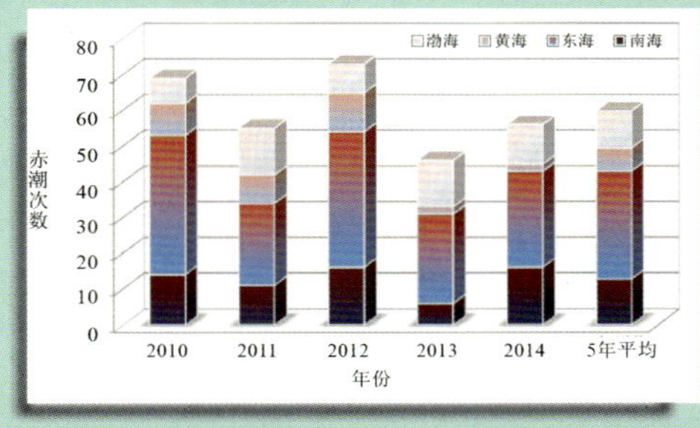

2010~2014年我国海域发现的赤潮次数

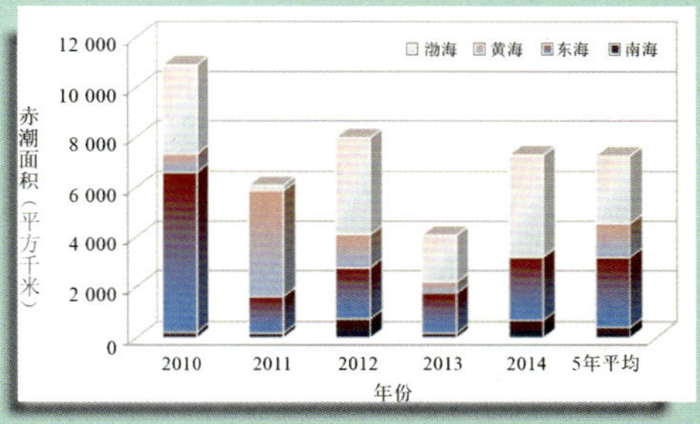

2010~2014年我国海域赤潮累计面积

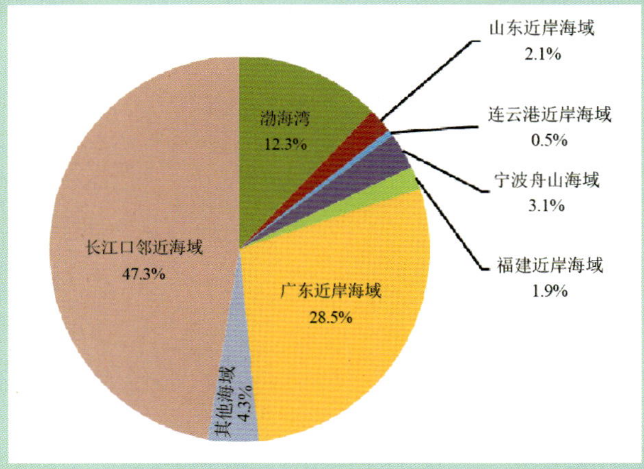

2014年全国疏浚物海洋倾倒分布状况

海洋科学与技术

2014年3月13日，2014年海洋公益性行业科研专项管理工作暨国家海洋局项目启动视频会召开，沿海省市和局属单位共设立33个分会场

2014年3月18日，《海洋科技创新总体规划》战略研究第一次工作会在北京召开，就规划战略研究总体和6个专题设想进行了交流与探讨

2013 年
全国海水利用报告

国家海洋局科学技术司
二〇一四年七月

2014年7月，《2013年全国海水利用报告》发布，对2013年我国海水淡化、海水直接利用、海水化学资源利用及政策与管理等方面的情况进行了梳理和阐述

海洋科学与技术

2014年12月29日，国家海洋局和科技部在北京联合召开全国科技兴海大会（视频会），会议总结了《全国科技兴海规划纲要（2008—2015年）》阶段性实施成效，并对科技兴海下一阶段重点工作进行了部署

2014释放探空气球，开展高空气象监测

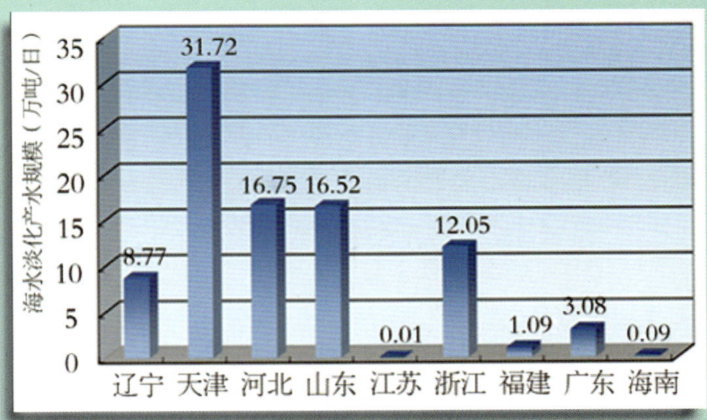

全国沿海省市海水淡化工程分布图

海洋防灾与减灾

2014年10月16日，上海中心站台站管理科技人员在滩浒岛开展水准连测

2014年国家海洋局南海分局高效布放HX2海啸浮标

2014年针对威马逊台风国家海洋预报中心进行会商

2014年台风“海鸥”期间，调查组在现场询问灾害影响情况并接受当地媒体采访

2014年威马逊台风灾害调查工作组徒步进入广东省湛江市徐闻县流沙湾沿海养殖区开展调查

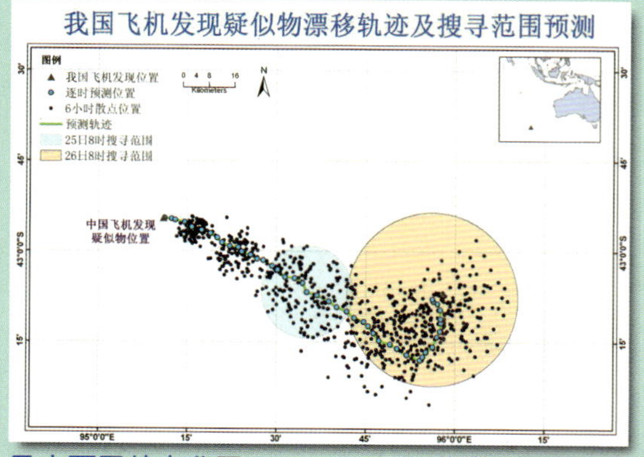

马来西亚航空公司“MH370”失联航班搜寻工作应急保障我国飞机发现疑似物漂移轨迹及搜寻范围预测

海洋国际交流与合作

2014年6月15日，由国家海洋局组织，福建师范大学、台湾世新大学等单位联合主办的“钓鱼岛的历史与主权”图片资料展览开展

2014年8月28日，亚太经合组织（APEC）第四届海洋部长会议在厦门举行

2014年12月30日，钓鱼岛专题网站正式开通

极地考察

2014年1月2日，中国第30次南极考察队暨“雪龙”号极地考察船在完成对俄罗斯“绍卡利斯基院士”号客轮被困的52名乘客救援工作后，受周围复杂海冰和水文气象条件等影响，在回撤时受到海冰围困。同月7日，“雪龙”船经过13个小时的艰苦努力，成功突破浮冰重围。

全力救助俄罗斯籍乘客

海冰围困

奋力自救

“雪龙”船脱困

南极考察队在普利兹湾布放潜标

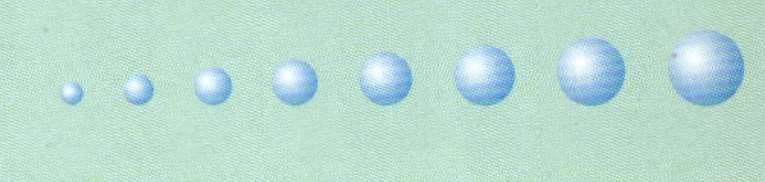

极地考察

中国南极泰山站建成并投入使用

科考队直升机在大冰站进行吊挂作业

中国第六次北极考察队取得了两项科考新进展：成功布放具有我国自主知识产权的拖曳式冰浮标及冰漂移浮标阵，为后续大冰站立体作业奠定了重要基础。

科考队员在直升机保障下进行冰漂移浮标阵的布放

大洋考察

大洋30航次调查及获取的地质样品

大洋35航次“蛟龙”号第89-90次下潜

2014年4月29日，中国大洋矿产资源研究开发协会与国际海底管理局在北京正式签订了富钴结壳矿区勘探合同，右图为富钴结壳矿区图

大洋考察

2014年7月，中国代表在牙买加举行的国际海底管理局第20届会议上发言

深海大型底栖生物分类标准化培训班结业

中国大洋32航次回收锚系

中国大洋32航次于2014年11月返航广州

大洋立法调研中南大学实验室

大洋立法调研广州海洋地质调查局“海洋六号”科考船

海洋船舶工业

中国船舶重工集团公司大船集团生产的“海洋石油118”FPSO

中国船舶重工集团公司北船重工生产的绿色高效大型矿砂船

中国船舶重工集团公司渤船重工生产的海上油田自升助航式作业平台

中国船舶重工集团公司大船集团建造的首艘万箱集装箱船

海洋油气业

第一船6万吨清洁能源LNG（液化天然气）从中国海外首个大型LNG生产基地澳大利亚柯蒂斯岛启运回国

“海洋石油981”深水钻井平台在南海北部深水区陵水“17-2-1”井测试获得高产油气流，我国深水油气勘探获得历史性突破

陆丰“7—2”组块海上浮托安装现场

垦利“3—2”油田群及陆地原油处理终端一次性全部投产

海洋交通运输业

广州港

国内规模最大的自动化码头一洋山四期工程

海洋旅游业

涠洲岛

三亚天涯海角

南麂列岛

北海银滩

中华泰山号

海洋军事

2014年1月28日，“揭阳”舰加入海军序列

2014年3月11日，正在搜救马航失联客机的海军528舰

2014年3月19日，“威海”舰加入海军序列

2014年4月15日，即将抵达亚丁湾的海军第十七批护航编队在阿拉伯海采取横向补给的形式进行航行补给

2014年5月20日，中俄举行“海上联合—2014”军事演习

2014年8月27日，甲午海战120周年海祭

《2015 中国海洋年鉴》编委会

（按姓氏笔画排序）

《中国海洋年鉴》编辑部

编辑说明

《中国海洋年鉴》是我国海洋界唯一的综合性、资料性、史册性工具书，于1982年首次出版，到2015年已连续出版了22卷。本年鉴旨在客观记载、全面反映我国海洋事业发展状况以及国家涉海各部门、各行业、各地区每年度的最新进展和主要成就，可为国内外全面了解我国海洋事业的发展提供翔实的史料。本年鉴由国家海洋局主办，国务院涉海各部、委、局与沿海省、自治区、市协办，《中国海洋年鉴》编辑部编辑，海洋出版社出版。

《2015中国海洋年鉴》所刊载的内容，主要是2014年度我国海洋事业的进展情况，少数资料由于事件的连续性而在时间上有所跨越。

《2015中国海洋年鉴》分设九大部分：①综合信息；②海洋经济；③海洋管理；④沿海海洋管理和海洋经济；⑤海洋公益服务；⑥海洋科技、教育与文化；⑦极地与国际海底；⑧海洋国际交流与合作；⑨附录。

《2015中国海洋年鉴》所刊载的内容分别由国家涉海和沿海地区海洋主管部门和单位提供。资料未包括香港特别行政区、澳门特别行政区和台湾省。

《中国海洋年鉴》的编辑出版得到了国家涉海各部门、各行业、各地区的大力支持和热情帮助，得到了海洋界众多领导和专家的指导和鼓励。在此，我们对所有为本年鉴编辑出版工作做出贡献的单位和个人表示衷心感谢。

本年鉴刊载的内容涉及国家涉海有关部门、行业和地区，如在框架安排、资料搜集和处理等方面有疏漏或不妥之处，恳请各位领导、各界专家和广大读者批评指正并提出宝贵建议。

《中国海洋年鉴》编辑部

2015年11月

目 次

2014 年我国海洋工作综述

综合信息

特 载

2014 年大事记

海洋法规和文件选编

海洋经济

海洋经济概况

海洋渔业

海洋油气业

海洋矿业

海洋盐业

海洋化工业

海洋生物医药业

海洋电力业

海水利用业

海洋船舶工业

海洋工程建筑业

海洋交通运输业

海洋旅游业

海洋管理

海洋规划与立法

海域使用管理

海岛管理

海洋环境保护

海洋观测预报和防灾减灾

海洋权益维护与执法监察

海洋交通管理

海洋标准计量和质量监督

沿海海洋管理和海洋经济

辽宁省

大连市

河北省

天津市

山东省

青岛市

江苏省

上海市

浙江省

宁波市

舟山市

福建省

厦门市

广东省

深圳市

广西壮族自治区

海南省

海洋公益服务

海洋环境监测

海洋灾害与海洋环境预报服务

海洋信息管理与服务

海洋咨询服务

海事服务与救助打捞

海洋科技、教育与文化

海洋科学研究

海洋技术

海洋教育

海洋文化和体育

海洋军事

极地与国际海域

极地工作

国际海域

海洋国际交流与合作

海洋国际交流与合作

附 录

封面：南极泰山站

2014 年我国海洋工作综述

2014 年，我国海洋工作在党中央、国务院的坚强领导及党和国家领导人的关怀和指导下，取得了显著的成果。

党和国家领导人高度重视海洋事业

中共中央总书记、国家主席、中央军委主席习近平考察“雪龙”船。2014 年 11 月 18 日，习近平总书记在访问澳大利亚期间亲自登上“雪龙”号船，亲切慰问第 31 次南极科考队员，对海洋事业和极地工作作出重要指示。在我国第 3 个南极科考站——泰山站建成之日，习总书记专门发来贺信。一年来，习近平总书记还分别与有关国家领导人，见证了国家海洋局与马尔代夫、斯里兰卡、澳大利亚、新西兰和瓦努阿图等国家签署政府间海洋与南极领域合作协议，为海洋部门主动服务“21 世纪海上丝绸之路”建设指明了方向。

中共中央政治局常委、国务院总理李克强阐述中国海洋观。在国家海洋局成立 50 周年之际，李克强总理专门作出重要批示，充分肯定海洋事业 50 年的辉煌成就，勉励广大海洋工作者继续为建设海洋强国做出新贡献。在中希海洋合作论坛上，李克强总理阐述了“建设和平之海、合作之海、和谐之海”的中国海洋观，并见证了国家海洋局与希腊海运部签署中希政府间海洋合作文件。

中共中央政治局常委、国务院副总理张高丽接见南极科考队员。在国家海洋局成立 50 周年之际，张高丽副总理作出重要批示，肯定海洋事业 50 年的辉煌成就，勉励广大海洋工作者继续为建设海洋强国作出新贡献。张高丽副总理在中南海亲切接见了第 30 次南极科考队员，对“雪龙”船成功解救被困俄罗斯科考人员后自行脱困的行动给予高度肯定。

海洋综合管理进一步强化

深化海洋生态文明体系建设。开展海洋生态文明制度体系建设专题调研，确定了以生态系统为基础的海洋综合管理新思路。加大国家级海洋生态文明建设示范区支持力度，在渤海全面建立实施生态红线制度，形成渤海先行、全国铺开的局面。

加强海洋生态保护与建设。制定海洋保护区监督检查办法，落实《全国生态保护与建设规划》。推动蓬莱“19-3”油田溢油生态损害修复工作，实现了经费、机构、制度、项目“四到位”，现已进入全面实施阶段。

完善海洋生态环境监督管理和标准规范体系。编制印发海洋石油勘探开发等 3 项环评技术规范，实施海洋工程环评审查专家管理制度。组织修订海洋石油勘探开发溢油应急预案，编制重大海上溢油应急能力建设专项规划报告。

加强海洋环境监测与评价体系建设。以基层台站为重点推进监测网络建设，建立实施国控站点和地方监测站点相结合的监测制度。启动海洋生态环境监督管理系统建设，开展第一届全国海洋环境监测技术比测活动。建立面向地方政府的海洋环境质量通报制度。

强化海域综合管理。积极推进市县级海洋功能区划编制。落实国务院领导批示，完成环渤海围填海情况分析报告。开展全国区域用海遥感监测和重点项目用海全过程跟踪监测，开展国家海域动态监视监测管理系统升级改造，启动县级海域动态监管能力建设项目。

加强海岛保护和管控。建立县级以上常态化海岛监视监测体系。我国海域海岛地名普查成果编制和核查工作圆满收官。开展远岸岛礁基础地理与资源环境调查，初步建立远岸岛礁信息收集与分析体系。开展《全国海岛保护规划》阶段性评估及海岛生态实验基地选址与论证工作。向社会公布 11 个领海基点保护范围，编制形成领海基点管理工作年度报告。

强化海上综合执法工作。全年检查海域使用项目 26504 个，发现违法行为 975 起，收缴罚款 15.57 亿元；检查环境保护项目 8681 个，发现违法行为 693 起，收缴罚款 4920 万元；检查海岛使用项目 7862 个，发现违法行为 66 起，收缴罚款 420 万元；查处违规渔船 645 艘，收缴罚款 1500 万元。

海洋经济平稳健康发展

2014 年，海洋经济总体保持平稳运行，并先于国民经济进入深度调整阶段。海洋产业结构进一步优化，海洋传统产业得到恢复性增长，新兴海洋产业发展势头良好，海洋服务业稳中趋升。国家海洋局先后出台《关于进一步支持福建海洋经济发展和生态省建设的若干意见》《关于支持青岛（西海岸）黄岛新区海洋经济发展的若干意见》促进沿海地方海洋经济发展。

推动海洋经济试点和海洋经济运行监测与评估。国家发改委和国家海洋局牵头 40 余个相关部门，共同建立促进海洋经济发展部际联席会议制度。组织召开全国海洋经济调查领导小组第一次会议。向国务院报送《全国海洋经济试点阶段性评估报告》。

推进海洋战略性新兴产业发展。联合科技部共同召开全国科技兴海大会，全面总结《全国科技兴海规划纲要（2008—2015 年）》阶段实施成效。国家海洋局联合国家发改委认定广州、天津、威海、烟台、青岛、舟山、厦门、湛江 8 个城市为国家高技术产业基地试点；在青岛、厦门、广州南沙新区，新认定 3 个国家科技兴海产业示范基地。完成海水淡化工程运行监测及评估系统 3 个新增试点建设。

海洋事业发展综合能力显著提升

推动海洋科技向创新引领型转变。围绕建设海洋强国和创新驱动发展战略实施，编制形成海洋科技创新总体规划战略报告。大力推动海水淡化与应用技术研发，“海水淡化分离膜检测技术及标准研究”国家科技支撑项目立项。海洋系列卫星列入正在编制的《国家民用空间基础设施中长期发展规划》，新一代海洋水色卫星和海洋盐度探测卫星启动先期攻关工作。国家海洋局会同国家发改委等部门积极开展以深海空间站为代表的深海技术与装备发展战略研究，相关意见已报国务院。南极生物资源及生物基因资源利用项目取得初步进展。批准发布 21 项海洋领域紧缺急用的国家标准和行业标准，推动国际标准化组织设立海洋技术分委会，以亚太区域海洋仪器检测评价中心的身份，组织首次国际盐度测量比对活动。

提高海洋防灾减灾服务水平。全国海洋观测网整体运行平稳，着力提高了离岸观测能力，推进近岸海况视频监控系统建设，开展了基准潮位核定和海洋站点观测环境代表性评估。组织编制海洋观测预报和防灾减灾领域技术标准。完善与沿海地方各级政府和涉海部门的海洋减灾应急联动体制机制。启动海洋减灾综合示范区建设和省级海洋预警报能力升级改造。探索建立海上突发公共安全事件环境保障机制，为“雪龙”船脱困、马航失联客机搜救、中建南项目实施、南北极科考、大洋调查和“蛟龙”号试验性应用等重大海上活动提供环境保障。

落实海洋重大专项能力建设项目。两艘 4500 吨级海洋综合科考船建造工作顺利开展。完成海洋一号 C/D 卫星和海洋二号 B 卫星立项建议书上报，海洋二号 A 卫星地面系统一期获初设批复。“数字海洋”信息基础框架业务化试运行取得阶段进展。完成大洋综合资源调查船和载人潜器母船项目可研报告评审。

强化资金和资产管理保障功能。开展重要资产清查和统计工作。做好全局事业单位及所办企业产权登记工作。推进资产共享共用平台试运行，初步实现海洋仪器共享共用。建立“管采分离”的工作机制。

全民海洋意识进一步提升。庆祝国家海洋局建局 50 周年活动简朴热烈。“6•8 世界海洋日”系列活动异彩纷呈，沿海地区海洋宣教活动丰富多彩。出版推广中小学生海洋意识教育教材，开展“海疆万里行”主题报道。在新闻宣传、图书出版、影视作品、形势宣教、舆情监测、网上引导、外宣报道等方面，开展了卓有成效的海洋意识宣传教育和海洋文化建设工作。

极地大洋“新疆域”的海洋权益有效拓展

持续推进极地科学考察。圆满完成中国第 30 次南极科考任务，建成我国南极泰山站。成功组织实施第 6 次北极科考。初步完成新建极地考察破冰船可研报告评审。顺利推进极地固定翼飞机的采购、改造工作。启动极地“十三五”规划研究及编制。顺利通过罗斯海新站综合环评。

进一步拓展深海战略资源储备。与国际海底管理局签订富钴结壳勘探合同，组织协调以中国五矿集团名义提出多金属结核保留区矿区申请。组织开展中国大洋第 30、32、34、35 航次，海上作业累计 416 天，获得大量宝贵调查资料。通过开展试验性应用航次，进一步发挥“蛟龙”号近底高精度取样和测量的独特技术优势，培养锻炼业务化运行所需的工程保障队伍和科学家队伍。另外，“海龙”号、“潜龙一号”等深海高新技术装备也在大洋航次调查中发挥了重要作用。完成第二批 6 名潜航学员的选拔工作。组织开展《国际海域资源调查与开发“十二五”规划》实施情况评估。

稳步推进深海远洋调查研究。出台《关于加强海洋调查工作的指导意见》，提升国家海洋调查船队管理运行水平，成员船规模逐步扩大。稳步推进全球变化与海气相互作用专项。

海洋国际合作亮点纷呈

成功主办 APEC 第四届海洋部长会议。APEC 第四届海洋部长会议取得圆满成功，通过了《厦门宣言》《APEC 海洋可持续发展报告》等积极成果，推动 APEC 在蓝色经济领域取得重要共识，体现了我国在亚太海洋合作中的领导力和话语权。

落实“21 世纪海上丝绸之路”战略构想。贯彻落实党中央“21 世纪海上丝绸之路”向南自然延伸的战略部署，推进与马尔代夫、斯里兰卡等南亚国家海洋领域合作。拓展与澳大利亚、新西兰、瓦努阿图等南太平洋国家海洋与南极合作。与希腊共同举办“中希海洋合作论坛”，签署政府间海洋领域合作协议。

巩固与有关国家及国际组织合作关系。稳步实施《南海及其周边海洋国际合作框架计划（2011—2015）》。中国—牙买加联合海洋观测站、中冰极光联合观测台正式运行，中德海洋与极地领域重大合作项目取得明显进展。与欧洲气象卫星开发组织的合作取得显著成果。经国务院批准，正式牵头《北太平洋海洋科学组织公约》的履约工作。

加强与海洋大国的对话与合作。派出高级代表团赴美参加世界海洋大会，并与美国高层政要进行双边会晤；续签中美海洋与渔业科技合作议定书，以及中美关于打击北太平洋公海非法流网作业的合作谅解备忘录；就海上热点问题举行两次中英海洋法专家磋商。

海上维权执法成效得到切实提高

继续发挥国家海洋局在海洋维权政策与法律研究的优势。深入参与维护海洋权益的政策研究和顶层设计。组织大陆架与国际海底区域问题国际研讨会。举办两次海峡两岸钓鱼岛主权与历史资料展览，完成钓鱼岛中文专题网站建设。提交的 13 个海底地名命名提案，获得相关国际组织审议通过。

加强海上维权执法力度。持续开展钓鱼岛常态化维权巡航，继续保持黄岩岛优势管控，有效值守仁爱礁、南北康暗沙海域。在中建南项目实施过程中，海警编队发挥关键作用，有效阻止越南的大规模破坏行动。

海洋战略规划和立法持续推进

深化海洋强国理论研究和战略规划。凝聚各方力量，开展海洋战略研究。围绕建设海洋强国理论框架、21 世纪海上丝绸之路建设规划等重大战略问题进行深化研究，编制形成《海洋强国战略规划》。

扎实推进“十三五”海洋规划前期工作。组织开展《国家海洋事业发展“十二五”规划》《全国海洋经济发展“十二五”规划》实施情况评估。编制《中国海洋经济发展报告（2014）（征求意见稿）》。组织启动《国家海洋事业发展“十三五”规划》《全国海洋经济发展“十三五”规划》前期研究，开展“十三五”海洋事业发展、海洋经济发展的宏观环境分析、基本思路、发展方向等40余项专题研究。编制形成《国家海洋发展“十三五”规划基本思路》，其中“海水综合利用政策”等3项建议在2015年中央经济工作思路中采纳。根据国家海洋局提交的《国家海洋发展“十三五”规划基本思路》，《国民经济和社会发展“十三五”规划基本思路》中对海洋事业首次予以专节部署。《全国海洋主体功能区规划》已报国务院审批。

加快海洋立法进程。研究构建有中国特色和区域特点的海洋法律法规体系。加快推进《海洋基本法》《深海海底区域资源勘探开发法》《南极活动管理条例》《海洋环境保护法（修订）》《海洋石油勘探开发环境保护管理条例（修订）》等立法进程。

党的建设和干部队伍建设重视加强

党的群众路线教育实践活动成效显著。集中开展违法用海和机关简政放权两项专项整治行动。制定并公布了国家海洋局行政审批事项公开目录，并制定了事中事后监管和服务措施。在政治建设、改进会风文风、深入基层调研、着力破解难题、加强机关建设、落实中央八项规定6大方面推进整改落实，制定出台23项规章制度。

提高党建工作水平。研究制定《关于进一步加强理想信念和思想道德教育的意见》和《2014—2018年国家海洋局党员教育培训工作实施意见》，重点加强理论学习和理论建设、巩固和扩大党的群众路线教育实践活动成果、推进党的基层组织工作创新。

深入推进机构重组工作。制定《国家海洋局机关主要职责内设机构和人员编制规定》，明确了部门具体职责，同时开展了各分局“三定”方案的研究拟定工作。

强化干部队伍建设。加大干部任用、交流、培训工作力度，实施《领导干部交流工作暂行办法》和《党政领导干部选拔任用工作实施办法》，选拔一批德才兼备的干部进入国家海洋局局属单位领导班子。

加强人才队伍培养。继续执行海洋系统“十二五”百名留学人才引进和百名人才出国留学计划，充分发挥海洋人才网的宣传功能，重点引进和培养海洋优秀骨干人才。继续实施海洋人才港工程，国家海洋局与教育部联合制定印发《海洋人才港访问学者管理办法（试行）》，扎实推进共建涉海高校工作，指导涉海高校开发海洋教材，鼓励并引导优秀人才积极投身海洋事业。

综合信息

特载

中共中央总书记、国家主席、中央军委主席习近平对“雪龙”号船遇冰受阻作出重要指示

中共中央政治局常委、国务院总理李克强就救援工作作出批示

中共中央政治局常委、国务院副总理张高丽作出批示

（2014 年 1 月）

2014年1月2日，我国南极考察队暨“雪龙”号科考船在澳大利亚“南极光”号极地考察破冰船配合下，成功营救在南极遇险的俄罗斯籍“绍卡利斯基院士”号客船上的52名乘客。“雪龙”号船准备撤离浮冰区继续执行后续考察任务时，所在地区受强大气旋影响浮冰范围迅速扩大，造成“雪龙”号船及船上101名人员被困。

“雪龙”号船受阻后，党中央、国务院高度重视。中共中央总书记、国家主席、中央军委主席习近平立即作出重要指示。他指出，我国南极科学考察队暨“雪龙”号船在极其困难的条件下，冒着极大风险，成功完成对遇险俄罗斯籍客轮的救援行动，为祖国和人民争得了荣誉，请向同志们致敬，并转达我对他们的诚挚慰问。习近平要求各有关方面协调配合，指导帮助他们脱困，确保人员安全。他表示，祖国人民同他们在一起，希望他们保重身体、坚定信心、沉着应对、科学施策，争取早日平安返回。

中共中央政治局常委、国务院总理李克强作出批示，希望科考队沉着冷静应对，务必在确保安全的前提下，等待有利时机，积极稳妥设法突破海冰围困。

中共中央政治局常委、国务院副总理张高丽作出批示，要求国家海洋局抓紧研究完善脱困方案，适时择机突破海冰，确保全体人员安全。

中共中央总书记、国家主席、中央军委主席习近平向中国南极泰山站致信表示热烈祝贺

（2014 年 2 月 8 日）

2014 年 2 月 8 日，中共中央总书记、国家主席、中央军委主席习近平向中国南极泰山站

致信表示热烈祝贺。贺信全文如下：

中国南极泰山站：

在中国南极泰山站建成并投入使用之际，我对此表示热烈的祝贺！对不惧艰险、立志造福人类的广大极地科学工作者，表示诚挚的问候！

极地科学考察，是人类探索自然奥秘、探求新的发展空间的重要领域，是一项功在当代、利在千秋的事业。中国南极泰山站的建成，为我国科学家开展长期持续的南极科学考察研究提供了良好条件，有利于拓展我国南极考察的领域和范围、拓展我国海洋事业发展的战略空间。中国南极泰山站和已经建成的中国南极长城站、中国南极中山站、中国南极昆仑站、中国北极黄河站，既是我国极地工作者开展科学考察的平台，又是我国对外科学交流的重要窗口。

我相信，在广大极地工作者辛勤努力下，我国极地科学考察事业一定能够为造福人类作出新的更大的成绩！

中共中央政治局常委、国务院总理李克强谈建设海洋强国

（2014 年 3 月 5 日）

2014 年 3 月 5 日，中共中央政治局常委、国务院总理李克强在第十二届全国人民代表大会第二次会议上所作的政府工作报告时指出，要“抓紧规划建设丝绸之路经济带、21 世纪海上丝绸之路，推进孟中印缅、中巴经济走廊建设，推出一批重大支撑项目，加快基础设施互联互通，拓展国际经济基础合作新空间。”

李克强指出，“海洋是我们宝贵的蓝色国土。要坚持陆海统筹，全面实施海洋战略，发展海洋经济，保护海洋环境，坚决维护国家海洋权益，大力建设海洋强国。”

中共中央政治局常委、国务院总理李克强出席中希海洋合作论坛并发表题为《努力建设和平合作和谐之海》的演讲

（2014 年 6 月 20 日）

当地时间2014年6月20日上午，中共中央政治局常委、国务院总理李克强在雅典与希腊总理萨马拉斯共同出席中希海洋合作论坛并发表题为《努力建设和平合作和谐之海》的演讲。演讲全文如下：

今天，中国和希腊，一个位于太平洋西岸的国家和一个位于地中海北岸的国家，共同举办中希海洋合作论坛，这在两国交往史上还是第一次，有着十分丰富的内涵，具有特殊深远的意义。

中国和希腊都是毗邻大海的古老国家，都有悠久的航海历史。2500多年前，当中国春秋时期的齐景公在渤海和黄海海域留下航行记录时，古希腊城邦雅典的商船穿梭于地中海沿岸。爱琴海孕育了伟大的古希腊文明，也塑造了希腊人包容乐观向上的精神和理性勇敢的性格。希腊人还创造了先进的航海技术，促进了海洋文化的发展。

中华文明的发展历程中也没有离开过海洋，正是以大海为主要纽带，我们同其他国家互通有无，古代的海上丝绸之路与陆上丝绸之路南北呼应。600多年前，中国航海家郑和率领庞大的船队，把中华文化带到了东南亚、西亚、非洲东海岸。20世纪70年代末，中国开启了改革开放的伟大事业，沿海城市率先对外开放，中国再次通过海洋走向世界。

海洋与人类发展息息相关。世界进入大航海时代后，随着新大陆的发现和新航线的开辟，商品、资本、人力突破地域限制，逐步形成全球贸易网络。不断发展的海洋交通，为经济全球化和贸易自由化提供了有力支撑。开发利用海洋空间、海上资源，已成为沿海国家发展的重要依托。当然，海洋既为人类增添福祉，也

带来诸多共同挑战。无论是维护海洋安全，还是保护海洋生态，任务都相当艰巨。我们愿同世界各国一道，通过发展海洋事业带动经济发展、深化国际合作、促进世界和平，努力建设一个和平、合作、和谐的海洋。

——共同建设和平之海。历史反复昭示人们，向海而兴，背海而衰，为开发海洋而进行的合作，给各国带来发展；但是为争夺海洋发生的战争，则给人类带来灾难。第二次世界大战后，特别是《联合国海洋法公约》缔结以来，国际社会在联合国框架下，逐步建立和完善了全球海洋新秩序。中国是《公约》缔约国，为维护《公约》宗旨原则做出了积极努力。我们将坚定不移走和平发展道路，坚决反对海洋霸权，致力于在尊重历史事实和国际法的基础上，通过当事方直接对话谈判解决双边海洋争端和纠纷。对维护海上和平秩序的行为，我们都会坚定支持；对破坏海上和平秩序的行为，我们都会坚决反对。中国坚定维护国家主权和领土完整，致力于维护地区的和平与秩序。我们愿同相关国家加强沟通与合作，完善双边和多边机制，共同维护海上航行自由与通道安全，共同打击海盗、海上恐怖主义，应对海洋灾害，构建和平安宁的海洋秩序。

——共同建设合作之海。海洋占地球面积的70%，承载着世界经济发展与合作共赢的希望。目前，遍布各大洋、连接各大洲的众多航线构成了全球经济一体化的大通道，海洋承载着国际贸易最活跃的部分。世界上众多城市和人口分布在沿海，大多数的发达城市也分布在沿海，大部分经济活动集中在沿海，一半以上的对外贸易量依靠海运，一半左右的石油通过海上运输。中国愿同海洋国家一道，积极构建海洋合作伙伴关系，共同建设海上通道、发展海洋经济、利用海洋资源、探索海洋奥秘，为扩大国际海洋合作做出贡献。

——共同建设和谐之海。海洋是全人类的共同财富，应当建成绿色家园。人类已经进入21世纪，海洋不仅不是隔断各国沟通联系的障碍，而且日益成为不同文明间开放兼容、交流互鉴的桥梁和纽带。人们走向宽阔的海洋，就会拥有宽广的胸怀。海纳百川是中国文化传统的精华之一，体现了包容并蓄的美德，这与古希腊哲人所说“和谐会促进正义、美和善”异曲同工。人海合一是人与自然和谐相处的大道。各国都应坚持在开发海洋的同时，善待海洋生态，保护海洋环境，让海洋永远成为人类可以依赖、可以栖息、可以耕耘的美好家园。

中国和希腊两国的友谊始于大海，又超越大海。建交42年来，双方理解日益加深，政治互信不断增强。尤其在各自困难时彼此患难与共、相互帮扶。希腊曾三次协助中国大规模海外撤员。1.3万名中国人顺利撤出利比亚的情景，至今深深铭刻在中国人民的心中。当希腊面临主权债务危机时，中国也毫不犹豫提供了支持。中国始终是欧洲债券，特别是好朋友希腊的国债长期和负责任的投资者。患难见真情，两国人民以海结缘的友谊经受了岁月和风雨考验，值得倍加珍惜。此访期间，我们看到，在希腊人民的辛勤努力下，主权债务危机的阴影正在逐步消散，结构性改革已经取得新的成效，各方面对希腊经济前景的信心明显增强。中方对希腊取得的成就感到高兴，并将继续采取合作的措施支持贵国经济复苏。

中国和希腊的传统友谊基于我们的理念有许多相似之处，中希在和谐、正义、公平等方面是心灵相通的。刚才萨马拉斯总理提到中国的老子、孔子。中国人也十分熟悉贵国先哲的名字，像苏格拉底、柏拉图、亚里士多德。希腊很多神话故事在中国家喻户晓。中国古老的传说也为希腊人津津乐道。我听说希腊有这样一个说法，“一位希腊人的骨子里可能藏着一位中国人，一位中国人的骨子里可能藏着一位希腊人。”它表达了一种非常值得我们珍视的情感，就是中希友谊牢不可破。

此次是我担任中国政府总理后首访南欧国家，就选择了希腊。我们不仅开展了深入交流，更要推动务实合作。昨天，我同萨马拉斯总理进行了深入会谈，达成广泛共识。两国签署了海洋合作谅解备忘录，决定将2015年定为中希海洋年，成立中希政府间海洋合作委员会，加强在海洋科技、环保、防灾减灾和海上执法等领域务实合作。

今天上午，我同萨马拉斯总理一同考察了比雷埃夫斯港，在那里中国的中远集团同贵国企业进行了富有成果的合作。需要指出的是，从中国的沿海通过苏伊士运河经地中海到达比港，是中国到欧洲最短的航运距离。比港有着十分优越的地理位置，中国和欧盟的贸易规模巨大，欧盟是中国第一大贸易伙伴，每时每刻都有大量货物往来，其中80%通过海上运输。如果我们把中国到比港的这条航线建设好，它就能成为中欧贸易发展十分重要的又一条大通道，正像萨马拉斯总理所说，比港就会成为中国到欧洲的重要门户。中希在比港合作，也会使比港成为欧洲乃至世界上最具竞争力的港口。

我们还规划围绕比港发展修船业、船舶制造业，并从比港开始逐步改造从希腊通向欧洲腹地的铁路干线。这样做不仅有利于两国，有利于中欧，也有利于欧洲的繁荣发展，实现平衡可持续增长。我们愿与希方共同努力，把比港打造成为双方合作的亮点。今天的论坛不是坐而论道，而是要真正做些实事，争取结出硕果。

与此同时，中希要深入推进航运产业合作。希腊是世界船舶运力第一大国，中国是世界船舶制造和货物进出口第一大国，也是希腊船东最主要的造船基地。双方合作正在向以航运为龙头的全产业链扩展，覆盖工业和服务业诸多方面。包括设计、营销、运输、物流仓储、金融保险等多个环节，两国在这些领域合作互有优势，需要我们着力开拓。

两国还要拓展贸易投资合作领域。希腊的橄榄油、葡萄酒、大理石等农矿产品和加工制品在世界享有盛誉。我们将优化贸易结构，增加从希进口，欢迎希腊企业到中国推销优质产品。中方还愿扩大在希投资，鼓励本国企业以多种方式同希方合作，在机场、铁路、公路、水电等领域，不断拓展双方互利互惠合作。去年中国公民出境近1亿人次，如果有1%到希腊，就是100万人次，扩大中希两国旅游等人文合作潜力巨大。

中希合作是中欧关系发展的组成部分。希腊是欧盟重要一员，是中国在欧盟的友好合作伙伴之一。目前希腊还在担任欧盟轮值主席国。中方愿与希方共同推动落实《中欧合作2020战略规划》，推动中欧深化海洋合作，为拓展中欧全面战略伙伴关系，构建和平、增长、改革、文明四大伙伴发挥积极作用。

生活在海边的民族最懂得海的启示。大海有潮起潮落，一个国家的经济发展也会有起有伏，建设现代海洋文明同样需要我们有勇气乘风破浪。大海可以海纳百川，国与国之间也应相互包容、开展对话、交流互鉴。同时，中希两国是有着古老文明和智慧的国家。我们要在未来的航程中携手同行，以大海般的胸怀和历久弥新的智慧，让古老的中华文明与希腊文明绽放出时代的光彩，为塑造根植传统、面向未来的现代海洋文明做出两国特殊的贡献！

中共中央政治局常委、国务院总理李克强对海洋工作作出重要批示勉励海洋工作者继续为建设海洋强国作出新贡献

（2014 年 7 月 22 日）

2014年7月22日，在国家海洋局成立50周年之际，中共中央政治局常委、国务院总理李克强专门对海洋工作作出重要批示。批示全文如下：

海洋是支撑我国未来发展的重要战略空间。经过一代代海洋人奋力拼搏，我国海洋事业走过了半个世纪的不平凡历程，取得了辉煌成就。值此国家海洋局成立50周年之际，谨向全体海洋工作者致以诚挚问候！望继续发扬优良传统，牢牢把握新时期对海洋工作提出的要求，科学实施海洋发展战略，坚持陆海统筹，优化空间布局，合理开发资源，保护生态环境，促进科技创新，提高减灾能力，维护国家权益，为建设海洋强国作出新的贡献。

中共中央政治局常委、国务院副总理张高丽强调努力把极地大洋工作提高到新水平

（2014 年 1 月 26 日）

2014年1月26日，中共中央政治局常委、国务院副总理张高丽在国家海洋局与极地大洋科技工作者座谈时强调，要认真学习贯彻落实党中央、国务院建设海洋强国的决策部署和习近平总书记系列重要讲话精神，大力弘扬中国载人深潜精神和南极精神，勇于改革创新，努力把极地大洋工作提高到新水平，为建设海洋强国、实现中华民族伟大复兴的中国梦作出新的贡献。

座谈会前，张高丽看望了极地大洋科考队员和家属代表，通过海事卫星与正在“雪龙”号船极地科考船、大洋一号科考船和南极长城站、中山站执行科学考察任务的专家代表进行了视频连线对话，代表党中央、国务院和祖国人民，向奋战在冰雪极地和浩瀚大洋的科考队员表示亲切的慰问和新春的祝福。

张高丽充分肯定了科考队员牢记祖国和人民的重托，克服各种困难取得的显著成绩，特别是高度评价了在“雪龙”号船成功突破海冰围困过程中，科考队员们所展现出来的顽强精神和过硬素质。他详细了解科考队员的工作和生活情况，勉励大家再接再厉，确保身体健康，确保船舶和设备安全，圆满完成科学考察任务。

在同极地大洋科技工作者座谈时，张高丽指出，极地大洋工作是海洋事业的重要组成部分，是人类社会实现可持续发展的新领域。做好极地大洋科学研究与考察工作，对深化人类对极地大洋的认知、推进气候变化研究与合作、加强生态环境保护等具有十分重要的意义。经过30年的不懈努力，我国极地大洋工作从无到有、由小到大、不断发展，取得了举世瞩目的成就，海洋科技综合能力和水平不断提高，形成了一支乐于吃苦、甘于奉献、能打硬仗、善打硬仗的极地大洋科考队伍，为人类科学认识、和平利用极地大洋作出了积极贡献。

张高丽要求，要进一步增强使命感和责任感，推动极地大洋工作不断取得新进展、新突破。要认真研究极地大洋工作发展的总体战略，制定好中长期规划。重点推进基础研究项目的实施，加快科研成果的转化。提升极地通讯、雪地运输等保障水平，增强应急处置、救援能力。建立人才联合培养的新机制，培养高水平、专业化的领军人才。加强国际交流与合作，实现优势互补、资源共享、互惠互利。国家有关部门要切实加强对极地大洋工作的指导、管理和服务，为我国极地大洋科学考察工作提供坚强有力保障。

中共中央政治局常委、国务院副总理张高丽与第30次南极考察队员座谈，强调推动我国极地科学考察事业不断迈上新台阶

（2014 年 4 月 24 日）

2014年4月24日，中共中央政治局常委、国务院副总理张高丽在中南海紫光阁与第30次南极考察队员座谈时强调，要认真学习贯彻落实中央关于建设海洋强国的战略决策和习近平总书记系列重要讲话，弘扬“爱国、求实、创新、拼搏”极地精神，再接再厉，顽强拼搏，推动我国极地科学考察事业不断迈上新台阶。

张高丽充分肯定了第30次南极考察队取得的显著成绩。他说，全体考察队员在极端艰苦困难的条件下，成功建立了我国第四个南极考察站

——泰山站，“雪龙”号船首次实现了环南极大陆航行，开创了我国船舶环南极大陆航行的新航程，胜利完成了各项考察任务。考察期间，还完成对俄罗斯籍遇险客轮乘客的成功救援，为祖国和人民争得了荣誉。在考察队返航途中，还参与了在南印度洋海域马航失联客机的搜寻行动。

张高丽强调，做好极地科学考察研究工作，功在当代、利在千秋。有利于争取与维护国家海洋权益，实现建设海洋强国目标；有利于深化人类对地球气候与环境变化的认知，拓展生存与发展空间；有利于极地资源的科学开发与利用，促进人类社会可持续发展。30年来，我国的极地科学考察事业取得了举世瞩目的成就。但人类对自然奥秘的探索永无止境，时代赋予我们新的使命。希望全体极地考察工作者进一步明确肩负的历史责任，继续弘扬极地精神，勇于改革创新，大胆探索实践，努力建设海洋强国，为全面建成小康社会、实现中华民族伟大复兴的中国梦作出新的贡献。

张高丽指出，当前我国的极地科学考察事业正面临实现跨越发展的难得机遇。要进一步提升极地考察能力建设水平，推动极地科考事业向深度和广度拓展。要从精神上、物质上和待遇上关心一线科考人员，吸引更多人才投身科考事业，培育一支作风顽强、业务精湛、能打硬仗的科考队伍。深入开展极地科学考察研究，取得更多 高水平的研究成果。更加广泛地参与国际极地事务，有效争取和维护国家的极地权益。有关部门要继续加强指导、管理和服务，为极地考察事业发展提供坚强有力的保障。

发扬优良传统 奋力开拓前进
在建设海洋强国的伟大征程中铸就辉煌
——纪念国家海洋局成立50周年

时任国家海洋局党组书记、局长　刘赐贵

（2014年07月22日）

50年前的今天，经党中央、全国人大常委会批准，国家海洋局挂牌成立。50年来，在党中央、国务院的正确领导下，一代又一代海洋工作者围绕党和国家在不同历史时期的中心工作，艰苦奋斗，顽强拼搏，取得了令人瞩目的成就。改革开放特别是近年来，我国海洋事业全面、协调、快速发展，在海洋经济建设、海洋科技创新、海洋综合管理、海洋权益维护等诸多领域取得了从无到有、由小变大、由弱转强的历史性突破，谱写了波澜壮阔的创业篇章，为实现党的十八大确定的建设海洋强国宏伟目标奠定了扎实基础。

建设海洋强国上升为国家战略。习近平总书记在主持中央政治局第八次集体学习时强调，建设海洋强国是中国特色社会主义事业的重要组成部分，要坚持走依海富国、以海强国、人海和谐、合作共赢的发展道路。李克强总理在中希海洋合作论坛上也提出，共同建设和平之海、合作之海、和谐之海。近年来，国家海洋局积极统筹海洋战略规划和法规建设，形成了《海洋强国战略规划》和《海洋强国战略路线图》，相继组织实施了国家海洋事业发展“十一五”规划、“十二五”规划、全国海洋功能区划、海洋经济发展规划、海岛保护规划、国际海底和大洋科考规划等一大批规划。与此同时，我国海洋法律法规体系初步建立，《领海及毗连区法》《专属经济区和大陆架法》《海洋环境保护法》《海域使用管理法》《海岛保护法》《海洋观测预报管理条例》等法律法规相继颁布施行。

不断加强海洋宣传教育工作，全民海洋意识得到空前提高。通过对“蛟龙”号试验性应用、“雪龙”号船救援俄罗斯籍船并顺利脱困、南极泰山站建成、东海南海维权行动等重大海洋事件的宣传报道，以及开展6•8世界海洋日暨全国海洋宣传日系列活动等，全社会关心海洋的氛围更加浓厚。2014年4月，在国家海洋局积极配合下，中宣部制定出台了《关于提升全民族海洋意识的宣传教育工作方案》，成为今后一段时期海洋意识宣传教育工作的纲领性文件。

海洋经济成为国民经济新的重要增长点。上世纪60年代，我国海洋产业仅有渔业、交通运输业和盐业等基础薄弱的海洋传统产业门类。改革开放以来，海洋经济发展十分迅猛，产业门类快速健全。海洋渔业、海洋交通运输业、造船业、滨海旅游业等传统产业迅速发展，海洋油气、海水淡化、海洋新能源、海洋生物制药等新兴产业异军突起。1978年，我国海洋产业总产值不足百亿元，2003年首次突破1万亿元，2013年全国海洋生产总值达5.4万亿元，海洋产业已经成为国民经济新的重要增长点。近年来，国家海洋局综合运用规划、法治、行政等手段推动海洋经济健康发展。在加强海洋经济运行监测与评估的同时，着眼稳增长、调结构的要求，打出了实施海洋经济创新发展区域示范、科技兴海战略、出台金融保险促进海洋经济发展等一系列政策“组合拳”。

海洋生态文明建设和综合管理取得明显成效。从上世纪70年代开展渤海环境污染调查起，国家海洋局始终将海洋环境保护作为重要工作领域，海洋环境监测、海洋油气勘探开发环境保护、海洋倾废管理、海洋保护区建设等业务体系逐步建立完善。近年来，根据党中央、国务院建设生态文明的总体部署，海洋生态文明建设取得显著成效。逐步建立入海污染总量控制制度，完善海洋工程环境影响评价制度，推进海洋保护区建设，不断完善海洋环境污染突发事件应急反应机制。与此同时，加强海域使用管理和海岛保护管理，建立完善海洋功能区划、海域使用审批、海域使用金征管制度，制定海岸线保护利用规划，建立海域动态监管系统，从严控制围填海项目，实施海域、海岸带、海岛修复工程，开展海岛普查，严肃查处破坏海洋资源和环境的违法行为，保障海洋可持续发展。

海洋科技创新和防灾减灾能力得到显著提升。国家海洋局建局之初，先后组织四下太平洋，服务于经济与社会事业、国防建设；改革开放后，组织实施了大批海洋科研调查重大专项并取得丰硕成果，海洋高新技术取得一系列创新突破，“政产学研金”相结合的科技兴海体系初步构建。多年来，国家海洋局持续开展大洋科学考察，总计完成31个航次的调查任务，我国已在东北太平洋获得7.5万平方公里的多金属结核矿区，在西南印度洋获得1万平方公里的多金属硫化物矿区，在西北太平洋获得3000平方公里的富钴结壳矿区，成为世界上首个同时拥有3种矿区的国家。2012年6月，我国自行研制的“蛟龙”号载人潜水器最大下潜深度达到7062米，标志着我国深海技术取得重大突破。在极地考察方面，从上世纪80年代起，总计完成了30次南极科学考察和5次北极科学考察，2014年2月，泰山站正式投入运行，成为继长城、中山、昆仑站之后，我国在南极建立的第4个科学考察站。此外，2004年7月，我国还在北极地区建立了黄河站。

海洋观测预报是国家海洋局建局伊始就承担的主要工作，经过50年的长足发展，已建立起由海洋卫星、飞机、海上船舶、浮标、潜标、雷达、海洋站等构成的立体、实时、多用途海洋观测监测体系，具备在全球大洋范围内发布海洋环境预报产品的能力，海啸预警报系统实现业务化运行，海洋防灾减灾业务化体系基本健全。

海洋权益维护和国际合作实现新突破。进入新世纪，国家海洋局承担的维护国家海洋权益的任务迅速增加。海洋权益政策研究工作进一步强化，先后组织开展了我东海200海里以外大陆架部分划界案的陈述报告编制，提交的20多个海底地名命名提案获国际组织审议通过，举办大陆架与国际海底区域问题、南海合作与发展等国际研讨会，积极对外宣传我立场主张。针对外国船只在我管辖海域的侵权行为，组织公务船实施现场执法，达到了“宣示主权、体现管辖”的目的。2006年，建立了覆盖我全部管辖海域的定期维权巡航执法制度，维护海洋权益的力度进一步加大。特别是自2012年9月以来，针对日方“购岛”闹剧，出台了一系列措施予以坚决反制，实现了我公务船对钓鱼岛海域的常态化维权巡航。2012年4月，针对菲律宾军方企图抓扣我渔民的非法行为，及时采取果断措施予以制止，并实现了我公务船对黄岩岛保持优势管控。自今年5月初开始，中国海警船编队对中建南油气勘探作业持续进行护航和安全保障，确保了作业的顺利进行。与此同时，国家海洋局加强与有关国家和国际组织的合作，扩大共同利益汇合点。积极开展高层海洋外交，近年来，在习近平主席、李克强总理见证下，国家海洋局代表中国政府签署了中泰、中韩、中希海洋领域合作文件。拓展大国海洋合作，与美、俄、法、德、加、印等国签署海洋合作协议。加强周边海洋合作，在《南海及其周边海洋国际合作框架计划》下，与印尼、泰国、马来西亚、朝鲜、韩国等建立了长期稳定合作关系。积极参与国际海底管理局、国际海洋法法庭、联合国大陆架界限委员会、南极条约体系、北极理事会、伦敦倾废公约、政府间海洋学委员会等多个国际组织的活动，不断扩大我国在国际海洋事务的影响力。

回顾50年来海洋事业的发展，我们深切地体会到，各项成就的取得，一是得益于党中央、国务院的正确领导，党的历届领导集体一直高度重视海洋事业发展，几代领导人分别作出过重要批示指示，特别是以习近平为总书记的新一届中央领导集体，将海洋事业发展提升到新的战略高度。二是得益于相关部门、沿海省市和社会各界的广泛支持，有关部门越来越多的将涉海问题纳入重要议事日程，给予海洋部门以大力支持和配合。沿海各级政府更是将海洋作为推动经济建设和社会发展的新兴领域，纷纷出台促进海洋经济发展、加强海洋综合管理的重大举措，社会公众海洋意识也显著提升。三是得益于广大海洋工作者兴海报国的奉献精神，一批又一批海洋工作者为海洋事业发展奋勇拼搏，涌现出许多可歌可泣的先进人物，充分展现出海洋工作者坚定的理想信念和良好的精神风貌，为推进海洋事业发展提供了不竭的精神动力。

抚今追昔，我们倍感光荣；展望未来，我们充满信心。全体海洋工作者将在党中央、国务院的正确领导下，进一步发扬优良传统，继续开拓进取。今后将不断深化海洋强国战略规划研究，推进海洋立法进程；发挥政策指导作用，推动海洋经济又好又快发展；统筹海洋开发保护和管理，打造良好海洋生态环境；实施海洋重大基础设施项目，拓展海洋发展空间；全力维护我国海洋权益，强化管辖海域的控制力；做好海洋宣传工作，增强全民海洋意识。让我们共同努力，在建设海洋强国的宏伟征程中奋勇前进，为实现中华民族伟大复兴的中国梦做出新的更大贡献！

抢抓机遇 乘势而上 奋力开创科技兴海工作新局面

时任国家海洋局党组书记、局长　刘赐贵

（2014 年 12 月 29 日）

全国科技兴海大会是在深入贯彻党的十八大、十八届三中、四中全会和中央经济工作会议精神的新形势下，召开的一次具有十分重要意义的会议。

《全国科技兴海规划纲要（2008—2015年）》实施7年来，科技兴海工作已经在许多方面取得了显著的成效，特别是在促进海洋科技成果转化和产业化、培育海洋战略性新兴产业、加快海洋公益技术推广应用等几个关键性领域取得了重要进展，为海洋经济转型升级和海洋事业科学发展提供了有力支撑。

下面，我就如何进一步强化科技兴海工作，开创科技兴海工作新局面，谈三方面意见：

一、要认真总结多年来科技兴海工作积累的宝贵经验

（一）加快科技成果转化和产业化，是做好科技兴海工作的关键环节

多年来，各有关方面始终坚持把海洋科技

成果转化和产业化作为工作主线，积极实践了协同创新中心、创新联盟和孵化器等多种形式的产学研合作模式，加大了集成创新、中试试验和示范应用力度，在激励机制和知识产权制度等方面开展了大量有益探索，实现了产业链的延伸和应用链的提升，大幅提高了海洋科技进步贡献率和成果转化率。通过海洋科技成果转化和产业化，使海洋高新技术产业和海洋战略性新兴产业加快发展，既助推了海洋产业结构调整，又有力提升了海洋开发、保护和管理水平。科技兴海工作在实践中彰显了威力。

（二）注重建立多方协作、上下联动的运行模式，是促进科技兴海工作不断深入的基本前提

规划纲要实施以来，国家逐步形成了科技、产业、教育、财政、金融、涉海部门等多方协作的工作机制，出台了系列战略规划，制定完善了各项政策与制度，定期开展工作部署，组织成果对接推广，建立了“产学研用相结合、国家与地方相结合、海陆结合”的全国科技兴海技术支撑体系。在中央部门引导支持下，沿海省市积极响应，因地制宜采取一系列措施，保证了各项政策的衔接与落实，形成了强大的工作合力。这些都为科技兴海工作的稳步推进创造了良好的发展环境和体制保障。

（三）创新财政、金融等多元投入机制，是加快科技兴海工作步伐的有效举措

中央财政大力支持，相关科技计划、专项向科技兴海工作倾斜，集成资金实施海洋经济创新发展区域示范，在海洋技术研发、成果转化和产业培育打出“组合拳”，系统优化了资金配置，带动形成了以中央和地方政府资金为引导、社会和企业积极参与的投融资机制。科技兴海资金规模的大幅增长，降低了成果转化的风险，增强了企业投资的信心，吸引了社会资金的投入，促进了科技成果与资本的有机结合，从而使科技兴海工作不断焕发出生机与活力。

（四）精心打造海洋技术先进、发展前景广阔的产业示范基地，是推进科技兴海工作迈上更高层次的重要抓手

按照规划部署，我们集中力量、集中资源，推动建设了一批海洋技术领先的重点实验室、工程中心、公共服务平台，以及发展前景广阔的产业示范基地，特别是在国家发改委的支持下，建设了首批8个国家海洋高技术产业基地，形成了区域布局较为合理的科技兴海平台网络，加速了海洋技术辐射、扩散和高技术产业集聚。

二、准确把握科技兴海工作面临的形势和挑战

（一）国际海洋开发活动的新趋势，为科技兴海工作带来新挑战

国际上，海洋的战略地位更加凸显，世界海洋开发进入了绿色、立体、科学发展的新时代，海洋战略性新兴产业成为沿海各国主要发展方向。今年 APEC 海洋部长会通过的《厦门宣言》和《APEC 海洋可持续发展报告》，强调蓝色经济绿色发展将成为未来经济发展的新形态。随着深海油气、天然气水合物、深层海水、深海基因和国际海底资源等勘探开发技术的进步和新资源的发现，海洋开发空间全面挺进深海、大洋，为人类开发利用新资源带来了曙光。海洋战略性新兴产业增长迅速，沿海国家纷纷出台海洋科技和产业规划、加大海洋科研投入，积极推动海洋医药、海洋可再生能源、海洋高端装备制造等产业的发展。我们应抓住海洋产业变革和科技革命的战略重点，加快提升我国海洋科技和产业的国际竞争力。

（二）国内社会经济发展的新常态，对科技兴海工作提出新要求

我国经济发展正处于创新驱动、转型升级的关键时期，中央经济工作会议提出要主动适应经济发展“新常态”。在海洋强国战略和生态文明战略的引领下，海洋经济将会继续保持较快增长势头，但我国资源环境约束日益加大。因此，今后要将海洋经济提质增效放在更加突出的位置，推动海洋经济发展模式从要素驱动、投资驱动向创新驱动转变。

（三）国家实施“一带一路”的新战略，为科技兴海工作带来新机遇

丝绸之路经济带和21世纪海上丝绸之路战略构想是党中央根据全球形势深刻变化，统筹国内国际两个大局，构建全方位对外开放全新格局的重大举措。21世纪海上丝绸之路建设给科技兴海工作提供了历史性的发展机遇。无论是海洋经济活动还是海上保障服务都需要科技支撑。海上丝绸之路建设有利于科技兴海开放

性发展，全方位实现海洋科技合作，人才、资金交流和产业互动互惠；有利于在更大范围、更深层次参与国际分工与合作；有利于占据海洋产业价值链的高端环节，形成新的发展优势和竞争优势。这为科技兴海工作提供了更广阔的天地。

我们在认真总结梳理工作经验和全面分析国际国内形势的同时，深感科技兴海工作目前仍然存在不少薄弱环节。一是推动科技兴海工作持续深入开展的长效机制还有待进一步完善，二是海洋科技创新和成果转化应用水平需要进一步加强，三是市场在推动海洋科技成果转化中承担的功能有待进一步挖掘和提升。这些薄弱环节需要引起我们的高度重视，找准切入点、着力点，逐步化解。

三、大力推动科技兴海工作取得新突破

当前，科技兴海已进入新的历史阶段。明年是“十二五”规划的收官年，也是谋划新远景之年。海洋界要深入贯彻党的十八大、十八届三中、四中全会以及中央经济工作会议精神，以习近平总书记等中央领导同志关于海洋工作和科技创新的一系列重要指示为指导，重点抓好以下工作：

（一）突出优势、审时度势，科学制定新一轮的科技兴海工作思路与规划

国家海洋局将会同科技部等有关部门，根据建设海洋强国和创新驱动发展战略的部署，共同编制《全国科技兴海规划纲要（2016—2025年）》，明确科技兴海战略性目标、任务和措施，指导和调动各方面力量共同参与、积极推动。希望沿海省市、海洋高技术产业基地、科技兴海基地要作为科技兴海战略的实施主体，加深对海洋强国战略、创新驱动战略的认识，从实际出发，发挥市场在配置资源中的决定性作用，找准创新的突破口，因地制宜，研究制定科技兴海规划、行动计划和战略性新兴产业发展路线图。未来的科技兴海工作，要以深化改革开放为动力，坚持“需求牵引、市场主体、创新引领、统筹发展”原则，坚持以成果转化和产业化为主线，以发展海洋高技术产业和战略性新兴产业、推动海洋经济发展方式转变和提高海洋产业国际竞争能力为着力点，优化发展环境和资源配置，加强创新链、产业链和应用链的协同创新，大力推进企业海洋技术创新主体地位，大幅提高海洋科技成果转化率和科技贡献率。

（二）创新驱动、扎实推进，促进海洋经济提质增效

一是海洋科技界、产业界和用户等要积极联手，瞄准制约海洋产业发展的瓶颈环节和海洋生态文明建设、全球海洋环境保障服务等重大科技问题，积极争取海洋科技专项和计划立项，实现核心技术的突破和关键装备的自主化，研发一批重大海洋标准，注重边研究边转化应用。二是要集中优势资源，使用好海洋经济发展区域示范等资金，做大做强海洋健康养殖与生物育种、海洋工程装备、海水淡化、海洋生物医药与制品等具有良好基础的海洋战略性新兴产业，培育海洋科技服务、海洋新材料等具有良好发展前景的新兴产业，加快海洋可再生能源、深远海资源开发等技术商业化，着力培育一批具有国际竞争力的龙头企业，推动中小型科技企业发展，为逐步推进海洋战略性新兴产业发展成主导产业打好基础。同时，还要依靠海洋科技创新，推动传统海洋产业开发方式转变，逐步实现绿色、低碳的生态化发展和高端化发展。三是要加强科技兴海公共平台能力建设，优化科技兴海平台区域布局。继续推进国家海洋高技术产业基地、科技兴海产业示范基地、海洋科技企业孵化器等载体建设，发挥其创新要素向区域特色产业聚集的优势，开发具有自主知识产权的产品，培育中国海洋知名品牌，培育新的产业增长点，增强辐射带动能力。

（三）加强领导、协同推进，探索新形势下科技兴海新机制

科技兴海是涉及政、产、学、研、金、用的系统工程。在新形势下，要建立健全促进创新驱动的科技兴海体系和制度，打通从科技强到产业强、经济强、国家强的通道。首先，要优化工作机制与政策环境。全国科技兴海领导小组各成员单位将开展更加深入的合作，适应科技体制改革的要求，加强宏观指导协调、行业监管理和制度建设，充分发挥市场配置要素资源的决定性作用，创造政策、资金、平台等方面良好的发展环境。各级沿海地方政府要建立健全科技兴海工作机制，加大创新创业政策的落实力度，积极探索新时期的科技兴海模式、

制度与机制。大力引导建立金融、社会、创投资金等多元投入机制，支持完善服务于科技兴海的财税政策和金融创新。第二，要强化产学研用协同创新机制。大力推进海洋创新链、产业链、应用链之间多种形式的紧密合作机制。各海洋科研教学单位、企业要以提升自主创新能力和成果转化为中心，加强创新能力建设，完善人才培养和引进机制。第三，要创新海洋科技服务和评价机制。各类科技兴海平台和基地要完善运行服务机制，提高服务于海洋产业发展的能力和水平。要加强知识产权保护，鼓励发展海洋技术交易中心等中介机构、行业协会和新型服务企业，建立符合市场经济规律的海洋科技成果评价和技术转让机制，提高科研人员进行成果转化的积极性。第四，要建立健全国际合作机制。建立一批服务海洋产业和经济发展的海外科技合作基地和平台。支持企业参与国际海洋科技与高技术产业合作，设立海外生产基地和研发中心，参与制定国际标准，推广应用自主技术标准。积极吸引先进技术与装备、国际高端人才、机构和公司参与科技兴海工作。

2014 年大事记

1 月 2 日，中国第 30 次南极考察队暨“雪龙”号科考船成功营救在南极遇险的俄罗斯籍“绍卡利斯基院士”号客船上的 52 名乘客。在完成救援行动后，“雪龙”号船所在海域冰情突变，“雪龙”号船及船上 101 名人员被困。同月 3 日，中共中央总书记、国家主席、中央军委主席习近平对“雪龙”号船遇冰受阻作出重要指示，要求各有关方面协调配合，指导帮助他们脱困，确保人员安全争取早日平安返回。中共中央政治局常委、国务院总理李克强对救援工作作出批示。同月 4 日，国家海洋局专门成立“雪龙”号船脱困应急工作领导小组，全力组织“雪龙”号船救援脱困工作。同月 7 日，“雪龙”号船经过 13 个小时的艰苦努力，成功突破浮冰重围。

1 月 10 日，国家海洋局印发《海上船舶和平台志愿观测管理规定》。

1 月 16 日，全国海洋工作会议在北京召开，国土资源部党组书记、部长姜大明出席会议并作重要讲话，时任国家海洋局党组书记、局长刘赐贵作工作报告。

1 月 26 日，中共中央政治局常委、国务院副总理张高丽看望极地大洋科考队员和家属代表，并视频连线慰问极地大洋科考队员，随后张高丽与极地大洋科技工作者进行座谈。

1 月 27 日至 2 月 2 日，我国首次在西南印度洋 1 万平方千米的多金属硫化物勘探合同区成功实施水下机器人——“海龙”号无人缆控潜水器作业，该航段“海龙”号突破近底连续作业 8 小时的纪录。

2 月 8 日，中国南极泰山站建成并投入使用，中共中央总书记、国家主席、中央军委主席习近平向泰山站致信表示热烈祝贺，对不惧艰险、立志造福人类的广大极地科学工作者表示诚挚的问候。国家海洋局以视频连线形式举行中国南极泰山站建成开站仪式，时任国家海洋局党组书记、局长刘赐贵宣读了习近平总书记的贺信。

2 月 18—20 日，由国家海洋局、国家开发银行组成联合调研组，赴广东省开展开发性金融支持海洋经济发展情况调研。

2 月 25 日，中国第 30 次南极科学考察队乘坐“雪龙”号极地考察船抵达普利兹湾，圆满完成了首次环南极大陆考察航行任务，全程 1.1 万海里。

3 月 3 日，国家海洋局党组成员、副局长，中国大洋矿产资源研究开发协会理事长王飞通过视频连线，慰问正在海上执行任务的中国大洋第 30 航次科考队员。

3 月 4 日，辽产业重机（江苏）有限公司承建的世界首艘以天然气作为动力推进的多用途远洋运输船成功下水，进入设备安装和调试阶段。

3 月 8 日，中国最大省级海洋综合执法船“中国海监 8001”建成靠泊厦门。

3 月 9 日，“中国海警 3411”船抵达马航“MH370”客机疑似失联海域中心位置按部署开展搜救工作。

3 月 11 日，国家海洋局发布《2013 年中国海洋经济统计公报》。

3 月 11 日，“蛟龙”号载人潜水器水面支持系统移交工作会在青岛国家深海基地管理中心召开。

3 月 13 日，以“放养·祈福·健康·平安”为主题的青岛 2014 年世界海洋日暨海洋生物资源增殖放流公益活动正式启动。

3 月 17 日，由国家海洋局组织的学习贯彻习近平总书记系列讲话精神集中轮训首期培训班在京开班，时任国家海洋局党组书记、局长刘赐贵出席开班仪式。

3 月 18 日，国家海洋局在京召开了海洋强国战略规划研讨会，时任国家海洋局党组成员、副局长王宏出席会议并讲话。

3 月 18 日，国家海洋局召开《海洋科技创新总体规划》战略研究第一次工作会。

3 月 21 日，时任国家海洋局党组书记、局长刘赐贵召开紧急专题会议，部署“雪龙”号船前往马航“MH370”客机失联疑似海域搜寻事宜，中国第 30 次南极科学考察队接到命令后立即示驶离澳大利亚弗里曼特尔港，赴珀斯西南 2500 千米处海域开展搜寻马航 MH370 任务。同月 30 日，“雪龙”号船在完成与中国“海巡 01”轮工作交接后，继续执行中国第 30 次南极科考第 8 航段的航行任务。

4 月 11 日，时任国家海洋局党组书记、局长刘赐贵应邀在中共中央党校报告厅作题为《我国周边海洋形势和权益维护》的专题报告。

4 月 14—15 日，国家海洋局与南非环境部在南非开普敦联合主办了首届中国—南非海洋科技研讨会。

4 月 15 日，财政部、国家海洋局联合下发《关于在天津、江苏实施海洋经济创新发展区域示范的通知》。

4 月 15 日，中国第 30 次南极考察队圆满完成各项科考任务，乘“雪龙”号船极地科考船，返回上海极地考察国内基地码头，历时 160 天，行程 31900 余海里。

4 月 22—23 日，由国家海洋局和中国大洋矿产资源研究开发协会资助，国家海洋局第二海洋研究所和海洋发展战略研究所共同主办的第四届大陆架和国际海底区域制度科学与法律问题国际研讨会在厦门举行。

4 月 24 日，中共中央政治局常委、国务院副总理张高丽在中南海紫光阁与第 30 次南极考察队员进行座谈。

4 月 28 日，国家发展改革委、国家海洋局联合下发《关于在广州等 8 个城市开展国家海洋高技术产业基地试点的通知》，决定在广州、湛江、厦门、舟山、青岛、烟台、威海、天津 8 个城市开展国家海洋高技术产业基地试点工作。

4 月 28 日，庆祝“五一”国际劳动节暨全国五一劳动奖状奖章表彰大会在北京人民大会堂隆重举行。中国大洋矿产资源研究开发协会办公室、中国船舶重工集团公司第七〇二研究所等 5 个集体荣获“全国五一劳动奖状”；国家深海基地管理中心潜航员傅文韬等 14 人荣获“全国五一劳动奖章”；中国海监第一支队“向阳红 09”船等 10 个集体荣获“全国工人先锋号”荣誉称号。国家海洋局第二海洋研究所所长李家彪、广东省渔政总队“中国海警 3111”船政委林俊强荣获“全国五一劳动奖章”；福建省海洋与渔业厅应急指挥中心荣获“全国工人先锋号”荣誉称号。

4 月 28 日至 5 月 7 日，外交部组派中国代表团出席了在巴西首都巴西利亚召开的第 37 届南极条约协商会议和第 17 届南极环境保护委员会会议。

4 月 29 日，空间海洋遥感与应用技术交流会暨国家海洋局空间海洋遥感与应用研究重点实验室、卫星中心博士后科研工作站揭牌仪式在北京举行。

4 月 29 日，中国大洋矿产资源研究开发协会与国际海底管理局在北京正式签订了国际海底富钴结壳矿区勘探合同。

5 月 9 日，由国家发展改革委、财政部、工信部、国家海洋局等九部门联合编制的《海洋工程装备工程实施方案》发布。

5 月 14 日，国家海洋局主办的 2014 国际海洋科技与项目合作会议在北京国家会议中心召开。

5 月 15 日，国家海洋局宣传教育中心组织指导、广东海洋大学海洋文化产业研究中心承担编制的我国第一部海洋文化产业蓝皮书《粤桂琼海洋文化产业蓝皮书（2010—2013）》在广东省湛江市发布。

5 月 19—21 日，国家海洋局党组成员、副局长陈连增率团访问希腊，就推动中希海洋合作事宜与希方有关部门进行了磋商。

5 月 22 日，国家海洋局下发《关于建立县级以上常态化海岛监视监测体系的指导意见》。

5 月 28 日，第三届中国海洋可再生能源发展年会暨论坛在哈尔滨举行。

5 月 29 日，“大洋一号”科考船完成中国大洋第 30 航次科考任务在青岛靠港，该航次历时 179 天，航程 25628 海里，共有海内外 133 名科考队员参加。

5 月 30 日，国家海洋局印发《南极考察活动行政许可管理规定》。

6 月 5 日，国家海洋局首次编制并印发《海洋站水准连测技术规程》，对全国海洋站（点）水准点信息采集、水准测量以及成果汇交的有关事项作出相应规定。

6 月 7 日，2014 世界海洋日暨国家海洋局建局 50 周年系列活动启动仪式及“海丝情・中国梦”2013 年度海洋人物颁奖仪式在福建省福州市隆重举行。2014 年世界海洋日暨全国海洋宣传日主题为“建设海上丝路，联通五洲四海”同日，作为主场活动之一的“创新驱动蓝色经济发展”专场活动在福州举办。

6 月 8 日，福建省开展了“海上丝路——过去和现在”摄影图片展、2014“海洋杯”中国・平潭国际自行车公开赛、“碧海银滩生态行”清洁海滩行动等系列活动，全国其他沿海各地也陆续开展系列活动。

6 月 9 日，国家海洋局组织编制的《海域分等定级》《海洋工程环境影响评价技术导则》《围填海工程填充物质成分限值》《风暴潮防灾减灾技术导则》《赤潮灾害处理技术指南》《深海微生物样品前处理技术规范》《海洋微微型光合浮游生物的测定 流式细胞测定法》《海洋沉积物中放射性核素的测定 γ 能谱法》《海洋沉积物中正构烷烃的测定气相色谱—质谱法》《海洋沉积物中总有机碳的测定非色散红外吸收法》《海洋大气干沉降物中总硫的测定 非色散红外吸收法》和《海洋大气干沉降物中总碳的测定 非色散红外吸收法》等 12 项海洋国家标准，由国家质量监督检验检疫总局和国家标准化管理委员会 2014 年第 11 号公告批准发布。

6 月 13 日，时任国家海洋局党组书记、局长刘赐贵应邀访问牙买加水利、国土、环境与气候变化部，并与罗伯特・皮克斯基尔部长和伊万・黑勒斯常秘举行工作会谈。

6 月 16 日，国家海洋局在北京召开视频会议，对“十三五”海洋规划的编制工作进行部署，标志着海洋领域“十三五”规划编制工作正式启动。

6 月 16—17 日，时任国家海洋局党组书记、局长刘赐贵应美国国务卿约翰・克里邀请，出席由美国国务院举办、主题为“我们的海洋”的世界海洋大会，并在“海洋健康与科学”专题做主旨演讲。

6 月 19 日，在中共中央政治局常委、国务院总理李克强与希腊总理萨马拉斯见证下，时任国家海洋局党组书记、局长刘赐贵与希腊航运、海洋事务与爱琴海部部长瓦尔维齐奥蒂斯共同签署了《中华人民共和国政府与希腊共和国政府海洋领域合作谅解备忘录》。

6 月 20 日，中共中央政治局常委、国务院总理李克强和希腊总理萨马拉斯共同出席由中国商务部、国家海洋局与希腊经济发展部联合举办的海洋合作论坛，李克强总理发表题为《努力建设和平合作和谐之海》的演讲。

7 月 4 日，搭载我国“蛟龙”号载人潜水器的“向阳红 09”船从福建省福州市起航，奔赴西北太平洋执行 2014—2015 年试验性应用航次(中国大洋第 35 航次)第一航段科考任务。

7 月 6 日，国家海洋局批准发布《海洋动物标准物质研制及保存技术规范》《海洋植物标准物质研制及保存技术规范》《海洋沉积物标准物质研制及保存技术规范》《海水成分分析标准物质研制及保存技术规范》《水下营养盐自动分析仪》《光学悬浮沙粒径谱仪》《海水中铁细菌的测定 MPN 法》《海水中硫酸盐还原菌的测定 MPN 法》和《海水碱度的测定 pH 电位滴定法》等 9 项推荐性海洋行业标准。

7 月 10 日，国家海洋事业发展高级咨询委员会第四次会议在北京召开，中共中央政治局原委员、国务院原副总理、高咨委总顾问曾培炎出席会议并讲话，第十一届全国人大常委会副委员长、高咨委主任周铁农主持会议。

7 月 11 日，中国第六次北极科学考察队乘“雪龙”号船从上海极地考察国内基地码头起航，前往北极执行科学考察任务。

7 月 17 日，国家海洋局在北京召开行政部署会，启动海洋灾害一级紧急响应，对“威马逊”风暴潮和海浪灾害防御工作进行动员、部署、落实。

7 月 22 日，国家海洋局成立 50 周年之际，中共中央政治局常委、国务院总理李克强专门对海洋工作作出重要批示。同日，国家海洋局召开成立 50 周年座谈会。

7 月 22 日，我国首个海洋发展指数《中国海洋发展指数报告（2014)》在北京发布。

7 月 31 日，国家深海基地管理中心与中国航天员科研训练中心在北京举行了战略合作协议签署仪式。

7 月 31 日，“蛟龙”号在西太平洋马尔库斯—威克海山区开展了 2014 年试验性应用航次第

10 次下潜作业，圆满结束了今年试验性应用航次第一航段科考任务，“向阳红 09”船随即起程返航。

8 月 1 日，中泰海洋领域合作联委会第三次会议在北京召开。

8 月 14 日，中国第六次北极考察队取得了两项科考新进展——成功布放具有我国自主知识产权的拖曳式冰浮标及冰漂移浮标阵。

8 月 25 日，由国家海洋局主办的主题为“公共和私营部门的对话：促进蓝色经济发展”的第三届 APEC 蓝色经济论坛在福建厦门举行。

8 月 28 日，亚太经合组织（APEC）第四届海洋部长会议在厦门举行，会议由时任国家海洋局党组书记、局长刘赐贵主持，来自 APEC 19 个成员、APEC 秘书处及联合国教科文组织政府间海洋学委员会（IOC）、东亚海环境管理伙伴关系计划（PEMSEA）等相关国际组织的 200 多名代表出席会议，本次参会代表团在层次、规模和人数上均创历史记录。

9 月 1—4 日，由联合国主办，每十年一届的第三届小岛屿发展中国家国际会议在南太平洋岛国萨摩亚首都阿皮亚召开，国家海洋局副局长王飞率代表团出席了大会及相关伙伴关系对话会。

9 月 9 日，格陵兰（丹麦所属自治领土）教育、宗教、文化及平等部部长尼克·尼尔森率代表团到中国国家海洋局进行访问。

9 月 11 日，国家海洋局印发了《关于建立海洋生态环境质量通报制度的意见》，实施面向沿海地方政府的海洋生态环境质量通报制度。

9 月 15 日，在中共中央总书记、国家主席、中央军委主席习近平与马尔代夫总统亚明的见证下，时任国家海洋局、局长刘赐贵与马尔代夫环境与能源部部长托里克·伊布拉希姆部长共同签署了《中华人民共和国国家海洋局和马尔代夫共和国环境与能源部海洋领域合作谅解备忘录》。

9 月 15 日，国家海洋局在京召开行政部署会，宣布启动海洋灾害一级紧急响应，对“海鸥”风暴潮和海浪灾害防御工作进行动员、部署、落实。

9 月 16 日，在中共中央总书记、国家主席、中央军委主席习近平与斯里兰卡总统马欣达·拉贾帕克萨见证下，时任国家海洋局局长刘赐贵与斯里兰卡国防与城市发展部常秘戈塔巴雅·拉贾帕克萨共同签署了《中国国家海洋局与斯里兰卡国防与城市发展部关于建立中斯联合海岸带与海洋研究与开发中心的谅解备忘录》。

9 月 22 日，中国第六次北极科学考察队圆满完成各项考查任务，搭乘“雪龙”号船顺利返回上海中国极地考察国内基地码头。该次考查共完成 12 条断面累计 90 个站位作业和 1 个为期 10 天的长期冰站和 7 个短期冰站观测，获得多项重要考察成果。

10 月 15 日，以“海洋科技自主创新与 21 世纪海上丝路”为主题的 2014 中国·青岛海洋国际高峰论坛在青岛西海岸新区开幕，新华（青岛）国际海洋资讯中心与国家金融信息中心指数研究院在论坛上联合发布了《新华海洋科技创新指数报告（2014）》。

10 月 15 日，2014 中国极地科学学术年会暨中国南极考察 30 周年纪念会在青岛召开。

10 月 16 日，由国家海洋局与国家发改委、国家文物局主办的 2014 年“海疆万里行”系列主题宣传活动，在山东青岛西海岸新区正式启动。

10 月 17 日，中国海洋工程咨询协会海底勘察与开发分会成立大会暨第一次会员代表大会在杭州举行。

10 月 22 日，由国家海洋局主办，海洋出版社承办的海洋科学专业教材开发建设工作会议在北京召开。

10 月 29 日，中国海洋报社推出“极行军”系列图书，从不同角度生动展示了中国极地科考队员在极地特殊环境下劈波斩浪、战风斗雪的动人故事和英勇壮举。

10 月 30 日，中国第 31 次南极科学考察队乘“雪龙”号船从上海中国极地考察国内基地码头起航，奔赴南极执行科学考察任务。

10 月 31 日，以“依海富国 以海强国 人海和谐”为主题的第七届海洋强国战略论坛暨 2013 年海洋科学技术奖颁奖仪式在南京举行。

11 月 7 日，以“海上丝绸之路与蓝色经济合作”为主题的 2014 厦门国际海洋周在厦门开幕，来自 30 多个国家和 10 多个国际组织的 2000 多名代表以及我国相关部委、协会、科研院所和沿海城市代表参会。

11 月 16 日，“大洋一号”船从海南三亚起航，前往西南印度洋我国多金属硫化物勘探合同区执行中国大洋第 34 航次科学考察任务。

11 月 18 日，中共中央总书记、国家主席、中央军委主席习近平在澳大利亚总理阿博特陪同下参观南极科考项目并慰问两国科考人员。在习近平主席和澳大利亚总理阿博特的共同见证下，时任国家海洋局局长刘赐贵与澳大利亚环境部部长格里格·亨特签署了《中华人民共和国政府与澳大利亚联邦政府关于南极与南大洋合作的谅解备忘录》，与澳大利亚塔斯马尼亚州州长威尔·霍治曼签署《中国国家海洋局与澳大利亚塔斯马尼亚州政府南极门户合作执行计划》。

11 月 20 日，在中共中央总书记、国家主席、中央军委主席习近平和新西兰总理约翰·基见证下，时任国家海洋局局长刘赐贵与新西兰外交贸易部部长麦卡利交换《中新两国政府关于南极合作的安排》。

11 月 22 日，在中共中央总书记、国家主席、中央军委主席习近平和瓦努阿图总理乔纳图曼见证下，时任国家海洋局局长刘赐贵与瓦努阿图外交、国际合作与对外贸易部部长萨托·基尔曼交换《中国瓦努阿图两国政府关于海洋领域合作的谅解备忘录》。

11 月 25 日，中国深潜试验母船“向阳红 09”船搭载“蛟龙”号载人潜水器从江苏江阴正式起航，执行 2014—2015 年试验性应用航次第二、三航段任务，该航次是“蛟龙”号首次赴西南印度洋热液区开展科考。

11 月 28 日，国家海洋局和国家开发银行联合印发了《关于开展开发性金融促进海洋经济发展试点工作的实施意见》，为积极推进试点工作，双方完善了开发性金融促进海洋经济发展的工作机制，成立由时任国家海洋局、局长刘赐贵和国家开发银行行长郑之杰分别担任组长，国家开发银行副行长王用生和时任国家海洋局副局长王宏分别担任副组长的工作组。

12 月 3 日，主题为“湛蓝海洋，铸梦远航”的 2014 中国海洋经济博览会在广东省湛江市开幕。

12 月 7 日，中共中央政治局委员、国务院副总理刘延东到国家海洋局第三海洋研究所考察。

12 月 9 日，东亚海环境管理伙伴关系计划（PEMSEA）中国第四期项目启动暨中国—PEMSEA 海岸带可持续管理合作中心成立大会在山东省青岛市召开。

12 月 9 日，经国务院同意，国家海洋局印发《全国海洋观测网规划（2014—2020 年）》。

12 月 17 日，首届海洋防灾减灾学术交流会在北京举行。

12 月 23 日，“蛟龙”号载人潜水器在印度洋首次执行科学应用下潜，这也是中国载人潜水器首次首次到海底热液区下潜作业。同月 26 日，“蛟龙”号载人潜水器在西南印度洋圆满完成第 88 次下潜科考任务，采集到硫化物“烟囱”碎片及岩石矿物样本 20 千克。

12 月 24 日，国家海洋局批准将青岛海洋新兴产业示范基地、厦门海洋生物产业示范基地、广州南沙新区科技兴海产业示范基地，认定为国家科技兴海产业示范基地。

12 月 29 日，国家海洋局与科技部在京共同组织召开全国科技兴海大会，会议总结了《全国科技兴海规划纲要（2008—2015 年）》阶段性实施成效，并对科技兴海下一阶段重点工作进行了部署。中共中央政治局常委、国务院副总理张高丽，中共中央政治局委员、国务院副总理刘延东分别对大会作出重要批示。时任国家海洋局党组书记、局长刘赐贵，科技部副部长张来武出席会议并讲话。

12 月 30 日，钓鱼岛专题网站正式上线开通，该网站由国家海洋信息中心主办，使用“www.diaoyudao.org.cn”和“www.钓鱼岛.cn”域名。

12 月 30 日，中国第 31 次南极考察队乘坐“雪龙”号极地考察船到达东经 165° 34′、南纬 77° 35′，创造了我国船舶向南航行纬度最高纪录，“雪龙”号船成为我国航海史上到达地球最南纬度的船只。

海洋法规和文件选编

中华人民共和国航道法

（2014年12月28日第十二届全国人民代表大会常务委员会第十二次会议通过）

第一章 总则

第一条 为了规范和加强航道的规划、建设、养护、保护，保障航道畅通和通航安全，促进水路运输发展，制定本法。

第二条 本法所称航道，是指中华人民共和国领域内的江河、湖泊等内陆水域中可以供船舶通航的通道，以及内海、领海中经建设、养护可以供船舶通航的通道。航道包括通航建筑物、航道整治建筑物和航标等航道设施。

第三条 规划、建设、养护、保护航道，应当根据经济社会发展和国防建设的需要，遵循综合利用和保护水资源、保护生态环境的原则，服从综合交通运输体系建设和防洪总体安排，统筹兼顾供水、灌溉、发电、渔业等需求，发挥水资源的综合效益。

第四条 国务院和有关县级以上地方人民政府应当加强对航道工作的领导，组织、协调、督促有关部门采取措施，保持和改善航道通航条件，保护航道安全，维护航道网络完整和畅通。

国务院和有关县级以上地方人民政府应当根据经济社会发展水平和航道建设、养护的需要，在财政预算中合理安排航道建设和养护资金。

第五条 国务院交通运输主管部门主管全国航道管理工作，并按照国务院的规定直接管理跨省、自治区、直辖市的重要干线航道和国际、国境河流航道等重要航道。

县级以上地方人民政府交通运输主管部门按照省、自治区、直辖市人民政府的规定主管所辖航道的管理工作。

国务院交通运输主管部门按照国务院规定设置的负责航道管理的机构和县级以上地方人民政府负责航道管理的部门或者机构（以下统称负责航道管理的部门），承担本法规定的航道管理工作。

第二章 航道规划

第六条 航道规划分为全国航道规划、流域航道规划、区域航道规划和省、自治区、直辖市航道规划。

航道规划应当包括航道的功能定位、规划目标、发展规划技术等级、规划实施步骤以及保障措施等内容。

航道规划应当符合依法制定的流域、区域综合规划，符合水资源规划、防洪规划和海洋功能区划，并与涉及水资源综合利用的相关专业规划以及依法制定的城乡规划、环境保护规划等其他相关规划和军事设施保护区划相协调。

第七条 航道应当划分技术等级。航道技术等级包括现状技术等级和发展规划技术等级。航道发展规划技术等级根据相关自然条件以及防洪、供水、水资源保护、生态环境保护要求和航运发展需求等因素评定。

第八条 全国航道规划由国务院交通运输主管部门会同国务院发展改革部门、国务院水行政主管部门等部门编制，报国务院批准公布。流域航道规划、区域航道规划由国务院交通运输主管部门编制并公布。

省、自治区、直辖市航道规划由省、自治区、直辖市人民政府交通运输主管部门会同同级发展改革部门、水行政主管部门等部门编制，报省、自治区、直辖市人民政府会同国务院交通运输主管部门批准公布。

编制航道规划应当征求有关部门和有关军事机关的意见，并依法进行环境影响评价。

涉及海域、重要渔业水域的，应当有同级海洋主管部门、渔业行政主管部门参加。编制全国航道规划和流域航道规划、区域航道规划应当征求相关省、自治区、直辖市人民政府的意见。

流域航道规划、区域航道规划和省、自治区、直辖市航道规划应当符合全国航道规划。

第九条　依法制定并公布的航道规划应当依照执行；航道规划确需修改的，依照规划编制程序办理。

第三章　航道建设

第十条　新建航道以及为改善航道通航条件而进行的航道工程建设，应当遵守法律、行政法规关于建设工程质量管理、安全管理和生态环境保护的规定，符合航道规划，执行有关的国家标准、行业标准和技术规范，依法办理相关手续。

第十一条　航道建设单位应当根据航道建设工程的技术要求，依法通过招标等方式选择具有相应资质的勘察、设计、施工和监理单位进行工程建设，对工程质量和安全进行监督检查，并对工程质量和安全负责。

从事航道工程建设的勘察、设计、施工和监理单位，应当依照法律、行政法规的规定取得相应的资质，并在其资质等级许可的范围内从事航道工程建设活动，依法对勘察、设计、施工、监理的质量和安全负责。

第十二条　有关县级以上人民政府交通运输主管部门应当加强对航道建设工程质量和安全的监督检查，保障航道建设工程的质量和安全。

第十三条　航道建设工程竣工后，应当按照国家有关规定组织竣工验收，经验收合格方可正式投入使用。

航道建设单位应当自航道建设工程竣工验收合格之日起六十日内，将竣工测量图报送负责航道管理的部门。沿海航道的竣工测量图还应当报送海军航海保证部门。

第十四条　进行航道工程建设应当维护河势稳定，符合防洪要求，不得危及依法建设的其他工程或者设施的安全。因航道工程建设损坏依法建设的其他工程或者设施的，航道建设单位应当予以修复或者依法赔偿。

第四章　航道养护

第十五条　国务院交通运输主管部门应当制定航道养护技术规范。

负责航道管理的部门应当按照航道养护技术规范进行航道养护，保证航道处于良好通航技术状态。

第十六条　负责航道管理的部门应当根据航道现状技术等级或者航道自然条件确定并公布航道维护尺度和内河航道图。

航道维护尺度是指航道在不同水位期应当保持的水深、宽度、弯曲半径等技术要求。

第十七条　负责航道管理的部门应当按照国务院交通运输主管部门的规定对航道进行巡查，发现航道实际尺度达不到航道维护尺度或者有其他不符合保证船舶通航安全要求的情形，应当进行维护，及时发布航道通告并通报海事管理机构。

第十八条　海事管理机构发现航道损毁等危及通航安全的情形，应当及时通报负责航道管理的部门，并采取必要的安全保障措施。

其他单位和人员发现航道损毁等危及通航安全的情形，应当及时报告负责航道管理的部门或者海事管理机构。

第十九条　负责航道管理的部门应当合理安排航道养护作业，避免限制通航的集中作业和在通航高峰期作业。

负责航道管理的部门进行航道疏浚、清障等影响通航的航道养护活动，或者确需限制通航的养护作业的，应当设置明显的作业标志，采取必要的安全措施，并提前通报海事管理机构，保证过往船舶通行以及依法建设的工程设施的安全。养护作业结束后，应当及时清除影响航道通航条件的作业标志及其他残留物，恢复正常通航。

第二十条　进行航道养护作业可能造成航道堵塞的，有关负责航道管理的部门应当会同海事管理机构事先通报相关区域负责航道管理的部门和海事管理机构，共同制定船舶疏导方案，并向社会公告。

第二十一条　因自然灾害、事故灾难等突发事件造成航道损坏、阻塞的，负责航道管理的部门应当按照突发事件应急预案尽快修复抢通；必要时由县级以上人民政府组织尽快修复抢通。

船舶、设施或者其他物体在航道水域中沉没，影响航道畅通和通航安全的，其所有人或者经营人应当立即报告负责航道管理的部门和海事管理机构，按照规定自行或者委托负责航道管理的部门或者海事管理机构代为设置标志，并应当在海事管理机构限定的时间内打捞清除。

第二十二条 航标的设置、养护、保护和管理，依照有关法律、行政法规和国家标准或者行业标准的规定执行。

第二十三条 部队执行任务、战备训练需要使用航道的，负责航道管理的部门应当给予必要的支持和协助。

第五章 航道保护

第二十四条 新建、改建、扩建（以下统称建设）跨越、穿越航道的桥梁、隧道、管道、缆线等建筑物、构筑物，应当符合该航道发展规划技术等级对通航净高、净宽、埋设深度等航道通航条件的要求。

第二十五条 在通航河流上建设永久性拦河闸坝，建设单位应当按照航道发展规划技术等级建设通航建筑物。通航建筑物应当与主体工程同步规划、同步设计、同步建设、同步验收、同步投入使用。

闸坝建设期间难以维持航道原有通航能力的，建设单位应当采取修建临时航道、安排翻坝转运等补救措施，所需费用由建设单位承担。

在不通航河流上建设闸坝后可以通航的，闸坝建设单位应当同步建设通航建筑物或者预留通航建筑物位置，通航建筑物建设费用除国家另有规定外，由交通运输主管部门承担。

通航建筑物的运行应当适应船舶通行需要，运行方案应当经负责航道管理的部门同意并公布。通航建筑物的建设单位或者管理单位应当按照规定维护保养通航建筑物，保持其正常运行。

第二十六条 在航道保护范围内建设临河、临湖、临海建筑物或者构筑物，应当符合该航道通航条件的要求。

航道保护范围由县级以上地方人民政府交通运输主管部门会同水行政主管部门或者流域管理机构、国土资源主管部门根据航道发展规划技术等级和航道保护实际需要划定，报本级人民政府批准公布。国务院交通运输主管部门直接管理的航道的航道保护范围，由国务院交通运输主管部门会同国务院水行政主管部门、国务院国土资源主管部门和有关省、自治区、直辖市人民政府划定公布。航道保护范围涉及海域、重要渔业水域的，还应当分别会同同级海洋主管部门、渔业行政主管部门划定。

第二十七条 建设本法第二十四条、第二十五条第一款、第二十六条第一款规定的工程（以下统称与航道有关的工程），除依照法律、行政法规或者国务院规定进行的防洪、供水等特殊工程外，不得因工程建设降低航道通航条件。

第二十八条 建设与航道有关的工程，建设单位应当在工程可行性研究阶段就建设项目对航道通航条件的影响作出评价，并报送有审核权的交通运输主管部门或者航道管理机构审核，但下列工程除外：

（一）临河、临湖的中小河流治理工程；

（二）不通航河流上建设的水工程；

（三）现有水工程的水毁修复、除险加固、不涉及通航建筑物和不改变航道原通航条件的更新改造等不影响航道通航条件的工程。

建设单位报送的航道通航条件影响评价材料不符合本法规定的，可以进行补充或者修改，重新报送审核部门审核。

未进行航道通航条件影响评价或者经审核部门审核认为建设项目不符合本法规定的，负责建设项目审批或者核准的部门不予批准、核准，建设单位不得建设。

第二十九条 国务院或者国务院有关部门批准、核准的建设项目，以及与国务院交通运输主管部门直接管理的航道有关的建设项目的航道通航条件影响评价，由国务院交通运输主管部门审核；其他建设项目的航道通航条件影响评价，按照省、自治区、直辖市人民政府的规定由县级以上地方人民政府交通运输主管部门或者航道管理机构审核。

第三十条 航道上相邻拦河闸坝之间的航道通航水位衔接，应当符合国家规定的通航标准和技术要求。位于航道及其上游支流上的水工程，应当在设计、施工和调度运行中统筹考虑下游航道设计最低通航水位所需的下泄流量，但水文条件超出实际标准的除外。

保障下游航道通航所需的最小下泄流量以及满足航道通航条件允许的水位变化的确定，应当征求负责航道管理的部门的意见。

水工程需大幅度减流或者大流量泄水的，应当提前通报负责航道管理的部门和海事管理机构，给船舶避让留出合理的时间。

第三十一条　与航道有关的工程施工影响航道正常功能的，负责航道管理的部门、海事管理机构应当根据需要对航标或者航道的位置、走向进行临时调整；影响消除后应当及时恢复。所需费用由建设单位承担，但因防洪抢险工程引起调整的除外。

第三十二条　与航道有关的工程竣工验收前，建设单位应当及时清除影响航道通航条件的临时设施及其残留物。

第三十三条　与航道有关的工程建设活动不得危及航道安全。

与航道有关的工程建设活动损坏航道的，建设单位应当予以修复或者依法赔偿。

第三十四条　在通航水域上建设桥梁等建筑物，建设单位应当按照国家有关规定和技术要求设置航标等设施，并承担相应费用。

桥区水上航标由负责航道管理的部门、海事管理机构负责管理维护。

第三十五条　禁止下列危害航道通航安全的行为：

（一）在航道内设置渔具或者水产养殖设施的；

（二）在航道和航道保护范围内倾倒砂石、泥土、垃圾以及其他废弃物的；

（三）在通航建筑物及其引航道和船舶调度区内从事货物装卸、水上加油、船舶维修、捕鱼等，影响通航建筑物正常运行的；

（四）危害航道设施安全的；

（五）其他危害航道通航安全的行为。

第三十六条　在河道内采砂，应当依照有关法律、行政法规的规定进行。禁止在河道内依法划定的砂石禁采区采砂、无证采砂、未按批准的范围和作业方式采砂等非法采砂行为。

在航道和航道保护范围内采砂，不得损害航道通航条件。

第三十七条　本法施行前建设的拦河闸坝造成通航河流断航，需要恢复通航且具备建设通航建筑物条件的，由发展改革部门会同水行政主管部门、交通运输主管部门提出恢复通航方案，报本级人民政府决定。

第六章　法律责任

第三十八条　航道建设、勘察、设计、施工、监理单位在航道建设活动中违反本法规定的，由县级以上人民政府交通运输主管部门依照有关招标投标和工程建设管理的法律、行政法规的规定处罚。

第三十九条　建设单位未依法报送航道通航条件影响评价材料而开工建设的，由有审核权的交通运输主管部门或者航道管理机构责令停止建设，限期补办手续，处三万元以下的罚款；逾期不补办手续继续建设的，由有审核权的交通运输主管部门或者航道管理机构责令恢复原状，处二十万元以上五十万元以下的罚款。

报送的航道通航条件影响评价材料未通过审核，建设单位开工建设的，由有审核权的交通运输主管部门或者航道管理机构责令停止建设、恢复原状，处二十万元以上五十万元以下的罚款。

违反航道通航条件影响评价的规定建成的项目导致航道通航条件严重下降的，由前两款规定的交通运输主管部门或者航道管理机构责令限期采取补救措施或者拆除；逾期未采取补救措施或者拆除的，由交通运输主管部门或者航道管理机构代为采取补救措施或者依法组织拆除，所需费用由建设单位承担。

第四十条　与航道有关的工程的建设单位违反本法规定，未及时清除影响航道通航条件的临时设施及其残留物的，由负责航道管理的部门责令限期清除，处二万元以下的罚款；逾期仍未清除的，处三万元以上二十万元以下的罚款，并由负责航道管理的部门依法组织清除，所需费用由建设单位承担。

第四十一条　在通航水域上建设桥梁等建筑物，建设单位未按照规定设置航标等设施的，由负责航道管理的部门或者海事管理机构责令改正，处五万元以下罚款。

第四十二条 违反本法规定，有下列行为之一的，由负责航道管理的部门责令改正，对单位处五万元以下罚款，对个人处二千元以下罚款；造成损失的，依法承担赔偿责任：

（一）在航道内设置渔具或者水产养殖设施的；

（二）在航道和航道保护范围内倾倒砂石、泥土、垃圾以及其他废弃物的；

（三）在通航建筑物及其引航道和船舶调度区内从事货物装卸、水上加油、船舶维修、捕鱼等，影响通航建筑物正常运行的；

（四）危害航道设施安全的；

（五）其他危害航道通航安全的行为。

第四十三条 在河道内依法划定的砂石禁采区采砂、无证采砂、未按批准的范围和作业方式采砂等非法采砂的，依照有关法律、行政法规的规定处罚。

违反本法规定，在航道和航道保护范围内采砂，损害航道通航条件的，由负责航道管理的部门责令停止违法行为，没收违法所得，可以扣押或者没收非法采砂船舶，并处五万元以上三十万元以下罚款；造成损失的，依法承担赔偿责任。

第四十四条 违反法律规定，污染环境、破坏生态或者有其他环境违法行为的，依照《中华人民共和国环境保护法》等法律的规定处罚。

第四十五条 交通运输主管部门以及其他有关部门不依法履行本法规定的职责的，对直接负责的主管人员和其他直接责任人员依法给予处分。

负责航道管理的机构不依法履行本法规定的职责的，由其上级主管部门责令改正，对直接负责的主管人员和其他直接责任人员依法给予处分。

第四十六条 违反本法规定，构成违反治安管理行为的，依法给予治安管理处罚；构成犯罪的，依法追究刑事责任。

第七章 附则

第四十七条 进出军事港口、渔业港口的专用航道不适用本法。专用航道由专用部门管理。

第四十八条 本法自 2015 年 3 月 1 日起施行。

国务院关于促进海运业健康发展的若干意见

国发〔2014〕32 号（2014 年 8 月 15 日）

各省、自治区、直辖市人民政府，国务院各部委、各直属机构：

海运业是经济社会发展重要的基础产业，在维护国家海洋权益和经济安全、推动对外贸易发展、促进产业转型升级等方面具有重要作用。近年来，我国海运业发展迅速，成就显著。同时也要看到，当前海运业发展还不能完全适应经济社会发展的需要，仍然存在战略定位和发展目标不清晰、体制机制不顺、结构不合理、配套措施不完善、运营管理水平不高、核心竞争力较弱等问题。加快推动海运业健康发展，对稳增长、促改革、调结构、惠民生具有重要意义。为进一步做好相关工作，现提出以下意见：

一、总体要求

（一）指导思想。以邓小平理论、“三个代表”重要思想、科学发展观为指导，深入贯彻党的十八大和十八届二中、三中全会精神，认真落实党中央、国务院的各项决策部署，坚持把改革创新贯穿于海运业发展的各领域各环节，以科学发展为主题，以转变发展方式为主线，以促进海运业健康发展、建设海运强国为目标，以培育国际竞争力为核心，为保障国家经济安全和海洋权益、提升综合国力提供有力支撑。

（二）基本原则。保障经济安全、维护国家利益。站在维护国家利益的高度，高度重视，统筹谋划，综合施策，建立保障有力的海运船队，服务经济社会发展全局，保障国家经济安全。

深化改革、优化结构。深化海运业体制机制改革，完善海运企业法人治理结构，创新发展模式，优化组织结构、运力结构和运输结构，促进海运业可持续发展。

企业主体、政府引导。遵循海运业发展规律，充分发挥市场在资源配置中的决定性作用，更好发挥政府作用，借鉴国际经验，完善海运业发展相关配套政策，培育和提升核心竞争力。

全面推进、协同发展。充分发挥各方面积极性，形成合力，深化海运业与相关产业的合作，营造协同互补、互利共赢的发展环境。

（三）发展目标。按照全面建成小康社会的要求，到 2020 年，基本建成安全、便捷、高效、绿色、具有国际竞争力的现代海运体系，适应国民经济安全运行和对外贸易发展需要。

——保障经济社会发展。全球海运服务不断拓展，船队规模和港口布局规划适度超前，重点物资运输保障能力显著提高，在综合交通运输体系中的比较优势进一步发挥。

——国际竞争力明显提升。海运服务贸易出口额明显增加，进出口平衡发展，海运服务贸易规模位居世界前列；形成具有较强国际竞争力的品牌海运企业、港口建设和运营商、全球物流经营主体，基本建成具有国际影响力的航运中心。

——在国际海运事务中的地位不断提高。

二、重点任务

（四）优化海运船队结构。建设规模适度、结构合理、技术先进的专业化船队。大力发展节能环保、经济高效船舶，积极发展原油、液化天然气、集装箱、滚装、特种运输船队，提高集装箱班轮运输国际竞争力。有序发展干散货运输船队和邮轮经济，巩固干散货运输国际优势地位，培育区域邮轮运输品牌。

（五）完善全球海运网络。优化港口和航线布局，积极参与国际海运事务及相关基础设施投资、建设和运营，扩大对外贸易合作。加强重要国际海运通道保障能力建设，完善煤炭、石油、矿石、集装箱、粮食等主要货类运输系统，大力发展铁水联运、江海联运，推进深水航道和集疏运体系建设。

（六）推动海运企业转型升级。完善海运企业治理结构，转变发展理念，创新技术、产品和服务。加快兼并重组，促进规模化、专业化经营，提升抗风险能力和国际竞争力。在做强做优海运主业的同时，适度开展多元化经营。实施“走出去”战略，鼓励中资海运企业对外投资和跨国经营。有序发展中小海运企业，促进就业。

（七）大力发展现代航运服务业。推动传统航运服务业转型升级，加快发展航运金融、航运交易、信息服务、设计咨询、科技研发、海事仲裁等现代航运服务业。建立市场化运作的海运发展基金。创新航运保险，降低融资成本，分散风险。

（八）深化海运业改革开放。深化国有海运企业改革，积极发展国有资本、民营资本等交叉持股、融合发展的混合所有制海运企业。坚持规则平等、权利平等、机会平等，引导和鼓励符合条件的民营企业从事海运业务。稳步推进对外开放，在风险可控前提下，在中国（上海）自由贸易试验区稳妥开展外商成立独资船舶管理公司、控股合资海运公司等试点。

（九）提升海运业国际竞争力。引导要素和产业集聚，加快建设国际海运交易和定价中心，打造国际航运中心。积极参与相关国际组织工作，提高参与制定国际公约、规则、标准和规范的能力和水平，树立负责任的海运大国形象。深化双边、多边合作，维护我海运和海员权益。建设国际一流的船舶检验和海运科研教育机构。

（十）推进安全绿色发展。强化安全意识，健全规章制度，落实责任，加大隐患排查力度。完善海运突发事件应急体系建设，提高安全监管和突发事件应急处置能力，着力提升海（水）上搜救、海上溢油等监测与处置能力，进一步理顺安全监管体制。加强船舶能源消耗和污染物排放管理，推动节能减排技术和清洁能源在海运业的推广应用，优化用能结构。

三、保障措施

（十一）健全运输保障机制。加强海运企业与货主的紧密合作、优势互补，推动签订长期合同，有序发展以资本为纽带的合资经营，形成风险共担、互利共赢的稳定关系。加强部门协调配合，提高原油、铁矿石、液化天然气、煤炭、粮食等重点物资的承运保障能力。

（十二）发挥财税政策支持作用。整合各种专项资金，推动运力结构调整、节能减排和运输效能提升。借鉴海运业发达国家经验，研究完善涉及国际海运的财税政策。加大现行财税政策执行力度，确保落实到位。

（十三）加强和改进行业管理。加快推动海运业立法，强化顶层设计和战略研究，完善船舶技术政策和标准规范，做好监测预警、监督检查和应急处置等工作。完善统一开放、竞争有序的市场体系，引导运力有序投放和合理增长。强化诚信管理体系建设，提高服务质量。清理规范行政审批事项，优化流程，提高效率。规范海员劳务市场和派遣机构管理，健全海员权益保障机制。加快建设进出境船舶联合查验单一窗口系统，推进口岸通行便利化。

（十四）强化科技创新和人才队伍建设。加大对海运业科技、教育、信息化建设等方面的投入，切实提高自主创新能力和教育水平。构建海运业综合信息服务平台，推进资源共享，提高智能化水平。完善海运业人才培养体制机制，加强海员特别是高级海员队伍建设，大力培养专业化、国际化海运人才。

四、组织实施

（十五）有关地区和部门要按照本意见的要求，实事求是，因地制宜，切实加强对推动海运业健康发展各项工作的组织领导。要统筹谋划，突出重点，落实责任，加强协调配合，形成合力。要尽快制定具体实施方案，完善和细化相关政策措施，扎实做好各项工作，确保取得实效。

（本文有删减）

国内水路运输管理规定

中华人民共和国交通运输部令 2014 年第 2 号

（2014 年 1 月 3 日）

第一章　总则

第一条　为规范国内水路运输市场管理，维护水路运输经营活动各方当事人的合法权益，促进水路运输事业健康发展，依据《国内水路运输管理条例》制定本规定。

第二条　国内水路运输管理适用本规定。

本规定所称水路运输，是指始发港、挂靠港和目的港均在中华人民共和国管辖的通航水域内使用船舶从事的经营性旅客运输和货物运输。

第三条　水路运输按照经营区域分为沿海运输和内河运输，按照业务种类分为货物运输和旅客运输。

货物运输分为普通货物运输和危险货物运输。危险货物运输分为包装、散装固体和散装液体危险货物运输。散装液体危险货物运输包括液化气体船运输、化学品船运输、成品油船运输和原油船运输。普通货物运输包含拖航。

旅客运输包括普通客船运输、客货船运输和滚装客船运输。

第四条　交通运输部主管全国水路运输管理工作，并按照本规定具体实施有关水路运输管理工作。

县级以上地方人民政府交通运输主管部门主管本行政区域的水路运输管理工作。县级以上地方人民政府负责水路运输管理的部门或者机构（以下统称水路运输管理部门）具体实施水路运输管理工作。

第二章　水路运输经营者

第五条　申请经营水路运输业务，除个人申请经营内河普通货物运输业务外，申请人应当符合下列条件：

（一）具备企业法人资格。

（二）有明确的经营范围，包括经营区域和业务种类。经营水路旅客班轮运输业务的，还应当有班期、班次以及拟停靠的码头安排等可行的航线营运计划。

（三）有符合本规定要求的船舶，且自有船舶运力应当符合附件 1 的要求。

（四）有符合本规定要求的海务、机务管理人员。

（五）有符合本规定要求的与其直接订立劳动合同的高级船员。

（六）有健全的安全管理机构及安全管理人员设置制度、安全管理责任制度、安全监督检查制度、事故应急处置制度、岗位安全操作规程等安全管理制度。

第六条　个人只能申请经营内河普通货物运输业务，并应当符合下列条件：

（一）经工商行政管理部门登记的个体工商户；

（二）有符合本规定要求的船舶，且自有船舶运力不超过 600 总吨；

（三）有安全管理责任制度、安全监督检查制度、事故应急处置制度、岗位安全操作规程等安全管理制度。

第七条　水路运输经营者投入运营的船舶应当符合下列条件：

（一）与水路运输经营者的经营范围相适应。从事旅客运输的，应当使用普通客船、客货船和滚装客船（统称为客船）运输；从事散装液体危险货物运输的，应当使用液化气体船、化学品船、成品油船和原油船（统称为危险品船）运输；从事普通货物运输、包装危险货物运输和散装固体危险货物运输的，可以使用普通货船运输。

（二）持有有效的船舶所有权登记证书、船舶国籍证书、船舶检验证书以及按照相关法律、行政法规规定证明船舶符合安全与防污染和入级检验要求的其他证书。

（三）符合交通运输部关于船型技术标准、船龄以及节能减排的要求。

第八条　除个体工商户外，水路运输经营者应当配备满足下列要求的专职海务、机务管理人员：

（一）海务、机务管理人员数量满足附件 2 的要求；

（二）海务、机务管理人员的从业资历与其经营范围相适应：

1. 经营普通货船运输的，应当具有不低于大副、大管轮的从业资历；

2. 经营客船、危险品船运输的，应当具有船长、轮机长的从业资历。

（三）海务、机务管理人员所具备的业务知识和管理能力与其经营范围相适应，身体条件与其职责要求相适应。

第九条　除个体工商户外，水路运输经营者按照有关规定应当配备的高级船员中，与其直接订立一年以上劳动合同的高级船员的比例应当满足下列要求：

（一）经营普通货船运输的，高级船员的比例不低于 25%；

（二）经营客船、危险品船运输的，高级船员的比例不低于 50%。

第十条　交通运输部具体实施下列水路运输经营许可：

（一）省际客船运输、省际危险品船运输的经营许可；

（二）外商投资企业的经营许可；

（三）国务院国有资产监督管理机构履行出资人职责的水路运输企业及其控股公司的经营许可。

省级人民政府水路运输管理部门具体实施省际普通货船运输的经营许可。省内水路运输经营许可的具体权限由省级人民政府交通运输主管部门决定，向社会公布。但个人从事内河省际、省内普通货物运输的经营许可由设区的市级人民政府水路运输管理部门具体实施。

第十一条　申请经营水路运输业务或者变更水路运输经营范围，应当向其所在地设区的市级人民政府水路运输管理部门提交申请书和证明申请人符合本规定要求的相关材料。

第十二条　受理申请的水路运输管理部门不具有许可权限的，当场核实申请材料中的原件与复印件的内容一致后，在 5 个工作日内提出初步审查意见并将全部申请材料转报至具有许可权限的部门。

第十三条　具有许可权限的部门，对符合条件的，应当在 20 个工作日内作出许可决定，向申请人颁发《国内水路运输经营许可证》，并向其投入运营的船舶配发《船舶营业运输证》。申请经营水路旅客班轮运输业务的，还应当向申请人颁发该班轮航线运营许可证件。不符合条件的，不予许可，并书面通知申请人不予许可的理由。

《国内水路运输经营许可证》和《船舶营业运输证》应当通过全国水路运政管理信息系统核发，并逐步实现行政许可网上办理。

第十四条　除购置或者光租已取得相应水路运输经营资格的船舶外，水路运输经营者新增客船、危险品船运力，应当经其所在地设区的市级人民政府水路运输管理部门向具有许可权限的部门提出申请。

具有许可权限的部门根据运力运量供求情况对新增运力申请予以审查。根据运力供求情况需要对新增运力予以数量限制时，依据经营者的经营规模、管理水平、安全记录、诚信经营记录等情况，公开竞争择优作出许可决定。

水路运输经营者新增普通货船运力，应当在船舶开工建造后 15 个工作日内向所在地设区的市级人民政府水路运输管理部门备案。

第十五条 交通运输部在特定的旅客班轮运输和散装液体危险货物运输航线、水域出现运力供大于求状况，可能影响公平竞争和水路运输安全的情形下，可以决定暂停对特定航线、水域的旅客班轮运输和散装液体危险货物运输新增运力许可。

暂停新增运力许可期间，对暂停范围内的新增运力申请不予许可，对申请投入运营的船舶，不予配发《船舶营业运输证》，但暂停决定生效前已取得新增运力批准且已开工建造、购置或者光租的船舶除外。

第十六条 交通运输部对水路运输市场进行监测，分析水路运输市场运力状况，定期公布监测结果。

对特定的旅客班轮运输和散装液体危险货物运输航线、水域暂停新增运力许可的决定，应当依据水路运输市场监测分析结果作出。

采取暂停新增运力许可的运力调控措施，应当符合公开、公平、公正的原则，在开始实施的 60 日前向社会公告，说明采取措施的理由以及采取措施的范围、期限等事项。

第十七条 《国内水路运输经营许可证》的有效期为 5 年。《船舶营业运输证》的有效期按照交通运输部的有关规定确定。水路运输经营者应当在证件有效期届满前的 30 日内向原许可机关提出换证申请。原许可机关应当依照本规定进行审查，符合条件的，予以换发。

第十八条 发生下列情况后，水路运输经营者应当在 15 个工作日内以书面形式向原许可机关备案，并提供相关证明材料：

（一）法定代表人或者主要股东发生变化；

（二）固定的办公场所发生变化；

（三）海务、机务管理人员发生变化；

（四）与其直接订立一年以上劳动合同的高级船员的比例发生变化；

（五）经营的船舶发生重大以上安全责任事故；

（六）委托的船舶管理企业发生变更或者委托管理协议发生变化。

第十九条 水路运输经营者终止经营的，应当自终止经营之日起 15 个工作日内向原许可机关办理注销手续，交回许可证件。

已取得《船舶营业运输证》的船舶报废、转让或者变更经营者，应当自发生上述情况之日起 15 个工作日内向原许可机关办理《船舶营业运输证》注销、变更手续。

第三章 水路运输经营行为

第二十条 水路运输经营者应当保持相应的经营资质条件，按照《国内水路运输经营许可证》核定的经营范围从事水路运输经营活动。

已取得省际水路运输经营资格的水路运输经营者和船舶，可凭省际水路运输经营资格从事相应种类的省内水路运输，但旅客班轮运输除外。

已取得沿海水路运输经营资格的水路运输经营者和船舶，可在满足航行条件的情况下，凭沿海水路运输经营资格从事相应种类的内河运输。

第二十一条 水路运输经营者不得出租、出借水路运输经营许可证件，或者以其他形式非法转让水路运输经营资格。

第二十二条 从事水路运输的船舶应当随船携带《船舶营业运输证》，不得转让、出租、出借或者涂改。《船舶营业运输证》遗失或者损毁的，应当及时向原配发机关申请补发。

第二十三条 水路运输经营者应该按照《船舶营业运输证》标定的载客定额、载货定额和经营范围从事旅客和货物运输，不得超载。

水路运输经营者使用客货船或者滚装客船载运危险货物时，不得载运旅客，但按照相关规定随船押运货物的人员和滚装车辆的司机除外。

第二十四条 水路运输经营者不得擅自改装客船、危险品船增加载客定额、载货定额或者变更从事散装液体危险货物运输的种类。

第二十五条 水路运输经营者应当使用规范的、符合有关法律法规和交通运输部规定的客票和运输单证。

第二十六条 水路旅客运输业务经营者应当拒绝携带国家规定的危险物品及其他禁止携带的物品的旅客乘船。船舶开航后发现旅客随船携带有危险物品及其他禁止携带的物品的，应当妥善处理，旅客应当予以配合。

第二十七条　水路旅客班轮运输业务经营者应当自取得班轮航线经营许可之日起 60 日内开航，并在开航的 15 日前通过媒体并在该航线停靠的各客运站点的明显位置向社会公布所使用的船舶、班期、班次、票价等信息，同时报原许可机关备案。

旅客班轮应当按照公布的班期、班次运行。变更班期、班次、票价的，水路旅客班轮运输业务经营者应当在变更的 15 日前向社会公布，并报原许可机关备案。停止经营部分或者全部班轮航线的，经营者应当在停止经营的 30 日前向社会公布，并报原许可机关备案。

第二十八条　水路货物班轮运输业务经营者应当在班轮航线开航的 7 日前，向社会公布所使用的船舶以及班期、班次和运价，并报原许可机关备案。

货物班轮运输应当按照公布的班期、班次运行；变更班期、班次、运价或者停止经营部分或者全部班轮航线的，水路货物班轮运输业务经营者应当在变更或者停止经营的 7 日前向社会公布，并报原许可机关备案。

第二十九条　水路旅客运输业务经营者应当以公布的票价销售客票，不得对相同条件的旅客实施不同的票价，不得以搭售、现金返还、加价等不正当方式变相变更公布的票价并获取不正当利益，不得低于客票载明的舱室或者席位等级安排旅客。

第三十条　水路运输经营者从事水路运输经营活动，应当依法经营，诚实守信，禁止以不合理的运价或者其他不正当方式、不规范行为争抢客源、货源及提供运输服务。

水路旅客运输业务经营者为招揽旅客发布信息，必须真实、准确，不得进行虚假宣传，误导旅客，对其在经营活动中知悉的旅客个人信息，应当予以保密。

第三十一条　水路旅客运输业务经营者应当就运输服务中的下列事项，以明示的方式向旅客作出说明或者警示：

（一）不适宜乘坐客船的群体；

（二）正确使用相关设施、设备的方法；

（三）必要的安全防范和应急措施；

（四）未向旅客开放的经营、服务场所和设施、设备；

（五）可能危及旅客人身、财产安全的其他情形。

第三十二条　水路运输经营者应当依照法律、行政法规和国家有关规定，优先运送处置突发事件所需物资、设备、工具、应急救援人员和受到突发事件危害的人员，重点保障紧急、重要的军事运输。

水路运输经营者应当服从交通运输主管部门对关系国计民生物资紧急运输的统一组织协调，按照要求优先、及时运输。

水路运输经营者应当按照交通运输主管部门的要求建立运输保障预案，并建立应急运输、军事运输和紧急运输的运力储备。

第三十三条　水路运输经营者应当按照国家统计规定报送运输经营统计信息。

第四章　外商投资企业和外国籍船舶的特别规定

第三十四条　外商投资企业申请从事水路运输，除满足本规定第五条规定的经营资质条件外，还应当符合下列条件：

（一）拟经营的范围内，国内水路运输经营者无法满足需求；

（二）应当具有经营水路运输业务的良好业绩和运营记录。

第三十五条　交通运输部可以根据国内水路运输实际情况，决定是否准许外商投资企业经营国内水路运输。

经批准取得水路运输经营许可的外商投资企业外方投资者或者外方投资股比等事项发生变化的，应当报原许可机关批准。原许可机关发现外商投资企业不再符合本规定要求的，应当撤销其水路运输经营资质。

第三十六条　符合下列情形并经交通运输部批准，水路运输经营者可以租用外国籍船舶在中华人民共和国港口之间从事不超过两个连续航次或者期限为 30 日的临时运输：

（一）没有满足所申请的运输要求的中国籍船舶；

（二）停靠的港口或者水域为对外开放的港口或者水域。

第三十七条 租用外国籍船舶从事临时运输的水路运输经营者，应当向交通运输部提交申请书、运输合同、拟使用的外籍船舶及船舶登记证书、船舶检验证书等相关证书和能够证明符合本规定情形的相关材料。申请书应当说明申请事由、承运的货物、运输航次或者期限、停靠港口。

交通运输部应当自受理申请之日起 20 个工作日内，对申请事项进行审核。对符合规定条件的，作出许可决定并且颁发许可文件；对不符合条件的，不予许可，并书面通知申请人不予许可的理由。

第三十八条 临时从事水路运输的外国籍船舶，应当遵守水路运输管理的有关规定，按照批准的范围和期限进行运输。

第五章 监督检查

第三十九条 交通运输部和水路运输管理部门依照有关法律、法规和本规定对水路运输市场实施监督检查。

第四十条 对水路运输市场实施监督检查，可以采取下列措施：

（一）向水路运输经营者了解情况，要求其提供有关凭证、文件及其他相关材料。

（二）对涉嫌违法的合同、票据、账簿以及其他资料进行查阅、复制。

（三）进入水路运输经营者从事经营活动的场所、船舶实地了解情况。

水路运输经营者应当配合监督检查，如实提供有关凭证、文件及其他相关资料。

第四十一条 水路运输管理部门对水路运输市场依法实施监督检查中知悉的被检查单位的商业秘密和个人信息应当依法保密。

第四十二条 实施现场监督检查的，应当当场记录监督检查的时间、内容、结果，并与被检查单位或者个人共同签署名章。被检查单位或者个人不签署名章的，监督检查人员对不签署的情形及理由应当予以注明。

第四十三条 水路运输管理部门在监督检查中发现水路运输经营者不符合本规定要求的经营资质条件的，应当责令其限期整改，并在整改期限结束后对该经营者整改情况进行复查，并作出整改是否合格的结论。

对运力规模达不到经营资质条件的整改期限最长不超过 6 个月，其他情形的整改期限最长不超过 3 个月。水路运输经营者在整改期间已开工建造但尚未竣工的船舶可以计入自有船舶运力。

第四十四条 水路运输管理部门应当建立健全水路运输市场诚信监督管理机制和服务质量评价体系，建立水路运输经营者诚信档案，记录水路运输经营者及从业人员的诚信信息，定期向社会公布监督检查结果和经营者的诚信档案。

水路运输管理部门应当建立水路运输违法经营行为社会监督机制，公布投诉举报电话、邮箱等，及时处理投诉举报信息。

水路运输管理部门应当将监督检查中发现或者受理投诉举报的经营者违法违规行为及处理情况、安全责任事故情况等记入诚信档案。违法违规情节严重可能影响经营资质条件的，对经营者给予提示性警告。不符合经营资质条件的，按照本规定第四十三条的规定处理。

第四十五条 水路运输管理部门应当与当地海事管理机构建立联系机制，按照《国内水路运输管理条例》的要求，做好《船舶营业运输证》查验处理衔接工作，及时将本行政区域内水路运输经营者的经营资质保持情况通报当地海事管理机构。

海事管理机构应当将有关水路运输船舶重大以上安全事故情况及结论意见及时书面通知该船舶经营者所在地设区的市级人民政府水路运输管理部门。水路运输管理部门应当将其纳入水路运输经营者诚信档案。

第六章 法律责任

第四十六条 水路运输经营者未按照本规定要求配备海务、机务管理人员的，由其所在地县级以上人民政府水路运输管理部门责令改正，处 1 万元以上 3 万元以下的罚款。

第四十七条 水路运输经营者或其船舶在规定期限内，经整改仍不符合本规定要求的经营资质条件的，由其所在地县级以上人民政府水路运输管理部门报原许可机关撤销其经营许可或者船舶营运证件。

第四十八条 从事水路运输经营的船舶

超出《船舶营业运输证》核定的经营范围，或者擅自改装客船、危险品船增加《船舶营业运输证》核定的载客定额、载货定额或者变更从事散装液体危险货物运输种类的，按照《国内水路运输管理条例》第三十四条第一款的规定予以处罚。

第四十九条　水路运输经营者违反本规定，有下列行为之一的，由其所在地县级以上人民政府水路运输管理部门责令改正，处 2000 元以上 1 万元以下的罚款；一年内累计三次以上违反的，处 1 万元以上 3 万元以下的罚款：

（一）未履行备案义务；

（二）未以公布的票价或者变相变更公布的票价销售客票；

（三）进行虚假宣传，误导旅客或者托运人；

（四）以不正当方式或者不规范行为争抢客源、货源及提供运输服务扰乱市场秩序；

（五）使用的运输单证不符合有关规定。

第五十条　水路运输经营者拒绝管理部门根据本规定进行的监督检查或者隐匿有关资料或瞒报、谎报有关情况的，由其所在地县级以上人民政府水路运输管理部门予以警告，并处 2000 元以上 1 万元以下的罚款。

第五十一条　违反本规定的其他规定应当进行处罚的，按照《国内水路运输管理条例》执行。

第七章　附则

第五十二条　本规定下列用语的定义：

（一）自有船舶，是指水路运输经营者将船舶所有权登记为该经营者且归属该经营者的所有权份额不低于 51%的船舶。

（二）班轮运输，是指在固定港口之间按照预定的船期向公众提供旅客、货物运输服务的经营活动。

第五十三条　依法设立的水路运输行业组织可以依照法律、行政法规和章程的规定，制定行业经营规范和服务标准，组织开展职业道德教育和业务培训，对其会员的经营行为和服务质量进行自律性管理。

水路运输行业组织可以建立行业诚信监督、约束机制，提高行业诚信水平。对守法经营、诚实信用的会员以及从业人员，可以给予表彰、奖励。

第五十四条　经营内地与香港特别行政区、澳门特别行政区，以及大陆地区与台湾地区之间的水路运输，不适用于本规定。

在香港特别行政区、澳门特别行政区进行船籍登记的船舶临时从事内地港口之间的运输，在台湾地区进行船籍登记的船舶临时从事大陆港口之间的运输，参照适用本规定关于外国籍船舶的有关规定。

第五十五条　载客 12 人以下的客船运输、乡镇客运渡船运输以及与外界不通航的公园、封闭性风景区内的水上旅客运输不适用本规定。

第五十六条　本规定自 2014 年 3 月 1 日起施行。2008 年 5 月 26 日交通运输部以交通运输部令 2008 年第 2 号公布的《国内水路运输经营资质管理规定》、1987 年 9 月 22 日交通部以（87）交河字 680 号文公布、1998 年 3 月 6 日以交水发〔1998〕107 号文修改、2009 年 6 月 4 日交通运输部以交通运输部令 2009 年第 6 号修改的《水路运输管理条例实施细则》、1990 年 9 月 28 日交通部以交通部令 1990 年第 22 号公布、2009 年交通运输部令 2009 年第 7 号修改的《水路运输违章处罚规定》同时废止。

附件 1. 水路运输经营者自有船舶动力最低限额表（略）

2. 海务、机务管理人员最底配额表（人）（略）

国内水路运输辅助业管理规定

中华人民共和国交通运输部令 2014 年第 3 号

（2014 年 1 月 2 日）

第一章　总则

第一条　为规范国内水路运输辅助业务经营行为，维护水路运输市场秩序，促进水路运输事业健康发展，依据《国内水路运输管理条例》制定本规定。

第二条　国内水路运输辅助业务管理适

用本规定。

本规定所称水路运输辅助业务，包括船舶管理、船舶代理、水路旅客运输代理、水路货物运输代理等水路运输辅助性业务经营活动。

第三条 交通运输部主管全国水路运输辅助业务管理工作。

县级以上人民政府交通运输主管部门主管本行政区域内的水路运输辅助业务管理工作。县级以上人民政府负责水路运输管理的部门或者机构（以下统称水路运输管理部门）具体实施水路运输辅助业务管理工作。

第四条 经营水路运输辅助业务，应当守法经营、公平竞争、诚实守信。

第二章 水路运输辅助业务经营者

第五条 申请经营船舶管理业务，申请人应当符合下列条件：

（一）具备企业法人资格；

（二）有符合本规定要求的海务、机务管理人员；

（三）有健全的安全管理机构和安全管理人员设置制度、安全管理责任制度、安全监督检查制度、事故应急处置制度、岗位安全操作规程等安全管理制度，以及与其申请管理的船舶种类相适应的船舶安全与防污染管理体系；

（四）法律、行政法规规定的其他条件。

第六条 船舶管理业务经营者应当配备满足下列要求的专职海务、机务管理人员：

（一）船舶管理业务经营者应当至少配备海务、机务管理人员各 1 人，配备的具体数量应当符合附件规定的要求；

（二）海务、机务管理人员的从业资历与其经营范围相适应，具有与管理的船舶种类和航区相对应的船长、轮机长的从业资历；

（三）海务、机务管理人员所具备的船舶安全管理、船舶设备管理、航海保障、应急处置等业务知识和管理能力与其经营范围相适应，身体条件与其职责要求相适应。

第七条 申请经营船舶管理业务或者变更船舶管理业务经营范围，应当向其所在地设区的市级人民政府水路运输管理部门提交申请书和证明申请人符合本规定要求的相关材料。

第八条 设区的市级人民政府水路运输管理部门收到申请后，应当依法核实或者要求申请人补正材料。并在受理申请之日起 5 个工作日内提出初步审查意见并将全部申请材料转报至省级人民政府水路运输管理部门。

省级人民政府水路运输管理部门应当依法对申请者的经营资质条件进行审查。符合条件的，应当在 20 个工作日内作出许可决定，向申请人颁发《国内船舶管理业务经营许可证》；不符合条件的，不予许可，并书面通知申请人不予许可的理由。

《国内船舶管理业务经营许可证》应当通过全国水路运政管理信息系统核发，并逐步实现行政许可网上办理。

第九条 《国内船舶管理业务经营许可证》的有效期为 5 年。船舶管理业务经营者应当在证件有效期届满前的 30 日内向原许可机关提出换证申请。原许可机关应当依照本规定进行审查，符合条件的，予以换发。

第十条 发生下列情况后，船舶管理业务经营者应当在 15 个工作日内以书面形式向原许可机关备案，并提供相关证明材料：

（一）法定代表人或者主要股东发生变化；

（二）固定的办公场所发生变化；

（三）海务、机务管理人员发生变化；

（四）管理的船舶发生重大以上安全责任事故；

（五）接受管理的船舶或者委托管理协议发生变化。

第十一条 船舶管理业务经营者终止经营的，应当自终止经营之日起 15 个工作日内向原许可机关办理注销手续，交回许可证件。

第十二条 从事船舶代理、水路旅客运输代理、水路货物运输代理业务，应当自工商行政管理部门准予设立登记之日起 15 个工作日内，向其所在地设区的市级人民政府水路运输管理部门办理备案手续，并递交下列材料：

（一）备案申请表；

（二）《企业法人营业执照》复印件；

（三）法定代表人身份证明材料。

设区的市级人民政府水路运输管理部门应当建立档案，及时向社会公布备案情况。

第十三条 从事船舶代理、水路旅客运输代理、水路货物运输代理业务经营者的名称、固定办公场所及联系方式、法定代表人、经营范围等事项发生变更或者终止经营的，应当在变更或者终止经营之日起 15 个工作日内办理变更备案。

第三章　水路运输辅助业务经营活动

第十四条　船舶管理业务经营者应当保持相应的经营资质条件，按照《国内船舶管理业务经营许可证》核定的经营范围从事船舶管理业务。

第十五条　船舶管理业务经营者不得出租、出借船舶管理业务经营许可证件，或者以其他形式非法转让船舶管理业务经营资格。

第十六条　船舶管理业务经营者接受委托提供船舶管理服务，应当与委托人订立书面协议，载明委托双方当事人的权利义务。

船舶管理业务经营者应当将船舶管理协议报其所在地和船籍港所在地县级以上人民政府水路运输管理部门备案。

第十七条　船舶管理业务经营者应当按照国家有关规定和船舶管理协议约定，负责船舶的海务、机务和安全与防污染管理。

船舶管理业务经营者应当保持安全和防污染管理体系的有效性，履行有关船舶安全与防污染管理义务。

船舶管理经营业务经营者，应当委派其海务、机务管理人员定期登船检查船舶的安全技术性能、船员操作技能等情况，并在航海日志上作相应记录。普通货船的检查间隔不长于 6 个月，客船和危险品船的检查间隔不长于 3 个月。

第十八条　船舶管理业务经营者应当在船舶发生安全和污染责任事故的 3 个工作日内，将事故情况向其所在地县级以上人民政府水路运输管理部门报告。在事故调查部门查明事故原因后的 5 个工作日内，将事故调查的结论性意见向其所在地县级以上人民政府水路运输管理部门书面报告。

第十九条　船舶代理、水路旅客运输代理、水路货物运输代理业务经营者接受委托提供代理服务，应当与委托人订立书面合同，按照国家有关规定和合同约定办理代理业务。

第二十条　港口经营人不得为船舶所有人、经营人以及货物托运人、收货人指定水路运输辅助业务经营者，提供船舶、水路货物运输代理等服务。

第二十一条　港口经营人应当接受船舶所有人、经营人以及货物托运人、收货人自行办理船舶或者货物进出港口手续，并给予便利。

第二十二条　水路运输辅助业务经营者不得有以下行为：

（一）以承运人的身份从事水路运输经营活动；

（二）为未依法取得水路运输业务经营许可或者超越许可范围的经营者提供水路运输辅助服务；

（三）未订立书面合同、强行代理或者代办业务；

（四）滥用优势地位，限制委托人选择其他代理或者船舶管理服务提供者；

（五）发布虚假信息招揽业务；

（六）以不正当方式或者不规范行为提供其他水路运输辅助服务，扰乱市场秩序；

（七）法律、行政法规禁止的其他行为。

第二十三条　水路旅客运输代理业务经营者应当在售票场所和售票网站的明显位置公布船舶、班期、班次、票价等信息。

水路旅客运输代理业务经营者应当以水路旅客运输业务经营者公布的票价销售客票，不得对相同条件的旅客实施不同的票价，不得以搭售、现金返还、加价等不正当方式变相变更公布的票价并获取不正当利益。

第二十四条　水路运输辅助业务经营者应当使用规范的、符合有关法律法规和交通运输部规定的客票和运输单证。

第二十五条　水路运输辅助业务经营者开展业务活动应当建立业务记录和管理台账，按照规定报送统计信息。

第二十六条　水路运输辅助业务经营者对其在经营活动中知悉的商业秘密和个人信息，应当予以保密。

第四章　监督管理

第二十七条　交通运输部和水路运输管理部门应当依照有关法律、法规和本规定对水路运输辅助业务经营活动和经营资质实施监督管理。

第二十八条 对水路运输辅助业实施监督检查，可以采取下列措施：

（一）向水路运输辅助业务经营者了解情况，要求提供有关凭证、文件及其他相关材料；

（二）对涉嫌违法的合同、票据、账簿以及其他资料进行查阅、复制；

（三）进入水路运输辅助业务经营者从事经营活动的场所实地了解情况。

水路运输辅助业务经营者应当配合监督检查，如实提供有关凭证、文件及其他相关资料。

第二十九条 水路运输管理部门在监督检查中，对知悉的被检查单位的商业秘密和个人信息应当依法保密。

第三十条 实施现场监督检查的，应当当场记录监督检查的时间、内容、结果，并与被检查单位或者个人共同签署名章。被检查单位或者个人不签署名章的，监督检查人员对不签署的情形及理由应当予以注明。

第三十一条 水路运输管理部门在监督检查中发现船舶管理业务经营者不符合本规定要求的经营资质条件的，应当责令其限期整改，整改期限最长不超过3个月，并在整改期限结束后对该经营者整改情况进行复查，并作出整改是否合格的结论。

第三十二条 水路运输管理部门应当建立健全水路运输辅助业务经营者诚信监督管理机制和服务质量评价体系，建立水路运输辅助业务经营者诚信档案，记录水路运输辅助业务经营者及从业人员的诚信信息，定期向社会公布监督检查结果和经营者的诚信档案。

水路运输管理部门应当建立水路运输辅助业违法经营行为社会监督机制，公布投诉举报电话、邮箱等，及时处理投诉举报信息。

水路运输管理部门应当将监督检查中发现或者受理投诉举报的经营者违法违规行为及处理情况、安全责任事故情况等记入诚信档案。违法违规情节严重的，对经营者给予提示性警告。船舶管理业务经营者不符合经营资质条件的，按照本规定第三十一条的规定处理。

第三十三条 水路运输管理部门应当与当地海事管理机构建立联系机制，及时将本行政区域内船舶管理业务经营者的经营资质保持情况通报当地海事管理机构。

海事管理机构应当将有关船舶管理业务经营者管理的船舶发生重大以上安全事故情况及结论意见、重大违法违规、未履行或者未完全履行安全管理责任等安全管理相关情况及时书面通知该船舶管理经营者所在地设区的市级人民政府水路运输管理部门。所在地水路运输管理部门应当将其纳入船舶管理业务经营者诚信档案。

第五章 法律责任

第三十四条 船舶管理业务经营者未按照本规定要求配备相应海务、机务管理人员的，由其所在地县级以上人民政府水路运输管理部门责令改正，处1万元以上3万元以下的罚款。

第三十五条 船舶管理业务经营者与委托人订立虚假协议或者名义上接受委托实际不承担船舶海务、机务管理责任的，由经营者所在地县级以上人民政府水路运输管理部门责令改正，并按《国内水路运输管理条例》第三十七条关于非法转让船舶管理业务经营资格的有关规定进行处罚。

第三十六条 水路运输辅助业务经营者违反本规定，有下列行为之一的，由其所在地县级以上人民政府水路运输管理部门责令改正，处2000元以上1万元以下的罚款；一年内累计三次以上违反本规定的，处1万元以上3万元以下的罚款：

（一）未履行备案或者报告义务；

（二）为未依法取得水路运输业务经营许可或者超越许可范围的经营者提供水路运输辅助服务；

（三）与船舶所有人、经营人、承租人未订立船舶管理协议或者协议未对船舶海务、机务管理责任做出明确规定；

（四）未订立书面合同、强行代理或者代办业务；

（五）滥用优势地位，限制委托人选择其他代理或者船舶管理服务提供者；

（六）进行虚假宣传，误导旅客或者委托人；

（七）以不正当方式或者不规范行为争抢客源、货源及提供其他水路运输辅助服务，扰乱市场秩序；

（八）未在售票场所和售票网站的明显位置公布船舶、班期、班次、票价等信息；

（九）未以公布的票价或者变相变更公布的票价销售客票；

（十）使用的运输单证不符合有关规定；

（十一）未建立业务记录和管理台账。

第三十七条　水路运输辅助业务经营者拒绝管理部门根据本规定进行的监督检查、隐匿有关资料或者瞒报、谎报有关情况的，由其所在地县级以上人民政府水路运输管理部门责令改正，拒不改正的处 2000 元以上 1 万元以下的罚款。

第三十八条　港口经营人为船舶所有人、经营人以及货物托运人、收货人指定水路运输辅助业务经营者，提供船舶、水路货物运输代理等服务的，由其所在地县级以上人民政府水路运输管理部门责令改正，拒不改正的处 1 万元以上 3 万元以下的罚款。

第三十九条　违反本规定的其他规定应当进行处罚的，按照《国内水路运输管理条例》执行。

第六章　附则

第四十条　依法设立的水路运输辅助业务行业组织可以依照法律、行政法规和章程的规定，制定水路运输辅助业经营规范和服务标准，组织开展职业道德教育和业务培训，对其会员的经营行为和服务质量进行自律性管理。

水路运输辅助业务行业组织可以建立行业诚信监督、约束机制，提高行业诚信水平。对守法经营、诚实信用的会员以及从业人员，可以给予表彰、奖励。

第四十一条　本规定自 2014 年 3 月 1 日起施行。2009 年 4 月 20 日交通运输部以交通运输部令 2009 年第 5 号发布的《中华人民共和国水路运输服务业管理规定》和 2009 年 1 月 5 日交通运输部以交通运输部令 2009 年第 1 号发布的《国内船舶管理业规定》同时废止。

中华人民共和国渔业船员管理办法

中华人民共和国农业部令 2014 年第 4 号

（2014 年 5 月 23 日）

第一章　总则

第一条　为加强渔业船员管理，维护渔业船员合法权益，保障渔业船舶及船上人员的生命财产安全，根据《中华人民共和国船员条例》，制定本办法。

第二条　本办法适用于在中华人民共和国国籍渔业船舶上工作的渔业船员的管理。

第三条　农业部负责全国渔业船员管理工作。

县级以上地方人民政府渔业行政主管部门及其所属的渔政渔港监督管理机构，依照各自职责负责渔业船员管理工作。

第二章　渔业船员任职和发证

第四条　渔业船员实行持证上岗制度。渔业船员应当按照本办法的规定接受培训，经考试或考核合格、取得相应的渔业船员证书后，方可在渔业船舶上工作。

在远洋渔业船舶上工作的中国籍船员，还应当按照有关规定取得中华人民共和国海员证。

第五条　渔业船员分为职务船员和普通船员。

职务船员是负责船舶管理的人员，包括以下五类：

（一）驾驶人员，职级包括船长、船副、助理船副；

（二）轮机人员，职级包括轮机长、管轮、助理管轮；

（三）机驾长；

（四）电机员；

（五）无线电操作员。

职务船员证书分为海洋渔业职务船员证书和内陆渔业职务船员证书，具体等级职级划分见附件 1。

普通船员是职务船员以外的其他船员。普通船员证书分为海洋渔业普通船员证书和内陆渔业普通船员证书。

第六条 渔业船员培训包括基本安全培训、职务船员培训和其他培训。

基本安全培训是指渔业船员都应当接受的任职培训，包括水上求生、船舶消防、急救、应急措施、防止水域污染、渔业安全生产操作规程等内容。

职务船员培训是指职务船员应当接受的任职培训，包括拟任岗位所需的专业技术知识、专业技能和法律法规等内容。

其他培训是指远洋渔业专项培训和其他与渔业船舶安全和渔业生产相关的技术、技能、知识、法律法规等培训。

第七条 申请渔业普通船员证书应当具备以下条件：

（一）年满 16 周岁；

（二）符合渔业船员健康标准（见附件 2）；

（三）经过基本安全培训。

符合以上条件的，由申请者向渔政渔港监督管理机构提出书面申请。渔政渔港监督管理机构应当组织考试或考核，对考试或考核合格的，自考试成绩或考核结果公布之日起 10 个工作日内发放渔业普通船员证书。

第八条 申请渔业职务船员证书应当具备以下条件：

（一）持有渔业普通船员证书或下一级相应职务船员证书；

（二）年龄不超过 60 周岁，对船舶长度不足 12 米或者主机总功率不足 50 千瓦渔业船舶的职务船员，年龄资格上限可由发证机关根据申请者身体健康状况适当放宽；

（三）符合任职岗位健康条件要求；

（四）具备相应的任职资历条件（见附件 3），且任职表现和安全记录良好；

（五）完成相应的职务船员培训，在远洋渔业船舶上工作的驾驶和轮机人员，还应当接受远洋渔业专项培训。

符合以上条件的，由申请者向渔政渔港监督管理机构提出书面申请。渔政渔港监督管理机构应当组织考试或考核，对考试或考核合格的，自考试成绩或考核结果公布之日起 10 个工作日内发放相应的渔业职务船员证书。

第九条 航海、海洋渔业、轮机管理、机电、船舶通信等专业的院校毕业生申请渔业职务船员证书，具备本办法第八条规定的健康及任职资历条件的，可申请考核。经考核合格，按以下规定分别发放相应的渔业职务船员证书：

（一）高等院校本科毕业生按其所学专业签发一级船副、一级管轮、电机员、无线电操作员证书；

（二）高等院校专科（含高职）毕业生按其所学专业签发二级船副、二级管轮、电机员、无线电操作员证书；

（三）中等专业学校毕业生按其所学专业签发助理船副、助理管轮、电机员、无线电操作员证书。

内陆渔业船舶接收相应专业毕业生任职的，参照前款规定执行。

第十条 曾在军用船舶、交通运输船舶等非渔业船舶上任职的船员申请渔业船员证书，应当参加考核。经考核合格，由渔政渔港监督管理机构换发相应的渔业普通船员证书或渔业职务船员证书。

第十一条 申请海洋渔业船舶一级驾驶人员、一级轮机人员、电机员、无线电操作员证书以及远洋渔业职务船员证书的，由省级以上渔政渔港监督管理机构组织考试、考核、发证；其他渔业船员证书的考试、考核、发证权限由省级渔政渔港监督管理机构制定并公布，报农业部备案。

中央在京直属企业所属远洋渔业船员的考试、考核、发证工作由农业部负责。

第十二条 渔业船员考试包括理论考试和实操评估。海洋渔业船员考试大纲由农业部统一制定并公布。内陆渔业船员考试大纲由省级渔政渔港监督管理机构根据本辖区的具体情况制定并公布。

渔业船员考核可由渔政渔港监督管理机构根据实际需要和考试大纲，选取适当科目和内容进行。

第十三条 渔业船员证书的有效期不超过 5 年。证书有效期满，持证人需要继续从事相应工作的，应当向有相应管理权限的渔政渔港监督管理机构申请换发证书。渔政渔港监督管理机构可以根据实际需要和职务知识技能更新情况组织考核，对考核合格的，换发相应渔业船员证书。

渔业船员证书期满 5 年后，持证人需要从事渔业船员工作的，应当重新申请原等级原职级证书。

第十四条 有效期内的渔业船员证书损坏或丢失的，应当凭损坏的证书原件或在原发证机关所在地报纸刊登的遗失声明，向原发证机关申请补发。补发的渔业船员证书有效期应当与原证书有效期一致。

第十五条 渔业船员证书格式由农业部统一制定。远洋渔业职务船员证书由农业部印制；其他渔业船员证书由省级渔政渔港监督管理机构印制。

第十六条 禁止伪造、变造、转让渔业船员证书。

第三章 渔业船员配员和职责

第十七条 海洋渔业船舶应当满足本办法规定的职务船员最低配员标准（附件 4）。内陆渔业船舶船员最低配员标准由各省级人民政府渔业行政主管部门根据本地情况制定，报农业部备案。

持有高等级职级船员证书的船员可以担任低等级职级船员职务。

渔业船舶所有人或经营人可以根据作业安全和管理的需要，增加职务船员的配员。

第十八条 渔业船舶在境外遇有不可抗力或其他持证人不能履行职务的特殊情况，导致无法满足本办法规定的职务船员最低配员标准时，具备以下条件的船员，可以由船舶所有人或经营人向船籍港所在地省级渔政渔港监督管理机构申请临时担任上一职级职务：

（一）持有下一职级相应证书；

（二）申请之日前 5 年内，具有 6 个月以上不低于其船员证书所记载船舶、水域、职务的任职资历；

（三）任职表现和安全记录良好。

渔政渔港监督管理机构根据拟担任上一级职务船员的任职情况签发特免证明。特免证明有效期不得超过 6 个月，不得延期，不得连续申请。渔业船舶抵达中国第一个港口后，特免证明自动失效。失效的特免证明应当及时缴回签发机构。

一艘渔业船舶上同时持有特免证明的船员不得超过 2 人。

第十九条 中国籍渔业船舶的船员应当由中国籍公民担任。确需由外国籍公民担任的，应当持有所属国政府签发的相关身份证件，在我国依法取得就业许可，并按本办法的规定取得渔业船员证书。持有《1995 年国际渔业船舶船员培训、发证和值班标准公约》缔约国签发的外国职务船员证书的，应当按照国家有关规定取得承认签证。承认签证的有效期不得超过被承认职务船员证书的有效期，当被承认职务船员证书失效时，相应的承认签证自动失效。

外国籍船员不得担任驾驶人员和无线电操作员，人数不得超过船员总数的 30%。

第二十条 渔业船舶所有人或经营人应当为在渔业船舶上工作的渔业船员建立基本信息档案，并报船籍港所在地渔政渔港监督管理机构或渔政渔港监督管理机构委托的服务机构备案。

渔业船员变更的，渔业船舶所有人或经营人应当在出港前 10 个工作日内报船籍港所在地渔政渔港监督管理机构或渔政渔港监督管理机构委托的服务机构备案，并及时变更渔业船员基本信息档案。

第二十一条 渔业船员在船工作期间，应当履行以下职责：

（一）携带有效的渔业船员证书；

（二）遵守法律法规和安全生产管理规定，遵守渔业生产作业及防治船舶污染操作规程；

（三）执行渔业船舶上的管理制度、值班规定；

（四）服从船长及上级职务船员在其职权范围内发布的命令；

（五）参加渔业船舶应急训练、演习，落实各项应急预防措施；

（六）及时报告发现的险情、事故或者影响航行、作业安全的情况；

（七）在不严重危及自身安全的情况下，尽力救助遇险人员；

（八）不得利用渔业船舶私载、超载人员和货物，不得携带违禁物品；

（九）不得在生产航次中辞职或者擅自离职。

第二十二条 渔业船员在船舶航行、作业、锚泊时应当按照规定值班。值班船员应当履行以下职责：

（一）熟悉并掌握船舶的航行与作业环境、航行与导航设施设备的配备和使用、船舶的操控性能、本船及邻近船舶使用的渔具特性，随时核查船舶的航向、船位、船速及作业状态；

（二）按照有关的船舶避碰规则以及航行、作业环境要求保持值班瞭望，并及时采取预防船舶碰撞和污染的相应措施；

（三）如实填写有关船舶法定文书；

（四）在确保航行与作业安全的前提下交接班。

第二十三条 船长是渔业安全生产的直接责任人，在组织开展渔业生产、保障水上人身与财产安全、防治渔业船舶污染水域和处置突发事件方面，具有独立决定权，并履行以下职责：

（一）确保渔业船舶和船员携带符合法定要求的证书、文书以及有关航行资料；

（二）确保渔业船舶和船员在开航时处于适航、适任状态，保证渔业船舶符合最低配员标准，保证渔业船舶的正常值班；

（三）服从渔政渔港监督管理机构依据职责对渔港水域交通安全和渔业生产秩序的管理，执行有关水上交通安全、渔业资源养护和防治船舶污染等规定；

（四）确保渔业船舶依法进行渔业生产，正确合法使用渔具渔法，在船人员遵守相关资源养护法律法规，按规定填写渔捞日志，并按规定开启和使用安全通导设备；

（五）在渔业船员证书内如实记载渔业船员的服务资历和任职表现；

（六）按规定申请办理渔业船舶进出港签证手续；

（七）发生水上安全交通事故、污染事故、涉外事件、公海登临和港口国检查时，应当立即向渔政渔港监督管理机构报告，并在规定的时间内提交书面报告；

（八）全力保障在船人员安全，发生水上安全事故危及船上人员或财产安全时，应当组织船员尽力施救；

（九）弃船时，船长应当最后离船，并尽力抢救渔捞日志、轮机日志、油类记录簿等文件和物品；

（十）在不严重危及自身船舶和人员安全的情况下，尽力履行水上救助义务。

第二十四条 船长履行职责时，可以行使下列权力：

（一）当渔业船舶不具备安全航行条件时，拒绝开航或者续航；

（二）对渔业船舶所有人或经营人下达的违法指令，或者可能危及船员、财产或船舶安全，以及造成渔业资源破坏和水域环境污染的指令，可以拒绝执行；

（三）当渔业船舶遇险并严重危及船上人员的生命安全时，决定船上人员撤离渔业船舶；

（四）在渔业船舶的沉没、毁灭不可避免的情况下，报经渔业船舶所有人或经营人同意后弃船，紧急情况除外；

（五）责令不称职的船员离岗。

船长在其职权范围内发布的命令，船舶上所有人员必须执行。

第四章 渔业船员培训和服务

第二十五条 渔业船员培训机构开展培训业务，应当具备开展相应培训所需的场地、设施、设备和教学人员条件。

第二十六条 海洋渔业船员培训机构分为以下三级，应当具备的具体条件由农业部另行规定：

一级渔业船员培训机构，可以承担海洋渔业船舶各类各级职务船员培训、远洋渔业专项培训和基本安全培训；

二级渔业船员培训机构，可以承担海洋渔业船舶二级以下驾驶和轮机人员培训、机驾长培训和基本安全培训；

三级渔业船员培训机构，可以承担海洋渔业船舶机驾长培训和基本安全培训。

内陆渔业船员培训机构应当具备的具体条件，由省级人民政府渔业行政主管部门根据渔业船员管理需要制定。

第二十七条 渔业船员培训机构应当在每期培训班开班前，将学员名册、培训内容和教学计划报所在地渔政渔港监督管理机构备案。

第二十八条 渔业船员培训机构应当建立渔业船员培训档案。学员参加培训课时达到规定培训课时 80%的，渔业船员培训机构方可出具渔业船员培训证明。

第二十九条 国家鼓励建立渔业船员服务机构。

渔业船员服务机构可以为渔业船员代理申请考试、申领证书等有关手续，代理船舶所有人或经营人管理渔业船员事务，提供渔业船员船舶配员等服务。

渔业船员服务机构为船员提供服务，应当订立书面合同。

第五章 渔业船员职业管理与保障

第三十条 渔业船舶所有人或经营人应当依法与渔业船员订立劳动合同。

渔业船舶所有人或经营人，不得招用未持有相应有效渔业船员证书的人员上船工作。

第三十一条 渔业船舶所有人或经营人应当依法为渔业船员办理保险。

第三十二条 渔业船舶所有人或经营人应当保障渔业船员的生活和工作场所符合《渔业船舶法定检验规则》对船员生活环境、作业安全和防护的要求，并为船员提供必要的船上生活用品、防护用品、医疗用品，建立船员健康档案，为船员定期进行健康检查和心理辅导，防治职业疾病。

第三十三条 渔业船员在船上工作期间受伤或者患病的，渔业船舶所有人或经营人应当及时给予救治；渔业船员失踪或者死亡的，渔业船舶所有人或经营人应当及时做好善后工作。

第三十四条 渔业船舶所有人或经营人是渔业安全生产的第一责任人，应当保证安全生产所需的资金投入，建立健全安全生产责任制，按照规定配备船员和安全设备，确保渔业船舶符合安全适航条件，并保证船员足够的休息时间。

第六章 监督管理

第三十五条 渔政渔港监督管理机构应当健全渔业船员管理及监督检查制度，建立渔业船员档案，督促渔业船舶所有人或经营人完善船员安全保障制度，落实相应的保障措施。

第三十六条 渔政渔港监督管理机构应当依法对渔业船员持证情况、任职资格和资历、履职情况、安全记录，船员培训机构培训质量，船员服务机构诚实守信情况等进行监督检查，必要时可对船员进行现场考核。

渔政渔港监督管理机构依法实施监督检查时，船员、渔业船舶所有人和经营人、船员培训机构和服务机构应当予以配合，如实提供证书、材料及相关情况。

第三十七条 渔业船员违反有关法律、法规、规章的，除依法给予行政处罚外，各省级人民政府渔业行政主管部门可根据本地实际情况实行累计记分制度。

第三十八条 渔政渔港监督管理机构应当对渔业船员培训机构的条件、培训情况、培训质量等进行监督检查，检查内容包括教学计划的执行情况、承担本期培训教学任务的师资情况和教学情况、培训设施设备和教材的使用及补充情况、培训规模与师资配备要求的符合情况、学员的出勤情况、培训档案等。

第三十九条 渔政渔港监督管理机构应当公开有关渔业船员管理的事项、办事程序、举报电话号码、通信地址、电子邮件信箱等信息，自觉接受社会的监督。

第七章 罚则

第四十条 违反本办法规定，以欺骗、贿赂等不正当手段取得渔业船员证书的，由渔政渔港监督管理机构撤销有关证书，可并处 2000 元以上 1 万元以下罚款，三年内不再受理申请人渔业船员证书申请。

第四十一条 伪造、变造、转让渔业船员证书的，由渔政渔港监督管理机构收缴有关证书，并处 2000 元以上 5 万元以下罚款；有违法所得的，没收违法所得；构成犯罪的，依法追究刑事责任。

第四十二条 渔业船员违反本办法第二十一条第一项至第五项的规定的，由渔政渔港监督管理机构予以警告；情节严重的，处 200 元以上 2000 元以下罚款。

第四十三条 渔业船员违反本办法第二十一条第六项至第九项和第二十二条规定的，由渔政渔港监督管理机构处 1000 元以上 2 万元以下罚款；情节严重的，并可暂扣渔业船员证书 6 个月以上 2 年以下；情节特别严重的，并可吊销渔业船员证书。

第四十四条 渔业船舶的船长违反本办

法第二十三条规定的，由渔政渔港监督管理机构处 2000 元以上 2 万元以下罚款；情节严重的，并可暂扣渔业船舶船长职务船员证书 6 个月以上 2 年以下；情节特别严重的，并可吊销渔业船舶船长职务船员证书。

第四十五条 渔业船员因违规造成责任事故的，暂扣渔业船员证书 6 个月以上 2 年以下；情节严重的，吊销渔业船员证书；构成犯罪的，依法追究刑事责任。

第四十六条 渔业船员证书被吊销的，自被吊销之日起 5 年内，不得申请渔业船员证书。

第四十七条 渔业船舶所有人或经营人有下列行为之一的，由渔政渔港监督管理机构责令改正；拒不改正的，处 5000 元以上 5 万元以下罚款：

（一）未按规定配齐渔业职务船员，或招用未取得本办法规定证件的人员在渔业船舶上工作的；

（二）渔业船员在渔业船舶上生活和工作的场所不符合相关要求的；

（三）渔业船员在船工作期间患病或者受伤，未及时给予救助的。

第四十八条 渔业船员培训机构有下列情形之一的，由渔政渔港监督管理机构给予警告，责令改正；拒不改正或者再次出现同类违法行为的，可处 2 万元以上 5 万元以下罚款：

（一）不具备规定条件开展渔业船员培训的；

（二）未按规定的渔业船员考试大纲内容要求进行培训的；

（三）未按规定出具培训证明的；

（四）出具虚假培训证明的。

第四十九条 渔业行政主管部门或渔政渔港监督管理机构工作人员有下列情形之一的，依法给予处分：

（一）违反规定发放渔业船员证书的；

（二）不依法履行监督检查职责的；

（三）滥用职权、玩忽职守的其他行为。

第八章 附则

第五十条 本办法中下列用语的含义是：

渔业船员，是指服务于渔业船舶，具有固定工作岗位的人员。

船舶长度，是指公约船长，即《渔业船舶国籍证书》所登记的“船长”。

主机总功率，是指所有用于推进的发动机持续功率总和，即《渔业船舶国籍证书》所登记“主机总功率”。

第五十一条 非机动渔业船舶的船员管理办法，由各省级人民政府渔业行政主管部门根据本地实际情况制定。

第五十二条 渔业船员培训、考试、发证，应当按国家有关规定缴纳相关费用。

第五十三条 本办法自 2015 年 1 月 1 日起施行。农业部 1994 年 8 月 18 日公布的《内河渔业船舶船员考试发证规则》、1998 年 3 月 2 日公布的《中华人民共和国渔业船舶普通船员专业基础训练考核发证办法》、2006 年 3 月 27 日公布的《中华人民共和国海洋渔业船员发证规定》同时废止。

附件：1. 渔业职务船员证书等级划分（略）
2. 渔业船员健康标准（略）
3. 渔业职务船员证书申请资历条件（略）
4. 海洋渔业船舶职务船员最低配员标准（略）

全国海洋观测网规划（2014—2020 年）

（2014 年 12 月 9 日）

建设全国海洋观测网是提高我国海洋综合实力的基础性工作。为进一步规范海洋观测网的建设和管理，更好地服务于海洋防灾减灾、海洋经济发展、海洋科技创新、海洋权益维护和海洋生态文明建设，依据《海洋观测预报管理条例》相关规定，制定《全国海洋观测网规划（2014—2020 年）》。

一、形势与现状

（一）面临的形势。

保障和促进沿海地区经济社会发展，提高海洋经济对国民经济的贡献度，需要加强海洋观测网建设。海洋经济已成为我国经济发展新的增长点。国务院先后批复设立了舟山海洋经济区、福建海峡西岸经济区、广东海洋经济综合试验区、青岛西海岸新区等沿海经济开发区域，这是发展海洋经济、建设海洋强国的重要举措。面对海洋经济发展的新形势，海洋观测网发展现状已不适应沿海地区海洋资源开发、海上交通运输、海洋渔业、海洋海岛旅游、海洋工程建设的需求，急需进一步加强基础海洋环境要素观测和产品服务能力的建设。

维护海洋权益，需要加强海洋观测网建设。为海洋权益维护活动、运输通道安全及推进 21 世纪海上丝绸之路建设提供环境保障，已成为海洋观测网建设的新任务。我国部分管辖海域和大洋重点关注区域的海洋观测工作远不能满足海上维权的需求，需要及时、准确地获取和利用海洋观测信息，提升海洋环境保障能力。

减轻海洋灾害的影响，提高海上突发事件应急响应能力，需要加强海洋观测网建设。我国是世界上海洋灾害频度和危害程度最严重的国家之一，灾害种类多，影响范围广。随着海洋运输、资源开发、海洋渔业和沿海城市的快速发展，各种海上突发事件也日益增加。海洋防灾减灾和应对突发事件，都需要加强海洋观测，及时、有效提供海洋观测数据和产品服务。

应对全球气候变化，促进海洋科学研究，需要加强海洋观测网建设。海洋是全球气候变化的关键因素，气候变化加剧了海平面上升、极端天气气候事件等灾害，需要加强气候变化敏感区的海洋观测，深化对全球气候变化的认识，提高海洋领域应对气候变化的能力。为促进海洋科学研究的发展，需要针对研究热点，优先选择海洋科学的重点观测内容，提升关键海洋现象和海洋过程的观测能力，保证获取有效的海洋科学试验观测资料。

（二）发展现状。

目前，我国已初步形成涵盖岸基海洋观测系统、离岸海洋观测系统以及大洋和极地观测的海洋观测网基本框架，在我国海洋防灾减灾、科学研究等领域中发挥了重要作用。 岸基海洋观测系统主要包括岸基海洋观测站（点）、河口水文站、海洋气象站、验潮站、岸基雷达站等。岸基海洋观测站（点）主要开展海洋水文和海洋气象要素的观测，目前已建设国家基本海洋站(点)120 多个，地方基本海洋观测站(点)数十个。为水利、气象、海事、教育、科研等服务的专业河口水文站、海洋气象站、验潮站、科学试验站也已达到一定数量。其中河口水文站主要开展河口区域的水文观测；海洋气象站主要开展海洋气象要素，以及海气相互作用等的观测；验潮站主要开展港口码头的潮位观测；岸基雷达站主要开展海流、海浪、海冰和气象等观测，其覆盖率不断提高。

离岸海洋观测系统主要由各种浮（潜）标、调查断面、海上平台、志愿船和卫星等组成。我国已建成业务化观测浮（潜）标 40 余个，主要布设在我国陆架海域；漂流浮标常年保持数十个，主要布放在中远海和大洋；设置海洋标准断面调查站位约 120 个，由国家海洋调查船队常年开展调查；在近海海域建有多座海上观测平台，依托数十个海上生产作业平台以及近百艘近海和远洋船舶组织开展海上志愿观测；已发射 3 颗海洋卫星，目前在轨 2 颗，搭载海洋红外、可见光和多种微波传感器，可进行海水温度、水色和海洋动力环境要素等的遥感观测。

大洋观测由大洋科学考察船、浮（潜）标、卫星和志愿船等承担，以海洋科学、气候变化、海气相互作用等为观测重点，同时积极参加全球和区域海洋观测计划。

极地观测由极地科学考察船、极地科考站（南极长城站、中山站、昆仑站，北极黄河站）承担。目前，每年开展一次南极科学考察，每 1～2 年开展一次北极科学考察，长城站、中山站和黄河站初步具备海洋和气象综合观测能力。

经过多年的建设与发展，我国具备了一定的海洋观测能力，但由于起步较晚、投入不足，就海洋观测网的空间布局、观测手段、基础设施、技术保障、运行机制而言，与国外发达国家存在较大差距，还不能完全满足我国海洋事业快速发展的要求。

随着《海洋观测预报管理条例》正式实施，国家和地方对海洋观测投入的加大，应进一步加强观测系统的统筹和总体布局，明确关键站点的观测内容，提高重点区域的站点分布密度；增加海洋观测基础设施建设投入，提高观测仪器设备的先进性、可靠性和集成化水平；提升海洋多参数综合性观测能力，加强海底观测网建设；整合海洋观测资源，建立完善的海洋观测资源和数据共享机制。

二、指导思想、基本原则与发展目标

（一）指导思想。

根据党中央、国务院关于建设海洋强国的战略部署，面向新时期海洋观测发展需求，创新机制、增强能力，充分利用现有海洋观测基础，采用国内外可靠、先进的海洋观测技术，优化各种海洋观测及其保障资源配置，统筹兼顾海洋观测网的发展，构建多层次、立体化综合观测网络，为认知海洋、开发海洋、利用海洋、保护海洋、管控海洋提供服务，充分发挥海洋观测在促进经济社会健康发展中的重要作用。

（二）基本原则。

需求导向，政府引领。通过政府引领，综合权衡各种需要，加强海洋观测能力优化与建设，提高我国海洋观测网整体服务水平。

科学设计，合理布局。充分考虑海洋观测站（点）发展现状，有效利用相关部门的监测站点资源，科学设计、合理调整布局，完善现有观测网络，利用国内外成熟、可靠的海洋观测技术及相应保障措施，实现海洋观测网的稳定运行。

突出重点，分步实施。重点保障沿海城市和人口密集区、产业园区、重要港口、滨海重大工程所在区、海洋灾害易发区和海上其他重要区域的观测能力建设，分步实施，边建边用。

统筹兼顾，协调发展。统筹国家、地方和行业发展，提高数据资源共享、共用程度，避免重复建设，兼顾业务化和科学试验，注重两者之间的衔接和互补。

（三）发展目标。

到 2020 年，建成以国家基本观测网为骨干、地方基本观测网和其它行业专业观测网为补充的海洋综合观测网络，覆盖范围由近岸向近海和中、远海拓展，由水面向水下和海底延伸，实现岸基观测、离岸观测、大洋和极地观测的有机结合，初步形成海洋环境立体观测能力；建立与完善海洋观测网综合保障体系和数据资源共享机制，进一步提升海洋观测网运行管理与服务水平；基本满足海洋防灾减灾、海洋经济发展、海洋综合管理、海洋领域应对气候变化、海洋环境保护、海洋权益维护等方面的需求。

三、总体布局

海洋观测网的覆盖范围包括我国近岸、近海和中远海，以及全球大洋和极地重点区域，按岸基、离岸、大洋和极地布局。

（一）岸基观测布局。

岸基观测在我国管辖海域的沿岸和岛礁布局设站，主要包括岸基海洋观测站（点）、岸基雷达站和海啸预警观测台，以沿海城市和人口密集区、开发强度大的产业园区、滨海重大工程所在区、海洋灾害易发区、气候变化和环境敏感区、重点岛礁等为重点区域，主要包括辽东半岛、辽东湾和渤海湾沿岸、黄河三角洲、山东半岛蓝色经济区、苏北浅滩、长江三角洲、杭州湾和温台沿岸、海峡西岸经济区、珠江三角洲、北部湾沿岸、海南国际旅游岛、南海诸岛等。

（二）离岸观测布局。

离岸观测在我国近海和中远海布局建设，主要由浮（潜）标、标准调查断面、海上观测平台、海上志愿船和志愿平台、海底观测系统、海啸预警观测系统、卫星观测系统等组成，以海洋灾害高风险区、海上突发事件频发区、开发强度大的海区、海上权益维护区、海上生产和开发活动频繁区、气候变化敏感区、海洋环境科学综合试验区等为重点区域，主要包括渤海海峡、黄海冷水团区、长江冲淡水区、台湾海峡、南海北部、中沙、西沙和南沙海域，以及海上油气开发区、近海主要航线、近海渔场、台风主要路径和影响区域等。

（三）大洋和极地观测布局。

大洋和极地观测主要在西太平洋、印度洋、南北极等重点关注海域布局，包括浮（潜）标、卫星遥感、海外站、志愿船、大洋调查和极地科考等，以大洋航线、海上石油通道、远洋渔场、气候关键区、南北极地区以及其它海洋热点海域等为重点区域。

全国海洋观测网由基本海洋观测网和专业海洋观测网组成。基本海洋观测网包括国家基本海洋观测网和地方基本海洋观测网。国家基本海洋观测网由国务院海洋主管部门负责规划和建设。地方基本海洋观测网由地方海洋主管部门负责规划和建设。专业海洋观测网由水利、气象、海事、教育、科研等有关主管部门及企事业单位按有关规定参照基本海洋观测网进行布局、建设和管理。

四、主要任务

（一）强化岸基观测能力。

1. 岸基海洋观测站（点）

围绕国家对海洋观测的需求，以岸基国家基本海洋站（点）为主体，地方基本海洋站（点）以及专业海洋站（点）为补充开展岸基海洋观测站（点）建设，地方基本海洋站（点）根据国家基本海洋站（点）按照一定比例进行配套建设。

新建、升级和改造40～50个岸（岛礁）基海洋观测站（点），合理调整布局，突出重点区域，保证沿海县（市辖区）至少建设一个海洋站（点），全国海洋站（点）沿海岸线平均分布间隔在100千米以内，重点区域岸线间隔在30千米以内；在渤海、黄海北部冬季重冰区，以及东海、南海台风和海啸灾害易发区增加站（点）密度；选择重要的岛礁建设海洋站（点）；增设中心海洋站2～3个，升级改造2～3个；新增15辆海洋灾害应急观测车；新建3～4套移动式海洋灾害现场应急指挥平台，增强海洋观测管理、资料服务、灾害调查和应急观测能力。

2. 岸基雷达站

新建、升级和改造现有地波雷达站、测波雷达站。在沿海地区新建18～24个中程地波雷达站，在重点岸段新建高精度短程地波雷达站，由相邻或相近雷达站开展交叉组网观测，基本形成对我国离岸约150千米重点海域的精细化流场观测能力；在港口、核电站、重化工等重大工程所在岸段以及海浪灾害频发区新建16～20个测波雷达站，提高对海浪的雷达观测能力；在渤海、黄海北部沿岸及海上平台新建16～20个测冰雷达站，增加沿岸移动测冰雷达车，提高对海冰的雷达观测能力。

制定并完善各类雷达观测业务化流程，提高地波雷达、测波雷达、测冰雷达信息提取精度，发展雷达资料释用及同化技术，建立及时、可信、稳定的雷达观测业务化运行系统。

3. 海啸预警观测台

在分析南中国海及东海周边海底地震特点的基础上，结合地震快速定位和海啸快速预警的要求，统筹规划沿海海啸预警观测系统的整体布局，依据有关地震监测规范，选择约30个观测环境和地质条件适合、基础设施较为完善的海洋观测站（点）建设海啸预警观测台站，实现对我国近海周边海底地震的实时监测。

通过重点工程建设项目和海洋观测的升级换代，更新和配备成熟、可靠、自动化程度高的海洋观测仪器设备，增加岸基海洋环境观测内容，提升岸基观测技术能力和水平。

（二）提升离岸观测能力。

1. 浮（潜）标

通过重点工程建设项目和海洋观测设备升级换代，开展浅海浮标、深海浮标、潜标（含海床基）、自沉浮式（Argo）剖面浮标、表面漂流浮标、海啸浮标、水下移动观测设备等的建设，扩大海洋观测范围，填补重点海域的浮（潜）标观测空白，形成布局合理、运行稳定、自动化程度高的离岸浮（潜）标观测网。

在近海海域，提高海面和水下浮（潜）标阵列观测能力，新增约50个浮（潜）标观测站位，实现多种浮（潜）标组成的高密度、立体、多参数综合观测。在局部海域布设10～15个海床基设备，开展海洋底层观测。在重点海域按计划、分阶段布放150套Argo剖面浮标和600套表面漂流浮标，建设并维持一个约由50个Argo剖面浮标组成的实时海洋观测系统。在海啸潜在危险海域布设海啸浮标站位。建设4～8套水下移动观测平台，在重点海域开展水下移动设备的应急机动观测。

制定浮（潜）标观测技术标准和操作规程，不断改进浮（潜）标设计、集成和实时通信传输技术，强化浮（潜）标布放/回收能力，提高浮（潜）标运行的安全性、稳定性和可靠性。

2. 标准断面调查

在现有标准断面调查的基础上，根据海洋事业发展需要，结合主要海洋现象和海洋过程，在重点海域增加断面数量或标准断面站位。标准断面调查的观测频率至少4次/年。

3. 海上观测平台

选择具有代表性的重点海域，安装海洋水

文、气象、海气边界层、海底地震和水下环境等观测设备。加强水下信息获取与传输能力建设，开展海上定点观测和监视活动。在环境条件不适宜建设岸基海洋站（点）的重点区，建设小型自动海洋和气象观测平台，开展常规观测。加强现有海上观测平台的升级换代和改建扩建。通过海上观测平台获取长期、连续、稳定的观测资料，为海洋灾害预警、应对海上突发事件提供数据支持。

4. 海上志愿观测平台和志愿观测船

在现有志愿观测能力的基础上，完善志愿观测管理和奖励制度，增加 15～20 个志愿油气平台，发展 300～400 艘志愿观测船，安装海洋和气象自动观测设备和通信设备，加装走航式、抛弃式自动海洋和气象观测仪器设备，加强大洋志愿观测资料的收集、管理和应用。开展高效、实时、自动化海洋观测，实施稳定、可靠的数据传输，获取和累积长期、稳定、连续的航线和定点海洋观测资料，实现对海洋观测的有效补充。

5. 海底观测系统

整合、集成国家现有资源，在我国近海建设区域海底观测主干网络，布设由海底地震仪、海啸波监测仪、温盐流观测仪等组成的海底观测节点，初步形成中国近海重点区域的海底观测系统，实现对海洋灾害、特别是海底地震海啸以及水下环境的业务化观测和预警，为海洋防灾减灾、海洋经济发展和海洋科学研究等提供信息保障。

6. 卫星观测系统

发展我国自主海洋卫星，在已有 3 颗海洋卫星的基础上，继续发射 8 颗后续业务卫星，结合利用气象卫星以及国外海洋气象卫星等资源，建设卫星观测数据综合服务平台，充分发挥卫星观测的大范围、准实时、全天候、长时间序列特点，全面提升海洋卫星在海洋管理、海洋防灾减灾、海洋环境监测等领域的应用和服务能力。

（三）开展大洋和极地观测。

在大洋和极地重点关注区域开展海洋观测。增加浮（潜）标观测站位数量，扩大观测范围，增加浮（潜）标观测要素和内容，加强浮（潜）标业务化运行维护，实现浮标观测资料的实时或准实时传输。利用大洋调查和极地科考航次，开展走航式观测和站位观测，进一步提高远洋航次的搭载观测频率和效率；依托中国极地科学考察站开展海洋、气象等多要素综合观测。积极倡导、参加和组织全球和区域海洋观测系统建设，分享观测数据资料，提高我国海洋观测的国际地位。

（四）建设综合保障系统。

新建、改建或扩建 4 个海洋观测网综合保障基地，开展基地服务区内的海洋站（点）、雷达站、海上平台、浮（潜）标、志愿船、海底观测节点等基础设施与设备的巡检、维护、维修和保养，合理布局海洋观测和通信传输仪器设备的备品备件库，开展海洋观测设备状态监控能力建设，保障观测网的稳定运行，定期开展海洋观测和调查的相关技术培训。

依托综合保障基地，建设专用码头，设置海洋观测保障船（艇）以及大中型浮标专用泊位，配备相应的海陆吊装及搬运设施，实现海洋观测陆岸保障及海上作业的高效衔接。

建设各类专用海洋观测工作船（艇），主要包括专业浮标布放回收船、近海海冰观测船、平台巡检维护船（艇）、海底观测专用保障船等，进一步提高多种浮（潜）标的布放与回收、观测平台仪器设备的安装、海冰船舶观测、海底观测节点布设以及海上各类设备巡检及维护的效率。

通过多种数据传输手段、通信方式及其运行监控，建设与海洋观测网相配套的高速、稳定、完备的水面/水下观测和监视数据实时传输网络，具备岸基、离岸和卫星通信传输能力，并具有一定的通信传输备份和应急数据传输能力，支持各类海洋观测数据及其产品实时和延时通信，实现海洋观测数据和产品稳定、高效地传输和交换。

建设并完善海洋观测数据管理与共享服务平台，强化海洋观测数据自动汇集与分发功能，开展各类海洋观测数据的质量控制、存储管理、分析处理、产品制作和共享分发服务，为海洋灾害预警、海洋科学研究等提供基础数据服务。

加强海洋观测领域量传溯源能力建设，保证观测数据的可溯源、可比较、可核查。制定科学合理的海洋观测计量保障技术规程，引入计量认证管理模式，更新和扩充海洋观测仪器设备的计量检定设备，提高海洋观测网计量检定综合保障能力，逐步实现对所有业务化海洋观测仪器设备的定期计量检定。

五、保障措施

为顺利完成本规划提出的各项任务，实现规划目标，需要加强组织管理，健全创新体制机制，推进人才队伍建设，统筹各类资金投入，实现多部门联合协作，为全国海洋观测网的发展提供有力的保障。

（一）组织保障。

各级海洋主管部门要加强对海洋观测网建设的组织领导和监督检查，指导并协调海洋观测网的建设和运行，审定以海洋观测网为基础支撑的国家重大海洋观测计划，组织实施国际合作项目，协调规范涉海行业和科研教育等部门的海洋观测活动，保障海洋观测网稳定运行，实现观测能力和数据资源整合和共享等。各沿海省级人民政府要根据本规划和当地实际情况，本着避免重复、资源共享的原则，组织省级海洋主管部门编制本行政区及毗邻海域的海洋观测网规划，并纳入当地的国民经济和社会发展规划。设立多部门合作专门委员会，综合协调统筹；设立运行监督委员会，独立评估运行效果。

（二）经费保障。

进一步加大对海洋观测网建设和运行的投入力度。鼓励有关部门、相关行业等对海洋观测网建设的投入，确保海洋观测网运行维护的资金投入，保障观测系统稳定运行。加大对海洋观测领域的技术创新和人才培养方面的资金支持，提高海洋观测技术和业务人员的综合保障水平。

（三）制度标准。

完善海洋观测规章制度，加强海洋观测管理和监督，实现海洋观测管理与运行的创新，逐步形成海洋观测网管理和服务的长效机制；完善海洋观测网运行评估的指标、监督和考核体系；建立健全海洋观测网建设归口管理和备案制度，统一协调和审核海洋观测站（点）建设。完善业务化海洋观测规范，制（修）订海洋观测站（点）建设标准、观测数据传输标准和海洋观测质量控制标准；加快推进海洋仪器设备标准化，加大对仪器设备的测试、维修、巡检和保障力度，提高海洋观测的可靠性、规范性、准确性和及时性。

（四）人才队伍。

加强观测机构建设和人才队伍培养，结合海洋观测网重大项目实施以及相关技术平台、重点学科建设，培养和引进关键技术人才，加强创新团队建设，增加海洋观测人员编制，逐步建成一支海洋观测优秀人才队伍。联合相关科研院所和高等院校力量，建立观测系统设计、观测方法研究、仪器和产品开发团队，形成不同层次、满足不同需求的人才梯队。

（五）科技支撑。

跟踪国际海洋观测先进技术，发展我国海洋观测技术自主创新能力，推动海洋观测设备及技术领域的创新，提高海洋观测新技术的产业化开发水平和工程化水平，开展新型海洋观测技术工程示范应用，增强海洋观测科技支撑。加强海洋观测领域技术交流合作。进一步加大海洋观测的国际合作力度，在统筹考虑科研布局和国际合作战略的基础上，积极参与实施全球和区域观测系统的国际计划。

（六）安全管理。

完善安全管理与评估体系，对观测网运行、数据传输、存储与处理进行必要的安全防护、冗余备份等措施，保障系统和信息的保密性、完整性、可用性、可控性和抗抵赖性。同时，依据国家对网络与信息安全事件应急预案要求，建立信息安全事件应急响应技术支撑队伍，定期开展培训、自查、预演等工作，配备专人实现 24 小时响应，保证观测网系统的安全稳定运行。

国家级海洋保护区规范化建设与管理指南

（2014 年 10 月 20 日）

为进一步规范国家级海洋自然保护区、海洋特别保护区的建设，提高管理水平，充分发挥国家级海洋保护区的各项功能，根据《中华人民共和国海洋环境保护法》《中华人民共和国自然保护区条例》及有关规定，制定国家级海洋保护区规范化建设与管理指南。

地方级海洋保护区可以参照本指南开展规范化建设与管理工作。

一、总体目标

通过规范化建设与管理，国家级海洋保护区应达到保护目标明确，生态环境及资源本底清楚，管护及监控设施完备，管理队伍专业，管理制度健全，规划科学合理，保护与利用关系协调，资源管护、科研监测、宣传教育等功能得到充分发挥，生态旅游等资源合理利用，社区共管和公众参与机制完善，保护成效显著。

二、规范化建设要求与内容

（一）基本要求

国家级海洋保护区规范化建设是指规范国家级海洋保护区基础管护设施建设和相应设备的配置。国家级海洋保护区规范化建设应坚持“统筹规划、合理布局、因地制宜、讲求实效”的原则，建设内容应满足主要保护对象或保护目标、生态环境保护与管理的需要。建设内容和规模应与本保护区的类型、面积、保护对象或保护目标、生态环境特征以及管理目标相适应，与自然、社会经济条件相协调，不得盲目求大、求全、求高档。各项设施应与当地的自然景观和谐一致，力求节能、环保，尽量采用太阳能、风能、沼气等清洁能源，区内的供电等线路应尽量采用地下铺设并复原。规范化建设应充分利用现有的各项设施设备，不得重复建设。管护、科研、宣教、办公设施尽可能集中建设，并兼顾各项功能。保护区内用于主要保护对象或保护目标救护繁育设施、生态恢复工程等建设的，应进行科学论证。

（二）管护设施

1．办公及附属设施设备

国家级海洋保护区管理机构应建设适当的办公及附属设施，满足日常办公、管理等需要。办公用房应尽量与科研和宣教设施集中建设，并配备相应的办公设备。办公用房面积按国家有关规定执行。应按管理人员人数配备办公桌椅、计算机等，并配备资料密集柜、档案陈列柜等管理设施。

2．基础管护设施

国家级海洋保护区管护设施的建设不得破坏保护区主要保护对象或保护目标、生态环境及自然地质地貌景观。

（1）保护管理站（点）用房

根据保护与管理要求，国家级海洋保护区可设立保护管理站（点）。保护管理站（点）内应配有基本的办公、通讯等配套设施，便于保护区管护人员开展管护工作。保护管理站（点）外观应与周围自然环境相协调，其建筑面积不大于 300 平方米。

（2）巡护监视瞭望塔（台）

根据海洋保护区实际管理需要、主要保护对象或保护目标分布情况，结合考虑视野及当地地质地貌情况，建设巡护监视瞭望塔（台）。瞭望塔（台）设置应具有良好的视线通透性、便于观察瞭望，外观尽量与周围自然环境相协调。

（3）界碑、界桩及海上界址浮标

国家级海洋保护区应在人为活动频繁地区、主要道路相交处、转向点及海域设置界碑、界桩和海上界址浮标，充分发挥指示、警示、宣传的作用。界碑、界桩和浮标的设置应规划合理、位置明显、效果突出，牌面内容设计科学、文字清晰明了。界碑、界桩及海上界址浮标的外观设计应与本保护区生态景观相协调。海上界址浮标的设置应充分考虑海洋水动力条件、底质状况及周边的开发活动状况等，海上界址浮标应具有安全和稳定、不污染海水、不易损毁、不妨碍海上航行、颜色醒目、易于维护等特点，材质一般为玻璃钢或无毒PE等材质。

界碑、界桩一般间隔 1000 米左右，在人类活动较频繁的区域或转向点应适当加密。海上界址浮标应根据界限拐点分布情况适当设置。

（4）管护围栏

根据保护管理需求，可在保护区生态敏感、人类活动频繁等保护区边界设置管护围栏。管护围栏设置以不影响保护动物的自由迁徙为原则，一般采取金属网、木质、水泥栏栅或其它材料，管护围栏应具有稳定性、视野通透性等特点，与周围生态环境协调一致。

（5）景观大门

景观类型、海洋公园等保护区可根据管理需要在入口处或进入保护区的主要地段，设置景观大门，以作为保护区标志性建筑。景观大门的设计以体现本保护区主要保护对象或保护目标特点、与周边生态景观协调为原则，融生态、人文于一体，具景观性、标志性、协调性、美观性、创新性等特征。

（6）巡护道路

巡护道路包括干道、便道和巡护步道。干道用于连结保护区和国家或地方交通干线，路面等级应满足晴雨通车要求。便道用于连接保护区管理机构办公地点、保护管理站（点）、瞭望塔（台）、监测点和居民点等，标准应达到通车或人员便利通行要求。此外，可根据巡护需要，依自然地势设置自然道路或人工修筑阶梯式道路作为巡护步道。

必要的巡护道路能够满足保护区巡护、监测、日常管理、防火等的需要。不得以管护为名铺设旅游道路，破坏生态环境。

（7）巡护码头

根据巡护执法的需要，修建巡护码头（含透水或浮动式码头），供执法船（艇）靠泊。

（8）野生生物保护设施

因野生动植物及其栖息地保护的需要，国家级海洋保护区可以适当建设生态礁、人工洞穴、巢箱等设施，配备野生动物救护、病虫害检疫防治等设备。

（9）供电供水设施

修建并逐步完善保护区内供电供水设施。

（10）灾害防护设施

根据实际情况保护区可建设预防风暴潮、溢油、海岸侵蚀及火灾等灾害的防护设施。

（11）通讯及网络设施

修建必要的通讯及网络设施，用于保护区的日常管护与执法。

（12）废弃物收集及处理设施

建立生活污水和其他废弃物的收集及处理设施，废水统一排入城市管网，或经处理后实现回收或达标排放，其他废弃物送至指定地点集中处理。

3. 巡护执法设备

根据资源保护和管理工作的需要，国家级海洋保护区应配备必要的巡护、执法、取证设备，主要包括交通工具、通讯工具、执法取证设备等。

（三）科研监测设施

1. 在线监控设备

国家级海洋保护区可根据工作需要配备在线监控设备。建设保护区生态监控平台（包括软硬件建设），岸基视频监控系统，车载/船载视频监控系统，无人机监控系统，海洋生物远程鉴定系统，生态浮标监测系统等。

2. 科研设施设备

国家级海洋保护区应建立综合性常规实验室，配备海水、沉积物及相关生物的采集与分析仪器设备。

（四）宣传教育设施

1. 宣传教育基地（中心）

国家级海洋保护区可根据自身特点及科普宣传教育的需要建立宣教场（馆），满足环境教育和生态旅游活动要求，宣教基地（中心）内可设置标本或模型陈列展览室、多媒体放映室、图书资料室等，每年向公众免费开放 200 天以上。宣传教育基地（中心）应配备宣教、通风、除湿、防火防盗等设施设备，其中仪器设备主要包括：电教设备、多媒体查询设备、展示橱窗、陈列柜、展板、电光模型等。

2. 户外宣传栏与宣传牌

国家级海洋保护区应在道路出入口、居民点等人为活动频繁处，或根据管理需要，设立宣传栏或宣传牌。宣传栏及宣传牌应具有保护区的显著标识，宣传相关法律、法规、政策、注意事项及生态保护知识等，介绍本海洋保护区的名称、范围、主要保护对象、保护意义、保护要求等内容。每个保护区设立的户外宣传栏或宣传牌一般不少于 10 个。

三、规范化管理要求与内容

（一）基本要求

国家级海洋保护区规范化管理是指构建

规范的管理框架体系和运行程序，明确相关的工作事项，依据相关法律法规开展各项管理事务，以达到工作任务明确、制度健全、运行有序、管理高效的目的。

（二）管理机构与人员

1．管理机构

国家级海洋保护区应设置专门的管理机构，纳入县级以上财政预算。暂时不具备条件设立独立机构的，可积极探索委托管理、联合共管等其他形式的管理机制。国家级海洋保护区所在地的县级以上人民政府应当加强对海洋保护区的保护与管理。

保护区管理机构内部科室设置应满足各项工作需要，可设办公室、保护科、科研科、宣教科、社区科、资源利用与恢复科、管理站（点）、执法大队（支队）等，并有明确的职能和责任。

2．管理人员

国家级海洋保护区人员数量应能够满足保护和管理需要，必要时可以聘用临时用工人员开展管护工作。

每个保护区管理人员不少于10人，其中专业技术人员（指具有与海洋保护区管理业务相适应的大专以上学历或同等学历者，下同）比例不低于50%，高级专业技术人员不低于20%。

（三）内部管理制度

国家级海洋保护区应有健全的内部规章制度，主要包括岗位责任、人事聘用、财务、宣教、培训、巡护、监察执法、社区共管、生态保护、资源利用与恢复、信息管理、考核制度等。

（四）档案管理

国家级海洋保护区应建立资源管护、监察执法、防火灭火、防灾减灾、科研监测、宣传教育、社区共管、项目建设、培训学习、生态保护、日常巡护、资源利用与恢复等工作的记录制度，形成完整的人事、科研、宣教、培训、资源管护、监察执法、生态保护、资源利用与恢复项目等系列档案。

国家级海洋保护区档案管理应当按照《档案法》《海洋档案管理规定》以及有关专项档案管理的规定和要求，将数字化档案上报国家海洋局，建立档案管理与服务系统。

（五）规划与计划

1．总体规划

国家级海洋保护区管理机构应当编制总体规划，科学分析目前保护区存在的主要问题和困难，有针对性地提出阶段性规划目标和任务，指导海洋保护区建设与管理工作，经省级海洋行政主管部门初审后报国家海洋局批准实施。根据保护区实际建设管理成效、保护区生态环境及周边社会经济条件变化情况，总体规划至少每十年修编一次。

国家级海洋保护区的各项基础设施建设应符合总体规划要求。

2．专项规划

国家级海洋保护区根据保护与管理工作的需要，在总体规划的指导下，编制生态保护与资源利用、生态恢复、生态旅游、生态补偿实施等专项规划，具体指导保护与利用专项活动。规划期一般为5年。

3．年度工作计划

国家级海洋保护区应根据本保护区总体规划、专项规划及保护区面临的紧迫问题，制订年度工作计划，确定年度工作目标。保护区每年应根据当年度工作计划编制工作总结报告，评估年度工作计划完成情况，分析存在问题和经验，报告主管部门。

（六）界址勘定与权属

1．界址勘定

国家级海洋保护区应在批准建立后的一年时间内，完成保护区范围及功能区界址勘定。

保护区应具有准确经纬度坐标网格的功能分区图、土地利用结构图、海域使用现状图等图件。有条件的保护区应采用数字化管理手段记录、标识、管理本保护区及功能区边界。

保护区管理人员必须准确掌握本保护区及其各功能区的界限范围。

2．权属

海洋保护区权属包括海域使用权属和土地所有权属两部分。

保护区应明确掌握本保护区内海域使用权人的用海范围、用海类型、用海期限等信息。

保护区应明确掌握区内土地所有权、使用类型等信息。

（七）巡护与执法

1．日常巡护

国家级海洋保护区应根据保护和科研工作的需要，配备专职巡护和执法人员，定期或不定期开展日常巡护工作。

日常巡护范围应该覆盖保护区大部分区域，必须涵盖重点保护区域及人为活动频繁区域。

日常巡护以定期巡护为主，可根据管理要求、交通条件、地形特点等因素合理确定巡护周期。

巡护应将巡察、科研监测、执法等工作结合于一体。

日常巡护工作应建立巡护责任制和巡护报告制度，巡护人员每次巡护结束应填写巡护情况记录或日志，保护管理站每月应填写巡护月报，保护区管理机构每年应填写巡护年报。

保护区每年将巡护年报及监测结果上报海洋保护区行政主管部门。

2．执法检查

国家级海洋保护区管理机构应按照有关法律法规的规定，对保护区内的生态旅游、开发建设、参观考察等活动进行执法检查，及时制止破坏保护区生态和资源的违法违规活动，并依据相应的法律法规进行处罚。

国家级海洋保护区管理机构应对出入保护区的人员及其携带的海洋、海岛生物、非生物资源实施检查，防止海洋保护区内自然资源和生态环境受到非法破坏以及外来物种的入侵。

保护区管理机构应积极配合相关执法机构，及时处理违法案件。

（八）科研监测

1．资源调查

国家级海洋保护区应经常性开展科学考察和专项调查，尤其是对主要保护对象的调查，要对区内的生物多样性进行编目和详细记录，做到资源本底清楚。

每十年至少开展一次综合科学考察，编制科考及分析报告。有条件的争取出版科学考察报告。

2．定期监测

国家级海洋保护区管理机构应根据具体情况定期开展生态环境、资源、自然生态灾害、开发利用活动、外来物种入侵、区内旅游活动等项内容的监测活动。

每年至少开展一次当地社区社会经济状况调查。

根据主要保护对象或主要保护目标的特点设置监测断面和站位，每年至少开展一次调查监测。监测结果应进行详细记录和分析，并根据监测结果对保护区生态环境及主要保护对象或保护目标变化情况进行评价。

3．科研活动

国家级海洋保护区应加强与相关高校或科研机构合作，积极参与和支持有关海洋保护区科学研究工作，建立海洋生态保护与资源合理利用科学研究与教学实习的基地，积累保护区生态环境和主要保护对象或保护目标相关研究成果，不断丰富生态保护与资源开发利用相协调的技术与经验。

（九）宣传教育

1．宣传资料

国家级海洋保护区应制定具有自身特点的相关法律法规和管理制度，编制科普宣传书籍、音像、文字及图片资料、环境教育材料等，分发给周边社区居民、游客和访问者。

2．宣教活动

国家级海洋保护区管理机构应采取多种形式定期对学生、当地社区居民开展形式多样的环境教育活动。有条件的保护区应与所在社区学校共同编制校本教材，将海洋生态保护相关法律法规及科普知识纳入学校课堂教育之中。

国家级海洋保护区应积极创造条件，为来保护区的访问者（含游客）提供接受生态环境保护教育和科普知识宣传的场所及宣传材料等。

3．海洋保护区网站

国家级海洋保护区应发挥网络宣传作用，建立并定期维护自己的网站或网页，及时发布和更新保护区的相关信息。

4．交流与合作

有条件的国家级海洋保护区应广泛开展国内外交流与合作，吸收先进的生态保护与资源合理利用的先进技术和经验，通过建立姊妹保护区、参加国际或区域保护网络、参加国际国内培训和研讨会，展示保护区管理建设成果。

（十）社区共管

国家级海洋保护区应与所在地政府、有关

单位及当地社区的关系协调融洽，可以通过建立共管机制、签订共管协议等多种形式，积极推进地方社区和居民参与海洋保护区管理，与所在社区每年开展至少一次社区共管活动。

（十一）业务培训

国家级海洋保护区管理机构应高度重视培训和学习，提高相关管理人员业务素质和管理水平。

保护区所有工作人员及季节性临时工在上岗前均需进行培训。

保护区管理机构应至少每年组织对所有工作人员进行一次法律法规、政策及技术培训和教育；具备条件的保护区，应积极派员参加上级部门或其他单位举办的保护区工作相关培训。

培训内容包括法律政策、动植物知识、资源管护、执法检查、防火灭火、科研监测、宣传教育、项目建设、资源开发管理、社区共管、3S 技术、电脑应用和装备设备使用等。

（十二）应急能力建设

国家级海洋保护区应根据自身特点以及潜在的自然灾害及可能发生的重大环境污染、违规开发建设和生态破坏等紧急事件，编制相应的应急预案，配备相应设施设备。

四、保护与开发利用活动管理

（一）基本要求

国家级海洋保护区内的保护与开发利用活动应当符合《自然保护区条例》《海洋自然保护区管理办法》《海洋特别保护区管理办法》的要求。

在国家级海洋自然保护区核心区和缓冲区内，不得建设任何生产设施。在自然保护区实验区内，不得建设污染环境、破坏资源或者景观的生产设施。涉及自然保护区的建设项目和资源开发活动应严格按照《环境影响评价法》《自然保护区条例》等法律法规和有关规定进行管理。

国家级海洋特别保护区管理机构应当根据保护区生态环境状况与资源容量，科学规划保护与开发利用活动内容及开发利用的程度，指导保护区保护与开发利用有序进行。保护区保护与开发利用活动安排应当与各功能分区的管理目标一致。

国家级海洋保护区管理机构应对保护区内的保护与开发利用活动过程进行监督，开展相应的监理、统计、监测等。

（二）保护与开发利用活动管理

1．保护活动

自然保护区及特别保护区的重点保护区内，实行严格的保护制度，不得实施各种与主要保护对象或保护目标、生态环境保护无关的工程建设活动。保护区内各种保护设施应与周围生态环境协调一致，保护工程和保护活动的实施与运行不得对主要保护对象或保护目标及生态环境造成损毁。

2．开发利用活动

特别保护区的适度利用区内，鼓励实施与保护区功能区管理要求相一致的生态型资源利用活动，发展生态旅游、生态养殖等绿色低碳海洋产业。严格限制在海洋特别保护区内实施采石、挖砂、围垦滩涂、围海、填海等影响海洋生态的利用活动。确需实施上述活动的，应当进行科学论证，并按照有关法律法规的规定报批。在特别保护区的预留区内，严格控制人为干扰，禁止实施改变区内自然生态条件的生产活动和任何形式的工程建设活动。

3．生态恢复活动

根据保护区内生态受损退化的状况，划分出生态恢复的区域，确定生态恢复类型，编制生态恢复实施方案，根据需要采取封禁方式进行自然恢复或进行人工辅助恢复。生态恢复实施方案须经有关专家论证。生态恢复工程实施一年后，开展生态恢复评价，根据评价结果，调整优化生态恢复方案。

涉及滨海湿地、红树林、珊瑚礁和重要海洋生物等类型的国家级海洋保护区可以根据生态恢复的需要，适当开展滨海湿地水源保护、湿地生态恢复、红树林、珊瑚礁、重要海洋生物物种人工恢复和外来入侵生物治理等工程。

海洋生态损害国家损失索赔办法

（2014 年 10 月 21 日）

第一条 为加强海洋生态环境保护，规范海洋生态损害国家损失索赔工作，依据《中华人民共和国海洋环境保护法》第九十条第二款之规定，制定本办法。

第二条 因下列行为导致海洋环境污染或生态破坏，造成国家重大损失的，海洋行政主管部门可以向责任者提出索赔要求：

（一）新建、改建、扩建海洋、海岸工程建设项目；

（二）围填海活动及其他用海活动；

（三）海岛开发利用活动；

（四）破坏滨海湿地等重要海洋生态系统；

（五）捕杀珍稀濒危海洋生物或者破坏其栖息地；

（六）引进外来物种；

（七）海洋石油勘探开发活动；

（八）海洋倾废活动；

（九）向海域排放污染物或者放射性、有毒有害物质；

（十）在水上和港区从事拆船、改装、打捞和其他水上、水下施工作业活动；

（十一）突发性环境事故；

（十二）其他损害海洋生态应当索赔的活动。

第三条 海洋生态损害国家损失的范围包括：

（一）为控制、减轻、清除生态损害而产生的处置措施费用，以及由处置措施产生的次生污染损害消除费用；

（二）海洋生物资源和海洋环境容量（海域纳污能力）等恢复到原有状态期间的损失费用；

（三）为确定海洋生态损害的性质、范围、程度而支出的监测、评估以及专业咨询的合理费用；

（四）修复受损海洋生态以及由此产生的调查研究、制订修复技术方案等合理费用；如受损海洋生态无法恢复至原有状态，则计算为重建有关替代生态系统的合理费用；

（五）其他必要的合理费用。

以上费用总计超过 30 万元的，属于重大损失。

第四条 国家海洋局负责全国海洋生态损害国家损失索赔工作的监督管理。

地方管理海域内海洋生态损害国家损失索赔工作的分工，由省级海洋行政主管部门规定。地方管理海域内跨省的海洋生态损害国家损失索赔工作，由所在海区国家海洋局派出机构承办。

地方管理海域以外国家管辖海域的海洋生态损害国家损失索赔工作，由所在海区国家海洋局派出机构承办。

同一事件造成前两款规定海域海洋生态损害的国家损失索赔工作，由所在海区国家海洋局派出机构承办。

第五条 各级海洋行政主管部门应与环保、海事、渔业等海洋环境监督管理部门加强沟通、配合，建立海洋生态损害信息共享机制，确保索赔工作的全面、科学、合理。

第六条 海洋行政主管部门发现海洋生态损害行为或接到相关报告、通报后，经初步评估认为需依照本办法进行海洋生态损害国家索赔的，应当委托具有相应技术能力和独立法人资格的机构进行评估，确定索赔金额。

第七条 海洋生态损害评估，应当按照相应的海洋生态损害评估标准和技术规范进行。

第八条 海洋行政主管部门需为提供相关资料的单位保守在调查中获取的商业秘密。

第九条 海洋行政主管部门应根据海洋生态损害评估结果，向海洋生态损害责任者发送海洋生态损害国家损失索赔函。索赔函应当包括下列内容：

（一）海洋生态损害责任者名称（姓名）、地址；

（二）索赔事实、理由及有关证据；

（三）索赔数额和计算依据；

（四）履行赔偿责任的方式和期限；

（五）表达异议的方式。

第十条 海洋生态损害责任者对索赔要求无异议的，承办部门应及时与其签订赔偿协议，责任者应当按照协议规定的方式、程序和期限履行赔偿责任。

第十一条 海洋生态损害责任者对索赔要求提出异议，承办部门应及时通过协商、仲裁、诉讼等方式解决。

第十二条 索赔过程中，承办部门可以根据需要依法向人民法院申请采取财产保全措施或者申请证据保全。

第十三条 海洋行政主管部门提出的海洋生态损害索赔要求，不影响公民、法人、其他组织或部门依法提出的其他索赔要求。

第十四条 海洋生态损害国家损失索赔工作相关信息应当依照《政府信息公开条例》的有关规定及国务院有关要求予以公开，接受社会监督。

第十五条 海洋生态损害国家损失赔偿金应按照国家财政有关法规进行管理，具体管理办法由财政部会同国家海洋局另行制定。

第十六条 本办法自公布之日起施行。

（附件 略）

南极考察活动行政许可管理规定

（2014年5月30日）

第一章 总则

第一条 为规范我国南极考察活动行政许可行为，履行南极条约体系规定的权利和义务，保障南极考察活动有序开展，根据《中华人民共和国行政许可法》、国务院第412号令和南极条约体系的要求，制定本规定。

第二条 本规定所称南极考察活动是指以科学研究为目的，在南纬60度以南的地区，包括该地区的所有冰架开展的相关活动。

第三条 公民、法人或者其他组织开展涉及以下所列事项的南极考察活动时，应当向国家海洋行政主管部门提出申请。

（一）进入南极时携带非南极本土的动物、植物和微生物等有机生物，食物除外；

（二）猎捕哺乳动物、鸟类及无脊椎动物，采摘和采集植物以及其他可能干扰动植物的活动；

（三）采集南极陨石；

（四）进入南极特别保护区的活动；

（五）在南极建立人工建造物的活动；

（六）其他可能损伤南极环境和生态系统的活动。

第四条 开展本规定第三条所列考察活动的申请、受理、审查、批准和监督管理等工作适用本规定。

第五条 对本规定第三条所列考察活动的审批，应当遵循公开、公平、公正、便民、高效的原则。

第六条 遵循科学性、可行性、可持续性、环境友好、生态平衡等原则，对本规定第三条所列考察活动实施总量控制。

第七条 公民、法人或者其他组织对本规定第三条所列考察活动的行政许可享有陈述权、申辩权；有权依法申请行政复议或者提起行政诉讼。

第八条 任何单位和个人对违反本规定的行为有权进行举报，主管部门应当及时核实、处理。

第二章 申请与受理

第九条 国家海洋行政主管部门负责本规定第三条所列考察活动的审批，国家海洋局极地考察办公室承担具体工作。

第十条 国家海洋行政主管部门应当在部门政府网站公示下列与办理本规定第三条所列考察活动相关的行政许可内容：

（一）南极考察活动的行政许可事项、依据和程序；

（二）申请者需要提交的全部材料目录；

（三）受理南极考察活动审批的部门、通信地址、联系电话和监督电话。

国家海洋行政主管部门应当根据申请者的要求，对公示的内容予以说明和解释。

第十一条 公民、法人或者其他组织赴南极开展本规定第三条所列考察活动前，应当向国家海洋行政主管部门提交申请书，并对内容的真实性负责，承担相应的法律责任。申请书包括以下内容：

1．活动名称；

2．申请者的信息；

3．活动方案（包括活动目的、活动周期、活动路线、活动区域、活动内容、交通工具和南极现场后勤支撑能力等）；

4．带入物品清单；

5．活动可能产生的环境影响评估；

6．突发事件应急预案；

7．南极考察人员名单及身份证明材料；

8．南极考察人员身体健康证明材料；

9．自营船舶或航空器开展南极考察活动的，需提供船舶或航空器证书及相应保险合同复印件；租用船舶或航空器开展南极考察活动的，需提供承租方合同或者承诺证明。

第十二条 环境影响评估应当包括以下内容：

（一）在南极的活动时间、区域、路线、活动概况等；

（二）活动的替代方案及影响；

（三）活动对南极环境或被采集的动植物生态可能产生的直接和累积影响；

（四）预防和减缓措施及技术论证；

（五）结论。

第十三条 当活动可能对南极环境和生态系统产生轻微或短暂影响时，应当提交初步环境影响评估报告书，由国家海洋行政主管部门审查。

当活动可能对南极环境和生态系统产生大于轻微或短暂影响时，应当提交全面环境影响评估报告书。全面环境影响评估报告书需要提交南极条约协商会议审议。

第十四条 申请者应当在每年4月1日至30日之间提交当年6月1日至下年度5月31日之间赴南极开展本规定第三条所列考察活动的申请。

第十五条 国家海洋行政主管部门对申请者提出的本规定第三条所列考察活动的申请，应当根据下列情况分别做出处理：

（一）申请事项依本规定不需要审批的，应当即时告知申请者不予受理；

（二）申请事项依法不属于国家海洋行政主管部门职权范围的，应当即时做出不予受理的决定，并告知申请者向国家有关行政主管部门提交申请；

（三）申请材料存在可以当场更正错误的，应当允许申请者当场更正并重新提交，但申请材料中涉及技术性的实质内容除外；

（四）申请材料不齐全或者不符合法定形式的，应当当场或者在5日内一次告知申请者需要补正的全部内容，逾期不告知的，自收到申请材料之日起即为受理；补正的申请材料应当在告知之后5日内补交，仍然不符合有关要求的，国家海洋行政主管部门可以要求继续补正；

（五）申请材料齐全、符合法定形式，或者申请者按照要求提交全部补正申请材料的，应当受理行政许可申请。

第十六条 国家海洋行政主管部门受理或者不予受理本规定第三条所列考察活动申请的，应当出具加盖国家海洋行政主管部门专用印章和注明日期的书面凭证。

第十七条 本规定第三条所列考察活动申请受理之后至行政许可决定做出前，申请者书面要求撤回申请的，可以撤回；对撤回申请的，国家海洋行政主管部门终止办理，并通知申请者。

第十八条 变更下列内容之一的，申请者应当在前往南极前向国家海洋行政主管部门提交变更申请：

（一）活动的起止时间；

（二）活动人员的名单及基本情况；

（三）搭乘的交通工具等；

（四）带入物品的清单。

第十九条 有下列情况之一的，应当重新申请：

（一）改变活动的目的、内容及预期目标；

（二）改变在南极的活动路线；

（三）超过批准的有效期限进行活动的；

（四）其他重大事项的改变。

第三章 审查与决定

第二十条 国家海洋行政主管部门在审查申请时，涉及专业知识或者技术问题需要评审、评价或者检测并依法需要根据评审、评价建议或者检测报告做出审批决定的，可以委托专业机构或者专家进行评审、评价或者检测，并由专业机构或者专家出具评审、评价建议或者检测报告。

第二十一条 国家海洋行政主管部门在受理申请后，视情况组织专家对申请项目进行综合评估论证，并做出行政许可决定。

第二十二条　批准本规定第三条所列考察活动的，应当颁发许可证；不予批准的，应当以书面形式将理由告知申请者。

第二十三条　许可证应当载明下列内容：

（一）活动人员信息；

（二）准许活动的区域；

（三）准许活动的内容；

（四）应履行的义务；

（五）有效期限；

（六）批准机关、批准日期和批准编号。

开展本规定第三条所列考察活动时，应携带许可证。

第二十四条　有下列情形之一的，国家海洋行政主管部门应当做出不予批准的决定：

（一）申请者为无民事行为能力人、限制民事行为能力人，或者由无民事行为能力人、限制民事行为能力人担任法定代表人的法人或者其他组织；

（二）拟开展的南极考察活动违反南极条约体系规定的；

（三）对南极环境或生态系统可能造成重大损伤的；

（四）因违反南极条约体系有关规定，依法被限制再次开展南极考察活动的；

（五）有其他法律、法规禁止的情形的。

第四章　监督管理

第二十五条　本规定第三条所列考察活动结束后，公民、法人或者其他组织的负责人应当填写报告书，并在 30 日内提交国家海洋行政主管部门。

报告书应当包括以下内容：

（一）活动概况；

（二）如开展本规定第三条第一款的活动，说明物品处理情况；

（三）如开展本规定第三条第二、三、四、五款的活动，说明执行情况；

（四）对环境产生的影响和减缓措施；

（五）其他应说明的情况。

第二十六条　在南极发生以下紧急情况时，活动人员可以不经批准而采取必要的应急措施，如有涉及本规定第三条所列考察活动的，应当尽可能将其对南极环境和生态系统的损伤降到最低，并及时向国家海洋行政主管部门或者监督检查人员报告：

（一）人员、船舶和航空器遇险需要紧急救助；

（二）重要装备、设备和设施受到安全威胁；

（三）发生南极环境紧急情况。

活动人员应当在应急措施完成后的 30 日内向国家海洋行政主管部门提供有关情况的详细报告书。

第二十七条　国家海洋行政主管部门应当建立健全行政许可管理制度，对本规定第三条所列考察活动和被许可人实施监督检查。

第二十八条　国家海洋行政主管部门发现本部门工作人员违反规定准予本规定第三条所列考察活动行政许可的，应当立即予以纠正。

第二十九条　国家海洋行政主管部门在南极现场履行监督检查职责时，可以采取以下措施：

（一）对在南极取得的样品进行检查；

（二）对在南极使用的设施、装备、车辆、船舶、航空器、保存的记录以及与南极环境和生态系统保护相关的事项进行检查；

（三）要求被检查者出示许可证；

（四）要求被检查者就执行本规定的情况做出说明；

（五）要求被检查者停止违反本规定的行为，履行法定义务。

第三十条　南极考察活动监督检查人员履行职责时，应当出示有效工作证件，并将检查情况和处理结果予以记录，签字后归档。

被检查者应当配合监督检查工作。

第三十一条　申请者以欺骗、贿赂等不正当手段取得本规定第三条所列考察活动许可证的，国家海洋行政主管部门应当给予警告，并撤销其许可证；已经在南极开展活动的，应当责令其立即停止活动，并限期离开南极。

第五章　附则

第三十二条　本规定所指日期均为工作日，不含法定节假日。

第三十三条　本规定由国家海洋行政主管部门负责解释，自颁布之日起实施。

南极考察队员考核管理规定

（2014年3月21日）

第一章　总则

第一条　为加强南极考察管理，提高南极考察管理水平，增强考察队员工作的积极性，根据国务院赋予国家海洋局的职责，以及国家海洋局南极考察队管理相关规定，参照中组部、人社部关于考核和奖励的有关规定，制定本规定。

第二条　本规定所指考核，是指国家海洋局根据相关标准和程序对考察队员在南极考察现场的政治表现、工作业绩等而进行的全面评估，并实施相应精神和物质奖励而开展的工作。

第三条　考核范围适用于纳入国家海洋局批准的年度南极考察组队方案，并赴南极现场开展工作的南极考察队员。

第四条　南极考察队员考核工作坚持客观公正、分级负责、分头实施的原则，进行绩效管理。

第五条　根据南极考察工作实际情况，原则上南极考察队员考核工作在考察队回国前15日内完成，考察队领导岗位的考核工作在考察队回国后60日内完成。

提前离开考察队的考察队员考核工作可由本人撰写述职报告，由其他队员代为参评。

第二章　职责分工

第六条　国家海洋局作为南极考察主管部门，其职责是：

（一）负责审定南极考察队员考核管理相关制度；

（二）负责审定考察队申报的南极考察队优秀等次队员方案；

（三）负责组织南极考察队领导岗位人员的考核；

（四）负责南极考察队员考核复议、申诉工作。

第七条　南极考察队员派出单位的主要职责是：

（一）承担本单位考察队员的考核结果入档工作；

（二）承担本单位考察队员按照考核等次进行奖惩工作。

第八条　南极考察队的具体职责是：

（一）负责组织实施南极考察队普通考察队员的考核工作；

（二）负责申报考核优秀等次考察队员名单；

（三）负责申报考核不合格等次考察队员名单，报国家海洋局备案。

第九条　考察队员的具体职责是：

（一）编写考察队员个人述职报告；

（二）承担填写其他考察队员评价表；

（三）具有对本人考核结果的申诉权利。

第三章　考核内容

第十条　南极考察队员围绕德、能、勤、绩方面，主要包括政治思想表现、业务技术水平、管理协调水平、任务完成情况、遵守南极公约以及相关管理制度进行考核，重点考核工作实绩。

第十一条　南极考察队领导岗位考核指标具体包括：

（一）组织考察队开展政治思想教育工作情况；

（二）是否发生二级以上的应急事故及应对情况；

（三）南极考察现场实施计划完成情况；

（四）组织履行南极公约情况；

（五）履行国家及国家海洋局的相关法规情况；

（六）南极现场实施计划调整的报批、实施情况。

第十二条　南极考察队员考核具体指标包括：

（一）主要评价考察队员的遵守纪律、服从领导等；

（二）主要评价考察队员的团结协作能力、业务知识能力；

（三）主要评价考察队员勤奋敬业程度、出勤情况；

（四）主要评价工作创新、效率及效果、工作完成情况；

（五）主要评价遵守南极公约以及相关管理制度方面的情况。

第四章 考核权限和程序

第十三条 南极考察队领导岗位人员由国家海洋局组织考核，考察队员由南极考察队临时党委组织考核，按各专业队、站、船为单位组织开展。

南极考察队员考核工作由南极考察队临时党委监督实施。

第十四条 南极考察队员考核工作采取量化评分的办法进行，各专业队、站、船党支部在进行量化评分时，应严格按照考核评分表进行。

第十五条 南极考察队临时党委按照各专业队人员数量，按比例分配各专业队评先评优名额。各专业队、站、船党支部组成考评小组，对本专业队通过资格审查的考察队员进行考评，并将考评结果报考察队临时党委审核。

第十六条 各专业队、站、船党支部按照分配的评先评优名额，组织本部门全体考察队员，采用量化方法组织进行考核。具体程序是：

（一）考察队员进行个人述职；

（二）考察队员进行量化评分；

（三）党支部负责汇总、审核评价打分结果，确定绩效优秀、合格和不合格；

（四）报考察队临时党委。

第十七条 各专业队长、站长、船长在进行量化评分时，打分权重占 60%，考察队员打分权重占 40%。

第十八条 临时党委将各专业队、站、船党支部上报的考核结果进行审议，确定南极考察队优秀等次队员候选名单，并予以公示。

南极考察队临时党委应派人监督指导各部门的考核工作。

第十九条 南极考察队临时党委根据考核结果，对于被评为优秀等次的考察队员名单应进行公示，在南极考察队公示时间不少于 7 日。

第二十条 公示结束后，南极考察队临时党委确定优秀等次考察队员，上报国家海洋局审批。

第二十一条 按照干部管理权限，国家海洋局组织对南极考察队一级、二级领导岗位考察队员，采用量化方法组织进行考核。其中，一级领导岗位是指考察队领队、首席科学家等，二级领导岗位是指考察站站长、专业考察队队长、考察船船长等。具体程序是：

（一）领导岗位考察队员进行个人述职；

（二）国家海洋局组织进行评分；

（三）国家海洋局根据评分结果确定优秀等次；

（四）报国家海洋局党组审定。

第二十二条 对于承担越冬考察任务的队员，原则上参加下一队次南极考察队的考核工作。

第五章 考核结果使用

第二十三条 对于考核合格等次及以上的考察队员，应当给予绩效考核奖励，以精神奖励为主、物质奖励为辅。

第二十四条 对于考核合格的考察队员，考察队员派出单位应当参照人事部《事业单位工作人员考核暂行规定》（人核培发[1995]153号）精神执行，并给予不高于考察队员南极艰苦津贴额度的奖励。

第二十五条 绩效考核合格的队员有资格参加年度南极考察优秀考察队员的评选，优秀考察队员评选比例控制在南极考察队员总数的 20%。被评为优秀考察队员的，国家海洋局参照国家相关规定给予奖励。

评选南极优秀党员，主要是工作中发挥先锋模范作用，困难和危险时刻挺身而出等表现突出的考察队员，比例控制在南极考察队党员总数的 20%，参照优秀考察队员评选方法和标准执行。

第二十六条 对于考核被确定为不合格的南极考察队员，国家海洋局将视情况给予通报，并发函至考察队员派出单位按照国家相关规定处理，取消该考察队员今后参与南极现场考察的资格。

第二十七条 南极考察队一级、二级领导岗位人员优秀比例控制在南极考察队 2%以内，奖励标准与优秀考察队员奖励标准相同。优秀党员控制在党员的 2%以内。

第二十八条 对于获得优秀考察队员荣誉的，按照《国家海洋局评比达标表彰活动管理暂行办法》（国海人字[2011]794 号），可以参加全国相关评比达标表彰活动。

第六章　监督管理

第二十九条　建立健全南极考察队员考核监督机制，成立南极考察队员考核工作领导小组，原则上由极地考察工作咨询委员会相关部门组成，下设考核办公室，主要承担获得优秀等次考察队员的审核工作。

第三十条　纪委、监察应加强南极考察队员考核工作的监督监察。在开展南极考察队员考核工作中有徇私舞弊、弄虚作假情况的，应撤销原有考核等次；对于违规、违纪的单位和个人，给予严肃处理。

第三十一条　考察队员对于考核公示结果存有异议的，可以在公示期间向南极考察队临时党委书面申请复核，临时党委应在公示结束后 7 日内提出复核意见，以书面形式通知本人。

第七章　附 则

第三十二条　有下列情形之一的不参加考核：

（一）参加南极现场考察 30 天以下者（不含乘飞机路途时间）；

（二）港、澳、台地区考察队员及国际合作考察队员。

第三十三条　极考察队员考核工作，参照本规定执行。

第三十四条　本规定由国家海洋局负责解释。

第三十五条　本规定自颁布之日起实行。

海洋预报业务管理规定

（2014 年 2 月 25 日）

第一章　总则

第一条　为加强全国海洋预报业务管理，规范海洋预报活动，防御和减轻海洋灾害，服务经济建设、国防建设和社会发展，根据《海洋观测预报管理条例》，制定本规定。

第二条　本规定适用于各级海洋主管部门及其所属的海洋预报机构从事的海洋预报业务活动。

第三条　国家海洋局负责全国海洋预报监督管理工作。

国家海洋局的海区分局按照国家海洋局的有关规定，负责所管辖海域的海洋预报监督管理工作。

沿海县级以上地方人民政府海洋主管部门负责本行政区毗邻海域的海洋预报监督管理工作。

第四条　各级海洋主管部门应当加强对海洋预报工作的组织领导，将海洋预报工作纳入本部门发展规划，所需经费纳入本级财政预算。

第五条　全国海洋预报业务发展规划由国家海洋局组织制定并负责监督实施。

国家海洋局各海区分局和沿海各省、自治区、直辖市人民政府海洋主管部门应当根据全国海洋预报业务发展规划，编制本海区或本省、自治区、直辖市的海洋预报业务发展规划，并负责监督实施。

第六条　从事海洋预报工作，应当遵守国家海洋预报技术标准、规范和规程。

国家海洋预报技术标准、规范和规程由国家海洋局统一组织制定。

第七条　国家鼓励、支持海洋预报技术的研究，推广先进的海洋预报技术和设备，培养海洋预报高素质人才队伍，促进海洋预报业务水平的提高。

对在海洋预报工作中作出突出贡献的单位和个人，按照国家有关规定给予表彰和奖励。

第二章　海洋预报业务分工

第八条　国家海洋局、国家海洋局各海区分局和沿海县级以上地方人民政府海洋主管部门所属的海洋预报机构（以下简称海洋预报机构）负责海洋预报具体业务工作。

第九条　国家级海洋预报机构根据各自职责分工负责：

（一）对全国各级海洋预报机构进行技术指导，组织开展全国海洋预警报会商和技术交流培训，制作和下发各类海洋预报指导产品；

（二）开展全球大洋和我国近海的海洋预报工作，制作和发布相关的海洋预警报产品；

（三）收集汇总全球大洋和我国近海的各类海洋预警报产品，为社会公众提供海洋预警报产品信息服务；

（四）组织开展国家海上重大活动专题服务保障工作，为党中央、国务院有关部门提供决策服务。

第十条 国家海洋局各海区分局所属的海洋预报机构负责：

（一）对海区内各级海洋预报机构进行技术指导，组织开展海区内海洋预警报会商和技术交流培训，制作和下发各类海洋预报指导产品；

（二）开展本机构责任预报海域的海洋预报工作，制作和发布相关的海洋预警报产品；

（三）收集汇总本机构责任预报海域的各类海洋预警报产品，为社会公众提供海洋预警报产品信息服务；

（四）应海区内各级地方人民政府的请求，组织开展本机构责任预报海域的海上重大活动专题服务保障工作，为其提供决策服务。

第十一条 沿海县级以上地方人民政府海洋主管部门所属的海洋预报机构负责：

（一）对本行政区域内的下级海洋预报机构进行业务技术指导，组织开展本行政区域内海洋预警报会商和技术交流培训，制作和下发各类海洋预报指导产品；

（二）根据各自职责分工开展本机构责任预报海域的海洋预报工作，制作和发布相关的海洋预警报产品；

（三）收集汇总本机构责任预报海域的各类海洋预警报产品，为社会公众提供海洋预警报产品信息服务；

（四）组织开展本机构责任预报海域的海上重大活动专题服务保障工作，为本行政区域内地方各级人民政府提供决策服务。

第十二条 各级海洋预报机构应当树立整体观念，加强协调配合，保持密切联系，共同促进海洋预报业务发展。

第三章 责任预报海域

第十三条 根据《海洋观测预报管理条例》和国家海洋局的有关规定，对各级海洋预报机构的责任预报海域进行划分。

第十四条 国家级海洋预报机构的责任预报海域为世界各大洋和我国近海。

第十五条 国家海洋局北海分局所属的海洋预报机构的责任预报海域为渤海、黄海北部和黄海中部；国家海洋局东海分局所属的海洋预报机构的责任预报海域为黄海南部、东海、台湾海峡和台湾以东洋面；国家海洋局南海分局所属的海洋预报机构的责任预报海域为南海、北部湾。

第十六条 沿海县级以上地方各级人民政府海洋主管部门所属的海洋预报机构的责任预报海域是与本行政区域内的大陆海岸、岛屿、群岛相毗连，《中华人民共和国领海及毗连区法》规定的领海外部界限向陆一侧的海域。

渤海和琼州海峡沿岸县级以上地方各级人民政府海洋主管部门所属的海洋预报机构的责任预报海域，为自沿岸多年平均大潮高潮线向海一侧 12 海里以内的海域；琼州海峡窄于 24 海里区域，为自沿岸多年平均大潮高潮线向海止于海峡中间线以内的海域。

第十七条 为政府决策服务和涉海企事业单位提供的专项预报服务不受责任预报海域的限制。各级海洋预报机构可参考全国海洋预警报产品共享数据库中其他机构制作的产品对外提供服务，以提高海洋预报工作的一致性和准确性。

第四章 海洋预警报产品制作和发布

第十八条 各级海洋预报机构应当广泛收集责任预报海域的观测资料和相关基础信息，综合运用各种成熟的海洋预报技术和方法，分析、预测海洋状况变化趋势及其影响，及时制作和发布各种海洋预警报产品。

第十九条 国家海洋局组织建立全国海洋预警报产品共享数据库，制定统一的海洋预警报产品格式。

各级海洋预报机构对外发布的公众海洋预警报产品，应当及时上传至全国海洋预警报产品共享数据库供全国共享。

第二十条 海洋预警报产品的制作、发布、存储、保管、共享和使用应当遵守保守国家秘密法律、法规的规定。

第二十一条 国家海洋局建立全国海洋预警报会商制度，定期组织各级海洋预报机构开展年度海洋预报预测会商、半年度厄尔尼诺（拉尼娜）和海洋气候预测会商、海洋预报月会商和海洋预报周会商，在海洋灾害应急期间按照预案要求组织相关海洋预报机构进行海洋灾害警报应急会商。

国家海洋局各海区分局和沿海县级以上地方人民政府海洋主管部门除参加全国海洋预警报会商外，还可根据自身工作需要，建立本海区或本行政区域内的海洋预警报会商制度，组织相关预报机构进行海洋预警报会商。

第二十二条 各级海洋预报机构应当建立海洋预警报内部会商和审核签发制度，对海洋预警报产品的内容和质量严格把关。

各级海洋预报机构制作的海洋预报须由首席预报员或主班预报员签发，海洋灾害警报须由海洋预报机构的主要领导或预报业务分管领导签发。

第二十三条 海洋预报和海洋灾害警报由各级海洋预报机构按照职责向公众统一发布，其他任何单位和个人不得向公众发布海洋预报和海洋灾害警报。

各级海洋预报机构发布海洋预报和海洋灾害警报时，应在产品上注明海洋预报机构的名称、预报员的姓名或编号。

第二十四条 已发布的海洋预报或海洋灾害警报如要做重大订正或改变，须经海洋预报机构负责人批准。

第二十五条 各级海洋预报机构应当在其所属的海洋主管部门的指导下，积极与各级人民政府指定的广播、电视和报纸等媒体进行沟通和联系，共同建立和完善海洋预报刊播与紧急增播、插播海洋灾害警报的工作机制，并不断拓展海洋预警报产品发布的渠道，通过网络、传真、声讯电话、手机短信、海岸电台、农村大喇叭、电子显示屏等多种方式，向社会公众及时发布海洋预报和海洋灾害警报。

第二十六条 各级海洋预报机构的工作人员就海洋预警报工作情况接受媒体采访时，应当事先经本机构负责人批准，并要求媒体记者在发稿前将稿件交本人审阅。

第五章 海洋灾害应急响应

第二十七条 预计本机构责任预报海域将要出现海洋灾害时，各级海洋预报机构应当立即根据海洋灾害应急预案的要求，制作发布海洋灾害警报。

第二十八条 收到本部门所属的海洋预报机构发布的海洋灾害警报后，相关海洋主管部门应当立即启动海洋灾害应急响应，组织本部门所属的海洋预报机构对海洋灾害可能影响的范围、强度以及对沿海经济社会发展造成的影响进行滚动预测，及时向社会公众发布海洋灾害警报，提出避免和减轻海洋灾害损失的措施建议。

第二十九条 海洋灾害应急期间，各级海洋预报机构应当密切关注海洋灾害发展动态，及时开展海洋灾害应急会商，滚动发布各类海洋灾害警报。

第三十条 各级海洋预报机构针对同一海域的海洋灾害警报内容应当协调一致。当出现预报分歧时，上级海洋预报机构应当及时组织讨论统一预报意见。

第三十一条 发现海洋灾害影响有加剧、减轻趋势或者海洋灾害影响已经结束的，各级海洋预报机构应当及时发布海洋灾害预警级别调整或解除信息。

第三十二条 收到本部门所属的海洋预报机构发布的海洋灾害预警级别调整或解除信息后，相关海洋主管部门应当及时通告有关单位调整应急响应级别或终止响应。

第三十三条 海洋灾害应急工作结束后，各级海洋预报机构应当及时将本次过程的预警报工作开展情况报告给其所属的海洋主管部门。

第六章 海洋预警报质量管理

第三十四条 各级海洋预报机构应当建立海洋预报业务质量检验制度，定期对本机构发布的各类海洋预警报产品进行结果检验，并将其纳入日常业务工作流程。

第三十五条 预报检验应充分应用我国沿岸及近海的各类海洋站、浮标、雷达、船舶、海上平台和全球卫星遥感、全球电信系统（GTS）观测资料，对海洋预报的精度和海洋灾害警报的空报率、漏报率、预警级别误差以及正确发布警报的提前时间等内容进行客观评价。

第三十六条 国家海洋局组织制定统一的全国海洋预警报产品检验规范，适时开展海洋预警报产品第三方检验工作。

第三十七条 各级海洋预报机构应当定期组织开展用户满意度调查工作，并将结果报告给其所属的海洋主管部门。

第三十八条 海洋预警报用户满意度调查工作应当通过网络、问卷、走访、座谈等方式开展，着重了解用户对海洋预警报准确性、信息发布时效性和获取信息便捷性等方面的评价情况。

第三十九条 国家海洋局定期组织开展海洋预报质量测评，通报各级海洋预报机构工作开展情况。

第四十条 各级海洋预报机构应当定期开展海洋预警报技术总结工作，及时分析总结预报工作经验，不断根据用户需求研制开发新的海洋预警报产品，完善海洋预报业务工作流程，拓展海洋预报服务范围，提升海洋预报工作的质量和水平。

第七章 海洋预报员管理

第四十一条 各级海洋预报机构的海洋预报员应当熟练掌握海洋预报业务流程和预报技术方法，熟悉本机构责任预报海域的海洋环境变化规律，能够对各类海洋实测资料和分析、模拟结果做出科学判读，得出严谨预测结论。

第四十二条 新加入到海洋预报机构参加工作的人员，应当在本机构经过一年以上的跟班实习，并通过本机构的考核合格后，方可独立从事海洋预报工作。

第四十三条 各级海洋预报机构应当建立本机构的海洋预报员岗位管理制度，明确首席预报员、主班预报员和副班预报员的任职条件和工作职责。

第四十四条 各级海洋预报机构应当在海洋预警报产品结果检验的基础上，建立以能力和业绩为导向的海洋预报员评价工作机制，作为预报员考核和定级的依据。

第四十五条 国家海洋局组织建立海洋预报员标准化培训体系，定期开展全国海洋预报员培训交流工作。

第四十六条 各级海洋预报机构应当建立和完善本机构内部的海洋预报员培训工作机制，积极支持和鼓励预报员参与各种培训交流。

第八章 监督管理

第四十七条 各级海洋预报机构应当及时将目前已经发布的公众海洋预警报产品情况报告给其所属的海洋主管部门备案。

各级海洋预报机构计划新增发布的公众海洋预警报产品，应当事先报其所属的海洋主管部门审查同意后，方可对外发布。

第四十八条 各级海洋预报机构应当及时将目前已在本机构投入业务化运行的海洋预报系统情况报告给其所属的海洋主管部门备案。

各级海洋预报机构新开发引进的海洋预报系统，应当事先在本机构经过一年以上的试运行，并报其所属的海洋主管部门组织专家审查通过后，方可正式投入业务化运行。

第四十九条 发现海洋预报系统出现故障，严重影响预警报工作开展的，各级海洋预报机构应当立即向其所属的海洋主管部门报告，并采取补救措施。

第五十条 每年年初，国家海洋局制定年度全国海洋预报工作方案，并下发沿海各省、自治区、直辖市人民政府海洋主管部门、国家海洋局各海区分局、国家海洋环境预报中心和国家海洋信息中心组织实施。

沿海各省、自治区、直辖市人民政府海洋主管部门、国家海洋局各海区分局、国家海洋环境预报中心和国家海洋信息中心应当根据各自分工，组织编制本单位的年度海洋预报工作方案，报国家海洋局备案。

第五十一条 每年年底，沿海各省、自治区、直辖市人民政府海洋主管部门、国家海洋局各海区分局、国家海洋环境预报中心和国家海洋信息中心应当以书面形式，将本单位的年度海洋预报业务工作开展情况和下一年度工作计划报告给国家海洋局。

第九章 法律责任

第五十二条 海洋主管部门的工作人员在预报工作中滥用职权、徇私舞弊的，依法给予处分；构成犯罪的，依法追究刑事责任。

第五十三条 海洋预报机构的工作人员瞒报、谎报或者由于玩忽职守导致重大漏报、错报、迟报海洋灾害警报的，由其上级海洋主管部门或者监察机关责令改正；情节严重的，依法给予处分；构成犯罪的，依法追究刑事责任。

第十章　附 则

第五十四条　本规定由国家海洋局负责解释。

第五十五条　本规定自印发之日起施行。原《海洋预报业务管理暂行规定》（国海环发［1999］331 号）同时废止。

海洋数值预报系统业务化应用管理暂行办法

（2014 年 8 月 21 日）

第一章　总则

第一条　为进一步规范海洋数值预报系统的业务化应用管理，不断提高海洋数值预报业务水平，依据《海洋观测预报管理条例》和《海洋预报业务管理规定》，特制定本办法。

第二条　全国各级海洋预报机构在业务化海洋预报工作中应用新的数值预报系统应当遵守本办法。其中业务化海洋预报工作是指各级海洋预报机构为履行自身职责，采用成熟的技术方法和业务流程，稳定持续开展的海洋预报工作。

第二章　组织管理

第三条　国家海洋局负责监督管理全国的海洋数值预报系统业务化应用工作，受理国家级海洋预报机构的数值预报系统业务化运行申请。

国家海洋局各分局负责监督管理本海区的海洋数值预报系统业务化应用工作，受理所辖海区内各海洋预报机构的数值预报系统业务化运行申请。

沿海省级（自治区、直辖市）海洋主管部门负责对本省（自治区、直辖市）海洋预报机构的数值预报系统业务化应用开展日常管理。

第四条　国家海洋局预报减灾司负责建立海洋数值预报系统业务化应用评审专家库，专家库主要由业务化预报、数值模式研发、数值计算、计算机应用等相关领域的专家组成。

海洋主管部门对数值预报系统业务化应用工作进行审查时，应当从专家库中遴选专家，选定的专家不得与系统开发单位存在直接利害关系。专家应当独立、负责地提出评审意见，并对自己的评审意见承担责任。

第五条　本办法所指的业务运行单位为承担海洋数值预报系统业务化运行工作的海洋预报机构。

本办法所指的系统开发单位为依法确认的海洋数值预报系统研发单位，通常为海洋科研院所、高校和具备研发能力的海洋预报机构等。

第三章　业务化试运行

第六条　计划投入业务化应用的海洋数值预报系统（以下简称“系统”）必须先开展业务化试运行，通过系统性能测试评估。业务化试运行申请由系统开发单位向业务运行单位提出。

第七条　申请业务化试运行的系统应当符合以下基本要求：

（1）预报初始场、边界条件和实况观测场获取来源稳定，质量可靠，时效性和精度均达到业务化运行的要求；

（2）与业务运行单位现有的数据输入端和产品输出端可以有效衔接；

（3）具备质量控制及检验模块，可选取特征统计量、特定变量和参数对系统主要预报要素的预报准确度进行客观评价；

（4）运行条件不超出业务运行单位能够提供的软硬件环境。

第八条　在申请开展业务化试运行时，系统开发单位应当一并提交系统研制技术报告和后报性能评估报告。

后报性能评估报告应利用历史观测数据和再分析数据对系统进行连续运算不少于3个月的检验，针对风暴潮、巨浪、海冰、海啸等要素选取重要海洋灾害历史过程开展典型个例检验。

第九条　业务运行单位根据系统研制技术报告和后报性能评估报告，结合自身需求，提出是否同意在本单位开展业务化试运行工作的意见，并向所属的海洋主管部门备案。

第十条　系统正式投入业务化试运行前，系统开发单位应当向业务运行单位提供系统的用户手册、产品规范和模板等相关技术文档，并会同业务运行单位制定试运行和测试评估工作计划。

第十一条 业务运行单位为系统业务化试运行提供所需的基本软硬件环境，承担系统的具体运行工作，并对预报系统的完整性、稳定性、准确性、计算性能、预报检验及运行监控等技术指标和实用功能进行测试评估，必要时可以进行第三方机构评估。

系统开发单位负责将新建系统和相关应用软件移植到业务化环境中，并指派专人协助业务运行单位开展系统测试工作。

第十二条 业务化试运行期间，业务运行单位应当详细记录系统运行中的各类偶发意外和运行错误事件，重点对预报系统的稳定性、时效性等进行测试评估，并开展预报产品准确性日常检验和统计分析。

系统开发单位应根据测试评估意见和业务运行单位要求对系统加以改进，确保业务化试运行能够正常进行。

第十三条 新建系统的业务化试运行应当至少持续稳定一年以上。

第四章 业务化运行申请与审查

第十四条 业务化试运行结束后，业务运行单位会同系统开发单位，根据管理权限向海洋主管部门提交业务化运行申请，并提交以下材料（参见附件）：

（1）业务化运行申请表；

（2）预报系统后报性能评估报告；

（3）预报系统测试和业务化试运行评估报告；

（4）预报系统研发技术报告和用户手册；

（5）产品规范和模板。

第十五条 申请投入业务化运行的预报系统必须具备以下条件：

（1）预报产品符合业务运行单位的职责定位和业务发展规划，对业务运行单位的预报服务水平有直接的提升作用；

（2）预报准确性、计算时效等指标均能满足业务运行要求，与已有业务化预报系统相比具有一定先进性；

（3）预报系统在试运行期间建立了较为成熟的业务流程，运行稳定可靠，故障率低于1%（故障次数/运行次数，硬件故障除外）。

第十六条 海洋主管部门受理申请后，应当从系统业务化应用评审专家库中遴选专家，组成评审专家组，对提交的材料进行评议并开展现场测试。

评审专家组应综合申请材料和现场测试结果，对系统进行全面评估，重点考查其完整性、准确性、稳定性、时效性、自动化和可视化程度等，最终得出该系统是否达到业务化标准的明确意见。如果该系统未能达到业务化运行标准，专家评审组应当给出修改建议。

第十七条 海洋主管部门根据专家评审结果，同时征求业务运行单位及其所属的海洋主管部门意见，在 15 个工作日内对系统是否满足业务化运行要求提出审查意见。

第十八条 审查通过的系统可以正式移交业务运行单位；审查未通过的系统，由业务运行单位确定延长试运行时间或者退回系统开发单位。

第五章 业务化运行与系统升级

第十九条 系统开发单位在系统业务化运行期间，应当承担培训和技术支持责任，对业务运行单位进行系统运行和维护的全面培训，并指定研发人员作为技术联系人提供2～3年的技术支持。

第二十条 业务运行单位负责系统的日常业务化运行和维护，监视系统运行状态文件和有关变量参数，实时记录系统数据输入/输出、模式运行关键变量、预报产品制作和发布等环节中出现的各种异常、故障和处理措施等。

第二十一条 业务化运行期间，业务运行单位应当定期开展系统的预报性能检验评估工作，形成年度检验评估报告提交原审查部门和本级海洋主管部门。

国家海洋主管部门定期组织对已经投入业务化运行的系统开展集中评估，对评估结果予以通报。

第二十二条 业务化海洋数值预报系统的改进升级，应遵循版本发展的方式，明确标示版本号。对于同一模式进行重要改进升级，须将有关情况报送原审查部门备案，并微调版本号。

第二十三条 业务运行单位应当将系统业务化应用审查中产生的各类文档材料原件归档。

第六章 附则

第二十四条 本办法发布之前已投入业务化运行的海洋数值预报系统应当遵照本办

法第五章有关规定做好业务化运行、定期检验评估和改进升级工作。

第二十五条　本办法发布之前正在进行业务化试运行的数值预报系统应当遵照本办法第三章、第四章及第五章有关规定做好业务化试运行、改进和检验评估等工作。

第二十六条　本办法由国家海洋局负责解释，自发布之日起实施。

附件：1．海洋数值预报系统业务化运行申请表（略）

2．海洋数值预报系统业务化运行申请需提交的文档材料（略）

海上船舶和平台志愿观测管理规定

（2014 年 1 月 10 日）

第一章　总 则

第一条　为大力发展海洋观测事业，提高海洋预报和防灾减灾能力，加强和规范海上船舶、平台志愿观测工作，依据《海洋观测预报管理条例》，制定本管理规定。

第二条　国务院海洋主管部门和沿海省级人民政府海洋主管部门组织开展的海上船舶、平台志愿观测工作适用于本管理规定。

第三条　海上船舶、平台志愿观测工作属于基础性公益事业。国务院海洋主管部门或沿海省级人民政府海洋主管部门应将海上船舶、平台志愿观测工作纳入本级海洋观测网规划。

第四条　海上志愿观测船舶（以下简称志愿船）是指经海洋主管部门选定并登记注册，志愿参加海洋观测工作的海上船舶。海上志愿观测平台（以下简称志愿平台）是指经海洋主管部门选定并登记注册，志愿从事海洋观测活动的海上固定油气开采作业平台及其他人工构造物等。

第五条　鼓励符合国家观测预报业务需求的海上船舶、油气开采作业平台及其他人工构造物等加入志愿观测工作。

第六条　海上船舶、平台志愿观测工作按照“政策引导、统筹协调、志愿加入、服务公益”的原则进行管理。

第二章　组织机构和职责

第七条　国务院海洋主管部门主管全国海上船舶、平台志愿观测工作，负责海上船舶、平台志愿观测业务指导与监督管理，其主要职责是：

（一）制定及修订海上船舶、平台志愿观测管理制度；

（二）编制国家海上船舶、平台志愿观测计划；

（三）建设和管理国家海上船舶、平台志愿观测业务体系；

（四）管理海上船舶、平台志愿观测数据；

（五）管理海上船舶、平台志愿观测相关国际事务；

（六）协调海上船舶、平台志愿观测工作的相关事宜。

第八条　国务院海洋主管部门的海区派出机构（以下简称海区派出机构）和沿海省级人民政府海洋主管部门是海上船舶、平台志愿观测的招募管理机构，其主要职责是：

（一）编制海上船舶、平台志愿观测招募实施计划；

（二）负责志愿观测的海上船舶、平台的招募和业务管理；

（三）负责志愿观测的海上船舶、平台所需观测仪器设备的购置、检定、安装与维修；

（四）负责海上船舶、平台志愿观测数据质量控制和数据汇交；

（五）负责组织海上船舶、平台志愿观测的业务培训。

第九条　志愿船、志愿平台所有权人或使用权人配合志愿观测相关工作，可无偿使用其获取的观测数据，承担以下工作：

（一）志愿观测仪器设备的日常管理和观测数据的存储报送；

（二）配合志愿观测设备的安装、维修、巡检和培训等工作；

（三）与招募管理机构进行日常联络。

第三章 招募与退出

第十条 国务院海洋主管部门依据全国海洋观测网规划和业务需求制订国家海上船舶、平台志愿观测计划。

第十一条 海区派出机构根据国家海上船舶、平台志愿观测计划及业务需求制定所辖海域海上船舶、平台志愿观测招募实施计划，并将招募实施计划及实际招募情况报国务院海洋主管部门备案。

沿海省级人民政府海洋主管部门根据地方海洋观测网规划和业务需求制定所辖海域海上船舶、平台志愿观测招募实施计划，并将招募实施计划及实际招募情况报国务院海洋主管部门备案。

第十二条 海区派出机构及沿海省级人民政府海洋主管部门根据招募实施计划组织海上船舶、平台的招募工作，并与海上船舶、平台所有权人或使用权人签订相关志愿观测协议，明确双方的权利义务。加入志愿观测工作的船舶、平台应确定管理责任人，负责志愿船、志愿平台观测的日常工作。

有意愿加入志愿观测工作的船舶或平台所有权人或使用权人，可向海区派出机构或沿海省级人民政府海洋主管部门提出申请，经海区派出机构或沿海省级人民政府海洋主管部门审查合格后，将其纳入志愿观测招募实施计划。

第十三条 海区派出机构及沿海省级人民政府海洋主管部门根据实际情况，将不适宜继续开展志愿观测的船舶、平台退出业务观测，并报国务院海洋主管部门备案。

船舶或平台所有权人或使用权人也可根据自身情况向招募管理机构申请退出志愿观测，招募管理机构应将退出志愿观测的船舶或平台报国务院海洋主管部门备案。

退出志愿观测工作的船舶、平台应将观测设备退还招募管理机构。

第四章 运行与管理

第十四条 海区派出机构及沿海省级人民政府海洋主管部门按照业务要求和规范标准采购观测仪器设备，并建账登记备案。

第十五条 志愿船、志愿平台使用的观测仪器设备应经计量检定合格。

第十六条 海区派出机构及沿海省级人民政府海洋主管部门应按有关规范和技术要求安装、调试观测仪器设备。

第十七条 志愿船、志愿平台管理责任人应按照观测仪器设备相关规程进行操作，观测仪器设备出现故障时应及时报修。

第十八条 海区派出机构及沿海省级人民政府海洋主管部门应建立巡检维修制度，原则上每年应对所管辖的志愿船、志愿平台观测仪器设备进行巡检，对存在故障的观测仪器设备及时进行维修或更换。对不具备巡检条件的或突发仪器设备故障的志愿船，待其到达国内港口后即进行仪器设备检查和维修。

第五章 数据及档案管理

第十九条 志愿船、志愿平台观测数据的处理、存储、传输应符合相关规范和标准。

第二十条 海区派出机构及沿海省级人民政府海洋主管部门负责将志愿船、志愿平台的实时观测数据纳入国家海洋数据传输网。

第二十一条 管理责任人应对观测仪器设备及其存储数据妥善保管。海区派出机构及沿海省级人民政府海洋主管部门在开展巡检工作时，回收存储数据，审核后按规定汇交。

第二十二条 海区派出机构及沿海省级人民政府海洋主管部门应组织对观测数据进行质量审核，保证志愿观测数据的有效性。

第二十三条 海区派出机构及沿海省级人民政府海洋主管部门根据档案管理的相关要求做好志愿船、志愿平台技术档案和业务档案的管理，确保其完整、准确和规范。

第六章 奖惩

第二十四条 海区派出机构及沿海省级人民政府海洋主管部门对在海洋志愿观测工作中作出突出贡献的单位和个人给予表彰和奖励。

第二十五条 对故意破坏志愿观测仪器设备等影响志愿观测活动的单位和个人，根据国家有关法规予以处罚。

第七章 附则

第二十六条 本规定最终解释权归国务院海洋主管部门。

第二十七条 本规定自颁布之日起施行。

海洋人才港访问学者项目管理办法（试行）

（2014 年 10 月 17 日）

第一章　总则

第一条　海洋人才港访问学者（以下简称访问学者）项目，是促进高校与海洋科研、业务机构交流合作，引导海洋教育发展，提升海洋人才培养质量，服务海洋强国建设的重要举措。为进一步加强此项工作，根据《国家海洋局关于海洋人才港工程的实施意见》，制定本办法。

第二条　本办法所称的访问学者，是指从高校选派到国家海洋系统事业单位研修的优秀中青年高校教师。

第三条　访问学者项目要以服务海洋事业发展为宗旨，以促进海洋人才培养为重点，努力引导高校教师了解海洋事业发展及其对海洋人才的需求，培养适应海洋领域需要的合格人才。

第四条　访问学者项目由国家海洋局主管，负责总体组织、统筹协调和督促检查，海洋系统各单位负责接收访问学者研修安排和服务管理等工作。

第五条　本方法所称的选派单位是指各高校；接收单位是指为访问学者提供研修岗位的单位。

第二章　选派

第六条　访问学者选派计划由国家海洋局征求海洋系统各单位意见后研究制定。

第七条　访问学者人选需具备以下基本条件：具有学校正式编制的教职员工；有强烈的事业心、责任感和奉献海洋事业发展精神；一般应具有硕士以上学位；有扎实的专业基础和较好的科研能力；身体健康。

第八条　选派单位应根据国家海洋局发布的计划和本单位教师培养需求实际，按照公开公正原则，认真组织做好人选推荐工作。

第九条　国家海洋局根据选派单位报送人选情况，审定访问学者名单，协调落实接收单位。

第十条　选派单位应对访问学者进行行前教育培训，明确学习研修任务和纪律要求。

第三章　接收

第十一条　接收单位应树立大局意识，把访问学者项目作为支持推进海洋人才培养和促进海洋强国战略的重要任务，认真组织做好接收安排和管理服务工作。

第十二条　接收单位应按照注重质量、确保实效原则，根据访问学者实际情况，制定研修方案，明确研修目标，完善研修措施，切实增强研修针对性实效性。

第十三条　接收单位要安排访问学者了解本单位的科研、业务工作模式和重点任务，并统筹安排本单位学术造诣高、治学经验丰富的学术技术带头人担任指导教师，指导访问学者开展学习研修和课题研究。可将指导教师指导访问学者的工作量作为申请课题、年度考核、评优奖励的重要依据。

第四章　研修任务与待遇

第十四条　访问学者研修主要任务。

（一）全面了解接收单位的科研、业务工作模式和重点任务，学习掌握本领域本专业对人才知识、技能的实际要求。

（二）学习指导教师治学经验、教学理念和研究方法。

（三）根据指导教师安排参与有关课题研究，也可作为学术助手直接参与指导教师所在研究团队或实验室科研工作。

第十五条　研修期限为 3～12 个月，方式为全脱产。研修期间，选派单位不得为访问学者安排其他工作。

第十六条　接收单位根据本单位有关规定，为访问学者发放劳务费，主要用于访问学者食宿补贴，也可为指导教师发放相关补助。

第十七条　访问学者研修期间，只转组织关系，不转户口和行政、工资关系，由选派单位发放工资，仍享受选派单位同类同级人员各项福利待遇。

第十八条　访问学者研修期间取得的科研成果，由访问学者和接收单位按照国家有关规定协商办理。

第十九条 访问学者应严格遵守接收单位有关规章制度，尊重指导教师，认真完成学习研修任务。对研修态度消极或违纪的访问学者，接收单位经报国家海洋局同意后可取消其研修资格，并通报选派单位。

第二十条 访问学者研修期满后返回原单位工作。确需延长研修期限的，经选派单位和接收单位同意，报国家海洋局备案，纳入下一批次项目予以安排。

第五章 管理与考核

第二十一条 访问学者研修期间，由选派单位和接收单位共同管理，以接收单位为主。党员访问学者编入所在接收单位党组织，参加党的组织生活。

第二十二条 访问学者研修期满应对其进行考核，考核工作由选派单位和接收单位共同负责。考核结果报国家海洋局备案。对考核合格的，由国家海洋局颁发海洋人才港访问学者证书。

第二十三条 选派单位和接收单位应加强访问学者的跟踪培养，积极为其成长和发挥作用创造条件。

第二十四条 本办法由国家海洋局负责解释。

第二十五条 本办法自印发之日起施行。

国家海洋局工作规则

（2014 年 12 月 12 日）

第一章 总则

一、根据《国务院工作规则》和《国务院办公厅关于印发国家海洋局主要职责内设机构和人员编制规定的通知》等有关规定，结合海洋工作实际，制定本规则。

二、国家海洋局工作的指导思想是，高举中国特色社会主义伟大旗帜，以邓小平理论、“三个代表”重要思想、科学发展观为指导，坚决贯彻执行党中央、国务院的决策和工作部署，全面正确履行国务院赋予的各项职能，努力建设行为规范、运转协调、公正透明、廉洁高效的服务型行政机关。

三、国家海洋局工作准则是，围绕中心、服务大局，深化改革、简政放权，依法行政、民主公开，务实为民、勤政廉政。

四、国家海洋局的主要职责是，加强海洋综合管理，拟订海洋发展规划，开展海上维权执法，监督海域海岛使用，实施海洋环境保护等。承担国家海洋委员会的具体工作，承办国务院、国家海洋委员会和国土资源部交办的其他事项。

五、国家海洋局工作人员要模范遵守宪法和法律，认真履行职责，求真务实，严守纪律，勤勉廉洁。

第二章 职责分工

六、国家海洋局实行局长负责制，局长领导国家海洋局的全面工作。副局长及其他局领导协助局长工作。国家海洋局的海上维权执法工作，在局党组的统一领导下，以中国海警局名义开展，具体由中国海警局局长指挥，重大问题报局党组决定。

七、局长召集和主持国家海洋局局务会议和局长办公会议。国家海洋局工作中的重大事项，必须经局务会议或局长办公会议讨论决定。

八、副局长及其他局领导按分工负责处理分管工作。受局长委托，负责其他方面的工作或专项任务，并可代表国家海洋局进行外事活动。工作中的重要情况和重大问题，应及时向局长报告。

九、局长出国、出差、脱产学习等期间，按领导排序由其他局领导主持工作。

十、局属各单位、机关各部门的主要负责人领导本单位、本部门的工作，班子其他成员协助主要负责人开展工作。

局属各单位、机关各部门要各司其职，各负其责，顾全大局，协调配合，切实维护团结统一、政令畅通，坚决贯彻落实国家海洋局各项工作部署。

第三章 全面正确履行行政职能

十一、国家海洋局要正确履行全国海洋事务的统筹规划和综合协调职能，统筹国内国际两个大局，强化综合管理和协调配合，提高海洋资源开发能力，发展海洋经济，保护海洋生态环境，坚决维护国家海洋权益，推动海洋事业实现新突破，为建设海洋强国作出新贡献。

十二、加强国家海洋发展战略、规划、区划的研究拟订，更好发挥海洋发展战略、规划、区划对海洋资源开发利用和海洋生态环境保护的保障和引导作用，促进海洋经济持续健康发展。

十三、加强海洋综合管控能力，维护海洋秩序和国家海洋权益，规范执法行为，优化执法流程，提高执法效能和监管水平。

十四、加强海洋生态文明建设，构建美丽海洋。强化海域和海岛管理，健全海域海岛使用权市场机制，依法科学配置海域资源，推进海岛保护利用。严格海洋环境监督管理，加强海洋生态保护和海域海岸带整治修复。更加关注海洋民生，推动海洋防灾减灾体制机制建设，增强海上突发事件应急处置能力。

十五、推进海洋科技创新和科技兴海，组织实施海洋调查，构建海洋卫星及业务应用服务体系，建设数字海洋和海洋标准计量体系，推动海洋领域战略新兴产业发展。深入开展海洋领域国际合作与交流，积极开展极地、大洋科学考察，履行相关国际条约义务，拓展我国生存与发展空间。

第四章　坚持依法行政

十六、国家海洋局各级领导要带头维护宪法和法律权威。坚持法定职责必须为，法无授权不可为。按照职能科学、权责法定、执法严明、公开公正、廉洁高效、守法诚信的法治政府的要求，行使权力，履行职责，承担责任。

十七、国家海洋局根据经济社会发展和海洋工作需要，适时向全国人大、国务院及有关部门提出制定或修改法律、法规和部门规章的建议，参与起草有关草案，依法制定、修改或废止海洋行政管理规范性文件。

十八、国家海洋局要坚持科学民主立法，不断提高立法质量。起草法律、行政法规、部门规章草案，要坚持从实际出发，准确反映经济社会发展要求，充分反映人民意愿，使所确立的制度能够切实解决问题，备而不繁，简明易行。

依照法律法规和规定的职责、程序，法律、行政法规、部门规章草案由业务主管部门负责拟订，局政策法制部门归口管理和审查。海洋法律、行政法规、部门规章执行中的解释工作以及行政复议工作，由局政策法制部门组织办理。

国家海洋局起草的行政法规、部门规章实施后要进行后评估，发现问题，及时向有关部门提出完善的意见或建议。

十九、国家海洋局机关各部门制定的规范性文件，要符合宪法、法律、行政法规和国务院有关决定、命令的规定，严格遵守法定权限和程序。报批前，需由局政策法制部门进行合法性审查。国家海洋局各分局制定的规范性文件，参照此条规定进行合法性审查。

严格合法性审查，规范性文件不得设定行政许可、行政处罚、行政强制等事项，不得违法增加公民、法人和其他组织的义务。未经合法性审查或经审查不合法的，不得提交局务会议、局长办公会议讨论。

二十、积极推进海洋综合执法，坚持严格规范公正文明执法，健全规则，规范程序，落实责任，强化监督，做到有法必依、执法必严、违法必究，维护人民权益、国家海洋权益和海洋秩序。严格执行重大执法决定法制审核制度。

第五章 实行科学民主决策

二十一、国家海洋局要健全依法决策机制，把公众参与、专家论证、风险评估、合法性审查和集体讨论决定作为重大行政决策的必经程序，确保决策制度科学、程序正当、过程公开、责任明确。

二十二、海洋法律、行政法规、部门规章草案，重大海洋发展规划、计划和部门预算方案，重大行政审批和行政复议项目，涉外敏感问题、国家海洋委员会办公室重要工作安排等，由局务会议或局长办公会议讨论和决定。

二十三、局属各单位、机关各部门提请局研究决定的重大事项，都必须经过深入调查研究，并进行合法性、必要性、科学性、可行性和可控性评估论证；涉及相关部门和地方的，应当事先听取意见；涉及重大公共利益和公众权益、容易引发社会稳定问题的，要向社会公开征求意见，必要时采取听证会等多种形式听取各方面意见。

在重大决策执行过程中，要跟踪决策的实施情况，了解利益相关方和社会公众对决策实施的意见和建议，全面评估决策执行效果，及时调整完善。

二十四、国家海洋局在作出重大决策前，根据需要通过多种方式，听取相关部门、地方海洋行政主管部门、专家学者、社会公众等方面的意见和建议，必要时应向国家海洋事业发展高级咨询委员会咨询有关意见。

二十五、局属各单位、机关各部门必须坚决贯彻落实国家海洋局的决定，及时跟踪和反馈执行情况。国家海洋局办公室要加强督促检查，确保政令落实。

第六章 推进政务公开

二十六、国家海洋局要把公开透明作为机关工作的基本制度。坚持以公开为常态，不公开为例外原则，认真贯彻落实《政府信息公开条例》，深化政务公开，推进决策公开、执行公开、管理公开、服务公开、结果公开。

二十七、国家海洋局部门职能、法律依据、实施主体、职责权限、管理流程、监督方式等事项，局务会议和局长办公会议讨论决定的事项，工作中制定的各项政策，除依法需要保密的以外，应及时向社会公布。

二十八、凡涉及公共利益、公众权益、需要广泛知晓的事项和社会关切的事项以及按规定需要公开的事项，主办部门均应及时提供相关信息，通过局政府网站、公报、新闻发布会以及报刊、广播、电视、网络等方式，依法、及时、全面、准确、具体地向社会公开。

二十九、建立新闻发布制度，设立新闻发言人。不定期向社会公布局重要工作部署、重要工作进展情况以及社会普遍关心的有关信息。强化舆情监测分析，正确引导社会舆论。

第七章 健全监督制度

三十、国家海洋局要主动征询、认真听取地方政府及有关部门对海洋工作的意见和建议，不断改进自身工作。认真办理全国人大代表议案、建议、政协委员提案，虚心听取意见和建议，及时予以答复、解决问题。

三十一、国家海洋局要依照有关法律的规定接受人民法院、人民检察院依法实施的监督，做好应诉工作，尊重并自觉履行人民法院的生效判决、裁定，同时要自觉接受监察、审计等部门的监督。对监督中发现的问题，要认真整改并按要求作出报告。

三十二、国家海洋局要严格执行行政复议法，加强行政复议指导监督，纠正违法或不当的行政行为，依法及时化解行政争议。

三十三、国家海洋局要接受社会公众和新闻舆论的监督，认真调查核实有关情况，及时依法处理和改进工作。重大问题要向社会公布处理结果。

三十四、国家海洋局要重视信访工作，进一步完善信访制度，畅通和规范群众诉求表达、利益协调、权益保障渠道。局领导及各部门、各单位负责人要亲自阅批重要的群众来信，督促解决重大信访问题。对于来上访的群众，局信访主管部门要按照有关规定组织相关部门和单位妥善接访、处理，承办部门和单位不得推诿扯皮。

三十五、国家海洋局要推行绩效管理制度和行政问责制度，加强对重大决策部署落实、职责履行、重点工作推进以及自身建设等方面的考核评估。建立重大决策终身责任追究制度及责任倒查机制，对执行上级机关决策不力、决策严重失误或者依法应该及时作出决策但久拖不决造成重大损失、恶劣影响的，严格追究有关领导和相关责任人员的法律责任。

国家海洋局要推行海洋督察制度，加强层级监督和专门监督，对各级海洋行政主管部门和海洋执法队伍依法履行行政管理及执法工作情况进行监督检查。

第八章 会议制度

三十六、国家海洋局实行局务会议、局长办公会议和局专题会议制度。根据工作需要，召开司级干部会议、处级以上干部会议和全体干部职工大会。

三十七、国家海洋局局务会议由局长、副局长、其他局领导、总工程师和局机关各部门主要负责人组成，由局长召集和主持。局务会议的主要任务是：

（一）传达学习并贯彻落实国务院有关会

议、文件精神以及国务院领导同志的重要指示批示；

（二）审议国家海洋局起草的有关法律、法规、规章草案；

（三）部署国家海洋局的重要工作；

（四）其他需局务会议讨论的事项。

局务会议根据需要可安排局属有关单位负责人列席会议。

三十八、国家海洋局局长办公会议由局长、副局长、其他局领导、总工程师、办公室主任组成，由局长或委托副局长召集和主持。局长办公会议的主要任务是：

（一）研究决定海洋系统的政策性、规范性、规划性、计划性文件以及局年度重点工作安排、内部规定性文件；

（二）研究议定国务院部门或沿海地方政府提出的相关工作的回复意见；

（三）研究议定局行政审批项目和行政复议事项；

（四）研究议定涉外敏感问题等事项；

（五）研究议定局年度部门预算报告、审计报告回复意见等事项；

（六）研究议定职工福利、后勤管理、财务开支、基础设施建设中的重大事项；

（七）研究议定由局组织召开的重要工作会议或重大公务活动的文件材料及相关安排；

（八）研究审议国家海洋委员会办公室重要工作安排以及向国家海洋委员会提出的建议；

（九）其他需局长办公会议讨论的事项。

局长办公会议一般每两周召开一次。根据需要可安排局有关部门、单位主要负责人列席。

三十九、局专题会议由局领导按照分工召集并主持，有关部门、单位负责人参加。局专题会议讨论决定国家海洋局工作中的具体业务事项，根据工作需要不定期召开。

四十、提请局务会议或局长办公会议讨论的议题，由分管局领导审核后提出，报局长确定。

局务会议和局长办公会议的筹备、组织工作、会议记录、会议纪要起草由办公室负责。会前，议题汇报部门应及时将议题材料送办公室。办公室应及时将议题安排和会议材料分送局领导和其他与会人员。

四十一、提请局专题会议讨论的议题，由局有关部门或单位提出，报分管局领导审定。

局专题会议的筹备、组织工作、会议记录、会议纪要起草工作由主办部门负责，办公室配合做好有关服务工作。

四十二、局领导、总工程师和相关单位、部门主要负责人因故不能出席或列席局务会议或局长办公会议，应向局长请假，经批准后方可缺席。相关单位、部门主要负责人缺席会议的，应派副职参加会议。

四十三、局务会议、局长办公会议和局专题会议的纪要，经办公室领导审核后，由会议主持人签发。会议要求和决定的事项，局有关部门和单位必须及时传达，认真贯彻落实，办公室负责督促检查并及时向局领导反馈情况。

四十四、国家海洋局及各部门、各单位召开的工作会议，要减少数量，控制规模，严格审批。局召开的全国性工作会议每年1次。机关各部门召开的全国性业务工作会议，根据局会议管理有关规定报局审批。

召开全国性会议需提请做好会议筹备，制定工作方案报批。以局名义召开全国性海洋工作会议，由办公室会同有关部门负责筹备；全国性业务工作会议，由各主办部门牵头负责筹备。拟请局领导出席会议并讲话，由主办部门准备讲话素材稿和新闻宣传方案，并按程序报批。

四十五、全国性会议应尽可能采用视频会议形式召开。各类会议都要充分准备，提高效率和质量，重在解决问题。

第九章 公文审批

四十六、按照《党政机关公文处理工作条例》、《国家海洋局公文处理办法》和有关公文运转规定处理公文。

四十七、局收到需要办理的上级机关公文，由办公室报请分管相关业务的局领导签批，重大事项报送局长签批。局收到需要办理的同级和下级机关公文，由办公室批请相关部门办理，重要公文报送局领导签批。涉及几个部门职责的，应明确主办部门。未明确主办部门的，领导批示中列第一位者为主办部门，其他有关部门按职责分工负责。

局收到的行政审批事项各类材料由政务大厅统一受理。

四十八、机关各部门向局领导请示、报告工作或机关各部门之间商洽工作，一般以《国家海洋局内部签报》形式进行。机关各部门呈报局领导的公文，除重大且紧急事项外，应经局办公室统一核报局领导。

除局领导交办事项和必须直接报送的绝密级事项外，一般不得直接向局领导个人报送公文。

四十九、机关各部门办理公文，对涉及局内其他部门职权的，主办部门应当主动与有关部门协商、会签。有关部门应及时提出会签意见。部门之间有分歧的，主办部门主要负责人应当进行协调，有关部门要积极配合，不得将未经认真研究、协商的问题上报。协商后仍不能取得一致意见的，主办部门应如实列明各方理据，提出办理建议，报局领导协调或裁定。

同级局外单位征求我局意见或会签的公文，除主办单位另有时限要求的以外，有关部门应在规定时限内回复。未规定时限的，一般应在7个工作日内回复。

五十、国家海洋局制发的上行文，由局长签发；局长出差出访时，由主持工作的局领导签发。国家海洋局制发的下行文或平行文，由分管局领导签发，重大事项报局长签发。工作需要时，可以国家海洋委员会办公室名义向国家海洋委员会及其成员单位行文，由局长签发。以国家海洋局办公室名义制发的公文，由办公室领导签发；重要公文，报分管局领导或局长签发。

海洋经济、行政管理、公益服务、科研科考、海洋权益等工作中的重大事项，需要向中共中央、国务院请示报告的，应由国家海洋局按程序行文；需要同国家有关部门、同级地方政府等单位进行沟通协调的，应以国家海洋局名义行文；对内部署工作的，应以国家海洋局或办公室名义行文。

除办公室外，局机关各部门不得对外正式行文。如需与相应的其他机关商洽工作、询问和答复业务工作中的具体问题，可在职责范围内以函的形式（信函格式）行文。

海上维权执法工作中的重大问题，需要向中共中央、国务院请示报告的，应由国家海洋局按程序行文。海上维权执法工作中的其他事项，需要以中国海警局或其司令部、政治部、后勤装备部名义制发平行文或下行文的，可根据有关公文运转规定制发公文，并抄送国家海洋局或国家海洋局办公室。

五十一、提倡少发文、发短文。凡法律、行政法规已作出明确规定的，一律不再制发文件。国家有关部门制定并在政府网站公开发布的公文，原则上不再转发；确需转发的，不引用全文，注明网址即可。没有实质内容、可发可不发的文件简报，一律不发。提高公文质量，压缩公文篇幅，行文要观点鲜明，条理清晰，表述准确，文字精练。

第十章 工作纪律

五十二、国家海洋局工作人员要坚决贯彻执行党和国家的路线方针政策以及工作部署，认真执行局的各项决定，增强政治敏感性，严格遵守纪律，有令必行，有禁必止。

五十三、国家海洋局工作人员要坚决执行组织作出的决定，如有不同意见可在内部提出，在没有重新作出决定前，不得有任何与组织决定相违背的言论和行为；代表国家海洋局发表讲话或文章，个人发表涉及未经国家海洋局研究决定的重大问题及敏感事项的表态、讲话或文章，事先须经局领导同意。

五十四、严格执行请销假制度。局长出访、出差和休假请假按国家有关规定执行。副局长、其他局领导、总工程师出访、出差和休假，应事先向局长报告。局领导、总工程师出访、出差和休假情况，由办公室汇总通报局领导。

机关各部门、驻楼局属单位负责人出访、出差和休假，应报局领导批准。其他局属单位主要负责人出访、出差和休假，应向班子其他成员通报，并报局办公室备案。

五十五、局属各单位、机关各部门及其工作人员发布涉及海洋经济、行政管理、公益服务、科研科考、海洋权益和海上维权执法等重要问题的信息，要遵守保密工作相关规定，经过局领导审定。不得擅自就可能产生对外影响的重大敏感问题接受媒体采访和对外报道。重大情况要由国家海洋局按程序及时向国务院报告。

国家海洋局离退休人员未经批准，不得以

原部门或单位身份对外发表涉及海洋权益问题的文章，接受媒体采访或参加相关学术活动。

五十六、国家海洋局工作人员要认真执行保密法律法规规定，严格遵守保密纪律和外事纪律，严禁泄露国家秘密、海洋工作秘密或因履行职责掌握的商业秘密等，坚决维护国家的安全、荣誉和利益。

第十一章 廉政和作风建设

五十七、国家海洋局要严格执行改进工作作风、密切联系群众和廉洁从政的各项规定，切实加强廉政建设和作风建设。

五十八、国家海洋局要从严治局。对职权范围内的事项要按程序和时限积极负责地办理，对不符合规定的事项要坚持原则不得办理；对因推诿、拖延等官僚作风及失职、渎职造成影响和损失的，要追究责任；对越权办事、以权谋私等违规、违纪、违法行为，要严肃查处。

五十九、国家海洋局要严格执行财经纪律，艰苦奋斗、勤俭节约，坚决制止奢侈浪费，严格执行住房、办公用房、车辆配备等方面的规定，严格控制差旅、会议经费等一般性支出，切实降低行政成本，建设节约型机关。

严格控制因公出国（境）团组数量和规模。改革和规范公务接待工作，不得违反规定用公款送礼和宴请，不得接受地方的送礼和宴请。严格控制和规范国际会议、论坛、庆典、节会等活动。各类会议活动经费要全部纳入预算管理。

六十、国家海洋局各级领导要廉洁从政，严格执行领导干部重大事项报告制度，不得利用职权和职务影响谋取不正当利益；不得违反规定干预或插手市场经济活动；加强对亲属和身边工作人员的教育和约束，决不允许搞特权。

六十一、国家海洋局各级领导要做学习的表率，建设学习型机关。

六十二、国家海洋局各级领导要深入基层，调查研究，指导工作，注重研究和解决实际问题。

到省市、局属单位调研，要轻车简从，减少陪同，简化接待，减轻地方负担；省市、局属单位领导不到机场、车站、码头及辖区分界处迎送。除工作需要外，不去名胜古迹、风景区参观。

六十三、严格文稿发表，除国家海洋局党组统一安排外，局领导不发贺信、贺电，不题词、题字。因特殊需要发贺信、贺电和题词，一般不公开发表。

六十四、局属各单位适用本规则。根据本规则有关规定，各单位可结合本单位实际制定具体的实施办法。

海 洋 经 济

海 洋 经 济 概 况

【综述】 2014 年，各级海洋行政主管部门认真贯彻落实党中央、国务院建设海洋强国和21世纪海上丝绸之路的战略部署，海洋产业转型升级势头良好，海洋经济在新常态下保持平稳的发展态势。

据初步核算，2014 年全国海洋生产总值 59936 亿元，比上年增长 7.7%，海洋生产总值占国内生产总值的 9.4%。其中，海洋产业增加值 35611 亿元，海洋相关产业增加值 24325 亿元。海洋第一产业增加值 3226 亿元，第二产业增加值 27049 亿元，第三产业增加值 29661 亿元，海洋第一、第二、第三产业增加值占海洋生产总值的比重分别为 5.4%、45.1%和 49.5%。据测算，2014 年全国涉海就业人员 3554 万人。

【主要海洋产业发展情况】 2014 年，我国海洋产业总体保持稳步增长。其中，主要海洋产业增加值 25156 亿元，比上年增长 8.1%；海洋科研教育管理服务业增加值 10455 亿元，比上年增长 8.1%。

海洋渔业 海洋渔业整体保持平稳增长态势，海水养殖产量稳步提高，远洋渔业快速发展。全年实现增加值 4293 亿元，比上年增长 6.4%。

海洋油气业 海洋油气产量保持增长，但受国际原油价格持续下跌影响，增加值减少。海洋原油产量 4614 万吨，比上年增长 1.6%，海洋天然气产量 131 亿立方米，比上年增长 11.3%。全年实现增加值 1530 亿元，比上年下降 5.9%。

海洋矿业 海洋矿业较快增长，全年实现增加值 53 亿元，比上年增长 13.0%。

海洋盐业 海洋盐业呈现负增长，全年实现增加值 63 亿元，比上年减少 0.4%。

海洋化工业 海洋化工业保持平稳的增长态势，全年实现增加值 911 亿元，比上年增长 11.9%。

海洋生物医药业 海洋生物医药业保持较快增长，全年实现增加值 258 亿元，比上年增长 12.1%。

海洋电力业 海洋电力业发展势头良好，全年实现增加值 99 亿元，比上年增长 8.5%。

海水利用业 受益于一系列产业政策影响，海水利用业取得较快发展，全年实现增加值 14 亿元，比上年增长 12.2%。

海洋船舶工业 海洋船舶工业加快调整转型步伐，发展呈现上扬态势。全年实现增加值 1387 亿元，比上年增长 7.6%。

海洋工程建筑业 海洋工程建筑业保持平稳增长，全年实现增加值 2103 亿元，比上年增长 9.5%。

海洋交通运输业 我国沿海规模以上港口生产总体保持平稳增长，但航运市场延续低迷态势，海洋交通运输业运行稳中偏缓。全年实现增加值 5562 亿元，比上年增长 6.9%。

滨海旅游业 滨海旅游继续保持较快发展态势，邮轮游艇等新兴旅游业态发展迅速。全年实现增加值 8882 亿元，比上年增长 12.1%。

【区域海洋经济发展情况】 2014 年，环渤海地区海洋生产总值 22152 亿元，占全国海洋生产总值的比重为 37.0%，比上年提高了 0.6 个百分点；长江三角洲地区海洋生产总值 17739 亿元，占全国海洋生产总值的比重为 29.6%，与上年基本持平；珠江三角洲地区海洋生产总值 12484 亿元，占全国海洋生产总值的比重为 20.8%，比上年回落了 0.8 个百分点。

海洋渔业

【概况】 2014年，在国家和各级党委政府的高度重视和正确领导下，全国渔业系统以贯彻落实国发〔2013〕11号文件和国务院现代渔业建设工作电视电话会议精神为要务，狠抓落实，锐意创新，团结拼搏，克服了国内外经济环境复杂多变、自然灾害偏重、水产品市场波动等重大困难，全国渔业经济继续保持较快发展，安全形势总体向好，渔业经济规模扩大、产业结构进一步优化、基础设施和装备条件显著提升、科技支撑力增强、渔业资源环境保护工作力度不断加大，据初步核算，2014年，全国海洋渔业实现增加值4293亿元，同比增长6.4%。

【海洋渔业生产】 2014年全国水产品总产量6461.52万吨，比上年增长4.69%。其中：养殖产量4748.41万吨，同比增长4.55%，捕捞产量1713.11万吨，同比增长5.08%，养殖产品与捕捞产品的产量比例为73∶27；海水产品产量3296.22万吨，同比增长5.01%，淡水产品产量3165.30万吨，同比增长4.36%，海水产品与淡水产品的产量比例为51∶49。

【海水养殖】 2014年，全国海水养殖产量1812.65万吨，占海水产品产量的54.99%，比上年增加73.4万吨、同比增长4.22%。其中，鱼类产量118.97万吨，同比增长5.88%；甲壳类产量143.38万吨，同比增长6.98%；贝类产量1316.55万吨，同比增长3.44%；藻类产量200.46万吨，同比增长7.96%。其他产品产量33.3万吨，同比减少3.16%。

2014年，全国水产养殖面积8386.36千公顷，同比增长0.78%。其中，海水养殖面积2305.47千公顷，同比下降0.44%；淡水养殖面积6080.89千公顷，同比增长1.24%；海水养殖与淡水养殖的面积比例为27∶73。

【海洋捕捞】 2014年，国内海洋捕捞产量1280.84万吨，占海水产品产量的38.86%，同比增加1.30%。其中，鱼类产量880.79万吨，同比增加1.04%；甲壳类产量239.57万吨，同比增长4.82%；贝类产量55.16万吨，同比增加0.74%；藻类产量2.43万吨，同比减少13.33%；头足类产量67.67万吨，同比增加1.87%。其他产品产量35.22万吨，同比减少12.15 %。

【远洋渔业】 2014年，远洋渔业产量202.73万吨，同比增长49.95%，占水产品总产量的3.14%。

【渔民人均纯收入】 据对全国1万户渔民家庭当年收支情况抽样调查，全国渔民人均纯收入14426.26元，比上年增加1387.48元、增长10.64%。

【水产品人均占有量】 全国水产品人均占有量47.24千克（人口136782万人），比上年增加1.89千克、增长4.17%。

【渔船拥有量】 年末渔船总数106.53万艘、总吨位1070.43万吨。其中，机动渔船68.68万艘、总吨位1021.44万吨、总功率2227.55万千瓦；非机动渔船37.86万艘、总吨位为48.99万吨。机动渔船中，生产渔船65.80万艘、总吨位917.66万吨、总功率2018.11万千瓦；辅助渔船2.88万艘、总吨位103.78万吨、总功率209.44万千瓦。

【水产品进出口】 据海关统计，2014年我国水产品进出口总量844.43万吨、进出口总额308.84亿美元，同比分别增长3.87%和6.86%。其中，出口量416.33万吨、出口额216.98亿美元，同比分别增长5.16%和7.08%；进口量428.1万吨、进口额91.86亿美元，同比分别增长2.65%和6.34%。

【渔业从业人员】 渔业人口2035.04万人，比上年减少11.37万人，降低0.56%。渔业人口中传统渔民为686.40万人，比上年减少26.05万人，降低3.66%。渔业从业人员1429.02万人，比上年减少14.04万人，降低0.97%。

【渔业灾情】 2014年由于渔业灾情造成水产品产量损失131.88万吨，受灾养殖面积832.88千公顷，沉船1255艘，死亡、失踪和重伤人数88人，直接经济损失211.86亿元。

海洋油气业

综述

2014 年，海洋油气产量保持增长，但受国际原油价格持续下跌影响，增加值减少。海洋原油产量 4614 万吨，比上年增长 1.6%，海洋天然气产量 131 亿立方米，比上年增长 11.3%。全年实现增加值 1530 亿元，比上年下降 5.9%。

【中国海洋石油总公司概况】 中国海洋石油总公司（以下简称中国海油）是中国最大的海上油气生产商，公司成立于 1982 年，总部设在北京。自成立以来，中国海油保持了良好的发展态势，由一家单纯从事油气开采的上游公司，发展成为主业突出、产业链完整的综合型能源公司，用工规模 11.5 万人。2014 年，公司生产原油 6868 万吨，其中国内生产原油 3964 万吨，海外生产原油 2904 万吨；生产天然气 219 亿立方米，其中国内生产天然气 124 亿立方米（含煤层气），海外生产天然气 95 亿立方米；实现煤层气利用量 6.4 亿立方米；加工原油 2845 万吨，生产成品油 676 万吨，进口液化天然气 1411 万吨。实现营业收入 6116 亿元，利润总额 1052 亿元，缴纳利税费 1143 亿元，年末资产总额 11194 亿元。中国海油在《财富》“世界 500 强排行榜”中列第 79 位，在《石油情报周刊》“世界最大 50 家石油公司”中列第 31 位，在“中国企业 500 强”中保持第 10 位；中国海洋石油有限公司在 2014 普氏能源资讯“全球能源企业 250 强”中列第 12 位。（中国海洋石油总公司）

【中国石油天然气集团公司概况】 中国石油天然气集团公司（以下简称中国石油）海上矿区主要包括环渤海浅海矿区和南海深海矿区两部分。浅海矿区主要位于辽河、冀东、大港油田的滩浅海区域，自然条件恶劣且环境敏感程度高，如水浅、流急、潮差大、河流入海口密布、冬季冰情严重、工程地质复杂、附近渔业和海上航运发达、毗邻多个自然保护区，进行石油勘探开发时存在一些安全环保上的风险。深海矿区的自然环境和国际环境更为复杂，勘探开发技术较为依赖国际市场，工程技术、投资和安全环保方面风险更大。中国石油本着“环保优先、安全第一、质量至上、以人为本”的理念，在海上勘探开发和安全环保管理控制方面做了大量深入细致的工作，形成滩浅海年产原油 200 多万吨的产能规模。

（中国石油天然气集团公司）

【中国石油化工集团公司概况】 中国石油化工股份有限公司胜利海上油田（以下简称胜利海上油田）位于山东省北部渤海湾南部的极浅海海域。探区西起四女寺河口，东至潍河口，海岸线长 414 千米，有利勘探面积 4000 平方千米。探区横跨埕北低凸起、垦东凸起、青东凹陷、埕东凸起、埕中凹陷等 12 个构造单元，总资源量约 12 亿吨。探区的勘探始于 20 世纪 50 年代末，1988 年在埕北低凸起的东南端发现埕岛油田，2006 年在垦东凸起东北斜坡带发现新北油田。主要采用以“井组平台—中心平台—海底管线—陆地站库”为主，以油船靠单井平台生产、过驳和拉油至码头卸油为辅的开发生产模式。建成各类海上平台 100 座（单井平台 32 座，井组平台 65 座，中心平台 3 座），开发井 701 口（油井 474 口，气井 8 口，注水井 219 口），油气接转站 2 座，联合站 3 座，石油专用码头 2 座。

中国石油化工股份有限公司上海海洋油气分公司（以下简称上海海洋油气分公司）是中国石化专业从事海洋油气勘探和开发的油田企业，拥有丰富的海洋油气勘探和开发经验。上海海洋油气分公司主要有三大主体业务，一是代表中国石化参与东海西湖和平湖两个油气田开发项目的管理，包括勘探评价研究、开发建设和西湖项目销售工作，维护中国石化的股东权益；二是在东海、南海、黄海等海域开展自营勘探，争取发现新的油气田，尽快建立自营勘探开发基地；三是承担中国石化海外海域油气资源勘探开发项目的评价研究。（中国石油化工集团公司）

海洋油气资源

【中国海油海洋油气资源】 中国海油以油气勘探开发为龙头，以“寻找大中型油气田”为指导，实施积极的勘探战略，不断创新开发思路，有效保障油气资源的持续供应，国内作业区域主要分布在渤海、东海、南海西部和南海东部四大海域。（中国海洋石油总公司）

【中国石油海洋油气资源】 截至2014年底，中国石油环渤海滩浅海登记矿权面积1.7万平方千米，累计探明石油地质储量10.01亿吨，探明天然气地质储量44.33亿立方米。

（中国石油天然气集团公司）

【中国石化海洋油气资源】 截至2014年底，胜利海上油田共发现明化镇、馆陶组、东营组、沙河街组、中生界、古生界、太古界七套含油层系，累计探明含油面积197平方千米，探明石油地质储量46220万吨；其中自营区累计探明含油面积175平方千米，探明石油地质储量40639万吨，动用含油面积122.9平方千米，动用地质储量27093.8万吨，历年累计建成产能675万吨。截至2014年底，海上已累计生产原油4312.5万吨。

截至2014年底，上海海洋油气分公司拥有海域勘查区块分布在东海陆架盆地和南海琼东南盆地、北部湾盆地以及南黄海南部盆地；与中海油共同持有勘查区块13个，开采区块2个，面积3.78万平方千米。上海海洋油气分公司海域区块总资源量为134.77亿吨油当量，其中石油资源量12.69亿吨，天然气资源量14.96万亿立方米。（中国石油化工集团公司）

海洋油气勘探

【中国海油海洋油气勘探】 2014年，中国海油在中国海域自营采集二维地震数据约2.05万千米，自营与合作采集三维地震数据约2.28万平方千米，完成探井117口，获得15个新发现，成功评价17个含油气构造，自营探井勘探成功率达50%～70%。获得中国海域首个自营深水天然气重大发现——“陵水17-2”千亿立方米储量大气田；渤海勘探获得“锦州23-2”、“渤中22-1”等多个重要发现，成功评价“旅大21-2”亿吨级油田和“渤中8-4”油田；有效推进勘探开发一体化，成功评价“乌石17-2”，增加原油优质储量；珠江口盆地古近系勘探获得进展，成功发现“陆丰14-4”构造。（中国海洋石油总公司）

【中国石油海洋油气勘探】 中国石油深海勘探业务取得新进展，2014年共完成24个深海作业项目。其中，完成二维地震52836千米、三维地震16055平方千米，同比分别增长5%和31.4%。

中国石油南海探矿区，位于西沙～南沙海域，北部距海南岛240千米，南部距海南岛1430千米，水深800～3500米。在国家相关部委、海军、海警的大力支持下，2014年在中建井场实施2口探井钻探。（中国石油天然气集团公司）

【中国石化海洋油气勘探】 2014年，胜利海上油田全年共完钻各类探井6口，钻遇油层5口，常规试油4口5层段，获工业油气流3口4层段。在埕岛东坡东营组、新北油田馆上段与沙河街组取得了“一个突破、一个进展、一个扩大”的良好勘探成果。其中，埕北81井在东营组钻遇油层2层21米，试油获日产油21.56方，突破了东斜坡洼陷带古近系岩性油藏出油关；垦东893井、894侧井10毫米油嘴自喷求产，分别在沙河街组获日产油144.3方和84方的高产工业油流，新北油田第三系勘探取得新进展；部署完钻的埕北6GA-10井在馆上段钻遇油层1层6.0米，进一步扩大了埕岛油田馆陶组含油气范围，预计可增加控制储量200万吨。

2014年，上海海洋油气分公司紧紧抓住海域发展机遇，以“油气突破”为重点，以“打造世界一流”为目标，油气勘探工作迈出新步伐。涠西探区勘探研究逐步深化，钻探目标部署进一步落实。评价研究认为，海中凹陷斜坡带、涠西南凹陷D次凹周边及3号断裂陡坡带东段为有利油气勘探区带，其中海4构造成藏条件优越，可作为首钻目标；琼东南探区研究进展显著，2014年在该探区主要开展了气烟囱效应分析和岩性目标研究工作。研究表明，探区内北礁4、6、9构造及华光3-1构造等圈闭具有很高的含油气概率，华光礁凹陷断背斜和北礁低隆起潜山-构造复合型圈闭潜力巨大，作为探区勘探的首选目标；东海南部探区中生界研究取得新进展。进一步明确了中生界沉积相分布格局，基本落实了中、新生界三套主要烃源岩的分布，明确了东海南部有利勘探区；南黄海新登记区块研究取得初步认识。认为南黄海探区具有较大的资源潜力，区块内地质资源量2亿吨。为圈定有利勘探区域，部署实施1500千米二维地震勘探，目前已编制完成地震采集方案设计，明确了区块区域地质结构及油气地质背景，为评价优选有利勘探区带打下了基础。

（中国石油化工集团公司）

海洋油气开发工程

【中国海油海洋油气开发工程】 2014年，“海洋石油981”圆满完成南海深水钻探作业，“南海九号”优质高效完成首口千米水深井和高温高压探井作业，“海洋石油201”创国内海管日铺设速度最高纪录，中国海油深水作业能力进一步提升。国内首艘深水多功能安装船“海洋石油289”投入使用，多功能水下工程船“海洋石油286”建造完成，从国外引进的首艘深水挖沟多功能工程船“海洋石油291”完成交船工作，饱和潜水支持船购置等工作稳步推进，深水装备能力进一步增强。（中国海洋石油总公司）

【中国石油海洋油气开发工程】 中国石油具备浅海钻井、完井、固井、试采作业、井下作业、海洋工程设计和施工、船舶服务等综合一体化海上石油生产保障能力。拥有移动式钻井平台11座（含在建1座）、模块钻修机1座、移动式作业试采平台5座、各类船舶24艘。截至2014年底，中国石油在环渤海滩浅海矿区内共建设人工岛16座、固定钢平台10座及海底管道82.617千米、海底电缆25.17千米、海底光缆4.8千米等海上石油生产设施。

2014年，中国石油集团海洋工程有限公司在渤海、黄海以及波斯湾等多个海域开展服务。全年完成钻井进尺26.8万米。其中，开钻98口、完井113口；完成井下作业54井次，试油2层，酸化压裂66层次。加工钢材1513吨，铺设海管3.5千米。动用自有船舶21艘，4625航天，拖航65次。生产销售固井、防腐产品1.2万吨。

中国石油集团海洋工程有限公司充分发挥青岛海工建造基地和唐山生产支持基地的生产保障作用。2014年11月中油海16平台建成交付投产，该平台是中国石油单体投资规模最大的海上装备，自动化程度达到国际同类型装备的领先水平，进一步提升了海上装备实力和钻井作业能力，具备了120米水深的一体化服务保障能力。第二座400英尺钻井平台中油海17在大连开工建造。（中国石油天然气集团公司）

【中国石化海洋油气开发工程】 2014年，胜利海上油田以提升“三率”、改善水驱为中心，深化油藏认识，强化水井治理，精细注采调配，水驱开发效果持续改善。全年完成归位、转注、水井检修54口，注水井分注率、层段合格率、注采对应率分别提高到85.3%、73.7%、86.9%，累计增加水驱储量450万吨。实施水井调配373井次，注采比提升至0.94，地层压力提高0.22兆帕，主体馆陶单井日液能力较年初上升10.9吨；自然递减率6.2%，各项开发指标持续向好。电泵检泵周期达到1655天，躺井率为0.6%，群扶挖潜和措施增油达到21.4万吨，老井产油量超年度计划12.3万吨。2014年1月6日埕岛中心三号平台投入试生产运行。埕北22F、埕北1F等22座井组平台130口油井分三批成功转入该平台处理和外输，日处理液量9700吨，日处理油量2530吨，日处理气量5.8万立方米。

上海海洋油气分公司平湖项目。平湖油气田是上海海洋油气分公司（前身为上海海洋石油局）于1983年在中国东海发现的第一个油气田，由中石化、中海油和上海申能按照3:3:4的股比合资开发。开发区块面积240平方千米，1998年11月建成投产，1999年向上海市供气。开发工程设施主要包括钻采综合平台1座、井口平台1座、海底外输管线2条、内部集输管线2条、陆上终端2座和1座生产指挥中心办公楼。目前，平湖油气田开发已进入中后期，油气藏采出程度均已超过40%，油藏含水率达到95%以上，加大剩余油气分布的研究和挖潜力度，减缓油气产量递减，是当前油气田开发的重要任务。2014年，在三家股东方的共同努力下，平湖油气田精心管理油气井、油气藏，积极主动挖潜，在2013年钻探BA6S井基础上又钻探了PH13井，进一步落实放二断块深层高压气藏，为下一步开发提供了重要依据。同时，持续开展了特高含水底水油藏挖潜研究及实施工作，在放鹤亭构造PH-A8井实施了下返H63层开采的措施，在PH-A10井实施了侧钻H2油藏。其中PH-A8井取得了较好的增产效果。

（中国石油化工集团公司）

海洋油气生产

【中国海油海洋油气生产】　2014年，中国海油通过科学计划、积极推进，全年油、气、水井措施工作量和增产量达到预期。通过换大泵、酸化、大修等多项措施，有效减缓产量递减，保障了基础产量；通过积极跟踪推进，国内调整井投产井数和产量总体超过预期；大力推进勘探开发一体化，实现多个项目提前1—2个月投产；加强地质油藏精细研究，改善油田开发效果；针对开发投资和操作费的主要科目进行专项治理，提升效率，从源头降成本。全年油气净产量达432.5百万桶油当量，同比上升5.1%，其中国内油气净产量269.1百万桶油当量，包括“垦利3-2”油田群等新项目陆续投产，多个项目提前投产并低于预算。

（中国海洋石油总公司）

【中国石油海洋油气生产】　2014年，中国石油滩浅海油田生产原油253.9万吨、天然气8.15亿立方米。油气产量主要来自自营油田和对外合作项目。自营油田共生产原油138.9万吨，天然气7.65亿立方米。其中，冀东南堡油田生产原油102.5万吨，天然气6.5亿立方米；大港海上生产原油26.4万吨，天然气1亿立方米；辽河海上生产原油10万吨，天然气1500万立方米。对外合作项目共生产原油115万吨，天然气5000万立方米。其中，辽河月东油田生产原油30万吨；大港赵东油田生产原油85万吨，天然气5000万立方米。

（中国石油天然气集团公司）

【中国石化海洋油气生产】　2014年，胜利海上油田生产原油302.1万吨，天然气交气量1.01亿立方米；油田注水1128.4万立方米。自然递减率为6.2%，含水上升率为3.4%。新建产能12.5万吨，老区新增经济可采储量291.9万吨。

（中国石油化工集团公司）

海洋油气科技

【中国海油海洋油气科技】　中国海油持续加强科技创新能力培养，深入推进“一个整体、两个层次”科技创新体系建设，科技创新对生产经营的支撑和促进作用进一步增强。全年执行15个科研平台建设项目，设立19个总公司级产业化科技项目，推动60多项新技术/新工艺的首次应用，首次启动中国海油国际合作项目，昌平未来科技城海油园区具备进驻条件；全年授权专利833件（其中发明专利282件），同比增长8.9%，授权专利数量继续保持中国企业前十位，发布技术标准166项；全年发表科技论文（核心期刊）484篇，荣获省部级以上科技奖励91项，“超深水半潜式钻井平台研发与应用”项目获得2014年国家科技进步特等奖，“高酸重质原油全额高效加工的技术创新及工业应用”项目获国家科学技术进步奖二等奖，“海洋钻井隔水导管关键技术及工业化应用”项目获国家技术发明奖二等奖。

（中国海洋石油总公司）

【中国石油海洋油气科技】　2014年，中国石油集团海洋工程有限公司完成各类工程设计与技术服务项目23项，承担科研项目62项。围绕生产急需和重点项目，攻克了致密砂岩油气藏水平井固井技术、渤海湾浅海油田复杂井修井技术、移动式平台作业风险控制技术等3项技术，将其成功应用于长庆固井、渤海湾修井、采油平台坐底就位等施工作业。采用海上批钻井、海水基钻井液等技术，推进钻井“提速、提效、提素”工作，全年钻机月速3420米/台月，机械钻速18.7米/小时，同比分别提高5%和3.2%。　（中国石油天然气集团公司）

【中国石化海洋油气科技】　2014年，胜利海上油田针对海上注水井层多，层间矛盾突出问题，研究配套海上细分测调一体分注工艺，3月2日海上首口细分四层注水井CB11D-1井顺利投注，达到配注要求。7月6日，海上首口液控测调一体化五段分注井CB25GC-5井顺利投注，达到配注要求，从2—3层细分注水发展到4—5层细分。标志海上注水工艺实现跨越式发展。针对海上油水井解堵工艺单一，部分井解堵效果不理想问题，研究配套海上氮气泡沫负压返排及氮气泡沫酸化负压返排工艺，7月27日，海上CB25GC-11油井首次实施氮气泡沫负压返排解堵施工，解堵后地层漏失速度由基本不漏失上升至20立方米/小时，作业后日液97.2吨，日油33.9吨，较作业前日增液72.8吨，日增油28.3吨，作业效果理想。

2014年，上海海洋油气分公司科研工作瞄准涠西、东海南部中生代 3 个主攻区，积极推进重点科研项目技术攻关，形成了新认识新理论。开展《东海南部中生代盆地油气地质条件研究》项目，落实区内中生界烃源岩的发育和空间分布特征；《玉泉三维工区处理及预测一体化研究》项目，开发了针对玉泉工区中深层薄互层、致密储层的储层预测技术，提出了古珍珠评价井建议，玉泉 3 井、印月 1 井均已钻探，取得了理想的油气成果。

（中国石油化工集团公司）

海洋油气国际合作

【中国海油海洋油气国际合作】 截至 2014 年底，中国海油海外资产占比 39%，海外收入占比 50.5%，海外油气产量占比 42.3%，海外业务遍及 40 个国家和地区，员工本地化率达 86%，全球战略布局基本完成，国际化运营能力不断增强。2014 年，成功进入西非加蓬项目并获得两区块的 25%权益，成功进入北极地区并获取冰岛勘探区块开发许可，初步取得巴西利布拉世界级大油田勘探评价成果；与壳牌、BP、道达尔等石油集团签署全球战略合作协议，与俄罗斯天然气工业股份公司、墨西哥国家石油公司签署合作谅解备忘录。在“走出去”的同时，中国海油通过“引进来”加大对外合作力度，迄今已与 21 个国家和地区的 79 个石油公司签订 206 个对外合作合同。（中国海洋石油总公司）

【中国石油海洋油气国际合作】 中国石油通过加强深海油气资源的勘探与探索，在巴西 Libra 项目西部构造和中部构造探明储量巨大，油田整体开发概念方案已经确定，已开钻的两口探井均获重要油气发现。西澳大利亚波塞冬项目获高产气流。莫桑比克 4 区 Agulha 气藏评价成功，实现快速增储。深海作业船队在巴西、乌拉圭顺利开展了多个勘探项目，作业水平得到甲方充分认可。

海工模块建造市场取得突破，成功取得亚马尔项目，首次进入国际高端 LNG 模块建造市场，成为海工业务进入国际市场的重要里程碑，为海工业务规模化、国际化发展奠定了坚实基础。

（中国石油天然气集团公司）

【中国石化海洋油气国际合作】 胜利海上油田埕岛西合作 A 区块，由中石化集团公司与云顶埕岛西新加坡私人有限公司（简称云顶公司）合作开发。2014 年 6 月 30 日之前，是由美国能源开发公司（简称 EDC）与中石化集团公司合作开发；现埕岛西 A 区块油田的作业者为云顶公司和中石化北京埕岛西项目部组成的联合作业组。该区块位于渤海湾南部极浅海海域的胜利埕岛油田西部，水深 7～8 米，目前 A 区块面积 29 平方千米，深度范围 0～2000 米。

（中国石油化工集团公司）

海 洋 矿 业

【综述】 2014 年海洋矿业较快发展，海洋矿业较快增长。全年实现增加值 53 亿元，比上年增长 13.0%。

【海域采砂用海管理】 **辽宁省** 为进一步巩固前期工作成果，保持对盗采海砂的高压态势，中国海监辽宁省总队在大连将军石、红沿河毗邻海域，营口、大连交界海域及绥中、兴城交界海域，组织开展了大规模整治盗采海砂专项行动，中国海警局资源环境执法处派员亲临现场督导。

江苏省 2014 年 8 月，中国海监江苏省总队直属支队联合灌云县大队，在灌河入海口开展了一次打击盗采海砂专项执法行动，执法部门出动“中国海监 5003”船、“中国渔政 32501”船和 40 余名执法人员，一举查获 3 艘抓斗式采砂船和 3 艘钢质运砂驳船。

广东省 广东珠江口从事海砂开采的 21 家企业代表签订了《依法开采海砂承诺书》。企业代表表示今后将配合海监执法人员的监督，努力落实海监监管要求，依法依规生产。

广西壮族自治区 2014 年，海监总队山口国家级海洋自然保护区支队联合山口镇政府、白沙镇政府，以及山口边防派出所、白沙边防派出所开展执法行动，整治非法抽取海砂行为。一举取缔了 18 个非法抽取海砂场点、拆除砂架 24 个、切断割烂铁铸抽砂管道 1500 多米，捣毁用于海上架设抽砂管道的塑料桶 30 个，严厉打击了保护区内非法抽取海砂行为，保护了辖区海洋生态环境。

【政策法规】 2014 年 4 月 17 日，国家海洋局发布《海砂开采环境影响评价技术规范》，规定了海砂开采环境影响评价的一般性原则、主要内容、技术方法和技术要求。

2014 年 6 月 3 日，国务院批复同意设立青岛西海岸新区。批复要求，要把新区发展成为海洋科技自主创新领航区、深远海开发战略保障基地 、军民融合创新示范区、海洋经济国际合作先导区、陆海统筹发展试验区。深远海开发战略保障基地的定位 ，更侧重于为未来大洋海底矿产开发做准备，为深远海海上作业工程提供陆基保障服务。

2014 年 8 月 19 日，福建省漳州市政府印发了《漳州市海域采砂管理规定》。共 5 章 23 条，主要对非法实施海域采砂行为的处罚依据、处罚主体、适用法律以及处罚程序等要件在原有的基础上作出进一步细化和明确，同时也明确了海域采砂临时用海海域使用权的取得方法，体现“堵疏结合”的管理理念和部门联动的综合管理机制。

【海洋矿产勘探】 山东省第三地质矿产勘查院勘察队在烟台莱州湾三山岛附近海域探出海底金矿。在三山岛 17 平方千米海域内，布置了 44 个钻孔，最深钻到 2000 多米。目前这 44 个钻孔，孔孔见矿。勘探样本分析结果显示，这里是储量丰富的海底金矿。该项目也是中国第一个海上黄金勘探项目。

山东能源龙矿集团北皂煤矿海域 H2303 工作面开始回采，标志着我国最大海下采煤工作面正式投产。该工作面设计可采储量为 122 万吨，是国内目前最大的海下采煤工作面，也是目前离海面最近的工作面。

山东省第三地质矿产勘查院成功签约“中国东部海区科学钻探工程”项目。该项目是中国地质调查局部署实施的 2014 年国家海洋地质专题项目。该项目将使用由山东省第三地质矿产勘查院自主设计研发的海上钻探平台。这标志着山东地矿实施海洋战略迈出了实质性步伐。

海 洋 盐 业

【综述】 2014 年全国原盐产量为 9182.25 万吨，其中：海盐 3085.23 万吨，占全部原盐产量的 33.59%；井矿盐 4823.13 万吨，占全部原盐产量的 52.53%；湖盐 1274.91 万吨，占全部原盐产量的 13.88% 。

2014 年全年原盐的消费量为 8789 万吨，进口盐 756 万吨，年末库存达到 2359 万吨，高于正常年景库存的 20%左右。其中，工业盐的消费增速依然缓慢，我国近年的原盐消费中，工业盐比重占 75% 以上。制盐企业的经济效益基本由工业盐的价格决定。全年工业盐价格走势呈现了一路逐渐下滑的局势，2014 年年初，由于海盐的上一年库存消化殆尽，气象条件尚不明朗，化工企业为保持一定量的原料盐的存储，开始大规模采购原盐，原盐的含税价格一度维持在 130～150 元/吨。到第二季度中期，海盐开始春季扒盐，市场的供应量大幅增加，化工企业开始了新的采购策略，制盐企业竞相压价，除海盐外，井矿盐企业也加入了竞争行列。各类原盐的出厂价格一路下滑，呈现出近 10 年来的最低水平。制盐行业的严重产大于销导致了企业的经济效益呈现出负增加趋势，近半数制盐企业处于亏损状态，亏损面比上一年增加 23%，亏损额增加 30%。2014 年全年，进口原盐达到 756 万吨，是历史以来的高位。国际航运近年持续低迷，运费在低位运行，降低了大宗货物的贸易成本，从而降低了原盐进口的成本，增强了国内原盐的竞争力。原盐的生产成本一般占商品送达价格的 40%～50%，运输费用是大吨位物资的主要策划能够本构成要素。国际贸易中原盐的大规模流动性突起也是基于航运持续性的不景气带来的现象，原本在我国具有传统优势的原盐生产，遭到了来自国际贸易的打压，更加重了国内制盐企业的困境。全年出口原盐 148 万吨，比上一年略有减少，出口盐价格也同样受到严重抑制。

2014 年全年我国食盐市场供应平稳有序，盐业部门按照国家指令性食盐供应和运输计划圆满保证了加碘盐和各类食盐的均衡供应。根据市场的需求，制盐企业开发了各类品种盐和非加碘盐供应市场，满足了市场不同层次需求，同时也开辟了企业增效的途径。

【海盐生产】 2014 年我国海盐产量 3083.3 万吨，比上一年增产 402.17 万吨，增长幅度为 15.01%。海盐产量占全部原盐产量的比重由上一年的 31.85%上升到 33.59% 。全年海盐产量的绝对数量和相对比重均有所提升，其主要原因是 2014 年的气象条件对海盐生产极为有利。进入第二季度后，北方沿海的蒸发量比前一年大幅度增加，平均增幅为 10%～15%，降雨普遍比较集中，为露天生产创造了有利的气象条件。

我国海盐生产具有明显的地域特征，沿海 10 个省份具备海盐生产的滩涂条件，其中浙江、福建、广东、广西、海南历史以来称之为南方海盐区。南方海盐区的特点是降雨量较大，蒸发量较小，沿海的滩涂面积多集中在城镇或者具备开发条件的城市周边，盐田面积集中，走水路线单一；北方海盐区分布在黄海、渤海区域，主要省份有：辽宁、山东、河北、天津和江苏。北方海盐区的主要特征是降水量比南方小，沿海滩涂面积广阔，适于盐田布局，蒸发量是南方海盐区的两倍，降雨集中，盐田面积集中，规模大。基于气象条件和滩涂利用率的差异，我国历史以来形成了南方海盐和北方海盐不同的生产工艺。南方海盐是短期结晶法生产，常年生产，随时结晶随时收盐；而北方海盐生产则是春季纳潮，常年制卤，长期结晶，春秋两季收盐。由于南方和北方不同气象条件和滩涂条件形成的海盐生产工艺造成了海盐产量的巨大差异。2014 年南方海盐区的产量只有 61.26 万吨，占全部海盐产量的 1.59%。而且南方海盐区呈现出盐田面积逐年减少，产量和生产能力逐年下降的趋势。特别是广西壮族自治区的海盐生产成本居高不下，滩田面积靠近城镇和市区，沿海滩涂用于开发的利益大于海盐生产的效益，各地政府为获得土地收益，不断收储盐田作为政府土地储备资源。2014 年广西壮族自治区的海盐产量大幅减产，萎缩至 0.57 万吨。为完成国家食盐计划，广西采取了“委托加工”生产食盐的方式，采用附近省份湖南省的井矿盐作为食盐原料。加上运输费用，食盐的成本仍然低于本地生产成本的 30%～40% 。

北方海盐区的主要产区是山东省，2014 年山东的海盐产量达到 2316.59 万吨，占北方海盐产量的 76.58%，占全国海盐产量的 75.07%。山东海盐生产的优势，一是具有丰富的浅层地下卤水资源分布在莱州湾畔，浅层地下卤水埋藏深度 30～100 米，易于开采，浓度约为 3.5～5.5 波美度，比海水的含盐量高出 20%～30%。浅层地下卤水用于制盐，节约了制卤工艺流程，提高了盐田面积的使用效率，减低了海盐生产成本；二是山东的沿海滩涂资源丰富，可用于大面积开发盐田。山东得天独厚的海盐生产优势还会得到持续发展。

2014 年我国沿海地区受到了 5 次较大规模的台风袭击，主要有：“海贝思”、“威尔逊”、“麦德姆”、“海鸥”和“凤凰”。分别于春夏秋季在福建省、广东省、江苏省、山东省、海南省等地沿海地区登陆，台风带来了阵性强降雨，给海盐生产造成不利影响。各制盐企业根据多年的抗击风暴潮经验，全力组织灾后自求，把损失降低到最低限度。但在海盐的主要产区未受到台风直接影响，与去年同期相比较，山东潍坊、河北唐山、沧州地区的蒸发量普遍高出 5%～8%左右，当地农民称之为干旱寡雨的年景。这样的气象对海盐生产是极为有利的条件，为当年的海盐增产起到了决定性的作用。

海盐生产是露天作业靠天吃饭，依赖天气因素。按照传统的国民经济行业分类盐业包括海盐被整体纳入了工业范畴。但海盐生产的特征更接近农业，海盐生产的丰歉程度 70%取决于气象因素。为应对降雨对海盐生产的影响，海盐企业发明了“塑料苫盖”技术。在结晶区利用塑料和浮卷机把降雨的淡水与较高浓度的卤水隔绝，减少对结晶区卤水的稀释。通过设计单独的淡水排除线路保持了结晶区卤水的浓度。这一技术提高了海盐生产抗降水的能力，起到提高产量的作用。近年来塑料苫盖技术在海盐区得到推广，2014 年我国海盐区的塑料苫盖面积达到了 2.5 万公顷。

海盐生产工艺的主要步骤是纳潮、制卤、结晶三大环节，海水结晶析出氯化钠以后剩余的部分称之为苦卤。苦卤中含有镁、钾、溴等多种元素，如果直接排入大海会形成对海洋的污染。如果能够提取苦卤中的有效成分则会在较少污染排放的同时增加企业的新产品，创造更多的经济效益。我国海盐区对苦卤的综合利用得到了国家政策的扶持，盐化工产业形成了初步的经济规模。特别是工业溴的产量已经进入世界前 4 位。目前国内 95%以上的工业溴产量是由海盐企业利用制盐后的母液产出，成为海盐企业主要的盐化工产品。工业溴除在医药、印染等方面的应用以外，在阻燃剂和衍生的系列产品方面也具有广泛的发展前景。海盐企业经与客户共同合作，不断开发，形成了溴系列的产品体系，改变了过去传统小作坊式的生产运输方式，自动化的集成控制和大型槽罐车对接用户代替了小罐子包装，山东和天津的海盐企业成为我国工业溴主要的生产基地。2014 年我国工业溴产量约达 19 万吨，比上一年增加 5.2 万吨。

【新政策出台对盐行业产生重大影响】　2014 年 2 月 12 日，国务院公布了第三次取消和下放行政审批事项 82 项的决定，其中涉及到盐业的有 2 项：一是取消了原来由工业和信息化部审批的制盐建设项目；二是原来由工业和信息化部审批的食盐定点生产企业下放到省级人民政府的盐业主管部门。

2014 年 4 月 21 日，国家发展和改革委员会发布了第 10 号令，决定废止《食盐专营许可证管理办法》。

2014 年 6 月 13 日，国家发展和改革委员会发出通知，要求地方政府放开种子、桑蚕、小工业盐（纯碱、烧碱以外工业盐）的价格，由市场进行调节。同时强调，要强化市场价格的监测监管，维护正常的市场秩序，保障市场主体的合法权益。

新政策出台，对盐业企业和行业产生极大的震动和影响，现有的 109 家食盐定点生产企业和其他盐业企业都面临重新“洗牌”的局面。

制盐项目的技术和投资门槛较低，社会资本和民间资本早已虎视眈眈。政策一旦放开，会有大量资金涌入，形成激烈的竞争格局。本已饱和的中国盐业市场，还要面对境外市场的挑战，澳大利亚、印度、墨西哥的原盐进入我国市场的比重均以两位数速度增长。盐业企业的生存发展压力巨大，企业在这个关键时刻及时做到调整战略，发挥优势，参与竞争的行列中。国家频繁出台的各项新政策将会推动中国盐业的整合步伐。

【盐业投身社会公益减盐行动】 每年的10月18日是全国高血压日，2014年的高血压日的主题是“知晓你的血压”。据资料表明，全世界目前有4亿多人血压偏高，为此，世界卫生组织建议人体每日摄入食盐量在6克左右。盐业部门积极参加全民减盐行动，山东省、广东省、江苏省、河北省盐务局与当地卫生部门联合开展了《中国减盐行动计划》和《居民食盐指南》的发布活动。各地通过社区宣讲、媒体科普等方式倡导公众科学用盐，吃好盐、少吃盐，减低高血压危害。制盐企业为市场开发了低钠盐等系列食盐品种，为公众的减盐行动提供适应的产品。

【新技术注入传统产业 海盐生产尝试升级换代】 信息化技术的应用改变了传统海盐的生产模式，为古老的盐业带来了新的生机。山东鲁北盐场尝试着利用信息化技术手段通过采集卤水在结晶过程的各类相关数据，整合在同一的平台上，通过综合卤水浓度、蒸发量、风力、降水、风向、气温等生产要素信息，实现了对各个生产环节的自动调控。这是海盐生产的一场革命，改变了原来的全部人工操作，人海战术，实现了物联网的远程精准操控。节约了大量的人力物力，提高了生产效率，减低了人力成本，促进了企业生产经营观念的更新，为古老的盐业带来了新的发展思路。

表1 2014年海洋制盐工业企业产值、收入情况

单位：万元

企业	现价工业总产值	工业增加值	工业销售产值	产品销售收入
全国合计	**3842211**	**1423821**	**4147380**	**3782138**
海盐区	2337655	941096	2158288	2283095
北方海盐	2281163	928292	2097210	2223742
辽宁	58764	33605	47509	65509
山东	1450486	571274	1339063	1449017
河北	92292	55925	77228	82297
天津	117257	90447	111782	97945
江苏	562364	177041	521628	528974
南方海盐	56492	12804	61078	59353
浙江	3446	2196	5628	5512
福建	45601	6624	48087	47084
广东	2950	1421	2890	2591
广西	2020	820	1940	1800
海南	2475	1743	2533	2366

表2 2014年海洋制盐工业企业利润税收情况

单位：万元

企业	利润总额	应交所得税	应交增值税
全国合计	**232337**	**62718**	**180813**
海盐区	191519	32770	89732
北方海盐	193047	31833	86862
辽宁	31367	1052	1932
山东	140438	21787	44348
河北	-5141	1233	8570
天津	7101	524	5845
江苏	19282	7237	26167

续表

企业	利润总额	应交所得税	应交增值税
南方海盐	-1528	937	2870
浙江	-66	0	9
福建	2077	615	2295
广东	-1484	0	242
广西	-1175	0	131
海南	-880	322	193

表 3　2014 年原盐分品种产量

单位：万吨

产区	合计	海盐	井矿盐	湖盐
全国合计	**9182.05**	**3085.30**	**4822.79**	**1273.95**
海盐区	5092.39	3085.30	2007.08	
北方海盐	4911.13	3024.04	1887.08	
辽宁	128.68	128.68	0.00	
山东	2745.53	2316.59	428.94	
河北	336.27	336.27	0.00	
天津	161.14	161.14	0.00	
江苏	1539.51	81.36	1458.14	
南方海盐	181.26	61.26	120.00	
浙江	8.86	8.86	0.00	
福建	38.11	38.11	0.00	
广东	128.41	8.41	120.00	
广西	0.57	0.57	0.00	
海南	5.31	5.31	0.00	

表 4　2014 年原盐生产能力

单位：万吨

产区	合计	其中		
		海盐	井矿盐	湖盐
全国合计	**10368.00**	**3446.00**	**5638.00**	**1284.00**
海盐区	4781.00	3446.00	1335.00	
北方海盐	4706.00	3371.00	1335.00	
辽宁	176.00	176.00		
山东	2870.00	2540.00	330.00	
河北	430.00	430.00		
天津	150.00	150.00		
江苏	1080.00	75.00	1005.00	
南方海盐	75.00	75.00		
浙江	10.00	10.00		
福建	40.00	40.00		
广东	13.00	13.00		
广西	2.00	2.00		
海南	10.00	10.00		

表 5 海盐区盐田面积

单位：公顷

产区	盐田总面积	生产面积			养殖面积
		合计	其中：结晶面积	塑料苫盖面积	
全国合计	**402224**	**295790**	**28804**	**25048**	**57235**
北方海盐区	382669	281530	27144	25048	54718
辽宁	33664	28269	2373	1819	2477
山东	200890	157327	17243	16802	24630
河北	67992	58000	3523	3264	961
天津	26923	26242	1286	1152	
江苏	53200	11692	2719	2011	26650
南方海盐区	19555	14260	1660		2517
浙江	1971	1672	168		21
福建	4116	4352	553		74
广东	8409	4571	600		2072
广西	1600	900	85		300
海南	3459	2765	254		50

（中国盐业总公司 杜丽华）

海 洋 化 工 业

【综述】　2014 年，海洋化工产业继续保持平稳发展态势，全年实现增加值 911 亿元，同比增长 11.88%。

【海盐化工】　**氯碱行业运行情况**　2014 年，国内氯碱行业的产能扩张仍在继续，但相对于往年，产能扩张步伐明显放缓。行业效益处于较低水平，根据对 77 家重点氯碱企业的统计，2014 年 1-11 月，实现利润-5.25 亿元，略好于上年同期的-7.41 亿元。从国际方面来看，全球氯碱行业正加快竞争力提升：北美氯碱行业出现了兼并重组现象，行业集中度正在提高，现只有 16 家生产商，前 10 家企业产能占到了总产能的 95%；俄罗斯则通过加快技术转型来提升本国氯碱产业的竞争力；而印度则通过氧化铝工业的快速发展来推动烧碱的发展。

烧碱生产情况　产能继续增长，根据中国氯碱工业协会统计，2014 年底全国烧碱生产企业 175 家，产能 3910 万吨，同比增长 1.56%，新增产能 213 万吨，退出 153 万吨，净增产能 60 万吨。产量继续增加，根据国家统计局统计，2014 年全国烧碱产量 3 180 万吨，同比增长 7.9%，行业平均开工率 81%。烧碱价格持续低迷，烧碱价格从年初的 624 元/吨一路下跌至 6 月中旬的 518 元/吨，创下了近 4 年来的价格新低，虽然在 9 月中旬后受 APEC 会议影响，局部地区烧碱价格有小幅提振，但价格仍低于往年同期。产业集中度不高，烧碱企业平均规模只有 22 万吨。这些企业中，年产能最大是 110 万吨，超过 100 万吨的企业只占到 5.5%。

纯碱生产情况　2014 年全国纯碱产量达 2514.68 万吨，与 2013 年同期相比增长了 3.5%。其中，山东、青海、江苏、河南、河北是纯碱的主要生产地，其纯碱产量占全国纯碱产量的比重分别为 17.31%、12.99%、12.67%、13.25%、9.78%，合计达到 66.00%。

【海藻化工】　**全球最大海藻纤维基地青岛建成**　经过 20 多年的研究，夏延致科研团队突破了有机溶剂传统工艺，实现海藻纤维全线自动化生产，并在青岛建成了年产 1000 吨纤维级海藻酸钠原料的生产线及年产 800 吨海藻纤维生产线，开了海洋纤维工业生产的先河。

上海理工解新疆干旱盐碱出苗率低难题　上海理工大学张淑平团队最新研发的从新鲜海带中高效提取岩藻多糖及其干旱盐碱地修复应用技术获得推广，在国际上首次解决了干旱盐碱地棉花种植出苗率低的关键难题。张淑平根据鲜海带化工废渣的特点，并结合盐碱地的特点，把传统海带加工中被丢弃的岩藻多糖转变为可利用的“宝贝”，研发出一种新的干旱盐碱地修复技术——海藻基土壤调理剂的关键技术，实现了对海带几乎 100%的利用，建成了年产 220 吨岩藻多糖、5000 吨海藻饲料、1000 吨海藻肥的生产线各一条，形成了产业化示范基地。

2014 年全国烧碱纯碱产量一览表

地区	烧碱产量（万吨）	烧碱同比增长（%）	纯碱产量（万吨）	纯碱同比增长（%）
全国	3180.20	7.89	2514.68	3.49
天津	106.06	-6.72	58.47	10.03
河北	120.74	18.93	245.99	-4.31
山西	45.50	-8.01	2.99	-69.59
内蒙古	256.38	30.29	60.03	1.50
辽宁	64.74	14.86	56.21	19.98
吉林	14.76	-20.17	-	-
黑龙江	11.44	-9.83	-	-
上海	73.03	2.59	-	-
江苏	525.69	4.65	318.61	-2.09
浙江	151.23	5.68	26.97	4.29
安徽	63.54	35.10	66.48	21.55
福建	25.23	10.54	0.89	39.64
江西	41.67	-20.74	-	-
山东	667.68	16.10	435.31	10.69
河南	182.04	-3.08	333.20	-1.30
湖北	103.34	3.51	140.95	6.60
湖南	64.59	-13.90	61.84	3.98
广东	32.72	1.01	60.17	-0.93
广西	41.67	-6.64	6.02	6.20
重庆	32.67	-2.85	118.38	-0.26
四川	114.96	1.97	129.60	-28.23
贵州	6.32	-8.85	-	-
云南	24.03	-4.17	13.10	-15.06
陕西	92.41	31.02	28.46	-24.75
甘肃	20.06	-10.16	16.09	-22.64
青海	18.67	3.34	326.58	43.04
宁夏	42.14	-6.83	-	-
新疆	236.89	12.75	8.35	23.58

海洋生物医药业

【综述】 随着国家对海洋生物医药业政策扶持和投入力度的逐步加大，2014 年，海洋生物医药产业保持较快发展态势。全年实现增加值 258 亿元，比上年增长 12.1%。重点企业和项目主要集中在环渤海和华南地区，其中以山东和浙江两省为龙头省份。

【青岛国家级海洋生物医药基地获批】 2014 年 12 月，经科技部组织专家评审，国家青岛海洋生物医药特色产业基地正式获批建设。该产业基地规划了总面积 3500 亩的创新园、孵化园、加速园、产业园，构建了“全产业链”的青岛海洋生物医药科技园。目前，12 万平方米海洋生物医药孵化器已投入使用，规划面积 22 万平方米的海洋生物医药加速器已批准建设，一期 1200 亩的海洋生物医药产业园已完成规划论证，设立了 2.5 亿元的青岛首支生物医药产业基金，青岛市生物医药公共研发服务平台一期已完成建设，高新区海洋生物医药产业已进入快速发展航道。预计到 2020 年，青岛海洋生物医药特色产业基地产值将达到 250 亿元，孵化生物医药企业 300 家以上。

【中美海洋生物医药产业高级论坛在宁波大学召开】 2014 年 9 月，“中美海洋生物医药产业高级论坛”在宁波大学召开。与会专家和企业代表一致认为应抓住海洋生物医药战略性新兴产业的发展机遇，整合优势资源，筹建中美海洋生物医药研发与孵化中心，并以此为基础建立学者/学生交流访问项目，联合申报国际合作项目，探索产学研联动机制，共同推动成果转化与产业快速发展。

【福建海洋生物医药产业峰会在福州召开】 2014 年 6 月 19 日，福建海洋生物医药产业峰会在福州召开。会议发布福建省海洋医药生物产业的发展技术需求，就厦门海沧生物医药港、诏安及石狮海洋生物产业园进行推介。中国工程院的院士陈冀胜与夏照帆，国家海洋局第三海洋研究所、厦门大学海洋与地球学院、福州大学药物生物技术与工程研究所的专家就福建省的海洋生物医药产业建言献策。

【山东半岛蓝色经济区海洋生物产业联盟在青岛成立】 2014 年 6 月 17 日，山东半岛蓝色经济区海洋生物产业联盟揭牌仪式在青岛举行，标志着山东省海洋优势产业首个联盟正式成立。联盟将充分借助山东省在海洋生物领域的科研、人才和经济优势，帮助实现山东省乃至全国海洋生物企业“抱团”发展，打造我国海洋生物企业的“航空母舰”，为国际市场竞争中赢得先机和主动。

【我国首个海洋生物产业博览会开幕】 2014 年 6 月 8 日，我国首次举办的海洋生物产业博览会在江苏大丰港海洋生物博览中心隆重开幕，博览会为期 8 天。当天，有 33 个项目及贸易签约，签约总额达 92 亿元。本次博览会的主题是：海洋，让生命更美好。博览会上，聚集了全球范围内 170 多家海洋生物企业及相关企业，参展产品涵盖海洋生物保健品、海洋生物医药、海洋生物新材料、海洋食品等多个领域。本次博览会有利于进一步推动国内外海洋生物产业的聚集和互动，为产业的发展提供更多机遇。

【江苏盐城海洋生物产业合作联盟成立】 2014 年 6 月 8 日，中国海洋报社与江苏大丰港经济开发区管委会正式签约共同成立江苏盐城海洋生物产业合作联盟，该联盟汇聚了各类海洋生物生产企业、大专院校、科研机构及社会团体，对于发挥海洋产业资源优势和区位优势，联合地区间海洋生物科技力量，推动江苏乃至全国海洋生物战略性新兴产业的发展具有深远意义。根据协议，双方将建立长效合作机制，更好地为海洋产业发展服务。

【“浙江省海洋生物制品产业技术创新战略联盟”启动】 2014 年 3 月，“浙江省海洋生物制品产业技术创新战略联盟”启动仪式暨第一届联盟理事大会在舟山市举行。12 家相关企业与科研院所组建了该联盟，以企业为主体，以解决重大任务为导向，产学研结合，将主动设计重大科技专项，建立持续、长远的联盟运行体制与机制，突破海洋生物制品产业发展的关键共性技术，最终形成有国际竞争力的产业集群，为海洋经济可持续发展注入新的活力。

海 洋 电 力 业

【综述】 2014 年，随着大规模海上风电场的建成投产，海洋电力业发展势头总体良好。全年实现增加值 99 亿元，同比增长 8.5%。

【海洋风电生产】 我国沿海地区海上风能资源丰富，特别是江苏、浙江、福建等沿海省份的滩涂区域以及近海、深海海域，具备大规模开发海上风电的资源条件。根据中国气象科学研究院的估算结果，我国海上可开发利用的风能资源约为7.5亿千瓦，发展海上风电的前景十分广阔。2014年，我国海上风电新增装机容量 241 兆瓦，累计装机容量669.9兆瓦，分别占全球海上风电14.0%和 7.6%，位居世界第五位。

2014 年全球海上风电累计装机容量情况

国家和地区	2013年累计装机容量（兆瓦）	2014年新增装机容量（兆瓦）	2014年累计装机容量（兆瓦）
英国	3680.9	813.4	4494.3
丹麦	1270.6	0	1270.6
德国	520.3	529	1049.2
比利时	571.5	141	712.5
中国大陆	428.6	241	669.9
荷兰	246.8	0	246.8
瑞典	211.7	0	211.7
日本	49.7	0	49.7
芬兰	26.3	0	26.3
爱尔兰	25.2	0	25.2
韩国	5	0	5
西班牙	5	0	5
挪威	2.3	0	2.3
葡萄牙	2	0	2
美国	0.02	0	0.02
全球合计	**7046**	**1725**	**8771**

辽宁省 2014 年 1 月 13 日，庄河海上风电项目已经被国家发改委批准，项目规划确定总装机容量为 190 万千瓦。中船重工集团已参与到海上风电项目，与庄河市签订协议。该项目预计在年内开工建设。

河北省 2014 年，唐山湾地区三个海上风电项目进展顺利。华电前期已购买国内首艘自升式海上风电作业平台，三个项目最快 2016 年装机调试完成，2017 年海洋风电能够并入京津唐网，投入使用。届时，海洋风电将输送到京津冀千家万户。目前项目风场还处于前期测风的阶段。2014 年 11 月 28 日，作为秦皇岛市开工的首个风力发电项目，秦皇岛市昌黎大滩风电场项目，预计 2014 年 12 月底并网发电。

山东省 2014 年 11 月 19 日，长岛 1 号海上风电场工程预可行性研究报告出炉，并在烟台召开评审会议，这标志着长岛县海上风电开发迈出第一步。长岛 1 号海上风电场工程地处山东省长岛县近海海域，是长岛近海百万千瓦级海上风电基地中规划近期开发的近海风电场工程之一。项目建成后预计年上网发电总量为 77253 万千瓦时。

江苏省 2014 年 5 月 26 日，中水电如东海上风电场首批 10 台单机 2MW 风机开始并网发电。项目总装机容量 100MW，由 10 台单机容量 2MW、32 台单机容量 2.5MW 的风电机组组成，总投资 16.5 亿元。

上海市 2014 年 11 月 15 日，上海东海大桥风电场二期工程的全部 28 台风机安装完毕。东海大桥风电场二期工程位于东海大桥的西侧，与东侧已建成的一期海上风电示范工程隔桥相望。二期项目建成后，东海大桥海上风电场项目总装机容量将超过 200 兆瓦。

福建省 2014 年 1 月 9 日，总装机容量为 40 万千瓦的莆田南日海上风电项目动工开建，成为福建省首个开建的海上风电项目。项目建成后，有望每年并网输出清洁电能 13 亿千瓦时。该项目位于南日岛东侧海域，规划总装机容量 60 万千瓦，其中一期工程建设规模 40 万千瓦，拟安装 100 台单机容量为 4 兆瓦的海上风电机组，项目总投资约 80 亿元。

【政策规划】 2014 年 6 月 7 日，国务院办公厅印发《能源发展战略行动计划（2014—2020 年）》，明确今后一段时期我国能源发展的总体方略和行动纲领，推动能源创新发展、安全发展、科学发展。其中，包括对海上风电、海洋能在内的能源发展战略。

2014年6月，国家发展改革委发布《关于海上风电上网电价政策的通知》对非招标的海上风电项目，区分潮间带风电和近海风电两种类型确定上网电价。2017年以前（不含2017年）投运的近海风电项目上网电价为每千瓦时0.85元（含税，下同），潮间带风电项目上网电价为每千瓦时0.75元。

2014年8月，国家能源局发布《全国海上风电开发建设方案（2014—2016）》，根据通知，河北、江苏、浙江、福建、广东、广西、河南、天津8个省（区/市）共上报项目44个，总容量1028万千瓦。辽宁、山东、上海没有报送项目。主要情况如下：

从地区分布看，江苏18个，容量319万千瓦；福建7个，容量210万千瓦；广东5个，容量170万千瓦；浙江7个，容量165万千瓦；河北4个，容量100万千瓦；海南1个，容量35万千瓦；广西1个，容量20万千瓦；天津1个，容量9万千瓦。

从海域分布看，长江以北23个，容量428万千瓦；长江以南21个，容量600万千瓦。其中，渤海海域5个，容量109万千瓦；黄海海域18个，容量319万千瓦；东海海域14个，容量375万千瓦；南海海域7个，容量225万千瓦。

2014年12月18日，国家能源局批复下发《江苏省发展改革委关于促进风电健康有序发展的意见》，提出了到2020年，基本形成海上风电为主、沿海陆上风电为辅、内陆低风速风电为补充的发展格局，基本建成千万千瓦风电基地。

2014年5月5日，《上海市可再生能源和新能源发展专项资金扶持办法》（以下简称《办法》）正式对外公布。新版《办法》适用于上海市2013—2015年投产发电的新能源项目，2013年之前投产项目和往年结转项目继续执行原扶持政策。

海水利用业

【综述】 2014 年，各项海水利用政策规划稳步推进，我国海水利用业继续稳步发展。海水利用作为重要内容先后列入循环经济、节能环保、海洋经济等国家和地方重要规划中，浙江省、河北省和青岛市先后发布海水淡化发展规划或行动方案。多家海水淡化产业联盟相继成立，沿海地区海水淡化产业发展试点示范工作稳步推进。在技术研发、装备制造、工程设计建设等方面也取得一定成绩，产业发展态势良好。

【沿海地区发展概况】 **河北省** 神华河北国华沧东发电有限公司位于国家“海水淡化产业发展试点园区”之一的河北省沧州市渤海新区，单台日产能 2.5 万吨的大型低温多效蒸馏海水淡化装置运行 4 个多月来，各项指标正常。至此，沧州市海水淡化能力达到日产 5.75 万吨。

巴安水务与河北省沧州渤海新区管理委员会签订了《河北省沧州渤海新区海水淡化项目合作协议》，双方拟在渤海新区共同投资设立合资公司，共同投资沧州渤海新区海水淡化项目。该项目拟投资 8.3 亿元，计划建设总规模 10 万吨/日的海水淡化厂，其中一期成品水产水规模 5 万吨/日。

天津市 2014 年 2 月，滨翰海水综合利用项目落户天津滨海新区临港经济区，该项目由天津滨瀚海水淡化有限公司投资建设，结合华能电厂二期项目，以解决其产生的冷却循环浓海水排放问题，实现对浓海水的综合利用。项目占地面积约 3.3 万平方米，总投资 1.2 亿元，该项目达产后，预计年销售收入将达 1.1 亿元，年产纳米级碳酸钙 1500 吨、纳米级氢氧化镁 4500 吨、反渗透纯水 65 万吨。

2014 年 5 月 29 日，总投资 150 亿元、淡化海水日产量可达 30 万吨，马来西亚恩那社集团牵头实施的中国首个零排放海水淡化项目在天津南港工业区正式启动建设，在满足周边工业区用水及工业盐需求的同时，实现对海洋生态环境的保护。项目一期投资约 55 亿元，淡化海水日产量可达 30 万吨。据悉，该项目将建设中国规模最大，同时也是首个真正实现零排放的海水淡化项目，生产出的淡化海水用于工业用水，还可以将浓盐水直接用于目前国内市场上都比较紧缺的氯化钾、溴素等化工原料的提炼，保证南港工业区经济发展所需的水和盐，该项目预计还可节约置换出约 300 平方公里的盐田用地，提高国土资源的有效附加值利用。

浙江省 普陀六横日产 10 万吨膜法海水淡化国产化关键技术开发与示范项目日前通过验收。据了解，六横日产 10 万吨级海水淡化项目开发了日产 1.25 万吨反渗透海水淡化单机设计和日产 10 万吨工程总成关键技术，集成了海水取水、预处理反渗透脱盐、产品水矿化系统智能化控制、浓海水排放及综合利用等科技与工艺，还开发出了国产海水淡化反渗透膜元件和高压泵。有 58 件申请国家和国际的相关专利，其中发明专利 34 件、国际专利 1 件、(授权)发明专利 13 件，研制技术标准 9 项，其中 3 项已报批国家标准，形成海水淡化技术装备制造基地(杭州)和应用示范基地(舟山六横)各一个，为今后全国开发海水淡化反渗透项目建设打下了坚实的科技基础。据统计，到目前为止六横海水淡化厂已向六横和周边岛屿供应淡化水 820 多万吨，水质均达到国家饮用水标准。

海南省 2014 年 1 月 2 日，海南省三沙市在鸭公岛安装的海水淡化设备正式投入使用。今后鸭公岛居民与陆地居民一样，只需要拧开水龙头，就能取到清洁卫生的淡水。

【海水利用技术】 **大丰风电淡化海水示范项目成功出水** 2014 年 5 月 19 日，盐城大丰市 1 万吨非并网风电淡化海水示范项目首台生产线调试出水。该项目由微电网技术构建的非并网风电-海水淡化集成系统，将风电与海水淡化相结合，是一次全新的探索和尝试，特别是兆瓦级风电机组与万吨级以上大容量海水淡化设备相匹配的集成系统属首创技术，在国际上尚无先例。非并网风电既能解决风电上网、脱网、弃风等难题，又能将绿色能源直接应用于海水淡化，可以减少网电所用燃煤消耗，减少温室气体排放量，不但具有可观的经济效益、而且具有良好的社会和环境效益，特别适用于孤岛等缺水、缺电地区，可有效解决海岛、沙漠等偏远地区的能源和淡水供应问题。

石墨烯研究获突破 有望将海水淡化成饮用水 2014 年，我国在石墨烯功能材料研究方面取得突破性进展，发现了氧化石墨烯薄膜具有精密快速筛选离子的性能。该技术有望将海水淡化成饮用水。

国家级海水淡化技术研发基地落户扬中 2014 年 7 月 7 日，国家海洋局天津海水淡化与综合利用研究所与江苏巴威工程技术股份有限公司研发转化基地挂牌暨产学研合作签约仪式在江苏省扬中市举行。转化基地“落户”后，双方将进一步深化和细化合作，共同打造经典院企合作模式，为海水淡化事业作出贡献。

海水淡化加压与能量回收一体化装置在京问世 北京中关村新能源海水淡化关键技术装备示范项目（膜法）通过专家组验收，形成了具有自主知识产权的海水淡化成套技术。据北京赛美环能科技有限公司有关负责人介绍，经过两年多的努力，该公司成功研制出国际上独有的“海水淡化加压与能量回收一体化”装置。打破了国外技术垄断，将当前的海水淡化制水成本降低10%以上。并为今后大规模海水淡化工程逐步实现国产化提供了整体解决方案。

【政策规划】 亚太脱盐协会秘书处正式落户天津海水淡化所 2014 年 6 月 24 日，亚太脱盐协会（Asia-Pacific Desalination Association，ADPA）秘书处在国家海洋局天津海水淡化与综合利用研究所（以下简称淡化所）揭牌。APDA 秘书处落户淡化所，为增进我国和亚太各国海水淡化产业界的交流合作提供了一个国际平台，将为我国海水淡化产业的发展做出积极贡献。APDA 理事会成员由亚太地区各国的区域协会组织构成，目前包括澳大利亚水协，日本脱盐协会，印度脱盐协会，韩国脱盐企业协会，巴基斯坦脱盐协会，中国膜工业协会，新加坡水协等 7 个理事单位。中国是该组织的主要发起国之一。

两部委：因地制宜推进海水淡化水利用 8 月 18 日住建部、国家发改委联合发布《关于进一步加强城市节水工作的通知》。该通知提出，要加快污水再生利用，因地制宜推进海水淡化水利用。该通知明确，将鼓励沿海淡水资源匮乏的地区和工矿企业开展海水淡化水利用示范工作，将海水淡化水优先用于工业企业生产和冷却用水。在满足各相关指标要求、确保人体健康的前提下，开展海水淡化水进入市政供水系统试点，完善相关规范和标准。

南方泵业六项目共获 1102 万元政府补助资金 4 月 11 日，南方泵业公告，称该公司收到杭州市余杭区经济和信息化局、杭州市余杭区财政局下发的《关于下达余杭区 2011-2012 年度企业培育第二批财政扶持资金的通知》，公司“新增年产 10 万台不锈钢多级泵技改项目”、“海水淡化能量回收装置与应用示范项目”、“CDL200 轻型立式多级离心泵项目”、“日产 10 万吨级膜法海水淡化国产化关键技术开发与示范项目”、“2012 年度企业研发投入补助”及“2011 年度企业研发投入补助”六个项目，共获得余杭区财政扶持资金 1102.43 万元。南方泵业表示，本次收到政府补助资金，将对公司 2014 年业绩产生一定的积极影响。

【国外发展情况】 也门将建设海水淡化厂以缓解水资源危机 也门拟建第一座海水淡化厂，预计投资额 3 亿美元，以应对不断增长的用水需求。由于卡特过度种植和无序打井，以及人口增长和降雨量稀少等因素，也门水资源面临枯竭危险。也门是世界上唯一依靠地下水进行农业灌溉、满足工业生产和居民生活的国家，是阿拉伯地区水资源最为匮乏的国家。沙特发展基金将为海水淡化厂建设提供融资，项目建成后将满足塔兹、拉赫季、亚丁和伊卜等省的用水需求，经过若干年建设，最终将满足首都萨那的用水需求。

美国海军开发出利用海水合成燃油技术 美国海军研究实验室开发出一种利用海水所含成分合成燃油的示范性技术，并成功让一架模型飞机依靠这种燃油起飞升空。这意味着海水可为制取燃油提供“海量”原料成分。

韩国首个海水淡化项目正式启用 韩国领先的综合性建设公司浦项建设(POSCOE&C)选用

了陶氏化学领先的超滤技术与反渗透技术来淡化海水，以满足韩国光阳市一家发电厂对淡水供给的迫切需求。这是韩国首个海水淡化项目，于近期正式启用，将海水转化为优质淡水，为发电厂提供充沛水源。

马尔代夫海水淡化厂失火10万人缺水全国进入紧急状态 印度洋岛国马尔代夫的海水淡化厂12月4日失火，导致该国首都马累10万人缺乏饮用水，该国政府宣布全国进入紧急状态。另据媒体报道，正在印度洋海域执行任务的中国海军援潜救生船长兴岛船紧急赴马尔代夫首都马累，执行为马累市民供水援助任务。

海洋船舶工业

【全国船舶工业发展概况】 2014年，面对世界经济复苏放缓、国内经济下行压力加大、航运造船产能双过剩等不利局面，船舶工业在政策引导和市场倒逼下，加快调整转型步伐，综合竞争力逆势提升，世界造船大国地位进一步巩固，产业结构调整迈出了坚实步伐。

船舶工业基本情况 2014年，全国规模以上船舶工业企业共1556个，分布在全国26个省市区。其中船舶制造企业735个，船舶配套设备制造企业551个，船舶改装及拆除企业82个，船舶修理企业131个，海洋工程专用设备制造企业54个，其他企业3个。按企业规模分，大型企业148个，中型企业308个，小型企业1100个。

截至2014年底，我国已投产的1万吨以上的船坞（台）共计581座，其中，造船用船坞（台）519座，修船用船坞62座。大型船坞（台）中，50万吨级造船坞7座，30万吨级造船坞27座，10万-25万吨级造船坞（台）20座；万吨级以上修船干船坞26座，其中30万吨级6座，10-20万吨级11座；万吨级以上修船浮船坞36座，其中3万吨以上举力17座，最大举力达8.5万吨。

经济规模与效益 2014年，全国规模以上船舶工业企业实现营业收入8252.6亿元，比上年增长21%；利润总额353.7亿元，比上年增长17.4%。

（1）分专业情况。船舶制造业实现主营业务收入5324.7亿元，比上年增长13.9%；利润总额198.7亿元，比上年下降3.9%。船舶配套业实现主营业务收入1624.9亿元，比上年增长56.8%；利润总额102.8亿元，比上年增长80.4%。船舶修理业实现主营业务收入264亿元，比上年增长3.2%；利润总额700万元，比上年下降98.8%。船舶改装与拆除业实现主营业务收入311.3亿元，比上年增长26.7%；利润总额21.8亿元，比上年增长71.7%。海洋工程专业装备制造实现主营业务收入725.7亿元，比上年增长20.1%；利润总额30.1亿元，比上年增长59.3%。

（2）分地区情况。江苏、浙江、辽宁和上海四省市船舶企业实现主营业务收入4799.3亿元，占全国船舶工业主营业务收入的58.2%；利润总额178.3亿元，占全国船舶工业利润总额的50.4%。其中，江苏省继续位居全国首位，实现主营业务收入2633.2亿元，比上年增长13.7%；利润总额166亿元，比上年下降4%。辽宁省实现主营业务收入793亿元，比上年下降2.9%；利润总额34.5亿元，比上年增长2.4%。上海市实现主营业务收入782.5亿元，比上年增长50.7%；利润亏损10.1亿元，较2013年亏损额度进一步扩大。浙江省实现主营业务收入590.6亿元，比上年增长7.5%；利润亏损12.1亿元，较2013年亏损额度进一步扩大。

生产经营情况 （1）船舶制造业。2014年，全国造船完工量4007.3万载重吨，比上年下降11.2%，降幅比上年减少18.7个百分点；新承接船舶订单量6330.8万载重吨，比上年下降15.1%；年末手持船舶订单量1.59亿载重吨，比上年增长16.9%。据英国克拉克松公司统计数据，按载重吨计，我国造船完工量、新接订单量、手持订单量分别占世界市场份额的42.3%、51.9%和48.8%。

主要造船集团：2014年，中国船舶工业集团公司和中国船舶重工集团公司造船完工量合计1767.3万载重吨，占全国造船完工总量的44.1%。其中中国船舶工业集团公司造船完工1162.5万载重吨，中国船舶重工集团公司造船完工604.8万载重吨，分别位居世界造船企业集团第二位和第五位。2014年，两大集团新接订单量合计2587万载重吨，占全国新接订单总量的40.9%。其中中国船舶工业集团公司新接订单1504万载重吨，中国船舶重工集团公司新接订单1083万载重吨，分别位居世界造船企业集团第一位和第二位。年末，两大集团手持订单量合计 5763.3 万载重吨，占全国新接订单总量的 36.2%。其中中国船舶工业集团公司手持订单 3863.9 万载重吨，中国船舶重工集团公司手持订单 1899.4 万载重吨，分别位居世界造船企业集团第一位和第三位。

主要造船企业：2014 年，中国造船完工量排名前十的企业造船完工量 1973.9 万载重吨，占全国完工总量的 49.3%，其中上海外高桥有限公司完工 499.8 万载重吨，居全国首位；沪东中华造船（集团）有限公司 247.3 万载重吨，位居全国第二位；大连船舶重工（集团）有限公司 211.5 万载重吨，位居全国第三位。中国造船完工量突破 100 万载重吨的企业达到 12 个。

新承接船舶订单排名前十位的企业新接订单量 3329.3 万载重吨，占全国的 52.6%，其中上海外高桥有限公司新接订单 713.8 万载重吨，居全国之首；江苏扬子江船业（控股）有限公司新接订单 451.9 万载重吨，位居全国第二位；江苏新时代造船有限公司和青岛北海船舶重工有限责任公司新接订单均超过 300 万载重吨，分别位居第三和第四位。

年末手持订单量排名前十名的企业订单合计 8501.4 万载重吨，占全国的 53.4%。其中上海外高桥造船有限公司年末手持订单 1586.2 万载重吨，位居全国首位；扬子江船业（控股）有限公司手持订单 1118.5 万载重吨，位居国内第二。

主要造船地区：2014 年，江苏省造船完工量 1314.1 万载重吨，比上年下降 1.4%；上海市造船完工量 870.6 万载重吨，比上年增长 2.2%；浙江省造船完工量 554.6 万载重吨，比上年下降 10.6%；辽宁省造船完工量 444.3 万载重吨，比上年下降 37.4%。四省（市）造船完工量合计 3183.6 万载重吨，占全国总量的 79.4%。

2014 年，江苏省新接订单量 2502.2 万载重吨，比上年下降 27.8%；上海市新接订单量 980.1 万载重吨，比上年下降 25.9%；浙江省新接订单量 776.2 万载重吨，比上年下降 11.5%；辽宁省新接订单量 632.6 万载重吨，比上年增长 13.9%。四省（市）新接订单量合计 4891.1 万载重吨，占全国总量的 77.3%。

2014 年年末，江苏省手持订单量 7104.4 万载重吨，比上年增长 22.1%；上海市手持订单量 2345.9 万载重吨，比上年增长 4.9%；浙江省手持订单量 2123.7 万载重吨，比上年下降 1.4%；辽宁省手持订单量 1400.9 万载重吨，比上年增长 25.9%。四省（市）手持订单量合计 12975 万载重吨，占全国总量的 81.6%。

（2）船舶配套业。2014 年，在国家淘汰老旧船舶等政策支持下，开工船舶同比大幅增长，中国船舶配套产业也出现恢复性增长。全年船舶配套业实现主营业务收入 1624.9 亿元，利润总额 102.8 亿元，均比上年增长 50%以上。

2014 年，中国船舶配套产品结构继续优化升级，自主研发和品牌建设取得进展，部分中高端配套产品开始打入国际市场。2014 年，中国交付了国内首台绿色环保 W6X72 主机、11S90ME-C9.2 船用低速柴油机、6S40ME-B9.3 船用低速柴油机；自主研发的电力推进集成系统、高效扭曲舵、全回转舵桨系统、船舶综合导航系统等一批配套设备实现装船；自主研发的综合船桥系统及关键设备、低压大功率液压马达、组合式拖缆吊车等填补国内空白，打破国外垄断；自主研制的自升式平台升降系统实现批量出口。

（3）船舶修理业。2014 年，受航运业持续低迷影响，船舶修理业盈利能力出现下降趋势。全年完成主营业务收入 264 亿元，比上年增长 3.2%；实现利润总额 700 万元，比上年下降 98.8%。目前，中国修船市场单船修理工程规模小、修船价格持续走低等问题依然突出。业务低端、产能过剩、成本上升、低价竞争等行业发展不利因素依然难以化解，再加上航运市场运力过剩和运费低迷仍将持续，未来一段时间中国修船业短期内难以出现好转，修船企业的发展仍将十分困难。

（4）船舶拆解业。2014 年，全国共拆解废钢船 251 艘，193.2 万轻吨，轻吨量比上年下降 22.4%。国内老旧船舶拆解量大幅增加，2014 年拆船企业成交国内废钢船 142 艘、108.6 万轻吨，艘数和轻吨量比上年分别增长 118%和 112%。这是中国拆船史上首次在数量上国内废钢船超过进口废钢船。虽然成交废钢船轻吨量居较高水平，但这并没有给拆船企业带来更多的经济效益，反而出现买船越多、亏损越大的尴尬局面。统计显示，受拆船物资价格下跌、滞销积压、融资成本较高以及人工、环保、税收成本增加等因素影响，2014 年绝大部分拆船企业经营严重亏损，亏损额近 4 亿元。

（5）海洋工程装备制造业。2014 年，在全球海洋工程装备建造市场受油价暴跌影响而陷入低谷的情况下，我国海洋工程装备制造业成绩斐然，新接订单金额 147.6 亿美元，占全球市场份额的35.2%,比上年提高了5.7个百分点。

2014 年，我国海洋工程生产企业承接浮式液化天然气装置（FLNG）等多项国内首制产品，产品类型进一步丰富。我国自升式钻井平台市场占有率达到 46%，并承接全部 5 座半潜式钻井平台订单。海洋石油 118 号浮式生产储油輪（FPSO）完工交付，深水钻井船、液化天然气浮式存储再气化装置（LNG-FSRU）及多型海工辅助船均实现自主研制。此外，海工企业加强并购重组，推动造船产能转向海工。

①完工交付情况　2014 年，完工交付自升式钻井平台 7 座，半潜式钻井平台 1 座，半潜式生活平台 3 座，风车安装船 2 艘，铺管/铺缆船、多用途支持船、风车安装船等各类海洋工程船舶 199 艘。其中，大连船舶重工集团公司完工交付自升式钻井平台 3 座，中集来福士海洋工程有限公司完工交付自升式钻井平台 2 座，半潜式钻井平台 1 座。

大连船舶重工集团有限公司为中国海洋石油总公司建造的“海洋石油 118”FPSO-6 号船签字交工，标志着该集团在海洋工程装备制造领域迈入新的里程碑。该项目合同周期仅 21 个月，实际建造周期小于 15 个月，打破了历次承接 FPSO 周期最短记录，创造了 FPSO 系列船建造最好水平。该项目是中国南海首艘采用双底双舷侧船体结构，国内首艘压载舱涂层执行船舶压载舱保护涂层性能指标标准（PSPC）、结构疲劳设计寿命为 30 年、15 年单点不解脱、不进坞，且要求满足南海 500 年一遇台风不解脱条件的 FPSO。

中海油田服务股份有限公司“兴旺号”是中集来福士交付的第七座深水半潜式钻井平台。与之前交付的中海油服系列深水半潜式钻井平台相比，“兴旺号”增加了 ICE-T（拖航水线区域冰区加强）、CLEAN（环保）和 WINTERIZATION（防寒）入级符号，使之达到冰级、环保和低温作业要求，适用于全球 90%的海域。

上海船厂船舶有限公司交付的“海洋石油 721”12 缆深水物探船是我国自主建造的大型深水物探船，“海洋石油 721”汇集了世界一流的专业物探设备，其工作水深达 3000 米，可在 5 级海况和 3 节海流情况下采集地震数据，水下设备可在 5 级海况下安全收放，在 5 节航速时提供最大 100 吨拖力，可拖带 12 根 8000 米地震采集电缆和双震源 8 排气枪阵列，做到多缆和自扩式震源同时收放，能高效采集深水油气资源数据，助力海底勘探提速。

②新接订单情况　2014 年，我国船舶企业加大接单力度，延续了较好的接单势头。全年共承接各类大型海洋工程装备 31 艘（座），其中自升式钻井平台 14 座，半潜式钻井平台 5 座，钻井船 1 艘，自升式作业平台 8 座，浮式天然气液化储存装置 1 艘、浮式液化天然气存储再气化装置(LNG-FSRU) 2 艘，以及各类海洋工程船舶 149 艘。

中集来福士获得 1 座 GM4-D 半潜式钻井平台订单，这是中集来福士总包建造的第 7 座 GM 系列半潜式钻井平台，也是中集来福士承接的第 12 座深水半潜式钻井平台订单。另外，中集来福士还接获 3 座自升式钻井平台订单。

上海外高桥造船有限公司在 2014 年获得 6 座自升式钻井平台订单，成为全年国内获得自升式钻井平台订单数量最多的企业，其所接平台型号包括 CJ46、CJ50 和 JU2000E 系列。大连船舶重工集团有限公司和上海振华重工（集团）股份有限公司分别获得 1 座和 3 座自升式钻井平台订单。

海洋工程辅助船全年承接订单 149 艘，其中厦门船舶重工有限公司承承接 17 艘各类海工辅助船；广东中远船务工程有限公司承接 13 艘平台供应船；广州航通船业有限公司承接 14 艘海洋平台供应船；青岛武船重工有限公司承接 2 艘 5000 吨半潜船；广东粤新海洋工程装备股份有限公司承接 4 艘多用途工作船、7 艘全回转拖轮。

（6）船艇制造业。2014 年，游艇消费市场受全球经济低迷和国内反腐局势等诸多因素影响暂别逆市而上的态势，进入理性消费年代。2014 年中国游艇制造业出口和内销出现明显下降，但民众娱乐型的游艇和滨水休闲娱乐有了明显上扬。面对游艇市场消费新常态，业内各界积极探索转型创新、跨界联动发展。2014 年，中国船艇出口金额达 1.6 亿美元、进口额 1.5 亿美元，分别比上年下降了 51.3%和 44.1%，但出口游艇价值和品质得到提升，船艇出口单价约为 2013 年同期三倍。同时游艇制造业积极向细分化社会层次化需求和个性化供给的匹配转型，产品结构趋于“大中小并存、高中低兼顾”。公务艇方面，积极服务国家海洋战略，高速巡逻艇、渔政执法船等一批高技术含量公务艇成功交付。

船舶进出口 2014 年，全国完工出口船 3364.7 万载重吨，比上年下降 8.5%；承接出口船订单 5814.2 万载重吨，比上年下降 17.9%；年末手持出口船订单 14916 万载重吨，比上年增长 19.3%。出口船舶分别占中国造船完工量、新接订单量、手持订单量的 84%、91.8%和 93.8%。

全年船舶出口总额 252 亿美元，比上年下降 13.1%，为四年来出口额最低水平。三大主流船型出口总额 154.9 亿美元，占船舶出口总额的 61.5%。其中，散货船出口 81.1 亿美元，占比 32.2%；集装箱船出口 51.1 亿美元，占比 20.3%；油船出口 22.7 亿美元，占比 9%。中国船舶产品出口至 190 个国家和地区，其中，亚洲是中国船舶出口最主要的市场，向亚洲出口船舶 150 亿美元，占比 59.5%；向欧洲地区出口 42.5 亿美元，占比 16.9%.

2014 年，中国船舶产品进口总额 13.2 亿美元，比上年下降 35%。其中主要进口船舶产品仍然是供拆卸的船舶及其他浮动结构体，进口总值 3 亿美元，占船舶产品进口总额的 22.7%。2014 年，中国从 40 个国家和地区进口船舶，最主要货源地是亚洲，进口额 9 亿美元，占比 68.2%；从欧洲进口 3.6 亿美元，占比 27.1%；从北美洲进口 4681 万美元，占比 3.6%。

科技开发与技术进步 （1）主流船型节能环保研发。三大主流船型继续以节能环保为重点，推出一系列综合技术经济性能优秀船型。

通过在绿色海豚型 6.4 万吨散货船基础上对主机进行升级并配备相适应的节能装置，相比原设计在相同航速下每天可节省主机油耗约 2.3 吨。新一代 40.5 万吨矿砂船主机燃油消耗量降低 21%，压载水量降低 26%，船舶能效设计指数（EEDI）低于基线 20%，是目前世界上最适合从中国到巴西航线、经济性最好的矿砂船。建成交付的“友城”号 3900TEU 集装箱船，采用超宽船体设计，能效设计指数（EEDI）低于基线 40%左右，满足 2025 年第三阶段的要求。

（2）高新技术船舶和特种船舶研制。2014 年，中国在超大型集装箱船、双燃料动力船舶、滚装船、特种船舶等船型的研发上取得了较大进展。

国内建造的最大 18000TEU 集装箱船首制船实现了全船贯通，该船自入坞到全船贯通历时 106 天。

国内建造的全球最大 8500 车汽车滚装船出坞，该船共有 14 层汽车甲板，停车甲板总面积高达 7.1 万平方米，能满足小轿车、大卡车、拖车等不同类型车辆的装载需要。

自主研发、设计和建造的首艘 8.3 万立方米超大型液化石油气运输船（VLGC）完成码头调试，该船设有 4 个自支撑式独立菱形液舱，配备 2 套液相和气相装卸总管，可同时进行 2 种不同货物的装卸，满足最新的环保要求。

承接的 3.6 万立方米液化乙烯（LEG）船获得订单，该船将使用乙烷为燃料，这是乙烷燃料首次应用于远洋船舶。

2.5 万吨级极地重载甲板运输船开工建造，该型船主要用于运输大型海工模块，冰区等级达到俄罗斯规范中的 Arc7，可常年在极地冰区航行。

（3）海洋工程装备自主研发与建造。2014 年，中国在海洋工程装备领域继续加强研发，进一步丰富了海洋工程装备的产品系列，部分产品达到世界领先地位。

自主研发的“爪哇之星 2 号”自升式钻井平台交付，其核心配套件国产化比例高达 20%，是中国目前核心配套件国产化程度最高的钻井平台。

首艘拥有完全自主知识产权的 3000 英尺深水钻井船开始建造，该船的船舶管理系统、中压变频管理系统和排管等系统都完全实现了智能化。

首艘 8000 马力油田增产作业支持船“海洋石油 640”建成交付，该船主要用于油田酸化压裂增产，船舶配备DP-2动力定位系统，具有良好的适航性能和耐波性能。

获得全球最先进的9万吨级半潜船订单，船舶具备DP-2动力定位能力，能够在冰区航行。

（4）重点配套设备品牌建设与国产化。2014年，中国船舶配套企业重点针对当前的薄弱和空白领域加强研发，进一步完善了中国配套业的产品体系。

中国最大功率船用低速机11S90ME-C9.2完成国产化研制，该机型共有11个气缸，单缸功率5810千瓦，总功率约6.4万千瓦，适用于16000TEU-20000TEU的超大型集装箱船。

江苏安泰动力机械有限公司和奥地利气体发动机研究中心联合开发的R8300ZT22型大功率中速天然气发动机成功下线，该发动机功率为1650千瓦，转速600转/分，热效率≥40%，关键指标达到国际先进水平。

中国首台桅杆式起重机研制成功，该起重机主体结构采用高强度钢板，吊机臂架采用大箱梁结构，箱梁内部通过增加U肋成功减重20吨。

北斗船舶自动识别系统（AIS）一体化船载终端研制成功，该终端是北斗导航应用和AIS技术的结合，既具有船舶自动识别功能，又具有北斗位置报告功能，可以全方位提升区域船舶监控能力，目前已在海事航标、测量作业船上试用。（中国船舶工业经济研究中心）

【中国船舶工业集团公司发展概况】 中国船舶工业集团公司（简称中船集团）组建于1999年7月1日，是在原中国船舶工业总公司所属部门企事业单位基础上组建的中央直属特大型国有企业，是国家授权投资机构，由中央直接管理。

截至2014年底，中船集团拥有近50家下属，分布在北京、上海、广东、江苏、江西、安徽、广西、香港等地，拥有中国船舶工业股份有限公司、广州广船国际股份有限公司、中船钢构工程股份有限公司3家上市公司，现有员工7万人，年用工总量逾17.2万人。中船集团公司在中国香港及美国、俄罗斯、泰国等8个国家和地区设有驻外机构。

中船集团公司旗下聚集了一批实力雄厚的造修船企业和船舶配套企业，包括江南造船（集团）有限责任公司、沪东中华（造船）集团有限公司、上海外高桥造船有限公司、上海江南长兴造船有限公司、广船国际股份有限公司、广州黄埔文冲船舶有限公司等，还拥有中国船舶及海洋工程设计研究院、上海船舶研究设计院、广州船舶与海洋工程设计研究院3家船舶研究设计机构，以及中船第九设计研究院工程有限公司等知名工程咨询、设计、总包单位。

通过近年来的转型发展，中船集团在业务上已经形成了以军工为核心主线，贯穿船舶造修、海洋工程、动力装备、机电设备、信息与控制、生产性现代服务业六大产业板块协调发展的产业格局，在海洋安全装备、海洋科考装备、海洋运输装备和海洋资源开发四大领域拥有雄厚实力。中船集团能够设计、建造符合世界上任何一家船级社规范、满足国际通用技术标准和安全公约要求、适航于任一海区的现代船舶，以及具有国际先进水平的大型海洋工程装备产品，产品种类从普通油船、散货船到具有当代国际先进水平的超大型油船（VLCC）、液化天然气（LNG）船、大型集装箱船、液化石油气（LPG）船、液化乙烯（LEG）运输船、自卸船、化学品船、客滚船及超深水半潜式钻井平台、自升式钻井平台、大型海上浮式生产储油船（FPSO）、多缆物探船、深水工程勘察船、大型半潜船等，形成了多品种、多档次的产品系列，产品已出口到150多个国家和地区。

主要指标 2014年，中船集团面对错综复杂的国内外经济环境和震荡下行的行业市场，坚持稳中求进，深化改革创新，牢牢掌握经济运行主动权，全面实现了任务目标：1373亿元，同比增长35%，再创历史新高；实现利润同比增长逾400%，提前实现“十二五”利润目标。从新船接单量、造船完工量和手持订单量三大指标来看，全年承接订单1512万载重吨，年底手持订单3900万载重吨，两项指标占全球份额14.2%和12.4%，连续两年居世界第一位；船舶完工量1167万载重吨/388万修正总吨，同比增长1.7%/7.9%。同时，实现工业增加值132亿元，同比增长28.2%。劳动生产率同比增长18.9%，单位工业增加值能耗同比下降17.3%，各排放考核指标提前完成“十二五”计划。

2014年，中船集团深入推进全面转型发展战略，加强创新驱动和管理提升，有效促进了六大产业板块协同发展。各板块营业收入均实现大幅增长，海洋工程、动力装备、生产性现代服务业增幅超过 40%，船舶造修业务在同比增长逾 15%的基础上，占比进一步下降至 40%，结构调整取得明显成效。深度推进业务结构调整，船舶修造业务着力做强做优，12 家造船企业全部进入工信部“白名单”；动力机电业务多点开花，低、中速机市场份额进一步提升，国内最大功率柴油机成功交付，核电装备实现连续接单，压载水装置实现首单突破；信息与控制产业加快推进精益研发、产品技术平台和 CBB 建设，实现了产业化、规模化发展；生产型现代服务业发展迅速，LNG 产业稳步迈向一体化经营，分布式光伏能源、风电等其他清洁能源项目实现良好开局，贸易物流与金融服务盈利能力大幅提升，财务公司利润达 16.5 亿元，国内外工程总包业务实现翻番，高端咨询逐步形成“大数据”核心能力。

改革发展与重大项目 2014 年，中船集团深入推进全面改革，加快走出去步伐，围绕打造贯彻落实国家“一带一路”战略，积极融入地方发展战略，大力推动内外部兼并重组与军工核心资产上市。在全球 20 个国家积极进行战略网络布局，并与瓦锡兰集团、TTS 集团、卡特彼勒集团成功开展跨国收购与合资合作，快速提升了核心技术研发能力。积极探索军工混合所有制改革，通过资产证券化首次引入境外及民营资本，华南军工核心资产成功注入广船，成为沪港两市军工第一股。稳妥推进“玖隆物流园”、“上海中瑞通航公司”、“宁波中策动力”、“北京雷音电公司”等境内合资收购项目，进一步提升产业体系化、规模化发展能力。深入推进长三角、珠三角及广西北部湾地区的资源优化配置，将 14 家造修船企业整合为 8 家。着力打造北京中船海洋装备创新园、南京中船海洋装备机电产业园、无锡中国海洋探测技术产业园、宁波中船动力产业园等重点产业园区，集团整体布局结构更加优化。

2014 年，中船集团坚持向改革要动力，稳步推进体制机制创新。一是优化了改革顶层设计。根据中央部署和国务院各有关部门要求，明确了全面深化改革的总体思路、基本原则，提出推动军民深度融合发展、持续推进资源优化配置、改革完善运营管理体制、深化人事劳动分配制度改革、调整完善科技创新体制机制、健全权力制约监督机制等六个方面的改革重点。二是深化了管控模式改革。以制度建设为抓手，推动战略与财务管控落地。编制了《全面预算管理工作指引》，加强了全面预算对生产经营和资源配置的刚性约束与发展引导作用；制定了船舶、海工、生产性现代服务业等产业板块的生产经营管理办法，基本建立起与总部职能相适应的各业务板块经营、生产、效率管理体系。修订了《成员单位领导人员管理办法》、《安全生产管理规定（试行）》等规章制度，明确了总部与成员单位在安全生产、人事管理、考核评价等关键领域的职能边界。全年共制定修订制度 40 余项。三是强化了运行机制改革。首次按板块开展分类考核，依据考核结果确定并兑现领导人员年薪，完善工效联动机制，建立“奖罚分明、重奖重罚”的激励约束机制。首次实施集团统一年金计划，实现管理机构、计划方案、资金归集、投资运作“四统一”。加快推进投资、经营、产权管理等关键环节的机制改革，有效解决管理错位、缺位、越位等问题，激发成员单位在市场竞争中的动力、活力和创造力。完成 36 户产权单位清理整顿，减少了低效资源。深化劳动用工制度改革，着力提高员工素质和工作效率，颁布实施《劳动用工指导意见》，大力推动劳务用工市场化，积极探索劳务用工新模式。

走向海外 2014 年，中船集团强化战略互融和需求共鸣，积极走出去，与外国政府、跨国集团、行业巨擘开展了多领域、多层次的紧密合作，为实现豪华邮轮、智能船舶、关键设备等高端突破扫清了障碍。积极推动了与美国通用电气公司在智能船舶领域的深化合作；加强了与美国嘉年华集团、意大利芬坎蒂尼集团在豪华邮轮领域的交流合作，为实现豪华邮轮自主建造，摘下“造船皇冠上的明珠”奠定了坚实基础；进一步深化了与 MTU 集团在船舶动力领域的务实合作，切实满足了国内亟需，提升了自身在船舶动力机电领域的技术实力。

重大创新 2014 年，中船集团不断完善创新体系，强化产品研发，引领产业发展。一是创新体制机制不断完善。确立了业务板块研发平台和企业技术中心相结合的科技创新体系，四个制造业板块的研发体系基本成型。以重大项目为平台，积极开展协同创新和开放创新，整合利用内外部研发能力，统筹集团内总体所、船厂、系统所、设备厂资源，借力国内外船级社、船东、科研院所和高校力量，创新合作机制，开展联合攻关。2014 年中船集团科技活动费用投入 53.3 亿元，同比增长 17%，科技投入比率达 5.6%。智慧海洋、破冰船、智能船等一批研发项目开始立项前论证。二是产品研发得到持续强化。中船集团积极开展技术创新和商业模式创新，在主流商船领域，深度开发 40 余型绿色环保新船型实现批量接单，1.8 万～2 万 TEU 箱船、32 万吨 VLCC、40 万吨 VLOC 等大型主流船舶完成换代研制，实现创新引领，取得了设计自主化、船型系列化、订单批量化成绩。大型液化气船、豪华邮轮、大型滚装船、极地科考及运输船等世界造船尖端领域，实现全面突破，17.4 万方 LNG 船、双燃料豪华客滚船接获订单，9400TEU、14500TEU 集装箱船获得批量订单。多型海工装备实现自主研制，产品体系不断完善，自升式钻井平台形成产品系列，业务收入首次突破 100 亿元，“海洋石油 981”获国家科技进步特等奖累计接单 4 型 15 座。成功研制 6.4 万千瓦国内最大功率低速机，填补国内空白。新研发的智能船舶运行与维护系统得到实船试用试装，为智能船舶研发成功奠定了基础。重质能源轻质化技术产业化研究积极有效推进。三是专利申报大幅提升。2014 年，中船集团获得国家科技进步特等奖 1 项，国防科技进步特等奖 1 项；全年申请专利 1096 件，同比增长 60%。截至 2014 年底，中船集团国家级企业技术中心数量已达 11 家，成为集团自主创新的主要力量。船舶设计技术国家工程研究中心、数字造船国家工程实验室、国家能源大型海上 LNG 储运装备重点实验室等国家级研发机构在集团和行业的技术发展中作用更加突出。

（中国船舶工业集团公司）

【中国船舶重工集团公司发展概况】 中国船舶重工集团公司（简称中船重工）成立于 1999 年 7 月 1 日，是在原中国船舶工业总公司所属部分企事业单位基础上形成的中央直属特大型国有企业，是国家授权投资的机构和资产经营主体。自 2004 年国资委对中央企业实行业绩考核以来，中船重工是为数不多的连续 10 年获得 A 级的中央企业之一。2014 年中船重工连续第四次进入世界 500 强，排名逐年上升，实现了新的发展。

中船重工现有总资产 4127 亿元，员工 16 万人。成员单位中除中国船舶重工股份有限公司、风帆股份有限公司 2 个上市股份制公司外其余均为国有独资或国有控股单位。成员单位分布在辽宁、重庆、陕西、山西等 18 个省、市。

中船重工是中国最大的造修船集团之一，拥有我国目前最大的造修船基地，11 座 30 万吨级以上造船大坞，年造船能力 1500 万吨；中船重工集中了我国舰船研究、设计的主要力量，有 5 万多名科技人员，6 个国家级研发中心，9 个国家级重点实验室，12 个国家级企业技术中心，具有较强的自主创新和产品开发能力。

主要产品 中船重工集中了中国舰船研究、设计的主要力量，能够按照世界知名船级社的规范和各种国际公约，设计、建造和坞修各种油船、化学品船、散货船、集装箱船、滚装船、LPG 船、LNG 船、工程船舶及海洋工程装备等，拥有齐全的船舶配套能力，形成了各种系列的船舶主机、辅机、仪表等设备的综合配套能力。船舶及船舶配套产品除满足国内需要外，主要出口到世界五大洲等 60 多个国家和地区。

中船重工凭借雄厚的大型成套设备研发设计和系统集成能力，按照“有限相关多元”原则，加快科技产业化，强力推进非船产业发展，形成了能源装备、交通运输、电子信息、特种装备、物流服务五大非船业务板块，涵盖了风电、核电、石油石化、煤炭机械、蓄电池、轨道交通、港口机械、自动化物流、节能环保、医药医疗、电子元器件和信息技术产品等 10 多个领域，形成了一批具有一定影响力的知名品牌。

生产经营情况 2014 年，面对国内外复杂而严峻的经济形势，中船重工积极应对市场需求量价总体低迷、生产组织和交货难度不断增加等困难，强化创新、开拓进取，加大力度调整产业、产品和市场结构，主要经济指标保持增长态势。全年实现经济总量 2290 亿元，同比增长 8.7%；营业收入同比增长 7.6%；利润总额 103 亿元，同比保持正增长；完成增加值同比增长6%。

（1）民船产业在长周期深度调整中有新进展。一是经济总量恢复增长。全年完成民船经济总量同比增长10.7%，扭转了2012年以来下滑局面。二是抓住机遇承接了一批新订单。坚持随行就市、量力而行、把握节奏，积极承接优化船型、成熟船型，适时承接新船型，全年承接民船订单吨位同比增长37.8%。集团公司手持民船订单吨位同比增长24%。三是民船产品结构调整成效不断显现。民船产品持续优化升级，新型VLCC、25万吨级矿砂船、3900箱集装箱船等节能环保主流船型批量建造。海洋工程装备经济总量同比增长104.4%，占集团公司经济总量的比重为6.5%。大力拓展修改拆业务，完成经济总量同比增长33.6%，承接合同金额同比增长43.7%；船舶改装占修船经济总量的比重为34.4%，绿色拆船深入发展。四是建立现代造船模式不断深化。围绕流程优化、前期策划、生产技术准备、工序前移等下工夫，每修正总吨工时同比降低2.8%，钢材利用率同比提高0.9个百分点，分段完整性和下水完整性进一步提高。五是民船配套生产基本持平、接单恢复增长。新接合同金额同比增长17.6%。船用柴油机完工功率同比增长19.4%；承接船用柴油机功率同比增长141.5%。新型绿色环保W6X72主机、6S40ME-B型船用低速柴油机完工交付。锚绞机、舵机、吊机、增压器、螺旋桨、阀门、低速机曲轴等配套产品产量持续增长。电力推进系统集成项目首次进入工程半潜驳船领域，自主研发设计制造的高效扭曲舵实现批量装船，全回转舵桨系统批量出口。

（2）非船产业有力支撑作用。一是总体保持较快增长。经济总量同比增长13.2%；承接合同金额同比增长14.5%，为集团公司持续发展发挥了有力支撑作用。二是重点产业取得新发展。风电装备市场经营取得重大成果，三峡升船机、港珠澳大桥等重点项目进展顺利。蓄电池、燃气表、钛产业等保持行业领先，实现较快增长。物流贸易积极应对市场严峻挑战，加强风险防控，保持持续发展。三是新产品新领域拓展延伸。具有自主知识产权的超长新型叶片完工下线；3.6兆瓦样机研制一次成功，5兆瓦海上风机及主要装备性能领先国内同类产品。国内首套智能型千万吨级煤炭综采成套装备研制成功，达到国际先进水平。燃气轮机、轨道交通、智能交通、智能装备、特种气体等取得新进展。混合动力汽车用AGM电池通过大众德国总部实验室认可。四是经营模式不断创新。风电产业从装备制造向风场建设运营拓展，累计自营风场6个，全年发电量3.75亿度；新签一批风电机组定期维护合同，不断拓展服务领域。气体机通过设备销售、投资合作运营、设备租赁等形式，由交钥匙工程向设备安装、调试运营、保养维修等一条龙专业服务转变。高压气瓶CNG运输车通过金融融资配合产品营销，不断拓展市场。工业清洗由提供清洗设备延伸到提供清洗服务，实现制造与服务同步发展。风帆蓄电池发挥电子商务平台作用，建立微商城平台，加强市场推广。

产品开发与技术进步 一是一批新产品研发成功。31.9万吨新型节能环保VLCC、综合地质调查船和综合物探船等新船型推向市场；18000箱集装箱船开发成功，具备推向市场条件。具有自主知识产权的WDJ系列喷水推进装置实现批量接单。国内最大功率超低温余热回收发电装置填补国内空白，千万吨高端煤炭洗选关键设备研制成功，LNG用大型开架式汽化器研制取得突破，静态无功补偿设备研制成功并交付使用。二是一批重点科研项目获得国家支持。船用风帆技术示范应用、极地油船关键技术研究、自升式平台品牌工程、船舶分段制造数字化车间等一批重点科研项目获得国家批准立项。三是取得一批科技创新成果。全年获得各级科技成果奖301项。申报并被受理专利3002项，其中发明专利1806项；获得专利授权2200项，同比增长22%，其中发明专利1150项，同比增长59%。新增3个国家级技术创新平台。

对外贸易与合资、合作 2014年，实现进出口总额56亿美元，完成各类船舶出口56艘、538万载重吨，占造船完工总量的89%。产品主要出口到美国、德国、新加坡、俄罗斯、比利时、希腊、挪威、荷兰、英国、澳大利亚、加拿大、印度、印尼、韩国、中国香港等国家和地区。

合资合作不断拓展深化。与中信集团签署了战略合作协议、与青岛市签署了共建中船重工（青岛）海洋装备研究院合作协议。积极推进合作协议有关领域、重点项目落实，取得较好成效。

资本运营　完成 315 四期发行工作，募集资金 84 亿元；中国重工可转债转股工作已完成，转股率达到 99.94%，创造了资本市场新纪录，增强了自有资本实力。完成了乐普医疗部分股权转让，较好地实现了国有投资收益，充实了发展资金；风帆股份限制性股票授予工作已完成，对高管和骨干实施长期激励；一批非船重点项目股改上市稳步推进。

服务国防　2014 年，中船重工继续配合海军出色完成亚丁湾护航任务，多批次派员进行随舰保障。护航任务有效保护了中国航经此海域的船舶、人员安全。

（中国船舶重工集团公司）

海洋工程建筑业

【综述】 海洋工程建筑业保持平稳增长，全年实现增加值2103亿元，比上年增长9.5%。

【跨海大桥工程】 港珠澳大桥“深海第一梁”架设成功 1月19日，在港珠澳大桥深水区非通航孔桥香港侧第二联第一跨桥位，由中交第一航务工程局有限公司施工的港珠澳大桥CB03标成功完成了首跨钢箱梁在深海区的架设，首跨钢箱梁长132.6米、宽33.1米、重2815吨。“深海第一梁”的架设成功，标志着港珠澳大桥主体工程建设取得又一个阶段性突破，也标志着我国外海桥梁建设长大构件吊装迈出重要一步。

山东首座海岛跨海大桥建成通车运行 2014年10月13日，山东省首座海岛跨海大桥—省道263线南北长山联岛大桥建成并通车运行。作为“十二五”期间山东省重点公路工程项目，省道263线南北长山联岛大桥工程南端起于长岛县南长山镇连城村望夫礁景区附近，向北跨越海域，终点位于北长山乡南端。大桥全长1510米，其中桥梁长1200米，全线按二级公路标准设计，设计时速为60千米。南北长山联岛大桥建成通车后，将有利改善海洋生态环境和长岛县交通现状，对于促进当地经济社会发展、丰富海岛人文景观具有重要意义。

【海上风电工程】 上海东海大桥风电场二期工程完成风机安装 2014年11月15日，上海东海大桥风电场二期工程的全部28台风机安装完毕。

东海大桥风电场二期工程位于大桥西侧，与东侧已建成的一期海上风电示范工程隔桥相望。二期项目建成后，东海大桥海上风电场项目总装机容量将超过200兆瓦。该工程接下来将进入海底电缆铺设与风机调试阶段，并计划于年底前并网发电。届时，将有更多上海市民用上海上风电厂发出的“绿电”。

【人工鱼礁工程】 锦州第三期人工鱼礁工程启动 2014年5月，辽宁省海洋与渔业厅海洋牧场锦州第三期人工鱼礁建造工程正式启动。该项目建设礁区面积1450亩，制作、运输、投放构件人工鱼礁1.48万空方，旨在建立贝类种质资源保护区，人工恢复和增殖本海区毛蚶、杂色蛤贝类资源，形成稳定渔场，改变海洋渔业生产方式，增加经济效益和社会效益。

【海洋工程技术】 国家战略推进海洋工程产业 海洋防腐涂料机遇凸显 近年来，海洋工程科技已被列入国家中长期科学和技术发展规划。与海洋相关的涂料包括防腐涂料和防污涂料两大类。海洋防污涂料主要使用于船舶上，用于防止海洋生物附着在船上影响航行速度。由于海底作业环境恶劣，海水具有较强的腐蚀性，因此，海洋防腐蚀是海洋工程的关键技术之一。具体来看，钻井平台、跨海大桥、运输船舶、集装箱、输油管线等都需要进行腐蚀防护，且都属于重防腐涂料的范畴。

据前瞻产业研究院发布的《2014—2018年中国重防腐涂料行业发展前景预测与领先企业经营分析报告》显示，2013年我国涂料产量为1303万吨，其中与海洋相关的涂料大约占到1/10，也就是130万吨。海洋涂料的均价在每吨3.5万～4万元，因此，可以估算出2013年海洋涂料总市场规模已接近500亿元。其中，海洋防腐涂料占据了较大的比重。

海洋交通运输业

综述

2014年，受国内外宏观经济环境影响，航运市场延续低迷态势，海洋交通运输业运行稳中偏缓。全年实现增加值5562亿元，同比增长6.9%。

海洋交通运输

【国际航运情况】 2014年，中国集装箱港口吞吐量2.02亿标准箱，比上年增长6.4%。其中，沿海港口完成1.82亿标准箱，内河港口完成2066万标准箱，比上年分别增长7.1%和0.6%；进出口原油吞吐量2.95亿吨，比上年增长8.4%；外贸铁矿石吞吐量10.05亿吨，比上年增长13%。

2014年，世界经济仍处在国际金融危机后的深度调整过程中，各国深层次、结构性问题没有解决，发达经济体经济运行分化加剧，发展中经济体增长放缓，世界经济复苏依旧艰难曲折，世界经济增长2.6%。国际航运市场运力过剩的局面并没有很大改观，市场发展形势仍然比较严峻。交通运输部围绕行业发展的形势和要求，积极推进海运业上升为国家战略以及上海自贸区建设，贯彻落实中央关于进一步简政放权的要求，强化行业管理。主要体现：

1.推动发布了《国务院关于促进海运业健康发展的若干意见》（国发〔2014〕32号），提出了到2020年，基本建成安全、便捷、高效、绿色、具有国际竞争力的现代海运体系，适应国民经济安全运行和对外贸易发展需要的总体发展目标，同时明确了重点任务和保障措施。发布了《交通运输部关于加快现代航运服务业发展的意见》（交水发〔2014〕262号），为下一步培育和发展现代航运服务业明确了目标、任务。

2.加快上海自贸区建设，促进国际航运政策创新研究和试点。按照总体方案要求，发布了《关于中国（上海）自由贸易试验区试行扩大国际船舶运输和国际船舶管理业务外商投资比例实施办法的公告》。试点允许设立不受股比限制的中外合资、合作企业开展国际船舶运输业务；试点允许设立中外合资、合作企业经营公共国际船舶代理业务，外资股比放宽至51%；试点允许设立外商独资企业经营国际船舶管理、国际海运货物装卸、国际集装箱站和堆场业务；开展中资非五星旗国际航行船舶沿海捎带在上海的试点工作。

3.强化国际海运市场监管，维护健康的市场秩序。实施国际集装箱班轮运价精细化报备制度。配合商务部完成了P3经营者集中审查工作。对G6和CKYHE联盟联营协议报备工作进行了调查处理。开展了中日班轮航线运价备案执行情况检查，整顿零、负运价行为，对21家存在违规行为的航运公司依法进行了处罚。

4.进一步简政放权，转变政府职能。发布在上海试点无船承运业务经营资格审批下放的公告，自2014年5月15日开始在上海试点。在总结上海试点工作经验基础上，做好下一步无船承运业务经营资格审批在全国范围下放的准备工作。取消国际航行船舶转关运输备案、内外贸同船运输备案等许可事项。

5.深化国际交流合作，签署了《中保（保加利亚）海运协定》，与丹麦、加拿大、韩国、欧盟举行年度海运会谈，进一步密切了与相关国家和地区的海运交流与合作。

【国内航运情况】 2014年，国内水路运输继续健康发展，服务水平进一步提升，行业管理得到加强。

国内水路运输企业和运力方面 2014年全国共有国内水路运输企业7100家，比上年减少116家，其中沿海运输企业2247家，较去年减少102家，内河运输企业4853家，比上年减少14家；从事个体运输的经营者26735户，比上年增加1008户。至2014年底，全国拥有内河运输船舶15.83万艘，净载重吨11274.71万吨，载客量80.77万客位，集装箱位25.78万TEU，分别比上年末增长-0.5%、10.4%、-1.1%和5.4%；全国拥有沿海运输船舶11048艘，净载重吨6920.93万吨，载客量19.88万客位，集装箱位47.22万标准箱，分别比上年末增长0.2%、1.5%、1.6%和68.5%。

客货运输服务方面　2014年，全国内河运输完成货运量33.43亿吨、货物周转量12784.90亿吨千米，分别比上年增长3.21%和11.04%；沿海运输完成货运量18.92亿吨、货物周转量24054.59亿吨公里，分别比上年增加14.88%和25.18%。在客运方面，2014年全国完成水路客运量2.63亿人、旅客周转量74.34亿人/千米，分别比上年增长11.7%和8.8%。

行业管理方面　一是完善国内航运管理政策法规。出台了《国内水路运输管理规定》《国内水路运输辅助业管理规定》《老旧运输船舶管理规定》和《内河运输船舶标准化管理规定》等部门规章，印发了《关于实施国内水路运输及辅助业管理规定有关事项的通知》，形成较为完备的国内航运管理政策法规体系。二是促进运力结构调整。实施老旧运输船舶和单壳油轮提前报废更新政策，落实农村老旧渡船更新奖励政策，加快推进内河船型标准化，采用经济鼓励政策，促进运输船舶报废更新。继续完善客船和危险品运输市场的宏观调控和信息引导，定期发布沿海船舶运力分析报告，引导市场有序发展。三是转变管理职能。将省际普通货物水路运输许可下放至省级交通运输主管部门。取消国外购置二手船、新增外贸集装箱内支线等登记事项，组织实施国内集装箱班轮运输网上备案，提高运政管理信息化水平。四是加强市场监管。以渤海湾和琼州海峡为重点，加强客运管理。组织发布《琼州海峡客滚运输服务质量规范》、市场监管办法和应急管理办法等文件，及时通报2014年春运期间琼州海峡客滚运输的违规情况，推行琼州海峡实行“轮班运营、定点发班”的运营模式。印发《渤海湾水路运输旅客实名制试点方案》，推进渤海湾地区旅客实名制登船。指导长江航务管理局做好三峡库区水上客运专项整治工作。组织开展2014年国内水路运输年度核查工作，对不符合经营资质条件的水路运输企业进行调查处理。五是其他工作。落实《国务院关于关于促进海运业健康发展的若干意见》，印发了实施方案。组织完成2014年岛际和农村水路客运用油统计分析和补助申报工作。紧急协调琼州海峡5艘客滚船运力，顺利完成接返在越人员回国的紧急运输任务。

【两岸间海上运输】　2014年，台湾海峡两岸海上客货运输继续保持增长态势，共完成货运量5459万吨、客运量177.9万人次，比上年分别增长3.5%、13.8%。其中大陆与台湾本岛客运量继续大幅增长，完成16.7万人次，比上年增长16.3%。

2014年，大陆至台湾货运量3448万吨，比上年增长4.3%，客运量90.7万人次，比上年增长14%；台湾至大陆货运量2011万吨，比上年增长2.3%，客运量87.2万人次，比上年增长13.7%。受两岸旅游热络的影响，福建沿海与台湾金门、马祖、澎湖客运量止跌回升，完成157万人次，比上年增长13.5%；两岸间邮轮运输完成4.2万人次，比上年增长15.9%。两岸集装箱运量保持快速增长，完成225万标准箱，同比增长9.4%；在交通运输部有关促进两岸航运中心发展的政策作用下，两岸中转集装箱运量已连续15个月保持增长，2014年完成89万标箱，比上年增长20%。两岸货运结构调整取得阶段性成果，普通散杂货物运量4年来第一次出现增长，完成2086万吨，比上年增长1%；液体化工品、液化气运量继续保持增长，分别完成563万吨、88万吨，比上年增长1.6%、29%。两岸“三通”6年来，海上直航港口从73个增加到了85个，参与的公司和船舶从43家、122艘增加到了121家、300艘，6年累计完成货运量3.6亿吨，集装箱运量1100万标箱，客运量942万人次。

【交通运输支持系统建设】　2014年交通运输支持系统基本建设进展顺利，共完成投资52.18亿元，其中中央投资48.79亿元。

1.救捞系统。完成投资14.3亿元，均为中央投资。在建项目33个（其中新开工项目6个），完工项目39个。救捞系统在建的船舶、救助装备和基础设施等工程进展顺利，8000千瓦海洋救助船16#等救助船舶交付使用，南海救助局阳江救助工作船码头、秦皇岛基地改造工程、海口救助基地陆域工程等项目通过竣工验收并投入使用，进一步提高了我国海上人命救助和抢险打捞的能力和水平。

2.海事系统。完成投资 8.7 亿元，全部为中央投资。在建项目 129 个(其中新开工项目 26 个)，完工项目 33 个。海事系统在建的船舶、码头和信息化项目等工程进展顺利，5000 吨级大型巡航救助船、江苏海事局长江 60 米综合应急指挥船、广东海事局广东省海上搜救中心建设工程、黑龙江海事局佳木斯海事综合基地工程、河北海事局京唐港区船舶交通管理系统扩建工程等项目完成竣工验收并投入使用，为海事工作的顺利开展提供了重要支持保障作用。

3.长航系统。完成投资 12.2 亿元，全部为中央投资。在建项目 151 个（其中新开工项目 33 个)，完工项目 52 个。长航系统的海事、航道、公安、三峡、医院等支持系统建设项目进展均较为顺利，长江干线船舶自动识别系统一期工程、长江武汉航道局岳阳综合码头工程、长江干线电子航道图生产与服务系统建设工程、三峡通航检测维修设施建设工程、长江干线水路交通应急指挥平台建设工程等项目通过竣工验收并投入使用，进一步提升了长江干线水上安全监管、通航保障、应急指挥和信息化服务能力。

4.科研、教育类等支持系统。完成投资 16.98 亿元，其中中央投资 13.59 亿元。在建项目共 66 个(其中新开工项目 22 个)，完工项目 18 个。在建的部公路院足尺路面加速加载试验环道工程、大连海事大学图书馆新馆工程、全国道路运政管理信息系统等工程进展顺利，大连海事大学陆上专业课程教学楼建设项目、部公路院桥涵实验室改造项目和交通运输部管理干部学院综合教学用房及配套工程等项目通过竣工验收并投入使用，为交通运输科研、教育等工作提供了重要支撑保障作用。

【双边海运合作交流】　2014 年，交通运输部继续推进双边海运合作。与欧盟、韩国、加拿大、丹麦举行定期双边海运会谈。结合国际航运形势，主要围绕市场竞争秩序监管、节能环保技术交流、参与国际海运事务、航运安全发展等方面进行磋商及政策交流，同时，积极反映中方企业在国外经营诉求，为企业在海外经营营造良好环境。

中欧会谈双方回顾了双边海运领域发展现状，就海运双边问题广泛交换意见，并对双方海运合作给予了高度评价。着重就维护国际海运市场竞争秩序、认可组织规则、温室气体减排等方面进行交流，并积极回应双方企业诉求。

中韩海运会谈着重就提升中韩客货班轮运输航线安全管理水平、集装箱班轮航线管理及相关具体业务问题进行沟通交流。向韩方通报了交通运输部开展的中韩客货班轮运输专项整治工作，以期共同维护和保障中韩客货班轮航线营运安全。

中加海运会谈交流两国海运管理与政策的最新动态。双方重点就航道维护与管理、亚太门户和走廊计划（APGCI）和北极航道通航等方面交换了意见。

中丹会谈中交通运输部介绍了新出台的海运业发展若干意见、上海自贸区政策等，双方就国际客运管理、新能源技术的推广和实施情况等进行了深入交流。会谈后在歌本哈根中国文化中心举行了中丹海运协议签订 40 周年的庆祝仪式。中方代表团参加了丹方主办的丹麦海事论坛，与世界各国海运业政府、企业精英共同探讨了世界海运未来发展趋势。

沿海港口建设与生产

【港口建设】　2014 年，全国水运建设完成投资 1459.98 亿元，其中，沿海建设完成投资 951.86 亿元。沿海港口新建及改（扩）建码头泊位 170 个，新增吞吐能力 36269 万吨，其中万吨级及以上泊位新增吞吐能力 33123 万吨。沿海港口重点建设项目有序推进，汕头港广澳港区二期工程、上海国际航运中心洋山深水港区四期工程等 11 个国家重点水运工程初步设计获得部批复，大连港鲇鱼湾港区 22 号原油泊位工程、宁波—舟山港北仑港区五期工程等 13 个国家重点水运工程通过国家验收。

至 2014 年底，全国港口拥有生产用码头泊位 31705 个，其中沿海港口生产用码头泊位 5834 个，比上年末增加 159 个。全国港口拥有万吨级及以上泊位 2110 个，其中沿海港口万吨级及以上泊位 1704 个，比上年末增加 97 个。

2014 年，全国港口完成货物吞吐量 124.52 亿吨，其中沿海港口完成 80.33 亿吨，比上年增长 6.2%。全国港口完成外贸货物吞吐量 35.90

亿吨，其中沿海港口完成 32.67 亿吨，比上年增长 6.9%。全国港口完成集装箱吞吐量 2.02 亿 TEU，其中沿海港口完成 1.82 亿标准箱，比上年增长 7.1%。

【港口生产】 2014 年全国港口生产运行态势平稳，主要生产指标继续保持平稳增长，增速有所放缓。全国港口完成货物吞吐量 124.52 亿吨，比上年增长 5.8%，增速较上年回落 3.4 个百分点。其中，沿海港口完成 80.33 亿吨，内河港口完成 44.19 亿吨，分别比上年增长 6.2% 和 5.1%。全国港口完成外贸货物吞吐量 35.90 亿吨，比上年增长 6.9%，增速较上年回落 3.0 个百分点。其中，沿海港口完成 32.67 亿吨，内河港口完成 3.23 亿吨，分别增长 6.9%和 6.8%，增速较上年分别回落 2.8 个百分点和 5.0 个百分点。全国港口完成集装箱吞吐量 2.02 亿 TEU，比上年增长 6.4%，增速较上年回落 0.8 个百分点，总体上保持平稳增长。其中，沿海港口完成 1.82 亿标准箱，内河港口完成 2066 万标准箱，比上年分别增长 7.1%和 0.6%。全国港口完成旅客吞吐量 1.83 亿人，比上年下降 0.9%。其中，沿海港口完成 0.81 亿人，内河港口完成 1.02 亿人，分别比上年增长 3.6%、下降 4.2%。集装箱吞吐量（按重量计算）23.49 亿吨，增长 7.5%，增速回落 2.8 个百分点；件杂货吞吐量 12.52 亿吨，增长 7.3%，增速回落 2.3 个百分点；液体散货吞吐量 9.97 亿吨，比上年增长 5.1%，增速较上年提高 0.5 个百分点；滚装汽车吞吐量（按重量计算）6.09 亿吨，增长 9.4%，增速较上年提高 4.9 个百分点。干散货、集装箱、件杂货、液体散货和滚装汽车在港口货物吞吐量中所占比重分别为 58.2%、18.9%、10.1%、8.0%和 4.9%。

【港口理货服务】 2014 年面对复杂的经营环境，中国外轮理货和中联理货两大理货系统提升经营管理能力和服务水平，巩固传统理货业务，不断拓展延伸业务链条。全年中国外轮理货总公司系统集装箱理箱业务增速加快，完成理箱量 1.38 亿标准箱，比上年增长 8%；件杂货理货业务继续保持较快增长，完成理货量 18.5 亿吨，比上年增长 10%；装拆箱理货业务扭转下降局面，完成装拆箱量 691.5 万标准箱，比上年增长 3%。全年共实现理货收入 27.7 亿元，比上年增长 11%，其中易流态、计量丈量、价值鉴定、信息咨询服务等委托性业务实现营业收入 1.91 亿元，比上年增长 10%。中联理货公司系统全系统共完成船舶理货 12.84 万艘次，比上年增长 8.09%；完成集装箱理箱 2111 万标箱，比上年增长 3.76%；完成件杂货理货 7469 万件，比上年增长 62 %；完成件杂货理货量 3424 万吨，比上年增长 58.44%；完成装拆箱理货量 106 万标箱，比上年下降 9.40%；完成散装货物操作量 1 亿吨，比上年增长 39.9%。全年共实现营业收入 3.58 亿元，比上年增长 19.51%。

2014 年，《国务院关于取消和调整一批行政审批项目等事项的决定（国发〔2014〕50 号）要求将港口理货经营业务许可由交通运输部下放至省级人民政府交通运输行政主管部门，并取消理货人员从业资格准入类许可。根据国务院决定，交通运输部修订了《港口经营管理规定》（部令 2014 年第 22 号），并印发了《交通运输部关于做好港口理货行政审批下放有关工作的通知》，要求各省级交通运输行政主管部门要做好港口理货行政审批下放的有关工作，确保港口理货行业平稳有序发展。

【港口设施保安】 2014 年，交通运输部以切实履行国际公约，打造平安港口为目标，主要开展了以下工作：一是印发《交通运输部办公厅关于调整〈港口保安符合证书〉换发工作的通知》，完成了港口保安五年到期集中换证工作。二是按照《港口设施保安规则》，组织 4 个检查组分别对辽宁、天津、安徽、上海、浙江、福建、广东、广西、海南省（自治区、直辖市）的《港口设施保安符合证书》年度核验工作进行了督查，督促各地落实港口保安计划。三是加强港口设施保安专家库建设。针对近年来出现的新形势，对港口设施报告专家库中的 120 名专家进行了培训。

【港口安全生产】 2014 年，交通运输部以夯实安全生产基础，推进建立安全生产长效机制为目标，主要开展了以下工作：一是组织开展了部重点调研选题《港口危险化学品储罐及管线监管调研》，完成了调研报告。通过调研摸清了全国 17 个省市港口危险化学品储罐和管线的基本情况，找出了安全生产存在的突出问题，并提出了对策建议。二是加强港口安全法规建设工作。印发了《沿海码头靠泊能力管理规定》《港口安全设施目录》，对沿海码头靠泊、港口安全设施配备，做出了规范性要求。三是开展港口安全专项整治。印发《交通运输部办公厅关于开展港口油气输送管线安全专项排查整治的通知》，开展港口区域油气输送管线专项排查整治；印发《交通运输部办公厅关于开展港口危险化学品安全专项整治的通知》，开展港口危险化学品安全专项整治；印发《交通运输部办公厅关于进一步加强客滚码头查危治超工作的通知》，开展港口客滚码头查危治超工作。

【宁波—舟山港北仑港区五期集装箱码头工程】　2014 年 7 月，宁波—舟山港北仑港区五期集装箱码头工程通过国家竣工验收，正式投入使用。工程建设 1 个 10 万吨级、1 个 7 万吨级、2 个 5 万吨级和 1 个 2 万吨级集装箱泊位及相应配套设施（码头泊位水工结构均按靠泊 15 万吨集装箱船舶设计和建设），码头设计年通过能力 306 万标准箱,码头岸线长度 1625 米，工程总投资 46.47 亿元。验收委员会认为该工程设计合理，满足设计规范和港区生产的使用及管理要求，工程总体质量合格。本工程的建设完成，对提高宁波—舟山港集装箱吞吐能力，适应宁波—舟山港及长江角地区港口集装箱吞吐量不断增长的需要，促进区域经济和对外贸易进一步发展等方面均具有重要意义。

（交通运输部）

海洋旅游业

综　述

海洋旅游是我国旅游业的重要组成部分。在中国经济持续发展、国际形势发生变化的大背景下，海洋旅游逐渐成为一大旅游热点，发展潜力巨大，市场前景广阔。国家旅游局十分重视海洋旅游业发展，致力于通过加强对海洋旅游资源和产品的宣传推介，使海洋旅游保持平稳较快发展势头。目前，海洋旅游市场持续扩大，海洋旅游新产品不断完善，服务水平进一步提升，成为中国旅游业持续增长主要动力之一。

【我国海洋旅游业发展现状】　滨海旅游正向全面开发迈进　我国海洋旅游资源丰富，海滨旅游景点1500多处，滨海沙滩100多处。在12个国家级旅游度假区中，其中8个为滨海度假区。作为国家海洋发展战略和区域协调发展战略的重要组成部分，滨海旅游经济发展迈入一个崭新阶段。通过对沿海旅游资源的全面整合，构建合理的地域分工体系，推进旅游产业结构优化升级，实现滨海旅游由点向面，梯次发展，整体协同的全面开发新格局。

海洋旅游发展初具规模　一是我国沿海地区已形成完整的战略体系。河北沿海经济带、辽宁沿海经济带、天津滨海新区、山东半岛蓝色经济区、江苏沿海经济带、长三角经济区、浙江海洋经济发展示范区、福建海峡西岸经济区、珠三角经济区、广东海洋经济综合试验区、广西北部湾经济区、海南国际旅游岛等一系列沿海经济板块及相关规划，共同构成了我国沿海地区发展的完整战略体系，这也意味着从国家战略层面上实现了对全国1.8万千米大陆海岸线、所有沿海区域的覆盖；二是产品体系逐步完善，基本形成了以滨海观光为主，康体疗养、休闲度假为辅，兼及新型产品和高端产品的产品体系；三是形成了一批具有特色的滨海城市旅游目的地和海洋旅游岛屿。

海洋旅游开始由“近海”向“远洋”扩展　海洋旅游正从滨海观光向滨海度假转变，从近海观光休闲向远洋化、度假型转变。在2011年国务院批准的《全国海洋功能区划（2011—2020年）》中，特别强调了对远海旅游开发问题。目前，西沙群岛旅游资源开发和永兴岛的建设工作，正在逐步有序地推进。

滨海邮轮游艇旅游发展步入新阶段　2014年3月2日，由国家旅游局委托中国交通运输协会邮轮游艇分会（CCYIA）牵头编制的《中国邮轮旅游发展总体规划》在上海启动，该规划是中国邮轮新兴产业第一个国家级规划，邀请了国际著名邮轮公司、国内主要邮轮旅游城市和邮轮港口共同参与。5月28日，中国邮轮旅游发展实验区联席会议召开第一次工作会议，审议并原则通过《2014年中国邮轮旅游发展实验区建设工作要点》。我国邮轮产业已从过去五年经历的产业基础环境建设阶段，步入市场主体培育和行业内涵发展建设阶段，产业发展的整体战略日益清晰。其中邮轮母港建设成效显著，挂靠港建设进入了新时期；邮轮公司设立有所突破，邮轮市场主体逐步形成；邮轮产业链拓展加速，正逐步向邮轮产业链上游延伸。我国已成为世界各大邮轮公司高度关注和大力开发的新兴市场，巨大的国内旅游市场将成为今后相当长时期内推动我国海洋旅游扩大规模、提升水准的主要动力。

海洋旅游发展的综合效益日益凸显，并成为社会公众关注的焦点　海洋旅游的发展除了提高全民族海洋意识，普及海洋文化，形成海洋旅游产业经济外，在目前纷繁复杂的国际政治环境下，海洋旅游的影响和作用不断扩大，海洋旅游业发展日益融合到国家蓝海战略布局中。

滨海旅游

滨海旅游在我国旅游业发展中占有重要的地位。我国旅游业较为发达的省市，大多分布于沿海地区。2014年我国滨海旅游业产业规模持续增大，成为占比份额较大的细分产业。滨海旅游业已成为中国旅游业持续增长的主要动力之一。全年实现增加值 8882 亿元，同比增长 12.1%，以 35.3%的占比继续位居主要海洋产业之首。滨海旅游业已成为中国旅游业持续增长的主要动力之一。

【滨海旅游带】 **环渤海湾滨海旅游带** 经过多年的融合发展，环渤海区域海陆空立体交通网络体系初步建成，公共基础服务设施日臻完善，产业关联性和依存度不断增强，已经发展成为我国城市聚集，创新能力和综合实力最强的区域之一。

长三角滨海旅游带 2014 年长三角区海洋旅游继续保持高速发展的态势，苏、浙、皖、沪三省一市的旅游合作日益紧密。2014 年 7 月，苏浙皖沪代表团参加了 2014 长三角地区旅游合作第四次工作会议，会上签署了《长三角地区率先实现旅游一体化行动纲领》等。这标志着三省一市的旅游合作将进入一个新阶段，长三角将进一步集聚各方力量，创新区域旅游合作模式，打造一体化的世界著名旅游城市群。

海峡西岸滨海旅游带 2014 年海峡西岸围绕“海峡旅游”品牌，整合优势资源，不断加强旅游景点及配套设施建设，加快形成东部蓝色滨海旅游带和西部绿色生态旅游带。特别是东部蓝色滨海旅游带，将以福州昙石山文化遗址、三坊七巷、莆田妈祖文化、屏南白水洋、福鼎太姥山、雁荡山等为重点，积极发展滨海旅游和文化旅游，打造以福州为中心的海峡西岸东北翼旅游产业集群；以厦门鼓浪屿、海上丝绸之路泉州史迹、潮州历史文化名城、漳州滨海火山、南澳国际生态海岛等为重点，积极发展滨海旅游和文化旅游，打造以厦门为中心的海峡西岸南翼旅游产业集群。

珠三角滨海旅游带 2014 年，珠三角海洋经济区的临海工业、海洋运输业和海洋新兴产业快速发展，重点在提升海洋自主创新能力，积极培育海洋新兴产业，突出发展海洋高端制造业和现代服务业。其中广东省将珠三角、粤东、粤西三大海洋经济区作为发展海洋经济的主体区域，涵盖了广州、深圳、惠州、汕头和湛江为首的五大区域海洋经济重点市。

海南国际旅游岛 海南国际旅游岛建设提速，推进了国内岛屿的开发建设。海南邮轮游艇业、高尔夫休闲旅游业等旅游新兴业态不断发展，为海南旅游创新发展奠定了基础。2014 年海南实现地区生产总值 3500.72 亿元，同比增长 8.5%。截至 2014 年底，海南酒店宾馆共有 3000 余家，包括 172 家星级酒店。其中，五星级 23 家，四星级 46 家，三星级 80 家。海南省旅游项目正在进行品牌化、精品化改造提升，在帆船、冲浪、海钓、山地自行车等体育旅游方面，不断探索和尝试。此外，旅游会展节庆活动也日益丰富，进一步提升了海南旅游的整体形象。

【滨海旅游城市】 **青岛市** 2014 年全年接待国内外游客 6600 万人次，同比增长 8%；实现旅游总收入 1060 亿元，同比增长 15%。2014 年以来，围绕“蓝色、高端、新兴”，青岛市加快推进旅游大项目引进建设，全市规划确定总投资 2800 亿元的 139 个重点旅游项目，总体进展顺利，累计完成投资 400 多亿元。崂山游客服务中心等 7 个项目建成启用，康大豪生酒店等 6 个项目主体封顶，国际邮轮母港、国际电影节基地等项目加快推进，大沽河改造基本完工，世界园艺博览会成功举办，夯实了产业基础。青岛市重点旅游项目由前海一线向多点支撑、全域延伸的分布特点趋势越来越突出。目前，重点旅游项目建设已经实现全域覆盖，10 区市均有旅游项目开工建设，并形成以青岛主城区为中心，向东海岸蓝色硅谷核心区和西海岸经济新区东西两翼延伸拓展，向胶州、平度、莱西北部纵深辐射发展的良好局面。2014 年以来，青岛市旅游基础设施进一步完善，胶州大沽河历史博物馆及游客中心、崂山垭口电力通信改造工程、市南银海海上旅游集散中心、黄岛大珠山文化产业园等四个旅游基础设施项目进展顺利，还建成黄岛区月亮湾、市南区奥帆中心、李沧区世园会三处旅游咨询中心，此外还制定了《青岛市智慧旅游企业建设规范》，青岛旅游业的信息化水平进一步提升。

烟台市 2014 年，全市旅游人数达到 5481.5 万人次，同比增长 9.55%；实现旅游总收入 614 亿元，同比增长 13.07%。其中，国内游客 5426.9 万人次，同比增长 9.6%；国内旅游收入 585 亿元人民币，同比增长 13.73%；接待入境旅游者 54.6 万人次，同比增长 5%；国际旅游收入 4.72 亿美元，同比增长 2%。近年来，烟台市主要取得了三方面成绩：①推进旅游项目建设，制定出台了《重点旅游项目管理办法》。②制定完善相关规划和标准。完成了昆嵛山总体发展规划，推进滨河景观工程建设；制定出台了《烟台市旅游度假区管理办法》，编制了《烟台市乡村旅游暨城郊游憩带规划》，出台了《烟台市休闲农业与乡村旅游星级企业（园区）评定管理办法》，建立了乡村旅游业联席会议制度。大力发展海上游，引进了新绎游船公司、海鲨游艇公司，开通了市区至长岛的旅游航线，并积极拓展邮轮旅游市场。③加强合作交流。与韩国蔚山市、群山市签署了《旅游战略合作协议》、与香港旅行社协会签署了《互送客源协议》、与北京等 11 个城市签署了《促进对俄旅游合作北戴河四月宣言》、与环渤海 16 港口城市签署了《区域联合，共谋发展》合作宣言等，促进了烟台与国内外旅游城市的交流与合作，提升了烟台旅游的国际化水平。

威海市 2014 年，威海市旅游业全年接待海内外游客 3288.65 万人次，旅游消费总额 383.86 亿元，同比分别增长 9.74%和 13.28%。全市 18 家有门票收入的旅游景区预计接待游客 694.70 万人次，实现旅游门票收入 6.91 亿元，同比分别增长 17.3%和 31.71%。威海市实施多元化营销战略，不仅加快推进智慧旅游建设，还健全监管层级管理体制，成功创建了“全国旅游标准化示范城市”，入选“适宜步行”城市，加入中国旅游城市新媒体营销联盟；旅游产业改革创新取得新突破。在全市范围内开展了首次重大文化旅游资源普查，汇集了 6 大文化类型资源的 12 个旅游项目；完成全市旅游系统体育场地普查工作，进一步摸清了全市旅游资源。

宁波市 2014 年，在全国入境旅游接待人次下降的背景下，宁波市共接待入境旅游者 139.68 万人次，同比增长 9.67%。其中外国人 77.82 万人次，同比增长 16.93%；香港同胞 19.82 万人次，同比增长 1.03%；澳门同胞 7.29 万人次，同比增长-0.59%；台湾同胞 34.74 万人次，同比增长 2.85%。目前，宁波市已形成以杭州湾、象山港、三门湾为板块，杭州湾片区、镇海北仑片区、梅山春晓片区、象山港片区、松兰山—大目湾片区、石浦—大塘港片区、宁海三门湾片区等一批海洋旅游产品聚集区，推出了海洋观光、海钓、游艇、海洋节庆、海洋休闲度假等多类型的海洋旅游产品。

厦门市 近年来，厦门高端旅游基础设施建设不断加快，国际豪华邮轮码头、五缘湾海上休闲运动基地、香山国际游艇俱乐部等已经建成或在建，有力地支持了厦门海洋旅游的全面升级。为开发新型高端海洋旅游产品，厦门积极发展邮轮、游艇、游船等“三船”旅游产品，推动开辟厦门至澎湖和台湾本岛的邮轮旅游航线；同时大力发展对台特色旅游，努力构建对台旅游的重要口岸城市。

漳州市 近年来，漳州加大滨海旅游政策扶持、资金投入和资源整合力度，以漳州滨海火山国家地质公园和东山风动石旅游区为龙头，整合漳浦、东山、龙海、云霄和诏安等县滨海风光、温泉休闲、人文史迹和自然生态等资源，初步形成了滨海旅游“双核”（东山岛、漳州滨海火山国家地质公园）驱动的产业格局，基本建成了独具特色的滨海观光休闲度假区、滨海火山探险旅游区、台胞寻根谒祖旅游区和金汤湾海水温泉度假区，成为漳州旅游产业的核心品牌之一。

湛江市 2014 年，“湛蓝的海、湛蓝的天”旅游品牌影响扩大，过夜游客 1500 万人次，旅游总收入 201.8 亿元，增长 29.8%。推动旅游靠湾，提升“五岛一湾”开发水平。实施滨海城市旅游规划，坚持把城市当景区精心策划、专心经营、用心推介。推进南三岛滨海旅游开发，落实缤纷欢乐海岸、休闲渔港和环岛公路等项目，打造中国南方冬休度假基地。完善金沙湾、渔港公园旅游设施，建设市区旅游标识示范点，启动法式风情街二期工程，实施渔人码头等 13 个重点项目，提升湛江湾旅游品质。支持徐闻打响“长寿之乡”品牌，发展古代海上丝绸之路“始发港”特色旅游，建设旅游综合改革示范县。规划建设南三岛邮轮停靠港，开发“新丝路”、北部湾邮轮航线，发展邮轮经济。

海岛旅游

我国不少岛屿拥有丰富的旅游资源，地理位置优越，海岛旅游开发潜力巨大。海岛旅游成为滨海旅游开发的前沿和滨海旅游开发的重要组成部分。

【浙江省舟山群岛】　2014 年，全年接待国内外游客共 3397.96 万人次，比上年增长 10.8%。其中，接待国际游客 31.58 万人次，增长 0.2%。全年海洋经济总产出 2435 亿元，按可比价计算，比上年增长 15.1%；海洋经济增加值 713 亿元，增长 12.8%。海洋经济增加值占全市 GDP 的比重为 69.8%，比上年提高 0.7 个百分点。舟山市突出“海”“佛”主题，加快推进和提升大众海钓游、海鲜美食游、度假会展游、海洋文化游、舟山群岛海上游、农（渔）家乐游、禅修体验游、佛教文化旅游等海洋“八大游”项目建设，打造海洋旅游精品产品。舟山群岛作为全国首批旅游综合改革试点城市，舟山群岛海洋旅游综合改革试验区积极打造邮轮、游艇、禅修、运动、养生和海钓基地，加快推进舟山在旅游体制机制、新产品开发、标准化体系研究、生态文明建设、营销模式创新、探索产业政策等“六个方面”先行先试。

【福建省湄州岛】　湄洲岛位于海峡西岸中部，与宝岛台湾一水相连。湄洲岛 1992 年成为国务院批准创办的国家旅游度假区，2002 年 2 月被评为国家 AAAA 级旅游景区，2012 年被批准为国家风景名胜区，近年来先后荣获“全国首批特色景观旅游名镇”、“海峡两岸交流基地”、“中国十大名岛”、等称号，在海峡西岸经济区和湄洲湾港口城市建设中具有独特的优势。湄洲妈祖文化独具特色，2009 年 9 月，《妈祖信俗》被联合国教科文组织列入世界非物质文化遗产代表作名录。近年来，湄洲岛围绕“朝圣岛、度假岛、生态岛”和世界妈祖文化中心的建设目标，充分发挥妈祖文化、滨海旅游资源和对台优势，不断完善度假区功能，促进湄台交流与合作，确保了度假区旅游业的可持续发展。

【广西北海涠洲岛】　涠洲岛位于北海市区南部海面上，距市区 21 海里，总面积 26.88 平方千米（含斜阳岛 1.89 平方千米。涠洲岛旅游区管理委员会下辖 1 个乡镇即涠洲镇，11 个村（居）委，总人口约 1.6 万人。其拥有丰富多彩的火山景观、海蚀景观、海岸景观、珊瑚景观、人文景观，而且岛上中西方文化共生共存，有建于 1853 年的“涠洲天主教堂”、建于 1882 年的“法国天主圣母教堂”和建于 1738 年的“三婆庙”。2014 年涠洲岛旅游克服多种不利因素，全年接待游客稳中有升。据统计，2014 年全年上岛游客达 592704 人次，比 2013 年增长 3.44%。

（国家旅游局）

海 洋 管 理

海 洋 立 法 与 规 划

综 述

2014 年，我国海洋战略与规划研究工作围绕党的十八大提出的“建设海洋强国”和“两个百年”发展目标，按照习近平总书记系列重要讲话精神，在分析我国当前面对的国内外发展环境和发展基础上，组织开展了一系列战略规划研究。为国家决策提供参考，取得了海洋战略研究与规划工作进一步深化、海洋法律法规的制度稳步开展、海洋经济试点及经济调查工作扎实推进、依法行政得到加强等一些成效，在国家海洋事业发展中发挥着越来越重要的作用。

海 洋 规 划

国家海洋局会同国家发改委，组织开展《国家海洋事业发展“十二五”规划》和《全国海洋经济发展“十二五”规划》实施评估工作。按照国家发改委要求，研究制定了海洋领域“十三五”规划基本思路初稿，提出了指导思想、基本原则、重点方向以及发展目标和主要指标，汇总提出了“重大项目、重大工程和重大政策”。组织开展“十三五”事业规划、经济规划编制的前期论证和研究工作，启动了规划编制重点研究课题。积极推动全国海洋主体功能区规划报批工作。积极配合发改委开展先后征求了 17 家相关部门的意见，并进行修改完善，呈报国办秘书局，会签《规划》国务院有关部门及征求中央海权办意见。

海 洋 立 法

2014 年，《海洋基本法》列入《十二届全国人大立法规划》和《2014 年国务院立法计划》及国家安全战略立法计划，围绕起草论证、立法框架、立法协调三个方面开展了工作。组织海洋法、海洋战略、海洋权益、海洋政策、海洋外交等领域的专家学者，理清需要通过立法解决的若干重大问题，论证基本法的定位。初步形成了基本法立法框架，整理出需要深入研究的重要问题。积极推进立法协调，与全国人大法工委、外事委及国务院法制办、中央海权办等部门建立了固定联络机制，就基本定位、立法框架、立法时间节点等重点问题进行了沟通，争取支持。（国家海洋局战略规划与经济司）

海 洋 政 策

【《国务院关于促进海运业健康发展的若干意见》印发】 2014 年 8 月 15 日，国务院印发《关于促进海运业健康发展的若干意见》，部署促进海运业健康发展，加快推进海运强国建设。这是中国第一次国家层面发布海运发展战略。该意见指出，海运业是经济社会发展的重要基础产业，在维护国家经济安全和海洋权益、推动产业转型升级、促进对外贸易发展等方面具有重要作用。该意见明确，促进海运业健康发展，要保障经济安全、维护国家利益，深化改革、优化结构，企业主体、政府引导，全面推进、协同发展，到 2020 年，基本建成安全、便捷、高效、经济、绿色和具有国际竞争力的现代化海运体系，海运服务贸易位居世界前列，国际竞争力明显提升。该意见安排部署了七项重点任务：一是优化海运船队结构；二是完善全球海运网络；三是促进海运企业转型升级；四是大力发展现代航运服务业；五是深化海运业改革开放；六是提升海运业国际竞争力；七是推进安全绿色发展。此外，该意见还明确了健全保障机制、发挥财税政策支持作用、加强和改进行业管理、强化科技创新和人才队伍建设等四个方面的保障措施。

【《中华人民共和国航道法》颁布】 2014 年 12 月 28 日，十二届全国人大常委会第十二次会议表决通过了《中华人民共和国航道法》。该法于 2015 年 3 月 1 日起施行，共分七章四十八条，分别为：总则、航道规划、航道建设、航道养护、航道保护、法律责任和附则。法律明确，国务院交通运输主管部门主管全国航道管理工作，并按照国务院的规定直接管理跨省、自治区、直辖市的重要干线航道和国际、国境河流航道等重要航道。法律规定，国务院交通运输主管部门应当制定航道养护技术规范。负责航道管理的部门应当按照航道养护技术规范进行航道养护，保证航道处于良好通航技术状态。在航道通航条件影响评价制度方面，法律规定，建设与航道有关的工程，建设单位应当在工程可行性研究阶段就建设项目对航道通航条件的影响作出评价，并报送有审核权的交通运输主管部门或者航道管理机构审核。针对拦、跨、临航道建筑物选址和建设对航道通航条件的要求保障不够，导致航道通航条件恶化的问题，法律明确和强化了航道保护的相关制度，特别是对在航道内和航道保护范围内破坏航道通航条件的一些行为作了明确的禁止性规定，如禁止水产养殖和倾倒砂石、泥土、垃圾以及其他废弃物等。

【《不动产登记暂行条例》颁布】 2014 年 11 月 24 日，国务院第 656 号令公布《不动产登记暂行条例》，自 2015 年 3 月 1 日起施行。该条例共六章三十五条，对不动产登记机构、登记簿、登记程序、登记信息共享与保护、法律责任等作出具体规定。

【《国务院办公厅关于加强环境监管执法的通知》印发】 2014 年 11 月 27 日，《国务院办公厅关于加强环境监管执法的通知》〔国办发〔2014〕56 号〕印发，部署全面加强环境监管执法，严惩环境违法行为，加快解决影响科学发展和损害群众健康的突出环境问题，着力推进环境质量改善。该通知提出五个方面的政策措施：一是严格依法保护环境，推动监管执法全覆盖，有效解决环境法律法规不健全、监管执法缺位问题。二是对各类环境违法行为“零容忍”，加大惩治力度，坚决纠正执法不到位、整改不到位问题。三是积极推行“阳光执法”，严格规范和约束执法行为，坚决纠正不作为、乱作为问题。四是明确各方职责任务，营造良好执法环境，有效解决职责不清、责任不明和地方保护问题。五是增强基层监管力量，提升环境监管执法能力，加快解决环境监管执法队伍基础差、能力弱等问题。

【《中华人民共和国海上船舶污染事故调查处理规定》修订】 2013 年 12 月 24 日，交通运输部 2013 年第 16 号令《关于修改〈中华人民共和国海上船舶污染事故调查处理规定〉的决定》，修改交通运输部 2011 年 11 月 14 日发布的《中华人民共和国海上船舶污染事故调查处理规定》。此次修改，将原规定“第四章鉴定机构的认定”一章删除，并对条文的顺序作相应的调整和修改。修改后的《规定》共六章三十六条，自 2013 年 12 月 24 日起施行。

【《中华人民共和国船舶及其有关作业活动污染海洋环境防治管理规定》修订】 2013 年 12 月 24 日，交通运输部 2013 年第 17 号令《关于修改〈中华人民共和国船舶及其有关作业活动污染海洋环境防治管理规定〉的决定》，修改《中华人民共和国船舶及其有关作业活动污染海洋环境防治管理规定》。此次将第三十一条修改为：“货物所有人或者代理人交付船舶载运污染危害性不明的货物，应当委托具备相应资质的技术机构对货物的污染危害性质和船舶载运技术条件进行评估”。修改后的《规定》共七章六十二条，自 2013 年 12 月 24 日起施行。

【《国内水路运输辅助业管理规定》出台】 2014 年 1 月 2 日，交通运输部 2014 年第 3 号令公布《国内水路运输辅助业管理规定》。该规定共六章四十一条，规定了水路运输辅助业务经营者、经营活动、监督管理、法律责任等内容。该规定于 2014 年 3 月 1 日起开始施行。该规定的发布实施，将进一步规范国内水路运输辅助业务经营行为，维护水路运输市场秩序，促进水路运输事业健康发展。

【《国内水路运输管理规定》出台】 2014 年 1 月 3 日，交通运输部 2014 年第 2 号令公布《国内水路运输管理规定》。该规定共七章五十六条，分总则、水路运输经营者、水路运输经营行为、外商投资企业和外国籍船舶的特别规定、监督检查、法律责任等，于 2014 年 3 月 1 日起开始施行。该规定是 2013 年新修订实施的《国内水路运输管理条例》的配套规章，结合当前我国水路运输行业发展现状和未来发展方向，对不同经营范围的船舶运力规模要求、不同经营范围配备高级船员比例要求、行政许可实施的具体层级及程序性规定等关键性制度进行了细化规定，对外商投资企业和外国籍船舶从事国内水路运输进行了特别规定。该规定对于规范国内水路运输市场管理，维护水路运输经营活动各方当事人的合法权益，特别是引导个体户最终走向公司化经营，促进水路运输事业健康发展具有重要作用。

【《中华人民共和国渔业船员管理办法》出台】 2014 年 5 月 23 日，农业部公布《中华人民共和国渔业船员管理办法》，自 2015 年 1 月 1 日期施行。该办法共八章五十三条，对渔业船员任职和发证、配员和职责、培训和服务、监督管理等作出详细规定。该办法的出台，有利于加强和规范渔业船员管理，提高渔业船员素质，维护渔业船员的合法权益。该办法对现行渔业船员管理的规章、规范性文件进行整合，填补相关制度空缺，以保障水上交通安全和渔业生产作业安全，推动渔业经济的健康发展。

【《中华人民共和国船舶污染海洋环境应急防备和应急处置管理规定》修订】 2014 年 9 月 5 日，交通运输部公布 2014 年第 11 号令《关于修改〈中华人民共和国船舶污染海洋环境应急防备和应急处置管理规定〉的决定》，对 2011 年 1 月 27 日交通运输部发布的《中华人民共和国船舶污染海洋环境应急防备和应急处置管理规定》进行修订。此次修订将第十一条修改为：“中国籍船舶所有人、经营人、管理人应当按照国家海事管理机构制定的应急预案编制指南，制定或者修订防治船舶及其有关作业活动污染海洋环境的应急预案，并报海事管理机构批准。港口、码头、装卸站的经营人以及有关作业单位应当制定防治船舶及其有关作业活动污染海洋环境的应急预案，并报海事管理机构和环境保护主管部门备案。船舶以及有关作业单位应当按照制定的应急预案定期组织应急演练，根据演练情况对应急预案进行评估，按照实际需要和情势变化，适时修订应急预案，并对应急预案的演练情况、评估结果和修订情况如实记录。”此次修改决定自 2014 年 9 月 5 日起施行。

【《水上交通事故统计办法》出台】 2014 年 9 月 30 日，交通运输部 2014 年第 15 号令公布《水上交通事故统计办法》，该办法自 2015 年 1 月 1 日起施行。2002 年 8 月 26 日交通部第 5 号令发布的《水上交通事故统计办法》同时废止。该办法的实施，对于保障水上交通事故统计资料准确、及时，提高水上交通安全管理水平具有重要作用。

【《突发环境事件调查处理办法》出台】 2014 年 12 月 19 日，环境保护部第 32 号令公布《突发环境事件调查处理办法》，自 2015 年 3 月 1 日起施行。该办法是一部规范各级环境保护主管部门调查处理突发环境事件的程序性规章。该办法共二十三条，对突发环境事件调查程序的适用范围、事件调查组的组织、调查取证、调查报告以及后续处理等做出了明确规定。

【《建设项目主要污染物排放总量指标审核及管理暂行办法》出台】 2014 年 12 月 30 日，环保部出台《建设项目主要污染物排放总量指标审核及管理暂行办法》。该办法明确要求，严格落实污染物排放总量控制制度，把主要污染物排放总量指标作为建设项目环境影响评价审批的前置条件。排放主要污染物的建设项目，在环境影响评价文件审批前，须取得主要污染物排放总量指标。办法规定，建设项目主要污染物排放总量指标审核及管理与总量减排目标完成情况挂钩，对未完成上一年度主要污染物总量减排的地区或企业，暂停新增相关污染物排放建设项目的环评审批。同时要求建设项目环评文件中主要污染物总量控制的内容须明确主要生产工艺、生产设施规模、资源能源消耗情况、污染治理设施建设和运行监管等要求，提出总量指标及替代削减方案，列出详细测算依据，并附所在地环境保护主管部门出具的总量指标、替代削减方案的初审意见。

【《海洋数值预报系统业务化应用管理暂行办法》出台】 2014 年 8 月 21 日，国家海洋局印发《海洋数值预报系统业务化应用管理暂行办法》。该办法共六章二十六条，从业务化应用组织管理、业务化试运行、业务化运行申请与审查、业务化运行与系统升级等方面，对海洋数值预报系统业务化运行进行了规范。该办法的出台，将进一步规范海洋数值预报系统的业务化应用管理，提高海洋数值预报业务水平。

【《海洋生态损害国家损失索赔办法》发布】 2014 年 10 月 21 日，国家海洋局印发《海洋生态损害国家损失索赔办法》，该办法共 16 条，重点围绕海洋生态损害国家索赔的目的依据、适用范围、索赔内容、索赔主体、索赔途径、保全措施、信息公开、赔偿金用途等方面提出了明确的规定和要求。有针对性地解决了我国海洋生态损害国家索赔工作存在的重要事项缺乏专门规定、各级海洋部门职责划分不清、索赔程序步骤不相统一等突出问题。

【《国家级海洋保护区规范化建设与管理指南》印发】 2014 年 10 月 20 日，国家海洋局印发《国家级海洋保护区规范化建设与管理指南》，对国家级海洋保护区有关设施建设和管理机构、管理人员、管理制度、各类管理活动等提出具体详细的规范性要求，以进一步规范国家级海洋自然保护区、海洋特别保护区的建设，提高管理水平。在保护区设施建设方面，《指南》对管护设施、科研监测设施以及宣传教育设施三大类保护区基础设施提出了规范性要求。在保护区管理工作方面，对管理机构与人员、内部管理制度、档案管理、规划与计划、界址勘定与权属、巡护与执法、科研监测、宣传教育、社区共管、业务培训、应急能力建设等 11 个方面作出了具体规定。《指南》还对国家级海洋自然保护区、海洋特别保护区内的有关保护活动、开发利用活动、生态恢复活动，分类提出了具体要求。

【《海岛统计报表制度》发布】 2014 年 12 月 23 日，经国家统计局批准同意，国家海洋局发布了《海岛统计报表制度》。海岛统计报表制度主要包括 4 部分内容，分别为总说明、报表目录、调查表式和指标解释。其中，调查表式由 15 张报表构成，涉及海岛生态保护、海岛开发利用、海岛人居环境、特殊用途海岛保护、海岛管理等方面。指标解释明确了统计指标的含义、统计口径和相关标准规范等内容。通过海岛统计制度获取的综合信息，可以及时、准确地了解掌握我国海岛生态保护、开发利用和海岛管理等方面的情况，为各级海洋行政主管部门及相关部门制定有关政策提供参考，为社会公众提供服务，为加强海岛保护、规范海岛开发秩序、发展海岛经济、改善海岛人居环境提供数据支撑，为推动海洋经济发展和实施海洋开发战略提供决策支持。

【《关于建立县级以上常态化海岛监视监测体系的指导意见》出台】 2014 年 5 月 22 日，国家海洋局印发《关于建立县级以上常态化海岛监视监测体系的指导意见》，要求各地建立县级以上常态化海岛监视监测体系，完善信息公开制度，满足公众知情权。该意见明确，建立海岛监视监测体系，将以科学监视监测与评价为导向，逐步形成覆盖我国全部海岛的监视监测网络和监视监测技术支撑体系，目标是摸清我国海岛及其周边海域生态环境基本情况、变化趋势和潜在危险。该意见要求，建立健全海岛监视监测工作的体制机制。一方面，要建立海岛监视监测分级管理责任制；另一方面，要建立与海岛监视监测分级管理责任制相适应的工作机制。同时，该意见提出将从五方面开展海岛监视监测业务，并将加强海岛监视监测信息公开工作。

（国家海洋局政策法制与岛屿权益司）

海 域 使 用 管 理

综 述

2014 年是我国全面深化改革的攻坚之年。全国各级海洋行政管理部门紧密围绕建设海洋强国的宏伟目标，坚持依法行政、坚持“五个用海”，加快转变政府职能，不断提高海域综合管控能力，大力推进海域资源配置市场化机制建设，促进海洋资源集约节约开发利用，努力实现海洋经济向质量效益型转变，扎实推进海域综合管理各项工作。2014 年，全国共颁发海域使用权证书8669 本，新增确权海域面积 37.41 万公顷，征收海域使用金 85.02 亿元。

【海域综合管理政策法规】 各级海洋行政主管部门不断深化海域管理配套制度建设与政策研究，进一步完善海域管理法律法规体系。国家海洋局办公室印发《国家海洋局机关提高效率简政放权部分职责事项清单》，继续推进简政放权，相应下放项目用海预审权限，精简审批程序，强化事中事后监管，逐步实现海域使用全过程监管。沿海省、自治区、直辖市结合地方实际，出台了各类海域综合管理政策文件 15 个。

【海域权属管理】 2014 年，落实国家宏观调控和产业政策，规范海域使用申请审批，依法推进海域使用权招标拍卖挂牌，提高海域资源配置和保障能力。全年通过国家海域动态监视监测管理系统统一配号并颁发了海域使用权证书 8669 本，新增确权海域面积 374148.37 公顷。全国批准海域使用申请并颁发了海域使用权证书 3907 本，确权海域面积 335783.96 公顷。优先保障了国家重大基础设施、重点海洋产业等用海需求，全年报国务院批准重大项目用海 21 个。全国通过招标、拍卖、挂牌颁发了海域使用权证书 1104 本，确权海域面积 38364.41 公顷，征收海域使用金 52897.07 万元。全国办理海域使用权抵押登记 682 个，涉及海域面积 78015.95 公顷，抵押金额 4116852.17 万元。

【海域有偿使用】 2014 年，各级海洋部门进一步加强海域使用金征收管理，严格按程序开展海域使用金减免审查，实现了海域国有资源性资产的保值增值。全国原有项目征收海域使用金 101278.55 万元，新增项目征收海域使用金 748897.31 万元。其中，缴入中央国库 240160.99万元，缴入地方国库 610014.87万元。

【围填海管理】 2014 年，按照适度从紧、集约利用、保护生态、陆海统筹的原则，全国共安排围填海计划指标 14782.7 公顷，其中，建设用围填海计划指标 12984.6 公顷，农业用围填海计划指标 1798.1 公顷，优先保障了国家重点基础设施、产业政策鼓励发展项目和民生领域项目。加强对围填海项目选址、平面设计和占用自然岸线的审查，批准围填海项目 450 个，确权填海面积 9767.30 公顷。

【海域动态监视监测】 扎实开展海域动态监视监测业务，完善海域动态监视监测体系，深入开展国家海域动态监视监测管理系统升级改造，启动县级海域动态监管能力建设。2014 年，全面开展近岸海域遥感监测，完成四期全海域的低分辨率卫星遥感监测、一期高分辨率卫星遥感监测。对全部区域用海规划开展了卫星遥感监测，并对 54 个重点区域用海规划进行了无人机遥感监测，编制了区域用海规划遥感监视监测图集；开展了疑点疑区遥感监测，监测发现新增较大规模围填海 164 处，其中疑点疑区 78 处。

【海域使用论证评估】 开展了《海域使用论证技术导则》国家标准和《海域使用论证收费标准》的修订工作。出版发行了《海域使用论证案例评析》培训教材。开展了海域使用论证报告质量检查，责令 6 家单位暂停执业限期整改，对 7 家单位予以通报批评。完成了国家级海域使用论证评审专家库调整，入库专家共计 128 名。开展了海域使用论证资质证书续期工作，对符合条件的 86 家资质单位换发了新证书。

（国家海洋局海域综合管理司）

各海区海域使用管理

【**北海区海域使用管理**】　**国管项目管理**　制订《北海区国管项目监督管理办法》《国管填海项目竣工海域使用验收工作程序（试行）》等规章制度，进一步规范了海域使用监督管理工作。完成日照岚山港10万吨级油码头工程项目等7个填海项目的竣工海域使用验收工作。依法高效管理海上石油勘探作业用海，办理48个石油勘探项目的临时用海备案，审查了冀东油田秦皇岛区块石油勘探项目临时用海申请及其技术报告。

海底电缆管道管理　依法依规开展海底电缆管道的审批和备案工作，批复2个项目的路由调查申请和3个项目的铺设施工作业申请，完成1个海底管道路由调查项目的备案、1个海底管道项目的铺设施工延期审批、26条海底电缆管道的注册备案以及3条海底电缆管道的注销。进一步完善海底电缆管道审批管理相关制度，修订海底电缆管道路由调查、铺设施工的审批工作程序，制定了《油田区块内平台之间以及平台和单点系泊之间海底电缆管道路由调查和铺设施工备案工作程序》。开展北海区海底电缆管道海域使用排查整治工作，督促和指导相关企业按照要求开展了自查自纠和排查整治工作，理清了北海区海底电缆管道路由调查、铺设施工和注册备案、海域使用情况以及企业自查整治情况，并录入海域使用动态监视监测系统。组织开展北海区海底电缆管道保护案例汇编工作和海底管道保护区制度研究，为完善海底电缆管道管理相关制度提供技术支持。

航空遥感资料获取和处理　组织开展北海区海域航空遥感影像获取和成果编绘工作，完成了天津海域、青岛海域等10个区域可见光和机载SAR遥感影像数据获取和处理工作。

（国家海洋局北海分局）

【**东海区海域使用管理**】　**国管用海项目和区域用海规划监督管理**　组织开展并完成了大唐吕四港电厂工程、宁波—舟山港梅山保税港区1～5#集装箱码头工程等两个填海项目竣工海域使用验收工作。

组织测量单位和海监支队开展了福建福清核电一期工程项目用海情况核查工作，对用海过程中出现的违规行为进行了监督和纠正。

开展了2014年度海区国管用海项目用海情况调查。对宁德核电项目、莆田市涵江临港产业园、宁德三屿工业区区域用海规划项目等进行了现场检查和调研。

海底电缆管道管理　组织开展了东海区海底电缆管道海域使用管理排查整治工作，共排查各类电缆管道55条（海底电缆28条，海底管道27条），长度共计10874.99千米。

组织开展了亚信峰会期间海底光缆管道的保护工作。

组织召开了宁波“22-1”及周边油气田开发工程海底管道、册子岛—漕泾原油管道工程等海底管道预选路由协调会暨桌面研究报告审查会。

组织审查和协调了5条军用通信光缆路由。

课题研究和业务培训工作　组织开展了涉及海域使用权登记的《闲置围填海海域使用权收回制度研究》和《不动产登记暂行条例（征求意见稿）》等两项课题研究，形成了研究报告并完成了上报；开展了海岛整治修复工程项目后评级指标体系的研究；召开了东海分局海域测量技术培训班。　（国家海洋局东海分局）

【**南海区海域使用管理**】　**排查南海区海底电缆管道信息**　国家海洋局南海分局负责组织实施南海区范围内国家海洋局及南海分局审批海底电缆管道海域使用管理排查整治工作，这次排查形成93条、总长度98032.88千米、涉及用海面积7794.424公顷的海底电缆管道台账；基本摸清各海底电缆管道的权属情况、交越情况、与敏感区域的距离、电缆周边与港口等用海活动情况可能存在的近50个安全隐患；与33家境内外管缆所有者单位进行多次沟通并建立长效督导机制；依托排查数据对国家海域动态监视监测管理系统中的海底电缆管道数据进行了更新。

开展南海区各类海底电缆管道日常管理工作　国家海洋局南海分局2014年全年先后完成亚太直达（APG）国际海底光缆勘察路由审查、粤海铁路琼州海峡海底光缆局部迁改工程路由协调与桌面研究审查、中国电信2012年海口徐闻干线光缆线路工程海底电缆路由协调暨桌面研究审查、南方主网与海南电网第二回联网工程琼州海峡海底电缆项目路由勘察、海南万宁深蓝海洋深层水综合产业园海底取水管道预选路由桌面研究审查、亚洲快线海底光缆系统（ASE）中国段主线和 S4 段路由注册备案、陆丰 7-2 钻采平台原油外输管道注册备案、涠洲 11-1N 油田 A 平台至涠洲 11-4D 油田 A 平台海底复合海缆注册备案、涠洲油田天然气并网项目海底管道注册备案、东方 1-1 气田一期调整项目施工前备案等行政审查与批复 10 余项；完成对石油平台间海底电缆管道备案材料及相关要求的再审定与修编。

开展南海区填海项目海域使用竣工验收工作 国家海洋局南海分局 2014 年先后组织完成广东汕尾电厂一期工程、珠海港高栏港区南水作业区煤炭码头工程、珠海港九洲港区货运搬迁工程、珠海港高栏港区神华煤炭储运中心一期工程等项目的填海竣工海域使用验收工作，并编制相关验收工作报告上报国家海洋局。

填海项目海域使用竣工验收测量规范修订 国家海洋局南海分局在 2013 年底完成规范（初稿）的基础上，2014 年 3 月再次组织对规范（初稿）进行修改和完善，形成规范（征求意见稿），随后向北海、东海分局，沿海各省、自治区、直辖市海洋厅（局），以及各海区具有代表性的技术单位征求意见，2014 年 6 月对收集到的反馈意见进行认真梳理、研究，最终形成《填海项目竣工海域使用验收测量规范（征求意见修改稿）》上报国家海洋局。

实施南海区海籍调查试点工作 国家海洋局南海分局以湛江湾作为试点区域开展调查工作，调查工作实现对总面积约 270 平方千米的湛江湾海域全覆盖调查，共调查用海项目 177 宗，其中确权 87 宗、未确权 90 宗，实测坐标点 526 个、绘制完成图件 40 幅、发现存在问题项目 28 宗，最终形成《南海区海籍调查试点项目成果报告》、《南海区海籍调查试点项目总结报告》以及《南海区海籍调查试点项目海籍调查表》，并于 2014 年 11 月 24 日顺利通过验收，为进一步在全国范围内开展海籍调查工作进行了先期探索，积累了经验。

南海区国管填海项目海域使用监管工作 国家海洋局南海分局 2014 年对新批准的中科合资广东炼油化工一体化项目、海南省洋浦港成品油保税库配套码头工程、广东深圳液天然气（迭福站址）用海项目、广东陆丰甲湖湾电厂新建工程（2×1000 兆瓦）、汕头港广澳港区二期工程、湛江京信东海电厂 2×600 兆瓦“上大压小”热电联产煤燃机组工程、广东华电丰盛汕头电厂“上大压小”新建项目及配套码头工程等项目开展监管。 （国家海洋局南海分局）

海 岛 管 理

综　述

【海岛保护管理政策法规】　2014 年 12 月 23 日，为及时、准确了解和掌握我国海岛生态保护、开发利用和海岛管理等方面情况，为各级海洋主管部门及相关部门制定有关政策提供数据支撑，经国家统计局批准同意，国家海洋局建立了《海岛统计报表制度》，对海岛生态保护、海岛开发利用、海岛人居环境、特殊用途海岛保护和海岛管理等方面进行统计。

沿海各省、自治区、直辖市海洋主管部门积极推进省级海岛保护与利用法律制度建设，广西壮族自治区出台了《广西壮族自治区无居民海岛开发利用论证管理规定》和《广西壮族自治区无居民海岛使用权出让评估办法》。

【《全国海岛保护规划》实施效果评估】　为了掌握《全国海岛保护规划》（以下简称《规划》）实施效果，国家海洋局开展了《规划》实施效果的评估工作。评估报告显示，目前我国海岛生态状况总体良好，海岛居民的生活水平普遍改善，无居民海岛开发利用初具规模。但同时也面临着诸多挑战，如部分海岛因自然或人为原因受损严重，近岸岛屿周边海域海水质量较差，业务支撑体系无法满足工作需求，管理体制和机制尚不完善等。

【海岛生态保护】　2014 年 9 月 30 日，财政部批复 2014 年度海域使用金支持的无居民海岛保护与开发利用项目 14 项，资金 14.9 亿元。项目主要用于无居民海岛码头、道路、水、电、通讯和垃圾污水处理等基础设施建设，项目实施后将满足无居民海岛开发利用必备条件，为今后无居民海岛开发利用奠定基础。

2014 年 9 月，广东省和江苏省率先完成省内全部领海基点保护范围选划工作，经省级人民政府批准并报国家海洋局备案。截至年底，共完成 11 个领海基点保护范围选划工作。

【海岛使用管理】　开展对《海岛保护法》实施后无居民海岛变化情况的核查，对辽宁、浙江、福建、广东省近 50 个已批用岛和违法用岛所在海岛进行了登岛核查。

加强对海岛使用管理的顶层设计，对建立海岛审批管理科学评估评价、海岛红线管理、无居民海岛使用权出让招拍挂等制度进行了专题研究。推进公益性用岛确权工作。

【海域海岛地名管理】　2014 年，相继完成《中国海域海岛标准名录》、《全国海域海岛地名普查数据集》、《中国海域海岛地名志》、《中国海域海岛地名图集》等全国海域海岛地名普查成果编制和核查工作，全面掌握了我国管辖海域内所有海域海岛的标准名称、由来、含义、地理位置等地名信息，对于提升我国海洋管理水平和公共服务能力具有重要作用。

【海岛监视监测】　县级以上常态化海岛监视监测体系初步建立。2014 年 5 月 22 日，印发了《国家海洋局关于建立县级以上常态化海岛监视监测体系的指导意见》，对依法建立县级以上常态化海岛监视监测体系提出了明确要求。为全面掌握我国海岛及其周边海域生态环境基本情况、变化趋势和潜在危险，提升海岛综合管控能力具有重要意义。初步拟定《领海基点海岛监视监测技术要求》（征求意见稿），并在多省领海基点海岛开展了实地调研与验证，为规范领海基点海岛监视监测打下良好基础。

（国家海洋局政策法制与岛屿权益司）

各海区海岛管理

【北海区海岛管理】　组织开展 8 个领海基点所在海岛、10 个苏鲁省际争议海岛和 187 个重点海岛的航空遥感影像数据获取与处理工作。组织开展苏山岛、一山子岛及周边海域的海岛真三维建设研究，为海岛保护和管理提供支持。开展北海区 29 个国家海岛整治修复项目现场监督检查工作，促进项目有效实施，为国家海洋局海岛整治修复项目管理提供了决策支持。完成北海区无居民海岛岛体形态变化和灭失情况专项核查，利用航空遥感、卫星遥感和实地调研等多种手段查清了35个有较大变化海岛的岛体形态变化情况，获取了9个灭失海岛的证明材料。开展北海区《全国海岛保护规划》实施情况评估工作，通过航空遥感、卫星遥感和现场核查等手段对北海区各省市《全国海岛保护规划》实施情况进行了全面的核查和评估。完成千里岩现场调研、测量和公益性用岛确权申报，为公益性用岛申报提供政策指导，做好与地方政府的沟通协调工作。（国家海洋局北海分局）

【东海区海岛管理】　海岛整治修复监督检查与验收组织开展了东海区海岛整治修复项目的监督检查和验收。对东海区3省1市的所有海岛整治修复项目和海岛保护专项资金项目进行了监督检查，对浙江和福建的10个海岛保护专项资金项目进行了现场监督检查。

开展了“江苏省秦山岛整治修复项目”和“宁波韭山列岛、渔山列岛综合整治与保护工程项目”的验收。

海岛保护规划实施情况核查完成了《全国海岛保护规划》东海区实施情况评估核查工作。

海岛重大变化与灭失情况核查组织分局有关单位，通过航空遥感、卫星遥感和登岛核查的方式，分2次对东海区海岛的变化情况进行核查。

远岸岛礁调查工作启动了第二次全国海岛资源综合调查项目的远岸岛礁调查工作。

（国家海洋局东海分局）

【南海区海岛管理】　**海洋综合公益性服务海岛**　国家海洋局南海分局根据南海三省区海岛的具体情况，组织相关部门和单位开展南海区公益性用岛选址、确权及开发利用等工作，最终明确将广东省汕头市南澳县平屿、惠州市许洲、广西壮族自治区钦州市大红沙岛列为开展南海区公益性用岛项目目标海岛。截至2015年4月，平屿公益性用岛项目的海岛保护和利用规划已经通过专家评审并报汕头市南澳县政府，相关部门的用岛征求意见工作以及海岛使用论证和开发利用方案编制工作正在有序开展；惠州市大亚湾经济技术开发区管理委员会已就许洲公益性用岛项目明确表态支持。.

海岛保护规划实施情况评估核查　国家海洋局南海分局承担全国海岛保护规划南海区实施情况的评估核查。2014年4月，收集到国土、规划等领域的规划评估资料，研讨建立海岛规划的评估办法，同时对南海区三省的规划目标进行逐条解析；2014年5月至6月，对各省提交的规划评估报告进行审查，针对三省区在规划期内重点监测变化的80余个海岛组织技术单位开展多期遥感影像的对比分析，并联合海监南海总队分别赴海南、粤西、粤东、广西进行实地核查；最终经整理分析核查数据，对南海区三省的全国海岛保护规划实施情况进行了评估。

南海区海岛典型生态系统与物种多样性保护示范项目建设　2014年4月，国家海洋局南海分局编制完成《南海区海岛生态建设实验基地试点方案》；2014年5月22日，国家海洋局组织召开典型生态系统与物种多样性保护示范项目工作研讨会，形成《海岛生态实验基地建设方案》。国家海洋局南海分局会后着手开展了定岛、选址等一系列工作，将该项目与南海区公益性用岛项目相结合，初步选划5个海岛开展“典型生态系统与物种多样性保护示范项目”建设。

南海区海岛整治修复项目监督检查　在完成国管海岛整治修复项目清单整理以及重点项目材料收集分析工作的基础上，国家海洋局南海分局2014年对广东省南澳岛、下川岛，海南省大洲岛，广西壮族自治区龙门岛、万尾岛、沙井岛、涠洲岛等海岛整治修复项目实施进展情况进行了实地督查。通过资料审阅、现场听取汇报、项目实地走访的形式，了解情况、发现问题，及时掌握各项目的实施情况，评估重点项目的实施效果。

南海区常态化海岛监视监测体系建设工作　2014年5月《国家海洋局关于建立县级以上常态化海岛监视监测体系的指导意见（征求意见稿）》征询意见。2014年5月，国家海洋局南海分局组织技术单位开展监视监测工作方案的研讨和编写工作，形成技术方案，为国家海洋局就该项工作申报专项提供重要支撑。

国家海岛保护与管理专项　2014年初，针对财政部和国家海洋局联合开展的2013年度国家海岛保护与管理项目专项验收和绩效评价工作，国家海洋局南海分局统一核查汇总形成专项验收报告与绩效评价报告，提交了国家海岛保护与管理专项的工作报告、经费执行情况报告、项目成果报告、中央部门预算项目支出绩效评价报告汇编、中央部门预算资金使用总体绩效评价报告等相关材料，圆满完成该专项验收和绩效评价工作；2014 年全年，基于 2013 年度专项验收和绩效评价工作经验，进一步规范开展 2014 年度国家海岛保护与管理专项，建立专项实施情况的定期督查和不定期抽查管理机制，着力推进专项各任务的顺利实施，对南海区海岛航空监视监测、中央海岛保护专项资金支持项目督查、有居民海岛开发利用区选划、无居民海岛开发利用情况调研等任务予以重点关注。

全国海域海岛地名普查任务验收工作 全国海域海岛地名普查任务验收工作是 2013 年工作的延续。2014 年初国家海洋局南海分局组织该项任务的项目验收材料和档案验收，并顺利通过国家海洋局组织的项目总验收和档案验收，完成相关成果的移交和报送工作。

南海区海岛灭失核查工作 2014 年 7 月，国家海洋局南海分局组织实施南海区海岛灭失核查工作，采取内业核查和现场核查相结合的方式对南海区海岛灭失情况进行全面核查。该次核查共历时一个多月，核查范围覆盖南海区上千个岛屿，核查技术难度大、时间紧，南海分局组织有关部门开展联合行动，在内业核查的基础上对 200 个疑似灭失、无法判断灭失情况、地方海洋行政主管部门报送灭失的海岛进行了现场核查，为全国海域海岛地名普查成果奠定了坚实的数据基础，同时也为相关海岛工作的开展积累了丰富的经验。

南海区 GIS 系统海岛管理标准模块建设 2014 年 8 月，国家海洋局南海分局开展了“国家海洋局南海分局基础 GIS 系统海岛管理标准模块”的建设工作，该模块的建设是以现有的国家海洋局南海分局 GIS 系统为基础，系统功能包括图层管理、业务管理、查询分析等。通过该模块的建设，进一步完善了“国家海洋局南海分局 GIS 系统”的支撑业务涵盖范围，使其全面覆盖南海区海岛管理等各方面。

（国家海洋局南海分局）

海洋环境保护

综 述

2014 年，国家海洋局深入贯彻落实党的十八大、十八届三中、四中全会精神，积极推进海洋生态文明建设，全面加强海洋环境保护监管工作，创新发展海洋环境监测评价体系，有效应对海洋环境灾害和突发事件，将法律和“三定”方案赋予的职责履行到位。

【中国海洋环境状况】 **近岸局部海域海水污染严重，近岸以外海域水质良好** 2014 年，我国管辖海域近岸局部海域海水环境污染严重，近岸以外海域海水质量良好。春季、夏季和秋季，劣于第四类海水水质标准的海域面积分别为 5.2 万平方千米、4.1 万平方千米和 5.7 万平方千米，主要分布在辽东湾、渤海湾、莱州湾、长江口、杭州湾、浙江沿岸、珠江口等近岸海域，主要污染要素为无机氮、活性磷酸盐和石油类。夏季重度富营养化海域面积约 1.3 万平方千米，主要集中在辽东湾、长江口、杭州湾、珠江口等近岸区域。

重点监测的 44 个海湾中，20 个海湾春季、夏季和秋季均出现劣于第四类海水水质标准的海域，20 个海湾夏季的劣四类海水水质面积总和为 15440 平方千米，占管辖海域劣四类水质面积的 37.5%；影响海湾水质的主要污染要素为无机氮、活性磷酸盐、石油类和化学需氧量。

海洋生态状况基本稳定，典型生态系统健康状况堪忧 海洋浮游生物和底栖生物自然分布格局未发生显著变化；海草、红树等群落结构保持基本稳定。国家级海洋保护区的海洋生物资源、自然遗迹和生物多样性等保护对象基本保持稳定。

实施监测的近岸河口、海湾等典型海洋生态系统 81%处于亚健康和不健康状态。其中杭州湾、锦州湾持续处于不健康状态，部分海洋生态系统健康状况下降。环境污染、人为破坏、资源的不合理开发是造成典型生态系统健康状况较差的主要原因。

陆源入海污染压力巨大，邻近海域环境质量状况较差 主要河流入海监测断面水质较差，枯水期、丰水期和平水期，72 条河流入海监测断面水质劣于第Ⅴ类地表水水质标准的比例均超过 50%。河流携带入海的污染物总量约 1760 万吨，较 2013 年增加 5%。COD_{Cr}、氨氮和硝酸盐氮等的入海量较上年均有所升高。

陆源入海排污口达标排放率仍然较低，445 个陆源入海排污口全年达标排放次数占监测总次数的 52%。入海排污口邻近海域环境质量状况总体较差，91%的排污口邻近海域水质无法满足所在海域海洋功能区的环境保护要求。

主要功能区环境状况总体良好，基本满足使用要求 海洋倾倒区环境状况基本保持稳定，倾倒活动未对周边海域生态环境及其他海上活动产生明显影响。油气区及邻近海域环境状况基本符合海洋功能区的环境保护要求。海水增养殖区环境质量状况基本满足增养殖活动要求，增养殖区综合环境质量等级为“优良”的比例呈增长趋势。在游泳季节和旅游时段，23 个重点海水浴场和 17 个滨海旅游度假区环境状况总体良好。

海洋环境灾害频发，重大突发事故的环境影响依然存在 赤潮和绿潮灾害影响面积较上年有所增大。2014 年全海域共发现赤潮 56 次，累计面积 7290 平方千米，赤潮次数和累计面积均较 2013 年有所增加；黄海沿岸海域浒苔绿潮影响范围为近 5 年来最大。渤海滨海地区海水入侵和土壤盐渍化依然严重，局部地区入侵范围有所增加。砂质和粉砂淤泥质海岸侵蚀依然严重，局部岸段侵蚀程度加大。蓬莱 19-3 油田溢油事故和大连新港“7.16”油污染事件对邻近海域生态环境造成的影响依然存在。

【海洋环境监测评价】 2014 年，国家海洋局组织各级海洋行政主管部门对我国管辖海域海洋环境实施监测工作。各级海洋环境监测机构共完成了全海域约 8700 个站位的监测工作，获得各类海洋环境监测数据 200 余万个。加强规章制度体系建设，印发了《关于加强海洋生态环境监测评价工作的若干意见》，出台了监测质量管理、环境信息通报等方面的规章制度，成立了海洋生态环境监测评价领导小组。狠抓监测质量保证，印发《关于进一步加强海洋生态环境监测质量管理的意见》，制定《全国海洋生态环境监测质量保证工作三年行动计划》，开展了第一届全国海洋环境监测技术比测活动。建立海洋生态环境质量通报制度，将生态环境保护领域突出问题和社会公众关注的环境热点问题纳入通报范围。继续推进西太平洋海洋放射性监测预警体系建设，完成 2 个西太平洋海域和 6 个管辖海域监测航次工作。

【海洋生态文明建设】 深入开展海洋生态文明建设专题研究，形成了《关于推进海洋生态文明建设若干问题的报告》等研究成果。推进海洋生态红线、区域限批等生态文明重要制度，渤海三省一市完成海洋生态红线划定工作。组织东海分局启动海洋生态评价制度及相关配套技术规范研究。开展首批国家级示范区建设成效检查，修改完善了建设指标体系等配套办法。

批准建立“盘锦鸳鸯沟国家级海洋公园”等 11 个国家级海洋特别保护区（海洋公园），加强海洋保护区监督管理，印发《国家级海洋保护区规范化建设指南》。启动国家级海洋保护区生态监控体系建设项目。组织制定海洋生态损害赔偿制度，印发《海洋生态损害国家损失索赔办法》。

【海洋环境保护监督管理】 **协调推进严格审批和简政放权** 依法依规做好海洋环境保护行政许可工作，积极落实国家宏观调控政策，严把海洋环境行政许可审查关口，未批准上马严重过剩产能项目。加大海洋环境许可领域简政放权力度，将海砂开采、海上风电的环评核准权限下放省级海洋主管部门。

推进海洋环境行政许可制度和标准体系建设 健全海洋环境许可评审专家管理和科学审查机制，建立海洋工程环境影响评价专家库制度。规范海岸工程建设项目环评报告书征求意见办理工作，制定印发了《海岸工程建设项目环境影响报告书征求意见办理程序》。强化海洋工程环评标准建设，施行新版《海洋工程环境影响评价技术导则》，印发实施海洋石油勘探开发、海砂开采、海上风电等 3 项环评技术规范。编制了国家海洋局重大海上溢油应急能力建设专项规划报告。加强海洋石油勘探开发溢油应急管理工作，修订出台海洋石油勘探开发溢油应急预案，开展海洋石油勘探开发溢油风险排查。

稳步推进海洋倾废管理工作 积极服务沿海地方经济发展，科学开展倾倒区选划，严格倾废审批和倾倒活动监督管理。2014 年，全国实际使用海洋倾倒区 60 个，倾倒量 14488 万立方米，较上年减少 10%，倾倒物质主要为清洁疏浚物，倾倒区及周边海域水深保持稳定，满足倾倒使用需求，倾倒活动未对周边海域生态环境及其他海上活动产生明显影响。积极探索陆域城市建设地基土海上处置新模式，批复同意宁波市开展城建地基土处置临时海洋倾倒区选划工作。（国家海洋局生态环境保护司）

各海区海洋环境保护

【北海区海洋环境保护】 **石油勘探开发监管** 完善规章制度，规范工作程序，制定了《关于海洋石油勘探开发污染物排海及检验有关问题的通知》等管理制度。组织开展了海洋石油勘探开发环保设施和溢油风险排查年度核（抽）查和整改工作，以及渤海海洋石油勘探开发溢油应急桌面演习。承担《海洋石油勘探开发环境保护管理条例》立法后评估工作，完成 1151 份调查问卷，开展了多次实地调研和座谈会，编制了《海洋石油勘探开发环境保护管理条例立法后评估报告》。完成 7 份环评报告书公示，37 个溢油应急计划的备案，12 个海洋油气开发工程的环保设施“三同时”检查，10 个工程环保设施竣工验收。严格限制排海物质种类和总量，共批准批复泥浆、钻屑排放申请 89 份，共批准排放泥浆 28474 立方米、钻屑 85427 立方米。开展渤海溢油卫星遥感监测，发布卫星监测快报 37 期。快速应对绥中 36-1 油田海底垃圾溢油、大连金州中石油新大一线输油管道爆炸等 4 起溢油事件，及时向海事、地方海洋部门通报相关溢油信息。

海洋工程环境监管 落实国务院和国家海洋局关于简政放权、规范行政审批事项有关通知要求，制定（修订）了海洋工程建设项目围填海海洋环境影响评价听证办法及公示工作程序等管理制度，规范行政管理工作。完成7个海洋工程环评听证工作，对4个海洋工程的跟踪监测计划进行审查，细化各种环评批复要求及监管措施。组织召开了海洋工程环境影响跟踪监测、环保设施竣工验收监测报告评比交流会，整体提高报告编制质量、提升技术服务与支撑水平。

海洋倾废管理 依托新型倾废记录仪和“北海区海洋倾废动态监视监控系统”的试运行，进一步促进了海洋倾废管理的科学化与规范化。组织海洋倾倒区选划，完成了3处倾倒区选划报告编制审查。组织编制了《北海区海洋倾废记录仪通用技术标准》，为规范倾废记录仪提供了技术依据。加强与各涉海部门的联系，建立倾倒区水深资料通报机制。目前，在用海洋倾倒区20个，共批准许可证正本23份、批准疏浚物倾倒量3300万立方米，审查地方签发倾倒许可证19份、同意倾倒176.97万立方米、骨灰5220盒。

海洋环境监测与生态保护管理 在北海区全面开展海洋生态环境监测评价，加强海洋环境监测质量控制和监测月报。受环保司委托，承办了全国首次海水样品现场比对测试。会同三省一市海洋厅（局）开展了北海区排污口样品比测和质控样考核，进行了监测质量飞行检查、现场检查。组织开展了海洋站监测能力建设试点。实施面向地方政府的海洋环境信息通报制度，以北海分局名义向山东省人民政府印发了1期绿潮通报。对环渤海三省一市专项海洋生态修复和保护区规范化能力建设开展了监督指导。

海洋应急管理 （1）应对浒苔绿潮灾害，完善浒苔应急常态化的工作机制，利用卫星、飞机、船舶、岸站为一体的立体化、全天候的浒苔绿潮监测预警体系，全面监控浒苔绿潮发生、发展，进行漂移预测；通过“北海区黄海绿潮灾害应对沟通协调及信息通报机制”，及时向国家海洋局、沿海省市地方政府及社会公众通报浒苔绿潮信息24期；2014年5月12日首次在黄海南部海域发现浒苔绿潮，6月16日，启动浒苔绿潮灾害三级应急响应，7月起，浒苔绿潮逐渐消退，8月18日，终止浒苔绿潮应急响应。（2）开展渤海海上溢油监视检查，开展渤海溢油卫星遥感监测，发布监测快报37期。快速应对绥中36-1油田海底垃圾溢油、大连金州中石油新大一线输油管道爆炸等4起溢油事件。组织秦皇岛附近沙滩油污染应急监视监测3起，及时向海事、地方海洋部门通报相关溢油信息，加强了部门联动。（3）开展赤潮预报预警和跟踪监测，2014年北海区共发现赤潮14起，其中渤海共发现11次赤潮、面积约4078平方千米，黄海中北部共发现2次赤潮、面积约19平方千米。

技术交流与培训 举办了生物多样性、营养盐分析、海洋倾废监管技术、石油勘探开发管理培训，培训200余人次。在北海区三省一市，分别组织召开了的“海洋倾废管理工作交流暨新型倾废记录仪日常维护培训会”，直接面向企业，宣讲法律法规，解决疑惑。

（国家海洋局北海分局）

【东海区海洋环境保护】 **海洋环境保护监管** 强化依法行政意识，严格行政审批，进一步提高行政效能，受理并批准海洋倾倒申请24起，批准倾倒疏浚物7893.9万立方米，审查省级海洋行政主管部门初审意见272份；组织20个倾倒区选划、申报、论证工作；备案溢油应急计划5份，批复试油申请5份，对油气平台和终端进行1次环保登检；组织完成3个海洋工程环保设施“三同时”及竣工验收检查，2个海洋工程的环评听证。推进倾废等相关管理制度建设，出台了《关于进一步规范东海区海洋倾倒活动的通知》；利用海洋倾废仪、油气平台监控系统，推进行政、执法与技术联动监管，对倾倒区、疏浚工程区域、倾废船舶实施了550次监视监测、检查，对各类海洋（涉海）工程进行了875次监视监测与执法监察。

海洋环境监测与评价 围绕着分区分级责任制的落实，不断健全海区中心-中心站-海洋站的三级监视监测和监管体系，推进海洋生态环境监测工作重心前移和海洋生态环境在线监测应用；组织完成东海区全海域373个站点3个航次海水监测，2个航次二氧化碳断面调查，4个排污口每月1次的监督性监测，滨海湿地、海洋资源环境承载力试点监测，以及长江口生态监控区、长江入海通量、倾倒区、国管工程、电厂温排水等监测工作，获取各类监测数据约38万组，编制并发布了《2014年东海区海洋环境公报》，初步建立面向地方政府的信息通报制度。

海洋环境灾害和突发事件风险管理 健全

海洋环境灾害及突发事件应急管理机制，深化东海区海洋环境监测预警体系建设。组织开展海区海洋石油开发油气输送管线风险排查，积极应对 10 月 13 日平湖油气田管道断裂事件；构建由船舶自动化监测、岸基站、航空和卫星遥感、浮标在线组成的赤潮立体监测网络，开展应急监测预警；实施绿潮调查与监视监测预警，及时跟踪绿潮发生、发展动态；组织西太平洋海洋环境监测预警体系建设，初步建立监测预警数据库；组织开展 6 个站点每周一次大气辐射、2 个站点每月一次海水、6 个区域生物放射性监测，完成 2 个航次的东海区所辖海域和台湾北部海域西太平洋海洋放射性监测预警工作，开展西太平洋日本以东海域渔获物样品采集工作；在台湾东北海域和台湾海峡北部海域布放 2 套放射性综合监测浮标系统，推进放射性在线监测预警工作。

海洋生态保护与建设　积极推进海洋生态评价制度理论和示范研究；积极参与海洋生态红线划定，在东海区沿海省市资源环境现状和基于发展状况调查分析的基础上，提出东海区所辖三省一市的生态红线区面积、自然岸线保有率等生态红线控制指标和管理成效考核指标；以浙江省乐清市为试点区域，开展海洋资源环境承载力监测预警试点评估，初步建立资源环境承载力的评价和监测方法；扎实推进国家级海洋保护区生态监控体系建设，在对南麂、厦门珍稀物种保护区等国家级保护区进行深入调研基础上，组织编制了《2014 年东海区国家级海洋保护区生态监控体系建设工作方案》，重点建设 2 个示范保护区监控系统，已于 2015 年 1 月底开展试运行。

海洋环境监测质量保证　组织实施《2014 年东海区海洋环境监测质量保证及标准计量管理工作方案》，推进质量管理，强化监测业务全过程质量控制。以“现场盲样考核”为重点对海区 10 家监测机构开展了实验室全过程监督监测；对东海区范围内承担海洋监测任务的 28 家监测机构实施实验室能力验证和外控样考核；首次从航前检查、海上现场作业和分析质量控制三个方面对承担监测任务的监测机构进行第三方质量监督检查，取得良好效果。

（国家海洋局东海分局）

【南海区海洋环境保护】　编制海洋资源环境承载力监测预警评估技术指南材料　按照国家海洋局“建立资源环境承载能力监测预警机制”有关工作部署，国家海洋局南海分局组织人员创建了基于功能区划和生态红线制度的监测预警指标体系以及基于状态空间法确定环境超载情况的评估方法体系，在此基础上建立海洋资源环境预警方法和预警等级划分，并于 8 月 21 日编制了《海洋资源环境承载力监测预警评估技术指南》等材料报国家海洋局。其核心思路和研究方法被国家海洋局作为海洋领域的监测预警评估方法。

海洋石油开发油气输送管线环境保护专项排查整治　国家海洋局南海分局从 2014 年 3 月 10 日至 20 日开展了海洋石油开发油气输送管线环境保护专项排查整治活动，进一步掌握了南海区海洋石油开发油气输送管线运行状况和风险隐患，并于 11 月 11 日至 12 月 26 日开展了南海区海洋石油勘探开发溢油风险防范工作监督检查工作。

编制南海区重大海上应急能力建设规划方案　2014 年 2 月 17 日，国家海洋局南海分局结合南海海上油气生产设施管线情况、溢油敏感地区情况、海上溢油应急监测与溢油事故生态损失评估索赔等方面内容编制了《南海区重大海上应急能力建设规划方案》。

红树林、珊瑚礁自然保护区生态监控体系建设专家咨询会和调研　按照国家局海洋自然保护区生态监控系统建设部署，南海拟将广西北仑河口国家级自然保护区、海南三亚珊瑚礁自然保护区和海南万宁大洲岛海洋生态自然保护区作为示范点纳入首批自然保护区生态监控体系，国家海洋局南海分局于 3 月 26 日组织召开南海区珊瑚礁、红树林保护区监控体系建设专家咨询会。并组织人员于 5 月 20 日至 24 日对广西北仑河口国家级自然保护区、海南三亚珊瑚礁自然保护区和海南万宁大洲岛海洋生态自然保护区监测设备建设、建设需求等方面开展详细调研，对南海区生态监控系统建设方案做了初步的定位，编制完成了《南海区国家级自然保护区生态监控系统建设方案》初稿。

珠江口海域海洋生态环境质量通报　国家海洋局南海分局建立了海洋生态环境质量通报

制度，于12月编制了《珠江口海域海洋生态环境质量通报》，并组织有关部门代表及专家进行审查完善，于2015年2月初向广东省人民政府、深圳市人民政府通报有关情况。

北部湾、海南近岸海洋生态环境保护调研 国家海洋局南海分工作组于6月4日至7日前往广西调研，就优化海洋环境监测资源，开展近岸海域资源环境承载力研究和加强海洋生态环境监测信息共享等方面进行了深入研究和讨论，形成加强北部湾近海监测工作有关合作共识；于6月24至26日前往海南省，与海南省海洋与渔业厅等单位就海南近岸海洋生态监测与保护、三沙市海洋环境监测与海洋生态保护工作、协作与信息共享等方面具体工作内容进行协商，在海洋放射性监测工作协作、海南近岸海域球型棕囊藻赤潮预警研究等方面形成了合作意向。

2013年南海区海洋环境状况公报 国家海洋局南海分局组织编制了《2013年南海区海洋环境状况公报》，经国家海洋局同意，于8月14日正式在政务网站公布。

（国家海洋局南海分局）

海洋观测预报和防灾减灾

综 述

2014 年，在国家海洋局党组的正确领导和局属各有关单位、机关各部门的大力支持下，海洋观测预报和防灾减灾工作战线上的全体同志紧紧围绕局党组提出的部署和观测预报与防灾减灾工作“四一二一”体系发展目标，创新思路、团结协作、扎实工作、攻坚克难，各项工作都取得了显著成效。

海洋观测预报

【规划工作和标准制度建设】 各项规划取得阶段性进展。《全国海洋观测网规划（2014—2020 年）》在广泛征求局系统有关部门和单位、沿海省市地方政府、国务院有关部门和军队有关方面意见的基础上，进行了修改完善，于 2014 年 10 月上报国务院，并获批准颁布施行。这是《海洋观测预报管理条例》颁布实施以来，在规划方面取得的一项重要工作进展。

组织完成了《海洋观测预报管理条例》系列配套制度的制修订工作，颁布了《海上船舶、平台志愿观测管理规定》《海洋预报业务管理规定》和《海洋数值预报模式业务化应用管理暂行办法》等 3 项管理制度；组织编制完成了《海洋观测资料管理规定》和《海洋观测站点设立调整与保护管理规定》，目前两项管理规定已提交进入技术审查；组织编制并发布了《海洋站水准联测技术规程》《海况视频监控系统建设技术规程》和《海洋观测浮标通用技术要求》等规范性文件；制修订了《海洋观测预报及防灾减灾标准体系》《基准潮位核定技术指南》《海洋实时传输潜标系统》《海洋资料浮标作业规范》《中国海洋站观测站点代码》《海洋观测雷达站建设规范》《海洋观测环境保护范围划定》《海洋观测资料传输技术规程 第 1 部分：海洋站、测点观测资料传输》《海洋观测资料传输技术规程 第 2 部分：海洋环境里安观测数据传输》《海洋观测仪器检验大纲编写指南》《船载投弃式温深仪》《水下声学应答释放器》《自容式温度深度测量仪》《船载投弃式电导率温度深度剖面仪》《表层漂流浮标》等标准规范。

【基准潮位核定】 对 2006 年以来国家海洋局局属海洋站基准潮位核定采集信息进行梳理和分析，针对发现的海洋站水准系统存在高程基准不统一、水准点信息不完整、水准复测不规范和水准连测管理不完善等问题，2014 年国家海洋局预报减灾司组织开展了基准潮位核定工作，4 月份印发了《全国海洋站基准潮位核定工作方案》，计划在 2016 年 1 月份之前完成对基准潮位核定工作的总验收。2014 年度，共有 108 个海洋环境监测站（点）开展了基准潮位核定工作，各海洋站在 2006—2013 年工作经验的基础上，有计划有针对性地开展基准潮位核定信息采集和水准连测，成果资料翔实，工作完成情况良好。

【海洋观测能力】 组织沿海各省、自治区、直辖市及计划单列市海洋部门成功申请 2014 年中央分成海域使用金支持项目，主要用于升级改造省级海洋预警报能力，为地方海洋预报减灾事业的跨越式发展创造了契机。

持续加强南中国海区域海啸预警系统建设，提升地震海啸监测能力。在海啸预警观测台网一期 15 个宽频地震台业务化运行的基础上，2014 年完成了二期 10 个宽频地震台的建设工作，数据接入国家海啸预警中心海啸预警服务平台。

重点加强了离岸观测能力。通过先期启动的国家专项经费投入，完成了东海区外磕脚平台的全面改造，新建 8 套大型 10 米浮标和 1 套 3 米浮标，完成了两条断面调查船的改造。

推进海况视频监控系统建设工作。组织预报中心和三个海区分局制定海况视频监控系统建设总体规划方案，建立统一建设标准和建设方案。2014 年整合接入已有视频测点 12 个，新增海况视频测点 5 个。

对近几年海洋台站升级改造等专项的成果进行全面总结，发行了《国家海洋局海洋站图集》，为建局 50 周年献礼。

【海洋灾害应急工作】 2014 年海洋灾害呈现出过程次数少、影响范围集中、平均强度大等特点。全国各级海洋部门高度重视海洋灾害应对工作，严格执行应急预案，认真做好汛前隐患排查、应急观测预警、灾情调查报送等工作。全年各级预报机构共组织应急视频会商 83 次，制作发布 139 期海洋灾害警报，通过电视、广播、网络、传真、移动通信等多媒体平台发布预警信息 85 万多条，为社会公众、政府部门和涉海企业研究部署海洋灾害应对工作提供了重要支撑。

【海洋预报】 继续拓展海洋预报业务领域，提升服务质量，取得明显进步。一是继续深化面向沿海重点保障目标的精细化预报工作，针对上海自贸区、天津港、大亚湾石化区等重点保障目标每日发布精细化预报产品，业务流程逐步完善，预报准确率逐步提高。二是探索开展城市邻近海域预报工作，编制了《城市近岸海域预报技术规范》，依托海域使用金项目选定了 93 个城市预报单元，以浙江为示范启动了县级市邻近海域预报试点工作。三是海洋预报信息化建设步伐明显加快，开展了全国海洋预报产品数据库和全国海洋预报门户网站一期工程建设，初步实现了对全国省级以上海洋预报机构核心产品的共享管理。

【海洋环境保障】 积极开展海上突发事件和重大活动的海洋环境保障工作，取得优异成绩。2014 年初，当“雪龙”号船遭遇南极严重海冰围困之时，及时采取一级应急处置措施，组织各方力量开展预报会商，做出准确的现场环境预报，选择了最佳脱困窗口时间，为“雪龙”船成功自行脱困做出了贡献。2014 年 3 月 8 日马航 MH370 客机失联后，立即启动应急响应机制，组织国家海洋预报台实施了 24 小时不间断应急值班，当天即发布了第一期预报服务信息，为投入搜寻行动的船只提供了及时的现场海洋环境预报，截至 6 月 10 日，共发布 107 期搜救现场环境预报产品，预报保障区域从我国南海扩展到泰国湾、安达曼海至澳大利亚西部南印度洋区域。

组织开展了“海洋石油 981”钻井平台作业保障服务工作；为港珠澳大桥海上施工提供了精细化预报服务；为 APEC 海洋部长会议顺利举行，提供了专项预报保障服务，在会议举办期间，发布了厦门岛周边 96 小时气象海况预报和 8 个海滨旅游热点区域的海况水质预报。

为海上维权执法行动提供了海洋环境保障服务，完成了针对黄岩岛、钓鱼岛、西沙、南沙、曾母暗沙、永暑礁维权，定期巡航执法船只的航线保障服务。

为海军亚丁湾护航和在印度洋区域开展的多次军事活动提供了海洋环境预报保障服务，先后 13 次为军方提供海洋观测数据服务，为国防工程建设、海洋测绘和部队模拟训练及时提供了海洋环境保障服务。

在国家海洋局建局 50 周年之际，成功组织了大规模、实战化海洋灾害应急会商和海上搜救模拟演练。

海洋防灾减灾

【海洋灾害风险评估和区划试点工作】 海洋灾害风险评估和区划是全面掌握灾害风险、支撑灾害风险管理、提出科学减灾对策、服务地方经济社会发展的基础性工作。国家海洋局自 2012 年启动了国家、1 个省尺度、2 个市尺度、3 个县尺度风暴潮、海啸、海浪、海冰和海平面上升 5 个灾种的海洋灾害风险评估和区划试点工作。2014 年，国家海洋局海洋减灾中心（下简称“减灾中心”）作为区划试点工作技术牵头单位，组织开展了河北省、南通市现场调查，成果制作等专题研讨，已完成南通市、连江县区划试点成果验收，河北省区划试点成果征求意见；并会同浙江省海洋与渔业局完成了平阳县、苍南县和舟山市普陀区的区划试点技术审查和成果验收工作；完成风暴潮等 5 个灾种区划技术导则修订工作。启动了海洋巨灾风险前期预研和风暴潮（含近岸浪）灾害致灾机理研究。

【海洋灾害重点防御区划定工作】 海洋灾害重点防御区划定工作旨在依据《海洋观测预报管理条例》，通过划定海洋灾害重点防御区，建立健全海洋灾害重点防御区管理制度，提高国家和沿海各级政府的海洋灾害风险管理能力。2014 年，国家海洋局组织局属单位、沿海地方海洋与渔业厅（局）等单位多次研讨，确定了重点防御区划定技术思路，明确了重点防御区管理制度标准建设内容，编制完成了《海洋灾害重点防御区划定工作方案》并得到了国家海洋局领导的批示，海洋灾害重点防御区划定试点工作正式启动。

【海洋灾害调查评估工作】　2014 年，我国海洋灾害以风暴潮、海浪、海冰和赤潮灾害为主，绿潮、海岸侵蚀、海水入侵与土壤盐渍化、咸潮入侵等灾害也均有不同程度发生。各类海洋灾害造成直接经济损失 136.14 亿元，死亡（含失踪）24 人。各类海洋灾害中，造成直接经济损失最严重的是风暴潮灾害，占全部直接经济损失的 99.7%；造成死亡（含失踪）人数最多的是海浪灾害，占总死亡（含失踪）人数的 75%。单次过程中，造成直接经济损失最严重的是 1409“威马逊”台风风暴潮灾害，直接经济损失为 80.80 亿元。

2014 年，海洋灾害现场调查工作机制进一步完善，初步形成了由国家海洋局领导，国家海洋局海洋减灾中心进行业务指导，国家海洋局相关局属单位和沿海地方海洋与渔业厅（局）协同配合的工作机制。编制完成了《2013 年中国海洋灾害公报》，完成了沿海地区县级及以上海洋部门、国家海洋局海区分局、业务中心灾情信息员队伍和调查队组建工作，并开展了首次业务培训。编制完成了《海洋灾害现场调查工作规则》、《风暴潮、海浪灾害现场调查技术规程》和《海洋灾情评估技术方法》初稿。针对 2014 年影响较重的超强台风“威马逊”和强台风“海鸥”灾害调查，首次通过对现场调查资料、遥感影像解译以及淹没区地形的综合分析，评估确定重点调查区域海水淹没范围，为指导现场调查和灾后损失评估提供依据，并对灾害的自然过程、灾害应对、灾害损失和影响等方面进行了对比，对灾害应对的薄弱环节进行梳理并提出了有关建议。

【警戒潮位核定工作】　警戒潮位是指防护区沿岸可能出现险情或潮灾，需进入戒备或救灾状态的潮位值。2014 年，国家海洋局修订了《全国沿海警戒潮位核定工作技术指导组工作规则》和《警戒潮位核定技术报告技术审查工作流程》，对山东省潍坊市、烟台市、威海市和青岛市沿海 21 个岸段，上海市沿海 3 个岸段以及江苏省沿海 14 个岸段的警戒潮位核定技术报告进行了审查。

【海洋减灾综合示范区建设工作】　国家海洋局于 2014 年启动了海洋减灾综合示范区建设工作，对海洋减灾现有工作成果进行整合、集成与检验，提升区域海洋减灾综合业务能力，通过积累经验和提供示范，推动全国海洋减灾工作的开展。2014 年，组织山东、浙江、福建、广东四省开展了示范区技术方案编制。目前，各项工作正在推进过程中。

【防灾减灾宣传教育工作】　加强海洋防灾减灾宣传教育，对提高全社会的海洋灾害风险防范意识，有效降低海洋灾害造成的人员伤亡和经济损失具有十分重要的意义。国家海洋局高度重视海洋减灾宣传教育工作，利用“5•12”防灾减灾日、“6•8”世界海洋日重要契机，组织开展了一系列面向社区、学校和公众的诸如全国海洋宣传日主题宣传活动、海洋宣传开放日活动、海洋灾害应急演练等多种形式的海洋防灾减灾知识宣传教育活动，有效提升了全社会的海洋灾害风险防范意识。根据国家减灾委员会《关于做好今年防灾减灾日有关工作的通知》（国减电〔2014〕1 号）要求，国家海洋局认真组织沿海各地海洋部门和局属有关单位，2014 年“防灾减灾宣传周”期间，突出“城镇化与减灾”主题，结合海洋灾害特点，深入各类社区，举办了内容丰富、形式多样的海洋防灾减灾宣传教育活动，开展了海洋灾害隐患排查和应急演练工作，并利用各种新闻媒体，大力宣传海洋防灾减灾知识和活动，有效提高了社会公众的海洋防灾减灾意识和能力，取得了良好的社会反响。　（国家海洋局预报减灾司）

海洋权益维护与执法监察

综 述

2014年3月3日，中国海警局集中办公履职。全年共派出舰船22082艘次、航程400000海里，派出飞机735架次，走访船舶22200艘次、渔船民92800人。海上维权共驱离外籍船舶1608艘次。海上安保派出舰船3349艘次、人员27000人，航程47980海里、航时19000小时。海上综合执法刑事案件立案71起，破案53起，抓获犯罪嫌疑人212人；治安案件接处警1180次，查处795起，抓获犯罪嫌疑人212人，调解纠纷87起，救助遇险21艘143人；走私案件查获案件515起，案值5.38亿元，抓获犯罪嫌疑人1503人，查处违法违规渔船645艘；处置渔船险情应急事件9起，参与调查处理较大渔业事故6起，跟进处置涉外渔业事件13起，涉及渔船20艘，参与马航失联客机搜救行动；检查海域使用项目26504个，检查次数764334次，发现违法行为975起，作出行政处罚决定540件，决定罚款额162194.32万元，收缴罚款155731.99万元；检查资源环境项目8681个，检查次数44572次，发现违法行为751起，作出行政处罚决定693件，决定罚款额5078.49万元，收缴罚款4920.85万元；检查海岛14145个次，其中，船舶巡航和人员登岛共检查海岛7862个，检查海岛11330次，检查海岛使用项目3488个。发现违法行为66起，立案38件，作出行政处罚决定38件，作出行政处罚决定36件，已收缴罚款421万元。海警37102舰被中央军委和国务院授予“南海维权先锋舰”荣誉称号；韦汉忠当选“我最喜爱的人民警察”，被人社部和公安部授予“全国公安系统一级英雄模范”；海警35101舰、44044艇被评为“全国边海防工作先进单位”，汪宗铁被授予“卫国戍边英模”荣誉称号，缪文波等4名同志被评为“全国边海防工作先进个人”。

海洋权益维护

推进法制建设 协调推动解决海警执法主体问题，提出《海警法》和《海上维权执法条例》等立法项目的初步解决方案。清理海上维权执法法律法规和规范性文件，编写执法指南，统一规范海警法律文书和执法证件，将原四家执法单位186种行政执法法律文书整合为65种，规范海上综合执法操作。

巩固钓鱼岛常态化巡航管控，加强黄岩岛海域巡航监管，常态化管控西沙海域。钓鱼岛常态化巡航262天，同比去年增加17%；做好黄岩岛等我主张海域的巡航监管，全年监视和驱离外籍船舶1153艘次、外籍飞机98架次，防止有关国家新占无人岛礁。开展全海域巡航监视26航次、134天，飞机空中巡视236架次。加大西南渔场和南海我控岛礁海域伴航护渔力度，共驱离外籍侵渔渔船458艘次，同比去年增加114%；劝离我方企图越界渔船4艘次，成功解救我被外方非法抓扣渔船7艘、渔民11人。

（中国海警局）

各海区海洋权益维护

【北海区海洋权益维护】 **黄海定期维权巡航执法** 强化对黄海我国管辖海域的监管，维权船舶海上巡航300天、航程3万余海里，海监飞机维权飞行130架次、航程16万余千米。

南海专项维权执法 根据国家海洋局统一部署，派出船舶赴南海执行专项维权任务，航程9万余海里。

涉外海洋科研活动执法监管 2014年9至10月，组织开展了北海区涉外海洋科研执法监督检查，以走访了解、自查和检查、法制宣传和警示教育相结合的形式，对多个单位的海洋调查项目进行了执法监管。

海底光缆巡护 自2014年2月起，常态业务化开展了北海区海底国际通信光缆巡护工作。在APEC会议召开期间，按照国家海洋局与工业和信息化部《关于加强2014年亚太经济合作组织领导人非正式会议期间海底光缆保护的通知》要求，组织海警船舶和飞机开展了专项护缆执法行动。船舶海上航行 2300 余海里，飞机飞行 6 架次。（国家海洋局北海分局）

【东海区海洋权益维护】 2014 年 5 月—7 月，国家海洋局东海分局派出中国海警 2401、2350、2337、2166 船及中国海监 B—7115 直升机赴南海为“海洋石油 981”号钻井平台护航。

2014 年 5 月，国家海洋局东海分局派出中国海警 2041、2044、2147、2054、2055 船及中国海监 B—3826、3837 飞机执行了亚信峰会期间海上安保任务。（国家海洋局东海分局）

海洋执法监察

【海上治安管理】 **海上治安管控** 针对渤海湾、长江口、北部湾、闽粤交界等重点海域突出问题，完善区域警务协作机制，深化与涉海职能部门沟通联系，组织开展专项整治，防范打击各类违法犯罪活动，查处治安行政案件 550 余起。

海上安保任务 完成博鳌亚洲论坛、亚信峰会、中国—东盟博览会、北戴河暑期警卫、全军政治工作会议、庆祝澳门回归十五周年庆祝活动等 6 项重大活动海上安保任务，共派出舰艇 3349 航次、警力 27000 余人次、航程 47980 海里、航时 19000 余小时。

【海上刑事侦查】 加大对重点海域的综合整治力度，严厉打击海上各类违法犯罪活动，全年刑事案件立案 71 起，破获 53 起，抓获犯罪嫌疑人 212 人。

部署开展集中行动 针对钓鱼岛海域非法捕捞红珊瑚和黄岩岛海域非法捕捞砗磲贝案件高发态势，指导浙江海警侦破 2 起非法捕捞红珊瑚案，总案值约 300 万元；指导海南海警查获一艘非法采挖砗磲贝渔船，查获砗磲贝 200 吨。

【海上缉私】 全年出动舰艇开展缉私执法 3016 艘次，航时 8327.5 小时，航程 95212 海里，查获海上走私案件 516 起，同比 2013 年（470 起）上升 9.7%，查获走私冻肉制品、成品油、电子产品、矿产品、烟酒等案件，案值 5.83 亿元，同比 2013 年（4.75 亿元）上升 7%，抓获犯罪嫌疑人 1563 人，打掉走私犯罪团伙 10 个。

部分重点海域打私专项行动 针对源自台湾、香港向我国大陆走私活动，组织浙江、福建、广东海警总队开展为期 3 个月的“部分重点海域打私专项行动和综合执法演练”，共查获走私案件 45 起，案值共 8896 万元。

“雷霆”打击走私专项行动 针对源自香港、越南转口我国大陆的走私活动，组织广东、广西和海南海警总队开展为期 3 个月的“雷霆”专项行动，共查获走私案件 44 起，案值 1027.8 万元。

“雷闪”打击走私专项行动 结合“两会一节一赛”治安管控和社会维稳任务，指导广西海警总队开展“雷闪”专项行动，共查获走私案件 37 起，案值 1000 余万元。

【渔业执法工作】 以海洋伏季休渔海上执法监管为抓手，确保国内渔船作业秩序总体稳定；以重点海域渔船管控为切入点，预防和减少涉外渔业事件；以执法谈判和双多边交流为契机，加强对外沟通与协作。

海洋伏季休渔海上执法监管 首次以中国海警局名义部署开展海洋伏季休渔工作，共出动舰船 1490 艘次、飞机 134 架次，累计观察记录渔船 812 艘次，登临检查渔船 1685 艘次，查处违规渔船 479 艘次，收缴罚没款 1320 余万元，没收违禁网具 400 余顶。期间，组织开展“闽粤交界海域海洋伏季休渔专项执法行动”和“北纬 35 度线海洋伏季休渔专项执法行动”。

【渔业事故调查及纠纷处理】 **渔业事故调查处理** 全年共发生渔船海上安全事故 290.5 起、死亡（失踪）286 人，同比减少 39 起、161 人。组织力量做好“浙普渔 68587”等 5 起沉船事故及“桂北渔 92033”等 4 起渔船险情的应急处置工作；参与指导深圳远洋渔船“中洋 26”等 6 起较大事故的调查处理工作。

海上渔事纠纷调处 参与海事仲裁工作会议，引入渔业海事仲裁机制，弥补行政调解与司法诉讼的缺陷，提高渔事纠纷解决效率。参与处置“辽庄渔 65509”、“琼临高 12123”等多起渔船生产纠纷。

涉外渔业事件处置 跟进参与俄罗斯抓扣我 6 艘渔船，日本抓扣我 4 艘渔船，朝鲜抓扣我 7 艘渔船，菲律宾抓扣我 2 艘渔船及韩国海警开枪致我渔船船长死亡等事件处置工作。

参与马航失联客机搜救行动 马航 MH370 客机失联后，协调在南沙西南渔场执行伴航护渔任务的海警 3411 船第一时间赶赴失事海域开展搜救工作。

【海域执法工作】 以陆岸巡查为主，结合船舶巡航、航空巡视等执法方式及卫星遥感等高技术手段开展日常海域执法检查，共检查用海项目26504个，检查次数76334次，发现违法行为为975起，做出处罚决定545件，决定罚款162194.32万元，实际收缴罚款155731.99万元。其中，各分局筹备组检查项目2012个，占全国检查项目数的7.6%；检查次数6369次，占全国检查次数的8.3%；实际收缴罚款数占全国4.5%。

“海盾2014”专项执法行动 连续第12年组织开展“海盾”专项执法行动，加大对“三边工程”的打击力度，进一步强化工业用海区、城镇用海区、港口航运区、农业围垦区等用海项目监管，不断加强区域用海规划实施情况监督，并结合疑点疑区排查等专项执法行动，严厉查处重大海域使用违法案件。共立案55起，做出处罚决定63件，结案57起，决定罚款113658.24万元，实际收缴罚款125589.07万元。

我国管辖海域内水下文化遗产联合执法 根据水下文化遗产保护执法职责划分，与国家文物局就我国管辖海域内水下文化遗产开展执法合作，签订《国家文物局 中国海警局加强我国管辖海域水下文化遗产联合执法工作会议纪要》，并启动《我国管辖海域内水下文物执法规程》起草工作。

专项调研及疑难重大案件督办 针对目前“三边工程”高发频发态势，先后赴浙江、广东、天津、福建、辽宁五省开展专项调研，摸清“三边工程”现状及产生的原因。组成工作组赴辽宁大连督办国家审计署移交的大连市相关违法用海及越权审批问题。

核查违法用海举报 全年共受理涉及非法围填海电话举报6次、信函举报4件，接待群众来访2次。通过传真、电话布置有关执法机构核查举报问题共约16次，已核查完毕举报均已明确反馈举报人。

【海洋环境保护执法工作】 组织开展“碧海2014”专项执法行动、北戴河海域环境保护专项执法、全海域油气勘探开发定期巡航执法检查、海洋濒危野生动物保护执法等方面的工作，有力打击海洋资源环境违法违规行为。

“碧海2014”专项执法行动 组织海警分局和沿海省（区、市）海监总队开展“碧海”专项执法行动，打击海洋工程未经环评擅自开工建设、在海洋自然保护区核心区和缓冲区建设生产经营设施、无证倾倒废弃物等重大海洋资源环境违法行为，并首次将海砂执法纳入“碧海”专项行动。共立案134件（不含493件采砂案件），与2013年立案152件相比较，数量减少11.8%。

渤海环境保护及北戴河海域海洋环境保护专项执法 组织北海分局筹备组和河北省海监总队开展2014年北戴河海域海洋环境保护专项执法行动，共派出执法人员2973人次，派出执法艇331艘次，海上航程1.9万海里，派出执法车辆507车次，陆岸行程3万千米；立案查处违法案件7件（海域案3件，环保案4件），收缴罚款53.5万元。据同期海洋环境监测数据显示，北戴河海域水质明显改善，达到良好。

全海域油气勘探开发定期巡航执法检查工作 定巡工作海上航程约1.5万海里、航时1286小时；登检石油平台及人工岛158座次、陆地终端处理厂5个；对6个浮式储油轮进行值守监视，累计180天；开展溢油应急核查24次，启动溢油应急响应预警2次，发现海面油膜13次。在巡航执法检查中，发现13起涉嫌违法行为（海域类1起、环保类12起），均已立案查处，收缴罚款998万元。

海洋濒危野生动物保护执法 国家濒危物种进出口管理办公室加强对海上非法捕捉、交易、运输海洋濒危野生动物等重大案件的应急处置和查处指导。编制《关于打击钓鱼岛海域非法采捕红珊瑚执法行动方案》，组织东海分局筹备组开展打击非法采捕红珊瑚专项行动。做好“椰风616”船在渚碧礁海域非法采挖、运输砗磲贝案和“琼琼海渔03168”船在半月礁海域非法捕捞、交易绿海龟案的应急处置，部署登检、查扣、押送，依法予以查处。

自然保护区执法 批准中国海警局加入CITES（濒危野生动植物国际贸易公约）执法工作协调小组。6月份，组成调研组赴广东珠江口中华白海豚国家级自然保护区、徐闻珊瑚礁国家级自然保护区和雷州珍稀海洋生物国家级自然保护区，调研海洋自然保护区执法情况，研究完善保护区执法新措施。

打击非法采挖海砂行为　派出调研组分赴三个海区分局筹备组和辽宁、山东、上海、福建、广东、海南等 6 个省（市），开展海洋倾废和海砂开采执法工作专题调研。8 月份，在烟台举办全国海洋资源环境执法业务骨干培训班，56 名基层业务骨干参加培训。针对福建海域越界采砂严重的形势，与台湾海巡署建立联络机制。

【海岛执法工作】　2014 年各海警分局筹备组和各省海监机构共派出海岛执法人员 28310 人次，船舶 3335 航次、航程 170141 海里；飞机 279 架次、航程 183550 千米，车辆行程 229299 千米。船舶巡航和人员登岛共检查海岛 7862 个，检查海岛 11330 次，检查海岛使用项目 3488 个。发现违法行为 66 起，立案 38 件，作出行政处罚决定 36 件，已收缴罚款 421 万余元。

继续开展海岛定期巡航执法工作　通过飞机巡视、船舶巡航和人员登岛，共获取海岛照片 36411 张，摄像 5773 分钟，更新海岛执法档案 3408 个。航空巡视（含无人机）共检查海岛 6283 个，11161 次；获取海岛照片 18090 张，摄像 798 分钟；更新海岛执法档案 4414 个。在检查中着力掌握各海岛的开发利用状况、权属审批情况和租赁抵押等情况，并重视海岛执法档案的更新与管理，依托海岛监视监测系统，实现了海岛定巡执法电子档案与纸质档案同更新、同归档。

首次开展无居民海岛核查工作　针对我国百余个岛体形态发生较大改变或已灭失的无居民海岛进行海岛核查，经核查，证实 32 个海岛已灭失、79 个海岛岛体形态发生较大改变。核查发现 22 起违法行为，分别由海警分局和海监机构立案查处。通过核查，全面掌握了各海岛实际使用情况，摸清了开发利用项目的主体及其开发利用行为，有效遏制毁灭性使用无居民海岛的趋势蔓延。

强化海岛航空执法工作　2014 年完成了海岛航空监视监测数据处理和立体成像工作，形成了我国海岛航空监视监测的最终工作成果。实现了对重点海岛的精细化监视监测。

编辑出版《海岛保护执法实务百问》　以问题解答形式介绍了海岛基础知识和我国海岛基本情况，对海岛保护法律和执法制度进行了系统解读，方便执法人员查询和使用海岛法律、法规和制度规范，解决海岛执法工作中的实际问题，推动海岛执法工作规范实施。

各海区海洋执法监察

【北海区海洋执法监察】　2014 年北海区海洋执法工作，紧扣“建设海洋强国”主题，以规范北海区海洋开发利用秩序、服务沿海经济发展为目标，以履行执法检查、行政处罚和监督指导三项职责为重点，强化近岸海域定期与不定期巡查，加强对用海项目监督和引导；深化“北海区疑点疑区核查”、“违法用海专项整治”、“海岛变迁核查”等专项执法检查与联合执法行动，加大违法案件查办力度；持续开展渤海溢油污染防控和应急监视工作，各项工作取得显著成效。

全年共派出执法人员 4148 人次，陆岸巡查 19 万余千米，海上巡航近 3.7 万海里；行政执法飞行 145 架次，航程近 11.5 万千米；检查海域使用项目 2365 个次，海洋工程建设项目 2132 个次，海洋倾废项目 372 个次，海洋自然保护区 93 个次，海岛 642 个次；共查处各类案件 63 起，罚款 3218.3 万元，收缴 3304.694 万元（含往年罚款）。

单独定期与不定期巡查　完成单独定期执法检查 6 次，派出定期与不定期执法人员 2550 余人次，陆地行程近 13 万千米，共检查、巡视围填海及其他类型海域使用项目 2691 个次，登检倾废船 87 艘次，检查自然保护区 45 个次。通过单独定期与不定期巡查，加大对边批边建工程、超面积填海、擅自改变海域用途等违法用海行为的查处力度。

区域建设用海专项执法行动　2013 年 5—8 月，由中国海监北海总队组织所属支队和北海区三省一市海监总队、海域使用动态监管中心、信息中心等单位开展北海区区域建设用海专项执法检查行动。以定期巡查、航空监察、联合检查、集中测量、无人机巡查等方式，共检查 29 个已批复区域建设用海规划，并跟踪监督了 2012 年检查发现的违法行为处理。出动执法人员 874 人次，行程 55866 千米，检查项目 840 个次，获取照片资料 2260 张，影像资料 364 分钟，航空巡视用海项目 107 个次。

渤海石油勘探开发活动定期巡航及溢油防范　完成年度 4 个航次的渤海石油勘探开发活

动定期巡航任务，通过对海上石油勘探开发设施巡航实施区块管理和周工作任务定量化要求强化海上巡航。为加强平台设施薄弱环节监管，组织开展海底油气管线专项核查工作，开展渤海世纪号 FPSO 等 6 个 102FPSO 原油外输作业平台值守监视工作，累计值守 180 天。全年组织开展溢油应急核查工作 26 次，启动溢油应急响应预警 2 次。

海岛定期巡航执法检查和鲁苏争议海岛专项执法 全年完成 4 个季度海岛定巡工作，派出执法人员 700 余人次，巡视和登检海岛 306 个，海岛监察飞行 51 架次，航空监视海岛 419 个，获取部分海岛整体区域遥感数据信息和真三维数据。根据上级部署，对北海区 20 个较大改变及疑似灭失无居民海岛进行了现场核查。2014 年 1 至 6 月实施对鲁苏交界十个争议海岛的专项检查和登岛检查，8 月初与东海总队对争议海岛执法工作进行了交接。

“海盾”、“碧海”专项执法 全年完成 4 起“海盾”案件结案，共处罚款 988.89 万元。结合“海盾 2014”专项执法行动，组织开展了 2014 年北海区区域建设用海规划专项执法检查，对北海区 29 个区域建设用海规划实施整体情况及规划内单宗项目进行了全面检查。全年完成 25 起“碧海”案件，收缴罚款 232.5 万元。结合“碧海 2014”专项执法行动，部署开展了北海区海洋倾废专项执法检查，取得良好效果。

海洋环境保护专项执法 2014 年 7 至 11 月，在秦皇岛海域组织开展了海洋环境保护专项执法，重点加强对秦皇岛周边海域油田矿区的巡视检查，严厉打击海洋环境违法行为，有力保护了秦皇岛海域的海洋环境。9 至 10 月，组织开展胜利油田海岸线向海一侧的潮间带单井和管线等油气开发设施分布情况的全面摸底排查专项执法，建立了全面的执法信息档案。

执法建设与业务规范 加强主办监察员队伍建设，继续推行实施主办监察员聘任制度，共聘任 34 名主办监察员，同时对涌现出的 15 名表现突出的主办监察员进行通报表扬，发挥了队伍模范作用。加强执法能力建设，组织开展案卷评查、海洋行政执法案例分析等工作，提高执法业务水平。加强执法制度建设，相继出台《北海总队行政执法业务档案归档规定》《渤海石油勘探开发活动溢油应急平台值守工作规定》等文件，两次组织开展对所属支队行政执法业务档案归档工作的集中检查，进一步加强了执法业务规范。(国家海洋局北海分局)

【东海区海洋执法监察】 2014 年组织支队岸线定期巡查 6 期、海岛定期巡航执法检查 4 期，开展各类执法检查 5879 次，检查各类项目 2575 个，派出执法人员 5700 人次，出动船舶 352 航次、航程 2.4278 万海里，飞机 142 架次、航时 428 小时，航程 9.4244 万千米，车辆 231 台次、行程 7.7897 万千米。查处案件 19 起，结案 19 起，收缴罚款 800.1545 万元（其中“海盾”立案 2 起，结案 2 起，收缴罚款 445.9905 万元；“碧海”立案 3 起，结案 3 起，收缴罚款 16.5 万元。）

海域执法监管 通过采取单独定期或不定期执法检查、岸线巡查和联合执法检查等多种形式，全面了解和掌握了辖区内海域使用现状，对用海项目进行了摸底排查和重点检查。其中配合东海分局海域处，完成了东海区 57 个区域用海规划和 1206 个填海项目实施情况的调查统计，并基本实现了年内对辖区用海项目的全覆盖。

继续保持对各类违法用海行为的打击力度，重点查处了一批超面积围填海、用海“三边”工程等违法行为，查获并处理违法用海案件 6 起，处罚 708.8545 万元。另根据上级指示和群众举报，对 5 起用海举报进行调查核实。

海洋环境保护执法 以“碧海”专项执法行动为抓手，在连云港、上海吴淞口、宁波舟山、厦门等重点海域开展违法倾倒巡航监视，加强海洋工程监督检查力度，重点查处海洋工程违法案件和无证倾倒废弃物等重大海洋环境违法行为。组织开展了辖区内海洋倾废记录仪运行情况的调查工作，积极跟进海洋倾废记录仪的使用管理。积极开展废弃物现场采样监督工作，下属支队与多个海洋环境监测中心站联合开展了废弃物现场采样监督检查 3 次。派员对上海骨灰撒海活动进行了 43 航次的随航监督。

继续组织开展东海区石油勘探开发环境保护定期巡航，全年共出动船舶 12 航次，计 16 艘次 33 天；对“春晓、平湖”等油气田及周边海域进行海上巡航监视，实施海上油气平台登检 3 项次，实施陆上油气登陆点和处理厂检查 2 项次。

进一步加大了对重点区域海砂开采用海执法监管力度。综合执法中派员多次在北纬35度以南，长江口以北海域，对连云港埒子河、灌河入海口附近海域驻点监视非法采砂船舶。

结合重点开展海岛执法 组织四、五、六支队，在具有填海连岛现象、原有岸线发生明显改变、地形地貌严重改变的海岛中，选定221个开展重点检查。组织东海航空支队根据年度飞行计划重点进行福建海域、浙江海域海岛定期巡航执法检查，同时补充完成飞行协调困难区域海岛的影像及资料的收集。通过与地方海监机构的联合执法，对10个已灭失海岛、54个变化情况较大的海岛开展核查工作，结合具体情况提出处理意见，并联合管理部门探讨将已有海岛开发利用活动纳入规范管理的有效途径。

做好省际间争议海岛的执法检查工作，制订争议海岛突发情况应急预案，组织各直属支队开展江苏山东、浙江福建交界海域27个国家直属海岛的执法检查工作，加强管控、注重协调、化解争议，严防突发事件，尤其是群体性事件的发生。全面启用海岛监视监测系统，完成东海总队海岛监视监测的报送任务，更新完善海岛本底资料，为海岛“网格化、全覆盖”管理打下基础。

认真做好相关执法工作 组织相关支队开展海底电缆管道巡护，按照上级统一部署，5月派出海监船艇4艘执行“上海亚信峰会”期间东海区海底光缆管道保护专项执法任务，10月执行了“黄岩项目海底管线施工作业现场专项巡航执法”任务，确保东海区海底管线安全和畅通。

继续履行海区总队组织指导职责，3月组织东海区三省一市总队开展了东海区2013年度海洋行政处罚案卷评查并评出年度海洋行政处罚十佳案卷。2014年7月21日至8月2日，分别在厦门、宁波、上海三地分三期先后举办了海洋行政执法业务培训，对全机关及下属各支队共计四百余名海洋执法监察证持证人员进行了专项业务培训，并为120名监察证到期人员申办换发海洋执法监察证。 （国家海洋局东海分局）

【南海区海洋执法监察】 **海洋专项执法行动** 2014年9月至11月，由中国海监南海总队牵头，南海总队相关支队和南海三省区海警总队筹备组共同参与实施，对三项重点领域进行了专项执法行动：一是对广东珠江口海域的倾废活动实施专项监管，保护海洋生态环境；二是对海南省沿岸海域的海砂开采活动开展专项执法，打击违法开采海砂行为；三是在广西区沿岸海域开展海岛专项执法行动，规范海岛开发秩序。共出动执法船艇23艘次，飞机监视飞行25架次，航时96小时，航程21120千米，派出行动人员375人次，查获非法采砂船舶3艘，登检倾废船24艘，核查无居民海岛59个。深圳卫视、中新网、南方日报、中国海洋报以及地方各大媒体进行了宣传报道。

全面开展海洋行政执法工作 2014年，中国海监南海总队以“海盾2014”、“碧海2014”和海岛核查等专项执法任务为重心，以查办案件为主要手段，以维护南海区的海洋开发秩序为主要目标，共出动海监飞机156架次，航时572小时，航程125630千米；出动海监船舶86航次，巡航2440.4小时，航程30176海里；开展陆上巡航241次，派出执法人员2907人次，派出执法车辆265车次，陆地行程117039千米。检查海域和海环等涉海项目686个；登检台山惰性物料监管点倾废船2849艘次。检查海岛374个，其中登岛检查104个。发现违法行为39起，立案38起，作出处罚决定35件（其中1件为2012年立案，6件为2013年立案），决定处罚金额3224.9072万元，执行28件。收缴罚款3316.0372万元（含2013年未执行完毕罚款158.13万元）。 （国家海洋局南海分局）

海洋交通管理

海洋交通政策和法规

【《航道法》颁布实施】 2014年12月28日，第十二届全国人大常委会第十二次会议通过了《中华人民共和国航道法》（简称《航道法》），自2015年3月1日起施行。全法共七章、四十八条，构建了航道规划、建设、养护、保护及法律责任等方面的制度体系。

航道是国家重要的公益性基础设施。中国现有内河航道近13万千米，沿海航道8000多千米。作为水路运输所依托的重要基础设施，航道承载的运量，约占社会货运总量的11%和货物周转总量的47%。《航道法》的颁布实施，有利于保护航道资源、促进航道健康可持续发展、充分发挥航道的先导性和基础性作用，有利于促进水路运输发展、进而完善综合交通运输体系的构建，有利于促进合理开发资源、保障航道安全、综合利用好水资源，有利于推进由东向西、由沿海向内地、沿大江大河和陆路交通干线梯度推进的国家发展战略新棋局。

《航道法》主要规定八个方面的制度：一是规定了航道的含义和范围；二是确立了管理体制，明确重要航道由中央管理的原则，并赋予各级航道管理机构执法主体资格；三是明确了政府资金投入义务，规定政府要在财政预算中合理安排航道建设和养护资金；四是规定了航道规划制度，明确航道规划的编制主体和具体要求及与相关规划的关系；五是规范了航道养护义务，强化政府部门的养护保通责任；六是确立了航道保护范围划定制度，明确航道保护范围的划定、公布主体和程序；七是设立了拦河建筑上通航建筑物五同时、航道影响评价审核、水位衔接保证等航道保护的核心制度；八是规定了法律责任，对危害、损害、破坏航道的行为设定了较为严格的处罚及强制措施。

【《国务院关于促进海运业健康发展的若干意见》发布】 2014年9月3日，国务院新闻办公室举行《国务院关于促进海运业健康发展的若干意见》（国发〔2014〕32号，以下简称“32号文”）有关情况的新闻发布会，交通运输部党组成员、副部长何建中出席并发布相关情况。

32号文是新中国成立以来第一次比较全面系统地明确海运发展的战略目标和主要任务，特别是当前海运发展受国际金融危机的影响，形势还比较严峻的情况下，对提振信心，凝聚合力，深化海运企业改革，促进企业转型升级，具有非常重要的意义和指导作用。32号文主要内容可分为三个方面。一是确定了今后一个时期海运发展的目标定位：到2020年基本建成安全、便捷、经济、绿色、高效的具有国际竞争力的现代海运体系。形成具有较强国际竞争力的品牌海运企业、港口建设和运营商、全球物流经营主体，建立保障有力的重点物资海运船队，建成具有国际影响力的国际航运中心，完善海运业发展相关配套政策和法规，培育和提升核心竞争力，促进企业进一步实施“走出去”战略。二是提出海运业今后发展的主要任务：优化海运船队结构，完善全球海运网络，推动海运企业转型升级，大力发展现代航运服务业，深化海运业改革开放，提升海运业国际竞争力，推进海运安全绿色发展。三是为实现目标和主要任务提出的保障措施：健全运输保障机制，发挥财税政策支持作用，加强和改进行业管理，强化科技创新和人才队伍建设。

新闻发布会上，交通运输部何建中副部长还就32号文出台的重要意义、中国海运在世界海运界的地位与差距、海运业应对国际金融危机采取的政策措施、船舶运力结构调整、现代航运服务业和铁水联运发展等方面，回答了现场记者的提问。

【全国海运发展推进会在上海召开】 2014年10月31日，全国海运发展推进会在上海召开。交通运输部党组书记、部长杨传堂出席会议并讲话，何建中副部长作工作报告，上海市人民政府蒋卓庆副市长致辞，国家发展改革委、工业和信息化部、财政部、国资委等有关部门领导参加会议并发言，来自各主要省（区、市）和计划单列市的交通运输主管部门、港航管理机构，以及部分港航企业、有关行业协会、科研院校的代表参加了会议，上海市交通委员会、天津市交通委员会、重庆市交通委员会、湖北省交通运输厅、中远集团、中海集团、中外运长航集团、招商局集团、大连港集团、海丰国际控股公司、上海航运交易所等单位进行交流发言。

杨传堂指出，国务院出台的《关于促进海运业健康发展的若干意见》，提出了促进海运业健康发展、建设海运强国的指导思想。中国建设海运强国，应努力拥有规模适度、结构合理、技术先进的专业化海运船队，拥有由大型化、专业化码头和完善的集疏运系统组成的现代化港口体系，拥有一批国际竞争力强的品牌海运企业、港口建设和运营企业、全球物流经营企业，拥有装备现代化、管理信息化、反应快速化、巡航搜救立体化的水上支持保障系统，基本形成现代化海运治理体系，海运创新能力居世界前列。与此同时，要客观看待中国海运业发展的成就与不足，充分认识推进海运强国建设的有利因素，在建设海运强国的道路上迈出新的步伐。杨传堂强调，中国正处于海运大国向海运强国迈进的关键时期，要切实增强建设海运强国的历史责任感，统筹谋划、突出重点，不断深化海运业改革开放，更好地发挥企业的主体作用和政府的引导作用，大力推动海运业转型升级，为建设海运强国奠定坚实的基础。一是着力服务于国家重大战略。在服务“一带一路”战略中，要充分利用双边、多边国际海运合作渠道，着力推动通道体系建设。在服务长江经济带建设战略中，要充分发挥海运沟通长江、连接国际的网络优势，完善江海中转运输系统，优化港口功能布局，加快上海国际航运中心建设。在推进京津冀协同发展中，要加快构建布局合理、功能完备、服务水平先进的渤海湾现代化港口群，加快天津北方国际航运中心建设。二是不断深化海运业改革开放。要进一步简政放权，下好简政放权“先手棋”，推进行政权力的公开、透明、规范。要改善宏观管理，加强顶层设计，强化海运业发展战略规划和政策标准制定、发展趋势研判和制度机制设计。要强化市场监管，推进海运市场信用管理体系建设，建立守信激励、失信惩戒的激励约束机制，推进港口经营性收费市场化改革。要深化企业改革，积极发展国有资本、民营资本等交叉持股、融合发展的混合所有制海运企业。要扩大对外开放，充分发挥好上海自贸区“试验田”的作用，在探索权力清单、责任清单、负面清单管理模式，及外商投资管理体制改革、贸易便利化改革等方面，形成一批创新型制度。三是大力推动海运业转型升级。要引导中小型海运企业以市场为导向，开展以资本为纽带的合资合作，加快兼并重组，形成风险共担、合作共赢的利益共同体。要创造条件，推动海运企业加强与上下游企业的战略合作。要积极引导海运企业结合自身能力和实际情况，拓展与海运互补性强、发展前景好且市场相对稳定的投资领域，实现多元化经营。四是充分发挥海运业比较优势。要加强海运与其他运输方式的有效衔接，完善“一单式”运输服务。要充分发挥港口在综合交通运输中的枢纽作用和在产业聚集、区域经济发展等方面的辐射带动作用，推动与港口衔接的保税区、物流园区、“无水港”建设，完善港口集疏运体系，大力发展多式联运。要实现海运和其他运输方式在相关标准规范、运营管理等方面的融合，大力推进便利运输。五是合力创造海运发展良好环境。要加强与相关部门的沟通协调，建立和完善与国际接轨的海运发展政策体系，共同推进海运业改革发展。会上发布了《贯彻落实〈国务院关于促进海运业健康发展的若干意见〉的实施方案》，从九大方面提出了 60 项任务措施，着力促进海运发展提质增效。

海上交通管理

【航海保障】 **基础业务** 2014 年，中国海事局负责管理维护的公用航标 7447 座，全年巡检维护航标 53176 座次，完成航标设置技术审查 177 宗；完成海域测量面积 33017.6 换算平方千米，编绘、更新出版各种比例尺港口航道纸海图 390 幅，制作电子海图 299 幅，覆盖中国沿海 57 个港口，制作各类专题图 151 幅；全年共发布航行警告 316305 次，播发安全信息

123023条，播发中英文气象预报40782次，公益通信总量达1455319次，公众通信总量达114526份/次。通过互联网建设开通了AIS信息服务平台，面向公众提供AIS服务；开展极地航海保障研究，编制出版《北极航行指南（东北航道）2014》和《北极航行参考图》，并派员参加第31次南极科考；成立西沙、南沙航标处，为南海海域的国防交通提供技术保障；启动航海保障"十三五"发展规划编制工作，确定"一总四分"的整体框架；继续开展沿海AIS岸基系统补点建设，完成淮安头等6座岸台的建设。

法规标准 修订了《关于特等水域扫测管理办法》等行业内部规定；起草了行业标准《船舶交通管理系统（VTS）数据交换》，并组织完成了9项标准的立项申报工作。

社会服务 先后派员随"海巡01"、"海巡31"参与马航MH370失联航班的搜寻工作；配合船舶定线制规划发布工作，完成长山水道等定线制水域扫测任务；开展界河测绘，完成黑龙江流域同江段障碍物探测及同江港专题图测绘工作；完成亚信峰会航海保障工作；派出"海巡169"和"海巡167"两艘大型航标船，圆满完成"海上联合-2014"中俄海上联合军演的警戒安保任务。

应急反应 2014年，共启动应急设标73次，设置沉船示位标56座；承担应急扫测任务35项，扫测面积达2080.97换算平方千米；处理遇险紧急特殊通信358次，DSC遇险报警7510次。

科技创新 在天津北塘RBN-DGPS台站建设运行了RBN-DGNSS试验播发系统，研发了船载差分接收机样机以及完善性监测软件，完成了国产差分北斗船载接收机的实船使用；开展北斗连续运行卫星定位综合服务系统（BD-CORS）建设；完成沿海e-航海建设顶层设计和天津港复式航道e-航海建设论证工作，推动上海洋山港e-航海示范区的建设，并谋划建设珠江口e-航海示范工程；完成"航海保障履约机制研究"等软课题研究项目；完成水上安全信息数字广播系统（NAVDAT）研究；开展天津海岸电台综合播发系统及DSC系统应用软件的研发工作。

国际交流 派代表团参加IALA第18届大会、理事会第57和58次会议，以及其下设e-Nav、ENG、ARM三个技术委员会会议，并与IALA在巴黎签署《培训合作备忘录》；参加第5届国际海道测量特别大会（EIHC）、IHO区域间协调委员会（IRCC）第6次会议、能力建设分委会（CBSC）第12次会议，以及东亚海道测量委员会（EAHC）举办的海道测量潮汐与海平面技术培训；作为东道国承办了FERNS理事会第23次会议；派员参加国际搜救卫星组织（COSPAS-SARSAT）第53届理事会会议和国际海事组织（IMO）举办的"航标与测绘对沿海及繁忙水域的航行安全保障"培训。

【通航环境管理】 一是改善通航环境。推进渤海"碧海行动"沉船打捞工作。按照国务院同意的渤海"碧海行动"计划专题报告，计划至2017年将渤海水域70多艘沉船，2013年打捞起3艘沉船，2014年打捞起7艘沉船，2015年将打捞清除19艘沉船。组织召开了《2007年内罗毕国际船舶残骸清除公约》专题研讨会，向外交部和国务院提出加入公约的建议；同时，发布《交通运输部关于签发<残骸清除责任保险或其他财务保证等效证明>的通知》和《交通运输部海事局关于签发<残骸清除责任保险或其他财务保证等效证明>有关事宜的通知》，并开始签发上述等效证明。二是重大活动通航安全保障。加强水上安保，全力保障南京青奥会。各级海事部门按照国家总体部署，加强与公安、地方政府各有关部门协调配合，抓好青奥会水上安全管理工作，科学制定青奥水上安全管理系列方案和应急预案，建立高效的指挥运行体系，建立顺畅的沟通协作机制，强化全程的责任督导落实，紧扣核心任务和工作难点，构建大协作、大联动的工作机制，严密构筑"环苏环宁"护城河。按照"水域分区、管控分级、远端控制、近端核查、外围防范、区域联动"的工作思路，强化青奥专项检查，强化信息化保障，开展船流调峰工作，依照赛事时间节点，对南京水域实施三级、二级、一级和一级加强四个层级的水上交通管控措施，做好各项应急准备工作，落实保障措施服务民生，保障青奥会期间水上交通秩序和安全稳定，降低对航运的影响。三是重大水上水下施工作业安全管理。规范涉水工程管理。组织开展通航安全影响论证和评估办法修订集体办公，进一步规范评估工作，优化流程，方便相对人，形成《通航安全影响论证与评估办法》（修订稿）和《通航安全核查的指导意见》（修订稿），以及相关修订情况说明。完成《内河通航水域认定》和《通航安全影响论证评估导则》研究。协调解决沧州港20万吨航道通航安全评估争议。组织专题研究40吨矿砂船靠泊安全管理对策。四是开展内河船参与海上运输专项治理工作。7—9月份开展为期3个月的江浙沪水域内河船舶从事海上运输专项治理工作，通过治理该区域内河船参与海上运输大幅减少，安全形势明显好转。10月31日起在全国范围内启动全面治理内河船舶参与海上运输专项治理行动，船舶超航区海上运输行为，净化沿海水上交通环境。做好商渔船防碰撞工作。落实《交通运输部农业部合作谅解备忘》，各级海事管理机构和渔业部门分别加强商船、渔船安全管理，组织开展联合执法，维护水上交通秩序和通航环境，加强AIS应用管理，在休渔期间利用渔民上岸时机，组织开展了形式多样的安全警示教育活动和安全知识培训，提高商、渔船船员安全意识，及时发布安全预警信息，有效降低了商渔船碰撞事故的发生率。

通航秩序管理 2014年，完成巡航总里程769.5万海里，巡航时间82.46万小时，比上年减少3.24%、9.09%。空中巡航出动372架次，比上年减少15.8%。创新巡航监管模式，推行电子巡航，提高巡航工作的针对性和有效性。一是做好航路、定线制和锚地设置有关工作。制定《乐清湾水域船舶定线制》和《乐清湾水域船舶报告制》，福建海事局编制完成福建沿海航路指南，修订《长江江苏段船舶定线制》。二是做好巡航救助相关工作。发布《关于加强2014年全国海上巡航工作的通知》；拟定海区巡航计划，加强海区巡航监管；申请空巡机场空域及航线，组织开展空巡；组织海空巡航信息交流。

船舶交通管理系统（VTS） 2014年，VTS中心共接收船舶报告711.8万次，比上年增加6.1%；跟踪船舶566.2万艘次，比上年增加1.2%；向船舶提供信息服务422.9万次和助航服务16.4万次，比上年增长3.1%，11.3%；通过VTS避免险情1.45万艘次，增加16%。2014年，新开通VTS中心5个（温州、台州、东莞、惠州、汕头）。全国共有44个VTS中心（其中38个正式对外公布，6个试运行）和227个雷达（中继）站。规范VTS运行管理。多次组织开展VTS现场办公，针对广州VTS辖区事故对VTS管理工作进行调研和研究，研究起草《VTS值班标准》和《海事动态监管网格化实施指南》。做好对印尼VTS人员培训课题设计和相关安排。邀请香港VTS培训中心参与部分授课。

维护海洋权益 一是做好中建南项目护航保障工作。按照海权办的工作部署，及时为该项目发布了航行警告、航行通告，办理了水工作业许可。根据海权办和部中建南项目协调机构的安排，分三批次派出了4艘海事执法船艇、4艘救助船舶，并协调3艘远海拖轮待命。并就有关工作情况起草了给国务院、海权办和部长的报告等。二是做好边海防先进集体和先进个人推荐、评选工作（海巡21先进集体，海巡31船长刘天军先进个人荣誉称号）。

海上交通安全

【船舶管理】 做好取消船舶进出港签证的准备工作。取消国内航行船舶进出港签证是海事监管模式的重大改革，有利于转变政府职能，创新管理方式，提升服务能力和水平。为做好签证取消的准备工作，组织开展船舶签证模式改革研究，制定《取消船舶进出港签证及海事监管模式改革实施方案》，修订《船舶安全监督规则》并提交部长办公会审议通过。印发《国内航行海船电子签证办法》和《国内航行海船电子签证试运行实施方案》，推广国内海船电子签证，并将其列入年度工作考核指标。2014年，全国共办理船舶电子签证246070艘次，注册船舶12162艘，占适用船舶数的81.7%。

推进上海自贸区国际船舶登记制度创新 组织召开创新船舶登记制度工作会，分析交通运输部前期为扩大五星旗船队规模的工作效果及推进国际船舶登记试点工作中遇到的问题，形成并研究回复发展壮大五星旗船队的“两会”提案。积极参与国务院发展研究中心组织的国际船舶登记制度研究工作，推动上海国际船舶登记制度创新工作。制定高效率船舶登记工作流程，形成“船舶登记零待时研究报告”。修改《船舶登记工作规程》，调整档案移交方式，优化登记审批流程，增加转籍船舶“临时国籍证书”核发程序，实现转籍船舶登记零待时。

完善口岸合作机制，推进国际贸易单一窗口建设 参与上海、天津、广东、福建等地国际贸易单一窗口建设，与国家质检总局办公厅联合发布《关于进一步提高水运口岸监管服务水平促进运输贸易便利化建立协作机制新常态的通知》，与公安部出入境管理局签订《关于建立国际航行船舶监管协作机制的合作备忘录》，开始启动便利运输电子口岸信息平台建设，加强港航、海事、海关、质检等部门协作和信息交流，提升口岸综合效率和服务水平。

【船检管理】 2014 年，全国船舶检验机构共有检验登记船舶 248965 艘，总吨位 18746 万吨；其中，国内航行船舶 246672 艘、总吨位 15118 万吨，国际航行船舶 2293 艘、总吨位 3628 万吨。全国共有 30 个省级船检机构、262 个分支机构；中国船级社 1 个、分社 12 个、办事处 35 个；经批准的国外船舶检验机构驻华验船公司机构 22 个。全国共有注册验船师 6941 名，其中 A 级注册验船师 2982 名，B 级注册验船师 1536 名，C 级注册验船师 2117 名，D 级注册验船师 306 名。2014 年共开展船舶吨位丈量复核人员培训 2 期，共完成培训 166 人。

落实体制机制研究成果，推动全国船舶检验深化改革；梳理法律法规体系，推进船检管理法律法规建设；完善船检机构管理制度，加强船检机构的管理；开展船检技术管理模式研究，做好日常管理工作；强化验船人员管理制度建设，提高验船师管理水平；加强船舶检验质量监督，规范船舶检验行为；注重船检信息化建设，提升船舶检验管理效能；推进履约研究和公约跟踪，开展船检分委会工作；开展船舶排放控制区研究，开展内河客船、危险品船、海船采用 LNG 动力试点研究，开展船舶废气排放管理政策研究，促进船舶节能环保，推动航运绿色发展。

【船员管理】 截至 2014 年底，全国拥有注册船员 1316381 人，其中注册海员 608467 人，注册内河船员 707914 人；船员培训机构 296 家；海员外派机构 207 家，甲级船员服务机构 213 家，乙级船员服务机构 403 家。全年进行海船船员适任考试 125982 人次，引航员适任考试 319 人次，非自航船船员考试 316 人次；内河船员适任统考 57854 人次。全年共签发海船船员适任证书 138078 本，内河船员适任证书 44507 本，海员证 89777 本，引航员适任证书 639 本，非自航船船员适任证书 2080 本。年外派海员 124568 人次。

深化管理模式改革。推动建立船员现场监管体系，推行“智慧管理”；着力建设船员服务体系，打造“幸福船员”服务品牌；探索构建船员管理诚信体系，营造公平的船员市场环境；进一步加强船员管理队伍建设，持续提升船员整体素质，助推海运强国建设。取消海员出境证明签发；取消从事内河船舶船员服务业务审批；取消船员任职资格特免证明签发；取消引航员注册审批；取消雇佣外国籍船员在中国籍船舶上任职审批；取消海员证单位办理限制，实现个人申办海员证；授权部分分支海事管理机构签发海员证；下放海员外派机构审批权限；下发船员服务机构审批权限；下放船员适任证书核发；调整海员外派机构业务范围，覆盖甲级船员服务机构业务；下发海员证申办单位备案管理事权。

严格按照宏观管理、综合管理、业务管理、现场管理的职能实施层级管理，加强事中事后监管，明晰业务流程，厘清职责权限，推进依法行政和规范化建设。进一步完善船员培训、考试、发证管理制度，狠抓船员教育培训质量管理，建立船员考试完善机制，推行船员考试定期评价制度，强化船员发证机关资质管理，加强船员现场检查，规范任解职管理；继续加强和完善船员管理信息化建设，规范船员培训机构、船员服务机构、海员外派机构管理，完善海上劳动关系三方协调机制，推进履行《2006 年海事劳工公约》各项准备工作，维护船员合法权益；加强船员管理队伍建设和人才培养，保障专家队伍覆盖全面、相对稳定和梯队发展，完善船员管理体制机制，切实履行海事管理职能。

2014 年 6 月 25 日——第四个世界海员日，《中国海员信息》《中华人民共和国海事局便利船员服务清单（第一批）》发布。信息涵盖中国海员整体情况、持证情况、外派情况以及中国籍海船最低配员情况。信息发布旨在推动建立公开透明的船员市场，服务船员发展、服务航运发展。服务内容包括在中国海事局网站公布海船船员证书、考试成绩、服务机构、培训机构、体检机构等信息；取消海船船员办证调档，实现异地办证；开放海船船员实操评估题库；开通船员服务邮箱；开通“幸福船员”微信服务；提供船员证书邮寄服务。

【危险品与防污染管理】　强化监管，确保危防安全形势稳定　2014 年未发生重大等级以上船舶污染事故，未发生有海事监管责任的船载危险货物事故和船舶污染事故，有效保障水上安全形势的持续稳定。一是加强内河危防管理。指导南水北调工程沿线海事管理机构贯彻落实《南水北调工程供用水管理条例》，推动实现长江干线船舶载运危化品航行动态监管。二是加强船载危险货物及其他货物的管理。开展“水上危险化学品运输安全专项整治活动”，解决多地陆岛危险品渡运等关系民生的危险品运输问题，拓展船载货物分类检测评估和安全运输条件确定的技术支持渠道。

顶层设计，推动危防创新驱动发展　启动危防信息系统建设的顶层设计，通过海事监管数据的关联完善船载危险货物监管信息系统；组织开展船舶大气污染物排放清单等船舶大气污染防治工作，推动船舶使用岸电措施试点，参与 LNG 燃料动力船舶应用研究工作。指导“陈维工作室”危防实训基地工作。在系统内建立海运温室气体减排、拆船公约等履约研究小组，通过课题研究、国际谈判、专业培训等平台和方式实现危防人才队伍的可持续发展。

完善机制，提升危防应急处置能力　参与由交通运输部应急办牵头的《国家海上重大溢油应急预案》和应急能力规划编制工作，开展沿海及内河溢油监视监测顶层设计，沿海部分水域已经建成由卫星遥感、航空、船舶和岸基点位监视的立体监视网络，开展国家设备库管用养修指导意见的研究工作。

深化合作，提高危防社会影响力　参与国际海事组织、联合国气候变化、西北太平洋行动计划、北太平洋海警论坛等双边、多边国际事务。积极落实与海关总署、质检总局签署的战略合作协议，共同致力于加强货物和船舶监管；与国家能源局、环保部等部门开展新能源应用、水上环境保护等方面的交流与合作。开展全球动议（GI）中国项目，建立以海事部门为主导，政府与中海油、中远等石油和航运企业在溢油应急技术领域的合作机制。探索开展与货主协会、港口协会、船东协会等行业组织及检测机构等在集装箱重量验证、货物运输条件方面的合作。

【海事安全】　水上交通事故概况　2014 年共发生运输船舶水上交通事故 260 件，死亡 247 人，沉船 141 艘，直接经济损失 2.59 亿元，比 2013 年分别下降 0.6%、6.8%、0.7%、32.5%。其中重大事故 45.5 件，大事故 134.5 件。发生死亡失踪 10 人以上运输船舶水上交通事故 0.5 件，死亡失踪 10 人；死亡 3～9 人事故 29.5 件，死亡 127 人；死亡 1～2 人事故 130.5 件，死亡 110 人。中央直属企业运输船舶共发生等级以上事故 3 件，死亡失踪 3 人，沉船 3 艘，直接经济损失 1647.0 万元。比上年分别下降 60.0%、增加 3 人、增加 3 艘、上升 33.9%。乡镇个体运输船舶共发生水上交通事故 128.5 件，死亡 141 人，沉船 73 艘，直接经济损失 9497.7 万元，比上年分别下降 3.4%、19.9%、3.9%、上升 39.3%；分别占全年水上交通事故总数的 55.4%、69.8%、57.0%、44.9%。客船、客渡船、客滚船、高速客船共发生水上交通事故 6.0 件，死亡 21 人，沉船 5 艘，直接经济损失 56 万元，比上年分别下降 14.3%、44.7%、27.5%、91.5%；分别占全国水上交通事故总数的 2.3%、8.5%、3.5%、0.2%。

全年共发生非运输船舶水上交通事故 52.5 件，沉船 47 艘，死亡失踪 134 人，比上年分别上升 12.9%、4.4%、持平。共接到船舶污染事故报告 26 件，总泄漏量 35.36 吨，其中泄漏 0.1 吨以上的事故 12 件，泄漏 34.57 吨；泄漏 10 吨以上的事故 2 件，泄漏 25 吨；化学品污染事故 2 件，泄漏 0.16 吨。

水上交通事故调查处理工作　①修改原 2002 年交通部令第 5 号，颁布《水上交通事故统计办法》（交通运输部令 2014 年第 15 号）完善水上交通事故统计范围、修改了事故等级划分标准、修改了统计技术标准。②跟踪分析韩国 2014 年 4 月 16 日“岁月”轮沉船事故，结合中国水上客运实际，印发《关于加强水上客运安全管理的意见》（交海发〔2014〕142 号），从市场准入、港口和船舶现场、船舶检验、制度建设、隐患排查、旅客实名制、淘汰低标准船、船员管理、通航环境、国际合作、客运应急等方面提出加强水上客运安全管理工作的意见和要求。③针对国内客船事故的特点，印发《关于深入开展水上客运安全专项整治活动的通知》(交海函〔2014〕707号)，部署深入开展水上客运安全专项整治活动，推进水上客运规模化、规范化发展。④为协助解决因水上交通事故引发的民事纠纷，提高海事调查效率，本着便民为民的原则，制定《海事调解管理办法》(海安全〔2014〕513号)，要求各级海事管理机构要积极化解因海损事故引发的民事纠纷。⑤自海事系统“三定”后，船舶污染事故调查管理职责发生变动，为理顺管理关系，加强船舶污染事故调查工作，制定《关于加强船舶污染事故调查工作的通知》(海安全〔2014〕639号)。⑥根据国务院的工作部署，制定《关于做好水上交通事故调查报告公开工作的通知》(海安全〔2014〕681号)，要求在本年公开重大等级以上的事故调查报告，逐步推进事故调查报告公开工作。

重大水上交通事故案例 ①5月5日2时22分，马绍尔群岛籍集装箱船“MOL MOTIVAOR”轮（79283载重吨/57200千瓦）从香港载运3080.25标箱驶往深圳盐田港途中，在珠江口担杆定线制第二警戒区（概位：22°08′.169N/114°13′.165E）与河北省黄骅市黄骅港中兴海运公司所属“中兴2”轮（5062载重吨/1765千瓦，从河北曹妃甸港驶往海南海口，载运5217.2吨散装水泥）发生碰撞，事故造成“中兴2”轮沉没，船上11名船员，其中1人获救、9人死亡、1人失踪。②10月29日23时40分左右，香港籍散货船“SILVER PHOENIX”轮（40489总吨/8550千瓦）空载从广州驶往烟台途中，在东海海域（专属经济区水域）涉嫌与中国浙江舟山籍渔船“浙嵊渔05885”轮发生碰撞，造成“浙嵊渔05885”轮沉没，船上2人获救、13人失踪。

(交通运输部)

海洋标准计量和质量监督

综　述

2014 年，海洋质量监督工作不断深入，在海洋标准化、海洋计量、海洋认证认可、海洋产品和项目质量监督管理等领域扎实开展。根据国务院工作部署和要求，做好检验检测认证机构整合、深化标准化工作改革和《计量法》修改等工作，修订《海洋标准化工作管理办法》和《海洋计量工作管理规定》等部门规章，理顺海洋质量技术监督工作机制，加强海洋质量基础建设，优化海洋质量发展环境，提高行业和部门的质量监管能力。

海洋标准化工作

2014 年，海洋标准化工作进一步加强，在标准体系建设、标准制修订和标准贯彻落实等方面不断取得新进展，加强海洋综合管理、海洋经济发展、海洋生态环境保护、海洋防灾减灾、海洋科技创新和海上维权执法等领域标准制定工作，加快制定海水资源利用、海洋能开发利用、海洋生物医药和海洋工程装备等海洋战略性新兴产业领域标准，为我局依法行政提供重要工作依据。

【海洋标准情况】　组织开展海洋标准计划项目申报、立项、制修订和批准发布工作。下达《海洋能资源调查与评估指南》等海洋国家标准计划项目 17 项，下达《海洋油气开发工程环境影响后评价导则》等海洋行业标准项目 70 项。批准发布《海域分等定级》等海洋国家标准 14 项，其中强制性国家标准 2 项，批准发布《海水成分分析标准物质研制及保存技术规范》等海洋行业标准 9 项。截至目前，现行国家标准和行业标准共 302 项，在研标准共 273 项。

【海洋标准清理】　加大对海洋标准化工作的督促和指导力度，重点清理 2005 年至 2011 年期间尚未完成的 177 项标准计划项目，38 项海洋国家标准和 93 项行业标准继续开展制修订工作，34 项海洋标准项目提出了终止申请，经认真研究同意终止。将清理结果进行通报，对有关单位提出严格要求，对标准制修订中的拖沓敷衍等现象予以制止，为今后高效、有序地开展海洋标准化工作打下良好基础。

【海洋标准化组织】　国际标准化组织批准成立海洋技术分技术委员会(ISO/TC8/SC13)，由我局海洋二所承担国内技术对口单位和秘书处工作。SC13 的成立，为我国海洋技术标准走出去、以标准争取国际话语权和提升世界影响力创造有利条件。全国海洋标准化技术委员会增设了海水资源综合利用分技术委员会，以适应国家加快培育和发展以重大技术突破、重大发展需求为基础的战略性新兴产业的需要。中国标准化协会海洋标准化分会成立，联合各领域、地方和企业等资源，共同推动海洋产业标准化工作，提高海洋科技创新能力和成果转化能力。

海洋计量

海洋计量工作认真贯彻落实党的十八届三中、四中全会精神以及习近平总书记关于海洋工作的系列重要讲话精神，紧密围绕海洋强国建设的总体部署，紧扣“四个转变”的整体目标，从“建章立制、计量监管、科技创新、服务海洋、走向国际”等方面入手，不断提升海洋计量工作对建设海洋强国、推动海洋经济和海洋事业发展的服务保障能力，呈现出整体工作稳中求进、重点工作成效突出、各项工作协调有序的良好发展局面。

【海洋计量制度和组织建设】　为切实发挥海洋计量工作对海洋强国建设的支撑服务作用，我们认真抓好海洋计量制度体系建设，夯实海洋计量工作的基础。一是建立以《计量法》为主、《海洋计量工作管理规定》等海洋计量部门规章和海洋国家计量技术法规为辅的海洋计量制度体系，有效规范海洋计量工作。二是构建以国家和海区海洋计量技术机构为主体、各类涉海机构和科研院所共同参与的立体、多层次的海洋计量体系框架，从而为做大做强海洋计量工作打好基础。三是充分发挥全国海洋专用计量器具计量技术委员会作用，依法履行职责，不断完善海洋计量体系，在海洋领域内制修订国家计量技术法规，开展海洋计量基准、标准国内量值比对工作。

【海洋计量技术法规】 加强海洋计量技术法规的制修订工作，逐步健全海洋计量技术法规体系。目前，现行有效海洋国家计量技术法规共有18项。2014年，共有《电极式盐度计检定规程》等6项海洋国家计量技术法规纳入质检总局制修订计划项目并如期开展，8项申请立项项目已报送质检总局待批准。海洋计量技术法规体系日趋完善，为海洋计量检测服务提供重要技术依据。（国家海洋局科学技术司）

沿海海洋管理和海洋经济

辽 宁 省

综 述

2014 年，辽宁省海洋工作紧紧把握稳中求进的总基调，以建设海洋强省为总目标，不断强化海洋资源科学管控，增强服务辽宁沿海经济带开发建设，努力加大依法行政工作力度，推进科技创新，海洋综合管理能力明显提高，海洋经济持续平稳增长。

海洋经济与海洋资源开发

【概况】 围绕陆海统筹、区域协调、整体推进和重点发展并举、科技创新和开发与保护并重的原则，在渤海和北黄海区域重点推进海洋精品渔业、海洋工程装备制造、东北亚航运、滨海旅游度假、海洋新能源、海洋生物医药、海洋综合利用、海洋石化和新材料、现代海洋服务产业、科技兴海示范等基地建设。根据国家海洋局初步核算，全省海洋生产总值4219亿元，同比增长8.7%，占全省 GDP 的 14.7%。其中海洋第一产业生产占全省海洋生产总值的 14.2%；第二产业占 36.2%；第三产业占 49.6%。第一、二产业比重同比略有下降，第三产业比重有所提高。

【海洋渔业】 海洋牧场建设典型引路。投资 2.5 亿元的长海县现代海洋牧场示范区建设已全面启动。海水增殖放流投入资金 9810 万元，规模达到 59.8 亿个单位，再创历史新高，投入产出比达到 1:10。人工鱼礁示范区已达 23 处。远洋渔业企业已达 28 家，新建远洋渔船 82 艘，新增项目 3 个，外派渔船 423 艘。开展了南极磷虾资源探捕。中韩入渔渔船 597 艘。完成了 8 个水产品出口示范区的建设工作。出口水产品 76.3 万吨、28.9 亿美元，分别增长 6.1%和 12%。出口额占大农业的 54%，继续保持全省大宗农产品出口首位。辽渔国际水产品批发市场被评为国家级水产品批发市场。

【海洋盐业】 辽宁省各地努力提高和稳定海盐单产水平，积极发展盐田生态系统。2014 年，辽宁省盐田总面积为 33664 公顷，其中盐田生产面积 28269 公顷。海盐产量 128.68 万吨，盐加工产量 28.61 万吨，年末海盐生产能力 176 万吨。

【海洋船舶工业】 2014 年，主营业务收入实现 584 亿元，造船完工 59 艘、485 万载重吨，其中 30 万吨级及以上船舶 11 艘，修船完工 155 艘。新承接订单 621 万载重吨，手持订单 1555 万载重吨。

【海洋交通运输业】 2014 年，辽宁省沿海地区年货物吞吐量 1000 万吨（含）以上或经批准办理外贸运输业务的港口实现旅客吞吐量 604.8 万人次，其中离港 308.7 万人次；货物吞吐量 103675 万吨，其中外贸货物吞吐量 22156 万吨；国际标准集装箱吞吐量 1859.6 万标准箱。沿海运输企业完成货运量 13810 万吨，货运周转量 7979.5251 亿吨千米；完成客运量 542 万人，客运周转量 6.5215 亿人千米。主要港口拥有生产用码头泊位 391 个，码头长度约 74462 米，其中万吨级码头泊位 205 个。

【滨海旅游业】 2014 年辽宁省滨海旅游业继续快速发展。全年接待旅游者 1.94 亿人次，其中接待入境旅游者 141.3 万人次；全年接待旅游者天数 5.42 亿人天，其中接待入境旅游者 388.52 万人天。沿海地区拥有星级饭店 299 家，客房出租率 49.7%，拥有旅行社 756 家。

海洋立法与规划

【涉海法律法规】 按辽宁省政府文件要求，进一步对现行有效法律法规进行了清理。及时修订了相关法规条款，重点对《辽宁省实施〈中华人民共和国渔业法〉办法》进行了立法论证，已完成修订稿。

【海洋规划】 2014 年，《辽宁省海洋经济发展十二五规划》实施进入后期攻坚阶段，全省及沿海各市均超额完成了《规划》阶段性任务。海洋事业发展已作为辽宁省委重要议题，发展海洋经济、建设海洋经济强省的重大要求写入省委落实《中共中央关于全面深化改革若干重大问题的决定》文件之中。

海 岛 管 理

【概况】 认真贯彻落实国家海洋局海岛管理工作要点有关要求，以制度建设为重点，以业务体系建设为支撑，以生态整治修复为导向，海岛资源保护与开发利用管控能力不断提升。海岛保护及管理进展实施效果符合全国海岛保护规划确定的预期发展速度，基本完成了规划中提出的“海岛生态保护显著加强、海岛开发秩序逐步规范、海岛人居环境明显改善、特殊用途海岛保护力度增强”的目标。

【海岛整治修复】 进一步完善项目跟踪监察机制，强化全省 13 个海岛整治修复项目监督管理，严格执行项目进展情况的季报制度，多次深入整治修复项目施工现场，对项目实施进展情况和资金使用情况现场督查。开展辽宁省海岛整治修复规划编制和项目库建设工作，规划初稿已完成编制，海岛整治修复项目库已建设完成。协助开展了海岛整治修复项目资金审计工作和监督检查。对海岛名称标志设置进行了巡视和抽检，对标志受损情况进行了记录评估，对受损的海岛名称标志进行了修复。

【无居民海岛开发利用确权】 对大连、丹东、锦州、葫芦岛等地的法前用岛进行了抽样调研，摸清法前用岛现状，推进法前用岛纳规管理。完成大笔架山海岛使用金评估，推进省政府已审批用岛项目登记发证工作。积极向国家海洋局申报 2014 年度中央分成海域使用金支持无居民海岛保护与开发利用示范项目。编制完成杨家山岛保护与开发利用实施方案，争取项目资金 9900 万元。

【海岛地名普查】 辽宁省海域海岛地名普查项目档案顺利通过国家海洋局组织的检查验收并一次性完成移交进馆。此次地名普查工作形成了地名志、标准名录、图册和地名普查数据集等一大批成果，做到了海岛地名普查成果颗粒归仓。

【海岛监视监测系统】 制定了《辽宁省建立县级以上常态化海岛监视监测体系的实施细则》，实施细则对建立健全海岛监视监测工作机制体制、工作制度、推进海岛监视监测工作业务和逐步推进县级以上常态化海岛监视监测体系建设等相关工作作了明确规定。对 2014 年重点监视监测海岛名录中的部分海岛进行了无人机航拍和监测。为盘锦市新增海岛监视监测系统节点 3 个。

【海岛保护法和海岛保护规划宣贯】 辽宁省海岛保护规划经省政府批准同意组织实施。完成了脱密处理工作，印发至沿海各市并面向社会公布。利用多种形式广泛开展海岛保护法和辽宁省海岛保护规划的宣贯活动，通过宣传，提高了公众保护海岛、科学用岛、依法用岛的意识，取得良好的效果。

海洋执法监察

【概况】 坚持把查处违法围填海工作放在突出位置，全面部署开展 “海盾 2014”、“碧海 2014”、海岛保护、打击盗采海砂、维权巡航等专项执法行动。全年全省累计派出执法人员 3.4 万人次，出动执法船（艇）1696 航次，监管项目 6309 个检查 2 万次，作出处罚决定 73 件收缴罚款 6.88 亿元，全省用海秩序明显好转。

【海洋权益维护】 组织开展了亚信峰会和 APEC 会议期间海底光缆辽宁段专项巡护。派出船艇、人员有力地支持国家专项维权行动，圆满完成任务。组织丹东市支队、东港市大队在我国毗邻海域开展专项巡航，增加巡航频率，维护海洋权益。全年共派出执法人员 500 多人次，出动船艇 45 航次，航程 3200 余海里，发现侵权违法行为 2 起，驱离在我国海域作业的外籍渔船 12 艘次。

【“海盾2014”】 按时部署并组织开展“海盾2014”专项执法行动，加大对无证用海、未批先建、边批边建、超面积围填、超期使用、擅自改变用途等违法违规使用海域行为的查处力度，强化对已处罚围填海项目的后续监管。全年共办理海盾案件18起，收缴罚款5.1亿元。一批大案、要案、积案、难案取得突破，无新增重特大违法用海事件发生。

【“碧海2014”】 按时部署并组织开展“碧海2014”专项执法行动，海洋工程建设项目全程监管能力显著提升，倾废执法始终保持高压态势，重点打击未经环评擅自开工建设、损害海洋自然保护区等重大海洋环境违法行为。全年办理碧海案件23起，罚款1002万元。

【海岛保护执法】 海岛保护定期巡航执法扎实开展，海岛执法示范工作成果全面推广应用。开展全省海岛专项巡查，采集大量影像资料，辖区内海岛开发利用与保护情况进一步掌握，督办了一批违法用岛案件。

【海砂监管执法】 召开全省整治盗采海砂专项会议，专题研究部署打击盗采海砂行为。联合联动执法机制广泛建立，非法采砂得到明显遏制。在大连、营口交界、葫芦岛、绥中等重点海域开展集中整治盗采海砂专项行动。全年查处案件16起，罚款952.5万元。

【日常执法】 开展岸线、排污口、保护区、近岸溢油监视检查，提高巡查频率，增加巡查内容，对全省海域利用与保护进行全方位、全天候、立体化监管。每2个月对全省海岸线进行一次彻底巡查。紧密结合海域、海岛用海审批，跟进检查监管，用海项目巡查率、检查率达到100%。不断加强对重点海域的监督检查，尤其是对201个疑点疑区海域问题进行周密、全方位的核查与梳理。坚持把违法用海消除在萌芽状态，破解违法用海后期“影响差、查处难、后果严重”难题。在执法过程中融入海洋法律法规宣贯，执法关口前移。

【装备建设】 聚焦重大项目，突出抓好海监船入列，推进执法基地建设，多渠道争取支持，优化装备配备，科学配置，严格管理，海监执法技术支撑基础日益稳固。渤海锦州基地已具备千吨级船舶停靠、补给能力，陆岸附属设施水工部分全部完工。大连（獐子岛）维权执法基地5月份开工建设，基础工程正抓紧建设。执法船配备实现历史性跨越，省级2艘千吨级执法船上半年全部建造完毕，“中国海监1002”船6月23日入列使用，是辽宁省省级吨位最大、性能最好的海洋渔业执法公务船，填补了省级无大吨位执法船的空白。再建工作正在积极与国家发改委、国家海洋局等上级部门沟通协调。积极争取国家对辽宁省海监装备等支持，促进执法工作开展。完成全省310名人员换装。新购置第二代海监通、红外夜视仪、GPS等执法新设备适应执法新形势、新需求。

【队伍建设】 坚持政治建队、军事建队、科技建队和文化建队，加强制度建设，完善规范管理，大力开展思想政治、廉政教育、业务及体能礼仪培训，执法人员综合素质不断提高，队伍凝聚力和战斗力不断增强。以解决重点突出问题、力求工作实效为导向，把转作风的要求贯彻到海监工作的全领域、全过程。进一步建立健全工作制度，以严格的制度管理，规范行政行为，推进文明公正执法，提升队伍管理水平。制定了《重大行政处罚备案审查制度》，健全执法决策程序，压缩自由裁量权空间，严格按照办案程序和时限要求，确保处罚 落实，维护海监执法严肃性。开展了执法示范创建、案卷评查活动，推进法治规范化建设。全面及时掌握我省海监队伍基本情况，规范执法证件、标识称谓申请与使用管理，为新成立大队申请“中国海监”标志标识和称谓。全省县级大队增至27个。

海洋环境保护

【海洋环境保护管理】 辽宁省印发了《2014年全省海洋与渔业环境保护及海洋预报减灾工作要点》，继续深化海洋环境保护绩效考评工作。建立了海洋环境质量信息通报制度，逐步实现了从单纯监测到注重监测结果应用的转变。在对2013年全年监测结果分析的基础上，对海洋环境质量进行了评价，发布了《辽宁省2013年海洋环境质量状况公报》。从公报情况看，近岸海域环境质量基本满足海洋功能区要求，丹东近岸海域水质优良，大连近岸海域水质良好。加强海洋工程审批与监管。严把海洋工程环评关口，坚持“三同时”制度规定，2014

年共核准用海项目41宗，对大连逸盛大化石化有限公司配套液体化工品码头扩建工程、锦州港油品罐区填海工程等14个海洋工程进行了环境保护设施验收。

【海洋环境监测】 印发了2014年监测方案，部署了21项海洋环境监测任务，监测任务更加合理。监测站位、频率更加科学，近岸趋势性监测站位由45个增加到86个，实现管辖海域全覆盖，准确反映海洋环境真实状况。对入海排污口增加频次，扩大覆盖面积，由原来4次调整增加为6次。开展溢油、赤潮及海洋工程建设项目的跟踪监测，首次与国家海洋环境监测中心合作，借助海洋卫星遥感技术，开展了赤潮监控区、海面溢油的跟踪监测。连续三年开展了蓬莱19-3溢油事故及大连7-16溢油跟踪监测。继续开展了长兴岛临港工业区海洋工程、锦州龙栖湾海域、营口鲅鱼圈海洋工程、丹东港大东港区海洋工程等的海洋环境影响跟踪监测。

【国际合作】 完成了东亚海项目三期合作项目。经过6年的努力，完成了大凌河流域优先项目预可研报告、流域污染减轻投资规划报告，由模型得到的水质状况形成了总量控制目标方案。对各种水质情景下的总量控制成本效益进行分析，编制了关于污染减轻项目以及投资规划的预期影响报告。签署了东亚海四期项目合作协议。12月9日，辽宁省海洋与渔业厅与国家海洋局国际合作司在青岛签署了《关于实施GEF/UNDP/PEMSEA在中国推广东亚海可持续发展战略计划》合作协议。重点任务是在部分沿海县市完善海岸带完善海岸带综合管理协调机制，建立海岸带综合管理相关配套制度，完成当地发展与保护相关规划，开展东亚海“综合信息管理系统”在本地的应用；建立基于社区的生态修复模式方案，制定培训模型，指导修复模式、完成生态修复案例。

海洋生态文明

【渤海海洋生态红线】 4月4日，辽宁省人民政府办公厅转发了辽宁省海洋与渔业厅关于在渤海实施海洋生态红线制度意见的通知（辽政办发〔2014〕18号），标志着渤海生态红线正式划定。完成了6个重要海洋保护区、4个重要河口湿地、3个重要海岛区、8个重要滨海旅游区、1个自然景观与历史文化遗迹、1个重要渔业海域、10个砂质岸线及邻近海域以及1个地质水文灾害高发区，共计34个生态红线区划定，面积共计5920.80平方千米，占辽宁近岸海域的45.2%。

【海洋特别保护区】 新建立6个海洋特别保护区（海洋公园）。3月13日，国家海洋局批准辽宁建立大连长山群岛、大连金石滩、盘锦鸳鸯沟、辽宁绥中碣石、觉华岛五个国家级海洋特别保护区（海洋公园）。12月1日，国家海洋局批准建立营口团山海蚀地貌国家级海洋公园。大连仙浴湾国家级海洋公园已上报省政府待批。全省海洋保护区共计11个，总面积达到10.8万公顷，形成了点面结合的保护区新格局，为辽宁海洋生态环境的恢复提供了坚实的保障。

【海洋生态修复】 锦州大笔架山国家级海洋特别保护区能力建设与景观修复项目已按批复的实施方案及时推进，项目正在进行收尾。保护区管护能力得到极大提升，为全省海洋保护区建设起到了示范作用。盘锦双台子河口滨海湿地植被修复建设主体工程已完成，生态修复效果明显。加强协调，稳步推进蓬莱19-3油田溢油事故生态修复工作，健全了组织领导机构，建立了由相关领域的科研院所和大专院校遴选的27名专家组成的专家库，完成了赔偿补偿款分配方案及全部资金的项目遴选、申报、实施方案审查及补偿款项目的批复。下拨生态修复项目资金4亿元，占全部资金的97.1%，其中补偿款1.5亿元、赔偿款2.5亿元。部分项目前期工作已在实施之中。

海域使用管理

【概况】 2014年，海域使用管理工作坚持“五个用海”原则，严把项目审批关，严格执行围填海指标计划管理。开展海域使用现状调查，健全海洋功能区划体系，全面推进海域使用权招拍挂，指导服务前移，保障重点用海需求，促进重大用海项目落实。克服困难全面完成了海域使用金征缴征收任务，实现了应收尽收的目标。全年报批项目用海51宗，用海面积1882公顷，填海面积1269公顷。除国家、省重点项目外，重点支持发展海洋高端服务业，推进高品位的滨海城镇化建设，全力打造美丽海洋。

【全省重点用海项目实施】 把辽宁省委、省政府确定的重点用海项目作为海洋工作的重中之重，摆上日程，提前介入，主动服务，全面保障了长兴岛石化基地建设和红沿河核电二期工程等一批重大项目用海需求。加大了对沿海经济带建设的支持力度，推进了大连、丹东、锦州等港口建设。

【规范用海审批】 今年国家下达辽宁省建设用围填海计划指标 2200 公顷。辽宁省不断优化海域审批流程，加强过程和结果管理，将淘汰落后产能、区域协调发展作为海域开发结构性调整的重点，用海审批确保符合经济发展主线、守住环境准入基线，不突破政策管理底线—海洋功能区划、海岸带保护利用规划、渤海生态红线管理的要求。对建设项目用海规模进行把关，对项目用海面积和布局合理性进行分析，在综合考虑海洋与土地差异的基础上，严控项目对海域和岸线的消耗。

【海岸线管理】 为确保完成到 2020 年全省大陆自然岸线保有率不低于 35%的目标要求，提出了岸线占补平衡的项目审核思路，即地方提出填海项目如占用自然岸线，须同时提出整治修复海岸线的区域。海域使用论证过程更加精细地分析占用岸线的合理性和保留岸线的可行性。大幅削减了金州新区游艇码头等 3 个用海项目占用的自然岸线；熊岳河河口景观工程通过填海延长了 5 千米沙滩岸线；大连荞麦湾金州古城项目修复被虾池占用的干岛自然岸线，恢复海岛自然属性和风貌，提升了金州文化旅游底蕴。

【区域用海规划】 为推进辽宁省区域建设用海规划的审核报批工作，对已经上报国家海洋局的 6 个区域建设用海规划进行了进一步梳理审查。组织相关领域专家对已报区域建设用海规划的规模、意向入驻项目、自然岸线占用及平面布局合理性等方面进行了重新审核，调整了大连港太平湾港区区域建设用海规划的名称，增加了金渤海岸现代服务区区域建设用海的陆岛交通设置，优化了七顶山片区区域建设用海的产业区布局。

【海洋功能区划体系】 组织沿海地区海域管理部门开展了市县级海洋功能区划编制工作。各地根据《辽宁省海洋功能区划（2011—2020年）》，结合辖区海域自然禀赋特点，完成市县级海洋功能区划编制工作，科学确定管理海域的海洋资源利用和保护方向与重点，分解、落实省级海洋功能区划确定的目标与部分指标，进一步明确海域空间的基本功能和海洋基本功能区的管理要求，明确应保留的大陆自然岸线、整治和修复海岸线的具体位置和长度。2015 年统一组织上报省政府审批。

【海域管理基础工作】 认真总结用海经验，不断研究用海规律，对前 11 年审批的 671 宗项目进行全面核查，对 13 个区域用海规划实施情况进行无人机航拍和卫星遥感监测。完成部分区块海砂开采储量评估和海域使用权市场化配置的前期工作。开展辽宁省海域现状监测与沿海经济带空间开发潜力评估。启动县级海域动态监视监测能力建设。

海洋环境预报与防灾减灾

【能力建设】 启动辽宁省海洋观测站建设规划的编制工作。营口白沙湾海洋观测站建设稳步推进。完成全国海洋渔业生产安全环境保障服务系统辽宁节点二期建设方案的编制、审查、政府采购程序、委托合同工作。根据国家海洋局统一部署，通过与技术单位对接等形式，编制完成《辽宁省海洋预警报能力建设实施方案（送审稿）》，争取中央资金 2906 万元。

【海洋环境预报与灾害警报发布】 海洋预报栏目实现了由标清到高清节目的转换，加强和国家海洋环境预报中心，辽宁省政府应急办，辽宁省气象局等相关部门的会商。与辽宁省政府应急办开展全年海洋灾害趋势性预测，坚持每周发布海洋灾害趋势性预测。坚持开展海洋预报节目的制作和发布，通过海洋渔业网等多种途径发布常规海洋预报。坚持开展锦州中心渔港精细化预报服务。积积极应对海洋灾害，通过电视、电台、网站、短信、微博、传真等多种渠道，对外发海洋灾害预警报，发布各类警报 29 期，警报短信 6 万余条、传真 1450 余份，为沿海各级政府、涉海企业、渔民海洋防灾减灾提供了服务保障。

【海平面变化影响和评估】 印发《辽宁省海平面变化影响调查评估技术方案》，组织沿海各市开展了数据采集，编制完成《辽宁省海平面变化影响评估报告》。

【防灾减灾宣传】 组织开展以“城镇化与减

灾”的主题的海洋防灾减灾宣传活动。在宣传活动中，全省共设置宣传现场30多个，省、市、县联动，参与宣传人员近1500余人。活动遍布沿海100多个乡镇、社区、渔村和3所学校，悬挂宣传条幅100多条，发放宣传册（单）1500万余份，展出专题展板180余块，播放视频300多次。

海洋科技

【科技兴海】 紧紧围绕海洋与渔业产业发展，促进科技进步和成果产业化，提高项目管理质量，通过横向沟通、争取支持、上下联动、力争突破，保证各类项目的有效实施。先后组建了海参健康养殖、贝类健康养殖等7个省级渔业创新团队。编制《辽宁省海洋科技产业发展规划》，联合制定了《辽宁省海洋科技产业发展战略研究工作方案》。积极组织申报国家项目，争取立项，并对完成项目进行验收鉴定。先后组织省（中直）科研院所、省属大专院校申报2015年度国家海洋公益性科研专项项目2项，农业部农业公益性科研项目12项，农业部输欧省海产品合法性认证培训项目1项。获批海洋可再生能源专项《潮流能装备制造关键部件研究与实验》项目1项。两项“948”项目合同顺利签订，国家海洋公益性科研专项《基于环境承载力的环渤海经济活动影响监测与调控技术研究》完成自验收，国家海洋公益性科研重大项目《基于生态系统的海洋牧场关键技术研究与示范》顺利通过国家海洋局科技司的鉴定。积极推荐2014年度省级科研项目，推荐省科技攻关项目“北黄海浅海多营养级综合养殖关键技术研究与示范”等5项，获批2项；推荐省博士启动基金项目1项，获批1项；省自然科学基金项目3个，获批2项。下达了2014年度科研计划项目14项，下拨资金360万元；向省海洋水产科学研究院下达省渔业资源普查任务1项，下拨资金300万元。

【科研工作】 国家863高科技计划《海胆遗传连锁图谱的构建》、国家“973”项目《主要灾害水母生活史及其种群增长的环境调控机理》、国家自然科学基金《仿刺参“化皮”过程转录组差异mRNA和miRNA的动态表达谱及调控网络分析》以及国家“十二五”科技支撑计划项目《虾夷扇贝天然苗种资源量准确预报技术》和农业科技成果转化资金项目《刺参病害预警及防治技术研究与示范》等研究，均取得较好的研究成果。海洋科技研究方面，主要开展了农业部《蓬莱19-3油田溢油对渤海渔业资源与生态环境影响调查监测评估》、国家海洋公益性行业专项《苯系物（BTEX）对海洋生态系统影响评价研究》、《我国沿海珍稀濒危动物（中华白海豚、斑海豹和绿海龟）保护技术与示范》、公益性行业（农业）科研专项《辽东湾资源增殖效果评价与示范》和“948”《渤海海洋牧场关键技术研究》等。全年度共发表学术论文53篇，其中SCI收录14篇，发表论文数量创近年新高。

海洋教育

【产学研合作】 积极搭建服务平台，广泛开展学术交流和科普活动。完善产研合作机制，加快应用技术研究成果的推广转化，并通过辽宁综合实验站承担的国家贝类产业技术体系和国家鲆鲽类产业技术体系建设为载体，深化研究，强化指导，为辽宁省海水养殖业的持续发展和产业升级提供有力的技术支撑。

【渔民综合素质】 通过集中办班，现场实训，入户指导、发放技术资料等培训方式，分别对基层渔业技术人员、科技示范户和养殖大户以及渔民进行了培训。全年举办培训班7次，培训人员408人次。开展送科技下乡活动50余次，现场技术指导100余次，发放养殖技术手册1000余本，服务渔民1000余人，提高了从业者素质。

【人才队伍建设】 做好高层次人才的招聘和引进。同时，围绕培养人才、吸引人才、用好人才三个环节，创新和完善人才工作机制，为培养创新型人才和学科带头人，培育和构建优秀科技创新团队营造良好环境。完善科研管理机制，活跃学术交流。

海洋文化

【海洋宣传】 全年共在辽宁海洋与渔业网上发布各类政务信息1841条，数量较去年增长67%。分别向国家海洋局网站、中国渔业政务网、辽宁省委网站、辽宁省政府门户网站和省政府内网以及《中国海洋报》《中国渔业报》《辽宁日报》等新闻媒体报送信息，2014 年被辽宁省委办公厅信息处采用信息 26 条；省政府办公厅信息处采用信息 17 条；被省政府门户网站采用信息 257 条，采用数量比上年提高一倍，被省委和省政府办公厅评为政务信息保障优秀单位。辽宁电视台播报新闻 15 次，《辽宁日报》刊登报道海洋与渔业 23 篇，《中国海洋报》刊登辽宁新闻 53 篇。海洋增殖放流活动得到中央电视台连续第二年的现场直播报道。

【对外交流合作】 加强宣贯，搭建平台，推动辽宁省海洋渔业国际国内交流与合作。组织渔业龙头企业参加美国波士顿国际渔业博览会、布鲁塞尔欧洲国际渔业博览会和美国巴尔的摩国际有机食品展会，搭建交流平台。尤其在巴尔的摩有机食品展会上，初步达成在美国超市和餐饮业推介辽宁省鱿鱼和贝类加工产品，树立辽宁渔业品牌，打破靠贴牌出口的被动局面。成功组织相关企业参加在北京举办的国家海洋科技博览会、江苏大丰港海洋生物博览会和第十二届中国国际农产品交易会。在第十二届农交会上，重点推介辽参、丹东蛤、盘锦蟹等渔业十大品牌，展示辽宁省名优水产品，宣传大型水产品出口企业，树立辽宁省名优水产品品牌，签订意向合同 1.1 亿元，7 个企业产品获展会组委会金奖，6 个企业产品获行业组委会金奖。

【“6.8”海洋日】 2014 年，辽宁“6.8”海洋宣传日的主题是“保护海洋环境，发展蓝色经济”，主场设在葫芦岛市。活动现场展出了反映辽宁海洋景色的摄影作品 210 幅和由省内知名画家创作的沿海经济带长卷。300 名志愿者开展了海滩清洁活动，4 艘海监船开赴主场近岸海域向社会开放。活动中共发放宣传画册、环保袋等各类宣传品 4 万份，宣传单页 6 万余份，布置展板和宣传栏 700 个，接待观览群众近 6000 人，全省 2000 人参与海滩清洁活动，清理各类垃圾近 2 吨。海洋日制作海洋宣传彩铃 1000 人次，海洋公益宣传短信 40 万条。

（辽宁省海洋与渔业厅）

大 连 市

综 述

2014年，大连市海岸线长2211千米，其中大陆岸线1371千米，海岛岸线840千米；海域管辖面积2.9万平方千米，其中滩涂面积约1100平方千米，0～20米等深线海域面积约6000平方千米，20米等深线以上海域面积约2.19万平方千米；海岛541个，其中有居民海岛40个，无居民海岛501个；海湾39处，总面积1870平方千米；深水岸线近300千米。海洋自然景观100余处，天然海水浴场83处。

【海洋经济引导服务】 大连市海洋与渔业局启动《大连市海洋功能区划（2013—2020年）》修编工作，做好长兴岛经济区、西中岛石化产业园区、大连临空产业园、庄河市滨海新区、花园口经济区等重大建设用海项目区域用海规划和围填海计划的编制、报批与实施工作，启动大连市海洋与渔业十三五规划编制的前期工作，完成《大连海洋经济发展规划（2013—2020年）》中“促进海洋经济发展的政策措施研究、海洋生态文明建设、海洋渔业发展研究”3个专题研究编制工作，编制完成《大连金普新区海岸线资源开发利用和保护研究》报告。2014年，全市主要海洋经济实现总产值2773.7亿元，比上年增长4.6%；海洋经济增加值1178.5亿元，比上年增长1.8%。

【海域海岛使用审批管理】 全市获批用海项目1947宗，确权用海面积16.3万公顷，其中国务院批准大连地区用海项目2宗227.6公顷，辽宁省人民政府批准大连地区用海项目14宗346.7公顷；全年征收海域使用金7.9亿元。展开疑似灭失海岛核查工作，配合国家海洋局北海分局对大连高新技术产业园区、金州新区、花园口经济区、庄河市、长海县等地区10余个疑似灭失海岛采用现场调查走访、GPS定位、拍摄照片等方式进行核查，准确掌握疑似灭失海岛的真实情况，为海岛管理工作提供详实准确的一手材料。

【海洋生态环境保护与修复】 国家海洋局批准实施的大连东海公园海岸带生态修复与示范工程完成项目施工及监理招投标，进入施工前期准备。金石滩海域海岸带整治与修复项目于6月末竣工。庄河湾河口海域整治修复根据项目调整意见进入整治修复方案设计阶段。市海洋与渔业局组织编制蓬莱19-3油田溢油事故5个海域生态损害赔偿项目和2个海域生态补偿项目的申报书及实施方案，联合市财政局上报辽宁省财政厅和辽宁省海洋与渔业厅并获批复；督促36个用海项目单位落实生态补偿措施，收缴海域生态环境补偿费4800多万元。

【海洋预报减灾能力提高】 大连市海洋与渔业局加强全市海洋灾害应急管理体系建设，建立完善由大连市海洋灾害应急指挥部成员、应急指挥部办公室成员、应急联络成员、信息员队伍组成的四级应急联络网；改建、扩建大连市海洋预报台服务平台，海洋观测预报站预警报覆盖全市70%的海域；做好海洋灾害预报、预警，全年发布风暴潮、海浪、海冰预警报信息14期，有效应对突发性海洋灾害；积极应对第10号强台风“麦德姆”，风暴潮过程没有造成经济损失；在金州新区和长兴岛经济区开展海洋自然灾害（风暴潮和海浪灾害）综合应急演练2次，指导和督导区市县开展应急演练11次；开展全国第6个“防灾减灾日”活动，做好海洋灾害宣教与培训，发放防范海啸、海浪、风暴潮、海冰灾害等宣传资料1500份，发放宣传物品300余套，制作宣传展板10块。“大连市海洋预报台海浪、海流、海冰、溢油雷达应急监测系统项目”获大连市发展和改革委员会批复。

【海洋管理基础保障体系建设】 金州新区杏树国家中心渔港扩建项目投资4995万元，其中市财政拨付2000万元，企业自筹2995万元。海洋岛红石国家一级渔港建设项目投资5445万元，其中国家财政拨付2723万元，市财政拨付1361万元，企业自筹1361万元。棉花岛、獐子岛2座执法基地的维修扩建项目投资1.56亿元，其中棉花岛维权执法基地维修改造项目国家财政拨付 5000 万元、市财政拨付 1500 万元，獐子岛维权执法基地维修改造及续建项目国家财政拨付 5000 万元、市财政拨付 4092 万元。普兰店市老龙头、瓦房店市望海、庄河市寿龙岛、旅顺口区扇子石、旅顺口区西湖嘴、旅顺口区南湾、旅顺口区郭家沟 7 座渔港维修改造项目投资 2488 万元，其中市财政补贴 738.1 万元，地方自筹 1749.9 万元。继续推进渔船安全管理信息化装备建设，为 3446 艘渔船装配身份识别射频信息系统（RFID）终端；加强港航安全巡查监管，为全市渔港监督港口站一线渔港监督人员配备电动摩托车 57 辆。600 吨、1500 吨级海监执法船纳编入列，全市海上执法船艇达 97 艘、总吨位 6000 多吨、总功率近 3 万千瓦，组成大连市有史以来最强的海上执法船队。

【海洋行政执法监管】 大连市海洋与渔业局加强海洋倾倒废弃物执法检查，确保倾废船依法作业；继续加强海砂开采源头治理，与营口市海监联合对辖区内的采砂作业船只进行专项检查，彻底改变两市只能局限本辖区内执法的被动局面；加强伏季休渔管理、制止非法越界捕捞，开展“三无”(无有效的渔业捕捞许可证、渔业船舶检验证书、渔业船舶登记证书)渔船检查；加强渔船年检和港航登记，年审渔船 26209 艘次，检验渔船 19478 艘次；完成国家海洋维权执法、200 海里专属经济区和黄海北部联合巡航检查任务。1010 号、1013 号海监船首次巡航南海，参加维权执法、执行国家护航保障任务。

海洋经济与海洋资源开发

【海洋功能区划修编】 2014 年年初，大连市海洋与渔业局根据国家海洋局和辽宁省海洋与渔业厅关于开展市县级海洋功能区划修编工作的总体要求，启动《大连市海洋功能区划（2013—2020 年)》修编工作。此次海洋功能区划编制工作由市财政拨付专项经费 140 万元，区划海域面积 3 万平方千米，共定义 8 个一级类海洋基本功能区、16 个二级类海洋基本功能区、180 个功能区，绘制区划图件 31 份，内容涵盖陆海统筹研究、重点海域海洋产业布局与用海需求分析和评价、重要海洋生态系统与海洋资源评价、海域开发利用现状评价、自然岸线保有率分析、整治修复区域选划等方面，可为大连市今后更加合理有序开发利用海洋资源提供科学的管理依据。1 月，制定《大连市海洋功能区划编制工作实施方案》，成立以国家海洋环境监测中心海域研究院为主体的市级海洋功能区划编制工作小组。年内，组织开展区划意见征求工作，涉及 38 个市政府相关委办局、县级政府和先导区管委会，收到反馈意见 60 余条。至年末，完成海域外业调查、内业（相关行业规划、图件）资料整理、专题研究等项工作，形成区划文本、登记表及图集等项成果。

【海洋牧场管理】 2014 年，大连市大力发展海洋牧场，推进现代渔业建设。2 月 24 日，市政府印发《大连市促进海洋渔业持续健康发展实施方案》，明确“到 2017 年，全市实现海洋渔业经济总产值 1200 亿元，年均增长 10%，渔民人均收入 3.7 万元，年均增长 12%；海水产品产量稳定在 240 万吨；海水增养殖面积稳定在 60 万公顷”的主要目标。8 月，普兰店市标准化养殖园区和庄河市综合型园区被辽宁省海洋与渔业厅确定为首批辽宁省现代渔业园区。9 月，金州瀛海人工鱼礁区获批农业部海洋牧场示范区。10 月，启动编制全市海洋牧场总体规划。2014 年，大连市海洋与渔业局重点推进国家资金扶持的大连财神岛海洋牧场项目、大连海宝渔业海洋牧场示范区项目、大连昌海全福海洋牧场示范区建设项目和大连蚂蚁岛海洋牧场示范区建设项目 4 个海洋牧场建设项目，总计投入资金 8175.7 万元（国家资金 1200 万元、企业自筹资金 6975.7 万元），投入预制构件鱼礁 45925 块折合 12400 立方米、石料礁 33.5 万立方米，建设人工鱼礁区 4 处、建设海洋牧场海域面积 1044.6 公顷。其中，大连财神岛海洋牧场项目总投资 3339.8 万元（含国家财政拨付 400 万元），投放预制构件鱼礁 15925 块折合 5200 立方米，改造海域面积 100 公顷，发展藻场培植建设区 33.3 公顷，投放石料礁 10 万余立方米，改造海域面积 233.3 公顷；大连海宝渔业海洋牧场示范区项目总投资 1036 万元（含国家财政拨付 280 万元），投放预制构件鱼礁 30000 块折合 7200 立方米，改造海域面积 38 公顷，发展藻场培植建设区 33.3 公顷；大连昌海全福海洋牧场示范区建设项目投资 2150 万元

（含国家财政拨付 300 万元），投放石料礁 7 万余立方米，建设人工鱼礁面积 266.7 公顷、发展藻场培植建设区 66.7 公顷；大连蚂蚁岛海洋牧场示范区建设项目总投资 1650 万元（含国家财政拨付 220 万元），投放石料礁 16.5 万立方米，建设海洋牧场 273.3 公顷。至年末，全市投入资金 7.27 亿元（含国家财政拨付 1200 万元），投放人工鱼礁礁体 317.2 万立方米，改造海域面积 6978 公顷。其中，长海县投入资金 7 亿元（含国家财政拨付 700 万元），投放人工鱼礁礁体 300 万立方米，改造海域面积 6666.7 公顷；金州区（金州新区）投入资金 1650 万元（含国家财政拨付 220 万元），投放人工鱼礁礁体 16.5 万立方米，改造海域面积 273.3 公顷；旅顺口区投入资金 1036 万元（含国家财政拨付 280 万元），投放人工鱼礁 7200 立方米，改造海域面积 38 公顷。

海域使用管理

2014 年，大连市获批用海项目 1947 宗，确权用海面积 16.3 万公顷。其中，国务院批准用海项目 2 宗，批准围填海面积 227.6 公顷；辽宁省人民政府批准用海项目 14 宗，批准围填海面积 346.7 公顷；市县两级批准用海项目 1931 宗，批准用海海面积 16.2 万公顷。全年征收海域使用金 7.9 亿元，比上年增长 4.8%，其中市本级财政入库 1.3 亿元。围填海造地 573 公顷。

重点用海项目管理。瓦房店太平湾港区、普湾新区、金州新区七顶山片区等多项区域建设用海规划的编报工作取得新进展，通过省级专家评审并上报国家海洋局，新规划填海面积 6537 公顷。大连长兴岛环保科技园等 18 宗用海项目通过填海竣工海域使用验收。恒力石化（大连）有限公司、大连港集团有限公司、大连船舶重工集团有限公司、长海机场等石化产业、港口航运、临港工业、临空产业、陆岛交通项目得到有力推进。

海域海岸带整治与修复。大连市海洋与渔业局委托国家海洋环境监测中心开展老虎滩综合整治项目的跟踪监测及后评估，并通过市级验收。金石滩及附近海域海滩养护和景观修复工程于 6 月末竣工，新建人工沙滩长约 800 米、面积 7.9 公顷，完成换沙量 17.3 万立方米，修筑防浪堤 273.2 米，大大提升金石滩旅游度假区海水浴场的质量，改善当地的旅游环境。庄河湾河口海域整治修复项目进入整治修复方案设计阶段。

海域信息化管理。全年全市完成海域使用权属数据统一配号项目 1914 个，累计入库权属数据 13694 宗。全年大连市海域使用动态监管中心现场监测用海项目 26 次，完成动态监测报告 26 份。其中，对花园口 CBD 区金融办公开发建设工程、大连港大窑湾北岸汽车物流中心配套码头工程、大连东港音乐喷泉广场填海工程、大连市普兰店皮口一级渔港建设项目用海工程、庄河市石城乡北嘴陆岛交通码头新建泊位工程等 19 个重点用海项目现场监测 21 次，完成动态监视监测报告 21 份；对列入非重点工程的普兰店国防科技教育基地项目，长兴岛环保科技园项目，大连海业石化有限公司长兴岛温海水、浓海水循环综合利用工程项目，金州新区西海污水处理厂一期工程项目和 202 路轨道线路延伸工程项目监视监测 5 次，完成动态监视监测报告 5 份。配合辽宁省海域动态监管中心对金州阿尔滨盐业进行动态监视监测 1 次。为海域管理部门提供意向分析报告 47 份。

海岛管理

2014 年，大连市海洋与渔业局扎实推进海岛整治修复，组织专家审查圆岛、大王家岛（二期）整治修复示范工程初步设计报告，并批准实施两项整治修复示范工程。年内，圆岛整治修复项目完成土建施工；长山群岛整治修复项目（一期）、广鹿岛整治修复项目（一期）竣工并通过工程质量验收；大王家岛整治修复项目（一期）完成集雨和排水等工程，开展垃圾转运中心工程招投标；长山群岛整治修复项目（二期）和广鹿岛整治修复项目（二期）完成港口水工、土建市政、路灯等标段招投标，年末两个整治修复项目竣工并投入使用；大王家岛整治修复项目（二期）完成地质勘探，开展工程设计和招投标，进行施工前期准备。开展疑似灭失海岛核查工作，配合国家海洋局北海分局对大连地区的大连高新技术产业园区、金州新区、花园口经济区、庄河市、长海县等地区 10 余个疑似灭失海岛进行核查，通过现场调查走访，GPS 定位，拍摄照片，准确掌握了疑似灭失海岛的真实情况，为海岛管理工作提供详实准确的一手材料。组织申报中央分成海域使用金和海岛专项资金支持的海岛保护开发项目，獐子岛及马坨子海岛保护与开发利用项目获国家海洋局批复，国家财政下拨专项资金 9780 万元。开展编制海岛整治修复规划及海岛整治修复项目库建设工作，为海岛整治修复奠定了基础。

海洋环境保护

【海洋环境监管】　2014 年，大连市海洋与渔业局认真做好海洋环境监管工作。核准大连新港事故池工程、大连港皮口港区公共航道用海项目、普兰店市城子坦海域养殖户围海养殖项目等 48 个环境影响报告书；审理通过大连石化公司港区水域疏浚工程、大连船舶重工海洋工程有限公司港池维护性疏浚工程和大连诺亚游览服务中心骨灰海葬 3 个海洋倾倒废弃物项目；配合辽宁省海洋与渔业厅完成长兴岛北港区石化园区护岸工程、大连长兴岛北港区防波堤工程、大连长兴岛葫芦湾公共港区西防波堤工程、金石滩港区陆岛交通码头工程 4 个新建海洋工程项目和旅顺二嘴子渔港、逸盛大化石化有限公司配套液体化工品码头（5＃、6＃泊位）2 个扩建海洋工程项目的环保设施竣工验收。

【海洋环境监测】　2014 年，大连市海洋与渔业局落实《2014 年大连市海洋生态环境监测方案》，组织国家海洋环境监测中心、大连海洋环境监测中心站、大连市海洋与渔业环境监测中心、金州新区海洋与渔业环境监测站完成近岸生物多样性、近岸海水、獐子岛赤潮监控区、3 个重点海水养殖区、“7•16”溢油跟踪、9 个海水浴场、金石滩滨海旅游度假区、入海排污口及入海河流等日常监测任务。监测结果显示：近岸海域海水质量状况总体较好。其中，符合第一类海水水质标准的海域面积 23611 平方千米，占全市管辖海域总面积 2.9 万平方千米的 81.4%；符合第二类海水水质标准的海域面积 5046 平方千米，占总面积的 17.4%；符合第三类海水水质标准的海域面积 121 平方千米，占总面积的 0.4%；符合第四类海水水质标准的海域面积 33 平方千米，占总面积的 0.1%；劣于第四类海水水质标准的海域面积 189 平方千米，占总面积的 0.7%。组织大连市海洋与渔业环境监测中心及沿海区市县海洋环境监测机构普查全市范围的入海排污口及入海河流。通过普查，摸清全市范围的入海排污口 156 个，入海河流 53 条。针对大黑石荧光海、旅顺海猫岛海上沉船、东港商务区海面漂油、金州新区原油管线爆裂等突发事件，组织实施应急监测 14 次，监测结果按照规定程序上报有关部门，为领导决策提供技术支撑。满分通过辽宁省政府对大连市排污口邻近海域环境状况的绩效考评；完成大连市政府对沿海区市县入海排污口邻近海域环境状况的绩效考评，采样检测结果均符合所在海洋功能区的水质要求。

海洋生态文明

2014 年，大连市海洋与渔业局积极推进海洋保护区建设。2013 年申报的大连长山群岛国家级海洋公园和大连金石滩国家级海洋公园获国家海洋局批准，大连老偏岛—玉皇顶海洋生态市级自然保护区调整获大连市人民政府批复。2014 年申报大连仙浴湾国家级海洋公园、大连旅顺老铁山国家级海洋公园和大连星海湾国家级海洋公园，通过市政府审查，上报辽宁省人民政府审查。加强对已建国家级海洋保护区的监督检查，同时加大其后续建设投入，其中大连金石滩国家级海洋公园开展界址勘查，着手编制《大连金石滩国家级海洋公园建设规划》；大连长山群岛国家级海洋公园委托国家海洋环境监测中心编制《大连长山群岛国家级海洋公园建设规划》，开展挂牌、立碑等基础设施建设。实施海洋生态修复，首次申报的海洋环保类生态修复项目“大连东海公园海岸带生态修复与示范工程”，完成项目施工及监理招投标，进入施工前期准备。组织编制蓬莱 19-3 油田溢油事故生态损害赔偿款项目的申报书及实施方案，与市财政局联合向省海洋与渔业厅、省财政厅申报旅顺口区老铁山陈家村海洋生态修复、金州新区玉兔岛海洋生态修复、长兴岛北部受损岸滩修复、渤海海域受损海洋生物种群恢复、渤海海域海洋生态修复类项目监测评估 5 个工程项目并得到批复，获生态损害赔偿资金总额 5858 万元；组织编制的蓬莱 19-3 油田溢油事故生态损害补偿仙浴湾国家级海洋公园能力建设项目的申报书及实施方案，得到辽宁省海洋与渔业厅批复，获生态损害补偿资金总额 400 万元；组织编制的渤海海洋环境保护公益宣传项目的申报书及实施方案，得到辽宁省海洋与渔业厅批复，获项目款 50 万元。金石滩及附近海域海滩养护和景观修复工程于 6 月末结束，新建人工沙滩约 800 米 7.9 公顷，完成换沙量 17.3 万立方米，修筑防浪堤 273.2 米。至 2014 年末，大连市海洋与渔业局负责管理的国家级海洋自然保护区 1 个，即大连斑海豹自然保护区，总面积 67.2 万公顷；负责管理的国家级海洋特别保护区（海洋公园）2 个，即大连长山群岛国家级海洋公园和大连金石滩国家级海洋公园，总面积 6.3 万公顷，其中大连长山群岛国家级海洋公园 5.2 万公顷，大连金石滩国家级海洋公园 1.1 万公顷；市级海洋自然保护区 4 个，总面积 7013.8 公顷，其中大连市老偏岛—玉皇顶海洋生态自然保护区面积 2352.8 公顷，大连海王九岛海洋景观自然保护区 2143 公顷，大连长山列岛珍贵海洋生物自然保护区 433 公顷，大连三山岛海珍品资源增殖自然保护区面积 2085 公顷。

海洋环境预报与防灾减灾

2014 年，大连市海洋与渔业局加强全市海洋灾害应急管理体系建设，建立完善由大连市海洋灾害应急指挥部成员、应急指挥部办公室成员、应急联络成员、信息员队伍组成的四级应急联络网，建立由熟悉海洋自然灾害防治工作的高级专业技术人员和高级管理人员组成的专家组。在大连市海洋与渔业局网站开设的《海洋预报》专栏进入标准化运行；改建、扩建大连市海洋预报台服务平台，海洋观测预报站预警报覆盖全市 70%的海域。扎实做好海洋灾害预报、预警，有效应对突发性海洋灾害，全年接收各类海洋灾害预警报信息 40 多期，发布风暴潮、海浪、海冰、预警报信息 14 期。第 10 号强台风“麦德姆”来袭时，由于及时发布预警报，风暴潮过程没有造成经济损失。加强与国家海洋环境预报中心、北海海洋预报中心以及省海洋预报机构之间的沟通和联系，及时会商并掌握海洋灾害最新动态和发展趋势，准确、快速地通过传真、电话、短信、网络等多种手段将灾害信息传送到成员单位、涉海企业和涉海业户。及时组织危险区域的有关船舶回港，停止危险区域的海上作业活动，落实海域和海岸线安全防护设施。积极开展海洋灾害应急演练，全年在金州新区、长兴岛经济区开展海洋自然灾害（风暴潮和海浪灾害）综合应急演练 2 次，指导和督导区市县开展应急演练 11 次，总计参演人数 200 多人，动用各类船只 10 多艘。其中，事故灾难类（海上溢油和海洋污染）2 次、专项应急演练 11 次。积极开展海洋灾害宣教与培训，将海洋灾害宣教工作常态化。制定 5 月 12 日“防灾减灾日”（全国第六个“防灾减灾日”）活动实施方案，下发《关于开展 2014 年防灾减灾日有关工作的通知》，深入渔港、渔村、社区、学校等进行宣传教育培训，发放防范海啸、海浪、风暴潮、海冰灾害等宣传资料 1500 份，发放宣传物品 300 余套，制作宣传展板 10 块，为广大渔民和社会公众上了一堂生动的海洋防灾减灾科普知识和法律法规教育实践课。举办海洋环保、预报减灾业务培训班，培训区市县负责海洋灾害应急管理工作人员 50 人。“大连市海洋预报台海浪、海流、海冰、溢油雷达应急监测系统项目”获大连市发展和改革委员会批复，预算资金 264 万元。大连海洋预报台每日通过大连广播电视台、政府官方网站、《大连晚报》《半岛晨报》向公众发布海浪、水温、潮汐信息。

海洋执法监察

2014 年，大连市各级海洋与渔业执法部门全面落实行政执法责任制，加强监督管理，努力提高执法能力水平。全年配合辽宁省海洋与渔业厅举行用海项目海洋环境影响评价听证 18 个。做好用海项目执法监察，对项目施工中存在的问题提出整改意见。严格执行伏季休渔制度，6 月 1 日—9 月 1 日休渔期期间，成立政府领导、属地为主、渔业部门具体负责、公安边防等密切配合的组织机构，推行乡镇政府、村委会、边防派出所、基层管理站“四位一体”的包保责任制，执行“海查陆处”的管理手段，严格实行“执法程序公开、处罚标准公开、处罚对象公开”的三公开制度，利用电视、广播、报纸等媒体，大力宣传伏季休渔的重大意义，深入渔港渔村，张贴标语、送发资料 5 万余份，采取海陆巡查、联合检查，严格港船管控，及时督促本地渔船按时回港休渔。伏季休渔期间，出动检查人员 1.9 万人次，出动执法船艇 1984 航次，航程 6.3 万余海里，出动执法车辆 4000 余台次，行程 13.2 万千米，登临检查渔船 7286 艘次，查处违规渔船 504 艘次，收缴罚款 226 万元，没收拆解“三无”(无有效的渔业捕捞许可证、渔业船舶检验证书、渔业船舶登记证书) 渔船 8 艘，移交海上公安分局渔业警察大队渔船 8 艘，刑事拘留 16 人。制止非法越界捕捞，加强宣传教育，筑牢渔民不非法越界捕捞的思想防线；突出重点港口、重点船只、重点区域，加强综合巡查力度，落实属地管理制度，健全完善信息网络；加强重要时间节点渔船监管，防止因渔船非法越界捕捞而发生涉外事件。参加黄渤海区渔政局组织的 200 海里专属经济区巡航，完成巡航任务 7 次，航行 2400 余海里，登船检查渔船 44 艘次，扣押回港 7 艘，驱离外国渔船 1 艘，有力地维护了国家海洋权益。首次赴南海执行国家海洋巡航任务，参加护航保障任务的 1013 号海监船历时 80 天，航时 1349 小时，航程 7916 海里，积极应对、稳妥处置外方各种干扰破坏，出色地完成了护航保障任务，被国家海警局给予集体嘉奖，通令表彰。年末，1010 号、1013 号海监船，按国家统一部署再次赴南海参加维权执法行动，配合军事演习 6 次，航程近 2000 海里。　　（大连市海洋与渔业局）

河 北 省

综 述

河北省海岸线长 487 千米，管辖海域面积 7000 多平方千米。有海岛 13 个，海岛面积 36.30 平方千米。河北省沿海地区处于环渤海经济圈的中心地带，海洋生物、港口、原盐、石油、旅游等海洋资源丰富，气候环境适宜，海洋灾害少，是发展海水养殖、盐和盐化工、港口运输、滨海旅游等产业的优良地带，适合进行各种形式的综合开发，具有发展海洋经济的巨大潜力。目前主要海洋产业有滨海旅游业、海洋交通运输业、海洋渔业、海洋化工业以及海洋盐业等。

海洋经济与海洋资源开发

【海洋经济运行监测】 完成省级海洋经济运行监测与评估系统一期工程，3 月 28 日提请国家海洋局验收，积极推进系统二期工程有序实施；修订《河北省涉海企业统计调查制度》，完善填报说明，规范监测指标；采集全省重点监测涉海企业基本信息，完善了全省重点监测企业基本信息数据库；组织全省 410 家重点监测涉海企业，使用省海洋经济运行监测涉海企业数据采集网上系统，开展了 2013 年度年报数据网上填报；采用主成分分析等方法，构建海洋经济总量和结构、主要海洋产业活动、主要海洋产业生产能力等模块的指标体系和模型；搭建应用支撑平台和信息服务平台，初步完成海洋经济运行监测与评估系统建设。

【海洋经济统计工作】 加强与河北省统计局和省直有关部门沟通协调，规范数据采集、审核和上报程序，按时填报《海洋生产总值核算制度》半年报和年报数据，《海洋统计报表制度》季报和年报数据。加强业务培训，统一统计指标含义、统计范围和数据来源，提高报送质量和效率。开展第一次全国海洋经济调查前期准备工作，主动与国家海洋局沟通联系，学习海洋经济调查政策，提前编制全省实施方案和工作流程，配合国家海洋局开展海洋经济调查试填工作，选取 35 家涉海企业和 16 个专题填报单位，集中开展了调查试填报。认真落实省领导对《加快我省海洋经济发展调研报告》的批示要求，梳理分析全省海洋经济发展情况，起草了《河北省海洋经济发展情况报告》。

海洋立法与规划

【区划规划编制实施】 认真抓好省海洋功能区划、省海岸线保护与利用规划实施。通过区划规划实施，不断优化产业空间布局，服务京津和省内产业向沿海转移。《河北省海域海岛海岸带整治修复保护规划（2014—2020 年）》报经省政府批准实施。该《规划》明确了整治修复保护目标、任务和重大生态修复工程，进一步优化和扩大了生态空间。加强市级海洋功能区划编制督导。本轮市县级区划修编中，唐山市海洋功能区划在全国中首个经省政府批准实施；沧州市海洋功能区划已报省政府审批，已按照省直有关部门意见修改完善；秦皇岛市海洋功能区划已通过专家评审，即将上报省政府审批。市级养殖用海规划编制进展顺利。沧州、秦皇岛市养殖用海规划通过专家评审；对全省四个区域用海规划的实施情况进行了跟踪监测。沧州渤海新区近期工程区域建设用海三年动态跟踪评估工作基本完成。

海域使用管理

【集约节约用海】 认真落实《河北省主要项目用海控制指标》和《河北省闲置海域处置办法》，严格执行填海造地建设项目投资强度、容积率等控制标准，避免盲目圈占海域和海域闲置浪费。将用海控制标准纳入海域使用论证、预审、招拍挂方案审查和审批等环节，用海单位在项目申报用海和项目立项前，按照用海控制标准对投资额度和用海面积等指标主动进行调整，年内全省建设用海项目投资强度为每公顷 4500 万元，集约节约用海取得较好效果。进一步加强项目事中、事后监管。通过遥感调查、远程视频监视和实地测量等手段，对区域用海规划实施、年度建设项目用海进行监测，对发现的疑点疑区，每季度开展一次现场核查。组织省社科院开展“曹妃甸区和渤海新区科学用海研究”，认真分析当前存在的主要矛盾和问题，借鉴国内外用海经验，对促进全省海域节约集约利用、规范管理提出了初步对策与建议。

【海域使用权市场化建设】 严格执行《河北省招标拍卖挂牌出让海域使用权管理办法》，2月份，唐山市曹妃甸区海洋局首次对 8 宗海域使用权进行挂牌出让，出让总面积 86.7887 公顷，出让价款 2.7589 亿元，开启了全省市场化出让经营性海域使用权的大门。年内，省本级共完成 28 宗经营性用海项目挂牌出让，完成 32 宗海域使用权的挂牌出让方案审核。稳步推进海砂开采海域使用权出让。认真落实国家海洋局关于全面实施以市场化方式出让海砂开采海域使用权的通知精神，完成了海砂资源潜力分析，河北省管辖海域海砂资源区域划定研究正在进行；开展河北省海域使用出让收入制度与机制、河北省海域使用权招拍挂基础地理信息建设等海域使用管理难点研究，深入推进海域使用权招拍挂出让制度建设，努力打造方便快捷的招拍挂信息平台。启动全省海域定级和基准价格评估工作，深化海域使用权市场化建设，

【服务重点项目】 加强围填海计划管理，保障重点项目用海需求。严格围填海计划指标的指令性管理，切实保障重大工业项目、民生项目、交通基础设施项目和战略性新兴产业项目用海需求，引导重大建设项目向沿海集聚，全力支持曹妃甸区、渤海新区、北戴河新区和秦皇岛临港产业聚集区的率先发展，完成了曹妃甸港区铁路扩能工程（迁曹铁路）、曹妃甸港区联想控股通用件杂货泊位二期等 53 宗项目的用海预审，总面积 2092 公顷，安排围填海计划指标 1079 公顷。对黄骅港散货港区原油码头一期、曹妃甸矿石码头一期等国家立项项目出具了用海初审意见，完成了曹妃甸工业区化学产业园区二期工程区域建设用海总体规划用海听证和论证报告上报。全年省本级共为 56 个项目办理了用海手续，批准用海面积 816.72 公顷；完成填海项目海域使用竣工验收 48 个，面积 938.21 公顷;经省政府批准，会同省发改委、住建厅、环保厅印发了《关于依据海域使用权开展固定资产投资管理工作的通知》，简化用海项目进入建设领域时相关部门审批手续，提升了海域使用权资源价值。深入推进“海域直通车”工作，在曹妃甸区、渤海新区开展试点，实现了“海权”与“地权”同权同位,取得了较好效果。

【海域动态监视监测】 全省海域动态监视监测业务化运行取得实效。对省、市两级海域动态监视监测系统进行了升级改造，黄骅、昌黎、唐山海港开发区三个试点县节点建设基本完成。按照国家海洋局统一部署，谋划了全省县级海域动态监管能力建设项目，争取国家资金 4732 万元。省市级动态监管中心对海域管理工作的技术支撑作用不断增强，实现了对全省管辖海域的监视监测全覆盖，国家海洋局对河北省系统运行、业务开展等情况进行了检查，省本级和唐山市被评为优秀。

【海籍变更调查】 完成了全省 2014 年海籍变更调查，对 2013 年海籍变更县级成果进行了验收，全省海籍管理工作不断规范。

海岛管理

一是加强海岛使用管理制度建设，完善海岛使用权预审、审核、登记等审批事项标准卷宗和格式文本，着手开展海岛管理规定前期研究。二是推进海岛保护规划体系建设，指导曹妃甸区和山海关区，编制龙岛、石河南岛保护和利用规划。三是完成海岛使用情况调查，掌握全省海岛使用情况，摸清项目用途、用岛类型和使用面积等情况，建立了海岛使用情况底图。四是完成海岛测量控制网建设，在石河南岛、菩提岛、祥云岛、月岛和龙岛等 5 个海岛，设置 C 级 GPS 测量控制点 12 个，建立了全省海岛测量控制网，填补了全省海岛测量控制网空白。五是推进海岛监视监测系统建设，开展石河南岛、菩提岛海岛视频监控试点工作，提升海岛监视监测系统监测水平。六是配合国家海洋局对《全国海岛保护规划》实施情况进行评估，核查修改《河北省海岛地名志》和《中国海域海岛标准名录》等。

【海岛保护】 强化海岛整治修复规划引导作用，指导曹妃甸区、山海关区编制龙岛、石河南岛整治修复保护规划。完善整治修复项目管

理制度，加强在建项目管理，督促地方落实项目配套资金，推进在建项目建设。推进岛体修复、沙滩修复整治、植被恢复构建、周边海域整治等重点工程顺利实施，保护和改善海岛及其周边海域生态环境，石河南岛整治修复保护工程可行性研究、石河南岛综合整治—沙滩修复示范工程项目全面完成通过验收，唐山湾海域海岸带综合整治修复项目内海清淤和退养还滩实体工程、菩提岛景观生态修复示范项目基本完成，唐山湾祥云岛及周边海域综合整治修复项目有序实施。全年完成浆砌石护岸 600 米（约 1521 立方米），修复沙滩 1000 米（约 25200 平方米），海域清淤 558 万立方米，退养还滩 72.63 万立方米，植被构建 15968 平方米。

海洋环境保护

【海洋生态红线制度建设】 3 月 6 日，经省政府同意，发布实施了《河北省海洋生态红线》。率先在全国将《河北省海洋生态红线》管理制度列入即将出台的地方性法规《河北省国土治理条例》主要章节。在中国海洋报以“河北为海洋生态保护划红线”和“生态红线：海洋经济的生命线”为主题进行宣传报道，受到社会各界广泛关注。

【暑期海洋环境保护】 按照《2014 年暑期秦皇岛海洋环境保护工作方案》要求，对秦皇岛重点区域进行现场巡视，检查、排查工作中可能存在的隐患，发现问题及时解决。自 7 月 1 日起，每天对中直、国务院、中央军委和省办四个重点浴场环境质量状况和赤潮生物至少进行一次监测，遇有异常情况实施连续跟踪监测，将监测结果以快报、日报等形式报省暑办、国家海洋局、北海分局。同时，联合中国海警局北海分局、国家海洋环境监测中心等开展联合执法行动，每周 2～3 次对秦皇岛近岸海域立体监视监测，及时了解和掌握秦皇岛近岸海域环境状况。暑期获取监测数据 5000 多组，编制上报浴场监视监测快报 61 期，专家会商意见 41 期。北戴河老虎石浴场 LED 信息显示屏播放各类海洋环境信息及海洋科普知识累计达 1000 多小时。

海洋生态文明

【海域海岸带整治修复】 围绕北戴河及周边海域环境综合整治，会同市县海洋局认真抓好北戴河老虎石浴场、北戴河新区洋河—葡萄岛岸线、滦南嘴东双龙河河口、丰南区涧河口等 4 个海域海岸带整治修复项目实施工作，整治修复岸线 2840 米。

【海洋生态环境保护】 通过高频率、全覆盖巡查，加强保护区监管，及时发现和处理违法违规活动的。加强海洋生态保护与修复，完成了曹妃甸生态城淤泥质海岸带生态修复示范工程并通过专家验收。积极推进海洋公园建设，北戴河国家级海洋公园选划论证报告已于 9 月 25 日经过专家审查，修改完善后按程序报国家海洋局审批。

【北戴河海洋环境保障】 完成省监测中心实验室的升级改造，建设水质浮标在线监测系统，北戴河海洋环境污染预警预报工作全面开展。完成省海洋环境监测预警中心改造工程，北戴河海洋站投入业务化使用，海洋灾害观测预警系统能力建设得到提升。完成北戴河老虎石浴场及周边岬湾海岸修复工程和北戴河西海滩浴场重点海域整治工程实体工程。国家海洋局对北戴河海洋环境综合整治和暑期海洋环境保护工作给予了高度评价和通报表扬。

【溢油事故生态修复】 先后制定并印发了蓬莱 19-3 油田溢油事故生态修复工作实施意见、总体方案、项目管理办法、资金管理办法等文件，对项目组织管理、分工、实施等事宜进行明确规定，项目实施方案和生态修复效果跟踪监测评估方案通过专家评审。

海洋环境预报与防灾减灾

2014 年，全省沿海共发生各类海洋灾害 17 起，其中，风暴潮灾害 3 起，海浪灾害 4 起，赤潮灾害 6 起，溢油灾害 4 起，未造成经济损失和人员伤亡。按照《2014 年河北省海洋预报减灾工作方案》要求，共采集海洋观测数据 1200 余万组，全部通过了国家资料质量评估。根据国家防汛工作部署和河北省汛期海洋防灾减灾工作要求，汛期应急期间，严格实行值班制度，船舶、车辆和有关执法装备随时处于待命状态，遇有突发事件或紧急情况，各级海洋预报部门第一时间向地方政府和有关部门发布海洋预警报信息，同时连续滚动发布灾害变化趋势和有关防范措施信息。全年共发布海洋环境预报

1645 份，其中发布大浪、风暴潮、海冰等海洋灾害预警报 20 余份，为沿海各级政府减灾决策和用海单位防灾提供了技术支持。

海洋行政审批

【海洋行政许可管理】 优化审批程序，将海洋环境影响报告书和报告表两个核准流程合并，核准时间由原来的 30 个工作日均缩短为 10 个工作日，提高了工作效率。远程报批实行“两条腿走路”，即申报单位可直接到省厅政务大厅报送，也可按照属地代办的原则，通过远程报批系统代办远程报批，方便了用海单位。将《河北省海洋生态红线》划定的海洋生态红线区和管控措施纳入行政许可，严把环境审批门槛，对不符合要求的海洋工程一律不予核准。

海洋执法监察

【省级海监机构改革基本到位】 根据河北省编办《关于整合组建省国土海洋执法机构的批复》，河北省国土资源厅执法监察局、国土资源厅执法监察总队、中国海监河北省总队整合成立河北省国土资源执法监察局，加挂中国海监河北省总队牌子。执法局内设四个处，其中海洋执法监察处承担全省海洋执法监察工作，负责依法查处重大海洋违法案件。2014 年上半年实质性整合基本到位。

【日常执法巡查】 根据河北省管辖海域的特点，省总队组织秦皇岛、唐山、沧州支队、保护区支队和各县（市）区大队，按照辖区执法巡查制度和实施方案，加强日常巡查检查，特别是对重点时期和重点区域，加大执法巡查频次和力度，确保执法巡查全覆盖。对巡查发现的问题，及时采取措施，做到早发现、早处理，防止了违法大案发生。

【严厉打击违法行为】 组织开展海域使用专项执法行动，检查各类用海项目 501 个，组织各类检查 4219 次，发现 24 起违法行为，有效制止 15 起；按照中国海警指挥中心的部署，积极开展海洋工程建设项目环境保护监督检查、海洋生态保护监督检查、海洋倾废监督检查，海岛保护监督检查。全年共承办各类案件 12 宗，办结案件 9 宗，已收缴罚款 6521.44 万元。

【“海盾 2014”专项执法行动】 把“海盾”专项执法列为海洋执法工作重点，对非法围填海等海洋违法行为保持高压态势，并在全省海洋执法工作会议上进行了专题部署，要求沿海市局及各级海监机构认真贯彻落实中国海警局《关于开展“海盾 2014 ”专项执法行动的通知》精神，上下联动，精心组织，圆满完成“海盾 2014”专项执法工作任务。全省共出船 156 航次，航程 8111 海里，出动执法车辆 345 车次，执法人员 1126 人次，检查围填海项目 301 个次，查处“金盾”案件 4 起(含往年立案 2 起)，罚款共计 5686.19 万元，实际收缴罚款 5686.19 万元。

【“碧海 2014”专项执法行动】 以打击保护区内非法挖砂、非法越野、违规建设等内容为重点，加强陆域巡护和海域巡查，及时发现和制止各类违法行为，海洋自然保护区得到了有效保护。加强海洋倾废执法工作。配合中国海监第二支队，采取登船检查、随船跟踪监视等方式，加强对各用海大户、重点海洋工程项目以及在用和已经封闭倾倒区的监督检查，有效防止了因倾废造成的海洋环境污染等现象的发生。加强海砂开采执法工作。对重点区域，加大海上执法检查频次，规范海砂开采管理秩序。全省立案查处“碧海”案件 1 起，收缴罚款 10 万元。

【“护岛 2014”专项执法行动】 制定《2014 年度海岛保护定期巡航执法检查实施方案》，加强海岛执法定期巡查工作，提高巡查工作的实效性，作到关口前移，有问题早发现、早制止，最大程度减少海岛环境的损坏程度，做到了全省海岛检查全覆盖。在“河北省护岛 2014 专项执法行动”中，组织开展集中执法 6 次，车辆行程 13000 余千米，船舶巡查 50 余航时，460 余海里。进一步完善海岛执法档案工作，在“一岛一档”工作的基础上，确保巡查内容工作完整性。

【北戴河海洋环境专项执法】 按照中国海警局部署的北戴河海域海洋环境保护专项执法行动要求，结合暑期工作实际，及早谋划，精心部署，加强对秦皇岛近岸重点海域进行定期和不定期执法监察，查处各类海洋违法行为，认真做好应急值守工作，及时应对和处置海上突发性事件。与上年相比，秦皇岛海洋环境违法行为大幅减少，主要浴场水质监测指标均有提高，海洋环境明显好转。（河北省国土资源厅）

天 津 市

综 述

2014 年，是全面深化改革开局之年，是京津冀协同发展全面启动之年。天津海洋系统认真贯彻党中央、国务院建设海洋强国和“21 世纪海上丝绸之路”的战略部署，落实市委、市政府的决策部署，在国家海洋局的指导下，天津市海洋经济发展态势良好，海洋经济科学发展示范区建设全面推进，海域资源集约节约利用，海洋环境保护和海洋防灾减灾能力不断提升，海洋科技带动海洋产业转型升级和提质增效作用进一步凸显，海洋重大基础设施项目建设进展顺利，为“十二五”规划的圆满完成奠定了坚实的基础。

海洋经济与海洋资源开发

【海洋经济总体运行良好】 2014 年，天津市以发展海洋经济试点为契机，努力推进天津海洋经济科学发展示范区建设，全市海洋经济在新常态下平稳运行，海洋经济发展逐步向质量效益型转变。主要海洋产业发展情况如下：

海洋渔业 积极调整渔业产业结构，发展设施渔业和休闲渔业，提高远洋捕捞生产能力，海洋渔业保持平稳增长。

海洋油气业 海洋油气业面临国际油价大幅震荡下跌、生产成本增长等不利局面，强化规模增储和效益开发，注重勘探开发，不断优化产能结构，实现了海洋油气业的扭亏为盈。

海洋盐业 海洋盐业呈现较快的增长态势。

海洋化工业 海洋化工业保持稳定增长。

海洋生物医药业 海洋生物医药业保持平稳增长，产业科技研发投入不断加大，研究力量逐渐加强。

海洋电力业 海洋电力业发展势头良好，大港马棚口风电场三期项目投产发电。

海水利用业 着重突破海水利用关键技术，以政策引领促进产业发展，海水利用业保持稳定增长。

海洋船舶工业 海洋船舶工业进入转型升级调整期，高技术和高附加值船舶定单增多，产品结构优化效果显现。

海洋工程建筑业 天津港 30 万吨级铁矿石码头、国际邮轮码头二期等工程完工，LNG 配套工程、中心渔港 5000 吨泊位等重点项目稳步推进，海洋工程建筑业取得较快发展。

海洋交通运输业 海洋交通运输业优化产业布局，积极应对外部环境风险和区域激烈竞争，港口形成分工明确、错位发展的“一港多区”格局，产业发展稳中有进。天津港货物吞吐量突破 5.4 亿吨，集装箱吞吐量突破 1400 万标准箱，均同比增长 8%。

滨海旅游业 航母主题公园俄罗斯风情街、方特欢乐世界等一批重点旅游项目建成使用，形成品类丰富的海洋旅游产品，积极推动邮轮游艇等新兴业态发展，滨海旅游业保持快速增长。

【海洋经济科学发展示范区建设全面展开】 天津市政府召开常务会议对海洋经济科学发展示范区工作进行部署，决定建立发展海洋经济专项资金，2014—2017 年市财政和滨海新区财政每年投入 2 亿元，加大对海洋经济的支持力度。成立天津海洋经济科学发展示范区建设领导小组，市委常委、常务副市长崔津渡任组长，副市长宗国英任副组长，全市有关单位主要负责同志为成员。领导小组办公室设在天津市海洋局，负责示范区建设日常工作。天津市委市政府印发《关于建设天津海洋经济科学发展示范区的意见》。6 月初，领导小组会议讨论确定了示范区建设责任分工方案、2014 年工作计划以及第一批海洋固定资产投资项目。10 月中旬，崔津渡同志组织召开示范区建设工作座谈会，对下一步工作进行了部署，提出了明确要求。积极争取国家部委支持天津示范区建设，国家发展改革委、国家海洋局批复，同意在天津市建设国家海洋高技术产业基地。协调全市有关单位研究出台财政、金融、产业等 7 方面支持海洋经济发展的政策。《天津海洋经济创新发展区域示范成果转化与产业化实施方案》和项目清单通过财政部和国家海洋局评审，批准项目 47 项，总投资 56.79 亿元，中央拨付启动专项资金 7845 万元，示范期间每年给予资金支持。编制示范区建设第一批重点固定资产投资项目计划，筛选 50 个项目。举行了区域示范项目启动仪式，总投资 574.8 亿元，项目全部建成后预计每年新增效益 197.4 亿元。

【海洋经济运行监测与评估系统二期有序推进】 海洋经济监测与评估系统一期项目通过自验收，并通过财政部对项目资金的评估核查。调研完善系统二期业务需求，初步编制系统二期软件开发、硬件购置与系统集成、项目监理等需求书。海洋经济运行监测评估运转正常。

海洋立法与规划

【夯实法制工作基础】 对与海洋行政管理职责相关的现行有效法律、法规、规章及行政规范性文件进行了全面梳理，剔除已经失效或废止文件，编制完成《天津市海洋局行政管理依据清单》，梳理保留总有效文件数 221 件，其中：行政执法和法制类 46 件，海域海岛类 108 件，海洋环境类 28 件，预报减灾类 9 件，海洋科技类 19 件，保护区管理类 11 件。，依据《中华人民共和国海洋环境保护法》、《中华人民共和国海域使用管理法》等九部国家和地方法律法规、规章的规定，依法确定各类处罚事项共计 61 项，编制完成天津市海洋行政处罚目录。

【《天津市海洋观测预报管理办法》立法稳步推进】 《天津市海洋观测预报管理办法》拟以天津市政府规章形式印发，被列入 2014 年度天津市人民政府立法计划调研项目。《办法》（草案）已编制完成，并向天津市政府法制机构做了专题汇报。

【完成海洋“十二五”规划阶段性评估工作】 按照国家发改委、国家海洋局要求，完成天津市实施《全国海洋经济发展“十二五”规划》、《国家海洋事业发展“十二五”规划》情况的阶段性评估工作，编制并上报《天津市关于全国海洋经济发展“十二五”规划实施情况的评估报告》和《天津市关于国家海洋事业发展“十二五”规划实施情况的评估报告》。

【《天津市海洋经济和海洋事业发展“十三五”规划》编制工作全面展开】 经天津市政府批准，《天津市海洋经济和海洋事业发展“十三五”规划》被列入全市重点专项规划，由市海洋局组织编写编制工作方案，对“十三五”规划编制工作进行总体设计，明确组织领导，成立规划编制领导小组、规划编制组和规划专家组，确定 9 项规划编制研究选题，开展前期研究工作，编制完成规划基本思路并提出纳入国家和天津市“十三五”规划建议。

海域使用管理

【优化海域使用行政审批服务】 完善海域审批流程，实行海域审批全过程的动态监控，严格落实围填海指标管理。全年批准用海项目 78 宗，批准用海面积 2942.85 公顷。收缴海域使用金 12.45 亿元。加强海域使用权抵押融资力度，全年共办理用海项目抵押登记 6 宗，用海单位融资 13 亿元。

【重大项目进展顺利】 重点保障了中沙新材料园、先达海水及综合利用一体化、泰富港机及海工高端装备制造基地等大项目、好项目用海。推动天津市浮式 LNG 接收终端工程获国家海洋局批复。推动中俄东方石化（天津）有限公司 1300 万吨/年炼油项目通过国家预审。支持中国石化南港液化天然气项目通过国家海洋局评审。

【提高海域管理服务水平】 开展海域使用权直通车相关研究，探索海域资源市场化配置体制机制创新工作。与市财政局共同印发《天津市中央财政海洋专项资金使用管理暂行办法》，进一步提高资金使用效益，规范资金使用管理。在天津市海域全境设置海岸线标志碑，进一步规范日常用海行为，维护用海秩序，提高海域监管水平。

海岛管理

【开展海岛地名普查项目归档及移交进馆工作】 2014 年，按照国家海洋局组织的海岛地名普查验收意见要求，对天津市海域海岛地名普查档案进行了进一步的补充和完善，并完成了海域海岛地名普查档案移交进馆工作。

海洋环境保护

【完成海洋环境监测常规任务】 组织开展2014年度海洋环境监测与评价，顺利完成全年外业监测任务，累积获得各类监测数据19200余个。组织发布《2013年天津市海洋环境质量状况公报》。发布《天津近岸海域赤潮监控预测简报》11期，《天津近岸海域赤潮监视监测通报》10期，为管理决策提供信息支持。

【海洋环境保护规划和海洋观测网建设规划获批】 2014年1月，《天津市海洋环境保护规划（2014—2020年）、《天津市海洋观测网建设规划（2012—2020年）》分别由天津市领导批示同意实施。

【保护区建设按计划推进】 按计划推进实施《天津古海岸与湿地国家级自然保护区保护与恢复规划(2012—2015)》，编制完成前期要件，《初步设计》通过专家论证，湿地修复分项经天津市环保局评审并上报环保部备案。大神堂牡蛎礁国家级海洋特别保护区一期建设有序推进，各分项目顺利启动。滨海湿地国家级海洋特别保护区选划工作已经启动。

海洋生态文明

【标准与制度建设】 2014年7月，《天津市海洋生态红线区报告》经天津市政府同意发布实施；2014年12月《天津市海洋（岸）工程海洋生态损害评估方法》通过天津市市场监管委批准，标准号DB12/T 548-2014。

【海洋生态环境整治修复项目】 协调推进“天津滨海旅游区海岸修复生态保护项目”和“天津大神堂浅海活牡蛎礁独特生态系统保护与修复项目”实施。天津滨海旅游区海岸修复生态保护项目已完成区域环境和水动力条件本底调查，构建形成了区域海洋生态环境评价指标体系，完成了人工鱼礁构型设计建设，完成鱼礁投放2000块，海岸带景观植被选种和土壤改良试验及实验地种植应用工作已完成，并确定了示范地建设选址，项目立项已获批复；天津大神堂浅海活牡蛎礁独特生态系统保护与修复项目已完成全部2600块人工鱼礁构型设计建设和投放工作，完成投放60000袋牡蛎礁工作。

海洋环境预报与防灾减灾

【海洋观测预报】 全年发布类天津近海海浪、水温、潮汐等各类常规海洋环境预报信息近3000期，发布海洋灾害预警报7期，为企业和公众生产生活做好服务保障。

【重点保障目标预报服务】 在2013年精细化预报试点工作基础上，面向重点保障目标天津临港经济区提供精细化预报服务，预报要素包含潮汐、海浪、水温，预报时效长达72小时，发布时间为每日的上午10时和下午16点之前，发送方式为传真、邮件、ftp，共发布预报608期。共发布风暴潮预警报5期，风暴潮解除通报2期。海浪蓝色警报2期，海浪解除通报2期。

【应急预案管理及灾害应急演练】 2014年4月《天津市海洋灾害应急预案》作为天津市专项预案，由市政府办公厅发布实施。10月在海洋局系统开展了海洋灾害部门应急演练，确保海洋灾害应急响应机制的及时高效运行。

【海洋观测预报能力建设】 完成了天津市海洋局塘沽、汉沽和大港海洋环境监测观测站选址立项等建设前期行政审批手续。

海洋执法监察

【海域使用执法】 开展“海盾2014”专项执法行动、2014年度养殖用海专项执法行动、北海区（天津）区域建设用海联合检查行动，加大对各类违法用海行为的执法力度，全年查处各类海域违法案件3宗，收缴罚款2227.42万元，案件执结率100%。

【海洋环境保护执法】 开展“碧海2014”专项执法行动，重点对海洋工程环评情况和海洋倾倒情况进行了执法检查，开展海上联合执法行动，对辖区全海域进行了巡查，登检各类施工船、挖泥船、倾废船30余艘。全年查处海洋环境违法案件3宗，收缴罚款30万元，案件执结率100%。

【海岛执法】 依据《天津市海岛定期巡查工作制度》，印发《中国海监天津市总队关于开展2014年度海岛定期巡查工作的通知》（津海监〔2014〕14号），部署2014年海岛定期巡查工作。全年共派出执法人员237人次，船舶4航次，检查42次，其中登岛检查9次。未发现违法开发利用三河岛的行为。

【保护区执法】 加强保护区巡查执法力度，累计出动执法人员近 873 人次，巡查里程 5.4 万千米，处理违法案件 4 宗。

【管辖海域文化遗产联合执法】 联合天津市文化局（文物局）、天津市文化市场行政执法总队、天津市文化遗产保护中心、国家海洋博物馆筹备办公室，完成天津海域文化遗产保护联合执法工作和水下文物探摸工作。

【维权执法】 按照国家统一部署，中国 3015 海监船 10 月初赶赴海南三亚基地集结，完成国家南海重大维权执法任务并顺利返航。

【能力建设】 两型 3 艘省级维权执法专用海监船建造完成并交付使用，临港维权执法基地建设进展顺利，初步设计已获批。

海洋行政审批

【概况】 2014 年累计完成行政审批事项 163 件，与 2013 年基本持平，提前办结率 100%。其中：海域使用申请 78 件；环评报告书核准 42 件；进入海洋自然保护区从事相关活动许可 11 件；海洋倾废 32 件。服务态度和审批效率得到企业认可，收到企业向审批窗口赠送的锦旗 3 面，表扬信多封。

【深化审批制度改革】 对行政许可事项名称、类型及法律依据进行了认真梳理确认，及时修订了海域使用权审核、海洋工程建设项目环境影响报告书许可、海洋倾倒废弃物审批和进入海洋自然保护区从事相关活动许可四项现行有效事项的办理指南，并上网公示。

【加强中介机构监督管理】 进一步规范行政审批事项相关中介机构服务，出台《天津市海洋局行政审批中介机构监督管理办法》。对《中介机构服务承诺信息表》内容进行审核规范，对本行业中介机构资质情况进行了统计汇总，对《行政审批中介机构提供审批要件明细表》进行了审核明确，制定了锁控中介机构办事效率的措施。

海洋科技

【国家海洋公益性项目】 申报启动 2014 年度国家海洋公益性科研专项，共获批公益性项目 4 项，支持经费 7710 万元，创历史新高。组织开展 2015 年度国家海洋公益性项目申报，向国家海洋局推荐上报 5 项，其中“海水淡化水处理药剂国产化技术研究与工程示范”项目，已通过国家海洋局的专家初审，获得立项支持，经费额度约 2000 万元。

【科技兴海项目】 征集 2014 年度科技兴海项目，筛选立项 26 个，支持财政专项经费 1889 万元，预计形成经济效益 5 亿～6 亿元。严格过程管理，完成 2012 年度科技兴海项目中期检查。

海洋宣传

【宣传日活动】 5 月 12 日，组织开展“海洋防灾减灾日”科普宣教活动，印制了宣传条幅和展板，编制《天津市海洋防灾减灾宣传手册》，在滨海新区的塘沽、汉沽和大港同时启动宣传活动，共发放《海洋观测预报条例》、《天津市海洋防灾减灾知识手册》500 多份，展出赤潮、风暴潮、海水入侵、海冰灾害等科普知识宣传展牌 40 余块；6 月 8 日，联合国家海洋局 6 家驻津机构共同举办 2014 世界海洋日暨全国海洋宣传日天津分会场活动，有效提高了海洋工作的社会影响力和公众认知度。

【公益宣传活动】 会同新蕾出版社、天津海昌极地海洋世界等单位开展“渤海明珠，美丽家乡”主题征文及系列公益讲座活动。在古林古海岸遗迹博物馆和七里海湿地兴坨水库鸟岛举办了以“从小做起 保护古海岸遗迹 以身作则 共同坚守生态红线”和“珍惜湿地资源 爱我美好家园 争当守护生态红线小卫士”为主题的专题宣传活动。为落实生态红线管控要求，在保护区生态红线重要区域建立大型宣传牌 2 块，宣传相关政策和规定，这也是至今为止天津市范围内唯一的生态红线宣传牌。对七里海湿地东海沿线 15 块宣传牌进行了维修。

【媒体宣传报道】 在门户网站刊发工作动态 11 篇，较为全面地反映了领导干部活动、重要会议和工作情况；与中国海洋报、天津电视台、天津日报等媒体积极联络，刊发各类消息、通讯等百余篇，头版十余条，取得了较好的社会反响。

海洋文化

【国家海洋博物馆建设】 进一步推进国家海洋博物馆建设。博物馆筹建机构经天津市编委批复，正式成立，全面启动筹建各项工作。藏品征集工作稳步推进，征集各类藏品达 4.28 万件，其中 400 件左右达到三级以上文物。征集藏品及协议借展、复制展品符合上展要求的已达 2500 件，展陈品总体满足率在 50%以上。组织深化展陈大纲，初步编制完成展陈方案，部分展区和专题展览方案已获得专家评审通过。国家海洋博物馆工可研报告获国家发展改革委批复，项目初步设计和概算投资获天津市发展改革委批复，取得了土地证、建设工程规划许可证、建设工程施工许可证等开工前期要件。10月28日举行了国家海洋博物馆项目建设启动仪式，召开了博物馆建设推动会，标志着国家海洋博物馆项目正式开工建设。

【海洋文化丛书编撰】 海洋文化丛书天津分册编撰工作基本完成。完成国家海洋文化丛书天津分册文稿共计 10 章、23 万字。

（天津市海洋局）

山 东 省

综　述

2014 年，山东省海洋经济总量规模不断扩大，且效益高于全省平均水平。2014 年山东省海洋经济生产总值为 10879 亿元（初步核算数），居全国第二位（广东第一，上海第三），同比增长 10.5%，占全省 GDP 的 18.3%，是带动全国海洋经济和全省国民经济较快增长的重要增长极。海洋经济三次产业结构为 7.3∶46.7∶46.0。

海洋经济与海洋资源开发

【海洋渔业】 海洋渔业稳中有升。海水产品总产量 746.1 万吨，同比增长 6.7%。其中，因近海资源持续衰退，海洋捕捞 229.7 万吨，同比下降 0.8%；海水养殖 479.9 万吨，增长 5.1%。远洋渔业发展迅猛，2014 年产量达到 36.5 万吨，同比增长 222.9%。

“海上粮仓”建设战略 2014 年 1 月 8 日，山东省委姜异康书记在全省农村工作会议上首次提出建设“海上粮仓”的战略构想。这是山东省委、省政府基于大资源、大食物理念，统筹粮食安全和现代渔业发展，作出的一项重要战略部署。山东省厅积极推进“海上粮仓”建设战略制定实施，向省政府提交了《关于实施“海上粮仓”建设战略的报告》；联合省委政策研究室、省发改委、省财政厅等部门赴省内外开展专题调研，形成了《“海上粮仓”建设研究报告》，报省委常委参阅。2014 年底，省政府出台了《关于推进“海上粮仓”建设的实施意见》，提出培育五大主导产业、实施五大重点工程、构建五大支撑体系，建设全国优质高端水产品生产供应区、渔业转型升级先行区、渔业科技创新先导区、渔业生态文明示范区。到 2020 年，力争全省水产品产量达到 1000 万吨，蛋白质当量相当于粮食 400 亿斤，让人民群众吃上更多绿色、安全、放心的海洋食品。

海洋牧场建设 开展以海洋增殖放流、人工鱼礁和藻场建设为主要内容的海洋牧场建设，恢复渔业资源，改善海域环境，把海洋牧场打造成为“海上粮仓”核心区。以经济型鱼礁为基础的近岸海洋牧场基本框架已形成。2014 年，山东省海洋与渔业厅印发《山东省人工鱼礁管理办法》，山东省新增扶持生态型人工鱼礁项目 26 个，山东省列入省级以上财政扶持的人工鱼礁建设项目已达 102 个，涉及用海面积 6373 公顷。财政扶持力度不断加大，总体进展顺利。重点建设以“聚鱼养藻”为主的生态型人工鱼礁，放流黑鲪、黑鲷等恋礁性鱼类，为山东省调整渔业资源利用开发模式，增强财政投资的公益性，发展海上旅游、休闲海钓等新型用海模式打下基础。在扶持项目的带动下，沿海各市县人工鱼礁蓬勃发展，山东省人工鱼礁总投礁规模已超过 1300 万空方，位居全国首位，用海面积 1.7 万多公顷。随着大批 2010 年前后建设的鱼礁项目进入收获期，聚鱼增殖作用日渐显现，礁区海产品总产量大幅增加。

增殖放流 2014 年，山东省增殖放流工作富有成效、可圈可点。2014 年，山东省海洋公益放流包括渔业资源修复行动和渤海溢油生物种群恢复两大项目，共投入海洋增殖资金 2.5 亿元，同比增加 9998 万元。其中渔业资源修复行动投入资金 1.88 亿元，同比增加 4048 万元，渤海溢油生物种群恢复项目（2014—2015 年度）投入资金 5930 万元。全年共组织放流海洋增殖种类 24 种，同比增加 4 种，共放流苗种 59.5 亿单位，同比增加 9.6 亿单位。全省回捕对虾、海蜇、梭子蟹等增殖资源 5.2 万吨，产值 16.3 亿元。

休闲渔业建设 休闲渔业成为山东省现代渔业新的增长点。2014 年 35 家省级休闲渔业园区，15 家国家级休闲渔业示范基地得到认定。临沂市被中国休闲垂钓协会授予“中国休闲垂钓之都”称号。休闲海钓基地建设异军突起，对山东省养殖、生态礁、渔船制造、钓具、旅游业乃至海洋生态保护等 6 大产业起到了显著的拉动作用。在“投礁、放鱼、钓船、海岸、服务”五配套工作思路指导下，系列活动的开展，有力促进了各地集休闲渔业、海上运动、滨海度假、体育竞技等功能于一体的休闲海钓旅游基地的综合打造，一二三产业融合发展。截至2014年底，国家级休闲渔业示范基地达到27处，省级休闲渔业示范园区72处，省级休闲渔业示范点110处，省级休闲海钓示范基地15处，省级内陆休闲渔业公园创建单位10余处。2014年，全省休闲渔业产值达100多亿元。

远洋渔业建设 自2012年国家实施海洋渔船更新改造项目以来，通过建造、改造和引进，山东省远洋渔船以每年100多艘的规模不断增长，远洋渔船规模连年上新台阶。2014年全省专业远洋渔船419艘，总功率43.6万千瓦、24.8万总吨。2014年全省外派远洋渔业生产渔船发展到391艘，实现产量36.5万吨、产值32.24亿元，产量、产值均创历史新高，同比分别增长223%、138%。远洋渔业主要经济指标从2012年的全国第4位跃居至全国第2位。山东省远洋渔业作业海域涉及太平洋、大西洋、印度洋三大洋公海及印尼、摩洛哥等20个国家的管辖海域，海外渔业基地建设有序推进，取得可喜进展。2014年，山东省朝鲜东部海域远洋渔业项目暂停一年后重新启动，共有564艘渔船经批准赴朝鲜东部海域作业，占全国的92%，总产量7.05万吨，实现产值5.25亿元，有效缓解了近海捕捞压力，在渔民就业、渔业增效方面取得了显著成效。山东省超低温储存能力超过6万吨，占全国75%以上。筹备成立海峡两岸渔业合作交流示范基地，推动了鲁台双方渔业深度合作。在全国率先开展远洋渔业产品精深加工及冷链物流基地创建活动，对打造从“渔场到市场”的全产业链条，示范带动山东省水产品精深加工冷链物流事业向纵深发展、加快推进山东省现代渔业转型升级具有重要意义。

【海洋化工业】 海洋化工业盈亏互现。氯碱持续低迷，纯碱量价齐升，盐化工有升有降。山东32%离子膜烧碱市场价格由年初的平均630元/吨下降到10月初的均价480元/吨，价格低位徘徊；液氯、聚氯乙烯价格仍处低位。纯碱价格同比大幅上涨，省内的重质纯碱价格分别由1260元/吨左右，上涨至1550元/吨左右，同比涨幅超过20%。从山东省来看，氯碱行业中液氯价格同比上涨，但是烧碱同比降幅较大，聚氯乙烯价格仍处低位运行，整个氯碱行业生产经营仍较困难。纯碱行业量价齐升，整体运行趋好。盐化工产品产量、销量双增，溴素产、销、价均处于低位。

【海洋船舶工业】 海洋船舶工业仍处低迷期。统计范围内船舶企业（含造修船、海工、游艇及配套）完成工业总产值644亿元，主营业务收入629亿元，出口交货值242亿元，同比分别增长14%、13%、43%；实现利润12.7亿元，同比减少17%。造船三大指标方面，全年共完工交付船舶242万载重吨，同比减少26%；承接新船订单627万载重吨，同比增长54%。截至到2014年底，全省手持船舶订单1075万载重吨，同比增长60%。海工装备制造业骨干企业实现产值277亿元、主营业务收入277亿元、利润16亿元，同比分别增长34%、34%和39%。当前全球经济增长呈减缓态势，不确定性和复杂性加大，航运和造船产能过剩矛盾突出，未来几年船市将呈现低速发展的新常态。

【海洋盐业】 海洋盐业产量大增，销量微减，价格下跌。全省海盐2738万吨，同比增长22.3%。全省累计销售海盐1700多万吨，同比降低0.4%。从今年三月份开始，盐价出现了三次较大幅度下跌，从年初的220元/吨，至八月中旬跌至90元/吨（不含税，下同）左右，较年初下降130元/吨，10月底原盐平均出场价在110元/吨左右，小幅上扬。

【海洋交通运输业】 海洋交通运输业稳中有升，仍有下行压力。沿海港口完成12.8亿吨，同比增长8.8%，其中外贸6.6亿吨集装箱2256万标箱。累计完成客运量1321万人次，同比增长14%。

【滨海旅游业】 滨海旅游业内需旺盛，入境平稳，稳步增长。滨海地区接待国内游客26475.5万人次，实现国内旅游收入2854.4亿元，分别占全省的44.4%和50.0%，同比分别增长9.8%和14.0%；接待入境游客297.1万人次，实现入境旅游收入19.5亿美元，分别占全省的66.7%和71.7%，同比分别增长2.1%和1.7%。滨海旅游总收入2973.9亿元，占全省旅游业的50.6%，同比增长13.4%。在国内外经济环境严峻复杂的情况下，海滨旅游业取得了快速发展，创新打造“仙境海岸”、“黄河入海”文化旅游目的地品牌体系，不断完善旅游基础设施，加快建设重点旅游项目，突出发展乡村旅游，推进与相关产业融合发展，成为滨海经济转型升级、扩大社会消费、提升人民群众幸福指数的重要力量。

【海洋油气业】 海洋油气业产能稳定，受油气价格大幅下跌影响，效益下降。2014 年，生产原油 300 万吨，同比增加 301%，生产天然气 1.29 亿立方米，同比基本持平。原油价格平均价格 4062 元/吨（不含税），同比下降 63 元/吨。

【海洋电力业】 海洋电力业需求不旺，增速放缓。受农业、畜牧业用电量增加、居民用电增加等拉动影响，整体用电量呈低速增长状态。2004 年以来，全省风电发展步入高速增长期，发电量、装机比重逐年提高，但受到电网的调风能力制约，风电、光伏发电未能超过 1000 万千瓦，受此影响，风电的发展速度近年来逐步趋缓。

海洋立法与规划

【海洋立法】 《山东省渔业船舶管理办法》通过山东省政府常务会研究。该办法对山东省渔业船舶的制造、改造与维修、航行、作业与停泊、事故应急与调查处理及法律责任等进行了法律规定。制定实施了《山东省海洋与渔业行政处罚裁量权基准》，对违法行为处理的法律依据、违法程度的界定及处罚裁量的标准进行了规定，使过大的自由裁量权得以规制。

【海洋规划】 2014 年，制定印发了《山东省人工鱼礁建设规划（2014—2020）》；配合农业部完成《2014—2020 渔政装备设施规划》、《2014—2020 全国渔港建设规划》及《2014—2020 海洋渔业生态建设工程建设规划提纲》编制工作。

海域使用管理

【概况】 2014 年，山东省各级海洋行政主管部门认真履行职责，坚持依法行政，坚持“五个用海”，不断提高综合管控能力，充分发挥海域资源优势，科学配置海域资源，积极服务“蓝黄”两区建设，保障用海需求，有力地促进了全省海洋经济发展。2014 年，山东省海域海岛管理工作取得了丰硕成果。6 个市级海洋功能区划通过审查，区划规划编制取得重大进展；组织开展了“齐鲁美丽海岸”评选活动，整治修复工作深入推进；省级海域动态监视监测系统正式启用，海域管理信息化水平迈入正轨；烟台海洋产权交易中心获批，山东省海洋资源市场化流转将正式拉开帷幕；县级海域动态监管能力建设项目启动实施，上下互联的省市县三级监管体系将逐步建立。

【海洋功能区划规划与制度建设】 启动了省级海洋功能区划（青岛、日照部分）局部修改工作，开展了局部修改评估、专题研究等一系列工作，确定了修改区域的功能定位，保障青岛西海岸国家新区等重大战略、重点项目建设。

加快推进区划规划编制工作。要求市级海洋功能区划必须遵循“功能区界线一致、功能区管理要求一致、目标指标一致”三个原则，科学合理提出本地区主要海洋功能区划的目标指标。规范市级海洋功能区划编制工作，印发《关于进一步规范市级海洋功能区划编制工作的通知》，在省级海洋功能区划一级类功能区的基础上，按照技术导则要求，科学合理划分所辖区域二级类功能区。烟台市等 6 个市级海洋功能区划顺利通过专家审查，威海市海洋功能区划上报省政府审批。规范县级海域使用规划编制，印发了《山东省县级海域使用规划编制指南》，组织召开了县级海域使用规划编制工作会，统一了编制要求、格式、分类，明确了编制技术路线和遵循原则。

创新海域规划管理工作，制定了《关于加快推进县级海域使用规划编制和报批工作的通知》，充分发挥海域使用规划在引领与支撑、服务与保障地方海洋经济发展中的基础作用，在省、市两级海洋功能区划的基础上，科学合理布局所辖海域。龙口市等 29 个县级海域使用规划基本编制完成。

加强区域用海规划的实施，制定了《关于进一步加强区域用海规划实施管理的通知》，将区域用海规划管理工作重心由规划报批转向规划监管和实施上，推动了各地优质项目在区域用海规划内落地实施。

【海域管理情况】 积极服务“蓝黄”两区海洋经济发展。支持青岛西海岸新区、日照晋中南煤炭铁路大通道建设，研究制定了《关于支持青岛西海岸新区发展的意见》，提出了十七条支持政策，在区划修改、规划编制、围填海计划指标安排、用海审批等方面予以重点支持。与“蓝黄”两区相关地市签订了年度工作对接任务书，加快推进重点项目建设，全年服务“蓝黄”两区重点项目确权海域面积1068公顷，占全省围填海确权海域面积的79%。

推进海域使用权市场化流转工作。为落实《山东半岛蓝色经济区发展规划》中提出的“促进海域使用权依法有序流转，创设海洋产权交易中心”的任务，由山东省厅牵头积极开展海洋产权交易中心创设工作，11月17日山东省人民政府批复设立烟台海洋产权交易中心有限公司。海洋产权交易中心的成立，将有力地促进海域、无居民海岛使用权，海沙、矿产等海洋资源开采权及渔船、轮船等资产的依法有序流转。

加强区域用海规划管理。要求指定单位对区域用海规划的实施常态化的动态监视监测；稳步推进区域用海规划内非经营性公共设施用海登记，对规划内经营性用海项目，按照“强化审批管理、严格项目准入、加强监督管理”三项管理制度加快项目落地。对待批的海州湾北部临港产业聚集区等四个区域用海规划，按照国家海洋局要求，指导市县规划方案的优化，积极补充拟建项目目录。

【海域动态监视监测】 按照《山东省海域动态监视监测管理系统2014年工作方案》，有计划有步骤地组织各级海域动态监管中心开展了海域动态监视监测工作，其中，对获批实施的8个区域用海规划进行了26次监测、对日照港石臼港区南作业区等重点项目进行了258次监测、对疑点疑区用海进行了75次监视监测工作。

提升山东省航空遥感监测能力建设，首次利用无人机对区域用海规划范围进行高空图像、视频采集，填补了山东省海域动管航空遥感监测的空白。通过无人机和远程视频监控相结合的监控能力建设，搭建“集中管理、功能全面、调度灵活”的远程视频监控平台。

加强山东省海域动态监管能力建设，在基本完成省市两级海域动态监管能力建设的基础上，启动了县级海域动态监管能力建设项目。为确保省市县三级海域动态监视监测上下互联互通，统筹规划，编制了《山东省县级海域动态监管能力建设项目实施方案》。

【海域资源配置情况】 1.截至2014年底，山东省范围内，国务院、省政府、沿海市县各级人民政府共确权海域面积791606.10公顷，其中经营性项目775394.93公顷，公益性项目16211.17公顷；发放海域使用权证书14397本，其中经营性项目14082本，公益性项目315本。

国务院批准确权海域面积5884.92公顷，其中经营性项目5508.46公顷，公益性项目376.46公顷；发放海域使用权证书48本，其中经营性项目53本，公益性项目2本。

省政府批准确权海域面积13778.49公顷，其中经营性项目10547.19公顷，公益性项目3231.30公顷；发放海域使用权证书644本，其中经营性项目503本，公益性项目141本。

截至2014年底，山东省主要用海类型及其确权海域面积分别为：渔业用海741850.15公顷，工业用海15202.62公顷，交通运输用海15024.87公顷，旅游娱乐用海3516.95公顷，海底工程用海2146.04公顷，排污倾倒用海1169.57公顷，造地工程用海5472.99公顷，特殊用海6267.19公顷，其他用海955.73公顷。

2.2014年海域使用管理情况

（1）海域使用确权情况。2014年，山东省共确权海域面积173633.77公顷，其中经营性项目171480.05公顷，公益性项目2153.72公顷；发放海域使用权证书1464本，其中经营性项目1414本，公益性项目50本。

2014年，国务院批准确权海域面积696.07公顷，全部为经营性项目；发放海域使用权证书7本。

山东省政府批准确权海域面积2036.00公顷，其中经营性项目1762.00公顷，公益性项目274.0031公顷;发放海域使用权证书100本，其中经营性项目66本，公益性项目34本。

2014年，山东省各类型用海的确权面积分别为：渔业用海167895.25公顷，工业用海780.31公顷，交通运输用海2051.51公顷，旅游娱乐用海814.42公顷，海底工程用海11.76公顷，排污倾倒用海42.48公顷，造地工程用海107.34公顷，特殊用海1228.74公顷，其他用海5.89公顷。

（2）海域使用权注销情况。2014年，山东省共注销海域使用权证书302本，注销海域面积

14239.22 公顷。其中经营性项目 302 本，面积 14239.22 公顷；公益性项目 0 本，面积 0 公顷。

（3）海域使用金征收情况。2014 年，山东省共征收海域使用金 124999.25 万元。其中，省政府批准的用海项目缴纳海域使用金 108413.25 万元；沿海各市、县（市、区）人民政府批准的用海项目缴纳海域使用金数额分别为：滨州市 137.06 万元，东营市 6084.03 万元，潍坊市 1538.96 万元，烟台市 1749.28 万元，威海市 4528.66 万元，青岛市 1608.14 万元，日照市 939.87 万元。

（4）海域使用权变更情况。2014 年，山东省共办理海域使用权变更登记的证书数量为 720 本，面积为 74521.67 公顷。其中，转让 286 本，面积 28686.01 公顷；更名、更址 35 本，面积 4888.21 公顷；续期 319 本，面积 33940.04 公顷；其他方式 80 本，面积 7007.41 公顷。

（5）海域使用权抵押情况

2014 年，山东省共办理海域使用权抵押登记的证书数量 204 本，抵押海域面积 34078.85 公顷；抵押金额 356548.00 万元。

【集约节约用海】 始终坚持集约节约用海理念，对围填海项目严格把关，全年退回 7 个非涉海类项目用海申请，节约用海 271 公顷。通过论证用海面积合理性，压缩、核减用海面积 232 公顷，同时，为通过围填海指标倾斜政策，鼓励优质项目入驻区域用海规划，盘活闲置海域存量，安排围填海计划指标 180 公顷，促进海域资源的集约节约利用。

【海域海岛海岸带整治修复】 编制了《山东省海岸保护和利用规划》和《山东省海域海岛海岸带整治修复保护规划》，建立了海域海岛海岸带整治修复项目库，为今后山东省海域海岛海岸带整治修复提供了基础支撑作用。近年来，山东省开展了青岛竹岔岛整治修复及保护项目、荣成爱莲湾海岸、荣成桑沟湾滨海公园岸线、日照山海天阳光海岸、寿光小清河河口、莱州尾矿海岸等整治修复工程，取得了显著成效。

联合山东省旅游局开展了“齐鲁美丽海岸”评选活动，青岛市南中心海岸、黄岛唐岛湾新海岸、东营黄河口新海岸、烟台市区黄金海岸、长岛九丈崖—月牙湾海岸、威海市区中心海岸、乳山银滩—大乳山美丽海岸、荣成桑沟湾海岸、日照阳光海岸等 9 个海岸被评选为首批“齐鲁美丽海岸”，“美丽海岸”的评选，在全国沿海省开创了先河。年底，在威海市举行了齐鲁美丽海岸新闻发布会暨威海市区中心海岸的揭牌仪式，在社会引起强烈反响，促进了全社会爱护海洋、保护海洋意识的提高。

海岛管理

【概况】 海岛保护管理进一步加强。实施《山东省海岛保护规划（2012—2020 年）》，构筑“一核两区十组团”的海岛分区总体布局，统筹岸线、海岛及海洋资源的开发，协调促进陆、岛、海的有机连接，打造各具特色的“珍珠链”式海洋经济区。要求海岛保护工作严格按照 2 个一级类、5 个二级类、8 个三级类进行分类保护。加快海岛生态文明建设、海岛防灾减灾能力建设等十大重点工程实施，开创海岛生态保护、海岛开发秩序的新局面。

开展领海基点的保护范围选划工作。依据《领海基点保护范围选划与保护办法》和《领海基点保护范围选划技术规程》要求，充分考虑领海基点地形地貌保护要求、海岛自然属性、社会属性等因素，科学、准确、规范地划定全省 8 个领海基点的保护范围，有力增强了全社会保护海洋蓝色国土意识，维护了国家海洋权益。

完善无居民海岛综合管理制度。为加强无居民海岛的保护与开发利用，组织编制了《山东省无居民海岛使用审批管理暂行办法》和《山东省无居民海岛使用权招标拍卖挂牌出让管理暂行办法》，对无居民海岛的申请审批程序和招标拍卖挂牌出让程序做了详细规定。办法实施后，将进一步完善我省无居民海岛管理制度。

海洋环境保护

【概况】 2014 年，山东省海洋生态环保工作稳步推进，海洋环境监测评价能力建设与服务得到增强，海洋保护区规划与生态保护建设示范区创建有序进行，渤海海洋生态修复及能力建设项目部署实施，海洋工程环境监管与生态损失补偿更趋规范，渤海海洋生态红线有效落实，海洋环保信息化管理水平显著提升，山东省近岸海域环境质量状况总体保持稳定。

近岸海域受污染面积增速放缓，趋势没有

根本逆转。2014 年，山东省近岸海域一类和二类的站次比例合计为 66.66%，较去年升高 1.03 个百分点。但近年来符合一类水质站次比例均有所降低。海水中无机氮和活性磷酸盐含量超标导致近岸局部海域富营养化维持高水平。劣四类海域主要分布在潍坊、滨州和烟台丁字湾、莱州湾东岸等海域，主要超标物质为无机氮。入海排污口等敏感海洋功能区水质达标率较低。2014 年，山东省海域不同海洋功能区水质达标率较低。全年入海排污口的达标排放率为 41.5%，主要入海污染物是化学需氧量总磷、氨氮、悬浮物；山东省监测的 7 个重点排污口邻近海域中，仅有 2 个排污口邻近海域符合要求的水质类别。山东省监测的入海河流中均有多项入海污染物超出临近海洋功能区要求的水质类别。重要海水增养殖区水质符合养殖活动要求。浅海养殖区海水质量总达标率 97%，海洋沉积物质量总达标率接近 100%，池塘养殖区海水质量总达标率 87%，海水质量和海洋沉积物质量能够满足养殖活动要求。滨海旅游度假区和海水浴场环境质量良好，满足旅游区度假功能要求。烟台金沙滩和蓬莱阁级别为优良，很适宜开展休闲（观光）活动，年平均休闲（观光）活动指数比 2013 年有较大提高。监测的烟台金沙滩海水浴场、威海国际海水浴场等海水浴场各项指标符合国家水质要求，能够满足旅游度假区旅游功能需要。两个典型生态系统总体呈逐年退化趋势。莱州湾生态系统主要受到陆源排污、围填海和海岸带开发活动等的影响，西部海域富营养化依然显著，有机污染严重，自然岸线受损，鱼类产卵量偏低。庙岛群岛生态系统部分海区受到轻度污染，鱼类产卵数量偏低，鱼类资源衰退明显，生物群落结构稳定性有所减弱。海洋灾害保持平稳，赤潮出现新变化，绿潮影响常态化。

【海洋监测能力建设】 山东省已建立各级海洋环境监测机构 41 处，包括山东省海洋环境监测中心、沿海 7 市海洋环境监测中心（站）以及 33 处县级海洋环境监测站，其中取得计量认证的有 20 处。

【海洋环境监测评价】 2014 年共安排监测经费 1452 万元，布设各类监测站位 782 个，开展了 5 大类近 20 个小项监测。继续开展海洋特别保护区监测，增加了 6 个重点增养殖区主要环境影响因素的监视监测。特别是针对 3 月份莱州—招远海域发生的赤潮，及时进行了预警和应急跟踪监测，引导养殖户有效规避养殖风险。依托省辐射环境管理中心，开展海洋环境放射性监测工作。各地监测工作也在服务管理需求方面进行积极探索，如滨州根据企业的需求，开展了渔业企业、生态渔业区水质等一系列服务性监测，监测工作更加接地气。在开展监测的基础上，各级监测机构组织编写了《山东省近岸海域海洋资源环境状况与综合管控报告》、《2014 年 3 月全省陆源入海排污口排污状况简报》《2014 年山东海域赤潮卫星遥感监测通报》《应急简报》《赤潮月报》《海洋环境监测工作执行情况月报》等 100 余种信息产品。

【海洋保护区管理】 2014 年，组织保护区管理机构编制海洋保护区建设总体规划，优化完善保护区建设发展布局。组织开展渤海海洋保护区保护对象和物种调查，启动海洋保护区生物多样性物种名录编制工作。制定并印发《山东省海洋特别保护区管理暂行办法》。2014 年底，山东省共建立省级以上各类海洋保护区共 67 处，其中海洋自然保护区 12 处，海洋特别保护区（含海洋公园）30 处，国家级种质资源保护区（海洋）25 处，海洋保护区总面积约 83 万公顷，形成了较为完善的保护区网络和体系，有效保护了山东省海域重点海洋生态系统、地质地貌、珍稀生物资源等重要保护对象。

【海洋环保信息化建设】 进一步完善面向管理部门、技术支撑单位的海洋环境保护管理综合信息系统，2014 年完成全省海洋环境监测任务分解，并部署在监测数据报送系统中，已实现公报、专报、简报和应急通报等评价产品的及时报送和更新。依托山东省海域动态监视监测管理系统，开发环评审批系统，优化了工程环评审批的流程，实现了环评审批网上运转及环评审批材料和批后监管资料电子备份等功能，提高了海洋工程环评管理规范化水平。

【海洋工程监管】 渤海海洋生态红线得到有效落实，所有渤海海域开发活动、渤海海域涉海工程环评都把生态红线符合性分析作为重要内容。严格环评把关，2014 年，共核准海洋工程项目环境影响评价报告书（表）79 个，否决了潍坊北海绿洲太阳能海水淡化及海水综合利用项目和滨州港码头作业区围堰工程等2个不能满足环保要求的海洋工程项目。坚持按照规范、公开、透明的要求加强生态损失补偿工作，2014年共征缴入库海洋生态损失补偿费1.35亿元。

海洋生态文明建设

【海洋生态文明建设示范区及保护区建设】 加快推进首批3个国家级和10个省级海洋生态文明示范区创建，指导各生态文明示范区编制了海洋生态文明示范区建设规划。日照海洋公园等 7 个国家级海洋特别保护区（海洋公园）编制了总体规划。4个保护区的在线监测已经完成设备招标。渤海重点海域11个国家级海洋特别保护区的基础设施和能力建设纳入渤海生态修复项目及能力建设的盘子，项目资金已经落实。日照被推荐为全国海洋系统唯一的市级全国生态保护与建设示范区。

【渤海生态修复及能力建设项目】 渤海海洋生态修复及能力建设项目全面实施。省政府成立了渤海生态修复工作领导小组，健全了配套制度，制定了项目总体方案，组织开展了项目申报。60个项目正式批复实施，项目资金5.57亿元。建立了项目推进“一张表”和“简报”制度，强化项目监督落实。

海洋环境预报与防灾减灾

【海洋防灾减灾能力建设】 完成沿海19个岸段的警戒潮位核定工作。按照国家海洋局的统一部署，山东省厅自2011年至今，历经两年多的时间，组织编制完成烟台、潍坊、威海所辖18县19岸段沿海警戒潮位核定技术报告，并通过山东省、北海分局、国家海洋局三级评审。加强海洋减灾综合示范区建设。寿光市获批国家 4 个海洋减灾综合示范区之一。按照示范区建设原则和主要任务，编制完成了《山东省寿光市海洋减灾综合示范区建设方案》，在完善海洋灾害风险区划、警戒潮位核定、精细化预报、灾害救助体系、灾害调查等各方面，形成当地政府主导、海洋部门牵头的海洋灾害防御体系，为全省防灾减灾体系建设起到良好示范效应。

【海洋灾害预警报】 2014 年省预报台向山东省人民政府、海洋行政管理部门、涉海单位和社会公众发布风暴潮消息6期，蓝色警报11期，黄色警报6期，橙色警报2期；发布海浪消息8期，蓝色警报24期，黄色警报3期，风暴潮速报9期，海浪速报13期，绿潮卫星遥感监测信息快报160期，绿潮微波遥感监测信息快报32期，绿潮综合分布图75期，多年综合对比图8期，绿潮岸边巡视情况报告56期，绿潮预警信息240期，绿潮警报2期，绿潮短信报85期，海冰警报2期，海冰常规预报28期，海冰实况速报 2 期，累计 800 余期。这些警报信息为山东省政府及有关涉海部门的防灾减灾工作提供了重要的信息保障。

【重点保障目标的精细化预报】 开展羊口中心渔港精细化预警报服务工作，预报台每天制作并发布精细化海浪、潮汐、海流预报，灾害发生期间发布风暴潮、海浪等警报信息，为当地海洋防灾减灾工作提供可靠的服务保障，共发布精细化预警信息 700 余期，切实提高了山东省海洋预报减灾的服务水平。

【预警报信息平台和辅助决策系统建设】 在山东省海洋与渔业厅“海上山东”网站上增设了山东省海洋预警报信息平台，将山东省海洋观测预报的海洋警报、短期预报、趋势预测、数值产品、台风信息、卫星影像、精细化预报等信息，及时向社会发布。在山东省厅内网发布了山东省海洋防灾减灾综合平台，集成了预警报历史资料、预警报信息资料、警戒潮位核定、海洋风险区划等综合资料，该平台现在已在省厅部署完毕。进一步完善了海洋预警报手机短信发布平台，确保在第一时间将预警报信息发送到省和沿海市县海洋与渔业主管部门的主要领导等管理人员手中。包含海洋预警中、长期信息，实时警报、海洋气象、台风信息等模块的开放式手机平台已建成。完善了海洋渔业生产安全环境保障服务系统，将该系统部署到了沿海市县和重点渔港。

【应急平台建设】 山东省应急平台完成调试并试运行。该平台是山东省政府应急机构的重要运转枢纽，对重大和特别重大突发危险源的应急处置工作进行统一领导。应急平台实现了海洋与渔业突发事件的信息快速报送省政府，接受省领导的统一指挥，协同其他应急机构进行快速、高效、有序的突发事件应急处置工作。

海洋执法监察

山东省各级海监机构严格落实“属地监管”和“旬巡查、旬报告”制度，开展“护航蓝区建设”和“海盾 2014”专项执法行动，海域使用违法案件发案率明显下降。制定印发《山东省海洋工程建设项目环保执法监管实施细则（试行）》和《山东省海洋与渔业厅关于加强我省海洋保护区执法监管工作的通知》，明确了海洋工程项目和保护区的执法监管责任。以司法刑事手段促进行政执法，非法采挖海砂活动得到有效遏制。制定实施《山东省海洋行政处罚裁量权基准》和《山东省海监工作量化考核办法》等制度性规定，海洋行政执法工作得以进一步规范。“中国海监 4001”、“中国海监 4002”参与南海维权巡航 110 余天，规模化参与国家海洋维权执法工作正式启动。全年各级海监机构共查处海洋违法案件 73 起，包括海域类案件 50 起，环保类案件 12 起，海岛类案件 2 起，海砂类案件 9 起、刑拘 12 人、判刑 10 人。其中“海盾案件”12 起，“碧海案件”16 起（含海砂案件）。共作出行政处罚决定 2.56 亿元，实际收缴罚款 2.43 亿元。

海洋科技

【海洋经济创新发展区域示范】 至 2014 年底，海洋经济创新发展区域示范共争取中央、省（青岛）财政资金 12.9 亿元，组织实施项目 207 项，科研机构和企业的研发投入 77 亿元，建立具有自主知识产权的创业型企业研发中心 88 家，支持培育了明月海藻、东方海洋、贝尔特、华辰生物等行业重点企业 37 家，青岛崂山国家海洋生物产业基地、潍坊生物医药科技产业园、烟台国际生物科技产业园等产业示范基地（园区）65 个，转化技术成果 191 项。海洋生物等战略新兴产业新增产值 329 亿，年均增长 20%以上，为区域经济乃至全省海洋经济发展发挥了示范引领作用。山东省青岛、烟台、威海获批国家海洋高技术产业基地试点城市，试点城市数量占全国 3/8。3 市将重点围绕海洋生物遗传育种及高效养殖、海洋新材料、海洋医药与生物制品、海洋工程装备等 7 大领域，打造海洋高技术孵化基地和高技术产业聚集区。《中国海洋报》以“山东省海洋经济创新发展区域示范发展纪实—科技成果转化助推海洋经济腾飞”为题进行了专版报道。

【科技创新能力建设】 新增贝类产业技术体系创新团队，渔业创新团队总数达到 4 个，共设置 33 个岗位专家，16 个综合试验站，28 个试验示范基地，每年财政支持资金超过 1000 万元，实现了国家和省产业技术体系的有效承接、互为补充。区域示范支持建设的“山东省海水健康养殖工程技术创新示范平台”等 9 个平台，支撑服务海洋生物产业发展的效应正逐步显现。山东半岛蓝色经济区海洋装备联盟、山东海洋牧场工程与技术研究院等平台相继设立，对建立产学研用长效合作机制，提升企业自主创新能力将发挥积极作用。“牡蛎高产优质新品种选育与应用”和“多性状新品种的选育与应用”入选泰山学者种业人才团队支撑计划，为水产种业创新奠定了坚实基础。截至 2014 年，山东省海洋与渔业领域共有省部级以上重点实验室、工程技术研究中心等 128 家。

【海洋科技成果】 通过实施海洋公益性行业专项、省财政创新等项目，构建完善了海岛综合承载力评价技术指标体系，优化创新了工厂化养殖废水处理系统，明确提出了蓝区资源与产业空间分布及耦合建议。200 米水深水下湿法半自动焊接电源、海洋激光遥感探测设备等多项产品填补我国该领域技术空白，并形成多项自主知识产权。“海底隧道建设及采矿用高效节能中风压快速凿岩机项目”已取得凿岩机械关键技术和新材料研发专利 42 项，达到年产快速凿岩机 2 万台规模化生产能力，占有国内凿岩机 10%以上市场，有望成为山东省凿岩机械研发生产基地。“海洋生物抗病毒国家二类新药-藻糖蛋白”已进入Ⅲ期临床，将形成年产藻糖蛋白原料药 700 吨的生产能力，抗肠炎功能蛋白入选国家重点新产品。

海洋教育

【威海海洋职业学院正式招生】 威海海洋职业学院成立于 2011 年 12 月，2014 年正式招生，属全日制公办普通高等职业院校，是中国北方唯一的一所海洋职业学院，设水产养殖、食品营养与检测、船舶工程、船舶电子电气、会计电算化、计算机信息管理等专业。学院按在校生 8000 人规模进行一次性规划，高标准设计，分期建设，一期工程占地 560 亩，建筑面积 10.6 万平方米。学院的发展定位是立足威海，服务山东，面向蓝区，为海洋经济发展培养高素质技能型人才。学院追求的目标是打造海洋特色鲜明、办学水平一流的高等职业院校，并逐步向海洋经济应用型本科院校发展。凭借优良的设施条件，雄厚的师资力量，被批准建立省海洋与渔业实用人才培训基地，将进一步提升培训能力、完善培训体系，为威海市乃至山东省海洋与渔业培养、输送实用人才，促进海洋与渔业持续健康发展。

海洋文化

【海洋宣传】 2014 年，追踪重点工作，主动沟通上级主管部门和媒体，对首个省级休闲海钓示范基地揭牌等 20 多项重点工作做了大量深入宣传报导。制定了山东省厅新闻发布工作管理规定。政务信息工作取得了长足的进步和突破，得到上级各部门的充分肯定和表扬，一批优质信息进入领导视野。省级以上主流媒体及重要网络媒体没有发生导向性负面报道，为山东省海洋与渔业营造了健康发展环境。

【渤海海洋环境公益宣传教育】 通过向社会公开招标确定技术承担单位，完成了东营和潍坊两市航拍，完成宣传片脚本编写。与山东电台签订了公益广告合同，12 月 10 月正式对外发布，其他项目任务已全面完成协议签订。

【全国海洋宣传日】 在 6 月 8 日“世界海洋日暨全国海洋宣传日”，山东省各级海洋系统以电视、广播、报纸和网络媒介为载体，开展系列宣传活动，努力提高公众参与度，积极营造关注海洋的舆论氛围。在济南举办以“拥抱海洋，走向深蓝”为主题的 2014 全国海洋宣传日大型书画创作展，面向全省海洋与渔业系统书画爱好者及社会公众公开征集作品 300 多幅。以书画形式传承海洋文明，推动全社会共同关注海洋、爱护海洋。优秀作品在山东博物馆展出，吸引了近万人次参观，社会反响强烈，取得良好宣传效果。

【防灾减灾日】 2014 年 5 月 12 日，山东省海洋与渔业厅联合寿光市海洋与渔业局在寿光市人民广场开展防灾减灾日宣传活动，沿海市、县海洋与渔业主管部门也开展了形式多样的宣教活动，提高了公众海洋防灾减灾意识。

（山东省海洋与渔业厅）

青岛市

综述

2014年，青岛市生产总值8692.1亿元，增长8.0%。其中，第一产业增加值362.6亿元，增长3.9%；第二产业增加值3882.4亿元，增长8.4%；第三产业增加值4447.1亿元，增长7.9%。三次产业比例为4.2:44.6:51.2。全年财政总收入实现2800.4亿元，增长8.5%；一般公共预算收入895.2亿元，增长13.5%。实现社会消费品零售额3268.8亿元，增长12.6%。实现外贸进出口总额798.9亿美元，增长2.5%。

海洋经济与海洋资源开发

【概述】 突出蓝色引领，做优海洋设备、海洋生物医药等重点产业，2014年6月，青岛西海岸新区获得国家批复，成为继上海浦东、天津滨海之后第九个国家级新区。获批后全面实施29项国家政策试点，在全国首创“一地多用”综合利用模式，开展建设用地弹性出让、海域海岛使用权招拍挂等改革。红岛经济区，围绕“蓝色高新区”发展目标，全力打造科技服务和软件信息、高端智能制造、蓝色生物医药、海工装备、节能新材料“1+5”产业体系，引进建设中科青岛研发城、中船重工青岛国际海洋装备科技城等创新平台，获批国家机器人高新技术产业化基地和国家海洋生物医药特色产业基地，成为全国第二个对美技术合作平台。海洋设备领域，亚洲最大的深海油气平台“荔湾3-1”天然气综合处理平台、国内首艘深水铺管起重船“海洋石油201”、首艘300米饱和潜水母船“深潜号”交付使用。海洋生物领域，2014年全市产值达到93.5亿元，同比增长20.5%，明月海藻集团成为全球最大的海藻生物制品企业，国际市场占有率达到25%。

【海洋渔业】 2014年，青岛市立足于渔业转方式、调结构，保障水产品安全、有效供给，充分满足市民日益增长的多样化水产品消费需求，市政府印发实施了《关于加快建设蓝色粮仓的实施意见》（青政发〔2014〕22号），编制了蓝色粮仓建设规划，科学谋划建设环境友好型、质量效益型、创新引领型、统筹发展型蓝色粮仓，全力打造全国一流的水产良种繁育基地、水产健康养殖基地、渔业资源养护基地、远洋渔业生产基地、水产加工出口基地、水产冷链物流基地“六大基地”，省政府在青岛市召开海上粮仓建设调研现场会。充分发挥远洋渔业政策叠加效应，落实远洋渔业发展专项资金管理办法，争取中央扶持资金8750万元，总吨位8000吨亚洲最大的拖网加工船“明开”号获得农业部批准。积极推进远洋渔业开发合作，与马来西亚渔业部开展合作，成功争取马方50艘远洋渔船配额，获批14艘大马力渔船朝东入渔项目。全市发展远洋渔业企业25家，获批远洋渔船109艘，其中，正在作业57艘，已批在建32艘，已批待建20艘。全年完成远洋自捕产量7万吨，实现产值7.5亿元，同比增长四倍。全力推进中国北方（青岛）国际水产品交易中心和冷链物流基地项目建设，年内项目一期拆迁、补偿工作全部完成，产业规划和控制性详细规划编制完成正在报批。突出抓好养殖设施设备和池塘标准化升级改造，新改造标准化养殖6000亩，全市70%池塘完成标准化改造。全市发展工厂化养殖110万平方米、深水抗风浪网箱350个、大型藻类养殖3000亩。积极推广生态健康养殖模式和先进技术，推行“十大水产良法”为主的水产健康养殖8万亩。大力推进渔业标准化进程，新通过农业部无公害农产品21个、无公害农产品基地13个。启动蓝色种业发展规划编制，开展水产良种成果转化专题研究。加强良种研发培育，强化特色良种选育，大力推广应用“十大水产良种”，培育“黄海一号”对虾等优良苗种6亿尾，示范推广5万亩。规划建设高水平的水产良种繁育示范园区，集中培育了贝宝、明晓等年育苗能力1亿单位以上的10家水产良种繁育基地，新创2家国家级水产种业示范基地、3家省级水产良种场。稳定发展来料加工，积极发展地产品加工，突出发展精深加工，集中推进城阳水产品出口加工基地、黄岛海藻加工基地、西海岸特色水产品加工园区建设。加大渔业品牌宣传推介，成功举办中国国际渔业博览会，以“蓝色粮仓”为主题组团参展第十二届中国国际农产品交易会成为展会亮点。全市水产品进出口总额31.3亿美元，同比增加1.4%，其中出口创汇额16.6亿美元，居全国城市领先。

【海洋交通运输业】 截至2014年底，全市有国际集装箱航线108条、水路运输企业71家、船舶348艘443.07万载重吨。全年完成港口吞吐量4.77亿吨，增长4.19%，居全国沿海港口第六位；外贸吞吐量3.17亿吨，增长0.79%，居全国沿海港口第三位；集装箱吞吐量1658万标准箱，增长6.84%，居全国沿海港口第四位。水路客货运量分别完成324万人次、1434万吨，分别增长18.79%、12.23%，分别占山东省总量的16.0%、10.1%；客货运周转量分别达到3434万人千米、427亿吨千米，分别下降36.01%、增长27.14%。青岛港董家口港区原油码头、山东液化天然气（LNG）一期码头投入试运行，海湾液体化工码头、大唐一期通用码头、摩科瑞通用码头等3个码头项目的6个泊位主体基本建成。董家口港区累计建成万吨级泊位15个，全年新增通过能力3936万吨，总通过能力8263万吨，总吞吐量近1亿吨。

【滨海旅游业】 青岛市实现旅游总收入1061亿元，同比增长15%。其中，入境旅游收入8.2亿美元，增长3.7%；国内旅游收入1011亿元，增长15.7%。接待游客总人数6844万人次，增长8.8%。其中，入境游客128万人次，增长3.6%；国内游客6716万人次，增长8.9%。居福布斯中国大陆旅游业最发达城市排行榜第十三位。截至2014年底，全市有旅游单位764家。其中，星级饭店142家（含五星级9家、四星级30家）；星级餐馆69家（含五星级6家、四星级34家）；A级旅游景区113家（含5A级1家、4A级23家、3A级65家）；旅行社440家（含出境组团社38家）；国家级旅游度假区1家，省级旅游度假区5家；导游1万余人。

【海洋生物医药产业】 重点开展生物活性物质、海洋药物及医用敷料产业化，推广海洋药物、功能食品、化妆品等高附加值精细海洋化工和新型海洋生物制品成果。全市有海洋药物、海洋保健品以及海洋生化制品企业30多家，海洋类新药取得一类新药证书9个，其他类别的药物有近20个；国内首创的生物工程眼角膜完成中试，实现产业化生产后，每年可救治眼病患者10万名。青岛高新区把海洋生物医药产业作为主导产业，规划面积233.33公顷的创新园、孵化园、加速园、产业园，构建“全产业链”的青岛海洋生物医药科技园。12万平方米海洋生物医药孵化器投入使用，规划面积22万平方米的海洋生物医药加速器批准建设，一期80公顷的海洋生物医药产业园完成规划论证，设立2.5亿元的青岛首支生物医药产业基金，青岛市生物医药公共研发服务平台一期建设完成。2014年12月，“国家青岛海洋生物医药特色产业基地”正式获批成为国家火炬特色产业基地。

【船舶和海工装备产业】 海洋石油工程（青岛）有限公司实现自升式钻井船建造重大技术突破，世界首艘具备3000米级深水铺管能力、4000吨级起重能力的“海洋石油201”号深水铺管起重船交付使用。青岛武船重工有限公司建造国内首艘300米饱和潜水母船“深潜号”并投入使用。青岛双瑞防腐防污工程有限公司成为中国核电领域电解制氯设备的唯一供应商。青岛海德威科技有限公司、中船重工七二五所研发成功具有自主知识产权的船舶压载水处理装置，并通过国际船级社认证。中船重工七一二所的船用电力推进系统居国际先进水平。山东省海洋仪器仪表所在海洋环境监测设备、深海大洋探测设备等海洋监测和海洋军工技术领域研发成功一系列海洋仪器装备成果，被科技部批准为国家海洋监测设备工程技术研究中心。

【海水淡化产业】 2014年，重点推进反渗透膜、中空纤维膜的研发和产业化，组织开展一批示范工程。南方汇通股份有限公司与青岛南车华轩水务有限公司合作，建立国内最先进的反渗透膜生产基地；株洲时代新材料科技股份有限公司、青岛海诺水务科技股份有限公司等建设中空纤维超（微）滤膜与水工业装备产业化基地；青岛碱业7000立方米/日海水淡化装置在国内首家实现“纯碱—海水淡化—热电联产”一体化的循环经济模式。

【盐业】 2014 年，青岛市销售各类盐产品 120580 吨，完成年度计划的 106%。其中，小包装食盐销售 26443 吨，比上年增加 1098 吨；大包装食盐销售 65540 吨，完成年度计划 111.1%；小工业盐销售28597吨，完成年度计划的105.9%。

海洋立法与规划

2014 年 3 月，青岛市第十五届人民代表大会常务委员会审议通过《青岛市胶州湾保护条例》，自 2014 年 9 月 1 日起施行，以地方立法的形式对胶州湾实施保护。《青岛市胶州湾保护条例》从保护范围、机构与职责、规划、生态保护、污染防治、生态修复、监督检查及违规处罚等方面对胶州湾的环境和资源保护进行了规定，确定对胶州湾实施终极性、永久性保护。加强海洋区划规划引领，对接全市重大项目建设，积极协调推进省海洋功能区划青岛部分调整，修编完成《青岛市海洋功能区划》上报省海洋与渔业厅，全面展开县级海域使用规划编制。科学规划海域海岸带保护利用体系，编制了《青岛市海域和海岸带保护利用规划》，经市政府发布实施。坚持“保护优先、适度利用”，有序推进《青岛市海岛保护规划》编制工作，深入开展单岛规划研究。《青岛市滩涂保护与利用规划》《海洋重要资源勘探专项规划》等编制完成。

海域使用管理

积极服务全市重点功能区建设，争取国家海洋局、省海洋与渔业厅分别在最短时间内出台《关于支持青岛（西海岸）黄岛新区海洋经济发展的若干意见》，向西海岸新区全面赋权，协助筹建青岛国际海洋产权交易中心。成功争取蓝色硅谷申创全国科技兴海产业示范基地。我市成功获批国家海洋高技术产业基地试点城市，在全国科技兴海大会上，青岛市作为省市级唯一代表做典型发言。“蛟龙”号母港—国家深海基地主体工程基本建成。积极开展海洋经济创新发展区域示范，争取国家资金 9000 万元，带动海洋生物等新兴产业迅猛发展。优化用海审批程序，提升审批效率和服务水平，向西海岸新区全面赋权，有力保障董家口港区、蓝色硅谷、地铁过海隧道、万达国际文化旅游城、邮轮母港、环湾绿道等全市重点项目建设用海需求。坚持集约利用和依法保护相结合，对海域海岸带实施分类管理、严格控制，组织 25 个涉海项目海洋环评，办理海域使用确权 28 宗，征收海域使用金 2.41 亿元，用海项目办证率、海域使用年审率、海域使用金征收率连年实现 100%。组织开展全市海域使用管理工作大检查，对用海项目全程动态监管。积极推进海域使用权抵押登记，帮助企业贷款 3.73 亿元，为重点项目融资提供支持。组织企业参加国际海洋科技与海洋经济专题展览，精心组织实施海洋公益性行业科研专项项目，“摆式波浪能工程样机设计定型”项目通过国家评审。深化海域动态监视监测管理系统建设，完成国家、省、市三级数字海洋系统网络平台联合调试，组织开展“数字海洋”建设基本框架论证，大力推进海洋与渔业信息化建设。

海 岛 管 理

启动开展了《青岛市海岛保护规划》编制工作，组织实施了辖区海岛的外业调查和资料收集工作，开展了海岛环境承载力和基础设施专题规划研究等工作，正在有序推进规划编制各项工作。《青岛市海岛保护规划》规划布局了青岛市陆、海、岛战略资源，总体形成了“保护优先、（海）陆岛统筹、片区协同、岛群布局”的战略架构，架构了“田横、崂山湾、前海及胶州湾、西海岸、港城陆岛统筹、海岛控制保护”等六大协同发展区，体现了保护与开发并重的理念。积极推进海岛整治修复项目建设，改善海岛景观和生活宜居性，灵山岛生态整治修复项目一期工程蓄水涵林工程已基本完工，垃圾处理车间已建成，正组织设备安装调试，护岸整治工程建设正在有序推进。竹岔岛整治修复工程环岛生态路、环岛木道工程、蓄水涵林工程、护岸工程、绿化工程等进展顺利。

海洋环境保护

【海洋环境质量状况】 2014 年，青岛市近岸海域海水环境质量状况总体良好，97.8%的近岸海域海水环境符合第一、二类海水水质标准，较 2013 年有所增加，其中 93.0%的近岸海域海水环境符合第一类海水水质标准，优于黄、渤海近岸海域平均水平；污染较重的第四类和劣四类海域面积约占青岛市近岸海域面积的0.5%，较2013年有所降低，主要分布在胶州湾、丁字湾顶部。青岛市近岸海域海水环境主要污染物为无机氮和活性磷酸盐。青岛市近岸海域主要海洋功能区环境质量总体良好，主要监测指标基本满足功能区环境质量要求。重点海水浴场和滨海旅游度假区环境状况良好，仅部分时段因浒苔绿潮等因素对游泳、海上休闲娱乐活动产生了一定的影响；海洋保护区环境状况总体较好，生物多样性指数较高，群落结构较稳定，生物栖息环境较好；重点海水增养殖区综合环境质量优良，适宜开展海水养殖；主要临海工业区和重大海洋工程邻近海域环境状况较好，未发现用海活动对周边海域环境质量产生明显影响；倾倒区及周边海域环境状况总体良好，未发现倾倒活动对邻近海域环境敏感区及其它海上活动造成明显影响。

【海洋环境监测】　在继续开展青岛市近岸海域海水环境、生物多样性监测的基础上，重点对胶州湾、临海工业工程用海区、重点海水浴场与滨海旅游度假区、重点增养殖区等海域开展了生态环境监测，同时加强了陆源排污监测、海洋灾害应急监测与防治，推进海岛自然保护区生态环境示范性监测，完成了全市海域333个监测站位的监测工作，获取各类海洋环境监测数据3.2万余组，系统地掌握了青岛市近岸海域环境现状及变化趋势。

【海洋保护区建设】　2014年3月，国家海洋局批复建立了青岛市第一个国家级海洋特别保护区——青岛西海岸国家级海洋公园，该海洋公园位于青岛市西海岸经济新区，总面积45855.4公顷，海洋公园内包括多种重要的海洋与陆地生态系统类型，如海滨湿地生态系统、岛屿生态系统等，海洋生物资源丰富，非生物资源价值特殊，具有重要的保护价值。年内开展了大小管岛岛群生态系统省级保护区的选划论证工作，保护区选划论证报告通过山东省海洋与渔业厅组织的专家评审。不断加强已建海洋保护区的日常管理，完善了胶州湾滨海湿地海洋特别保护区管理机制，健全了湿地巡护巡查制度，每周2次对保护区进行全方位巡查，并记入巡查档案；同时通过瞭望塔随时对保护区进行实时观察，及时发现和制止破坏保护区环境的行为。2014年重点对湿地保护区内大沽河入海口沿岸的修船厂、水产品加工厂等企业和商户进行了排污大检查。继续开展大公岛岛屿生态系统省级自然保护区和灵山岛省级自然保护区海洋环境监测工作，及时掌握保护区海域环境状况，强化日常管理和执法检查，杜绝各类破坏保护区环境和资源的违法行为。

海洋生态文明

全力创建海洋生态文明示范区，制订了《青岛市国家级海洋生态文明示范区创建工作方案》，成立了市长张新起为组长的创建工作领导小组，编制完成海洋生态文明示范区建设规划，围绕海洋经济发展、海洋资源利用、海洋生态保护、海洋文化建设、海洋管理保障等开展调查和自评估，稳步推进创建各项工作。着力构建生态湾区，开展胶州湾海洋特别保护区划设论证和胶州湾底部清淤研究论证，落实市政府《关于清理胶州湾海域养殖设施的通告》，坚持“依法清理、以人为本”，历经半年时间全面完成胶州湾养殖设施清理整治任务，共拆除湾内网箱4万多个，清理海域面积1400亩，发放补助资金4911万元。成功争取国家批复大公岛保护与开发利用示范项目，获扶持资金1亿元。黄岛大卢河海岸线综合整治项目顺利竣工，唐岛湾公园、市南中心海岸等两处岸线被评为山东“十大最美海岸”。强化渔业资源修复，加大增殖放流资金投入，科学安排增殖放流品种和放流水域，全年各级财政投入资金3347万元，社会认捐近210万余元，完成放流15亿单位，近海对虾、梭子蟹等渔获物明显增多。以人工鱼礁建设为载体，结合生态养殖、增殖放流和水产种质资源保护区建设，加快建设海洋牧场，重点推进一处公益型海洋牧场和两处增殖型海洋牧场建设，全年新完成投资1亿元、礁体投放17万空方，累计完成投资3亿元、礁体投放137万空方。

海洋环境预报与防灾减灾

【防灾减灾体系建设】　组建了全市海洋灾情信息员队伍，及时播报海洋预报信息和发布海洋灾害预警，开展了风暴潮灾害风险区划和风暴潮警戒潮位核定工作，对1起赤潮和2起油污事件组织进行了应急监测调查，海平面变化影响调查评估成果获全国优秀等级。

【赤潮灾害】 2014年4月14—15日，青岛市浮山湾发生1次赤潮，最大面积0.01平方千米。赤潮种类为无毒的夜光藻，最高密度约2.4×108个/升。赤潮未对周围海域环境造成明显影响。

【浒苔灾害】 2014年5月中旬，在黄海南部海域发现漂浮浒苔，5月23日青岛管辖海域开始出现浒苔绿潮，青岛管辖海域漂浮浒苔最大分布面积9 390平方千米，最大覆盖面积100平方千米，8月15日浒苔绿潮消亡。浒苔绿潮对青岛市滨海景观造成不利影响，但未对海洋环境质量造成明显影响，海水环境在绿潮爆发期间基本符合第一类海水水质标准。绿潮发生后，青岛市积极做好浒苔应急处置工作。建立了四位监测、三道防线、陆海联动、综合处置的常态化浒苔应对处置机制。建成了集卸载、压榨、转运于一体的浒苔海上综合处置平台，创新实施了“1+X”海上打捞模式，单船日打捞浒苔量最高达到98.9吨，打捞量提高近1倍。严格落实重点打捞区域网格化管理和打捞渔船可视化实时指挥调度，使浒苔到岸率大幅降低。2014年全市海上累计清理处置浒苔3.77万吨，有效减轻了浒苔对青岛市海岸景观和环境的影响，浒苔科学处置和资源化利用水平全面提升。山东省委常委、青岛市委书记李群在市海洋与渔业局关于浒苔灾害处置工作情况的报告上做出肯定性批示。

【溢油污染与应急处置】 青岛市近岸海域共发现2次小型油污染，对岸滩造成一定污染，但未对邻近海域水质造成明显影响。5月11日至15日，第三海水浴场附近海域陆续发现零星漂浮块状油污，在浴场沙滩上形成零散的黑褐色原油块。油污未对海水环境造成明显影响，邻近海域海水石油类浓度符合第一类海水水质标准。12月21日，在胶州湾内红岛附近海域发现零星燃料油污带，长约150米，宽1～2米，覆盖率约5%。除胶州湾大桥红岛收费站附近岸滩外，胶州湾其他岸滩及海面均未发现油污，油污岸滩邻近海域海水石油类浓度符合第一类海水水质标准。

海洋执法监察

深入开展“海盾”“碧海”“护岛”专项执法行动，加大重点海域巡查力度，对非法围填海、盗采海砂、违规倾废、破坏海岛资源、违法构筑养殖池等违法行为重点查处，共查处违法用海行为23起，查获盗采海砂船4艘、违法倾废船2艘。加强捕捞规范化管理，认真贯彻落实海洋捕捞渔具最小网目尺寸制度，全面开展禁用渔具清理整治，查办渔业违法案件439起，清理非法网具3200余套，有力维护渔业生产秩序。实施海陆联动，以最严密的巡查、最严格的措施、最严厉的执法，切实强化伏季休渔管理，共查获违规偷捕渔船385艘，行政处罚330万元，是打击违规偷捕力度最大的一年。全力配合海泊河河道综合整治工程，对73艘渔船拆解、转港。积极开展水产品质量专项整治行动，加大水产品安全抽检力度，完成监督抽查和风险监测887批次，全力保障水产品质量安全。海监维权执法基地维修改造项目进展顺利，600吨级海监执法船建成入列，为区市配备水产品质量安全快检设备，开展执法队伍军事体能训练和执法实务培训，执法基础能力不断提升。推进执法规范化建设，坚持重大行政处罚集体讨论制度，修订行政处罚事项裁量标准，组织开展系统行政案卷评查。圆满完成“西太平洋海军论坛”活动等保障任务。

海洋科技和教育

【海洋科研机构与人才资源】 截至2014年底，青岛市有中国海洋大学、中国科学院海洋研究所、农业部中国水产科学院黄海水产研究所、国家海洋局第一海洋研究所、国土资源部青岛海洋地质研究所等驻青海洋科研与教育机构28个。拥有各类海洋人才1.5万人，各类国家级海洋优秀人才207人，具有中、高级专业技术职务资格者5700人。其中，中国科学院院士和中国工程院院士19人，外聘院士3人，国家杰出青年科学基金获得者26人，长江学者17人，泰山学者20人，博士生导师364人，享受国务院政府津贴者144人。博士学位一、二级学科授予点各7、42个，博士后流动站8个；国家级重点学科5个；海洋科学观测台站11个，其中国家级1个、部委级6个；各类海洋科学考察船20余艘，其中1000吨级以上现役大型科学考察船7艘；建有科学数据库12个、种质资源库5个、样品标本馆（库、室）6个。建成青岛市海洋科研领域首个

10 万亿次高性能计算平台。

【海洋科技项目及成果】 2014 年，全市申报海洋科技方面战略性新兴产业培育计划 8 项。中科院海洋研究所、中国海洋大学、中国水产科学研究院黄海水产研究所及青岛博益特生物材料有限公司 4 家单位 9 个项目获立项支持，争取到国拨资金 2607 万元。在国内率先推出科技成果挂牌交易规则，有 41 项海洋科技成果在技术交易市场挂牌。科技部正式批复青岛市建设国家海洋技术转移中心，青岛市将以国家海洋技术转移中心建设为核心，建设国家级海洋技术交易市场，集聚全国海洋科技成果，引进全球海洋技术。发布全国首个海洋科技成果转化基金管理办法，市海洋科技成果转化基金将面向全国征集专业化的基金管理公司，年内基金规模 2000 万元。科技部正式批复青岛建设"国家科技成果转化（青岛）服务示范基地"。

【青岛蓝色硅谷核心区】 青岛蓝色硅谷核心区以打造"中国蓝色硅谷，海洋科技新城"为目标，致力于国际一流的海洋人才集聚中心、海洋科技研发中心、海洋成果孵化中心、海洋新兴产业培育中心和海洋知识产权交易中心"五大中心"建设，已发展成为具有鲜明特色的海洋产业聚集区域。获国家科技部支持开展国家海洋科技自主创新先行先试，成为全国第五个科技兴海产业示范基地，被东亚海国际组织确定为东亚海蓝色知识与技术平台，青岛蓝色硅谷被写入《全国海洋经济十二五发展规划》，《青岛蓝色硅谷发展规划》获国家发展改革委、科技部、教育部、工信部和国家海洋局联合批复。青岛海洋新兴产业示范基地被国家海洋局认定为国家科技兴海产业示范基地。蓝色硅谷区域共有在建产业类项目（房地产开发类除外）198 个，比上年增加 57 个，完成投资 299 亿元，增长 72.6%。

海洋文化

【海洋宣传】 协调多部门开展多层次、多形式海洋文化宣传、海洋科普教育，提升全社会海洋意识。联合 16 个单位以"放养•祈福•健康•平安"为主题组织开展了海洋生物资源增殖放流大型公益活动，聘请航海家郭川担任形象大使，通过新闻发布会、LOGO 公开征集、电视公益广告、苗种社会认捐、广场集中宣传等海洋主题活动，营造了全社会关爱海洋、保护海洋的良好氛围。协调中央媒体海疆万里行首站活动到西海岸新区开展主题宣传报道，积极争取中国海洋科技馆落户即墨，建立了青岛市中小学海洋教育社会实践基地。9 月至 10 月，组织开展了以"关爱水生动物，共建生态文明"为主题的水生野生动物保护科普宣传月活动。

【海洋节庆会展】 **第二十四届青岛国际啤酒节** 2014 年 8 月 16—31 日举行。由中国国际贸易促进委员会、中国国际商会、中国人民对外友好协会、国务院侨务办公室、中国轻工业联合会、青岛市政府主办，崂山区政府承办。本届啤酒节围绕"市民节、狂欢节"定位，以"全城欢动，激情共享"为主题，以"啤酒的盛宴、狂欢的节日、城市的品牌"为办节理念，以"节俭务实、杜绝浪费"为指导思想；吉祥物为"奔梦"。主会场设在崂山区世纪广场啤酒城，其他区市设立啤酒主题会场。其间，全市星级酒店、商务酒店、青年旅馆客房入住率一度达到饱和，各大景区游客量实现大幅攀升。

2014 年中国国际渔业博览会暨中国国际水产养殖展览会 2014 年 11 月 5—7 日在青岛国际会展中心举行。由中国国际贸促会农业行业分会主办，北京雅图海洋展览有限公司承办，美国海洋展览公司海外协办。该展会是亚洲规模最大和最具影响力的水产专业展览会。展会分为海外展区、设备展区和两个国内展区。展出内容包括各类水产加工、海洋捕捞、远洋渔业、水产品冷冻加工、保鲜技术与设备、远洋运输及储运、水产综合利用、水产工艺品、渔船渔具、助渔导航及通讯技术装备、水产工业项目合作、管理及信息技术、水族钓具、水产养殖自动化设备及仪器、渔池用加温及控温器设备、水质净化消毒系统、水质检测及分析仪器、增氧系统、养殖网箱、拦网设施、各种养殖池使用的泵类、水产养殖种苗、水产养殖饲料及各类添加剂、饲料机械、水产养殖病害防治、渔药类、诊断与病理防止技术、污染控制、水产养殖管理技术。30 多个国家和地区的 700 多家参展商参加。

2014 年（第六届）青岛国际帆船周•青岛国际海洋节 2014 年 8 月 16—23 日在青岛奥帆中

心举行。由国家体育总局水上运动管理中心、中国帆船帆板运动协会、北京奥运城市发展促进会、青岛市政府联合主办，市重大国际帆船赛事（节庆）活动组委会、市体育局、市教育局、市蓝色经济区建设办公室、青岛奥帆城市发展促进会、市帆船帆板（艇）运动协会、青岛城市建设投资（集团）有限责任公司、国家体育总局青岛航海运动学校、市帆船运动管理中心承办。以“帆船之都助推城市蓝色跨越”为主题，采取双节合一形式，突出“名牌”战略和国际性、开放性、参与性，推出国际奥帆文化交流、国际帆船赛事两大核心板块，涵盖帆船普及、帆船产业、海洋科技、青少年帆船交流、旅游商贸休闲等八大板块30余项精品活动，旨在培育融蓝色经济、海上运动、海洋旅游、海洋科技、节能环保于一体的海洋盛会，拉动青岛海洋休闲体育运动长效发展，建设“海上丝绸之路”休闲体育发展带，促进互联互通。

第十二届中国国际航海博览会暨中国（青岛）国际船艇展览会 2014年5月30—6月1日在青岛奥帆中心举行。由中国贸促会、国家海洋局、国家体育总局水上运动管理中心、中国船舶重工集团和青岛市政府主办，中国国际贸易促进委员会青岛市分会承办。展会以“助力蓝色经济，促进产业升级”为主题；旨在搭建中外船艇产业交流平台，促进世界先进的游艇文化与理念在中国的发展，推动蓝色经济高端产业集聚区建设，推进海洋休闲旅游业发展，创建国际滨海度假中心和国际海上体育运动中心。

2014中国•青岛凤凰岛（金沙滩）文化旅游节 2014年7月30—9月19日在青岛黄岛区举行。由黄岛区政府主办，中国•青岛凤凰岛（金沙滩）文化旅游节组委会承办。本届文旅节以“扬帆新黄岛•欢动文旅节”为主题，延续“政府主导、市场运作、社会参与、全民共享”的办节原则，突出海洋文化、旅游休闲文化、群众文化。举办休闲旅游、群众文化、青春时尚三大版块活动，包括2014年中国•青岛（凤凰岛）金沙滩文化旅游节主题活动图片巡展、2014年第三届唐岛湾市民消夏节、2014年中国•青岛金沙滩国际音乐节、2014年青岛西海岸国际艺术季系列活动、2014年青岛世园会唐岛湾分会场主题系列活动、2014年青岛国际风筝节、“‘黄岛之夏•梦想花开’群星大舞台”系列群众文化活动、“文联之声”系列主题活动、“精彩文旅节”摄影主题系列活动、第三届青岛市智力运动会象棋大赛、第三届亚洲大学生沙滩排球锦标赛、“魅力中国•东方时尚”2014年OMC世界比基尼模特大赛全球总决赛、第十四届山东省东方丽人职业模特大赛、“唱响青春”西海岸大学生艺术展演系列活动、第三届青岛西海岸飞翔嘉年华、2014年青岛涵碧楼国际婚尚周等16项主题系列活动。举办文艺演出200余场，吸引市民和游客200余万人次参与。

（青岛市海洋与渔业局）

江苏省

综 述

2014年，江苏全面贯彻党的十八大、十八届三中四中全会和习近平总书记系列重要讲话精神，以实施"六大行动"为突破口推动沿海科学开发，培育江苏经济新增长极，打造沿海经济升级版，取得积极进展。沿海地区实现生产总值11454.2亿元，按可比价格计算，增长10.6%，超过全省平均水平1.9个百分点，占全省比重17.6%，比上年提高0.19个百分点。实现固定资产投资8364.1亿元，进出口总额471.94亿美元，同比分别增长21.81%、9.79%。

全省海洋与渔业系统围绕建设海洋与渔业强省的目标，改革创新，攻坚克难，进一步强化海洋综合管理，加强海洋生态环境保护，提高海洋防灾减灾能力，加大海洋执法监察力度，促进海洋经济持续健康发展，各项事业取得新成效。

海洋经济与海洋资源开发

【海洋经济概况】 2014年，海洋传统产业平稳增长，全省沿海沿江港口完成货物吞吐量17.07亿吨，同比增长5%，其中连云港港货物吞吐量2.1亿吨，同比增长4.2%。全省海洋船舶工业继续保持活跃势头，新船成交量同比增长9.6%，手持订单量同比增长46.8%，三大主要指标造船完工量、新承订单量、手持订单量连续8年位居全国首位。海洋战略性新兴产业发展势头良好，海洋工程装备、海洋风电等产业处于全国领先地位。滨海旅游、涉海金融等现代服务业快速发展，海洋经济结构进一步优化。

【海洋经济创新发展区域示范】 2014年3月25日，财政部、国家海洋局印发《关于在天津 江苏实施海洋经济创新发展区域示范的通知》(财建函〔2014〕2号)，决定在天津市、江苏省实施海洋经济创新发展区域示范，重点推动海水淡化、海洋装备等产业科技成果转化和产业化，并通过战略性新兴产业发展专项资金支持，推动产业向全球价值链高端跃升，培育新的区域经济带，形成新的区域增长极。2014年7月，财政部、国家海洋局批复同意了江苏省海洋经济创新发展区域示范实施方案，要求以海水淡化、海洋装备产业为重点，突出区域特点，按照产学研一体化要求，加强政策资源集成，力争2017年海洋装备、海水淡化产业增加值达到607亿元，实现年均增长25%的目标。其中，海洋装备产业实现增加值600亿元，海水淡化与综合利用产业实现增加值7亿元，培育形成若干特色显著、优势突出的海洋战略性新兴产业集聚区，公共服务平台对产业的支撑作用明显增强，海洋科技成果转化率大幅提升，海水淡化、海洋装备等战略性新兴产业快速发展。8月，财政部、国家海洋局下达江苏省8000万元扶持资金，用于海洋经济创新示范实施方案中的成果转化类和海洋产业公共服务平台类重点项目(2014年共扶持16个项目)。

【海洋经济运行监测与评估】 5月25日，江苏省海洋经济运行监测与评估系统在全国率先通过国家海洋局组织的业务验收，正式投入业务化运行。该系统利用省市县三级和涉海部门海洋经济数据采集体系，对海洋经济统计、用海企业调查、沿海经济开发区入驻企业、沿海重大项目投资进展情况，进行定期监测、定期分析和趋势研判，并借助地理信息技术平台和信息发布平台进行多维展示。江苏省海洋经济运行监测与评估系统建设项目于2011年7月获国家海洋局立项，经过几年努力，完成了系统建设任务。该系统还被江苏省信息化领导小组办公室评为2014年度江苏省信息化示范工程。

【沿海开发六大行动】 为进一步推动沿海地区科学发展，着力解决一批事关沿海开发的重大关键问题，2013年11月1日，江苏省省长李学勇主持召开省长办公会，研究提出下一阶段要集中力量组织实施沿海开发港口功能提升、沿海产业升级、临海城镇培育、滩涂开发利用、沿海环境保护和重大载体建设等"六大行动"(2014—2015年)，并在随后召开的全省沿海开发推进会上进行了全面部署。2014 年 4 月，江苏召开省政府常务会议，审议并原则通过《沿海开发六大行动方案(审议稿)》。6 月，行动方案由省政府印发实施。各个行动方案的主要目标如下：

1. 港口功能提升行动。到 2015 年，沿海港口通过能力基本适应运输需求，港口综合集疏运体系更加完善，港口物流集聚能力明显增强，港口服务能力和对外开放能力显著提高，基本建成“层次分明，结构合理，功能完善，服务高效，绿色智能”的现代化港口群。连云港港区实现 25 万吨级航道通航，赣榆、徐圩、滨海、大丰、洋口、吕四等港区实现 10 万吨级及以上航道通航。港口新增通过能力 1 亿吨、达到 4.3 亿吨。实现内河航道直达连云、大丰等港区，高速公路、铁路直达连云、洋口等港区。

2. 沿海产业升级行动。到 2015 年，农业基础得到新巩固，粮食总产量 270 亿斤以上，高效设施农业占耕地面积比重 16.3%；工业经济总量跃上新台阶，沿海地区工业增加值力争实现 6500 亿元，工业投资年均增长 16%左右；结构调整实现新突破，沿海地区新兴产业产值、先进制造业产值、服务业增加值分别达到 9000 亿元、13000 亿元、4860 亿元；海洋经济做出新贡献，海洋经济生产总值超过 3500 亿元，占沿海地区 GDP 比重达到 28%；研发水平得到新提升，沿海地区全社会研发投入占 GDP 的比重达到 2.2%以上；节能减排取得新成效，单位工业增加值能耗比“十一五”末降低 20%。

3. 临海城镇培育行动。以“完善城镇功能、塑造城镇特色、提升城镇魅力”为目标，坚持老镇区整治改造与新镇区规划建设并重，着力提高小城镇发展质量，不断提升综合承载能力，培育壮大一批临海小城镇，推动港产城融合互动发展，促进产业和人口集聚。方案提出重点培育壮大 27 个临海城镇。到 2015 年，临海城镇建成区人口平均增加 1 万人，普遍达到 3 万人以上，新增一批镇区人口超过 5 万人的城镇，绿化覆盖率达到 35%以上，人均公园绿地面积达 7 平方米以上，污水处理设施实现全覆盖，城乡统筹区域供水基本实现全覆盖，集中式饮用水源地水质达标率达 95%以上，镇村生活垃圾集中收运率达到 90%以上。

4. 滩涂开发利用行动。到 2015 年，力争匡围滩涂 30 万亩，开发利用 37 万亩，完成部省合作六大工程建设任务，落实 8 个滩涂综合开发试验区建设实施方案和政策，全面提升沿海滩涂开发的规模效应、开发层次和产出水平。

5. 沿海环境保护行动。到 2015 年，全面完成主要污染物减排任务，完成沿海地区 15 个化工园区环保专项整治任务，重要生态功能区和生物多样性得到有效保护，生态红线保护区域占国土面积比例大于 20%，地表水好于 III 类水质的比例大于 50%，集中式饮用水源地水质达标率达到 100%，近岸海域功能区水质达标率大于 80%，空气质量好于二级标准天数的比例大于 60%，城乡环境基础设施不断完善，环境监管和风险防范能力显著增强。

6. 重大载体建设行动。推进连云港国家东中西区域合作示范区、盐城可持续发展实验区、南通陆海统筹综合配套改革试验区建设，着力提升沿海开发重大战略载体支撑和服务功能。到 2015 年，三大载体建设取得实质性突破，综合服务功能逐步完善，先行先试的体制机制初步建立，支撑沿海开发能力显著增强，产业集聚和转型升级步伐加快，资源集约利用和生态文明建设迈上新台阶。

【海洋交通运输】 加快沿海港口建设，开工建设洋口港区 15 万吨级和大丰港区 10 万吨级进港航道，新增 5 万吨级以上码头泊位 8 个，沿海港口通过能力和集疏运能力显著提升。2014 年，江苏沿江沿海港口进出港船舶载货量达 15.15 亿吨，进出港船舶达 223 万艘次，均创历史新高，分别比上年增长 10.26%和 8.78%。其中，货物到达量为 10.25 亿吨、货物发送量为 4.89 亿吨，分别比上年增长 6.77%、18.12%；外贸货物运输量 3.08 亿吨，比上年增长 3.7%；集装箱运输量 953 万标箱，比上年增长 21.7%。其中，连云港港累计完成吞吐量 2.1 亿吨，同比增长 3.96%。集装箱运量完成 500 万标箱，铁水联运量 21.6 万标箱，过境集装箱量 9.55 万标箱。

【海洋船舶工业】 2014 年，江苏省船舶工业造船完工量、新船成交量有所下降，手持订单趋于稳定，但造船完工量、承接新船订单量、手持船舶订单量三大主要指标仍居全国榜首。2014 年，江苏省造船完工 262 艘、1238.5 万载重吨，吨位同比下降 5%，占世界市场份额的13.2%，占全国市场份额的31.7%。新接订单397艘、2202.3 万载重吨，吨位同比下降 31.7%，占世界市场份额的 18.5%，占全国市场份额的36.7%。 2014 年年底，江苏省手持船舶订单量为 1183 艘、6981.2 万载重吨，吨位同比增长16.3%，占世界市场份额的 22.1%，占全国市场份额的46.9%。

【海上风电】 2006年以来，江苏省风电发展迅速，到2013年底累计并网装机容量256万千瓦，年均增长108.4%，在全省可再生能源总装机中占绝对主体地位。按照厂址位置，风电项目划分为海上风电和陆上风电。2014年12月18日，江苏省发展和改革委员会印发了《关于促进风电健康有序发展的意见》(苏发改能源发〔2014〕1334号)，提出要正确把握风电发展方向，一要注重陆海统筹。在坚持耕地保护、生态保护和开发强度“三根红线”的前提下，科学利用内陆山地、丘陵和湖泊以及沿海滩涂等发展陆上风电。在加强海上风能资源调查、有效保护海洋生态环境的基础上，结合实施《江苏省海洋功能区划》(2011—2020)和海岛保护规划，积极稳妥地规模化发展海上风电。到 2020 年，基本形成海上风电为主、沿海陆上风电为辅、内陆低风速风电为补充的发展格局，基本建成千万千瓦风电基地。二要注重多式并举。同时，对风电发展提出一系列管理要求。

2014年12月12日，国家能源局对外公布《全国海上风电开发建设方案(2014—2016)》，总容量1053万千瓦的44个海上风电项目列入开发建设方案。其中江苏省列入开发建设的项目规模最大，达到348.97万千瓦。

【海水淡化】 5 月 19 日，江苏省政府在大丰召开新闻发布会，宣布世界首个兆瓦级非并网风电淡化海水示范项目成功调试出水。该项目由江苏自主研发并应用了世界首(台)套大规模风电直接提供负载的孤岛运行控制系统，在没有任何网电支撑情况下，由1台风力发电机、3组储能蓄电池及 1 台柴油发电机构成的微网系统，能为海水淡化系统直接提供稳定电源。这种由微电网技术构建的集成系统，在世界范围内属于技术首创，对解决海岛等偏远地区的淡水供应具有十分重要的战略意义和示范意义。

【海洋渔业】 2014年，全省水产品总产量518.8万吨，增长1.9%，其中淡水产品 368.4 万吨，海水产品 150.4 万吨，分别增长 2.8%和下降 0.5%。1 月 17 日，江苏省政府出台《关于推进现代渔业建设的意见》(苏政发〔2014〕13 号)，明确提出要：坚持“控制近海、拓展外海、发展远洋”的方针，优化海洋捕捞渔业，巩固拓展过洋性作业，鼓励发展大洋性渔业，改良捕捞网具，开展高端和中上层渔业资源开发利用。继续推进实施海洋捕捞渔船万船更新改造工程，省级财政扶持改造资金达 8400 万元，更新改造渔船 322 艘。远洋渔业得到省政府进一步重视，省政府同意于 2015年出台进一步扶持发展的政策性文件。江苏省与文莱远洋渔业合作成功纳入中国—东盟海上合作基金项目。新增远洋渔业企业 2 家，1 家企业新获农业部船网工具指标批准书，批准建造 10艘总功率 7350 千瓦、总吨位 2380 吨的单拖网渔船。现有 46 艘各类远洋渔船分布在北太平洋、东南太平洋、西南太平洋、缅甸、文莱、几内亚、摩洛哥等海域作业，捕获各类远洋水产品 2.24万吨，产值 2.16 亿元。

【金融支持】 11 月 18 日，江苏省海洋与渔业局与中国邮政储蓄银行股份有限公司江苏省分行在南京签署了《金融支持全省海洋与渔业发展全面战略合作框架协议》。根据协议，双方将本着“创新机制、服务小微”的原则，在信贷、项目建设、资金管理等领域开展合作和信息共享，建立长期稳定的合作关系。根据江苏海洋经济发展规划、渔业发展规划和金融需求，今后两年内在符合总行信贷政策的前提下，邮政储蓄银行江苏省分行将加大海洋与渔业信贷投放力度，为海洋产业链和渔业产业链上下游经营主体提供 100 亿元人民币的综合授信和融资支持，并视实际需求进一步扩大授信和融资规模，支持江苏省海洋与渔业重点项目。

海洋立法与规划

【依法治海】 11 月，江苏省委十二届八次全体会议通过了《中共江苏省委贯彻落实〈中共中央关于全面推进依法治国若干重大问题的决定〉的意见》(以下简称《意见》)，其中对强化依法治海提出了要求。在“保证宪法法律实施，切实提高地方立法水平”部分，《意见》要求，抓紧完善经济领域地方立法，制定开发园区条例、海洋经济促进条例。加强市场法规制度建设，制定和完善发展规划、投资管理、土地管理、海洋管理等方面的地方性法规。《意见》还指出，围绕促进可持续发展，建立严格的环境保护法规制度。健全自然资源产权法律配套制度，完善生态补偿、国土空间开发保护和土壤、水、大气、固体废物污染防治及海洋生态环境保护、湿地保护、建筑节能等方面法规。在“坚持依法行政，加快建设法治政府”部分，《意见》说，要深化行政执法体制改革。积极推进综合执法，重点在海洋渔业等领域内推进综合执法。

【行政审批改革】 按照省行政审批制度改革工作领导小组办公室要求，江苏省海洋与渔业局对实施的行政权力事项进行了清理。经清理，该局实施的行政权力事项为 309 项，其中行政许可事项为 24 项。在完成权力事项清理的基础上，编制完成了江苏省海洋与渔业局行政权力责任清单，11 月 11 日，通过江苏省政府门户网站正式向社会公布。

海域和海岛管理

【海域使用管理】 2014 年，国家共下达江苏省建设用围填海指标 1400 公顷，农业用围海指标 800 公顷。做好条子泥、连云港港 30 万吨航道等重点工程用海审批服务工作，保障重点项目用海指标。创新管理办法，基本完成了条子泥围垦（一期）工程规划范围内海域使用确权发证工作。市县海洋功能区划编制工作有序推进，12 月，沿海三市完成了编制成果上报工作。推进海域管理工作创新，7 月 31 日，国家海洋局复函南通市政府，同意将江苏省南通市列为国家海域综合管理创新市，国家海洋局对南通市在海洋资源市场化出让、海域使用权抵押融资、海域使用权“直通车”制度实施、海域评估及用海项目动态监管等方面的大胆探索给予积极评价。省级层面出台海域直通车制度完成了文本创制。全省各级海洋行政主管部门依法依规审批各类项目用海，全省共新增确权用海 1.4 万公顷，征收海域使用金 6.57 亿元。

【海岛保护】 认真组织实施《江苏省海岛保护规划》，先后完成了外磕脚、麻菜珩和达山岛三处领海基点保护范围选划报告。江苏省政府正式批复同意了选划报告。按国家海洋局要求，江苏省海洋与渔业局对外公布了三个领海基点的保护范围。建成了江苏海岛三维立体监管平台，实现了江苏全部海岛的三维可视化管理。推进海岛修复整治项目实施，2012年启动实施的秦山岛整治修复及保护等项目于2014年10月通过国家海洋局组织的验收，连岛整治修复及保护工程中的沙滩养护工程通过了省级自验收。经积极争取，连云港秦山岛无居民海岛保护与开发利用示范项目得到国家海洋局批复同意，获2014年中央海域使用金项目预算资金1.1亿元。

【海域动态监视监测】 充分发挥动态监视监测技术支撑作用，完成用海项目技术复核625宗。连续三年对全省14宗区域建设用海的施工进展、企业入驻等情况开展监测评估。对全省1535宗、28万多公顷围海养殖和开放式养殖用海的权属进行了“拉网式”核查，首次摸清了全省养殖用海家底。加快无人机技术应用，2012年开始在国家海洋局支持下，江苏省率先开展海域无人机应用试点，近两年来，先后装备测绘型和监控型无人机3架，现场监控指挥车1辆，并搭建了江苏无人机三维立体监管平台，实现了与国家海洋局同步卫星传输。2014年11月25日，江苏海域无人机系统在南京通过了国家海洋局组织的验收，成为全国无人机业务应用示范。

海洋环境保护

【海洋环境保护】 加快海洋环境监测体系建设、提升海洋环境监测能力，江苏省海洋与渔业局编制印发了《江苏省海洋环境监测体系建设规划（2015—2020）》和《江苏主要入海河口在线监测系统建设方案》。推进县级海洋环境机构建设，赣榆区、灌云县、滨海县、射阳县、海安县、海门市、如东县、启东市8家县级海洋环境监测机构挂牌成立。强化海洋环境监测，布设海洋生态环境监测站位745个，获得监测数据62000多个。严把海洋（涉海）工程环评核准关，实施全过程监督管理，建立了涉海工程环评事前审核、事中环保设施“三同时”管理检查与事后执法检查工作机制。开展了旗台嘴至废黄河口、废黄河口至大丰、大丰至东台3段重点海域海洋环境容量研究，掌握了研究区域的陆源污染情况和海域环境现状，为沿海开发提供了技术支撑。

【海洋环境概况】 江苏省海洋与渔业局组织省海洋环境监测预报中心等单位继续开展了全省海域环境与生态状况、海洋功能区状况、陆源入海排污及邻近海域生态环境质量状况、苏北浅滩生态监控区状况、海洋环境灾害等调查、监测与评价工作，在江苏海域共设各类监测站位 745 个，获得各类监测数据 62000 余个。结果如下：

海域环境 近岸海域海水水质基本稳定，但不同水质类别有所波动。近海、远海海域环境状况总体良好。

海洋功能区 农渔业区、港口航运区、工业与城镇用海区、海洋保护区、特殊利用区、保留区部分海域环境质量符合功能区要求；旅游休闲娱乐区海域环境质量符合功能区要求。

陆源入海排污口 重点排污口邻近海域环境污染依然严重。

苏北浅滩生态监控区 处于亚健康状态。水体呈富营养化；浮游动植物、潮间带生物资源丰富，生物密度较高；底栖生物资源较丰富；鱼卵和仔、稚鱼生物密度较低；滩涂植被存量基本保持稳定；滨海湿地滩涂资源丰富。

赤潮 全年未发现赤潮。

浒苔绿潮 最大分布面积约为 18957 平方千米，最大覆盖面积为 253 平方千米。

海水入侵 连云港赣榆和盐城大丰沿岸部分地区海水入侵严重，部分断面入侵距离较去年有所增加。

土壤盐渍化 盐城大丰沿岸土壤盐渍化严重，盐渍化范围较去年有所增加。

【海水环境质量】 江苏近岸海域符合一类、二类海水水质标准的面积 23775 平方千米，占全省海域面积的 63.4%；符合三类海水水质标准的海域面积为 6051 平方千米，占全省海域面积的 16.1%；符合四类海水水质标准的海域面积为 3982 平方千米，占全省海域面积的 10.6%；劣于四类海水水质标准的海域面积 3692 平方千米，占全省海域面积的 9.8%。水质中油类、重金属（铜、锌、铅、镉、铬、汞）和砷含量总体符合一类海水水质标准；主要超标物为无机氮。近海、远海海域环境状况总体良好。陆源污染物排海仍然是造成全省海域污染的主要原因。

【海洋生物多样性】 共监测到浮游植物 117 种，优势种为中肋骨条藻，平均生物密度为 581.18 万个/立方米。浮游动物 85 种，优势种为双刺纺锤水蚤、小拟哲水蚤、强额拟哲水蚤等，平均生物密度为 2795.83 个/立方米，平均生物量为 300.18 毫克/立方米。监测到鱼卵 21 种，优势种为远东拟沙丁鱼、鲻科、斑鰶等，平均密度为 0.21 个/立方米。监测到仔、稚鱼 35 种，优势种为尖海龙、鰕虎鱼科、鲅、棘头梅童鱼等，平均密度为 0.39 个/立方米。鱼卵和仔、稚鱼生物多样性指数分别为 1.30 和 1.35。鱼卵和仔、稚鱼密度总体较低，物种丰富度较低，个体分布较均匀。底栖生物监测到 118 种，优势种为伶鼬榧螺，平均生物密度为 6.33 个/平方米，平均生物量为 13.22 克/平方米。潮间带生物共监测到 97 种，优势种为褶牡蛎、短滨螺和文蛤等，平均生物密度为 288.90 个/平方米，平均生物量为 314.51 克/平方米。

【海洋环境放射性水平】 田湾核电站邻近海域海水放射性水平处于核电站运营前本底范围内，海水中锶-90、铯-137 的放射性浓度远低于海水水质标准的要求；沉积物放射性水平处于所在海域本底范围内；生物体内镭-226、铯-137 的放射性浓度远低于《食品中放射性物质限制浓度标准》中放射性物质限制值。

海洋环境预报与防灾减灾

【海洋预警预报】 推进海洋观测网建设，在建成运行 10 座海洋观测站点的基础上，攻坚克难在射阳外海、前三岛海域成功布放了 2 个 10 米大型海洋观测浮标，观测要素包括水文、气象、水质三大类 15 项，填补了江苏此前无 10 米海洋观测浮标的空白。加快海洋防灾减灾业务支撑系统建设步伐，创新研发了海洋防灾减灾辅助决策支持系统；研发了最高分辨率达 300 米的江苏温带风暴潮、台风风暴潮数值预报模式；开发了海洋防灾减灾数据库；开展了海洋渔业生产安全环境保障服务系统升级改造。强化海洋灾害预警预报，每日制作发布海洋环境常规预报、八大渔场风浪预报、洋口渔港海浪潮汐预报。共发布海浪警报 50 份、风暴潮警报 12 份。在应对 2014 年对江苏海域有影响的 5 个台风、3 次冷空气、2 次温带气旋过程，海洋预警报发挥了重要作用。

江苏省海洋与渔业局组织开展了全省沿海警戒潮位核定工作，编制了《江苏省沿海警戒潮位核定技术报告》，通过了国家海洋局东海分局的初审和全国沿海警戒潮位核定技术指导组的技术审查，经报省政府同意，全省沿海 14 个岸段警戒潮位值正式对外公布。

【海洋灾害概况】 2014年共计发生风暴潮灾害3次，其中台风风暴潮灾害1次，温带风暴潮灾害2次，直接经济损失4717.9万元；发生灾害性海浪过程11次，形成海浪灾害1次，直接经济损失410.0万元；海州湾赤潮监控区监测未发现赤潮；南黄海浒苔绿潮持续时间为132天；沿海海平面比常年高119毫米，比2013年高30毫米；全年未发生海啸。

全年海洋灾害直接经济损失5127.9万元。与2013年相比，直接经济损失有所增加，全年无死亡(含失踪)人数。

【风暴潮灾害】 2014 年江苏共计发生风暴潮灾害 3 次，其中台风风暴潮灾害 1 次，温带风暴潮灾害 2 次。

“140601”温带风暴潮 6月1—3日，受江淮气旋出海影响，江苏沿岸出现了一次温带风暴潮过程。2—3日，盐城岸段出现了50～90厘米的风暴增水。受其影响，盐城水产养殖受灾面积达140.0公顷，其中成灾面积39.5公顷，直接经济损失848.4万元。

1416“凤凰”台风风暴潮 2014年第16号强热带风暴“凤凰”9月22—24日影响江苏海域，受其影响，盐城、南通沿海普遍出现了30～70厘米的风暴增水，其中，9月24日11时，洋口港最大风暴增水62厘米，吕四最大风暴增水73厘米。本次台风风暴潮损毁码头1座；海堤、护岸19.8千米；水产养殖受灾10210公顷，其中成灾面积2059公顷，绝收面积300公顷，损失水产养殖品数量15000吨，损毁养殖设施、设备180000套。直接经济损失1869.5万元。

“141008”温带风暴潮 10月8日开始，北方一股冷空气南下影响我国沿海，10—13日影响江苏海域，与此同时，2014年第19号强台风“黄蜂”外围也影响江苏海域。受冷空气和强台风“黄蜂”外围共同影响，南通沿海普遍出现了40～210厘米的风暴增水，其中，洋口港最大风暴增水191厘米，吕四最大风暴增水211厘米，均出现在10月13日01时；吕四出现了427厘米的高潮位，超过警戒潮位7厘米。本次温带风暴潮损毁南通滨海园区正在建设的三夹沙一期围垦区域海堤、护岸3.0千米。直接经济损失2000万元。

【赤潮和绿潮】 **赤潮灾害** 海州湾赤潮监控区内赤潮生物以硅藻和甲藻为主，主要优势种为中肋骨条藻、米氏凯伦藻、链状裸甲藻等，细胞密度在3.45万个/升～82.3万个/升之间；富营养化指数（E）在0.07～19.65之间，平均值为 1.54。监控区全年未发现赤潮，但处于富营养化状态，具有发生赤潮的风险。

绿潮灾害 4月30日首次在竹根沙、蒋家沙海域发现浒苔绿潮，9月8日于盐城南部近岸海域和南通以东海域最后一次监测到漂浮浒苔分布，全年浒苔绿潮持续时间为132天。江苏管辖海域浒苔绿潮单次最大分布面积为18957平方千米，发现于7月14日；单次最大覆盖面积为253平方千米，发现于6月12日。部分区域出现浒苔登滩现象。

【海水入侵和土壤盐渍化】 **海水入侵** 连云港赣榆和盐城大丰沿岸部分地区海水入侵严重。盐城大丰海水入侵距岸超过 10 千米，连云港赣榆海水入侵距岸在 5 千米以内。部分断面入侵距离较去年有所增加。

土壤盐渍化 盐城大丰沿岸土壤盐渍化严重，有中盐渍化土分布。盐渍化范围距岸大于10.6千米，较去年有所增加，盐渍化类型为氯化物型。

海洋执法监察

【海监执法】 组织实施维权、海盾、碧海、海岛保护、光缆巡护等专项执法行动，全年海监执法共立案 150 宗，结案 127 宗，实施处罚金额4272.55万元。维权执法完成出色，中国海警2113船完成了 8 个航次东海区专项维权执法行动，累计参与维权巡航执法 143 天。“海盾”行动有序推进，全年海盾案件立案 5 宗，结案 6 宗（含 2013 年立案 1 宗），罚款金额 3925.8 万元。根据江苏省实际，将“碧海”行动的重点放在查处非法排污入海和盗采海砂上，全年查处“碧海”案件 38 宗，其中：非法采砂案件 26 宗、非法排污案件 3

宗、无证倾废案件 3 宗、未经环评实施海洋工程案件 5 宗，海洋工程环保设施未经验收擅自运行案件 1 宗，共收缴罚金 292.5 万元。定期组织海底光缆巡护检查，确保了上海亚信峰会和 APEC 会议期间东海区国际海底光缆通信安全畅通。

海洋科技、教育与文化

【海洋科技】　围绕海洋观测探测、环境保护、资源可持续利用领域收集、储备了一批科技项目，组织申报了 2015 年国家海洋公益专项 4 项，其中“滨海盐碱地几种资源综合利用技术集成与示范”项目获得国家立项，项目资金 1300 万元。继续组织“沿海低值贝类全值化综合利用”及“水下滑翔器”等在研项目的研发并取得较大进展。强化“海洋装备”和“海洋生物”两个联盟的作用，开展了海洋观测调查装备、滩涂贝类等产业关键技术的攻关集成和成果转化。继续推进大丰海洋生物产业园建设。

【海洋教育】　2014 年，江苏省人民政府与国家海洋局正式签署协议共建南京信息工程大学。根据协议，江苏省人民政府将加大支持南信大海洋、气象、环境、水文等相关学科重点实验室和研究平台建设，进一步优化学校海洋学科专业布局结构，支持学校与国家海洋局及其直属单位开展产学研合作，为学校加强海洋教育、开展海洋科研、普及海洋科学知识创造良好条件。国家海洋局将把该校纳入国家海洋事业发展规划，通过联合培养、接收学生开展实习实训等方式将南信大打造为海洋人才培养的重要基地，支持学校参与国家海洋局科研项目申报、开展科技合作和科研成果转化等工作，推进该校建设海洋基础研究、科技创新、技术应用等科研机构和平台。近年来，南京信息工程大学坚持主动对接国家海洋发展战略，已先后与国家海洋环境监测中心、国家卫星海洋应用中心签约共建了海洋动力遥感与声学实验室、自主卫星海洋遥感联合实验室等优质科研平台。

【海洋宣传】　6 月 8 日世界海洋日。2014 大丰港海洋生物博览会暨全国海洋宣传日江苏主场活动在大丰市海洋博览中心开幕。中国海洋工程咨询协会会长、国家海洋局原局长孙志辉，江苏省政府副秘书长杨根平，盐城市委副书记陈正邦，时任江苏省海洋与渔业局局长唐庆宁，中国海洋报社社长、党委书记赵晓涛，盐城市委常委、大丰市委书记倪峰等领导同志参加开幕式。唐庆宁在讲话中指出，2014 年世界海洋日活动的主题是“建设海上丝路，联通五洲四海”，江苏省海洋宣传日的主题是“坚持陆海统筹，对接一带一路，建设海洋强省”。举办海博会，对展示我国海洋生物产业和企业发展状况，推动政产学研等多领域交流合作具有的重要意义。希望通过此次活动，更好地交流海洋经济研究成果，增强全社会海洋意识，大力发展海洋新兴产业，推动中国海洋事业的发展。　　　（江苏省海洋与渔业局）

上 海 市

综 述

2014 年，在上海市委、市政府和国家海洋局的领导下，上海市海洋局深入贯彻“建设海洋强国”战略，紧密围绕建设“四个中心”和具有全球影响力的科技创新中心的全市大局，以服务上海经济社会发展为工作主线，服务促进海洋经济发展、深入开展科技兴海、切实保护海洋生态环境、不断深化海洋综合管理，各方面工作取得良好进展。

海洋经济与海洋资源开发

【概述】 2014 年，上海市海洋经济继续保持平稳增长态势，海洋船舶工业、海洋工程装备制造业、海洋交通运输业、滨海旅游业占主导地位。

【海洋船舶工业及海工装备制造业】 上海市海洋船舶工业不断转型升级，造船完工 84 艘，修船完工 1199 艘。高端船舶及海工装备发展较快，外高桥造船制造的 18000 标准箱集装箱船，填补了我国在超大型高附加值集装箱船缔造方面的空白；沪东中华主要建造 14 万立方米级和 17 万立方米级船型，成为国内唯一具备 LNG 船批量建造能力的船舶总装企业；江南造船建造的国内首艘 3 万立方米级 LNG 运输船“海洋石油 301”；上海振华重工建造的 12000 吨全回转起重船是自主设计、建造的世界最大起重船；上海船厂是我国唯一有能力建造多缆物探船的船厂。

【滨海旅游业】 上海滨海旅游业继续保护发展态势，上海邮轮母港 2014 年接待国际邮轮靠泊 269 艘次，同比增长 35.2%；邮轮旅客吞吐量达到 121.52 万人次，同比增长 60.6%，占据国内市场半壁江山。《2014 中国邮轮发展报告》显示，上海已成为全球排名第 8 位的世界级邮轮母港。市政府印发了《关于本市加快中国邮轮旅游发展实验区建设的若干意见》，明确到 2015 年上海将形成“一港两区、功能互补、错位发展”的邮轮组合港区。滨海特色旅游逐渐成为上海旅游特色，海洋典型景点如碧海金沙、渔人码头、金山城市沙滩、金山嘴渔村等已形成一定规模，吸引大批旅客前往。

【海洋交通运输业】 受全球经济有所回暖、国际油价持续下跌等因素影响，海洋交通运输业有所复苏，增加值为 482 亿元，较 2013 年上升约 11.6%(现价)。上海港全年货物吞吐量 7.55 亿吨，较去年有所下滑；集装箱吞吐量 3528.5 万标准集装箱，保持稳定增长态势，位居世界第一。

【《上海市海洋战略性新兴产业发展指导目录》发布】 4 月 14 日，上海市海洋局、发改委、经信委和科委 4 家部门联合发布了《上海市海洋战略性新兴产业发展指导目录》。“指导目录”旨在加快促进海洋产业结构战略性调整，推进海洋战略性新兴产业发展。明确了海洋节能环保、海洋高端装备制造、海洋新能源和海洋生物医药等作为本市下阶段鼓励发展的重点海洋战略性新兴产业，享受本市战略性新兴产业扶持政策，有效期至 2017 年 6 月 30 日。

【科技兴海经济统计核算评价体系及方法研究】 2014 年 7 月 29 日，上海市海洋局组织验收通过了《科技兴海经济统计核算评价体系及方法研究报告》。该报告由上海市海洋管理事务中心和国家统计局浦东调查队等单位联合开展，通过分析比较国内外海洋经济统计核算方法，深入开展了上海市海洋产业属性分类研究，梳理形成了海洋经济重点产业名录及重点企业名录，设计形成上海海洋经济统计指标体系及核算方法，分析了科技进步贡献率在海洋经济分析评价应用中的必要性和可行性，为进一步提升上海海洋经济分析评估能力打下基础。

海洋立法与规划

【《上海市水务局（上海市海洋局）行政处罚裁量基准》实施】 2014 年 1 月 15 日，上海市海洋局发布了《上海市水务局（上海市海洋局）行政处罚裁量基准》，自 2014 年 3 月 1 日起施行。本规章以市政府印发的《关于本市建立行政处罚裁量基准制度的指导意见》（沪府发〔2013〕32 号）精神为指导，旨在进一步严格规范水务、海洋行政处罚裁量权行使，提高行政处罚裁量基准科学合理化水平，依法合理适用行政处罚裁量权。

【《上海市海洋工程建设项目环境影响报告评审办法》实施】　11 月 21 日，上海市海洋局制定了《上海市海洋工程建设项目环境影响报告评审办法》，自 2015 年 1 月 1 日起施行。该规章根据中华人民共和国海洋环境保护法》、《中华人民共和国环境影响评价法》、《防治海洋工程建设项目污染损害海洋环境管理条例》及国家相关规定制定，旨在为进一步规范本市海洋工程建设项目环境影响报告评审工作，切实提高评审工作质量和效率，促进依法行政。

【上海市海洋发展战略】　围绕国家“建设海洋强国”战略，上海市海洋局组织开展了本市海洋发展战略研究，在对国际海洋发展趋势战略研判的基础上，综合上海海洋发展基础总体评价，提出上海海洋发展总体目标与战略思路，围绕海洋产业升级、科技兴海、海洋生态优化三大重点领域提出相应战略举措，明确了海洋发展战略布局、重大工程和保障措施，为上海构建海洋发展战略，推进全球高端海洋城市建设提供重要依据。

【上海市海洋环境保护规划】　上海市海洋局组织编制完成了《上海市海洋环境保护规划》，规划制定了海洋环境分区分类保护方案，明确了分区分类海洋保护目标和管控措施，提出了环境保护主要任务和重点工程。

【上海市海岸保护与利用规划】　上海市海洋局联合上海市发展改革委组织编制完成了《上海市海岸保护与利用规划》，规划确定了海岸的基本功能，建立以海岸基本功能管制为核心的管理机制，提升海域管理的科学性，保证上海市海洋经济发展的合理用海需求，减少海岸资源浪费、提高海岸资源的利用价值。

【上海市海洋发展“十三五”规划】　按照上海市政府的统一部署，上海市海洋局组织开展了上海市海洋发展“十三五”规划基本思路研究，形成了《上海市海洋发展“十三五”规划基本思路》，对本市海洋发展面临形势、存在瓶颈问题、“十三五”主要目标指标、主要任务、重点项目和实施保障政策机制进行了梳理。

【中长期水务海洋信息化规划】　上海市海洋局编制完成新一轮中长期水务海洋信息化规划。《规划》提出到 2025 年基本建成具有上海水务海洋特色、体现先进技术水平的“智慧水网”，构建大枢纽、搭建大平台、形成大数据、完善大安全和提供大服务。提出建立覆盖更为全面、透彻的安全、资源、生态环境、海洋综合四位一体的智能感知体系；构建以基础设施、数据资源、应用软件等资源化集成利用为核心的“水之云”服务平台；建设市、区两级规划、许可、监管、执法等网上流转和并行协同的业务应用，通过网站、热线、移动互联等多种方式服务实现个性化泛在的公共服务；加强新技术条件下的标准规范建设和信息安全管理。

海域海岛管理

【海洋行政审批】　上海市海洋局完成了海域海岛管理行政权力清单的梳理，深入推进行政审批标准化建设，编制完成了临时用海审批和海域使用金减免审批等两项行政审批事项的《业务手册》；全部海洋事项实行网上受理审批，实现电子监察，海洋行政审批数据库提供了海洋全部 20 个事项关于审批信息的个性化查询、统计功能。2014 年共受理 281 件海洋行政审批事项，比 2013 年增加 77 件，增长率为 37.7%。废弃物海洋倾倒普通许可证签发的审批事项为 272 件，签发 207 本，许可倾倒疏浚物 743.58 万立方米，征收倾倒费 223.07 万元，骨灰撒海共计 3760 盒；新批项目用海 4 宗，确权海域面积 489.2 公顷；完成用海预审 1 项，审查上报区域建设用海规划 1 个。征收海域使用金 1014 万元。

【集约节约用海指标体系和管理制度研究】　上海市海洋局完成了《上海市集约节约用海指标体系和管理制度研究》。课题在研究海洋领域和其他行业的相关技术规范、研究成果及先进经验的基础上，结合上海市海域使用及其管理的实际现状和发展需求，从全面落实国家海域使用管理制度、推动海域使用市场化建设、创新海域使用管理新机制和健全海洋综合协调机制等四个方面，首次提出了上海市主导用海类型的集约节约用海控制指标体系和管理制度建设的对策建议。

【海域使用权抵押贷款制度研究】　上海市海洋局开展本市海域使用权抵押贷款制度研究，研究提出了直接抵押登记、与临海用地或其他资产共同抵押、征得临海资产拥有人同意后的单独抵押登记等三种抵押贷款模式，能够有效缓解沿海融资难题，能够进一步拓展金融服务空间，最终实现促进涉海产业健康发展的目标。

【佘山岛领海基点保护范围选划】　上海市海洋局开展佘山岛领海基点保护范围选划工作。佘山岛领海基点保护范围选划旨在摸清上海佘山岛领海基点所在海域的自然环境和资源现状、社会经济状况、岸滩稳定性、自然灾害和领海基点受威胁的主要因素，划定佘山岛领海基点的保护范围、保护面积、界址点，为海洋主管部门对佘山岛领海基点的保护提供科学合理的保护范围。截至2014年底，已经初步形成《上海市佘山岛领海基点保护范围选划报告》。

【《大金山岛科学考察报告》出版】　大金山岛位于杭州湾东北部，是上海地区独一无二的环境质量清洁区域，拥有较好的半原始状态生态环境和生物物种资源。2014年4月，上海科技馆、上海交通大学、上海市海洋管理事务中心在前期开展金山三岛海洋生态自然保护区调查研究的基础上，联合出版了《大金山岛科学考察报告》，全面呈现了调查成果及近十年来环境和生物的变化趋势。

海洋环境保护

【海洋环境监测】　上海市海洋局组织实施海洋环境监视、监测及调查工作。完成了海洋环境趋势性监测、功能区监测、水源地邻近水域专项监测和陆源入海排污口及其邻近海域环境监测等各项海洋环境监测任务。采集监测样品约6000个，获取监测数据约74000个，编制各类海洋环境质量通报和监测报告40余份。

【陆源污染信息普查及排污口调查】　上海市海洋局开展陆源污染信息普查，主要针对2013年陆源污染物入海基本情况开展调查，对本市沿海14家排海污水处理厂的进、出水量、水质进行分析评价，掌握排海污水处理厂污染物入海的主要情况。同年，开展本市35个入海排污口和主要入海河流（黄浦江）的信息调查，形成了调查报告。

海洋生态文明

【海域生态修复】　上海市开展水生生物增殖放流、水生野生动物救助、海洋牧场示范区建设，全面推动长江口及附近海域的水域环境和渔业资源修复保护工作。全年投入增殖放流资金近1662.86万元，放流鱼种、苗种近14794.38万尾。

【奉贤海洋生态文明示范区建设】　奉贤区推进生态文明示范区建设，针对申报海洋生态文明示范区的基础条件进行了初步梳理、分析，通过细化、量化的方式予以分析、研究奉贤生态文明示范区申报基础条件的优势及不足，提出优化海洋产业结构、污染物入海排放管控、海洋生态环境保护、海洋生态文明宣传教育和海洋管理保障机制建设等方面的建议和措施，编制完成《奉贤区海洋生态文明示范区建设调研报告》。

【金山三岛海洋自然保护区维护】　上海市海洋局会同金山区海洋局加强金山三岛海洋生态自然保护区维护工作，落实了保护区管理专项维修经费，对岛上的管理设施进行了维护整修，保护区管理工作得到有效保障。同时，启动了上海市大金山岛保护与开发利用示范项目，将对大金山岛基础设施进行修缮，建设海水淡化、可再生能源利用等示范工程，强化环境保护和监测。

海洋环境预报与防灾减灾

【海洋灾害应急预案】　2014年5月，上海市人民政府办公室正式印发《上海市处置海洋灾害专项应急预案（2014年版）》，专项预案适用于发生在本市管辖海域内可能造成人员伤亡、财产损失、生态环境破坏和严重社会危害的海洋灾害（主要包括风暴潮、灾害性海浪、海啸、咸潮、赤潮等），以及发生在本市管辖海域外有可能影响本市的海洋灾害的应对和处置工作，明确了由领导机构、应急联动机构、市应急处置指挥部、职能部门、专家咨询机构组成的海洋灾害应急处置组织体系。2014 年 9 月上海市海洋局正式印发《上海市海洋局赤潮灾害应急预案》《上海市海洋局海洋事故监测评估应急预案》《上海市海洋局海洋灾害观测预报应急预案》《上海市海洋局海底电缆管道保护应急预案》等四项部门预案，完善了上海市海洋灾害应急预案体系。

【上海市沿海大型工程海洋灾害风险评估管理规定】　2014 年，上海市海洋局开展本市沿海大型工程海洋灾害风险评估管理制度研究，旨在收集沿海大型工程（主要包括海堤、港口码头、机场、跨海桥梁和海底管线等）现状情况，分析典型海洋灾害对沿海大型工程可能造成的影响，对管理范围、评估对象、责任主体、评估内容、评估程序等提出建议，完成《上海市沿海大型工程海洋灾害风险评估管理规定(草案)》编制。

【海洋灾害风险评估与区划】　2014 年，上海市海洋局组织开展海洋灾害风险评估与区划工作，目标形成海洋灾害（各类型）风险评估数据集、海洋灾害（各类型）风险区划图集和海洋灾害（各类型）风险评估和区划报告。

【海洋灾情信息调查统计评估】　2014 年，在“凤凰”风暴潮期间，组织现场调查，开展“凤凰”风暴潮灾情专题调查与评估。完成 2014 年度海洋灾害调查与评估工作，针对上海海洋灾害的主要类别，通过现场调查、从涉海部门收集等方式开展海洋灾害统计、重大海洋灾害灾情调查工作，对本年度上海海洋灾害进行全面评估。

【上海市海洋观测预报业务化运行技术研究】　2014 年 5 月 30 日上海市海洋局正式验收《上海市海洋观测预报业务化运行技术研究》项目。该项目由上海市海洋环境监测预报中心承担，主要开展针对观测站网布局、预报模型选用、信息集成设计、运行体系框架等方面的研究，提出的站网布局方案合理，预报模型选型科学，信息集成平台设计可行，运行体系具有可操作性，可为上海市海洋预报减灾工作提供技术指导。项目对上海市海洋观测建议实施“市、区两级管理”模式，采取“共建共管、委托管理”管理机制；对上海市海洋预报建议实施“市级预报、区县分发”模式，近期采取“基本依托、联合共建”，向“联合预报、统一发布”模式过渡。项目为上海市海洋观测预报工作开展提供重要参考。

【长江口咸潮入侵】　2014 年，上海市海域监测到咸潮入侵过程 4 次，共持续 41 天，累积对青草沙水库、陈行水库和宝钢水库造成 12 次影响，影响时间共计 72 天 5 小时，过程最高盐度达到 9.92（氯度为 5479 毫克/升）。2 月 4 日—27 日，陈行水库遭遇历史上最长一次长江口咸潮入侵，远超过陈行水库设计能力，虽已采取减量供水、间隙抢水等措施，但仍对宝山、普陀、嘉定等地区约 200 万人供水造成影响。

【海平面变化】　2014 年，上海沿海海平面比常年高 120 毫米，比 2013 年高 48 毫米。各月海平面变化较大，2 月、8 月、9 月和 10 月海平面较往常同期分别高 224 毫米、156 毫米、143 毫米和 182 毫米，均达到 1980 年以来同期最高值；与 2013 年同期相比，8 月和 9 月海平面分别高 196 毫米和 145 毫米。

【重点岸段海岸侵蚀】　2014 年，对崇明东滩粉砂淤泥质岸段进行监测。监测海岸长度 48 千米，侵蚀岸段长度 2.9 千米，最大侵蚀距离为 22 米，侵蚀范围略有所增（2013 年 2.5 千米）；平均侵蚀速度为 4.4 米/年，侵蚀速度呈下降趋势；海岸侵蚀总面积 1.28 万平方米。

海洋执法监察

【概述】　上海市海洋局共开展海域使用监督检查 88 次共 26 个项目；开展海洋倾废监督检查 205 次 178 个项目；开展海岛保护监督检查 78 次；开展海底电缆管道巡护 10 航次 7 个项目；开展海洋工程建设项目环境保护监督检查 125 次 26 个项目；开展海洋生态保护监督检查 9 次 2 个项目。累计出动执法人员 1782 人次，组织空中巡视 2 架次，航时 3 小时，航程 480 千米；海上巡航 151 航次 136 天，航时 698 小时，航程 10171 海里；陆上巡视 399 车次，车程 40594 千米。查处海洋违法行为 14 件，结案 15 件（含 2013 年遗留案件 4 件），执行罚款金额 42.59 万元。涉及在长江口水域违法采砂执法工作，依据长江河道采砂管理的相关规定，立案 2 件，执行罚款金额 20 万元。

【海域使用执法】 上海市海洋局重点加强对杭州湾北岸浦东新区芦潮港、奉贤区和金山区沿海海域的定期检查，做到海域岸线全覆盖，共检查海域使用项目 26 个。在检查过程中，对区域用海项目临港奉贤物流园区圈围项目定期开展跟踪检查；对城市沙滩西侧保滩工程、东海风电和临港风电保持每季度一次的专项检查；对其他已经开工或者即将开工的海洋工程项目实行跟踪检查。通过执法工作的关口前移，有效遏制了本市杭州湾北岸海域内的涉海违法行为，本年度未发现海域使用违法行为。

【海岛保护执法】 上海市海洋局实现对佘山岛、鸡骨礁、金山三岛、九段沙、黄瓜北沙、东风西沙等无居民海岛的全覆盖巡查目标任务。海洋日期间，联合本市多家单位在金山三岛组织开展了上海海岛保护联合执法演练，进一步提升联合执法协同作战水平，以实战形式检验了上海海域海岛执法协同机制的作战能力。

【海洋环境保护执法】 上海市海洋局结合本市倾废行业特点，加强对倾废敏感区域的监督检查，加大突击检查的频次和力度，严厉打击未经批准向海洋倾倒废弃物、不按照批准的条件或区域向海洋倾倒废弃物等危害海洋生态环境的违法行为。积极开展批后监管工作，加强对各倾废企业的行政许可事后监督力度，针对市海洋局批准的 225 件倾废许可事项，对其中的 219 件开展了批后监管，监管检查覆盖率达 97.3%。进一步完善杭州湾北岸南汇嘴以南至浙江界的海洋工程项目档案资料，加强海洋工程日常监管。结合 2014 年海岛定期巡查工作，加大对九段沙自然保护区、金山三岛自然保护区的监督检查力度，完善执法检查档案，加大检查频次，细化检查内容。2014 年，共查处海洋环境违法行为 14 件，结案 14 件(含 2013 年遗留案件 3 件)，执行罚款金额 40.8 万元。

【海底电缆管道保护执法】 上海市海洋局定期组织开展海底电缆管道保护巡航检查，重点是加强了亚信峰会等重大活动期间的海底电缆管道保护工作。今年共开展海上巡航执法 10 航次 13 天，航时 63 小时，巡航里程 763 海里，发现并驱离在海底电缆管道保护区范围内违规停泊、作业等船舶 80 艘次，未发现危害海底电缆管道安全的行为。

【“海盾 2014”专项行动】 上海市海洋局开展专项执法巡查，加大对重点区域用海项目检查力度，向用海单位用海项目一线负责人进行海域使用法律法规的宣传，并以签订行政契约的方式约束用海单位的行为，有效的从源头上预防违法用海情况的发生。

【“碧海 2014”专项行动】 中国海监上海市总队加大对海洋倾倒区和非倾倒区巡航及航迹监视力度，通过海上定巡与不定期海陆巡查，独立执法与联合执法，日常巡查与许可监督检查，书面检查与实地监视检查等多种工作方式相结合，严肃查处了一批海洋倾废违法行为。2014 年“碧海”案件共立案 6 件，结案 6 件，收缴罚款 31.3 万元。

海洋科技

【上海市科技兴海战略研究】 2014 年 8 月 22 日，上海市海洋局正式验收《上海市科技兴海战略研究》。该项目由上海市海洋规划设计研究院承担，分析了国内外海洋科技发展现状和发展趋势，结合上海自身的特点和优势，明确提出上海市科技兴海“两个中心”的战略定位，即努力将上海建设成为具有全球影响力的海洋科技创新中心和建设以上海为中心的海洋高新技术产业集群；提出建设“三个基地、一个先行区和一个示范区”的战略目标，即将上海建设成为“国际重要的船舶和海洋工程装备研发制造基地，国际重要的海洋科技人才和信息服务基地，国家海底科学观测数据中心和基础研究基地，国家建设长江经济带和海上丝绸之路的先行区，国家海洋管理和公共服务示范区”。研究成果对发挥海洋科技创新的引领和支撑作用，理清上海市未来科技兴海发展思路，推动上海海洋事业科学发展具有重要意义。

【面向实时传输海床基的波浪能供电关键技术研究与试验】 10 月 23 日，上海市海洋局正式验收《面向实时传输海床基的波浪能供电关键技术研究与试验》项目。项目由上海海洋大学等单位承担，通过近 3 年的研究，成功研制了不同尺度的波浪发电装置、水下直驱发电机、装置自适应沉浮及防护系统、远程电能测控管理等系统，试验获取了大量的波浪能资源分析数据和长时间的海试发电数据，并在厦门海域布置的海洋观测浮标和海床基上得到示范应用；在柔性漂浮式波浪发电装置的整机和关键零部件的参数化设计、直驱式发电机设计制造、能源智能管理、海洋耐腐材料性能研究方面取得创新，申请专利 3 件，发表论文 10 篇，为形成具有中国自主知识产权的海洋可再生能源开发和综合利用技术、优化我国海洋能开发布局提供有力的技术支撑。

【上海海域地波雷达测流布局与观测技术应用研究】 5 月 30 日，上海市海洋局正式验收《上海海域地波雷达测流布局与观测技术应用研究》。项目由上海市海洋环境监测预报中心承担，完成了上海市长江口及邻近海域地波雷达布放方案、最优参数设定方案研究和上海海域地波雷达运行规程初步方案。项目在上海海域内首次开展大面观测技术研究，首次在咸淡水交汇处开展雷达回波测试，并取得较为理想的结果，获取了该地域的电磁环境参数，高频电波传播参数，可据此设计上海市沿海地波雷达站点布局。

海洋文化与教育

【2014 年上海市世界海洋日暨全国海洋宣传日系列活动】 2014 年 6 月 8 日，由金山区人民政府和上海市海洋局共同主办，金山区海洋局和上海市海洋管理事务中心联合承办的上海市世界海洋日暨全国海洋宣传日系列活动启动仪式在金山城市沙滩举行。主场举行了“启动仪式”、“金山海洋事业发展专题研讨会”、“雪龙号”南北极考察报告会、上海海岛首次海陆空执法演练、上海市保护海洋环境志愿者服务队清洁沙滩服务等系列活动，旨在弘扬海洋文化、保护海洋海岛的环境，加强海洋知识和海洋意识的传播。同时，配合主场活动，在全市范围内开展形式多样的分会场活动，主要有“踏海寻洋、蔚蓝中国梦”的“海大人文”海洋节系列宣传活动、“携手看海去—上海青少年海洋知识传播行动”系列活动、海洋科普教育（实践）基地授牌、海洋文化创意作品展及《海洋科普资源手册》首发仪式，海峡两岸海洋文化论坛交流活动、外滩陈毅广场主题宣传活动等七项各具特色的宣传活动。

【第二届上海国际海洋技术与工程设备展览会成功举办】 2014 年 9 月 3—5 日，第二届上海国际海洋技术与工程设备展览会在上海国际会展中心成功举办。该展会是亚洲地区最具专业性的海洋科技展览会，与英国（伦敦）国际海洋技术与工程设备展览会同为姊妹展，吸引了来自 21 个国家和地区的 215 家企业参展，展会期间共有 5034 位海内外的专业观众到现场参观。展会致力于推动中国、亚洲乃至全球在海洋资源开发利用、海洋生态环境保护、海洋石油天然气勘探、海洋工程及海洋监测等领域的学术研究、信息交流和国际合作。

【海洋科普教育（实践）基地】 2014 年，上海新认定福山外国语小学、进才实验小学为科普教育基地，上海普适导航技术有限公司、上海临港海洋高新技术产业化基地为海洋科普实践基地。截至 2014 年底，已认定的海洋科普教育（实践）基地已达到 8 家。

（上海市海洋管理事务中心）

浙 江 省

综 述

2014 年，浙江省各地各有关部门继续推进浙江海洋经济发展示范区和舟山群岛新区建设，加快海洋经济发展，加强海洋事务综合管理，推动海洋科技、教育和文化发展，取得了重要的阶段性成果。

海洋经济与海洋资源开发

【海洋渔业】 2014 年，全省水产品总产量 575.06 万吨，同比增长 3.5%。海洋水产品产量 468.21 万吨，同比增长 8.43%，其中国内海洋捕捞产量 324.27 万吨，同比增长 1.2%；远洋渔业产量 54.15 万吨，同比增长 34.4%；海水养殖产量 89.79 万吨，同比增长 3%。淡水捕捞产量 9.1 万吨，同比减少 5.2%；淡水养殖产量 97.74 万吨，同比减少 0.36%。全省渔业经济总产出达到 1845.96 亿元，同比增长 8.45%。其中渔业总产出 675.13 亿元，同比增长 4.04%。全省水产品出口数量 45.13 万吨，同比增长 1.64%；水产品出口贸易额 20.02 亿美元，同比增长 6%。全省渔民人均纯收入 19735 元，同比增长 11%。

【海洋盐业】 2014 年，浙江省保有盐田总面积 1971.48 公顷，盐田生产面积 1672.21 公顷；全省制盐企业 20 家，主要为岱山、象山、普陀、定海等地的盐场，年均从业人员 1144 人；全省盐业专营机构 81 家，主要为各市、县（市、区）盐务管理局，年末从业人数 2478 人；全年共产盐 8.86 万吨，出场 9.26 万吨，省内食盐定点生产企业调运 7.78 万吨，省外盐产品调入 77.36 万吨；销售各类盐产品 96.61 万吨，其中食盐 68.76 万吨，工业盐 26.09 万吨；年末全省盐产品库存总量 37.66 万吨；全省实现盐产品销售收入 17.44 万元。

【海洋船舶工业】 2014年，全省船舶行业共完成工业总产值1062.6亿元，同比增长17.29%。船用配套产值65.5亿元，同比下降13.03%；船舶修理产值95.5亿元，同比增长44.52%；海洋工程制造产值82.2亿元，同比增长39.03%。从生产情况看，2014年，全省船舶企业共完工船舶554.6万载重吨，同比下降10.8%；新接船舶订单776.2万载重吨，同比增长0.08%；手持订单595艘，2123.7万载重吨，同比增长3.35%。三大造船指标全国占比有升有降，完工量、新接订单、手持订单占全国比重分别为14.2%、12.95%、14.26%，比上年分别上升0.49%、上升1.85%、下降1.42%，继续在全国排名第三。

【临港钢铁工业】 2014 年，浙江省重点临港钢铁工业企业实现工业产值 558.14 亿元，重点企业共完成钢、铁、钢材产量分别为 1029.15 万吨、727.04 万吨和 1085.34 万吨。其中，不锈钢粗钢和不锈钢钢材产量分别为 125.73 万吨和 236.19 万吨。临港钢铁工业粗钢产量占全省钢铁工业的 58.86%，其中不锈钢产量占全省不锈钢总量的 71.31%。宁钢、宝新不锈、东方特钢等重点企业产能发挥良好，效益较稳定，实现利润 13.58 亿元。

【临港石化工业】 2014 年，浙江省临港石化工业完成销售收入 2760 亿元，同比下降 5%。全省形成了以炼油、有机化工原料、合成材料及下游化学品制造为主体的石油化工产业体系，PTA、ABS、PC、MDI、合成橡胶和氨纶等一批产品在国内外的影响力不断增强。投资 32 亿元的浙江兴兴新能源 60 万吨/年甲醇制烯烃项目、投资 35 亿元的平湖石化丙烷脱氢制丙烯及其下游产品项目、投资 26 亿元的绍兴三锦 45 万吨/年丙烷脱氢制丙烯项目、投资 62 亿元的宁波海越 138 万吨丙烷和混合碳四利用项目等一批重大项目相继投产，实现了浙江省乙、丙烯等石化基础原料发展的历史性飞跃和烯烃原料多元化的重大突破；宁波万华化学 MDI 产能由 60 万吨倍增至 120 万吨，成为了全球最大的单一 MDI 生产工厂等。这些重大项目的建设及投产，有效地提升了浙江省石化产业水平，加快了石化产业转型发展，为下游产业发展提供了原料保障。目前浙江省以临港石化园区为载体，以宁波为龙头，嘉兴至温台沿海为两翼的石化行业发展格局在不断巩固优化中。

【海水淡化业】 浙江省是国内最早开展反渗透海水淡化研究和应用的省份，也是我国海水淡化人才、技术、产业最集中的省份之一。2014年，全省新建、续建并完工海水淡化工程2项，新增海水淡化工程规模21000吨/日。截至2014年底，全省已建成的民用海水淡化厂14座，已建成海水淡化装置总生产能力82400吨/日。全省民用海水淡化工程主要集中在舟山市的普陀区、岱山县、嵊泗县和温州市的洞头县。截至2014年底，舟山地区已建成海水淡化厂13座，海水淡化总生产能力82350吨/日。2014年，舟山市海水淡化利用量829万吨。

【海洋交通运输业】 **港口航道基础建设** 2014年全省水运固定资产投资累计完成146亿元，完成年度计划的126%，创历史新高，连续四年保持在140亿元以上。建成万吨级以上泊位13个，完成省政府考核目标的162%。水路货物运输。2014年水路货物运输总体减少，全年共完成水运货运量7.28亿吨，同比下降3.3%，完成水运货物周转量7897.16亿吨千米，同比下降1.6%。据统计，各种水路货物运输增减不一。其中沿海运输4.79亿吨，增长1.3%；远洋货物运输为0.39亿吨，增长34.5%。

集装箱运输 2014年全省港口完成集装箱吞吐量2164.1万标准箱，同比增长11.9%。其中，沿海港口累计完成2136.1万TEU，同比增长11.8%。其中，宁波—舟山港完成集装箱吞吐量1945万标箱，同比增长12%。

港口吞吐量 2014年全省港口生产稳中有升。全年完成货物吞吐量13.91亿吨，同比增长0.7%。其中，沿海港口累计完成108176.6万吨，同比增长7.5%。全年完成外贸货物吞吐量44186.5万吨，同比增长8.3%。其中，沿海港口累计完成44042.4万吨，同比增长8.1%。全年宁波-舟山港完成货物吞吐量8.7亿吨，同比增长7.9%，连续六年位居世界第一，集装箱吞吐量达到1945万标箱，同比增长12%，增速居全国前列，世界排名升到第五位。

【温州港口岸扩大开放】 2014年2月21日，国务院批复同意浙江温州港口岸扩大开放。《国务院关于同意浙江温州港口岸扩大开放的批复》明确，温州港口岸扩大开放范围涉及状元岙港区和平阳港区。同时，核增温州港口岸查验人员编制131名。温州港口岸扩大开放，意味着温州港拥有了国际通行证，有利于温州发展外向型经济，也将进一步改善温州市的投资环境。

【滨海旅游业】 2014年，全省接待入境游客931.0万人次，同比增长7.5%，实现国际旅游（外汇）收入57.5亿美元，同比增长6.7%；全省接待国内游客4.8亿人次，同比增长10.2%，实现国内旅游收入5947.0亿元，同比增长14.3%；实现旅游总收入6300.6亿元，同比增长13.8%。全省37个沿海县（市、区）接待滨海旅游游客达到3.2亿人次，接待海洋入境旅游者337.7万人次，同比增长2.8%，全年实现滨海旅游总收入超过3595.4亿元人民币，同比增长19.2%。

【舟山群岛新区建设取得新成效】 舟山港综合保税区本岛分区通过国家级验收后已于2014年1月8日顺利封关运行，截至12月底已累计引进企业1016家，注册资金150亿元；衢山分区也已开工建设。积极试行自由贸易港区相关政策，保税燃料油加注取得突破，外锚地供油步入常态化。海关总署批复舟山群岛新区跨境贸易电子商务服务试点项目实施方案，综保区跨境电商平台建设启动。2014年，新区实现地区生产总值1030亿元，同比增长10%以上；规模以上工业增加值292.5亿元，同比增长12.5%；固定资产投资960亿元，同比增长28%，主要经济指标增速位居全省前列。

【海洋经济重大项目建设】 2014年3月份，省发改委印发《2014年度浙江海洋经济发展重大建设项目计划》，共安排项目479项，总投资8680亿元，其中2014年度计划投资1247亿元。6月8日，浙江省发改委（省海经办）会同商务厅在宁波举办“第十六届浙江投资贸易洽谈会暨第三届中国海洋经济投资洽谈会”，共签约重大项目37个，其中海洋经济项目20个，总投资1140亿元。加快推进海洋经济发展重大项目建设，拉动海洋经济项目投资持续增长，2014年，沿海7市完成海洋经济有效投资2300亿元以上，超额完成2200亿元的年度目标任务。

海洋立法与规划

【完成《浙江省渔港渔业船舶管理条例》和《浙

江省渔业管理条例》修改】 2014年6月以来，浙江渔场修复振兴工作全面启动，现行涉渔法规对于“三无”渔船制造、渔船擅自更新改造、渔船携带禁用渔具、向非法捕捞渔船提供服务等诸多行为都没有具体明确的规定，或者相关处罚标准设置过宽，亟需修订完善。根据实际工作需要，浙江省渔业行政主管部门同步开始了对涉渔法规进行全面修订，形成“修订项目立法前评估报告”、“修订草案”等材料，于9月份报省人大常委会并作当面汇报。省人大法工委及时启动了《浙江省渔港渔业船舶管理条例》和《浙江省渔业管理条例》的立法（修改）程序，经实地调研、召开立法座谈会、专家论证会等，形成条例修改送审稿，于2014年12月24日经浙江省十二届人大常委会第十五次会议审议，通过了这两件涉渔条例的修改决定，并于同日公布，自公布之日起施行。

【海岛保护规划】 组织市县开展海岛保护规划编制工作，按照《海岛保护法》“科学规划、保护优先、合理开发、永续利用”的原则，明确岛群（区域）和单岛功能定位，统筹海岛生态保护和无居民海岛开发利用。目前，沿海5市和有编制任务的15个县（市、区）均已完成初稿编制和部门意见征求工作，并通过浙江省海洋与渔业局组织的专家评审。

海域使用管理

【海域使用审批管理】 2014年，各级政府确权登记用海面积4895.57公顷，核发海域使用权证书214本；其中：产业用海3500.95公顷，核发海域使用权证书210本；基础设施建设用海1394.62公顷。办理注销海域使用权证书278本，面积7435.57公顷。办理海域使用权证书抵押登记156本，抵押金额115.09亿元。征收海域使用金162526.2万元；减免海域使用金1835.76万元。

【海洋功能区划管理】 开展市县级海洋功能区划修编。印发了《浙江省海洋与渔业局关于编报新一轮市县级海洋功能区划工作的通知》，明确编制技术要求，并对相关功能区划指标进行了分解。至2014年底，沿海五市已完成区划文本初稿编制。开展区域性海洋功能区划修编。开展区域性海洋功能区划修编。3月份布置杭州湾、三门湾、乐清湾区域的区域性海洋功能区划编制工作，落实编制单位。5月起协调相关编制单位赴沿海市县开展调研工作，补充收集相关资料，结合实地调研、踏勘，征询相关区域海洋发展定位、发展方向、开发与保护重点及战略布局建议。

【海域使用权抵押】 全省办理海域使用权抵押登记证书156本，面积2122.13公顷，抵押金额115.09亿元。其中：省政府办理抵押登记5本，面积195.41公顷，抵押金额3.51亿元；宁波各县（市、区）人民政府办理抵押登记23本，面积500.74公顷，抵押金额55.95亿元；舟山各县（区）人民政府办理抵押登记86本，面积922.96公顷，抵押金额35.73亿元；温州各县（市、区）人民政府办理抵押登记29本，面积281.49公顷，抵押金额16.3亿元；台州各县（市、区）人民政府办理抵押登记12本，面积219.31公顷，抵押金额3.45亿元；嘉兴各县（市）人民政府办理抵押登记1本，面积2.23公顷，抵押金额0.16亿元。

【围填海计划管理】 2014年新增填海项目用海128个，面积2188.08公顷，核发海域使用权证书127本。其中：宁波市23个，面积657.59公顷，核发海域使用权证书26本；舟山市7个，面积116.63公顷，核发海域使用权证书7本；温州市69个，面积628.99公顷，核发海域使用权证书69本；台州市26个，面积772.08公顷，核发海域使用权证书22本；嘉兴市3个，面积12.79公顷，核发海域使用权证书3本。

【海域有偿使用管理】 全省征收海域使用金162526.2万元，其中新增项目征收海域使用金130438.84万元；原有项目征收海域使用金32087.36万元。各用海类型海域使用金征收情况：渔业用海1947.78万元；工业用海78647.28万元；交通运输用海10047.98万元；旅游娱乐用海5486.63万元；海底工程用海313.68万元；排污倾倒用海7.94万元；造地工程用海38459.72万元；特殊用海27351.08万元；其它用海264.11万元。同时，全省依法减免海域使用金1835.76万元。其中：渔业用海637.82万元；交通运输用海524.06万元；特殊用海673.88万元。

【海底工程管理】 2014年，完成了舟山群岛新区110千伏输电海缆、温台LNG成品油管道等路由协调工作；审批了中国电信、国家电网等 12 个海底电缆管道等公共基础设施用海项目，颁发海域使用权证 14 本，面积 127 公顷。

海岛管理

【特殊用途海岛保护】 根据《国家海洋局关于推进领海基点保护范围选划工作的若干意见》的要求，起草完成浙江省 7 个领海基点保护范围选划工作方案并获省领导批示同意。2014 年，在国家海洋局的支持下，投入经费 360 万元，启动两兄弟屿、渔山列岛、稻挑山 3 个领海基点选划工作，现已完成野外调查作业，并编制了调查报告和领海基点保护范围选划报告。

【海岛地名普查】 完成《中国海域海岛标准名录》和《中国海域海岛地名志》核查并报送国家海洋局。集中开展海岛地名普查档案整理、汇编等工作，完成国家海洋局组织的档案验收和移交中国海洋档案馆工作，共制作形成纸质案卷 199 卷，纸质照片 2144 张，大幅图件 367 幅。

海洋环境保护

【概况】 2014 年，浙江省海洋与渔业局组织各级海洋行政主管部门开展了海洋环境质量、海洋功能区、入海污染源、海洋环境灾害监测工作。各级海洋环境监测业务机构完成了全海域约 1220 个监测站位的现场监测工作，共获取各类海洋环境监测数据逾 12 万个。2014 年，全省近岸海域水环境状况不容乐观，水环境质量状况呈季节性变化显著，夏季海域水质状况明显优于秋、冬季。全省近岸海域水质富营养化状况依然明显，全年 70%以上的海域呈现富营养化状态。

【近岸海域水环境状况】 2014 年，浙江省率先在全国开展四个航次的大面海洋环境监测。监测结果显示，全省近岸海域水环境状况总体不容乐观。水环境质量状况呈季节性变化显著，夏季海域水质状况明显优于秋、冬季。劣四类海水主要分布在重要港湾、河口海域，以及嘉兴、舟山、宁波近岸和温台沿岸局部区域。海水中主要超标指标仍为无机氮和活性磷酸盐。

【落实海洋环境监测属地负责制】 2014 年，为落实相关法律法规规定，进一步明确了海洋环境监测属地负责制，除了跨区域或省管工程等少数保留在省本级实施之外，其它监测任务全部由沿海市、县地方政府组织，其中的趋势性监测、排污口监测、环境风险监测等以县级为主，省里重点抓计划、方案的编写和对市县的组织、督促和指导，并通过印发海洋环境监测技术要求和纳入省委省政府各项工作考核等措施确保各项监测工作落到实处。据统计，全年市县两级财政共投入经费 1489.9 万元。全省海洋环境监测水质站位较上年增加 184 个，增幅达 150%以上；监测要素也进一步丰富，新增监测指标 10 余项；首次开展了 3 月份枯水期的海水质量监测，实现一年四次全海域海水质量趋势性监测的目标；继续强化陆源入海排污口排污状况监测及重点入海排污口邻近海域生态环境质量监测，一般排污口监测数量由 21 个增加至 25 个，重点入海排污口监测数量由 11 个增加至 19 个；丰富海洋环境信息产品，新增季报通报制度，通报每季度全省海洋环境水质情况。

【全面提升涉海环境监督与服务水平】 2014 年，全面下放省级海洋工程建设项目环评管理事项，大幅减少了省级核准审批事项，全年省本级未核准海洋工程环评报告，下放市级核准工程项目环评报告 48 项，核定生态补偿金约 1580 万元。项目审批时限进一步缩短，承诺办理期限由 60 个工作日缩短至 20 个工作日。所有项目制定海洋环境监测或监理计划，签订海洋环境监测协议，确保工程建设阶段落实环境监测和监理计划；加强环境监督管理，开展工程建设环保设施竣工验收，做到事中有跟踪，事后有监管。全年海洋倾废审批共办理海洋倾倒许可证 59 个，批准倾倒疏浚物 216 万立方米。同时，完成了温州市开展乐清湾进港航道疏浚临时海洋倾倒区延期使用申报，舟山临时海洋倾倒区升格为永久性倾倒区。

海洋生态文明建设

【深入推进国家级海洋生态文明建设示范区工作】 象山、玉环和洞头县成功获批首批国家级海洋生态文明建设示范区后，全省积极行动，从建设、宣传和改革三方面加强海洋生态文明建设示范区工作。一是强化建设工作，三县完成了海洋生态文明示范区总体方案的编制工作并组织实施。以“五水共治”“浙江渔场修复振兴”等省委省政府重点工作为抓手，开展国家级海洋生态文明示范区建设，并突出海洋环境监测在近岸海域污染防治的重要地位。二是做好宣传报道工作，邀请各省级媒体对浙江省三个首批国家级海洋生态文明建设示范区成功进行集中报道。三是探索海洋生态保护制度创新。根据“自愿申报、择优遴选、突出特色、统筹考虑”的原则，确定洞头县申报国家生态保护与建设示范区。

【加强海洋保护区建设与管理】 2014 年，南麂列岛、韭山列岛国家级海洋自然保护区和温州洞头国家级海洋公园三个国家级海洋保护区的总体规划均得到国家海洋局批复；舟山嵊泗国家级海洋公园正式得到国家海洋局的批复，温州龙湾海洋公园得到温州市政府批复，分别成为全省第三个国家级海洋公园和第一个市级海洋公园；进一步提高省财政对海洋保护区建设的预算，重点用于各省级以上海洋保护区的监管能力建设；编制省级监控平台建设方案和全省监控系统建设技术规范。

【积极推进海洋生态文明制度创新】 一是推进海洋红线制度。温州市作为浙江省海洋生态红线制度试点区，通过一年努力，完成了温州市海洋生态红线制度试点研究报告大纲并得到了温州市人民政府的最终批准。二是开展陆源入海污染物总量控制制度试点研究。选定象山港区域为首个浙江入海污染物总量控制制度试点区域。在全面掌握象山港污染物排放方式及排海量的基础上，在象山港区域实施污染物总量控制及考核制度试点工作。经宁波市政府同意，由市象山港统筹办实施对象山港 5 个县市区政府进行污染物减排考核，重点对主要入海河流（水闸）、污水排放口污染物排放进行监测考核。重点推进象山港入海河道、（水闸）污染物（垃圾）清理、入海排污口整治优化调整、象山港区城镇生活污水处理设施建设、沿港码头、造船厂污染物治理控制、海水养殖污染控制等工程建设。

海洋环境预报和防灾减灾

【海洋观测设施建设】 按照《全国海洋观测网建设规划》要求，结合浙江省人民政府颁发的《浙江省海洋灾害防御“十二五”规划》确定的海洋观测网建设任务，完成 47 艘海洋观测志愿船的建设，总体建设规模达到 85 艘；完成定海西码头和龙湾等 2 个海洋水文自动观测站，以及苍南石砰测波雷达站、沿海 7 个重点岸段视频监控建设；基本完成综合观测平台一期工程。

【预报技术研究应用】 拓展海洋灾害预警报能力与应急水平，依托高性能计算机和数值预报模式发展精细化的海洋环境预报服务，提高 24 小时风暴潮、海浪灾害预警报准确率；研究发展赤潮灾害预警报技术，为沿海养殖产业提供赤潮预警服务；加快发展浙江省防御海啸灾害的预警报技术，建立覆盖西北太平洋范围的精细化海啸数值预报模式和局地定量浙江海啸预警数据库。

【预警报信息发布】 做好全省风暴潮、巨浪、海啸等海洋灾害预警报，通过电视、广播、报纸、网络 、传真、电子邮件和手机短信等形式向社会公众、省政府和相关政府部门、企事业单位及时发送海洋灾害预警信息。全年共发布大浪警报 87 份，风暴潮警报 26 份，渔船安全预警短信 106 份，北太鱿钓区海洋环境预报 180 份，全省大面海洋环境预报（含海浪、潮汐、海温等）730 份，精细化预报（镇海炼化区域、洞头中心渔港）1460 份。

【公共服务能力提升】 提升海洋灾害预警报信息的制作、发布和覆盖能力，预报产品的电视发布渠道拓展到 3 个频道 4 档节目（其中包括 1 个卫星频道、2 个覆盖全省的地面频道），节目 365 天正常制作和不间断播出，播出率达 100%；在全省沿海地区布设 22 台全彩 LED 大屏，直接面对沿海大众发布海洋预警信息和涉海、涉渔等各类信息；推进全省海洋预警报服务产品共享，建立全省统一的互联网预报产品共享展示平台。

【重大海洋灾害】 2014 年浙江省海洋灾害较常年偏轻，风暴潮、海浪、赤潮、钱塘江涌潮等海洋灾害共造成直接经济损失 44391 万元，死亡（含失踪）20 人。

【海洋灾害防御行动】 强化海洋灾害风险防范措施。汛期来临前，举行全省渔业防台风应急演习，提前部署海洋灾害防御工作。浙江省海洋灾害承灾体调查试点工作顺利通过国家海洋局验收，此项工作覆盖全省沿海 7 市 33 个县区。《浙江省沿海警戒潮位核定技术总报告》通过审查，标志着浙江省 52 个岸段的防潮警戒潮位核定工作顺利完成。提高海洋灾害预报支撑能力。国家海洋局东海分局与台州市人民政府签订台州市海洋观测预报系统合作框架协议，合作共建台州市海洋预报台。舟山市出台《舟山群岛新区海洋灾害预警报体系建设总体方案》，方案实施后可进一步提升舟山群岛新区海洋防灾减灾指挥决策及技术支撑的能力和水平。推进海洋防灾减灾体系建设。截至 2014 年底，全省沿海嘉兴、舟山、宁波、台州、温州等 5 市及所属沿海 27 个县（市、区）政府全部设立了海洋灾害应急指挥部及办公机构。国家海洋局印发《国家海洋局关于开展“海洋减灾综合示范区”建设工作的通知》，批准温州市为首批国家级海洋减灾综合示范区。加强海洋防灾减灾知识普及。“5•12”海洋防灾减灾日期间，启动以“城镇化与减灾”为主题的宣传周活动，在全省各地开展以“珍爱海洋资源，共建美丽家园”为主题的浙江省首届大学生海洋知识竞赛团体赛。

【标准渔港建设】　2014 年全省标准渔港建设进展顺利，截至 12 月底，全省全年完工 12 个项目(岱山县大衢一级渔港、大衢渔港防波堤工程、象山县石浦番西渔港、三门县健跳一级渔港、温岭市温岭中心渔港一期工程、玉环县鸡山渔港、瑞安市北麂渔港、洞头县洞头中心渔港东防波堤工程、东沙渔港、乐清市杏湾渔港、平阳县下厂渔港、上虞市虞北渔港)，12 个项目通过竣工验收（普陀区虾峙一级渔港、沈家门中心渔港、台门渔港，三门县洞港渔港、定海区西码头渔港小园山西防波堤工程、长白渔港、岱山县高亭中心渔港江南段工程、玉环县坎门中心渔港、路桥区金清一级渔港工程、金清渔港二期工程、临海市红脚岩渔港扩建工程、苍南县渔寮渔港）。全年累计完成投资 5.6 亿元，完成年度计划的 124%。

【海塘建设和维护】　根据水利普查结果，浙江省现有 5 级以上一线海塘 2171 千米，保护沿海重要城镇和设施的主要闭合区已经基本形成。2014 年，全省共完成 14.6 千米海塘加固工程。同时，省级共下达约 3000 万元的海塘日常维护经费，加强标准海塘的维护，地方积极落实配套资金，有效促进了海塘工程日常维护工作，保障海塘工程总体安全。

海洋执法监察

【概述】　2014 年，浙江省共派出执法船艇 1099 航次、航程 55062.2 海里，派出车辆 2023 车次，行程 93098 千米，对渔业、交通、工矿、旅游、围填海等海域使用、海洋工程建设项目的环境保护、海洋倾废、海洋生态保护、无居民海岛等共组织各类检查 2587 次、参检人数 11869 人次，检查对象 6105 个，查处各类海洋违法案件 114 件，结案 100 件，收缴罚款 22428.134 万元。

【海域使用监督检查】　全省各级海监机构以“海盾”行动为抓手，加强与海域管理、海域动态管理中心的工作联动，强化工业用海区、城镇用海区、港口航运区、农业围垦区用海的监管。2014 年省总队抽调沿海相关人员会同海域、动管部门，先后组成四个检查组对全省沿海 4 市 24 个涉海县（市、区），对非法围填海疑点疑区进行排查，重点对全省已批准的 25 个区域用海规划逐个检查。全省共检查 2487 个用海项目，查处海域使用违法案件 58 起，结案 45 起，收缴罚款 22037.54 万元。“海盾”案件为 9 起（其中 4 起是去年立案，罚款 7613 万元）。

【海洋环境保护执法监察】　2014 年全省共检查海洋环保项目 622 个，查处各类海洋环保违法案件 55 起，结案 50 起，收缴罚没款 257.88 万元，其中对个人处罚 5000 元以上、单位处罚 5 万元以上的“碧海”案件办结 22 起，收缴罚没款 192.07 万元。

【海岛保护执法监察】　制定“2014 护岛”巡航执法计划，结合 2014 年浙江渔场修复振兴暨“一打三整治”渔政检查、安全巡航定点值班、海域、海岸巡航制度，多项任务同步开展，将海岛执法巡查纳入整个海洋渔政执法巡查巡航体系中。宁波市开展了海岛名称标志设置情况专项巡查，舟山市与中国海监第四支队开展了舟山地区海岛现场核查工作。2014 年全省各级海监机派出执法人员 2839 人次，船舶 456 航次，航程 34187 海里，检查海岛 3689 个，检查次数 2998 次，获取海岛照片 10283 张。全省无居民海岛案件立案 9 起，办结 8 件，收缴罚款 69.3 万元。至年底更新海岛执法档案 905 个，对全省 2469 个海岛建立了一岛一档电子与纸质档案。

【开展水下文化遗产保护联合执法】　2014 年

与文物保护监察部门建立海上联合执法工作机制，5月在象山举行了浙江省辖区海域内文化遗产联合执法演练，全年辖区内海域开展水下文化遗产保护检查23次、检查10个海域内水下重点文物保护目标（全省共有50个）。

【参与东海定期维权巡航和海底管线巡护】 共执行浙江省海域毗连区维权巡航执法3个航次，航程9141海里，对420个目标进行了巡查，在“党的十八届三中全会”和“亚信”峰会期间，加大对海底光缆管线的巡护工作。此外，中国海监7028与中国海监7008、中国渔政33006船参加了为期两个多月的南海维权巡航。

海洋科技

【海洋经济创新发展区域示范全面推进】 一是围绕海洋经济“两区”建设，以国家海洋经济建设区域示范为抓手，着力强化海洋科研成果的研发与产业化应用，推进研发和转化了一批实用技术，在海洋医药与生物制品、海洋装备、海洋能、海洋生物高效健康养殖等海洋新兴产业领域实施了一批项目。同时，在加强顶层设计，广泛征集需求的基础上，设立了2014—2015年区域示范项目储备库。二是与省财政厅联合印发了《浙江海洋经济创新发展区域示范项目与资金管理暂行办法》。对2012年区域示范确立以来的项目执行情况进行了全面彻查，重点对项目进展、资金使用、技术创新点提炼等进行了督导。三是国家对浙江省海洋经济区域示范的支持相应获得明显提升。11个项目已列入国家海洋局A类（含宁波6个），获中央财政资助1.75亿元。项目实施促进了沿海的海洋经济发展，舟山市被国家发展改革委、国家海洋局确定为国家海洋高技术产业基地试点城市。四是浙江海洋学院承担的海洋可再生能源专项资金项目“恶劣海况下自保护式高效稳定波浪发电装置”通过验收，项目研发了总装机容量10千瓦的波浪能发电装置一套。

【渔业产业技术创新体系建设初见成效】 初步形成了以省属科研推广机构为基础的技术创新与推广服务团队4个，在全省6个县建立了18个渔情信息采集点，及时收集从苗种供应、养殖生产、用药管理到交易价格等各环节动态信息，为产业管理提供基础数据和决策依据；组织开展了养殖尾水处理、优良品种规模化繁育、生态养殖模式构建等渔业技术研究4项，在南美白对虾苗种生态繁育技术集成开发、可替代冰鲜鱼的新型膨化饲料研制与推广、名优新品种规模化繁选育、鱼稻共生健康循环养殖模式示范推广等方面取得了重大突破和较大进展，全省已建立稻鳖共生模式省级示范点3个，推广面积12万亩，亩均效益近万元。

海洋教育

【加快浙江大学海洋学院建设】 现已建有海洋工程与技术、港口航道与海岸工程、海洋科学、船舶与海洋工程4个本科专业，拥有一级学科硕士点2个、二级学科博士点5个、工程硕士专业2个，形成了本硕博和继续教育等完整的教学体系。

【支持涉海类院校建设】 浙江交通职业技术学院通过国家骨干高职院校建设项目验收。通过建设航海技术专业、轮机工程技术专业、道路桥梁工程技术专业、汽车运用技术专业、通信技术专业和物流管理等专业，积极服务于“港航强省”战略。支持浙江舟山群岛新区旅游与健康职业学院筹建工作，搭建平台，做好专业对口建设。

【组织开展浙江省大学生海洋知识竞赛】 第三届全国海洋航行设计与制作大赛在浙江海洋学院举行，本次大赛共有中国海洋大学、上海交通大学、宁波大学等26所院校的254件作品参赛。启动第三批国家级大学生创新创业训练计划项目，支持立项涉海类创新训练项目、创业训练项目和创业实践项目共15项。

【加强海洋类专门人才的培养】 2014年，全省涉海类专业研究生实际招生、在校生分别达到290人、783人，比上年增长23.4%、23.9%。全省涉海类专业本专科实际招生、在校生分别达到3671人、12265人，与上年基本持平。

【推进涉海类国家、省级“2011协同创新中心”的培育和认定工作】 认定浙江工业大学“膜分离与水处理协同创新中心”和温州大学“浙江省海涂围垦及其生态保护协同创新中心”2个涉海类“2011协同创新中心”为第三批浙江省“2011协同创新中心”（已报省政府批复）。推荐宁波大学“浙江海洋高效健康养殖协同创新中心”申报认定国家“2011协同创新中心”。其中，浙江工业大学牵头组建的“膜分离与水处理协同创新中心”，由中国工程院高从堦院士担纲，紧紧围绕新兴海洋经济产业发展需求，着力打造国内一流并具有世界水平的膜分离与水处理领域的优势学科群，集聚培养一批膜分离与水处理领域的优秀人才。

【积极引导涉海高校创新资源服务海洋经济】 2014 年，浙江省高校产学联联盟象山中心已先后遴选 2 批次 13 家企业作为象山中心加盟企业，同时着力推动加盟企业与省内涉海高校的科技合作与服务，已先后组织加盟企业申报科技项目 10 项，立项 8 项。推动涉海类科技人才的培养和交流。先后组织专家教授赴象山开展技术指导和讲座 5 批次，培训企业业务骨干和基层渔技推广员 120 余人次。11 月举办的“2014 浙江（象山）海洋科技发展论坛暨高校科技成果对接洽谈会”吸引了省内外 26 所高校和科研院所及 40 余家涉海企业参加，推介高校科研项目 100 余项，当场达成对接合作项目 10 项，项目开发总投入达到 1.07 亿元。

【加快涉海类中职学校建设步伐】 指导帮助舟山职业技术学校完成国家改革发展示范校建设任务和验收准备工作，指导帮助普陀职教中心和舟山航海学校完成省级改革发展示范学校建设任务和验收工作。

【加大涉海类职业教育扶持力度】 2014 年“省财政补助与市县职业教育发展挂钩考核”中舟山市评为二等奖，获省级财政补助 500 万元。在 2014 年中等职业教育“以奖代补”资金安排中，舟山市、岱山县、嵊泗县各获得 300 万元资金补助。

海 洋 文 化

【综述】 浙江省海洋文化资源丰富，积淀深厚，是中国海洋文化的重要组成部分。2014 年，浙江在加快发展海洋经济的同时，高度重视海洋文化的建设，取得了显著成效。

【举办“海洋文化与文化强国”论坛】 2014 年 9 月 17 日，由中国文化报社、浙江省文化厅、中共舟山市委、舟山市人民政府联合主办的第三届中国非物质文化遗产保护（舟山）论坛在舟山市岱山县举行。本次论坛以“文化强国与海洋文化”为主题，从中国非物质文化遗产保护实践出发，旨在探索海洋文化建设的途径，推广海洋文化建设典型经验，弘扬优秀传统文化。论坛历时三天，先后开展了“美丽非遗赶大集——舟山市海洋非遗展演”和岱山东沙古渔镇“夜东沙非遗体验”、2014 中国海洋非遗产品网络交易会、“海洋文化与文化强国”保护论坛等活动。第三届中国非物质文化遗产保护（舟山）论坛的举办，将进一步推进我国海洋非遗的繁荣发展，对“扎实推进社会主义文化强国建设”和“建设海洋强国”具有重要意义。

【国家水下文化遗产保护宁波基地正式落成并对外开放】 2014 年 10 月 16 日—17 日举行“中国港口博物馆暨国家水下文化遗产保护宁波基地落成开放”活动，宁波市首家国字号博物馆——中国港口博物馆落成开馆。举办了全面反映我国水下考古 30 年发展历程和主要成就的《水下考古在中国》专题陈列，展出珍贵出水文物 100 多件（套）。这是全国首个国家水下文化遗产保护基地落成开放。

【舟山市海洋数字图书馆建设扎实推进】 2014 年年初试运行以来，不断完善硬件平台和门户网页，采购整合数字资源，实现与 5 个公共图书馆和 2 个高校图书馆的技术、系统、资源共享，目前海洋数字图书馆的数字资源已超 60T，注册用户超 11 万，于 2014 年 11 月 21 日正式开通。海洋文化艺术中心环境改造和便民设施建设工作于 2014 年 6 月底完成，中心全年接待市民及国内外参观者共 80 余万人次。

【海洋体育品牌赛事深入人心】 成功举办 2014 舟山群岛•中国海洋歌会、13 场海洋系列画展。还举办了环浙江舟山群岛新区女子国际公路自行车赛、舟山群岛新区第三届全国大帆船邀请赛、“嵊山杯”全国海钓锦标赛暨国际矶钓精英邀请赛、第六届全国沙滩足球锦标赛、全国飞镖公开赛总决赛等赛事。

【加强海洋文化研究与交流】 2014 年 10 月 31 日，由国家海洋局宣传教育中心与宁波大学共建的“海洋文化经济研究中心”在浙江宁波举行了揭牌仪式。国家海洋局宣传教育中心、浙江省社科联、宁波市政府等单位相关负责人和来自韩国岭南大学、中国海洋大学、南京大学、复旦大学、南开大学等单位的专家出席了揭牌仪式。在随后召开的第二届海洋文化学术研讨会暨首届中国海洋文化经济论坛上，来自国内外的专家学者围绕海洋文化资源的开发与保护、海洋文化资源的产业化利用等进行了交流，并重点就海洋文化产业的统计范围、分类标准、统计指标体系和统计方法等进行了探讨。

【推动海洋文化走出去】 浙江省十分重视与国内外研究机构的合作，推动海洋文化走出去，提升影响力。2014 年 3 月 6 日至 9 日，民俗风情舞剧《十里红妆•女儿梦》作为“中华风韵”活动的选派节目，在美国纽约的林肯中心大卫•寇克剧院上演，四场演出场场爆满，2500 多个座位的剧场均座无虚席，票房收入逾 350 万元。《纽约时报》、《世界日报》、《人民日报》等国内外众多主流媒体开展图文并茂的报道，新华社、瞭望杂志给予专题报道。驻纽约领事馆在给外交部的工作汇报中，高度评价此次文化交流，刘云山、黄坤明、葛慧君、刘奇等中央和省市领导给予批示表扬。

（浙江省海洋与渔业局）

宁 波 市

海洋经济与海洋资源开发

【宁波市海洋经济创新发展区域示范试点成效显著】 截至 2014 年底，财政部、国家海洋局（以下简称“两部委”）共批复宁波海洋经济创新发展区域示范试点项目 36 项（海水高效健康养殖类 8 项、海洋生物医药类 12 项、海洋工程装备类 10 项、海洋产业公共服务平台 6 项）。其中，29 个项目已立项支持并实施。两部委下拨中央战略性新兴产业补助资金 2.91 亿元，拉动社会投资 580 亿元。

【宁波港获评中国集装箱码头行业 27 项大奖】 经中港协集装箱分会评定，宁波港相关集装箱码头公司共获得 2014 年度中国港口集装箱码头行业“杰出集装箱船舶装卸效率码头”、“每标箱消耗电力和燃油最低集装箱码头”、“海铁联运杰出码头”等 27 项大奖，获得总数与上海港并列第一。其中，北仑三期集装箱码头获得 8 项大奖，连续八年成为国内单年度获奖项目最多以及历年累计获奖项最多的集装箱码头公司。

【海洋捕捞】 国内海洋捕捞产量和产值比上年略增，捕捞整体形势略差于上年。全年实现国内海洋捕捞产量 60.97 万吨，比上年略增 0.37%；产值 51.97 亿元，比上年增 1.09%。产量增加主要是奉化、象山渔船升级改造，拉动海洋捕捞产量增加。产值增加主要是因为水产品售价略有上涨，海洋捕捞产品平均售价为 8522 元/吨，比上年的 8462 元/吨上升了 60 元/吨，上涨 0.71%。

【海水养殖】 海水养殖业继续遭遇困境，多数养殖产品效益下降。全年海水放养面积 35918 公顷，基本与上年持平；收获海水养殖产量 28.21 万吨，比上年略增 188 吨。但海水养殖业继续疲软，养殖总体效益不佳。

【远洋渔业】 远洋渔业增产增收。2014 年，宁波有 7 家农业部远洋资格的企业和 30 余艘远洋渔船在外生产，作业区域主要位于东南太平洋、西南太平洋、北太平洋等海域。全年远洋渔业产量达到 38096 吨，比上年增加 18994 吨，增长 100.6%；产值 29699 万元，比上年增加 15351 万元，增长 107%。远洋产量大丰收主要是西南大西洋渔场阿根廷鱿鱼资源有所回升，使产量上升；另外 2012 年农业部补助兴建的远洋渔船陆续建成投入生产，新造渔船装备设施大幅提升。

加强海洋资源管理 出台《宁波市人民政府关于调整建设用围填海招拍挂出让收入市级统筹办法的通知》等一系列文件。切实加强海洋管理机构建设，各县（市）区组建财政全额拨款的独立事业单位县级海洋资源综合管理中心。深入推进海域使用市场化配置，同时加快海域使用权招拍挂工作，杭州湾新区 3 个区块出让方案得到省政府批准。统筹安排围填海计划指标，优先保障杭州湾新区和梅山省级产业集聚区、象山与宁波保税区合作区等省市重大区块和重点项目，全市 2014 年累计安排建设用围填海 888.72 公顷、农业用围填海计划指标 598.99 公顷。

海域使用管理

【海域使用权招拍挂】 继续指导县市区做好海域使用权出让前期论证和方案报批等具体工作，建立和完善相关制度，加强与省局的沟通衔接。对 2014 年各地拟公开海域进行了调查，除建设用海外全市各地拟公开出让港口码头用海 12 宗。宁波市政府印发《关于调整建设用围海招拍挂出让收入市级统筹办法的通知》和《宁波市海域使用出让收入管理办法》等相关措施和办法。

海域使用权动态监管 在做好全市新增海域使用权审查管理的基础上，着力推进历史海域使用权复核和竣工验收工作，2014 年度共完成围填海竣工验收面积共 1710 公顷，全面实行海域使用权属地登记和变更登记管理。完成历史海域使用权界址坐标复核，按照历史遗留问题妥善处置的原则，逐步开始海域使用权证书换发。

海岛管理

【服务海洋经济建设项目用海用岛支撑】 支持杭州湾新区、梅山保税港区、宁波石化区、余姚意大利生态园、象保合作区、象山大目湾新城等省市海洋经济重大平台建设，做好用海服务等工作，加强其他区块和项目的用海日常管理和服务。积极指导和配合象山东海涂围垦用海前期工作，配合国家局和省局对宁波市在报7个区域用海规划的审查。支持象山大羊屿的开发建设，申报象山北渔山岛保护与开发利用示范项目。

【海岛管理和整治修复】 配合省局开展海岛地名普查验收相关事宜，正在开展宁波市海岛图集制作和海岛信息系统建设，基本完成了《宁波市海岛保护规划》的编制。完成了2010年象山韭山渔山列岛整治修复项目的验收准备，对正在实施的6个项目进行了现场和财务检查，并配合财政部审计中心进行了例行审计和整改。组织编制了《宁波市2013年度海域海岛使用管理公报》，配合开展宁波市第一次地理国情普查。

海洋环境保护

【完善海洋环境监测预报体系】 近海监测站位比2013年增加22%，海洋环境趋势性监测频率从2013年的2次增加到3次；推动近岸海域浮标实时监测系统建设，2014年完成三门湾岳井洋海域和渔山列岛保护区两个生态自动监测浮标的投放；全市形成了市、县二级全海域监测网络，初步构建成以船舶、浮标、岸站组成的、多种监测技术集成的近岸海域立体化监测技术体系。实施系列海洋环境整治与生态修复工程，“象山港海洋生态修复示范区建设项目”进展顺利，奉化市桐照海岸带整治修复项目等9个海域海岛海岸带整治修复项目有序推进，象山港海域表层废弃物清理专项行动取得了较好的社会效益，甬江口及周边海域海底整治工程进入第二阶段。

【入海污染源普查】 根据收集的宁波市入海污染源资料，通过2014年7—8月份现场踏勘，经普查核实后，确定了宁波市沿岸219个入海污染源，污染源类型主要包括各工业直排口、污水处理厂直排口、水闸（河流、养殖塘）、河流。

本次调查共调查对224个入海污染源进行了现场调查，其中河流（水闸）调查141条（个），排污口调查到83个。排污口调查中工业排污口31个，市政排污口13个，综合排污口39个。

从各县市区的入海污染源分布数量来看，余姚市数量较少，一方面是因为余姚市海岸线较短，另一方面原因是该市实施污水集中排放。北仑区和象山县分布的污染源较多，主要是因为这两个区（县）海岸线较长，从现场踏勘来看，实际上象山县的入海污染源数量是最多的，但是由于时间问题，我们项目组选取一些污染相对较严重的水闸进行了调查（约占水闸的1/2），河流的调查是全覆盖的。

宁波市各县市区入海排污口、河流名录统计一览表

县、市、区	工业排污口（个）	市政排污口（个）	综合排污口（个）	河流/水闸（条/个）
北仑区	14	3	2	56
余姚市	1		1	2
慈溪市				11
镇海区	4	3		3
鄞州区		1	13	4
奉化市	2	1	6	7
宁海县	1	2	3	14
象山县	6	3	9	41
大榭开发区	2		2	3

海洋监察执法

【开展“一打三整治”专项行动】 成立宁波市渔场修复振兴暨一打三整治行动协调小组，出台贯彻落实《浙江省委省政府关于修复振兴浙江渔场的若干意见》相关文件，制定失渔渔民转产转业政策，建立部门分工、上下联动的机制；全面核查涉渔“三无”船舶，开展渔船勘验工作，全市共核查涉渔“三无”船舶3183艘，勘验渔船5946艘；加大海上、港口和码头等区域的执法检查，加强伏休管理，严厉打击涉渔“三无”船舶非法偷捕和其他非法行为；加大涉渔“三无”船舶取缔力度。截至12月31日，全市涉渔“三无”船舶核查数3343艘，其中船主愿意主动上交的2697艘，占涉渔“三无”船舶的80.68%，共取缔涉渔“三无”船舶2718艘，完成年度取缔任务的204.2%；完成“船证不符”渔船整治2048艘，占“船证不符”船数（2918艘）的70.2%；

查处各类渔业违法案件 204 起；全市累计清理滩涂违规渔具 27018 顶/张，查处非法制售禁用和违规渔具 190 顶/张；完成海水生物增殖放流 73822.6 万尾（颗）。

【海洋执法】 全市渔政、海监开展执法检查 2500 多次，航程 46500 海里，检查海域使用项目、海洋工程建设项目、海岛等 1965 个、船舶（采砂船、倾废船、渔船等）5681 艘，水产养殖单位 379 家、渔船修造企业 270 家，参与海上安全搜救 35 次，救回渔船 6 艘、渔民 19 人。中国海监 7028 船圆满完成南海维权护航任务，受到中国海警局表彰，荣立集体三等功， 2 人荣立三等功、5 人受嘉奖。

海洋科技

【建立国家海洋科技创新项目库】 组织实施海洋经济创新发展区域示范项目 13 个，申报各类科技项目 15 项。推进渔业标准化示范区建设，加大科研攻关力度，在大黄鱼选育、青蟹土池繁育、马鲛鱼人工养殖、南美白对虾、梭子蟹养殖病害测报预警、海洋牧场、增殖放流等关键领域取得良好成效。加强海洋科技合作交流，建立浙台渔业合作示范区，举办两岸渔业产业项目合作对接会。做好渔业科技推广服务，开展基层公共服务中心建设，实施基层农（渔）技推广体系改革项目，组织开展“渔业科技三下乡”专题活动。

【基础设施建设】 加快重大项目建设。梅山应急救助基地组织验收，600 吨级海监维权执法船 7028 船投入使用，海监维权执法基地完成投资 7500 万元，科技创新基地工程部分基本完成，石浦番西一级渔港开工建设，象山县和北仑区 2 艘沿海渔政船基本建造完成，国家级三疣梭子蟹良种场建设项目竣工，国家级泥蚶原种场建设项目开工建设。

实施志愿船观测系统更新及改造、渔船北斗船位监控终端更新、船载卫星电话配备和象山县海洋灾害风险评估与区划等 9 个项目，共计投入资金 1500 万元。开展全市渔船防台动态信息上报和海上突发应急事件处置演练，防台应急处置能力进一步提升。（宁波市海洋与渔业局）

舟山市

综述

2014年，舟山市海洋与渔业工作以“建设美丽群岛 创造美好生活”为总纲领，以全面深化改革构建新区开发开放新体制为目标，以推进群众路线教育实践活动为契机，以实施舟山渔场修复振兴、强化海洋资源要素市场化配置为重点，深化改革，锐意创新，推进转型，实现了海洋与渔业事业的健康持续发展。

海洋经济与海洋资源开发

【海洋渔业】 2014年，全市渔业总产量166.94万吨，渔业总产值129.83亿元，同比分别增长7.44%和7.92%；渔民人均收入达到21226元，同比增长10.66%。

海洋捕捞 2014年，舟山市捕捞渔船6836艘，同比减少586艘。国内捕捞产量113.79万吨、产出88.25亿元，同比分别增长1.07%和4.4%；全市远洋渔船450艘，同比增加44艘，全市远洋捕捞产量39.3万吨，同比增长32.67%，实现产值28.1亿元，同比增长21.74%。

海水养殖 2014年，舟山市海水养殖面积5864公顷，同比减少138公顷，海水养殖产量13.02万吨，同比增长6.34%，产值12.55亿元，同比增长6.16%。全市拥有无公害水产品产地43家、无公害水产品42个，面积达1880公顷。全年新增室内大棚池8.75公顷，总面积近66.96公顷；新增室外高位池22.8公顷，总面积近105.8公顷。全市持证生产的种苗企业26家，工厂化育苗水体3.21万立方米，培育出南美白对虾、日本对虾等虾苗10.3亿尾，大黄鱼、日本黄姑鱼、条石鲷等鱼苗1207万尾，梭子蟹苗种5252万只，贝类6.07亿粒。

【海洋船舶工业】 2014年，全市船舶工业产值保持平稳增长运行。全年实现船舶工业总产值837.9亿元，同比增长11.85%，占全市工业总产值42.6%，所占比重较上年减少0.2个百分点。规模以上企业实现船舶工业产值762.07亿元，同比增长14.4%。

造船三大指标 2014年，全市交船141艘，实现造船产值509.3亿元，基本与去年同期持平。造船完工量为467万载重吨，新接订单655万载重吨，手持订单1882万载重吨，三大指标分别占到全国份额的11.9%、10.9%和12.6%，市场份额保持相对稳定。

修船业 2014年，全市修理各类船舶3328艘，实现产值88.1亿元，同比增长37.3%，其中外轮修理产值38.7亿元，同比增长34.8%。修船总量创历史新高，占国内市场份额超过20%。龙头修船企业努力扭转“产量高、效益差”的不利局面，积极从低附加值型向高附加值型、由单一维修型向综合服务型转型，一方面积极开拓高端特种船舶和海工装备修理和改装业务领域，如舟山中远船务成功打造了大型船舶球鼻艏改装“第一品牌”，并承接了“伊丽莎白二世女王”号豪华邮轮改装五星级浮式酒店项目；另一方面，联合引进瓦锡兰、ABB等知名厂商设立特约维修服务站和技术工程中心，提供机电维修等一体化服务。

船舶出口 2014年，全市船舶出口额21.2亿美元，较上年小幅增长2.8%，仍处于金融危机以来的低位水平；新接出口订单617载重吨，同比增长10%，占全部新接订单的94%，比重较上年提高6个百分点，出口形势有好转迹象。

【海洋交通运输业】 2014年，舟山市实现了万人以上岛屿通车渡、三千人以上岛屿一岛两码头的目标，乡建制岛全部通渡。2014年底拥有陆岛交通码头193座、298个泊位。全市共有客运船舶129艘，总客位32380客，其中客滚船33艘，9983客位，664车位，高速客船57艘，7552客位，已开通水上客运航线78

条。2014年完成水上客运量2408.9万人次。

【港口物流业】　2014年，舟山港完成货物吞吐量3.47亿吨，同比增长10.56%。其中外贸货物吞吐量为1.21亿吨，同比增长12.71%；集装箱吞吐量74.92万TEU，同比增长29.84%。完成旅客吞吐量170.77万人。港口主要货种吞吐量，煤炭完成3184.46万吨，同比减少0.89%；石油及天然气完成5062.05万吨，同比增加3.78%；金属矿石完成13927.72万吨，同比增加25.31%；粮食完成781.62万吨，同比增加24.34%；矿建材料完成8076.58万吨，同比减少3.95%。全年安全引领各类中外船舶8261艘次4.51亿总吨，同比增加18%和21%。至年底，舟山港域拥有各类泊位313个，其中万吨级以上码头泊位49个，25万吨级以上码头泊位6个，最大靠泊30万吨级。全市沿海运输船舶运力保有量达542.81万载重吨，比年初净增11万载重吨；拥有航运企业274家，比去年同期增加5家。

【海洋旅游业】　2014年，以全面推进海洋旅游综合改革为主线，立足行业治理水平、市场化水平、公共服务水平、产业开放水平的提升，旅游业呈现出良好的发展态势设。全市接待境内外游客3398万人次，旅游收入338.4亿元，分别比上年增长10.8%和12.8%。是年，舟山市荣获“最佳国际旅游度假目的地”殊荣。

10月13日，舟山群岛国际邮轮港正式开港，成为舟山群岛新区唯一的国际客流口岸。一艘从台湾基隆港出发的满载1000余名台湾游客的“宝瓶星”号邮轮，于13日下午抵达舟山群岛。这是舟山群岛国际邮轮港正式开港后迎来的第一艘邮轮，也是台湾至舟山的首次直航。至此，舟山成为继天津、上海、厦门、三亚后，全国第五个拥有邮轮港的城市。

10月23日，普陀山观音文化园核心设施群“观音法界”在朱家尖岛奠基，标志着一座以观音文化为主题的博览园将在舟山崛起。观音文化园规划区域位于普陀区朱家尖白山景区一带，整体功能定位为礼佛圣地、修行场所、弘法中心、信众服务基地，规划总面积约9平方千米。

12月21日，“2014国际旅游度假目的地论坛”在舟山普陀朱家尖威斯汀度假酒店举行。来自著名旅游胜地、知名旅游企业的代表以及国内外专家学者等400多位旅游业精英齐聚一堂，围绕如何打造“国际旅游度假目的地”主题展开对话、研讨。

2014年，朱家尖东沙威斯汀度假酒店建成营业，中航幸福航空水上飞机落户舟山。民宿项目建设稳步推进，初步形成了定海南洞、普陀白沙、朱家尖、岱山秀山、东沙、嵊泗嵊山、枸杞、花鸟等民宿项目集中发展区域，打造出“岛居白沙”、朱家尖庙跟228民宿、泥巴国际青年旅舍、东极国际青年旅舍、枸杞慕沙、思想家、阡陌客栈、花鸟爱情坐标等一批海岛特色民宿产品。推进旅游基础设施建设，完成桃花旅游主干道景观改造、朱家尖创5A设施改造工程、岱山风景名胜区基础设施建设、嵊泗景点景区提升工程等一批旅游景区基础设施建设，实施了普陀旅游巴士观光、西岙旅游交通码头、普陀山正山门客运码头扩容改造等旅游交通提升工程，完善了白沙、东极等地游客集散中心的设施设备，推进了海岛绿道、骑行游、徒步游等一批海岛户外休闲活动设施建设。

海域使用管理

【概述】　编制完成了《浙江省海洋功能区划（2011-2020年）（舟山海域）修改方案》，现正按规定程序上报审批之中。各级政府在舟山市范围内核发海域使用权证书40本，确权面积337.9477公顷，征收海域使用金12534.2542万元，其中围填海项目7本，使用地方围填海指标116.6224公顷。开展“回头看”活动，对现有用海项目重新进行了梳理。至2014年底，全市现有用海项目发放海域使用权证书1354本，确权面积约25264公顷，累计征收海域使用金约184436万元。推进海域使用权市场化融资，全年办理海域使用权抵押登记86宗，抵押海域面积922.9559公顷，抵押融资额357277.2372万元。至年底，累计办理海域使用权抵押登记346宗，抵押海域面积约2847公顷，抵押融资额约81.91亿元。

【海域使用管理机制】　加强海域使用属地登记管理，推进海域使用权市场配置机制。根据浙江省海洋与渔业局《关于海域使用权登记有关事宜的通知》有关要求，发布了《关于落实海域使用权登记有关事宜的通知》。原由浙江省人民政府审批登记的用海项目187宗和舟山市人民政府审批登记的用海项目 78 宗移交县区重新进行登记，新增用海项目海域使用权也由所在县（区）人民政府进行登记。海域使用权招标、拍卖、挂牌出让工作有序开展，成立了舟山市海洋资源收储有限公司，专门从事海域海岛收储、整治、出让等工作。“舟山市海域海岛使用权储备（交易）中心”网站作为全市统一发布海域海岛使用权交易信息平台正式上线运营，有效地促进了出让交易信息的公开、共享。编制完成《舟山市海域海岛储备实施办法（试行）》及《舟山市海域使用权招拍挂实施办法》初稿，为进一步规范、统一全市的海域使用权招拍挂工作奠定基础。

【海底管线管理】 2014 年，组织召开了大长涂岛—庙子湖岛 35 千伏海缆预选路由（调整）协调会。2014 年，舟山市全年共批准铺设各类海底管线 12 条，其中输电电缆 10 条、输水管道 1 条、通信电缆 1 条。至年底，舟山海域现有各种海底管线累计 241 条，分别为海底输电电缆 142 条，其中跨市 11 条；通信电缆 44 条，其中跨市 8 条；输油（气）管道 10 条，其中跨市 4 条；输水管道 31 条，其中跨市 3 条；取排水及排污管道 14 条。

【海洋管理信息化】 2014 年，推进国家海域动态监视监测管理系统业务化运行工作，历年确权用海数据全部输入国家系统。完成舟山市历年已确权用海权属数据的坐标转换工作，并通过验收。

海 岛 管 理

2014 年，继续开展海岛地名普查后续工作，对《中国海域海岛地名志》中部分条目存在的错别字、拼音书写不正确、语句不通顺、以及地理实体名称含义、历史沿革、经纬度、面积不准确等问题，进一步核查并上报。完成海岛地名普查工作档案整理归档并移交省级项目承担单位。继续推进海岛整治修复项目，完成全市 7 个项目的初步设计编制，并通过了由浙江省海洋与渔业局组织的专家评审。完成《舟山市海岛保护规划》的内部审查，广泛征求了县（区）政府、市属部门以及驻舟部队的意见，于 11 月 3 日通过了由浙江省海洋与渔业局组织的专家审查。与此同时，县（区）级海岛保护规划也同步开展。

海洋环境保护

【海洋生态环境监测】 2014 年，浙江省舟山海洋生态环境监测站在舟山近岸海域共设置生态环境监测站位 23 个，全年进行了三期海水水质和二期海洋生物监测，一期海域沉积物监测。并在舟山本岛及附近岛屿设置潮间带生物监测断面 7 个，在夏季监测一期。对全部 19 个近岸海域环境功能区进行了三期水质监测。

结果显示：2014 年舟山近岸海域海水水质四类和劣四类海水占 74.8%，三类海水占 4.4%，一类和二类海水占 20.8%。影响海域水质的主要超标指标为无机氮和活性磷酸盐，按二类标准统计，样品超标率分别达到 76.1%和 39.9%。部分水样溶解氧和化学需氧量超标，个别样品 pH 超标。海域水体富营养化指数范围为 0.13～59.9，均值为 6.98，属重度富营养化状态。

近岸海域浮游动物、浮游植物和潮间带生物生境质量等级为一般，底栖生物生境质量等级为差；表层沉积物质量优良，95.5%为第一类；近岸海域环境功能区达标率为 6.0%，影响功能区水质超标的主要指标为无机氮和活性磷酸盐。

【涉海工程环境监督】 2014 年，进一步规范海洋工程全过程环保监管。全年共核准各类海洋工程项目 20 个，其中省委托核准项目 15 个，到位生态补偿资金 260 万元，全额纳入年度海洋生态修复资金使用计划。全年对 100 余个海洋工程开展了现场监管，共计赴现场监视监管 800 余人次。

【海洋生态修复】 2014 年，继续组织实施以渔业资源人工增殖放流为主的海洋生态环境修复工程。是年，共投入 1121 万元，完成放流各种鱼类、贝类、蟹类、虾类等合计 4.89 亿只（尾/粒），为历年之最。

海洋环境预报和防灾减灾

【海洋环境预报】 2014 年，继续开展海洋预报工作，每天对定海、普陀、岱山、嵊泗等主要岸段开展常规性的海温和潮汐预报，对舟山本岛附近海域、舟山东部海域、舟山北部海域开展海浪预报，通过相关媒体向社会发布。

【海洋灾害与防灾减灾】 2014 年，利用卫星遥感、航空监视监测、船舶及赤潮志愿者监视等方式，继续开展赤潮的全方位监视监测，全年发现赤潮 5 起，累计面积 1071 平方千米，赤潮生物基本为无毒的东海原甲藻。与上年相比，赤潮面积增加约 671 平方千米。赤潮高发期间，在岱山和嵊泗赤潮监控区采集了 2 批次的贝类生物样品，均未检出麻痹性贝毒和腹泻性贝毒。经调访，未发现赤潮对海水养殖和海洋旅游造成损害和影响。全年全市海域共发生风暴潮 3 次，由 12 号台风“娜基莉”、16 号台风“凤凰”和 19 号台风“黄蜂”影响造成。其中，受超强台风“黄蜂”和冷空气外围共同影响，加上天文大潮汛，最大超警戒潮位 61 厘米，造成舟山多处海水漫堤。全年发生灾害性海浪过程 4 次，全部由台风天气系统影响造成，灾害性海浪发生天数 7 天，与往年相比属于较低水平。

海洋执法监察

2014 年，积极落实渔政船定点值班和冬汛浙北渔场值班制度，重点加强伏休、冬汛期间执法巡航，积极参加上级部门组织的“护渔 2014”巡航行动，开展渔场矛盾纠纷排查，有效化解海事渔事纠纷，及时排除矛盾隐患，确保伏季休渔“零违规”目标的顺利实现和浙北渔场的稳定。认真贯彻落实省委、省政府关于浙江渔场修复振兴暨“一打三整治”行动的决策部署，深入推进“一打三整治”重点工作，全面核查全市“三无”渔船情况，加强对无证、“三证”不齐等违法渔业船舶的执法检查。开展涉渔“三无”船舶取缔、“船证不符”渔船和禁用渔具整治，为加快舟山渔场修复振兴，实现渔业资源可持续利用起到了积极作用； 2014 年，全市共进行渔政执法检查 1990 次，参加检查 5946 人次，海上检查 1180 次，航程 38238 海里，检查渔船 3041 艘，办结案件 754 件，罚款人民币共计 1947.69 万元，全市累计取缔涉渔“三无”船舶 1067 艘，整治完毕“船证不符”渔船 1182 艘，取缔禁用及违规网具 11899 顶。

紧紧围绕“海盾 2014”、“碧海 2014”、“护岛 2014”、用海项目“回头看”等各项执法检查行动，结合全市实际，在促进依法用海，保护海洋生态环境，规范海岛开发利用方面等，开展了一系列海洋执法检查工作，确保海洋、海岛资源的可持续发展。全市共出动船艇 296 艘次，航程 9965 海里；共出动执法车辆 220 辆次；派出执法人员 1999 人次；检查用海项目 768 个，共立案查处各类海洋违法案件 36 起，收缴罚款 1.06 亿元。

海 洋 科 技

【概述】 2014 年，舟山市本级共投入科技经费 6000 万元，争取到省部科技经费 1.12 亿元。全市共实施科技项目 552 项，其中，省级以上 278 项；认定登记技术合同 45 项，成交合同金额 2379 万元。全年获省市级政府奖的科技成果数 30 项，其中省级奖 3 项。全年申请专利 3418 件，其中发明专利申请量首破 1000 件大关；专利授权量 2088 件，其中发明专利授权 258 件。全市现有高新技术企业 45 家、省创新型示范企业 5 家、省创新型试点企业 5 家、省级科技型中小企业 218 家、省级重点实验室 6 家、省级企业研究院 12 家、省级高新技术研发中心 33 家，省级农业科技型企业 76 家、省级农业科技企业研发中心 27 家、省级专利示范企业 15 家、省级区域创新服务中心 8 家。

【浙江省海洋开发研究院取得成绩】 2014 年，研究院强化科研平台建设，各子平台共投入科研条件建设资金 900 多万元，落实固定办公场所 2500 平方米，落实创新服务场地 4.4 万平方米，落实科研场地 5 万多平方米。完成船舶虚拟仿真实验室建设，依托上海船舶工艺研究所开展船舶制造虚拟仿真验证设计研究，填补全省高帧虚拟仿真验证技术空白；增强科研攻关能力，组织实施在研项目 32 项（其中省级以上项目 27 项），完成 9 项省级以上项目验收工作和 2 项厅市会商重大项目中期检查工作，获国家海洋局海洋科学技术奖一等奖 1 项、中国轻工业联合会科学技术进步奖一等奖 1 项、全国商业科技进步奖特等奖 1 项。编撰（发布）国家、行业和地方标准 6 项。其中，《水产品中甲氧苄啶残留量的测定-高效液相色谱法》为全市唯一的国家食品安全标准。授权专利42项，其中发明专利37项；强化人才队伍建设，成立海洋生物医药、船舶制造设计和海洋防腐防污技术领域3个创新团队，柔性引进和集聚各类高层次人才 50 多名，入选省千人“海鸥计划”1 名；开展科技服务，全年免费为企业提供共享科学仪器设备60余台（套），解决企业技术难题 10 余项，成果转化推广 10 余项，引导企业科技投入3000余万元。

【国海舟山海洋科技研发基地】 3 月，浙江舟山群岛新区新城管委会与国家海洋局第二海洋研究所共建“国海舟山海洋科技研发基地”签约仪式在舟山举行。“国海舟山海洋科技研发基地”选址舟山长峙岛，占用土地4公顷、岸线300米，总建筑面积4.2万平方米，主要建设“中国海洋科考保障基地”（含公益性科考码头）和“深海资源勘探与装备技术研发基地”等，总投资为 4.26 亿元。基地建成后，将联系各类涉海科研机构，成为浙江海洋事业发展的思想库和智囊团，为政府机构、科研院所研究制定海洋工作的科学决策提供帮助，为海洋管理工作提供技术支撑和基础服务，为海洋新兴产业发展提供科技服务。合作双方将依托浙江舟山群岛新区的区位优势和海洋资源的自然优势，充分发挥国家海洋局第二海洋研究所科技优势及人才优势，力争经过3-5 年的共同努力，将“国海舟山海洋科技研发基地”建设成为国内一流、国际先进的集深海科学研究、海洋资源开发与环境保护、技术研发和装备制造为一体的科研基地，为浙江省海洋综合管理和海洋经济发展提供强有力的科技支撑和保障。

【省级重点实验室建设取得重大突破】 8 月，全市新增2家省级重点实验室，分别是“浙江省近海海洋工程技术省级重点实验室”和“浙江省海产品健康危害因素关键技术研究省级重点实验室”。其中，舟山市疾病预防控制中心依托承担的浙江省海产品健康危害因素关键技术研究重点实验室，实现了全市市级单位承担建设省级重点实验室零的突破。至此，全市目前省级重点实验室达到6家。

【北京大学舟山群岛新区海洋研究院】 10 月，北京大学与浙江省政府正式签约合作共建北大舟山群岛新区海洋研究院。根据协议，研究院主要致力于应用研究和科研成果的转移转化，立足浙江省、面向太平洋，对接长三角、联接海上丝绸之路经济带，努力打造成为海洋强国建设的重要思想库、科学技术研究院、科技成果转化基地，建成中国顶级、世界一流的海洋研究和海洋人才集聚的顶级平台。研究院先期规划目标暂定 10 年，其中近期目标为基本建成“海洋生物医药”、“海洋电子信息”、“海洋高端装备”、“海洋资源环境”等至少3个国际一流水平的研究所，以及建成5个省部级以上具有国际领先水平的重点实验室或工程技术中心。研究院以涉海类前沿、综合、交叉性学科研究为突破口，重点研究发展中面临的重大海洋战略、海洋科技、海洋文化等问题。此外，协议还确定了建设北大海洋产业园、打造健康产业、构建高端人才培养基地、创建高端学术文化交流平台、开展学生联合培养等同步推进项目。

【舟山海中洲新生药业获中国创新创业大赛总决赛第九名】 9 月，第三届中国创新创业大赛总决赛的第二站——生物医药行业赛在上海市科技创业中心隆重举行。舟山海中洲新生药业在与全国 106 家企业的激烈角逐中脱颖而出，获得了总决赛第九名的好成绩。中国创新创业大赛是国内最高规格的创新创业类赛事，这也是舟山首次有企业进入全国大赛总决赛。

【海洋科技项目】 3 月，由舟山中基柴油机制造有限公司承担的厅市会商重大科技项目“大功率低速船用柴油机装配调试关键技术研究及应用” 通过验收。该项目历时 4 年多时间的研究开发，掌握和形成了自主的低速大功率柴油机装配调试技术，开发了低速船用大功率柴油机试验平台和测试系统，生产制造了6S70MC低速大功率柴油机，填补了全省船用大功率低速柴油机制造史上的空白，也填补了大功率低速船用柴油机装配调试技术领域空白。

5月21日，全省首个规模化潮流能发电项目“秀山岛南部海域 LHD-L-1000 林东模块化大型海洋潮流能发电机组示范项目”在岱山龟山水道开工投入制造。该项目是全省第一个规模化潮流能发电项目，项目的建设和试验，对加快全省海洋能资源开发，推动海洋能利用技术进步和设备产业化发展具有积极的示范作用。

9 月，由浙江省海洋开发研究院承担的国家科技支撑计划“大规模海水取水及预处理技术的开发”通过验收。该项目结合六横日产 10 万吨反渗透海水淡化示范工程的建设，开发了海水取水及预处理新工艺，建成 5.5 万吨/日海水取水与预处理示范工程和 500 吨/年人工湿地海水混凝沉淀污泥处理示范装置。项目的实施解决了六横海水淡化取水及预处理工程建设中存在的技术难题，提高了取水的安全性、稳定性和预处理效果，使预处理药剂成本降低 30%以上，预处理出水浊度小于 0.1NTU，实现了海水淡化厂预处理排弃污泥的无害化处理，有力地推动全市海水淡化工程的建设，具有很好的推广应用价值。

海洋教育

【全面推进现代海洋教育】　2014年，初步编写完成《舟山市中小学素质教育实践学校海洋通识教育课程纲要》，全面实现中小学现代海洋教育进课程。以“现代海洋教育”为特色和切入口的素质教育继续在普陀区深入推进。开展了全区学校海洋教育子课题成果评比活动；《现代海洋教育读本》地方教材获批并由上海科技出版社出版发行，发放到小学3年级至高一年级每一个学生手，中共18000册，同时编印了两册《现代海洋教育读本教师教学指导手册》（小学卷和中学卷）供教师教学参考。建立了全国首个以“现代海洋教育”为主题的网站。开展了课堂教学、论文、教案和微课程评比，大力提升教师现代海洋教育的执教能力。同时总结前阶段课题研究经验，申报国家课题并被全国教育科学规划领导小组办公室立为国家社会科学基金“十二五”规划2014年度教育学一般课题。

【浙江海洋学院科研项目获 2014 国家科学技术进步奖二等奖】　由浙江海洋学院主持完成的“东海区重要渔业资源可持续利用关键技术研究与示范”项目获 2014 国家科学技术进步奖二等奖。该项目针对东海区渔业现状和特点，围绕渔业资源可持续利用，通过一系列调查探测、评估分析、试验实践等综合手段，突破了增殖放流与生境修复关键技术、创新了渔业资源管理策略，发展和丰富了东海区重要渔业资源养护和可持续利用理论、方法和技术，推进了水产资源学科发展，促进了水产资源养护技术的进步，有效地保护了自然资源与生态环境，保障了东海区渔业资源的可持续利用，确定了我国在东海的鱼源国主体地位、为争取他国专属经济区水域内的无偿渔业配额提供了重要的证据，维护了我国东海海洋渔业权益，许多建议被国家渔业行政主管部门采纳并以法规形式颁布实施，成为我国乃至世界上保护渔业资源效果最为显著的举措之一，对周边国家和地区也产生了巨大的影响。

【浙江海洋学院研究成果在《Nature Communications》发表】　由浙江海洋学院吴常文教授领衔，与上海交通大学、复旦大学等机构联合破译了大黄鱼全基因组测序，构建了大黄鱼基因组图谱，并成功解析其先天免疫系统基因组特征，该研究成果发表在《Nature Communications》杂志上。这是继半滑舌鳎之后，我国公布的第二个海水鱼类的基因组图谱，也是世界上第一个石首科鱼类基因组图谱，揭开了我国大黄鱼基因组学研究的序幕。

【浙江海洋学院“浙海科 1”科考船正式加入国家海洋调查船队】　经国家海洋调查船队协调委员会评审批准，浙江海洋学院“浙海科 1”科考船加入船队，并增补学校为船队协调委员会成员单位，成为第一个加入国家海洋调查船队的省属高校。

【国家级创新人才培养示范基地获批】　浙江海洋学院吴常文教授负责的“中国海洋科技引智园区创新人才培养示范基地”入选全国第二批创新人才培养示范基地名单，成为我国首个海洋类国家级人才培养示范基地，也是浙江省省属高校第二个国家级人才培养示范基地。

【第三届全国海洋航行器设计与制作大赛在浙江海洋学院举行】　8 月 16—18 日，由中国造船工程学会、中国船舶重工集团公司和中国船舶工业集团公司主办的第三届全国海洋航行器设计与制作大赛，由浙江海洋学院领衔承办。该项比赛是全国船舶与海洋工程领域内最高层次、最大规模与是广覆盖面的竞赛，设新概念创意、航行器设计与制作、船模智能航行、外观仿真制作、船模自主竞速等 5 个类别的竞赛项目，来自西北工业大学、上海交通大学、中国海洋大学、浙江海洋学院等国内26所高校及台湾高雄海洋科技大学共254件作品参赛，经激烈角逐有21个作品获特等奖，其中浙江海洋学院7项。

【浙海职院王校长受邀参加IMLA会议】 10月10日—13日，国际海事教师联合会第22次会议（IMLA 22）在厦门集美大学召开，王捷校长受邀参加IMLA会议。本次会议的主题是“更好的训练，更好的安全——海事教育在21世纪面临的挑战”。

【开展高级船员培训】 10月23日，新加坡万邦集团在浙海职院首次高级船员培训开课。培训为期11天，涉及WACA、MRM、BBC等多个培训科目，共有24名新加坡万邦集团的高级船员参加。

【召开全国农业职业技术教育研究会水产分会学生管理工作研讨会】 11月4日-7日，浙海职院承办了全国农业职业技术教育研究会水产分会学生管理工作研讨会议。来自中国职教学会农专委、烟台大学、黑龙江生物科技职业学院等18个单位与院校的30余名代表参加了本次会议。

海洋文化

【第十五届中国舟山国际沙雕节】 以“蓝色海洋梦”为主题，9月11-25日进行沙雕作品创作，整个沙雕展区1万平方米，分五部分，第一部分为历届沙雕精品展，其他四个部分以海洋为主线，从海面到大洋最深处，用沙雕演绎梦幻无穷的海洋世界以及人类对海洋的梦想。9月30日正式开幕，开幕式一改往届形式，运用3D成像技术，以祖孙二人游览沙雕为线路，打造“蓝色海洋梦”光影展，整个开幕式简洁、新颖、大气。沙雕节的配套活动丰富多彩，先后成功举办2013中国沙画电视大赛、2013东海音乐节以及海洋科技艺术装置展示、欢乐沙滩秀、现场沙雕创作等活动。本届沙雕节充分发挥网络特点，新建中国沙画网、创新中国沙雕网，通过沙雕节微博互动、微话题、扩大舟山沙雕节的影响，舟山国际沙雕官方微博粉丝量从年初的3000多个增长至近30万个。

【第十一届中国普陀山南海观音文化节】 2014年11月1～3日在普陀山举办，本届文化节重在体现佛教“六和”精神在“美丽中国”建设中的积极作用，以群岛新区建设为发展契机，推进“生态普陀山、文化普陀山、品质普陀山、和谐普陀山”建设步伐，通过将佛教文化与中华传统文化结合，提炼出“禅心、佛蕴、中国梦”的主题特色，同生慈悲心，共圆中国梦。活动以“自在人生，慈悲情怀”为主题，以节庆系列活动为载体，向世界展现浙江舟山群岛新区、普陀山的名山胜境、禅意境界、历史文化和佛国风情，并通过节庆这一平台逐步彰显普陀山在舟山群岛新区建设中核心地位，辐射周边地区，营造旅游集聚效应。整个文化节活动内容丰富多彩，主要举行“点亮心灯”传灯祈愿法会、普陀山佛教书画院成立仪式、佛教盛典《观世音》首演仪式、“弘法演说”普陀山讲经法会、佛教盛典《观世音》大型舞台剧首演、“佛顶顶佛”朝拜法会、“妙相庄严，宝相玉成”普陀山大型翡翠观音宝像开雕仪式等活动。

【浙江海洋学院主办第九届中国海洋文化论坛】 9月19日，由浙江海洋学院、浙江省海洋文化研究会主办的第九届中国海洋文化论坛在舟山市人民政府行政中心举行。论坛以“21世纪海上丝绸之路与浙江海洋强省建设”为主题，收到各界学者论文26篇，国家海洋局原局长孙志辉，中国工程院院士、国家海洋局第二海洋研究所研究员金翔龙，日本亚洲通讯社社长徐静波等在主论坛作专题报告，另有10位海洋文化学者在分论坛交流研究成果。国家海洋局系统、省内外、海内外的海洋文化专家学者及高校师生代表200余人参加论坛。

（舟山市海洋与渔业局）

福 建 省

综 述

2014年，福建省认真贯彻落实习近平总书记来闽考察重要讲话精神、党的十八届四中全会精神，围绕福建科学发展跨越发展的总体要求和福建省委九届十二次全会精神、《全省海洋经济工作要点》，不断改革创新，积极推动海洋经济发展，各项工作均取得了明显的成效。

海洋经济与海洋资源开发

【概述】 2014年，福建省牢牢抓住国家和省里大力发展海洋经济的重大战略机遇，围绕全省海洋与渔业基础性、长期性工作下工夫，明确重点任务，完善工作机制，确保海洋强省建设各项任务扎实推进。2014年福建省海洋经济的支柱产业有海洋渔业、滨海旅游业、海洋交通运输业、海洋建筑业以及海洋船舶制造修理业等，五大产业的增加值总和占主要产业经济总量的70%以上。

【海洋渔业】 2014年，福建省渔业产业规模不断壮大，综合生产能力持续提升，全年渔业经济总产值2329.8亿元，总产量695.98万吨，均居全国第三位。福建省人民政府出台了《关于加快远洋渔业发展六条措施的通知》，全年新增外派远洋渔船101艘，远洋渔业产量26.5万吨，同比增加18%，总产值33.6亿元，同比增加16.5%。水产加工业稳步发展，全年水产品加工产值达688.3亿元，同比增长12.9%，带动了出口创汇的大幅提升，2014年福建省水产品出口创汇继续居全国第一。

【海洋交通运输业】 建设投资保持高位。港航建设完成投资102亿元，新增货物吞吐能力4000万吨。运输生产增速明显。全省公路、水路运输换算周转量同比分别增长18.0%、23.8%，分居全国第4、第6位，东部第1、第5位，实现省政府预定目标。港口货物吞吐量完成4.9亿吨，集装箱1240万标箱，分别增长7.7%、8.9%，高于全国平均水平。推动航运发展，福建省列入全国四个邮轮运输试点省市之一，厦门港被交通运输部列为首批邮轮运输试点港口。积极培育航运龙头企业，推进集装箱、大宗干散货运输发展。中国船级社在平潭新设业务受理点，促进运力回归。

【海洋旅游业】 2014年，福建省着力打响“清新福建”品牌，加快旅游产业转型升级和科学发展，福建省旅游经济保持较快平稳增长态势。全年累计接待游客23432.68万人次，同比增长16.8%；实现旅游总收入2707.67亿元，增长18.4%。其中，接待国内游客22887.70万人次，增长17.1%，实现国内旅游收入2405.84亿元，增长20.1%；接待入境游客544.98万人次，增长6.4%，实现旅游外汇收入49.12亿美元，增长7.4%。推动旅游与其他产业融合，加快旅游产业建设转型升级取得明显成效，福建省旅游局联合福建省海洋与渔业厅推出首批20个无居民海岛旅游开发项目，工业旅游、中医药休闲康体养生旅游、体育旅游等旅游产品（项目）建设初显成效。暑期滨海旅游火爆异常，纳入监测的15家滨海旅游景区7-8月累计接待游客373.63万人次，同比增长43.5%。

海 洋 立 法

【海洋立法】 福建省人大常委会修订《福建省长乐海蚌资源增殖保护区管理规定》，该规定于3月经福建省第十二届人大常委会第八次会议审议通过，自5月1日起施行。福建省海洋与渔业厅起草了《福建省海岸带保护与利用管理条例》，已经由福建省政府提交省人大审议。福建省海洋与渔业厅起草了《福建省海洋生态补偿管理办法》，将提请省政府审议。

【区域建设用海规划】 推进区域建设和重点项目用海，国家海洋局批准江阴工业区东部片区等区域用海规划。各地积极做好区域建设用海规划的修订和实施，全年批准各类重点项目用海39宗，拉动投资258亿元。

海域使用管理

【海域使用管理】 加强海域海岛使用管理，福建省出台了《关于进一步深化海域使用管理改革的若干意见》，进一步实现简政放权。出台《关于进一步做好海域使用审查审核工作的意见》，将省政府审批权限的海域使用项目审查工作全部下放沿海设区市。出台《关于进一步简化海域使用审批程序服务科学发展跨越发展的实施意见》、《关于加强海域使用审查促进节约集约利用海域资源的通知》，明确审批流程，减少审批环节，提高审批时效。

【海域资源市场化配置】 深化海域资源市场化配置，全年招标挂牌出让海域使用权 53 宗，金额达 1648.86 万元，连江县晓澳镇百胜村安置小区及公共服务配套项目，成为福建省首例以海域使用权拍卖出让的填海造地项目；加大实施海域使用权抵押登记贷款工作力度，全年办理企业海域使用权证抵押登记共 75 宗，企业获得商业银行贷款总额超 18 亿元。积极推动海域开发储备工作，莆田、晋江、福州等市县建立了海域储备管理机构，为全面市场化配置海域资源创造了条件。创新经营性海域使用权证书换发土地使用权证办法；开展海域、岸线投资强度和闲置海域处置办法研究，有效地提高集约用海节约用海。

海 岛 管 理

【海岛保护】 强化海岛保护专项资金项目监管，编制《福建省海岛保护专项资金项目监管工作方案》，加强海岛整治修复项目管理、规范项目运作程序。开展全省落实《全国海岛保护规划》实施情况的评估，以及对重点海岛地形地貌改变情况、开发利用与保护情况的核查工作。开展《福建省领海基点保护范围选划》，组织对牛山岛、大柑山领海基点海岛进行现场调查，摸清两个海岛及其周边海域情况。莆田市结合南日群岛及周边海域海洋牧场建设和无居民海岛保护开发，编制完成福建省第一个区域性的岛群规划《南日十八列岛无居民海岛保护与利用规划》，为开发和保护南日列岛提供科学依据。

【无居民海岛开发利用】 加强对市、县海岛保护专项规划的指导，指导县级海洋部门编制拟开发利用无居民海岛单岛规划，诏安城洲岛、龙海大小破灶屿、浯安岛、大涂洲岛、福清黄官岛等一批主导功能为旅游娱乐的无居民海岛保护与利用规划已编制完成，并通过了当地政府的批准。积极推进无居民海岛旅游开发，鼓励发展海岛高端生态型旅游产业，福建省海洋与渔业厅与省旅游局加强在培育无居民海岛旅游开发项目的沟通协作，共同下发了《福建省无居民海岛旅游开发招商的指导意见》，经各地推荐遴选出首批 20 个主导功能为旅游娱乐的无居民海岛，在“5.18”招商活动、“6.18”世界海洋日、“9•8”国际投洽会上专场推介，进行旅游招商引资开发建设，采取市场配置方式向社会公开出让无居民海岛，有序开发海岛旅游资源。开展体育休闲旅游用岛调研，编制“平潭海岛体育公园开发方案”，拟向社会推出海岛体育休闲旅游项目，提升海岛开发的质量和水平。

【海岛海岸带整治修复】 加快推进海岛海岸带整治修复项目，加强对海岛海岸带整治修复项目实施情况和工作进度的检查和督促。2014 年，“长乐东洛岛保护与开发利用示范”和“火烧屿及大兔屿保护与开发利用示范”等项目获财政部中央海域使用金累计 2.06 亿元经费支持，开展包括码头、道路、水、电、通讯及防波堤和垃圾污水处理等基础设施建设，海水淡化及可再生能源利用示范工程等建设项目，对无居民海岛旅游开发进行基础设施和旅游配套建设，为实施无居民海岛高端生态旅游开发创造条件。惠屿岛整治修复项目通过验收，取得显著的生态效益、经济效益和社会效益，受到国家海洋局的充分肯定；湄洲岛、城洲岛、东山岛、平潭岛、连江洋屿岛等整治修复项目进展顺利。

海洋环境保护

积极探索推进海洋生态补偿管理，全省 12 个用海工程建设项目的海洋生态损害补偿试点工作顺利实施。制定《福建省海洋生态补偿管理办法》，加快建立海洋生态补偿机制。在全国先行制定污染物控制指标和浓度目标，加强入海排污控制。在全国率先制定《福建省海洋放射性监测与评价工作方案》，受到国家海洋局的高度评价，并向全国推广经验做法。编制完成《福建省海洋生态红线划定工作方案》。组织全省 15 家监测机构，在 14 个海湾、11 条主要江河入海口、39 个重点排污口等 18 个专项共布设 1156 个站位开展海洋环境监测。2014 年全省近岸海域二类及以上水质面积可达 65.1%，提前一年实现“十二五”规划目标。

海洋生态文明

【海洋生态保护与建设】 组织开展“百姓富·生态美”水生生物增殖放流活动，全年投放各类经济、特色和珍稀保护物种共 20.56 亿尾(只、粒)。福建省秀屿区、福鼎市、霞浦县、诏安县等重点海域和具有典型性的无居民海岛邻近海域继续开展以人工鱼礁工程、投放鱼贝藻以及封岛栽培为主要内容的海洋牧场建设。福建星仔列岛省级海洋特别保护区选划等前期工作进展顺利，崇武国家级海洋公园项目进入审批阶段。秀屿区积极申报第二批国家级海洋生态文明示范区。福建武夷山添宏极地海洋公园、福州贵安海洋馆和罗源湾滨海旅游文化开发有限公司“海洋世界”项目申报工作有序推进。

【海岸带综合整治】 泉州青山湾和西沙湾沙滩修复工程通过竣工验收，修复后的青山湾和西沙湾将促进福建省滨海旅游休闲产业发展。开展 2014 年世界海洋日暨全国海洋宣传日五大主场活动之一“碧海银滩生态行”清洁沙滩行动，通过志愿者清理整片沙滩并进行有效分类处理，环保专家讲解垃圾分类的知识等活动，增强全民海洋意识，唤起全社会共同关心海洋、保护海洋、善待海洋。联合省环保志愿者协会先后 8 次在厦门、泉州、平潭、宁德、莆田等多地组织海滩垃圾清理行动，参与人次逾千人次。溪尾镇结合海洋生态修复项目进行环境综合整治，开展清除溪尾湾互花米草、恢复滩涂生态环境、种植红树林等行动，恢复了海域滩涂湿地环境，溪尾镇人居环境、海洋环境日渐改善。继续开展罗源湾岐头-北山沿岸海岸带环境整治、入海污染物总量控制示范工程，松山镇北山村生活污水处理工程于 2014 年 2 月开工建设，已基本完成污水收集管道布设和曝气池等主体工程建设。

海洋观测预报与防灾减灾

【海洋观测预报】 1. 海洋观测。积极开展海上浮标运行维护管理工作，完成 2 号、3 号和 5 号大浮标回收、大修保养及布放任务，完成连江、平潭、湄洲 3 套小浮标的回收、大修保养和重新布放以及牛山岛小浮标布放任务。积极开展东山、龙海高频地波雷达站巡检维护工作，更换了室外天线阵及 UPS、电源稳压器、电脑等。实施完成沿海验潮站升级改造，14 个站均增设海水温度盐度、风速风向、气温、湿度、气压、能见度、降雨量等传感器，并开展了汛前设备维护保养、防雷巡检、水尺校核、水准复测、井外水尺改造安装和温盐、气象观测设备的升级改造以及配套的防雷施工，规范站点资料录入和存档等工作。基本完成海岛基监测系统建设、设备购置调试、设备房与气象塔的建设，于年底投入试运行。实施完成一套赴钓鱼岛生产作业渔船船基监测系统建设，并投入正常运行。

2. 海洋预警报服务。常规海洋预报方面，全年发布台湾海峡渔业海况气象预报 1460 期、福建沿海海浪预报 365 期、福建省五个主要海水浴场预报 184 期，冷空气海浪警报和短信各 36 期、福建沿海赤潮发生条件预测 86 期、实时转发国家海洋环境预报中心发布的海啸信息 78 期；开展海上搜救预报保障服务 11 次，制作落水人员漂移轨迹预报单 13 期；专项保障服务方面，每天 07 时和 17 时两个时次为“海峡号”高速客滚轮提供未来一周航区海浪预报，全年共发布预报 730 期；每天 18 时发布福清核电、东山大澳中心渔港和泉惠石化工业区岸段三个重点保障目标精细化预警报，内容包括重点保障目标海域未来 72 小时海浪和潮汐预报，全年共 365 期，发布三个重点保障目标区域风暴潮、海浪灾害警报共 51 期。

【海洋灾害防御工作】 1、灾害情况。2014 年，福建省海洋灾害总体灾情较轻，以风暴潮和海浪为主，赤潮、海水入侵与土壤盐渍化等灾害也均有不同程度发生，没有海啸影响福建省海域。各类海洋灾害造成直接经济损失 4.30 亿元，单灾种造成海洋灾害直接经济损失最严重的是风暴潮灾害，占全部直接经济损失 99%以上。2014 年，影响福建海域的台风有 10 个，其中“麦德姆”台风在福清市高山镇登陆，登陆时中心附近最大风力 11 级，本次过程福建省沿海验潮站均未出现超过当地蓝色警戒潮位的高潮位；

福建省沿海验潮站出现最大增水 137 厘米，发生在琯头站，增水超过 100 厘米的验潮站还有长乐潭头站（105 厘米）。

2、应对情况。在应对 2014 年汛期过程中，福建省海洋与渔业厅密切关注台风发展动态，切实加强海洋灾害观测与警报工作，及时向沿海各级政府及其相关部门和公众提供准确的预警信息。全年参加福建省防汛抗旱指挥部防御台风会商 17 次，提供防范措施建议 32 条，发布传真电报 16 期，发布风暴潮、海浪警报 55 期（其中传真约 4000 份，短信约 500 多万条），同时通过电视、广播和渔港 LED 显示屏实时滚动播发预警信息。沿海各级政府积极开展灾害应对，及时采取措施，组织人员转移、渔船进港、沿岸堤防设施加固等灾害防御工作，有效降低了海洋灾害损失。2014 年，福建省沿海紧急转移人员 13.23 万人次，其中，渔船人员 6.62 万人次，渔排人员 6.61 万人次，指挥海上作业渔船回港避风 8.36 万艘次。

【海洋防灾减灾宣传】 制定了《福建省 2014 年海洋与渔业防灾减灾日宣传活动方案》，并确定 5 月 12 日-18 日为福建省海洋防灾减灾宣传周，期间福建省各级海洋部门共展出展板 80 多个，横幅 60 多条，发放《海洋灾害公众防御指南》、《海洋防灾减灾实用手册》、《福建省 2013 年海洋灾害公报》等材料宣传小册子 20000 多册，发放传单 18000 余张，普及防灾减灾知识。提升群众自救互救能力。

海洋执法监察

【海洋执法队伍建设】 2014 年，福建省委编办批复省海洋与渔业执法总队设立直属四支队，承担国家下达的海洋维权巡航执法、海洋行政执法、船舶调度、船员管理、后勤保障和船舶、码头及其配套设施的保养维护和安全管理等职能，进一步提升了海洋与渔业执法力度，确保全面完成海上执法任务。

【海洋权益维护】 积极参加国家海洋维权巡航任务，组织中国海警 2112、中国海警 2115、中国渔政 35001、中国海监 8003 等 4 艘执法船，共参加钓鱼岛及南海海洋维权巡航任务 8 次，出动执法船 10 艘次、维权人员 425 人次，巡航 287 天、航程 3.1 万海里。

海洋科技

【科技创新与平台建设】 实施科技兴海平台建设。厦门南方海洋研究中心建设取得实质性进展。发布了《2015 年度厦门市海洋经济发展专项资金项目指南》和《厦门南方海洋研究中心海洋产业公共服务平台开放共享暂行机制》，并举行了 2014 年立项项目签约仪式（启动实施 42 个项目，总投资达到 6.5 亿元）。4 月，厦门市被认定为国家海洋高技术产业基地试点城市。12 月，厦门海洋生物产业示范基地被国家海洋局认定为国家科技兴海产业示范基地。国家海洋局海岛研究中心建设进展顺利。加强重点项目建设。福建省“海峡西岸平潭实验区海水与海洋能利用集成技术研究与示范”等 5 个 2012 年度国家海洋公益性行业科研专项项目顺利通过国家海洋局组织的中期检查，2011 年度国家海洋公益专项“我国南方沿海大型海藻生态系统恢复技术集成与示范”项目通过省级自验收。围绕福建海洋产业发展的关键性和紧迫性技术问题，利用省海洋高新产业发展专项、科技创新与推广等资金，组织实施 54 个科技兴海项目，并积极争取国家、省级专项资金对 29 个海洋科技创新项目的扶持，其中“海藻寡糖应用关键技术研究与农用系列产品研发”项目获国家海洋公益专项补助资金 1006 万元，已启动实施。注重提升科研成果的总体水平，有 3 项成果获国家科技进步奖、省科学技术奖。

【海洋科技成果转化】 利用第十二届中国.海峡项目成果交易会，促成 123 个海洋与渔业项目对接，总投资达 202.5 亿元，比增 10.5%，并于交易会期间召开首届福建海洋生物医药产业峰会。积极组织参与第十八届中国•国际贸易投资洽谈会，福建省海洋与渔业厅与福建省旅游局共同举办了“旅游投融资合作暨海洋（旅游）产业投资推介会”。2014 厦门国际海洋周期间，举办了“2014 东海区海洋经济发展报告发布会暨海洋产业园区推介与项目签约仪式”。

海洋文化

2014 年，福建省成功承办了 6•8 世界海洋日暨全国海洋宣传日主场活动。福建省海洋与渔业厅组织海洋与渔业工作“公众开放日”活动和“蛟龙”号福州开放日活动、“百姓富•生态美——江河湖海•年年有鱼巡回展演”，在海峡都市报开辟“舌尖上的福建海洋”专栏，在国家海洋局网站上开辟“福建海洋”专栏，在中国海洋报上进行“深化改革看福建”系列报道，推动大型舞剧《丝海梦寻》创演和小白鹭“海洋文化艺术基地”建设，充分展示海洋事业成就、普及海洋知识、弘扬海洋精神。

对外交流合作

加快融入“一带一路”建设，制定《福建省海外渔业发展规划》，扶持引导境外养殖基地建设。积极实施中国——东盟海上合作基金项目，其中印尼金马安渔业综合基地更新改造项目进展顺利，中国——东盟海产品交易所已于11 月 2 日开始试营业，中国——东盟海洋合作中心已经申报，努力争取落户福建。积极推动与澳大利亚、印尼、马来西亚等国家的产业合作与科技交流，福州宏龙、平潭远洋等两家公司分别与塔斯马尼亚的两家渔业公司签订水产养殖、水产品加工和渔业综合基地建设合作框架协议。推动海峡两岸积极开展渔业增殖放流和海洋经济的合作与交流。利用第四届 APEC 海洋部长会议平台，编辑出版《福建海洋通讯》APEC 专刊，向参会各经济体代表团展示和宣传福建建设 21 世纪海上丝绸之路的构想。

（福建省海洋与渔业厅）

厦 门 市

综 述

厦门市位于台湾海峡西侧、福建省南部、九龙江入海口，24° 24′ N～24° 55′ N，117° 53′ E～118° 25′ E，南北长 57 千米，东西宽 68 千米，陆地面积 1573.16 平方千米，海域面积约 390 平方千米，海岸线长度约 239 千米，有大小岛屿 31 个，户籍人口 57.82 万户 180.21 万人。厦门市下辖思明、湖里、海沧、集美、同安、翔安 6 个区。厦门海岸地貌具有海岸曲折、湾中有湾、湾中有岛的特征。厦门气候属南亚热带海洋性季风气候类型，湿热同季，日照充足，年平均气温 20℃～22℃，年平均降水量 900～2000 米，年平均风速 3.4 米/s,年平均水温 21.3，每年平均有 5～6 次台风影响该区。厦门海域潮汐类型属于正规半日潮，平均高潮位 5.68 米,平均潮差 3.98 米。

厦门自然条件优越，海洋资源丰富，各类海洋生物近 2000 种，其中有经济价值的常见鱼类 157 种，软体动物 89 种，甲壳类动物 127 种，藻类 139 种，拥有国家一类保护动物中华白海豚和文昌鱼。厦门港口资源丰富，拥有深水岸线约 27 千米，可建 40 个万吨级以上的深水泊位。厦门滨海旅游资源丰富，拥有鼓浪屿—万石山国家级风景名胜区等一批自然景观和人文景观。厦门市海洋科技力量雄厚，海洋科技实力较强，为厦门发展海洋经济创造了良好的条件。

厦门海域地处东海至南海、东北亚至东南亚的海上交通要冲，区位优势十分重要。. 厦门所辖海域面积不大，但资源优势突出，港口资源、滨海旅游资源和海洋生物种类丰富。海洋资源的合理开发，为厦门发展海洋优势产业提供了有利的条件。近年来厦门市海洋经济取得了长足的发展，已形成以临海工业、港口航运业、滨海旅游业和海洋渔业四大产业为主体的海洋经济体系。2014 年，厦门凭借海洋和海湾资源的优势，以项目为抓手，大力发展临海工业、港口交通运输、滨海旅游和海洋高新技术产业等海洋产业，海洋经济对全市国民经济发展的贡献率逐步增大。

海洋经济与海洋资源开发

【2014 年厦门海洋经济发展情况】 海洋经济已成为厦门国民经济与社会发展的重要力量。积极创建国家海洋高技术产业基地和国家科技兴海基地，加快建设厦门南方海洋研究中心，通过国家海洋经济创新发展区域示范、厦门市海洋经济发展专项等资金支持，以项目为抓手，促进海洋生物制药和制品、海洋装备、海水综合利用等海洋战略性新兴产业蓬勃发展，精心培育和壮大蓝湾科技、金达威、朝阳生物等一批拥有国际领先技术的新兴企业，形成龙头引领、链条延伸、集群促进的良好局面。十二五期间，厦门市海洋经济发展目标为：至 2015 年实现海洋经济增加值 470 亿元，海洋产业发展与升级取得新突破。港口货物吞吐量达到 2 亿吨，集装箱吞吐量突破 1000 万标准箱，实现产值 920 亿元；滨海旅游业取得突破性发展实现总收入达到 790 亿元；海洋工程装备和高端制造业产值达到 60 亿元；海洋生物制药制品达到 40 亿元；海洋生物种业、水产加工和休闲渔业取得突破发展，海洋渔业产值 80 亿元；海洋科研教育管理服务业实现总产值 110 亿元。

【海洋渔业】 2014 年，渔业产值 6.9 亿元，同比增加 6 %。水产品总产量 4.19 万吨，同比增加 33%。其中,海洋捕捞产量 1.68 万吨，同比增加 265%。养殖产量 2.51 万吨，同比减少 7%。水产加工量 15.53 万吨，同比减少 6%；产值预计 27.33 亿元,同比增加 8%。水产苗种产值 4.61 亿元，同比增加 10%。生产对虾苗 2965 亿尾，同比增加 15%。水产品出口 8.16 万吨，同比减少 3%;出口货值 25739 万美元，同比减少 7%。其中对台出口量 8357 吨，对台出口货值 5986 万美元。水产品批发市场交易量 8.54 万吨同比减少 8%，交易额 36.32 亿元同比减少 3%。2014 年，全市有渔业乡 4 个，渔业村 25 个，渔业户

21628 户，渔业人口 66987 人，渔业从业人员 27714 人，专业从业人员 15008 人，兼业从业人员 9351 人，临时从业人员 3355 人。

休闲渔业 一是办好“2014 第七届中国（国际）厦门休闲渔业博览会暨海峡两岸水族•钓具展”。展馆面积 1.1 万平方米，标准展位 550 个，展商来自北京、广东、浙江、山东、台湾等地和厦门周边地区的水族企业、渔场达 160 多家，携带众多国内国际知名品牌参展，参观人流三万多人次，展会内容丰富，台湾特色浓郁。首次集中展示了来自台湾最新品种荧光鱼等观赏鱼以及台湾休闲水乡渔村的休闲文化和生活模式。二是推动休闲渔村建设。开展全国性基地创建工作，引导规范管理厦门小嶝休闲渔村，推动休闲渔村品质的提升，将小嶝休闲渔村推向全国，2014 年通过国家旅游局“国家 AAA 级景区”专家评审。

远洋渔业 根据厦门市渔业发展实际，在贯彻福建省委省政府相关文件精神和借鉴其他地方经验的基础上，制订《厦门市人民政府关于加快远洋渔业发展八条措施的通知》（厦府[2014]329 号）。积极指导帮助远洋企业申报项目、组建船队、促进项目落地，已有 13 家远洋渔业企业落户我市，截止 2014 年，我市已获得农业部批准 33 艘远洋渔船船网工具指标，其中，1 艘运输船在建造中，20 艘拖网渔船在印尼阿拉弗拉海域作业，10 艘灯光围网渔船在西、北太平洋作业，产量 1 万多吨、产值近亿元。

水产品加工流通业 一是推动产学研相结合，引导水产加工业向精深化升级。2014 年全市水产加工企业 43 家，规模以上水产加工企业 9 家，精深加工项目 17 个，总投资 4.9 亿元，各级财政扶持 4800 多万元。加快推进产业转型升级，引导企业加大科技投入，其中福建安井食品股份有限公司构建了“海洋营养食品精深加工技术研发中心”产业化平台；源水“功能性胶原蛋白”、新阳洲“紫菜降血压肽功能饮料”等创新产品已进入产业化生产。二是引导推进规范化建设水产产销专业合作社。推进规范管理鲜之源水产产销合作社、舟和兴水产产销合作社和欣辉能等渔民专业合作社建设，2014 年舟和兴合作社被评为厦门市农民专业合作社示范社，并获得 15 万元的奖励。

水产苗种业 积极推动水产种苗产业结构进一步升级，向质量型发展。一是引导水产苗种场强强联营。鼓励苗种场整合，引导实现公司化经营，与广东海茂、山东海壬等品牌苗种企业合作，开展品牌苗种生产经营，经济效益初步显现。二是稳步提升厦门种苗质量。以前埔基地为平台，以研究所和良种场为基础，以在厦科研院所为技术支撑，稳步推进海马、石斑鱼、观赏鱼研发和南美白对虾等种苗的提纯复壮，不断提升苗种质量。三是加强技术培训和宣传教育。提高育苗技术水平，规范水产苗种生产，改善苗种质量，促进水产苗种向品牌化发展。

厦门对台渔业基地 总面积 73.48 万平方米，其中水域总面积约为 54.24 万平方米，分为专用进港航道约 18.09 万平方米及港池约 36.15 万平方米，总共布置 18 个泊位，泊位总长 1035 米（2 个 3000 吨级远洋渔船（科考船）泊位，3 个 298GT 远洋渔船泊位，9 个 600HP 渔船泊位，3 个 600HP 渔船-298GT 远洋渔船加冰泊位，1 个 65 米级海监执法船泊位）；陆域面积 23.24 万平方米（不含海监陆域 1.62 万平方米），布置水产品交易市场、冷冻厂、暂养池、游艇服务区、码头作业区，科考船、海监船配套设施等，建筑总面积 67758 平方米。

【厦门市火烧屿及大兔屿保护与开发利用项目（无居民海岛综合开发利用一期）】 其中包括宝珠屿交通码头；火烧屿西侧交通码头、鹭栖湖和鲸豚湖水域清淤、鹭栖湖与鲸豚湖水体循环贯通、鲸豚湖护岸修复；大兔屿西侧交通码头、内湖水域清淤疏浚、内湖防波堤及护岸修复、人行步道及观景平台、植被修复及绿化工程、雨水收集及水循环系统、风太阳能耦合直饮水系统以及污水处理系统、岛上水电等配套设施以及养护管理设施建设与完善等。

【集美大桥-厦门大桥段集美侧岸线整治工程】 本项目工程范围为集美大桥至厦门大桥集美侧岸线，人工沙滩岸线长度约为 3.1 千米，工程区域总面积为约为 42 万平方米，其中沙滩总面积为 26 万平方米，红树林种植及景观绿化面积约为 16 万平方米，用沙量为 60.7 万立方米。

【下潭尾滨海湿地生态公园二期工程】 项目建设总规模 210 海平方米（含海域）。主要建设内容包括：(1)湿地及生物多样性保护：①退塘还湾，建设规模22 海平方米；②湾区与水道清淤，建设规模约100海平方米。(2)引育种中心：约12 海平方米。(3)内湾开发与利用：约22海平方米。(4)旅游及公园基础设施：护岸景观、旅游设施、码头、木栈道（桥）、观鸟亭、休闲亭廊、公共服务设施、标识系统、综合管线及雕塑小品等。(5)管理设备：购置设备。

【环岛路（长尾礁—五通）岸线整治和沙滩修复工程】 项目位于沿环岛路长尾礁-五通段岸线，主要建设内容包括：①修复形成沙滩长2394米，滩肩宽60米，滩面宽120-200米；②对5处排水管涵、明渠、管涵等加长和尾部装饰处理；③步行木栈及自行车道；④入口广场铺装、绿化、夜景及其它景观工程；⑤管理房、卫生间（沐浴房）、停车场等配套设施。

【中国海监厦门市支队欧厝维权执法基地维修改造项目】 拟建设的欧厝避风港东侧防波堤建设2个泊位（外侧预留2个泊位，1个3000吨级，1个1500吨级），码头总长264.94米，宽12米；形成陆域占地面积1.62公顷（24.3亩），改造扩建1栋3398平方米的综合楼，新建1栋1005平方米的检修车间及综合训练场（预留直升机停机坪）；该工程码头前沿港池及回旋水域用海面积17.06公顷（255.9亩），进港航道用海面积17. 94公顷（269.13亩）。码头、港池及航道疏浚、后方陆域形成、综合楼、检修车间、综合训练场地工程，以及相应水、电、道路等配套设施。

【厦门环岛路沙滩段（演武大桥～长尾礁）排洪管涵修复工程】本工程主要建设内容是对厦门环岛路沙滩段（演武大桥—长尾礁）至少56处排洪管涵进行修复。各处排洪管涵管径分别为D500-D2800不等，既有单根管道直接排出，也有多根管道并行排出。

【厦门市海岸带及湿地公园引种修复项目】 该项目属于海域、海岸带整治修复类，主要建设内容：园林绿化38097平方米 、管理用房645平方米 、种植区园路715米、生态坡面538米、入园路539米。

【厦门东南海岸天泉湾岸段整治修复项目】 该项目为海域海岸带整治修复项目，主要建设内容：①营造卵石海滩岸线长约1.0千米，预期工程区稳定后干滩宽度总体上在10米左右。②完成工程区管涵改造2处，共有三根排水管，其中直径1.2米的两根、直径2.0米的一根。1.2米的两根排水管合并成一根1.8米的管，并延长40米，2.0米的管加固延长40米。③完成护岸阶梯修建，945米长的岸线共设置10处连接护岸与滩肩的阶梯，每个阶梯宽5米，之间相隔约100米，总共修建50米长阶梯。

【厦门市鼓浪屿海岛整治修复及保护项目】 该项目为海岛整治修复及保护类项目。主要建设内容：①退岸还滩整治工程，改造硬质岸线，岸滩绿化面积3000平方米。②基础配套设施改造，延平公园道路修建改造。③沙滩修复与整治，岸滩清理垃圾，修复港仔后东段沙滩290米。④美华沙滩修复295米，海滩排水管修复与延伸化处理。

【厦门市国家级海洋特别保护区能力建设与生态修复项目】 该项目为生态修复及保护类项目，主要建设内容分为两部分，①海洋公园能力建设：浮标系统包括浮标体、数据采集器、多参数传感器等2套；NPA Plus营养盐检测仪1台；现场取证用移动设备（照相机、笔记本、摄像机等）1套；便携植物分类荧光仪PHYTO-PA米；安全巡逻车2辆；景区安全警示设施3套；安全设施房2套；公园界碑2座，电子监控等。②上屿岛生态与保护工程：岸线加固；1000平方米岛陆植被修复；海岸侵蚀防护100米；生态游步道100米。

海域和海岛管理

【概述】 2014年，根据国家海洋局和福建省海洋与渔业厅关于海域和海岛管理工作总体要求，以节约集约利用海洋资源为导向，以做好省市重大项目用海保障工作为重点，继续推进海洋生态修复、涉海规划编制、填海项目管理、海域资源市场化配置和无居民海岛保护与开发利用等重点的海域与海岛工作。较好地完成2014年各项工作任务。

【海域使用管理】 全年共办结省政府批准的用海项目2项，面积91.68公顷；市政府批准的用海项目4项，面积15.77公顷；已开单征收海域使用金约1亿元。

【开展海洋生态修复工程】 2014年，厦门市继续以海堤开口、海域清淤、湾区整治及岸线整治为重点，继续推进全市海洋生态修复工程。一是做好海堤开口、海域清淤及湾区整治工作。高集海堤开口破堤建桥的主体工程已转入建桥阶段，预计明年上半年总体建成；马銮海堤开口建闸工程正在开展船闸外隔流堤与导航墙桩基施工、船闸闸门制作，预计 2015 年上半年基本完成；海域清淤 2014 年完成约 2068 万立方米，海沧湾清淤任务基本完成；参与推进编制马銮湾综合整治片区规划，优化湾区护岸结构形式，开展马銮湾新版规划数模论证，把握提出扩大海域面积和增加纳潮量关键因素；做好东坑湾海堤改造工程的前期工作，充分利用原有研究成果，结合东部市级中心城市定位重新研究确认。二是继续推进岸线整治修复工程。完成会展中心岸段、曾厝安岸段及天泉湾岸段的沙滩清理与保护工程；正在实施同安湾西岸沙滩修复工程；开展五通岸段岸线沙滩、海沧湾岸线、厦门大桥至集美大桥集美侧岸段沙滩及丙州岛岸线等岸线整治修复前期工作。

【不断提高用海保障能力】　基本完成厦门新机场剩余 17 平方千米用海数模、物模研究、文昌鱼调查与专题论证工作；完成《福建省海洋功能区划（2011～2020 年）》（厦门新机场海域）修改方案编制，已上报省厅组织评审、听证、征求省直部门意见及公示，并已上报省政府并转报国家审批；海洋环境影响评价和海域使用论证报告书已提交初稿；厦门东南海砂调查初步勘探成果海砂储量可以满足翔安机场建设需要；根据省政府关于同意我市审批采砂用海手续的精神，开展机场用砂开采海域使用权出让前期工作；完成机场配套航道海域使用论证和海洋环境影响评价工作并上报省厅审批。

【填海指标管理】　认真贯彻集约节约用海原则，严格落实国家下达的填海指标，提出填海指标安排意见，优先安排满足大嶝航空城、港口等省市重点涉海工程需要，填海指标控制在 2014 年国家下达的指标内。

【强化用海规划的基础作用】　以空间和用途管制为重点，积极推进《厦门市海洋功能区划》修编工作，深化细化港口功能区、滨海旅游功能区及海洋新兴产业功能区，现已经完成初步成果并征求市直部门意见；开展厦门滨海旅游度假区专项规划编制工作，以满足滨海旅游公众需要为主，兼顾滨海旅游用海项目需求，合理布局各种类型滨海旅游用海项目，为旅游用海有序发展提供规划依据。现已提交初步成果。

【开展海岛保护与利用工作】　组织编制大兔屿、鳄鱼屿等重点无居民海岛单岛利用规划；开展无居民海岛清理征收工作，编制无居民海岛旅游项目规划，深化海岛码头设计，制定无居民海岛清理与串岛游实施方案；参与生成上报海岛保护与利用示范项目；完成无居民海岛摸底调查及已用岛项目的确权登记调查工作，为全面展开海岛清理和确权登记工作提供条件。

【努力提高海域使用信息化水平】　编制年度海域动态系统业务化运行工作方案；开展重点用海项目跟踪监测工作；做好海域使用权证配号工作，按时完成海域使用统计；充分利用动态系统，配合用海项目执法检查工作；通过国家动态系统业务化运行验收，获得全省唯一优秀单位称号；提升测绘能力，协调市测绘部门提供支持，已获得专业测绘信号使用权。

海洋环境保护

【概述】　2014 年，厦门市海洋环境保护工作以科学发展观为指导，以推进国家级海洋生态文明示范区建设为主线，推进陆海统筹和入海污染物总量控制，抓好海洋工程环评许可与监管，提升海洋生态环境监测与评价能力，大力实施厦门海域生态修复工程，建设海洋生态文明。

【2013 年厦门市海洋环境质量公报发布】　2013 年厦门市海洋环境质量公报显示：2013 年厦门海域水环境质量基本稳定，海水中主要超标污染物仍然是无机氮和活性磷酸盐；厦门海域海洋沉积环境和近岸贝类生物质量总体良好；厦门海域生物群落结构稳定；主要保护物种中华白海豚种群数量稳定。前埔－黄厝海域文昌鱼的平均栖息密度为 72 尾/平方米，低于 2012 年，平均生物量为 3.91 克/平方米，高于 2012 年。九龙江和同安东、西溪入海污染物总量均较 2012 年增加，主要是化学需氧量的增量最大。所监测的 15 个陆源入海排污口排污状况依然不容乐观，排污口邻近海域生态环境质量

与2012年相比无明显变化。厦门环岛路东部和鼓浪屿滨海旅游度假区的主要海水浴场游泳适宜度和健康指数较2012年均有所上升。

【加强海洋工程环评和监督】 2014年,进一步梳理行政审流程，规范行政审批。2014年共组织对3个海洋工程环境影响报告书和3个海洋工程环境影响报告表进行了核准。2014年共检查在建海洋工程建设项目95个次,检查倾废船66个次，利用随船GPS及监控设备监视检查倾废船300余个次，岸上巡查倾废高发点160个次。查获倾废船3艘，立案3起。

【积极推进海岸及湿地生态修复工程】 争取中央海域使用金4519万元，用于厦门的海岸线及湿地生态修复，完成厦门市鼓浪屿海岛整治修复及保护项目、厦门市国家级海洋公园特别保护区能力建设与生态修复项目、厦门东南海岸天泉湾岸段整治修复项目和厦门市海岸带及湿地公园引种修复项目等四个海域使用金项目的建设任务，累计修复岸线长 1.685 千米，填沙 18.48 万立方米。

【推进厦门国家级海洋公园建设管理】 完成了《厦门国家级海洋公园建设总体规划》的编制和厦门海洋公园一级导向系统的建设以及2块公园界标的建设工作。同时，建立了厦门国家级海洋公园常态化联合执法机制，由属地街道为牵头，市海洋综合行政执法支队、思明区城管执法局、思明区公安分局、思明区工商局、思明边防大队等相关执法部门为参与单位，每月组织开展环岛路违法违规占地占海经营行为综合整治行动，以加强对国家级海洋公园的管理。

【推动建立海洋与环保的监测合作机制】 2014年，厦门市海洋与渔业局与环保部门联合组织下属监测技术单位开展近岸海域海洋环境监测比对工作，双方监测单位认真探讨了厦门近岸海域海洋环境监测站位、监测方法、外业采样方法、评价标准与评价方法的异同，共同协商编制监测比对方案，开展了海水营养盐样品比测和外业采样的互查互督，并互相通报比对监测结果，为建立监测合作机制，更好地获取科学、准确、可靠的监测数据，掌握厦门市近岸海域水质现状及水质变化趋势提供技术支撑。

【增殖放流恢复海域资源】 2014 年，厦门市海洋与渔业局积极抓好伏季休渔工作，全市休渔渔船1830艘，实现“船进港、人上岸、网入库、证集中”的伏休目标。同时，加大增殖放流力度，2014 年度共放流共放流长毛对虾 1.7亿尾,黄鳍鲷 12.8 万尾,黑鲷 35.1 万尾,真鲷18.7万尾。

【厦门中华白海豚保护行动计划、总体规划】 编制《中华白海豚保护行动计划(厦门实施方案)》，并上报农业部渔政渔业局审核。该方案由五个子计划构成，对保护区未来十年的建设与管理进行全面规划。一是科学研究保护行动计划：将重点从种群状况与栖息地恢复措施、建立人工种群、声学保护措施、繁育基地三期建设、汞毒性胁迫风险评估、基地水质监测等6个课题进行研究，为厦门海域中华白海豚种群的保护性恢复提供有效的科技支撑，为制定保护措施提供科学依据；二是宣传与教育行动计划：科普馆和繁育救护馆年均接待量在近五年达到3000人次，后五年达到5000人次。将“进四区”宣传模式继续推进，争取做到“进五区”。成立厦门中华白海豚保护协会，计划五年内发展单位会员50家，个人会员500余人，下一个五年发展单位会员增加至 100 家，个人会员增加至2000人，筹集资金100万元。三是机构建设及人才梯队行动计划：根据《海洋自然保护区管理办法》等法律依据，争取设立相对独立管理机构，同时通过建立和完善人才梯队培养机制，吸引、保留和激励核心人才，未来十年，培养管理类人才2～3名，海洋生物专业、海兽类医学专业及动物保护专业等专业类人才 8～10名。四是区域合作行动计划：主要依托厦门、珠江、湛江、北海四地联合发起的中华白海豚保护联盟，每年将举办鲸豚救护相关培训、交流 1-2 次，开展海豚资源共享、科研项目合作等协作；此外，与港台地区、国际鲸豚保护机构保持联系与交流，对中华白海豚种群信息进行整合融汇，推动建立中华白海豚保护网络。五是资金筹措计划：拟开展的课题研究所需资金5600～5800万元，首期启动（第一年）1000万元，拟分三年完成全部计划。根据国家环保部要求，对2012年制定的《厦门珍稀海洋物种国家级自然保护区建设规划》进行修编，上升为总体规划，并补充完善各物种保护区边界的坐标定位和保护区内部功能区划分。

【厦门中华白海豚救护繁育基地建设情况】 根据火烧屿中华白海豚救护繁育基地的功能定位，2014 年主要抓了三个重要环节：一是修建海豚馆围栏、生物净化池安全通道、备料操作棚、科普馆通风机组等基础设施；二是完善基地监控系统建设，在火烧屿海豚馆、科普馆、救护通道等 12 处重要岗位安装监控设备，加强基地管理。结合国家海洋局东海分局生态监控网络系统，在火烧屿高压电塔上安装厦门海域中华白海豚监控摄像头，全天候观测监控中华白海豚的行为。三是加强基地工作人员岗位培训与人员管理。制定基地工作人员考评实施方案，细化人员管理；对基地工作人员进行电焊、游泳、快艇驾驶等岗位操作技能培训，达到一专多能要求。

【厦门海洋自然保护区建设与管理】 2014 年，我局在保护区建设与管理方面，重点抓了以下六个颇有成效的工作：一是编制建立厦门海域中华白海豚人工种群实施方案。委托南京师范大学生命科学学院编制实施方案，通过专家评审。二是加强涉海工程审查与监管。抓好轨道交通 2 号线工程对保护区影响专题评价报告的编制与评审；协调指导海沧南港区前期规划对保护区影响专题评价报告的编制工作；加强对刘五店南部港区散杂货泊位回旋水域水下爆破等重点工程监管，既保障工程顺利推进又确保中华白海豚安全。三是加强保护区巡航与白海豚观测。2014 年，开展保护区巡查 203 航次，各观测点共观测到中华白海豚 159 次、合计 517 头次。四是扎实开展海洋意识、海洋科普宣传教育活动。指导厦门福隆集团创建“厦门世纪中心中华白海豚文化广场”，指导塑造 10 座带有故事情节的白海豚雕塑、设置 10 个科普知识栏目，并于 9 月 29 日举行隆重的授牌揭幕仪式。发挥火烧屿中华白海豚科普馆、小嶝休闲渔村中华白海豚科普馆、厦门科技中学海洋科普馆宣教平台作用，2014 年三个展馆共接待大中小学师生、社会团体、游客参观达 60000 多人次。五是创建海洋意识海洋科普教育基地。指导推进厦门大学和海沧天心岛小学申报全国海洋意识教育基地并获国家海洋局授牌；推进厦门小白鹭艺术中心创编大型音舞诗画—“大海您听我说”节目。考察授予厦门海底世界有限公司、厦门小嶝休闲渔村开发有限公司、厦门濒危物种保护中心 3 个单位为“全市海洋科普教育基地”和厦门小白鹭民间舞艺术中心、厦门沙坡渔港文化创意投资有限公司、厦门科技馆 3 个单位为“全市海洋意识教育基地”。六是加强专题科研与合作交流工作。与海洋三所开展课题合作，建立了厦门海域中华白海豚个体识别数据库；编制反映十几年来保护区建设与管理成果的厦门海域中华白海豚图册；发起成立“中华白海豚保护联盟”；与香港海洋公园、台湾海洋世界建立了合作交流机制，在海豚保护、人工喂养、繁育等方面加强合作；与厦门海底世界合作开展人工喂养繁育海豚的科研活动。

海洋环境预报与防灾减灾

【概况】 2014 年，厦门市积极做好风暴潮、赤潮等海洋灾害的预警预报工作，不断完善厦门海域自动在线监测系统，对《厦门市海洋赤潮应急预案》进行重新修订，提高对海洋灾害的防御能力。2014 年没有因赤潮、风暴潮等海洋灾害造成的直接经济损失。

【提升赤潮应急处置能力】 2014 年，厦门市海洋与渔业局组织对《厦门市海洋赤潮灾害应急预案》进行重新修订，建立赤潮应急领导小组联络员会议制度，强化监测部门与海洋执法部门的快速联动和密切协作机制，在赤潮发生期间进行全方位、高频次的监视监测，提升赤潮应急处置能力，有效处置了厦门-漳州海域发生的 1 起赤潮，最大限度地避免赤潮灾害对市民生产生活的不利影响。2014 年厦门海域在赤潮等级预报期间，共发布了赤潮等级预报 183 期。

【风暴潮灾害发生情况】 2014 年，厦门沿海发生 3 次较为明显的台风风暴潮，分别由 1410 号强台风“麦德姆”、1416 号强热带风暴“凤凰”、1419 号超强台风“黄蜂” 3 个热带气旋（台风）引起，最大增水分别为 62 厘米、65 厘米和 141 厘米。在农历九月十五天文大潮期，受 1419 号超强台风“黄蜂”外围和冷空气共同影响，厦门港出现 10 次超过蓝色警戒潮位的高潮位，其中出现 4 次超过黄色警戒潮位的高潮位，最高潮位超过黄色警戒潮位 39 厘米，厦港避风坞、鹭江道、鼓浪屿和厦大医院等低洼地带出现海水漫堤和倒灌现象，没有台风风暴潮带来的直接经济损失。

海洋监察执法

【概述】 2014 年在国家海洋局、农业部渔业局和省海洋与渔业厅的指导下，在厦门市委、市政府的领导下，我局认真学习和贯彻党的“十八大”、十八届三中全会、四中全会精神，深入贯彻建设海洋强国、全面推进依法治国战略，围绕建设现代化国际性港口风景旅游城市、海峡西岸重要中心城市、美丽中国典范城市、21 世纪海上丝绸之路枢纽城市的目标，大力推进海洋经济发展，全力开展海洋环境保护、海域使用监察、渔政渔港监督、公共安全维护等方面的行政执法工作，为厦门社会经济的协调发展做出了积极贡献。2014 年，我局开展行政许可 24 项，实施海上执法巡航 1356 航次，岸线巡航 710 次，出动执法人员 13237 余人次，查处违法案件 312 起，收缴罚款 201.72 万元。

【法治建设】 2014 年，厦门市通过推进法制建设、依法行政和执法监督等措施，促进海洋与渔业法治工作的深入开展。

法制建设取得新进展。加强立法工作，推进新修订《厦门市水产品批发市场管理规定》的配套制度建设，编制了本市水产品批发市场目录并报市政府审批，组织编制的《水产品批发市场建设规划》和《水产品批发市场标准化规范》，目前已征求规划、商务等相关部门意见，待修改完善后，将按程序发布和实施。开展《厦门市海洋环境保护若干规定》、《厦门市海域使用管理规定》的修订和《厦门经济特区促进海洋经济发展条例》的立法调研，以适应海洋事业不断发展的需要。

依法行政取得新突破。一是完善我局依法行政各项制度。制定《厦门市海洋与渔业局关于规范性文件事前审查和备案工作若干意见的通知》（厦海渔〔2014〕89 号），统一规范性文件行文程序和要求；制定印发《厦门市海洋新兴产业龙头企业评选办法》（厦海渔〔2014〕3 号）、《促进民营经济健康发展实施细则》（厦海渔〔2014〕188 号）、《厦门市海洋经济发展专项资金项目验收管理暂行办法》（厦海渔〔2014〕226 号），规范海洋经济管理，促进海洋经济发展。二是认真落实重大行政决策制度。健全规范重大行政决策的内部规章制度，依托海洋专家组、专业律师和局法制机构，建立重大事项决策前法律咨询和专家论证制度。认真执行党组议事、局务会议、局长办公会议议事规则。认真实行重大行政许可项目听证制度。严格落实重大行政处罚案件会审、领导集体研究决定制度。实行海域使用项目集体审核制度。多年来我局办理的行政许可、行政处罚案件从未被当事人投诉或被提起行政复议、行政诉讼。三是推进行政审批制度改革。全面清理、彻底取消我局办事指南、办理规程兜底性条款；全面梳理厦门市行政审批事项和公共服务事项，及时上报市审改办；全面梳理厦门包括行政许可、行政处罚、行政强制、行政征收、行政裁决、行政确认等各类行政职权 263 项，目前正按照市编办要求再次梳理、填报。积极配合、对接“三规合一”平台建设，目前有 2 个端口接入相关业务处室；进一步优化审批服务，规范内部流程，减少环节，压缩时限，全部行政审批事项办理时限压缩到法定时限的 35%，真正做到审批提速 65%。同时还推行预约服务、下乡服务，为行政相对人提供更好地便民服务。

行政执法监督取得新成效。结合养殖整治、打击非法填海、打击非法采砂和厦金航线夜航保障等重点执法工作，开展现场伴随式督察，及时指出存在的问题和改进的方法，得到国家海洋局东海分局的表扬。2014 年，共组织重大海洋案件会审 8 起，涉案金额 4463.95 万元；督办市长专线反映情况 100 多起；加强电子监督，海洋行政处罚案件全部进入局 OA 办案系统且已并入市监察局行政处罚监控系统；组织《厦门市水产品批发市场管理规定》实施一周年专项汇报；结合市监察局依法行政执法综合监察“回头看”、省、市政府行政执法绩效考核，组织对有关处室、部门的行政许可、行政处罚案卷进评查。通过执法监督，促进了局及所属部门依法、高效履行职责。2014 年，全年无一起行政复议与行政诉讼案件。

【执法保障】 充分发挥市海管办统一协调的作用，海洋与渔业部门主动联合海事局、水陆交通公安分局、公安边防支队、海警三支队和海监六支队开展联合执法，积极推进市区两级沿岸执勤点建设和共同执法，有效地保障了春运厦金航道、环岛路沙滩、渔具渔法的专项整治和大嶝机场、海域清淤、鼓浪屿渡口渡船的专项执法。全年开展海上执法巡航 1356 航次、岸线巡查 710 次，出动执法人员 13237 余人次，累计查处非法填海、占海、采砂、倾废、越界捕捞、电鱼等各类海洋与渔业案件 312 起，其中立案查处海洋类案件 117 起，查处渔业类案件 195 起，收缴罚款 291.72 万元；养殖回潮势头得到有效控制，共拆除竹蛎、吊蛎、铁框、竹筐、浮蛎等非法回潮养殖设施约 1500 余亩，定置网、鳗苗网等违规网具 572 张，有力地维护了海上秩序。

【公共安全维护】　灾害防御和应急处置能力不断提升　加强海上治安协作，开展 110 联动工作，共接报警 274 起，办结 274 起，办结率达 100%，有效维护海上正常秩序；开展防台风应急演练，有效应对台风 4 次；修订《厦门市海洋赤潮灾害应急预案》，加强厦门海域赤潮监测预警与防范工作，组织水产品质量安全监测，2014 年本地养殖水产品检测合格率 100%，农业部对厦门市市场水产品质量抽检 100 批次，合格率 94%，国家农业部部长专门给市长写信予以表扬；深入开展安全生产大检查，发展渔业互保，做到“全覆盖、零容忍、严执法、重实效”，确保了全年海洋与渔业安全生产无重大事故发生。

【水产品质量安全监管】　2014 年，厦门市水产品质量安全水平整体逐步提升，本地养殖水产品药残检测合格率 100%；农业部对我市市场水产品质量开展例行监测 4 次、抽样 100 批次，检测 6 批次不合格，合格率为 94%、位居全国前列。一是强化监管的组织领导。制订并落实 2014 年度监管工作方案、监测计划和质量安全专项整治方案，召开水产品质量安全季度例会。二是强化产地水产品安全监管，特别是在重要节点、重点区域、重大节日及应急突发状况有针对性开展专项整治，严厉打击水产品质量安全违法行为。三是加大水产品监测力度。全年组织水产品药残、有毒有害物质和重金属及应急监测 367 批次，甲醛检测 3686 批次。开展水产品风险评估调研和渔业环境水质监测，及时掌握水产品质量情况和渔业环境现状。四是依法开展批发市场监管。坚持每月不少于 8 次对批发市场进行巡查，督促市场开办者和经营者强化进货查验和建立交易台账、落实水产品溯源制度，并定期抽样检测药残和重金属等有毒有害物质是否超标。2014 年 12 月 29 日，农业部专门致信刘可清市长，就厦门市海洋与渔业局积极配合农业部对厦门市水产品市场例行监测情况予以表扬。

海 洋 科 技

【概述】　2014 年，厦门海洋科技和海洋经济发展工作在市委、市政府的正确领导和上级主管部门的关心指导下，认真贯彻落实党的十八大提出的海洋强国战略、习近平总书记关于海洋工作“四个转变”以及在福建考察时提出的建设“机制活，产业优，百姓富，生态美”新福建等一系列重要精神，响应《美丽厦门战略规划》，促成海洋经济产业纳入我市打造千亿产业链（群）计划。

【海洋与渔业科技成果和论文】　一是产业化项目推动一批成果转化和示范。2014 年，产业化项目新增厂房 6500 平方米，新建各类生产线 8 条，规模化生产新产品 3 种，推广 5 个应用示范。新增“海洋黄色隐球酵母发酵生产辅酶 Q10 的产业化技术开发”、“海藻多酚等三种海洋生物制品在速冻调制食品中的应用”、“大型游艇研发生产基地建设”、“8500PCTC 汽车滚装船”、“小嶝岛低碳型海水淡化综合利用示范基地建设”等产业化项目，促进了海洋生物医药与制品、邮轮游艇、海水综合利用等海洋新兴产业的快速发展。通过项目带动，培育了厦门金达威集团股份有限公司、福建安井食品股份有限公司、厦门船舶重工股份有限公司等一批海洋产业龙头企业。二是技术攻关项目获得一批关键研究成果。2014 年，技术攻关项目研制各类新产品 6 种、中试新产品 2 种，形成新的制备工艺或方法 5 个，申请或获得授权专利 42 以上，发表高水平论文 39 篇以上，制定质量标准 4 项。新增项目 36 项，其中厦门大学 13 项，国家海洋局第三海洋研究所 7 项，集美大学 10 项，华侨大学 2 项，福建省水产研究所 3 项，中科院城市环境研究所 1 项，涉及生物资源开发利用、海洋生物育种及健康养殖、海洋高端装备、海洋高技术服务等多个领域。三是公共服务平台项目开展了一批公共服务。加快推进海洋药源生物种质资源库、海洋生物产业化中试技术研发公共服务平台、材料海洋环境试验公共服务平台、海洋食源性危害物快速检测试剂产业化技术平台等平台的建设，目前已对外开展服务300多项。2014年新增海洋渔用疫苗工程技术研究中心、海洋活性物质功能、质量和安全性评价技术平台2个公共服务平台。

【厦门“数字海洋”与厦门海洋信息化建设】 一是继续深化完善“数字海洋”系统功能。外网网站除做好日常的网站安全检查、政府信息公开等工作外，还完善了搜索，在线查询功能，增强了与群众、互动性，自觉接受群众监督，方便了群众办事。内网平台完成了短信平台的搭建、执法案件数据交换到效能办执法系统平台等工作，同时完善了专家人才库、海洋经济项目库的建设。二是依托信息化手段，创新工作方式。通过购买服务的方式，建设涉海舆情监测系统，每周出具涉海舆情监测报告，掌握我市涉海舆情信息，达到实时监测、及时处置。依托现有信息化系统，逐步实现海洋经济项目的信息化管理，提供服务水平和工作效率。三是全面提升我市海洋经济运行监测与评估分析能力。厦门海洋经济运行监测与评估系统已完成项目一期建设，目前正积极申请国家对项目二期经费支持，争取早日实现系统常态化运行，为今后我市海洋经济运行监测与评估分析提供了基础和支撑。

【“科技兴海”投入与产出统计】 我市共实施国家级海洋经济项目28项，其中包括国家海洋经济创新发展区域示范项目23项，国家海洋公益性行业科研专项4项，可再生能源专项1项，争取国家项目经费3.4亿元。2014年形成产值2.2亿元、利税6384万元，项目完成后可新增产值13亿元，利税2亿元。厦门市海洋经济专项资金在建项目59项，总投资近21亿元，项目完成后可每年可新增产值5亿元。2014年第二批25个项目也已批准立项，将进入实施阶段。我市共26个项目列入省级海洋经济重大项目，涉及海洋装备和高端船舶修造、海洋生物医药、海洋科研平台等领域，2014年计划投资42.81亿元，目前已完成投资51亿元。

【渔业科技】 2014年的渔业工作，贯彻落实国务院现代渔业建设电视电话会议精神以及省、市关于加快海洋经济发展的任务目标，在“突出重点、科技创新、政策引导、项目带动”原则推动下，以“创业增收、增殖环保、保障供给、确保安全”为目标，重点发展水产种苗产业，促进远洋渔业发展，推动加工流通升级，提升休闲渔业水平，拓展两岸渔业交流，做好渔港经济规划，促进了渔业增效、渔民增收和渔业经济的可持续发展。

【渔业科技培训与推广】 一是加强渔业科研人才队伍建设。以具有基层工作经验的24名专业技术人员组成考评员队伍为基础，通过不断组织进修学习，提升队伍的业务和技术指导能力；同时，聘请具有行业实践经验的专家、教授组成教师队伍，服务于渔业科研和技术推广工作。二是加强基层镇、村二级渔业养殖技术人才培训。对56名村级渔技员开展知识更新培训，以点带面示范推广新品种、新技术、新工艺。三是开展渔业科技培训。开展健康养殖培训18期、入场宣传培训120场，培训人员1400人次，有效提升渔民养殖生产技术。四是深化培鉴工作，开展专项职业能力鉴定。有146人获得中级工职业技能鉴定培训并即将获得技能证书。针对虾苗种质下降情况，重点培训亲本复壮、遗传育种等知识。五是针对已形成产业化的大宗地方品种种质退化问题，开展良种选育研究和健康养殖模式的推广，有力保障地方养殖业的可持续发展。六、创新培鉴模式。通过开展单一品种的专项专业技能的鉴定培训，有效推广良种养殖的覆盖面，促进科研成果的转化。

【渔港与渔船建设管理情况】 2014年，厦门市登记在册渔业船舶1871艘，其中捕捞渔船1177艘，总吨2670，主机总功率为9927.5千瓦。捕捞渔船按作业类型分：拖网渔船2艘，灯光围网4艘，刺网渔船831艘，张网渔船3艘，钓业渔船92艘，其他杂渔具渔船245艘。现有渔港4个，中心渔港一个，群众渔港三个。全年共检验渔业船舶1792艘次，办理进出港签证4317艘次，办理职务船员证书发证、审换证279人次。2014年，全市稳步推进渔业安全生产标准化建设活动。全市42艘60马力以上国内渔业船舶均已完成等级认定，其中，二级32艘，三级10艘。3家投入运营的远洋渔业企业均已完成三级评定。

【渔业安全生产与防御台风】 2014年，在厦门市委、市政府的正确领导下，在部局及省厅的指导下，认真贯彻落实《安全生产法》以及国家、省、市安全生产会议精神和相关工作部署要求，以确保“两节”和“两会”期间安全保障为重点，以继续深化“安全生产年”、“责任落实年”为主线，严格落实渔业安全生产责任制，大力开展防汛防台风渔业安全检查，扎实开展渔港渔船安全监管，深入开展渔业安全生产隐患排查治理，全面开展“六打六治”打非治违专项行动，加大海上安全执法检查力度，严厉打击各类违法生产行为，保障了全市渔业安全生产形势稳定，没有发生渔业安全生产事故。

【渔业支农惠农】 一是继续发放渔业船舶燃油补贴。严格按照上级燃油补贴发放对象，测算发放标准，与市财政局联合下文将1069万元下达到有关区，及时将油价补贴足额发放到渔民手中。二是开展渔工和渔船政策性保险。按照省局有关规定，结合厦门实际，提高渔工保额。办理渔工保险3565人（包括远洋渔工350人），保费199.7万元；办理渔船保险73艘（其中远洋渔船27艘），保费316.5万元。三是完善AIS系统岸台安装调试。在加大海上渔船手持终端不开机查处力度基础上，开展AIS系统岸台安装调试，协调省信息中心扩大对邻近地区进入厦门海域渔船安全监管，促进我市应急指挥平台备用系统的建设。

【渔业资源增殖放流】 一是组织开展增殖放流苗种公开采购。按照政府公开采购程序，最后以竞争性谈判形式展开，成交价为95万元，比原采购价100降低了5万元，达到了预期效果。二是组织实施增殖放流活动。在厦门海域开展增殖放流5批次，投放平均规格7.36厘米真鲷18.6726万尾；投放平均规格7.62厘米黄鳍鲷12.828万尾；投放平均规格7.76厘米黑鲷35.1527万尾；投放平均规格1.135厘米长毛对虾1.701亿尾。按规定实行放流苗种的病毒和药残检测，通过专家、公证处收集证据保全等认定，检测合格程序完整，超额完成年度增殖放流任务指标。

海洋国际交流与合作

【概述】 2014年，市海洋与渔业局积极服务国家海洋外交，做好地方海洋国际交流与合作工作。在国家海洋局，市委市政府的领导下，具体落实APEC第四届海洋部长会议的会务保障工作。成功举办2014厦门国际海洋周，主办了发展中国家海洋部长会议、中国（厦门）国际休闲渔业博览会等论坛、展览及文化活动。积极拓展PNLG秘书处工作，组织召开PNLG执委会、PNLG年会、研讨会，新吸收2名地方政府成员，推动东亚海可持续发展战略行动计划的实施。四是积极争取中国—东盟海洋合作中心落户厦门。

【APEC第四届海洋部长会议成功举办】 2014年8月27-28日，亚太经合组织（APEC）第四届海洋部长会议在厦门举行。来自APEC 19个成员、APEC秘书处等相关国际组织的200多名代表出席会议。此次会议是我国在海洋领域主办的最高级别的国际会议。会议围绕“构建亚太海洋合作新型伙伴关系”这一主题，重点讨论海洋生态环境保护和防灾减灾、海洋在粮食安全及相关贸易中的作用、海洋科技创新、蓝色经济等四个重点议题，并通过了《厦门宣言》《APEC海洋可持续发展报告》等积极成果，为APEC第22次领导人非正式会议的成果文件《北京纲领》提供支撑。

【2014厦门国际海洋周顺利召开】 2014厦门国际海洋周于2014年11月7-13日顺利在厦门召开。在国家海洋局、厦门市人民政府、斯德哥尔摩国际水资源研究院（SIWI）等30多家国内外主协办单位的支持与努力下，成功举办近20场国际海洋论坛、海洋展览与洽谈及海洋文化活动，吸引了与会代表超过2000人次，社会各界人士超过10万人次。本届海洋周以“海上丝绸之路与蓝色经济合作”为主题，重点围绕海上丝绸之路建设、海洋经济发展以及生态文明建设开展交流与合作，取得了显著的成效，得到了国内外海洋界、各级政府和社会的高度认可。

【审查和接收PNLG新成员加入】 马来西亚雪邦市、中国北海市在PNLG执委会上申请加入PNLG，通过执委会成员的认可。并于PNLG年会期间，正式成为PNLG的新成员。PNLG秘书处也圆满完成了年初制定的接收1-2名新成员的任务。目前PNLG成员已扩展到9个国家、37个城市，进一步扩大了PNLG在东南亚地区的影响力。

【成功组织召开PNLG各类会议及研讨会】 PNLG秘书处组织召开多场会议及研讨会。一是

2014 年 5 月 10 日在厦门召开 PNLG 第五次执委会会议，就新成员申请、年会筹备情况及 PNLG 秘书处发展方向等进行深入讨论。二是组织办好 PNLG 年会，PNLG 秘书长、厦门市政协副主席潘世建参加会议并主持 PNLG 年会的技术研讨会，进一步推进 PNLG 成员间的交流。三是组织在厦门国际海洋周期间召开海岸带综合管理技术研讨会，建立基于海洋的可持续蓝色经济知识共享平台。

【渔业对台合作交流】 2014 年，对台合作与交流进一步深化。一是以休闲渔业博览会为平台，增进对台休闲渔业合作。2014 中国（厦门）休闲渔业博览会暨海峡两岸水族•钓具展“突出”对台休闲渔业产业合作与交流的主题。展会在厦门国际会展中心 K、L 馆举办，面积 11000 平方米，共设标准展位 550 个，有来自台湾、福建、广东等两岸十多个省市的休闲渔业企业、贸易商、经销商等参展企业 160 多家，携带众多国内国际知名品牌参展。设有“观赏水族展示区、垂钓及户外运动产品区、海洋旅游区、休闲渔业模式与文化区”等四大主题展区，全方位带来集“观、赏、评、玩”为一体的现场体验。其中，台湾展商 76 家，45 个展位。展会内容丰富，台湾特色浓郁。全球首发集中展示了台湾最新品种荧光鱼以及台湾休闲水乡渔村的休闲文化和生活模式。观众超过 3 万人次。二是推动台湾水产品登陆厦门。积极引导企业引进台湾远洋捕捞水产品直航厦门，同时通过大嶝小额贸易平台、小三通等渠道，批量从台湾引进秋刀鱼、鱿鱼、石斑鱼等水产品、观赏鱼和水产苗种等，厦门对台区位优势在水产品物流上的效果得到初步体现。三是与台湾观赏鱼行业协会建立了良好的联络机制。特别突出的是与台湾省水族协会、台湾休闲渔业发展协会、中华台北水族协会、屏东观赏水族养殖协会等联系密切，共同举办 2014 第七届中国（厦门）国际休闲渔业博览会暨海峡两岸水族.钓具展。推动引进台湾水产新技术、新产品，目前厦门已经成为大陆最大的水晶虾生产基地。

（厦门市海洋与渔业局）

广 东 省

综 述

2014年，广东省委、省政府高度重视建设海洋强省，胡春华书记、朱小丹省长分别就海洋工程装备制造、美丽海湾建设、海洋防灾减灾和维权执法等工作作出重要批示。省委全会报告和省政府工作报告都强调做好海洋强省、美丽海湾、海岸带综合整治、围填海管理、渔港建设、渔船更新改造等工作。海洋综合管理、美丽海湾建设、渔港建设和渔船更新改造、海监渔政依法行政和维权执法、民生实事、信息化工作等成效显著。全省海洋生产总值达1.25万亿元，同比增长13.8%，连续20年居全国首位；广东省海洋生产总值占全省生产总值的18%，成为广东经济发展的新的增长极，经济结构和生产布局日益优化。星遥感监测，加大监测频率，提高监测精度。

【参与建设海上丝绸之路】 以“加强海峡两岸海洋产业合作，共建21世纪海上丝绸之路”为主题的海峡两岸海洋经济合作交流会（简称“交流会”），于8月26日在汕头市开幕。此次交流会由广东省政府、国务院台湾事务办公室和国家海洋局联合主办，汕头市政府、省政府台湾事务办公室和省海洋与渔业局共同承办，广东省省长朱小丹，国务院台办副主任叶克冬，国家海洋局党组成员、纪委书记吕滨，台湾海基会董事长林中森出席交流会并致辞。国家和省有关部门、广东省21个地级以上市负责同志、签约企业代表和海峡两岸嘉宾，共约700人参加交流会。共达成合作项目100多个，总金额167.3亿元人民币。会上还举行了“海峡两岸交流基地”授牌和合作项目签约仪式。广东省海洋与渔业局配合省委组织部，在新加坡举办首期“海洋经济发展”专题研讨班，重点学习新加坡港口管理、航运运营管理、海洋保护等方面先进经验，将港口航运作为共建21世纪海上丝绸之路的重要抓手，与新加坡深化交流合作。组织召开海上丝绸之路经济带暨《中国南海文化研究丛书》学术研讨会，与省发展改革委、中山大学联合召开“广东与21世纪海上丝绸之路”研讨会。

海洋经济与资源开发

【海洋经济创新发展】 贯彻落实财政部、国家海洋局《关于推进海洋经济创新发展区域示范的通知》精神，实施《广东海洋经济综合试验区发展规划》，紧密结合本省海洋产业发展特色与优势，集中财力支持以海洋生物产业、海洋装备等为主导的海洋战略性新兴产业快速发展，推动了相关领域技术成果转化与产业化，突破海洋战略性新兴产业发展瓶颈，加快了海洋产业结构转型升级。海洋战略性新兴产业在海洋经济总量中占比明显提高，根据对广州、深圳、珠海、中山、湛江、汕头等主要沿海城市的不完全统计，区域示范相关战略性新兴产业总产值达487亿元，相关产业税收约19亿元。5月6—8日，财政部、国家海洋局考核组到广东省考核海洋经济创新发展区域示范工作进展情况。考核组通过检查和考核，认为广东省海洋经济创新发展区域示范领导协调机构、主管部门、专项项目和资金管理责任主体明确；财政专项经费使用规范，项目监督管理落实到位，取得良好的经济、生态和社会效益，有力支持了海洋战略性新兴产业发展。财政部、国家海洋局对广东省海洋经济创新发展区域示范工作总体评价意见为优秀等级。

【抓好国家海洋经济试点】 广东加快推进海洋经济综合试验区建设，全省各地、各部门按照《广东海洋经济综合试验区发展规划》确定的“四区一基地”战略定位，扎实落实各项部署。2014年广东省贯彻落实国家“一带一路”战略，对争当21世纪海上丝绸之路建设排头兵作出规划部署，成功举办首届广东21世纪海上丝绸之路国际博览会。中国（广东）自贸试验区获国家批准建设。生态建设有效推进，美丽海湾建设试点、海洋生态修复和海洋保护区建设取得新成效。开展广东海洋经济综合试验区建设专项督查，加快推进试验区建设，初步形成顶层有设计、发展有平台、产业有集聚、转型有成效的良好势头。

【打造现代产业黄金海岸】 2014 年初广东省政府工作报告提出“推进海洋经济强省建设，打造现代产业黄金海岸”的部署，积极推进传统优势海洋产业转型升级、大力发展海洋新兴产业、集聚集约发展临海产业。保障中海油深水海洋工程装备基地、中船珠海基地等一批交通、能源、石化、钢铁、装备等重大用海项目开工建设。广东省海洋产业集聚已初步形成。在珠江三角洲地区初步形成了以广州、深圳为核心的海洋医药与生物制品产业集群，以广州、深圳、珠海、中山为核心的海洋装备制造产业带；在粤东、粤西沿海地区分别形成了各具特色和优势的海洋生物育种与海水健康养殖产业集群。珠三角优化发展区和粤东、粤西重点发展区的海洋经济空间布局进一步优化。海洋三次产业比例调整为 1.6∶46.9∶51.5，提前实现《广东海洋经济综合试验区发展规划》明确的海洋产业结构调整目标。

【加快建设现代渔业】 广东省政府办公厅发出《关于进一步加强渔船安全生产管理的通知》，严格落实渔船安全生产责任制，大力推进渔港建设和渔船更新改造。广东省海洋与渔业局联合省政府发展研究中心，到市县开展现代渔港建设调研，还到浙江、福建两省考察，向省政府提出《关于进一步加快现代渔港建设的意见》，省财政安排现代渔港建设 11 亿元，推动新一轮全省渔港建设新高潮。2014 年国家和省财政共投入 1.26 亿元，支持更新改造大型钢质渔船 284 艘，其中远洋渔船 33 艘、南沙骨干渔船 8 艘。全省 17 家远洋渔业企业派出 174 艘渔船，在泰国、斐济、马绍尔等 15 个国家和地区生产，执行 25 个远洋渔业合作项目。推进网箱养殖向深海拓展，新建深水网箱 420 个，全省深水网箱数量已发展到 2035 口，产量达 2 万多吨。

【金融支持海洋经济发展】 广东积极探索金融支持海洋经济发展的途径，发挥开发性金融的中长期投融资优势，有力地助推了广东海洋经济发展。2014 年 10 月 24 日，广东省海洋与渔业局和国家开发银行广东分行签订《开发性金融支持广东海洋强省建设合作备忘录》，国家开发银行广东分行将授信 550 亿元，重点支持广东滨海新区、海洋产业园区、海洋交通运输、临海能源、海洋装备制造、滨海旅游、海洋渔业和海洋生物产业发展。珠海市出台了《特色海洋经济发展规划（2013—2020 年）》，要求对海洋产业加大信贷资金支持力度，积极拓展融资渠道。10 月 28 日，汕尾市海洋与渔业局与中国邮政储蓄银行股份有限公司汕尾市分行签订《海洋渔业发展战略合作框架协议》，发挥金融支持海洋渔业事业的作用，实现金融资本和海洋经济发展共赢。

【海洋经济运行监测与评估】 由广东省海洋与渔业局承担的“海洋经济运行监测与评估系统建设项目”（一期）已于 2014 年 8 月顺利通过国家海洋局组织的项目验收。按照海洋生产总值核算制度的要求，完成了 2013 年度海洋生产总值初步核算工作，组织各涉海省直部门和沿海地市开展 2013 年海洋统计报表填报。

海洋立法与规划

【加强行业立法工作】 将海洋立法纳入省人大、省府立法规划或计划，《广东省水产品质量安全管理条例》列入了本届人大立法规划二类项目，2014 年省人大立法储备项目；广东省海洋与渔业局会同省食品药品管理局多次研究修改《广东省水产品质量安全管理条例（草案）》，按照程序征求了省直单位以及 21 个地级市人民政府意见，7 月 19 日上报省政府提请审议，由省法制办挂网公开征求意见。《广东省海岛保护条例》列入本届人大立法规划三类项目；《广东省渔船安全管理办法》《广东省海岸带保护管理办法》等项目列入 2014 年省政府制定规章计划预备项目。

【推动依法行政工作】 广东省海洋与渔业局举办华冠达工程有限公司未经批准开采海砂行政处罚、广州市南沙区水务局未经批准在无居民海岛实施海堤加固工程等 2 宗行政处罚听证会。全面清理涉海涉渔法规、规章、规范性文件，共清理地方性法规 5 件，拟保留 3 件，拟修改 2 件；共清理政府规章 9 件，拟保留 7 件，拟修改 1 件，拟废止 1 件；共清理规范性文件

15件，拟保留12件，拟修改3件。3月7日，经省依法行政实地考评第8组实地考评，广东省海洋与渔业局2013年度依法行政总分81.64分，考评等次为良好。

【监督实施海洋功能区划】 严格按照国务院批复的《广东省海洋功能区划(2011—2020年)》对用海项目和涉海规划进行审查。对茂名、湛江、惠州市调整局部海域海洋功能区划的申请进行现场调研和专家论证，严格把关海洋功能区划审查。有序推进市县级海洋功能区划编制，提出具体要求。沿海各地级市均已启动海洋功能区划编制，江门、潮州、东莞、广州、中山5市已上报海洋功能区划。根据国家海洋局《关于组织开展市县级海洋功能区划编制工作的通知》要求，编制《地级以上市海洋功能区划专家评审会方案》，已召开江门市海洋功能区划专家评审会。

【推进编制各项规划】 加快广东省海洋主体功能区规划的编制。组织召开广东省海洋主体功能区规划技术方案专家咨询会，通过专家论证，确立了规划编制的技术方法和路线。广东省海洋与渔业局会同规划编制单位——广州地理研究所，于5—6月在全省14个沿海市、22个沿海重点县区开展实地调研，收集规划编制一手资料。为合理配置全省海岸带空间、区位和自然资源，全面优化海岸带产业布局，提升海岸带保护与利用水平，启动广东省海岸带保护与利用规划编制，制订规划编制工作方案，召开专家讨论会，对方案进行研讨。

【推进“十三五”规划研究】 启动广东省“十三五”海洋经济发展战略和发展思路研究，请广东省社科院承担研究任务。为开展前期研究工作做好充分准备，并于7月2日召开海洋经济研究专家研讨会，集思广益，探讨发展思路。与有关单位签订了合作协议。在形成前期研究初稿的基础上，于11月12日、14日组织召开座谈会，对初稿进行研究、修改，于12月完成前期研究和上报工作，为编制“十三五”规划打下扎实基础。

海域使用管理

【规范海域使用管理】 对需要连片开发的用海项目，严格按照国家海洋局《关于加强区域建设用海管理工作的若干意见》的要求，编制区域建设用海规划。制定《规范和完善项目用海审查内容和程序》，优化海域使用审核审批流程。严格围填海论证和审核，增加社会稳定风险评估，加强现场踏勘，开展第三方评估论证。按照规定填海50公顷以上和国家发改委立项的项目等由国家海洋局直接受理，然后征求省政府意见。广东省加强了对有关项目的审查，征求当地政府意见，并专门组织省海域使用动态监管中心和海域处人员共同到现场进行实地踏勘，出具现场踏勘报告，确认满足用海要求后，由省政府统一回复给国家，加强了对国家审批项目的监管。在全国率先开展海砂开采海域使用权网上挂牌出让。

【集中集约和区域用海管理】 按照《广东省海域使用管理条例》的规定和省政府领导“保护与开发利用，首先是保护，其次才是开发利用，开发利用以保护为基础”的要求，开展控制海湾用海的研究，对属于大陆沿岸的115个海湾，综合考虑区位、资源、环境、海湾开敞度等自然属性以及海湾经济社会条件和开发保护要求，划分内湾和外湾等类型，分类施策。制订珠江河口海域围填海红线划定方案，实施分区选划、分类管理。强化用海项目监管，重点查处未批先填、违法采砂等行为。珠海市聘请专人加强海岸带巡查。

【海域使用论证监测】 为推进科学围填海，注重科学用海技术研究和用海管理方法创新，对所有用海项目在审批前组织有关涉海技术研究机构进行独立第三方论证技术咨询和综合评价，加强对用海方式的指导，引导用海企业科学进行围填海平面设计。鼓励采用多突堤式，区域组团式围填海，积极推行人工岛式填海。通过科学围填海平面设计，优化围填海方案，节约自然岸线，增加人工岸线。上半年，通过第三方评估，优化平面设计，减少填海面积约85公顷。

【海岸带综合整治修复】 根据海岸带综合整治修复试点工作的要求，选择广州、珠海、东莞等三市四点为备选项目，编制完成《海岸带综合整治试点项目实施方案》。委托有关高校完成了广东海岸带保护利用管理办法文本的起草，并开展意见征求工作。《关于保护和科学开发利用我省海岸》列入省政协主席会议督办重点提案。广泛征求会办单位、沿海地方政府意见的基础上，起草了《关于保护和科学开发利用我省海岸带提案办理工作方案》。

【海砂开采海域使用市场化出让管理】 总结2010年来3批次海砂开采海域使用权市场化出让工作，5月在全国海砂开采用海经验交流会上交流，对下一步海砂开采市场化工作提出具体建议。开展全省重大建设项目海砂需求和海砂开采用海情况调研。召开了海砂企业和海洋监察监管人员的座谈会，广泛征求有关企业、部门和基层队伍意见建议。赴港珠澳大桥办了解大桥建设用砂需求情况。系统梳理海砂开采海域使用权市场化出让的工作流程，2014年第一批共2宗海砂开采海域使用权出让方案经国家局审查、省政府批准后，在广东省公共资源交易中心平台成功挂牌出让，征收海域使用金6400多万元。

【海域使用金征缴】 以财政部驻广州专员办对广东省海域使用金征缴工作进行巡查为契机，对从海域法实施以来历年的海域使用金征缴工作进行了系统梳理，对海域使用金征缴工作进行了细化分类，逐项分析并提出具体有针对性的完善对策。2008年以来广东省海洋与渔业局受理的55宗海域使用金减免项目，已批复16宗，正在办理28宗，撤销申请11宗。

海岛开发管理

【加强海岛管理】 广东加强海岛管理，积极推进无居民海岛使用确权发证工作，出台《广东省适用<国家海洋局无居民海岛适用申请审批试行办法>具体程序》，制定《广东省招标拍卖挂牌出让无居民海岛使用权管理办法》。建立涉及海岛的自然保护区21个，涉及海岛216个，占全省海岛总数的15.1%；组织实施深圳小铲岛、内伶仃岛、东莞威远岛、阳江南鹏岛、江门下川岛、汕头南澳岛、湛江北莉岛、六极岛等8个海岛生态修复整治项目。完成全省1973个海岛地名普查与现场调查工作任务，编制了《广东省海岛地名志》和《广东省海岛名录》，在464个海岛上设置了海岛名称标志。

【评选“十大美丽海岛”】 为了让公众更好地了解海岛文化，广东省海洋与渔业局联合南方报业传媒集团开展广东“十大美丽海岛”评选活动，于2月28日启动。评选活动历时3个月，以“公开透明、真实公正”为原则，主要从参选海岛的形态、自然资源、人文资源、生态独特性和沙滩等重要岸线的质量、规模等情况进行综合评价。通过内部初评、网络海选、专家评审和工作组投票环节，最终评选出阳江海陵岛、茂名放鸡岛、江门上、下川岛等10个海岛为广东“十大美丽海岛”，并在6月8日“世界海洋日暨全国海洋宣传日”活动中，向社会公布了评选结果和举行了颁牌仪式。这次评选活动，社会反应强烈，参与投票人数达330多万人次，共1100万票次。同时，组织力量编撰出版了大型画册《梦圆无人岛》和《广东十大美丽海岛》，向社会展示了广东海岛的风情风貌。

【加强海岛保护与开发】 广东省政协“关于加强海岛保护和开发”提案被省政府列为2014年的重点督办提案，由广东省海洋与渔业局主办，广东省编办、发展改革委、财政厅、环境保护厅、交通运输厅、水利厅、林业厅、法制办和国土资源厅等单位协办。广东省海洋与渔业局把此次提案办理作为推动全省海岛管理工作的重要契机，全力以赴抓好。在办理过程中，多次得到提案人、省政协、省政府有关领导的肯定。省委书记胡春华视察粤东4市提出的加强海岛保护与开发指示精神，广东省海洋与渔业局会同广东省旅游局确定了具体贯彻举措：一是精心组织、周密筹备、协调合作，召开“全省海岛管理工作座谈会暨海岛旅游推介会”；二是两局联合成立海岛旅游开发领导小组和工作小组，建立了联合工作机制，出台《关于加快海岛保护利用与发展旅游的意见》，促进海岛的旅游发展。三是认真筹划，启动海岛旅游资源调查，编制《广东省海岛旅游资源发展规划》。

【召开海岛管理工作座谈会】 12月16日，广东省海洋与渔业局和广东省旅游局第一次联合召开全省海岛管理工作座谈会，这是广东省历史上第一次海岛工作会议，国家海洋局、中央驻粤有关单位、广东省直有关单位负责人，广东沿海各地级以上市政府负责人和海洋、旅游部门主要负责人以及有关企业负责人出参加，共商广东省海岛资源保护管理与旅游开发事业。会议提出以“依法管理海岛、科学保护海岛、合理开发海岛”为目标，进一步抓好海岛管理，着力推动海岛旅游开发，组织开展海岛旅游专题招商和创建海岛旅游示范区、示范岛活动，鼓励社会资本进入海岛旅游开发领域。充分利用 21 世纪海上丝绸之路建设平台，加强广东海洋旅游市场宣传推广，提高全社会的海岛旅游意识，积极营造民众参与海岛旅游、体验海岛旅游的良好氛围。

【完成领海基点保护范围选划任务】 广东省海洋与渔业局通过大量的野外作业和室内研究，历时 10 个月，对南澎列岛（1）、南澎列岛（2）、石碑山角、针头岩、佳蓬列岛、围夹岛、大帆石等 7 个领海基点所在区域进行了调查，并在综合分析的基础上，选划了保护范围，编制了领海基点保护范围选划报告。该报告已经广东省政府批准，并报国家海洋局备案，成为全国首个全部完成领海基点保护范围选划的省份。同时还在佳蓬列岛、围夹岛领海基点安装了视频监控系统，监视监测领海基点及其周边海域情况，积极维护国家海洋权益。

海洋环境保护

【海洋环境状况】 广东省政府新闻办于 5 月 27 日召开新闻发布会，发布《2013 年广东省海洋环境状况公报》。2013 年，广东省近岸海域水质状况较上年下降，劣四类水质达 10%，依旧主要集中在珠江口，近四成陆源入海排污口超标排放；通过珠江八大口门径流携带入海的污染物绝大部分来自陆源污染。2013 年广东因台风影响暴雨增加，将生活源等污水冲刷到河流径流，也是劣四类水质面积增加的重要原因。赤潮发生次数、累计面积达近十年来低值。公报显示，实施监测的 82 个各类代表性陆源入海排污口中，29 个超标排放，超标率约 35.37%。其中，市政污水入海排污口为高发区，占 25 个，占 86%。去年，47 个排污口污水入海量达 2.56 亿吨，单市政污水就达一半之多。公报的编制发布，使各级政府、涉海单位和广大公众更加全面的了解全省海洋环境现状及面临的问题，增强海洋生态环境保护意识。

【海洋环境监测】 广东省加大入海排污口监测、海水水质监测、海洋保护区监测、主要海洋功能区监测和重点工程项目海洋环境跟踪监测力度。其中入海排污口监测由 4 次/年增加到 6 次/年，海水质量监测增加到 3 次/年，将海洋特别保护区（海洋公园）和流沙湾南珠养殖海域纳入监测范围，开展粤东 LNG 项目海洋环境影响跟踪监测。根据全省海洋与渔业工作的总体部署，进一步创新海洋环境评价工作，定期对监测的入海排污口排污情况进行评价，编发评价简报。编制《2013 年广东省花样环境状况公报》，在省政府新闻发布会上向社会发布。编制《2014 年上半年广东省海洋环境状况通报》，并在局网站公开。推进近海海域在线监测网络建设，完成了珠江口入海污染物在线监测系统建设项目报批工作。

【赤潮监视监测】 2014 年，广东省管辖海域共发现赤潮事件 12 起，赤潮累计面积近 390 平方千米。由于防治措施合理、及时到位，12 起赤潮均未造成直接经济损失和人员中毒事件。赤潮监视监测工作，为各级海洋行政主管部门的赤潮灾害管理工作提供了科学可靠的参考依据，达到良好的社会效益、经济效益和生态效益。12 月在惠州市大亚湾区举办 2014 年全省赤潮灾害防治与应急监测培训班，通过专家授课和业务交流等办班形式，进一步提高各级海洋、渔业行政主管部门对赤潮监管工作的关注度，强化赤潮监管业务的能力建设。

【人工鱼礁议案结案】 2014 年，广东完成全省人工鱼礁议案十年建设任务，建成 46 个人工鱼礁区，总面积达 286 平方千米，规模和面积居全国首位。2001 年，省九届人大四次会议审议通过《建设人工鱼礁 保护海洋资源环境议案》（以下简称《议案》）决定：从 2002 年起，用 10 年时间，省、市、县三级财政预算内安排 8 亿元，建设 12 个人工鱼礁区，共 100 座人工鱼礁，其中，生态公益型 26 座，准生态公益型 24 座，开放型 50 座。2002 年以来，广东省财政下达资金 5 亿元，市、县（区）投入资金 1.6521 亿元，全省已建成人工鱼礁 46 座，正在建设 4 座。通过建设人工鱼礁，广东省重点海域、海湾的海洋环境质量得到恢复和改善，取得了良好的生态、经济和社会效益。3 月 27 日，省第十二届人民代表大会常务委员会第七次会议审议批准了议案办理情况报告，同意予以结案。

【珊瑚礁监测计划】 广东珊瑚礁普查（Reef Check）项目作为潜水员和海洋科学家共同参与

的全球最大珊瑚礁监测计划，于2007年被引进广东。该项目由广东省海洋与渔业局统筹指导、以民间环保力量为主导。广东海洋江河生态保护促进会联合中国科学院南海海洋研究所珊瑚礁生态研究室，启动了广东的珊瑚礁普查筹备工作，2007年20多名志愿者组成3支队伍分别对大亚湾三门岛、深圳小梅沙、徐闻珊瑚保护区等3个普查点进行了普查。2008年普查范围扩大至5个点，2009年增加至40多人，8个普查点。2014年，志愿者已增至60人，分成12支队伍，对汕头南澳南澎列岛、惠州大亚湾、深圳金沙湾、杨梅坑、珠海外伶仃岛、茂名放鸡岛、湛江硇洲岛、雷州珍稀海洋生物保护区和徐闻珊瑚礁保护区等地进行普查，共设18个普查点。项目开展8年来，先后有近200名志愿者参与到保护珊瑚礁中来，广东的珊瑚礁总体上基本保持稳定，局部地区如徐闻、大亚湾等海域有好转的趋势。

【保护区科普宣传活动】　科普宣教活动是保护区扩大社会影响力的重要抓手，更是争取未来生存与发展空间的有效途径。2014年，广东省利用与香港、澳门建立起来的合作平台，打造品牌环保宣传活动。一是继续推动广东珊瑚礁普查工作，由徐闻珊瑚礁保护区和大亚湾保护区承办2014年广东珊瑚礁普查活动，来自科研单位、高校、媒体和社会各界潜水志愿者共60多人参加活动，南方日报进行了专题报道《守卫那片蓝》。二是保护区积极与NGO组织探索合作，充分发挥社会力量参与资源保护。三是指导各保护区立足当地，通过招募志愿者进社区学校派发宣传手册、组织夏令营、开展环保征文比赛等活动大力宣传环保意识。此外，徐闻、珠江口等保护区被CCTV4《江河万里行》、广东卫视《环保先锋》栏目组报道，通过主流媒体向公众宣传。雷州、徐闻保护区和乌石海洋公园受到《人与生物圈——雷州半岛西海岸保护区》专刊报道。

海洋生态文明

【建设海洋生态文明】　广东为加快海洋生态文明建设，积极探索沿海地区经济社会与海洋生态环境相协调的科学发展模式。广东以“生态优先、示范带动、全省推进”的思路，编制美丽海湾建设总体规划，在全国率先开展美丽海湾建设，横琴新区纳入国家生态文明示范建设总体布局。制定省级海洋生态文明示范区管理办法，推动省级生态文明示范区的选划和建设，出台《广东省省级海洋生态文明示范区建设指标体系》和《广东省省级生态文明示范区建设指标体系》。认真指导汕头南澳、湛江徐闻、珠海横琴等第一批3个国家级海洋生态文明示范区建设，并在示范区开展生态红线划定工作，编制完成了海洋生态红线划定报告。联合香港、澳门特别行政区共同举办形式多样的海洋生态保护宣传活动，形成两岸三地民众关心海洋资源，保护海洋环境的良好氛围。大力实施生态修复工程，不断改善海洋生态状况。强化海洋生态环境保护监督，提高海洋环境污染防控能力。加强海洋工程建设项目环境保护管理，严把海洋工程环评关，以更严格的要求核准海洋工程环境影响报告书，提高生态脆弱区域的工程准入门槛。坚决执行海洋工程建设项目生态损失赔偿制度，2014年签订补偿协议20份，涉及补偿金额8000多万元。

【建设“美丽海湾”】　广东省海洋与渔业局于1月6日召开广东省“美丽海湾”建设专家研讨会，确定了“美丽海湾”建设及总体规划编制的下一步工作思路和做法。茂名市对水东湾展开建市以来规模最大的清理整治，截至3月20日，几乎全部的养殖户在政府补偿款到位后已签订拆除协议，自行拆除或配合拆除户数占渔排、网箱养殖总户数近八成。已拆除239户违法用海的渔排，网箱6810个。汕尾市品清湖是我国最大的滨海潟湖，面积23.16平方千米。汕尾市对品清湖“美丽海湾”建设工作高度重视，市海洋与渔业局主动作为，编制《品清湖综合整治规划》《汕尾市“美丽海湾”建设行动方案》《品清湖“美丽海湾”建设实施方案》和《品清湖美丽海湾建设规划》，开展品清湖环境综合整治，历时18个月，实施水污染治理、生态修复等4个项目，依法清理取缔了品清湖违法养殖户和各类违法养殖设施。10月10日起开始实施品清湖西北部海域空间整理和海岸景观综合整治工程，把品清湖创建成全省“美丽海湾”示范点。

【海洋资源生态养护】　2月24日，国务院参事、调研组组长葛志荣率队赴广东省开展海洋生态文明建设调研，召开“加强生态保护，促进海洋经济绿色发展”调研座谈会。与会专家代表就广东省海洋经济发展、海洋生态环境保护、海洋产业对海洋生态环境影响、促进海洋经济转型绿色发展等情况向调研组提出意见和建议。3 月中旬，国家海洋局副局长王飞赴广东省珠海市调研南海区海洋生态环境保护工作。其间，组织召开南海区海洋生态环境保护工作座谈会，并进行实地考察，就做好海洋生态环境保护工作提出：一是要狠抓落实，抓到实处，找准定位，落实好海洋生态文明建设工作；二是要理顺工作思路，使各项工作更接地气，各项决策更具针对性；三是要整合力量，提升海洋生态文明建设的综合管控能力。王飞还到珠海横琴芒洲、长隆海洋生物多样性宣教基地，就基层海洋监测能力建设、海洋生态修复与海洋生物多样性保护工作进行了实地考察。同时，广东省还通过推广宜林滩涂红树林种植，促进红树林湿地修复。建设海洋牧场示范区，完成水东湾、硇洲岛、乌屿海藻种植等工作。加大水生野生动物保护力度，完善水生野生动物救护网络，开展重大工程施工珍稀濒危水生动物跟踪监测。稳步开展增殖放流工作，2014 年全省各地放流各种优质经济海水鱼虾类苗种 2.4 亿多亿尾，淡水鱼苗总数 8150 多万尾，珍稀濒危水生野生动物海龟 225 只，中国鲎 32.5 万只，黄喉拟水龟 500 只，大鲵 1200 尾，中华鲟 500 尾。

【建设国家级海洋公园】　3 月底，国家海洋局批准广东南澳青澳湾申报国家级海洋公园项目，青澳湾位于南澳岛东侧，海湾三面环山，一面临海。湾长 2400 米，状似新月，海底坡度平缓，沙质洁白柔和，海水清洁无污染，被认为是国内顶级海滩和最好的海岸带资源组合，素有“泳者天池”的美称。拟建的南澳青澳湾国家级海洋公园总面积 1246 公顷，其中海域面积约 1182 公顷，海岛面积约 64 公顷，包含岸线约 6634 米，分为重点保护区、适度利用区、生态与资源恢复区和预留区，将分梯次保护开发，更好地实现海洋资源与环境的可持续利用、发展。国家海洋局通知要求，广东省海洋与渔业局要会同保护区所在地政府尽快组织落实管理机构和建设管理经费、制定实施有关规章制度和总体规划，加强海洋生态环境保护，探索海洋资源可持续开发利用的有效途径。组织汕尾红海湾遮浪半岛、阳西月亮湾申报国家级海洋公园。

海洋环境预报与防灾减灾

【构建海洋防灾减灾体系】　围绕建设“平安海洋”目标，以海洋观测预报为抓手，以防灾减灾为目的，解决防御海洋灾害的实际问题，提升防御海洋灾害的能力。与中国航天五院、国家海洋局减灾中心、环境预报中心、海洋卫星应用中心和省气象局签订合作框架协议，建立海洋防灾减灾科技支撑平台，推动海洋防灾减灾数据、资料和信息资源共享。与农业部、国家海洋局和省应急办、三防办建立会议视频连接，与省三防办共享渔业安全生产指挥系统、海堤基础数据及海堤遥感图，与市县共享利用渔港视频监控系统，逐步提高海洋灾害应急管理水平，在应对“威马逊”和“海鸥”强台风中发挥了重要作用。争取到国家海洋局中央海域使用金重点支持 6500 万元用于全省海洋预警报能力升级改造。创建大亚湾全国海洋减灾示范区。核定全省 58 个岸段警戒潮位，开展重点保障项目精细化预报。

【海洋灾害预报预警】　充分发挥海洋预报是防汛工作的耳朵和参谋作用，保证为防汛工作提供准确、全面、可靠的海洋灾害和预报信息。10 月召开全省风暴潮漫滩风险预警技术工作会议，全面部署广东省风暴潮漫滩风险预警项目建设。认真开展警戒潮位核定工作，已核及正在核的有 44 个重点岸段，占“十二五”期间需核定岸段数的 70.7%。开展珠江口咸潮入侵在线观测系统建设，尝试开展海水倒灌所引发的土壤盐渍化监测。特殊时期实施 24 小时值班制，日常预报做到每天两次，紧急时期加密预报。防汛期间对海洋灾害实现不迟报、不漏报、不错报，重要海洋灾害测得到、报得出、报得及时，尤其是“威马逊”、“海鸥”等海洋灾害期间，提供的海洋预警报单为各级地方政府做好防御海洋灾害工作起到良好的辅助决策作用。

【海洋灾情调查评估】　2014 年，先后有“海贝思”、“威马逊”和“海鸥”台风风暴潮影响，广东省根据《海洋灾情调查评估和报送规定》要求，开展 3 次台风风暴潮灾情损失统计和现场调查评估工作，没有出现遗漏。另外对发生的灾难性海浪的灾情损失也进行了统计和调查。

【发布海洋灾害公报】 广东省政府新闻办于5月27日召开新闻发布会，发布了广东省第一个海洋灾害公报——《2013年广东省海洋灾害公报》。广东省海洋与渔业局局长文斌等出席发布会并回答媒体提问。公报显示，广东省海洋灾害以风暴潮、海浪灾害为主，赤潮、海岸侵蚀、海水入侵与土壤盐渍化、咸潮入侵等灾害均有不同程度发生。2013年各类海洋灾害造成直接经济损失约74.41亿元，死亡(含失踪)人数65人，海洋灾害损失位居全国首位。而赤潮的发生次数和累计面积呈现10年以来的低值。值得注意的是，广东沿海海平面总体呈波动上升趋势，从1980—2013年，平均上升速率为3.2毫米/年，高于全国沿海海平面上升平均水平。2012年，广东沿海海平面处于近30年高位，2013年沿海海平面下降明显，较2012年下降33毫米。由于公报内容通俗易懂，贴近实际，较好地满足了各个阶层的需要，在社会上得到良好的反响。

【普及海洋防灾减灾知识】 在全省范围内组织开展了“5.12”海洋防灾减灾科普宣教活动，发放各类文字宣传资料16000份，视频宣传资料1000份，制作包括海洋灾害知识、历史受灾情况等内容在内的各类宣传展板20多块，展出了无人飞机、海洋防灾减灾应急指挥车、移动观测车等海洋防灾减灾装备，开展了海洋防灾减灾签名、幼儿园小朋友绘画、海洋防灾减灾知识调查等活动，提高公众及社会各界对海洋观测预报和防灾减灾工作的认识和支持。做好广东台风路径及海洋环境专题预报网的上线工作。

【完善防台风应急预案】 2013年“9.29”台山渔船西沙遇险事件发生后，重新修订《广东省海洋与渔业局防御热带气旋应急预案》和《广东省海洋与渔业船舶水上安全突发事件应急预案》，并于2014年2月发布实施。各级海洋渔业主管部门联合辖区相关部门，督促指导制订渔船防台“一船一预案”工作。全省44001艘海洋渔船全部完成“一船一预案”工作。认真落实渔业防台两个100%防御措施，组织渔船回港避风106342艘次，渔排养殖人员上岸186000人次，发送防台信息23100余条。年内成功抗御“威马逊”“海鸥”等超强台风，取得防台抗台零死亡的成绩。各级海洋渔业主管部门继续加强与海事、边防等部口沟通合作，建立健全应急救援工作机制，全力协调组织开展海上遇险渔船救助工作，共参与或协调组织应对处置渔船险情191起，救起渔民614人，救助渔船214艘，挽回经济损失2500万元。

海洋执法监察

【加强海监执法】 海洋监察在“三巡”、“轮值”制度的基础上，尝试“集中用警、异地用警”的交叉检查模式，加大突击检查和回头检查的力度和频率，认真组织“海盾”“碧海”、海岛巡查、航空执法专项行动，强化用海项目监管，重点查处“未批先填”项目，严厉查处违法用海行为，重拳打击非法采砂、倾废行为。全年共开展航空执法飞行36架次，76个小时，航程11800千米；派出执法船艇1853航次；派出执法车辆1644车（次），派出执法人员12580人（次）；共检查各类涉海项目5560个（次），巡查海岛（礁）647多个，边远海岛32个；立案查处“海盾”案件7宗，非法采砂案件125宗，违法倾废案31宗，已执行罚款6474万元；办结首宗行政复议海岛违法案。

【打击非法采砂】 珠江口海域连接粤港澳三地，是海洋开发利用的密集区，非法、超强度开采海砂违法行为严重破坏了珠江口海域的生态环境。继续实施珠江口海砂开采执法监管实行省总队垂直管理模式，并深化推广至湛江、汕头、汕尾、惠州等海砂主产区海域。4月22日，中国海监广东省总队组织深圳支队和南沙、蛇口、宝安大队等单位的海监力量，从广州南沙、深圳宝安、蛇口同时出击，对珠江口海域采砂船进行突击检查，登检采砂船90多艘(次)，责令30多艘在海上乱停泊的采砂船返回所属的采砂区锚泊，查获涉嫌违法采砂船3艘。全年立案查处非法采砂案件153宗。开展海砂流向调研活动，为执法工作打下基础。印发了《广东省海砂开采执法办案指南》，提出《广东省海砂开采现场监管办法》，探索建设海砂开采视频监控系统，海砂监管工作跨上新的台阶；制定并印发全省海砂开采和海洋倾废案件处罚自由裁量权基准，确保执法公正。

【海岛保护执法】 逐步理顺军事用岛管理权限，与广州军区深圳房地产管理处就民事用岛和军事用岛的衔接有关问题达成共识。5月8日，广东省海监总队在茂名电白召开第一宗涉嫌未经批准在无居民海岛修建旅游设施的违法用岛案的案件会审会。省总队对本次会审会的组织形式进行了创新：一是会前组织与会代表到案件违法现场，了解违法事实，使与会代表对涉案海岛的开发利用现状有一个全面的了解，对违法事实有一个实质上的认识。二是除了邀请上级海监部门领导到会指导外，还邀请市、县海洋部门参与，使案件会审讨论更充分、更深入。与会代表根据《海洋行政处罚实施办法》和《重大海洋违法案件会审工作规则》等有关规定，认真听取案件主办人员的汇报后，对案件的调查取证、事实认定、情节认定、法律适用、自由裁量等方面进行了热烈的讨论，并提出了意见和建议，会议代表一致认为该案违法事实清楚，证据确凿、充分，程序合法，适用法律准确。中国海警指挥中心到会处长对广东省总队创新案件会审模式的做法给予充分肯定，并对广东省总队严谨的办案态度，敢于创新的精神给予高度评价。

【参加海洋维权】 根据中国海警局的统一部署和安排，省总队组织执法船艇，全力以赴、主动作为，共执行北部湾、西沙、南沙海域等维权巡航任务14个航次，航时200多天，航程2万多海里，出色完成中建南安保任务，积极参与黄岩岛、仁爱礁等专项维权行动，有力捍卫国家海洋主权，得到中央有关单位和省委、省政府充分肯定。省总队海监处荣获“人民满意公务员集体”称号。省属中国海警3112船荣获“全国边海防工作先进单位”荣誉称号，参会代表陈加林获得习近平总书记亲切接见。

【执法装备建设】 粤中、粤西维权执法基地建设有序推进，粤东基地重新选址在南澳县南澳大桥头；推进直属二支队高栏港后勤补给基地、横琴岛基地建设和省总队广州执法指挥基地建设工作；指导深圳、惠州、大亚湾等基层队伍执法基地建设。启动新建广州东江仓和珠海高栏、横琴等省属执法基地。省总队1500吨级海监执法船入列，广州支队300吨级、惠东大队100吨级渔政船交付使用，茂名、汕头濠江、湛江徐闻等地开工建造百吨级渔政船。

海洋科技

【科技兴海战略】 2014年4月，国家发展改革委、国家海洋局联合下发《关于在广州等8个城市开展国家海洋高技术产业基地试点的通知》，广东省广州、湛江市被纳入国家海洋高技术产业基地建设试点。广州南沙区成为国家科技兴海产业示范基地，有效带动海洋战略性新兴产业集聚发展。9月，国家海洋局评审专家组到广东开展广州南沙新区科技兴海产业示范基地评审工作，先后实地考察了南沙新区龙穴造船基地、广东省海洋与水产高科技园等地，并召开专家评审会。专家组经过质询和充分讨论，一致通过，以广州南沙国家新区为依托，申报国家科技兴海产业示范基地。广东省重点选择海洋生物领域，积极探索海洋工厂化养殖、健康养殖、种苗繁育、捕捞等方面的技术；加强海洋微生物技术的研究，在微生物资源、微生物基因、生物制药等领域不断取得突破。

【建设海洋与水产高科技园】 广东省海洋与渔业局建设广东省海洋与水产高科技园，充分发挥优势，认真谋划发展，紧密与广东海洋经济综合试验区和南沙自贸区建设有机结合、融合发展，推动海洋科技产业做大做强。同时，积极争取国家部委支持，加强产学研企合作，大力发展海洋生物技术产业，建设高水平的海洋科技创新服务平台。加强与施工队及有关部门的沟通，加快高科技园基建工程建设。按计划全面实施科技园各项工程，完成了科技园主体结构工程、外立面装饰、给排水工程、景观工程、永久用电工程、发电机安装工程等。

【建设协同创新体系】 广东省政府进一步落实国务院对广东海洋工作的定位要求，全面增强海洋科技对广东海洋事业持续健康发展的支撑引领作用，向国家海洋局提出申请，在广东组建国家级海洋研究所。探索省部共建海洋与渔业科技协同创新模式，推动中国水产科学院在南海水产研究所和珠江水产研究所分别加挂广东省海洋渔业研究所、广东省淡水渔业研究所牌子。广州、深圳市成为国家生物产业高技术产业基地。

【粤海水冷却水利用量冠全国】 国家海洋局

海洋科学技术司于8月发布《2013年全国海水利用报告》，2013年利用海水作为冷却水量为883亿吨，其中，广东年海水利用量近300亿吨，位居榜首。而这与海水直流冷却技术已基本成熟，广东省海水冷却工程日益完善密切相关。大亚湾核电站和岭澳核电站循环均有大规模运用循环冷却水。此外，深圳等地都已普遍利用海水作为工业冷却水，火电、核电等电力企业利用海水作冷却水量约占90%以上。业内人士表示，大力发展海水淡化和运用海水冷却水技术，对实现以水资源可持续利用，保障广东等沿海地区经济社会可持续发展也提供了新思路，是解决沿海地区淡水资源短缺的现实选择。

海洋教育

【成立海洋与渔业宣传教育中心】 2014年12月30日，广东省海洋与渔业宣传教育中心正式揭牌成立。宣教中心为广东省机构编制委员会批准成立的公益一类事业单位，核定事业编制15名。主要任务是承担海洋与渔业方针、政策、制度、政务的宣传工作，提供海洋公益信息服务，承担海洋权益、环保、经济、科技、文化等海洋意识的普及教育工作，协调开展海洋文化研究。

【“南粤海疆行”采访活动】 广东省“南粤海疆行”国防教育采访报道活动是由省委宣传部、省军区政治部、省国防教育办公室、南方报业传媒集团等联合主办，省海洋与渔业局等单位协办。9月2日，“南粤海疆行”国防教育采访团的媒体记者及专家等23人到中国海监广东省总队直属的中国海警3112船进行采访活动。3112船出色完成海洋维权任务，2014年荣获全国边海防工作先进单位荣誉称号，政委受到习近平、李克强等党和国家领导人的亲切接见。广东卫视、南方日报、羊城晚报、广州日报、中国新闻网、凤凰网等知名媒体纷纷报道采访团在3112船上获取的一线新闻，生动反映了广东沿海一线维权执法单位的风采。活动结束后，主办方举办“南粤海疆行”活动主题图片展，出版了五张明信片扩大影响，3112船彩照入选，并为封面彩照。

【组织海洋宣教活动】 6月8日，由国家海洋局南海分局、广东省海洋与渔业局、共青团广东省委员会联合举办的第六个世界海洋日暨第七个全国海洋宣传日活动在广州千年古码头——洲头咀公园隆重举行，活动的主题为“建设海上丝绸之路，联通五洲四海”。进一步宣传和展示了海洋发展战略、海洋工作成就、海洋生态文明和海上维权成果等海洋各领域知识，积极营造了全社会关心海洋、热爱海洋的浓厚氛围；中央驻穗和省直有关单位的领导以及志愿者、学生代表共300多人参加了启动仪式。还参与模拟“重走海上丝绸之路”活动。

【水生野生动物科普宣讲进校园】 10月17日，广东省海洋与渔业局在广州市第五中学举办了一场别开生面的“水生野生动物科普宣讲活动”，共有370多名中学生参加了活动。活动邀请了汕头大学刘文华教授、中科院南海海洋研究所黄晖研究员分别为学生们讲授了“海洋珍稀动物保护与生命周期评估理念”和“海洋生物多样性与环境保护”方面的知识。通过开展这类活动，普及水生野生动物保护知识，激发青少年学生保护水生野生动物的热情，主动做保护水生野生动物的宣传员。活动现场还举行了赠书仪式，向同学们赠送了精美的图册、水生野生动物知识手册、明信片、书签、公益宣传光碟等资料。

【珍稀海洋生物科普宣传】 5月18日，广东海洋大学水生生物博物馆举行以“博物馆藏品架起海上沟通的桥梁”为主题的珍稀海洋生物科普知识宣传活动，庆祝世界博物馆日。湛江市中小学生、该校科普宣传志愿者等200多人参加。广东徐闻珊瑚礁国家级自然保护区管理局专家受邀为同学们作珊瑚礁知识讲座，他从珊瑚礁的区域分布、形成和种类讲述了珊瑚礁的基本特征、生活习性和保护意义。课后师生互动踊跃，场面热烈，效果良好，同学们从中学到了很多书本上学不到的知识，激发同学们对海洋生物的兴趣。

【粤港澳台海洋科学大学生夏令营】 7月，首届粤港澳台海洋科学大学生暑期联合夏令营开营仪式在中山大学珠海校区举行。来自香港浸会大学、香港科技大学、台湾高雄中山大学和广东中山大学的20余名优秀学子汇聚珠海，开启为期15天的关注海洋、认识海洋、经略海洋之旅。本次夏令营活动将参观考察广州、珠海、清远三座城市，并开展面向中小学生的海洋文化知识科普义务教学活动，进一步加深营员对“大海洋”意识的认同感，推进粤港澳台海洋学科的交流与合作，推动四地海洋科学协同创新和共同进步。

【中华白海豚保护联盟在汕头成立】 5月12日，中华白海豚保护联盟成立暨签约仪式在汕头大学举办。厦门珍稀海洋物种国家级自然保护区、广东珠江口中华白海豚国家级自然保护区、广东江门中华白海豚省级保护区、广西壮族自治区合浦儒艮国家级自然保护区四家保护区签署协议，成立中华白海豚保护联盟，构建和完善中华白海豚保护网络，共同推进中华白海豚物种保护。近30年来，中华白海豚资源量剧降，甚至有些栖息地已无种群发现。加强保护区间的协作，搭建交流互动平台，拓宽保护区工作人员视野，提升保护区管护水平和人员素质与技能，共同推进保护事业的发展，是保证中华白海豚保护工作取得成功的关键。保护区联盟成立后，联盟各保护区将统一开展中华白海豚保护科普宣传，同时在中华白海豚救助方面进行设备、人员、技术的共享。

海洋文化

【广东海洋文化协会】 广东海洋文化协会于1月24日正式成立。同时召开第一届会员大会，选举中山大学校长、中国科学院院士许宁生担任首任会长。该协会吸纳了160多家单位和个人会员，包括在粤涉海院校、研究机构和企业，以及广东省人大相关专业委员会、省政府参事、珠江文化研究会等单位主要领导和有关专家学者、海洋文化热心人士。广东海洋文化协会立足打造成为服务海洋文化发展的高层次专业型社会团体，主办2014海上丝绸之路主题书法比赛活动，通过公众参与，使海上丝绸之路的文化内涵更形象生动地得到展示和传播，进一步提高了广东海洋文化的社会认知度及影响力，提升了全民海洋意识，宣传广东海洋文化品牌。

【海洋文化产业蓝皮书】 5月15日，在广东省湛江市发布我国第一部海洋文化产业蓝皮书——《粤桂琼海洋文化产业蓝皮书（2010—2013)》(以下简称《蓝皮书》)。《蓝皮书》由国家海洋局宣传教育中心组织指导、广东海洋大学海洋文化产业研究中心承担编制，采用跨年度分析模式研究了2010—2013年粤（广东）桂（广西）琼（海南）地区海洋文化产业的发展情况。《蓝皮书》预测，未来几年随着粤桂琼对文化软实力的重视和海洋文化建设举措的推出，海洋文化产业将呈现滨海旅游业、新闻出版业、广电影视业、体育与休闲文化产业、庆典会展业共同竞进的局面。《蓝皮书》分为总报告、分报告、个案研究、专家专论、创意设计、大事记6部分。其中，创意设计部分是《蓝皮书》的一大特色，强调创新性和可操作性，体现了海洋文化创意设计理念。

【第12届南海开渔节】 由阳江市人民政府、广东省海洋与渔业局共同主办的第12届南海（阳江)开渔节7月29日起在海陵岛拉开帷幕，举办时间将延长至6天，持续到8月3日结束。这届开渔节活动以“风正千帆竞，丝路谱新篇”为主题，安排有10项活动，除了传统的渔家婚嫁庆典巡游、民间增殖放流、祭海、开船仪式之外，又增加了众多新的特色活动，岛内的数家大型企业将举办开渔节专场表演，包括风筝帆船表演、沙滩篝火音乐节、夏威夷风情狂欢嘉年华等极具滨海特色的文娱活动，力争为来宾们奉上一场丰盛的渔家文化盛宴。10项活动中有6项活动的经费来自于企业和社会，使得主办方的运行经费却降至往年的一半。特别是首次举行的万人渔家大宴，由于提早谋划，1万个席位全部订出，其中3000个席位被外地游客预订，3000余游客与当地渔民一起共享美食。

【举办广东蓝色课堂】 10月23日上午，广东省海洋与渔业局举行第12期“广东蓝色课堂”报告会，邀请国家海洋局海洋发展战略研究所所长、国际能源法、环境法和海洋法专家高之国作“建设海洋强国的思考”专题辅导报告。高之国的报告分“建设海洋强国思考”和“南海热点问题”两个部分，介绍了世界海洋经济发展概况、我国海洋经济发展现状及需采取的重大措施、我国海洋权益面临的形势和挑战，阐述了建设海洋强国、发展海洋经济、维护海洋权益等方面的重大问题。局长文斌主持报告会，局党组成员，局机关、总队全体干部，局属企事业单位班子成员在主会场参加了报告会，21个地级市海洋与渔业主管部门有关人员通过视频分会场收看收听了专题报告。

【出版广东省志·海洋经济】 历时12年编纂的《广东省志（1979—2000）》，于2014年12月22日举行首发式。在《专记卷》中设置《海洋经济》等有浓厚广东地方特色的专记。《广东省志（1979—2000年）·专记卷·海洋经济》由广东省海洋与渔业局组织编纂，历时8年多完成，共30多万字，全面、客观记述了广东海洋经济发生的巨大变化，有照片、概述、大事记、图、表、附录等体裁。广东省海洋与渔业局承担编纂的还有《广东省志（1979—2000年）·资源环境卷》海洋篇，10多万字；《广东省志（1979—2000年）·农业卷》渔业篇，20多万字。由东莞市海洋与渔业局编纂的《东莞市海洋与渔业志》，经十年五易其稿，于2014年7月由广东人民出版社出版，95万字，彩图36页，留下一份珍贵海洋文化遗产。

【粤港澳海洋生物绘画比赛】 “我的海洋梦——2014年粤港澳海洋生物绘画比赛”是粤港澳三地合作主办的第三届海洋生物绘画比赛。本届比赛共分为小学组、中学组和公开组3个组别，共有13000多名参赛者递交了参赛作品。经过当地赛区评选，分别评选出广东赛区、香港赛区、澳门赛区的小学组、中学组、公开组冠亚季军各一名。粤港澳三地各组冠军经过总评，最终评选出汕头市锦泰小学林秋彤同学、香港保良局马锦明夫人章馥仙中学刘俊廷同学、澳门特别行政区参赛者吴凯婷分别获得粤港澳小学组、中学组、公开组的总冠军。2015年2月1日在广州市南沙湿地公园举行颁奖典礼，广东省海洋与渔业局局长文斌，香港渔农自然护理署助理署长沈振雄，澳门民政总署管理委员会委员梁冠峰，香港海洋公园保育基金总监蒋素珊出席典礼并致辞。该活动连续举办三届以来，绘画作品征集数量与质量都逐年提高，宣传效果不断扩大，社会影响力不断提升，增强了公众保护海洋的意识。

【香山十大海洋文化地标】 由中山、珠海、澳门三地联手探寻的首批“香山十大海洋文化地标”，于11月12日晚在“我们的孙中山——纪念孙中山先生诞辰148周年专题晚会”上揭晓，分别为中山·孙中山故居、珠海·宝镜湾遗址、澳门·妈阁庙、珠海·唐家湾古镇、中山·三乡雍陌村、澳门·东望洋山、中山·坦洲金斗湾、澳门·大炮台山、中山·孙文西路文化旅游步行街、珠海·渔女雕像。包括今天中山、珠海、澳门三地在内的香山地区，在秦、汉、唐、宋、元、明时期已是“海上丝绸之路”的重要通道。近现代以来，香山人率先走向海外，走出国门，使这片土地成为中国近代史和近代文化的摇篮。梳理这片土地的海洋历史，找准文化为引领的发展地标，成为了中山、珠海、澳门三地的共识。在2014年7月11日郑和下西洋609周年纪念日当天，中山市率先启动“中山海洋文化地标”的评选，随后，珠海、澳门共同加入，促成三地联合发起寻找“香山海洋文化地标”活动。

【全球最大海洋主题乐园】 珠海长隆海洋王国于1月28是日开门迎客。作为横琴新区发展休闲旅游产业的重大项目，长隆海洋王国以世界眼光、全球视野进行规划建设，创造了多个全球第一。长隆海洋王国建设工程的总占地面积远超当今世界最大的海洋主题公园，拥有八大主题区域，呈现世界各地不同的海洋风貌，每个区域都包含游乐设计、表演和动物展示三大元素，这种设计为全球首创。该项目还创造了不少行业之最：拥有世界最大的海洋鱼类展览馆，馆内饲养有不同品种的珍奇鱼类多达15000条；拥有全球最大的鲸鲨展馆，安装了世界上最大的亚克力玻璃。开业首日，长隆海洋王国便吸引了来自世界各地的游客，共接待游客超过2.5万人次。

【承办中国海洋经济博览会】 2014中国海洋经济博览会在12月3—7日在湛江成功举办，这是由广东省人民政府和国家海洋局主办，湛江市人民政府、广东省商务厅和广东省海洋与渔业局联合承办的，共有32个国家、1300多家企业和机构参展，现场签约企业20多宗，达成交易成果或合作意向金额210多亿元，进场参观的观众超过30万人次。海博会成功搭建起中外海洋经济交流合作平台，充分展示了海洋事业的丰硕成果和良好风貌。

（广东省海洋与渔业局）

深圳市

综述

2014年，深圳市海洋局全面学习贯彻党的十八大和十八大三中、四中全会精神，以及中央和省政府、省海洋渔业局关于海洋工作的一系列部署，深入推进了海洋资源管理、环境保护等工作。对照《广东省海洋与渔业局2014年工作要点》和该局2014年改革计划，对我市海洋功能区划实施与修编、海域管理、海岸线保护与利用、海岸带整治与修复等工作进行了全面的梳理和总结，创新性地推进海洋领域的改革任务。

海洋立法与规划

【海洋立法】 创新起草《深圳市海域管理条例》。条例草案根据十八大有关建设海洋强国的精神，按照海陆统筹、海陆一体化开发管理的原则，结合深圳市实际，对全市海域管理体制机制进行了一系列制度构建和创新，包括：结合不动产统一登记新形势，从资源管理角度，构建海陆统筹协调机制；构建多层级海洋规划体系，将海洋环境保护和海域使用统一立法；探索建立海域使用权市场化、创新围填海造地中海域使用权与土地使用权的衔接机制；探索建立海洋生态保护措施、建立完善海洋环境污染防治制度等。2014年，该条例草案已通过深圳市海洋局局长办公会审议，下一步将报送市法制办。

出台《深圳市海域使用金使用管理暂行办法》。2014年8月19日，深圳市海洋局联合深圳市财政委联合出台了全国首个海域使用金使用管理地方性法规——《深圳市海域使用金使用管理暂行办法》。该办法规范了海域使用金用途管制、申报程序和监督检查等领域的工作。为减轻我市渔民负担，促进渔业经济发展，目前正在联合市财政委推进制定我市海域养殖用海海域使用金减免政策。2014年应收尽收，征收海域使用金1875万元，足额入库。

【海洋规划】 2014年，深圳市海洋局积极开展《深圳海洋发展战略研究》工作，邀请高校、专业研究机构参与研究工作。研究提出：深圳是南海之滨的国家经济中心城市，是全国改革开放的排头兵，应抢抓机遇、向海发展，努力成为南中国的海洋经济中心城市，在丰富深圳湾区经济发展内涵的同时，成为国家南海开发和“一路一带”战略的桥头堡。2014年9月，深圳市海洋局联合深圳市委改革办在市级主要领导刊物《决策参考》上专题刊出《向海发展，把深圳打造成南中国海洋经济中心城市》，研究成果得到了市领导的高度认可。2014年12月25日，深圳市出台《关于大力发展湾区经济建设21世纪海上丝绸之路桥头堡的若干意见》，融入了关于深圳海洋战略研究的相关成果。

开展深圳沙滩专项规划研究。坚持陆海统筹、社会公平、可持续发展的原则，全面调研、深入座谈。踏勘深圳市东部56处沙滩，针对沙滩浴场陆域海域特点，结合社会大众的不同层次的需求，将浴场分为免费开放型、政府限价型、市场定价型。关于沙滩浴场管理办法，多次与深圳市城管局、深圳市文体旅游局、盐田区政府、大鹏新区管委会、各街道社区等部门沟通。2014年7月专题行文《关于我市沙滩管理有关问题的请示》报市政府，市政府已就沙滩分类管理模式、行业主管部门、沙滩投资建设模式等问题再次征求市编办、发展改革委、文体旅游局、城管局等各部门意见。目前，正在按照市政府的要求继续深化完善沙滩管理办法。

探索推进海岸带综合管理。深圳是全国唯一一个实现规划、国土、海洋管理统筹管理的海洋城市。在全市海洋管理体制创新的基础上，以海陆统筹为指导方向，以海岸带分割管理出现的问题为导向，寻求海陆资源统筹管理，实现我市从沿海城市真正走向有海洋特色的滨海城市。目前已初步划定全市海岸带范围。根据环境保护优先、分级分类管理的原则，将全市海岸带区域按生产性岸段、生活性岸段和自然性岸段几种功能进行划定。2014 年 11 月 19 日，邀请国家海岛研究中心李文君、中科院海岸带研究中心研究员薛钦昭等赴深圳市共同交流全市海岸带综合管理研究工作。

海 岛 管 理

【海岛保护执法】 深圳海监支队认真执行省总队 2014 年海岛巡查方案，重点对海岛保护法实施前已获得无居民海岛开发权的用岛项目情况进行了核查与保护，并指导宝安大队通过购买服务方式，安排 6 名工作人员轮流驻岛，严格保护辖区内小铲岛的资源与环境，防止海岛被不当开发利用。

【十大美丽海岛评选】 2014 年 6 月，深圳市内伶仃岛被评选为广东省十大美丽海岛之一。

海洋环境保护

【海洋环境保护规划】 在对我市海洋环境充分调查分析的基础上，结合环境保护与资源开发的需要，研究制定具有指导性、强制性的海洋环境保护规划。提出海洋环境污染防治对策，加强源头控制与管理，从陆域、海域两个方面分析海洋环境污染治理的要求。推动建立海洋环境资料共享机制，充分发挥海洋、环境、水务、市政等部门环境数据资料的作用，增强政府部门信息交流。目前已完成前期工作。

【碧海行动】 在海洋环境保护执法中，深圳海监支队结合全省“碧海-2014”行动，重点加强深圳市西部海域海洋开发活动热点区、生态敏感区、海洋工程建设区的监控。采取定期巡查、不定期检查和夜间伏击相结合的执法模式，加大非法海洋倾废行为监管，及时发现并查处 5 宗海洋违法倾废案件。在珠江口海砂轮值执法中，根据省总队统一部署，加大执法巡查力度，在轮值执法期间，坚持全天候不定时巡查，保持打击无证采砂、越界采砂的高压态势，依法立案 8 宗，执行罚款 65 万元，另有 5 宗采砂案件依法移送省总队，较好地完成了省总队交办的轮值任务。

海洋生态文明

【海洋生态红线】 借鉴国内外海洋生态环境管制的先进经验，结合深圳海洋管理的基本情况，按照陆海统筹的思路，从保障经济社会持续健康发展的角度出发，以保障生态系统的完整性与安全性、生态资源价值的不可替代性为原则，以海洋和海岸带的重要生态功能区、生态敏感区、生态脆弱区等为保护重点划定实施严格管控和强制性保护的区域。目前已对海洋生态环境现状特征、社会、经济等因素进行了综合评估，为划定生态红线范围奠定了基础。

【珠江口海域相关环境研究】 启动珠江口深圳海域环境容量与污染排放及总量控制研究和珠江口深圳海域海砂开采对海洋环境影响研究，开展基于环境容量的污染控制治理机制研究，为以海定陆城市发展模式奠定基础。开展我市龙岐湾陆源污染调查，识别重要陆源污染源，对已有的在建和未建治污工程进行评估分析，加快河水环境治理，修复河口海岸滩涂湿地和河流漫滩地。

【设立禁渔区】 为保护深圳湾生态环境，有效打击深圳湾非法捕捞，经广东省海洋与渔业局批准，于 2014 年 5 月 1 日起将深圳湾深港跨海大桥以东、粤港水域边界线以北至深圳陆域约 23 平方千米的海域设为禁渔区，为期 5 年。有效期内全年全时段禁渔。禁渔区实施一年以来，加大执法管理力度，组织全体执法人员轮值，加强巡查执法，严查重罚各类非法捕捞行为，同时通过市“两罚衔接”平台实现海监渔政执法与刑事司法的有效衔接，依法追究非法捕捞人员的刑事责任。至 2015 年 5 月 1 日，共出动禁渔区执法 4933 人次、执法艇 991 艘次，收缴 46 万余米违禁网具，取缔 360 艘“三无”船舶，以非法捕捞水产品罪依法追究 5 名非法捕捞人员刑事责任。一年来，深圳湾非法捕捞行为得到有效遏制，部分种类的候鸟数量明显增多，深圳湾渔业资源得到有效保护，海洋生态环境明显好转。

【海洋生物资源调查】 2014 年深圳市海洋局完成了深圳湾海洋生物资源多样性的调查研究工作。本次调查分春、夏、秋、冬 4 个季节对展开，共鉴定出：浮游植物 107 种，以硅藻、甲藻和绿藻居多；浮游动物 83 种，以沿岸暖水性种类和外海暖水性种类占大多数；底栖生物 58 种，分别隶属于 8 门 22 目 41 科；鱼卵仔稚鱼 17 个种类，隶属于 17 属 17 科；游泳动物

104 种，分别隶属于 14 目 49 科。根据调查结果编制形成《深圳湾海域生物多样性研究报告》和《深圳湾海域游泳生物图谱》。

海洋环境预报与防灾减灾

【海洋环境监测】 2014 年，深圳市海洋局持续开展深圳市全海域海洋环境状况、海洋功能区环境状况等的监视监测工作，并加强了对深圳湾、前海湾和龙岐湾的监测密度和频度。全年出海 165 航次，航程 1500 海里，布设各类监测站位 115 个，分析样品 2200 份，获取有效数据 2.5 万个。2014 全年海水水质符合第一、二类海水水质标准的海域集中在东部海域，约占东部海域总面积的 85%，局部海域水质出现劣于第二类海水水质标准的情况，主要超标因子是石油类、无机氮和溶解氧；西部海域海水水质均劣于第四类海水水质标准，主要超标因子是无机氮、活性磷酸盐，部分海域溶解氧含量较低。与 2013 年同期相比，海水质量变化较大是东部海域，5 月符合第一、二类海水水质标准的海域面积减少了 145 平方千米，约占深圳市海域总面积的 13%，局部海域石油类含量略高是导致这一变化的主要原因；8 月符合第一、二类海水水质标准的海域面积增加了 243 平方千米，约占深圳市海域总面积的 21%；10 月海水水质差异不大。

【陆源入海排污状况】 2014 年深圳市海洋局加强了对深圳市海域沿岸 15 个主要陆源入海排污口的水质监测，监测频度从每年 4 次提高到每年 6 次。其中每次监测均达标的入海排污口有 4 个，相比 2013 年增加了 1 个；其余 11 条排污口则在某些监测月份出现超标排放现象。总体看来，西部海域排污口的超标排放情况较为严重，主要超标因子为化学需氧量、氨氮、总磷和悬浮物等。2014 年深圳市 15 个入海排污口的达标排放次数占总监测次数的 72.2%，与 2013 年（68.3%）相比略有升高。

【海水浴场环境】 2014 年 4 月 24 日至 10 月 31 日深圳市海洋局对大梅沙和小梅沙海水浴场的环境质量进行了连续 191 天的监测与预报，每天通过政府网站、电视台等媒体发布浴场的水质状况及未来三天的健康指数、游泳适宜度及最佳游泳时段等信息。2014 年，大、小梅沙海水浴场水质状况年度综合评价为良。大梅沙海水浴场水质为优和良的天数占总监测天数的 91.6%，小梅沙海水浴场水质为优和良的天数占总监测天数的 94.8%；水质不佳的主要原因是粪大肠菌群数量超标。大梅沙海水浴场适宜游泳和较适宜游泳的天数占总监测天数的 81.2%，小梅沙海水浴场适宜游泳和较适宜游泳的天数占总监测天数的 85.3%，天气不佳、赤潮是不适宜游泳的主要原因。

【赤潮】 2014 年深圳市海域共发现赤潮 7 起，包括 3 次多纹膝沟藻赤潮，2 次红色赤潮藻赤潮，以及赤潮异弯藻和夜光藻赤潮各 1 次，累积面积约为 15.55 平方千米。2014 年赤潮发现集中在 2—6 月，占全年赤潮发现次数的 86%；其中 6 月 18—25 日发生在大鹏湾大梅沙海域的红色赤潮藻赤潮规模最大，持续时间最长。近 12 年，深圳海域共发现赤潮 62 次，累积发生面积 621.85 平方千米，2014 年赤潮发现次数略高于近 12 年的年度均值 5.2 次/年，而累积发生面积明显低于近 12 年的年度均值 37.8 平方千米/年。

【台风、风暴潮和海上溢油事故】 2014 年，影响深圳的台风和热带风暴主要有 3 个，其中 2 个造成较大的风雨影响。6 月 14 日的第 7 号热带风暴“海贝思”成为 2014 年首个进入深圳市 500 千米范围的热带气旋；7 月 18 日的第 9 号台风“威马逊”是近 41 年来登陆华南地区最强的台风，受其外围环流影响，深圳市陆地平均风 6～7 级，沿海和高地阵风 8～9 级，并伴随有一次大到暴雨降水过程；9 月 16 日，第 15 号台风“海鸥”（台风级）导致深圳市陆地平均风 6-7 级和阵风 8～9 级，沿海和高地阵风 10～11 级，其中最大阵风 33.9 米/秒，并带来 9 月唯一的 1 次全市性暴雨。2014 年，深圳未发生有较大影响的风暴潮和海上溢油事故。

海洋执法监察

【概况】 2014 年，深圳海监支队严格落实省总队的各项工作部署要求，认真执行海监“三巡”制度和“网格化”监管制度，派出执法船艇 661 艘次、执法车辆 474 辆次、执法人员 3256 人次，共检查各类涉海项目 30 个，发现违法行为 18 起，查处案件 13 宗，执行罚款 90.5 万元，其中倾废案件立案 5 宗，执行 5 宗，执行罚款 25.5 万元；采砂案件立案 8 宗，结案 8 宗，执行罚款 65 万元。另有 5 宗采砂案件依法移交省总队处理。

【处理违法围填案件】 按照省总队关于重点查处“未批先填”围填海项目的要求，发现并处理 4 宗涉嫌海域使用违法案件。其中，西气东输项目中沙宝利疏浚工程有限公司涉嫌非法占用海域案，当事人已主动恢复海域原貌，案件后续处理工作已按要求移交省总队。同时，对涉及我市的 4 个国家审计署发现的涉嫌“未批先填”的围填海项目进行了及时核查，核查报告已按要求上报。

【制度建设】 开展海监案件会审制度修订工作。2014 年着手细化海监案件会审程序，进一步明确了案审会的参加主体，提出了票决制度基础上的案件会审主要原则，案件处罚决定必须有 2/3 以上与会部门同意方可通过。目前，该会审制度正在进一步征求意见中。开展海监“三巡”制度修订工作。针对“三巡”制度在实际执行中存在效果不佳的问题，进行修改完善，进一步明确了巡查方式、巡查主体和巡查不到位的责任等事项，特别是对巡查提出了一些量化的硬性要求，确保及时发现和查处海洋违法行为。

【海监基地建设】 2014 年，在省市上级部门的高度重视下，海监基地项目建设取得了实质性进展。招标确定了高水准的陆域工程设计单位，水工工程初步设计获得了国家海洋局批复，完成了地质勘察、水工施工图设计、通航安全评估、项目环评、海洋倾废许可等工作。特别是项目的建设工作也成功移交给深圳市建筑工务署。目前正在抓紧完成该项目的其他前期报建手续。

海洋科技

【信息化建设】 推进海域远程智能网络视频监控系统建设工作。开创性地集成海域管理、海洋环境、海洋经济、观测预报等业务和系统，建立海洋经济监测与评估系统。搭建“深圳市海洋综合信息平台”。完成海洋环境自动监测系统建设二期 5 个浮标的建设，建成包括 15 个浮标在内的全海域浮标监测网络，实现浮标系统的业务化运行。完成 4 个地波雷达站（共规划 5 个）的基础设施建设。启动深圳市海洋基础资源调查一期相关工作。

海洋文化

【海洋文化发展规划纲要】 为了保护和传承海洋历史文化、创新海洋文化体制机制，完善海洋文化服务体系、丰富海洋文化产业体系，提升全民海洋文化意识，开展了《深圳市海洋文化发展规划纲要》的项目研究工作。计划分为《国内外海洋城市文化发展典型案例研究》、《海洋与城市形态互动演进研究》、《深圳还杨历史文化及遗存挖掘与评价》、《深圳市海洋文化发展规划纲要》、《深圳市海洋文化建设三年行动方案》、《深圳市民海洋意识调查研究分析报告》等 6 个子报告，为构建符合深圳城市特点的湾区城市海洋文化提供实施纲领和操作指导。目前项目已完成中期成果。

【海洋日系列宣传】 2014 年海洋宣传日系列活动期间，以增强公众的海洋环境和资源保护意识为中心，通过制播海洋环保主题的电视公益片、广播公益广告等方式，呼吁民众用自己的行动保护海洋环境和资源，推进海洋生态文明建设。其中电视公益片获广东省纪录片三等奖。

（深圳市海洋局）

广西壮族自治区

综　述

2014 年，广西各级政府及涉海部门认真贯彻落实党中央、国务院建设海洋强国的战略部署，紧紧抓住广西建设“一带一路”有机衔接的重要门户、构建西南中南开放发展新的战略支点、打造中国—东盟自贸区升级版等重大机遇，大力实施北部湾经济区和西江流域黄金水道建设“双核驱动”战略，完善海洋产业布局，优化海洋产业结构，促进海洋强区建设，广西海洋经济在新常态下保持平稳的发展态势。

海洋经济与海洋资源开发

【海洋经济运行情况】　2014 年广西海洋生产总值 922 亿元（初步核算），比上年增长 9.1%，占广西地区生产总值的比重为 5.9%。海洋第一产业增加值 162 亿元，第二产业增加值 357 亿元，第三产业增加值 403 亿元。海洋三次产业结构为 17.6∶38.7∶43.7。主要海洋产业增加值总计为 481 亿元，比上年增长 10%（现价）。

【开发性金融促进海洋经济发展试点】　按照《国家海洋局国家开发银行关于开展开发性金融促进海洋经济发展试点工作的实施意见》（国海规字〔2014〕707 号）（以下简称《实施意见》），为切实推进试点工作，广西海洋局主动与国家开发银行广西分行对接，协调建立工作机制和推进计划，推选试点城市；组织沿海三市海洋局根据相关要求广泛征集和筛选本地的项目，并开展了相关工作。

【海洋经济调查前期工作】　2014 年，为进一步摸清全国海洋经济“家底”，经国务院批准同意，决定开展第一次全国海洋经济调查工作。根据国家海洋局工作部署，广西海洋局积极组织实施，扎实开展广西第一次海洋经济调查的前期准备工作。为切实加强对全区海洋经济调查工作的组织领导和统筹协调，经广西壮族自治区人民政府同意，7 月 18 日成立了“第一次全区海洋经济调查领导小组”（桂海发〔2011〕40 号）。8 月底，广西完成了《第一次广西海洋经济调查总体方案》和《第一次广西海洋经济调查实施方案》的编制工作。9 月 5 日，广西海洋局组织召开了总体方案和实施方案审查会，对预算编制及说明部分进行了重点审查。目前方案正在进一步修改完善中。

【海洋经济运行监测与评估系统建设】　2014 年，广西海洋局按照国家海洋局《省级海洋经济运行监测与评估系统建设指南》和广西系统建设实施方案的要求，在专题研究方面：一是完成监测指标体系专题研究，监测指标总数 236 个，其中满足国家要求指标 187 个，体现广西特色指标 49 个。月度、季度、半年度、年度和不定期指标频率所占比例分别为：2.97%、0.85%、7.20%、80.08%和 8.90%。预计指标数据可获性为 67%。二是完成用海单位名录，初步确定用海单位数量为 83 家。三是编制《广西市级海洋生产总值核算研究报告》，拥有部分相关市级核算数据。同时，形成《广西海洋经济综合实力分析报告》、《广西海洋强区建设潜力分析报告》等专题理论成果。四是开展评估方法和模型研究工作。根据广西实际，开展《广西海洋经济发展基本分析与预测模型》、《市级海洋经济竞争力评价模型》和《广西海洋产业景气指数及预警分析模型》等 3 个模型及经济运行评估方法研究。系统研发总体情况是除评估系统外，已完成广西海洋经济运行监测与评估系统开发工作，基本具备业务化运行条件，编制了用户使用手册，软件通过了第三方专业测试和系统安全等级测评。

海洋立法与规划

【海洋环境条例宣贯工作】　《广西海洋环境保护条例》（以下简称《海环条例》）已于 2013 年 11 月 28 日在广西壮族自治区人大常务委员会第七次会议上审议通过，在 2014 年 2 月 1 日起开始施行。广西海洋局以此为契机，在 2014 年 1 月在南宁组织召开了《海环条例》贯宣会，在 7 月份举办了一场以“宣传《海环条例》”为主题的海洋法律法规知识竞赛活动，8 月份组织了 2014 年广西海洋法制培训班，重点对《海环条例》进行讨论和学习。以上活动都取得了良好效果，在社会掀起了对《海环条例》的学习、普及、运用的氛围。

【海域条例立法辅助工作】 2013 年底，《广西壮族自治区海域管理条例》（以下简称《海域条例》）列入自治区政府 2014 年立法计划。根据立法程序，广西海洋局配合自治区政府法制部门开展《海域条例》立法辅助工作，包括区内外调研、召开专家评审会等工作，最后在 2014 年 10 月 15 日广西壮族自治区十二届人民政府第 37 次常务会议上审议通过了《海域条例》，并在 11 月份提请至自治区人大进行审议。

【海岛立法前期工作】 为了贯彻落实《中华人民共和国海岛保护法》和对广西海岛资源进行保护和利用。2014 年广西海洋局开展了海岛立法相关立法前期研究。一是收集广西海岛管理、开发利用等实际材料；二是开展区内外调研，特别对无居民海岛权属、有偿使用等海岛开发与保护管理问题进行探讨；三是根据所收集来的材料，最终形成了海岛立法前期研究评估报告。

海域海岛管理

【海域海岛使用管理】 2014 年自治区人民政府批准用海项目 30 宗，用海面积 1151.95 公顷（其中填海面积 420.12 公顷）。办理工程建设项目海域使用权初始登记 35 宗，发放海域使用权证书 50 本。同时，我区积极开展市场化配置海域使用权探索，完成制定海砂开采招拍挂办法和流程，此项工作在全国走在前列。

【市级海岛保护规划】 2014 年 3 月，广西壮族自治区人民政府印发北海市、钦州市、防城港市海岛保护规划，切实加强了广西海岛资源保护，为科学、合理、有序地开发利用好海岛资源奠定了坚实的基础。

【海岛舆论宣传工作】 为全面加强全区无居民海岛保护，进一步规范无居民海岛使用申请审批、海岛使用权出让、海岛使用项目评审、海岛开发利用的工作，2014 年 3 月出台了《广西壮族自治区无居民海岛使用权出让评估办法》；《广西壮族自治区无居民海岛使用项目论证评审专家库建设和管理办法》；《广西壮族自治区海洋局关于无居民海岛开发利用论证管理规定》；《广西壮族自治区海洋局关于无居民海岛使用审批管理工作的通知》。6 月新华社、广西日报、南国早报各大媒体网络对我局出台的部门规章进行了报道，该报道引起社会热议，各大媒体纷纷转载，对海岛方面的法律法规进行了详细解读，使公众进一步了解海岛的法律法规。

海洋环境保护

2014 年广西核准海洋工程环境影响评价报告书（表）28 宗，依法评审 13 次，并对其中围填海项目实行听证。在近岸海域组织实施包括海水、海洋生物多样性和近岸典型海洋生态系统、海洋自然/特别保护区、陆源入海排污口及邻近海域、入海江河、海洋垃圾、海水浴场、海水增养殖区等在内的各项海洋环境监测，开展广西首个海洋放射性监测实验室建设。编制和发布《2013 年广西海洋环境质量公报》。2014 年广西海洋局会同广西环境保护厅及其他有关部门开展《广西壮族自治区近岸海域环境保护行动方案》编制工作，并联合住建、水产等多部门开展近岸海域环境保护检查，对广西沿海三市入海污染治理工作情况和存在问题进行督查。2014 年 2 月广西首部海洋地方法规《广西海洋环境保护条例》正式施行，体现了广西贯彻落实十八届三中全会关于建设生态文明必须建立系统完整的生态文明法律法规体系，用法律法规制度保护生态环境的精神，标志着广西海洋环境保护工作将进入一个新阶段。2014 年启动了《广西海洋环境保护规划》的修编工作，力求系统、科学布局广西海洋环境保护工作。

海洋生态文明

2014 年陆续开展了《广西海洋生态保护与建设规划》、《广西生态监控区建设规划》、《广西海洋生态文明建设规划》的编制工作，2014 年启动了《广西海洋环境保护规划》的修编工作，力求系统、科学布局广西海洋环境保护工作。2014年广西海洋局开展了《广西海洋生态红线划定研究》、《广西海洋生态补偿机制及立法可行性研究》研究工作，并和国家海洋局第一海洋研究所就海洋生态红线划定和海洋生态补偿机制建设工作进行了交流学习。2014年广西山口红树林国家级自然保护区初被评为全国最美湿地，同时《广西山口国家级红树林生态自然保护区总体规划（2011—2020）》获得国家海洋局批复。2014年广西被国家海洋局指定为全国海洋示范性自然保护区。

海洋环境预报与防灾减灾

2014年广西发生沿海“威马逊”、“海鸥”风暴潮灾害过程，受灾人口224.78万人，农田受灾面积3.73千公顷，水产养殖受灾面积8.83千公顷，损坏渔船501艘，损坏海岸工程75.97千米，直接经济损失28.30亿元。广西沿海及北部湾北部海域出现波高≥3.0米大浪的天数共40天，其中冷空气引起的大浪19天，西南大风引起的大浪17天，热带气旋引起的大浪4天。广西沿海共发生了2次异常大潮过程，但实测最高朝位均低于当地警戒潮位，异常大潮均未造成灾害。2014年5月16日，运输建筑材料的货船“捷安达2”号在涠洲西角码头倾斜侧翻，导致机舱内的燃油大量外泄，由于广西海事等部门的有效控制，经监测，该漏油事故并未对周边海洋环境造成较大影响。2014年广西沿海未发生赤潮灾害。海洋管理部门组织开展2014年度广西海洋灾害应急演练。

海洋执法监察

【海洋行政执法】 2014年，广西各级海监共出动执法船艇865航次，执法车辆1213车次，派出执法人员5267人次，开展海域巡查1895次。发现违法行为351起，有效制止违法行为291起，立案查处57起。办结案件55起，决定罚款1554.36万元，实际收缴罚款1554.36万元。

打击违法用海 深入开展海域行政执法检查，打击违法用海行为。①依法查处无证用海、未批先建、超面积围填、擅自改变海域用途的违法行为。全区各级海监机构加大对边申请、边审批、边施工等“三边工程”的查处力度，对擅自改变海域用途、超面积围填海行为坚决予以打击，严厉查处了一批重大海域使用违法案件。全年查办海盾案件3起。②打击非法占海、霸海行为，规范海洋养殖。北海市海监支队联合市渔政渔港监督支队、海城区海洋与水产畜牧兽医局等单位，依法对市区北岸近岸海域的违法占海设施进行全面清理；防城港市支队联合渔政部门对西湾海域非法养殖设施和养殖物进行清理，并配合钦州市水产畜牧兽医局打击非法养殖花蛤螺及电炸毒鱼违法行为。③清理整治海岸私搭乱建行为，对海岸沿线违法建筑和附着物依法进行拆除，对沿岸居民占用海域非法填海行为依法责令停止违法行为。

开展海洋环境执法 针对破坏海洋生态的砍伐红树林、非法捕捞、自然保护区内捕鸟、海洋倾废、重点排污口等违法行为进行严厉打击。协助水产渔政部门开展专项整治高压水枪非法捕捞沙虫，制止非法砍伐红树林行为，打击非法捕捉海鸟，开展船舶非法排污专项检查。9月份，区总队、自治区海洋局海洋环境保护和海洋预报减灾处联合组织广西海洋监测预报中心及沿海三市海监和海洋环保部门开展“碧海2014”专项执法，分别对沿海6个入海重点排污口、11个在建海洋工程项目及部分海岛、海域进行巡查。

维护海岛安全 全区各级海监认真组织开展海岛巡查执法工作。在海岛及其周边海域共发现违法行为15起，有效制止14起，依法拆除违法建筑行为1起。共检查有居民海岛19个，无居民海岛267个（其中已开发利用无居民海岛91个）。组织北海市支队开展对南流江海域因采砂而导致岛屿灭失的情况进行了调查。

严厉打击非法采砂 2013年初，自治区海洋局联合自治区公安厅、国土资源厅、工商行政管理局、水产畜牧兽医局和广西海事局制定《广西海域开采海砂综合治理联合行动工作方案》。7—9月，总队联合沿海三市六部门，分别在合浦县海域及铁山港海域、大风江海域、茅尾海海域开展打击非法采砂行动。2014年，共查处非法采砂案件50起，有力地打击了非法盗采海砂的嚣张势头。

【海洋维权】 2014年，按照上级部署和区总队工作计划，组织北部湾维权巡航执法5次，参加南海维权巡航执法5次。一是出色完成南海专项维权巡航执法任务。中国海警 3113 船（中国海监 1118 船）共参加了南海专项维权巡航执法任务5次，执行任务113天，分别执行了西沙海岛抽查、仁爱礁值班、南康暗沙值守等任务，航程10258海里。根据南海总队通知，分13批派出执法人员 28 人次参加由中国海监南海总队组织的维权巡航执法行动。10月21日，根据中国海警局指令，在任务海域截获违法交易野生保护海生物船一艘，解救二级保护动物大海龟 24 只，总重量约 2000 千克。二是认真组织北部湾定期维权巡航执法。按照年度巡航计划，组织北部湾定期维权巡航执法5次，出动执法人员112人次，执法船（艇）9艘次，航行924海里，拍摄照片365张，录像78分钟。看护海上界牌13个，海上石油平台 14 座，对北部海管辖海域实施了监管，履行了职责。三是积极推进600吨维权巡航执法船加入国家维权行列。经与中国海警局（中国海监总队）沟通，于2014年5月23日，两艘600吨船接受了中国海监南海总队测试。

海洋科技

【“科技兴海”专项管理】 2014 年，广西海洋局根据修订的《广西科技兴海专项项目管理办法》有关规定，经过向社会征集项目需求、确定顶层设计、发布招标公告、公开招标、确定项目承担单位、签订任务合同等步骤，落实专项项目 6 项，下达经费 295 余万元。今年的项目设置充分体现了国家和自治区对海洋工作的新要求，如《广西参与中国-东盟海上合作规划及构建海洋综合试验区方案研究》、《广西海洋经济调查总体方案及实施方案编制》、《广西海洋药物资源状况及其潜力评价》及《广西重要海洋资源综合评价及价值评估》等课题都是自治区贯彻落实中央、国务院建设海洋强国战略部署，实施科技兴海战略重要工作。此外，2014年广西海洋局组织相关专家对《广西红树林生态健康评价方法研究》、《广西海洋药物活性成分筛选示范性研究》、《钦州三娘湾海豚观光游对中华白海豚分布格局影响研究》及《茅尾海近江牡蛎环境效应评价及可持续发展对策研究》等 4 个合同到期项目进行了验收，为今后海洋科技成果推广应用夯实了基础。

【国家海洋公益性行业科技专项项目组织申报】 2014 年，首先，广西根据国家海洋局相关文件要求，积极组织广西有实力的海洋科研单位申报2015年度国家海洋公益性行业科研专项项目 3 项。其次，根据《国家海洋局关于开展 2010-2012 年海洋公益性行业科研专项部分项目验收工作的通知》要求，12月21日，广西海洋局作为推荐单位和受委托管理单位，组织有关专家在南宁召开了《海域使用权价值评估技术体系和决策系统研究与示范》项目自验收会，该项目为2011年国家海洋公益性项目，由广西红树林研究中心牵头，国家海洋环境监测中心、国家海洋局北海海洋环境监测中心站、国家海洋技术中心、淮海工学院、南宁大学、大连海洋大学等10多家单位共同承担。与会专家一致认为，项目在海域使用权价值评估和流转交易方面取得了多项创新成果，并且在一定范围内得到了应用，为下一步迎接国家验收奠定了基础。最后，落实了2013年广西海洋局推荐申报获批但延迟下达的国家海洋公益专项重点项目——“基于地埋管网技术的受损红树林生态保育研究及示范”，获得经费1000多万元，其中作为牵头单位的广西红树林研究中心获得经费700多万元。 （广西壮族自治区海洋局）

海 南 省

综 述

海南省管辖海域面积约 200 万平方千米，海岸线总长 1822.8 千米（不含海岛岸线），其中，自然岸线长度约 1226.5 千米，占海南岛海岸线的 67.3%，人工岸线长度约 596.3 千米，占海南岛海岸线的 32.7%。2014 年，海南省坚决贯彻“科学发展、绿色崛起、海洋强省”发展战略，以坚定的信心、有效的举措推进海洋经济发展，全省海洋经济呈现了快速发展的好势头，各项业务工作有序开展，海洋资源配置不断优化，海洋生态文明建设取得新突破，海洋综合管控能力显著提高，海洋基础设施逐步完善，海洋公共服务能力明显改善，科技兴海成效明显，为海南省经济社会发展做出积极贡献。

海洋经济与海洋资源开发

2014 年，海南省海洋经济保持高速增长的态势，为全省经济发展做出了积极贡献，成为海南国民经济发展的重要支柱。2014 年，滨海旅游业、海洋渔业、海洋交通运输业，成为拉动全省海洋经济快速发展的主要力量。海洋资源开发方面，一是海洋生物资源利用，2014 年全省海洋渔业产量 156.60 万吨，其中海洋捕捞产量 133.22 万吨，海水养殖产量 23.38 万吨。二是海洋空间开发利用，全省确权海域使用项目 53 宗，确权面积约 849.12 公顷。其中渔业用海 8 宗，确权面积 333.38 公顷；工业用海 1 宗，面积 1.10 顷；交通运输用海 11 宗，确权面积 176.84 公顷；旅游娱乐用海 28 宗，确权面积 311.20 公顷；海底工程用海 1 宗，面积 2.25 公顷；造地工程用海 3 宗，确权面积 24.13 公顷；其他用海 1 宗，面积 0.21 公顷。全省全年共征缴海域使用金 17145.58 万元。三是海水开发利用，全省海水利用累计 13800 亿立方米，利用方式主要由直接利用做冷却水及海水淡化两种。

海洋立法与规划

根据海南省委改革精神和海域管理需求，修订了《海南省实施〈中华人民共和国海域使用管理法〉办法》，制定了《海南省海域使用权审批出让管理办法》，构建招拍挂市场化配置海域资源的法律制度，强化规划计划管理、调整海域使用权出让权限、推行海域使用权招拍挂出让方式、加强填海造地用海的监督管理。编制了《海南省海域使用规划》，做好了《海洋特别保护区管理规定》《海南省实施〈防治海洋工程建设项目污染损害海洋环境管理条例〉办法》《海南省无居民海岛保护与利用管理条例》《海南省珊瑚礁保护规定（修订）》等法律法规的立法前期准备工作。深入开展政策研究工作。组织开展《建设南海海上公共服务平台的前期研究》《海南省海洋管理体制研究》《建设南海资源开发服务基地的前期研究》《新型渔业经营与执法监管体制的政策研究》《打造面向市场的海南渔业转型升级政策研究》《海南海洋文化产业化政策研究》6 项专题政策研究。积极策划开展《建设南海海上综合服务保障体系 服务国家海上丝绸之路战略》课题研究，年底前将完成调研和初步研究成果。

海域使用管理

2014 年，海南省全面落实国家海洋局坚持“五个用海”总体要求，依法加强海域使用项目的审核、审批和监督管理，完善海域使用管理及其配套制度建设，提升海域使用综合管理能力，深化海域和海岸资源的管理，重点推进海域资源优化配置，从法治、规划、改革等方面逐步推进海域使用权市场化。

【海域使用管理情况】 2014 年，海南省新增海域使用确权项目 67 宗，面积 1101.75 公顷，其中初始登记 45 宗，面积 872.16 公顷，变更登记 22 宗，面积 229.60 公顷。全年征收海域使用金 2.11 亿元。其中渔业用海 10 宗，面积 394.74

公顷；工业用海 4 宗，面积 56.61 公顷；交通运输用海 17 宗，面积 342.64 公顷；旅游娱乐用海 31 宗，面积 281.16 公顷；海底工程用海 1 宗，面积 2.25 公顷；造地工程用海 3 宗，面积 24.13 公顷；其他用海 1 宗，面积 0.21 公顷。

【规范海域使用管理】　第二次修订《海南省实施〈中华人民共和国海域使用管理法〉办法》，对规范海域资源开发和保护管理，促进海域资源支持经济社会发展发挥了积极作用；制定出台《海南省海域使用权审批出让管理办法》，进一步明确了海域使用各层级的职责分工和涉海项目受理、审核批准、出让等程序，对加强海域使用管理，规范海域使用权审批和出让，优化海域资源配置，促进依法用海具有重要意义；依据《海南省海洋功能区划（2011—2020 年）》及其国务院批复精神，积极指导各沿海市县（自治县）组织编制市县级海洋功能区划；组织编制了《海南省海域使用规划（2013—2020 年）》，已完成省政府报批稿；修订《海南省沿海市县审批用海项目备案管理规定》、颁布《关于海南省填海项目竣工海域使用验收组织管理工作的通知》，进一步体现权责一致，分级管理的原则，优化了备案和竣工海域使用验收管理工作；配合国家海洋局完成国家海域动态监管系统三沙市节点的挂牌。三沙市海域动态监管系统节点部署初步完成，视频会商系统已投入使用；进一步完善无人机遥感监测基地的建设，完成了无人机应急平台车的装备和使用，进一步完善了海南省现有的海域动态监视监测管理体系，提高海域使用行政审批效率，保障海南省在海洋功能区划、海域权属管理、海域有偿使用等制度的贯彻落实；积极组织和参与海岸带管理工作，会同国土部门制定了《海南经济特区海岸带范围》由省政府印发执行，认真贯彻海岸带管理法规，开展海岸带范围建设项目的审查，确保建设项目符合海岸带管理要求，审核近海项目用海，贯彻自然岸线保护要求。

海 岛 管 理

2014 年，海南省以完善制度配套为基础，以充分发挥无居民海岛资源市场配置的决定性作用为重点，以海岛巡查检查为抓手，以无居民海岛使用项目工程建设试点为突破口，以业务能力建设为支撑，稳妥推进海岛资源的合理开发利用，促进海岛地区经济社会可持续发展。

【完善制度配套建设】　为贯彻落实《海岛保护法》，为海南省无居民海岛管理工作提供依据，开展了《海南省无居民海岛保护与利用管理条例》立法前期调研工作，为立法做好论证和准备；为进一步规范海岛使用管理，起草《海南省无居民海岛开发利用招标拍卖挂牌出让暂行规定》及《海南省无居民海岛使用申请审批办法》报送省政府审批，联合省财政厅将《海南省无居民海岛使用金征收使用管理办法》报省政府审查。

【开展海岛巡查检查工作】　为深入贯彻落实《海岛保护法》和海南省委关于打击环境污染犯罪专项行动的指示精神，及时制止破坏海岛安全的违法行为，稳固海岛存在，提高公众海岛保护意识，维护国家主权、海洋权益，4 月制定并下发《关于进一步加强海岛巡查检查工作的通知》，同时下达各市县海洋与渔业局海岛巡查检查补助经费 98 万元，重点对领海基点海岛、开发利用海岛、河口海岛等重点海岛进行巡查检查。10 月下发《关于开展 2014 年海岛巡查检查工作检查及海岛巡查检查工作示范的通知》。各市县海洋与渔业局采取船舶巡航、登岛巡查和岸线巡查等方式不断加大海岛巡查检查工作力度。根据检查情况，11 月下发《关于各沿海市县海洋与渔业局 2014 年海岛巡查检查工作落实情况的通报》，对海岛巡查检查工作进行了总结，并对年度考核排列在前的单位进行了通报表扬。

【开展无居民海岛使用项目工程建设试点】　在三亚市开展无居民海岛使用项目工程建设试点工作，指导三亚市海洋与渔业局研究编制了《三亚市无居民海岛开发建设管理暂行规定》报送三亚市市政府审批。

海洋环境保护

2014 年，海南省海洋环境资源保持优良水平，管辖海域海水水质符合清洁海域水质标准，水质优良；近岸珊瑚礁生态系统和海草床生态系统基本保持其自然属性，生物多样性及生态系统结构相对稳定。

【海洋环境监测】 在全省近岸海域、西沙群岛海域布设监测站位 270 个，内容涵括全省近岸海水水质、海洋生物多样性及生态监控区监测东海岸生态监控区、海南省重点港湾控制性监测、陆源入海排污口及其邻近海域环境质量监测等监测内容，全年发布海洋环境通报 63 期，发布《2013 年海南海省海洋环境质量状况公报》《2013 年海口市海洋环境质量状况公报》《2013 年三亚市海洋环境质量状况公报》。

【海洋环境应急监测能力建设】 推进海洋放射性监测站建设，完成了海洋放射性监测能力建设方案，统筹 360 万元用于配置省海洋放射性监测专项设备。安排资金 98 万元补助三亚市开展重金属海洋环境监测能力建设。编制了海上应急执行程序和演练脚本，并完成脚本“桌演”和“推演”工作。

【强化海洋污染防治工作】 全年全省核准海洋工程环境影响评价报告书 15 项，受委托签发废弃物海洋倾倒许可证 4 个，批准倾倒量 46.21 万立方米，通过调研提出对东方八所海洋倾倒区进行调整和新建三亚牙龙角、昌江昌化、临高、乐东、万宁等海洋倾倒区的选划需求。

海洋生态文明

【加强海岛保护工作】 2014 年，海南省海岛保护工作以规划为引领，以领海基点保护为中心，以生态整治修复为重点，以海岛巡查检查为抓手，以业务能力建设为支撑，有效保护海岛及其周边海域生态系统，推进海洋生态文明建设。一是推进《海南省海岛保护规划》报批工作。二是率先开展领海基点保护工作。乐东莺歌嘴（3）（4）领海基点保护范围选划报告是全国第一个通过国家海洋局审查同时也是第一个获得省政府批准的领海基点保护范围选划报告。三是推进海岛保护项目顺利实施。自 2011 年起海南省先后申报实施赵述岛、大洲岛、羚羊礁、鸭公岛、北港岛等海岛保护项目 8 个，共获得中央分成海域使用金支持 35218 万元，目前各项目稳步推进。四是开展海岛巡查检查工作。重点对领海基点海岛、开发利用海岛、河口海岛等重点海岛进行巡查检查。五是开展海岛地名管理工作，6 月份完成了档案验收和移交，标志着长达四年之久的海南省海域海岛地名普查项目圆满结束。六是开展海岛监视监测系统建设，完成了国家海岛监视监测管理系统海南省建设项目。七是开展海岛调查工作，具体调查地理要素、地质情况、自然资源、开发利用现状及设想等情况。八是加强海岛宣传工作，组织编印了《海南省海岛管理文件汇编》、《海岛保护法》、《海岛保护法 100 问》、《海岛管理宣传手册》、《海南省设置名称标志海岛图册（上）》等资料，利用海岛巡查检查等方式发放宣传资料，提高了民众海岛保护的意识和能力。

【加强海洋生态保护与建设】 启动海洋生态保护红线划定工件，突出对珊瑚礁、红树林、海草床、泻湖、河口等脆弱海洋生态区域的保护。作为牵头单位参与省生态文明制度建设，参加《海南省生态补偿条例》、《海南省自然保护区条例》、《海南省生态红线区域保护规划》有关工作。组织开展国家级海洋保护区监控体系建设，我省海南万宁大洲岛海洋生态国家级自然保护区和海南三亚珊瑚礁国家级自然保护区两个保护区监控体系建设被纳入国家海洋局规划项目，三亚珊瑚礁保护区投入 180 余万元修缮完工西岛、亚龙湾保护站和购置电瓶巡逻执法车等执法装备，推进海南珊瑚礁生态修复基地建设项目，完善保护区自身能力建设。启动海南近岸国家级海洋公园选划工作，完成万宁潟湖海洋公园和三沙海洋公园的选划调研。启动海洋生态文明示范区建设工作，组织开展省级海洋生态文明示范区建设指标体系研制，指导三亚市和三沙市申报国家级海洋生态文明示范区。

【加快推进生态修复项目建设】 策划、组织申报和实施一批海域海岛海岸带整治修复与保护项目，万宁小海潮汐通道清淤项目，完成清淤疏浚 2 万平方米，年内完成三亚湾补沙修复项目，三亚国家级珊瑚礁自然保护区三亚小东海整治项目，已完成工程可行性研究。

海洋预报与防灾减灾

【海洋环境预报】 2014 年，海南省认真分析各类海洋、气象资料图表，制作、发布海南省管辖海域海洋环境预报10余份，全年累计发布常规海洋环境预报4000多份，各项预报精度达到要求。在海南省电视台综合频道、省新闻广播、交通广播电台、省厅网站、“中心”网站、海南省海洋防灾减灾网站上发布南海海洋环境预报各365份，在省电视台新闻频道每天播出新版海洋环境预报两档节目，共730份，顺利完成常规海洋环境预报任务。

【海洋灾害预警报】 2014年度影响南海的热带气旋共有5个，分别为1402号剑鱼、1407号海贝思、1409号威马逊、1415号海鸥、1422号黑格比。虽然影响南海的热带气旋比常年偏少，但强度很强，尤其是1409号超强台风威马逊，是41年来登陆华南的最强台风。在灾害应急期间，海南省开展应急会商共26次，向沿海市县各部门、相关服务单位发布海浪消息11期451份，海浪黄色警报7期287份，海浪橙色警报8期328份，海浪红色警报9期369份，海浪解除警报3期123份。发布风暴潮蓝色警报4期164份，风暴潮黄色警报5期205份，风暴潮橙色警报1期41份,风暴潮红色警报7期287份，风暴潮解除警报2期82份。在省电视台新闻频道和综合频道滚动播报灾害预警报信息30条，发送实况速报325份。2014年，海南省为规范海洋预警报产品的制作和发布，对原有海洋环境预报业务系统进行优化升级，以国家推广海洋预报业务人机交互平台为契机，结合海南省海洋预报实际工作特点，引进海洋预报业务人机交互平台并对部分模块功能进行开发订制，通过系统运用实现预警报制作发布流程的规范化和信息化，最大程度减轻预报员的工作量，提升预警报制作产品质量和工作效率。

【海洋防灾减灾】 编制完成《2013年度海南省海洋灾害总结与2014年度海洋灾害趋势预测》，在2014年度全国海洋灾害预测会商会议上进行交流，并及时向有关政府部门和相关单位发布《2013年度海南省海洋灾害评估与2014年度海洋灾害趋势预测通报》。5月，2013年海平面变化影响调查项目通过国家海洋信息中心组织的全国统一验收。2014年的海平面调查项目已开展并按时实施方案要求完成信息表的采集、实地调查、测量和报告编制工作。2014年警戒潮位核定的岸段有四个，分别为临高金牌港岸段、昌江海尾港岸段、乐东莺歌海岸段、万宁港北港岸段。目前已完成了包括外业调查、资料收集、临时验潮站的潮位观测、潮汐特征值内业计算和特征点高程测量等主要工作内容，编制报告于2015年3月完成征求意见和验收工作。2014年台风呈现风大、雨大、海洋灾害危害严重的特点，为抢抓时间，我省在威马逊台风影响过后，启动了无人机对翁田、铺前湾、东寨港沿海进行航拍调查，这是海南省首次运用航拍手段进行灾情调查，为今后开展该项工作也积累了经验，调查资料得到充实。

海洋执法监察

【加强南海维权巡航和护渔巡航】 2014年，共组织巡航执法43航（艘）次，累计395天，航程14672海里，发现并驱离国外渔船31艘。全年共派出15批30人次参与赴北部湾、西沙、南沙仁爱礁和黄岩岛海域的重大专项维权执法行动，进一步锻炼了执法队伍，积累了实践经验。5—7月在执行中建南项目专项维权任务中，组织精干执法人员，派出主力执法公务船，第一时间奔赴任务海域承担前线拦截和医疗救助等维权行动，多次强力驱离国外骚扰船只和开展我方伤病人员的医疗救助，出色地完成了上级下达的专项维权任务，受到中国海警局的高度肯定和通令嘉奖。

【推进海洋渔业执法工作】 以“海盾2014”、“碧海2014”和“护渔2014”专项执法行动为主线，组织了伏季休渔检查、非法作业生产查处、水生野生动物保护执法、珊瑚礁等自然保护区专项执法、违法违规用岛、用海、围填海及海砂开采行为查处等常规执法工作。严格查处违规用海，处罚了文昌西南部浅滩、儋州大铲礁等一批违法海砂开采行为。2014年，全省海洋执法立案86宗，结案65宗，上缴金额447.936万元，同比增加10%；联合中国海监第十支队、开展西沙海岛联合巡查执法行动，首次对西沙永兴岛、赵述岛等15个海岛（礁）进行建档造册；积极整合执法资源，开展综合执法。

【海洋保护区执法巡察工作取得成效】 三亚保护区组织出海巡逻600余航次，海岸巡护325人次，有效制止了违规入区的黑潜水、海上非法旅游、养殖网箱、挖沙采珊瑚碎石等违法行为。大洲岛保护区共巡察374次，驱赶违规入区渔船60余艘次，教育违规入区人员650人次，阻止旅游团队租用渔船登岛观光旅游、破坏保护区资源环境。

【推进执法工作规范化建设】 对现行《海洋行政执法实用手册》进行补充完善，进一步规范行政处罚自由裁量权基准制度、行政执法检查制度、行政执法案件办理制度、行政执法案件办理程序、行政执法文书制作等，配合单兵移动执法装备，对执法进行全过程记录，为预防和解决监督制约机制缺失、选择性执法等引发的失职渎职问题，实行一线执法、二线审批、三线监督三权分离，推进执法规范化建设基础，强化执法闭环管理。

海洋科技

【科技支撑体系进一步完善】 2014年，海南省积极推动海洋科技工作，取得了丰硕成果。海南省海洋与渔业科学院挂牌成立，该院是在原省水产研究所、省海洋开发规划设计研究院和省水产技术推广站基础上组建的全额拨款事业单位，编制95人，下设海洋工程研究室、海洋生态研究所等4个海洋与渔业科研机构。

【科技项目申报与实施】 扎实推进海洋科技项目，取得良好成效。其中，国家海洋公益性科研专项经费项目“南海深水区高值鱼类大型网箱健康养殖关键技术集成与示范”取得阶段性成果并通过项目中期检查、“三沙岛礁生态系统特有物种资源修复技术研究与示范”项目按照计划开始实施。

【科研项目进展顺利】 近岸典型珊瑚礁生态系统修复技术示范研究等一批科研项目进展顺利。四是做好海洋科技宣传推广工作。组织海科院、海南大学、中科院三亚深海所等单位参加了第二届国际海洋经济与科技专题展览，展馆面积90平方米，取得了很好的宣传效果；完成第十届科技活动月海洋与渔业科技活动的组织实施工作，开展了科技下乡、科普大集等多项活动。

海洋教育

为向全省广大中小学师生宣传海洋防灾抗灾知识，提高全民海洋防灾减灾基本技能，2014年11月18日，由海南省海洋与渔业厅和陵水县政府主办、陵水海洋与渔业局，陵水科学教育及技术局承办的“海洋防灾减灾知识进校园”活动在陵水中学正式拉开帷幕，11月18—25日，由6名专家组成的宣讲小组历时6天，前往陵城、新村、英州、黎安、三才等五个乡镇，陵水中学、中山小学、新村中学、英州中学、黎安小学等12所中小学校，42个班级，累计授课144个课时，为1500余名学生以“走进海洋，建设海洋强省”和“了解风暴潮、海浪、海啸等海洋灾害”为主题讲授海洋防灾减灾知识。为配合本次活动，编撰了《风暴潮、海浪、海啸灾害及其防御》、《海南省渔船安全生产手册（夏秋季）》两本科普读物作为礼物送给授课的学校。

海洋文化

适度开展对外宣传，对海洋基础建设、渔船普查、试点市场化出让海域、人工岛、应对赤潮等方面内容进行了宣传报道。结合6•8海洋宣传日开展普法活动，在南海网等多家网站推出开展建设海洋强省服务海上丝绸之路专题，内容包括“海上丝绸之路、发展动态、政策法规、知识竞赛、海洋意识调查、海洋宣传日简介”5个方面内容。点击率上万，参赛者上千人，达到调动社会各界积极参与本次活动、提高公众海洋意识和关心关注海洋强省建设的目标。结合法治中国海南实践宣传活动，在11月19日的海南日报刊发了《海洋立法》整版专刊。结合国际旅游岛5周年，12月底完成了海南日报的海洋专版稿件编撰。完成了海南省委宣传部下达《中国 海南》丛书海洋部分的编写任务，协助中央电视台完成了《走进南海》海南海洋与渔业的拍摄工作，多次协助省委宣传部对涉及敏感海域及事务的电视宣传片、文稿进行审核。6月2日，端午佳节，海南三亚举办主题为“千年遗韵，秘境疍家”的2014中国•三亚首届疍家文化节，疍家的历史源远流长，他们以海为伴，以舟为家，以渔为业，长年与风浪搏斗，文化节活动持续5天，向中外游客展现特色的疍家文化，让更多的人了解、认识疍家文化的悠久历史，打造海南海洋文化品牌形象。

（海南省海洋与渔业厅）

海洋公益服务

海洋环境监测

【综述】 为全面掌握我国管辖海域生态环境状况，2014 年，国家海洋局组织对海洋生态环境状况、入海污染源、海洋功能区、海洋环境灾害等开展了监测，布设监测站位 8700 余个，获取监测数据 200 余万个。

2014 年海洋环境监测的主要内容有海洋环境监测、海洋环境风险监测、海洋环境监管监测、公益服务监测。①海洋环境监测的主要内容包括：我国管辖海域海洋生物多样性监测，海水水温、盐度、海流以及海水质量状况监测，二氧化碳交换通量监测，大气污染物沉积状况监测等；②海洋环境风险监测的主要内容包括：重点海域主要环境风险监测，赤潮（绿潮）灾害及赤潮监控区监测，突发海洋污染事件及溢油跟踪监测，海洋放射性监测，海水入侵和土壤盐渍化状况监测，重点岸段海岸侵蚀状况监测等；③海洋环境监管监测的主要内容包括：海洋倾倒区、海洋石油勘探开发区、海洋保护区等环境状况、潜在风险监测以及陆源入海排污口及邻近海域、入海江河、海洋垃圾等陆源污染物排海状况监测；④公益服务监测的主要内容包括：海水浴场和滨海旅游度假区环境状况监测，海水增养殖区环境状况和养殖生物安全监测。

2014 年，我国海洋生态环境状况基本稳定。近岸局部海域海水环境污染依然严重，春季、夏季和秋季劣于第四类海水水质标准的海域面积分别为 52280、41140 和 57360 平方千米。河流排海污染物总量居高不下，陆源入海排污口达标率仅为 52%。监测的河口和海湾生态系统仍处于亚健康或不健康状态。赤潮和绿潮灾害影响面积较上年有所增大。局部砂质海岸和粉砂淤泥质海岸侵蚀程度加大，渤海滨海地区海水入侵和土壤盐渍化依然严重。海洋保护区生态状况基本保持稳定。海水增养殖区和旅游休闲娱乐区环境质量总体良好。

【海洋环境监测】 **海水环境状况监测** 由国家海洋局各分局负责组织沿海省市海洋行政主管部门实施，目的是掌握我国管辖海域海水水温、盐度、海流分布及变化，了解各海域主要污染物质分布、污染程度及变化状况。采用数据包括全海域：春季（4—6 月）监测 2225 个站位；夏季（7—9 月）监测 2268 个站位；秋季（10—12 月）监测 2054 个站位。

2014 年中国近海及周边海域水温数据主要来源于国家海洋局各级海洋站、浮标、断面观测、志愿船资料等实测的花样表层水温资料。中国近海及周边海域动力环境数据主要来源于国家海洋局各分局下属的大型锚系浮标、地波雷达和海洋监测等国内实测的定点连续海流资料。

海洋放射性监测 核电站和核地址邻近海域海洋环境放射性常规监测和背景调查由国家海洋局各分局负责组织沿海省市海洋行政主管部门实施，目的是了解沿海核电站周边海域放射环境基本状况及潜在风险，掌握核电开发活动对周边海域海洋环境的影响。监测站位分布在红沿河、秦山、田湾、宁德、大亚湾、海阳、台山、阳江、防城港和昌江核电站邻近海域，以及葫芦岛和青岛沙子口邻近海域。具体监测指标包括：海水中的氚、总铀、总β、铯-137、锶-90；海洋生物中的总β、铀-238、镭-226、钍-232、钾-40、铯-137；海洋沉积物中的总β、铀-238、镭-226、钍-232、钾-40、铯-137。

为掌握放射性物质的迁移扩散状况，分析福岛核泄漏事故对我国管辖海域及西太平洋海洋环境的影响，国家海洋局连续四年组织实施了西太平洋海洋环境监测。2014年，西太平洋海洋放射性水平监测区域为日本福岛以东和东南海域，台湾海峡及邻近海域，各海水监测站位具体监测指标包括：海水中的铯-134、铯-137、锶-90、钴-58、钴-60；海洋生物中的锶-90、铯-134、铯-137、银-110m、钴-58、钴-60；海洋沉积物中的铀-238、镭-226、钍-232、钾-40、铯-137、银-110m、钴-58、钴-60。

海洋生物多样性状况监测 由国家海洋局各分局负责组织沿海省市海洋行政主管部门实施，目的是通过全面开展我国管辖海域海洋生物多样性监测，掌握我国管辖海域海洋生物种类、分布、数量及变化状况。

2014年春、夏、秋季，以典型海洋生态系统和关键生态区域为重点，在我国管辖海域开展了海洋生物多样性状况监测，监测内容包括浮游生物、底栖生物、海草、红树植物、珊瑚等生物的种类组成和数量分布。春季（4—6月）选取滦河口-北戴河、莱州湾、杭州湾、乐清湾和闽东沿岸共5个区域作为重点监测海域；夏季（7—9月）选取双台子河口、滦河口—北戴河、黄河口、长江口、珠江口、苏北浅滩、锦州湾、渤海湾、莱州湾、杭州湾、乐清湾、闽东沿岸和大亚湾共13个区域作为重点监测海域。

海洋保护区监测 由国家海洋局各分局组织沿海省市海洋行政主管部门以及各国家级海洋保护区管理机构共同开展监测，目的是掌握海洋保护区主要保护对象、海洋环境、海洋生物多样性的现状及变化情况，为评估保护区的管理成效和制订保护区管理计划提供依据。

2014年对共有51个国家级海洋保护区开展监测，其中43个保护区开展了主要保护对象的监测，包括19个海洋生物物种类保护区、11个海洋自然遗迹类保护区和14个海洋生态系统类保护区开展生物多样性、生境及被保护对象监测，监测站位累计167个。

陆源入海排污口及邻近海域监测 由国家海洋局各分局组织沿海省市海洋行政主管部门实施，目的是掌握我国陆源入海排污口入海排污状况以及对邻近海域海洋环境的变化和影响，为监督陆源污染物排海提供技术支撑。

于3月、5月、7月、8月、10月、11月对我国沿海445个入海排污口开展排污状况监测。另外，于5月、8月重点监测了107个陆源入海排污口邻近海域的环境状况。监测内容包括排污口是否超标排放，减排指标变化情况，以及入海污染物对周边海域的主要生态环境、主要功能等造成的影响和危害。

入海江河监测 由国家海洋局各分局组织沿海省市海洋行政主管部门实施，目的是掌握江河入海污染物的种类、入海量及变化趋势。

于枯水期、丰水期和平水期对77条入海河流共297个站位开展监测。监测要素包括盐度、石油类、化学需氧量（COD_{Cr}）、氨氮、总磷、硝酸盐氮、亚硝酸盐氮、砷、重金属及河流年径流量等。

海洋大气污染物沉降状况监测 由国家海洋局各分局负责所辖海域大气监测站监测工作；国家海洋环境监测中心负责大连两个大气监测站点监测工作。目的是掌握我国重点海域大气污染物沉降状况，重点关注渤海大气污染物沉降通量的空间分布。

在全国4个重点大气站及9个渤海大气站开展2（渤海为3月）、5、8和10月共4个月大气污染物沉降连续监测。监测内容除气象要素外，干沉降监测要素包括总悬浮颗粒物、铜、铅、镉、锌、硝酸盐、亚硝酸盐、磷酸盐等；湿沉降监测要素包括铜、铅、镉、锌、砷、硝酸盐、亚硝酸盐、铵盐、磷酸盐、降水电导率、降水、pH等。

海洋垃圾监测 由沿海省市海洋行政主管部门负责组织实施，目的是掌握我国管辖海域海岸带垃圾的种类、数量和来源以及垃圾对海洋生态环境的影响。

2014年海洋垃圾监测内容包括海面漂浮垃圾、海滩垃圾和海底垃圾的种类、数量及来源。其中31个站位开展了海滩垃圾监测；29个站位开展了海面漂浮垃圾监测；10个站位开展了海底垃圾监测工作。

海洋倾倒区监测 由国家海洋局各分局负责对2014年正在使用的海洋倾倒区实施全覆盖监测，目的是掌握倾倒物组成成份及其在倾倒海域的迁移扩散过程，了解倾倒区及其邻近海域生态环境和渔业资源变化情况，评估倾倒活动对渔业资源和其他海上活动的影响，在此基础上，科学合理调整海洋倾倒区设置和倾倒许可证的签发。

全年对 68 个海洋倾倒区 659 个站位开展了水深、水质、沉积物质量、大型底栖生物、浮游植物及浮游动物和水文气象的监测，其中包括 53 个正在使用的和 15 个未使用的海洋倾倒区，实际使用倾倒区监测覆盖率达 88.3%。

海洋石油勘探开发区监测 由国家海洋局各分局负责本海区油气开发区及溢油多发海域开展监测，目的是掌握油气开发活动排海物质排放状况、油气区环境质量状况，评价油气开发活动的环境影响及其潜在风险影响。

2014 年对 24 个油气区（群）开展了水质、沉积物质量、生物质量、大型底栖生物、浮游植物及浮游动物和水文气象的监测，其中渤、黄海 16 个，东海 2 个，南海 6 个，监测覆盖率为 100%。

海水增养殖区监测 由国家海洋局各分局组织沿海省市海洋行政主管部门实施。目的是掌握海水增养殖区环境质量现状和变化趋势，关注由于海水增养殖活动带来的潜在环境风险，为保障人民身体健康和生命安全提供服务。

全年对 60 个海水增养殖区共 476 个站位开展水质、沉积物质量和生物质量监测。监测数据的时间段为 3—10 月；监测要素包括海水养殖状况，增养殖区海水、沉积物及底栖生物环境状况等。

海水浴场和滨海旅游度假区监测 由沿海省市海洋行政主管部门负责组织实施，目的是掌握海水浴场海洋环境状况，保障沿海社会公众娱乐休闲活动及人体安全健康。

在游泳季节对全国 23 个重点海水浴场和 17 个重点滨海旅游度假区开展每日监测，监测要素涉及水文、气象、水质、游泳人数和休闲人数等指标。

赤潮（绿潮）监测 由国家海洋局各分局负责组织沿海省市海洋行政主管部门实施，目的是掌握我国管辖海域赤潮灾害发生风险，及时发现赤潮灾害，为赤潮应急监测提供基本信息和支持。为养殖提供赤潮灾害信息。国家海洋局各分局、沿海省市海洋行政主管部门需按照《赤潮灾害应急预案》组织开展赤潮（绿潮）灾害应急监测，及时发布赤潮（绿潮）灾害监测预警信息产品。

各分局及沿海各级海洋行政主管部门利用航空遥感、卫星遥感、船舶、海洋站、志愿者等多种手段，对所辖海域实施赤潮（绿潮）监视监测，及时发现赤潮（绿潮），进行动态监视、预警和应急跟踪监测，共对 19 个赤潮监控区进行了监测。

突发海洋污染事件监测 继续对 2011 年发生的蓬莱 19-3 溢油事故和 2010 年发生的大连新港“7•16”油污染事件附近海域开展跟踪监测，目的是掌握溢油在海洋环境中的残留和漂移变化情况，了解油污染对周边海域海水水质、沉积物、生物体质量以及生态系统的中长期影响。

海水入侵和土壤盐渍化状况监测 由国家海洋局各分局负责组织沿海省市海洋行政主管部门实施，目的是掌握滨海地区海水入侵和土壤盐渍化现状、成因和环境风险。

于枯水期（3—5 月）和丰水期（8—10 月）开展了 2 次滨海地区海水入侵和土壤盐渍化监测，其中监测海水入侵区域 30 个，主要监测水样中的水位、氯度和矿化度等；监测土壤盐渍化区域 22 个，监测断面 49 条，主要监测土壤中的 Cl^- 含量、SO_4^{2-} 含量、pH 值和含盐量等。

重点岸段海岸侵蚀状况监测 由国家海洋局各分局负责组织实施，目的掌握我国沿海重点岸段海岸侵蚀现状、变化状况、成因和环境风险。

采用现场、航空遥感和卫星遥感等手段对我国具有代表性的 8 个岸段开展监测。监测要素主要包括侵蚀海岸长度、海岸侵蚀长度、年平均侵蚀宽度、年最大侵蚀宽度、年侵蚀面积等。

海洋二氧化碳源汇状况监测 由国家海洋局各分局负责所辖海域海-气二氧化碳交换通量岸岛基站、走航、浮标监测工作；国家海洋环境监测中心负责大连园岛岸岛基站以及北黄海走航监测工作。目的是掌握我国管辖海域海气界面二氧化碳交换通量，了解海洋环境主要调控因子对二氧化碳分压的影响。

在渤海、黄海、东海以及南海北部开展冬季（2 月）、夏季（8 月）2 个航次的海-气二氧化碳交换通量的断面走航监测。监测要素包括海水二氧化碳分压、大气二氧化碳分压，水文气象要素以及总碱度、pH、溶解无机碳、溶解氧、浊度、叶绿素 a、亚硝酸盐、硝酸盐、磷酸盐、铵盐、硅酸盐等环境要素。

【海洋环境状况】 **海水质量状况**　2014 年，全海域开展了春季、夏季和秋季三个航次的海水质量监测，海水中无机氮、活性磷酸盐、石油类和化学需氧量等要素的综合评价结果显示，近岸局部海域海水环境污染依然严重，近岸以外海域海水质量良好。春季、夏季和秋季，劣于第四类海水水质标准的海域面积分别为 52280、41140 和 57360 平方千米，主要分布在辽东湾、渤海湾、莱州湾、长江口、杭州湾、浙江沿岸、珠江口等近岸海域。近岸海域主要污染要素为无机氮、活性磷酸盐和石油类。

与上年同期相比，渤海、黄海和南海夏季劣于第四类海水水质标准的海域面积分别减少了 2740、530 和 3440 平方千米，东海劣于第四类海水水质标准的海域面积增加了 3510 平方千米。

春季、夏季和秋季，无机氮含量超第一类海水水质标准的海域面积分别为 156670、132050 和 165330 平方千米，其中劣于第四类海水水质标准的海域面积分别为 51350、39330 和 56390 平方千米，主要分布在辽东湾、渤海湾、莱州湾、长江口、杭州湾、浙江沿岸、珠江口等近岸海域。春季、夏季和秋季，活性磷酸盐含量超第一类海水水质标准的海域面积分别为 80740、63970 和 167660 平方千米，其中劣于第四类海水水质标准的海域面积分别为 15110、13090 和 24690 平方千米，主要分布在长江口、杭州湾、浙江沿岸、珠江口等近岸海域。春季、夏季和秋季，石油类含量超第一、二类海水水质标准的海域面积分别为 13090、18760 和 10780 平方千米。主要分布在辽东湾、莱州湾、台州湾、粤西沿岸、雷州半岛西岸的局部海域。

海水富营养化状况　春季、夏季和秋季，呈富营养化状态的海域面积分别为 85710、64400 和 104130 平方千米。夏季呈富营养化状态的海域面积与上年同期基本持平，重度、中度和轻度富营养化海域面积分别为 12800、15840 和 35760 平方千米。重度富营养化海域主要集中在辽东湾、长江口、杭州湾、珠江口等近岸区域。

海洋水文状况　在我国管辖海域开展了海洋表层水温和水体盐度监测，并在部分海域开展了海流监测。渤海、黄海、东海和南海月均海洋表层水温 2 月最低，渤海、黄海和东海 8 月最高，南海 6 月最高，渤海和黄海的海洋表层水温季节变化最为明显，东海次之，南海变化最小。2014 年我国管辖海域年均海洋表层水温较上年略有升高，渤海和黄海分别较上年升高 0.6℃和 0.2℃，东海和南海分别降低 0.1℃和 0.2℃。

春季、夏季和秋季，渤海平均盐度分别为 29.55、29.67 和 30.16；黄海分别为 31.24、30.84 和 31.32；东海分别为 32.19、31.59 和 31.99；南海分别为 33.32、33.36 和 33.53。近岸海域低盐区主要分布在辽河口、长江口、珠江口等河口区域。

在辽东湾口、渤海湾口、莱州湾口、渤海中部、渤海海峡、山东半岛东南沿岸、江苏吕泗近岸、浙江舟山和台州近岸、珠江口等海域开展了海流监测。珠江口近岸以外监测海域表层潮流呈全日潮流特征，其他监测海域表层潮流均呈半日潮流特征。与上年同期相比，各监测海域表层潮流流向和流速基本一致；表层余流流向基本一致，渤海监测海域月均余流流速比上年略有减小，黄海和东海监测海域月均余流流速与上年基本持平，珠江口近岸以外监测海域月均余流流速比上年略有增大。

海湾环境状况　重点监测的 44 个海湾中，20 个海湾春季、夏季和秋季均出现劣于第四类海水水质标准的海域，主要污染要素为无机氮、活性磷酸盐、石油类和化学需氧量。

海洋环境放射性水平　我国管辖海域海水放射性水平和海洋大气 γ 辐射空气吸收剂量率未见异常。辽宁红沿河、江苏田湾、浙江秦山、福建宁德、广东阳江和广东大亚湾核电站邻近海域海水、沉积物和海洋生物中放射性核素含量处于我国海洋环境放射性本底范围之内。在建的山东海阳、广西防城港和海南昌江核电站邻近海域的放射性背景监测数据未见异常。

【海洋生态状况】 **海洋生物多样性状况**　2014 年，海洋生物多样性监测内容包括浮游生物、底栖生物、海草、红树植物、珊瑚等生物的种类组成和数量分布。在监测区域内共鉴定出浮游植物 687 种，浮游动物 673 种，大型底栖生物 1 479 种，海草 6 种，红树植物 9 种，造礁珊瑚 77 种。

渤海鉴定出浮游植物 212 种，主要类群为硅藻和甲藻；浮游动物 85 种，主要类群为桡足类和水母类；大型底栖生物 390 种，主要类群为环节动物、软体动物和节肢动物。

黄海鉴定出浮游植物 230 种，主要类群为硅藻和甲藻；浮游动物 107 种，主要类群为桡足类和水母类；大型底栖生物 374 种，主要类群为环节动物、软体动物和节肢动物。

东海鉴定出浮游植物 298 种，主要类群为硅藻和甲藻；浮游动物 341 种，主要类群为桡足类和水母类；大型底栖生物 623 种，主要类群为环节动物、节肢动物和软体动物。

南海鉴定出浮游植物 487 种，主要类群为硅藻和甲藻；浮游动物 551 种，主要类群为桡足类和水母类；大型底栖生物 901 种，主要类群为环节动物、节肢动物和脊索动物；海草 6 种，红树植物 9 种，造礁珊瑚 77 种。

典型海洋生态系统健康状况 2014 年，实施监测的河口、海湾、滩涂湿地、珊瑚礁、红树林和海草床等海洋生态系统中，受环境污染、人为破坏、资源的不合理开发等影响，处于亚健康和不健康状态的海洋生态系统分别占 71%和 10%。

监测的典型河口生态系统均呈亚健康状态。多数河口生态系统海水呈富营养化状态，长江口部分区域出现低氧区；部分河口生物体内镉和石油烃残留水平较高。双台子河口浮游动物密度偏低；滦河口—北戴河浮游植物密度偏高，大型底栖生物生物量偏低；黄河口浮游植物密度偏高；长江口大型底栖生物密度偏高；珠江口大型底栖生物密度和生物量偏低。与上年相比，滦河口—北戴河、黄河口、珠江口鱼卵仔鱼密度增加。

监测的海湾生态系统多数呈亚健康状态，锦州湾和杭州湾生态系统呈不健康状态。多数海湾生态系统海水中营养盐含量劣于第四类海水水质标准，呈富营养化状态；部分海湾生物体内镉、铅和石油烃残留水平较高。锦州湾浮游动物密度偏低；渤海湾浮游生物密度、大型底栖生物密度和生物量偏高；莱州湾浮游植物和大型底栖生物密度偏高，浮游动物密度偏低；杭州湾大型底栖生物密度和生物量偏低；乐清湾浮游植物密度偏低，大型底栖生物密度偏高、生物量偏低；闽东沿岸浮游植物密度偏高；大亚湾大型底栖生物密度和生物量偏低。

苏北浅滩滩涂湿地生态系统呈亚健康状态。部分区域海水中营养盐含量劣于第四类海水水质标准，溶解氧含量较低。浮游动物密度偏低，大型底栖生物密度和生物量异常偏高。生物栖息环境恶化趋势未得到有效遏制。

海南东海岸珊瑚礁生态系统呈健康状态，雷州半岛西南沿岸、广西北海和西沙珊瑚礁生态系统呈亚健康状态。造礁珊瑚盖度总体仍呈下降态势，雷州半岛西南沿岸和广西北海涠洲岛周边海域造礁珊瑚盖度下降较为明显，西沙造礁珊瑚盖度偏低。

广西北海、北仑河口红树林生态系统均呈健康状态，监测区域的红树林面积和群落基本稳定，红树林底栖生物密度和生物量较高。部分林区仍有虫害发生，外来物种互花米草仍对山口红树林的生长产生威胁。

海南东海岸海草床生态系统呈健康状态，广西北海海草床生态系统呈亚健康状态。与上年相比，海南东海岸海草床生态系统的海草盖度增加 34%，密度增加 1.6 倍；广西北海海草床仍处于退化状态，海草密度下降 81%。

海洋二氧化碳源汇状况 2014 年，在渤海、黄海、东海和南海北部海域开展了冬季（2 月）和夏季（8 月）两个航次的海—气二氧化碳（CO_2）交换通量的断面走航监测工作。冬季，渤海、黄海、东海和南海北部海域均吸收大气 CO_2，监测海域总体表现为大气 CO_2 的汇，冬季水温低是监测海域显著吸收大气 CO_2 的主要原因。夏季，水温升高，渤海、黄海、东海和南海北部海域转变为向大气释放 CO_2，监测海域总体表现为大气 CO_2 的源，但由于初级生产过程显著，长江、珠江冲淡水区域仍然从大气吸收 CO_2。

【主要入海污染源状况】 **主要河流污染物排海状况** 河流入海断面水质状况 枯水期、丰水期和平水期，72 条河流入海监测断面水质劣于第Ⅴ类地表水水质标准的比例分别为 51%、53% 和 53%，与上年相比，枯水期比例降低 17%，丰水期和平水期比例分别升高 9%和 2%。劣于第Ⅴ类地表水水质标准的污染要素主要为化学需氧量（COD_{Cr}）、总磷、氨氮和石油类。

主要河流污染物排海状况 72 条河流入海的污染物量分别为：COD_{Cr} 1 453 万吨，氨氮（以氮计）30 万吨，硝酸盐氮（以氮计）237 万吨，亚硝酸盐氮（以氮计）5.8 万吨，总磷（以磷计）27 万吨，石油类 4.8 万吨，重金属 2.1 万吨（其中锌 14 620 吨、铜 4026 吨、铅 1830 吨、镉 120 吨、汞 44 吨），砷 3275 吨。其中，COD_{Cr}、氨氮和硝酸盐氮入海量分别较上年增加 5%、3%和 7%，总磷入海量减少 1%。

入海排污口及邻近海域环境质量状况 入海排污口排污状况 实施监测的 445 个陆源入海排污口中，工业排污口占 35%，市政排污口占 40%，排污河占 21%，其他类排污口占 4%。3 月、5 月、7 月、8 月、10 月和 11 月的入海排污口达标排放比率分别为 51%、50%、52%、52%、53% 和 53%，全年入海排污口的达标排放次数占监测总次数的 52%，较上年略有升高。111 个入海排污口全年各次监测均达标，占监测排污口总数的 25%，较上年略有升高；113 个入海排污口全年各次监测均超标，较上年略有降低。入海排污口排放的主要污染物为总磷、COD_{Cr}、悬浮物和氨氮。

不同类型入海排污口中，工业和市政排污口达标排放次数比率分别为 65%和 48%，较上年升高；排污河和其他类排污口达标排放次数比率分别为 40%和 47%，较上年有所降低。

入海排污口邻近海域环境质量状况 入海排污口邻近海域环境质量状况总体较差，90%以上无法满足所在海域海洋功能区的环境保护要求。

水质状况 5 月和 8 月，共对全国 107 个入海排污口邻近海域水质进行监测。5 月，79%的排污口邻近海域水质劣于第四类海水水质标准；8 月，67%的排污口邻近海域水质劣于第四类海水水质标准。排污口邻近海域水体中的主要污染要素为无机氮、活性磷酸盐、化学需氧量和石油类。91%的排污口邻近海域的水质不能满足所在海洋功能区水质要求。

沉积物质量状况 8 月，对全国 94 个入海排污口邻近海域沉积物质量进行监测，其中 31 个排污口邻近海域沉积物质量不能满足所在海洋功能区沉积物质量要求，主要污染要素为石油类、铜、铬、汞、镉、硫化物和粪大肠菌群。与上年相比，15 个排污口邻近海域沉积物中石油类、汞、镉、铅等含量降低，沉积物质量有所改善；12 个排污口邻近海域沉积物中铜、铬和硫化物等含量升高，沉积物质量下降。

生物质量状况 62%的排污口邻近海域贝类生物质量不能满足所在海洋功能区生物质量要求，主要污染要素为粪大肠菌群、石油烃、铅和镉。

海洋大气污染物沉降状况 海洋大气污染物干沉降 在大连老虎滩、大连大黑石、营口仙人岛、盘锦、葫芦岛、秦皇岛、塘沽、东营、蓬莱、北隍城、青岛小麦岛、舟山嵊山和珠海大万山等监测站开展了海洋大气污染物的干沉降监测。气溶胶中硝酸盐含量最高值出现在东营监测站，最低值出现在珠海大万山监测站，分别为 35.1 微克/立方米和 5.1 微克/立方米；铵盐含量最高值出现在大连老虎滩监测站，最低值出现在珠海大万山监测站，分别为 12.2 微克/立方米和 1.5 微克/立方米；铜含量最高值出现在舟山嵊山监测站，最低值出现在盘锦监测站，分别为 309.2 纳克/立方米和 5.9 纳克/立方米；铅含量最高值出现在大连老虎滩监测站，最低值出现在珠海大万山监测站，分别为 86.5 纳克/立方米和 12.7 纳克/立方米。

渤海大气污染物湿沉降 在大连大黑石、葫芦岛、秦皇岛、塘沽、蓬莱等监测站开展海洋大气污染物湿沉降通量监测。硝酸盐湿沉降通量最高值出现在葫芦岛监测站，最低值出现在秦皇岛监测站，分别为 7.3 吨/平方千米•年和 4.0 吨/平方千米•年；铵盐湿沉降通量最高值出现在塘沽监测站，最低值出现在大连大黑石监测站，分别为 2.4 吨/平方千米•年和 1.3 吨/平方千米•年；铜湿沉降通量最高值出现在葫芦岛监测站，最低值出现在塘沽监测站，分别为 6.9 千克/平方千米•年和 1.9 千克/平方千米•年；铅湿沉降通量最高值出现在葫芦岛监测站，最低值出现在蓬莱监测站，分别为 3.0 千克/平方千米•年和 1.8 千克/平方千米•年。

海洋垃圾分布状况 在 37 个区域开展了海洋垃圾监测，监测内容包括海面漂浮垃圾、海滩垃圾和海底垃圾的种类、数量和来源。海洋垃圾密度较高的区域主要分布在旅游休闲娱乐区、农渔业区、港口航运区及邻近海域，旅游休闲娱乐区海洋垃圾多为塑料袋、塑料瓶等生活垃圾；农渔业区内塑料类、聚苯乙烯泡沫类等生产生活垃圾数量较多。

海面漂浮垃圾 海面漂浮垃圾主要为聚苯乙烯泡沫塑料碎片、塑料袋和塑料瓶等。大块和特大块漂浮垃圾平均个数为 30 个/平方千米；中块和小块漂浮垃圾平均个数为 2206 个/平方千米，平均密度为 20 千克/平方千米。聚苯乙烯泡沫塑料类垃圾数量最多，占 46%，其次为塑料类和木制品类，分别占 31%和 16%。91%的海面漂浮垃圾来源于陆地，9%来源于海上活动。

海滩垃圾 海滩垃圾主要为塑料袋、聚苯乙烯泡沫塑料碎片和塑料瓶等。平均个数为 50142 个/平方千米，平均密度为 3119 千克/平方千米。塑料类垃圾数量最多，占 49%，其次为聚苯乙烯泡沫塑料类和木制品类，分别占 22%和 12%。86%的海滩垃圾来源于陆地，14%来源于海上活动。

海底垃圾 海底垃圾主要为塑料袋和塑料瓶等，平均个数为 720 个/平方千米，平均密度为 100 千克/平方千米。其中塑料类垃圾数量最多，占 84%，其次为木制品类，占 9%。

【部分海洋功能区环境状况】 **海洋倾倒区环境状况** 2014 年，全国实际使用海洋倾倒区 60 个，倾倒量 14488 万立方米，较上年减少 10%，倾倒物质主要为清洁疏浚物。倾倒区及其周边海域水深保持稳定，满足倾倒使用需求；海水水质和沉积物质量均满足海洋功能区环境保护要求。与上年相比，倾倒区海水水质和沉积物质量基本保持稳定。总体上，倾倒区倾倒活动未对周边海域生态环境及其他海上活动产生明显影响，可继续使用。

海洋油气区环境状况 全国海洋油气平台生产水、生活污水、钻井泥浆和钻屑的排海量分别为 16135 万立方米、49 万立方米、40248 立方米和 67176 立方米。总体上，油气区及邻近海域水质和沉积物质量基本符合海洋功能区环境保护要求。

海洋保护区生态状况 51 个开展生态状况监测的国家级海洋保护区中，多数重点保护的海洋生物物种和自然遗迹保持稳定。

海洋生物物种类保护区 仿刺参、松江鲈鱼、柽柳、红树、贝类、鸟类等重点保护的海洋生物物种资源基本保持稳定。中华白海豚出现频次增加。文昌鱼栖息密度有所下降，部分保护区活珊瑚盖度下降。广西山口红树林国家级自然保护区内共监测到红海榄、木榄、白骨壤、秋茄和桐花树等红树品种，平均密度为 0.66 万株/公顷，与上年相比基本保持稳定，部分红树受到虫害和外来物种的威胁。厦门珍稀海洋生物物种国家级自然保护区共观测到中华白海豚 204 次、633 头次，均较上年明显增加。昌黎黄金海岸国家级自然保护区文昌鱼栖息密度为 18 个/平方米，生物量为 4.1 克/平方米。2002 年以来，文昌鱼的栖息密度和生物量总体呈下降趋势，2014 年文昌鱼栖息密度降至历史最低。文昌鱼栖息地砂含量变化及沉积物类型改变是导致文昌鱼栖息地退化的主要原因之一。

海洋自然遗迹类保护区 海岸沙丘、贝壳堤、海底古森林、沙滩、岛礁等重点保护的海洋自然遗迹资源基本保持稳定。昌黎黄金海岸国家级自然保护区的海岸沙丘最大高程为 36.8 米，鞍部高程为 21.4 米，与上年相比基本保持稳定，脊线最高点位置向西北移动 2.65 米。滨州贝壳堤岛与湿地国家级自然保护区的贝壳堤主要分布于大口河、高坨子岛-棘家堡子岛和汪子岛。2014 年监测到新生贝壳堤，现有面积为 39.8 公顷，比上年增加 1.2 公顷。

海洋生态系统类保护区 东营黄河口、山东龙口黄水河口、山东莱阳五龙河口、江苏小洋口等河口生态系统类保护区，山东莱州、山东蓬莱登州等滩涂湿地生态系统类保护区，觉华岛、山东长岛、山东烟台芝罘岛群、浙江洞头、福建湄洲岛、福建城洲岛等海岛生态系统类保护区，以及山东大乳山、福建长乐等海湾生态系统类保护区生物多样性水平总体保持稳定。

海水增养殖区 55 个开展监测的海水增养殖区环境质量状况基本满足增养殖活动要求。其中，增养殖区综合环境质量等级为“优良”、“较好”和“及格”的比例分别为 82%、16%和 2%，未出现等级为“较差”的增养殖区。影响海水增养殖区环境质量状况的主要因素是部分增养殖区水体呈富营养化状态以及沉积物中粪大肠菌群、铜和铬等超标。2006 年以来，增养殖区综合环境质量等级为“优良”的比例呈增长趋势。

旅游休闲娱乐区 在游泳季节和旅游时段，23 个重点海水浴场和 17 个滨海旅游度假区环境状况总体良好。

海水浴场 水质状况 23个海水浴场水质为“优”和“良”的天数占98%，水质为“差”的天数占2%。葫芦岛绥中等18个海水浴场每日水质等级均为“优”或“良”，其中烟台金沙滩、广东南澳青澳湾和三亚亚龙湾等3个海水浴场每日水质等级均为“优”。

健康风险 23个海水浴场健康指数为“优”和“良”的天数分别占82%和16%，健康指数为“差”的天数占2%。个别海水浴场水体中粪大肠菌群含量偏高、出现漂浮藻类和垃圾、发生赤潮等是影响海水浴场健康指数的主要因素。

游泳适宜度 23个海水浴场适宜和较适宜游泳的天数比例占82%，不适宜游泳的天数比例占18%。天气不佳、风浪较大是影响海水浴场游泳适宜度的主要原因。

【滨海旅游度假区】 **水质状况** 17个滨海旅游度假区的平均水质指数为4.4，水质为良好及以上的天数占96%，水质为一般和较差的天数占4%。浙江嵊泗列岛和海南三亚亚龙湾滨海旅游度假区水质极佳的天数比例达100%。

海面状况 17个滨海旅游度假区的平均海面状况指数为3.9，海面状况优良。降雨引起的天气不佳是影响滨海旅游度假区海面状况的主要原因。

专项休闲（观光）活动指数 17个滨海旅游度假区平均休闲（观光）活动指数为3.9，很适宜开展休闲（观光）活动。其中，海南三亚亚龙湾滨海旅游度假区平均休闲（观光）活动指数极佳，非常适宜开展海上观光、海滨观光和沙滩娱乐等多种休闲（观光）活动。

【海洋环境灾害和环境风险状况】 **赤潮** 全海域共发现赤潮56次，累计面积7 290平方千米。东海发现赤潮次数最多，为27次；渤海赤潮累计面积最大，为4 078平方千米。2014年赤潮次数和累计面积均较上年有所增加，与近5年平均值基本持平。赤潮高发期集中在5月。

引发赤潮的优势藻类共13种，东海原甲藻作为第一优势种引发的赤潮次数最多，为23次；其次是夜光藻，引发赤潮次数为9次；米氏凯伦藻和红色赤潮藻各4次，赤潮异弯藻和多纹膝沟藻各3次，海洋卡盾藻、中肋骨条藻和球型棕囊藻各2次，抑食金球藻、离心列海链藻、锥状斯氏藻和条纹环沟藻各1次。

绿潮 4—8月在黄海沿岸海域发生绿潮。4月初在江苏如东附近海域发现零星漂浮绿潮藻。5月12日，在江苏盐城以北近岸海域发现漂浮浒苔。6月至7月中旬，漂浮浒苔向东北海域漂移，其影响规模不断扩大，7月3日浒苔覆盖面积达到最大，为540平方千米；7月14日，分布面积达到最大，为50000平方千米。7月下旬漂浮浒苔继续向东北海域漂移，分布和覆盖面积开始逐渐减小；至8月中旬，浒苔绿潮基本消失。2014年黄海沿岸海域浒苔绿潮影响范围为近5年来最大，最大分布面积比近5年平均值增加近19000平方千米，最大覆盖面积与近5年平均值基本持平。

海水入侵和土壤盐渍化 渤海滨海平原地区海水入侵和土壤盐渍化严重，局部地区入侵范围有所增加。黄海、东海和南海滨海地区海水入侵和土壤盐渍化范围较小，但部分监测区近岸站位氯离子含量和土壤含盐量明显升高。

海水入侵状况 海水入侵严重地区主要分布于渤海滨海平原地区，近岸站位氯离子含量高，海水入侵范围大，50%监测区海水入侵距离距岸10～43千米，主要分布在河北、山东沿岸；黄海和东海滨海地区海水入侵范围总体较小，76%监测区海水入侵距离距岸5千米以内；南海滨海地区海水入侵范围小、程度低，80%监测区海水入侵距离距岸1.5千米以内。与上年相比，渤海滨海地区辽宁营口、河北秦皇岛和沧州、山东烟台部分监测区入侵范围有所增加；黄海滨海地区辽宁丹东、山东青岛、江苏连云港，东海滨海地区浙江台州和温州、福建长乐等监测区海水入侵范围略有增加；南海滨海地区广东湛江监测区海水入侵有所加重。

土壤盐渍化状况 土壤盐渍化严重地区主要分布于渤海滨海平原地区的河北沧州、天津和山东潍坊寿光监测区，盐渍化范围一般距岸13～25千米；黄海滨海地区盐渍化总体较轻，67%监测区盐渍化范围距岸5千米以内；东海和南海滨海地区土壤盐渍化范围较小，83%监测区盐渍化范围距岸1千米以内。

与上年相比，渤海滨海地区辽宁葫芦岛部分监测区盐渍化范围有所增加；黄海滨海地区山东青岛和江苏盐城监测区盐渍化范围略有增加；东海滨海地区上海崇明岛、浙江温州和南海滨海地区广东湛江部分监测区盐渍化范围有所增加。

重点岸段海岸侵蚀状况 我国砂质和粉砂淤泥质海岸侵蚀依然严重，局部岸段侵蚀程度加大。与上年相比，辽宁绥中和广东雷州市赤坎村岸段侵蚀速度增加。辽宁盖州岸段侵蚀范围减少，侵蚀速度减慢；江苏振东河闸至射阳河口和上海崇明东滩粉砂淤泥质岸段侵蚀速度减慢。

重大溢油事件 蓬莱 19-3 油田溢油事故 2011 年蓬莱 19-3 油田溢油事故海域海洋环境质量、浮游生物群落继续处于恢复中，但其生态环境影响依然存在。海水中石油类含量符合第一类海水水质标准，个别站位石油类含量超第三类海洋沉积物质量标准，鱼类体内石油烃含量基本与事故前水平持平，甲壳类生物体内石油烃含量略高于事故前水平。浮游生物多样性指数、浮游动物幼虫幼体密度基本与事故前水平持平，但鱼卵仔鱼数量仍未得到恢复。

大连新港“7•16”油污染事件 2010 年大连新港“7•16”油污染事发海域环境状况继续呈改善态势。浮游植物、浮游动物和底栖生物多样性指数均在正常状态波动；潮间带生物群落基本恢复，受损的白脊藤壶、长牡蛎、短滨螺、菲律宾蛤仔和缘管浒苔、孔石莼等原有优势种群已恢复到正常水平。受油污染事件影响的海水浴场和海洋保护区环境均恢复正常。但周边海域个别站位沉积物中石油类含量仍超第三类海洋沉积物质量标准。

福岛核泄漏事故的海洋环境影响 2011 年日本福岛核泄漏事故依然影响福岛以东及东南方向的西太平洋海域，放射性污染范围进一步扩大，海水、海洋生物仍受到核泄漏事故的显著影响。

2014 年 5 月，日本以东的西太平洋监测海域仍普遍检出人工放射性核素铯-137 和铯-134，其中 38%的海水样品中铯-137 活度明显超出背景水平，27%的海水样品中检出了核事故特征核素铯-134。铯-137 的检出深度进一步增加至 2000 米，核事故放射性污染进一步向深层迁移。

日本以东监测海域海洋生物依然受到核事故放射性污染的影响。鱿鱼（巴特柔鱼）样品中仍然检出核事故特征核素银-110m 和铯-134，且铯-134、铯-137 和银-110m 的平均活度较 2013 年 10 月均明显升高。（国家海洋环境监测中心）

【北海区海洋环境监测】 组织北海区三省一市及两个计划单列市开展海洋环境监测工作，编制发布了《2013 年北海区海洋环境公报》。继续开展北海区海水、沉积物和生物多样性监测，加强污染物入海排放管控监测，积极做好典型海洋功能区公益服务监测，完成了北戴河重点海域环境监视监测。继续推进近海 CO_2海气交换通量的业务化监测工作，及时开展赤潮、绿潮、溢油等海洋突发环境事件应急监视监测，掌握了北海区海洋环境现状及变化趋势。组织开展了北海区海洋环境监测评价工作，完成站点 1100 多个，获得数据量约 70 万组。

海域环境质量状况 渤海海水环境质量状况总体一般，近岸海域海水环境污染依然严重，春、夏、秋季超第四类海水水质标准的海域面积分别为 6160、5750、6000 平方千米，占渤海海域面积小于 8%，主要分布在辽东湾、渤海湾和莱州湾近岸海域。黄海中北部海水环境质量状况总体良好，春、夏、秋季超第二类海水水质标准的海域面积分别为 3570、2080、3580 平方千米。

近岸海域典型生态系统健康状况 近岸海域主要典型生态系统生物多样性和群落结构基本稳定，双台子河口、滦河口—北戴河、渤海湾、黄河口、莱州湾等典型生态系统处于亚健康状态，锦州湾典型生态系统处于不健康状态，面临的主要问题包括环境污染、生物栖息地丧失、渔业资源衰退等。

主要江河携带入海的污染物状况 监测结果显示，渤海监测的 80 个入海排污口（河）达标排放次数占全年总监测次数的 33%，黄海中北部监测的 101 个入海排污口（河）达标排放次数占全年总次数的 52%，渤海和黄海中北部分别有 82%和 92%的重点排污口邻近海域环境质量不能满足周边海洋功能区环境质量要求，江河和陆源入海排污口仍是影响海洋环境的主要原因。（国家海洋局北海分局）

【东海区海洋环境监测】 组织对东海区海洋生态环境状况、入海污染源、海洋功能区、海洋环境灾害等开展了监视监测，较全面地掌握了东海区海洋环境状况及变化趋势。监测结果表明：2014 年，东海区春季、夏季和秋季符合第一类海水水质海域面积分别占监测海域面积的 82%、83%和 77%。受长江等入海河流及陆源排污的共同影响，近岸海域水体的无机氮和活性磷酸盐超标现象严重，湄洲湾、深沪湾等个别港湾重金属超第一类海水水质标准；近岸以外海域海水环境质量良好。大型围填海工程、电厂温排水等人类活动对近岸局部海域海洋生态环境带来较大压力，杭州湾等近岸典型生态系统健康受损，海洋生境退化。赤潮、绿潮等环境灾害多发，岸滩侵蚀、海水入侵与土壤盐渍化等问题依然存在。海水浴场、滨海旅游度假区总体环境质量良好，适宜开展休闲观光等人类活动。（国家海洋局东海分局）

【南海区海洋环境监测】　南海区海洋环境监测任务质量监督　9 月至 10 月期间，国家海洋局南海分局组织人员对南海区海洋环境监测任务承担单位开展了监督检查工作，检查包括监测机构实验室能力、年度海洋环境监测任务执行情况、数据汇交情况、样品比对和能力验证、质量保证等方面，梳理了各监测机构监测任务执行过程存在的问题，强化了各监测任务承担机构的环境监测质量管理责任意识。

2014 年西太平洋海洋放射性监测预警第一航次工作　国家海洋局南海分局于 5 月 10 日至 6 月 3 日组织在吕宋海峡及其周边海域开展了大气、海水、沉积物放射性预警监测，航时 276 小时，行程 2036 海里，获取了大量宝贵的现场监测数据和样品，同时布放了 2 个 Argo 浮标，利用 ADCP 实施全航次海流监测，超额完成监测任务。

南海区海洋环境监测站监测能力建设　国家海洋局南海分局于 6 月 9 日组织编制完成了《国家海洋局南海分局 2015 至 2017 年海洋环境监测站监测能力建设方案》。

首次构建南海区以叶绿素作为赤潮监测预警指标的预警体系　国家海洋局南海分局组织技术人员在海南省西南沿岸海域实地踏勘基础上，对海南近几年发生的球形棕囊藻赤潮特点、发生过程和监测预警的工作思路进行深入研究，于 10 月至 12 月期间首次构建了南海区以叶绿素作为赤潮监测预警指标的监测预警体系。

2014 年西太平洋海洋放射性监测预警第二航次　9 月 25 日至 10 月 22 日由国家海洋局南海分局组织开展的“西太平洋海洋环境监测预警—吕宋海峡（B 区）及其周边海域海洋放射性预警监测调查”第二航次任务顺利完成。现场监测结果表明，吕宋海峡及其周边海域铯-134 和铯-137 活度未出现异常。

西太平洋海洋环境监测预警系统　12 月 8 日，由国家海洋局南海分局开发的“西太平洋海洋环境监测预警系统”专家评审会在广州召开，国家海洋环境监测中心等 10 家单位代表、专家共 26 人参加了会议。专家评审组认为，“西太平洋海洋环境监测预警系统”建立了分类分级预警体系，为放射性污染物及时发现、有效预警奠定了坚实的基础，对提升我国海洋放射性监测预警能力具有重要的作用。

西太平洋海洋环境监测预警—吕宋海峡（B 区）及其周边海域海洋放射性预警监测调查报告》评审会　12 月 8 日，《西太平洋海洋环境监测预警—吕宋海峡（B 区）及其周边海域海洋放射性预警监测调查报告》评审会在广州召开，国家海洋局第三海洋研究所等 7 家单位代表、专家共 24 人参加了会议。报告评审组认为报告客观地反映了 2014 年 5 月吕宋海峡及其周边海域大气、海水、沉积物放射性状况，对科学评估日本福岛核事故核泄漏污染物迁移扩散，保障我国海洋生态安全和公众健康安全，维护国家海洋环境权益方面具有重要意义。

（国家海洋局南海分局）

海洋灾害与海洋环境预报服务

综　述

2014 年，我国海洋灾害以风暴潮、海浪、海冰和赤潮灾害为主，绿潮、海岸侵蚀、海水入侵与土壤盐渍化、咸潮入侵等灾害也均有不同程度发生。各类海洋灾害造成直接经济损失 136.14 亿元，死亡（含失踪）24 人。

与近 10 年（2005—2014 年）海洋灾害平均状况相比，2014 年海洋灾害直接经济损失和死亡（含失踪）人数均低于平均值。

2014 年各类海洋灾害中，造成直接经济损失最严重的是风暴潮灾害，占全部直接经济损失的 99.7%；造成死亡（含失踪）人数最多的是海浪灾害，占总死亡（含失踪）人数的 75%。单次过程中，造成直接经济损失最严重的是 1409“威马逊”台风风暴潮灾害，直接经济损失为 80.80 亿元。

2014 年，海洋灾害直接经济损失最严重的省（自治区、直辖市）是广东省，因灾直接经济损失为 60.41 亿元；较严重的省（自治区、直辖市）是海南省和广西壮族自治区，因灾直接经济损失分别为 36.61 亿元和 28.30 亿元。

表 1　2014 年各类海洋灾害损失统计

灾害种类	死亡（含失踪）人数	直接经济损失（亿元）
风暴潮	6	135.78
海浪	18	0.12
海冰	0	0.24
海啸	0	0
赤潮	0	—
绿潮	0	—
海平面变化	0	—
海岸侵蚀	0	—
海水入侵与土壤盐渍化	0	—
咸潮入侵	0	—
合计	24	136.14

注：风暴潮灾害损失包含近岸浪灾害损失。
“—”表示未统计。

表 2　2014 年沿海各省（自治区、直辖市）主要海洋灾害损失统计

省（自治区、直辖市）	致灾原因	死亡（含失踪）人数（人）	直接经济损失（亿元）
辽宁	海冰	0	0.15
河北	无	0	0
天津	无	0	0
山东	风暴潮、海冰	0	1.49
江苏	风暴潮、海浪	0	0.51
上海	无	0	0
浙江	风暴潮、海浪	13	4.37
福建	风暴潮、海浪	2	4.3
广东	风暴潮、海浪	3	60.41
广西	风暴潮	0	28.3
海南	风暴潮、海浪	6	36.61
合计		24	136.14

风暴潮灾害与预报

【概况及特点】　2014 年，我国沿海共发生风暴潮过程 9 次，造成直接经济损失 135.78 亿元。其中台风风暴潮过程 5 次，全部造成灾害，直接经济损失 134.69 亿元，死亡（含失踪）6 人；温带风暴潮过程 4 次，2 次造成灾害，直接经济损失 1.09 亿元，未造成人员死亡（含失踪）。

2014 年，风暴潮总体灾情偏重，直接经济损失为前 5 年（2009—2013 年，下同）平均值的 1.41 倍。其中，广东省、海南省和广西壮族自治区直接经济损失分别为 60.41 亿元、36.58 亿元和 28.30 亿元，占风暴潮灾害全年直接经济损失的 92%。

沿海各省（自治区、直辖市）风暴潮灾害损失见表 3。

2014 年，台风风暴潮过程发生次数偏少，但单次灾害过程强度大，损失重，主要影响我国广东雷州半岛东岸和海南东北部沿海地区。温带风暴潮过程明显偏少，其中，“141008”温带风暴潮过程持续时间长，影响范围较广，我国北起辽宁南至福建等 8 个沿海省（市），除天津市外，均出现超过当地警戒潮位的现象，山东、江苏和福建三地受灾较为严重。

表 3 2014 年沿海各省（自治区、直辖市）风暴潮灾害损失统计

省（自治区、直辖市）	受灾人口		受灾面积		设施损毁			直接经济损失（亿元）
	受灾人口（万人）	死亡（含失踪）人数	农田（千公顷）	水产养殖（千公顷）	海岸工程（千米）	房屋（间）	船只（艘）	
山东	0.03	0	0.82	1.41	11.26	69	21	1.40
江苏	—	0	0.00	12.75	23.78	0	0	0.47
浙江	93.07	0	0.00	9.55	6.74	60	202	4.33
福建	8.65	0	2.49	14.19	13.67	53	413	4.29
广东	514.99	0	0.66	45.37	20.37	11717	1213	60.41
广西	224.78	0	3.73	8.83	75.97	0	501	28.30
海南	254.02	6	22.53	14.58	28.11	22674	4044	36.58
合计	1095.54	6	30.23	106.68	179.90	34573	6394	135.78

表 4 2014 年风暴潮灾害过程及损失统计

灾害过程		发生时间	受灾地区	死亡（含失踪）人数（人）	直接经济损失（亿元）	死亡（含失踪）人数合计	直接经济损失合计（亿元）
编号	名称						
1407	“海贝思”台风风暴潮	6 月 14—16 日	福建	0	0.43	0	2.17
			广东	0	1.74		
1409	“威马逊”台风风暴潮	7 月 17—19 日	广东	0	28.82	6	80.80
			广西	0	24.66		
			海南	6	27.32		
1410	“麦德姆”台风风暴潮	7 月 22—24 日	山东	0	1.11	0	4.45
			福建	0	3.34		
1415	“海鸥”台风风暴潮	9 月 15—17 日	广东	0	29.85	0	42.75
			广西	0	3.64		
			海南	0	9.26		
1416	“凤凰”台风风暴潮	9 月 21—23 日	江苏	0	0.19	0	4.52
			浙江	0	4.33		
140531	温带风暴潮	5 月 31 日	江苏	0	0.08	0	0.08
141008	温带风暴潮	10 月 8—12 日	山东	0	0.29	0	1.01
			江苏	0	0.20		
			福建	0	0.52		
合计						6	135.78

【主要风暴潮灾害过程】 1409“威马逊”台风风暴潮 1409 号超强台风“威马逊”是 1949 年以来登陆我国的最强台风，7 月 18 日 15 时 30 分，在海南省文昌市翁田镇沿海登陆，登陆时中心气压 910 百帕，最大风速 60 米/秒，18 日 19 时 30 分，在广东省湛江市徐闻县龙塘镇沿海再次登陆，19 日 07 时 10 分前后，在广西壮族自治区防城港市光坡镇沿海第三次登陆。受风暴潮和近岸浪的共同影响，广东、广西和海南三地因灾直接经济损失合计 80.80 亿元，死亡（含失踪）6 人。

沿海最大风暴增水 392 厘米，发生在广东省南渡站。增水超过 200 厘米的还有广东省硇洲站（260 厘米）、湛江站（256 厘米），广西壮族自治区铁山港站（288 厘米）、石头埠站（265 厘米）和钦州站（219 厘米），海南省秀英站（215

厘米)。

广东省南渡站和湛江站最高潮位分别超过当地警戒潮位49厘米和8厘米。海南省秀英站最高潮位超过当地警戒潮位53厘米。

广东省受灾人口256.01万人，紧急转移安置人口34.94万人。倒塌房屋11102间，水产养殖受灾面积19.71千公顷，水产养殖损失28.90万吨，毁坏渔船74艘，损坏渔船461艘，损毁码头0.57千米，损毁海堤、护岸2.03千米。直接经济损失28.82亿元。

广西壮族自治区受灾人口155.43万人。水产养殖受灾面积7.53千公顷，养殖设施、设备损失6100个，毁坏船只216艘，损毁海堤、护岸49.03千米。直接经济损失24.66亿元。

海南省受灾人口132.30万人。倒塌房屋22663间，水产养殖受灾面积10.37千公顷，水产养殖损失13.24万吨，毁坏渔船523艘，损坏渔船1954艘，损毁码头1.18千米，损毁防波堤3.11千米，损毁海堤、护岸1.61千米，损毁道路9.88千米，淹没农田22.53千公顷。死亡(含失踪)6人，直接经济损失27.32亿元。

1415"海鸥"台风风暴潮 9月16日09时40分，台风"海鸥"在海南省文昌市翁田镇沿海登陆，12时45分，"海鸥"在广东湛江市徐闻县南部沿海地区再次登陆。受风暴潮和近岸浪的共同影响，广东、广西和海南三地因灾直接经济损失合计42.75亿元。

沿海最大风暴增水495厘米，发生在广东省南渡站。增水超过或接近200厘米的还有广东省湛江站(433厘米)、硇洲站(388厘米)、水东站(298厘米)、北津站(238厘米)、闸坡站(222厘米)，海南省秀英站(199厘米)。

广东省盐田站、黄埔站、三灶站、北津站、湛江站、南渡站6个潮(水)位站的最高潮位超过当地警戒潮位，其中，南渡站最高潮位超过当地警戒潮位159厘米。海南省秀英站出现了破历史纪录的高潮位，超过当地警戒潮位147厘米。

广东省受灾人口258.98万人，紧急转移安置人口28.56万人。倒塌房屋615间，水产养殖受灾面积23.38千公顷，水产养殖损失14.44万吨，养殖设施、设备损失13581个，毁坏渔船154艘，损坏渔船524艘，受损港口3座，损毁码头0.08千米，损毁防波堤2.37千米，损毁海堤、护岸11.00千米。直接经济损失29.85亿元。

广西壮族自治区受灾人口69.35万人，紧急转移安置人口5.66万人。水产养殖受灾面积1.30千公顷，养殖设施、设备损失1 791个，毁坏船只285艘，损毁防波堤18.14千米，损毁海堤、护岸8.80千米，淹没农田3.73千公顷。直接经济损失3.64亿元。

海南省受灾人口121.72万人。倒塌房屋11间，水产养殖受灾面积4.21千公顷，水产养殖损失0.78万吨，毁坏渔船576艘，损坏渔船991艘，损毁码头0.05千米，损毁防波堤9.70千米，损毁海堤、护岸2.58千米。直接经济损失9.26亿元。

"141008"温带风暴潮 10月8—12日，黄海和东海沿海出现了一次较强的温带风暴潮过程，山东、江苏和福建三地因灾直接经济损失合计1.01亿元。

沿海最大风暴增水211厘米，发生在江苏省吕四站。辽宁省老虎滩站，河北省曹妃甸站、黄骅站，山东省潍坊站、烟台站，江苏省吕四站，上海市黄浦公园站、吴淞站，浙江省乍浦站、澉浦站、镇海站、定海站、石浦站、健跳站、海门站、坎门站、温州站、瑞安站和鳌江站出现了超过当地警戒潮位的高潮位，其中，坎门站最高潮位超过当地警戒潮位70厘米。

福建省三沙站、长门站、崇武站和东山站出现了达到当地橙色警戒潮位的高潮位，沙埕站、琯头站、白岩潭站、平潭站和厦门站出现了达到当地黄色警戒潮位的高潮位。

受此次过程影响，山东省水产养殖受灾面积0.32千公顷，养殖设施、设备损失121个，损毁海堤、护岸10.26千米。直接经济损失0.29亿元。

江苏省损毁海堤、护岸3.00千米。直接经济损失0.20亿元。

福建省水产养殖损失0.05万吨，养殖设备、设施损失1151个，毁坏船只2艘，损毁码头0.06千米，损毁海堤、护岸0.02千米。直接经济损失0.52亿元。

【风暴潮预警报】 按照国家海洋局《风暴潮、

海浪、海啸、海冰灾害应急预案》的要求，2014年预报中心通过中央电视台、中央人民广播电台和沿海省（自治区、直辖市）、计划单列市电视台和广播电台、手机短信平台、国家海洋环境预报中心网站、人民网、新华网、新浪网等新闻媒体，累计对 5 个影响我国沿海的热带气旋、4 次影响我国沿海的温带天气系统过程，向社会公众发布了 54 份风暴潮预警报。其中蓝色Ⅳ级警报 20 份，黄色Ⅲ级警报 20 份，橙色Ⅱ级警报 5 份和红色Ⅰ级警报 139 份，风暴潮预警报期间共发布实况速报 70 份（见表 5）。向国家海洋局和国家防总报送台风风暴潮预判 6 份，并先后 3 次代表国家海洋局参加国家防总台风应急全国视频会商会议，在会上就风暴潮预警情况做了汇报，相关工作多次得到国家防总的肯定。风暴潮预警报以传真形式呈报国务院应急办公室、国家海洋局，并发往国家防汛抗旱总指挥部办公室、国家减灾委员会、交通部总值班室、中国海事局、农业部总值班室、总参作战部、海军司令部等部委，以及中国远洋运输总公司、中国海洋石油总公司、中国石油天然气股份有限公司等多家国家级涉海企事业单位，同时还发往受影响沿海省（自治区、直辖市）政府值班室、防汛指挥部和有关海洋部门，累积发布单位达 5000 多家次。

表 5　2014 年风暴潮预警报发布统计表

过程名	影响省市	红	橙	黄	蓝	速报
1407“海贝思”	广东				3	6
1409“威马逊”	广东、海南、广西	3	2		3	4
1410“麦德姆”	山东、福建				8	11
1415“海鸥”	广东、海南、广西	6		1		10
1416“凤凰”	江苏、浙江			5	2	8
总计		9	2	6	16	41

续表

温带过程	蓝色警报	黄色警报	橙色警报	实况速报
140601	13	1	0	5
140929	0	3	3	3
141008	1	8	0	20
141025	0	2	0	1
总计	4	14	3	29

海浪灾害与预报

【综述】　2014 年，我国近海出现的 35 次灾害性海浪过程，其中台风浪 11 次，冷空气浪和气旋浪 24 次。因灾直接经济损失 0.12 亿元，死亡（含失踪）18 人。2014 年，海浪灾害造成的直接经济损失较少，为前 5 年平均值（5.49 亿元）的 2%；死亡（含失踪）人数为前 5 年平均值（83 人）的 22%。沿海各省（自治区、直辖市）海浪灾害损失见表 6。

表 6　2014 年沿海各省（自治区、直辖市）海浪灾害损失统计

自治区、直辖市	死亡（含失踪）人数	水产养殖受灾面积（千公顷）	海岸工程损毁（千米）	船只损毁（艘）	直接经济损失（万元）
江苏	0	0	0	20	410
浙江	13	0	0	7	394
福建	2	0	0	3	88
广东	3	0	0	0	2.1
海南	0	0	0	7	309.9
合计	18	0	0	37	1 204.0

【台风浪灾害】　2014 年我国近海海域共发生有效波高 4 米以上台风浪过程 11 次，其中近海海浪直接造成灾害 2 次，因灾死亡（含失踪）4 人，直接经济损失 51.0 万元；其余近岸海浪与风暴潮相互作用造成的灾害统计在风暴潮灾害中（见风暴潮灾害与预报部分）。

（1）“海贝思”台风浪。热带风暴“海贝思”于 6 月 14—15 日在南海南部海面形成 4～5 米的台风浪，国家海洋局 QF206 浮标实测最大有效波高 4.4 米，南澳海洋站测得最大有效波高 3.0 米。

（2）“浣熊”台风浪。超强台风“浣熊”

于 7 月 8—10 日在东海海面形成 8～13 米的台风浪，钓鱼岛海面形成 4～6 米的台风浪，国家海洋局 QF204 浮标实测最大有效波高 8.3 米，大陈海洋站测得最大有效波高 5.2 米。

（3）“威马逊”台风浪。超强台风“威马逊”于 7 月 16—19 日在南海海面形成 8～13 米的台风浪，北部湾海面形成 4～6 米的台风浪，国家海洋局 QF305 浮标实测最大有效波高 4.8 米，硇洲海洋站测得最大有效波高 4.1 米。

（4）“麦德姆”台风浪。强台风“麦德姆”于 7 月 23—26 日在东海、台湾海峡海面形成 4～6 米的台风浪，黄海、南海东北部海面形成 3～4.5 米的台风浪，国家海洋局 QF210 浮标实测最大有效波高 5.2 米，南麂海洋站测得最大有效波高 3.6 米。受台风浪的影响，死亡（含失踪）1 人，直接经济损失 48.0 万元。

（5）“娜基莉”台风浪。强热带风暴“娜基莉”于 7 月 31—8 月 3 日在东海、黄海海面形成 4～6 米的台风浪，国家海洋局 QF207 浮标实测最大有效波高 5.0 米，大陈海洋站测得最大有效波高 3.6 米。

（6）“夏浪”台风浪。强台风“夏浪”于 8 月 7—9 日在东海东部海面形成 4～6 米的台风浪。

（7）“海鸥”台风浪。台风“海鸥”于 9 月 14—17 日在南海海面形成 6～9 米的台风浪，国家海洋局 QF305 浮标实测最大有效波高 8.0 米，硇洲海洋站测得最大有效波高 4.8 米。受台风浪的影响，无人员伤亡。直接经济损失 1592.4 万元。

（8）“凤凰”台风浪。台风“凤凰”于 9 月 19—23 日在南海、台湾海峡、东海海面形成 4～8 米的台风浪，国家海洋局 QF210 浮标实测最大有效波高 7.5 米，大陈海洋站测得最大有效波高 5.1 米。受台风浪的影响，死亡（含失踪）3 人。直接经济损失 3.0 万元。

（9）“巴蓬”台风浪。强台风“巴蓬”于 10 月 4—6 日在东海海面形成 5～8 米的台风浪，国家海洋局 QF210 浮标测得最大有效波高 5.9 米，大陈海洋站测得最大有效波高 4.0 米。

（10）“森拉克”台风浪。强热带风暴“森拉克”于 11 月 28—30 日在南海南部海面形成 4～5 米的台风浪。

（11）“黑格比”台风浪。超强台风“黑格比”于 12 月 10—11 日在南海海面形成 4～5 米的台风浪，国家海洋局 SF304 浮标实测最大有效波高 4.0 米。

【冷空气与气旋浪灾害】 2014 年，我国近海海域共发生波高 4 米以上冷空气浪和气旋浪过程 24 次，死亡（含失踪）14 人，直接经济损失 1153.0 万元。

“140425”气旋浪。4 月 25—27 日，受温带气旋影响，江苏盐城沿海 3 艘渔船被大浪毁坏沉没，直接经济损失 240.0 万元；另有 17 艘渔船受损，直接经济失 170.0 万元，共计 410.0 万元。

“141203”冷空气浪。12 月 4 日，受冷空气影响，浙江附近海域出现了 4～5 米的巨浪，受其影响，浙江省 1 艘渔船沉没，死亡（含失踪）6 人，直接经济损失 30.0 万元。

表 7 2014 年海浪灾害过程及损失统计

灾害过程	发生时间	受灾地区	死亡（含失踪）人数	直接经济损失（万元）
140108 冷空气浪	1 月 9 日	福建	0	70
140121 冷空气浪	1 月 21 日	广东	1	2
140219 冷空气浪	2 月 21 日	广东	2	0.1
140301 冷空气浪	3 月 1 日	浙江	1	50
140320 冷空气与气旋配合浪	3 月 21 日	福建	2	0
140425 冷空气与气旋配合浪	4 月 25—27 日	江苏	0	410
140519 气旋浪	5 月 19 日	海南	0	15
140605 气旋浪	6 月 5 日	海南	0	197.9
1410“麦德姆”台风浪	7 月 24 日	浙江	1	48
140814 气旋浪	8 月 14 日	浙江	0	18
140830 气旋浪	8 月 30 日	海南	0	17
1416“凤凰”台风浪	9 月 22 日	浙江	3	3
140924 冷空气浪	9 月 24 日	福建	0	8

续表

灾害过程	发生时间	受灾地区	死亡（含失踪）人数	直接经济损失（万元）
141009 冷空气与气旋配合浪	10 月 12 日	浙江	0	210
141102 冷空气浪	11 月 2 日	浙江	1	0
141116 冷空气浪	11 月 16 日	海南	0	80
141117 冷空气浪	11 月 17 日	福建	0	10
141203 冷空气浪	12 月 4 日	浙江	6	30
141216 冷空气浪	12 月 16 日	浙江	1	35
合计			18	1210

【海浪预报】 2014 年，国家海洋环境预报中心继续制作并通过中央电视台新闻频道、中国教育频道、旅游卫视频道、凤凰卫视频道、中央人民广播电台、新浪网、新华网、国家海洋局和国家海洋环境预报中心网站等全国性媒体对外加发布西北太平洋及中国近海 24—72 小时公益性海浪预报、中国沿海共 22 个主要滨海旅游城市、23 个海水浴场、16 个滨海旅游度假区、6 条海上航线及钱塘江观潮的 24－72 小时近海海浪预报。

2014 年，国家海洋环境预报中心继续为处于渤海、东海及南海海域的海上石油平台、海上运输航线提供专项海浪服务，制作海浪预报单合计 12000 余份，为海上生产活动、人员安全等提供科学有力保障。继续为我国兴建的世界最大桥隧结合工程“港珠澳大桥”项目的岛隧工程提供海浪预报保障，海浪预报时效 144 个小时。

【海浪预警报】 2014 年，国家海洋环境预报中心、国家海洋局东海、北海和南海预报中心、沿海省（自治区、直辖市）、计划单列市海洋预报（中心）台，按照《风暴潮、海浪、海啸和海冰灾害应急预案》，通过中央电视台、中央人民广播电台和沿海省（自治区、直辖市）、计划单列市电视台和广播电台、手机短信平台、国家海洋局网站、国家海洋环境预报中心网站、新华网、新浪网等新闻媒体发布了 1407“海贝思”、1408“浣熊”、1409“威马逊”、1410“麦德姆”、1412“娜基莉”、1415“海鸥”、1416“凤凰”、1418“巴蓬”、1422“黑格比”台风浪、冷空气浪和气旋浪等 25 次灾害性海浪过程，国家海洋环境预报中心发布海浪警报及紧急警报 136 份(其中红色海浪紧急警报 12 份)、海浪实况速报 188 份；同时还向受灾害性海浪影响的沿海省（自治区、直辖市）、计划单列市人民政府、国家海洋局、国家安全生产应急救援指挥中心、国家减灾委员会办公室、国家防汛抗旱总指挥部办公室、交通部总值班室、中国海事局、中国海上搜救中心、交通部救助打捞局、农业部总值班室、农业部渔业局、中国海监总队、总参作战部、海军司令部、中国远洋运输总公司、中国海运（集团）公司、中国海洋石油总公司、中国石油天然气股份有限公司、中国石油化工集团公司、中国海洋石油天津、上海、广州分公司等几十家海洋生产指挥部门和海洋交通运输部门、海洋石油勘探与开采部门发布海浪预警报。

【海浪数值预报模式研究】 2014 年，国家海洋环境预报中心不断改进和完善精细化海浪业务预报系统；初步建立了海浪集合预报系统。此外，建立了高度计和散射计资料融合的海浪实况分析方法，扩展了 HY-2 卫星资料在业务化海浪预报中的应用。（国家海洋环境预报中心）

海冰灾害与预报

【冰情与灾害】 **冰情概况** 2013/14 年冬季为偏轻冰年（1.5 级），初冰日为 2013 年 12 月 13 日，终冰日为 2014 年 3 月 6 日，冰期 84 天。全海域浮冰最大覆盖面积 16896 平方千米，出现在 2014 年 2 月 12 日。辽东湾海冰最大覆盖面积 13012 平方千米，出现在 2 月 12 日，浮冰外缘线离岸最大距离 62 海里，出现在 2 月 9 日；渤海湾仅河口浅滩出现少量海冰；莱州湾海冰最大覆盖面积 99 平方千米，出现在 2 月 11 日；黄海北部海冰最大覆盖面积 3920 平方千米，出现在 2 月 11 日，浮冰外缘线离岸最大距离 14 海里，出现在 2 月 12 日。

表 8 2013/14 年渤海及黄海北部冰情

影响海域	初冰日（年/月/日）	终冰日（年/月/日）	浮冰最大覆盖面积（平方千米）	浮冰离岸最大距离（海里）	一般冰厚（厘米）	最大冰厚（厘米）
辽东湾	2013-12-13	2014-3-6	13012	62	5月15日	30
渤海湾	-	-	-	-	-	-
莱州湾	2013-12-23	2014-2-17	99	<5	5	10
黄海北部	2013-12-21	2014-3-2	3920	14	5月10日	20

冰情灾害 2013/14 年冬季，渤海及黄海北部海域受海冰灾害影响，直接经济损失 0.24 亿元，是前 5 年平均值（15.39 亿元）的 2%，为 2012/13 年的 7%。其中，辽宁省直接经济损失 0.15 亿元，山东省直接经济损失 0.09 亿元。

表 9 2013/14 年海冰灾害损失统计

省（自治区、直辖市）	受灾人口		损毁船只（艘）	水产养殖损失		海岸工程损毁（千米）	直接经济损失（亿元）
	受灾人口（万人）	死亡（含失踪）人数（人）		受灾面积（千公顷）	数量（万吨）		
辽宁	0	0	0	0.67	0.22	辽宁	0
山东	0	0	0	8.00	0	山东	0
合计	0	0	0	8.67	0.22	合计	0

【海冰监测与预报研究】 **冰情监测** 2013/14 年冬季，完善了立体化海冰监测，包括海冰卫星遥感、沿岸海洋站、破冰船、鲅鱼圈雷达站、白沙湾雷达站、辽东湾石油平台等。海冰组按照中心部署，组织了渤海海冰沿岸调查，参加了海军破冰船海冰调查，开展了辽东湾平台海冰雷达监测。

2014 年 1 月 16—20 日，国家海洋环境预报中心与国家卫星海洋应用中心、辽宁海洋环境监测预报总站以及营口市海洋环境监测站组成联合调查队，由预警室副主任李本霞带队，开展海冰沿岸调查。观测地点包括：营口西炮台、白沙湾、锦州开发区笔架山、葫芦岛浴场、菊花岛小坞码头和兴城海水浴场站点至秦皇岛沿海。

2014 年 1 月 14—19 日，国家海洋环境预报中心刘琼参加了海军第 78 次渤黄海海冰调查。此次破冰船海冰调查先后经河北沿岸、渤海湾、莱州湾、渤海海峡、黄海北部、辽东湾，最后返回秦皇岛港，累计航行 100 小时，航程 900 余海里，分别对渤海及黄海北部的 28 个站点的海冰、水文、气象要素进行了定点观测。

2013/2014 年冬季是 JZ20-2 雷达测冰系统平稳运行的第五年。经过实践检验，目前雷达性能良好，业务化运转正常。2013 年 12 月 18 日平台测冰雷达开始运转，每天监测平台附近海冰状况，并将监测数据及时提供给国家海洋环境预报中心，通过对数据的反演获取了平台附近冰厚、海冰密集度及海冰运动等信息，为海冰预警报提供重要的实测数据。

在发布海冰警报期间，国家海洋环境预报中心组织北海预报中心、辽宁海洋环境预报总站等进行海冰灾害远程视频应急会商，将海冰的监测信息和海冰预报向国家各级政府部门汇报，并积极配合公共产品服务部宣传海冰预警报工作。

预报研究 2013/14 年冬季共发布：年预报 1 期，月预报 4 期，旬预报 9 期，周预报 12 期，警报 2 期；逐日渤海海冰数值预报 70 期，其中周冰情展望及海冰数值周预报 10 期。海冰预报较准确地预测了海冰演变过程，抓住其主要演变过程及特点，为保障冬季安全生产发挥积极作用。

在完成日常预警报工作的前提下，为中海油、中石油、中远等提供专项预报服务；为中海油编写的海冰数值预报总结、海冰统计预报总结顺利通过验收。

2014 年是公益项目“渤海海冰立体监测及高精度预警报技术研究示范”实施的第四年，海冰组主要负责任务二海冰预报技术研究，本年度应用 BP-MOS 系统对渤海和黄海北部海域冬季海冰进行试预报，同时根据统计误差评估效果，修订 BP-MOS 旬预报系统，顺利完成年度研究任务。

针对国家自然基金项目“渤海防波堤建设对渤海海冰影响”2014 年的研究任务，海冰组开展数值试验，利用渤海冰-海洋耦合模式模拟了 2013—2014 年冬季渤海海冰的演变过程；利用小区域高分辨率海冰模式开展数值试验，并对数值计算结果进行检验。

另外还参加了国家自然基金项目“海冰动力-热力过程的离散单元模型及应用研究”、公益项目“沿海重点保障区域精细化综合预报系统研制与应用”、“中国近海短期气候预测技术及其应用”等科研项目，均达到预期科研目标。

完成了中心年初制定的重点任务：①提高预报准确率和精细化程度，针对辽东湾、渤海湾和莱州湾等重点港口和觉华岛附近海域建立了精细化海冰预报系统，发布精细化数值预报产品；②研究平台结构冰振响应预报方法，开展辽东湾平台冰激振动预报试验；③《海洋预报和警报发布》国家标准送审稿通过审查，根据专家审查意见进一步修改完善，形成报批稿报批。（国家海洋环境预报中心）

海温与海流预报

【业务预报】 主要发布包括沿海城市单站海温预报、海水浴场海温预报、滨海旅游海洋环境预报、滨海旅游度假区海温预报、海温周预报、海温周实况分析，逐日中国海、西北太平洋、印度洋、黄东海、南海、渤海等三维海洋温度和海流预测产品，2014 年共发布：

(1)海温周预测 52 期 780 份(传真 15 家)，电视预测 52 期，Internet 网络发布海温周预测 52 期；

(2) Internet 网络发布渤海 120 小时三维海温、海流预测 365 期；

(3) Internet 网络发布南海 120 小时三维海温、海流预测 365 期；

(4) Internet 网络发布西北太平洋海域 120 小时海温海流预测 365 期；

(5) Internet 网络发布渤黄东海海域 120 小时海温海流预测 365 期；

(6) Internet 网络发布印度洋海域 120 小时海温海流预测 365 期；

(7) Internet 网络发布连云港海流预测 365 期；

(8) 中央电视台新闻频道发布 24 小时沿海城市单站海温预测 365 期；

(9) 教育台发布 48 小时单站海温预测 365 期；

(10) 旅游卫视发布 72 小时的逐日海温预测 365 期；

(11) 在中央电视台发布南 13 个，北 10 个海水浴场海温预测 184 期；

(12) 发布滨海旅游海洋环境预测 184 期；

(13) 凤凰卫视发布全球 30 个沿海城市 24 小时海温预报，一日两次，共 730 期；

(14) 凤凰卫视发布全球 20 个沿海城市 72 小时海温预报，一日两次，共 730 期；

(15) Internet 网络发布海温周实况分析 52 期；

(16) 提供海事局的 72 小时的逐时潮流预测 365 期；

(17) 提供华北空管局的 72 小时海温预测 365 期，周海温预测 52 期；

(18) 全球城市临近海域海温预报 365 期；

(19) 精细化预报天津，福清，辽东湾海域各 365 期，共 1095 期；

(20) 向台站分发海表流场和对应风场数；

(21) 为应急组逐日提供海流预报；

(22) 在绿潮预测期间，为赤潮组逐日提供海温和海流 72 小时预报：

(23) 中建岛临近海域海流预报从 5 月 21 日至 11 月 5 日共发布 168 期；

(24) 为海军相关部门提供 1 个月的三维温盐流预报；

(25) 定期对综合预报进行检验，按时上报精细化海温预测检验。

【数值预报系统建设与改进】 ①业务运行并改进西北太、渤黄东海、南海环流预报系统业务运行和完善。环境室负责开展西北太平洋、北印度洋、渤黄东海、南海环流预报系统的业务化运行与维护工作。全年共发布以上区域的海温、盐度、海流预报各 365 期。期间各套数值预报系统的预报结果获得了大量的实际应用，其中，南海、北印度洋的数值预报结果应用于马航 MH370 失联事件的应急保障工作；西北太平洋数值预报结果应用于福岛核辐射物的漂移扩散预报，并为海军提供逐 6 小时温盐流预报；渤黄东海数值预报结果应用于华北空管局预报保障工作；南海环流数值预报结果应用于中建岛邻近海域海流预报保障。今年业务系统的完善和改进工作重点主要是数值同化模块的改进工作。正在开展基于卫星资料的表层海温和高度计异常资料的同化模块升级工作，目前已完成基于 EnOI 的高度计异常资料的同化模块升级，并投入业务化运行，基于 3DVar 的海温同化研究工作正在按计划进行中。此外，西北太平洋 WPOOFS 系统实现了潮流的模拟，可以和目前预报系统的海流进行叠加，完善海流和搜救应急的预报准确性。

②开展边缘海模式研发应用和拉格朗日余流业务化应用项目。依托“边缘海模式研发应用和拉格朗日余流理论业务化应用”项目，召开了工作讨论会，会议在中国海洋大学孙文心教师的主持下，汇报了各负责人的工作，就现有边缘海现有思路、动压、模式变边界、研究区域资料及模式验证等工作进行了汇报，报告突出边缘海不同于大洋模式和近海模式的特点，并且突出模式自主研发的特性，考虑模式研发的实际特点继续开展关键技术的突破，同时会议也商议了本年的观测方案等问题。开展了渤海 ROMS 数值模拟，该模式水平分辨率 1/60 度，可实现温度、盐度和潮流余流的数值模拟，并在 IBM 外网机上初步实现了业务化运行。

③参与面向重点目标的精细化预报项目，开展海温海流预报工作。参与重点保障区精细化预报工作，负责发布辽东湾石油平台、天津港和福清核电站三个位置的海温预报，每天发布两次，并按要求开展精细化海温预报的检验工作。全年共发布精细化海温预报 2000 余份。初步建立高分辨率渤海三维温盐流数值模拟系统，开展了多年数值模拟实验，实现了潮流水位、三维温度、盐度和流场等要素的数值模拟，并与观测数据和图集资料等进行了对比验证，可反映瞬时流实际情况，并移植到外网刀片机初步实现试业务化运行，预计进一步考虑边界河流等近岸影响要素，完善高分辨率渤海拉格朗日余流预报和各种水环境特征要素的模拟预报。（国家海洋环境预报中心）

赤潮灾害与预报

【赤潮灾害】 2014 年我国海域共发现赤潮 56 起，累计面积约 7290 平方千米，赤潮次数和累计面积均较上年有所增加，与近 5 年平均值基本持平。2014 年，我国沿岸海域赤潮高发期为 5 月，共发现赤潮 22 次，占总发现次数的 39%，累计面积 4343.6 平方千米，占总累计面积的 60%。

2014 年，引发赤潮的优势藻类共 13 种，东海原甲藻作为第一优势种引发的赤潮次数最多，为 23 次；其次是夜光藻，引发赤潮次数为 9 次；米氏凯伦藻和红色赤潮藻各 4 次，赤潮异弯藻和多纹膝沟藻各 3 次，海洋卡盾藻、中肋骨条藻和球型棕囊藻各 2 次，抑食金球藻、离心列海链藻、锥状斯氏藻和条纹环沟藻各 1 次。

与 2013 年相比，2014 年全海域赤潮发现次数增加 10 次，累计面积增加 3220 平方千米。其中，渤、黄海赤潮发现次数减少 2 次，累计面积增加 1767 平方千米；东海赤潮发现次数增加 2 次，累计面积增加 936 平方千米；南海赤潮发现次数增加 10 次，累计面积增加 517 平方千米。

表 10　2014 年影响面积超过 100 平方千米的赤潮事件统计

省（自治区、直辖市）	起止时间	发现海域	赤潮优势种	最大面积（平方千米）
辽宁	5 月 30 日—6 月 13 日	辽东湾东部海域	夜光藻	110
河北	6 月 11—15 日	秦皇岛近岸海域	夜光藻 微小原甲藻	228
河北	9 月 13—17 日	渤海中部海域	米氏凯伦藻	400
河北	5 月 15 日—8 月 7 日	秦皇岛近岸海域	抑食金球藻	2 000
天津	8 月 26 日—9 月 30 日	天津滨海旅游区附近海域	离心列海链藻 多环旋沟藻 叉状角藻	300

续表

省(自治区、直辖市)	起止时间	发现海域	赤潮优势种	最大面积（平方千米）
山东	9月21—23日	烟台长岛县附近海域	海洋卡盾藻	890
浙江	5月21日—6月5日	舟山嵊泗海域	东海原甲藻	170
浙江	9月7—9日	舟山嵊泗海域	东海原甲藻 米氏凯伦藻	200
浙江	5月21日—6月3日	舟山普陀海域	东海原甲藻	300
浙江	5月27日—6月3日	舟山朱家尖海域	东海原甲藻	400
浙江	5月21日—6月9日	台州温岭海域	东海原甲藻	100
浙江	5月19日—6月11日	温州苍南海域	东海原甲藻	320
福建	5月8—16日	莆田南日岛附近海域	东海原甲藻	600
广东	11月25—27日	茂名市博贺港西南侧鸡岛附近海域	夜光藻	300
广东	7月21日—8月13日	湛江流沙湾至乌石港渔业增养殖水域	中肋骨条藻	140
合计				6458

【赤潮预报】 2014年共发布全国《赤潮生成条件预测》25期。其中，涉及渤、黄海赤潮预测14期，东海赤潮预测13期，南海赤潮预测6期。2014年共发布《东海示范海区赤潮漂移扩散（试）预报》4期。

【绿潮漂移应急预报保障】 2014年5月8日在我国盐城附近海域监测到有小面积绿潮发生，5月13日、5月15日绿潮分布面积分别为15平方千米和8平方千米。随后绿潮覆盖面积和分布面积呈波动增大变化趋势，在海流和风的作用下向偏北方向漂移。5月27日，绿潮大规模爆发，绿潮分布面积超过10000平方千米，绿潮覆盖面积近300平方千米。6月初，绿潮“前锋”抵达连云港多处海域，受持续南风和洋流影响，6月下旬开始漂移在黄海海域的绿潮开始大面积靠近江苏北部海州湾海岸，强烈的东南风将绿潮吹到岸边，形成江苏海州湾2014年入夏以来最大规模的一次绿潮登陆。6月9日开始，漂移在黄海海域的绿潮陆续靠近山东省日照海岸，9日下午，一些绿潮被海浪推到万平口海滩，形成日照今年入夏以来第一次绿潮登陆。6月11日绿潮抵达青岛近海海岸，在三浴沙滩登陆。7月份绿潮覆盖面积和分布面积呈现出先增大后减小的趋势，在海流和风的作用下向偏北方向漂移至山东沿海，并有部分登陆。7月份江苏连云港海域继续出现大面积绿潮，并且呈蔓延趋势，原先没有绿潮的在海一方公园礁石区域也开始出现绿潮的踪影。7月上旬，大量绿潮登陆日照近岸海域。受风和洋流的影响，2014年黄海绿潮分布范围较广离青岛较远，未出现大规模绿潮登陆青岛的灾情。7月上旬至中旬，威海市近岸部分海域绿潮大面积聚集，乳山、文登大部岸段有绿潮上岸，绿潮外缘最北端到达荣成桑沟湾外部海域。进入8月份以后，绿潮覆盖面积和分布面积不断减小，8月中旬绿潮基本消失。

此次绿潮灾害入侵时间早，持续时间长（历时3个月），爆发面积大，大量涌入近岸海域，对渔业、水产养殖、海洋环境、景观和生态服务功能产生严重影响。对此，国家海洋环境预报中心也积极做好绿潮应急响应工作，每天按时发布绿潮应急预报。2014年共发布《绿潮漂移及海洋环境预报》98期，为政府有效应对绿潮灾害提供辅助服务。 （国家海洋环境预报中心）

海啸监测与预报

2014年国家海洋局海啸预警中心（国家海洋预报台）共监测到地震3240次。从震级统计分析可得：小于等于5级的地震1438次，大于5级且小于等于6级的地震1659次，大于6级且小于等于7级的地震129次，大于7级的地震14次。震级最大的地震为2014年4月2日7时46分（北京时间）发生在智利东北附近海域的8.1级地震。从地震分布图中可以看出本年绝大多数地震位于环太平洋地震带上，尤其是智利海域和所罗门群岛附近海域发生多次强烈地震。

2014 年，我国未发生海啸灾害。国家海洋局海啸预警中心对 52 次发生在我国周边海域及全球大洋其他海域的海底地震共发布了 95 期海啸信息。根据监测数据分析，其中 7 次地震引发了海啸，这些海啸事件均未对我国产生灾害性影响。（国家海洋环境预报中心）

海上突发事故与应急预报

【海上溢油应急预报】 2014 年未收到溢油事故报告，在马航 MH370 搜救应急过程当中共发过两次疑似油膜的漂移预测和溯源分析。

预报技术研究方面，为把握海上溢油应急事故预报技术的研究发展方向和了解国外先进技术，相关人员开展了国内外溢油模型和技术的调研。为了更好地了解各掌握更多的溢油预测模型，今年引进了美国 NOAA 的 GNOM 溢油软件和挪威的 OSCAR 溢油软件，对软件所需的数据格式、与中心风场流场的数据接口进行了研究，并能成功进行溢油模拟。针对中心现有的溢油模型 NMEFC 溢油模型、 OILMAP、GNOME、OSCAR 进行了对比评估，同时开展多模式集合综合预报技术研究。

【海上搜救应急预报】 2014 年共开展了 9 次搜救应急保障工作，共发布 132 份搜救应急预报单，应急天数共计 105 天。分别是 1 月“雪龙号”脱困应急保障，1 月东海 QF202 浮标丢失搜寻漂移预测，3—6 月 MH370 航班失联搜寻应急保障，4 月韩国“岁月”号沉船事件应急保障，4 月渤海湾韩国船员搜寻应急保障，5 月香港海域两船相撞事件应急保障，10 月长江口沉船事故搜救应急保障，12 月台湾海峡渔船相撞搜救应急保障，12 月济州岛船舶失火人员落水事件应急保障。

针对 2014 年 1 月 2 日受困于南极海冰的“雪龙号”科考船，负责对其附近的“冰山 1 号”开展漂移轨迹预测工作，为“雪龙号”决策脱困路线方案提供技术支持。

针对 2014 年 3 月 8 日凌晨失联的马来西亚航班 MH370，预报中心于 3 月 8 日启动搜救应急响应，并启动 24 小时应急值班机制，持续保障至 6 月 10 日。期间，预报中心共组织开展了 10 次应急会商，通过邮件和传真方式共发布 125 份搜救应急预报单，为各级管理部门提供决策参考。发布内容包括失联或疑似失事海域落水人员、救生筏、疑似碎片、疑似油膜带等类型的漂移预测、溯源轨迹和搜寻范围，并为我方搜寻力量提供搜寻海域 72 小时的海洋环境要素预报及航线预报等。为提高疑似失事海域的海洋环境预报能力，预报中心参与了南印度洋表面漂流浮标的布放设计，并持续收集表漂观测数据，对其进行分析整理，计算漂移速度、绘制漂移轨迹、提取温度信息等，供每日的搜寻预报参考。此外，在 MH370 疑似失事的南印度洋海域，基于多源（GTS、国家海洋局布放）表漂轨迹数据，利用 SARMAP 搜救漂移系统进行落水人员类型的目标漂移计算，对比分析 MOM4、NEMO、HYCOM 三个海流模型的模拟准确度。

如期完成海上搜救环境保障系统建设工作中 2014 年预报中心的工作任务，初步建立了海上搜救目标漂移特征及案例数据库；初步形成了搜救模型检验标准和业务化标准，开展了自有模型的评估工作；引进了 SARMAP、LEEWAY 搜救预报技术，进行了搜救模型对比和多模式搜救集成预报技术研究，研制了搜救集合预测模型；制定了搜救预报产品标准，对预报要素、预报时效、预报图的表达形式进行了规范。

参与国家海洋局于 2014 年 7 月 22 日在青岛外海开展的海上搜救应急演练，对失事目标物假人和救生筏及时开展了未来 24 小时的漂移预测，为现场搜救部门提供了 0—12、12—24 小时的分时段建议搜寻范围，并与现场海上作业团队实测 12 小时的漂移轨迹数据进行了对比，预测结果基本准确，圆满完成此次演练任务。

开展多次海上漂移实验。在莱州湾、渤海湾开展了 2 次表漂漂移实验，分别于 2014 年 1 月下旬从山东省莱州湾出海进行表漂实验，7 月下旬从河北省黄骅市南排河镇出海进行渤海湾表漂实验。考虑湾内以潮流为主，失事目标的漂移基本受到表层流的驱动，自西向东选取点位布放，在每个点位一次性进行表层漂流浮标释放，用于表征海湾水流特征。并对浮标的漂移轨迹进行模拟，基于多种不同的海流预报数据对比检验模型的模拟结果，分析误差的原因，初步确认较适用于渤海湾、莱州湾的数值预报产品。于 2014 年 10 月底至 11 月初，在舟山海域开展 2 次无动力渔船、表漂的海上漂移实验，并对其进行漂移预报及结果检验，补充记录渔船的参数信息等，并且基于多次无动力渔船的海上漂移实验数据，初步开展中国常见渔船 leeway 参数的率定工作。

开展了集合预报、溯源模拟等研究工作。分别基于 nmefcsar 和 leeway 漂移预测模型进行了初始扰动敏感性分析，分析了初始释放粒子数和初始扰动范围对以人为类型的物体平均漂移轨迹的影响，从结果看，影响较小；基于 nmefcsar、leeway 和 sarmap 三个已在预报中心业务化的漂移预测模型，进行了平均轨迹集合预报技术研究工作，结果显示多模式集合预报结果总体上优于单模式预报结果；基于 leeway 模型进行了溯源模拟研究工作，并基于海上漂移实验数据对其溯源模型进行对比检验，溯源结果基本准确，据此初步建立了搜救溯源模型。

【核污染物漂移扩散业务工作】 按照局环保司“西太平洋海洋环境监测预警体系建设专项”要求，开展日本核污染物漂移扩散业务工作，针对 311 日本强震及海啸引发的核泄漏事故，整理日本核泄漏放射性污染物在福岛第一、二核电站附近以及邻近海域中的扩散分布的时序变化。2014 年全年编写提交《关于上报日本福岛核泄漏事故工作情况的报告》12 份；同时，收集整理了最新消息编制《日本核电站事故发展动态》，累计提交 12 期。

（国家海洋环境预报中心）

海洋气候监测与预测

【ENSO 概况】 根据中国气象局国家气候中心监测，2014 年一次新的厄尔尼诺事件于 5 月开始、10 月形成。1—3 月，赤道中东太平洋大部海温维持前期的弱冷水状态；4 月，赤道中东太平洋海温迅速上升导致 ENSO 中性状态结束并进入暖水状态；5—12 月，赤道中东太平洋海表温度距平指数已连续 8 个月达到或超过 0.5℃。在赤道中东太平洋海温经历由冷转暖并逐步加强至发展为一次新的厄尔尼诺事件的过程时，赤道西太平洋海温一直维持较明显的偏暖状态。

【我国气候异常概况】 2014 年，我国气温偏高，降水接近常年，气候属正常年景，极端天气气候事件较 2013 年少，暴雨洪涝、干旱等灾害轻，因灾造成死亡人数和受灾面积明显偏少，气象灾害属于偏轻年份。

全国平均气温较常年偏高 0.5℃，与 1999 年并列为 1961 年以来第六暖年，其中华北偏高明显；四季气温均偏高。全国平均降水量 636.2 毫米，接近常年，比 2013 年偏少 3%；降水时空分布不均，辽宁、北京和河北偏少明显；冬、春、夏三季降水量均接近常年同期，秋季偏多。

华南前汛期开始早、雨量多；西南雨季开始晚、结束早、雨量少；梅雨区降水量南多北少，江淮出现空梅；华北雨季不明显，出现空汛；华西秋雨开始早、结束晚、雨量多。从区域和流域看，西南和长江中下游降水分别偏多 5%和 4%，东北和华北降水偏少，其中东北偏少 14%，西北和华南接近常年；黄河流域降水偏多 10%，辽河、海河和淮河流域降水偏少，其中辽河偏少 27%，为 1961 年以来最少，海河偏少 18%，松花江、长江和珠江流域接近常年。

南方局地暴雨洪涝多，华西、黄淮秋雨频繁；东北和黄淮伏旱严重；华北、黄淮 5 月遭遇极端高温，长江中下游出现凉夏；台风活动少，但登陆强度大，超强台风“威马逊”致灾重。全国平均风速较 2013 年小，小风日数多，气象条件不利于大气污染物扩散，共出现 13 次大范围持续性霾天气过程。

【海洋气候监测与预测】 **海洋气候监测** 中国气象局国家气候中心 2014 年共发布气候系统监测产品《气候系统监测公报》12 期，内容包含全球大气环流、南、北极海冰、全球海表温度、热带太平洋次表层海温、南方涛动等主要环流和大尺度海洋、海冰状况的监测诊断分析及影响评估。

海洋气候预测 2014 年，中国气象局国家气候中心依托全球海气耦合模式、全球大气环流模式、动力-统计相结合季节预测系统、多模式解释应用集成预测系统以及多种统计诊断预测技术，开展海洋异常背景下延伸期、月、季尺度的预测工作。预测对象主要包括：中东太平洋海温演变趋势、中国月、季尺度降水、气温及主要气候灾害。重点如下：

（1）热带海洋预测。每月两次的 ENSO 趋势预测会商会，滚动预测 ENSO 未来 3 个月的演变趋势。另外，在 2014 年 3 月 21 日和 10 月 21 日分别邀请中国气象科学研究院、中国科学院大气物理研究所、国家海洋局预报中心等单位参加召开的 ENSO 趋势专题会商会，共同会商预测 ENSO 未来 6 个月的发展趋势。

(2)每月气候趋势预测。每月各区域(省)气候中心共同探讨未来一个月的降水、气温和主要气候灾害的趋势，制作和发布《每月气候预测》产品。

(3) 季节气候预测。季节气候特征与海洋异常有密切的联系，组织召开春、夏、秋、年度的气候趋势预测会商会。2014 年 2 月 25 日，组织召开春季全国气候趋势预测电视电话会商会，形成春季全国气候趋势预测意见。2014 年 3 月 27—28 日，中国气象局联合水利部组织召开全国汛期气候趋势预测会商会，邀请全国各省（自治区、直辖市）气象局、国家气候中心、中国气象局公共气象服务中心、中国气象科学研究院，水利部水文局、水利部各流域机构水文局，中国科学院大气物理研究所、中国科学院寒区旱区环境与工程研究所，总参气象水文空间天气总站，北京大学，南京大学，南京信息工程大学等业务、科研院所共同会商汛期气候趋势，形成综合预测意见并正式上报国务院。5 月底对汛期预测意见进行滚动订正，并将订正意见以《重要气候信息》方式上报。6 月底对盛夏气候趋势进行全国电视电话会商，其综合预测意见上报国务院。此外，针对季节内演变过程及主要气候事件，分别开展南海夏季风爆发、梅雨、华北雨季的气候趋势预测。2014 年 8 月 25 日，召开秋季全国气候趋势预测电视电话会商会，形成秋季全国气候趋势预测意见。2014 年 10 月 28—29 日，召开 2014—2015 年度全国气候趋势预测会商会，邀请各省（区、市）气象局，中国气象科学研究院，中国科学院大气物理研究所，总参气象水文空间天气总站，发改委、民政部、国土资源部、农业部、国家海洋局以及北京大学、南京大学、南京信息工程大学、兰州大学、中国海洋大学等单位共同会商冬季气候趋势，形成综合预测意见并上报国务院。

（4）台风专项预测。热带海洋的演变对西北太平洋台风的生成有重要的影响。中国气象局国家气候中心于 2014 年 3 月底对全年生成和登陆台风进行预测，6 月底对下半年生成和登陆台风进行预测，5 月至 9 月对月尺度的台风趋势进行滚动预测。 （中国气象局）

台风灾害与预报

【西北太平洋和南海台风概况】 2014 年西北太平洋和南海共有 22 个编号台风（包括热带风暴、强热带风暴、台风、强台风和超强台风，下同）生成，较常年（1949—2013 年，下同）平均（27.4 个）偏少 5.4 个。

2014 年西北太平洋和南海台风活动具有生成总数偏少（8 月份异常偏少）、生成源地集中、南海生成台风少、登陆个数偏少、登陆强度偏强、登陆位置偏南等特点。

2014年共有5个编号台风先后在我国登陆，它们是：海贝思(HIGIBIS)、威马逊(RAMMASUN)、麦德姆（MATMO）、海鸥（KALMAEGI）、凤凰（FUNG-WONG）。2014 年台风登陆数较常年登陆平均值（6.8 个）偏少 1.8 个。登陆地段偏南，登陆福建台风频次偏多，登陆强度偏强。2014 年台风初次登陆我国时间为 6 月 15 日，较常年平均（6 月 29 日）偏早 14 天；2014 年台风末次登陆我国时间为 9 月 23 日，较常年平均（10 月 7 日）偏早 14 天。

表 11 2014 年登陆我国的台风概况表

国内编号	国际编号	台风命名	极值强度	登陆情况			
				最大风速（米/秒）	中心气压（百帕）	时间（北京时）	地点
1407	1407	海贝思	热带风暴	23	986	6 月 15 日 16 时 50 分	广东省汕头市

续表

国内编号	国际编号	台风命名	极值强度	登陆情况			
				最大风速（米/秒）	中心气压（百帕）	时间（北京时）	地点
1409	1409	威马逊	超强台风	60	910	7 月 18 日 15 时 30 分	海南省文昌市
				60	910	7 月 18 日 19 时 30 分	广东省徐闻县
				48	950	7 月 19 日 07 时 10 分	广西壮族自治区防城港市
1410	1410	麦德姆	强台风	42	955	7 月 23 日 00 时 15 分	台湾省台东县
				30	980	7 月 23 日 15 时 30 分	福建省福清市
				20	993	7 月 25 日 17 时 10 分	山东省荣成市
1415	1415	海鸥	台风	40	960	9 月 16 日 9 时 40 分	海南省文昌市
				40	960	9 月 16 日 12 时 45 分	广东省徐闻县
1416	1416	凤凰	强热带风暴	28	982	9 月 21 日 10 时 00 分	台湾省恒春半岛
				28	982	9 月 21 日 22 时 20 分	台湾省宜兰县与新北市交界处
				28	982	9 月 22 日 19 时 35 分	浙江省象山县
				23	990	9 月 23 日 10 时 45 分	上海市奉贤区

【台风对我国造成的灾害】　2014 年，共有 5 个编号台风登陆我国，其中第 9 号超强台风“威马逊”是 1973 年以来登陆华南地区的最强台风，在全部 5 个台风中造成的死亡失踪人口、紧急转移安置人口、倒塌房屋、直接经济损失均最多。

2014 年台风灾害共造成辽宁、江苏、浙江、安徽、福建、江西、山东、广东、广西、海南、云南、贵州、台湾 13 个省（自治区）2560.3 万人次受灾，116 人死亡失踪，157.2 万人次紧急转移；农作物受灾面积 3115.7 千公顷，其中绝收 345.4 千公顷；5.2 万间房屋倒塌，58.6 万间房屋不同程度损坏；直接经济损失 667.2 亿元。其中广东、广西、海南、云南灾情较重。

表 12　2014 年台风灾害概况表

台风中文名称及国内编号	登陆地点	登陆时间	登陆时中心附近最大风力（风速）	影响省（市、区）	受灾人口（万人次）	死亡失踪人口（人）	直接经济损失（亿元）
海贝思（1407）	广东	6 月 15 日	9（23 米/秒）	福建、广东	46.8	/	12.3
威马逊（1409）	海南 广东 广西	7 月 18 日 7 月 18 日 7 月 19 日	17（60 米/秒） 17（60 米/秒） 15（48 米/秒）	广东、广西、海南、云南	1194.0	88	443.3
麦德姆（1410）	台湾 福建 山东	7 月 23 日 7 月 23 日 7 月 25 日	14（42 米/秒） 11（30 米/秒） 8（20 米/秒）	辽宁、江苏、浙江、安徽、江西、山东、广东、台湾	219.6	16	24.7

续表

台风中文名称及国内编号	登陆地点	登陆时间	登陆时中心附近最大风力（风速）	影响省（市、区）	受灾人口（万人次）	死亡失踪人口（人）	直接经济损失（亿元）
海鸥（1415）	海南 广东	9月16日 9月16日	13（40米/秒） 13（40米/秒）	广东、广西、海南、云南、贵州	958.5	11	177.4
凤凰（1416）	台湾 浙江 上海	9月21日 9月22日 9月23日	10（28米/秒） 10（28米/秒） 9（23米/秒）	浙江、上海、台湾	141.4	1	9.5
总　计					2560.3	116	667.2

【西北太平洋和南海台风综合预报】 在经度180度以西、赤道以北的西北太平洋和南海海域上出现的中心附近最大平均风力达到8级或以上的台风，按照其出现的先后次序进行编号。台风定位、定强是台风预报的基础，中国气象局已建立了利用卫星、雷达、地面常规观测和自动站加密观测、海洋观测、高空观测等多种资料的台风定位、定强业务系统。在编号台风未进入中央气象台的警报发布区（即48小时警戒线内），每天进行00:00UTC、06:00UTC、12:00UTC、18:00UTC（UTC为世界协调时，下同）4次定位、定强，并同时发布12、24、36、48、60、72、96、120小时预报；当台风进入中央气象台的警报发布区（即48小时警戒线内）后，增发03:00UTC、09:00UTC、15:00UTC、21:00UTC 4次定位、定强，并同时发布12、24、36、48、60、72、96、120小时预报；当台风进入24小时警界线内，增发01:00UTC、02:00UTC、04:00UTC、05:00UTC、07:00UTC、08:00UTC、10:00UTC、11:00UTC、13:00UTC、14:00UTC、16:00UTC、17:00UTC、19:00UTC、20:00UTC、22:00UTC、23:00UTC 16次定位、定强，同时在00:00UTC、03:00UTC、06:00UTC、09:00UTC、12:00UTC、15:00UTC、18:00UTC、21:00UTC发布6、12、18、24、36、48、60、72、96、120小时预报。

【西北太平洋和南海台风客观预报】 目前，中国气象局关于台风客观预报方法主要是数值预报模式和动力统计方法。业务运行的模式有GRAPES_TCM(SGTM)，国家气象中心综合方法，国家气象中心数值预报模式（TMBJ-1），上海台风研究所台风数值预报模式(SHTM)，西北太平洋台风路径综合集成预报（STC），西北太平洋台风强度释用预报（STI），上海综合方法，江苏综合方法，广东综合方法，浙江综合方法，福建综合方法，广西综合方法，海南综合方法，辽宁综合方法，天津综合方法，山东综合方法，河北综合方法，概率圆法台风路径预报（JSPC），南海区域台风数值预报（GZTM），西北太平洋台风强度气候持续性预报方法(TCSP)，南海区域台风路径(强度)遗传神经网络预报（ANNGA），辽宁台风数值预报模式（LNTCM）。

基于TIGGE数据，中央气象台建立了以CMA、ECMWF、NCEP、JMA、MSC和UKMO等6家预报中心集合预报产品的超级集合预报系统，集合共149个成员。

【台风预报服务情况】 针对2014年22个编号台风的预报服务，中央气象台密切跟踪其变化趋势、及时发布台风定位定强信息和预警信息，共计发布《热带气旋公报》287期、《台风预警》96期，其中《台风蓝色预警》61期、《台风黄色预警》15期、《台风橙色预警》15期、《台风红色预警》5期。并及时通过各种媒体发布台风预警信息，极大地减少了台风灾害造成的损失。

2014年中央气象台有针对性地组织国家级台风预报专家团队成员开展台风专题会商，同时充分调动中央气象台内部台风预报员团队的积极性，及时开展针对性的台风内部会商，充分发挥了预报员团队的作用，台风路径预报的准确率稳中有升。另外，中央气象台参加国家防总台风会商5次；接受国内外各类媒体采访100余次。

针对2014年22个编号台风，中央气象台24—120小时台风路径预报误差分别为75、141、204、285、387千米，其中24小时路径预报误差首次低于80千米；24—120小时各时效预报准确率总体优于日本和美国，较2008—2012年平均分别提高了 27%、20%、22%、20%、20%。

另外，针对全球海域（除西北太平洋和南海海域外）活动的热带气旋，中央气象台每日发布《全球热带气旋监测公报》两次，发布时间为：02:00UTC、10:00UTC。2014 年中央气象台共发布《全球热带气旋监测公报》368 期。

（中国气象局）

海洋气象预报与服务

【海事天气公报】 2014 年，中央气象台共发布《海事天气公报》1460 期。

责任海区范围 按国际规定，中国承担的责任海区范围从 42° N，137° E 开始，沿印度洋海事卫星覆盖区的东部边界到 0° 、141° E，10° S、127° E，12° S、95° E，5° N、95° E，10° S，97° E，再向东北方向沿海岸线回到 42° N，137° E。

报文内容 报文以英语的形式发布。

（1）必须发报的内容。≥7 级大风区的范围或地理位置。说明造成大风的热带气旋或温带气旋中心强度（最低气压、风力）、位置、移向、移速；较强冷锋、暖锋和静止锋的位置；

能见度<10 千米的区域；浪高≥2 米的区域，在热带风暴、温带气旋活动区中加发最大浪高。

（2）选择发报的内容。当责任海区内无≥7 级大风出现，或者海区内已经出现有代表性的天气系统和天气现象，则需要从以下内容中选择部分内容发报：

较弱冷锋、暖锋和静止锋的位置以及海区内有影响的天气现象等。

广播方式及覆盖范围 为方便船舶及时收到海上安全有关的气象预报和警报，按规定广播须采用国际海事卫星安全网，通过印度洋海事卫星进行广播。该卫星的广播覆盖范围包括了我国承担的全部责任区，能满足用户的接收需要。

广播时次 通过海事卫星安全网定时发布的《海事天气公报》每日 4 次，发布时间分别为 03:30UTC、10:15UTC、15:30UTC、22:15UTC。

另外，报文的内容以中英文双语的形式在中国气象局网站上发布。

【海洋气象公报】 以中文形式描述责任海区的天气实况和预报，具体包括《海洋天气公报》和《海上大风预警》。海洋天气预报/预警的范围是中国近海，发布时间为每日 02:00UTC、10:00UTC、22:00UTC。发布《海洋天气公报》时分发单位为中国气象局网站、中国海上搜救中心以及舟山海洋气象广播电台；发布《海上大风预报》和《海上大风预警》时，分发单位为中国气象局网站、中国海上搜救中心、华风气象影视中心以及舟山海洋气象广播电台。

2014 年，中央气象台共发布《海洋天气公报》1095 期。我国近海责任海区除台风影响外，8 级以上大风过程共有 46 次，其中冷空气过程造成的海上大风共 39 次，温带气旋造成的海上大风共 7 次。对这 46 次过程共发布《海上大风预报》364 期、《海上大风黄色预警》34 期。

【海区预报】 对中国近海海域分别就天气现象、风向、风力、浪高以及能见度分别做 0—12 小时、12—24 小时、24—36 小时、36—48 小时预报。2014 年中央气象台共发布《近海海区预报》1095 期，分发单位为中国气象局网站、华风气象影视中心、中国海上搜救中心以及签约客户。

【北太平洋分析和预报】 分析 0° —60° N、100° E—120° W 范围内，0—48 小时海平面气压场图、500 百帕高度场图的实况和预报。发布时间为每天 03:30UTC。分发单位为中国气象局网站、华风气象影视中心。

【专业海洋气象预报】 中国气象局台风与海洋气象预报中心导航科是国内唯一一家从事海洋气象导航的业务机构，开展全球海洋气象导航业务，并提供各大洋天气要素风场、涌、浪的 120 小时内的预报。具体产品包括：船舶海洋气象导航、船舶监视、航线分析、海区预报、事故分析。

船舶海洋气象导航 在气象专家与高级船长的合作下，根据气象、海况条件为船舶设计安全、经济的航线；并对整个航程的经济效益评估。2014 年，中国气象局台风与海洋气象预报中心承担了涉及船舶包括矿砂船、特型大件特种运输船、杂货船以及渔政执法船等船舶的导航业务，航行海域涵盖全球三大洋各海域。

船舶监视 为船东或租家提供船舶监视服务。监视船舶的航行速度、燃油消耗、航线是否合理等。

航线分析 为船东或租家提供航线评估分析报告。

海区预报 提供我国近海或客户指定海区的天气海况预报服务。

事故分析 海难、海损事故原因分析。

【海洋气象保障服务】 **海洋气象春运保障服务** 2014 年 1 月 16 日至 2 月 24 日春运保障期间，共发布 40 期春运海上服务专报，其中有 9 次冷空气过程造成近海出现 27 天 8 级以上大风天气，相关的海上大风专报被海上航运部门、海上搜救中心等引用到其部门的网站上。

“雪龙”号成功破冰脱困预报服务 2014 年 1 月初“雪龙”号在南极海域被浮冰围困。台风与海洋气象预报中心在 1 月 5—7 日制作《“雪龙”号所在海域未来三天天气、海况预报》，对未来三天的风向风速、天气现象、气温、海冰冰情进行分析及预报。

马航失联客机搜救活动气象保障服务 从 2014 年 3 月 8 凌晨马航 MH370 班机失去联络，到 4 月 22 日共制作了 34 期服务专报，服务产品直接报送华风影视供电视制作使用。4 人接受新华社、人民日报、气象频道等媒体采访近 15 次。 （中国气象局）

厄尔尼诺和拉尼娜灾害与预报

【海表温度演变特征】 根据中国气象局国家气候中心监测，2014 年一次新的厄尔尼诺事件于 5 月开始、10 月形成。1—3 月，赤道中东太平洋大部海温维持前期的弱冷水状态；4 月，赤道中东太平洋海温迅速上升导致 ENSO 中性状态结束并进入暖水状态；5—12 月，赤道中东太平洋海表温度距平指数已连续8个月达到或超过0.5℃。在赤道中东太平洋海温经历由冷转暖并逐步加强至发展为一次新的厄尔尼诺事件的过程时，赤道西太平洋海温一直维持较明显的偏暖状态。

【暖池演变特征】 2014 年，印度洋暖池及赤道西太平洋暖池强度全年均偏强。

【次表层海温演变特征】 2014 年 1 月，赤道西太平洋次表层为异常暖水控制，赤道中东太平洋次表层大部为异常冷水。2 月开始异常暖水东进，暖中心东移至日界线以西，赤道东太平洋异常冷水出现减弱趋势，冷水中心上抬，范围缩小。3—5 月，异常暖水控制了赤道中部及东部太平洋次表层及表层大部。同时在 5 月，赤道中太平洋次表层冷水较前期有所发展，并逐渐东进上翻，7 月时异常冷水控制了赤道东太平洋次表层并上翻至表层。8 月随赤道西太平洋异常暖水的再一次加强东移，赤道东太平洋异常冷水中心强度减弱，范围缩小。10—11 月的赤道西太平洋异常暖水另一次东移发展，使得赤道东太平洋异常冷水范围进一步缩小。12 月异常暖水仍控制着赤道东太平洋的次表层大部，而在赤道中太平洋次表层冷水又一次开始发展。

【南方涛动演变特征】 2014 年，南方涛动指数（SOI）基本为负值。其中，2 月和 3 月为负值，1 月、4 月、5 月为正值，6 月减弱为 0，7 月再次转为负值，7—12 月 SOI 持续为负值，表明尽管赤道中东太平洋的暖水状态较弱，但热带大气仍表现出了对暖水波动的响应。

【850 百帕风场演变特征】 在对流层低层 850 百帕，1—8 月，有 4 次明显的西风距平从赤道西太平洋（120°～160°E）东传至赤道中东太平洋，使赤道中太平洋地区（160°E～160°W）以西风距平为主，而赤道东太平洋地区（160°～80°W）则全年基本由西风距平控制，同时，西风距平的东传激发了赤道西太平洋次表层异常暖水的东传，使得赤道中东太平洋呈现暖水状态。11 月中旬，赤道中西太平洋东风距平开始发展东传，并一直维持到 12 月。12 月，日界线以东出现弱西风距平。

【对流演变特征】 2014 年，1—2 月赤道西太平洋的对流活动明显偏强，而赤道中东太平洋的对流活动偏弱；2 月以后，除 3—5 月在日界线至 160°E 附近的中太平洋对流明显偏强、9—10 月在 140°E～160°E 之间的赤道西太平洋对流活动偏强外，其他时间赤道太平洋的对流活动接近正常。

【厄尔尼诺和拉尼娜对我国的气候影响】 2013/14 年冬季，赤道中东太平洋表层和次表层海水温度保持正常状态，东亚冬季风总体偏弱，冬季热带太平洋海温对我国气候无异常影响。在 2014 年 4 月至 5 月，热带中东太平洋海表和次表层海水开始明显变暖，于 5 月份进入厄尔尼诺状态，2014 年夏季我国气候在一定程度上受到厄尔尼诺事件的影响，主要表现为西太平洋副热带高压强度偏强、脊线位置偏南，从而导致我国夏季南涝北旱，尤其是江南东部降水较常年明显偏多。此次厄尔尼诺事件自 2014 年 5 月开始，一直持续，2014 年 12 月以后仍在维持，2014/2015 年冬季，东亚冬季风偏弱，我国冬季气候明显受到厄尔尼诺事件的影响，主要表现为全国大部气温较常年偏高。ENSO(厄尔尼诺和拉尼娜)事件对热带外地区气候的冲击还具有相当的复杂性，因此，对 2014 年赤道太平洋海温对我国气候异常的影响及其成因机制，仍有待于深入的分析研究。

对于热带大气—海洋的发展演变过程，2014 年 3 月 21 日国家气候中心主持召开了 2014 年夏季 ENSO 预测全国会商会，会议邀请国家海洋局、科学院大气物理所、北京大学和中国气象科学研究院的有关专家共同研讨，会议结论较成功预测了此次厄尔尼诺事件的发生发展，具体预测意见为：预计赤道中东太平洋海温在 2014 年春季后期将转向中性偏暖状态，随后的夏季将进入厄尔尼诺状态，并有可能形成一次厄尔尼诺事件。随后的 4 月，ENSO 预测班组更新预测，发布了“预计赤道中东太平洋平均海表温度可能在 2014 年春末夏初（5 或 6 月）达到较常年偏高 0.5 度以上，随后的夏季将达到厄尔尼诺状态，并有可能形成一次至少中等强度的厄尔尼诺事件。”。10 月，对秋冬季海温的预测意见为“预计赤道中东太平洋即将形成一次厄尔尼诺事件，未来 3 个月本次厄尔尼诺事件将持续发展，并可能于 2014 年 12 月达到峰值。”

（中国气象局）

海平面和潮汐预报

【海平面业务化工作】　2014 年，以国务院领导关于海平面工作“海洋局应进一步组织科学分析与评判”的指示精神为指导，按照国家海洋局党组的具体部署，深入贯彻落实《中国应对气候变化国家方案》，全面实施《海洋观测预报管理条例》，开展我国沿海海平面变化监测、预测、影响调查、评估和适应策略研究等各项业务化工作，为沿海经济发展、海洋防灾减灾和海洋领域应对气候变化提供基础数据和决策依据。

（1）沿海地区海平面变化影响调查。以科学、全面、具体为原则，编制了《2014 年海平面变化影响调查评估工作方案》、《2014 年海平面变化影响信息采集表》、沿海各省（自治区、直辖市）《2014 年海平面变化影响调查评估技术方案》和《2014 年度海平面变化影响实地调查附表》。工作方案明确了海平面变化影响调查评估工作的目的意义、工作目标与工作原则、任务分工、工作内容、工作成果和进度安排；技术方案规定了 2014 年海平面变化影响调查评估工作的具体目标、工作内容和技术路线，确定了信息采集与实地调查的技术要求，明确了成果汇交内容与时间，以附件形式规定了《2014 年度海平面变化影响实地调查报告》和《2014 年度海平面变化影响调查评估工作报告》的编制格式；信息采集表规定了堤防状况信息、海洋工程影响信息、地面沉降基本状况信息、海岸侵蚀状况信息、海水入侵与土壤盐渍化状况信息、咸潮入侵状况信息和咸潮入侵过程信息、滨海湿地信息和红树林信息、风暴潮灾害信息和洪涝灾害信息共 8 类 11 个表的填报格式与填报要求。实地调查分为重点区域实地调查和典型事件跟踪调查，重点区域实地调查包括海岸侵蚀、重点岸段堤防和湿地状况的实地调查，海平面变化影响典型事件包括风暴潮、咸潮入侵、海水入侵与土壤盐渍化等相关灾害，实地调查附表规范了实地调查工作获得的海岸侵蚀状况、岸滩下蚀状况、重点海堤调查、湿地面积变化和湿地状况等信息的填报内容。

为全面提高海平面变化影响调查评估工作水平，国家海洋信息中心编制了《2014 年海平面变化影响调查评估工作技术手册》，分别在沈阳和杭州开展了 2014 年度海平面变化影响调查评估工作技术培训，对沿海地区省、市、县三级相关工作人员共 250 余人进行了系统培训。2014 年 6 月 27—28 日在沈阳开展了第一期培训，辽宁、河北、天津、山东、青岛、广东和海南等省（市）共 80 余人参加；2014 年 7 月 3—4 日在杭州开展了第二期培训，辽宁、大连、河北、山东、江苏、上海、浙江、宁波、福建、厦门、深圳和广西等省（自治区、直辖市）共 170 余人参加。培训班的举办对做好 2014 年度海平面变化影响调查评估工作奠定了基础。

沿海各省（自治区、直辖市）及计划单列市海洋厅（局）完成了 2014 年度的信息采集和实地调查，工作成果包括沿海各省（自治区、直辖市）及计划单列市海洋厅（局）2014 年度海平面变化影响信息采集表、实地调查报告和海平面变化影响调查评估工作报告，相关数据、报表、图片、多媒体和报告等附件，并于 12 月完成成果汇交。编制完成了《2014 年度全国海平面变化影响调查评估工作总结报告》。

2015 年 4 月 25 日，国家海洋局预报减灾司在北京组织召开了 2014 年度海平面变化影响调查评估工作验收会议，通过对沿海各省（直辖市、自治区）和计划单列市 2014 年度海平面变化影响调查评估工作汇交材料的齐全性与完整性，以及完成工作量、指标、组织管理和完成质量等情况的全面验收，依据专家意见和沿海各地信息汇交时间节点，对沿海各地区的工作完成情况进行了综合考核，海南省、广东省、青岛市等 12 个地区被评为优秀单位，其他地区为合格单位。

（2）2014 年《中国海平面公报》编制。在国家海洋局海平面监测、预测、海平面变化影响调查及评价业务化工作基础上，国家海洋信息中心编制完成了《2014 年中国海平面公报》，国家海洋局于 2014 年 3 月 3 日予以发布。公报发布了中国全海域、分海区和沿海各省的海平面变化状况；预测了各海区和沿海省（自治区、直辖市）沿海未来 30 年海平面上升值，分析了海平面变化成因和 2014 年 2、3、4、10 等月份的异常变化原因；分析了海平面变化对全国沿海、沿海各省（自治区、直辖市）的影响；针对不同海岸类型提出了防护措施和有效管理的应对策略；以专栏形式介绍了全国海洋站水准联测、滨海湿地与海平面上升、海平面上升与海岸侵蚀、三沙市海平面变化和 IPCC 发布《气候变化 2014：影响、适应和脆弱性》等海平面相关知识和工作情况。

中国沿海海平面变化总体呈波动上升趋势。1980—2014 年，中国沿海海平面上升速率为 3.0 毫米/年，高于全球平均水平。2014 年，中国沿海海平面较常年高 111 毫米，较 2013 年高 16 毫米，为 1980 年以来第二高位。

2014 年，中国沿海海平面变化区域特征明显。与常年相比，渤海、黄海、东海和南海沿海海平面分别升高 120 毫米、110 毫米、115 毫米和 104 毫米。与 2013 年相比，东海沿海海平面升幅最大，为 38 毫米；黄海沿海和渤海沿海次之，分别升高 22 毫米和 13 毫米；南海沿海海平面降低 10 毫米。

2014 年，2 月渤海至东海北部沿海海平面、3 月渤海至北黄海沿海海平面、4 月渤海至东海北部沿海海平面、10 月渤海至东海北部沿海海平面均达 1980 年以来同期最高值，分别较常年同期高 225 毫米、159 毫米、128 毫米和 186 毫米。

海平面上升是一种缓发性灾害，其长期累积效应造成海岸侵蚀、咸潮、海水入侵与土壤盐渍化等灾害加剧，沿岸防潮排涝基础设施功能降低，高海平面期间发生的风暴潮致灾程度增加。2014 年 9 月，长江以南沿海处于季节性高海平面期，超强台风“海鸥”和台风“凤凰”登陆期间恰逢天文大潮，加剧了海南、广东、广西和浙江沿海的风暴潮致灾程度，直接经济损失约 47 亿元。2014 年，江苏射阳扁担港南侧岸段最大侵蚀距离达 60 米，平均侵蚀距离 19 米，侵蚀面积超过 21 万平方米；2012—2014 年，海南海口东海岸超过 4 千米的岸段受到侵蚀，平均侵蚀距离 24.7 米，侵蚀总面积超过 10 万平方米。2008—2014 年，辽宁锦州土壤盐渍化程度明显加重，小凌河西侧娘娘宫镇蚂蚁村监测站为离岸最远站位，土壤氯度值从 0.05 克/千克上升到 3 克/千克左右；2014 年，河北唐山最大海水入侵距离超过 28 千米，沧州最大海水入侵距离约 42 千米。2014 年 2 月长江口海域海平面达 1980 以来同期最高，高海平面与长江枯水期重合，从 4 日开始，咸潮从长江口的北支和南支同时入侵，持续入侵时间超过 23 天，是 1993 年以来时间最长的一次，上海青草沙水库取水口最大氯度值达到 5000 毫克/升。2014 年 2 月，珠江口沿海海平面较常年同期明显偏高，5 日珠江口咸潮最大上溯距离超过 60 千米，影响广东中山多个水厂取水。

为有效应对海平面上升的影响，提升沿海地区海洋防灾减灾能力，建议在科学评估和规划的基础上，针对不同海岸类型制定适宜的防护措施，实施有效管理。

（3）《中国近海海洋气候变化月报》编制。使用多源数据，包括中国沿岸海洋台站数据、中国海海洋调查数据、综合全球海洋观测服务系统数据、美国国家环境预报中心/美国国家大气研究中心数据、IMMA 数据、全球卫星遥感数据等，分析各月中国沿海及近海海平面、海温、气温、气压和风等水文气象要素的变化状况；给出当月沿海 25 个代表站的增减水变化特征；对与中国海海洋水文环境密切相关的热带海洋 ENSO 现象、大气环流和亚洲季风系统的发生、发展和演变状况进行分析并制作图形产品。完成了 2014 年 12 期中国近海海洋气候变化月报的编写工作。

（4）《海平面与气候变化研究动态》月刊编辑。追踪国内外气候变化事件和最新研究进展，包括气候焦点、最新研究、海平面上升、生态系统、气候变化影响、国内资讯、国际资讯和综合等板块，为相关领导和研究人员提供应对气候变化和海平面上升的资讯服务。2014 年共编辑完成了 12 期《海平面与气候变化研究动态》。

【基准潮位核定】　2014 年，按照国家海洋局《2014 年全国海洋预报减灾工作方案》（国海预字〔2014〕112 号）的要求，国家海洋信息中、北海分局、东海分局和南海分局以《基准潮位核定技术指南》和《海洋站水准连测技术规程》等技术文件为指导，完成了年度基准潮位核定信息采集和水准连测工作。国家海洋信息中心负责任务整体规划、技术规程编制与完善、成果汇总整编和分析审核、工作报告编写等工作，北海分局、东海分局和南海分局及各中心站承担信息采集和水准连测等任务。

2014 年，共有 108 个海洋环境监测站（点）开展了基准潮位核定信息采集工作，其中北海分局 30 站，东海分局 47 站，南海分局 31 站。基准潮位核定信息采集的主要内容为海洋观测站基本情况（新建、试运行、基础设施建设、重大事件等）、观测要素、警戒潮位、极值、各观测要素的观测仪器与观测情况信息（周边环境变化、缺测等）、水准系统、水准复测、地面沉降和资料订正情况，分 25 个表进行填报。各海洋站在 2006—2013 年工作经验的基础上，有计划有针对性地开展了信息采集，完成年度信息采集表填报。国家海洋信息中心完成了 2014 年信息采集成果的分析审核，编写了年度工作报告，确定了信息采集填报过程中存在的观测背景信息不完整、资料缺测记录不全、高程关系不准确等问题。依据海平面时空变化规律，完成了海洋站验潮零点稳定性的分析检验，发现有塘沽、孤东、小衢山、石坪、三沙、广州、盐田港、湛江、铁山港等 9 个站 2014 年海平面存在比较显著的异常变化，其中塘沽与盐田港站验潮零点进行了人为调整，其余 7 站海平面异常变化原因需进一步考证。经分析发现，由于周围环境影响，岚山与镇海等站的波浪观测已不具代表性，东港与翔安等站的潮汐观测已受到显著影响；仪器故障、通讯故障、断电等因素是造成数据缺测的主要原因。

2014 年，为保证水准连测工作的顺利进行，国家海洋信息中心特编制完成了《海洋站水准连测技术规程》。依据该规程，共有 27 个海洋站开展了水准连测工作，其中东海分局 14 个，南海分局 13 个，水准连测范围为自引据点经海洋站（点）基本水准点和校核水准点至海洋站水尺零点。

【潮汐潮流预报服务】　2014 年，国家海洋信息中心继续进行潮汐潮流预报新理论、新方法和新技术的跟踪研究与应用工作，开展沿海潮汐潮流精细化预报技术研究，更新维护全球和中国近海等区域潮汐潮流业务化预报系统，完成 2016 年《潮汐表》和潮流《T、D 值表》编制、重点保障目标精细化潮汐潮流预报与中国沿海验潮站点潮汐预报结果下发等业务工作，为我国海上航运、军事活动、海洋工程建设及防潮减灾等工作提供了可靠的信息保障服务。

（1）《潮汐表》编制。2014 年，利用台站潮汐观测数据，分析验证 2013 年《潮汐表》预报结果，对误差超出预报精度要求的站进行资料校对、重新分析，更换其调和常数，使预报精度得到进一步保证。基于更新后的调和常数，完成中国和全球 2016 年 482 个主港的潮汐预报和 65 个主要海上航线的潮流预报。依据港口与航道潮汐、潮流预报结果，编制完成“鸭绿江口至长江口”、“长江口至台湾海峡”、“台湾海峡至北部湾”、“太平洋及其邻近海域”、“印度洋沿岸（含地中海）及欧洲水域”与“大西洋沿岸及非洲东海岸”等 2016 年《潮汐表》6 册；编制完成 2016 年中国近海潮流《T、D 值表》1 册，包括渤海、渤海海峡、黄海、东海、舟山海区、对马海峡、南海北部、北部湾等 8 个海区。2014 年，国家海洋信息中心发行 2015 年《潮汐表》近 2 万册，涉及行业部门 200 多家。

（2）沿海重点保障目标潮汐潮流精细化预报。2014 年，依据《面向沿海重点保障目标的精细化预报技术规范（试行）》要求，继续对天津港、福清核电站和辽东湾石油平台作业区开展潮汐潮流精细化预报服务工作，制作发布综合预报和数值预报产品，并按季度对预报结果进行检验，编写检验季报。2014 年，针对重点保障目标累计发布潮汐潮流预报数据 109500 条，预报图 36256 幅。

（3）潮汐潮流预报保障服务。2014 年，对已建立的全球、印度洋、南海与中国近海等区域的潮汐潮流预报系统进行了完善更新和业务化运行，为海上搜救与渔业保障等工作提供了有力的信息支撑。

2014 年，继续开展亚丁湾、钓鱼岛、黄岩岛、美济礁与曾母暗沙等重点海域潮汐潮流预报服务工作，为我国海上护航、维权和航运等活动提供了可靠的信息保障。

（4）潮汐潮流预报分发、网络发布与国际交换。2014 年，国家海洋信息中心向国家海洋环境预报中心、各海区预报中心、各海洋环境监测中心站和沿海部分省（直辖市、自治区）海洋环境预报中心提供了 2015 年中国沿岸验潮站点潮汐预报电子文档。本年度共计向 25 家单位分发了 745 个站点的 2015 年潮汐预报电子文档，并赠送了 210 册纸质 2015 年《潮汐表》。

2014 年，继续在中国海洋信息网、中国海事网上发布了本年度中国与全球 482 个主港的潮汐预报结果，为公众提供了便捷的预报服务。

继续与美国、英国、日本和印度等四国开展潮汐潮流预报国际交换工作。本年度共计向四国提供了我国沿海 34 个潮汐站点与 2 个潮流站点 2015 年预报结果，为提高这些国家对我国主要港口与航道潮汐潮流预报精度提供了基础信息支持。 （国家海洋信息中心）

海洋信息管理与服务

海洋信息网络建设

【维护国家海洋局网络系统】 进一步完善制度，严格管理，加强网络监控预警与安全防范，对网络运行及网站服务进行全年实时、不间断监控，保障了国家海洋局政府网站和网络系统正常、高效运转；开展局机关网络线路资源集约化使用和管理工作，建设了局机关内部专网接入平台，集中迁移4条通信专线，配套改造终端接入系统，实现了专线统一接入管理和终端便捷入网，有效缓解了局机关公共线路资源紧张局面。

【维护海洋数据通信传输系统】 进一步提升观测数据实时传输保障工作水平，编制《海洋观测资料传输技术规程》及配套软件，落实传输网运行监督管理职责；进一步完善监测数据传输系统，强化业务化运行管理，保障监测数据稳定传输；支撑和保障局应急指挥平台与视频会议系统全年正常运行。

【中心网络、信息系统及安全的建设、运行管理和技术支撑】 持续开展数字海洋专网、观测数据传输网、电子政务外网等专网的运行维护工作；扩大数汇集与共享平台应用范围，陆续实施了国家海岛监视监测系统、国家海洋生态环境监督管理系统和国家海洋经济运行监测系统的跨网部署；开展了外网信息安全防护体系设计和建设工作，参照二级等保标准实施外网安全管理；完成中心信息基础设施运行监控平台及中心私有云平台建设方案编制。

【建设、维护各类海洋信息网络发布系统，建立信息更新机制，更新发布信息】 建设和持续更新了CMOC-China、CODIS、南海信息网、钓鱼岛、中国海洋与气候变化网站、数字海洋重点实验室网站、海域使用论证网站、中国海洋信息网、中国海洋经济信息网、数字海洋移动服务平台、海洋科学数据共享网站、全国科技兴海信息服务平台、东盟论坛等。

（国家海洋信息中心）

数字海洋建设与应用服务

【数字海洋框架系统开通数字文献、专网邮件、即时通讯等服务】 2014 年 1 月，国家海洋信息中心整合内部资源，基于数字海洋框架系统先后开通了数字文献、专网邮件、即时通讯等服务。①在数字海洋专网上通过 IP 控制的方式向国家海洋局机关及局属单位免费提供电子化文献资源服务。主要包括：维普中文期刊全文数据库、馆藏外文期刊数据库等。该服务得到了广泛关注，用户数稳步上升。②基于数字海洋专网搭建电子邮件系统，用于工作文件的传递，解决了 Internet 邮件存在的安全隐患。邮件用户将近 350 个，覆盖国家海洋局机关各司及处室，分局机关和直属单位，三个研究所机关和业务部门，及其他全部局属单位、沿海省市、计划单列市。③开通即时通讯服务，实现专网用户终端之间的点对点通信，包括消息对话、文件传输、音视频通话等功能。

【数字海洋拓展新型数据源】 2014 年 6 月，依托国家海洋局海洋公益项目“基于数字海洋的资料整合及其共享服务应用示范”，数字海洋重点实验室开展了海岸带三维全景测量和无人机倾斜摄影测量工作。海岸带三维全景测量的测区为山东省威海市至荣成市海岸带区域，全长 300 千米，测量成果为沿海岸公路拼接好的连续360度景观影像。基于数字海洋框架系统，数字海洋实验室对海岸带三维全景测量成果进行了集成应用，通过该成果可以在数据海洋系统中查看海岸带三维影像，欣赏优美的海岸风景，也可探索海岸资源，发现各种海洋生物。访问地址：http://18.1.1.68/coast/index.html（单独数据服务）、或者登陆数字海洋集成系统：http://nmdis.908.gov.cn，进入集成成果模块，浏览威海市海岸线区域。

倾斜摄影测量是近几年国际地理信息领域的高新技术，该技术将传统航空摄影技术和数字地面采集技术结合起来发展了一种称为机载多角度倾斜摄影的新技术，简称倾斜摄影技术。倾斜摄影技术通过在同一飞行平台上搭载多台或多种传感器，同时从多个角度采集地面影像，从而克服了传统航空摄影技术只能从垂直角度进行拍摄的局限性，能够更加真实地反映地物的实际情况，弥补了正射影像的不足，通过整合 POS、DSM 及矢量等数据，进行基于影像的各种三维测量。数字海洋实验室与山东省海洋与渔业信息宣传中心合作，通过无人机搭载倾斜摄影系统，对威海市海岸带及刘公岛 30 平方千米的区域进行了倾斜摄影测量，测量精度达到 0.12 米。开展了倾斜摄影建模工作，制作出数字表面模型（DSM）和真三维地理空间模型，并对建筑物、道路、植被等三维地物模型进行了单体化处理，处理后的模型既能够真实、全面地反映海岸带区域的地形地貌细节，又可进行三维量测、统计及空间分析。该倾斜摄影建模成果已经集成到数字海洋应用服务系统中，数字海洋专网用户都能访问。

【数字海洋应用服务系统（测试版）上线运行】 2014年8月，针对国内海洋资料共享和信息服务的需求，数字海洋科学技术重点实验室在中国近海数字海洋信息基础框架已有成果和运维基础上，基于相关标准规范，采用虚拟化、可视化等技术自主设计数字海洋应用服务系统（测试版）（以下简称系统），自主研发海洋基础数据检索服务、海洋环境统计分析、海洋综合管理信息查询、专题应用服务和节点信息交互等 5 个功能模块，初步实现了数据统一汇集管理、信息集成展示分析、节点交互联动，力求为海洋科学研究、海洋综合管理等提供一站式海洋数据共享与信息应用服务。

海洋基础数据检索服务模块实现了国内专项调查、观测、监测、国际业务化和国际交换合作共计5类数据和产品等的在线使用和下载2种共享方式；海洋环境统计分析模块通过等值线/面、单点曲线等可视化手段实现海洋水文气象等环境要素的多维时空动态表达，尝试分析解释海洋环境的历史、现状和未来；海洋综合管理信息查询模块集成了海域使用、海岛管理、海洋经济、海洋权益等海洋综合管理成果数据，实现各类信息的查询展示和统计分析；节点信息交互模块通过服务发布形式实现影像、矢量、模型、图片及视频等数据的发布，初步为用户提供定制化的数字海洋应用系统开发环境。

目前系统在数字海洋专网上部署运行，沿海省市（区）、计划单列市局属单位和高校科研院所等 39 个数字海洋节点可以访问并使用系统，访问地址：http://www.doas.soa.cn 。系统通过 VMware 虚拟化技术改造，搭建了统一的虚拟化资源池，建成了数字海洋虚拟化平台，节点用户可以通过系统申请并使用虚拟终端处理内部数据，在确保数据安全和用户使用方便的前提下，初步解决了内部数据共享需求。

【船载“数字海洋”科学调查信息系统安装部署】 2014 年 12 月，国家海洋信息中心完成船载“数字海洋”科学调查信息系统建设，并在多艘海洋调查船上进行了安装部署。该系统为海洋科学调查项目的有效管理提供了精确船舶航迹数据；为科学调查船舶的机动性、安全性、准确性以及船舶应对突发事件的反应能力的提升，提供了一套全新的信息保障手段。

自 2014 年 1 月开始，在完成系统需求分析、系统设计的基础上，构建了基于北斗的船岸一体化通讯链路，开发了岸基指挥系统软件、船载系统软件。岸基系统基于数字海洋信息基础框架已有数据仓库、数字海洋信息服务系统，开发接收考察船舶实时位置、状态等信息的软件接口，初步实现了基于数字海洋原型系统的船舶实时定位、船舶航线查看、敏感区域管理、船舶管理等功能，通过数字海洋专网可以访问；船载系统基于三维可视化、GPS 或北斗定位服务等技术与设备，开展“船载‘数字海洋’科学调查信息系统”研发，初步实现了船舶定位、任务进度监控、海洋环境信息保障、海图浏览、船舶航线管理、敏感区域报警、船岸短信互发等功能，目前已完成在向阳红 08 号、科学一号科考船、科学三号科考船、北斗号、实验一号科考船、实验三号科考船、育鲲号、意兴号、海大号、海勘号、向阳红 18 号等 11 条船的安装。（国家海洋信息中心）

海洋情报服务

【综述】 2014 年，随着世界政治格局的变化，中国周边海上形势继续呈现合作与斗争并存的复杂态势。一方面，我国艰难推进与美国、韩国、越南、东盟国家在海洋领域的合作关系，另一方面，周边海洋争端仍然存在，并有激化或引发海上局部冲突的风险，中国的海洋安全形势发生了复杂而深刻的变化，面临的主要问题包括中日钓鱼岛争端、南海岛礁争端以及美国亚太战略调整带来的持久而深刻的影响。在南海问题上，美国公开指责中国，中美之间呈现出竞争性紧张态势，中日之间因钓鱼岛在内的一系列历史问题关系持续走低，中俄在战略上的协作和合作明显加强。海洋情报服务工作面对我国周边变化的海洋政治形势，根据我国发展需要，紧密围绕国家海洋局的各项管理职能，秉承“持续跟踪，及时报道，深度分析，为决策服务”宗旨，围绕 2014 年国际及地区的热点问题开展跟踪研究工作，特别是针对我国周边地区突发事件进行密切跟踪，提供国外的即时信息，为上级主管部门进行战略决策和部署提供准确、及时的国外信息支撑。

【国外海洋执法体制与执法力量研究】　世界各沿海国家为了维护本国的海洋秩序和海洋权益，提高海洋执法效益，都高度重视海洋执法体制和执法队伍的建设，提高执法队伍的装备水平。目前，主要沿海国家海上执法模式主要有集中综合执法和分散执法两种。采取集中综合执法模式的国家有美国、日本、韩国、印度、巴西、澳大利亚等，这些国家都拥有一支主要的海上执法队伍，执行海上综合执法。采取分散执法模式的国家又分为几种情况：一是高层协调下的多支队伍共同执法，如加拿大、印度尼西亚；二是以某些执法队伍为主进行海上执法，如越南、菲律宾、马来西亚等；三是多支队伍分头执法，这些国家有如俄罗斯、法国、德国、新西兰。

国外海洋执法体制与执法力量研究，在广泛搜集资料的基础上，分别对美国、日本、韩国、俄罗斯、英国、法国、德国、印度、加拿大、越南、菲律宾、马来西亚、印度尼西亚、澳大利亚巴西、新加坡、新西兰 16 个海洋国家的海洋执法体制进行研究，对这些国家海上执法队伍的历史沿革、发展现状、职责演变、执法队伍组织体系设置、人员、装备、执法力量的部署和执法范围、执法依据及权限等方面的情况进行系统梳理，分析其海洋执法队伍在本国海洋管理和维护国家海洋权益中所起的作用。为我国海洋执法力量建设提供借鉴和参考。

【国外海底地形命名动态跟踪研究】　海底地形命名是在对海底特殊地形地貌经过科学判别和认定后进行的命名，这类名称是沿海国在实施海洋制图和海洋测绘过程中所必不可少的地理要素。近年来，越来越多的沿海国家在维护本国海洋权益的同时，将海底地形命名与强化国家占有意识、争夺海洋权益联系在一起，将海底地形的命名作为维护海洋权益的一种手段。对海底地形命名工作表现出高度关注。

作为审议各国海底地形命名提案的国际权威机构，IOC-IHO 全球海洋通用制图指导委员会（GEBCO）海底地名分委会（SCUFN）每年召开会议，对各国提交的海底地名命名提案进行审议。审议通过的海底地名将被纳入到 SCUFN《地名辞典》中，作为全球统一使用的海底地名。2014 年，海底地形命名分委会（SCUFN）第 27 次会议于 2014 年 6 月 16—20 日在世界水道测量局（IHB）总部召开。这次会议对收到的来自中国、俄罗斯、日本、韩国、巴西、新西兰、丹麦、英国、德国、美国、法国、马来西亚等 12 个成员国的 76 个新提案逐一进行审议。经委员会审议，47 个新提案获得了审议通过，通过的海底地名将被纳入到 SCUFN《地名辞典》中，作为全球统一使用的海底地名。在这次会上，我国也提出 19 个海底地形命名提案，其中 14 个获得 SCUFN 审议通过。

为了解相关国际组织及国外重要海洋国家的海底地形命名动态信息，为我国海洋管理决策部门提供信息支撑服务，课题组积极开展了海底地形命名跟踪研究工作。本研究通过对相关国际组织与其他国家海底地形命名分管机构，尤其是我国周边国家在海底地形命名领域的动向，技术发展趋势、新观点、新政策的跟踪研究，并搜集、整理各国海底地形命名提案所呈现出的新特点及相关案例和处理结果的调研分析，提出针对我国提交海底地形命名提案的建议，为我国海底地形命名工作提供参考，为日后的海洋权益斗争争取国际主动权，逐步扩大我国在该领域的影响力。

【国际应对气候变化动态跟踪研究】　科学研究和观测数据表明，近百年来全球气候正在发生着以变暖为主要特征的变化。全球气候变化导致冰川和积雪融化加速，水资源分布失衡，生物多样性受到威胁，海平面上升，灾害性气候事件频发并且更加严重，加剧疾病传播，对世界各国农、林、牧、渔等经济社会活动均产生了不利影响，对国家安全提出了严峻挑战。

地球气候环境变化是全球需要面对的共同问题。国际社会已就控制全球气温升高不超过2℃达成政治共识，并将进一步强化全球应对气候变化行动安排。同时，绿色低碳发展逐渐成为全球经济发展的方向和潮流，成为产业和科技竞争的关键领域。各国都在加快制定绿色低碳发展战略和政策。气候变化是一个发展问题，具有复杂而关联的特性，应对气候变化迫切需要广泛的合作及各方积极参与。

本研究主要对联合国政府间气候变化专门委员会、《联合国气候变化框架公约》(UNFCCC)附属科学和技术咨询机构、世界气象组织、联合国环境规划署等相关组织的建立背景、运行机制、气候变化工作的重点以及美国、澳大利亚、英国、法国、德国、欧盟等相关国家和组装在2012年《国外海洋领域应对气候变化政策与行动》研究基础上，采取的应对气候变化方面的政策与行动和重大事件等进行动态跟踪、梳理和分析研究，提出我国应对气候变化的对策建议，为我国相关决策部门提供国外信息参考。

【钓鱼岛网站建设】 钓鱼岛及其附属岛屿是中国领土不可分割的一部分。无论从历史还是从法理的角度来看，中国对钓鱼岛拥有无可争议的主权。在日本人所谓“发现”钓鱼岛之前，中国已经对钓鱼岛及其附属岛屿实施了长达数百年的管辖。日本在1895年利用甲午战争，通过秘密方式将钓鱼岛“编入”其版图，并依据所谓“先占”原则将钓鱼岛作为“无主地”主张主权。日本此举严重违背国际法领土取得的相关规则，是侵占中国领土的非法行为，不具有国际法效力。

为了加强“钓鱼岛是中国固有领土”的宣传力度，便于人们更好地了解钓鱼岛问题的历史经纬和中方的一贯立场，2014年12月30日，由国家海洋信息中心主办、中国互联网新闻中心承办的钓鱼岛专题网站中文版开通上线。网站发布一系列历史文献和法律文件，有力地证明，无论从历史还是法理角度，钓鱼岛及其附属岛屿都是中国固有领土。钓鱼岛专题网站在首页登载我国对钓鱼岛问题的基本立场以及钓鱼岛是中国固有领土的重要历史证据的影印图及说明。网站共分为自然环境、历史依据、文献资料、法律文件、论文著作、新闻动态、视频资料七大部分。 （国家海洋信息中心）

信息化与海洋档案管理服务

【国家海洋局加强信息化组织机构建设】 2014年国家海洋局信息化组织机构建设得到显著加强。在国家海洋局机关“三定”工作中成立了局办公室信息化处，负责国家海洋局信息化工作规划、计划和规章制度制定，统筹协调局各业务信息系统的整合和建设，指导全局电子政务建设，负责机关电子政务建设和管理，负责局计算机软件知识产权的管理和指导等工作。

【国家海洋局党政机关网站开办、资格复核和网站标志管理】 按照党中央要求，完成了国家海洋局党政机关网站开办、资格复核和网站标志管理工作。国家海洋局政府网站、中国海岛网、国家海洋局海岛研究中心门户网站、全国科技兴海信息服务平台、中国海洋减灾网、海域使用论证网、中国海洋经济网、国家海洋局极地考察办公室门户网站、国家海洋局北海分局门户网站、国家海洋局东海分局门户网站、国家海洋局南海分局门户网站等11个网站，通过了党政机关网站资格复核，在中央编制委员会办公室进行了备案，并按规定加挂了党政机关网站标志。

【《国家海洋局大事记》(2004—2013年)完成报批稿并呈批】 为纪念国家海洋局建局50周年，根据《2014年海洋档案工作要点》安排，2014年4月国家海洋局办公室组织开展了编写第四集《国家海洋局大事记》(2004—2013年)工作。本集《大事记》编辑部从组稿编写，经三次征求意见、通过编委会审查，到11月10日完成报批稿并呈批，历时七个多月。本集《大事记》收入大事条目共2290多条，约19万字。内容涵盖了10年来海洋工作的方方面面，突出体现了国家海洋局贯彻落实党的十六大、十七大和十八大分别提出的关于“实施海洋开发”、“发展海洋产业”、“建设海洋强国”战略决策部署，全面完成的重点工作任务和取得的显著成就。本集《大事记》与《国家海洋局大事记》第一集（1963—1987 年）、第二集（1988—1997 年）、第三集（1998—2003 年）形成配套。四集《大事记》全面记叙了全局 50 年的大事、要事。

【全国海域海岛地名普查档案验收和移交进馆工作全面完成】 随着全国海域海岛地名普查工作的结题验收，其档案工作也紧密跟进。截至 2014 年 6 月，沿海 11 个省、市（区）海洋管理部门和国家海洋局所属的北海分局、东海分局、南海分局、信息中心、技术中心、卫星中心、海洋一所、海洋二所、海洋三所等 20 个单位 71 个合同任务形成的海域海岛地名普查档案全部通过验收，并移交中国海洋档案馆永久保管。其中纸质档案 1178 卷，包括一般纸质档案 914 卷（4790 件）、纸质照片档案 9414 张（184 册、244 组）、电子文件和大幅图件互见卷 80 卷；电子文件光盘 70 张、硬盘 22 个，累计数据量 13.25TB、电子文件个数 71.17 万个，含电子数码照片 314941 张，音视频文件 90757.4 分钟；大幅图件 2696 幅（图筒 72 个），大幅图集和数据集 3 册。

【拟定《海洋档案利用规定》完成征求意见汇总处理并形成报批稿】 为做好海洋档案利用工作，充分发挥海洋档案的作用，按照《2014 年海洋档案工作要点》安排，国家海洋局档案主管部门组织中国海洋档案馆组成编写组，根据《中华人民共和国档案法》、《中华人民共和国档案法实施办法》、《关于加强和改进新形势下档案工作的意见》和《海洋档案管理规定》等法律法规和规章，结合海洋档案工作实际，拟定的《海洋档案利用规定》于 2014 年 8 月完成了征求意见汇总和处理工作，并形成了报批稿。

【编制《国家海洋局历史档案进馆工作指南》并实施】 为切实做好国家海洋局第二次历史档案进馆工作，提高档案进馆工作效率和进馆档案质量，国家海洋局档案主管部门结合第一次进馆历史档案中的存在问题和第二次历史档案进馆立档单位的要求，组织中国海洋档案馆及有关档案业务人员组成编写组，编制了《国家海洋局历史档案进馆工作指南》。编制工作经过了前期的需求调研、专家咨询和征求意见汇总处理等过程，于 2014 年 10 月形成指南试用稿，12 月提供给档案进馆单位使用。本指南共包括 8 个章节、10 个附录，明确了档案进馆工作流程和工作内容，并对档案鉴定、整理、著录和移交等重要环节中的工作要求和注意问题进行较为详细的描述，建立了档案进馆工作情况检查评分体系，具有很强的针对性和操作性，为档案进馆单位对照实施和档案进馆工作检查验收提供了依据。

【国家海洋局召开第二次历史档案进馆工作交流会】 为更好地推动国家海洋局第二次历史档案进馆工作，落实《国家海洋局历史档案进馆工作指南》中的各项要求，2014 年 12 月 9 日，国家海洋局办公室在天津召开了“国家海洋局第二次历史档案进馆工作交流会”。国家海洋局办公室、中国海洋档案馆有关领导出席了会议。来自国家海洋局局属 13 家档案进馆单位的档案工作管理部门负责人和专（兼）职档案人员约 50 人参加了会议。会议进一步强调了档案进馆工作要求，并确定将本次档案进馆工作列为明年的重点任务。档案进馆单位分别介绍本单位的档案进馆工作进展情况、下一步工作计划以及对档案进馆工作的想法、建议和需求。中国海洋档案馆进一步明确了进馆工作程序和要求、进馆档案整理要求、档案数字化技术和方法等重点内容，并与档案进馆单位的档案工作人员进行了热烈的交流和讨论。

【中国海洋档案馆移交进馆科技档案数字化产品使用】 2014 年 12 月 9 日，中国海洋档案馆向国家海洋局局属有关单位移交了档案数字化产品。本次移交的档案数字化产品是在国家海洋局第一次进馆科技档案基础上加工形成的，主要包括局属有关单位 1982 年以前形成的科研项目档案、断面调查档案和海洋观测、监测、船舶测报档案等，这批档案形成时间年代久、纸张质量差、幅面多样且非常规规格，并有大量的精装文件，数字化难度大，为此档案保管单位投入了大量的人力和物力于 2013 年完成了全部数字化工作，并制作了相关数字化产品。该产品不仅包括有关单位移交的全部档案数字化文件，而且具有直接查询和浏览数字化文件功能，为有关单位利用已进馆档案提供了方便。

【国家海洋局重组前部分机关档案完成封口保存】 根据《国家海洋局关于落实国务院机构改革有关事项的部门分工意见》（国海发〔2013〕14 号）关于“认真做好档案的交接管理”和“完

成好重组前档案的封口管理和保存工作”的要求，国家海洋局办公室领导提出“精心组织，确保档案完整交接，确保运输途中人员和资产安全”的工作安排，档案主管部门完成了局机关2008年以前所有档案文件的清点、整理、目录核对和档案装箱打包、运输、交接、入库和上架等工作，分别于2014年4月12日和4月19日两批次安全移交中国海洋档案馆封存保管，为了方便档案利用，还有部分档案有待需数字化再封口保存。

2014年度国家海洋局系统档案基本情况统计

单位名称	机构数		现有全部专职人员		室存全部档案		本年接收档案		本年移交进馆卷/件	本年利用档案	
	档案处(科)	档案室	所有	女性	全宗	卷数/件数	卷数	件数		卷次	件次
国家海洋局机关	0	1	2	2	1	12476/22000	0	6000	0	200	300
国家海洋局北海分局	0	1	9	5	1	12793	262	0	0	155	1782
国家海洋局东海分局	0	1	6	4	1	12323/45422	3000	33942	0	220	200
国家海洋局南海分局	0	1	6	4	1	12549/10526	928	2435	0	322	256
国家海洋信息中心	0	1	17	9	1	4952	331	0	42	285	0
国家海洋环境监测中心	0	1	2	2	1	5441/4212	0	176	821	118	83
国家海洋环境预报中心	0	1	1	1	1	2179/1037		1037	0	325	0
国家卫星海洋应用中心	0	1	1	1	1	521/2001	0	567	0	0	35
国家海洋技术中心	0	1	2	2	3	2975/1296	36	672	0	124	135
国家海洋标准计量中心	0	1	2	2	1	1355/1885	0	1885	6	270	550
中国极地研究中心	0	1	4	4	1	4536/4160	670	1596	0	205	572
国家海洋局减灾中心	0	1	0	0	1	110/18914	8	0	0	38	53
极地考察办公室	0	1	0	0	1	3635	0	0	0	0	0
大洋协会办公室	0	1	1	1	1	2049	0	0	0	0	0
第一海洋研究所	0	1	4	4	1	8693	705	0	96	92	0
第二海洋研究所	0	1	3	3	1	9000/1478	347	709	180	350	149
第三海洋研究所	0	1	2	2	1	9983/1839	415	113	0	494	0
海水淡化与综合利用研究所	0	1	1	0	1	2606	86	0	0	50	10
海洋战略研究所	0	1	0	0	1	5	0	0	0	0	0
海洋出版社	0	1	1	1	1	1217	0	0	0	0	0
中国海洋报社	0	1	0	0	1	47	0	0	0	0	0
国家海洋局机关服务中心	0	0	0	0	1	98/367	0	0	0	0	0
合计	0	21	64	47	24	109543/115137	6788	49132	1145	3582	4125

（国家海洋局办公室）

海洋咨询服务

【综述】 2014年，国家海洋咨询服务工作以科学发展观为统领，充分发挥智力优势和平台作用，及时跟踪当前海洋工作发展的新动态、新趋势，科学高效地开展了用海项目评审、重大专项奖金项目评审、海洋行政管理配套法规制度研究和标准化建设、海洋行业资质管理相关工作，取得了重要进展。

【用海项目评审工作】 2014年，进一步严格评审工作程序，创新工作机制，改进工作作风，切实提高评审工作质量和效率，组织开展了32个项目的海域使用论证报告书和44个项目的海洋环境影响报告书（表）的评审工作，共向国家海洋局海域管理司提交了28个项目的技术审查意见，向国家海洋局生态环境保护司提交了23个项目的评审情况报告和46个项目的技术审查意见。

2014年受国家海洋局海域管理司的委托，开展“海域使用论证报告质量检查”活动，对90个海域使用论证报告书进行了检查，对检查情况发布了通告，切实提高了论证报告编制质量和效率。

【重大专项奖金项目评审】 组织开展了海洋公益性行业科研专项的立项评审工作。开展经费项目任务书和预算书审查工作，提交59个项目的立项审查意见。编制完成了《海洋公益性行业科研专项经费项目评审办法》。开展了2014年度海洋可再生能源专项资金项目的招投标工作，按照相关要求，拟定项目建议书，组建专家库，全面完成了招投标前期准备工作。

【海洋行政管理配套法规制度研究和标准化建设】 组织修订了《海洋工程环境影响评价管理规定》，编制完成了《区域建设用海规划环境影响专题篇章编写大纲》、《区域建设用海规划环境影响专题篇章审查办法》和《用海规划环评篇章和海域论证审查技术要点》；编制完成分行业（海上油气勘探开发、海砂开采、海上风电和围填海）环境影响评价技术规范文件。

开展《海洋石油天然气管道保护条例》立法研究工作。制定组织实施方案，进行立法核心问题梳理，起草条例文本。在北海区开展实地调研和征求意见，初步完成编制立法研究材料。

编制完成《2013年海洋行业工程建设标准化发展状况》；加强标准体系建设工作，为海洋工程咨询分技术委员会的筹建做了大量调研和准备工作，参与5个分技术委员会标准立项的审查和标准编制的培训工作；组织开展《海洋生态环境在线监测技术标准》的立项申报工作；组织开展海洋工程装备标准建设专题研究工作，初步形成了《海洋工程装备标准体系框架》。

【海洋行业职业大典修订工作】 2014年，咨询中心继续推进国家职业分类大典修订涉及海洋行业有关工作。《国家职业分类大典》海洋行业新增职业中，已有9个通过人社部组织的专家评审，优化了海洋行业职业分类体系，推动了海洋行业职业技能鉴定工作和水平评价类职业资格制度建设。编制完成预报员上岗资格考试试题。

【海洋行业职业资格资质管理】 2014年，咨询中心严格按照《海洋工程勘察资质分级标准》和《工程设计资质标准》的要求，开展广东省电力设计研究院等9家单位的海洋工程勘察设计资质审核工作。开展中海油研究总院等六家单位的海洋工程环评资质申报材料审核工作。

加强海洋工程设计资质标准制度建设。2014年开展了海洋工程设计资质标准修订工作，在专业资质裁减60%的背景下，海洋行业工程设计专业资质（海洋工程沿岸、离岸、海水淡化）予以保留，为国家海洋局的资质管理和职业资格建设工作提供了宝贵的法理依据和技术支撑。

【专家智库平台建设】 2014年，咨询中心开展了环评专家库入库专家遴选工作，提出了拟入库专家名单，完成环评专家库的组建工作。完成环评专家库管理系统建设工作。组织国家级海域使用论证报告书评审专家研讨班，开展专家培训和学术交流活动。（国家海洋局海洋咨询中心）

海事服务与救助打捞

海事法制建设

【海事立法】 一是着力推进《海上交通安全法》修订进程。完成《海上交通安全法（修订）》起草工作，并上报国务院法制办审核。《海上交通安全法（送审稿）》覆盖海上交通安全的主要因素，体现了管理与服务并举，有利于依法规范海上交通行为，突出服务理念，促进航运发展。二是充分发挥立法工作的支持保障作用。完成《水上交通事故统计办法》《海上海事行政处罚规定》《内河海事行政处罚规定》《海事行政许可条件规定》《船舶安全监督规则》的制修订工作，为海事行政监管提供法律保障。完成《游艇安全管理规定》修订工作。通过修订，更好地反映行业发展需求，借鉴国际先进经验，更加尊重游艇自身特点和安全管理规律，发挥市场和行业自主管理的作用。

【执法监督】 一是开展海事行政执法评议考核，抽调 39 名甲级督察人员完成 13 个直属海事局（长江海事局由长江航务管理局考评）交叉考评，抽选 909 名执法人员参加法律知识考试；切实加强海事执法督察队伍建设，举办全国海事系统甲级督察人员培训班、海事行政执法复议与诉讼人员培训班，完成培训 400 人次，全国海事系统甲乙两级督察格局基本形成；出台《海事规范性文件合法性审查及备案办法》，提升海事规范性文件合法性审查质量；印发《海事工作人员制式服装着装规定》，规范海事工作人员制式服装着装行为和着装风纪。二是深入推进海事规范执法工作。印发《2014 版海事行政执法政务公开指南》，公布 45 项公开项目的实施机关、受理部门、申请条件、提交材料、办理依据、办理期限、办理结果和收费标准等，在提交材料和办结期限等方面突显海事便民举措；印发《常见海事违法行为行政处罚裁量基准》，提出内河和沿海最常见的 60 种违法行为的裁量基准。

【海事行政审批制度改革】 落实行政审批制度改革卓有成效。减少许可项目，下放审批层级，截止到 2014 年底，海事系统已经取消下放行政许可项目 15 项，累计提出取消下放事项 25 项，占全部事项（42 项）的 60%，完成取消下放数量达到全部项目二分之一的目标；建立并发布权力清单，2014 年 9 月 4 日以交通运输部公告的形式发布海事权力清单，主动接受社会监督，将权力关进笼子；创新管理方式，强化现场监管，印发《关于做好取消行政审批项目衔接落实工作的通知》，提出 27 项后续监管要求，确保取消下放项目接得住、管得好。印发《直属海事系统行政执法事权层级调整方案》，理清权责边界，助力形成规范统一、分工合理、运转高效、便民利民的海事监管方式。

【完善船检技术法规体系】 颁布实施《液化天然气燃料内河加注趸船法定检验暂行规定（2014）》、《国际航行海船法定检验技术规则（2014 综合文本）》、《国内航行海船法定检验技术规则（2014 年修改通报）》等 4 部船检技术法规，开展《游艇法定检验暂行规定（换版）》《沿海涉水工程船舶检验暂行规定》等法规的制修订工作，完成京津冀地区、广西、吉林等省区内河航区划分工作；开展“国内海船航区整合”“救生筏使用年限研究”等专项技术问题研究工作。加强船检技术法规编制管理，推进《船检技术法规制定管理规定》的修订工作。

【加强海事标准制修订管理】 完成航海安全标准化技术委员会换届工作；组织标准复审 60 余项，制定 2015—2017 年标注制修订计划；报批发布《水面溢油跟踪浮标系统性能要求》《海事测绘产品质量评定方法及要求》《沿海浮动视觉航标维护规程》《沿海港口航道测量技术要求》等 5 项交通行业标准；组织 10 项国家和行业标准项目的审查工作；复审建议废止交通运输行业标准 3 项。

应急救助和抢险打捞

2014年累计执行应急救助和抢险打捞任务1286起，出动专业救捞力量1697次，成功救助遇险人员2462名（其中外籍人员173名），成功救助遇险船舶168艘（其中外籍船舶12艘），获救财产价值约合人民币46亿元。突出特点：一是恶劣气象海况条件下的救助业绩突出，充分展现了专业救捞队伍的优势。2014年救捞系统在7级以上风力的气象海况条件下共执行救助任务171起，占任务总数的13.3%；成功救助遇险人员827人，超过获救人员总数的1/3；成功救助遇险船舶44艘，超过获救船舶总数的1/4；直接获救财产价值约17.5亿元，约占获救财产价值总数的2/5。如“东海救101”轮在台风“娜基莉”过境期间救助发生主机故障的集装箱船“RHL FIDELITAS”（日油中爱）及船上20名外籍船员；南海第一救助飞行队“B-7137”机组在台风“海鸥”影响期间救助进水沉没的“申嘉33”轮12名遇险船员；东海第二救助飞行队“B－7328”机组在台风“麦德姆”影响期间成功救助图瓦卢籍“ANA”（阿娜）轮17名印度籍船员；北海救助局、北海第一救助飞行队在12月1—2日首场强寒潮袭击渤海湾期间连续执行5起人命救助任务，成功救助“龙庆158”、“津滨快航18”等5艘船舶共28名遇险船员。二是执行重大特殊应急搜寻保障任务成绩斐然。2014年，救捞力量奋战在国内外不同海域，先后执行了马航失联客机MH370跨洋搜寻，海上接回中国在越同胞应急运输保障，“亚信峰会”、中俄“海上联合—2014”演习以及“西太海军论坛”海上联合军演应急保障任务，三是海空立体救助和救捞联动彰显成效。南海救助局“南海救202”轮、南海第一救助飞行队“B-7137”机组与香港特区政府飞行服务队固定翼飞机在湛江附近海域联合搜救沉没渔船10名遇险人员。南海救助局、南海第一救助飞行队、上海打捞局、广州打捞局在桂山岛西南海域联合成功救助打捞“盛安达7”集装箱船和5名遇险人员。四是发挥专业打捞队伍作用，履行公益性职责。圆满完成多项重大公益性抢险打捞任务，其中，烟台打捞局积极实施“碧海行动”计划，2014年度7艘沉船的打捞任务全部按时保质完成；广州打捞局成功打捞“夏长”轮，创造了国内最大吨位散货沉船整体打捞纪录。

交通运输部印发《交通运输部关于加强专业救助打捞工作的意见》（以下简称《意见》）和《落实〈意见〉任务分解表》。《意见》明确了到2020年，救捞系统建设发展总体要求、主要任务和保障措施，特别提出了“建设国际一流的现代化专业救助打捞体系”的发展目标。这是救捞系统成立63年来，交通运输部专为救捞系统出台的第一个加强专业救捞工作意见，为交通运输救捞系统未来的发展指明了方向。

（交通运输部）

海洋科技、教育与文化

海洋科学研究

综　述

【**概述**】　2014年，我国海洋科技工作深入贯彻落实建设海洋强国、推动海洋科技向创新引领型转变的战略部署，按照“强基础、抓专项、促转化、上水平”的思路，大力推进科技创新总体规划、科技兴海、海洋经济创新发展区域示范、海洋公益专项、海洋调查、海洋卫星、海水利用、海洋可再生能源、数字海洋等各项工作取得一大批显著成果，为引领海洋经济转型升级和海洋事业持续健康发展做出了新的贡献。

【**海洋科技创新总体规划**】　国家海洋局认真贯彻落实习近平总书记关于“搞好海洋科技创新总体规划”的重要指示精神，组织了上百位专家开展创新规划战略研究工作，并对80个科研院所、高校、产业基地和200多家科技企业开展了需求调研，形成了5份专题报告和战略研究总报告，报告对海洋科技创新脉络与走向有了较为清晰的总体判断，形成了竞争力分析、基本思路和初步打算，为下一步编制规划奠定了良好基础。

【**科技兴海**】　一是国家海洋局联合国家发改委审批认定了广州、湛江、厦门、舟山、青岛、烟台、威海、天津8个城市为首批国家海洋高技术产业基地试点。二是批准在青岛、广州、厦门三地建立国家科技兴海产业示范基地。三是联合科技部开展了科技兴海规划纲要中期评估工作，全面梳理了科技兴海工作的实施情况。四是参加了第十七届北京国际科技博览会并组织了第二届海洋科技展、国际海洋科技合作会议等，不断推动海洋科技成果转化和产业化。

2014年12月29日，国家海洋局联合科技部共同召开了全国科技兴海大会（视频会）。时任国家海洋局局长刘赐贵、科技部张来武副部长出席会议并发表重要讲话。会议传达了国务院领导对该次大会和科技兴海工作的重要批示精神，阶段总结了《全国科技兴海规划纲要（2008—2015年）》实施成效，提出了今后深化科技兴海战略的思路和举措。大会的召开显著提升了海洋科技和产业领域的影响力和凝聚力，进一步夯实了多部委科技兴海协调领导机制，为深入落实创新驱动发展战略，圆满完成《规划纲要》目标，促进科技兴海在“十三五”实现更大发展奠定良好基础。

【**海洋经济创新发展区域示范**】　一是完成了山东、广东、福建和浙江四省2013年度考核工作；二是扩大了天津、江苏两省作为区域示范试点，并完成对天津与江苏两省市区域示范实施方案和2014—2015年入库项目的评审评估；三是推动将海水淡化列入区域示范支持重点领域，实施期为2014—2017年；四是完成了2014年补助资金的下达。各试点省依托区域示范项目，继续发挥区域优势，深化体制机制创新，形成多元金融支持方式，取得了良好成效。一是高效健康养殖产业初具规模，节能环保的工厂化循环水和智能化深水网箱养殖模式的经济效益和生态效益逐渐显现。例如，2014年山东智能型离岸深水网箱养殖水体达152万立方米，高效循环水工厂化养殖水体889万立方米。广东仅项目带动直接新增工厂化养殖水体2万立方米，每年直接增加高档海水鱼产能约1000吨。二是海洋生物医药与制品产业增长迅速，涌现出一批高附加值产品，产业规模和竞争力大幅提升。例如，国家一类戒毒药物替曲朵辛（河豚毒素）与国家二类新药海洋生物抗病毒藻糖蛋白均已进入了Ⅲ期临床研究，早期肾损伤诊断试剂盒等进入三甲医院，石狮华宝从壳聚糖的全球原料供应商转型为全球产业链的高端的医药级产品生产商。三是海洋装备产业呈现出专业化、精细化、高端化的发展态势，尤其是海水处理、船桥控制等配套装备产业，如海水综合利用及关联产业 2014 年实现增加值 4.5 亿元，多项技术和产品填补国内空白，部分龙头企业还启动了国际标准的起草，国际竞争力日益增强，对海洋国防安全提供了有力保障。区域示范项目的实施有力推动了产业集聚发展，企业高速成长，同时也推动了试点省市国家海洋高技术产业基地和科技兴海产业示范基地建设。

【海洋公益性行业科研专项】　一是围绕海洋强国建设、科技兴海战略实施、海洋管控能力提升、海洋生态文明建设、海洋战略性新兴产业培育和发展、区域海洋经济可持续发展等重点工作部署，组织开展了 2015 年专项项目申报工作，共申请项目 31 项，获财政部批复项目 29 项。二是系统开展了专项评估工作。对专项 2007—2013 年立项的 244 个项目按六大领域开展评估，编制形成海洋公益性行业科研专项评估报告，并梳理形成了各领域未来 3～5 年的发展目标。三是组织开展了 2012 年项目中期检查工作和 2009 年项目的验收工作，按照简政放权的要求，将中期检查业务部分交由三个海区分局组织开展，效果良好。四是编制印发了 2013 年海洋公益性行业科研专项年度报告。

不少项目取得了良好的成绩，比如：“西北太平洋上层海洋对台风响应和反馈的预报技术及应用”项目研究建立的海上浮标观测阵在 2014 年 8—9 月成功地捕获了超强台风威尔逊和强台风海鸥，区域耦合台风预测系统已于 2014 年进行了准业务化运行，系统精度比现有业务系统有了较大提高。“第二代地震海啸实时观测预警关键技术研究及集成示范应用”项目建立了基于非结构网格的南中国海区域精细化海啸淹没数值模型，开发了西北太平洋定量海啸预警系统软件，相关研究内容列入中国海洋学会评选的“2014 年中国海洋科技十大进展”之一。“黄海绿潮业务化预测预警关键技术研究与应用”项目突破了黄海绿潮业务化预测预警研究关键技术，建立了黄海绿潮暴发全程预测预警技术及系统，构建了黄海绿潮预测预警业务化平台并进行了试运行，现已成功完成黄海绿潮预测预警业务化信息平台的业务化试运行 170 天。“几种海洋功能蛋白规模化生产及高值化产品研制关键技术及产业化示范”项目开发了 31 个海洋功能蛋白品种，初步建立了海藻功能蛋白饲料、50 吨/年的鱼骨钙螯合肽、100 吨/年的海蜇肽、海洋胶原蛋白功能食品颗粒剂和片剂、食品级藻蓝蛋白等产业化中试示范生产线 5 条，初步建立了海藻功能蛋白饲料、胶原蛋白功能食品、胶原蛋白、鱼骨钙肽螯合等产业化示范基地 4 个。

【国家海洋调查船队】　一是深入开展国家海洋调查船队发展战略研究，积极探索船队协调长效机制，落实船队协调委员会例会制度，共同推动船队的发展。二是加强船队规范化管理，开展了船队安全、涉外、应急与医疗相关制度研究，编制了《国家海洋调查船队工作手册》。三是加强与船舶单位的沟通协调，及时发布船队运行动态和船时信息，2014 年共为教育部、科技部、农业部、国家海洋局、中国科学院、国家自然科学基金会、中国地质调查局等 40 多家部门（单位）提供了海洋调查服务，完成了国家海洋专项调查、公益性项目、863 计划、973 计划、自然科学基金会开放共享航次、极地考察、大洋科考等 200 余项海洋调查任务。四是组织对新申请入队的“海大号”、“北斗”、“浙海科 1”、“向阳红 10”开展了入队审查，经船队协调委员会批准，4 艘船舶入列船队，成员船数量已扩大至 34 艘。五是开发了船队微信公众服务平台与船队实时信息服务系统，并在 14 艘成员船上进行了安装和试运行，初步实现了船舶实时位置、航迹等查询与信息保障服务功能，有效提升了船队服务能力。六是开展海洋调查综合管理制度和海洋调查立法研究，编制了《关于加强海洋调查工作的指导意见》，并联合有关部门推进海洋调查立法实践。

【海洋综合科考船建造】　一是国家发展改革委审查批准了 2 艘新建 4500 吨级海洋综合科考船初步设计及概算总报告，并下达第二批建造款。二是完成了船舶详细设计和生产设计，完成设计图纸共计 7322 份。三是完成了船用设备 78 台套/船和首批影响船体结构的 13 台套/船科考设备的采购工作。四是实现了船舶连续开工建造，2 艘船共完成了 48 个分段的建造工作。

【海水利用】　组织了国家科技支撑计划“海水

淡化分离膜检测技术及标准研究”及“2万吨/日反渗透海水淡化成套装备研发及工程示范”项目的申报工作。开展了2013年度我国海水利用情况基础数据的采集工作，编制完成并发布了《2013年全国海水利用报告》，给海水利用相关管理决策和社会公众、科研院所、企事业单位提供了海水利用产业发展整体情况的权威数据信息。

【海洋可再生能源】　一是完成了2014年度海洋可再生能源专项资金申报和立项工作，支持2项延续性项目。二是加强项目监督管理，建立责任专家制度，每季度开展集中检查，并在关键节点进行不定期检查，特别是对实施难度大、支持经费高的示范工程项目和试验场项目采取月报制度进行重点管理，切实推进项目执行。三是组织完成2010—2011年海洋可再生能源专项资金项目验收工作，做好已立项项目的收尾工作。四是组织开展海洋能发展“十三五”规划的战略研究工作，做好顶层规划设计，促进海洋能激励政策的完善。五是组织编制完成了海洋可再生能源专项资金项目总体实施方案（2013—2016年）送审稿，初步明确了年度工作目标、重点及经费。六是成功举办了第三届中国海洋可再生能源发展年会暨论坛，搭建海洋能开发利用交流合作平台，做好海洋能成果宣传。七是组织筹备海洋能专项资金项目展览，增进海洋能交流与合作，宣传海洋能专项资金阶段性成果。

【科技支撑计划项目】　“全球海洋环境数值预报关键技术系统集成研究及应用”：依托于国家海洋环境预报中心的“十二五”国家科技支撑计划“全球海洋环境数值预报关键技术系统集成研究及应用”项目顺利通过验收。该项目建立了全球海面风场、海浪、海洋环流、潮汐潮流、北极海冰全球数值预报系统，开发了集全球海洋数值预报产品制作、分发及可视化平台于一体的全球数值预报业务化示范系统，并于2013年9月起，在国家海洋环境预报中心开展示范应用。该项目建立的海浪、三维温盐流和潮汐潮流对满足和提高我国对海洋渔业、远洋运输、海洋资源开发、海洋权益维护、远洋军事活动等海洋环境保证的能力具有非常重要的意义。

“海水淡化分离膜检测技术及标准研究”：依托于由国家海洋局天津海水淡化与综合利用研究所编制的“十二五”国家科技支撑计划“海水淡化分离膜检测技术及标准”项目获得批复立项。该项目针对我国海水淡化分离膜检测技术标准滞后于行业发展的现状，通过开展微滤膜、超滤膜、纳滤膜、反渗透膜性能检测技术研究，形成科学检测方法，研建专门监测装置，弥补现有分离膜监测技术及标准不足，填补分离膜重要性能检测技术及标准空白，构建分离膜海水运行测试平台，为海水淡化分离膜性能评价及质量监管提供技术支撑，促进我国海水淡化产业科学、规范发展。

863计划“渤海海洋生态环境监测技术系统”项目：完善了现有的数据处理中心和系统运行支撑平台，实现了监测数据的实时共享，增强了渤海生态环境监测系统信息处理、产品深加工方面的综合实力，提升了对渤海生态环境的监测能力和业务化水平，为渤海海洋生态环境保护提供决策服务。

【数字海洋】　一是开展了“数字海洋”信息基础框架业务化运行维护，包括35个节点数据更新和信息产品制作，支持和推动沿海省（自治区、直辖市）和计划单列市“数字海洋”节点业务化运行。二是开展了“数字海洋”节点拓展建设，将“数字海洋”网节点拓展至中科院海洋所、南海所，中国海洋大学等5家涉海科研院所和高校，有效促进了数据共享。三是开发了数字海洋应用服务系统（测试版），完善和扩展“数字海洋”信息基础框架功能，提升“数字海洋”系统应用服务能力和水平。四是深入开展数字海洋应用服务需求的调研论证工作，加强与国家综合部门和涉海部门的沟通协调，进一步推动数字海洋应用服务立项工作。五是开展数字海洋多维地理信息平台预研工作，对于平台的国产化和自主研发进行了深入研究和初步实践，为数字海洋应用服务在海洋空间信息开发与应用服务方面打下基础。

【“全球变化与海气相互作用”专项】　一是重新编排了专项资料收集与处理、综合调查与研究和重大国际前沿海洋科学问题研究等任务，建立了逐步完善的专项框架体系。二是编制与印发了《“全球变化与海气相互作用”专项管理办法》与《“全球变化与海气相互作用”专项国际合作项目组织实施管理办法》，稳步推进专项管理。三是逐步启动了专项任务，在南海海洋环流形成变异机理、太平洋-印度洋洋际交换以及气候效应、热带海洋生态系统和碳循环的相互制约关系等方面开展了研究工作，收集了气候变化与海平面变化机制、海洋酸化趋势等方面的数据与资料，并开展了区域海-陆-气耦合气候预测模式、气候统计预测模式和热带气旋数值预报模式的研制工作。

【海洋卫星】 一是海洋系列卫星全面纳入国家发展规划。二是完成海洋一号C/D卫星和海洋二号B卫星3颗业务卫星立项论证。三是新一代海洋水色卫星和海洋盐度卫星科研卫星已纳入“十三五”航天发展规划编制框架。

【海洋科技制度机制】 着力解决制约海洋科技创新和成果转化的突出问题，以完善国家海洋局重点实验室的管理规章制度为切入点，研究提出了《国家海洋局重点实验室管理办法(试行)》(修订稿)和《国家海洋局重点实验室考核评估细则(试行)》(草拟稿)。 （国家海洋局科技司）

国家科技支撑计划项目

【综述】 完成2014年新上项目入库征集、视频评审、综合咨询、可行性论证等工作，新启动项目9项，涉及课题25个，国拨专项经费1.79亿元。

【全球海洋环境数值预报关键技术系统集成研究及应用成果显著】 “全球海洋环境数值预报关键技术系统集成研究及应用”项目建立了全球业务化海洋学预报系统。该系统研发了全球风场、浪场、环流、潮汐、极地海冰应用可视化等方面的关键技术，建立了全球海洋数值预报产品制作、分发及可视化一体的全球海洋数值预报业务化应用系统，实现统一的系统集成用户界面平台。全球系统于2013年10月正式上网业务化试运行（http://www.nmefc.gov.cn/cgofs/index.aspx)，海面风、海浪、海温、海流等产品预报时效为5～7天。该系统的应用不仅改变了我国长期依赖国外全球预报产品提供区域开边界的局面、改善我国近海海洋环境数值预报效果，而且填补了我国缺乏全球海洋环境数值预报产品的空白。

在“蛟龙”号海试时，为海试场提供海况预报，特别是提供了深水层的海流预报，为成功下潜提供保障。在“雪龙号”脱困应急保障服务工作中，提供海面风、海流、海冰等多种预报服务，为成功脱困提供了决策支持。2014年3月，马航MH370客机失联，搜索范围逐步由南中国海、泰国湾转移至马六甲海峡、安达曼海，进而扩展至印度洋北部孟加拉湾及南部澳大利亚西南海域，根据保障区域的变化，陆续以南海数值预报系统、印度洋数值预报系统、全球数值系统为基础，通过多方收集、整理、制作了相应海域的环境数值预报资料及可视化产品，同时利用数值预报结果，进行疑似碎片的漂移预报和溯源分析，为相关部门、国家交通运输部海事局、海军等相关机构提供专业信息，为海上搜救任务提供预报保障等技术支撑。

自此，我国的海洋环境业务化预报范围从近海扩展到远洋和全球，具备了全球范围内海上大气和海洋环境数值预报能力，可以为海洋渔业、远洋运输、海洋资源开发、海洋权益维护、大洋极地科考等提供更加有力的保障。

【日产10万吨级膜法海水淡化国产化关键技术开发与示范】 “日产10万吨级膜法海水淡化国产化关键技术开发与示范”(2009BAB47B00)顺利完成研究任务并通过专家组验收。项目以舟山六横海水淡化示范工程为依托，突破大型反渗透海水淡化关键装备开发及系统集成关键技术，自主开发了1.25万吨/日反渗透海水淡化单机设计和10万吨/日工程总成技术，研制出海水预处理卧式滤器、反渗透海水膜元件、海水高压泵和能量回收装置等国产化核心装备，集成海水取水、预处理、反渗透脱盐、产品水后矿化、系统智能化控制、浓海水排放等技术与工艺，建立国内首套1.25万吨/日反渗透海水淡化单机示范装置并稳定运行，系统吨水能耗降至3千瓦时以下，与国际先进水平同步，淡化产品水水质符合《生活饮用水卫生标准》(GB5749-2006)。该项目的实施为解决我国水资源短缺问题，促进海水淡化产业规模化发展提供了重要支撑。

【反渗透海水淡化关键设备研制】 海水淡化预处理超滤膜生产线年产能达到100万平方米；开发出两种海水淡化预处理膜组器，并实现产业化生产；完成海水淡化预处理应用技术研究，在天津南港经济技术开发区以及福建古雷经济技术开发区建成100吨/日级海水淡化超滤预处理中试基地；完成预处理超滤产品在海水（卤水）预处理中的2万吨/日级工程应用。完成高压泵、增压泵水力模型的研究、转子动力学分析计算、部分滑动轴承试验研究，取得了初步成果。海水淡化泵生产基地建设，已经投资约400万，其中2014年度投资约186万元。完成2500千瓦水泵测试室基础设施建设，并已全部订购测试室仪器设备，已经投入运行。建立了端盖三维流道的水力设计方法和流线型构型工艺，完成了能量回收装置能量回收特性和泄漏特性及其影响因素、高压出口压力脉动与转子转频特性的研究。搭建了双台位多功能能量回收装置综合性能试验台，试验台最大测试流量可达90立方米/小时，最高测试压力为8.0兆帕。研制出非并网风电单台风机日产万吨海水淡化系统。非并网风电日产万吨淡化海水示范项目竣工并成功调试出水。

【沿海滩涂大规模围垦及保护关键技术研究】 以条子泥匡围为典型示范工程，研发的FRP筋混凝土栅栏板，已在条子泥围垦工程试验性段得到初步应用，且已经过汛期的考验；成立了“江苏省FRP复合材料工程技术研究中心”；研发的一种无熟料水泥，已用于堤顶路面工程。通过优化布局沿海滩涂区蓄淡工程和实现多水源、多用户淡水资源联合调控以及水资源优化配置，预期提高水量利用率5%，增大当地淡水可供水量，缓解江苏沿海地区经济社会发展中的水资源矛盾，具有显著的经济社会效益。研发的基于纳米技术和微生物发酵技术耦合的微生物纳米球能显著地改善雨水、微咸水和养殖废水的水质，研发的雨水集蓄利用关键技术预期提高雨水利用率超过55%，在保障河流生态系统健康、实现水资源可持续开发利用方面作用重大，具有显著的生态环境效益和资源效益。通过示范区的建设，创建适宜于围垦区的微咸水和雨水资源高效安全利用模式，推广微咸水和雨水资源化的生态安全技术，实现非传统水资源的规模化利用，进而为江苏沿海垦区水资源保障提供技术支撑，提升垦区非传统水资源一体化管理的技术水平。培育的2个耐盐草坪草品种“阳江”狗牙根和“多面手”狗牙根已经在江苏和山东沿海滩涂重度盐土上得到成功应用。2013年与ROYAL BARENBRUG GROUP签订了耐盐狗牙根新品种C291全球转让协议后，本年度已在美国生产该草种原种3000磅，并已经申请了国际植物新品种权保护。本土草种—茅草经过耐盐性鉴定分析，表明该草种具有良好的抗盐性。在此基础上，以该草种为材料，在新围垦的沙质海堤边坡进行了大规模的护坡绿化，推广面积达到45万平方米。

【大型海藻新型产品开发技术】 通过对具有褐藻酸裂解酶活性的海洋细菌Pseudomonas sp.H03基因组进行分析，克隆获得了一个褐藻酸裂解酶基因Alg2A，对其开展了生物信息小学分析、基因表达工程菌构建、表达纯化及酶学性质研究；产物分析显示其产物主要为2-8糖，与目前市面所见商业化褐藻酸酶产物不同，具有一定创新性。而2-8聚合度褐藻酸寡糖活性较好。该重组酶具有可控生产此种寡糖的潜力，具有较好开发前景。目前评价了纯化海藻酸钠在细胞毒性、急性全身毒性、溶血方面的生物安全性，优化供以后纯化海藻酸在上述几方面的生物安全性达到国家标准要求。该系列工作为开发海藻酸钠材料为组织工程材料，今后实现产业化奠定基础。采用中试规模实验设备验证了纳滤工艺在以提碘废水为原料的甘露醇浓缩生产中的实用效果，并对工艺参数进行了考察，建立了甘露醇纳滤浓缩提取工艺，为甘露醇低成本生产奠定了基础。建立了完善的低酸化絮凝技术、生物酶解技术及氧化降解组合技术，以褐藻酸为原料生产高质量多功能高端海藻膳食纤维的工艺关键技术、技术标准及产品。通过控温降解技术、氧化技术相结合，建立我国首个海藻膳食纤维的分级体系，性能指标超过麦麸膳食纤维标准，改变我国膳食纤维技术落后局面，提升我国海藻产业的整体竞争力和水平，提高我国褐藻胶高端产品在国际市场的竞争力，推动我国高端褐藻胶精深加工应用纵深发展。

【海洋生物寡糖高值化产品开发技术】 在海洋寡糖对照品的制备和中试放大试验方面：建立了采用固相降解制备不同聚合度卡拉胶寡糖和酸解法制备琼胶寡糖的分离纯化技术体系，获得了10种具有高纯度的红藻寡糖对照品。建立了采用选择性化学修饰和吸附层析分离纯化制备 N-乙酰壳寡糖的技术体系，获得了 5 个 N-乙酰壳寡糖单体的对照品。无论是在海洋寡糖的基础研究、新型寡糖功能制品和药物的开发，还是在海洋寡糖的生产和质量管理等方面，都具有十分重要的作用。开展了海洋红藻寡糖和褐藻寡糖的中试规模化制备研究，确定了卡拉胶寡糖、琼胶寡糖、低分子聚甘露糖醛酸和低分子聚古罗糖醛酸的规模化制备工艺条件。在海藻寡糖叶面肥的产业化研究和田间试验方面：建立了海藻寡糖叶面肥的制备工艺，制定了两种海藻寡糖叶面肥的产品企业标准，建立了年产 5 万吨海藻寡糖叶面肥的生产线 1 条。在草莓、丝瓜、葡萄和西芹等农作物的田间试验中，在抗农作物病虫害和增产、增收方面取得了很好的效果，具有非常好的产业化和市场应用前景。在创伤止血修复材料研究方面：建立了创伤止血修复材料的生产工艺和质量标准，进行了中试放大实验，并提请国家检验中心进行了技术要求的检验。创伤止血修复材料的临床试验已在上海交通大学医学院附属瑞金医院等 3 家临床医疗机构开展。该课题研制的创伤止血修复材料同时具有手术止血作用和预防术后腹腔粘连功能，生物安全性好，具有很好的产业化前景。在药用包衣材料的生产工艺放大和质量检验方面：建立了海藻多糖植物复合胶的制备工艺；通过中试放大实验获得了片剂薄膜包衣专用复合胶和包衣产品的工艺参数；海藻多糖植物复合胶包衣片的质量检验结果符合并优于国家标准。本课题研制的具有自主知识产权的海藻糖基药用包衣剂不仅可以替代传统的糖浆包衣剂，而且可以避免目前国际上使用的合成或半合成高分子材料对环境造成的污染及服用后对人体的危害问题，具有天然无毒、可生物降解、成膜性好等特点，其产业化和市场应用前景广阔。

【长航时无人机航摄遥感系统】　成功研制了长航时低空无人机飞行平台，通过综合验证可实现续航时间到达 30 小时，飞行巡航每小时 110 千米。成功研制了高精度数字中画幅相机，达到 8000 万像素，影像数据地面分辨率优于 0.2 米，改变了目前无人机上安装的民用相机相幅小、影像分辨率低的现状。解决了 GNSS/IMU 选型、存储、供电、与双频 GPS、相机之间的时间同步、与相机的刚性连接等问题。实现了双频 GNSS/IMU 和现有飞控系统的集成，使无人机摄影系统具备差分结算曝光点坐标和姿态的功能。已从海南万宁起飞完成了西沙七连屿的无人机遥感影像获取试验，获取了七连屿高分辨遥感影像。长航时无人机航摄遥感系统凭借其续航时间长、可稀少（无）控制测图的特点和功能，可广泛应用在国土测绘、地理国情监测、海域海岛监测、小城镇新农村建设、灾害应急、反恐维稳等领域。长航时无人机航摄遥感系统已装备于四川测绘地理信息局、广西测绘地理信息局、河北地理信息局、江西测绘地理信息局、安徽测绘局等多家单位，为产业化推广奠定了基础。同时，在芦山地震应急监测中，获取了芦山县宝盛乡、太平镇、龙门乡 68 平方千米的航空影像，第一时间为抢险救援工作提供了影像数据，为辅助决策提供了科学依据。

【船载多传感器岛礁综合测量系统】　完成了船载多传感器岛礁综合测量系统研发，在西沙北岛和永兴岛开展了试验示范工作，效果良好。项目成果将在海岛礁和海岸带测绘方面进行推广应用，潜在需求巨大，可用于海岛礁周边、海岸带及滨海等复杂地区的地理信息获取，解决了登岛、登岸和行船测量的困难问题。“船载水上水下一体化测图系统”集成多波束测深和激光扫描测量技术，其中多波束测深技术是获得海岛礁周边浅水精密地形和地貌的重要手段，船载激光扫描技术是快速获取高精度的岸坡、岸线、浅滩区域地形的有效手段；两者组合，可获得海岛礁及周边水上水下精确的地形地貌特征、属性，解决不易不宜到达岛礁地形测量、涉海单位海岸带和滩涂地形测量问题，提升我国海岛礁、海岸和滩涂地形测量技术水平和效率。

【海洋工程结构腐蚀全寿命周期数字化评价技术和平台】　通过对现有腐蚀评价仿真模型的收集、梳理、完善和补充，提出了从腐蚀萌生、腐蚀损伤表征到剩余寿命预测全过程的仿真分析方法。其中在腐蚀萌生仿真模型、腐蚀形貌三维重构等方面取得了创新性成果。基于元胞自动机的方法提出了考虑了流动因素的碳钢及铝合金腐蚀演化仿真模型，能够模拟腐蚀萌生阶段和腐蚀发展阶段。设计考虑流动因素的腐蚀实验装置方案，并集成制造出考虑流动因素的腐蚀实验装置，可实现不同流速、不同温度情况下的材料腐蚀试验。进行了铝合金材料的腐蚀试验，从腐蚀机理和腐蚀形貌方面进行了深入研究，证明了所提考虑流动因素的腐蚀萌生仿真模型是正确的。通过腐蚀损伤等效和结构应力状态分析，计算裂尖应力强度因子，并根据裂纹扩展速率模型计算疲劳循环数，如此循环直至裂纹扩展至临界裂纹尺寸，最终获得结构剩余寿命。设计开发了腐蚀剩余寿命预测软件，基于不同腐蚀裂纹扩展模型，或腐蚀裂纹扩展试验数据，预测不同腐蚀裂纹类型的裂纹扩展速率扩展寿命。软件集成了表面裂纹、孔内裂纹、穿透型裂纹等 22 种裂纹类型和 21 种裂纹扩展模型，可以模拟各种腐蚀损伤形式，并据此修订了《接口规范》。　（科学技术部）

“863 计划”项目

【综述】　2014 年新上项目涉及 4 个重大项目、5 个主题项目，共计 45 个课题的启动工作，国拨专项经费 3.54 亿元。

截至 2014 年底，“十二五”863 计划海洋技术领域共安排重大项目 5 项，主题项目 37 项，课题 188 个，涉及国拨专项经费课题总数 22.58 亿元。

表　海洋技术领域“十二五”经费安排情况

年度	项目数（个）	课题数（个）	国拨经费总额（万元）
2011	9	26	50055
2012	18	74	84266
2013	9	42	50655
2014	5	45	40981
2015		1	2353

【深海潜水器技术与装备重大项目】　2014 年度，深海潜水器技术与装备重大项目在研课题 13 项，项目所有课题共发表论文 95 篇；出版著作 4 部；申请各类专利 95 项，获得各类专利授权 39 项，取得成果产值约 549.8 万元。

①4500 米载人潜水器总体集成完成方案设计。对 4500 米载人潜水器的总体集成设计工作进行了部署和策划，形成了 4500 米载人潜水器标准化大纲、质量保证大纲和可靠性保证大纲，形成了总体、结构、机械、电气、控制和声学分系统的研制任务书；通过 4500 米载人潜水器总体运行特性，依据任务书要求的国产化、经济性、可靠性、实用性等要求，结合六个分系统的方案设计，完成了 4500 米载人潜水器方案设计。开展了 4500 米载人潜水器技术设计工作，进行了液压源、抛载机构等样机的研制工作，正在开展潜水器模型的制作，开展了声学定位系统、机械手、水密接插件、浮力材料等国产设备的跟踪和评估工作，开展了载人舱内布置的 1∶1 模型试制工作。

②4500 米载人潜水器载人球体研制取得重要进展。“4500 米载人潜水器 TC4 载人球壳制造技术研究”课题 2014 年主要完成了整体冲压成型钛合金半球的真空热处理及尺寸的三维检测；钛合金厚板窄间隙焊接工艺评定；载人球壳法兰锻件的锻造、加工和取样测试；球壳的开孔；球壳的性能测试；球壳法兰锻件的焊接等内容的工作。

“4500 米载人潜水器载人球壳电子束焊接技术研究”课题 2014 年主要完成了大厚度钛合金电子束焊接成形成性技术研究；焊缝缺陷的修复技术研究；钛合金半球整体冲压成型工艺稳定性研究；球壳的真空热处理及尺寸的三维检测；球壳的开孔等内容的工作。

“4500 米载人潜水器 Ti80 载人球壳制造技术研究”课题 2014 年已完成左半球壳体与顶圆板的焊接工作并进行了探伤和热处理，进入机械精加工阶段；完成了右半球壳体与主观察窗的焊接，焊接完成后探伤合格，开始进行热处理。

③4500 米级深海资源自主勘查系统开展湖上试验。4500 米级深海资源自主勘查系统（AUV）本年度已完成 AUV 本体的出所检测，探测系统出所检测，声学微地貌测量与协调分系统出所检测、“湖试大纲”评审等工作。2014 年 11 月 3 日起，中科院声学所在新安江试验场进行湖上试验，已初步完成各种航行控制及导航定位的湖上试验。4500 米级深海资源自主勘查系统采用全新非回转体流线型设计及合理的推进器布局，保证了潜水器具有很强的操纵性和水面航行能力；实现了潜水器航行路径与任务的自主规划，使其智能控制水平大大提高；采用了先进的滑模控制算法，实现了潜水器稳定的航行控制；首次采用基于前视声纳的避碰控制方法，进一步提高了潜水器避碰控制水平。

④系列小型化、低成本自主探测系统取得阶段性成果。50千克级便携式自主观测系统开发课题：完成了2套50公斤级便携式AUV样机的工程化改进、开展了2次湖上试验，对改进后的系统的性能指标进行了测试，外场测试AUV的续航力近100千米，通过试验进一步检验了整机系统的可靠性。基于未来水下组网的需求，AUV增加了水声通信功能。结合应用需求开展了AUV水面编队试验，化学羽流模拟追踪试验等，试验取得了成功，同时也拓展了AUV的应用领域。

300千克级小型自主探测系统工程化技术课题：本年度基本完成了系统改进，包括整机全航程试验、导航精度湖试、整机探测性能测试；AUV侧扫段和多波束段已完成加工，侧扫段已完成10.5兆帕耐压试验；已在千岛湖完成了模拟AUV航行体释放回收试验。

⑤深海超高压环境模拟与检测装置完成水压试验。深海超高压环境模拟与检测装置完成抗剪块自动装卸装置和压力筒筒体制造；完成压力筒筒体94.5兆帕水压试验，保压30分钟，系统安全，通过工厂预验收。

【深水油气勘探开发技术与装备重大项目】“深水油气勘探开发技术与装备”项目围绕目标已启动“深水可控源电磁勘探系统开发”等24个课题，2014年，共发表论文80篇；出版著作1部；申请发明52项。同时，在科技成果应用方面，取得成果产值约1162万元。

①深水高精度地震勘探系统成套化装备系统进行综合海试，全面投入生产试应用。“深水高精度地震勘探系统成套化研制”以完善海上高精度拖缆地震数据采集设备、拖缆定位与控制设备、高精度数据地震处理解释技术以及相应软件系统，研制地震综合导航设备、震源控制设备，形成具有自主知识产权的海上高精度地震勘探成套装备及技术系列，实现先导性生产应用为目标，研制形成了以“海亮”为首的高精度地震勘探成套化装备系统，至2012年起投入生产试应用，目前已累计完成9个作业工区，作业海域遍及渤海、南黄海、东海和南海，累计采集二维地震资料超过10000千米，三维地震资料420多平方千米，累计实现生产产值超过1亿元。

此外，海亮电缆、海燕水鸟等自主装备突破进口设备在深度、道间距等方面的技术限制，结合生产任务，开展了如V型、W型、深缆、斜缆等宽频采集作业和高密度三维采集作业，对这些新的采集方法进行了试验，取得良好的应用效果，为自主装备的应用拓展了新的渠道。

②深水可控源电磁勘探系统多项关键技术取得突破性进展，获得一些创新性成果。经过近三年的研究攻关，研制的中频大功率200千瓦甲板电源供电系统样机已完成模拟生产测试和系统联调，并进行了近海岸边联调测试；研制的甲板监控系统样机已完成，操控软件系统运行测试已完成，达到预期效果；研制的高精度不极化电极传感器与国外公司同类传感器进行了对比测试，技术指标达到设计要求。电场传感器研制技术，突破了国外技术的限制，达到了国际先进水平；研制的4000米级深海电磁采集站样机已完成陆地与国外相关电磁采集站的对比测试，并在青岛海域和南海进行了浅海投放、数据采集和回收测试，技术指标达到预期研发目标，目前正在进行深海试验；研制的水下大功率逆变系统样机已在实验室进行了输出电流1000安的指标测试，效果良好；配套的三大软件系统开发顺利，其中现场监控预处理系统已完成国外实际海洋电磁数据的测试，海洋电磁处理与解释系统平台构建已完成，正在进行相关院校正演方法软件的集成，含油气评价系统功能模块软件编制已完成，正在进行功能测试。

③深水海底地震仪勘探系统开发突破关键技术研究，成功研制了单舱球宽带海底地震仪及便携式高频海底地震仪工程化样机，海试效果良好。已解决了数据采集器、地震检波器、脱钩装置生产工艺定型、地震计选型与测试、地震计测试及安装等关键技术，顺利研制出了单舱球宽带海底地震仪及便携式高频海底地震仪工程化样机，并先后经过多次海试，回收率均在90%以上，试验数据稳定可靠。

2014年5—6月，基于2014国家基金委南海北部地球物理航次（航次编号：NORC2014-08），调查区域范围（108°E～118°E，14°N～23°N）对OBS进行了海试。调查内容包括：多道地震（MCS）探测、单道地震（SCS）探测、海底地震仪（OBS）探测、海底热流探测、海底磁力测量等。该次海试总共投放了24个便携式OBS地震采集台站，成功回收23台回收率95.83%。测试结果表明，仪器整体性能稳定，工作状态良好，满足应用要求。

④深海海管和海缆研制突破关键技术及加工工艺设备，初步完成样管、样缆制造。海洋深水非金属复合管形成一整套内衬层挤出工艺和缠绕增强层的“多头、湿法、连续缠绕”工艺，自主研发出非金属非粘接连续复合管的主要设备，在国内首次制成DN100和DN150非金属非粘接连续复合管样品，DN100非金属非粘接连续复合管、DN150非金属非粘接连续复合管分别进行了压力爆破试验、带压拉伸试验、压溃试验、三点弯疲劳试验等性能测试，取得了中国船级社的认证。

深海高压油气输送用高强厚壁管材关键技术研究通过深海管线服役工况分析、X70超厚规格钢板的生产技术开发及X70超厚规格管线钢管成型及焊接技术研究，开发出X70钢级36.5毫米壁厚的管线钢板材，掌握了厚壁管线钢制管前后板材的性能变化规律及厚壁管线钢管制管过程中的关键技术，有效解决或降低了埋弧焊接时，随着钢管厚壁增加，焊接坡口加深、熔池深度增加，焊接时熔池中的气体、夹渣等缺陷因素上浮的时间增加，焊接缺陷的几率增加等问题，完成两轮次X70 Φ914×36.5毫米厚壁钢管的生产试制。

水下生产系统脐带缆关键技术研究（Ⅱ期）开发了一套脐带缆理论计算软件并通过了挪威船级社的设计审核认证和第三方独立计算验证，制造了一条钢管脐带缆，掌握了钢管脐带缆工业化生产技术，同时攻克了脐带缆在线焊接技术。

【海底观测网重大项目】 截至2014年底，项目共启动15个课题，国拨专项经费24766万元，共发表论文37篇；申请专利34项，获得14项，其中申请发明专利24项，获得发明专利4项。培养毕业研究生51名，博士10人。

①南海深海海底观测网建设。2014年“海底观测网试验系统”重大项目已完成了海底观测网试验系统相关技术规范并在项目组内实施；对2013年度布设的100千米海缆进行了巡查诊断；对2013年度接驳盒系统海试中暴露出的问题进行改进，完成了2套接驳盒系统研制。完成了南海海底观测网试验系统海缆敷设与水下设备安装工程的公开招标。项目各子系统研制完成，通过了《南海深海海底观测网总体设计与系统集成总体联调方案》；完成了各子系统恢复性测试、互联互通测试、系统集成联调测试等工作，进行了20天系统长期拷机阶段后并进行了一次整体断电冲击验证，重新上电系统正常工作，目前仍在进行系统拷机测试，整体进展顺利。

②东海海底观测网系统。登陆点与路由选址方案获得批准，完成海洋环境多参数原位监测平台工程样机的组装集成及数据管理的软硬件研发工作，各软件系统与硬件于2014年11月4在临港水池开展了连续5昼夜、不间断运行测试。试验结果表明，软件系统的核心功能模块稳定性和可靠性达到考核要求。

【深远海动力环境监测关键技术集成与示范重大项目】 截至2014年底，项目共启动13个课题，国拨专项经费14962万元，2014年本重大项目共发表论文46篇；出版专著8部，申请专利17项，获得8项，其中申请发明专利10项，获得发明专利1项。获得软件著作权1项。

①定时卫星通信潜标海试样机完成海上试验。依托内波课题研发的南海定时卫星通信潜标海试样机，在南海进行了布放，卫星通信浮标在设定时间准时释放并发回了水下数据、仪器工作状态参数及浮标在水面的GPS信息等，实现了水下定时卫星通信功能。

②研制成功75千赫自容式ADCP并进行了比测试验。与RDI公司75千赫自容式ADCP在潜标上的长期比测试验，获取了210天的观测数据和165天的比测数据，两台ADCP在实际深海环境中工作正常，测量结果吻合良好，自研ADCP的主要技术指标通过了海洋行业标准HY/T 102—2007《声学多普勒流速剖面仪检测方法》的检验。

③两型波浪能滑翔器关键技术取得突破。天津市海华技术开发中心研发的波浪滑翔器，完成总体结构的优化设计、改进及结构的加工、装配和调试，以及包括平台自身传感器和海洋环境科学传感器的选型、调试和集成。完成实时操作控制系统的优化设计与长时间烤机验

证。2014 年进行了两次海上试验，青岛海试主要针对优化改进后的波浪能滑翔器进行整体测试，波浪能滑翔器最小可前进浪高由前期的 0.5 米提高到 0.2 米，南海试验主要针对波浪滑翔器长期可靠性进行实验验证，完成 8 天稳定可靠运行，总计航程大于 300 千米，平均航速在 0.51 米每秒左右。湖北海山科技有限公司研发的波浪滑翔器 2014 年完成样机详细设计、加工集成和试制，进行了湖上适应性试验；8 月在海南三亚外海进行了首次海上试验，进行了初步功能性验证。

④往复式湍流剖面仪研制开展了水池试验。2014 年完成系统的设计、加工，进行了系列测试及水池试验，并与国际上测量混合的仪器 MSS90 进行了多次比测，结果显示往复式湍流剖面仪的结果吻合较好。

⑤内波潜标观测试验网构建完成第二阶段任务，内波预测技术取得突破。2014 年 5—9 月，成功回收了 2013 年布放的 17 套深海海洋动力环境自容监测潜标，圆满完成了南海深水区内波观测网组网第一阶段为期一年的运行，获取了大量内波观测数据，为开展内孤立波统计及机制与预测模式研究奠定了数据基础。2014 年 5—10 月在南海中、北部及吕宋海峡海域成功布放内波观测潜标 20 套次，回收潜标 6 套次，完成了全海深内波与混合精细化观测试验网第二阶段任务。

在内孤立波预测技术方面，现场观测获得了内孤立波生成源地主要天文分潮的调和常数，实现了对源地天文潮流的准确预测；通过建立内孤立波振幅和源地天文潮流之间的关系，初步实现了对内孤立波振幅的预测，进一步发展了南海内孤立波动力—统计预测模型。基于 MITgcm 模式初步构建了南海内孤立波数值预测模式，对 2010 年 5 月 15 日至 18 日的内孤立波发生情况进行了模拟，基于潜标 ADCP 流速观测结果的对比检验显示，数值模拟所预报的内孤立波到达时间、波型等主要特征参数与观测结果一致性良好。（科学技术部）

“973 计划”项目

【上层海洋对台风的响应和调制机理研究】 国家“973”计划项目首席科学家单位国家海洋局第二海洋研究所。该项目以台风活动最为频繁的西北太平洋和南海为重点研究海区，利用新型的海洋与大气观测手段，结合理论分析和海气耦合模式，重点解决上层海洋的多尺度环流系统对台风的响应机制以及上层海洋的动力和热力结构对台风强度的调制作用这两个关键性的问题。项目在 2014 年 9 月 15 日以全优成绩通过科技部组织的中期评估，并获得追加经费。2014 年度的主要进展包括：1）在南海台风发生频次最高的区域建立了由 5 套浮标和 4 套潜标组成的台风过程观测阵，用以捕捉台风过程中海洋和大气中的三维动力场和热力场；此观测阵在今年 8 月到 9 月成功的捕获了超强台风威尔逊和强台风海鸥，为台风的监测提供了宝贵的现场数据资料；2）依托前一个“973”项目建成的 Argo 全球实时海洋观测网，结合卫星遥感和数值模式等其他研究手段，分析了上层海洋对台风响应的统计特征，特别是次表层海温在台风过境时的变化，包括响应强度随时间和空间的变化、与台风移动速度的关系、受海洋初始条件特别是中尺度涡的影响，以及造成混合层温、盐、深度不同响应的物理过程，并由此获得了不同于前人研究结果的新认识；3）利用卫星资料和数值模式，揭示了台风对海洋的影响沿着温跃层在整个热带太平洋扩展的过程和机理；在西太平区域的台风和热带气旋使得局地的海洋混合层变冷，而混合层之下的温跃层变暖；这个信号随着次表层环流传播到整个热带太平洋；在东太平洋，由于较浅的温跃层和较强的垂向混合，这些信号又重新影响海表温度，进而影响东太平洋的海气相互作用过程；这一发现扩展了台风影响的时间范围和空间范围，为台风对全球短期气候变化的研究提供了崭新的思路。

（国家海洋局第二海洋研究所）

【我国陆架海生态环境演变过程、机制及未来变化趋势预测】 该项目于 2014 年 11 月结题验收。经过近 5 年的研究，实现了既定的研究目标：

（1）构建了过去 6000 年我国陆架海生态环境演变的时空格局，进一步理清了本底，总结出演变规律；为未来研究高营养层次生态结构演变规律和机制提供基础；

（2）通过综合分析重建记录、历史资料、现场调查数据并结合模式诊断，初步区分气候变化和人类活动对我国陆架海生态环境的影响，揭示主要驱动机制，为国家制定海洋生态环境安全策略与政策提供科学依据；

（3）建立了适合我国陆架海的生态环境变化预测模型，提供我国陆架海未来温度、盐度、初级生产力、浮游植物群落结构等生态环境状态的预测；评估我国陆架海未来发生重大生态灾害的可能性；评估东海和黄海作为碳汇的未来变化趋势；对不同模型在中国陆架海的预测性能进行分析，通过集合预测(ensemble forecast)分析，给出预测结果的可靠性评估；

（4）建立了多项国际先进水平的古生态、古环境重建方法，进一步提高重建古生态、古环境记录的综合能力；

（5)通过5年的努力已完成论文近190篇；出版《典型情景渤、黄、东海月平均水温及生态要素图集》一部。赵美训教授为学术带头人的“海洋有机生物地球化学”获得国家自然科学基金委创新研究群体项目资助；赵美训为基地负责人的海洋化学创新引智基地(“111”)2012年获得立项资助。研究骨干中杨桂朋教授、刘素美教授、谢周清教授为国家自然杰出青年科学基金获得者（项目实施过程中增加2位）；刘素美教授获得2011年第十二届中国青年科技奖，研究骨干赵亮教授2011年获教育部新世纪优秀人才，研究骨干邢磊2013年获教育部新世纪优秀人才，研究骨干曾江宁、金海燕、郝锵入选浙江省委组织部、人事厅、科技厅等联合发起的151人才工程。

【南海关键岛屿周边多尺度海洋动力过程研究】 该项目执行期限为2014年至2018年。该项目关键科学问题是南海关键岛屿周边三维混合驱动机制和三维混合调控温盐与环流结构机理。解决上述科学问题的主要瓶颈是缺乏现场观测数据。因此，2014年重点工作就是围绕上述两个关键科学问题开展针对性的南海多尺度动力过程连续观测，获取第一手现场科学数据，为关键科学问题的突破和项目研究的全面展开奠定良好的数据基础。同时，按计划项目开展了中尺度涡、亚中尺度涡、内波和三维混合空间结构与变异等理论研究及其高分辨率数值模式等方面研究，并取得若干成果。利用数值模拟技术，获得了中尺度涡的三维空间结构和变化特征。以涡旋与平均流相互作用过程为主线，确定了认知涡旋与平均流场相互作用途径和机制的方案。完成收集整理相关历史资料和调研工作；完成中尺度亚中尺度现象观测、基本水文分析、动力学分析和初步亚中尺度能量谱分析。通过卫星高度计资料，成功定位了南海北部东沙岛附近一较强的中尺度涡现象。项目已经完成断面水文分析，为下一步对该区域的中尺度特别是亚中尺度动力学过程的研究提供了背景。水文分析包括对该中尺度涡的温度结构，盐度结构以及速度剖面的分析，高分辨率的观测为研究亚中尺度现象提供了良好的数据支持。另外通过观测的流速，亚中尺度过程的动能谱业已初步进行了刻画及分析。

系统开展了吕宋海峡南海内潮生成、传播等过程长期连续观测，获取了第一手宝贵的现场资料；初步探知内波生成与内波混合的时间和季节变化规律；与此同时，运用数值模式初步研究了混合分布对南海深层环流路径和水体通量的调控作用

基于浪流耦合数值模式，发展了北印度洋—西北太平洋环流模式，可为南海关键岛屿周边超高分辨率海洋数值模式提供开边界条件，分析了现有南海模式的模拟能力；建立了南海超高分辨率模式，初步分析参数化方案。针对南海关键岛屿周边复杂地形和动力边界条件的特点，选取ROMS海洋模式为基础进行研发，已初步建立水平分辨率为1/30°的南海超高分辨率海洋环流数值模式，模式能够正确模拟南海海洋环境要素的气候态特征，具有模拟关键岛屿周边中尺度过程的能力；同时对海洋模式的垂直混合参数化方案进行了比较和总结。

【养殖鱼类蛋白质高效利用的调控机制】 该项目执行期限是2014年至2018年。2014年已基本完成从基因组学与转录组学数据中对摄食调控关键因子的筛选；完成肠粘膜细胞间紧密连接蛋白及其受体基因的克隆鉴定，并进行了大豆抗营养因子对这些基因在肠粘膜中的表达水平的干扰分析；克隆鉴定鱼类肠粘膜免疫相关基因包括主要细胞因子以及抗菌肽、补体成分等效应分子；同时也克隆鉴定了豆粕引起肠

炎潜在的主效免疫细胞 Th17 细胞及其反向调节细胞 Treg 细胞相关的免疫基因；建立了肠道微生物好/厌氧体外发酵系统，并探索了不同培养基对体外培养肠道菌群的影响；测定了鱼粉、豆粕、肉骨粉等常见 8 种动植物蛋白源的消化率；测定了摄食后游离氨基酸库的动力学变化；克隆得到 LAT2、BOAT1、SNAT2 等 4 种氨基酸转运载体的 cDNA 序列；测定了摄食后肠道和肌肉中各氨基酸转运载体的时序表达；开展了对影响代谢的重要内分泌调控因子 IGF-1、抑肌素、甾醇激素转录因子-1、维生素 D3 合成酶、阿片促黑素原、促甲状腺素等的研究；针对氨基酸转运载体分子 sla1a5,sla7.9 等也开展了研究；利用不同品系的异育银鲫，开展了其饲料转化率、蛋白利用率开展了比较研究；完成肉食性鱼类虹鳟和杂食性鱼类罗非鱼对不同蛋白源的利用分解差异；对不同食性鱼类的葡萄糖耐受能力进行了比较，并对军曹鱼重要内分泌调控因子 IGF-1 进行了重组蛋白克隆和筛选；阐明军曹鱼、牙鲆、草鱼、罗非鱼糖代谢中的生理表型特征，并通过转录组测序获得其糖代谢关键位点差异谱；通过调节饲料能量水平和营养素组成建成罗非鱼、大菱鲆和斑马鱼的肥胖模型；基本建立罗非鱼肝脏细胞、脂肪细胞和肌肉组织块的培养技术；明确罗非鱼和斑马鱼在肥胖和饥饿消瘦过程中各组织的基因变化谱；通过染色、电镜和脂滴标志蛋白鉴定和定量分析建立起鱼类细胞内脂滴变化观察跟踪技术。

（中国海洋大学）

国家重大海洋研究项目

【太平洋印度洋对全球变暖的响应及其对气候变化的调控作用】　该项目执行期限为 2012 年至 2016 年。

西北太平洋海洋—大气联合现场观测是项目 2014 年度的工作重点。此次海上观测研究的主要目的是解决涡旋在副热带模态水形成和耗散中所起作用，同时针对东海黑潮锋面和海洋中尺度涡上空的海洋大气边界层展开现场观测，研究中小尺度海洋—大气相互作用。经过长期准备，项目于 2014 年 3 月 17 日至 4 月 23 日圆满实施了黑潮—黑潮延伸体和西北太平洋海上观测研究。在为期 38 天的考察中，观测团队克服各种困难，共完成了 85 个测站的观测，包括 9 个观测断面以及 12 个临时站位温度、盐度、流速、湍流的测量。投放 PROVOR-DO-I 型号 Argo 浮标 17 个，APEX 型号 Argo 浮标 8 个，XBT21 个，释放 100 组探空气球。这些观测不仅为项目提供了宝贵的资料，而且为国际 Argo 计划作出了突出的贡献。

2014 年度项目针对研究内容开展了全面的工作。分别在热带印度洋海气耦合系统的物理过程，副热带逆流—黑潮—黑潮延伸体区为代表的副热带海气耦合系统动力机制，热带海气系统及其对全球变暖响应的特征，以及气候变化背景下海温异常对亚洲气候的影响这四个方向分别取得一定的进展。

【西北太平洋海洋多尺度变化过程、机理及可预测性】　该项目执行期限为 2013 年至 2017 年。项目通过对棉兰老流及潜流和吕宋海峡黑潮源地及吕宋潜流的直接观测结果，首次揭示低纬度西边界流系统从上层到深层均有显著的高频变化，首次直接证实了吕宋潜流和棉兰老潜流的存在，发现了低纬度西边界流诸多新特征。项目在前两年完成了涡分辨全球海洋模式 60 年后报试验并对北太平洋环流进行评估，成功开发的高分辨率全球海洋模式和高分辨率区域海气耦合模式已经成为各课题开展研究工作的重要工具和再分析数据来源，促进了课题间的协作交叉，为实现五年预期目标奠定了良好的基础。前两年在海洋中尺度涡旋及中小尺度海气相互作用的研究成果，为最终实现建立多尺度海洋动力环境理论框架这一目标迈出了坚实的一步。

【大气物质沉降对海洋氮循环与初级生产过程的影响及其气候效应】　该项目执行期限为 2014 年至 2018 年。

2014 年，依据计划任务书确定的研究内容有针对性地开展了以下工作：

（1）观测和培养实验：2014 年 3—5 月在西北太平洋与黄渤海进行了近 60 天的航次调查，进行了在线气体浓度测定、采集了 TSP、PM2.5 气溶胶样品、Denuder 样品、浮游植物海水滤膜样品以及不同深度水层的 DO、pH、Alk、DOC、POC、DIC 样品，并开展了沙尘、灰霾、同位素添加船基围隔受控培养实验；在东海花鸟岛进行了2014年四个季度的气溶胶样品采集，2014年5月10—18日开展了一次现场围隔受控培养实验。

（2）历史资料和卫星数据的收集：收集和整理了东海花鸟岛2010—2012年的气溶胶组分数据；2005—2012年、2011年10月、2012年11月黄海大气气溶胶组分数据；2014年1月开始的国家环境监测总站发布的全国主要城市PM2.5、SO_2、NOx、O_3实时浓度数据；1979—2012年间的GPCP卫星降雨数据、MODIS气溶胶数据以及NCEP/NCAR水汽通量数据；2010年3月卫星遥感的水色（叶绿素a浓度，海表温度和光合有效辐射等）、气溶胶指数、气溶胶光学厚度、云特征（包括云滴数浓度、云滴有效半径、云光学厚度、云量、云有效发射率、云顶温度、云顶压力等）等资料；2013年3—4月在南海海域开展的3次船基围隔培养实验的实验数据。

（3）数据分析：西北太平洋大气气溶胶和气体样品测定、DO、pH、Alk和DOC样品测定以及浮游植物群落结构及光合活性的分析；西北太平洋船基和花鸟岛围隔培养实验样品分析；西北太平洋与黄渤海的纳米颗粒物粒径数浓度、阴阳常规离子和有机胺、有机酸、含氮气体的组成分析。

（4）数值计算：运用实际气象数据和干沉降模型计算了黄海海域0.5°×0.5°网格上气溶胶粒子及氮、磷等元素的干沉降速率；初步建立了我国近海和西北太平洋海域的WRF-CMAQ模型，并针对西北太平洋海域进行了大气化学过程的模拟；基于船基围隔的实验数据建立了包含营养盐（N）、浮游植物（P）和碎屑（D）三种状态变量的NPD箱式生态模型；基于文献调研，建立了包括一次有机碳气溶胶（POA）、二甲基硫（DMS）、异戊二烯（Isoprene）、萜烯（Terpene）等物质的海洋生物源排放模型；发展了二次气溶胶模型。

（5）学术交流：项目启动会于2014年3月在青岛市举行；2014年8月在银川举办了第七届亚洲沙尘与海洋生态系统（ADOES）研讨会，课题组成员参加了海洋科学大会（美国）、西北太平洋（WESTPAC）学术研讨会（越南）、国际大气沙尘研讨会（意大利）、国际气溶胶大会（韩国）等重要会议。

2014年共发表文章8篇，其中SCI论文6篇，中文核心期刊论文2篇。培养博士后2名，博士生1名，硕士生6名。申请专利1项，达到了预期目标。

【北极海冰减退引起的北极放大机理与全球气候效应】 过去十年，北极的气温变化是全球平均水平的两倍，被称为“北极放大”现象。同时，北极海冰覆盖范围呈不断减小的变化趋势，2012年的海冰已经不足原来的40%，是过去1450年以来独有的现象。科学家预测，不久的将来，将会出现夏季无冰的北冰洋。北极内部发生的正反馈过程是北极放大现象的关键，不仅使极区的气候发生显著变化，而且对全球气候产生非常显著的影响，导致很多极端天气气候现象的发生。北极变化严重影响着我国气候，很多气候变化现象和灾害性天气气候过程与北极变化密切相关。 所有的科学家和各种数值模式都没有预测出北极的快速变化，科学界受到极大的震撼。人们发现，在原有的参数化框架下并不能体现海冰正在发生的变化，我们对海冰的理解并没有真正涉及到海冰变化的物理实质。科学家反思了北极研究的现状和问题，认为还是应该从大的科学问题着眼，从具体的物理过程入手，重新认识变化了的北极。

该项目面对的重大科学问题主要与海-冰-气相互作用有关。在北极气温显著升高背景下，要明确海冰结构的变化，充分考虑融池、侧向融化、厚度和积雪变化等因素，将海冰热力学特性的改变定量表达出来。海洋是北极变化获取能量的关键因素，是太阳能的转换器和储存器，要揭示北极海洋结构的变化和能量储存的性能，认识与海洋强迫有关的物理过程。全面认识北极气候系统的变化，揭示海—冰—气相互作用过程、北极海洋与大气之间反馈的机理、北极变化过程中的气旋和阻塞过程、北极云雾对北极变化的影响。该项目将扎实地研究北极变化的物理基础及其对我国气候影响的主要渠道，攻克一系列尚未解决的科学问题，为解决北极影响我国的过程和机理、提高气候预测精度和水平奠定坚实的基础。 （中国海洋大学）

【中科院战略性先导科技A类专项：热带西太平洋海洋系统物质能量交换及其影响】 该项目由中国科学院海洋研究所牵头。该专项以热带西太平洋及其邻近海域海洋系统为主要研究对象，从“海洋系统”的视角开展综合性协同调查与研究。2014 年，通过专项的有力实施，深远海探测和研究能力显著提升，近海生态与环境领域取得突出进展。先后完成冲绳海槽热液航次、西太平洋主流系航次和雅浦海山航次。实现了我国在冲绳海槽海域首次自主观测到活跃的热液喷口，对深海极端环境生态和生命过程进行了探索；国际上首次在西太主流系海域集中布放 18 套大型深海潜标和 160 个卫星定位表层漂流浮标；对雅浦海山区域开展深海环境与特殊生态系统多学科综合调查与研究，填补了我国在该区域深海科学研究空白。Nature 杂志刊登题为“China plunges into ocean research”的文章对海洋专项进行了专题报道，认为“中国已经完全具备开展深海研究能力”，获得国际学术界的关注。依托“科学”号及搭载的 4500 米水下缆控潜器（ROV）等多套先进仪器设备，获得了高分辨率海底地形图、大量生物和地质样品，以及高清影像材料和环境信息。首次提出光滑洋壳俯冲更易于引发灾难性大地震的颠覆性理论，发现有大地震发生的俯冲断层较蠕变滑动的俯冲断层强度更弱，俯冲洋壳的粗糙程度控制着俯冲断层的强度及地震活动性，光滑的俯冲洋壳导致更弱的断层并可产生大的地震。该成果发表于 Science 杂志，为认识大地震发生的地质条件提供了崭新的思路，引起国际科技界高度关注。在水母研究方面，发现海水底层温度对水母暴发起至关重要作用，人类活动及黑潮也是影响水母暴发的重要原因。Nature 杂志刊登题为“Coastal havoc boosts jellies”的文章，报道水母研究团队在中国近海水母暴发关键过程、机理及生态环境效应方面的重要进展。　（中国科学院）

国家自然科学基金重要项目

【概况】　2014 年度国家自然科学基金批准资助海洋科学项目 449 项，比 2013 年减少 2 项，总经费 44904 万元，比 2013 年增加 12436 万元。其中，自由申请项目 174 项，经费 15994 万元；青年基金项目 222 项，经费 5540 万元；其他基金项目 53 项，经费 23370 万元（见下表）。

2014 年度国家自然科学基金海洋科学学科资助项目目录

1. 面上项目

序号	项目批准号	申请者姓名	项目名称	学科代码	单位名称	批准金额（万元）	起止年月
1	41476001	陈旭	近惯性内波的实验研究	D0601	中国海洋大学	95.00	2015/1/1 至 2018/12/31
2	41476002	李培良	中尺度涡对北太平洋副热带西部模态水迁移、耗散的影响研究	D0601	中国海洋大学	91.00	2015/1/1 至 2018/12/31
3	41476003	郑小童	多年代际自然变化和温室气体增加对热带海洋大气耦合主模态影响的比较研究	D0601	中国海洋大学	93.00	2015/1/1 至 2018/12/31
4	41476004	程鹏	潮混合不对称在河口动力过程中的作用	D0601	厦门大学	92.00	2015/1/1 至 2018/12/31
5	41476005	江毓武	台湾海峡寒害事件机制研究	D0601	厦门大学	99.00	2015/1/1 至 2018/12/31
6	41476006	刘志宇	海洋上混合层的次中尺度动力学研究	D0601	厦门大学	92.00	2015/1/1 至 2018/12/31
7	41476007	严晓海	气候断层背景下北极/格陵兰海冰融化与极地/副极地暖化的交互作用过程与机制研究	D0601	厦门大学	100.00	2015/1/1 至 2018/12/31

续表

序号	项目批准号	申请者姓名	项目名称	学科代码	单位名称	批准金额（万元）	起止年月
8	41476008	韦骏	西北太平洋台风与黑潮/暖涡相互影响机制研究	D0601	北京大学	95.00	2015/1/1 至 2018/12/31
9	41476009	谢玲玲	热带气旋对琼东上升流动力过程和物质输送的影响机制研究	D0601	广东海洋大学	95.00	2015/1/1 至 2018/12/31
10	41476010	张书文	南海陆架锋面混合及其控制机制研究	D0601	广东海洋大学	104.00	2015/1/1 至 2018/12/31
11	41476011	陈更新	中尺度涡影响下南海近惯性能量变异特征	D0601	中国科学院南海海洋研究所	95.00	2015/1/1 至 2018/12/31
12	41476012	舒业强	夏季风撤退期间粤东上升流对背景流场变化的动力响应	D0601	中国科学院南海海洋研究所	95.00	2015/1/1 至 2018/12/31
13	41476013	薛惠洁	南海西边界流的形成与变异机理	D0601	中国科学院南海海洋研究所	95.00	2015/1/1 至 2018/12/31
14	41476014	曾丽丽	南海西部涡旋对局地海气相互作用的影响	D0601	中国科学院南海海洋研究所	95.00	2015/1/1 至 2018/12/31
15	41476015	徐辉	两类厄尔尼诺事件的春季预报障碍及目标观测敏感区对比研究	D0601	中国科学院大气物理研究所	95.00	2015/1/1 至 2018/12/31
16	41476016	朱江	XBT 观测资料系统性偏差影响因素的数值模拟研究	D0601	中国科学院大气物理研究所	89.00	2015/1/1 至 2018/12/31
17	41476017	冯俊乔	赤道太平洋中层季节内 Kelvin 波在两类 El Nino 中的作用	D0601	中国科学院海洋研究所	87.00	2015/1/1 至 2018/12/31
18	41476018	胡珀	黑潮入侵东海时空特征的非线性分岔研究	D0601	中国科学院海洋研究所	95.00	2015/1/1 至 2018/12/31
19	41476019	尹宝树	台湾东北部中尺度涡旋对黑潮水与陆架水交换的影响	D0601	中国科学院海洋研究所	88.00	2015/1/1 至 2018/12/31
20	41476020	樊孝鹏	琼州海峡的沿海声层析研究	D0601	国家海洋局第二海洋研究所	99.00	2015/1/1 至 2018/12/31
21	41476021	何海伦	台风强迫的海洋垂直混合及近惯性内波变化研究	D0601	国家海洋局第二海洋研究所	88.00	2015/1/1 至 2018/12/31
22	41476022	董昌明	海洋中尺度涡旋的拉格朗日输运	D0601	南京信息工程大学	96.00	2015/1/1 至 2018/12/31
23	41476023	宋振亚	海气耦合模式中热带 SST 偏差的来源与发展过程研究	D0601	国家海洋局第一海洋研究所	100.00	2015/1/1 至 2018/12/31

续表

序号	项目批准号	申请者姓名	项目名称	学科代码	单位名称	批准金额(万元)	起止年月
24	41476024	王刚	海洋热含量对太阳总辐射11年周期变化的响应	D0601	国家海洋局第一海洋研究所	81.00	2015/1/1至2018/12/31
25	41476025	魏泽勋	太平洋-印度洋贯穿流流量的观测研究	D0601	国家海洋局第一海洋研究所	100.00	2015/1/1至2018/12/31
26	41476026	陈友淦	水声网络多跳中继策略与动态编码协作技术研究	D0602	厦门大学	98.00	2015/1/1至2018/12/31
27	41476027	刘堂晏	基于导电结构的岩石导电机制与流体饱和度计算方法研究	D0602	同济大学	112.00	2015/1/1至2018/12/31
28	41476028	李赶先	声学特性参数定量反演海底沉积物粒度类型的理论与实验研究	D0602	中国科学院南海海洋研究所	88.00	2015/1/1至2018/12/31
29	41476029	李永祥	哥斯达黎加汇聚边缘俯冲剥蚀的古地磁学制约-IODP344航次后研究	D0603	南京大学	75.00	2015/1/1至2018/12/31
30	41476030	乔璐璐	浙闽沿岸泥质带冬季悬浮体的沉积机制	D0603	中国海洋大学	90.00	2015/1/1至2018/12/31
31	41476031	范代读	全新世长江口低氧区形成与演化历史及控制机制	D0603	同济大学	109.00	2015/1/1至2018/12/31
32	41476032	姜涛	南海中央海盆重力流沉积物来源及沉积过程研究:碎屑锆石U-Pb测年物源示踪分析	D0603	中国地质大学（武汉）	97.00	2015/1/1至2018/12/31
33	41476033	郝天珧	南海西南次海盆海洋性岩石圈对海底扩张过程响应的综合地球物理研究	D0603	中国科学院地质与地球物理研究所	100.00	2015/1/1至2018/12/31
34	41476034	刘嘉麒	日本海钻孔火山岩岩石地球化学特征及其地质意义	D0603	中国科学院地质与地球物理研究所	100.00	2015/1/1至2018/12/31
35	41476035	单业华	日本Nankai增生楔中的宏观变形机制	D0603	中国科学院广州地球化学研究所	100.00	2015/1/1至2018/12/31
36	41476036	闫义	南海扩张过程及海陆变迁:菲律宾巴拉望-民都洛陆块地层沉积记录	D0603	中国科学院广州地球化学研究所	100.00	2015/1/1至2018/12/31
37	41476037	陈木宏	西北太平洋边缘海放射虫生物地理特征的对比研究	D0603	中国科学院南海海洋研究所	95.00	2015/1/1至2018/12/31
38	41476038	陈天然	高纬度珊瑚礁的发育过程以及气候变化的调控作用--以涠洲岛为例	D0603	中国科学院南海海洋研究所	95.00	2015/1/1至2018/12/31

续表

序号	项目批准号	申请者姓名	项目名称	学科代码	单位名称	批准金额(万元)	起止年月
39	41476039	刘海龄	南海古双峰-笔架造山带构造几何学重建	D0603	中国科学院南海海洋研究所	93.00	2015/1/1 至 2018/12/31
40	41476040	向荣	中国陆架海有孔虫Mg/Ca 指标研究及其全新世应用	D0603	中国科学院南海海洋研究所	102.00	2015/1/1 至 2018/12/31
41	41476041	常凤鸣	过去2000年亚热带西太平洋水文气候变化的年际分辨率记录	D0603	中国科学院海洋研究所	104.00	2015/1/1 至 2018/12/31
42	41476042	董冬冬	南海共轭陆缘构造不对称性研究及其成因的数值模拟	D0603	中国科学院海洋研究所	89.00	2015/1/1 至 2018/12/31
43	41476043	类彦立	浅水底栖有孔虫的生物学特性、δ180 和 Mg/Ca 的温盐效应：野外调查与室内培养实验协同研究	D0603	中国科学院海洋研究所	93.00	2015/1/1 至 2018/12/31
44	41476044	王晓媛	台湾龟山岛热液流体扩散及其对元素分布的影响	D0603	中国科学院海洋研究所	93.00	2015/1/1 至 2018/12/31
45	41476045	王珍岩	黄海冷水团沉积动力过程及其沉积环境效应	D0603	中国科学院海洋研究所	91.00	2015/1/1 至 2018/12/31
46	41476046	吴时国	雅浦海沟洋脊俯冲的构造作用研究	D0603	中国科学院海洋研究所	100.00	2015/1/1 至 2018/12/31
47	41476047	葛倩	南海北部陆架泥质沉积物的输运与堆积过程：地质分析与数值模拟	D0603	国家海洋局第二海洋研究所	92.00	2015/1/1 至 2018/12/31
48	41476048	唐勇	菲律宾板块残留脊的俯冲构造演化和地质属性的研究意义	D0603	国家海洋局第二海洋研究所	98.00	2015/1/1 至 2018/12/31
49	41476049	吴自银	珠江口伶仃洋地貌与动力百年演变及对人类活动的响应研究	D0603	国家海洋局第二海洋研究所	106.00	2015/1/1 至 2018/12/31
50	41476050	杨克红	南海北部甲烷渗漏的自生矿物-元素地球化学响应	D0603	国家海洋局第二海洋研究所	93.00	2015/1/1 至 2018/12/31
51	41476051	孔祥淮	南黄海西部近岸陆架区末次冰期古河谷物源和充填模式研究	D0603	青岛海洋地质研究所	77.00	2015/1/1 至 2018/12/31
52	41476052	李军	我国东部海域末次盛冰期以来沉积格局的物源控制和沉积物收支	D0603	青岛海洋地质研究所	86.00	2015/1/1 至 2018/12/31
53	41476053	杨长清	东海陆架盆地南部与毗邻陆域中生代耦合过程研究	D0603	青岛海洋地质研究所	81.00	2015/1/1 至 2018/12/31

续表

序号	项目批准号	申请者姓名	项目名称	学科代码	单位名称	批准金额(万元)	起止年月
54	41476054	胡利民	百年来白令海海冰与生态环境变化的有机分子沉积记录及对气候和人类活动的响应	D0603	国家海洋局第一海洋研究所	93.00	2015/1/1 至 2018/12/31
55	41476055	姚政权	1 Ma 以来渤海沉积层序及其对构造、气候和海面变化的响应	D0603	国家海洋局第一海洋研究所	92.00	2015/1/1 至 2018/12/31
56	41476056	邹建军	末次盛冰期以来北太平洋中层水源区更替及其对气候变化的响应	D0603	国家海洋局第一海洋研究所	97.00	2015/1/1 至 2018/12/31
57	41476057	王旭晨	黄、东海溶解有机碳的 C-14 年龄分布及其在碳循环中的意义	D0604	中国海洋大学	94.00	2015/1/1 至 2018/12/31
58	41476058	邢磊	类脂生物标志物氢同位素与盐度相关性研究及东海陆架区全新世盐度变化重建	D0604	中国海洋大学	98.00	2015/1/1 至 2018/12/31
59	41476059	张志明	海水体系导电聚合物多功能协同防腐防污效应研究	D0604	中国海洋大学	91.00	2015/1/1 至 2018/12/31
60	41476060	王德利	从河口到近岸痕量金属钼的迁移转化机制研究	D0604	厦门大学	92.00	2015/1/1 至 2018/12/31
61	41476061	杨伟锋	南海上层水体黑碳颗粒动力学的同位素示踪	D0604	厦门大学	90.00	2015/1/1 至 2018/12/31
62	41476062	许云平	高浊度河流生物地球化学过程对渤海 GDGTs 指标影响的研究	D0604	北京大学	89.00	2015/1/1 至 2018/12/31
63	41476063	刘海利	四种南海海绵生物中含氮类活性先导化合物的发现与结构改造研究	D0604	中国科学院上海药物研究所	83.00	2015/1/1 至 2018/12/31
64	41476064	李华	海藻酸及白蛋白在铝基涂层表面贴附机制及其对污损生物膜和涂层耐蚀性能的影响研究	D0604	中国科学院宁波材料技术与工程研究所	88.00	2015/1/1 至 2018/12/31
65	41476065	张经	溶解态铅在近海的剖面结构	D0604	华东师范大学	94.00	2015/1/1 至 2018/12/31
66	41476066	陈法锦	南海西北部生物固定的"新"氮迁移转化路径及其通量估算	D0604	广东海洋大学	95.00	2015/1/1 至 2018/12/31
67	41476067	孙虎元	东黄海海水中典型结构材料的腐蚀行为对比研究	D0604	中国科学院海洋研究所	92.00	2015/1/1 至 2018/12/31
68	41476068	张盾	铋系纳米材料表面性质的调控及其对海洋微生物污损防治的分子机制	D0604	中国科学院海洋研究所	87.00	2015/1/1 至 2018/12/31

续表

序号	项目批准号	申请者姓名	项目名称	学科代码	单位名称	批准金额(万元)	起止年月
69	41476069	毕乃双	现代废黄河口大规模侵蚀下沉积物源-汇作用及其机制	D0605	中国海洋大学	95.00	2015/1/1 至 2018/12/31
70	41476070	徐景平	渤海海峡物质输送过程、通量和机制研究	D0605	中国海洋大学	95.00	2015/1/1 至 2018/12/31
71	41476071	陈鹭真	红树植物地上根系对表层沉积物碳库的影响机制	D0605	厦门大学	98.00	2015/1/1 至 2018/12/31
72	41476072	任杰	河口盐跃层的泥沙捕集效应及动力学机制	D0605	中山大学	106.00	2015/1/1 至 2018/12/31
73	41476073	杨清书	珠江伶仃洋河口湾动力地貌格局的异变研究	D0605	中山大学	98.00	2015/1/1 至 2018/12/31
74	41476074	王福	渤海湾沿海低地第II海侵层年龄：MIS3 或 MIS5?	D0605	天津地质矿产研究所	77.00	2015/1/1 至 2018/12/31
75	41476075	程和琴	长江河口河槽沉积物捕集对河口大型工程的响应机制	D0605	华东师范大学	94.00	2015/1/1 至 2018/12/31
76	41476076	丁平兴	分汊河口分流比变化对航道整治工程的响应过程与机制	D0605	华东师范大学	115.00	2015/1/1 至 2018/12/31
77	41476077	朱建荣	长江河口河势变化对盐水入侵的影响	D0605	华东师范大学	104.00	2015/1/1 至 2018/12/31
78	41476078	陈正寿	轴流悬浮式潮流能水轮机系统的耦合动力响应及结构颤振机理研究	D0606	浙江海洋学院	85.00	2015/1/1 至 2018/12/31
79	41476079	黄蓓	浅海浑浊水体环境下高时空分辨率海底地形超声观测系统	D0607	南京大学	78.00	2015/1/1 至 2018/12/31
80	41476080	黄逸凡	深拖式等离子体震源基础研究	D0607	浙江大学	84.00	2015/1/1 至 2018/12/31
81	41476081	马君	海洋中多环芳烃原位富集及表面增强拉曼光谱现场定量检测方法的研究	D0607	中国海洋大学	92.00	2015/1/1 至 2018/12/31
82	41476082	元光	光学天线的红外吸收增强特性及其在海洋营养盐红外检测技术中的应用研究	D0607	中国海洋大学	89.00	2015/1/1 至 2018/12/31
83	41476083	杨涛	基于核酸扩增技术-3D 石墨烯高灵敏、免标记和普适性电化学检测海水与海产品中食源性弧菌	D0607	青岛科技大学	86.00	2015/1/1 至 2018/12/31

续表

序号	项目批准号	申请者姓名	项目名称	学科代码	单位名称	批准金额（万元）	起止年月
84	41476084	张蓬	基于半透膜装置被动采样技术研究海洋环境中多氯联苯和有机氯农药的多介质环境行为	D0607	国家海洋环境监测中心	79.00	2015/1/1 至 2018/12/31
85	41476085	郑国侠	基于微藻能动响应的海洋污染微流控芯片生物测试系统的构建及应用	D0607	大连大学	91.00	2015/1/1 至 2018/12/31
86	41476086	陈国福	基于滚环扩增的海洋产毒藻类膜分类芯片检测技术	D0607	哈尔滨工业大学	84.00	2015/1/1 至 2018/12/31
87	41476087	陈洁	高阶地磁场模型和海洋磁测数据航海导航应用研究	D0607	中国人民解放军海军工程大学	94.00	2015/1/1 至 2018/12/31
88	41476088	陈鹏	不同海洋风场环境与卫星成像条件下 SAR 海上目标探测能力仿真研究	D0607	国家海洋局第二海洋研究所	91.00	2015/1/1 至 2018/12/31
89	41476089	康健	基于压缩感知的蒸发波导时空态势获取方法研究	D0607	中国人民解放军海军航空工程学院	85.00	2015/1/1 至 2018/12/31
90	41476090	李正炎	环境拟雌激素壬基酚和抗雌激素三苯基锡与天然激素雌二醇共存条件下的联合毒性机制研究	D0608	中国海洋大学	85.00	2015/1/1 至 2018/12/31
91	41476091	唐学玺	潮间带大型海藻鼠尾藻生殖分配对 UV-B 辐射增强的性别差异响应特征和生理机制研究	D0608	中国海洋大学	98.00	2015/1/1 至 2018/12/31
92	41476092	周进	群体感应信号介导的菌群行为对藻类生消的调节	D0608	清华大学	78.00	2015/1/1 至 2018/12/31
93	41476093	罗亚威	全球海洋生物固氮的控制机制及其速率对全球变化的响应	D0608	厦门大学	95.00	2015/1/1 至 2018/12/31
94	41476094	王明华	海洋酸化和金属汞对海洋桡足类的联合毒性效应及其机理	D0608	厦门大学	95.00	2015/1/1 至 2018/12/31
95	41476095	徐虹	铜绿微囊藻细胞程序性死亡机制及其在水华消亡中的作用研究	D0608	厦门大学	112.00	2015/1/1 至 2018/12/31
96	41476096	穆景利	低氧环境下多环芳烃在海水青鳉早期生活阶段的代谢转化及二者复合效应的作用机制研究	D0608	国家海洋环境监测中心	90.00	2015/1/1 至 2018/12/31
97	41476097	徐军田	长期海洋酸化对大型海藻生活史不同阶段光能利用机制的影响	D0608	淮海工学院	95.00	2015/1/1 至 2018/12/31

续表

序号	项目批准号	申请者姓名	项目名称	学科代码	单位名称	批准金额(万元)	起止年月
98	41476098	柴超	营养水平对海湾中多溴联苯醚环境归趋的影响及其机制	D0608	青岛农业大学	81.00	2015/1/1 至 2018/12/31
99	41476099	段舜山	藻菌复合体系对珠江口典型环境激素壬基酚的降解效应与机制	D0608	暨南大学	94.00	2015/1/1 至 2018/12/31
100	41476100	张其中	调控近江牡蛎 HSP70 基因对污染物响应的转录因子研究	D0608	暨南大学	95.00	2015/1/1 至 2018/12/31
101	41476101	邵峰晶	海洋灾害大数据分析的系统模型研究及应用	D0608	青岛大学	95.00	2015/1/1 至 2018/12/31
102	41476102	颜天	米氏凯伦藻赤潮对鲍鱼的致毒机制及其生态影响	D0608	中国科学院海洋研究所	95.00	2015/1/1 至 2018/12/31
103	41476103	崔志松	解环菌中荧蒽降解途径的解析及其与海杆菌协同降解荧蒽的分子机制研究	D0608	国家海洋局第一海洋研究所	80.00	2015/1/1 至 2018/12/31
104	41476104	王勇	南海北部九龙甲烷礁冷泉表层沉积物的微生物群落结构和宏基因组学研究	D0609	三亚深海科学与工程研究所	91.00	2015/1/1 至 2018/12/31
105	41476105	高海春	希瓦氏奥内达菌鞭毛组装调控的分子机制研究	D0609	浙江大学	90.00	2015/1/1 至 2018/12/31
106	41476106	杨卫军	极端环境下卤虫休眠胚胎形成过程中细胞静息调控的分子途径和机制	D0609	浙江大学	95.00	2015/1/1 至 2018/12/31
107	41476107	李平林	几种西沙短指软珊瑚功能分子的结构多样性及其多内涵生物学功能	D0609	中国海洋大学	92.00	2015/1/1 至 2018/12/31
108	41476108	毛文君	潮间带大型绿藻中新颖结构抗凝血活性多糖及其作用机制研究	D0609	中国海洋大学	92.00	2015/1/1 至 2018/12/31
109	41476109	王悠	多溴联苯醚诱导海洋鱼类生殖细胞凋亡的途径及分子机制研究	D0609	中国海洋大学	96.00	2015/1/1 至 2018/12/31
110	41476110	温海深	许氏平鲉妊娠生理特征及代谢组学对温度胁迫的响应机制	D0609	中国海洋大学	92.00	2015/1/1 至 2018/12/31
111	41476111	徐涤	江蓠受精过程中的细胞识别及性别特异凝集素的研究	D0609	中国海洋大学	91.00	2015/1/1 至 2018/12/31
112	41476112	张晓华	我国边缘海颗粒有机碳中细菌密度感应及其对有机碳降解的调控作用	D0609	中国海洋大学	100.00	2015/1/1 至 2018/12/31

续表

序号	项目批准号	申请者姓名	项目名称	学科代码	单位名称	批准金额（万元）	起止年月
113	41476113	陈小麟	海岛易危黄嘴白鹭MHC基因多样性及其进化适应机制的研究	D0609	厦门大学	93.00	2015/1/1至2018/12/31
114	41476114	陈学雷	人工培育拟穴青蟹大眼幼体及仔蟹相残机制研究	D0609	厦门大学	92.00	2015/1/1至2018/12/31
115	41476115	董云伟	硬基质海堤对中国岩相潮间带生物地理格局影响机制的研究	D0609	厦门大学	95.00	2015/1/1至2018/12/31
116	41476116	高亚辉	生活在海洋桡足类上的动表生硅藻的多样性与生态作用研究	D0609	厦门大学	108.00	2015/1/1至2018/12/31
117	41476117	刘海鹏	自噬抑制对虾白斑综合征病毒（WSSV）感染的分子机制研究	D0609	厦门大学	104.00	2015/1/1至2018/12/31
118	41476118	毛勇	大黄鱼抗虫肽Pc-pis杀灭刺激隐核虫过程中细胞骨架损伤机理的研究	D0609	厦门大学	87.00	2015/1/1至2018/12/31
119	41476119	叶海辉	拟穴青蟹促性腺激素释放激素（GnRH）生殖旁分泌作用及信号通路分析	D0609	厦门大学	89.00	2015/1/1至2018/12/31
120	41476120	于天维	海鞘胚胎发育中长非编码RNA的基因网络研究	D0609	同济大学	95.00	2015/1/1至2018/12/31
121	41476121	林厚文	西沙海绵共生微生物中抗肿瘤先导化合物的发现	D0609	上海交通大学	79.00	2015/1/1至2018/12/31
122	41476122	缪晓玲	微藻Synechococcus sp.低碳链脂肪酸累积的分子机制研究	D0609	上海交通大学	89.00	2015/1/1至2018/12/31
123	41476123	张宇	低能量环境中冷泉微生物的能量分配机制研究	D0609	上海交通大学	89.00	2015/1/1至2018/12/31
124	41476124	王春琳	低盐胁迫对三疣梭子蟹幼蟹免疫和生长影响的分子机制研究	D0609	宁波大学	108.00	2015/1/1至2018/12/31
125	41476125	周歧存	磷脂对三疣梭子蟹卵黄发生的营养调控机制研究	D0609	宁波大学	90.00	2015/1/1至2018/12/31
126	41476126	赵建民	菲律宾蛤仔防御素基因家族的多样性及功能分化研究	D0609	中国科学院烟台海岸带研究所	93.00	2015/1/1至2018/12/31
127	41476127	徐冬冬	黄姑鱼耐寒相关基因和分子标记的筛选、精细定位及其作用机制研究	D0609	浙江海洋学院	89.00	2015/1/1至2018/12/31

续表

序号	项目批准号	申请者姓名	项目名称	学科代码	单位名称	批准金额(万元)	起止年月
128	41476128	李继秋	基于种群动力学特征探讨原生动物对海洋近岸水体营养盐变化的响应机制	D0609	华南师范大学	95.00	2015/1/1 至 2018/12/31
129	41476129	陈新军	我国近海常见头足类角质颚分类鉴定	D0609	上海海洋大学	102.00	2015/1/1 至 2018/12/31
130	41476130	邱高峰	中华绒螯蟹GnRH信号系统的鉴定及其在卵母细胞成熟中的调控作用	D0609	上海海洋大学	82.00	2015/1/1 至 2018/12/31
131	41476131	杨金龙	厚壳贻贝稚贝附着机理研究	D0609	上海海洋大学	89.00	2015/1/1 至 2018/12/31
132	41476132	王朝晖	华南沿海甲藻孢囊生物多样性与地理分布研究	D0609	暨南大学	93.00	2015/1/1 至 2018/12/31
133	41476133	黄洪波	四株深海来源的稀有放线菌抗肿瘤活性代谢产物的研究	D0609	中国科学院南海海洋研究所	84.00	2015/1/1 至 2018/12/31
134	41476134	李秀保	石莼绿潮对造礁石珊瑚影响的生理与生态学机制研究	D0609	中国科学院南海海洋研究所	102.00	2015/1/1 至 2018/12/31
135	41476135	刘永宏	五株印度洋深海来源真菌中抗生物附着活性代谢产物的发现	D0609	中国科学院南海海洋研究所	84.00	2015/1/1 至 2018/12/31
136	41476136	王发左	基于培养调控开展两株深海来源真菌化学多样性及抗肿瘤活性研究	D0609	中国科学院南海海洋研究所	95.00	2015/1/1 至 2018/12/31
137	41476137	徐杰	琼东上升流区新生产力和 f 比值对上升流强度的响应与机制	D0609	中国科学院南海海洋研究所	95.00	2015/1/1 至 2018/12/31
138	41476138	胡永华	迟缓爱德华氏菌 Hfq 互作 sRNA 及其在致病中的作用与调控机制	D0609	中国科学院海洋研究所	93.00	2015/1/1 至 2018/12/31
139	41476139	李超伦	氮磷比失衡对浮游动物的影响及其在群落演替中的作用	D0609	中国科学院海洋研究所	102.00	2015/1/1 至 2018/12/31
140	41476140	牛建峰	条斑紫菜叶状营养体细胞向精子囊生殖细胞分化的机制	D0609	中国科学院海洋研究所	84.00	2015/1/1 至 2018/12/31
141	41476141	逄少军	褐藻裙带菜单倍体雌雄同体现象的生物学机制及应用	D0609	中国科学院海洋研究所	100.00	2015/1/1 至 2018/12/31
142	41476142	唐赢中	中国沿海三种重要有害藻华甲藻的生活史研究	D0609	中国科学院海洋研究所	94.00	2015/1/1 至 2018/12/31
143	41476143	王金霞	利用光生物反应器培养大型海藻无性克隆系的关键问题研究	D0609	中国科学院海洋研究所	82.00	2015/1/1 至 2018/12/31
144	41476144	徐奎栋	黄海沉积物中纤毛虫生物多样性与分布特征	D0609	中国科学院海洋研究所	91.00	2015/1/1 至 2018/12/31

续表

序号	项目批准号	申请者姓名	项目名称	学科代码	单位名称	批准金额(万元)	起止年月
145	41476145	张峘	高温胁迫下长牡蛎对灿烂弧菌的免疫应答特征及其调节机制	D0609	中国科学院海洋研究所	94.00	2015/1/1 至 2018/12/31
146	41476146	朱嘉濠	基于核蛋白编码基因和线粒体基因组的真虾下目高阶元（科、总科）系统发育研究	D0609	香港中文大学深圳研究院	94.00	2015/1/1 至 2018/12/31
147	41476147	曾庆璐	噬菌体对海洋蓝细菌碳代谢途径的影响机制	D0609	香港科技大学深圳研究院	89.00	2015/1/1 至 2018/12/31
148	41476148	林祥志	基于H2A.Z-MCAT通路的裂壶藻脂肪酸生物合成的温度调控机制研究	D0609	国家海洋局第三海洋研究所	84.00	2015/1/1 至 2018/12/31
149	41476149	康斌	闽江口鱼类群落空间格局及功能实现过程	D0609	集美大学	81.00	2015/1/1 至 2018/12/31
150	41476150	胡忠	海洋新菌株 ZC1 的琼胶降解酶系统研究	D0609	汕头大学	20.00	2015/1/1 至 2018/12/31
151	41476151	周云轩	基于 SAR 的浅海水域地形反演研究	D0610	华东师范大学	95.00	2015/1/1 至 2018/12/31
152	41476152	解学通	HY-2 散射计微波后向散射的温度影响机理、模型、及风场反演研究	D0610	广州大学	84.00	2015/1/1 至 2018/12/31
153	41476153	王向军	基于极低频电场信号的水下目标远程探测及定位研究	D0610	中国人民解放军海军工程大学	80.00	2015/1/1 至 2018/12/31
154	41476154	董庆	太平洋长时间序列遥感数据的参数化模型研究	D0610	中国科学院遥感与数字地球研究所	94.00	2015/1/1 至 2018/12/31
155	41476155	白雁	大河影响下的边缘海水体二氧化碳分压卫星遥感反演研究	D0610	国家海洋局第二海洋研究所	98.00	2015/1/1 至 2018/12/31
156	41476156	毛志华	我国新型海洋水色卫星遥感资料处理方法研究	D0610	国家海洋局第二海洋研究所	90.00	2015/1/1 至 2018/12/31
157	41476157	王迪峰	高悬浮物浓度对海表温度红外遥感的影响研究	D0610	国家海洋局第二海洋研究所	92.00	2015/1/1 至 2018/12/31
158	41476158	张彪	干涉成像高度计海面风速和波浪遥感机理与信息提取方法研究	D0610	南京信息工程大学	79.00	2015/1/1 至 2018/12/31
159	41476159	崔廷伟	主被动光学遥感探测水下悬浮绿潮	D0610	国家海洋局第一海洋研究所	80.00	2015/1/1 至 2018/12/31
160	41476160	王如生	热水钻热流场对钻速及钻孔空间结构影响研究	D0611	吉林大学	79.00	2015/1/1 至 2018/12/31

续表

序号	项目批准号	申请者姓名	项目名称	学科代码	单位名称	批准金额（万元）	起止年月
161	41476161	李秀红	基于极端环境无线传感器网络观测平台的极区冰架/冰盖运动变化监测研究	D0611	北京师范大学	95.00	2015/1/1 至 2018/12/31
162	41476162	艾松涛	北极多温冰川内部特征及其变化监测研究	D0611	武汉大学	89.00	2015/1/1 至 2018/12/31
163	41476163	杨元德	基于卫星大地测量技术的不同时间尺度南极冰盖物质平衡研究	D0611	武汉大学	89.00	2015/1/1 至 2018/12/31
164	41476164	谢爱红	利用多源数据研究东南极百年尺度的极端温度事件	D0611	中国科学院寒区旱区环境与工程研究所	98.00	2015/1/1 至 2018/12/31
165	41476165	黄涛	过去3000年东南极企鹅取食生态变化及其对气候和海冰变化的响应	D0611	中国科学技术大学	92.00	2015/1/1 至 2018/12/31
166	41476166	刘贵明	极地海洋嗜冷菌适冷应答的转录调控网络研究	D0611	中国科学院北京基因组研究所	88.00	2015/1/1 至 2018/12/31
167	41476167	周生启	海洋温盐台阶的机理及在北冰洋上层海洋作用的研究	D0611	中国科学院南海海洋研究所	102.00	2015/1/1 至 2018/12/31
168	41476168	何剑锋	北冰洋中心区微生物群落及其对甲烷通量的贡献	D0611	中国极地研究中心	92.00	2015/1/1 至 2018/12/31
169	41476169	姜苏	东南极冰穹A地区雪冰中硝酸根稳定同位素的研究	D0611	中国极地研究中心	85.00	2015/1/1 至 2018/12/31
170	41476170	雷瑞波	北极海冰输出区海冰热力学和运动学过程研究	D0611	中国极地研究中心	79.00	2015/1/1 至 2018/12/31
171	41476171	曾胤新	北极近岸海域DMSP代谢细菌及相关基因的多样性及其生态地位分析	D0611	中国极地研究中心	88.00	2015/1/1 至 2018/12/31
172	41476172	陈立奇	南大洋海冰区二甲基硫海-气交换过程及其对含硫气溶胶组成的影响研究	D0611	国家海洋局第三海洋研究所	95.00	2015/1/1 至 2018/12/31
173	41476173	高众勇	北冰洋入流关口海域碳吸收动力学研究	D0611	国家海洋局第三海洋研究所	89.00	2015/1/1 至 2018/12/31
174	41476174	刘胜浩	十八碳烷酸途径在南极苔藓(Pohlia nutans)适应极端生态环境中的作用及其机理研究	D0611	国家海洋局第一海洋研究所	80.00	2015/1/1 至 2018/12/31

2. 青年科学基金项目

序号	项目批准号	申请者姓名	项目名称	学科代码	单位名称	批准金额（万元）	起止年月
1	41406001	范磊	热带海温异常对夏季西北太平洋低空环流年际变率的影响在全球变暖情景下的变异	D0601	中国海洋大学	25.00	2015/1/1 至 2017/12/31
2	41406002	邱春华	珠江口外羽状锋面的湍流混合特征	D0601	中山大学	25.00	2015/1/1 至 2017/12/31
3	41406003	张永垂	北太平洋副热带东西部海平面反相变化趋势和气候模态的相关关系研究	D0601	中国人民解放军理工大学	25.00	2015/1/1 至 2017/12/31
4	41406004	李佳讯	南海周边山脉对冬季中尺度海温的影响效应和机理研究	D0601	海军海洋测绘研究所	26.00	2015/1/1 至 2017/12/31
5	41406005	宏波	珠江河口与外海物质交换过程对未来海平面上升的响应	D0601	华南理工大学	25.00	2015/1/1 至 2017/12/31
6	41406006	张召儒	南极布兰斯菲尔德海峡环流的调控机制与生物输运	D0601	上海交通大学	25.00	2015/1/1 至 2017/12/31
7	41406007	王际朝	考虑非对角观测误差协方差矩阵的异步海浪谱 4D-LETKF 同化研究	D0601	中国石油大学(华东)	24.00	2015/1/1 至 2017/12/31
8	41406008	荣增瑞	波浪混合对长江冲淡水扩展的影响研究	D0601	中国海洋大学	25.00	2015/1/1 至 2017/12/31
9	41406009	陆九优	吕宋海峡黑潮与中尺度涡相互作用的能量与涡度收支分析	D0601	中国海洋大学	25.00	2015/1/1 至 2017/12/31
10	41406010	宫响	南海北部次表层叶绿素最大值年际变化特征的数值模拟研究	D0601	中国海洋大学	25.00	2015/1/1 至 2017/12/31
11	41406011	于华明	全球海洋潮能通量与耗散	D0601	中国海洋大学	24.00	2015/1/1 至 2017/12/31
12	41406012	刘洪伟	北太平洋经向翻转环流的热盐输送研究	D0601	中国科学院海洋研究所	25.00	2015/1/1 至 2017/12/31
13	41406013	孟庆佳	两类 ENSO 对太平洋北赤道流分叉年际变化的影响	D0601	中国环境科学研究院	26.00	2015/1/1 至 2017/12/31
14	41406014	臧楠	棉兰老潜流的时空变化及其影响机制	D0601	中国科学院海洋研究所	24.00	2015/1/1 至 2017/12/31
15	41406015	汪嘉宁	西太暖池区中深层跨等密面混合的时空变化特征及其影响机制	D0601	中国科学院海洋研究所	26.00	2015/1/1 至 2017/12/31
16	41406016	胡石建	源地黑潮和棉兰老流季节内变化的相互关系研究	D0601	中国科学院海洋研究所	25.00	2015/1/1 至 2017/12/31

续表

序号	项目批准号	申请者姓名	项目名称	学科代码	单位名称	批准金额(万元)	起止年月
17	41406017	刘亚豪	海浪谱宽度与波高概率密度分布的关系及其在台风浪高度计遥感反演中的应用	D0601	中国科学院海洋研究所	26.00	2015/1/1 至 2017/12/31
18	41406018	冯兴如	台风条件下近岸浪流相互作用的数值研究	D0601	中国科学院海洋研究所	24.00	2015/1/1 至 2017/12/31
19	41406019	陈植武	南海北部不同模态内孤立波的形成条件与机制	D0601	中国科学院南海海洋研究所	24.00	2015/1/1 至 2017/12/31
20	41406020	秦林江	基于共轭梯度再加权优化的时间域海洋 CSEM 1D 各向异性反演研究	D0601	国家海洋局第二海洋研究所	25.00	2015/1/1 至 2017/12/31
21	41406021	杨成浩	南海北部浮游动物昼夜垂直迁移的声学观测研究	D0601	国家海洋局第二海洋研究所	26.00	2015/1/1 至 2017/12/31
22	41406022	吴晓芬	基于 Argo 资料研究热带太平洋海域上层海洋热盐含量的季节和年际变异	D0601	国家海洋局第二海洋研究所	21.00	2015/1/1 至 2017/12/31
23	41406023	刘军亮	南海台风致近惯性内波的传播特征和演化规律	D0601	中国科学院南海海洋研究所	23.00	2015/1/1 至 2017/12/31
24	41406024	纪风颖	基于 TEOS-10 构建中国海海水绝对盐度计算模型的研究	D0601	国家海洋信息中心	25.00	2015/1/1 至 2017/12/31
25	41406025	谢皆烁	南海北部海水垂向层化结构的季节性变化对内孤立波的影响	D0601	中国科学院南海海洋研究所	24.00	2015/1/1 至 2017/12/31
26	41406026	李根	热带印度洋气候态海表面温度在气候模式中的误差起源及其演变过程	D0601	中国科学院南海海洋研究所	25.00	2015/1/1 至 2017/12/31
27	41406027	舒启	北冰洋入海径流量快速增加对大西洋经向翻转环流的影响研究	D0601	国家海洋局第一海洋研究所	26.00	2015/1/1 至 2017/12/31
28	41406028	杨光	东印度洋爪哇上升流区中尺度涡旋的基本特征及其对海表面叶绿素的影响	D0601	国家海洋局第一海洋研究所	24.00	2015/1/1 至 2017/12/31
29	41406029	邹涛	潮控型河口-海湾水龄分布及对外部淡水输入的响应	D0601	中国科学院烟台海岸带研究所	23.00	2015/1/1 至 2017/12/31
30	41406030	李志	印度洋偶极子对孟加拉湾秋季气旋年际变化的调制过程	D0601	国家海洋局第一海洋研究所	26.00	2015/1/1 至 2017/12/31
31	41406031	吴伦宇	南海东北部开敞性海湾余环流特征及形成机制研究	D0601	国家海洋局第一海洋研究所	24.00	2015/1/1 至 2017/12/31

续表

序号	项目批准号	申请者姓名	项目名称	学科代码	单位名称	批准金额（万元）	起止年月
32	41406032	刘首华	风浪和涌浪非线性相互作用下波浪的统计分布特征研究	D0601	国家海洋信息中心	25.00	2015/1/1 至 2017/12/31
33	41406033	徐康	中部型 El Niño 海温异常的赤道非对称成因研究	D0601	中国科学院南海海洋研究所	26.00	2015/1/1 至 2017/12/31
34	41406034	刘延亮	孟加拉湾海表温度季节变化和日变化对夏季风爆发的影响	D0601	国家海洋局第一海洋研究所	24.00	2015/1/1 至 2017/12/31
35	41406035	郭双喜	基于视频序列的海底热液速度场反演方法研究	D0601	中国科学院南海海洋研究所	26.00	2015/1/1 至 2017/12/31
36	41406036	吕洪刚	南海海-气界面二氧化碳通量的季节变化与控制因素研究	D0601	国家海洋环境预报中心	25.00	2015/1/1 至 2017/12/31
37	41406037	杜娟	自适应网格海洋集合资料同化方法研究	D0601	中国科学院大气物理研究所	25.00	2015/1/1 至 2017/12/31
38	41406038	王强	南海北部环流影响中尺度涡传播、演变的诊断研究	D0601	中国科学院南海海洋研究所	26.00	2015/1/1 至 2017/12/31
39	41406039	李骏旻	南海反气旋涡-Ekman 抽吸效应研究	D0601	中国科学院南海海洋研究所	26.00	2015/1/1 至 2017/12/31
40	41406040	马金峰	叶绿素对西北太平洋上层海洋的影响研究	D0601	中国科学院大气物理研究所	25.00	2015/1/1 至 2017/12/31
41	41406041	朱凤芹	琼东上升流锋面对声传播影响的研究	D0601	广东海洋大学	26.00	2015/1/1 至 2017/12/31
42	41406042	秦英豪	热带太平洋三种增暖事件次表层海温演变特征及机理研究	D0601	国家海洋环境预报中心	25.00	2015/1/1 至 2017/12/31
43	41406043	毛华斌	吕宋海峡上层海洋湍流混合与水体层结特征的观测研究	D0601	中国科学院南海海洋研究所	26.00	2015/1/1 至 2017/12/31
44	41406044	高劲松	北部湾北部近底层水北向爬升对广西近海环流及水体更新的影响研究	D0601	广西科学院	26.00	2015/1/1 至 2017/12/31
45	41406045	栾贻花	热带太平洋平均态和 ENSO 对外强迫的响应：基于三个典型温暖时期的数值模拟研究	D0601	中国科学院大气物理研究所	25.00	2015/1/1 至 2017/12/31
46	41406046	芦静	山东半岛东端沿岸流分离对黄河泥楔形成的动力机制研究	D0601	国家海洋局第一海洋研究所	26.00	2015/1/1 至 2017/12/31

续表

序号	项目批准号	申请者姓名	项目名称	学科代码	单位名称	批准金额(万元)	起止年月
47	41406047	曹静	基于激光聚焦击穿的水下爆炸气泡特性及毁伤机理研究	D0602	中国人民解放军海军工程大学	24.00	2015/1/1 至 2017/12/31
48	41406048	刘贞文	基于水声方法的海面降雨动态监测技术研究	D0602	国家海洋局海岛研究中心	26.00	2015/1/1 至 2017/12/31
49	41406049	何缓	分布式天波超视距雷达海杂波特性预估方法研究	D0602	中国人民解放军空军预警学院	24.00	2015/1/1 至 2017/12/31
50	41406050	杨金秀	拟海底反射层 BSR 的地震精细描述和数值模拟研究	D0603	中国石油大学(华东)	23.00	2015/1/1 至 2017/12/31
51	41406051	徐涛玉	东海外陆架晚第四纪高精度年代地层及层序地层研究	D0603	国家海洋局第一海洋研究所	26.00	2015/1/1 至 2017/12/31
52	41406052	卫小冬	南海南北陆缘地壳结构的纵横波联合反演	D0603	国家海洋局第二海洋研究所	25.00	2015/1/1 至 2017/12/31
53	41406053	马仲武	上新世重大气候变迁期跨印尼贯穿流两侧海洋输出生产力的重建	D0603	北京大学	25.00	2015/1/1 至 2017/12/31
54	41406054	黄恩清	末次盛冰期以来热带东北大西洋最小含氧带的演化	D0603	同济大学	26.00	2015/1/1 至 2017/12/31
55	41406055	张瑞	多源核素示踪长江口水下三角洲的沉积过程演变	D0603	中国科学院海洋研究所	25.00	2015/1/1 至 2017/12/31
56	41406056	李文宝	南塔斯曼海 2Ma 以来底层水温度演化历史及其全球气候变化响应	D0603	内蒙古农业大学	26.00	2015/1/1 至 2017/12/31
57	41406057	段佰川	100 万年来热带西太平洋指标性浮游有孔虫发育演化的研究及其环境意义	D0603	中国科学院海洋研究所	25.00	2015/1/1 至 2017/12/31
58	41406058	刘海泉	吕宋岛碧瑶地区新生代埃达克岩的 Sr-Nd-Pb 同位素研究：对南海板片俯冲过程的启示意义	D0603	中国科学院广州地球化学研究所	26.00	2015/1/1 至 2017/12/31
59	41406059	曹超	麻坑地貌硫酸盐—甲烷界面特征及成因气体类型研究	D0603	国家海洋局第三海洋研究所	27.00	2015/1/1 至 2017/12/31
60	41406060	姜明玉	海洋微生物对稀土元素矿化作用的实验模拟研究	D0603	中国科学院海洋研究所	25.00	2015/1/1 至 2017/12/31

续表

序号	项目批准号	申请者姓名	项目名称	学科代码	单位名称	批准金额(万元)	起止年月
61	41406061	马小川	北部湾东南海域海底沙波精细结构与迁移特征的时空变化及控制因素研究	D0603	中国科学院海洋研究所	25.00	2015/1/1 至 2017/12/31
62	41406062	曹文瑞	冲绳海槽中微生物碳固定效率和化能自养微生物分布对不同类型沉积物环境的响应	D0603	中国科学院海洋研究所	24.00	2015/1/1 至 2017/12/31
63	41406063	高翔	马尼拉海沟俯冲带热结构与俯冲断层孕震机制研究	D0603	中国科学院海洋研究所	25.00	2015/1/1 至 2017/12/31
64	41406064	黄杰	南黄海西部 CSDP-01 钻孔记录的全新世以来黄河入海的演化历史	D0603	中国科学院海洋研究所	26.00	2015/1/1 至 2017/12/31
65	41406065	张亮	冲绳海槽中北部和南部热液活动区构造差异及控制因素研究	D0603	中国科学院海洋研究所	25.00	2015/1/1 至 2017/12/31
66	41406066	雷吉江	海底热液烟囱体碳、硫代谢微生物功能群分布及制约因素研究	D0603	国家海洋局第二海洋研究所	25.00	2015/1/1 至 2017/12/31
67	41406067	李季伟	莺歌海近岸沉积环境中 Fe-AOM 的地球化学与地微生物学记录	D0603	三亚深海科学与工程研究所	26.00	2015/1/1 至 2017/12/31
68	41406068	匡增桂	珠江口盆地东部海域高通量流体运移特征及其对水合物成藏的控制	D0603	广州海洋地质调查局	25.00	2015/1/1 至 2017/12/31
69	41406069	李杰	南黄海中部泥质区高分辨率全新世孢粉记录的环境变化	D0603	青岛海洋地质研究所	25.00	2015/1/1 至 2017/12/31
70	41406070	刘建辉	潮汐过程干湿交替影响下的海滩风沙作用若干特征研究	D0603	国家海洋局海岛研究中心	26.00	2015/1/1 至 2017/12/31
71	41406071	潘军	OBS 与多道地震联合处理在油气勘探中的应用-以渤海 OBS2011 测线为例	D0603	青岛海洋地质研究所	26.00	2015/1/1 至 2017/12/31
72	41406072	苏乔	滨海地区地下水对潮汐作用的响应机制研究	D0603	国家海洋局第一海洋研究所	25.00	2015/1/1 至 2017/12/31
73	41406073	孟祥梅	海底黏性沉积物声衰减特性研究	D0603	国家海洋局第一海洋研究所	25.00	2015/1/1 至 2017/12/31
74	41406074	王利波	黄海北部全新世泥质沉积体的沉积通量与层序演化	D0603	青岛海洋地质研究所	24.00	2015/1/1 至 2017/12/31

续表

序号	项目批准号	申请者姓名	项目名称	学科代码	单位名称	批准金额（万元）	起止年月
75	41406075	佟宏鹏	冷泉系统中原生白云石（岩）形成环境的地球化学示踪	D0603	中国科学院南海海洋研究所	25.00	2015/1/1 至 2017/12/31
76	41406076	贺行良	海洋沉积物中天然气水合物分解释放气体的氧化特性研究	D0603	青岛海洋地质研究所	24.00	2015/1/1 至 2017/12/31
77	41406077	陈晓辉	北黄海中部晚第四纪以来古河道的物源演变及其对海平面变化的响应	D0603	青岛海洋地质研究所	25.00	2015/1/1 至 2017/12/31
78	41406078	徐刚	全新世以来浙江近岸泥质区低氧事件沉积记录研究	D0603	青岛海洋地质研究所	24.00	2015/1/1 至 2017/12/31
79	41406079	路晶芳	现代黄河三角洲地区晚更新世以来高分辨率孢粉学及古气候事件记录	D0603	青岛海洋地质研究所	25.00	2015/1/1 至 2017/12/31
80	41406080	廖晶	南海北部神狐海域深水水道演化与水合物成藏的关系	D0603	青岛海洋地质研究所	25.00	2015/1/1 至 2017/12/31
81	41406081	高飞	黄海沿岸流季节变化规律、泥沙输运和沉积动力机制研究	D0603	青岛海洋地质研究所	25.00	2015/1/1 至 2017/12/31
82	41406082	赵广明	150 年来现代黄河三角洲沉积物碳埋藏记录及影响机制研究	D0603	青岛海洋地质研究所	25.00	2015/1/1 至 2017/12/31
83	41406083	郭志凯	三株海南特有红树植物内生真菌抗炭疽病真菌的化学成分研究	D0604	中国热带农业科学院	24.00	2015/1/1 至 2017/12/31
84	41406084	潘依雯	人工上升流工程对海域吸收或释放大气 CO2 的作用研究	D0604	浙江大学	26.00	2015/1/1 至 2017/12/31
85	41406085	郑浩	海洋生物质类生物炭对近海典型抗生素环境行为的影响及作用机制	D0604	中国海洋大学	26.00	2015/1/1 至 2017/12/31
86	41406086	李克成	单一乙酰度壳寡糖单体的构建及诱导植物抗盐研究	D0604	中国科学院海洋研究所	25.00	2015/1/1 至 2017/12/31
87	41406087	于宇	长江口海域沉积物中痕量稳定同位素环境指示意义的解析	D0604	青岛农业大学	25.00	2015/1/1 至 2017/12/31
88	41406088	高会	河口及近岸海洋环境中抗生素抗性基因的传播方式及环境因子影响机制研究	D0604	国家海洋环境监测中心	26.00	2015/1/1 至 2017/12/31
89	41406089	谢文霞	胶州湾盐沼生态系统卤代甲烷的释放与影响机制	D0604	青岛大学	25.00	2015/1/1 至 2017/12/31

续表

序号	项目批准号	申请者姓名	项目名称	学科代码	单位名称	批准金额(万元)	起止年月
90	41406090	徐香	拟除虫菊酯类农药在天然水体中光降解机理的理论研究	D0604	青岛农业大学	25.00	2015/1/1 至 2017/12/31
91	41406091	杨志	风尘刺激下的固氮作用在西北太平洋亚热带环流区沉积物捕获器中的记录	D0604	国家海洋局第二海洋研究所	24.00	2015/1/1 至 2017/12/31
92	41406092	时婧	海水冲蚀条件下表面熔覆 Ni-Cr-Mo-W 合金涂层的耐蚀性研究	D0604	中国海洋大学	26.00	2015/1/1 至 2017/12/31
93	41406093	王中瑗	FI-KR-ICP-MS 两步洗脱法的机理研究及在海水分析中的应用	D0604	国家海洋局南海环境监测中心	24.00	2015/1/1 至 2017/12/31
94	41406094	王宪业	粉砂淤泥质潮滩潮沟水沙输运过程及对地形变化的影响机制研究	D0605	华东师范大学	25.00	2015/1/1 至 2017/12/31
95	41406095	陈思	降雨对红树林湿地颗粒有机物输运及生态环境的影响及其机制	D0605	深圳大学	25.00	2015/1/1 至 2017/12/31
96	41406096	韦桃源	长江口北支上段异重流潜入过程及其对河槽冲淤的影响	D0605	华东师范大学	26.00	2015/1/1 至 2017/12/31
97	41406097	宋德海	不同时间尺度上长江口深水航道泥沙输运机制变化的研究	D0605	中国海洋大学	25.00	2015/1/1 至 2017/12/31
98	41406098	马迎群	河口区砷形态界面转化机制研究-以大辽河口为例	D0605	中国环境科学研究院	26.00	2015/1/1 至 2017/12/31
99	41406099	陆莎莎	岛群区峡道潮流切变锋及其泥沙输运特征研究	D0605	国家海洋局第二海洋研究所	26.00	2015/1/1 至 2017/12/31
100	41406100	王勇智	海流切变锋对山东半岛近海悬浮体输送和沉积的控制性作用	D0605	国家海洋局第一海洋研究所	25.00	2015/1/1 至 2017/12/31
101	41406101	吴创收	波流联合作用下淤泥质潮滩泥沙运移过程研究	D0605	浙江省水利河口研究院	23.00	2015/1/1 至 2017/12/31
102	41406102	张亚群	带铰接斜滑杆的振荡浮子式波浪能装置研究	D0606	中国科学院广州能源研究所	24.00	2015/1/1 至 2017/12/31
103	41406103	何勇	深水钻井液中天然气水合物形成及抑制机制研究	D0606	中国科学院广州能源研究所	25.00	2015/1/1 至 2017/12/31
104	41406104	吕婧	基于贻贝行为反应的海水生物毒性监测预警模型研究	D0607	山东省科学院	25.00	2015/1/1 至 2017/12/31

续表

序号	项目批准号	申请者姓名	项目名称	学科代码	单位名称	批准金额(万元)	起止年月
105	41406105	张婷	海洋中多环芳烃高灵敏快速监测方法-新型磁萃取技术研究	D0607	山东省科学院	26.00	2015/1/1 至 2017/12/31
106	41406106	张国华	海洋放射性核素γ能谱原位连续测量方法	D0607	山东省科学院	24.00	2015/1/1 至 2017/12/31
107	41406107	陈振涛	抛弃式探头下沉过程的水动力学特性及实验研究	D0607	中国人民解放军理工大学	24.00	2015/1/1 至 2017/12/31
108	41406108	郭文平	散射影响下海水复折射率的测量方法研究	D0607	华中科技大学	24.00	2015/1/1 至 2017/12/1
109	41406109	刘晓	海洋典型目标红外偏振方向特性表征方法研究	D0607	中国人民解放军陆军军官学院	24.00	2015/1/1 至 2017/12/31
110	41406110	谭春阳	基于海底观测网的深海传感器原位自校正系统基础应用研究	D0607	三亚深海科学与工程研究所	25.00	2015/1/1 至 2017/12/31
111	41406111	栾晓宁	海洋乳化溢油的偏振光学特性及演化规律研究	D0607	中国海洋大学	26.00	2015/1/1 至 2017/12/31
112	41406112	夏春雷	鱼群中个体行为的三维立体监测方法研究	D0607	中国科学院烟台海岸带研究所	26.00	2015/1/1 至 2017/12/31
113	41406113	李明杰	西沙群岛宣德环礁珊瑚礁白化遥感监测及其环境胁迫的脆弱性研究	D0607	国家海洋局南海海洋工程勘察与环境研究院	24.00	2015/1/1 至 2017/12/31
114	41406114	齐占辉	基于GPS信号的波浪海流协同反演模型研究	D0607	国家海洋技术中心	21.00	2015/1/1 至 2017/12/31
115	41406115	单瑞	高频GNSS单点测速数据提取海浪参数方法研究	D0607	青岛海洋地质研究所	24.00	2015/1/1 至 2017/12/31
116	41406116	孙栋	西太平洋深海海山对大、中型浮游动物群落结构的影响	D0608	国家海洋局第二海洋研究所	23.00	2015/1/1 至 2017/12/31
117	41406117	张惠莹	质子泵在微藻油脂代谢过程中的分子机制研究	D0608	清华大学	9.00	2015/1/1 至 2015/12/31
118	41406118	王凯	近海沉积物镉-多环芳烃复合污染的微生态效应研究	D0608	宁波大学	26.00	2015/1/1 至 2017/12/31
119	41406119	韩成伟	寒冷地区"流域-海湾"系统氮污染过程与响应机制研究	D0608	国家海洋环境监测中心	25.00	2015/1/1 至 2017/12/31
120	41406120	孙鲁闽	脱硫海水中溶解态气态汞在排放海域的生成机制及影响因素研究	D0608	厦门大学	25.00	2015/1/1 至 2017/12/31
121	41406121	王翠	闽浙沿岸流扩展及对福建典型海湾物质输运过程的影响研究	D0608	国家海洋局第三海洋研究所	25.00	2015/1/1 至 2017/12/31

续表

序号	项目批准号	申请者姓名	项目名称	学科代码	单位名称	批准金额(万元)	起止年月
122	41406122	李风铃	多棘海盘车对环境雌激素的响应与指示功能研究	D0608	中国水产科学研究院黄海水产研究所	26.00	2015/1/1 至 2017/12/31
123	41406123	高航	东海海岸带沉积物脱氮过程及其在有氧-无氧环境中的发生机制	D0608	同济大学	25.00	2015/1/1 至 2017/12/31
124	41406124	江文滨	海底同组小区域沙波扭转迁移机理研究	D0608	中国科学院力学研究所	25.00	2015/1/1 至 2017/12/31
125	41406125	石雅君	沉积物中多种藻类生态参数反演海水中甲藻的应用研究	D0608	中国科学院烟台海岸带研究所	26.00	2015/1/1 至 2017/12/31
126	41406126	陈静	荚膜多糖黄原胶控制赤潮微藻生长的絮凝捕集与生物抑制双重作用机制研究	D0608	中国科学院烟台海岸带研究所	24.00	2015/1/1 至 2017/12/31
127	41406127	高伟	微生物种群演替对胶州湾溢油的响应规律及其指示的石油降解菌群构建研究	D0608	国家海洋局第一海洋研究所	25.00	2015/1/1 至 2017/12/31
128	41406128	张景平	海洋酸化条件下热带海草泰来藻对氮的利用机制研究	D0608	中国科学院南海海洋研究所	25.00	2015/1/1 至 2017/12/31
129	41406129	明红霞	人类肠病毒在海水中的分布及空间复杂性维持机制	D0608	国家海洋环境监测中心	23.00	2015/1/1 至 2017/12/31
130	41406130	孙富林	南海北部与 DMSP 降解相关的 Roseobacter 类群的分子生态学研究	D0608	中国科学院南海海洋研究所	26.00	2015/1/1 至 2017/12/31
131	41406131	姚景龙	基于卫星遥感和现场观测的南海南部典型海洋锋面动力过程及生态效应初探	D0608	中国科学院南海海洋研究所	26.00	2015/1/1 至 2017/12/31
132	41406132	丛明	氨氮污染对菲律宾蛤仔鳃组织的靶向毒性效应研究	D0608	中国科学院烟台海岸带研究所	25.00	2015/1/1 至 2017/12/31
133	41406133	何蕾	不同营养条件下海洋病毒对细菌功能的影响	D0609	中山大学	26.00	2015/1/1 至 2017/12/31
134	41406134	黄锡山	基于 HPLC-DAD-MS 策略的新奇笼状聚酮化合物发现及其抗肿瘤活性研究	D0609	暨南大学	26.00	2015/1/1 至 2017/12/31
135	41406135	高凤	海洋纤毛虫具沟急游虫的基因组重组过程与进化探讨	D0609	中国海洋大学	26.00	2015/1/1 至 2017/12/31

续表

序号	项目批准号	申请者姓名	项目名称	学科代码	单位名称	批准金额(万元)	起止年月
136	41406136	张辉	基于DNA条形码探讨长江口及其邻近水域鱼类浮游生物的分类与群落结构变化	D0609	中国科学院海洋研究所	24.00	2015/1/1至2017/12/31
137	41406137	王天明	5-HTR介导的信号转导对刺参夏眠期间摄食的调控及其机理研究	D0609	浙江海洋学院	25.00	2015/1/1至2017/12/31
138	41406138	刘立芹	曼氏无针乌贼的多父本婚配制度及其对种群遗传变异的影响	D0609	浙江海洋学院	24.00	2015/1/1至2017/12/31
139	41406139	徐影	西沙海绵和软珊瑚中抗疟活性先导化合物的发现	D0609	上海交通大学	26.00	2015/1/1至2017/12/31
140	41406140	江夏薇	Erythrobacter litoralis新型金属β-内酰胺酶的耐药特性、晶体结构及催化机制研究	D0609	浙江大学	26.00	2015/1/1至2017/12/31
141	41406141	王品美	海洋曲霉属真菌次级代谢产物生物合成基因簇的异源表达研究	D0609	浙江大学	27.00	2015/1/1至2017/12/31
142	41406142	陈荫	深海真菌来源呋喃半乳寡糖的结构鉴定及其激活巨噬细胞的分子机制研究	D0609	浙江海洋学院	24.00	2015/1/1至2017/12/31
143	41406143	柳欣	应用广义相加模型分析东海主要浮游植物类群时空格局和调控机制	D0609	厦门大学	24.00	2015/1/1至2017/12/31
144	41406144	王晶	海带硫酸杂聚糖(UF)通过PI3K/Akt信号通路抑制多巴胺神经元凋亡的分子机制	D0609	中国科学院海洋研究所	25.00	2015/1/1至2017/12/31
145	41406145	郑小伟	基于介电电泳原理的深海古菌富集及高通量培养方法优化	D0609	中国科学院微生物研究所	23.00	2015/1/1至2017/12/31
146	41406146	冯永玖	西北太平洋柔鱼资源的时空模式及其尺度效应研究	D0609	上海海洋大学	25.00	2015/1/1至2017/12/31
147	41406147	寇琦	长臂虾总科（十足目，真虾下目）分子系统学及其演化机制初探	D0609	中国科学院海洋研究所	25.00	2015/1/1至2017/12/31
148	41406148	王世伟	长期变化背景下球型侧腕水母的幼体繁殖策略、种群动态及生态效应	D0609	中国科学院海洋研究所	25.00	2015/1/1至2017/12/31

续表

序号	项目批准号	申请者姓名	项目名称	学科代码	单位名称	批准金额(万元)	起止年月
149	41406149	高兆明	基于高通量测序的冷泉区海绵 Myxilla methanophila 共生菌代谢方式和共生机制的研究	D0609	三亚深海科学与工程研究所	25.00	2015/1/1 至 2017/12/31
150	41406150	张旭光	海洋低频噪声对褐菖鲉声讯交流神经机制的影响	D0609	上海海洋大学	23.00	2015/1/1 至 2017/12/31
151	41406151	刘梅	凡纳滨对虾 TOR 信号通路及其重要成员的作用机制研究	D0609	中国科学院海洋研究所	25.00	2015/1/1 至 2017/12/31
152	41406152	李荣锋	沙海蜇（Stomoluphus meleagris）毒素蜇伤致死因子及其致死机制研究	D0609	中国科学院海洋研究所	24.00	2015/1/1 至 2017/12/31
153	41406153	王凯	嵊泗马鞍列岛海洋特别保护区褐菖鲉摄食生境选择	D0609	上海海洋大学	25.00	2015/1/1 至 2017/12/31
154	41406154	苗亮	河口/近海区域低氧影响洄游性香鱼种群性别结构作用机制的研究	D0609	宁波大学	26.00	2015/1/1 至 2017/12/31
155	41406155	丁昌玲	东印度洋束毛藻固氮作用及其对新生产力贡献的研究	D0609	天津科技大学	25.00	2015/1/1 至 2017/12/31
156	41406156	牟幸江	长链非编码 RNA 在金钱鱼性腺发育过程中功能的初步研究	D0609	上海海洋大学	25.00	2015/1/1 至 2017/12/31
157	41406157	隋吉星	中国海双栉虫科和蛰龙介科生物多样性与动物地理学研究	D0609	中国科学院海洋研究所	24.00	2015/1/1 至 2017/12/31
158	41406158	王磊	东印度洋营养盐上行效应调控下的浮游植物群落水平初级生产力研究	D0609	天津科技大学	26.00	2015/1/1 至 2017/12/31
159	41406159	刘梦坛	脂类在中华哲水蚤休眠过程中的生理功能	D0609	中国科学院海洋研究所	24.00	2015/1/1 至 2017/12/31
160	41406160	蔡文倩	基于大型底栖动物群落水平上的生态质量状况评价方法研究—以渤海湾为例	D0609	中国环境科学研究院	23.00	2015/1/1 至 2017/12/31
161	41406161	牛文涛	海胆对珊瑚补充及群落结构的影响研究	D0609	国家海洋局第三海洋研究所	26.00	2015/1/1 至 2017/12/31
162	41406162	李阳	黄东海海葵目分类学与动物地理学研究	D0609	中国科学院海洋研究所	24.00	2015/1/1 至 2017/12/31
163	41406163	张金荣	海绵中共生蓝细菌来源天然产物的解明	D0609	宁波大学	23.00	2015/1/1 至 2017/12/31

续表

序号	项目批准号	申请者姓名	项目名称	学科代码	单位名称	批准金额(万元)	起止年月
164	41406164	徐勤增	人工鱼礁对毗邻海域大型底栖动物群落特征的影响	D0609	中国科学院海洋研究所	25.00	2015/1/1 至 2017/12/31
165	41406165	曾小群	热休克处理调控海洋源嗜酸乳杆菌糖代谢路径的抗冻干胁迫机理研究	D0609	宁波大学	27.00	2015/1/1 至 2017/12/31
166	41406166	施晓峰	我国造礁石珊瑚分类鉴定方法及隐存多样性探究	D0609	国家海洋局第三海洋研究所	26.00	2015/1/1 至 2017/12/31
167	41406167	曹亮	甲基汞的生物累积动力学特征及其在海洋食物链中的生物放大作用	D0609	中国科学院海洋研究所	25.00	2015/1/1 至 2017/12/31
168	41406168	孙丽娜	刺参消化道再生过程中 microRNA 对细胞外基质重建的调控作用	D0609	中国科学院海洋研究所	25.00	2015/1/1 至 2017/12/31
169	41406169	黄爱优	混养条件下三角褐指藻光呼吸与甘油利用之间的互作关系研究	D0609	中国科学院海洋研究所	26.00	2015/1/1 至 2017/12/31
170	41406170	姜帅	长牡蛎吞噬细胞鉴定及吞噬作用机制研究	D0609	中国科学院海洋研究所	26.00	2015/1/1 至 2017/12/31
171	41406171	詹子锋	我国北方海洋经济动物病害纤毛虫的快速检测研究	D0609	中国科学院海洋研究所	25.00	2015/1/1 至 2017/12/31
172	41406172	夏立群	病毒蛋白对石斑鱼虹彩病毒极早期基因 SGIV ICP46 启动子活性的调控研究	D0609	广东海洋大学	25.00	2015/1/1 至 2017/12/31
173	41406173	戴鑫烽	东海卡盾藻的形态与分子遗传特征及生活史研究	D0609	国家海洋局第二海洋研究所	26.00	2015/1/1 至 2017/12/31
174	41406174	吴月红	深海放线菌 Microbacterium profundi Shh49 在锰离子胁迫下的转录组学研究	D0609	国家海洋局第二海洋研究所	24.00	2015/1/1 至 2017/12/31
175	41406175	鹿博	西太平洋海山深海八放珊瑚形态及分子系统发育研究	D0609	国家海洋局第二海洋研究所	24.00	2015/1/1 至 2017/12/31
176	41406176	刘均玲	海南东寨港红树林小型底栖动物群落结构特征	D0609	海南大学	25.00	2015/1/1 至 2017/12/31
177	41406177	姚长洪	海洋绿藻亚心形四爿藻淀粉磷酸化酶在淀粉合成过程中的作用途径探讨	D0609	中国科学院大连化学物理研究所	24.00	2015/1/1 至 2017/12/31
178	41406178	黄仙德	马氏珠母贝干扰素调节因子 2 对肌肉生长抑制素的调控机制	D0609	中国科学院南海海洋研究所	26.00	2015/1/1 至 2017/12/31

续表

序号	项目批准号	申请者姓名	项目名称	学科代码	单位名称	批准金额(万元)	起止年月
179	41406179	张敬怀	亚热带海湾大型底栖生物多样性及环境状况指示效应研究	D0609	国家海洋局南海环境监测中心	25.00	2015/1/1 至 2017/12/31
180	41406180	荆红梅	上升流中微生物对氨氧化速率影响的研究	D0609	三亚深海科学与工程研究所	24.00	2015/1/1 至 2017/12/31
181	41406181	廖丽	北极海洋链霉菌基因组挖掘及其卤化物合成基因簇研究	D0609	中国极地研究中心	26.00	2015/1/1 至 2017/12/31
182	41406182	林明利	雷州湾中华白海豚栖息地选择模型研究	D0609	三亚深海科学与工程研究所	26.00	2015/1/1 至 2017/12/31
183	41406183	张庆波	两株南海深海来源放线菌次级代谢产物研究	D0609	中国科学院南海海洋研究所	26.00	2015/1/1 至 2017/12/31
184	41406184	晏萌	雪卡毒素（P-CTX-1）对海水青鳉繁殖力以及早期发育毒理学效应的研究	D0609	香港城市大学深圳研究院	26.00	2015/1/1 至 2017/12/31
185	41406185	陈志云	中国海蜑螺科(Neritidae) 系统分类学与动物地理学研究	D0609	中国科学院南海海洋研究所	25.00	2015/1/1 至 2017/12/31
186	41406186	陈永强	三亚鹿回头不同健康造礁石珊瑚光谱反射率分析	D0609	中国科学院南海海洋研究所	26.00	2015/1/1 至 2017/12/31
187	41406187	林秀萍	三株红树植物内生真菌农用杀虫活性次级代谢产物的发现	D0609	中国科学院南海海洋研究所	26.00	2015/1/1 至 2017/12/31
188	41406188	杜飞雁	基于 COI 和 28S rDNA 序列的长腹剑水蚤属遗传进化与地理分布关系研究	D0609	中国水产科学研究院南海水产研究所	26.00	2015/1/1 至 2017/12/31
189	41406189	王鹏霞	P4 类隐蔽性原噬菌体对宿主菌环境适应性的生理功能研究	D0609	中国科学院南海海洋研究所	25.00	2015/1/1 至 2017/12/31
190	41406190	马春艳	南极磷虾的遗传结构和系统地理格局研究	D0609	中国水产科学研究院东海水产研究所	25.00	2015/1/1 至 2017/12/31
191	41406191	凌娟	生物固氮对西沙珊瑚礁区海草的促生作用及其在恢复岛礁生态系统中的重要性	D0609	中国科学院南海海洋研究所	25.00	2015/1/1 至 2017/12/31
192	41406192	崔玉琳	三角褐指藻蜡酯合成酶/二酯酰甘油酰基转移酶在油脂合成中的作用研究	D0609	中国科学院烟台海岸带研究所	26.00	2015/1/1 至 2017/12/31

续表

序号	项目批准号	申请者姓名	项目名称	学科代码	单位名称	批准金额（万元）	起止年月
193	41406193	杨键	南海沉积物细菌M4家族蛋白酶MP4301酶原成熟过程及其对颗粒有机氮（PON）的降解机制	D0609	中国科学院南海海洋研究所	26.00	2015/1/1至2017/12/31
194	41406194	于宗赫	亚热带海域玉足海参对海底营养元素循环的影响	D0609	中国科学院南海海洋研究所	26.00	2015/1/1至2017/12/31
195	41406195	谢运昌	深海放线菌SCSIO 00652来源的肽类次级代谢产物的挖掘	D0609	中国科学院南海海洋研究所	25.00	2015/1/1至2017/12/31
196	41406196	刘汾汾	珠江口真光层颗粒有机碳的遥感研究	D0610	中山大学	26.00	2015/1/1至2017/12/31
197	41406197	王桂忠	降雨条件下HY-2高度计有效波高反演技术研究	D0610	中国海洋大学	26.00	2015/1/1至2017/12/31
198	41406198	李晓明	基于星载SAR的全球交错涌浪时空分布及其对海洋环境安全影响研究	D0610	中国科学院遥感与数字地球研究所	25.00	2015/1/1至2017/12/31
199	41406199	王林	近岸水体红光波段反射光谱的荧光偏振识别与形成机制	D0610	国家海洋环境监测中心	26.00	2015/1/1至2017/12/31
200	41406200	崔宾阁	样本难以获取条件下的湿地高光谱遥感分类方法研究	D0610	山东科技大学	25.00	2015/1/1至2017/12/31
201	41406201	刘伟	时变复杂非稳态海面电磁散射回波的海尖峰及极化度研究	D0610	西安电子科技大学	26.00	2015/1/1至2017/12/31
202	41406202	陈小燕	短期气候振荡对孟加拉湾和南海浮游植物调控作用异同的遥感研究	D0610	国家海洋局第二海洋研究所	24.00	2015/1/1至2017/12/31
203	41406203	王隽	基于卫星遥感与数值模拟的东沙岛附近局地生成内波传播研究	D0610	国家海洋局第二海洋研究所	24.00	2015/1/1至2017/12/31
204	41406204	陈春涛	基于探空仪实测数据的水汽路径延迟反演算法研究	D0610	国家海洋技术中心	26.00	2015/1/1至2017/12/31
205	41406205	孙兆华	影响水体CDOM液芯波导测量的关键问题研究	D0610	中国科学院南海海洋研究所	26.00	2015/1/1至2017/12/31
206	41406206	于祥祯	基于顺轨干涉SAR的水下地形探测及水深反演技术	D0610	上海无线电设备研究所	23.00	2015/1/1至2017/12/31
207	41406207	贾永君	三维成像雷达高度计海况偏差修正关键技术研究	D0610	国家卫星海洋应用中心	25.00	2015/1/1至2017/12/31
208	41406208	张树刚	北极融池物理过程及其对上层海洋的影响研究	D0611	山东省科学院	25.00	2015/1/1至2017/12/31

续表

序号	项目批准号	申请者姓名	项目名称	学科代码	单位名称	批准金额（万元）	起止年月
209	41406209	沙龙滨	冰岛北部海域末次冰期以来海冰变化定量重建及其影响机制探讨	D0611	华东师范大学	25.00	2015/1/1 至 2017/12/31
210	41406210	张楠	基于介电剖面法的极地冰芯电学性质测量机理与技术优化研究	D0611	吉林大学	26.00	2015/1/1 至 2017/12/31
211	41406211	刘岩	南极冰架物质平衡及变化	D0611	北京师范大学	26.00	2015/1/1 至 2017/12/31
212	41406212	王荣颖	基于椭球逆向坐标系的惯导极区格网导航理论研究	D0611	中国人民解放军海军工程大学	23.00	2015/1/1 至 2017/12/31
213	41406213	陆志波	白令海峡与北冰洋太平洋扇区表层沉积物中典型痕量金属环境基线值及生态风险	D0611	同济大学	26.00	2015/1/1 至 2017/12/31
214	41406214	程晨	南极埃默里冰架—普里兹湾环流相互作用的数值模拟研究	D0611	南京信息工程大学	26.00	2015/1/1 至 2017/12/31
215	41406215	毕海波	基于多源卫星遥感数据的北极海冰体积输出通量研究	D0611	中国科学院海洋研究所	26.00	2015/1/1 至 2017/12/31
216	41406216	王春光	西北冰洋浮游水螅水母类（Hydromedusae）的分类和垂向分布研究	D0611	国家海洋局第三海洋研究所	26.00	2015/1/1 至 2017/12/31
217	41406217	季仲强	北冰洋高纬海区冰藻与陆源生物标志物对海冰变化的响应	D0611	国家海洋局第二海洋研究所	24.00	2015/1/1 至 2017/12/31
218	41406218	赵杰臣	冰上积雪对南极普里兹湾海冰质量平衡过程的影响	D0611	国家海洋环境预报中心	25.00	2015/1/1 至 2017/12/31
219	41406219	韩正兵	东南极普里兹湾冰藻对“生物泵”的贡献及其对海冰消融的响应—以δ13C 和 IP25 为指标	D0611	国家海洋局第二海洋研究所	26.00	2015/1/1 至 2017/12/31
220	41406220	唐正	晚更新世以来 AAIW/SAMW 与热带西太平洋次表层水演化记录对比及其远程响应机制	D0611	国家海洋局第一海洋研究所	26.00	2015/1/1 至 2017/12/31
221	41406221	孙恒	夏季白令海不同海区 CO2 源汇及其控制机制研究	D0611	国家海洋局第三海洋研究所	25.00	2015/1/1 至 2017/12/31
222	41406222	梁霞	东南极拉斯曼丘陵及邻区基于暴露年龄的末次冰退模式研究	D0611	中国地质科学院地质力学研究所	22.00	2015/1/1 至 2017/12/31

3.　地区基金项目

序号	项目批准号	申请者姓名	项目名称	学科代码	单位名称	批准金额（万元）	起止年月
1	41466001	蓝文陆	北部湾近海工程疏浚磷释放对浮游植物群落结构的影响及其机理研究	D0608	广西壮族自治区海洋环境监测中心站	50.00	2015/1/1 至 2018/12/31
2	41466002	谢珍玉	南中国海扁枝滨珊瑚白化综合症病原的生物标志鉴定及快速检测方法建立	D0609	海南大学	50.00	2015/1/1 至 2018/12/31
3	41466003	廖永岩	基于幼体生境的北部湾中国鲎高种群密度形成机制研究	D0609	钦州学院	49.00	2015/1/1 至 2018/12/31

4.　重点项目

序号	项目批准号	申请者姓名	项目名称	学科代码	单位名称	批准金额（万元）	起止年月
1	41430962	刘青松	末次间冰期以来北太平洋粉尘记录及西风带演化机制研究	D0403	中国科学院地质与地球物理研究所	355.00	2015/1/1 至 2019/12/31
2	41430963	鲍献文	黄海暖流形态与变化对暖舌结构影响的动力机制研究	D0601	中国海洋大学	350.00	2015/1/1 至 2019/12/31
3	41430964	蔡树群	南海东北部背景剪切流及涡旋对内波生成和演变的影响及其能量转换	D0601	中国科学院南海海洋研究所	345.00	2015/1/1 至 2019/12/31
4	41430965	李安春	东海内陆架泥质沉积体形成过程及其对季风演化与气候事件的响应	D0603	中国科学院海洋研究所	345.00	2015/1/1 至 2019/12/31
5	41430966	王友绍	红树林对极端气候响应与适应的分子生态学机制	D0607	中国科学院南海海洋研究所	350.00	2015/1/1 至 2019/12/31
6	41430967	高坤山	南海光合固碳与碳酸盐系统变化的关系：深化与集成	D0608	厦门大学	360.00	2015/1/1 至 2019/12/31
7	41430968	唐丹玲	海洋浮游植物粒径组成分布及其相关生态因素对台风的响应-基于遥感与现场观测资料的研究	D0608	中国科学院南海海洋研究所	356.00	2015/1/1 至 2019/12/31

5.　（南海深海过程演变）重大研究计划项目

序号	项目批准号	申请者姓名	项目名称	学科代码	单位名称	批准金额（万元）	起止年月
1	91428101	王旭晨	南海深海溶解有机碳的 C-14 年龄分布及其碳循环意义	D0604	中国海洋大学	120.00	2015/1/1 至 2017/12/31

续表

序号	项目批准号	申请者姓名	项目名称	学科代码	单位名称	批准金额(万元)	起止年月
2	91428102	陈毅凤	中国南海 IODP349 航次深部沉积物孔隙水的生物地球化学的研究	D0308	中国科学院广州地球化学研究所	100.00	2015/1/1 至 2017/12/31
3	91428203	余克服	珊瑚礁千米深钻记录的西沙碳酸盐台地形成演化和环境变迁史	D0603	广西大学	300.00	2015/1/1 至 2018/12/31
4	91428204	赵明辉	南海东部马尼拉海沟俯冲带深部结构探测研究	D06	中国科学院南海海洋研究所	300.00	2015/1/1 至 2018/12/31
5	91428205	徐行	南海深部构造热演化及其对南海形成演化的控制作用	D0603	广州海洋地质调查局	300.00	2015/1/1 至 2018/12/31
6	91428206	王桂华	南海深层西边界流的观测与模拟	D0601	国家海洋局第二海洋研究所	300.00	2015/1/1 至 2018/12/31
7	91428207	周怀阳	南海深海海底铁锰结核/结壳的成因和历史记录	D0603	同济大学	300.00	2015/1/1 至 2018/12/31
8	91428308	焦念志	南海碳循环与生物学储碳机制集成研究	D06	厦门大学	345.00	2015/1/1 至 2018/12/31
9	91428309	李春峰	根据 IODP349 航次成果重构南海海盆的构造演化模式	D0603	同济大学	300.00	2015/1/1 至 2018/12/31
10	91428310	翦知湣	南海晚新生代深水古海洋学变迁	D0603	同济大学	280.00	2015/1/1 至 2018/12/31

6.　国家杰出青年科学基金

序号	项目批准号	申请者姓名	项目名称	学科代码	单位名称	批准金额(万元)	起止年月
1	41425021	王大志	海洋环境蛋白质组学	D0608	厦门大学	400.00	2015/1/1 至 2018/12/31

7.　优秀青年科学基金项目

序号	项目批准号	申请者姓名	项目名称	学科代码	单位名称	批准金额(万元)	起止年月
1	41422601	王鑫	物理海洋	D0601	中国科学院南海海洋研究所	100.00	2015/1/1 至 2017/12/31
2	41422602	冯东	冷泉沉积及其地球化学	D0603	中国科学院南海海洋研究所	100.00	2015/1/1 至 2017/12/31
3	41422603	张瑶	海洋微生物生态学	D0609	厦门大学	100.00	2015/1/1 至 2017/12/31
4	41422604	李松海	海洋哺乳动物生物声学	D0609	三亚深海科学与工程研究所	100.00	2015/1/1 至 2017/12/31

8. 创新研究群体科学基金

序号	项目批准号	申请者姓名	项目名称	学科代码	单位名称	批准金额(万元)	起止年月
1	41421005	袁东亮	西太平洋海洋环流动力过程	D0601	中国科学院海洋研究所	1,200.00	2015/1/1 至 2020/12/31

9. 国际(地区)合作与交流项目

序号	项目批准号	申请者姓名	项目名称	学科代码	单位名称	批准金额(万元)	起止年月
1	41420104005	石学法	日本海末次间冰期以来的古环境与古气候演化研究	D0603	国家海洋局第一海洋研究所	310.00	2015/1/1 至 2019/12/31
2	41428601	张祖麟	特征化合物同位素分析应用于雌激素来源与归宿研究	D0608	厦门大学	20.00	2015/1/1 至 2016/12/31
3	41428602	张卫	基于共生互作的海绵微生物群落结构多样性及其代谢组变化规律	D0609	上海交通大学	20.00	2015/1/1 至 2016/12/31

10. 专项基金项目

序号	项目批准号	申请者姓名	项目名称	学科代码	单位名称	批准金额(万元)	起止年月
1	41440038	王彩霞	非线性内波的实时跟踪观测研究	D0601	中国海洋大学	20.00	2015/1/1 至 2015/12/31
2	41440039	陈幸荣	全球变暖“间断”现象中的海洋热量传输机制研究	D0601	国家海洋环境预报中心	20.00	2015/1/1 至 2015/12/31
3	41440040	沈建伟	西沙永兴岛—七连屿海滩岩和珊瑚礁坪碳酸盐沉积特征研究	D0603	中国科学院南海海洋研究所	20.00	2015/1/1 至 2015/12/31
4	41440041	方念乔	南海演化的陆内裂谷阶段火山-沉积作用及其区域构造意义	D0603	中国地质大学（北京）	20.00	2015/1/1 至 2015/12/31
5	41446006	周维芝	南海高效金属磷酸盐沉淀细菌的筛选、多样性与调控机制研究	D0609	山东大学	20.00	2015/1/1 至 2015/12/31

11. 海洋科学考察船共享航次项目

序号	项目批准号	申请者姓名	项目名称	航次编号	单位名称	批准金额(万元)	起止年月
1	41449901	李岩	渤黄海科学考察实验研究	NORC2015-01	中国海洋大学	450.00	2015/1/1 至 2015/12/31
2	41449902	于非	东海科学考察实验研究	NORC2015-02	中国科学院海洋研究所	280.00	2015/1/1 至 2015/12/31
3	41449903	张卫国	长江口科学考察实验研究	NORC2015-03	华东师范大学	280.00	2015/1/1 至 2015/12/31
4	41449904	张钒	台湾海峡科学考察实验研究	NORC2015-04	福建海洋研究所	250.00	2015/1/1 至 2015/12/31

续表

序号	项目批准号	申请者姓名	项目名称	航次编号	单位名称	批准金额(万元)	起止年月
5	41449905	李岩	吕宋海峡-南海海盆科学考察实验研究	NORC2015-05	中国海洋大学	600.00	2015/1/1 至 2015/12/31
6	41449906	王东晓	2015 年南海北部综合航次	NORC2015-06	中国科学院南海海洋研究所	400.00	2015/1/1 至 2015/12/31
7	41449907	王东晓	2015 年南海西部科学考察实验研究	NORC2015-07	中国科学院南海海洋研究所	400.00	2015/1/1 至 2015/12/31
8	41449908	詹文欢	南海北部地球物理科学考察实验研究	NORC2015-08	中国科学院南海海洋研究所	390.00	2015/1/1 至 2015/12/31
9	41449909	于非	西太平洋科学考察实验研究	NORC2015-09	中国科学院海洋研究所	480.00	2015/1/1 至 2015/12/31
10	41449910	王东晓	2015 年东印度洋综合科学考察实验研究	NORC2015-10	中国科学院南海海洋研究所	470.00	2015/1/1 至 2015/12/31

12. 联合基金项目

序号	项目批准号	申请者姓名	项目名称	学科代码	单位名称	批准金额(万元)	起止年月
1	U1401232	吴能友	增强型地热系统热流耦合与储层热恢复研究	L03	中国科学院广州能源研究所	245.00	2015/1/1 至 2018/12/31
2	U1405233	胡建宇	台湾海峡与吕宋海峡水体交换及相互作用研究	L03	厦门大学	250.00	2015/1/1 至 2018/12/31
3	U1405234	杨顶田	基于卫星遥感和现场观测的人类活动对海草生态系统影响机制研究	L03	中国科学院南海海洋研究所	245.00	2015/1/1 至 2018/12/31

13. 国家重大科研仪器研制项目

序号	项目批准号	申请者姓名	项目名称	学科代码	单位名称	批准金额(万元)	起止年月
1	41427806	宋士吉	深海可控式可视采样器关键技术研究与样机研制	D0607	清华大学	925.00	2015/1/1 至 2019/12/31

14. 海洋科学研究中心项目

序号	项目批准号	申请者姓名	项目名称	学科代码	单位名称	批准金额(万元)	起止年月
1	U1406401	吴立新	物理海洋与气候	D06	中国海洋大学	2000.00	2014/6/1 至 2016/12/31
2	U1406402	管华诗	海洋药物与生物制品	D06	中国海洋大学	2000.00	2014/6/1 至 2016/12/31
3	U1406403	俞志明	海洋生态与环境科学	D06	中国科学院海洋研究所	2000.00	2014/6/1 至 2016/12/31
4	U1406404	乔方利	海洋环境动力学和数值模拟	D06	国家海洋局第一海洋研究所	2000.00	2014/6/1 至 2016/12/31

15.　重大项目

序号	项目批准号	申请者姓名	项目名称	学科代码	单位名称	批准金额（万元）	起止年月
1	41490640	吴立新	黑潮及延伸体海域海气相互作用机制及其气候效应	D0601	中国海洋大学	2000.00	2015/1/1 至 2019/12/31

海 洋 调 查

【我国管辖海域海洋区域地质调查】　加大实施海洋区域地质调查力度，完成了 1∶100 万天津幅、黄岩岛幅、广州幅等 10 个图幅海洋区域地质调查，1∶25 万福州幅、莆田幅等 11 个图幅海洋区域地质调查，以及 1∶5 万珠江口内伶仃洋、福建平海和浮叶幅的海洋区域地质调查。完成单波束测深 12215 千米，多波束测深 9500 千米，单道地震测量 7277 千米，侧扫声呐测量 5409 千米，地质取样 2032 站位，海水取样 80 站位，收集重力测量资料 37317 千米，磁力测量资料 37281 千米，获取了一批地质、地球物理、地球化学等资料，编制了相应基础和应用图件。首次实现我国管辖海域 1∶100 万海洋区域地质调查全覆盖，初步查明了海底综合地质要素，初步厘清 38 个主要沉积盆地分布范围和海洋固体矿产分布状况。

【重点海岸带综合地质调查与监测】　继续开展辽河三角洲经济区、山东半岛蓝色经济区、长江三角洲经济区等重点海岸带综合地质调查与监测，华南西部滨海湿地地质调查与生态环境评价，渤海海峡跨海通道地壳稳定性调查评价等。完成多道地震测量 1130 千米、单波束水深测量 3007 千米、浅地层剖面测量 2059 千米，地质取样 980 个站位、海水取样 159 个站位、工程地质和地质浅钻 42 口，水文井监测 10 站位、海岸带机载 LIDAR 测量 3313 平方千米等。为沿海经济区城市群规划布局、海岸带国土空间开发利用、海洋功能区划、重大工程建设、环境保护和资源开发提供了一批新的重要资料。

【海域油气资源调查】　继续在黄海、南海北部陆坡深水区和台湾海峡西岸等重点海域，开展新区域、新层位油气资源调查，完成地震资料攻关处理 1000 千米、地震资料解释 4500 千米、重磁资料处理和解释 1000 千米，以及相关图件编制和综合研究工作。在南黄海中部隆起，南海北部陆坡圈定 5 个有利远景区，带动中海油等企业开展商业性油气勘探。

【近海矿产资源调查】　在海南岛西部完成浅地层剖面调查（同步单波束水深测量）1162 千米、沉积动力学调查 4 个站位、地质浅钻 4 口及底质柱状样 20 站位。综合研究认为，海南岛东部万宁保定海及其周边有重矿物砂矿资源潜力，海南岛西部昌化江口与东方八所岸外有建筑用海砂资源潜力。（中国地质调查局）

海洋重大实验室

【海底科学与探测技术教育部重点实验室（中国海洋大学）】　该实验室依托于中国海洋大学海洋地球科学学院。现有科研人员 48 人，流动人员 10 人，其中，院士 2 人，“973”首席科学家 1 人，千人学者 2 名，国家杰出青年基金获得者 2 人，泰山学者 2 名，教授 24 人（其中博士生导师 15 人），副教授 11 人，讲师 10 人，实验室技术管理人员 10 人。拥有基础设施优良的研究实验场所，总面积约 3000 平方米；初步建成由系列大型仪器设备构成的海底科学与探测技术研究与创新平台，设备总值达 3200 余万元。实验室现有海洋地质博士后流动站点，3 个博士点，1 个硕士学位授权一级学科（涵盖 5 个硕士点）和 4 个硕士点，以及 3 个本科专业，构成了完善的以海底科学与探测技术为特色研究方向的人才培养体系。实验室拥有 1 个山东省“泰山学者建设工程”设岗学科(海洋地质学)。长期以来，实验室一直围绕着国内外海底科学与探测技术研究的热点和前沿领域，根据国家的发展需求，开展了一系列基础、应用基础和技术开发研究，主要研究领域涉及海洋沉积与工程环境、海底资源与成矿作用、海底能源探测与信息技术和大陆边缘构造与盆地分析等。

2014 年在研项目和 2014 年启动项目经费总额再次突破了亿元大关，巩固了已有的研究基础，并实现了跨越式发展。在研项目经费中基础与应用基础研究经费占55%以上，实现了实验室基础研究与应用基础研究并举的发展目标。2014年在研科研项目共计107项，合同经费16751万元。其中：973及重大专项课题4项，经费776万元；国家自然科学基金课题28项，经费2563万元；863项目2项，经费2770万元；公益项目4项，经费417万元；省部委项目24项，经费6205万元；横向服务项目43项，经费：4013万元；其他项目2项，经费7万元。

2014年度，实验室首次由李三忠教授作为第三获奖人获得国家自然科学奖二等奖；获教育部自然科学二等奖1项、山东地学科技创新奖二等奖1项和中国海洋大学本科教学成果奖一等奖1项。中国地球物理科学技术奖二等奖、国家海洋局科技进步奖、山东省地球物理科学技术奖一等奖、二等奖等奖项。

2014年度，实验室首次由姜效典教授作为第一作者在Nature Communication发表论文1篇；实验室骨干人员发表学术论文数量和质量较2013年有大幅提升，共发表117篇，其中SCI和EI收录55篇；出版学术专著2部；获实用新型专利、发明专利和软件著作权14项。

2014年度，实验室引进具有博士学位青年人才3人，出国短期学术研修2人次，进一步强化了人才队伍建设。在2014年实验室邀请专家来青并主持召开了学术报告20余次；全年共有8人次参加了国内外学术交流会；2014年度先后邀请了10余位学者到实验室进行访问或交流，并就海洋地质、海洋地球物理未来的发展方向进行广泛的探讨。王永红教授主办了第四届中澳海洋科技研讨会，李三忠教授主持了第七届全国构造地质与地球动力学学术研讨会。

【海水养殖教育部重点实验室（中国海洋大学）】 该实验室于1994年建立，是水产养殖国家重点学科的核心组成部分。十多年来，实验室着重于海水健康养殖应用基础理论研究与新技术的研发，致力于组织和推动代表本国家需求的重要前沿性课题的探索、构筑开放与高层次人才培养的研究平台。主要研究方向有：养殖生态学、营养生理学、遗传育种学和养殖病害学。实验室目前拥有逾5000平方米的使用面积、10个功能实验室以及完备的研究设备；现有固定研究人员43人，包括教授24人，副教授/高级工程师9人，其中院士1名、“长江学者特聘教授”2人、国家杰出青年基金获得者3人、享受国务院政府特殊津贴4人，博士生导师19人，教育部新（跨）世纪优秀人才7人。实验室目前涵盖水产养殖、水生生物学和动物学三个博士点和硕士点，为水产学科博士后流动站以及“长江学者特聘教授”设岗单位。

实验室目前在研省部级以上课题60余项，2014年度新申请课题11项，新增科研经费4000多万元，发表学术论文150余篇，其中SCI论文114篇，获国家授权发明专利20余项，培育出水产新品种长牡蛎“海大1号”。

实验室坚持瞄准国际前沿目标和高起点，采取有力措施，积极引进人才，夯实学科基础，优化人才结构，促进梯队建设。何艮教授2014年度被聘为“万人计划”第一层次、泰山学者海外特聘专家，引进“英才工程”第一、第二层次优秀青年教师2名，两名副教授晋升为教授。派出3位教师赴国外进修1年，派出5名青年教师赴国外进行短期访问学习。麦康森院士被授予2013年度青岛市科学技术最高奖，何艮教授获“山东青年五四奖章”。

2014年度培养博士后4人、博士生35人、硕士生47人；目前在读博士后3名、博士研究生133名、硕士研究生151名。通过建设高水平大学公派研究生项目公派联合培养研究生12名，到国外攻读博士学位研究生8名。获山东省优秀博士学位论文奖3项，优秀硕士论文奖4项。

美国马里兰大学、弗吉尼亚理工大学、缅因大学、布莱恩特大学，英国利物浦大学，日本筑波大学，德国波恩大学，韩国蔚山大学，英国自然历史博物馆等20余位专家进行了学术访问，双方在学科建设、人才培养等多方面进行了深入细致的合作研究与交流。

【海洋化学理论与工程技术教育部重点实验室（中国海洋大学）】 该实验室于2005年被批准立项建设，于2009年5月通过验收正式成立，主要研究方向有：活性气体的生物地球化学过程及气候效应、海洋有机地球化学、生源要素的海洋生物地球化学、痕量金属及海洋生物地球化学过程示踪、海水综合利用技术、环境友好型海洋功能材料与防护技术。

实验室在基础研究方面，拥有“海洋有机生物地球化学”国家自然科学基金委创新研究群体和“海洋化学”高等学校学科创新引智基地；在海洋功能材料方面，拥有“环境友好型海洋功能材料与防护技术”科技部重点领域创新团队和教育部创新团队。现有固定人员 66 人，其中中国工程院院士 1 人、国家杰出青年基金获得者 2 人、教育部“长江学者”特聘教授 2 人、山东省“泰山学者”2 人、中国海洋大学“筑峰人才工程”特聘教授 2 人、中国海洋大学“绿卡人才工程”特聘教授 1 人、教育部新世纪优秀人才 9 人。

2014 年实验室主要新增项目 10 余项，总合同经费 1357 万元，主要包括国家科技支撑计划 1 项，国家自然科学基金重大研究计划项目 1 项、国家自然科学基金委面上项目 5 项，国家重大科研仪器研制项目 1 项。目前实验室成员共承担在研项目 100 余项，总合同经费 11336 万元。2014 年度实验室成员共发表高水平学术论文百余篇，其中 117 篇论文被 SCI 或 EI 收录。获授权发明专利、实用新型专利 14 项。

围绕实验室的研究方向、团队需求，2014 年实验室继续加强人才队伍建设工作，引进“青年英才工程”第二层次教师 1 名，引进博士后 2 名，人才引进工作取得较大进展，为实验室的改革和发展注入了新的活力。2014 年实验室已有三个创新团队建设成效显著，很好的培养和汇聚了拔尖人才，发挥了学科交叉与综合优势，使实验室的学科团队布局更加完善，科研能力和整体水平得到大幅提升，并带领实验室向着更高层次目标的突破不断迈进。实验室主要依托化学化工学院开展人才培养工作，2014 年共有在读硕士生 419 名，在读博士生 178 名。

2014 年实验室设立 3 项访问学者及开放课题基金，用于资助优秀的国内外学者来实验室开展合作研究，取得了良好效果。结合学校 90 周年校庆之际，实验室依托 “海洋化学创新引智基地”建设，2014 年度邀请近 30 位国内外专家学者来实验室开展学术交流与合作研究，并讨论研究生联合培养等问题，部分专家还面向博士研究生开设了《科技英文写作》课程，指导研究生提高撰写英文论文的水平，提升了实验室科研水平及在国际学术界的影响力。

【海洋环境与生态教育部重点实验室（中国海洋大学）】　实验室现有面积 3200 平方米，仪器设备总价值 3000 余万元，完善了室内分析测试、现场监测、模拟与试验、环境数值模拟与分析等 4 个实验功能平台。实验室主要研究方向为：近海环境动力过程及其对生态系统的影响；近海典型污染物的环境行为及控制；海岸带工程环境与水资源保护。

2014 年，实验室主持或参与国家和省部级科研项目 70 余项，包括国家重大科研仪器研制项目一项，“973 计划”项目 1 项，“973 计划”课题 2 项，国家自然科学基金项目 38 项，国家自然基金委-山东省联合基金项目 1 项，纵向课题到位经费 4000 余万元。围绕山东省、青岛市等海洋经济发展的社会需求，实验室积极服务地方经济建设，能力不断加强，本年度新增科技服务等横向项目 87 项，到校经费 1000 余万元。

2014 年，实验室发表学术论文 170 余篇，其中 SCI/EI 收录论文 95 篇，42 篇论文在影响因子大于 2 的 SCI 期刊发表，其中在 I、II 区 SCI 期刊发表的论文 37 篇。出版专著/编著 2 部，出版教材 1 部。本年度申请发明专利 10 项。

2014 年，实验室 “山东省万人计划”讲座教授在岗 2 人，“学校绿卡计划”讲座教授在岗 1 人，通过“青年英才工程”引进美国博士后 1 名，新引进师资博士后 2 人。科研人员中具有博士学位的比例达 90%。2014 年在实验室学习和交流的博士研究生 88 人，硕士研究生 328 人。

2014 年实验室的学术交流进一步加强，共有 25 人次在国际学术会议上进行了不同形式的学术交流，有 6 名中青年学者赴美国著名高校访学；2014 年度邀请国际知名学者 14 人次来实验室交流，营造了良好的学术气氛，有力推动了环境学科的特色发展。

【海洋生物遗传学与育种教育部重点实验室（中国海洋大学）】　实验室建于 20 世纪 50 年代，是我国海洋生物遗传学与育种技术研究的发祥地，创建者为著名遗传学家方宗熙先生，五十多年来为我国海洋生物遗传学理论与育种技术的创立做出了开创性的贡献。1983 年教育部设立海洋生物遗传研究室，2008 年 12 月获批建设教育部重点实验室，2011 年 6 月通过验收正式运行。

实验室所在遗传学科为山东省重点学科，拥有遗传学博士点和硕士点，所依托的海洋生命学院拥有生物学博士学位授予权一级学科和海洋生物学国家重点学科，有生物学和海洋生物学 2 个博士后流动站。

实验室面向海洋生物遗传学重大科学问题和蓝色种业发展的重大需求，从分子、细胞、个体和群体等多层次开展海洋生物遗传学与种质资源开发研究。主要研究方向：海洋生物分子遗传学与分子育种、海洋生物细胞遗传学与细胞工程育种、海洋生物基因组学与进化生物学。

2014 年实验室共主持和参与各类课题达 60 余项，其中“973”项目 2 项，国家“十二五”“863”重大项目 1 项，“863”计划课题 10 项，国家支撑计划项目 4 项，国家科技重大专项 1 项，国家自然科学基金项目 25 项（其中重点项目 1 项，优秀青年基金 1 项，新增 7 项），公益性科研专项 4 项，山东省良种工程重大课题 2 项，山东省科技重大专项 1 项，年到校经费达 2100 余万元。2014 年实验室共发表学术论文近 70 篇，其中 SCI 收录 44 篇；获得专利授权 6 项，申请专利 4 项；水产新品种证书 1 项。

实验室现有固定人员 25 人，其中教授 12 人，副教授 7 人，高级工程师 1 人，队伍中有山东省泰山学者特聘教授 2 人，山东省有突出贡献的中青年专家 2 人，青岛市专业技术拔尖人才 2 人，国务院特殊津贴获得者 2 人，教育部新世纪人才 3 人，国家自然科学基金优秀青年科学基金获得者 1 人，固定研究人员全部具有博士学位。实验室现拥有 1 个长江学者特聘教授岗位、2 个山东省“泰山学者”特聘教授岗位。2014 年，实验室培养博士生 14 名，硕士研究生 43 名。

2014 年，实验室主办了“基因组时代水生生物学及分子育种技术发展趋势研讨会”，邀请 30 余位国内外专家学者参会讨论，另有实验室 20 余名老师和其他单位人员参会。2014 年度邀请美国、德国、英国、挪威、日本等国际知名专家学者来实验室进行学术交流和合作研究 8 人次，派出实验室骨干出国参加国际、国内会议 30 余人次，派实验室 4 名骨干到国外知名科研院所进行访学，营造了良好的学术氛围，有效提升了实验室在国际学术界的影响力。

【海洋药物教育部重点实验室（中国海洋大学）】　该实验室以海洋生物资源为基础，以危害人类生命与健康的重大疾病防治药物研究为目标，定位为海洋药物的应用基础研究。主要研究方向有：海洋糖化学与糖生物学、海洋天然产物化学、药理学、海洋药用生物资源学。实验室现有固定研究人员 58 名，其中教授 20 名，副教授 17 名。队伍中有中国工程院院士 1 名，山东省“泰山学者”海外特聘专家 1 名，校“绿卡人才工程”教授 1 名，教育部“新世纪优秀人才”6 名；山东省有突出贡献中青年专家 1 名，享受国务院政府特殊津贴专家 3 名，2010 年成为教育部、山东省优秀创新团队。拥有设施优良的研究实验楼 7800 平方米；拥有功能完备、条件先进的海洋药物研发创新公共服务平台，仪器设备总值达 6300 余万元。

2014 年，实验室在研各级各类项目共计 98 项，实验室新立项项目 25 项，新立项项目合同经费 5008 万元；发表 SCI/EI 收录论文 74 篇，其中在 Org. Lett、Mol. Pharmaceutics、J. Nat. Prod. 等国际知名学术期刊上发表影响因子 3.0 以上的论文 39 篇；获授权发明专利 8 项，申请发明专利 18 项。队伍建设方面，本年度引进校“青年英才工程”三层次人才 4 人；1 人获山东省杰出青年基金资助。2014 年，培养博士 29 人、硕士 81 人。实验室保持积极开展国内外合作交流的传统，成功主办海洋药物高层论坛、海洋生物医药高峰论坛暨管华诗院士从教五十周年庆典等会议；2014 年度邀请国际肽化学研究大师美国亚利桑那大学化学系有机化学、生物化学和药物化学教授 Victor J. Hruby、美国德克萨斯州大学安德森癌症研究中心神经肿瘤学系吕志民教授等国内外知名学者 30 余人次来实验室进行学术交流。实验室有 100 余人次参加国内外学术会议，有近 20 人次做大会报告或特邀报告。2014 年，青岛海洋生物医药研究院正式运行，新增仪器设备 2000 万元，研究院的建立与重点实验室相衔接，形成了上下游有效贯通、“科技创新、产业化开发”两翼互动相长的基本发展格局，为汇聚国内外海洋药物研发的优势资源和创新要素，整体提升海洋药物研发自主创新能力搭建了高水平平台，为实验室的未来发展拓展了空间、注入了活力动力。

【物理海洋教育部重点实验室（中国海洋大学）】　该实验室成立于 1987 年，1989 年被批准为国家教育委员会部门开放研究实验室，1999 年被首批确认为教育部重点实验室，2010 年在学校政策的大力支持下实验室启动创新试点工程。实验室现有成员 64 人，其中中国科学院院士 3 人，国家杰出青年基金获得者 2 人，千人计划学者 4 人，长江学者特聘教授 3 人，泰山学者特聘教授 2 人。

实验室瞄准国家战略需求和学科发展前沿，开展物理海洋、气象学等学科领域内的科学研究工作，主要研究内容分为三个方向：①海洋环流动力学，下设近海环流与物质运输，大洋环流动力学，极区海洋动力过程三个单元；②海洋波动与混合，下设海浪与小尺度海气，海洋内波与混合两个单元；③海洋-大气相互作用与气候，下设大气环流动力学，海-气相互作用与气候，海洋与气候系统模式三个单元。

实验室拥有大型风-浪-流水槽、内波水槽、旋转水槽、SGI 超级计算机和大型计算机集群等大型设备以及一大批先进的外海和室内观测仪器，同时也是中国海洋大学 3500 吨“东方红 2 号”综合科学考察船的主要用户。围绕实验室的学科发展目标和研究方向，实验室正在推进海上观测平台，室内试验平台，数值模拟平台和数据共享平台的建设，努力构建实验室的共享资源主体，为教学和科研工作提供资源平台和技术支持。实验室通过开放课题基金和对外承接室内实验工作等形式对外开放。

2014 年实验室在承担国家科研计划项目方面继续保持强劲势头，本年度实验室新上国家重大科学研究计划项目、国家自然科学基金等各类项目 34 项（主持），合同额 9000 余万元，实验室科研骨干争取国家重大项目支持的能力稳定发挥，青年科研力量独立承担研究项目的能力稳中有升。2014 年实验室各类项目实际到账经费 18000 余万元。

实验室围绕三大研究方向，各项科研工作全面开展，科研成果继续呈现高水平产出，尤其在海洋中小尺度研究、海洋与全球变暖减缓以及全球变暖对极端热带气候变率的影响方面分别取得了突破性的发现和进展，引起了学界广泛关注；以 Science，Nature 系列期刊，J. Climate，JPO 等期刊论文为代表，2014 年实验室成员共发表各类高水平学术论文 102 篇，其中 SCI 期刊论文 55 篇；多项应用科学研究成果分别获得国家发明专利 1 项，实用新型专利 1 项，软件著作权登记 4 项。

在加强现有人才队伍层级化科学管理的基础上，实验室积极探索和实践多元化的人才引进政策，倾力打造学术研究梯队和技术支撑团队。2014 年，通过引进海内外高端人才、接受国内外高校及科研机构优秀博士毕业生等多种渠道，实验室共引进各类人才 6 人，包括：“千人计划”特聘教授 1 人，“泰山学者”特聘教授 1 人，“绿卡人才工程”客座教授 1 人，同时，本年度接收优秀博士毕业生 3 人，作为科研骨干进一步加强相关研究单元的科研力量。截至目前，实验室共有固定人员 65 人，其中专职科研人员 49 人、工程技术人员 8 人，专业技术工人 1 名，实验室科研队伍结构将会持续调整和优化。

实验室以培养高层次海洋科学人才为己任，高度重视，全力投入，2014 年度共招收硕士、博士生 115 人，博士后入站 2 人；为社会输送合格博士、硕士毕业生 76 人，博士后出站 2 人。

实验室积极开展广泛的国际合作与交流，将多种形式的国际合作交流与实验室的科研实践活动有机结合，使之成为科学家了解和把握相关学科发展动态、及时跟踪学科前沿、展示实验室学者风采、宣传实验室成果的重要渠道。采取包括邀请国内外知名学者、专家来实验室讲学、作学术报告，实验室专家教授到国外知名学术机构访问讲学等。2014 年度邀请国内外知名学者来室进行学术访问与交流，举办各类特邀学术报告 50 余次，报告内容涉及实验室各个研究方向。实验室还设立专项经费资助优秀中青年学术骨干参加国际学术交流活动，鼓励优秀中青年学术骨干不断开放视野，与国际学科发展前沿接轨。此外，2014 年主办了全球海洋峰会(Global Ocean Summit)等较大规模的国际学术会议，吸引国内外海洋学界众多顶尖科学家汇聚一堂，就共同关心的学术前沿问题开展深入讨论与切磋，并达成诸多共识。

【海洋能源利用与节能教育部重点实验室（大连理工大学）】 该实验室于 2008 年 10 月由教育部批准立项，目前该实验室已经形成专业结构合理、科研工作与教学工作紧密结合的良好格局，各项工作蓬勃发展，并已实现对外开放，同美、日、英、德、奥地利等国家广泛发展了高层次的学术交流合作。

2014 年，共完成和承担各类科研项目 147 项，其中国家科技重大专项子课题 1 项，国家 973 课题（含子项目）1 项，国家 863 课题（含子项目）2 项，其他国家自然基金项目 19 项（其中重点项目 1 项）。

2014 年发表学术论文 128 篇，其中 SCI 收录 44 篇，EI 收录 62 篇。授权中国发明专利 12 个，实用新型 6 个。100 万以上科技成果转化 3 项。

实验室具有一支学术水平高、知识结构和年龄结构合理的研究队伍。目前固定人员 42 人，其中研究人员 41 人，教授（研究员）25 人，博士生导师 24 人，副教授 12 人，讲师 4 人。固定人员中长江学者特聘教授 1 人，国家杰出青年基金获得者 3 人，享受国务院特殊津贴专家 2 人，教育部跨（新）世纪优秀人才 2 人，辽宁省百千万人才工程百人层次 2 人，千人层次 4 人，大连市优秀专家 2 人，辽宁省优秀青年教师 1 人。研究人员中，具有博士学位人员占 83%，是实验室的主要研究力量。

实验室重视合作交流工作，加强与国内外知名高校、科研院所的科研合作，联合申请课题，合作项目开发；聘请国内外知名学者担任实验室客座研究人员或学术顾问，互派科研人员合作进行科学研究，积极接纳优秀访问学者来实验室从事合作研究。与国外研究机构开展深入合作，开展多项国际合作研究项目，建立了日本弘前大学大连理工大学办事处。2014 年期间，参加国际学术会议 20 余次。参加国内学术会议 30 余次。

【水产品安全教育部重点实验室（中山大学）】 该实验室以中山大学为依托，通过整合生物技术、水生生物学、环境化学、公共卫生与预防医学等优势学科资源，由教育部于 2009 年批准建设而成，是一个完善的水产品安全研究平台，2012 年 12 月正式通过教育部验收。实验室重点针对水产养殖动物原初产品生产中质量安全标准研究滞后、直接相关疾病问题突出、养殖管理难度大等关键问题开展研究，主要研究方向包括：①水产安全养殖标准化与技术，②水产品质量安全标准研究和评价，③水产品安全与人体健康。

实验室现已形成一支由 45 名固定科研人员组成的结构合理的学术梯队，教授 24 名（博士生导师 17 人），副教授 13 名，讲师 3 名，高级工程师 1 名，高级实验师 1 名，中级实验师 2 名，助理实验师 2 名。其中，何建国教授、鲁统部教授、欧阳钢锋教授、陈雯教授及凌文华教授获得了国家杰出青年科学基金，何建国教授为“新世纪百千万人才工程”国家级人选，栾天罡教授为教育部“新世纪优秀人才支持计划”获得者，陈雯教授和陈保卫副教授入选了中科院“百人计划”，贺竹梅教授为首届“谈家桢遗传教育奖”获得者。

实验室拥有包括由水生经济动物研究所、测试中心提供的 5982 平方米实验场所以及 10662.48 万元以上仪器设备，其中 50 万以上大型仪器原值 2480.36 万元，包括 HPLC、GC、Orbitrap LC-MS/MS、单四极杆 GC-MS、热裂解 GC-MS、EI-MS、HRMS、GC-MS/MS、FTIR 等水产品质量安全领域常用的大型贵重分析测试仪器设备，研究条件达到国际水平。

2014 年，实验室承担各类科研项目共计 87 项，其中新增项目 19 项，合计获得科研经费 1775.15 万元。其中，国家“973”课题 2 项、国家科技计划项目 1 项、国家重点基础研究发展计划 1 项、国家杰出青年科学基金 2 项、国家自然科学基金重点项目 2 项和面上项目 24 项、国家自然科学基金优秀青年科学基金项目 2 项、国家海洋公益项目 2 项、国际海域资源调查与开发“十二五”计划项目 1 项、省部级项目 7 项、厅局级项目 28 项，横向项目 15 项。其中，与深圳大学，香港城市大学合作研究的“藻菌对水环境污染物的去除效应与机制”项目获得广东省科学技术奖（自然科学）三等奖，栾天罡教授为第三完成人。

2014 年，实验室发表高水平论文 45 篇，其中 SCI 收录论文 40 篇，EI 收录论文 10 篇，国内核心期刊论文 5 篇。实验室申请相关专利 2 项，授权相关专利 8 项，其中发明专利 6 项，实用新型专利 2 项。共计培养了博士后 1 名，博士研究生 8 名，硕士研究生 39 名。

2014 年，实验室充分利用科研平台运营资金，与香港浸会大学、华南农业大学开展合作，设立了“深海贻贝贝壳的蛋白质组学初步分析”、“基于环保生态系统的凡纳滨对虾高效养殖技术”、“基于免疫蛋白组学的刺激隐核虫免疫抗原筛选”三个开放基金项目，让优秀年轻学者的学术研究获得经费支持。

2014 年，实验室致力于开展水产品安全相关的高水平国际学术交流与合作，共有 24 人次参加了包括“中国水产学会鱼病专业委员会学术讨论会”、“The 10th International Symposium on Persistent Toxic Substances”、“第五届中国对虾产业发展论坛”、“第四届‘全国石斑鱼类繁育与养殖产业化’论坛”、“2014年度水产育种学术研讨会”、“2014 海洋科学年会暨海峡两岸海洋科学研讨会”、“第十届海峡两岸海洋科学研讨会”等国内外多个学术会议，并作出了精彩的学术报告。

【应用海洋生物技术教育部重点实验室（宁波大学）】 该实验室于2005年被批准立项建设，于2008年2月正式通过教育部的验收，并向社会开放运行。实验室现有固定人员111人，其中正高37人，副高42人，博士72人；实验室面积5500平方米，实验条件优良、设施完备，现有仪器设备3535台/套，仪器总值达8127万元。实验室主要研究方向有：海洋生物活性物质和水产品高值化、海洋生物基因资源的研究与开发、海水养殖生物优良种苗的繁育和种质保存、海洋环境保护与生物修复。

2014年实验室新增各类科研项目140项，其中国家级项目38项，省部级以上项目30项，科研经费达3626万元。实验室人员公开发表论文342篇，其中SCI/EI收录论文127篇；申请专利77项，授权发明专利50项；获浙江省科学技术奖3项，宁波市科技进步奖2项。实验室人员在参与科技创新活动、推进科技合作等方面作出了突出贡献，2人获得浙江省农业科技成果转化推广奖。

2014年实验室培养博士2人，硕士生153人，授予学位155人；招收博士生20人，硕士生203人。实验室举办各类继续教育培训班8次，为地方培养海洋经济发展所需人才达1500多人次。2014年实验室承办“中美海洋生物医药产业高级论坛”、“2014年第二届微生物生态与海洋环境论坛”暨“海洋环境生态检（监）测评价技术‘十三五’发展战略研讨会”等学术会议，邀请了30多位专家学者作学术报告，实验室研究人员参加了各类国内外学术会议30多人次，营造了浓厚的学术氛围。2014年实验室还组织参加了“第二届国际海洋科技与海洋经济专题展览”、“第十二届中国•海峡项目成果交易会——海洋高新产业科技成果展”、“第十一届中国—东盟博览会”、“杨凌农高会”、“2014中国海洋经济博览会”等成果展示，为深层次产学研合作及成果转化打开了更多的渠道。实验室加强与地方政府和企业的合作，与地方签署共建技术合作中心3家，为加快实验室的科技成果转化与应用提供了良好的合作平台。

【大洋渔业资源可持续开发教育部重点实验室（上海海洋大学）】 该实验室于2008年10月经教育部批准建设，2012年9月教育部批复通过验收。截至2014年12月，实验室共有专职科研人员36人，其中教授13人、副教授17人。科研人员中具有博士学位32人（占总人数的75%），博士生导师9人，硕士生导师21名。实验室占地面积3300平方米，仪器设备总价值9000余万，其中价值万元以上的1000余件。

实验室围绕大洋渔业资源开发过程中涉及的开发对象、开发地点和开发手段等三个主要内容，结合捕捞学科和渔业资源学科的发展前沿和趋势，对接国家战略目标和我国大洋性公海渔业产业需求，设置了渔业资源数量变动机制及开发策略、高效节能生态型捕捞技术、基于3S的渔情预报技术等三个研究方向，开展大洋渔业资源可持续开发的基础性与应用性研究。

2014年，实验室新增科研项目110余项，科研经费总额超过1400万元。其中，新增国家自然科学基金项目3项，农业部科研计划项目21项，国家海洋局科研计划项目6项，上海市科学委员会“技术创新”项目1项，上海市教育委员会“曙光计划”人才项目1项，上海市教育委员会“科研创新”项目3项等。

2014年，实验室共发表学术论文128篇，其中SCI检索论文16篇,EI检索论文2篇,CSCD核心期刊论文90篇。出版著作7部，获得授权专利27项，其中授权发明专利5项。获得软件著作权11项。获得省部级科技成果奖2项,其中国家海洋局海洋科学技术奖一等奖1项，中国海洋工程科学技术二等奖1项。

2014年，实验室科研人员参加国内外学术会议82人次，其中国际学术会议47人次，国内学术会议35人次。其中，朱清澄教授在4月份应邀赴山东海洋资源与环境研究院开展交流与合作，并作有关我国远洋渔业发展的报告，详细分析了我国远洋渔业的发展现状和未来发展方向；许柳雄教授受农业部指派在5月份随中国代表团出席了印度洋金枪鱼委员会第11届执法分委员会会议。同时，实验室加强青年人才培养，年度内到国外大学访学进修的青年教师 3 人，其中 1 年期进修的 2 人；到国内省市挂职进修学习的 2 人，进修期均为 1 年。

【水产种质资源发掘与利用教育部重点实验室（上海海洋大学）】　该实验室于 2005 年 8 月经教育部批准立项建设，2008 年 7 月通过教育部验收并对外开放。截止 2014 年底，实验室有科研人员 61 人，其中教授 21 人（博士生导师 16 人），副教授 21 人，讲师 17 人，实验室技术管理人员 5 人。科研人员中入选国家“千人计划”2 人次，国家杰出青年基金获得者 1 人次，上海市“千人计划”1 人次，上海市“东方学者”5 人次。实验室占地面积 4059 平方米，其中科研用房 3435 平方米。实验室建立了高通量测序分析、细胞学分析、模式生物、生物信息学等 4 个技术平台，仪器设备 1800 多台（套），总价值 5912.4 万元，其中 10 万元以上大型设备仪器 90 台（套）。

实验室以海洋生物多样性基础理论研究为主要内容，为海洋生物资源保护和利用提供支撑作为主要发展目标。主要研究方向内容有：①水产动物分子进化研究，侧重南北极鱼类、青藏高原裂腹鱼等高寒、低氧的逆境水产动物基因组的分子进化研究；②鱼类化学生理、信息素通信、鱼类信息素调控，鱼类生殖及应激内分泌调控以及内分泌干扰物对鱼类和虾类生殖相关基因表达，性别决定关键酶类和性激素水平的影响研究；③条斑紫菜自由丝状体发育调控与无贝壳育苗新技术研究，坛紫菜良种选育技术研究。

2014 年，实验室新增科研项目 33 项，科研经费总额 1038 万元。发表学术论文 153 篇，其中 SCI 检索论文 57 篇，中文核心期刊论文 81 篇。获得授权专利 16 项。

2014 年，实验室科研人员晋升教授 1 人，晋升副教授 2 人，入选“百千万人才工程”国家级人选 1 人，引进英国阿伯丁大学邹钧教授并入选上海市“千人计划”。实验室招收培养博士研究生 8 人，硕士研究生 66 人；毕业博士生 5 人，硕士生 48 人，出站博士后 2 人。截至 2014 年 12 月，实验室在站博士后 2 人，博士研究生 21 人，硕士研究生 207 人。

2014 年，实验室科研人员参加国内外学术交流会议 17 人次，邀请同行专家学者到实验室开展合作交流 20 多人次，邀请国内外知名专家学者来访并主持召开学术报告会 20 多场次。同时，实验室加强与美国奥本大学、密歇根州立大学、马里兰大学、伊利诺伊大学香槟分校，日本东京海洋大学、北海道大学，葡萄牙阿尔加夫大学等国外著名高校的交流，开展了学科建设、人才培养等方面的实质性合作，并与 10 多位专家进行了实质性的学术访问与交流。

【滨海湿地生态系统教育部重点实验室（厦门大学）】　该实验室于 2007 年底获得批准建设，2008 年 7 月通过建设论证，2011 年 11 月通过教育部验收正式运行。实验室的功能实验室总面积约 6500 平方米，拥有仪器设备超过 8000 万元。实验室下设红树林湿地生态学、微生物生态学、微藻生态学、动物生态学、水域生态学、植物分子生态学、环境与生态组学、环境水化学与生物地球化学、污染生态学、环境毒理学、水污染修复与治理等 11 个功能实验室。功能实验室与其他公共平台共同构成了良好的室内科研与教学服务平台，为实验室高水平的科研与教学提供硬件支撑和保障。

实验室拥有固定人员 45 人，流动人员 17 人。固定人员中，博士生导师 21 人，教授 25 人，副教授、助理教授 20 人，行政人员 1 人。科研队伍中 90%以上具有博士学位，其中中科院院士 1 人，长江学者 1 人，杰出青年基金获得者 3 人，科技部中青年科技创新领军人才 2 人，闽江学者特聘教授 1 人，厦门大学特聘教授 2 人，青年千人计划获得者 2 人，国家优秀青年科学基金获得者 1 人，教育部新世纪人才 7 人。

实验室立足国家对沿海区域生态安全与保护的重大需求，以多学科交叉为基础，以全球变化为背景，主攻亚热带滨海湿地生态系统的结构、生态功能及环境修复研究，从平台建设、人才培养到科学研究和技术应用等多个层面，全面提升我国滨海湿地生态学研究和资源保护与应用的总体水平，带动滨海湿地生态学研究和资源可持续利用的全面发展，服务海峡西岸经济区的建设，提高我国在国际湿地生态学研究中的地位，为我国解决亚热带、热带地区滨海湿地环境污染和生态退化问题提供科学依据。

2014 年度，实验室共到位科研经费 2790 万元，新增科研项目 38 项，新增合同经费约 2273 万元，其中承担国家自然科学基金重点项目 1

项，国家自然科学基金面上项目 7 项，国家自然科学基金联合基金项目 1 项，其他项目 31 项。2014 年度，实验室共到位科研经费 2790 万元，新增科研项目 38 项，新增合同经费约 2273 万元，其中承担国家自然科学基金重点项目 1 项，国家自然科学基金面上项目 7 项，国家自然科学基金联合基金项目 1 项，其他项目 31 项。

2014 年实验室成员 1 人获批“国家杰出青年科学基金项目”，并入选科技部中青年科技创新领军人才，4 人入选福建省高等学校新世纪优秀人才支持计划，1 人荣获第三届“曾呈奎海洋科技奖”青年科技奖。

实验室依托厦门大学环境与生态学院、生命科学学院、海洋与地球学院开展人才培养工作，依托学科为环境科学、海洋科学、水生生物学和动物学国家重点学科以及生态学福建省重点学科，是我国滨海湿地和海洋环境科学领域人才培养的重要基地之一。2014 年，重点实验室目前在读博士生 98 人，硕士生 195 人。2014 年共有 51 名硕士生毕业，20 名博士生毕业。

2014 年实验室成功共同主办“第一届流域城镇化生态与环境响应国际研讨会”，国内外近百名生态环境领域学者参加会议；举办 2 场“南强讲座”、10 讲“香山论坛”、28 期 “生态与环境讲坛”系列讲座，40 余位海内外领域知名学者到访交流。实验室成员出访交流频繁，2014 年实验室成员出访美国、英国、日本、韩国、台湾等国家和地区进行短期访问达 30 余人次，参加国内外学术会议达 80 余人次。

【水声通信与海洋信息技术教育部重点实验室（厦门大学）】　该实验室于 2005 年 12 月获教育部批准建设，2009 年 7 月通过教育部验收，并正式开放运行。实验室瞄准国际水声通信及海洋信息技术前沿问题，直面国家海洋资源开发与国家安全的重大需求，以台湾海峡及其毗邻海域为典型研究区域，主攻水声通信及海洋信息技术，建立基于浅海域声信道及通信技术的研究体系，深入开展水声通信及海洋信息应用技术研究。实验室分两个研究方向 6 个研究重点。研究方向一：水声通信，研究重点①海洋声场声信道②水声通信与网络③多媒介立体通信；研究方向二：海洋信息技术，研究重点④海洋遥感、研究重点⑤海洋数值模拟与分析、研究重点⑥声信息与声探测。

2014 年实验室共承担各类科研课题 81 项，经费 5710.6 万元；其中，2014 年新增课题 31 项，经费 1451.5 万元，包括国家海洋局项目 1 项、国家自然科学基金课题 9 项，福建省高校产学项目 1 项，厦门南方海洋研究中心海洋产业核心和关键技术攻关项目 1 项、中央高校基本科研业务费专项课题 1 项，横向课题 18 项；延续在研课题 50 项，经费 4259.1 万元。2014 年共发表论文 37 篇，其中 EI 收录 25 篇，SCI 收录 10 篇。2014 年度获授权专利 6 项，申请专利 36 项，获软件著作权 4 项。

实验室现有固定研究人员 34 人，其中教授 13 人（博士生导师 10 人）、副教授 11 人、助理教授 10 人；另有技术人员 18 人，行政人员 3 人，流动人员 17 人。实验室固定研究人员中，有国家教委跨世纪优秀人才 1 人，教育部新世纪人才 1 人，福建省新世纪优秀人才 2 人，厦门大学特聘教授 1 人。研究人员的平均年龄 39 岁，45 岁以下占 70%；已形成了一支以高水平学术带头人为核心、中青年科学家为中坚力量、年龄结构合理、团结向上、充满活力的科学研究队伍。许多年轻骨干已经挑起重担，成为各自领域的学术带头人。

实验室以水声通信与海洋信息技术相关学科为依托，在完善本科、硕士、博士、博士后培养体系的基础上，以科学研究为平台，通过国内外合作与交流以及直接参与国家高层次科研项目培养高质量的研究生。2014 年培养毕业博士生 4 名、硕士生 42 名；培养在读博士后 1 人，博士生 46 人，硕士生 142 人。

【海岸与海岛开发教育部重点实验室（南京大学）】　该实验室以海岸海洋地貌沉积过程和陆海环境多时间尺度的变化规律为基础，以河流和大气在海陆环境中的作用与海陆相互作用机制为科学目标，围绕地球系统科学理论，着重研究关于海洋和陆地环境变化和相互影响、陆海环境变化对人类活动影响以及人类活动对陆海环境变化的作用等方向的核心科学问题。

该实验室坐落于南京大学仙林校区昆山楼，面积近 3000 平方米，已经建成了包括海岸动力调查、地球物理、车载流动实验室等野外勘测系列装备；同时也建成了包括沉积物的粒度和矿物分析实验室、微古和孢粉分析实验室、地球化学实验室、环境磁学实验室、树轮宽度与气候实验室、光释光测年实验室、激光剥蚀同位素质谱（U-Pb 系）测年实验室、210Pb 和 137Cs 放射性同位素测年实验室以及海洋地理信息系统实验室与气候模拟实验室等系列室内分析实验室。从而形成了从海陆环境资源调查、样品采集、到室内实验测试分析、再到 GIS 计算分析、规划与决策模拟的一整套完整体系。

2014 年，实验室共有固定人员 47 人，其中教授 18 人，副教授和讲师 22 人、工程技术人员 7 人。其中共包括中国科学院院士 1 人，长江学者特聘教授 3 人，国家杰出青年基金获得者 3 人。

2014 年实验室共承担了国家和省部级各类科研项目 60 多项，其中包括国家自然科学基金项目 29 项、科技部国家重大科学研究计划项目 1 项、973 计划课题 3 项、国家公益性行业科研专项项目 1 项、省部级科研项目 18 项、横向课题 9 项以及国际科技合作项目 4 项。

2014 年该实验室参与建立了中国南海协同创新中心，组建了“南海资源环境与海疆权益研究”平台。新增长江特聘教授 1 名、引进外专千人 1 名；1 人获得 2014 年度国家优秀青年科学基金项目资助。共发表论文 100 余篇，其中 SCI/SSCI 收录论文 52 篇，软件著作权 2 项，出版专著 3 部。

【海岸灾害及防护教育部重点实验室（河海大学）】　该实验室于 2005 年 12 月经教育部批准，依托河海大学进行建设。实验室实行“开放、流动、联合、竞争”的运行机制，针对我国海岸灾害及防护应用基础理论的研究和高新技术的开发，凝练了“海岸灾害形成及发展机制”“海岸灾害预测与预报”“海岸灾害工程防护”和“海岸灾害评估与应对管理”等 4 个研究方向。

实验室现有固定研究人员 32 人，专职技术支撑与管理人员 5 人，其中，教授 15 人，具有博士学位人员 27 名，入选省部级各类人才计划 15 人次。实验室拥有实验用房 5800 平方米、办公用房 1000 平方米，投入设备购置经费 1100 万元和运行经费 200 万元，初步形成南通市东灶港蛎蚜山自动海洋观测站、波浪与建筑物相互作用实验、河口海岸泥沙特性实验和海岸风暴潮灾害数值预报等 4 个研究平台。

2014 年度，实验室新增“国家杰出青年科学基金”获得者 1 人，江苏省级“青蓝工程” 2 人。新增 15 项国家自然基金项目，新增科研合同经费 4611.59 万元；发表论文 150 多篇，其中被 SCI 收录论文有 43 篇次，被 EI 收录论文有 80 篇次；获授权发明专利 6 项，授权实用新型专利 11 项，批准登记软件著作权 10 项；新增受理申请发明专利 41 项，实用新型专利 9 项；参与获得国家科技进步二等奖 1 项。新增“气候变化条件下洪水灾害的集合化评估”和“气象海啸激发港湾共振的数值和物理模型研究” 2 项国际合作项目；与日本京都大学防灾研究所签订学术交流与合作协议，与新西兰奥克兰大学工程学院签订合作备忘录；成功举办国际水利与环境工程学会河海大学学生分会第三届第一次会议；邀请 20 人次国外著名学者来进行交流，为师生作了多场学术报告。

【青岛海洋国家实验室（中国科学院）】　2014 年，青岛海洋国家实验室建设进度加快，一期工程已投入使用，二期工程已竣工，三期工程已封顶，预计 2015 年底竣工。青岛海洋国家实验室成立了第一届理事会，陈宜瑜院士任理事长。功能实验室建设任务书和平台建设任务书通过专家论证。起草了《海洋国家实验室理事会章程》、《海洋国家实验室平台建设运行管理办法》、《海洋国家实验室功能实验室建设运行管理办法》及《海洋国家实验室功能实验室经费使用管理办法》等文件草案，并制定了海洋国家实验室 2015 年度工作计划。

【热带海洋环境国家重点实验室（LTO）（中国科学院）】　该实验室依托于中国科学院南海海洋研究所， 2014 年顺利通过科技部组织的验收，完成国重建设的任务目标。LTO 围绕整体发展目标，坚持以人为本，打造和谐、创新型研究团队，被中共广东省委、广东省人民政府授予“广东省文明单位”称号。2014 年，实验室在科研产出、队伍建设及人才培养、国际合作交流等方面成绩斐然。发表学术论文 115 篇，其中 SCI 收录 101 篇。科研成果“南海与邻近热带区域的海洋联系及动力机制”获得国家自然科学二等奖；结合南海区域海洋数值模式和资料同化技术，实验室完成了系列“南海及其邻近海域海洋环境数据产品”的研制工作，于 11 月正式交付相关部门投入业务使用。由 LTO 领衔，中科院与国家外专局共同支持，集聚美、澳、港等地海洋学家共同申请的“热带海洋环流多尺度动力过程”创新国际团队项目开始运行。本年度，实验室获批“国家自然科学基金优青项目”1 项、“广东省自然科学基金杰青项目”1 项；入选国家中组部 “万人计划”科技创新领军人才 1 名、广东省“百名南粤杰出人才培养工程”1 名、科技部“创新人才推进计划中青年科技创新人才”1 名；广州市“珠江科技新星”2 名；获中科院院长优秀奖 1 名。

【国家海洋局海洋沉积与环境地质重点实验室（国家海洋局第一海洋研究所）】 该重点实验室以国家海洋局第一海洋研究所为依托单位，于 2002 年经国家海洋局批准成立。实验室实行主任负责制，注重发挥学术委员会的学术指导作用。现任实验室主任为石学法研究员，学术委员会主任为秦蕴珊院士。重点实验室是青岛国家海洋科学技术实验室海洋地质过程与环境功能实验室的牵头组建单位。

重点实验室下设粒度与悬浮体、碎屑矿物、微体古生物、元素地球化学、同位素地球化学、土工、岩心无损测试、重磁和地震探测等专业实验室，还设有地球物理数据处理中心和海洋地质样品库。重点实验室现有重力仪、磁力仪、海底地震仪、多接收同位素质谱仪、环境扫描电子显微镜、X 射线衍射仪、电感耦合等离子质谱仪、多参数岩心扫描测试系统、电子探针等调查与测试分析仪器设备 110 余台/套。

经过十余年的建设，重点实验室在上级主管部门和依托单位的大力支持下，对科技人员的专业结构和年龄结构进行了合理调整，基本形成了一支以中青年科学家为主体、学科发展齐全的海洋地质地球物理调查与研究队伍。现有固定科研人员 66 人，其中包括研究员（教授级高工）18 人（博导 5 人），副研究员（含高工）24 人，助理研究员（含工程师）20 人，研究实习员（含助理工程师）4 人，中青年科研人员（45 岁以下）占总人数的 85%。

根据海洋地质学科的发展前沿、国家需求、依托单位的优势和支撑条件，以及组建海洋国家实验室海洋地质过程与环境功能实验室的机遇，重点实验室设立 5 个研究方向：①海岸带陆海相互作用过程；②海洋沉积与全球变化；③海洋地球物理场与岩石圈动力学；④深海成矿作用与矿产资源评价；⑤海底探测和信息技术。在海洋环境地质方面，实验室着重于海洋沉积过程、过去全球变化的海洋记录及其环境效应、海岸带演变过程及工程地质与灾害地质研究；在海洋沉积与矿产资源研究方面，实验室侧重于大洋富钴结壳和热液硫化物成矿作用研究；与此同时，还开展了对资源与环境有重大影响的海底岩石圈的演变、海底构造等学科前沿领域的研究工作；在海底探测技术方面，实验室着力发展海洋沉积物取样技术、高分辨率地震探测技术、海底地形探测技术，并大力开展沉积物现场测试技术、海底样品保存技术和海洋地质地球物理综合信息解释技术，形成完善系统的海底探测技术体系。以此为推动我国海洋地质科学的发展做出积极贡献，为我国经济建设及社会发展提供决策依据和建议，为实现国家海洋局的职能提供技术支撑。

近年来，重点实验室的调查研究区遍及河口海岸带、陆架、边缘海、大洋和南北极地区，在陆架泥质沉积作用、西太平洋边缘海沉积特征与古环境演化、边缘海地球物理特征及构造演化、海底多金属成矿系统和海底探测技术等方面形成了一些特色研究成果。并与俄罗斯、德国、法国、泰国、马来西亚、印度尼西亚、韩国等十几个国家和地区的海洋研究机构建立了良好的合作关系。

【国家海洋局海洋环境科学和数值模拟重点实验室（国家海洋局第一海洋研究所）】 该实验室以国家海洋局第一海洋研究所为依托单位。现任实验室主任为乔方利研究员，学术委员会主任为王斌研究员。实验室现有科研人员 56 名，其中中国工程院院士 2 名，美国工程院院士、中国工程院外籍院士 1 名，研究员 11 人，副研究员 15 人。具有博士学位的 34 人，45 岁以下科研人员占 80%以上。享受政府特殊津贴 6 人，百千万人才 2 人；在读博士研究生 10 人，在读硕士研究生 18 人，在站博士后 4 人。

实验室面向国家经济可持续建设、海洋减灾防灾等重大需求，以增进对中国近海及全球大洋重要海洋动力过程及其规律的认识、提高海洋学研究对国家可持续发展能力等为主要工作目标，以物理海洋学为主要研究范畴，涉及海洋环境科学相关的交叉性前沿领域。实验室综合应用数学、物理学方法，发展海洋调查技术、数据分析技术、数值模拟技术和信息技术，以现场调查、实验、海洋遥感和数值模拟为主要研究手段，研究海洋环境及其演变机理。自实验室成立以来，提出海洋动力系统研究思路，自主发展了海浪、风浪流耦合等先进的数值模拟体系并实现业务化运行。在波浪动力学、近海及大洋环流、潮汐潮流、全球气候变化等学科领域取得了多项高水平研究成果。在推动海洋科学与技术进步的同时，为近海工程、海上油气田开发和海洋安全等领域提供了高水平科技支撑。目前设立"区域海洋动力学"、"海洋数值模拟与数据分析技术"、"海洋调查和实验技术"和"海洋动态信息技术"等 4 个学科方向。

2014 年，实验室共获批国家自然科学基金、科技部和海洋局专项课题等 12 项，在研项目 40 余项。主要在研项目包括：国家自然科学基金委山东省人民政府国家海洋中心联合资助项目"海洋环境动力学和数值模拟"，国家重点基础研究发展计划项目课题"南海环流和海峡水交换对海气相互作用的影响"，国家 863 重大项目课题"南海及周边海域风浪流耦合同化精细化数值预报与信息服务系统"，科技部国际合作项目"中印尼合作南海—西印尼海—印度洋水交换及其气候效应"，国家海洋局海洋可再生能源专项资金项目"波浪能重点开发利用区资源勘查和选划"等。

以"海洋环境科学和数值模拟国家海洋局重点实验室"为主体的"区域海洋动力学和数值模拟功能实验室"列入青岛海洋科学与技术国家实验室八个功能实验室之一，该功能实验室以解决国家可持续发展对海洋环境与防灾减灾的重大需求为宗旨，以提高海洋环境观测和监测能力，加深对中国近海及全球大洋若干关键区域的海洋现象、过程及其规律的认识，发展新型海洋与气候数值模式，提升海洋环境预报和气候变化预测能力为核心工作目标。"区域海洋动力学和数值模拟功能实验室"也获得了国家自然科学基金委—山东省人民政府国家海洋中心联合资助项目支持。青岛海洋科学与技术国家实验室的启动将为本重点实验室的发展搭建高起点的国家级平台。

2014 年度，海洋环境科学和数值模拟国家海洋局重点实验室承办国内、国际学术研讨会 3 次："联合国教科文组织政府间海洋学委员会海洋动力学与气候区域培训与研究中心 ODC 第三届培训班""'中韩海洋核安全监测及预测系统研究'第三次中韩联合研讨会和中国工程院论坛""海洋预测预报战略研究研讨会暨海洋在气候变化中的作用论坛"。该实验室科学家共参加国内外学术交流 30 余人次。该年度接收刊用或正式发表文章 58 篇，其中 SCI/EI 收录文章 26 篇。

【国家海洋局海洋生态环境科学与工程重点实验室（国家海洋局第一海洋研究所）】　实验室以国家海洋局第一海洋研究所为依托单位，负责人是马德毅研究员。实验室目前有固定研究人员 56 人，其中 22 人具有高级职称，23 人具有博士学位。在站博士后 2 名、在读研究生 10 名。实验室以海洋生态学和海洋环境科学为基础，通过现代海洋调查和观测，研究海洋中的主要生态过程和生源要素生物地球化学循环过程及其对自然变化和人类活动的响应，揭示海洋环境与生态系统演变的机理，为维护海洋生态安全和生态系统的有效利用与管理提供科学支撑。主要学科方向为海洋生物地球化学循环、海洋生物多样性与保护、海洋生态安全、海洋生态灾害机制与对策、海洋生态系统综合评价、海洋生态规划、保护与管理等。

实验室拥有各类各型实验与野外科考仪器设备总价值达 2000 万元，2014 年新增仪器设备总值 200 万元。2014 年在研及新获批国家级、地方和国际合作研究课题 70 余项，研究经费约 3800 万元。2014 年度，重点实验室开放基金资助项目 6 项。2014 年重要研究项目包括：国家自然科学基金项目、973 项目课题、全球气候变化与海气相互作用专项项目、海上合作基金建设项目、极地专项、海洋公益性行业科研专项子任务或子课题、山东省科技创新项目，以及社会化服务项目等。2014 年该重点实验室发表论文和专著 45 篇/部，其中 SCI、EI 收录论文 15 篇；申请专利和软件著作权各 1 项。

【国家海洋局海洋生物活性物质与现代分析技术重点实验室（国家海洋局第一海洋研究所）】　该实验室以国家海洋局第一海洋研究所为依托单位，负责人是王保栋研究员。实验室目前有固定研究人员 36 人，其中 20 人具有高级职称，33 人具有硕/博士学位。实验室主要以极端海洋环境（包括南北极、深海底部、河口咸淡水交混处和滨海盐碱荒滩）中生物活性物质为主要研究对象，以现代生物技术为手段，进行生物活性物质有关的基础理论研究和应用基础研究。积极研究开发海洋食品、保健食品、药品、农业增产剂和杀菌剂、生物功能材料和精细化学产品等，并积极推进研究成果的产业化。同时利用现代分析仪器为支撑，以化学、生物分析方法及技术为手段，解决生命科学、海洋科学、环境科学及信息材料科学中相关问题，大力发展环境检测监测、生物活性物质的分离、结构鉴定、活性检测技术等研究。主要学科方向为海洋特殊生境生物及其基因资源；海洋生物活性物质研发；海洋环境分析检测与监测技术。

目前实验室占地 2200 多平方米，拥有比较完备的生物活性物质研发所需的各类现代分析及生物仪器设备，共计 80 余台套，总价值达 3300 余万元。2014 年度新增仪器设备 6 台套，价值 120 多万元。青岛市海洋经济创新发展区域示范项目“青岛海洋生物医药分析测试与中试研发公共服务平台”进展良好。2014 年度在研及新申请国家级和省市研究课题40余项，研究经费约1800余万元。2014 年度，重点实验室开放基金资助项目 5 项。2014 年研究课题包括国家自然科学基金项目、973 子课题、极地专项项目子课题等研究项目。2014 年度发表论文 53 篇，其中 SCI 收录论文 25 篇；申请国家发明专利 3 项；获极地研究青年优秀论文奖和极地科学优秀论文三等奖各 1 项；硕士研究生李兆永获国家奖学金。

【国家海洋局海洋数据分析与应用重点实验室（国家海洋局第一海洋研究所）】 该实验室以国家海洋局第一海洋研究所为依托单位。现任实验室主任为美国工程院院士、中国工程院外籍院士黄锷研究员，学术委员会主任为中国科学院院士丁仲礼研究员。实验室现有研究员 2 人，副研究员 1 人，助理研究员 3 人，硕士生 1 人。

实验室主要围绕自适应数据分析方法、海洋与气候变化数据分析和海洋与气候系统预测技术开展研究工作，取得一批原创性成果，在国际国内影响重大的期刊上发表多篇学术论文。实验室还先后承担了国家级省部级等 10 余个科研项目，包括国家“973”项目，国家自然科学基金面上项目，国家自然科学基金青年基金等。“自适应数据分析方法及应用”列入青岛科学与技术国家实验室中功能实验室“区域海洋动力学和数值模拟功能实验室”研究方向之一，这必将促进国家海洋局海洋数据分析与应用重点实验室的快速发展。

实验室非常重视国内外学术交流。2014 年 12 月份与“海洋环境科学和数值模拟国家海洋局重点实验室”共同筹备并成功召开了中国工程院论坛：“海洋预测预报战略研究项目研讨会暨海洋在气候变化中的作用”，中国工程院丁一汇、黄锷、潘德炉、宋君强、袁业立等院士，美国海洋大气局资深研究员王春在，中国工程院二局副巡视员王元晶出席本次研讨会。会议主题为“深海海洋观测、模拟与预测工程前沿技术研究”。袁业立院士做了题为《海洋动力系统导论》的特邀报告，指出海洋动力系统目前存在的问题及发展方向。黄锷院士作了题为《数据分析在海洋中的应用》的特邀报告，探讨了数据分析技术应用于湍流现象的发展。国家海洋局第一海洋研究所乔方利研究员，美国海洋大气局（NOAA）AMOL 实验室的王春在研究员、中国海洋大学田纪伟教授、国家海洋局第一海洋研究所戴德君研究员、中国海洋大学荣增瑞副教授分别汇报了全球气候模式的发展和应用、全球气候模式的偏差效应、深海观测和实验室观测以及波浪的混合效应等方面的最新研究动态和进展。本实验室还多次派出成员参加国际会议，国际培训班等学术活动，并与欧美等国多所大学建立了学术联系，与国内外的交流合作日益增加，营造良好的学术氛围。

【国家海洋局海洋遥测工程技术研究中心（国家海洋局第一海洋研究所）】 该工程中心是由国家海洋局与中国航天科技集团公司协商共建的，以国家海洋局第一海洋研究所、中国航天科技集团公司第九研究院第 704 研究所和中国海监总队为依托单位。工程中心主任：张杰，副主任：李凉海、张汉德。工程中心管理委员会主任：马德毅，副主任：李艳华、吴强。

工程中心的主要任务是开展航天技术海洋应用的总体论证、技术研发、成果转化、装备研制与产业化等工作，包括海洋监视监测、海洋动力过程科学、通信导航、海上电子对抗等方面的技术研究和装备研制等。

工程中心的主要研究方向有：海洋目标微波探测技术、海洋动力过程微波探测技术、天/地波雷达技术、电磁侦察与干扰技术、北斗二代海洋应用、数据传输与通信装备、无人船技术和中尺度声层析技术。

2014 年，工程中心协助基金委信息学部进行了水域信息获取与处理领域“十三五”规划的编制；受国家海洋局科技司的委托，工程中心协助海洋维权公益项目群设计，对有关业务单位、设备研发单位、科研单位进行了调研，形成了《海上安全及权益维护需求分析与公益项目群设计》报告；协助论证成功了海洋公益项目“海上非法舰船SAR和地波雷达立体监视监测应用技术系统”；支持创新青年基金4项；工程中心自主研制的雷达系统已交付用户使用。

【卫星海洋环境动力学国家重点实验室（SOED）】 该实验室前身是国家海洋局海洋动力过程与卫星海洋学重点实验室，集中了国家海洋局第二海洋研究所在物理海洋、海洋遥感和海洋生态等方面的传统优势和人才力量，于2006年7月由科技部批准建设，2010年通过验收。现任学术委员会主任为中国科学院院士吴国雄，实验室主任为国家特聘专家、首批国家海外高层次人才“千人计划”入选者陈大可研究员。

该实验室是国家海洋局系统第一个也是目前唯一的国家重点实验室。作为国家部门公益性研究机构的组成部分，实验室承担着大量的国家专项任务，在注重科学研究的同时强调实际贡献。因此，实验室定位的基本原则是：国家重大需求与科学前沿并重，应用基础研究与基础研究并重，高新技术开发与科学创新并重，打造特色鲜明的、代表国家水平的、具有国际影响力的一流海洋科研基地。实验室设立三个主要研究方向：海洋卫星遥感技术与应用、近海动力过程与生态环境、大洋环流与短期气候变化。实验室的特色主要表现在三个方面：一是有机结合物理海洋学与卫星海洋学，形成了一个国际海洋界非常罕见的学科交叉研究平台；二是开发和集成海洋观测高新技术，在卫星遥感和Argo应用等方面处于国内领先和国际先进水平；三是自主研发军民兼用海洋环境监测和预报系统，满足国防建设和防灾减灾的国家需求。

实验室现有固定人员49人，其中研究人员42人，技术支撑及管理人员7人。研究人员中有中国科学院院士1人，中国工程院院士1人，国家“千人计划”特聘专家2人，国家杰出青年科学基金获得者1人，国家优秀青年科学基金获得者1人，国家“青年千人计划”入选专家1人，基本形成了一支以高水平学术带头人为核心，中青年科学家为中坚力量、团结向上、充满活力的科研团队。此外，实验室还有流动人员25名，包括兼职“海星学者”、客座研究员和博士后研究人员。在团队建设与人才培养方面，实验室2014年取得了突破性进展。何贤强研究员入选2013年创新人才推进计划中青年科技创新领军人才；科技部创新人才推进计划重点领域创新团队“海洋卫星遥感技术创新团队”荣获全国专业技术人才先进集体；毛志华研究员入选国家“万人计划”。

2014年实验室承担各类科研项目123项，其中新上课题32项，结题验收4项。在研项目中，主持和参加973计划课题10项、863计划项目2项、国家科技支撑计划项目2项、科技部科技基础专项1项、国家自然科学基金项目30项（其中创新群体1项、杰青1项、优青1项、重大研究计划重点支持项目2项），海洋公益性行业科研专项10项。获得国家科技进步奖二等奖1项、海洋工程科学技术奖3项（其中特等奖2项、一等奖1项），海洋科学进步奖5项（其中一等奖2项、二等奖3项）、浙江省科技进步奖二等奖1项。2014年SOED共发表科技论文115篇，其中SCI/EI收录91篇；编写专著6部；并获得国家发明专利6项，实用新型专利2项，计算机软件著作权登记10项。

在开放、交流与合作方面，SOED也采取了一些新的举措。修订了开放课题管理办法，对优秀课题进行滚动资助；2014年开放课题共发表论文16篇，其中SCI论文8篇，EI论文2篇；同时经过评审新立项开放课题15项，将在学术委员会审核后于2015年正式启动。SOED还新制定了自主课题管理办法，同时在充分征求意见的基础上，进一步修改和完善了实验室的规章制度，并结集成册供实验室成员参考，以加快实验室管理的规范化、民主化进程。

【国家海洋局海底科学重点实验室】 该实验室成立于1997年，是国家海洋局首批设立的重点实验室之一。实验室以应用基础研究为重点开展创新性研究，以海底构造与事件地质、海底资源与成矿系统和海底探测与信息系统为主要研究方向，揭示海底的基本特征、变化规律与动力过程，重点突破海底演变机制及其对资源环境控制的关键科学问题，发展海底科学的学科理论体系及深海高新技术，为国家宏观决策提供科学依据，成为海底科学合作研究与交流的窗口和载体。实验室依托单位国家海洋局第二海洋研究所，现任实验室学术委员会主任刘光鼎院士，实验室名誉主任金翔龙院士，实验室主任初凤友研究员。

实验室现有固定人员72人，是一支中青年为主、规模适当、年龄结构和专业结构合理的高素质科研队伍。其中，博士生导师10人，硕士生导师22人；研究员23人,副研究员30人。2人入选浙江省特级专家,1人入选“万人计划”,6人入选浙江省“151人才工程”和国家海洋局“双百人才”。6人在国际学术组织任职，11人在国内学术组织担任职务。

实验室通过部门投入和自筹资金不断加大能力建设的投入。拥有的勘测分析设备总值达1亿余元，其中室内数据处理、解译和样品分析测试设备4000余万元。外业设备实行分类管理，完善了海底地形地貌、综合地球物理、海底地震、综合地质、底质环境和深海资源的自主调查能力，突出了精细、近底、可视、快速特色；内业方面，组建了6个专业实验室，形成岩矿分析、同位素分析、原位沉积学分析和综合地球物理解译等内业分析特色。2014年地质实验室大型仪器设备运行正常，运行效率较2013年有大幅提升，开放、共享范围稳步扩大，已开发的实验方法得到成功运用，实验新方法研究也取得突破进展；各实验室实验测试工作逐步实现流程化、标准化。

2014年，实验室圆满完成多项任务的外业调查工作。包括大洋30航次调查，南极周边海域海洋地球物理考察，公益性项目补充调查航次，国家海洋专项两个野外调查航次，海保项目综合地球物理调查等；实验室成员参加完成了国际大洋发现计划IODP 349在南海的航次以及973项目冲绳海槽调查2个航次的科学考察。同时，大洋32航次、西南印度洋深潜调查和南极地球物理调查航次任务正在执行当中。

2014年，实验室承担项目共计7类80余项，包括参加973计划课题4项，863项目2项，国家自然科学基金30项，海洋公益性行业科研专项10项，国家专项26项，维权与国际合作项目4项等。围绕实验室主要研究方向，对外资助开放基金课题6项；发表学术论文48篇，其中SCI、EI来源期刊论文23篇；出版专著3部；获得专利3项，软件登记证书1个。

【国家海洋局海洋生态系统与生物地球化学重点实验室（LMEB）（国家海洋局第二海洋研究所）】 国家海洋局海洋生态系统与生物地球化学重点实验室是在国家海洋局第二海洋研究所原海洋化学研究室、海洋生物学研究室基础上，整合其他相关优势学科组建而成。实验室主要面向我国海洋可持续发展的国家需求和海洋生态环境研究的前沿科学问题，重点开展海洋生态系统结构与功能，生源要素的生物地球化学循环，海洋污染及其生态效应、海洋监测技术和生物技术多学科交叉研究。现任实验室主任为张海生研究员，实验室学术委员会主任为唐启升院士。

实验室现有固定人员63名，其中，研究人员59名，辅助人员4名。拥有海洋化学、海洋生物两个硕士点，招收海洋化学、海洋环境化学和海洋生物学等方向的硕士、博士研究生（联合培养），每年招收硕士研究生8～10名，博士研究生1～3名。目前共有硕士生导师16名，博士生导师2名，已培养硕士研究生90余名。2014年在读硕士研究生20名，博士研究生10名。实验室设置“海洋生态学”，“海洋生物地球化学”，“海洋环境演变与生态效应”、“海洋环境监测与生物技术”四个研究方向，并设有原子吸收、营养盐分析、总有机碳分析、高效液相色谱、气相色谱、海洋标准物质研制与生产、初级生产力、浮游生物、底栖生物、微生物和电镜、无机有机前处理等15个实验室。

2014年，实验室在科学研究、技术开发、项目执行、平台建设、学术交流、人才培养等方面都取得了长足的进展，为实验室今后的健康持续发展打下了坚实的基础。

2014年，实验室共承担各类课题96项，新获批科研项目31项；共发表论文58篇，其中SCI期刊论文20篇，EI期刊论文5篇，学报级论文16篇，核心期刊论文17篇；授权发明专利2项；参加编写专著2部。20人次参加了大洋第30、32和35航次和全球变化与海气相互作用航次调查。10人次参加了南极第29、30航次考察。1人获得全国优秀科技工作者荣誉称号，1人被授予“海洋系统优秀科技青年”，1人入选“青年拔尖人才支持计划”，1人于中国第6次北极科学考察期间，被评为“优秀科考队员”。

2014 年，实验室加大了对公共支撑平台建设的投入，逐渐引入高精密度的分析仪器以及极端环境监测设备，完成了海洋生态环境数据质量保障平台的采购招标工作，此平台的建立将进一步提高实验分析数据质量，更好地服务于国家及地方。加大了人才培养和学术交流的力度，采用请进来走出去的办法进行了频繁的学术交流和互访活动，并以项目形式开展实质性的国际合作。继续开展中德、中法、中巴、中非、中美合作，30 余人次参加了国际重要学术会议，1 人到美国海洋生物研究所（MBL）访问学习，1 人到美国缅因大学开展为期 3 个月的学习和合作研究，1 人到日本名古屋大学开展为期 6 个月的合作研究，2 人赴德国 Sea & Sun 公司学习传感器标定技术，1 人到香港科技大学参加深海大型底栖生物分类标准化培训班。实验室首届“海洋生态系列论坛”也正式启动，邀请了英国南安普顿大学的、美国缅因大学、法国巴黎第六大学、同济大学等国内外海洋界杰出科学家在该论坛讲学论道。同时加强内部交流，多次开展不同团队的学术交流。

【近海海洋环境科学国家重点实验室（厦门大学）】　近海海洋环境科学国家重点实验室（厦门大学）（英文缩写 MEL）于 2005 年 3 月启动建设，2007 年 6 月通过科技部验收，2010 年被评为优秀国家重点实验室。

实验室瞄准与全球变化有关的重大科学问题，直面国家对海洋环境保护和生态安全的重大需求，立足基础研究，以多学科交叉为基础、以技术创新为动力、主攻海洋生物地球化学过程及其与海洋生态系统相互作用，关注在自然变化和人类活动影响下的海洋生态系统对环境变化的响应和反馈。实验室坚持走国际化发展道路，科学研究力求具备国际视野，管理体系参比国际标准，文化建设崇尚自由宽松，努力建设成为具有重要国际影响力的海洋环境科学研究和创新性人才聚集的基地。

【国家海洋局海洋生物遗传资源重点实验室】 2014 年，国家海洋局海洋生物遗传资源重点实验室（厦门市海洋生物遗传资源国家重点实验室培育基地），继续围绕国家海洋发展战略，以深海（微）生物及基因资源调查研究、深海(微)生物资源潜力评估与应用开发以及重要海水养殖生物遗传资源的应用基础研究为本实验室的三个主要研究方向，基础研究与资源开发并重，加强协同创新，充分发挥在海洋生物资源的海上调查优势，积极组织国内优势力量，承担国家重大项目，在实验室运行管理、海上调查、平台建设、基金申请、合作交流、重大项目组织实施等各个方面都有了长足进展。本年度共发表研究论文 73 篇，其中 SCI 收录 56 篇，新申请专利 12 项，获授权 5 项。

2014 年，实验室共完成海洋公益类科研专项、国家自然科学基金、福建省科技计划项目等省部级以上科研项目结题 15 项。新增科研项目 16 项，新增课题合同经费累计 1924 万元；其中国家自然科学基金项目 6 项，牵头了南方中心平台项目；承担 973 项目“超深渊生物群落及其与关键环境要素的相互作用机制研究”。

2014 年，实验室继续发挥大洋生物基因研发基地的带动作用。组织参与大洋 30、32、34、35 航次科学考察，获取了大量珍贵样品；完成了本年度的大洋生物资源调查，加强了基础条件和共享平台建设；加强了中国海洋微生物菌种保藏管理中心与中国大洋生物样品馆的管理。菌种库运行服务良好，新增菌株信息资源 947 株，保藏入库 1034 株(其中收集引进 76 株)，实现了菌种与大洋生物样品的资源共享。

2014 年，实验室继续加强国际、国内合作交流。8 月 24—29 日，派出邵宗泽、曾湘、骆祝华、董纯明和王丽萍赴韩国首尔参加国际微生物生态学学会第 15 次年会（ISME15），就国际上微生物生态领域内最新的研究进展和研究技术方法进行研讨。9 月，派出邵宗泽赴法国参加第四届深海微生物研讨会，讨论深海微生物研究的最新进展，加强合作。11 月 29—30 日，实验室承办第六届全国微生物资源学术暨国家微生物资源平台运行服务研讨会，来自四个国家，近 500 名学者围绕微生物资源，以微生物资源学、微生物系统分类与进化为核心，涉及海洋、工业、农业、医药、环保等多个领域展开交流。

2014 年，实验室继续加强了实验室管理，积极发挥实验室管理委员会作用；并继续加强人才队伍建设，引进两位博士，补充了海洋微生物活性物质研发团队和海洋微生物工业应用研发团队的研究力量。实验室曾润颖研究员被评为福建省科技创新领军人才。

【国家海洋局海洋—大气化学与全球变化重点实验室】 2014 年度，该实验室在研项目共计30项，合同项目经费总额约1473万元，设备购置费约990万元，新增科研项目18项，新增科研合同经费总额约 734.5 万元（其中自然科学基金项目209万元），开放基金资助项目8个，发表学术论文40多篇，申请公示发明专利9项，其中授权2项。联合培养在读博士研究生7人、硕士研究生6人、博士后3人。

2014年，积极组织科研人员参加中国第30次和31次南极考察、中国第6次北极科学考察、2014 年北极黄河站科考、南极长城站科考和西太平洋海洋环境监测预警体系建设第一、二和东海航次，获得大量的现场观测资料。

2014 年，实验室积极参加编制工作。组织科研人员参与《政府间气候变化委员会第五次评估报告第二工作组报告》（IPCC-WGII-AR5）《中国极端气候事件和灾害风险管理与适应国家评估报告》《第三次气候变化国家评估报告》《IPCC- 第五次评估报告第一、二工作组报告（WGI-AR5、WGII-AR5）和综合报告（SYR）》等编写、评估和评审工作。

2014 年，实验室继续推进极区 CO_2 研究工作。在南极 CO_2 研究中，分析得到南极半岛区域的碳酸盐体系分布特征，对南极半岛海域的海-气界面 CO_2 的交换通量及其吸收大气 CO_2 的能力进行了初步评估。在北极 CO_2 研究中，开展北冰洋对全球变暖的响应和反馈研究。在极区 N_2O 研究中，首次获得西北冰洋加拿大海盆数据。

2014 年，实验室成功搭建温室气体走航观测系统，包括温室气体 N_2O 及其同位素、CH_4、CO_2 等观测仪器，以及自主研发的走航观测系统前置装置，现已申请专利。建立温室气体和稳定同位素方法，设计 CH_4 吹扫捕集和温室气体稳定同位素单样测定系统。目前，已经完成初期设计工作。

2014 年，海洋公益性行业科研专项“中国海平面变化预测及海岸带脆弱性风险评估技术与应用：中国近海海平面、相关要素及海洋灾害对气候变化的响应分析”和公益性行业（气象）科研专项“西太平洋暖池与近海对东亚季节—年际气候异常的影响：关于西太平洋暖池和近海海域热力状态和海—气通量变化特征研究”均取得了较好的科研成果，基本完成了承担的研究任务，达到了预期研究目标。“海洋生物功能性产物高值开发关键工程化技术研究与应用”子任务课题：“藻红蛋白生物发光特异抗体关键工程化技术开发与应用研究”试制的藻红蛋白样品具纯度比值高、荧光发射能力强的特性；实施完成藻红蛋白抗体聚联物保藏技术方法研究；完成 400 平方米的海洋藻类规模培养关键工程化技术研发平台建设，形成 4 个重要工程技术研发系统；建立了其他一些重要微藻的规模增殖培养技术系统。

2014 年，科研成果《北冰洋碳循环及其对气候变化的响应》获“福建省自然科学技术奖二等奖”（陈立奇、高众勇、余雯、王伟强）；论文“Distributions and air - sea fluxes of carbon dioxide in the Western Arctic Ocean”获得福建省自然科学优秀论文二等奖（高众勇、陈立奇、孙恒等）；论文“中国东部夏季降水年际变化与东中国海及邻近海域海温异常的关系”被评为“中国精品科技期刊顶尖学术论文（领跑者5000）”（蔡榕硕、谭红建、黄荣辉）；论文《声波与相变耦合促进燃煤细颗粒脱除的实验研究》获中国环境科学学会2014年会优秀论文二等奖（颜金培、陈立奇、杨林军）。

2014 年，实验室继续加强国际国内合作交流。3月3—6日实验室在厦门召开“中韩环南极温室气体监测”研讨会。与美国 Duke 大学 Nicolas Cassar 教授课题组就南大洋 O_2/Ar 走航观测和 N_2O 走航观测方面达成合作意向。与泰国 Chulalongkorn 大学的 Apple Chavanich 博士确认双方在海洋酸化方面的合作意向，提出2015 年召开工作坊的建议。此外实验室派出蔡榕硕、高众勇、詹力扬等多人次科研人员参加了国内外的学习与培训，国际会议交流等。

（国家海洋局第三海洋研究所）

其他研究项目

【厘清海表 pCO_2 网格化数据的不确定性来源】 海—气 CO_2 通量估算是定量评估海洋碳收支及其源汇格局时空变化的重要环节。通常，海—气 CO_2 通量估算是基于海表 CO_2 分压差（pCO_2，即表层海水 CO_2 分压（pCO_2sw）与大气 CO_2 分压（pCO_2air）之差）的测定。由于大气 pCO_2 相对均一恒定，因此海表 pCO_2 的准确测定则成为海-气 CO_2 通量估算的决定性因素。一般计算中的海表 pCO_2 数据是基于现场走航观测数据的网格化处理。其不确定性通常来自于三个方面：①pCO_2 本身的仪器测定误差（analytical error, Em）；②由于 pCO_2 在海表的不均一分布产生的空间变异性（spatial variance, σ2s）；③由于走航采样空间覆盖率不足，以及采样站位并非均匀分布，由采样不足产生的偏差（bias resulted from under sampling, σ2u）。

基于遥感与现场观测数据，王桂芝等研究人员成功地建立了定量估算海表 pCO_2 网格化数据三种不确定性的方法。并将上述方法应用于2009 年 8 月夏季航次东海段走航 pCO_2 数据。结果显示，pCO_2 仪器测定误差（Em）在 0.1～2.2 μatm 之间，仅占总不确定性的 1%。空间变异性（σ2s）在 3.2～77.8μatm 之间，约占总不确定性的 95%，其变化则从近岸向外海递减，最大值出现在长江口外附近，而最小值则位于东海外陆架区域。采样不足造成的偏差（σ2u）与σ2s 变化趋势相同，最大值 10.2μatm，位于长江口外，最小值 0.3μatm，位于东海外陆架区域，其约占总不确定性的 4%。简言之，利用这一方法，本研究组已成功地厘清了海表 pCO_2 网格化数据的三个不确定性来源并进行了定量估算，由 pCO_2 在海表的不均一分布产生的空间变异性是产生不确定性的最主要因素。该方法对于准确估算海—气 CO_2 通量，进而评估海洋碳收支及其源汇格局的时空变化具有十分重要的意义。本成果发表在 Journal of Geophysical research 上。

【区域性海平面变化显明的时间】 胡建宇教授课题组与澳大利亚联邦科学工业研究组织（CSIRO）海平面研究团队合作，于 2014 年 10 月 12 日在 Nature 子刊《Nature Climate Change》上在线发表了题为“Time of emergence for regional sea-level change（区域性海平面变化显明的时间）”的最新研究成果。此项成果是由论文第一作者、海洋与地球学院 2012 级博士研究生吕柯伟同学受国家留学基金委资助，在澳大利亚 CSIRO 联合培养期间完成的。论文的通讯作者为海洋学系 1992 级校友张学斌博士，现为 CSIRO 高级研究员。论文合著者之一，CSIRO 海平面研究团队负责人 John Church 博士为澳大利亚科学院院士，曾担任政府间气候变化专门委员会（IPCC）第三次及第五次评估报告海平面变化一章的主要作者召集人。

海平面上升是气候变化的重要议题之一。在 1901—2010 年期间，全球平均海平面以 1.7 毫米/年的速率上升约 19 厘米；在 1993—2014 年期间，上升速率增加到 3.2 毫米/年。已有研究表明全球海平面上升主要归因于人为气候变化引起的海水热膨胀和陆冰融化。然而，海平面上升在全球范围内并不是均匀一致的，区域性海平面还表现出显著的自然变动，使得在区域尺度上很难将人为引起的海平面变化与自然变动分离开。

通过分析最新发布的气候模型和海平面预测数据，该研究综合了区域海平面变化的各种贡献因素，包括海水热膨胀、海洋对气候变化的动力响应、陆冰融化以及陆地水储量的变化，从而首次估计了气候变化引起的海平面变化超出自然变动范围而显明的时间。研究结果表明，在温室气体排放不会缓解的气候情景下，相对于 1986—2005 年的平均海平面，全球 80%海域的年平均海平面可能会在 2030 年之前超出自然变动引起的年际变化范围。基于同样的方法和模型集合，该研究还第一次指出了区域海平面变化显明的时间要普遍早于表层气温变暖显明的时间，而且在两种温室气体排放方案下表现出较小的差异。

该研究受到国家留学基金委以及国家自然科学基金委项目的支持，也得到了澳大利亚气候变化科学计划（Australian Climate Change Science Program）的资助。

【厦门大学海洋与地球学院承担的国际合作项目】 厦门大学高坤山教授与德国莱布尼茨海洋科学研究所 Ulf Riebesell 教授开展了长期合作，并共同承担基金委重大国际合作项目“我国南海海洋酸化生态效应研究：生态系统水平响应与机制”。2014 年，该项目从室内受控培养，微型生态系统和中尺度生态系统及航次实验等不同的研究尺度上开展研究，探讨了关键生态过程，光合作用、钙化作用及呼吸作用等对酸化的响应，并揭示了其影响机制。通过交流与合作，在厦门五缘湾建成 mesocosm（海洋酸化影响研究中水量试验平台），全球首个使用全太阳能驱动供电，并成为亚洲最大的围隔试验平台。合作研究结果揭示了南海浮游生物生态系统对酸化与其他全球变化因子的复合响应，阐明了呼吸作用、光合作用及脂肪酸β氧化循环等响应CO_2浓度升高及酸化的机制。迄今发表相关论文33篇，含29篇SCI论文。

同时，厦门大学与日本长崎大学石松惇教授合作，共同承担国际科技合作计划项目“海洋生态系统关键过程对海洋酸化的响应及其机制”。该项目将实验室内的微生态系统放大，提升到中尺度生态系统，以探讨海洋酸化及升温对海洋生态系统的影响。通过日方的支持，突破了中尺度生态系统装置的构建和控制技术瓶颈，并结合其海洋动物与海洋酸化的优势，将海洋酸化研究提升到生态系统水平，并开展两次中尺度生态实验，实现了多因子、多种生物的交叉研究，实验得到了国际同行专家的认可。通过合作研究，在Biogeosciences，Global Change Bilogy等国际期刊上发表论文30篇，含27篇SCI论文。

（厦门大学）

【西太平洋海洋环境监测预警体系项目建设】
2014年，国家海洋局第三海洋研究所牵头完成2两个航次的监测任务；继续开展西太平洋海洋环境监测预警数据库建设，在现有数据库的基础上，增加了海洋核应急模块，该模块的内容包括应急管理、预警、预报、监测与救援技术支持、环境评估、公众参与等子模块的内容。完成报送国务院的西太专项报告；牵头组织开展《国家海洋核应急监测预案》编制工作，完成了《国家海洋核应急预案》（修改稿）；牵头组织开展《国家海洋核应急“十三五”规划》（征求意见稿）编制工作。

（国家海洋局第三海洋研究所）

海 洋 技 术

海洋观测和监测技术

【全海深多波束测深系统工程样机】 863 计划海洋技术领域“深水多波束测深系统研制”重点项目在北京通过验收。经过六年多的攻坚克难，我国首套具有自主知识产权的深水多波束测深系统样机研制成功，系统性能指标基本达到国际第三代水平。该系统搭载“实验 3 号”科考船经过近三年的海上试验工作，验证了系统水下声基阵、声纳主机、声纳软件系统的性能和可靠性，获得了 6000 米深海域海底地形图，并为南海深海海底观测网试验系统建设实施成功进行了路由调查，完成了系统首次试验性应用。该系统的成功研制，打破了国外对我国深水多波束测深系统的垄断和技术封锁，填补了国内空白。

【国产高精度超短基线定位系统】 在 863 计划支持下，哈尔滨工程大学自主研发的国产高精度超短基线定位系统，在 2014 年“蛟龙”号载人潜水器应用航次第一航段的科考任务中得到成功应用。这是该系统首次在“向阳红 09”船进行试验。2014 年 6 月，在南海 1000 米、3000 米水深区域，综合定位系统超短基线设备随“向阳红 09”科考船进行了安装误差标定试验，修正了系统与船载 GPS、姿态传感器之间的安装偏差；系统在±15° 开角时定位精度达到 0.41%斜距；±30° 开角时定位精度达到 0.62%斜距；国产超短基线定位性能稳定，数据有效率到达 98.6%。

2014 年 7—8 月，系统随向阳红 09 船远赴我国位于西北太平洋的勘探合同区，为 2014—2015 年“蛟龙”号试验性应用航次（大洋第 35 航次）第一航段的“蛟龙”号深潜作业提供定位服务，期间“蛟龙”号共下潜作业 10 次，最大作业深度达 5000 米以上，超短基线系统对“蛟龙”号的定位结果稳定可靠，数据有效率普遍高于 95%，满足了“蛟龙”号定位跟踪的需求。该系统产品的成功研制改变了科考船在定位系统维护、升级和出口许可限制等方面面临的被动局面。目前已成功安装于国内“大洋一号”、“科学号”、“向阳红 9 号”等多条科考船舶。

【天地波一体化海洋环境探测技术】 该项目总体目标是构建由三部具有“多发多收”工作模式的双/多频高频地波雷达组成的海洋环境监测示范网，实现分布式探测条件下海面流场、浪场和风场的准确反演和组网数据融合；突破天—地波一体化海洋探测的发射波束形成和时/频同步等关键技术，实现天—地波一体化海洋探测。

在 2013 年成功开展岸基地波雷达组网试验和天—地波一体化海洋回波观测试验的基础上，2014 年项目完成天地波一体化混合组网雷达系统的海边现场联调，实现多站、多频、多模雷达海洋回波的同时接收，同时还完成了浮标式地波雷达浮标平台的设计、试制、组装和主体设备的电气联调工作。浮标式高频地波雷达是天地波一体化海洋环境探测体系中重要的海上节点设备。这些工作为下一年度开展联合海试和海上对比验证试验提供了技术条件。

【声场—动力环境同步观测系统关键技术】 2014 年声场—动力环境同步观测系统研发在硬件系统研制及软件系统开发方面取得了突破性进展，基本完成全部潜标系统及声学温度剖面测量原理样机的研制（矢量声场潜标未完成研制）。移动声场—动力观测系统已完成载荷部分研制，平台部分基本完成加工。完成声场—动力耦合同化软件系统及海面组网通信协议的开发。

2014 年 6 月至 7 月项目组进行了各分系统海上功能性验证试验，对 1 套实时通信声发射潜标，1 套实时通信声压场接收潜标，2 套实时通信海洋动力观测潜标，1 套实时通信多尺度海洋动力过程观测潜标，1 套声学温度剖面测量系统，海面组网无线通信系统，以及数据同化系统进行现场测试。各潜标系统成功实现了布放和回收，感应耦合实时动力数据采集、低频声源发射及水听器阵声场数据采集等功能得到验证，声学温度剖面测量系统实现了长时间稳定工作（每天连续工作 8 小时）。海面无线通信系统实现了岸站与中继船相距 33 千米，速率大于等于 1900kbps 的稳定通信，并对中继船与 3 个节点的海面组网通信协议进行了充分测试。声场—动力数据同化软件系统实现了针对试验海区环境场（温度、盐度及流场）的常态化预报，与局部区域 CTD 实测数据相比，系统同化后水温剖面与实测水温剖面的准确度高于 1℃。该次海试达到了各分系统原理性测试目的，各参试系统具备了进行海上集成和示范的功能，后期将加强系统稳定方面工作。

【水声通信网络节点及组网关键技术】 我国自主研发的水声通信网络节点及组网关键技术取得突破，2014 年 4—7 月在南海陵水海区完成了完成了通信节点技术指标的现场海试工作，试验过程由现场专家组作为第三方进行见证。此次海试共布设了水声通信试验网络包括 1 个浮标网关节点、11 个水下潜标节点，对试验海区的温度、压力、海流进行了 45 天的连续观测，网络运行稳定。开展了移动节点在网络中的功能测试，实现了辅助定位和自主接入静态网的功能。完成了网站的建设，实现了通信网运行状态和观测数据的网上发布。

目前已完成了多载波相干通信算法、非相干通信算法的改进工作，完成了 OFDM 通信算法和时反通信算法的研究工作；完成了支持多种通信技术的水声通信网络节点正样机、基于 MFSK 信号体制的水声通信网络节点正样机、基于 OFDM 信号体制的水声通信网络节点试验样机、基于时间反转的水声通信技术研究试验样机等研制工作。开展了网络协议的设计、仿真分析、两次综合性湖试、两次海试，完成了半物理仿真验证平台软硬件的研制并应用于项目中。合同规定的工作内容已经全部完成，各项技术指标均已达到验收要求。

【多型海洋监测仪器设备】 2014 年，海洋监测仪器设备适用性检验主题项目通过验收，此次检验由用户牵头统一组织，共有国内自主研发的 8 类 18 型海洋监测仪器设备参加，经过为期 2 年的集中规范化长期海上比测检验，11 型 863 计划支持研发的 9 型成果如地波雷达、X 波段雷达、投弃式温深仪、声学海流剖面仪等通过检验，达到实用化要求。

其中便携式、阵列式各 2 型分两批次在台湾海峡进行了为期 60 天和 56 天的海上比测试验，2 型 X 波段测波雷达在平潭海域进行了 80 天的比测试验；组织 1 型 38 千赫相控阵声学海流剖面仪（PAADCP）进行了 11 天的船载平台比测试验，1 型 150 千赫和 300 千赫 ADCP 设备进行了船载下放式比测试验和 3 次共 309 天的潜标平台比测试验；组织 2 型 CTD 进行了 23 次定点比测试验，4 型 XBT 设备进行了定点和最高 16 节的走航投放比测试验，1 型 XCTD 设备测试试验；组织 2 型共 7 套 C-Argo 浮标进行了比测试验，1 型实时传输潜标进行了为期 128 天试验检验。整编制订参试海洋环境监测产品生产与检验规范 15 项，编制了第三方适用性检验评估报告 17 份，8 类海洋环境监测产品的适用性检验细则与评价标准初稿。 （科学技术部）

【小型海洋水质监测浮标】 针对海洋生态环境治理和污染防治技术需求，在国家海洋局科技兴海、国家 863“十五”“十一五”项目支持下，国家海洋技术中心开展了小型浮标的海水水质监测技术，研制了适用于近岸海洋环境的温度、盐度、pH 及溶解氧在线原位监测传感器，利用此项技术自主研发并完善浮标监测系统，增加防附着、防污染措施，改进供电方式，并经过多年海上试验和改进，完成了适用于近岸海洋水质在线原位监测、养殖区水质监测、特征海区及应急水质监测等典型水质监测应用的小型浮标。能够系统定时自动开机进行数据采集、存储和 CDMA 数据发送，完成定点现场长期连续监测，为提高海洋污染与环境的实时在线监测能力和有效评估生态环境状况提供现场技术支持。监测项目：温度、盐度、pH 值、溶解氧、浊度、叶绿素 a；工作方式：每小时工作 1 次；工作时间：至少 3 个月；通信距离：CDMA 网覆盖范围内；布放方式：单点锚定；数据传输：CDMA 通讯，数据传输以短信方式发送。该成果通过海洋工程咨询协会组织的鉴定。鉴定委员会认为该项目整体水平达到国内领先水平。

【市县级海洋功能区划编制研究及唐山应用示范】 为了加强对市县级海洋功能区划编制工作的指导，提高市县级海洋功能区划的科学性、合理性和可操作性，国家海洋技术中心和天津师范大学联合承担了国家海洋局业务支撑项目“市县级海洋功能区划编制方法研究”，编制完成《市县级海洋功能区划编制技术指南》。《指南》按照国务院批复的新一轮全国和省级海洋功能区划建立的区划体系，明确了区划定位和层级关系、区划目标分解的原则和方法、功能区二级类划分方法和要求等关键技术问题。以市县级区划编制技术指南为依据，并结合唐山实际尝试创新，在进行海岸线和近岸海域的勘测调查分析评价后，完成了国内第一例市县级海洋功能区划《唐山市海洋功能区划（2013—2020）年》。《市县级海洋功能区划编制技术指南（初稿）》于 2012 年底被国家海洋局海域管理司采纳，国家海洋局海域管理司应用该成果起草并正式发文《关于组织开展市县级海洋功能区划编制工作的通知》（国海管字〔2013〕747 号）和《关于印发<市县级海洋功能区划编制技术指南>的通知》（海管字〔2013〕8 号）。以唐山市为示范区编制的《唐山市海洋功能区划（2013—2020 年）》是该轮全国第一个通过专家评审的市县级海洋功能区划，编制过程中没有先例可以借鉴，经课题组探索创新和不断努力，2013 年 12 月《区划》通过评审。项目成果对全国新一轮市县级海洋功能区划编制工作具有较高的指导作用，山东、广东等地在编制新一轮市县级海洋功能区划过程中都应用了本项目研究成果。2014 年海洋工程咨询协会对该项目进行鉴定，鉴定委员会认为，该项目成果丰富和完善了海洋功能区划的理论和技术体系，并全面应用于我国市县级海洋功能区划的编制，在我国海洋综合管理、环境保护和资源开发等工作中发挥了重大作用，创新点突出，整体技术达到了国际先进水平。　（国家海洋技术中心）

【内波与混合精细化观测系统集成与示范】（1）完成全海深内波与混合精细化观测试验网第一阶段运行工作。2014 年 5—9 月成功回收了 2013 年布放的 17 套南海深水区及陆架区内波观测潜标，圆满完成了南海深水区内波观测网为期一年的运行试验，获取大量宝贵的南海内波生成传播演变全过程观测数据。

（2）成功布放回收潜标 44 套次（布放潜标 20 套次，回收潜标 24 套次），全部获得成功，进一步完善了深海海洋动力环境监测潜标布放与回收技术规范。

（3）开展全海深内波精细化观测潜标及全海深内波与混合同步观测潜标研制工作，在 2014 年度开展多次海试，协助课题一进行自容式 75 千赫 ADCP、往复式海洋混合剖面仪、海洋混合定点观测单元等自主研发仪器设备的海上试验工作。

（4）在 2014 年度 5—10 月搭载“东方红 2”及“天龙号”科学考察船进行了 84 天的海上试验，布放潜标 20 套次，回收潜标 6 套次，开展了全海深内波与混合精细化观测试验网第二阶段运行工作。

（5）在 2013 年度开展的南海内波统计预测模型研究基础上，本年度课题组基于用户需求，在统计预测模型中增加了内波振幅随深度变化模块，进一步完善了内孤立波动力统计预测模型。

（6）在内波遥感探测技术方面，本年度在 2013 年度工作基础上开展了内波 SAR 遥感探测研究，获取了全极化内波 SAR 图像，分析了内波的极化响应特征；同时开展了服务于内波遥感探测的深海内波非线性薛定谔方程的推导和内波的数值模拟，初步建立了弱非线性内波薛定谔方程。

（7）在南海内孤立波数值预测模式方面，2014 年针对预测模式所需要的初始条件、边界条件、强迫场开展了系统研究，初步建立了南海内孤立波数值模式。

（8）在内孤立波在海上军事活动应用研究方面，2014 年度基于南海潜艇遭遇内波的实际案例初步开展了内波对水下潜艇航行影响研究；课题组初步研发了南海内波预测预警系统，该系统正在最后的调试阶段，即将开展在相关用户部门的试运行。

【声学滑翔机系统研制】　研制的 2 台具备海试条件的工程样机 2014 年 3 月完成了海上试验和综合性能指标测试。重点针对耐压问题，基于碳纤维材料制作了耐压舱体，并通过了 1500 米耐压测试，达到了系统设计的耐压深度指标，并针对系统可靠性开展了测试。继续开展声探测系统湖上试验，优化声学探测性能，分析矢量水听器自主稳定系统的自稳定功能以及减隔振性能。

【基于观测网的海底动力环境长期实时监测系统研发和集成】 基于观测网的海底动力环境长期监测系统上半年继续优化系统的总体设计，特别是对通信与电源管理子系统的改进，完成了系统整体可靠性与稳定性测试。8 月份完成了与浙大主次接驳盒接入联调测试，10 月份陆续完成了陆上集成联调检查项目包括高低温实验、振动实验、水池/浅海实验，并完成了系统框架的设计加工工作，11 月份参加课题组织的南通陆上系统集成联调测试，已经陆续完成了最小系统测试、全系统测试，预计 12 月份可以进行系统拷机测试。（中国海洋大学）

海洋遥感技术

【海洋卫星工程】 2014 年，我国首颗海洋动力环境卫星海洋二号 A（简称“HY-2A”）卫星已在轨运行 3 年 4 个月，超过其 3 年的设计寿命，我国第二颗自主海洋水色卫星海洋一号 B（简称“HY-1B”）卫星在轨运行已超过 7 年，中法海洋卫星列入中法关系中长期规划。海洋卫星地面应用系统继续维持保障双星在轨运行，获得的卫星数据产品得到进一步的推广应用，体现了海洋卫星的社会和经济效益。

随着服役时间的增加，HY-1B 卫星轨道漂移和自身发电功能衰减带来的供电不足隐患日益突显，为了保障 HY-1B 卫星后续在轨运行期间的能源安全和稳定运行，国家卫星海洋应用中心联合航天东方红卫星有限公司、西安卫星测控中心于 2014 年 3 月对 HY-1B 卫星实施了轨道倾角调整控制，通过调整预计将延长卫星在轨寿命至 2015 年下半年，急需后续业务卫星接替。

2014 年 HY-2A 卫星平台和载荷的部分部件已出现了故障，部分设备已切换至备份设备上工作，处于单点故障工作状态，整星可靠性已有所下降，急需尽快开展后续接替业务卫星的研制立项工作。

中法海洋卫星（CFOSAT）是一颗由中法两国共同研制和发射的国际合作试验卫星，也是我国海洋卫星系列的重要组成。星上装载波谱仪和微波散射计两个有效载荷，主要用于探测海浪谱、海洋风场。2014 年习近平主席出访法国期间，中法两国共同发表了《中法关系中长期规划》，中法海洋卫星作为两国航天及工业领域合作重点项目被列入规划，计划于 2018 年 6 月前发射。目前，卫星研制工作进展顺利。

【海洋卫星地面应用系统】 海洋卫星地面应用系统继续稳定有序地进行双星在轨运行。海洋卫星数据在各有关部门和单位得到了进一步推广应用。海洋卫星已经成为我们认识、研究、开发、利用和管控海洋不可替代的高技术手段。

HY-2A 卫星搭载的雷达高度计、微波散射计、扫描微波辐射计和校正微波辐射计 4 个载荷全球开机，工作状态稳定。

HY-1B 卫星搭载的海洋水色扫描仪（COCTS）和海岸带成像仪（CZI）工作状态稳定。2014 年，HY-1B 卫星共完成探测计划 1351 轨，其中境内探测 655 轨，境外探测 696 轨。COCTS 可见光载荷工作 13529 分钟，COCTS 红外载荷工作 34823 分钟，CZI 载荷工作 11476 分钟。

2014 年，北京卫星地面站接收 HY-1B 卫星数据 829 轨，三亚卫星地面站接收 HY-1B 卫星数据 1007 轨，牡丹江卫星地面站接收 HY-1B 卫星数据 808 轨，共计 2644 轨，原始数据量 982 吉字节。HY-2A 卫星，北京卫星地面站接收数据 767 轨，三亚卫星地面站接收数据 752 轨，牡丹江卫星地面站接收数据 866 轨，共计 2385 轨，原始数据量达 4.38 太字节。杭州卫星地面站接收了 HY-1B、HY-2A 等多颗极轨和静止卫星的资料，其中接收 HY-1B 卫星 419 轨，数据量达 219.79 吉字节，HY-2A 卫星 438 轨，数据量达 425.22 吉字节。

海洋卫星地面应用系统全年共处理和制作 HY-1B 卫星产品 4.99 太字节，HY-2A 卫星产品 7.54 太字节，MODIS 产品 3.53 太字节。全年共向国内用户分发海洋水色卫星数据产品 57.41 太字节，其中，HY-1B 卫星数据产品 21.93 太字节，MODIS 数据产品 35.48 太字节。2014 年，国外对 HY-2A 卫星数据需求大增，全年共向国内外用户 54 家（其中国内用户 36 家，国外用户 18 家）分发 HY-2A 卫星数据量达 24.48 太字节，与去年相比增加了近 4 太字节。

【海洋卫星应用】 **海表温度监测** 利用 HY-2A 卫星扫描微波辐射计和 HY-1B、MODIS 等卫星数据，制作了 2014 年度中国海及邻近海域和全球的逐日、周平均、月平均、年平均海表温度产品，共计 5.5 吉字节。海温产品已经在海温预报和海洋渔场环境监测中发挥了重要作用。

海洋水色监测 2014 年，利用 HY-1B 卫星数据并结合 MODIS 产品资料，定期制作我国管辖海域及周边海域的旬、月、季平均的叶绿素浓度分布等海洋水色信息，提供相关行业和部门使用。

海冰灾害监测 2013—2014 年度冬季，利用 HY-1B、MODIS 和高分一号等多颗卫星资料，对渤海及黄海北部的海冰灾害开展了业务化监测，累计制作并发布海冰监测通报 80 期，海冰专题图 178 幅，海冰冰情图 11 幅，发布辽东湾蓝色警报 2 期。通过传真、电子邮件和网站的方式提供给国家海洋局有关业务司、国家海洋环境预报中心、国家海洋局三个分局和环渤海三省一市等部门和单位。

根据卫星监测结果，2014 年辽东湾最大浮冰范围出现在 2 月 9 日，为 62 海里；渤海湾整个冬季未出现大面积的浮冰；莱州湾整个冬季未出现大面积的浮冰；黄海北部最大浮冰范围出现在 2 月 21 日，为 40 海里。

绿潮灾害监测 2014 年，利用 HY-1B 卫星并结合 MODIS、高分一号等卫星资料，国家卫星海洋应用中心、北海预报中心等多家单位对我国近海绿潮灾害开展业务化监测。从 4 月 14 日开始业务监测，5 月 15 日发布第一期监测通报，至 8 月 31 日监测结束共向国家海洋局有关单位及沿海相关省市发布 96 期监测通报，为绿潮灾害监测和防灾减灾提供了信息服务。

赤潮灾害监测 2014 年，国家卫星海洋应用中心、国家海洋局第二海洋研究所、东海环境监测中心、河北遥感中心等多家单位利用 HY-1B、MODIS 等多颗海洋水色卫星数据以及 HJ-1A/B、高分一号等卫星数据开展了赤潮监测工作，制作和发布了多期赤潮卫星遥感监测报告，监测结果以月报的形式报送国家遥感中心。

海上溢油监测 2014 年，利用加拿大 Radarsat-2 卫星和我国遥感卫星等 SAR 数据，继续对我国的渤海、东海、南海重点海域开展溢油遥感监测。全年发布监测报告 133 期，其中报告异常 28 期，为海洋环境保护和维权执法提供辅助决策支持。

海上风暴监测 利用 HY-2A 卫星监测数据获取的全球特别是西北太平洋上的海上气旋、台风分布范围、台风位置和风场信息，分析台风的运动轨迹和台风强度，提供给海洋预报部门。截至 2014 年底，HY-2A 卫星共捕捉到西北太平洋编号的全部 23 次台风，制作了 95 幅 HY-2A 卫星遥感监测台风专题图。

渔场渔情信息服务 以 HY-2A 和 HY-1B 自主卫星遥感资料为主，结合国外海洋卫星资料，对太平洋金枪鱼、北太平洋柔鱼、东南太平洋茎柔鱼、西南大西洋鱿鱼、中大西洋金枪鱼等三种捕捞对象和七大海域开展每周一次的渔场环境分析和渔情分析与预报，并通过北斗卫星、广播卫星和卫通 FB 站等手段向海洋渔业生产企业提供渔情预报、海况分析等服务和现场作业数据的准实时回传，提升了我国大洋渔场卫星遥感应用的总体技术水平。

海洋环境预报 2014 年，国家海洋环境预报中心及北海分局、东海分局、南海分局的预报中心继续应用海洋卫星资料开展业务化海洋环境预报工作。①海温预报。HY-1B 和 HY-2A 卫星海温融合产品作为初始场应用到海温数值预报系统中，定期制作海温数据预报产品，并通过电视、网络等媒体向公众发布。②海冰预报。将 HY-1B 卫星海冰遥感产品应用到海冰常规预报和数值预报模式中，制作周、旬等不同时段海冰发展趋势预测产品和 1—5 天冰速、冰厚、冰密集度等预报产品，并向公众发布。③海浪预报。将 HY-2A 卫星雷达高度计有效波高资料应用到基于第三代海浪预报模式的西北太平洋海浪同化数值预报系统中，制作了西北太平洋 72 小时的海浪同化预报产品，提高了海浪数值预报的精度。

应急保障服务 2014 年 1 月，在南极执行第 30 次科考任务的中国“雪龙”号科学考察船在完成对俄罗斯“绍卡利斯基院士”号科学考察船救援工作后，因受周围复杂海冰和水文气象条件等影响回撤受阻。国家卫星海洋应用中心积极利用卫星遥感手段，结合雪龙船被困实时位置获取雪龙船附近冰区的海冰冰情特征及周边风场情况，为雪龙船冰区航行预报及导航提供信息支撑。雪龙船被困期间，共获取高分辨率雷达卫星数据 7 景、HY-2 卫星风场数据 4 轨，制作并提供海冰专题图 6 幅，HY-2 卫星风场专题图 4 幅。

2014年3月8日马航MH370飞机失联后，国家卫星海洋应用中心立即针对飞机失联海域疑似目标搜索与搜寻条件保障制定了自主海洋卫星探测计划，协调联系了相关卫星数据服务单位，预订与获取了高分辨卫星数据，在此基础上提取与分析相关遥感信息，向相关单位提供了遥感专题信息产品及海况环境遥感产品服务。

区域海洋卫星应用 2014年，利用HY-1B、HY-2A结合MODIS等海洋卫星资料，河北、福建等省积极开展卫星数据的区域海洋示范应用与推广，取得了较好的效果。

河北省利用我国海洋卫星，结合其他卫星数据，开展河北海域水色水温、海冰和赤潮等海洋灾害卫星遥感业务化监测，河北省遥感中心初步建成了河北省海域卫星遥感应用平台，极大地提升了海洋卫星在河北省海洋管理工作中的业务化应用水平。2014年共向河北省市海洋管理部门发布海冰监测快报43期、赤潮监测简报16期。

福建省海洋预报台继续利用HY-2A卫星和浮标实时观测资料，将HY-2卫星产品应用到“海峡号”航线保障和钓鱼岛海域海洋环境预报、日常海洋预报、防台风会商以及公众服务中，并实现业务化应用。2014年福建海洋预报台开展的HY-2A卫星应用服务，得到了“福建省人民防汛抗旱指挥部”、“福建海峡高速客滚轮有限公司”、“福建省渔业指挥部”等用户的认可。

海洋科学研究 ①HY-2A卫星雷达高度计数据应用研究。利用HY-2A卫星雷达高度计数据，开展了全球和中国近海海域的海面高度异常分布特征分析与海浪波高分布特征分析。②南极海面风场和海浪遥感分析。利用HY-2A卫星微波散射计、ASCAT-A/B和Oceansat-2散射计数据融合，开展了南极周边海面风场时空分布特征分析；利用HY-2A卫星雷达高度计、Jason-2和CryoSat-2雷达高度计数据融合产品，开展了2013年南极周边海域海浪时空分布特征分析。（国家卫星海洋应用中心）

【基于主被动遥感的渤海海冰厚度及其相关参数的反演研究】 开展了渤海海冰立体探测实验，获取了渤海海冰厚度、温度、密度、盐度等现场实测资料；并获取了同步的陆基散射计、陆基辐射计以及星载SAR数据、星载光学遥感数据、机载SAR数据和机载热红外数据，为开展主被动渤海海冰参数反演奠定数据基础。在海冰参数遥感探测技术方面：①复现了经典的海冰热动力学生长模型，模拟实现了海冰温度、厚度和盐度间的相互转换关系。②开展了极化SAR电磁散射机理研究，发展了SAR海冰体散射模型，提出了适合海冰探测的极化分解方法，可有效提高SAR海冰的类型识别和厚度探测能力。③开展了极化SAR海冰厚度反演方法研究，发展了极化SAR海冰厚度反演模型，走通了主动的SAR海冰厚度反演流程。④开展了Landsat-8、GF-1等光学遥感器的海冰探测方法研究，为利用被动的光学传感器反演海冰参数奠定技术基础。⑤利用GOCI地球同步轨道光学数据，开展了渤海海冰漂移跟踪探测，首次给出了分辨率为500米，时间间隔为1小时的海冰漂移产品。⑥发展了SAR与光学两种数据的海冰融合分类方法，有效提高了海冰分类精度。

【海上非法舰船SAR和地波雷达立体监视应用技术系统】 2014年4月，在黄渤海海域开展了海上合作舰船目标多手段同步探测示范实验。通过开展合作船只多手段探测实验，获取了合作舰船目标的地波雷达、卫星SAR和AIS多手段立体探测数据集。利用舰船多手段融合探测软件系统，完成合作船只多手段的融合探测处理，实现了三种手段对合作目标船的探测。通过开展合作船只目标多手段探测示范应用，进一步验证了项目组提出的舰船多手段协同探测方案及所发展的舰船目标探测技术，评估地波雷达目标航迹跟踪探测能力。本次示范应用，利用地波雷达系统跟踪到两条远距离目标航迹，最远航迹跟踪探测距离可达245.4千米，进一步检验了地波雷达系统的目标航迹跟踪探测能力。项目已完成并通过自验收和现场验收，正等待项目最终的结题验收。

【基于半监督学习的海岸带遥感影像自动化分类方法研究】 2014年，在基于半监督学习的海岸带遥感影像自动化分类方法研究方面主要开展以下工作：

（1）基于分割分类的半监督学习遥感影像分类方法研究。针对基于像元的遥感影像分类方法对超高空间分辨率遥感影像分类时易产生碎斑的问题，面向远离大陆海岛现场样本量少的困难，通过改进直推式支持向量机算法，提出了一种面向高分影像分类的基于分割分类的半监督学习遥感影像分类方法。该方法显著改善因空间分辨率高导致了基于像元分类结果的大量碎斑问题，同时提高了在少量样本时的分类精度，并提高了半监督学习的效率。最终分类结果精度达到 92%。该成果已被《International Journal of Remote Sensing》录用。

（2）基于高光谱遥感影像的湿地分类方法研究。针对欧空局 PROBA CHRIS 高光谱遥感影像分别开展了“PROBA CHRIS 高光谱遥感影像不同入射角度对湿地类型分类精度的影响研究”、“导数变换对 PROBA CHRIS 影像湿地类型分类精度的影响研究”、“结合线性光谱混合模型与植被水体指数的黄河口湿地高光谱分类方法”及“基于地物光谱可分性的 CHRIS 高光谱影像波段选择及其分类应用”四部分研究工作，使总体分类精度有所提高。

（3）基于高光谱的滨海湿地理化参数高光谱反演方法研究。湿地植被的生物量是湿地生态评价、保护和利用的重要基础数据，遥感技术已经成为湿地生物量高效、准确监测的重要手段。基于 2013 年 9 月的 HJ-1 高光谱遥感影像，应用准同步现场踏勘数据，通过单变量线性回归和多变量线性回归的方法，针对 7 种常用的窄波段植被指数和 2 种红边指数对黄河口芦苇和碱蓬生物量（地上干重）的估测能力进行了评价。

【海洋观测无人船的路径跟踪自主观测技术研究】 2014 年，开展了无人船计算流体力学模拟，使用 Fluent 软件计算了无人船相关水动力，与实验数据相吻合；设计了基于 LQR 控制的无人船航向、位点、路径跟踪控制算法，并开展了实验验证；基于李雅普诺夫非线性控制，使用后推方法，设计了无人船非线性控制。具体进展如下：①使用 VOF 方法和标准模型，分别对无人船浮体及其附属物进行了周围粘性流场的数值模拟。在不同傅汝德数条件下，计算得到双体船浮体的粘性阻力系数，与经验公式计算结果相关性较好。考虑到无人船的附属物，对比了无人船总阻力模拟值与湖试实验值，两者吻合较好。基于 Fluent 计算流体力学的水动力模拟、运动模型以及实验数据，完成了无人船水动力模型的系统辨识。②针对无人船的航向自动控制，设计了一种基于 backstepping 的非线性控制跟踪方法。与以往欠驱动船舶的线性模型不同，提出了一种二次型阻力项的无人船运动模型。基于该二次阻力运动模型，利用 backstepping 方法设计了无人船航向跟踪控制律。在一定假设条件下，基于 Lyapunov 直接方法证明了该闭环系统具有一致收敛性。③于 2014 年 10—11 月期间，搭载了 GPS、电子罗盘、单波束测深仪和 CTD，在连云港海州区当路水库和连岛海域进行了 6 天湖试与海试，验证了 LQR 航向、位点、路径跟踪等自动控制功能，完成了连云港海州区当路水库和连岛海湾的无人船水深地形测绘、表面温度、盐度测量应用示范。

（国家海洋局第一海洋研究所）

【静止轨道海洋水色卫星遥感关键技术】 该项目为国家“863”计划课题，旨在发展我国自主的静止轨道海洋水色卫星遥感技术。主要研究内容包括：针对静止轨道海洋水色卫星面临的大太阳天顶角和低水色信号等观测技术难题，研制考虑地球曲面、粗糙海面和偏振的精确海洋—大气耦合矢量辐射传输模型；开展地球曲率影响下的大气分子瑞利散射、气溶胶散射、大气漫射透过率精确计算等关键技术研究，开发静止轨道海洋水色卫星遥感信息处理技术；开展静止轨道海洋水色卫星遥感产品真实性检验技术研究；以静止轨道海洋水色卫星 GOCI 数据为样本，开展静止轨道海洋水色卫星遥感技术应用验证示范；开展自主静止轨道海洋水色卫星遥感器总体设计及关键技术研究，研制静止轨道海洋水色卫星遥感器关键技术原理验证演示样机。研究目标是突破考虑地球曲面、粗糙海面和偏振的海洋-大气耦合矢量辐射传输模型，以及地球曲率影响下的大气分子瑞利散射、气溶胶散射、大气漫射透过率精确计算等关键技术，以及静止轨道海洋水色卫星遥感产品真实性检验技术；实现静止轨道海洋水色卫星遥感技术应用验证示范，静止轨道海洋水色卫星遥感器系统总体设计及系统研制原理性突破，并形成原理演示装置，推动我国自主静止轨道海洋水色卫星技术和应用的发展。

【海洋水色遥感】 该项目为国家自然科学基

金优秀青年基金项目，针对国际及我国未来十年的水色卫星计划亟待解决的大太阳天顶角观测（静止轨道）和偏振观测两个海洋水色遥感前沿科学问题，拟在前期研制的基于平面平行分层假设、考虑偏振的海洋—大气耦合矢量辐射传输模型 PCOART 基础上，进一步研制考虑地球曲面的海洋-大气耦合矢量辐射传输模型 PCOART-C，解决近海高时间分辨率水色遥感理论和技术问题，并应用于静止轨道水色卫星 GOCI 资料。同时，在 PCOART-C 的基础上，根据之前提出的平行等效辐亮度可有效消除太阳耀斑这一科学假设，研究实用的海洋水色偏振遥感机理和方法。该项研究可推进新一代海洋水色卫星遥感理论和技术的发展，也可为发展我国自主新型海洋水色卫星打下理论基础。项目总体进展顺利，在前期自主研制的平面平行分层海—气耦合矢量辐射传输模型 PCOART 的基础上，进一步研制出了考虑地球曲率的球面平行分层海-气耦合矢量辐射传输模型 CPCOART。基于 CPCOART 数值模拟，发现当太阳天顶角＞65°时，地球曲率对大气分子瑞利散射的影响可达 1%以上，当太阳天顶角 80°时影响可达 5.5%以上，远远超过水色遥感大气校正对瑞利散射计算精度的要求（＜1%）。因此，当太阳天顶角＞65°时需要地球曲率的影响。此外，证实平行等效辐亮度可有效消除太阳耀斑，且可以提高水色信噪比，有利海洋水色信息提取。该项目已经在《Scientific Reports》、《JGR-Oceans》等国际主流期刊发表论文 6 篇。

【中国近海海-气二氧化碳通量遥感监测评估系统研究与示范】 该项目为 2009 年海洋公益性行业科研专项项目，于 2014 年 11 月通过验收。该项目构建了一套可业务化运行的中国近海—海气二氧化碳通量—遥感监测评估系统（$SatCO_2$）。$SatCO_2$ 主要由现场观测子系统（简称 $FsCO_2$）、卫星遥感子系统（$RsCO_2$）、信息服务子系统（$IssCO_2$）组成。$SatCO_2$系统实现了多源卫星数据获取、融合处理、海—气 CO_2通量产品制作和信息服务的业务化运行；实现每月海—气 CO_2通量遥感产品的准实时发布，满足不同等级用户并发使用。系统通过了严格的第三方测试。系统研发申报了 7 项发明专利，其中已授权 4 项。根据业务化服务链条和不同用户需求，IssCO2 系统已分别部署在海洋局业务中心及科研院所大学运行应用。专业版 $IssCO_2$ 系统，于 2012 年 5 月安装在东海环境监测中心，并与中心原有数据库进行了无缝衔接，为海洋二氧化碳观测数据的一体化管理和通量可视化评估提供了业务平台，初步形成了点、线、面相结合的碳立体监测体系，为东海二氧化碳业务化监测评估提供了有力的技术支撑和能力保障。2013 年 3 月，专业版 $IssCO_2$系统在国家海洋环境监测中心安装运行，实现了业务化二氧化碳走航观测数据与遥感数据的相互评价，减少了我国近海碳收支评估的不确定性。以该系统为主要平台，对各分局、省市海洋局等 33 个单位的业务人员，开展了 2 次全国推广应用培训。此外，$IssCO_2$ 系统已集成到“数字海洋”，实现了二氧化碳产品在专网内的信息发布，拓展了“数字海洋”系统的服务功能。

（国家海洋局第二海洋研究所）

【水声遥感技术助力沿海经济建设】 2014 年，海洋三所海洋声学与遥感实验室继续深入开展了“海豚声频特征的初步研究”、“声驱离器在水下爆破前驱离保护中华白海豚的应用效果研究”、“水下噪声对中华白海豚和斑海豹行为影响的研究和声学保护技术”、“福州港三都澳港区漳湾基槽炸礁工程”和“华能罗源电厂山体爆破工程”对毗邻养殖区大黄鱼的影响研究，从理论分析、现场实验、数据分析三个方面展开，全面获取了不同爆破药量和施工工艺下的水中声波数据，研究了声波信号与中华白海豚、瓶鼻海豚和大黄鱼的行为相关性，定量评价了水中声波声压、声强级对其行为的影响。获取的数据和初步结论对于相关部门落实爆破等涉海工作作业中的海洋生物保护措施，提高爆破作业中的监管力度起到了重要的技术支撑，有利于解决生态保护与沿海经济建设之间的矛盾。

【无人机遥感调查与研究创新监测技术】 该项目受海洋公益项目子课题支持，2014 年完成了广东湛江、上海、烟台、北戴河、唐山、大连等海岛地质灾害区域的无人机遥感调查与研究。获取了大量的高清晰度、高分辨率海岛地质灾害无人机图像资料，通过无人机图像处理技术，成功制作海岛地质灾害区域空间分辨率达 5 厘米，平面、高程精度为 10 厘米左右的无人机正射图像、三维地形地貌数据以及实景三维可视化产品，为海岛地质灾害区域的地形地貌变化、海岸侵蚀等研究提供了新的监测技术。

【高分辨率卫星遥感数据助力三沙湾生物监测】 2014 年，海洋三所海洋声学与遥感实验室利用高分辨率卫星遥感数据对宁德三沙湾区域的互花米草的分布范围、植被覆盖度、生物量以及植株平均高度等生态参数进行监测，同时积极探索了利用无人机遥感技术提取互花米草生物量、植株平均高度等生态参数的方法研究。

【开发散射计反演海面风场软件完善海洋灾害预警】 2014 年，海洋三所海洋声学与遥感实验室针对 HY-2A 卫星微波散射计的特点，完成海面风场反演方法研究，开发出散射计反演海面风场软件，为 HY-2A 卫星地面应用系统业务化运行和卫星效益发挥提供技术支撑，提高海洋灾害预警预报的准确度和国家安全保障的实时性。　（国家海洋局第三海洋研究所）

海洋生物技术

【迟钝爱德华氏菌活疫苗应用研究与产业化开发】 迟钝爱德华氏菌减毒活疫苗 WED 完成了转基因生物安全评价“中间试验”、“环境释放”和“生产性试验”三期试验，在此基础上申报并获转基因生物安全证书；弱毒活疫苗 EIBAV1 完成了临床试验、药证材料初审及通过初审会和产品安全与效力的复核检验，有望在不远的将来获得我国首个海水鱼用活菌疫苗的新兽药证书。

【南极磷虾快速分离和深加工技术】 重点优化了脱壳设备关键结构，深入开展了磷虾油提取及精制、磷虾高效解冻加工、磷虾磷酸化蛋白肽制备、含氟废水脱氟技术、生物发酵制备甲壳素、磷虾风味制品加工技术以及磷虾油功能的研究工作，完成了蛋白源制品和风味制品的食用安全评价与鉴定，并制定了产品质量标准。同时积极推进南极磷虾产业化工作，进行了整形虾肉和虾糜、去壳虾粉、虾油、磷虾风味制品和蛋白源制品生产示范线的建设。申请国内发明专利 6 项，获得授权专利 4 项，发表论文 17 篇，培养研究生 11 人。

建立了磷虾整形虾肉及虾虾糜生产线，处理能力＞1 吨/小时，整形虾肉的生产得率＞12.8%，虾壳残留率＜5%，虾肉糜的采肉率＞80%，冷冻虾糜含水率＜75%。

完成了南极磷虾粉、虾油示范生产线的组装，目前正在调试优化中。

建立了南极磷虾丸、速食肠以及蛋白源制品示范生产线，脱脂蛋白粉中总脂含量 0.83%。

【海洋功能天然产物规模化制备与利用】 完成了 10 种海洋生物来源的小分子候选药物(6 种抗肿瘤候选药物，2 种镇痛候选药物，1 种溶栓候选药物，1 种抗糖尿病候选药物) 的规模化制备和成药性评价研究，其中 7 种具有进一步开发价值；优化 3 种海洋生物酶产业化技术并建立了 10 吨以上规模发酵生产线，研制了 4 种新型酶制剂，获得了 4 个生产证书和 6 个产品批准文号；建立了 2 种年产千吨级和 1 种百吨级农用制剂产业化生产线，获得了 6 个农药/肥料登记证，并进行了 200 平方千米次以上的示范应用；完成了 3 种新型海洋农用制剂的中试研究，获得了 3 个农药/肥料登记证和 1 个临时登记证。申请中国发明专利 82 件、PCT 专利 3 件；发表 SCI 论文 99 篇。获得一批成药性好的候选药物，部分海洋生物酶产品实现产业化，新型海洋生物农用制剂产品进入示范应用。

【海洋传统药源生物资源挖掘整理】 完成了 149 种海洋中药古籍文献的初步检索和文字录入工作，以及 63 种海洋药材原始文献的类编工作。开展海洋中药材商品和品种调查 6 次，采集或收集样品 199 个，拍摄照片 3180 幅，完成贝壳类磨片 120 片，植物类石蜡切片 100 片。对 16 种海洋药源生物进行了药效物质基础研究，获得化合物 200 个（24 个为新化合物），其中 40 个显示较强的抗肿瘤、抗菌等活性。《海洋中药材品种整理与挖掘》著作完成了 17 种海洋中药材初稿的撰写。对 18 种海洋中药进行了深入系统的研究。拟定了除北沙参外其余药典收载 11 个品种的质量标准（草案）和起草说明。对 5 个海洋中药新药品种（海参三萜降尿酸片、抗肺癌海牡胶囊、海马资骨胶囊、银桑降糖胶囊和牡蛎素）开展了质量标准研究、药效学研究和安全性研究。目前五个新药已完成部分药效学研究，确定了有效部位，明确了主要成分，完成了指标成分单体的制备富集，建立了提取物分子指纹图谱和原料药的质量标准。

【海洋生物功能天然产物发掘、优化与合成】 利用传统分离和突变合成等手段得到了 118 个新化合物（新骨架 29 个），筛选得到新活性化合物75个。以3株产6种药物候选物的海洋微生物为对象，优化并建立了5～500升规模发酵技术。利用近30个航次采集生物样本总计560多种，从中发现的新化合物258个（新骨架29个），筛选得到44个具显著生物活性的化合物。完成2种活性化合物全合成，通过结构修饰和改造获得3类80个结构类似物。完成了10个天然产物的全合成。通过活性官能团的结构修饰及优化获得了142个天然产物的类似物。完成了2个活性化合物实验室工艺放大及活性评价。获得超过5种重要海洋生物毒素，建立了相应检测方法及损伤防护研究。建立了3种毒素的损伤模型。

【海洋生物功能基因开发与利用】 绘制了斜带石斑鱼性逆转过程中性腺全基因组的甲基化图谱，发现泛素修饰系统在文昌鱼先天免疫调节中发挥重要的作用，完成大黄鱼全基因组测序和组装，构建高精度基因组框架图；首次发现了一条新的下丘脑—垂体—肾上腺轴—ET-1/ADM—IL-6/TNF-α反馈调节环路。绘制了半滑舌鳎和牙鲆的单倍体基因组染色体图谱。克隆了12个半滑舌鳎和牙鲆生长、性别、免疫等重要性状关键基因；完善了栉孔扇贝和虾夷扇贝全基因组框架图；建立了适合对虾基因组高重复、高杂合的特征的基因组组装方法，构建了凡纳滨对虾基因组的初步工作框架图。建立了稳定、可行的体外干涉技术，成功获得了批量体外性逆转的罗氏沼虾假雌个体，已成功培养出60多万尾的苗种。目前，育成的虾苗在浙江、江苏、广东等地开展试养。已发表学术论文71篇，其中SCI收录的论文65篇；获得授权转录7项，申请国家发明专利15项；培养博士、硕士研究生42名。完成典型海洋生物全基因组图谱的构建，开发了大量重要的海洋生物功能基因，并阐明了部分关键基因的调控机制，海洋生物功能基因开发与利用平台建设进展顺利，建立了海洋生物重要功能基因的发掘与应用技术平台。

【海洋生态环境高通量生物检测技术开发】 完成陆基养殖环境、近岸海洋环境及室内模拟实验相关工作；海水养殖生态环境数据库已建成，最具特色的是东海近岸海域细菌群落数据资源，包括1334个样品，总序列数35 163 121条16S rRNA基因序列数据；研发出病原菌检测芯片，已应用80次；海洋环境质量的微生态评价体系已初步建成。建立了海洋微型生物粒径谱现场快速检测技术和海洋微型生物产氧-不产氧光合能流同步检测技术，并研发、设计海洋微型生物流式细胞-流式图像检测仪（海洋微型生物粒径谱系列产品）3台和海洋微型生物产氧-不产氧光合能流同步监测仪1台。完成了船载条件下流式细胞技术、流式图像技术和光合能流检测技术的优化，完成了船载海洋微型生物综合分析平台的设计和搭建工作，形成了一套设计图纸与设计文档；完成了海洋微型生物数据库建设；在珠江口—南海北部海区及厦门近岸进行了应用试验。

【深海与极地生物探测获取与应用技术系统】 完成了5种深海生物采样工具，3种辅助设备的样机。其中2种工具已搭载ROV和“蛟龙”号进行试验性应用，另5种工具和设备正搭载“蛟龙”号进行海试。完成了生态长期观测系统、深海水体原位定植培养系统、深海沉积物原位定植培养系统的样机。从深海热液区生物中获得了15个共生微生物特殊功能基因以及色醇等功能化合物；获得新结构化合物225个，新骨架化合物3个；筛选获得具有抗肿瘤、抗菌、抗病毒活性的先导化合物50个，其中3个化合物正开展抗肿瘤成药性评价。从极地微生物获得了3个新酶基因并进行了表达，阐明了其中2种新酶的结构和功能；从极地微生物中获得3个新化合物，其中2个具有成药性前景；实现1株极地低温微生物活性菌株的100升反应器发酵，使活性产物批次发酵产量达到克级水平。

（科学技术部）

【海洋水产病害实用化检测及预警技术的建立与应用】 在2013年度研究成果的基础上，课题组2014年度继续进行鱼虾类疾病的流行病学调查，并对山东海水养殖环境抗生素耐药基因进行了分析，对课题前期分离的感染半滑舌鳎的鱼类神经坏死病毒进行了深入研究，研究了中草药防治鱼类寄生虫病的疗效。优化了水产病原菌基因芯片并行检测体系、海水养殖动物 9 种病毒高通量快速检测技术，建立了 NNV 核酸试纸条现场检测方法、臭氧对鱼类神经坏死病毒消毒效果的新型评价方法，研制了对虾白斑症病毒半定量快速检测试纸。对海水鱼类免疫动态变化规律、疫苗效果及主要免疫指标进行了研究，包括：爱德华氏菌疫苗浸泡免疫牙鲆的最佳浓度和时间及其诱导的应答动态分析、高渗处理对牙鲆疫苗浸泡免疫效果的影响、哈维氏弧菌和海豚链球菌的二价活载体疫苗保护效果、鱼类六种细胞因子佐剂研究、鳗弧菌免疫诱导的牙鲆多聚免疫球蛋白受体应答、牙鲆主要免疫指标的筛选，并研制了大菱鲆和许氏平鲉免疫球蛋白单克隆抗体。在 2013 年度研制了 1 种虾类群体健康状况检测试剂盒基础上，探索以鱼类血细胞数量以及 T、B 淋巴细胞标志物作为指标研制健康状况检测试剂盒。研究实用化检测产品规模生产装配工艺，建立相应的质控技术体系，实现了石斑鱼神经坏死病毒病的病原检测试剂盒和 WSSV 快速检测试纸规模化生产；建立了 WSSV 快速检测试纸和石斑鱼神经坏死病毒病的病原检测试剂盒规模化生产线，WSSV 快速检测试纸具备了年 20 万盒生产能力。将课题研发的快速实用化检测产品在养殖示范基地进行了疾病检测、诊断及预警应用示范，包括：石斑鱼神经坏死病毒病的病原检测、疾病诊断及预警示范应用，对虾 WSSV 快速检测试纸和免疫芯片的示范应用，避免了疾病发生，取得较好的经济效益。授权国家发明专利 2 项，申报国家发明专利 6 项；发表核心刊物以上文章 7 篇（其中 SCI 收录 6 篇），投稿 3 篇；培养毕业博士 5 人，硕士 10 人。

【海洋生物细胞分子育种关键技术】 成功地建立了稳定的无脊椎动物担轮幼虫细胞原代和继代培养体系；完成了 piwi、scp3、klf4 等多个栉孔扇贝发育相关和生殖干细胞基因的表达和功能分析；克隆了 Nanos3、Dnd、CXCR4、Sdf1、prm14 和 dazl 等多个牙鲆原始生殖细胞特异表达的基因，分析了这些基因的调控模式及在牙鲆胚胎及性腺中的表达特点；探索了对虾中 WSSV 囊膜蛋白 VP28 和 VP19 在提高包装病毒的嗜对虾细胞性上的作用机制。在精子冷冻保存和多倍体育种方面，成功建立了牙鲆、七带石斑鱼、云纹石斑鱼、鞍带石斑鱼、真鲷、皱纹盘鲍、星斑川鲽、太平洋牡蛎的精子冷冻保存和七带石斑鱼胚胎以及太平洋牡蛎幼虫的冷冻保存技术，获得 14 枚七带石斑鱼孵化卵；DMSO 在 10%浓度下解冻后担轮幼虫的运动率达到最大值 73.00%；初步建立了高诱导率的鲆鲽鱼类四倍体诱导技术；诱导并培育大菱鲆及牙鲆三倍体及全雌三倍体。分子标辅助育种方面，虾夷扇贝类胡萝卜素积累显著相关的位点集中在 14 号染色体，在全基因组关联分析找到的 14 号连锁群与类胡萝卜素积累相关的置信区间（4.5Mb），获得 44,168 个 SNP。在 2.7Mb 附近发现与类胡萝卜素积累极显著相关的位点。

（中国海洋大学）

【中国外来海洋物种入侵防治关键技术研究及应用示范】 通过调查中国沿海外来种入侵高风险区（港口、养殖区、滨海湿地）外来生物的分布现状、传播和扩散途径、入侵后的生态风险评估，研发和集成海洋外来生物监测技术，结合业务化示范建立外来生物防控体系和快速反应机制，提高地方海洋管理部门履行海洋外来物种监测和防控的管理能力，保障了国家及地方海洋经济健康持续发展。首次全面系统研究了我国外来海洋物种。通过主持完成科技部社会公益研究专项基金“外来海洋物种入侵影响及其风险评估和应用”、国家海洋公益性行业科研专项“我国典型海域外来海洋生物入侵风险评估技术集成与辅助决策技术研究－外来海洋生物风险源分析与信息系统构建”、国家环保公益性科研专项“中国外来生物物种调查与编目”、青岛国家海洋科学条件平台建设“中国外来海洋生物物种基础信息库（青岛海洋数据库平台建设－08）”等项目，率先建立中国外来海洋生物入侵网站，构建了中国外来海洋生物物种信息库，出版《中国外来入侵生物》专著，发表论文 5 篇，其中 SCI 论文 3 篇，研发了外来海洋物种风险评估预警系统，并开发出外来海洋物种入侵风险预警软件并获得版权保护，为我国外来海洋生物入侵防治提供了重要技术支撑。

【极地低温微生物资源及其低温环境生态修复技术研究】 首次开展了我国极地微生物石油污染低温修复研究。通过主持国家自然科学基金“南极海冰区低温石油降解微生物及其低温降解机制研究（40876107）”和青岛市应用基础研究项目“低温降解持久污染物（POPs）的南极微生物及其高效降解关键技术研究（10-3-4-11-1-jch）”、“啤酒污水处理中极地微生物低温降解机理及关键技术的研究（09-1-3-4-jch）”等项目，完成南极酵母和南极细菌模式菌种的全基因组测序和生物信息学分析，开展了南极酵母代谢组学研究和低温降解石油烃南极细菌代谢组学研究，并在国内外首次尝试南极酵母作为低温功能基因表达体系研究，且取得重要进展，在南极微生物低温环境分子适应机制及污染生态修复机制研究方向取得丰硕成果，发表研究论文38篇，其中被SCI收录17篇，这些成果为进一步开展相关工作奠定了厚实基础。世界各国对争夺和开发南极低温微生物资源十分重视，本研究成果对我国南极微生物资源的挖掘和开发利用提供了新思路、开拓了新途径。

【海带纤维素医药用材料研发关键技术及其应用示范】 利用海带渣为原料，制备高品质海带膳食纤维及其生物制品，建立海带渣高值化开发利用示范基地，提高海带利用率，拉伸海带加工产业链。利用海带膳食纤维深度开发海带微晶纤维素、可溶性海带膳食纤维粉等食用和药用产品，建立示范生产线，开发海带膳食纤维下游产品，研发药用辅料、膳食纤维功能性饮料等新型海带膳食纤维素产品，利用项目平台，探索从巨藻等其他藻类中提取膳食纤维，实现低值原料向高值产品的转化，保护海洋环境。 通过主持国家海洋经济区域创新示范项目“海带膳食纤维制品项目（青岛市2013年第一批海洋经济创新发展区域示范专项）”和山东省自主创新及成果转化专项“海带渣高值化利用及其膳食纤维制品产业化”等项目，申请国家发明专利4项，4项均获得授权；发表研究论文4篇，其中SCI收录论文2篇；完成了多项重要新产品研发和成果转化，如青岛领丰生物化工有限公司的海带微晶纤维素和青岛水知道水业有限公司的海带膳食纤维素水等产品，成果已经或正在实现产业化，为发展蓝色经济做出了贡献。

【南极冰藻DNA光修复酶新产品研发及其在紫外辐射损伤相关疾病防治中应用】 开创了我国南极冰藻功能基因和蛋白资源研究方向。通过主持国家自然科学基金“南极冰藻抗辐射活性物质研究（40206022）”和国家自然科学基金委员会-山东省人民政府海洋科学研究中心联合资助项目“海洋药物与生物制品”中子任务“南极冰藻DNA光修复酶研究与开发（U1406402-5）”等项目，完成了南极冰藻模式藻种全基因组测序和生物信息学分析，开展了低温、高盐和强紫外线胁迫下转录组测定和分析，目前南极冰藻功能基因资源研究正从抗辐射、抗冻、耐盐机理及其相关生命活性物质等基础理论研究进入到实际应用研究开发阶段。本产品的开发成功将填补紫外损伤修复类生物制品中的空白，具有显著的经济效应。本项目的实施也将为我国极地公共生物资源的抢占和发掘利用提供示范，并为我国在国际公共极地生物资源开发技术方面提供有力支撑。原创性研究成果在国内外发表研究论文46篇，其中SCI收录19篇，为我国南极冰藻（基因）资源的开发和利用奠定了坚实基础。特别是，以南极冰藻DNA光修复酶研究为起点，创立了我国极地生物医药研究方向。南极冰藻DNA光修复酶可以高效抑制皮肤癌细胞的生长，修复紫外线辐射损伤的皮肤细胞，是其他防晒、防紫外线产品无法替代的，具有极为显著特色和优势。本研究成果已申请公开了国内专利（CN103160488A）和国际专利（PCT/CN2013/075337），开展了申报国家一类生物新药临床前研究阶段。

【海藻植物软胶囊关键材料及制备技术研发与产业化示范】 通过主持国家海洋公益性行业科研专项“几种海洋生物来源医药用材料制备关键技术与示范－新型海藻胶植物软胶囊制备与产业化示范（201405015-2）”、山东省科技发展项目“新型软胶囊壳制备关键技术研究与中试生产（2014GHY115003）”等项目，成功研发新型海藻胶植物软胶囊新产品，并完成中试研究，正在进行产业化应用示范。项目已申请国家发明专利5项，其中授权2项。海藻植物软胶囊可以取代动物明胶软胶囊，解决了明胶软胶囊食用和药用的诸多缺点，诸如镉等重金属严重超标、伊斯兰教禁止使用等，是我国食品和药品软胶囊研究最新成果，填补国内空白，顺应世界胶囊产品发展趋势，产业化后将具有巨大社会和经济效益。

【老年性痴呆防治新产品磷脂酰丝氨酸（DHA-PS）研制及其产业化】 依托国家海洋经济区域创新示范项目“海洋生物活性脂质生产关键技术开发与产业化示范—DHA-PS研制及产业化示范”，以磷脂酰丝氨酸和DHA为底物，以酶法合成DHA-PS。技术先进，原料来源丰富，成本低廉，保证生产可持续性。同时采用软胶囊、微囊等技术实现DHA-PS的稳态化。通过科学复配多种具有改善大脑机能的物质，研发出以DHA-PS为主要成分的、具有预防和改善老年痴呆症的新型保健品和功能食品，产品正在进行中试研究，为产业化应用奠定基础。项目已申请国家发明专利2项。

（国家海洋局第一海洋研究所）

【深海近底层生物幼体高保真直视取样技术】 国家“863”计划课题，于2014年4月通过科技部验收。课题研制了一套采集深海近底层生物幼体样品的实用样机，实现了可视控、大体积拖曳采样和定点采样，同步采集环境参数，并实现样品保温。课题在多联生物拖网尾部样品收集装置的水浴保温技术，高效、大流量抽滤式生物样品采集技术，抽滤式生物样品收集装置保温保压技术等方面取得了创新性成果，所研发的深海近底层生物幼体高保真直视取样拖网具有自主知识产权。已申请国家发明专利5项，其中授权3项，获得软件著作权登记2项，发表论文3篇。所取得的成果具有较好的社会、经济效益。样机已在大洋29航次中应用。

【诱捕式大型生物采样器研制】 国家“863”计划子课题、子课题，通过对深海大型动物生活习性的研究，研发光引诱、食物引诱装置，以吸引生物靠近和进入捕获容器，生物捕捉舱分为被动诱捕式和主动诱捕式两种类型，被动诱捕式生物捕捉舱主要针对虾、蟹及活动性较弱鱼类，主动诱捕式生物捕捉舱针对游动能力较强的捕食性的或腐食性游泳生物。诱捕式大型生物采样器可以搭载ROV、载人潜器、拖体等多种水下作业平台，也可以通过工作母船直接布放，使用水声应答释放器遥控回收。

2014年5月，主动式诱捕式大型生物采样器样机搭载在深海生态长期观测系统样机在浙江省舟山市岱山县海域进行了近海试验；2014年7月，主动式诱捕式大型生物采样器样机搭载在深海生态长期观测系统样机在西北太平洋麦哲伦海山区进行了深海试验，获取87cm长鱼骨一付（因在水下存放时间太长，捕获的大型深海鱼被小生物吃了）；2014年10月，被动式诱捕式大型生物采样器样机搭载在深海生态长期观测系统样机在东太平洋进行了深海应用性试验，获取深海生物样品近2000只。

【我国陆架海现代生态环境变化的主要受控因子甄别】 国家“973”计划课题，主要研究内容包括：通过历史资料分析、多学科现场调查和受控生态实验，在季节尺度上查明我国陆架海浮游植物、浮游动物、底栖生物的生物量和群落结构的空间变化，确定对整个生态系统起决定作用的关键种和标志种；估算长江冲淡水、黑潮等水团变化对营养盐等关键环境因子的影响；通过受控模拟生态实验和典型过程的现场调查，了解生态结构演替和关键环境因子的受控关系及其过程速率；通过典型案例（如黄海冷水团、长江口锋面、象山港）研究自然变化、农业施肥、养殖活动和近海重大工程等人类活动对海洋生态结构的影响；通过边缘海高分辨率钻孔沉积硅藻的变化规律，重建地质历史上温暖气候背景条件下的海洋环境。

2014年10月10日，课题在山东青岛完成了验收工作，通过大量的历史资料搜集、现场观测、室内分析以及受控生态实验，全面完成了各项计划任务，达成了预期目标。5年时间共计发表论文57篇，其中在Water Research、MPES、MPB、CSR等高水平SCI刊物发表论文21篇，培养博士后2名，博士生3名，硕士生14名。

【海洋生态红线区划管理技术集成研究与应用】 2014年海洋公益性行业科研专项项目，通过海洋生态敏感性评价及其压力响应、海洋生态适宜性评价技术方法、海洋生态红线区划定技术方法和海洋生态管控制度等方面研究，结合典型示范区的实践，建立海洋生态适宜性评价技术体系、海洋生态红线划定技术体系和海洋生态红线管控制度技术体系，提出我国海洋生态评价制度与政策建议，引导我国海洋产业的合理布局，保障我国海洋生态安全与海洋经济可持续发展。2014年4月，项目启动会暨学术研讨会在杭州召开，国家海洋局环境保护司、国家海洋局科学技术司、天津市海洋局等主管部门和国家海洋局第二海洋研究所等11家项目承担单位参加了启动会。会议明确了项目2014年度研究任务和考核指标。2014年5—10月期间，课题组成员分赴北京、海南和洞头等地，参加了环保司“全国海洋生态红线划定技术指南”的编制讨论会，对“海南省海洋生态红线区划实施方案”进行了宣讲，并且搜集调研了相关的基础资料。

（国家海洋局第二海洋研究所）

【“973”重点项目进展顺利】 2014年，“海水养殖动物主要病毒性疫病暴发机理与免疫防治的基础研究”项目在WSSV的入侵机制、极早期基因的功能以及与宿主分子的相互作用、病毒变异与流行的关系方面取得重要成果，累计发表SCI论文10篇。

【全球气候变化与海气相互作用专项通过考核】 2014年，该专项年度工作任务全部通过考核，2个项目优秀。主持完成多项海洋声学专项调查等；完成资料整编项目阶段任务工作量；生物样品库项目已完成西太平洋黑潮区海洋生物样品补充测试分析年度工作，补充测试分析数据电子化出版；完成年度活体标本影像采集、模式标本研制和影像采集，新发现5个新物种。

【中印尼海洋与气候中心及联合观测站建设——比通生态站建设】 2014年，国际合作项目“中印尼海洋与气候中心及联合观测站建设——比通生态站建设”进展顺利，项目组带回印尼珊瑚三角区北苏拉威西海域珊瑚、红树植物、土壤、海草床鱼类、浮游生物、底栖生物样品等共522份。首次系统研究了北苏拉威西海近岸海草床生态系统，新开辟海草床调查样地4块。

【海洋公益专项——几种重要海洋药用生物种质资源发掘、保藏和利用】 2014年，完成了蜈蚣藻、星虫、草苔虫、荔枝螺和鬼鲉5种海洋药用生物的活性评价、种质筛选、种质保藏、人工繁育、活性保持、养殖示范等阶段性研究任务。采集5种海洋药用生物种质材料，保藏27份海洋药用生物种质样品；建立了荔枝螺解热抗炎抗氧化活性、星虫溶解血栓活性、鬼鲉肝脏调节免疫活性和蜈蚣藻调节血糖活性的评价方法；优化了蜈蚣藻特殊氨基酸、方格星虫纤溶酶、草苔虫素、荔枝螺素、鬼鲉肝肽的制备方法；制定了草苔虫素中试提取工艺，纯化制备了草苔虫素；开发了5种生物的人工繁育及规模化苗种培育技术，建立5种海洋药用生物规模化养殖模式。发表论文9篇，申请国家发明专利6项，制定了18项技术规程。

【河豚毒素或其衍生物抗心律失常药物关键技术研究开发】 2014年，海洋三所在综合分析河豚毒素及其衍生物组合物的理化性质的基础上，经筛选，确定河豚毒素及其衍生物组合物制剂为冻干粉针制剂。同时，开展河豚毒素或其衍生物组合物的高灵敏度检测分析方法研究，初步建立了以高效液相-荧光检测法和高效液相—紫外检测法测定2种主成分的方法，其中高效液相—荧光检测法的检测限达到纳克级。

【药源性氨基葡萄糖拟肽和海洋抗菌肽开发关键技术研究】 2014年，成功构建了以海蟹、海虾等甲壳质的水解原料氨基葡萄糖为原料，采用异氰酸酯法，经乙酰化、异氰酸酯化、缩合等对氨基葡萄糖的结构进行修饰改造制备氨基葡萄糖拟肽的工艺路线。考察了原料配比、反应时间、温度等对反应收率的影响，确定了制备氨基葡萄糖拟肽的关键工艺条件。

【海洋经济创新发展区域示范项目——厦门市海洋生物技术产业化中试研发基地】 围绕厦门市创建国家创新型城市，积极构建厦门市海洋生物技术产业化中试研发基地，支撑、带动全市海洋科技创新。2014年度，该基地的“海洋生物活性产物分离纯化”、“海洋藻类规模培养”、“海洋生物发酵”、“化学对照品和国家标准样品”和“化学修饰”等五个研发技术平台的建设已完成，共建成22个工程技术研发系统，突破23项海洋生物资源开发的关键工程化技术，申请21项发明专利，9项获得授权，该基地已完成验收，开始为相关产业提供技术服务。

【海洋经济创新发展区域示范项目——海洋药源生物种质资源库建设】 该项目获得2013年国家海洋局、财政部资助，由海洋三所牵头负责实施，旨在使海洋药源生物种质资源的收集、保存和鉴定更加标准化和系统化，使收集到的种质资源得到妥善和安全保存。2014年度，各项工作进展顺利，已完成海沧区海沧生物医药港4号厂房主题建筑内部3400平方米的装修和验收工作；开展了本年度仪器设备的选型和部分设备招标和安装工作；保藏海洋药源脊椎动物、无脊椎动物种质 110 份；开展海洋药源生物制备、保藏关键技术研究；已制定《海洋药源微藻种质资源描述、保藏规范》、《海洋药源微生物种质资源描述、保藏规范》等相关技术规范；真蛸、日本鬼鲉、双线紫蛤等药源生物繁殖、养殖技术正在转化推广；申请了 5 项专利。

【海洋经济创新发展区域示范项目——海洋生物工程化技术研发公共服务平台】 该项目拟围绕海洋生物资源可持续利用产业发展的迫切需求，构建海洋生物工程化技术研发公共服务平台，为企业开展中试研究提供技术支撑。2014 年度，各项工作进展顺利，已与厦门市海洋职业技术学院达成共建协议，由厦门海洋职业技术学院提供约 2800 平方米的场地供平台建设使用，初步完成平台整体布局规划设计工作和平台空调、通风、供电、供水等公用工程的设计工作，初步完成分离纯化及化学修饰子平台粉碎、提取、膜分离、柱层析、浓缩、干燥等工艺系统的设备布置规划，完成了部分设备的调研、招标与采购等。

【携手北海市共建产业技术联盟】 2014 年，围绕广西北海市北部湾海洋产业硅谷的建设目标，海洋三所与北海市人民政府签订《海洋科学研究战略合作框架协议》，建设海洋三所科研基地，拟在海洋生物产业化技术研发、中国—东盟国际合作交流、海洋基础科学研究等方面与北海市开展战略合作，共建产业技术联盟，为北海市发展海洋经济、建设海洋强市服务。目前，已经基本完成基地选址调研，入园建设项目策划等前期工作。海洋三所与北海市人民政府的《广西北海国家（海洋）农业科技园区暨北海海洋产业科技园区项目入园合同》正在审批当中。

【助力诏安县海洋经济发展】 2014 年，围绕诏安县海洋经济发展和海洋生态文明建设需求，与诏安县人民政府签订《关于共同推进诏安海洋经济发展合作意向书》，建设海洋三所生物技术产业化研发基地。目前，国家海洋局海洋生物遗传资源重点实验室研发基地的发酵中试平台的 5 吨发酵罐设备、部分分离设备已完成安装，正在进行 500 升发酵工艺研究，约 1000 平方米发酵车间正在装修。国家海洋局海洋生物资源综合利用工程技术研究中心中试研发基地正在建设，与诏安共建的海洋功能生物分子活性筛选平台第一期项目款 220 余万元已划拨诏安金都管委会，约 300 平方米平台建设场地已选址完成。此外，配合诏安县发展和改革局编写诏安县海洋经济发展与生态建设规划，为诏安海洋经济发展和海洋生态文明建设的顶层设计提供技术支持。目前，已完成规划文本和图件的编写。

【改性贝壳粉应用于海洋环保纺织涂层材料技术】 2014 年，海洋三所改性贝壳粉应用于海洋环保纺织涂层材料技术取得突破性进展，已经完成产品中试试验，中试样品通过相关资质单位的国标检测。

【海藻寡糖与生物菌肥的复配技术研究】 2014 年，海洋三所与福建三炬生物科技有限公司合作开发海藻寡糖与生物菌肥的复配技术，签订“利用海藻寡糖优化功能微生物性能提高生物肥肥效技术”项目合作协议。海藻寡糖应用于生物肥和土壤修复剂项目已经基本完成配方试验，实现了企业原有微生物菌剂“耕多邦”的升级换代。目前，正在进行土壤修复剂的数据整理和标准编写，准备上报农业部，进入海藻寡糖微生物复合土壤修复剂登记证书的申报程序。

【海带浓缩提取物在鱼糜制品生产中的抑菌应用研究】 2014 年，与福建安井食品股份有限公司合作研究海带浓缩提取物在鱼糜制品生产中的抑菌应用，签订“海带浓缩提取物对鱼糜制品中常见有害微生物抑制作用的研究”项目合作协议。

【多项战略合作协议推进生物技术研究】 2014 年，与万全医药控股（中国）生物有限公司就共建“厦门海洋药物研究中心”事宜签订框架协议；与武汉纺织大学就共同推进海洋生物新材料发展签订校所战略合作协议；为促进“国家海洋局第三海洋研究所—龙之族（中国）有限公司海洋生物纺织材料联合研发中心”建设，与龙之族（中国）有限公司签订所企战略合作的补充协议。

【积极推介展示海洋技术成果】 2014 年，积极组织参加中国北京国际科技产业博览会海洋科技与海洋经济展览会、6•18 中国海峡项目成果交易会、大丰港海洋生物博览会等项目成果展览推介会等，展示海洋三所 6 项具有产业化前景的科研成果，推介 8 项海洋生物领域的技术成果，与地方签订了 1 项合作协议，促进海洋技术成果向外辐射和推广。

【海洋生态补偿立法与政策研究】 2014 年，积极开展海洋生态补偿立法与政策研究，为国家海洋生态补偿总体政策安排及配套法律法规的出台提供技术支撑，编制完成：《海洋保护区生态补偿评估技术导则》（初稿）、《海洋生态损害评估技术指南（试行）》案例范本、《海洋开发利用活动生态补偿金征收与管理论证报告》、《关于尽快开展海洋开发利用活动生态补偿金征收的建议》《福建省海洋生态补偿管理办法》（报批稿）、宣贯材料《海洋生态损害国家损失索赔办法》《海洋开发利用活动生态补偿暂行办法》（征求意见稿）、《中国海洋生态补偿管理制度建设研究》（专著修改稿）、《海洋生态损害评估技术与方法》（专著修改稿）等。

【积极推进海岛规划修复工作开展】 2014 年，协助诏安县推动城洲岛海岛生态修复及整治项目，完善《城洲岛国家海岛生态建设实验基地开发利用具体方案》《城洲岛国家海岛生态建设实验基地用岛论证报告》；跟踪海坛岛龙凤头湾景观修复效果，构建完成“海坛岛及附近岛屿示范区综合承载力评价指标体系”；开展莆田市东埔石岛保护和利用规划、珠海市三角岛开发利用具体方案、无居民海岛使用项目论证、南日岛生态修复示范工程实施方案、福州至平潭铁路海坛海峡跨海铁路大桥无居民海岛使用项目论证等，积极为地方的海岛规划、保护与开发利用提供工作技术支持和服务。

【近岸典型珊瑚礁生态系统修复技术示范研究】 2014 年 5 月、11 月，海洋三所分别派员前往海南三亚，组织开展珊瑚礁修复示范区（西排）的监测和造礁珊瑚的移植工作,海洋公益项目“近岸典型珊瑚礁生态系统修复技术示范研究”项目正在进行总结工作，将于 2015 年 1 月底进行自验收。

【海洋浮游生物分类鉴定技术及在生物多样性保护中的应用研究】 2014 年，按照计划合同，海洋三所完成了中国海洋浮游动物物种编目，完善了中国海洋浮游动物重要门类的分类体系，并对浮游动物重要门类常见种进行了图谱编制工作。

【科技基础工作专项——“我国近岸海域表层沉积物中的甲藻孢囊分类”项目通过验收】 2014 年,“我国近岸海域表层沉积物中的甲藻孢囊分类”项目通过验收。中国第一部系统描述本国近海甲藻孢囊的专著《中国近海甲藻孢囊》得以出版。

【东南亚海域中华白海豚廊道与保护区规划研讨会召开】 在厦门举办“2014 年东南亚海域中华白海豚廊道与保护区规划研讨会”，来自中国、美国、泰国、马来西亚、菲律宾、中国台湾和中国香港等国家和地区的鲸豚专家、保护区管理人员和研究生约 50 人参加了会议，总结分析了保护区现状和主要威胁，制定项目推进计划，积极推动大陆、香港和台湾白海豚保护区网络的建立。

【“海洋生物多样性著作系列”编著工作有序开展】 2014 年，国家海洋局资助的“海洋生物多样性著作系列”编著工作有序展开，其中,《中国刺胞动物门水螅虫总纲》顺利出版；《西北冰洋浮游植物物种多样性》拟于 2015 年初印刷出版；《中国桡类物种多样性》编写工作有序推进。

（国家海洋局第三海洋研究所）

海水淡化与综合利用技术

【50 吨/日海水淡化技术应用于港区抑尘系统】 2014 年 9 月，由国家海洋局天津海水淡化与综合利用研究所研发的 50 吨/日海水淡化装置成功应用于天津港焦炭码头有限公司。在“美丽天津”和“美丽港口”建设背景下，针对天津港散货码头作业期间存在粉尘污染，抑尘系统淡水缺口大，取用海水对设备和车辆腐蚀严重，以及逐年递增的吞吐量和越来越严格的环保要求等现实问题，结合港区特点研发双膜法、低耗能、集约型海水淡化装置，实现经济效益和环保效益的共同发展。该装置在港区适用性方面特点显著：①采用可移动式集装箱设计，结构紧凑，可布置在传送带下方，节省用地，可根据后期扩建需求进行位置调整；②采用全自动控制设计，节省人力资源和生产成本；③装置布置于码头岸线，产品水可输入储水设施，也可直接供给门机和释雾器等用水设备。自 2014 年 9 月投运，是国内首套布置于码头线平

台上的可移动式海水淡化装置，其兼具探索试验性质，对研究适用于港区的海水淡化技术与装备运行和管理具有现实意义，为港区后续建设大规模海水淡化工程积累相关经验。

【“海岛适用的系列海水淡化技术装备”获 2014 年海洋科学技术二等奖】　该项目紧密围绕我国海岛开发与保护的淡水需求，结合国内外海水淡化发展动态以及我国不同海域的海岛现状，研发了两种能量回收装置、产品水后处理技术和装置；立足国产超滤、反渗透膜组件及自主研发的能量回收装置、与可再生能源耦合的多能互补技术，形成适用于海岛的反渗透海水淡化自主创新成套技术和系列化装备；获得专利授权 5 项，编制行业标准 1 项。项目开发了规模为 5～500 吨/天的系列化技术与装备，满足了我国大多数岛屿的需求，装备运行维护简便、结构紧凑、制造成本低且能适应多能源，具有远程监控诊断功能，在南海和黄海建成五个示范工程，且已在大连、天津、珠海和三沙市得到进一步推广与应用。该项目研发的系列海水淡化技术装备，具有海岛适用性强、国产化率高、技术先进、安全稳定的特点，其推广应用为我国海岛开发保护、海洋权益维护以及海岛军民生活所需淡水供应提供了一条可靠、高效、便捷的途径。该项目成果水平国际先进，获 2014 年度海洋科学技术二等奖。

【“20 吨/日板式蒸馏海水淡化产品开发”研制成功】　2014 年，由国家海洋局天津海水淡化与综合利用研究所自主设计的 20 吨/日板式蒸馏海水淡化产品研制成功。该产品采用板式升膜蒸发工艺，具有传热效率高、结构紧凑、抗结垢能力强等特点，可利用柴油机余热、工业乏蒸汽、太阳能光热等低品位热源实现海水淡化，有效解决船舶、海上平台、海岛等特定地区或场合的供水问题。该产品全部采用国产化组件，基于成组技术可快速完成产品加工组装，与国外同类型产品相比成本降低 30%以上。在该产品研制成功的基础上，相继又完成装机容量为 5 吨/日、10 吨/日、15 吨/日、24 吨/日、50 吨/日的系列化板式蒸馏淡化产品设计，可实现对海水、地下苦咸水、工业污水等淡化及水处理，满足市场不同用途、不同规模的用水需求。

【淡化所与环印度洋联盟区域科学技术转移中心签署海水淡化技术转移合作谅解备忘录】为推进我国与环印度洋联盟区域海洋科技合作，促进自主海水淡化技术装备转移输出，在各方共同努力和支持下，中国国家海洋局天津海水淡化与综合利用研究所（ISDMU）与环印度洋联盟区域科学技术转移中心（IORA RCSTT）于 2014 年 10 月在环印联盟第 14 届部长理事会期间签署了“关于技术合作、转移和交易（主要关于海水淡化技术）的谅解备忘录”，合作内容包括：海水淡化技术领域的科学技术信息转移或交换，联合开展海水淡化技术和方法示范，共同组织研讨、座谈和培训，安排赴双方的相关企业进行技术考察，联合发布科学出版物，就双方感兴趣的内容开展合作研究，以及双方达成一致的其他合作形式。该合作备忘录是中国与环印联盟之间签署的首个务实合作协议，也将成为双方开展海洋合作的重要一步，具有重要的引领和示范作用。

【亚太脱盐协会秘书处在淡化所举行揭牌仪式】　2014 年 6 月 4 日，亚太脱盐协会（Asia-Pacific Desalination Association，ADPA）理事会在新加坡召开，栗原优（Kurihara Masaru）理事长、帕默•尼尔（Palmer Neil）副理事长、尤金德秘书长以及来自国家海洋局天津海水淡化与综合利用研究所（以下简称淡化所）、国际脱盐协会（IDA）、中国膜工业协会（MIAC）、日本脱盐协会（JDA）、澳大利亚水协会（AWA）、新加坡水协会（SWA）、韩国脱盐企业协会（KDPA）等 19 名理事和代表参加了会议，会议由栗原优理事长主持。理事会正式宣布将亚太脱盐协会秘书处设置在淡化所。2014 年 6 月 24 日，亚太脱盐协会秘书处在淡化所揭牌，协会理事长、日本东丽株式会社首席科学家栗原优博士、协会秘书长兼中国膜工业协会秘书长尤金德、淡化所所长李琳梅共同为秘书处揭牌，淡化所班子成员和有关部门负责人参加了揭牌仪式。揭牌仪式后，亚太脱盐协会在淡化所举办了学术沙龙，就海水淡化产业的前沿课题进行探讨，栗原优博士在会上做了题为“日本百万吨水处理系统研究现状”的学术报告，就日本海水淡化产业新进展进行了介绍。

（国家海洋局天津海水淡化与综合利用研究所）

海底探测与油气勘探开发技术

【4500 米级深海遥控作业型潜水器研制和海试】 2014 年 2—4 月，我国自主研制的首台 4500 米级深海遥控无人潜水器作业系统“海马号”搭乘“海洋六号”综合科学考察船分三个航段在南海进行海上试验，并于 4 月 18 日通过了现场海试验收。

“海马号”研制是十一五期间 863 计划支持的重点项目，是我国迄今为止自主研发的下潜深度最大的无人遥控潜水器系统,实现了本体结构、浮力材料、液压动力和推进、作业机械手和工具、观通导航、控制软硬件、升沉补偿装置等关键核心技术国产化，整套装备国产化率达到 90%。

在三个阶段的海试中海马号共完成 17 次下潜，3 次到达南海中央海盆底部进行作业试验，最大下潜深度 4502 米。完成水下布缆、沉积物取样、热流探针试验、OBS 海底布放、海底自拍摄、标志物布放等多项任务，成功实现与水下升降装置（Lander）联合作业，通过了定向、定高、定深航行等 91 项技术指标的现场考核。海试的成功标志着我国已具备大深度无人遥控潜水器设计研发能力，对深海通用配套技术产业的发展起到了积极辐射和带动作用，是我国深海高技术领域继“蛟龙”号之后又一标志性成果。

【深海通用技术与产品研制（Ⅰ期)】 2014 年，玻璃粉末法制备高性能空心玻璃微珠技术与生产工艺课题：完成密度在 0.25±0.02 克/立方米、0.32±0.02 克/立方米、0.38±0.02 克/立方米范围内三种空心玻璃微珠，分别制备了满足工程化应用的 1000 米、2000 米、4500 米水深用的固体浮力材料，3 种国产微珠固体浮力材料还通过了海上现场验收。

高性能空心玻璃微珠软化学合成法制备技术与生产工艺课题：本年度主要进行固体浮力材料海上试验，为配方优化及生产工艺放大提供依据；开展批量生产线的建设，完善生产线各工艺环节的衔接，规划生产工艺，对制备工艺技术定型，并进行空心玻璃微珠试生产。

深海水密电缆接插件工程化技术课题：所开发的 1000 米至 7000 米 14 种深海水密电缆接插件产品，采用特有材料、结构及工艺，实现了大深度环境下的可靠应用，得到多家用户的使用与认可，产品在海底观测网、北极 ARV、深海滑翔机、多台 ROV 上得到了应用，产品性能稳定、工作可靠。

M 系列深海水密电缆接插件开发课题：所开发的 11 个典型品种(覆盖 5 种壳体)参加了“深海海洋仪器设备规范化海上试验”2013 年南海航次，在 1000 米、3000 米和 4000 米海域进行了 5 吃吊放下潜，最大深度 4243 米，累计下潜时间 20 小时，并经 23 天甲板暴露盐雾及海水浸渍试验，海试后产品电气性能良好，产品无锈蚀、受压损坏及漏水。

深海 ROV、拖体等设备用铠装缆技术课题：所研制的 5500 米 ROV 用金属铠装缆连接到“海马”号 ROV 系统，将 2000 米拖体用金属铠装缆连接到深海摄像系统，搭载“海洋六号”科考船在海试现场验收专家组的见证下在南海开展了海上试验，电缆各项性能指标均满足系统工作要求，通过了海试现场验收专家组的现场验收。深海 ROV、拖体等设备用铠装缆和深海 ROV 用中性缆产品于 2014 年 7 月 26 日通过了江苏省经济和信息化委员会组织的新产品鉴定，鉴定委员会认为该产品具有完全自主知识产权，填补了国内空白，技术指标达到了国际同类产品先进水平。

【深海通用技术与产品研制 （Ⅱ期)】 2014 年，深海潜水器作业工具、通用部件及作业技术课题于 5 月 8—25 日，7 功能机械手搭载于某型 ROV 开展海上综合应用试验，试验中，7 功能机械手水面控制器及操作主手由水面供电，从手及控制阀箱由潜水器本体供电，水面、水下控制器通过近 1700 米距离的光纤通讯。机械手海上搭载试用中状态良好，在水面、水下动作功能正常，并在水下顺利完成了目标抓取作业任务。

深海环境监测温度传感器技术研究课题已完成热敏电阻微珠自动化成型系统搭建和热敏电阻超薄绝缘密封。

高可靠海水液压传动关键技术及其产业化研究课题完成典型海水液压元件样机的可靠性增长试验和性能参数实验室摸底测试，部分样机平均无故障时间 MTBF 达到 1000 小时；完成深海模拟舱关键部件加工制造以及海水液压元件深海模拟试验系统的集成设计，制定了海水液压元件水下 2000 米海试试验的具体方案。

深海集成油压动力源工程化及系列化研究课题完成 5.5 千瓦、11 千瓦、18.5 千瓦深海集成油压动力源大气环境下测试，完成 18.5 千瓦、55 千瓦、90 千瓦深水交流电机装配及性能测试。

深海系列永磁电机产品化技术研究课题：完成 500 瓦、2 千瓦、20 千瓦深水无刷直流电机的制造，并已完成 20 千瓦深水无刷直流电机的地面测试，电机系统效率达 92%，高于用户指标；为 702 所研制的 4500 米载人潜水器用海水泵驱动电机的实验样机完成验收，并完成了样机在 45 兆帕下带载性能测试，运行性能良好。

【海底 60 米多用途钻机系统】 2014 年，主要完成本体机械部分调试、机载测控系统和甲板操作控制系统的研制、海底钻机的系统联调、移动式重型海底钻机甲板配套收放系统的研制等工作。在实验室开展了硬岩及沉积物钻孔取芯试验，在实验室内成功进行了 60 米钻进试验，取得岩心试验样品。

【深海多金属结核和富钴结壳采掘与输运关键技术及装备】 2014 年，完成了剥离采集一体化采掘装置方案设计、技术计算、部件结构设计，完成了稀软底质集矿车概念车原理样机的设计、加工和总装调试，构建了一套多级泵水下动态模拟扬矿试验系统。

【深海拖曳探测系统】 DTA-6000 声学深拖系统从 4 月 27 日到 9 月 30 日跟随“竺可桢”船进行马航 MH370 的搜寻调查工作，根据现场指挥部的要求在南海中沙附近海域完成了声学深拖海上试验，在南印度洋北部结合避风完成了海上实际作业，在南印度洋核心搜索区绿区结合测量任务完成了 15 号测线扫测，验证了设备的技术指标和可靠性。

深海拖曳探测系统在 2014 年 3 月和 4 月跟随“科学号”试验母船在台湾南部冷泉区和西太平洋分别进行了浅海试验和深海试验，并在西太平洋热液区进行了应用性试验，试验结果验证了系统的技术指标。

深海拖曳探测系统还在千岛湖进行了严格的拖体安装误差校准和系统测深精度的考核，在浅水条件下，系统进行了十字测线精度评估试验，两条测线的差值的标准差 0.19 米，优于 IHO 特级标准。

【300 英尺自升式钻井平台关键技术与装备】 “300 英尺自升式钻井平台关键技术与装备”主题项目下设“300 英尺自升式平台设计技术”、“升降系统和锁紧装置研制”和“9000 米海洋钻井包研制”三个课题，以形成具有自主知识产权的 300 英尺自升式钻井平台技术系统为目标，开发平台设计关键技术，研制升降系统及锁紧装置和钻井深度为 9000 米海洋钻机关键装备。

在 300 英尺水深的自升式钻井平台总强度分析、稳性计算、关键结构设计与分析、桩靴与地基相互作用分析、平台振动与噪音控制等方面，大扭矩、大减速比高效轻量化传动设计、升降系统和锁紧装置控制技术、模拟实船验证等方面及陆地钻井设备海洋适应性设计技术、超深井海洋井架设计及制造、分流器国产化、司钻房整体正压防爆技术、滚动式钻台滑移技术方面取得了创新性成果，形成 300 英尺水深的自升式钻井平台的基本设计和详细设计通过 ABS 和 CCS 船级社认可，研发了具有自主知识产权的升降系统和锁紧装置及其控制系统工程样机和 9000 米海洋钻机。研究成果已应用于实际工程，为实船订单提供了技术支撑，截至目前共签订了 4 套 300 英尺水深的自升式钻井平台和 6 套 9000 米海洋钻机合同，成功实现了产业化。项目的实施对于开发我国近海石油、增强国际市场竞争力、发展壮大我国海洋工程产业具有重要意义。

【高端井下测控系统突破关键技术】 中海油田服务股份有限公司在旋转导向钻井和随钻测井两项关键核心技术上取得突破，形成了自主知识产权的 Welleader®旋转导向钻井系统和 Drilog®基本型随钻测井系统。2014 年，Welleader®系统挂接Drilog®系统成功完成3口井陆地油田试作业和 1 口井海上试作业，累计工作进尺 2828.5 米，成功实现了现场生产应用。

2014 年 9 月 13—17 日，陆地某油田，YWL-X5 定向井生产井。Welleader®系统挂接 Drilog®系统完成 542 米进尺旋转定向作业，井深 3034 米，井斜 30°，最大造斜率 3.5°/30 米，成功中靶，靶心距 6.9 米。

2014 年 10 月 8—14 日，陆地某油田，YWL-X11 定向生产井。Welleader®系统挂接 Drilog®系统完成 663.5 米进尺旋转定向作业，井深 3174.5 米，最大井斜 34°，成功中靶，靶心距 7.8 米。

2014 年 11 月 16—20 日，渤海 LD5-2A 平台，A7S1 调整井。Welleader®系统挂接 Drilog®系统完成 813 米旋转定向钻进，至井深 2358 米完钻，纯钻时间 22.75 小时，故障损失时间 0 小时。Drilog® 系统获得合格测井资料。Welleader®系统准确命中全部 3 个设计靶点，最小靶心距 2.1 米，最大井斜 49.8°。

Welleader®+ Drilog®系统本次海试作业成功，标志着中国终于拥有了首套自主研发、并具备作业能力的旋转导向钻井系统。同时，也标志着我国已经完全掌握旋转导向钻井这项国际领先技术，打破了该技术上的国际垄断。

（科学技术部）

【深水油气勘探、开发工程技术体系】 依托国家重大专项研究课题“南海北部深水区潜在富生烃凹陷评价”，陵水 17-2 气田首次测试成功获得高产油气流，为中国海域自营深水勘探的首个重大油气发现，并首次成功应用自主研发的深水模块化测试装置。依托国家重大专项“南海深水油气勘探开发”示范工程，攻关突破深水气田开发模式创新、深水水下生产系统开发、超大型平台设计、建造和安装以及关键设备及材料国产化等关键技术，建成荔湾 3-1 气田示范工程，首次形成具有自主知识产权的深水油气开发工程技术体系。

【旋转导向钻井技术与随钻测井技术】 依托 863 计划课题“液压动力旋转导向钻井技术系列研究”和“随钻地层评价关键技术和设备研制”，形成具有自主知识产权、相对完整的旋转导向钻井、随钻测井技术与装备，能够满足并自主完成海上“丛式井”和复杂油气层的开采需求，成功打破了国外技术垄断，使我国成为全球第二个同时拥有这两项技术的国家。

【稠油油田高效开发】 依托国家重大专项“海上稠油油田高效开发”示范工程，初步建成南堡 35-2 和旅大 27-2 为代表的热采试验基地，形成了集地质油藏、工艺、钻完井为一体的海上非常规稠油热采技术体系，具备了全系列防砂完井工具研发、生产与服务能力，现场应用 80 口井，防砂层数 155 层。

（中国海洋石油总公司）

海岸与近海工程技术

【河北省管辖海域海砂资源调查与评价】 海砂是一种重要的海洋固体矿产资源，为掌握河北省海砂资源状况和对其进行开发利用，开展海砂资源调查与评价是先决条件、也是非常必要的。为此，2013 年河北省国土资源厅将“河北省管辖海域海砂资源调查与评价（2014—2015 年）”列入省级预算项目计划，并委托国家海洋局第一海洋研究所承担完成。该项目的总体任务是通过海洋物探调查和沉积物取样调查，并融合已有的海洋物探和沉积物取样调查成果资料，结合区域环境条件及演化特点进行海砂资源综合评价分析，估算河北省管辖海域海砂资源量，划定海砂禁采区、限采区，并开展海砂开采的环境问题分析及对策措施研究，为河北省管辖海域海砂开采用海区域选划提供科学依据，为海洋管理部门资源开发与保护、行政执法、管理与决策等提供基础数据。根据项目工作安排，2014 年主要完成项目技术设计和外业调查工作。国家海洋局第一海洋研究所依托海岛海岸带研究中心组建项目组，于 2014 年 1 月起启动项目工作。2014 年 4 月，编制的项目设计通过河北省国土资源厅（海洋局）组织的专家评审；2014 年 8—10 月组织 3 个航次，分别实施了浅地层剖面探测和水深测量、地质钻探、海底沉积物取样调查，实际完成浅剖和测深有效测线长度各 820 千米（获浅剖数据记录 6.58 吉字节）、地质钻孔 6 个（累计有效进尺 190.7 米）、表层沉积物取样 106 站、柱状取样 14 站，超额完成了合同任务书规定的工作量，为后续的海砂资源评价、海砂资源区划等工作奠定了坚实的基础。

【青岛市海岛保护规划】 随着“一带一路”战略的实施及山东半岛蓝色经济区建设上升为国家战略，青岛市作为山东半岛蓝色经济区的龙头，海岛经济的发展迎来了难得的历史机遇。与此同时，海岛空间资源的稀缺性将进一步加剧，海岛的重要性将日益显现，海岛规划的编制与实施迫在眉睫。2013 年 12 月，青岛市海洋与渔业局委托海洋一所作为牵头单位编制完成《青岛市海岛保护规划》（以下简称《规划》）。2014 年 7 月 14 日，进行了市委专题会汇报，李群、王鲁明、徐振溪等市委、市政府领导听取了汇报，充分肯定了《规划》编制的重要性和必要性，并对规划的总体思路和工作推进作出具体部署。2014 年 11 月，完成 40 余航次，116 个海岛的实地测量、取样和走访工作。2015 年 1 月，完成了相关部门和沿海相关区市的意见征求工作。根据青岛市海岛实际需求和各部门建议，项目组探索建立了一种“总体保护与利用、重点海岛保护与开发相结合”的新规划体系。《规划》构建了“点、线、面”相结合的多层次海岛保护体系，统筹考虑了“陆、海、岛”的保护与利用，提出了“一带两区六组团”的海岛空间总体布局结构，符合青岛市经济社会发展总体要求。从公共服务设施、旅游线路、码头、市政基础设施等方面构筑了海岛开发利用支撑体系，对改善海岛人居环境、提升海岛价值、探索解决青岛市旅游海陆统筹具有重要意义。另外，《规划》编制的灵山岛、竹岔岛、斋堂岛、大公岛等 4 个重点海岛的概念规划，在国内具有较好的示范引领作用。2015 年 3 月，《规划》通过专家评审会，与会专家一致认定规划成果具有科学性、创新性和可操作性，达到国内先进水平。

（国家海洋局第一海洋研究所）

【海洋公益性行业专项“水下文物探测、保护技术体系研究与示范”】 2014 年，牵头开展海洋公益专项“水下文物探测保护技术体系与示范”课题，完成“水下文物探测系统”仪器设备验收工作，包括多波束、浅剖、磁力仪、考古型 ROV、水下摄像等设备。完成了数字多道地震、海洋重力仪和海洋磁力梯度仪等第一批造船设备的调研和招标技术指标确定工作。新购置深水沉积物捕获器 1 套、水下现场激光粒度仪 1 台、深水声学释放器及甲板单元、CTD 配套甲板单元等。

【召开水下文化遗产保护技术与丝绸之路考古研讨会】 11 月 19 日，国家海洋局、国家文物局共同举办，国家海洋局第三海洋研究所、国家文物局水下文化遗产保护中心共同承办在厦门召开的“水下文化遗产保护技术与丝绸之路考古研讨会”，40 位国内专家学者就水下文物探测、保护技术体系研究、海洋文化传承与海上丝绸经济带建设、中国水下考古取得的成就、面临的形势及问题等展开研讨和交流，经海疆万里行记者团等多家媒体广泛报道，产生良好社会效益。（国家海洋局第三海洋研究所）

【300 千瓦海洋能集成供电示范系统】 水工物理模型试验研究课题组在中国海洋大学山东省海洋工程重点实验室的宽断面水槽与平面水池，针对组合型振荡浮子波能发电装路开展了水工物理模型试验研究。

小型海试样机的实海况测试表明，该样机的主要技术方案是可行且可靠的。根据海试中取得的主要成果，该样机的主体技术方案进行适当改造，即可升级为百千瓦级波浪能发电装路。此外，海试中的液位识别系统采用主动识别技术，可靠性较差，为了更好地适应大潮差的变化，课题组新设计了一套被动识别技术，并已申报国家发明专利，未来将应用于原型工程样机。（中国海洋大学）

海洋教育

【海洋领域高校办学及专业建设】 在教育部颁布实施的最新本科专业目录和专业设置管理规定中，与海洋相关的专业类有海洋科学、海洋工程、水利、矿业、交通运输、水产、药学、公共管理等8个，下设有海洋科学、海洋技术、船舶与海洋工程、海洋资源与环境、军事海洋学、海洋工程与技术、海洋资源开发技术、港口航道与海岸工程、海洋油气工程、航海技术、海洋渔业科学与技术、海洋药学、海事管理等13个海洋相关专业。2014年,我国设置海洋相关专业的高校有近百所,专业布点数164个，毕业生9218人,招收新生10238人,在校生41607人。除中国海洋大学、大连海事大学、浙江海洋学院、广东海洋大学等海洋特色高校以外，一些综合类、理工类大学如浙江大学、山东大学、厦门大学等均开设了海洋相关专业。

2010年，教育部启动实施了卓越工程师教育培养计划。该计划主要任务是探索建立高校与行业企业联合培养人才的新机制，创新工程教育人才培养模式，建设高水平工程教育教师队伍，扩大工程教育的对外开放。参与高校与企业联合制定人才培养标准，共同建设课程体系和教学内容，共同实施培养过程，共同评价培养质量。目前，十余所高校的港口航道与海岸工程、船舶与海洋工程、航海技术、海事管理等专业入选“卓越计划”。

【海洋领域的学科设置与建设】 根据国务院学位委员会、教育部印发的《学位授予和人才培养学科目录（2011年)》，海洋领域现有“海洋科学”、“船舶与海洋工程”、“水产”三个一级学科，共有博士学位授权点34个、硕士学位授权点64个，其中，一级学科博士点27个，二级学科博士点7个；一级学科硕士点34个，二级学科硕士点30个。

学位授予单位可根据国家经济和海洋事业发展对高层次人才的需求，结合本单位的学科基础，在相关一级学科学位授权权限内，自主设置与海航学科相关的二级学科。目前，已有30个学位授予单位自主设置了60个“海洋地球化学”、“海洋生态学”和“海洋生物技术”等相关二级学科。

2014年,我国海洋领域相关学科授予博士学位500人，硕士学位2060人。上海交通大学、天津大学等12所高校在船舶与海洋工程领域招收非全日制工程硕士专业学位研究生，通过在职人员攻读硕士专业学位考试录取了291人。

（中国教育部）

【中国海洋大学】 中国海洋大学是一所以海洋和水产学科为特色，包括理学、工学、农学、医（药）学、经济学、管理学、文学、法学、教育学、历史学、艺术学等学科门类较为齐全的教育部直属重点综合性大学，是国家“985工程”和“211工程”重点建设高校之一，是国务院学位委员会首批批准的具有博士、硕士、学士学位授予权的单位。中国海洋大学的前身是私立青岛大学，始建于1924年。2002年10月经国家教育部批准更名为中国海洋大学。

学校现辖崂山、鱼山和浮山三个校区，设有17个院，1个基础教学中心，1个社会科学部，68个本科专业。现有12个博士后流动站，13个博士学位授权一级学科，83个博士学位授权学科（专业)，34个硕士学位授权一级学科点、195个硕士学位授权学科（专业)，15个类别硕士专业学位授权点，是国家首批工程博士专业学位授权点，还具有招收高校教师(15个专业领域)、职业学校教师在职攻读硕士学位资格。学校有2个一级学科国家重点学科、10个二级学科国家重点学科（含1个培育学科)、1个国家工程技术研究中心、7个教育部重点实验室、4个教育部工程研究中心，1个农业部重点实验室、21个山东省重点学科、2个山东省重点实验室、1个山东省工程技术研究中心、9个山东省高校重点实验室、4个青岛市重点实验室、3个青岛市工程（技术）研究中心。联合国教科文组织中国海洋生物工程中心、由教育部和国家海洋局共建的中国海洋发展研究中心设在学校。还拥有2个国家基础科学研究和教学人才培养基地，1个国家生命科学与技术人才培养基地，4个教育部—国家外国专家局111创新引智基地。学校拥有供教学实践和科学考察使用的3500吨级“东方红2”海洋综合科学考察实习船、2650吨“海大号”海洋地质地球物理调查船、280吨的“天使1”科考交通补给船，5000吨级的“东方红3”新型深远海综合科考实习船正在建造过程中，基本组成了自近岸、近海至深远海并辐射到极地的海上综合流动实验室，初步形成了国内一流的系统化的现场观测能力。

学校科技成果丰硕，科技创新能力明显增强。“十一五”以来，主持国家级各类项目1100余项。管华诗院士领衔完成的项目“海洋特征寡糖的制备技术（糖库构建）与应用开发”，获2009年度国家技术发明一等奖。“十一五”以来，学校另获国家技术发明二等奖2项、国家科技进步二等奖6项、省部级科技奖励66项、人文社会学科省部级以上奖励61项。被SCI、EI、ISTP等三大收录系统收录论文13000余篇，学校在地球科学、植物与动物学、工程技术、化学、材料科学、农学、生物学与生物化学、环境学与生态学等8大学科（领域）跻身美国ESI全球科研机构排名前1%。“十一五”以来，申请发明专利1227项，授权发明专利726项，其中国际发明专利13项。

科技项目与经费　在科技体制改革等因素影响下，学校科技经费持续稳定发展，2014年实到科技经费5.7亿元。

国家自然科学基金　国家自然科学基金获资助总经费近1.4亿元，创历年新高。特别是体现学术地位与研究实力的标志性项目立项工作实现重大进展：获批2014年国家自然科学基金委员会21项重大基金项目中的2项，获批项目数位居全国各类申报单位第2位，学校因此成为全国在海洋科学领域唯一承担过2个重大基金项目的单位，同时也是国家自然科学基金委在海洋工程领域布局资助的首个重大项目的承担单位；获得首次设立的国家自然科学基金委员会—山东省人民政府联合资助海洋研究中心项目4项中的2项；获批我国工程地质领域的首个国家重大科研仪器研制项目，学校也是首次获得该类型项目资助。

国家重大科技项目　承担国家重大项目能力持续增强，新获批1项国家重大科学研究计划项目和1项国家重大科学研究计划青年科学家专题项目。至此，学校在国家重大科学研究计划全球变化研究领域连续四年均有项目获批，巩固了学校在相关领域的优势地位。

科技部“十二五”首次于海洋领域设立的青年科学家专项“新型海洋监测探测传感器研发”项目中，学校作为项目牵头单位负责项目实施和过程管理，其中承担项目10个课题中的3个，是唯一在生态监测、动力监测和地质地貌三个方向都承担课题的单位。

部委专项　立足近海、经略南海，统筹布局调查项目、人力资源等优势，全力组织实施海洋调查专项、地质调查专项等专项项目，2014年共获得专项合同经费1.1亿元，到校经费1亿元。通过持续实施专项工作，获取了大量宝贵的海洋调查数据，培养了一批深海大洋海洋调查人才，为各学科发展提供了坚强支撑。

国际科技合作基地、项目及人才一体化与国际顶尖海洋研究机构步入实质性科技合作阶段：与美国伍兹霍尔海洋研究所（WHOI）合作，依托我国第六次北极科学考察，在北冰洋加拿大海盆布放了三套海冰拖曳式浮标（ITP），是我国北极科考史上中美双方首次合作布放冰基拖曳式浮标；与WHOI共同设立联合研究项目，并成为OSNAP国际合作计划五家发起单位之一，不断提升学校海洋观测技术领域人才的培养能力和相关学科的发展水平；在之前与WHOI签署合作研究备忘录基础上，又签署了共建国际合作联合实验室协议，将双方以物理海洋学科为基础的合作逐步拓展到海洋学科的全面合作。同时，与美国斯克里普斯海洋研究所签署了合作框架协议，将为后续建设国际合作联合实验室和实施联合研究项目奠定了坚实的基础。召开了由70多位国内外顶尖海洋高等教育和科研机构的一流学者出席的全球海洋峰会，并达成《未来海洋青岛共识》。

横向项目　积极开展服务地方建设，支撑社会经济发展能力不断提升，成果转化的能力不断增强。2014年度签订100万元以上的项目18项，服务社会和地方区域能力持续增强。

科技成果 根据科技部《海洋技术领域国内外技术竞争综合研究报告》统计显示，2009—2013 年，学校在全球海洋领域发表 SCI 论文列世界第 14 位（2001—2008 年期间，学校排名全球第 145 位）。发表在国际顶级学术期刊上的论文不断涌现。国际顶级学术期刊 Nature 首次发布“自然指数—中国”，学校位居国内地球与环境科学学科第 4 位。2014 年在物理海洋、气候变化、地质构造、海洋化学等研究领域发表于 Science、Nature 和 Nature 子刊、PNAS（美国科学院院刊）等国际顶尖学术期刊的研究论文 16 篇。其中，学校为第一署名单位、学校教师为第一作者或通讯作者在 Science 上发表两篇论文。在“全球变暖减缓的特征与机制”研究方面的重要发现，成功入选 2014 年度“中国高等学校十大科技进展”，是学校首次获此殊荣。麦康森院士荣获青岛市科学技术最高奖，还获一批省部级科技奖励。

科技创新平台建设 坚持以评建工作和实验室运行费改革为抓手和切入点，充分发挥综合改革试点实验室的示范带动作用，从运行机制上激发实验室自身建设活力，注重内涵发展和质量提升，不断提高科研基地建设与管理水平。积极配合并参与青岛海洋科学与技术国家实验室筹组工作。 （中国海洋大学）

【厦门大学】 厦门大学由著名爱国华侨领袖陈嘉庚先生于 1921 年创办，是中国近代教育史上第一所华侨创办的大学，也是国家“211 工程”和“985 工程”重点建设的高水平大学。

建校以来，学校秉承“自强不息，止于至善”的校训，积累了丰富的办学经验，形成了鲜明的办学特色，成为一所学科门类齐全、师资力量雄厚、居国内一流、在国际上有广泛影响的综合性大学。建校迄今，已先后为国家培养了 20 万多名本科生和研究生，在厦大学习、工作过的两院院士达 60 多人。

学校设有研究生院、27 个学院（含 76 个系）和 10 个研究院，拥有 31 个博士学位授权一级学科，50 个硕士学位授权一级学科，187 个专业可招收培养博士研究生，276 个专业可招收培养硕士研究生，83 个专业可招收本科生；拥有 5 个一级学科和 9 个二级学科的国家级重点学科（涵盖 38 个二级国家重点学科），26 个博士后流动站，9 个国家人才培养基地。

学校拥有一支高水平的师资队伍，拥有专任教师 2678 人，其中，教授、副教授 1713 人，占全职教师总数的 64.0%（下同）；拥有博士学位的 1918 人，占 71.6%。学校共有两院院士 22 人（其中双聘院士 10 人），国家“973”、国家重大研究计划项目首席科学家 7 人，中央引进海外高层次人才“千人计划”入选者 38 人（其中“青年千人计划”入选者 10 人），“长江学者”特聘教授 15 人、讲座教授 14 人，“国家杰出青年科学基金”获得者 38 人，国家高层次人才特殊支持计划（“万人计划”）科技创新领军人才 2 人、青年拔尖人才 3 人，列入国家“百千万人才工程”人选 16 人，全国高校教学名师奖获得者 6 人，国务院学科评议组成员 10 人，列入教育部“新（跨）世纪优秀人才培养计划”151 人；国家创新研究群体 5 个、教育部创新团队 7 个。

学校拥有在校生近 40000 人（本科生 19570 人，硕士生 17490 人，博士生 2919 人），其中外国留学生及港、澳、台学生 2800 余人。学校获第四、五、六届国家级高等教育教学成果一等奖 6 项、二等奖 14 项，名列全国高校前茅；29 门课程入选全国“精品课程”，30 门网络课程和 2 门教学案例入选国家级精品资源共享课、精品视频公开课，13 个专业入选教育部卓越教育培养计划。拥有 6 个国家级实验教学示范中心，3 个国家级校外实践基地。学校推行通识教育，注重培养学生创新意识和创造能力，多次在中国大学生“挑战杯”创业计划大赛和全国大学生数学建模竞赛等各类比赛中获奖。2005 年底，学校本科教学工作水平以“优秀”的成绩通过教育部评估。

学校设有 160 多个研究机构，其中国家重点实验室 4 个，国家工程实验室 2 个，国家工程技术研究中心 1 个，教育部重点实验室 5 个，教育部工程技术中心 3 个，教育部文科重点研究基地 5 个，福建省重点实验室、中心 28 个，厦门市重点实验室、中心 16 个。厦门大学国家大学科技园是福建省内唯一经科技部、教育部认定的国家级大学科技园。自然科学研究水平不断提升，“十一五”期间，共承担科技部和国家自然科学基金委项目、课题 700 多项，在 Science 和 Nature（含子刊）以及 Cancer Cell、

The Lancet 等国际高水平学术期刊上发表论文 16 篇，2 项科研成果获国家自然科学二等奖，1 项成果获国家技术发明二等奖。人文社会学科研究实力雄厚，南洋研究、台湾研究、高教研究、经济研究、会计研究等领域居国内领先地位。“十一五”期间，共承担国家社科基金项目 131 项（其中国家社科基金重大项目 11 项），教育部人文社科规划研究项目 157 项，教育部重大课题攻关项目 4 项，立项数均位居全国高校前列。在教育部第四届和第五届高校社会科学优秀成果奖中，分别有 19 项和 14 项成果获奖。

学校已与英、美、日、法、俄等国家和港澳台地区的 270 多所高校建立了校际合作关系。学校积极参与汉语国际推广工作，已与北美洲、欧洲、亚洲、非洲等地区的大学合作建立了 15 所孔子学院。2008 年，厦门大学汉语推广南方基地获批并启动建设，为汉语国际推广工作提供有力支撑。2013 年，学校荣获孔子学院“先进中方合作院校”称号，同时国家决定依托学校建设孔子学院院长学院。在对台交流方面，学校具有得天独厚的地理条件和难以替代的人文优势，已成为台湾研究的重镇和两岸学术交流的重要高校。

学校拥有完善的教学、科研设备和公共服务体系。学校占地近 600 公顷，其中思明校区位于厦门岛南端，占地 166.67 多公顷，漳州校区占地 171.2 公顷，翔安校区规划建设用地 243 公顷（2012 年 9 月，翔安校区完成一期工程建设并投入使用）。校舍建筑总面积 199 万平方米，图书馆馆藏纸质图书总量 448 万册（另有电子图书 39204GB），固定资产总值 42 亿元，仪器设备总值超过 15.3 亿元。校园高速信息网络建设的规模、水平居全国高校前列并成为 CERNET2 的核心节点之一。校园依山傍海、风光秀丽，已成为公认的环境最优美的中国大学校园之一。

海洋生物资源开发利用协同创新中心　福建省海洋生物资源开发利用协同创新中心由厦门大学牵头，联合集美大学、国家海洋局第三海洋研究所、福建省水产研究所、福建省环境科学研究院以及福建海魁水产集团等 10 多家省内龙头企业共同组建并培育。2013 年 11 月，正式被认定为福建省首批“2011 协同创新中心”。

该中心从福建省发展海洋经济和海洋新兴产业的重大需求出发，着力于海洋生物活性物质开发利用、海洋生物遗传育种与健康养殖、海洋生物资源高值化利用与食品安全、深海生物资源开发以及海洋污染控制与生物资源养护等五个重点领域的研发和成果转化。中心围绕科技创新、人才培养和学科建设三条主线，进行机制体制改革创新，目前已建成海洋生物资源开发利用方面有影响力的高水平研发团队，许多研究成果达到了国内领先和国际先进水平，并且一些成果已处于产业化前期研发阶段或已产业化，社会经济效益显著。

福建省海洋生物制备技术工程实验室　福建省海洋生物制备技术工程实验室是 2013 年 8 月福建省发展改革委员会支持筹建的工程实验室。主要围绕福建省海洋生物科技发展战略目标，针对学科发展前沿和福建省海洋生物产业发展的突出科技问题，以高效开发与利用福建省海洋生物资源为导向，以突破海洋生物活性物质开发利用的关键技术及海洋生物制品的产业化为目的，重点打造高水平的海洋生物活性物质的分离鉴定与药物筛选平台、基因工程与微生物发酵工程平台以及海洋生物源天然防污剂筛选平台，建立海洋生物活性物质安全性和有效性科学评价的技术方法，建设海洋生物制品中试试验基地，形成完善的海洋生物活性物质开发利用技术体系，为福建省海洋生物制品研发及产业化提供技术支撑。

福建省鲍鱼种质资源保存与遗传育种中心　该平台主要由三大分平台组成：（1）种质资源保存平台：开展鲍种质资源的保存，收集和创制各种鲍种质资源，包括国内外野生种质和人工选育种质，利用快速扩繁、活体种质保存、精子冷冻等技术构建精子和活体种质资源库，建成我国南方最齐全的鲍核心种质库；（2）遗传育种平台：在合作企业建设鲍良种育种专用设施，构建先进的育种技术体系，主要对快速生长和高存活率的品系进行选育，构建核心群体。（3）种质测评系统平台：建设性状测评设施，构建种质快速鉴定技术体系及分子标记技术体系，制定生产性能测评规范，为社会和企业提供鲍种质的形态和分子鉴定技术服务。

厦门大学海洋与地球学院　厦门大学的海洋学科历史积淀深厚。早在 1920 年代初即有论文见诸世界顶级科学期刊《Science》。1946 年成立中国第一个海洋学系。1996 年成立厦门大学海洋与环境学院。2011 年，厦门大学地学部成立，下辖海洋与地球学院、环境与生态学院，这一页，成为厦大海洋史上的重要篇章，激励着我们续写新的辉煌。

经过多年建设，学院已经形成了涵盖海洋生物科学与技术、海洋化学、物理海洋学、海洋物理学等完整的学科体系；拥有海洋科学国家一级重点学科，海洋科学博士学位一级学科授权点和博士后流动站；孕育了“近海海洋环境科学国家重点实验室”以及省部重点实验室（中心）等多个一流科研平台；形成了“海洋科学国家理科人才培养基地”、“海洋与环境科学实验教学示范中心”等国家级人才培养基地。值得一提的是，学院3000吨级海洋科学考察船建设的初步设计业已完成，2016年将建成首航。“乘风破浪会有时，直挂云帆济沧海”，几代海洋人的圆梦之旅即将成行。

学院目前拥有一支富有国际视野的高素质教师队伍。在80多位专任教师中，博士占比达90%以上，其中中国科学院院士 1 人，“千人计划”特聘教授3人，“长江学者”特聘教授2人，“闽江学者”特聘教授 2 人，厦门大学特聘教授 3 人，国家杰出青年科学基金获得者 4 人，国家自然科学基金优秀青年基金获得者 2 人，教育部跨（新）世纪人才 9 人。拥有高水平的教学科研团队，“海洋生物地球化学过程与机制”研究团队2006年荣获国家级创新研究群体，并连续获得三次资助；“海洋环境生理与毒理学”研究团队2009年喜获教育部创新团队；“海洋科学创新性人才培养教学团队”2010 年获批国家级教学团队；“福建省海洋生物资源开发利用协同创新中心”2013 年被认定为福建省首批“2011 协同创新中心”。（厦门大学）

【浙江海洋学院】 2014 年是学校创建海洋大学的重要推进之年，学校全面实施《加快建成浙江海洋大学行动纲要（2013-2015年）》，努力围绕中心，服务大局，加快内涵提升，各项事业取得积极进展。

学校占地面积 1494 平方千米(含海域使用面积0.48平方千米)，建筑面积35.7万平方米，各类藏书 99.6 万册，教学科研仪器设备资产 2.37 亿元；教职工 1100 余人，其中专任教师 648 人，高级职称人员 433 人，教授 118 人；各类全日制在校学生 10434 人。设有海洋科学与技术学院等10个二级学院和浙江省海洋水产研究所、创新应用研究院、东海发展研究院等 3 个跨学科科研机构，举办独立学院—东海科学技术学院。开设46个本科专业，其中国家特色专业2个，浙江省优势（重点建设、新兴特色）专业19个。拥有浙江省“重中之重”学科2个、重点学科9个。具有3个一级学科、15个二级学科硕士学位授权点，9个专业硕士学位领域和同等学力硕士学位授予权。设有20余个科研组织和培训机构，建有国家海洋设施养殖工程技术研究中心等29个国家和省部级创新平台。

学校坚持依法治校，深入推进治理体系改革，积极探索现代大学制度的有效途径和方法，制定学校章程和学术委员会章程，努力形成科学的决策机制、运行机制和监督机制，按照省、市高等教育布局调整规划，依法有序完成萧山校区和普陀科技学院办学体制调整。强化工作落实，制定并实施《2015 年申报更名大学工作实施方案》和行事历，狠抓落实推进，学校教学科研重要奖项、在校研究生比例和师资结构等关键核心指标取得突破，已达到大学设置标准规定要求。

学校加强师资队伍建设，全年共引进录用博士、副教授及以上高层次人才59人，获批“钱江学者”特聘教授 2 人、省二级岗教授 2 人、省重点科技创新团队1个、省“151 人才”工程一、二、三层次各 1 人，全国优秀教师 1 人、省优秀教师 1 人。深化职称评审制度改革，首次全面实施教师系列专业技术资格评聘工作。

学校不断推进教学质量提升工程，优化学科专业结构，2014 年新增交通运输工程专业硕士学位领域 1 个，自主设置 5 个二级学科硕士学位点，调整增设海洋资源开发技术等 4 个本科专业，6个专业获批省新兴特色专业建设点。获批国家级卓越农林人才培养计划 1 项，国家级规划建设教材 2 部，省级实验教学示范中心重点建设项目和大学生校外实践教育基地建设项目各 1 项。获省级教学成果一等奖 2 项、二等奖3项。修订完成2014版本科专业人才培养方案。积极应对高考招生制度改革，获准开展

“三位一体”招生改革试点。新增第一批次招生专业3个、省份2个，生源质量进一步提高。成功举办省首届海洋类毕业生就业专场招聘会，本科毕业生就业率达到96.1%，被省教育厅推荐参加全国50家高校年度毕业生就业总结宣传工作评审。举办第三届全国大学生海洋航行器设计与制作大赛和省首届大学生海洋知识竞赛，参加省首次“拯救渔场青年号”大学生志愿者暑期社会实践活动。新增国家级大学生创新创业项目15项、省大学生科技创新活动计划项目56项。学生学科竞赛共获省级A类竞赛奖项65项，并以农林畜牧食品类第一名成绩在全国“挑战杯”大学生创业大赛中荣获金奖。学生（含研究生）全年共发表学术论文416篇，其中三大检索33篇、一级核心期刊12篇，授权专利220项，育人质量稳步提升。

坚持创新驱动，科研水平再上台阶。全年共承担各级各类科研项目380项，其中国家级21项、省部级63项；首次获得国家社科基金重点项目。科研合同经费达11005.63万元，较上年同比增长29.36%；到校经费10291.48万元，较上年同比增长25.1%，其中国家自然科学基金资助经费再创新高，达到817万元。全年发表论文859篇，其中三大检索138篇；首次以第一通讯单位和作者在《Nature Communications》上发表“大黄鱼全基因组分析”学术论文；1名教授进入中国高被引学者榜单。出版著作42部（套），较去年增加55.56%。申报专利1665件，较上年增加84.78%；授权856件，较上年增加49.76%，其中发明专利授权140件，较上年增加68.67%；实用新型专利授权量学校跻身全国高校第4位，省海洋研究所列全国科研机构第1位。制定国家和省级标准各1项。科研成果获省部级及以上奖项10项，其中国家科技进步二等奖、国家海洋科学技术奖一等奖、中国轻工业联合会科学技术奖一等奖、中国商业联合会科学技术特等奖各1项。新建省海洋渔业装备技术研究重点实验室、省近海海洋工程技术重点实验室、省海产品健康危害因素关键技术研究重点实验室，省海洋大数据挖掘与应用重点实验室列入拟建项目。获批建立全国首个海洋类国家级人才培养示范基地。“浙海科1号”进入国家海洋科学考察船序列，“浙海科2号”纳入国家农业部建设计划。以浙江海洋学院为主要合作方的北大舟山海洋研究院项目正式签约并实质性推进。

积极推进中外合作办学，与俄罗斯圣彼得堡海洋技术大学合作举办的船舶与海洋工程本科教育项目正式实施，首批招生38人；与意大利比萨大学合作举办的海洋生物学硕士教育项目以全省最高评审分获教育部批准。积极谋划环境科学硕士教育中外合作办学项目，深入推进与俄罗斯南乌拉尔大学等联合培养博士项目，启动与韩国群山大学等联合培养硕士、博士项目工作。海洋科学专业成为省级国际化专业。学校获得“中国政府奖学金”留学生培养单位资格。全年共招收留学生108人，派出学生赴国（境）外交流学习103人次。

不断深化地方合作，继续深入实施百名教授博士下企业下基层“4个1”服务工程，与中国能源工程公司等12家地方政府、企事业单位签署了战略合作协议，获批省科技厅第一批科技大市场网上技术市场定海分市场。成立学科性公司5家，全年获横向合作课题165项，到校科研经费3450.57万元，较去年增加29.05%。推进舟山群岛新区研究中心建设，编辑出版新区研究内参、研究报告和研究丛书，多项建议、规范和方案被省市有关政府部门采纳使用。积极开展继续教育和社会培训工作，新设立1个省级继续教育基地、3个职业技能鉴定站、29个职业培训项目。全年面向社会开展教师、职务船员、石化销售、维修电工等各类培训9500余人次。继续做好省市科技特派员、省农村工作指导员相关工作，2名教师被评为省优秀科技特派员，学校被评为省农村工作指导员工作先进单位。

（浙江海洋学院）

海洋文化和体育

海洋新闻工作

【中国海洋报社】 中国海洋报社（简称“海洋报社”）是国家海洋局所属的事业单位，主要任务是负责《中国海洋报》的编辑、出版和发行工作。《中国海洋报》是由国家海洋局主管、中国海洋报社主办的面向全国海洋界的综合性报纸。经过20多年的发展，目前中国海洋报社已经成为报纸出版、网络出版、微博微信客户端传播、影视制作、承办海洋文化、教育、宣传等社会性活动的全媒体机构。

《中国海洋报》主要宣传党和国家涉海战略、方针、政策和法律法规；报道国家海洋局、沿海地方厅局及其所属单位的中心工作、重大活动，展示沿海地区海洋经济发展的成果。为加强我国海洋综合管理，促进海洋经济进步，普及海洋科学知识，提高全民海洋意识，推动海洋事业全面发展，做好宣传和舆论引导工作。该报2014年每周一、二、三、四、五出版，每期对开 4 版，主要向读者提供海洋政策法规、海洋管理、海洋执法、海洋环保、海洋科技、海洋经济、海洋教育、海洋文化、海洋科普、国际海洋等方面的信息。

围绕海洋中心工作，强化报纸媒体宣传特点，做好海洋宣传工作 2014年是贯彻落实党的十八届三中全会精神、全面深化改革的第一年，也是国家海洋局成立50周年。中国海洋报社深入贯彻落实国家海洋局党组“把握海洋宣传工作着力点，充分发挥海洋报刊、网站等媒体作用，做好海洋宣传工作”的重要指示，紧紧围绕海洋中心工作，积极发挥主流媒体的作用，着力服务沿海地方发展，大力宣传报道海洋工作。报纸质量和宣传效果得到稳步提升，报社较好地完成了各项工作任务。

服务海洋大局，发挥主流媒体作用。一是巩固周五刊成果做好日常宣传，2014 年是中国海洋报推出周五刊的第二年，全年共完成 246 期1136块版面的采访、编辑工作任务，努力提高报纸出版质量，不断拓展海洋新闻宣传报道的深度和广度，正确引导舆论导向，服务海洋工作大局。二是及时报道局内各项重点工作，围绕国家海洋局召开党的群众路线教育实践活动总结大会、两会、全国海洋工作会议、第一次全国海洋经济调查、海洋系统服务马航 MH370 失联航班搜索工作、建设海上丝绸之路、2013年海域使用管理公报的发布、2013 年海洋环境状况公告发布、南极泰山站建成投入使用、“大洋一号”船执行中国大洋第 30 航次科考任务、国家海洋局成立 50 周年，全国“两会”，APEC 海洋部长会议，等事件，不仅第一时间报道新闻动态，而且还深度策划，选取独家角度对新闻事件进行解读和延展，同时开辟“聚焦两会”、“两会专访”、“高层访谈”等专题栏目配合;新增加海防副刊全面介绍海洋舰船知识，宣传海上维权成果，展示我国开放、和平、坚定维护国家利益的良好形象。三是为局各有关单位提供业务支撑。在保证报纸出版任务的同时，报社尽可能为各单位提供业务支撑，如以图片、文字、录像等方式记录重大事件、开展专题调研、提供文字图片资料、参与撰写重要材料等。

重点事件报道，积极引导舆论宣传。一是完成“雪龙”船南极营救及参与马航 MH370 失联客机搜寻突发事件宣传。报社记者全程参与了第 30 次南极考察队执行的各项任务。及时记录、传回了大量关于前方事件的进展情况报道，与后方同事一起刊发了近百篇稿件，在读者中引起了极大的关注和反响。报社通过中国海洋报全媒体（报纸、网站、手机报、微博、微信）等载体，进行实时发布，引起了读者和网民的极大关注，各大网站、平面媒体纷纷转载。尤其值得一提的是，3 月 27 日发送的《“雪龙”船与“中海韶华”轮雨中结伴搜寻》稿件在微博发布后不到 4 个小时，该条微博的阅读量已达 785.6 万，最高阅读量 809 万，收到了很好的宣传传播效果。二是落实中宣部关于“提升全民海洋意识”的宣传要求与部署。海洋报社根据中宣部及局党组指示精神，在第一时间策划实施了一系列宣传计划，已开展的包括：在一版开设“海洋意识大家谈”征文专栏，5 月至 7 月面向全社会征文；在三版推出 12 个专版报道，每周一期，约请专家学者以署名文章形式，做好中央精神做好宣传阐释；设计刊登海洋知识普及、生态保护、资源三个主题海洋公益广告；6•8 世界海洋日暨全国海洋宣传日活动期间，派出十余名记者，以报纸（一份特刊、十二个专版）、手机报（1 个专题）、网站（2 个专题）、微博（1 个专题），累计发稿超过 500 篇的规模对海洋日进行了全方位的报道。三是积极开展 7 月 22 日国家海洋局建局 50 周年专题宣传工作。报社从年初起即开始谋划实施海洋报局庆宣传报道方案，经过几个月的准备，6 月 23 日至 7 月 22 日，《中国海洋报》在一版开设“海洋事业辉煌 50 年”专栏，连续刊登国家海洋局建局 50 年来，各项工作所取得的成绩和宝贵的经验；同时报社专门抽调骨干成立了 50 周年宣传小组，围绕国家海洋局 50 年取得的成绩，选择 50 个代表性主题，以大事记、人物、往事回忆、老照片等形式全景式展现国家海洋局 50 年所走过的历程，这些内容集中于 7 月 22 日，以《中国海洋报》珍藏版 50 年特刊（100 个版）形式推出。

策划专项选题，打造精品宣传品牌。继续开展了走基层、转作风、改文风活动。2014 年，报社记者继续深入基层，开设“新春走基层”、“走基层人物篇”“一线传真”“大洋日记”“南极行”“海洋追梦人”“蓝色档案”等栏目，受到基层单位的欢迎和广泛好评。

2014 年，报社 1 篇文章获得中国新闻奖提名，11 篇作品分别获得中国产经新闻一等奖和三等奖。

创新海洋宣传形式，挖掘新媒体宣传渠道：①网络宣传。报社新版“中国海洋在线”网站以海洋产业和沿海区域为坐标，以报道行业权威资讯、构建产业沟通平台为两大内容核心，满足了各单位对海洋资讯的需求，实现了报网融合，同步宣传。全年网站共发布各种稿件上万条，完成了“2013 年度海洋人物评选”、“中国南极泰山站建站”、“沿海渔民的那些事”、“提升海洋意识建设海洋强国”、“国家海洋局建局 50 周年”、“中国第六次北极科学考察”、“中国第 31 次南极科考”、“极行军”等网上专题专栏。同时，网站还自主策划编辑推出了“世界环境日：人类面临沧桑岁月”“我国水上运动亟待社会关注”等一批头条，收到了很好的宣传效果。②新媒体宣传。一是微信传播。2 月 10 日报社开通了“中国海洋报”微信公众订阅号，注重选取最具新闻性和可读性的海洋新闻进行编辑发送，全年发送 200 余期，上千条新闻。二是微博传播。上半年报社共编辑发布微博 3800 条，图片 2500 张，粉丝上涨 2.5 万人。在微博中设立相应专栏，扩大了海洋新闻的传播范围和影响。三是手机报传播。2014 年报社编发了《中国海洋手机报》240 多期新闻 3300 多条。2014 年底，报社与中国邮政共同研发了中国海洋报手机报客户端，从 2015 年起，将为用户提供更为快速、全面、丰富的海洋资讯。③报纸发行。2014 年在国家海洋局大力支持和全社职工努力下，《中国海洋报》发行工作取得了长足的进展。一是变年底发行为全年发行，根据报刊发行局订报反馈回执单，及时和地方省、市、县涉海单位取得联系，对发行不到位的单位，随时加强沟通及时增订补订，并结合各项海洋活动需求，调整每期的印数。二是继续做好两会赠报工作。在两会期间主动和全国人大办公厅和全国政协办公厅、秘书处联系，促成了为两会代表递送《中国海洋报》的工作，扩大《中国海洋报》在代表中的影响力度。发行量较 2013 年增订了近一倍，创报社自成立以来最高发行纪录。④二次传播。重点加大与主流媒体的合作与沟通，与中国之声、中央人民广播电台报纸摘要节目组、中央电视台读报栏目等建立稳定的合作关系，让海洋新闻信息传播速度更快，覆盖面更广，影响力更大。6 月 8 日，人民日报 4 版专门刊登报社记者署名文章《他们的心属于大海——写在 2013 年度海洋人物揭晓之际》。

立足行业报媒优势，延伸海洋文化创意服务：①整合社会资源，推进文化创意活动。一是承担海洋系统重要活动。中国海洋报社、中国网联合承办的“2013 年度海洋人物”评选活动于 2 月份正式启动。活动共历时 4 个月，经过候选人征集、网络投票、评审委员会评议等环节，最终评选出10名“2013年度海洋人物”。6月7日，“2013年度海洋人物”在2014年世界海洋日暨全国海洋宣传日福州主场活动中揭晓。二是承揽大型海洋博览项目。报社全程参与策划和承办2014大丰港海洋生物博览会和海洋生物产业研讨会。这是全国第一次以海洋生物产业为主题的博览盛会，填补了国内该类博览会的空白。博览会吸引了美国、英国、澳大利亚、意大利、丹麦等国内外及台湾地区的海洋生物产业客商踊跃参加，参展企业总数达170多家，整个招展过程完全依靠市场化运作，充分遵从展商意愿，更注重展商的高端性和专业性，为打造海洋产业专业博览会品牌打下了坚实基础。9月30日至10月12日，报社与国家海洋局极地考察办公室、中国极地研究中心、国家海洋局宣传教育中心联合主办了首届“魅力极地”—纪念我国极地科学考察30周年摄影大展，在北京繁华的王府井商业步行街共有约800万人次参观共展出作品2092幅。此外，报社与广西防城港市海洋局合作了北部湾海洋文化博物馆项目，主要承担了博物馆核心展品的征集和制作任务。该馆目前正在进行前期布展，将于2015年开馆。三是拓展海洋文化科普活动。报社及时把握住北京市将2014年确定为“海洋宣传年”的契机，与北京市东城区教育部门联系协商，围绕海洋意识教育，策划了“唱一首海洋歌曲，听一个海洋故事，读一本海洋书籍，上十节海洋课，做一个海洋科学实验”系列活动。报社邀请了一批亲身参与极地和大洋考察的海洋工作者，并组织培训了60名大学生志愿者共同组成海洋意识讲师团队，深入东城区中小学校组织开展海洋主题活动。②挖掘潜在资源，推广海洋文化产品。一是海洋经济专题讲座。6月8日，报社在江苏组织盐城组织了《中国海洋报》理事会年会暨海洋经济讲座，并以2014海洋生物产业研讨会为依托，邀请了国家海洋局战略规划与经济司原司长王殿昌、大丰市副市长罗强、英国王朝生物技术有限公司首席执行官SimonHaworth等专家开展海洋生物专题讲座。二是策划海洋科普图书。报社组织编写了极地科普系列图书，于中国南极考察周年纪念作品正式出版。另外，报社协助山东省东营市策划设计一部海洋科普“东营市小学生海洋科普读本”。三是海洋专题影视产品。报社分别完成了大洋协会“蛟龙”号专题片《解码蛟龙》、中海油专题片《科技之光》、中国海监总队专题片《海监精神》《基层海监巡礼》、“2013年海域使用管理公报”、情景剧《守护这片海》、专题片《APEC与中国开启海洋合作新纪元》、专题片《海气调查》、公益广告《海气调查》、湛江海博会宣传片《海洋中国》、大丰海博会宣传片等专题片制作工作、局宣教中心宣传片工作，并配合局机关各部门及局属各单位完成各会议和活动的拍摄任务。③拓展专业市场，开展系统定向服务。报社继续贯彻落实局党组提出的“联合办报，共同办报”理念，分别与17家单位建立了以年度为单位的宣传服务框架合作关系，为各单位提供包括年初年末工作解读、社会影响力评估等量身定制的个性化宣传服务。6月初，报社与江苏大丰港经济开发区管委会共同成立了江苏盐城海洋生物产业合作联盟，双方将建立长效合作机制，为海洋产业发展服务推动中国海洋生物产业技术进步发挥媒体资源优势，实现与地方政府的合作共赢。

不断提高自身能力建设：①丰富党团活动。报社党委根据局党的群众路线教育实践活动领导小组的统一安排，积极落实整改方案。继续落实“党建带团建、团建促党建”的共建模式，在社党委指导下，报社团支部分别在五四青年节前后组织了青年团员奥林匹克森林公园拓展培训活动和南极特派记者讲述中国第30次南极科考活动，既凝聚了力量，团结了队伍，营造了报社积极向上的良好工作氛围。②落实制度建设。报社党委根据2013年年底制定的报社党的群众路线教育实践活动整改落实方案，新制定了《中国海洋报社党委中心组学习制度》《中国海洋报社合同管理规定》《关于加强中国海洋报社领导干部因私出国（境）管理工作的暂行规定》《党委中心组学习制度》《合同管理规定》《经费报销管理暂行规定》《职工职称评审管理暂行办法》《职工教育培训管理暂行办法》，新修订了《中国海洋报社广告经营管理办法》。③注重人才培养。报社继续落实“培训常态化”的人才培养理念，鼓励职工参与相关业务培训，并多次组织社内培训。6月起，报社策划组织了

“海洋大讲堂—海洋专家进报社系列讲座”邀请海洋等各领域的权威专家解读新政策、传递新理念，让大家对海洋防灾减灾、海域管理、心理健康和采编技能等方面获得更多知识。2 期马克思主义新闻观培训，让大家领会“政治家办报”的核心理念。全年，报社合计有 300 多人次参加了各种培训。促进报社员工专业知识的学习和业务能力的提升。同时，为了适应媒体人才流动性大的特点，报社积极引进采编人才，多名骨干已在报社承担起重要工作。2014 年，报社根据工作需要，按组织程序选拔正处级干部 2 人，副处级干部 1 人。（中国海洋报社）

海洋出版工作

【海洋出版社】　工作概况　2014 年是全面贯彻落实党的十八届三中、四中全会精神、全面深化改革的开局之年，是全面贯彻落实建设海洋强国的一年。海洋出版社按照国家海洋局的总体部署，深入学习贯彻习近平总书记系列讲话精神和党的十八届三中、四中全会精神，中央经济工作会议精神和全国海洋工作会议精神，中央关于推动传统媒体和新兴媒体融合发展的指导意见，习近平总书记在文艺座谈会上的重要讲话，以宣传海洋、服务海洋、建设海洋等主题宣传教育活动为载体，不断增强全社员工服务海洋强国建设的使命感和责任感，转变作风，改进工作，强化管理，勤俭办社，以改革精神和创新意识，加强统筹，科学管理，努力克服和解决企业发展中的薄弱环节和问题，不断提高竞争力和生存力，各项工作平稳发展，保持了良好的势头。全社共出版图书 357 种，新书 318 种，其中正式出版物 275 种，重印图书 39 种，重印率为 11%。

获奖图书情况　《海岛生态修复与环境保护》一书荣获第五届中华优秀出版物奖；《水动力学和水质——河流、湖泊及河口数值模拟》《中国造船通史》《马汉“海权论”三部曲——海权对历史的影响（1660—1783）附亚洲问题》《马汉“海权论”三部曲——海权对法国大革命和帝国的影响》《山东省近海海洋环境资源基本现状》《福建省海洋资源与环境现状》《中国近海海洋环境质量评价与污染机制研究》荣获国家海洋局优秀海洋科技图书奖。

工作特点　（1）海洋出版工作受到局党组、局领导高度重视。2014 年 8 月 21 日，时任国家海洋局党组书记、局长刘赐贵亲临海洋出版社，深入基层一线调研指导工作，全面了解海洋书刊编辑出版情况和数字出版、新媒体发展情况，明确指示“出版社要抓住难得的历史发展机遇”、“利用独特的优势，打造一流出版社”，海洋出版社应立足创新，拓展经营领域，提升综合效益。随着科学技术不断发展，以及新媒体的出现，出版社也迎来了新的机遇和挑战，海洋出版社全体员工要不断拓展发展空间，全面提升整体能力，为海洋文化传播做出应有贡献。这体现了局党组对海洋出版工作的关心和重视，也是对海洋出版社的巨大鼓舞和鞭策。

（2）不断增强党委领导班子带领员工推进企业发展的能力。党委领导班子理论学习中心组把学习习近平总书记系列讲话精神作为重要内容，制订学习计划，明确学习目标，精心组织实施。学习习近平总书记等中央领导同志重要批示精神和中共中央宣传部制定的《关于提升全民海洋意识宣传教育工作方案》及《国家海洋局办公室关于落实中宣部〈关于提升全民海洋意识宣传教育工作方案〉任务分工的通知》，并且扩大学习的覆盖面，通过组织全体中层以上干部参加国家海洋局集中轮训、组织召开社副处级以上领导干部和党支部书记学习等多种形式，组织广大党员干部全面深入地学习，增强了学习的系统性。通过系统学习、专题研究、深入思考，更加全面地理解了讲话的时代背景、科学内涵和重大意义。

（3）积极开拓市场，在不断适应海洋事业大发展的形势下提高企业的竞争力。海洋事业进入了前所未有的快速发展阶段，根据《中共中央宣传部印发〈关于提升全民海洋意识宣传教育工作方案〉的通知》，为了极大地扩大提升全民海洋意识图书品种，海洋出版社专门制定了《关于提升全民海洋意识宣传教育类图书出版的扶持办法》，努力促进海洋图书出版上品种、上规模、出精品，满足市场需求。图书的品种和质量都有了极大的提升，2014 年更荣获国家级奖项——第五届中华优秀出版物奖。

（4）高度重视海洋期刊编辑出版质量，社会影响、学术影响不断提升。期刊编辑部全体员工以饱满的工作热情、积极的工作姿态、实干的工作作风，投入到编辑工作中，论文质量、编辑出版质量大有提高。《海洋学报》走访重点科研和高校单位、策划出版重大研究成果选题，邀请多名院士和学科带头人，撰写推荐高水平论文。两刊影响因子和总被引次等期刊评价指标进一步提升，在全国核心期刊排名中，中文版综合排名提高 44 名，英文版在全球 SCI 海洋期刊中提高 4 名。《太平洋学报》根据我国的海洋发展形势，刊发相关论文，为海洋维权和海洋外交提供理论支持。在海洋维权方面，每期都有新论推出，从历史、法理到争端解决机制，探讨我国维护海洋权益的途径。尤其是关注国家海洋安全事态，有前瞻性、超前意识地组织论文。《海洋开发与管理》下大力气积极推动学术刊物向“成为国内独树一帜的海洋管理领域理论和实践研究园地”方向转型。以期刊为平台，开展多种经营，不断优化经营模式和收入结构。各项数据较上一年度均有提高,被中国学术期刊文摘数据库收录，并成为新闻出版广电总局认定的第一批学术期刊。通过约请文章、组织访谈和编写整理等多种方式，策划较为丰富的内容，对年度海洋人物等重点工作进行特别报道，出版“中国梦、海洋梦——在新的历史起点上做好海洋工作”专刊和中国海洋工程咨询协会“双十佳”特刊。《海洋世界》利用已建立完成的录音棚与摄影棚，制作音视频媒体文件，与杂志纸质本相配合，以二维码技术等有效方式，将《海洋世界》杂志打造成为国内第一本可以借助便捷手段收听全文的可以听的杂志，完成向全媒体期刊转型的第一步；积极开展对外合作，力争以内容策划及后期承制等形式，参与影视等大型文化项目，扩大公司经营面。承担海洋出版社交办的全国中学生海洋知识夏令营、全国大中学生海洋知识竞赛等宣教工作。

（5）不断推进全媒体等新的业务发展方向，各项工作稳步进行。海洋出版社的互联网出版资质已通过国家新闻出版广电总局批复，同意开展与图书出版内容相同的互联网出版业务（含手机出版）。中国海洋数字出版网 2.0 版本的系统开发工作已经基本完成，并进入内部测试和资源入库工作，内容资源管理系统的研发工作已经完成，即将进入内部测试阶段。

（6）发行中心努力开拓馆配图书市场，探索教材推广的办法，加强网络电商渠道的建设。在全国零售市场整体疲软的情况下，抓住馆配市场，参加全国各类型图书馆馆配会议、展销会十余次，取得了较好的销售业绩。同时积极拓展各地新的馆配经销商，使海洋出版社的图书能够及时、稳定地满足不同地区市场需求。在科技图书市场整体萎缩的情况下，维护了海洋出版社的图书零售市场。

重点图书 《论南海九段线的历史、地位和作用》，高之国，贾兵兵著。该文在国际法的语境下，通过详实的史料和国家实践，阐明了南海九段线的历史和法理依据。结论指出，任何否认和剥夺九段线所代表的历史性所有权和历史性权利的企图和做法，不仅在法律上是错误的，而且在政治上也是行不通的。

《海洋规划与管理的生态系统方法》，徐胜等译。该书从自然科学和社会科学的综合视角，以欧洲海洋规划与管理的研究进展和实践经验为基础，阐述了生态系统方法的内涵以及在海洋规划与管理领域推广这一新方法面临的关键问题和今后的研究方向。该书对从事海洋规划和管理的科技工作者和管理人员具有广泛的适用性，是一本重要的科研和管理参考书。

《北部湾海洋科学研究论文集（第 4 辑）》，郑爱榕，陈敏主编。该论文集利用“908 专项”观测资料，对北部湾海区的科学研究成果做了汇总。文集承接前人研究成果，研究内容先进，填补了国内北部湾相关研究的空白，为展开后续研究打下了一定基础。

《中西文化互补与前瞻——从思维、哲学、历史比较出发》，吴大品著。作者从地理、气候、文明起源印发中西文化不同的反战路向切入，以世界的视野，进行跨文化的比较研究，从思维方式、哲学传统、文化心理等多个层面，探讨中西文化的特性和差异，描绘中西文明发展的客观图景。

《亚印太海气界面热通量变化特征及气候效应》，陈锦年，王宏娜，左涛，何宜军著。海气界面热通量以及变化特征是海—气相互作用及其气候变化研究的基础资料，是揭示和解释海洋、大气热力学和动力学过程的重要基础。该书针对亚印太海区和关键海区的热通量做了特征分析以及与中国大陆气候变化联系的揭示。采用海气热通量变化研究气候异常和预测具有实用价值和重要科学意义，可供海洋、大气和遥感以及生态等相关专业的研究人员参考。

《海洋的力量》，徐胜，张爱军等译。该书用通俗的语言向人们展示了破坏性的海洋灾害在人类文明发展中的重要作用。不仅讲述了潮汐、风暴潮、巨浪、海啸等海洋灾害的现象及产生原因，还集合了众多引人注目的人类故事，从拿破仑因遇到红海潮汐而差点死去，到至关重要的诺曼底登陆需要精确的潮汐预报，到2004 年印度洋大海啸悲剧中的个人英雄主义事件，再到至今仍然肆虐孟加拉和缅甸沿岸的史诗一般的风暴潮。是一部成功的海洋科普读物。

《航空母舰：伸向大洋的铁拳——航空母舰在新世纪运用与发展的思考》，李杰，郭宣著。在军事科技日新月异，对抗航空母舰的各种打击手段和技术层出不穷的今天，建造、维护成本高昂，长期被称作"火力磁石"的航空母舰，是否真如有些人所言，是外强中干的"海上铁棺材"、"英雄末路"，实际也将退出历史舞台呢？作为海军的绝对主力，它将如何应对未来海战的考验？它真能给国家带来安全吗？中国周边及其他拥有航空母舰或"准航母"的国家，其具体装备情况和运用思路又是怎样？该书对中国地缘战略安全和国防建设发展进行了深入的分析和阐释。

《韩国海洋牧场建设与研究》，杨宝瑞，陈勇编著。该书收集韩国海洋牧场建设大量资料的基础上，全面地介绍了海洋牧场的发展历史和韩国海洋牧场研究与建设的背景及发展规划；系统地阐述了韩国海洋牧场建设的内涵、类型和最终目标；分别研究了韩国海洋牧场示范区和沿岸（小规模）海洋牧场建设情况及未来海洋牧场的构想；分析了韩国海洋牧场与传统渔业的区别，认真总结韩国海洋牧场建设的成功经验。对我国海洋牧场建设工作者、研究工作者和管理工作者提供参考。

《高频海底声学》，刘保华，阚光明，李官保等译。该书为引进 Springer 版专著书，介绍了高频水声学的基本概念和定义、海底沉积物的性质、物理属性、地声属性、海底粗糙度、沉积物的非均匀性、流体理论、弹性理论、多孔弹性理论、反射、海底散射实验、粗糙散射模型、沉积物体积散射、海底声透射和反向散射统计研究。

《中国海域甲藻扫描电镜图谱》，杨世民，李瑞香著。该书精选了我国海域 24 属 184 种海洋甲藻的扫描电子显微镜照片，对各物种的形态特点、壳面结构及采样的海域进行了简要的描述，展示了甲藻细胞壳面的横沟、纵沟、鞭毛孔、凹陷、孔、边翅、肋刺、脊状条纹、网纹等细小精美的结构，并对一些物种按照新的分类学观点进行了更名。

《海洋战略与海洋强国论丛——海洋战略研究》，陈明义著。该书从海洋强国的内涵，加快海洋开发、实施海洋战略、建设海洋强国等方面进行论述；还就加快发展海洋工程装备制造业、加快发展我国远洋渔业等方面问题进行探讨；同时，在完善我国海洋事业管理体制方面提出了建议。

《中国海洋发展报告 2014》，国家海洋局海洋发展战略研究所课题组编著。该书通过我国海洋事业发展的宏观环境、加强海洋综合管理、发展海洋经济、提高海洋资源开发能力、保护海洋环境、维护国家海洋权益、建设海洋强国几个专题的介绍，客观评介海洋在建设和谐社会、实施可持续发展战略中的作用，系统报道国内外海洋事务的发展现状和趋势，向有关部门提出建设海洋强国的对策和建议，为社会公众普及海洋知识、提高海洋意识提供阅读和参考读本。

《国外海洋管理与执法体制》，李景光主编。我国在推进海洋综合管理方面已取得显著进展，但体制制约问题仍比较突出。强化海洋管理、协调与执法体制以及海洋法规建设，是当前的重要任务。该书主要介绍了美国、加拿大、英国、法国、荷兰、葡萄牙、俄罗斯、澳大利亚、日本、韩国、菲律宾、越南、印度尼西亚、印度、巴西和智利等 16 个具有一定代表性国家的管理与执法体制，可作为参考。

《海洋经济分析评估理论、方法与实践》，何广顺，丁黎黎，宋维玲编著。该书从拓展海洋经济研究的深度和广度出发，以宏观经济理论和统计学理论方法为指导，以海洋经济统计资料为基础对我国海洋经济运行过程、规律以及海洋经济总量、产业结构和布局等进行了较为系统的分析评估。

《主要沿海国家的海洋战略研究》，李双建主编。该书围绕主要沿海国家海洋战略这条主线，追溯了海洋战略的理论根源和海上强国更迭的历史逻辑，客观描述和评价了当前国际海洋发展的基本态势，特别阐述了对中国极其重要的西北太平洋和印度洋这两大海域的地缘战略环境，对美、英、法、俄、日、韩、印、菲、越等国的海洋战略进行了较为全面的透视，并梳理出这些国家海洋发展的基本脉络。最后本书对中国海洋战略的基本思路进行了简要探讨。

《海洋与近代中国》，杨文鹤，陈伯镛著。该书回顾了近代中国有海无权、有海无防的历史，再现了海洋给近代中国带来的深重灾难，讴歌了那些救亡图存而壮烈牺牲的英雄人物和事迹。

《世界海洋政治边界》，吴继陆，张海文译。该书系统地阐述了作为海洋界限的起始线的领海基线，以及划分海岸相邻或相向国家之间主张的界线，主要大洋和海区的海洋边界问题的区域性研究。论述各海洋区域，如地中海、黑海、太平洋的亚洲边缘海等海区。

《国际河流河口——地缘政治与中国权益思考》，李志斐编著。该书主要是从地缘政治角度介绍了我国的国际河流河口问题及中国国际河流河口的分布与现状，重点分析了图们江口、鸭绿江口、北仑河口、额尔齐斯河河口、雅鲁藏布江河河口、湄公河口等与中国重要有关的国际河流河口的权益、利用等问题。

《征程：中国第六次北极科学考察纪实》，曲探宙主编。该书是以精美的图片配以解说文字，真实记录了中国第六次北极科学考察队暨雪龙号科学考察船于 2014 年 7 月 11 日至 9 月 24 日，前往北极执行科学考察任务的历程，对于反映本次北极科学考察工作的丰硕成果，体现我们科考队员的精神风貌，记录北极科学考察工作的发展历程，具有重要意义和价值。

《中国地缘政治论》，张文木著。该书从中国的地理形势出发，对中国内陆地缘政治分区域进行了比较，论述了中国地缘政治的优点和特点；通过剖析中国周边国家和地区的地缘特征，阐述中国与周边国家和地区地缘政治的互动规律和特点；之后把目光转向中国西域，从西域地缘政治角度论述丝绸之路与中国西域安全；本书结束语指出，大国崛起于地区性守成，消失于世界性扩张。中国的地缘政治及其与周边国家和地区的互动结果，既是中国人民自觉奋斗过程的反映，也是中国自身地缘政治自然演变的结果。（海洋出版社）

【中国海洋大学出版社】 2014 年度，中国海洋大学出版社（简称“海大社”）共出版各类图书 449 种，其中新书 242 种，占出版总数的 53.9%；重印书 207 种，占出版总数的 46.1%。在 242 种新书中，海洋类 37 种，占 15.3%；高校教材、专著类 113 种，占 46.7%。图书产品结构基本合理。

2014 年度实现销售收入 1920 万元，比上年增长 7.7%；实现销售码洋 5800 万元，比上年增长 8.4%；实现利润 170 万元，比上年增长 12.6%；上缴国家税金 60 余万元，与上一年度基本持平。在保证社会效益前提下，取得了明显的经济效益。

《中国海洋鱼类原色图典》文稿编撰工作完成，已启动出版流程。《中国海洋鱼类原色图典》是中国海洋大学水产学科重大学术研究与编撰项目，由海大出版社立项并支持出版。该项目致力于中国海洋鱼类的分类学、生物学和资源学方面的研究，对我国沿海的 3000 多种海洋鱼类进行深入细致的分类，采取图文结合的方式介绍中国海洋鱼类的外形特征、生活习性、区域分布与经济或药物价值等，具有重大学术价值。本书的主编为我国著名的渔业资源学专家、中国海洋大学博士生导师陈大刚教授和中国海洋大学水产学院张美昭教授。

该书共 120 万字，收录中国海洋鱼类照片 3090 余幅，分为上、中、下三卷。该书文稿编撰工作全部完成，已进入出版流程的排版阶段。该出版项目在编撰阶段得到学校项目资助 30 万元，并申报 2015 年度国家出版基金资助项目。

全面完成国家海洋局“中小学生海洋意识教育系列教材”学生用书和教师用书的编撰出版工作。“中小学海洋意识教育系列教材”编撰出版项目由国家海洋局宣教中心于 2013 年 1 月在北京正式启动，旨在向全国中小学生普及海洋知识，培养青少年对海洋的兴趣和热爱，有效提升青少年海洋意识。该套教材编撰与出版项目于 2013 年 4 月成功落户海大出版社。该套教材设有小学版 3 册、初中版 1 册、高中版 1 册。参编单位有中国海洋大学、青岛第三十九中学、厦门科技中学、山东昌乐二中、青岛水族馆、青岛薛家岛小学、青岛同安路小学和大连滨海学校等。国家海洋局宣传教育中心、国家海洋局第一海洋研究所、中国海洋大学出版社、海洋出版社、国家海洋信息中心、北京市教育科学研究院、山东省教育厅等单位的海洋专家和课程专家，共同制定了本套教材的编写大纲。“中小学海洋意识教育系列教材”学生用书已于 2014 年 4 月出版，年内实现销售 10000 套，用户主要分布在北京、厦门、大连、海南、贵州、四川等省市。而后，由社领导、海洋专家、课程专家、责任编辑和相关专业研究生组成的 20 余人的编创团队全力推进“教师用书”的编创工作，项目于 2014 年 12 月底完成。

重大出版项目“神奇的海贝”科普丛书（共 5 册）编撰与出版工作已近尾声。全世界已知的贝类约有 12 万种之多，其中有大多数生活在海洋中，为地球生态系统中第二大动物群体。贝类的外壳色泽绚丽、形态奇特多变，是集艺术与建筑力学为一体的天然艺术品，深受人们尤其是青少年的青睐。为了向广大青少年宣传海洋贝类知识，提高青少年读者的海洋意识，海大社自主策划了“神奇的海贝”科普丛书出版项目，并列入了出版社 2014 年度重大出版项目。本套丛书分为《初识海贝》《海贝传奇》《海贝生存术》《海贝与人类》和《海贝的采集与收藏》5 册，内容通俗易懂、图文并茂，版式生动，印制精美。目前，文稿编撰与排版工作已经完成，正在进行文字编校和专家审读，有望于 2015 年上半年出版发行。

“中华海洋学人系列丛书”重大出版项目启动，首部作品《一代宗师赫崇本》在海大崂山校区成功首发。新中国成立以来，我国海洋科技事业取得了长足发展，许多海洋领域的研究成果和技术已处于世界先进水平，为海洋强国战略的实施打下了良好的基础。蓬勃发展的海洋事业蕴含着无数海洋科技工作者的辛勤汗水和无私奉献。为了弘扬海洋科技工作者的奉献精神，宣传他们中的先进模范人物，海大社策划了“中华海洋学人系列丛书”编撰与出版项目，以激励更多的后来人积极投身国家海洋科技与教育事业。本套丛书以传记题材为主，采取开放书系的方式，不断发掘和呈现我国海洋科技工作者中优秀代表人物的事迹，以达到弘扬主旋律、提升正能量的目的。

赫崇本先生是我国著名的物理海洋学家、海洋科学教育家、新中国海洋事业的开拓者、中国物理海洋科学主要奠基人，中国海洋科学事业决策的主要咨询人和主要推动者之一。从 1949 年留学回国到 1985 年病逝，赫崇本先生把自己的全部才智和心血奉献给了中国的海洋事业，谱写出献身中国海洋事业的辉煌篇章。

2014 年 9 月 29 日，作为“中华海洋学人系列丛书”重大出版项目启动的第一部海洋人物传记《一代宗师赫崇本》首发式在崂山校区图书馆第一会议室召开。中国海洋大学校长于志刚、原校长吴德星、副校长李巍然、前党委副书记王滋然、冯士筰院士，作者侍茂崇、李明春、吉国，赫崇本先生的家人，青岛新华书店、学校职能部门、海洋环境学院师生代表及海大社代表等 50 余人参加了此次首发式。

“高等学校海洋科学类专业基础课程规划教材”重大出版项目获得教育部海洋科学类专业教学指导委员会认可与支持。在海大社的积极争取下，2014 年 07 月 21 日在浙江海洋学院召开的教育部高等学校海洋科学类专业教学指导委员会（以下简称教指委）第二次会议上，15 位教指委委员一致通过了海大社提出的《“高等学校海洋科学类专业基础课程规划教材”项目建议书》，决定委托海大社组织编撰和出版“高等学校海洋科学类专业基础课程规划教材”。这是出版社历史上第一次接受教育部教指委的委托组织编创和出版高校教材，对于出版社突出海洋特色、强化大学出版社的学术出版功能具有重要意义。

2014 年 11 月 30 日，出版社在青岛黄海饭店召开了该套教材第一次编务会议，来自中国海洋大学、厦门大学、天津大学、大连理工大学、上海海洋大学、浙江海洋学院等 6 所高校和国家海洋局卫星海洋应用中心、中国科学院海洋研究所等涉海科研单位的 30 余名教授和专家出席本次会议，为教材的编撰和出版出谋划策。该套教材预计在两年内完成全部出版工作。

中国科普作家协会海洋科普专业委员会落户中国海洋大学，秘书处设在海大社。海大社多年来致力于海洋科普与海洋文化普及图书的创作和出版工作，引起了良好的社会反响。中国科普作家协会对出版社的科普出版工作给予了充分肯定，并决定邀请海大社作为团体会员加盟中国科普作家协会，邀请海大社推荐优秀的作者代表以个人会员名义加盟中国科普作协。

2014 年 11 月 18 日，学校签发《中国海洋大学关于恳请设立中国科普作家协会海洋科普专业委员会的函》（海大出版字〔2014〕3 号）的文件，正式以学校名义申请设立中国科普作家协会海洋科普专业委员会，秘书处设在海大出版社。原校长吴德星教授出任主任委员，国家海洋局宣传教育中心主任盖广生，中国海洋大学副校长李华军、李巍然，海大出版社社长杨立敏出任副主任委员，杨立敏兼任秘书长。

海大社第一个数字出版平台——海洋科普主题网站“海洋欢乐谷”建成并成功运行。海大社“海洋科普全媒体出版与展示教育产业化平台建设项目”成功申报了 2012 年财政部文化产业发展专项资金项目并获得 100 万元的资助。全国首家青少年海洋科普主题网站——“海洋欢乐谷”是该项目的重要成果之一。海大社还同时完成了网站移动版和微信公众平台的建设。

“海洋欢乐谷”主题网站是海大社第一个数字出版平台，也是海大社海洋图书的宣传平台。自 2014 年 4 月上线以来，运营基本正常。

“人文海洋普及丛书”入选 2014 全国农家书屋重点推荐书目。通过积极争取和协调，海大社 2012 年出版的“人文海洋普及丛书”（共 6 册）中的 5 册成功入选 2014 年度国家新闻出版广电总局组织认定的《2014 年度全国农家书屋重点推荐书目》，为该社海洋文化普及类图书的发行创造了新的渠道。

中国海洋大学出版社 2013 年度海洋、水产类图书出版情况

《我们的海洋（小学低年级）》，国家海洋局宣传教育中心，2014 年 4 月版。

《我们的海洋（小学中年级）》，国家海洋局宣传教育中心，2014 年 4 月版。

《我们的海洋（小学高年级）》，国家海洋局宣传教育中心，2014 年 4 月版。

《我们的海洋（初中版）》，国家海洋局宣传教育中心，2014 年 4 月版。

《我们的海洋（高中版）》，国家海洋局宣传教育中心，2014 年 4 月版。

《海错溯古——中华海洋脊椎动物考释》，陈万青，2014 年 4 月版。

《海洋与东亚文化交流》，李海英，2014 年 4 月版。

《农家少年应当知道的 100 种海洋生物》，杨立敏，2014 年 4 月版。

《海藻学》，钱树本，2014 年 5 月版。

《渔船航海学》，尹怀收，2014 年 5 月版。

《电子海图操作与应用》，高亮，2014 年 5 月版。

《航海仪器使用》，臧恒源，2014 年 5 月版。

《海洋强国梦——全国大中学生第三届海洋文化创意设计大赛优秀作品集》，吴春晖，2014 年 5 月版。

《亚丁湾防海盗》，高瑞杰，2014 年 5 月版。

《海船渔船碰撞案例》，尹怀收，2014 年 5 月版。

《远洋渔具渔法》，王维胜，2014 年 5 月版。

《船舶柴油机使用与维护》，朱瑞景，2014 年 5 月版。

《大沽河流域水资源可持续管理技术研究》，于婧，2014 年 6 月版。

《中国海水养殖产品食品安全保障体系研究》，董啸天，2014 年 7 月版。

《海水养殖业规模经济发展研究》，王大海，2014 年 7 月版。

《海水鱼类繁殖发育生物学与健康养殖技术》，刘立明，2014 年 9 月版。

《典型情景渤、黄、东海月平均水温及生态要素图集》，江文胜，2014 年 9 月版。

《国家鲆鲽类产业技术体系年度报告（2013）》，国家鲆鲽类产业技术研发中心，2014 年 9 月版。

《环境微生物实验》，高冬梅，2014 年 9 月版。

《中国历代海洋诗歌选评》，王蒙，2014 年 10 月版。

《海盐文化研究（第一辑）》，于云汉，2014年11月版。（中国海洋大学出版社）

海洋宣传

【综述】 2014年是中华人民共和国成立65周年，也是国家海洋局建局50周年。这一年里，海洋宣传教育工作受到了党中央、国务院的高度重视和亲切关怀。2014年1月12日，习近平总书记以及刘云山、刘延东、刘奇葆等中央领导同志作出重要批示，对提升全民海洋意识工作提出了要求和部署，并明确指示要制定海洋知识的普及宣传规划。中央领导的批示体现了党中央对海洋宣传教育工作的高度重视，是党的十八大提出建设海洋强国战略目标后，为实现这一目标作出的又一重要部署。为贯彻落实中央领导批示精神，一年来，宣教中心按照职能职责，不断加强海洋宣传工作，推动海洋文化建设，大力提升全民海洋意识。

【海洋宣传】 组织策划海洋宣传活动，掀起海洋宣传热潮。

（1）组织实施“世界海洋日暨全国海洋宣传日”活动。组织全国沿海省（区、市）开展丰富多彩的海洋日宣传活动，号召全国海洋意识教育基地开展“公众开放日”等活动，并首次在北京市举办了海洋日宣传活动；在福州成功举办了以“建设海上丝路，联通五洲四海”为主题的主场活动。

（2）圆满完成2014中国海洋经济博览会组织工作。中国海洋经济博览会由广东省人民政府和国家海洋局共同主办，宣教中心作为筹委会组成单位，具体承担了海博会国家馆设计搭建、展览会论坛策划组织等工作，取得圆满成功。

（3）成功举办国家海洋局建局50周年系列纪念活动。为配合国家海洋局建局50周年纪念活动，宣教中心联合中国海洋摄影家协会，于7月22日开始举办了为期1周的国家海洋局建局50周年图片展，同时出版了建局50周年纪念画册。

（4）组织其他丰富多彩的宣传活动。组织举办了2013年度海洋人物评选活动、“钓鱼岛历史与主权”图片展、第三届大中学生海洋文化创意设计大赛、“走向海洋”博士团活动，“海疆万里行”主题采访活动、第十七届北京科博会海洋专题展、全国少年儿童“爱我中华，知我海疆”活动、“蔚蓝力量·海洋与人”校园科普图片展等宣传活动。

【海洋意识教育】 以加强全民海洋意识教育为主线，广泛开展海洋意识宣传教育活动。

（1）加快建设全国海洋意识教育基地。截至2014年12月，全国海洋意识教育基地总数为40个，其中32个设在沿海城市，8个设在北京、河北、湖南、贵州、青海等内陆地区，在教育阶段上覆盖了大学、中学、小学3个阶段，在类型上涵盖了海洋教育特色学校、海洋馆、展览馆、海岛、湿地、海洋保护区、海洋科考船、海洋基站等。以全国海洋意识教育基地为载体，开展了一系列符合传播规律、群众新闻乐见、社会反响良好的海洋意识宣传教育活动，将其打造成为普及海洋知识、传播海洋文化、弘扬海洋精神的重要阵地。

11月20日至21日，宣教中心与青岛市教育局在青岛共同主办了“首届全国海洋意识教育基地工作交流活动暨第三届青岛市海洋教育论坛”，交流探讨了国家和地方在海洋教育方面的经验，成效显著。同时，以全国海洋意识教育基地为载体，开展了一系列符合传播规律、群众喜闻乐见、社会反响良好的海洋意识宣传教育活动。

（2）编制并推广全国中小学海洋意识教育教材。2014年4月，由宣教中心组织编写的全套共5册（小学3册、初中1册、高中1册）的全国中小学海洋意识系列教材《我们的海洋》正式出版发行，打破了各地海洋知识教材的地域性局限，符合国家现行标准和当今教育发展趋势。该套教材作为海洋意识教育的重要内容，目前已在北京市、海南省（琼中县、白沙县）、四川省、河北省、辽宁省、山东省、浙江省、福建省、贵州省等部分中小学校试点推广，总数达到4.97万册。截至2014年12月底，教师用书也已编写完成，即将出版。

（3）组织开展了海洋教育师资培训。2014年3月11日至13日，宣教中心组织了全国首期海洋意识教育师资培训班，来自全国海洋意识教育基地、海洋特色教育中小学校等33个单位的一线老师70余人参加了培训。通过培训搭建了海洋意识教育学习交流平台，对于帮助海洋意识教育一线老师准确掌握海洋知识、增长海洋见闻、开阔教学视野发挥了促进作用。

（4）成功举办了第七届全国大中学生海洋知识竞赛。11月7日，2014年全国大学生海洋知识竞赛电视总决赛在厦门国际海洋周期间成功举办，来自全国19个省份31所高校的优秀选手参加电视大赛。本届竞赛通过个人网络参赛、学校组织参赛、地方组织参赛、海军院校组织参赛等四种方式开展，共计13万余名青少年参与竞赛，在普及海洋知识、宣传海洋意识方面取得丰硕成果。

（5）开展北京市学生海洋意识教育主题年系列活动。4月至12月，由宣传教育中心、海军政治部、北京市委宣传部、北京市教工委、首都文明办、北京市教委、北京团市委七家单位联合主办了“北京学生海洋意识教育年主题系列活动”，面向北京市各大中小学、中等职业学校学生，充分考虑各年龄段学生的特点，设置了百校巡讲、开展海洋日宣传活动、模型拼装比赛、海洋拓展营等系列活动，提升了首都大中小学生的海洋意识。

（6）面向社会广泛开展海洋意识教育活动。具体包括：开办10期“海洋大讲堂”，在贵州省仁怀市海洋希望小学举办“海洋意识进内陆”夏令营活动，指导举办全国少年儿童海洋教育论坛，联合全国海洋意识教育基地——北京海洋馆、北京市少工委办公室、《中国儿童报》等单位组织了第四届“爱海洋•爱环保”儿童海洋书画比赛，联系西城区教委、宣武科技馆等开展海洋意识宣传教育合作，组织第八期中国大学生骨干培养学校赴国家海洋局参访活动等。

【海洋文化】 积极推进海洋文化建设。从公益性海洋文化事业、推动海洋文化产业发展和文化精品生产三个方面推进海洋文化建设工作，满足公众对海洋文化精神产品需要，为海洋经济建设做贡献。

（1）搭建海洋文化产业平台。为进一步落实部门职能，推动海洋文化产业发展，宣教中心共建三家海洋文化产业研究中心，与宁波大学共建“宁波大学海洋文化产业研究中心”，与南开大学旅游与服务学院共建了“南开大学海洋旅游研究中心”，建成了覆盖北、东、南三个海区的研究中心。为广泛联系海洋文化研究、海洋文艺创作、海洋文化娱乐等有关单位，推动海洋文化创意产业发展，中心还联合中科院青岛科学艺术研究院等六家单位，共同建设全国海洋文化产业示范基地。

（2）为地方海洋文化建设做好服务。编制完成首个省级海洋文化发展规划纲要《广西壮族自治区海洋文化发展规划纲要》《粤桂琼海洋文化产业发展蓝皮书（2010—2013）》《东营海洋宣传教育基地展陈内容方案》和《广西国土资源博物馆海洋展厅展陈大纲》编制等工作。通过不同形式与地方共同开展海洋文化活动，包括第十七届中国（象山）开渔节、第九届（舟山）中国海洋文化论坛、2014“海洋文化与海洋文化产业”国际学术会议、第二届海洋文化学术研讨会暨首届中国海洋文化经济论坛、2014宁波海商文化周、大型原创舞剧〈丝海梦寻〉创作演出活动等。

（3）加强海洋文化精品生产。在影视作品方面，与中央电视台联合拍摄大型纪录片《中国近海探秘》通过公开招标，并正式启动拍摄制作工作；电影《极地拯救》已完成剧本编写。在图书出版方面，组织编写了《冰海荣光——“雪龙”号船南极救援脱困全纪录》、《海洋人物丛书》等。（国家海洋局海洋宣传教育中心）

海洋体育

【帆船帆板】 4月26—29日，第五届好事中城市俱乐部国际帆船赛在青岛举行。该次比赛采用航线赛和长距离赛两种竞赛模式，共设FE-26级、Soto27级、博纳多First 40级、飞虎FT10级和公开级帆船（除博纳多First 40级之外的单体帆船）五个级别。参赛船只51条，运动员共320人，创参赛规模之最。

5月1—4日，国际极限帆船系列赛青岛站比赛举行，瑞士阿灵基帆船队获得冠军，瑞士锐挺帆船队和新西兰酋长队分获二、三名。

7月12日，2013—2014克利伯环球帆船赛结束全部16个航段的比赛在伦敦泰晤士河圣凯瑟琳码头结束。中国姑娘宋坤作为“青岛号”一员全程参赛，经历了4万海里的环球航程，成为中国首位完成帆船赛事环球航行的女选手。

7 月 12—19 日，世界青年帆船锦标赛在葡萄牙举行，中国选手史红梅获得女子 RS：X 级项目银牌。

8 月 15—22 日，第 6 届青岛国际帆船周暨青岛国际海洋节举行。帆船周•海洋节以“帆船之都助推城市蓝色跨越”为主题，围绕国际奥帆文化交流、国际帆船赛事两大板块，举办国际帆船赛、“市长杯”大帆船绕岛赛和青岛国际 OP 帆船赛三大赛事，来自 6 个国家和地区以及国内城市的 27 支队伍参加。举办海上巡游嘉年华、名人系列活动、“欢迎来航海”帆船体验周、“蓝色青岛大讲堂”、海洋鱼苗放流等 30 余项文体活动。来自俄罗斯、西班牙等 15 个国家和地区的近 500 名运动员、教练员参加。

10 月 14—18 日，国际帆联世界杯帆船赛青岛站比赛举行，比赛设激光级、激光雷迪尔级、男子 470 级、女子 470 级、男子帆板、女子帆板 6 个奥运项目，来自 22 个国家和地区的 181 名运动员参加。中国队获得 3 金 2 银 2 铜。国际帆联副主席、中国帆船帆板运动协会副主席李全海，国际帆联副主席盖瑞•乔布森出席开赛仪式并致辞。

10 月 24—27 日，第八届中国杯帆船赛在深圳举行。4 天共 8 场比赛，分设港深拉力赛、场地赛和环岛赛。而在统一设计组别中，除了保留往年传统的 First 40.7、Soto27 组别之外，作为“亚太地区最大规模的统一设计组别赛事”，珐伊 28R 作为中国本土生产制造的专业赛船首次以“统一设计组别”身份亮相中国杯，这标志着中国制造的运动型帆船

【航海模型】

2014 年度体育运动荣誉奖章运动员

航海模型（3 人）

上　海：萧剑忠

江　西：钱　峰

广　东：谢毅强

2014 年度体育运动荣誉奖章教练员

航海模型（1 人）

江　西：宋　岿

（根据国家体育总局体竞字〔2014〕174 号《体育总局关于授予 2013-2014 年度优秀运动员和教练员体育运动荣誉奖章的决定》。）

国际级运动健将

航海模型（5 人）

上　海：孙鹤峰、任一夫、毕鸣位

浙　江：莫　衍、许锐立

运动健将

航海模型（2 人）

浙　江：成卓伦、姚　祺

【2014 年世界航海模型仿真项目锦标赛】 2014 年 6 月 28 日至 7 月 6 日在保加利亚斯塔拉扎格拉举行，来自中国、法国、俄罗斯、白俄罗斯、乌克兰、意大利、波兰、捷克、克罗地亚、斯洛文尼亚、保加利亚、罗马尼亚等 13 个国家 140 余名运动员 220 艘仿真模型参加。中国队 13 名运动员 22 艘仿真模型参加 C1、C2、C3、C4、C5、C6 共六个级别项目比赛。

世界冠军

C4　98.67	谢毅强	广　东	2014.07.02
C5　96	钱　峰	江　西	2014.07.05
C2　98.67	萧剑忠	上　海	2014.06.30

划桨、帆船模型（C1）

名次	国家	姓名	成绩
17	中国	顾建雄	91 分

机械动力模型（C2）

名次	国家	姓名	成绩
1	中国	萧剑忠	98.67 分
2	乌克兰	马尔库舍甫	98.33 分
3	俄罗斯	路米亚塔瑟夫	97.33 分
4	俄罗斯	斯文车夫	96.33 分
5	俄罗斯	乌卡哈诺夫	95 分
6	保加利亚	马勒夫	93.33 分

场景模型（C3）

名次	国家	姓名	成绩
9	中国	崔晓冬	92 分　最好成绩

仿真袖珍模型（C4）

名次	国家	姓名	成绩
1	中国	谢毅强	98.67 分
2	中国	谢毅强	97.33 分
3	罗马尼亚	西欧索	96.67 分
4	罗马尼亚	罗密约	96 分
5	俄罗斯	至若尼克	96 分
6	俄罗斯	博格达诺夫	95.67 分
6	罗马尼亚	科斯提尼奇	95.67 分

仿真瓶装模型 C5

名次	国家	姓名	成绩
1	中国	钱锋	96 分
2	俄罗斯	库尼滋	95.67 分
3	俄罗斯	瓦尔迪斯拉夫	92 分
4	俄罗斯	索罗琴科	91.67 分
5	中国	刘铁信	90.67 分
6	俄罗斯	库林琴科	90.33 分

仿真塑料拼装模型 C6

名次	国家	姓名	成绩
1	白俄罗斯	卡尔马科夫	97.33 分
2	乌克兰	世琉涅夫	97.33 分
3	俄罗斯	玛卡叶科夫	97.33 分
4	俄罗斯	玛卡叶科夫	97 分
5	中国	孙鹤峰	97 分
6	俄罗斯	萨拉马丁	96.33 分

【2014 年全国航海模型锦标赛】 2014 年 8 月 2 日至 6 日，在银川金凤区阅海湾中央商务区水上公园举行，来自北京、上海、广州、等省市自治区，以及香港特别行政区的 23 支代表队近 260 名运动员参加团体、个人共 25 个大项比赛。

个人

迷你级耐久拉力(FSR-V3.5)

名次	单位	姓名	成绩
1	宁波队	姚向军	69 圈 9.27 秒
2	浙江模型队	段体明	66 圈 22.47 秒
3	上海队	高宝康	66 圈 27.23 秒

标准级耐久拉力(FSR-V7.5)

名次	单位	姓名	成绩
1	宁波市	金磊	78 圈 6.87 秒
2	宁波市	姚建恺	77 圈 15.54 秒
3	四川队	李淏	76 圈 0.78 秒

轻量级 30 分钟追逐赛(FSR-V15)

名次	单位	姓名	成绩
1	云南队	赵波	79 圈 8.047 秒
2	四川队	刘东廷	76 圈 0.00 秒
3	云南队	董冀明	65 圈 10.97 秒

重量级 30 分钟追逐赛(FSR-V35)

名次	单位	姓名	成绩
1	四川队	黄宇	76 圈 18.707 秒
2	云南队	王力立	72 圈 21.39 秒
3	宁波队	洪依岷	70 圈 12.85 秒

迷你级方程式内燃机追逐(FSR- 0 3.5)

名次	单位	姓名	成绩
1	浙江队	林弛	34 圈 11.52 秒
2	宁波队	林栋栋	33 圈 0.00 秒
3	四川队	李麟	33 圈 0.32 秒

自由级方程式内燃机追逐(FSR- 0 X)

名次	单位	姓名	成绩
1	四川队	黄宇	39 圈 18.92 秒
2	广东队	邵景钊	38 圈 18.30 秒
3	浙江队	王源	37 圈 7.27 秒

1 米级遥控帆船 (F5-E)

名次	单位	姓名	成绩(罚分)
1	广东队	林义宁	14.7
2	浙江队	吴新华	16.7
2	上海队	闵耀祖	16.7

标准级遥控帆船 (F5-M)

名次	单位	姓名	成绩(罚分)
1	浙江队	龚群星	10.4
2	河南队	梁勇	14.7
3	上海队	闵耀祖	16

重量级遥控帆船(F5-10)

名次	单位	姓名	成绩(罚分)
1	上海队	宣东波	4.7
2	河南队	梁勇	6
3	浙江队	龚群星	13.4

电动三角绕标竞时(F1-E1kg)

名次	单位	姓名	成绩
1	上海队	邢萃峰	10.57 秒
2	浙江队	莫衍	11.02 秒
3	广东队	黄兆林	11.79 秒

无限制级电动三角绕标追逐(ECO-EXP)

名次	单位	姓名	成绩
1	山东队	王萌	47 圈 6.06 秒
2	云南队	林靖	46 圈 10.22 秒
3	浙江队	许锐立	45 圈 0.00 秒

电动方程式追逐 MONO-1

名次	单位	姓名	成绩
1	上海队	梁起	28 圈 1.64 秒
2	广东队	莫健荣	28 圈 12.78 秒
3	上海队	毕鸣位	29 圈 5.45 秒

划桨、帆船模型 (C1)

名次	单位	姓名	成绩
1	山东队	胡誉焜	93.67 分
2	湖北队	王颖擎	91.67 分
3	宁夏队	彭阳	90.00 分

机械动力模型 (C2)

名次	单位	姓名	成绩
1	上海队	萧剑忠	98.33 分
2	广东队	周志勇	96.00 分
3	厦门队	陈昱麟	91.00 分

场景模型 (C3)

名次	单位	姓名	成绩
1	湖北队	李毅	93.67 分
2	四川队	郭晓陵	93.00 分
3	云南队	崔晓东	92.00 分

袖珍模型 (C4)

名次	单位	姓名	成绩
1	广东队	郑文雄	94.67 分
2	山东队	杨午钟	92.67 分
3	广东队	赵志德	92.00 分

瓶装模型 (C5)

名次	单位	姓名	成绩
1	南昌队	钱锋	96.33 分
2	南昌队	巫跃星	87.00 分
3	广东队	杨旭	81.33 分

塑料拼状模型（C6）

名次	单位	姓名	成绩
1	上海队	孙贺峰	97.33 分
2	上海队	许劼	95.33 分
3	广东队	谢毅强	95.00 分

仿真机械航行模型（F2）

名次	单位	姓名	成绩
1	广东队	周智勇	196.33 分
2	上海队	陈海标	194.70 分
3	广东队 2	软国胜	193.00 分

仿真套材航行模型（F4）

名次	单位	姓名	成绩
1	上海队	孙贺峰	190.00 分
2	广东队	阮国胜	188.00 分
3	上海队	许劼	186.00 分

电动花样绕标（F3-E）

名次	单位	姓名	成绩
1	四川队	王成伟	146.98 分
2	上海队	张林强	146.78 分
3	广东队	邱伟强	146.34 分

内燃机花样绕标（F3-V）

名次	单位	姓名	成绩
1	上海队	张林强	146.74 分
2	浙江队	汪杰	146.52 分
3	广东队	邱伟强	146.16 分

单项团体

接力对抗（FSR-V 团体）

名次	单位	姓名	成绩
1	北京 1 队	姚春伟、谈宏、盛海	107 圈 4.46 秒
2	云南队	赵波、赵力洁	107 圈 21.49 秒
3	宁波队	姚向军、姚健恺、张敬业	97 圈 0.0 秒

仿真模型立体对抗（F6-S）

名次	单位	姓名	成绩
1	湖南	周晟、马国兴、刘少奇、邹沛、魏明	93 分
1	四川队	吴国峰、黄宇、王汝胜、李溟、李麟	93 分
1	广东队	周智勇、郑文雄、阮国胜、赵志德、谢毅强	93 分
1	河南队	郭常有、侯伟、李威威、张跃、张宏	93 分

ECO-TEAM 团体

名次	单位	姓名	成绩
1	天津队	查家帆、诸葛思彤、李森	118 圈 2.93 秒
2	山东队	王萌、孙起	111 圈 1.8 秒
3	四川队	吴国峰、王成伟、罗洪	97 圈 4.08 秒

【沙滩排球】　国际会议

1）国际排联代表大会

时间：2014 年 10 月 31 日至 11 月 1 日

地点：意大利

会议代表：简捷

会议议题：

（1）通过了下一任主席任期依照国际奥委会主席任期进行修改的决议

（2）通过了各专业委员会的年度报告

（3）通过了沙滩排球竞赛体系修改的决议

2）亚排联裁判委员会会议

时间：2014 年 2 月 18—19 日

会议代表：曲正中、孙剑辉、陆卫平

会议议题：

（1）传达委员会人事变动，由 Mr. Songsak Chareonpong（泰国）接替 Mr. Mohamad Habib Ali（科威特）担任主席。

（2）通过 2013 年度工作报告。

（3）传达国际排联规则委员会和裁判委员会 2014 年度会议文件。

（4）讨论 2014 年委员会工作重点：

①研究编制裁判员基本英语学习材料，帮助亚洲裁判员提高英语能力。

②与各国家排协合作，着手将亚洲国际裁判员按水平分组，以便合理安排使用和遴选出亚排联的最优秀裁判员。

③与赛区组委会合作，尽量在裁判实习和每日例会中运用实况录像等技术手段，提高裁判员的业务水平。

④努力发展提高亚洲女子排球裁判员的水平。

⑤在室内排球和沙滩排球的有经验的国际裁判中，物色和培养裁判代表。

⑥规范赛区裁判代表的报告，比赛中运用国际排联新的裁判员评价表。

⑦亚排联比赛中使用国际排联新的比赛前仪式，待 4 月国际排联行政会议通过。

⑧讨论本次会议建议报告，包括：建议增补一名亚洲西区委员。在亚洲成年锦标赛中，由亚排联裁判委员会向各参赛队推荐随队裁判员名单，同时增设中立裁判员；提交关于编制裁判员英语学习材料的计划和财政预算；筹办亚洲裁判员学习班；健全亚排联裁判委员会的

官方网页。

3）亚排联沙排委员会会议

时间：2014 年 3 月 14 日

地点：印度尼西亚雅加达

会议代表：向前

会议议题：

（1）确定 2014 年亚洲沙排赛历。

（2）确定 2015 年东南亚运动会、2017 年、2021 年亚洲青年运动会承办协会。

（3）讨论亚锦赛承办模式。讨论每两年举办一届，并依据队伍成绩选定下一年度世锦赛参赛队的建议。

（4）传达并讨论国际排联小年龄组世锦赛各洲资格产生办法、运动员参赛条件和竞赛办法。

（5）确定 2014-2016 年洲际杯比赛参赛资格和要求。

（6）亚排联洲际杯第一阶段比赛预算情况。

（7）里约奥运会资格办法、运动员参赛条件、组委会筹备情况。

（8）其他：①亚排联将选派技术代表助理参加世界巡回赛并给予经费支持；②亚排联将在奇数年举办 U17 和 U21 亚洲锦标赛，在偶数年举办 U19 和 U23 亚洲锦标赛，建议各大区轮流举行，比赛成绩将作为参加国际排联 U17、U19、U21、U23 比赛的依据，同时为 2018 年阿根廷的青奥会建立积分系统；③亚排联将商大洋洲协会或其他综合性运动会的组委会（如东南亚运动会、西亚运动会等）将沙滩排球项目列入比赛项目。

④将在亚洲青年比赛中测试新规则。

国际健将（1 人）

新　疆：夏欣怡（女）

沙滩排球（7 人）

江　苏：徐肖亚（女）、吴佳欣

浙　江：邱东威

山　东：宫厚财、李磊、孙元坤、周浩

【2013 年度体育运动荣誉奖章运动员】　沙滩排球（2 人）

江　苏：薛晨（女）、张希（女）

【2013 年度体育运动荣誉奖章教练员】　沙滩排球（1 人）

江　苏：薛　刚（根据国家体育总局体竞字〔2014〕174 号《体育总局关于授予 2013-2014 年度优秀运动员和教练员体育运动荣誉奖章的决定》。）

【2014 年全国沙滩排球集训】　2014 年 3 月 10 日至 4 月 20 日，全国沙滩排球集训在海南文昌举行，来自 12 个省、区、市和解放军的 146（男 71、女 75）名运动员，以及领队、教练和队医等人员共计 196 人参加集训。

【2014 年全国青少年沙滩排球后备人才训练营】　2014 年 1 月 6—19 日，第一届全国青少年沙滩排球后备人才训练营在海南文昌举行，来自 10 个单位的 53（男 27 女 26）名学生和 11（男 10 女 1）名教师参加训练营。

2014 年 12 月 14—28 日，第二届全国青少年沙滩排球后备人才训练营在海南琼中县白鹭湖度假区举行，来自 15 个单位的 113（男 46 女 67）名学生和 28（男 23 女 5）名教师参加训练营。

【2014 年中国体育彩票—沙滩排球全民健身中国行】　2014 年 5 月 24—25 日“中国体育彩票—沙滩排球全民健身中国行”深圳站活动在深圳盐田区大梅沙举行，6 月 21 日至 22 日银川站活动在银川举行。

【2014 年中国体育彩票全国青少年沙滩排球夏令营】　2014 年 7 月 14—20 日“中国体育彩票-2014 年全国青少年沙滩排球夏令营”活动在江苏徐州棠张中学举行，来自北京、山西、内蒙古、上海、浙江、山东、湖北、四川、海南、宁夏、厦门等 11 个省区 26 所学校的 208（运动员 153，领队、教练员 55）名学员参加活动。

【2014 年国家级沙滩排球裁判员培训班】　2014 年 10 月 20—26 日，国家级沙滩排球裁判员晋级培训班在杭州举行，共有 18 个单位 46 名裁判员参加培训。

【2014 年我国沙滩排球运动员年终世界排名统计】　**男子（截至 2014 年 12 月 15 日）**

陈诚/李健　42 名

哈力克江/包健　60 名

吴佳欣/杨聪　61 名

李焯新/张立增　72 名

女子（截至 2014 年 12 月 15 日）

王凡/岳园　4 名

薛晨/夏欣怡　27 名

王媛媛/马园园　52 名

林美媚/唐宁雅　106 名

【2014 国家沙滩排球队名单】

教练组

队委会：刘文斌、王建平、向前、薛刚（江苏）、缪志红（上海）、颜建明（福建）

领队：薛刚（江苏）

教练员：

男队：颜建明（福建）、孙治野（八一）、王波（四川）

女队：缪志红（上海）、马俊（浙江）、谷昱（上海）

科研：潘迎旭（首都体育学院）

队医：方岩竣（江苏）

运动员

男子：李焯新（辽宁）、张立增（辽宁）、吴佳欣（江苏）、包健（浙江）、陈诚（福建）、李健（福建）、杨聪（海南）、哈力克江（八一）

女子：王媛媛（辽宁）、唐宁雅（江苏）、王凡（浙江）、薛晨（福建）、郑益昕（福建）、岳园（山东）、马园园（山东）、王鑫鑫（山东）、林美媚（海南）、夏欣怡（新疆）　（体育年鉴）

海 洋 军 事

海洋军事成就

【新型导弹护卫舰揭阳舰入列】 1月26日，广东汕头某军港举行我国自行研制设计生产的新一代轻型导弹护卫舰“揭阳舰”入列命名授旗仪式，标志着该舰正式加入人民海军战斗序列，成为南海舰队某水警区防御力量的重要组成部分，这是该水警区首艘新一代轻型护卫舰，主要执行巡逻、警戒、护航和反潜、对海作战等任务。

【威海舰加入海军战斗序列】 3月15日，北海舰队某基地军港举行我国自行研制设计生产的轻型护卫舰“威海舰”命名授旗仪式，标志着该舰正式加入人民海军战斗序列。该舰设计观念先进，配备多型武器装备，具有良好的隐身性能，集成化、信息化程度高，同时还具有造价成本较低，运行维护简单、舰员编制精简等优点。

【航院建立军地教学实践基地】 4月4日，航空工程学院与航母部队、航天科技集团第八研究院全面合作协议签约仪式分别在青岛、上海两地举行。航母部队和航天科技集团第八研究院正式成为该院的教学实践基地，将在毕业学员实习、新装备新教员培训、科研创新测试、装备实操教学、教员学习代职等方面提供必要支持。

【我大型登陆舰虚拟系统研制成功】 4月9日，海装某研究所研制完成一套耗资小、具有高移植性、高扩展性和可升级性的“某型综合登陆舰推进装置虚拟维修训练系统”。该系统不仅能够满足同型登陆舰维修训练需要，也可用于海军其他型舰艇装备维修训练与实际维修指导。

【第14届西太平洋海军论坛年会在青岛举行】 4月22—23日，由中国海军首次承办的第14届西太平洋海军论坛年会在青岛举行。来自21个成员国和3个观察员国，以及申请成为论坛观察员国的巴基斯坦等25个国家的海军领导人和代表共150余名参加了这次论坛年会。与会各成员国和观察员国审议了2012年年会会议纪要、2013年和2014年工作小组会会议纪要，以及介绍和确认未来活动安排，围绕“合作、信任、共赢”这一论坛主题展开研讨交流。会议一共完成了24项预期的讨论，通过了《海上意外相遇规则》，表决同意接受巴基斯坦成为论坛观察员国。

【大连舰院船队荣获意大利海军国际帆船赛季军】 5月1—4日，在第31届意大利海军国际帆船赛上，大连舰艇学院帆船队夺得“军事杯”和“海军院校杯”2个单项季军，总成绩在23个国家32支军队院校代表队中位列第三。该院帆船队已8次代表海军参赛，连续3年在该项赛事中取得优异成绩。此次比赛该院帆船队首次派出女学员随队参赛。

【潜艇学院首家教育实践基地在青岛挂牌】 5月15日，潜艇学院与青岛某雷达声呐修理厂合作建立的航海观通教育实践基地在青岛正式揭牌。此次院校与军工企业的交流合作，推进了学院任职教育向纵深发展，提升了军校学员的第一任职能力，拓宽了工厂为部队战斗力服务的渠道。

【工程大学参加土耳其国际航海技能竞赛夺冠】 5月10—17日，第16届土耳其国际航海技能竞赛在土耳其伊斯坦布尔举行，来自中国、英国、法国、韩国、巴基斯坦等13个国家的代表队参赛。海军工程大学6名学员代表的中国海军队获得金牌及奖牌总数第一，团体总分名列第一。这项国际赛事由土耳其海军学院于1998年创办，共设帆船、船艺、游泳和救生4个比赛项目，每年4、5月份举行，参赛选手为各国海军院校学员。

【国内首个鱼雷废旧燃料销毁项目投产】 6月中旬，拥有自主知识产权的国内首个鱼雷废旧燃料回收销毁项目，在某厂建成投产。该项目的投入使用，缓解了困扰海军多年的鱼雷废旧燃料回收销毁难题。

【我国新一代海伞锁研制成功】 7月25日，

我国新一代救生伞入海水自动脱离装置海上真人跳伞试验在某海域成功进行，标志着我国第二代海伞锁研制成功，大大提升了我国飞行员海上救生能力。

【海军举行甲午战争 120 周年海上祭奠仪式】 8 月 27-28 日，海军与军事科学院在海军 88 舰上联合举办甲午战争 120 周年研讨会，与会的军内外研究甲午战争的领导、专家和学者围绕甲午战争背景、战争决策、海陆战相关问题、战争失败原因及启示等方面进行研究交流，海军还于威海附近海域举行了海上祭奠仪式。

【中央军委授予戴明盟荣誉称号】 9 月 1 日，北京海军机关礼堂隆重举行中央军委授予戴明盟同志“航母战斗机英雄试飞员”荣誉称号命名大会。戴明盟同志为首批舰载战斗机试飞员，第一个驾机在航母上成功实施阻拦着舰和滑跃起飞，实现了我国固定翼飞机由“岸基”向“舰基”的突破，为加快歼-15 舰载机研制定型和航母战斗力建设作出卓著贡献。

【中央军委给王红理、海军给 372 潜艇记一等功】 9 月 2 日，中央军委给王红理同志、海军给 372 潜艇记一等功庆功大会在南海舰队某潜艇支队礼堂隆重举行。在 2014 年年初执行紧急拉动暨战备远航任务中，372 潜艇成功处置了突遇水下“断崖”快速掉深重大险情，创造了我国乃至世界潜艇史上的奇迹，圆满完成了出岛链战备远航任务。

【海军某消磁站工程荣获“詹天佑奖”】 12 月 4 日，海军某消磁站获中国土木工程学会第十二届詹天佑奖，这是军队国防工程首次获此殊荣。该工程创新性强、先进性突出，整体上达到了国内领先、国际先进水平。詹天佑奖设立于 1999 年，是我国土木工程领域工程建设项目科技创新的最高荣誉奖。

【新型导弹驱逐舰济南舰入列】 12 月 22 日，舟山某军港举行我国自行研发的新一代导弹驱逐舰济南舰入列命名授旗仪式，该舰装备有多套我国自主研发的新型武器装备，可单独或协同海军其他兵力攻击水面舰艇、潜艇，具有较强的远程警戒探测和区域防空作战能力。

军事交流互访

【长白山舰赴印尼参加“科摩多”多边人道主义救援演习】 3 月 31 日，来自中国、美国、俄罗斯、日本、印度等 17 个国家海军 24 艘舰艇组成特混编队，参加了印尼海军主办的“科摩多”多边人道主义救援减灾海上实兵演习。中方参演兵力由海军南海舰队两栖船坞登陆舰长白山舰携带 2 架直升机、1 个医疗分队和 1 个工程分队组成。演习以某海域发生海啸造成过往船只沉没人员落水、海上石油钻井平台损毁、某国人员伤亡严重，急需救援为背景。各国海军针对性地演练海上联合搜救、直升机互降、航空测绘、灯光通信、损管演练、人员落水、防油污扩散与燃气泄漏、海上平台残骸管理、医疗救撤、陆上民事工程等科目。演习中，各兵力群着重对海上指挥关系转换、信息资源共享、兵力组织与运用等内容进行了总结和提高，探索了各国海军在灾难中如何快速建立合作机制和程序。“科摩多”多边人道主义救援演习是东盟各国海军、东盟与合作伙伴国海军为应对重大自然灾害，各国密切协同、联合实施的快速有效的救援演练。

【徐洪猛参加澳大利亚“印度洋海军论坛”】 3 月 30 日，海军副司令员徐洪猛率海军代表团赴澳大利亚珀斯参加第四届“印度洋海军论坛”。本届论坛共有来自 38 个国家的 170 余名代表出席，15 个国家的海军领导人、高级代表和地方学者进行了发言。论坛期间，徐洪猛一行与澳大利亚海军司令、巴基斯坦海军参谋长、泰国海军司令、斯里兰卡海军司令、伊朗海军司令、美国海军太平洋舰队司令等到多国军队、海军领导人和高级代表进行了交流，就增进海军间的务实交流与合作进行了深入探讨。印度洋海军论坛是一个由印度洋周边各国讨论地区海上安全的组织，成立于 2008 年，每年召开一次。中国为该论坛的临时观察员国。

【吴胜利会见部分国家海军领导人】 4 月 21 日参加第 14 届西太论坛年会的各国海军代表团抵达青岛。中央军委委员、海军司令员吴胜利分别会见了智利海军司令恩里克上将、印度尼西亚海军参谋长马塞迪奥上将、法国太平洋海区司令库莱尔准将、新西兰海军司令斯迪尔少将、巴基斯坦海军参谋长桑迪拉上将、秘鲁海军司令卡洛斯上将、马来西亚海军司令阿齐兹上将、澳大利亚海军司令格里格斯中将、韩国海军参谋次长朴庆一少将、菲律宾海军司令阿拉诺中将、美国海军作战部长格林纳特上将和美太平洋舰队司令哈里斯上将。

【驻华多国武官代表团参观潜艇学院和新型舰艇】 4月22日，参加第14届西太论坛年会的多国武官代表团参观了海军潜艇学院。由土耳其、埃及、荷兰等16国的17名武官组成的代表团观看了反映潜艇学院建设和发展的录像片，参观了该院潜艇操纵实验室、作战系统实验室、虚拟训练研究中心以及潜艇损管实验室等教学、训练设施和科研机构。在该院极具特色的潜艇防险救生训练中心，该校向武官代表团演示了模拟潜艇水下10米航行时舱室破损进水的情况处置，并介绍了潜艇损害管制训练系统，以及高压氧过敏试验舱的训练使用情况。4月23日，各国海军代表团团长和代表130余人，参观了我海军导弹驱逐舰武汉舰、导弹护卫舰潍坊舰和轻型护卫舰大同舰3艘新型舰艇。

【范长龙会见出席西太海军论坛年会各国海军代表团团长】 4月23日，中共中央政治局委员、中央军委副主席范长龙在青岛集体会见了来华出席西太论坛第14届年会的各国海军代表团团长。范长龙说，该次会议以“合作、信任、共赢”为主题，体现了地区各国的共同诉求。中国海军将本着更加开放、务实、合作的精神，积极参与国际海上安全合作，力所能及地承担更多国际责任和义务，为推进构建和谐海洋作出更大贡献。印度尼西亚海军参谋长马塞迪奥代表与会各国代表团团长对范长龙的会见表示感谢，并高度评价中方主办论坛年会的各项工作认为中方成功举办此次盛会，显示了中国在地区和世界海上事务中的重要作用。

【海军训练舰编队解缆起航执行远航实习和出访任务】 4月30日，由海军远洋航海训练舰郑和舰、导弹护卫舰潍坊舰组成的海军训练舰编队从大连某军港起航，踏上远航实习训练并访问印度、缅甸、印度尼西亚和越南的航程。5月17日，编队抵达维沙卡帕特南，开始对印度进行为期4天的友好访问，这是中国海军首次访问维萨卡帕特南。5月23日，编队抵达仰光开始对缅甸进行了为期5天的友好访问，编队领导拜会了缅甸海军司令、伊洛瓦底海军区司令等，两国海军官兵互相参观军舰、举行足球友谊赛、进行联合军乐演出。6月3日，编队抵达印度尼西亚泗水，并对印尼进行了为期5天的友好访问。6月7日，编队与印尼海军813巡逻舰以在海上不期相遇为背景，按照《海上意外相遇规则》开展了通信、队形变换等课目的实兵联合演练。6月10日，编队抵达新加坡樟宜海军基地，对新加坡进行了为期3天的友好访问。我海军官兵参观了新加坡舰艇、海军博物馆、军训学院并与新加坡海军举行篮球友谊赛。此次任务总航程12000余海里，历时56天，来自工程大学、航空工程学院和大连舰艇学院3所院校的171名学员随舰实习、出访。

【吴胜利会见俄罗斯海军总司令】 5月19日，中央军委委员、海军司令员吴胜利在上海会见了来华出席中俄“海上联合-2014”军事演习相关活动的俄罗斯海军总司令奇尔科夫上将。吴胜利指出，近年来，中俄两国海军在联合演习、亚丁湾护航、叙利亚化武海运护航，以及舰艇互访等方面开展了卓有成效的合作交流，此次“海上联合—2014”军事演习不仅有利于提高中俄海军的海上联合行动能力，更显示了两国共同应对海上安全威胁、携手维护地区安全稳定的信心决心，对于进一步深化全面战略协作伙伴关系、提升两国海军务实合作水平具有重大现实意义。奇尔科夫表示，俄罗斯海军高度重视发展与中国海军的关系，希望双方继续在各层次领域不断推进友好交流合作。

【法海军“牧月”号护卫舰访问青岛】 5月22日，法国太平洋舰队的“牧月”号护卫舰(舷号F731)，在舰长弗雷德里克•多马中校的率领下，驶抵青岛某军港码头，开始对青岛进行为期5天的友好访问。访问期间，法舰组织舰艇开放活动。访问结束离开青岛时，与石家庄舰在外海举行了通信、编队运动等科目海上联合演练。

【海军舰艇编队首次访问尼日利亚、喀麦隆、安哥拉】 5月24日，海军盐城舰、洛阳舰和太湖舰组成的第十六批护航编队抵达尼日利亚拉各斯港，开始对尼日利亚进行为期4天的友好访问。期间，中尼两国海军将开展特战队员专业交流与反海盗海上联合演练等，盐城舰与洛阳舰对公众开放。5月30日，编队驶抵喀麦隆杜阿拉港，开始对喀麦隆进行为期4天的首次访问。期间，编队指挥员李鹏程一行会见了喀麦隆滨海省省长阿索莫、第二军区司令萨利少将等多名军政要员。中喀海军将组织官兵开展海上联合演练、相互参观舰艇装备、专业交流、篮球足球比赛等军事文化交流活动。盐城舰、洛阳舰将对公众开放，并举行甲板招待活动。6 月 5 日，编队驶抵安哥拉罗安达港，开始对安哥拉进行为期 3 天的首次访问。期间，中安海军组织官兵相互参观舰艇装备，开展专业交流、篮球比赛等军事文化交流活动。盐城舰、洛阳舰将对公众开放，并与当地华人华侨开展联谊活动。6 月 17 日，编队抵达开普敦，对南非进行为期 4 天的友好访问。南非是中国海军访问次数最多的非洲国家，两国两军的友好关系和战略性合作不断发展。这次访问进一步强化了这种合作关系。

【吴胜利司令员会见土耳其海军司令】 7 月 7 日，海军司令员吴胜利上将在海军机关举行仪式，欢迎土耳其海军司令雷杰普•比伦特•博斯坦哲奥卢上将一行访华。吴胜利希望两国海军在保持各层次团组交往、加强军舰互访、推进护航合作、深化校际交流、开展两栖作战部队联训等领域开展务实交流与合作，使两国海军的友好合作关系呈现崭新局面！博斯坦哲奥卢一行还访问了北海舰队、东海舰队和潜艇学院，参观我新型潜艇、护卫舰和某型战斗机。

【吴胜利司令员会见美国海军作战部长】 7 月 15 日，美国海军作战部长乔纳森•格林纳特上将一行访华。双方就如何深入发展“中美新型海军关系”等共同关心的问题交流了看法，达成了诸多共识。格林纳特一行还访问了北海舰队，参观新型舰艇装备，并与一线部队官兵深入交流。

【和平方舟完成“和谐使命—2014”】 8 月 4 日，和平方舟医院船圆满完成“环太平洋—2014”演习任务后驶离珍珠港码头，起航执行“和谐使命—2014” 人道主义医疗服务任务，对汤加、斐济、瓦努阿图、巴布亚新几内亚 4 国进行访问并为当地民众提供医疗服务。共为 4 国民众诊疗 22211 人次，实施手术 212 例，收治住院 110 人，开展 B 超、CT、DR 等辅助检查 10268 人次。9 月 29 日，和平方舟医院船返回舟山某军港。这是和平方舟医院船继 2010 年赴亚非 5 国、2011 年赴拉美 4 国、2013 年赴亚洲 8 国执行医疗服务任务之后，第 4 次执行“和谐使命”任务。此次和平方舟圆满完成“环太平洋—2014”多国海上联合演习及“和谐使命—2014”任务历时 113 天、总航程 17104 海里。

【海军舰艇编队抵达美国圣迭戈访问】 8 月 10 日，由海口舰、岳阳舰和千岛湖舰组成的舰艇编队，顺利抵达美国西海岸城市圣迭戈，开始为期 5 天的友好访问。此次中国海军舰艇编队访问圣迭戈，是落实两国海军高层领导重要共识，推进两国海军新型关系和谐共进、务实合作的一次具体实践，旨在推动两军关系健康稳定发展，为构建两国新型关系提供重要支撑。8 月 11 日，出访美国圣迭戈的我海军舰艇编队与美国海军官兵相互参观军舰，海口舰举办甲板招待会。

【吴胜利赴美出席国际海上力量研讨会】 9 月 15 日，应美国海军作战部长格林纳特上将邀请海军司令员吴胜利上将率团赴美国罗德岛纽波特，出席在美国海军战争学院举行的“第 21 届国际海上力量研讨会”。该届会议主题是“如何共同应对全球海上挑战”，旨在讨论如何保障海上安全，保护国家、地区以及世界的繁荣发展。吴胜利司令员将就“海上安全的未来趋势”发表演讲。

【海军舰艇编队首次访问伊朗】 9 月 20 日，海军第十七批护航编队长春舰、常州舰，在编队指挥员、东海舰队副参谋长黄新建和编队政委、东海舰队政治部副主任傅耀泉的率领下，停靠伊朗阿巴斯港，开始对伊朗进行为期 5 天的友好访问。这是我海军舰艇编队首次访问伊朗。

【吴胜利赴美出席国际海上力量研讨会】 9 月 21 日，海军司令员吴胜利赴美国出席“第 21 届国际海上力量研讨会”后回到北京。这是中国海军司令员首次参加国际海上力量研讨会。通过此次活动，倡导提出了海上新型安全观的思想理念和深化海上安全合作的思路举措，达到了交流思想、增进互信、凝聚共识、深化合作的预期目的。针对当前海上安全形势发展，吴胜利强调，应秉持新型海上安全观，采取积极务实举措，以沟通消除猜疑，以合作取代对抗，携手共建和平发展的海洋环境。

【吴胜利司令员会见孟加拉国海军参谋长】 10 月 27 日，海军司令员吴胜利上将在海军机关举行仪式，欢迎孟加拉国海军参谋长法比德•哈比布中将一行访华。首先，吴胜利陪同哈比布检阅了海军仪仗队，随后宾主双方进行了坦诚、务实、友好的会谈，交流了对未来合作的设想，探讨了共同关心的问题，达成了诸多共识。

【印尼海军指挥学院院长访问海军指挥学院】 12月12日，印度尼西亚海军指挥学院院长亨利•瑟提亚尼加拉少将率代表团一行15人，对海军指挥学院进行了友好访问。代表团观看了学院情况简介片，双方进行了亲切友好的座谈交流。随后，亨利•瑟提亚尼加拉少将参观了该院海军作战实验室、图书馆等教学设施，并前往该院外训系看望印尼籍学员。

军事训练演习

【辽宁舰顺利完成南海海域试验训练任务返航】 1月1日，我国第一艘航空母舰辽宁舰顺利完成为期37天的南海海域科研试验和训练，返航靠泊青岛某军港。辽宁舰自2013年11月26日从青岛某军港起航首次赴南海海域试验训练以来先后完成了母舰在高海况条件下的舰艇运动参数、舰体结构应力、舰载机系留载荷测量等总体适航性试验，深水条件下航速测量，以及近似实战条件下航母作战系统感知能力，指挥能力，目标指示能力，综合通信、导航、气象保障能力，空域管理能力等100余项试验和训练课目，作战系统、动力系统及舰艇适航性能等各项战技术指标得到进一步验证。期间，首次组织了作战系统综合研试，首次组织了以辽宁舰为核心的编队航行训练，达到了预期目的。海军相关部队出动了多个型号的飞机、水面舰艇和潜艇，有效配合了试验，同时带动了部队实战化训练。

【南海舰队训练编队走向深蓝排兵布阵中国海军演兵两大洋】 1月20日，西太平洋某海域，南海舰队远海训练编队展开一场临检拿捕演练。由长白山舰、海口舰和武汉舰及3架直升机、一艘气垫艇组成的编队在印度洋、太平洋海域连续进行实兵对抗。组织跨区域的远海演练，是世界海军提升战斗力的通行做法。

【组织武力营救被劫商船演练】 2月6日第十六批护航编队利用第680批被护商船组队前间隙，协调我国“新祥海”号商船扮演“被劫商船”，组织进行了实战背景下的武力营救演练。编队着重进行了特战队员隐蔽快速出击、攀爬被劫商船、安全舱解救人质等训练科目，并对“新祥海”号商船船员进行了防范海盗袭击相关技能培训。

【新型护卫舰编队跨区训练】 2月10日，北海船队某基地2艘新型导弹护卫舰组成的编队，顶着7级大风和零下10摄氏度的低温出航，拉开了该基地新型导弹护卫舰编队列装后首次开展跨边区连续机动训练的序幕。该基地紧紧扭住战斗力快速生成这个关键环节，以实战机制，引领新装备战斗力生成步入“快车道”。他们还将自设险情，针对航行海区的地理、水文、气象等到特点开展编队航行的组织与指挥、舰艇航行操纵及情况舿、实际使用武器和单舰艇对潜搜索与攻击等到数十个实战化训练科目，在复杂环境中通过多科目融合施训，多敌情连贯设置，锤炼官兵战斗意志，促进新装备战斗力快速形成。

【海军陆战队首次建制赴朱日和基地寒训】 2月20日，海军陆战队官兵跨区机动3200千米赴北京军区朱日和合同战术训练基地开展寒区训练。这是海军陆战队首次成建制开展寒训。此次寒训共有数千名海军陆战队官兵、数百台各式车辆参加，人员装备将从广东部队驻地跨区机动至塞北草原，完成实战背景条件下的兵力集结、战斗输送、寒区技战术基础、作战编组协同等多项课题演练，并与北京军区某机步旅实兵对抗。3月23日，海军陆战队寒训任务部队全部安全返回。这是海军陆战队跨区训练行程时间最长、人数最多的一次兵力行动。

【“山鹰”教练机完成全装首飞】 2月25日，“山鹰”教练机首次全首席训练顺利画上句号。这标志着该项团列装的“山鹰”教练机全部具备了本场起降、升空遂行作战任务的能力，全团的教练机跨代改装取得了圆满成功。

【东海舰队远海训练编队】 2月28日，东海舰队长春舰、益阳舰、常州舰组成远海训练舰艇编队，从浙江舟山某军港起航，拉开了为期12天东海舰队年度远海训练的序幕。编队将开展跨区机动作战、异地兵力集结、远海会和与作战支援保障，以及临检拿捕、反恐反海盗演练等科目的训练。同时他们还将加强远海机动作战问题的研究，以此提升部队海上持续作战和基于信息系统的体系作战能力。

【辽宁舰新年度首次出海试验训练起航】 3月2日，辽宁舰徐徐驶离某军港码头，开始执行新年度首次出海试验训练任务。他们还制定完善了几十种预案，以确保各项试验训练任务顺利实施。3月18日，辽宁舰圆满完成2014年首次实验训练任务后返回青岛母港。

【我海军舰机全力搜索马航失联客机】 3月11日，中国海军井冈山舰与绵阳舰组成编队在马航MH370失联客机海域进行全力搜索，两舰沿弓形航线航行，启用雷达、光电、红外等全部观测器材24小时不间断搜索。井冈山舰两架舰载直升机以平行和扩展方式组织空中搜索。3月12日，千岛湖舰奔赴泰国湾，为搜救马航失联客机舰船进行补给。永兴岛号救生船同时开赴马航客机失联海区，并于22日抵达苏门答腊岛西南海域任务海区展开搜救行动。海口舰、昆仑山舰、千岛湖舰于20日下午紧急向南印度洋发现疑似失联客机残骸的海域高速航渡，26日抵达任务海区展开搜救。

【陌生海域开展大深度氦氧潜水】 4月9日，北海舰队某防救支队组织了一场整建制大深度氦氧潜水紧急演练。在5天演练时间里，37名潜水员先后潜入深海，出色完成了实艇对接，水下探摸、爆破，打捞沉物等10余个科目。

【多国海上联合演习在黄海举行】 4月23日，“海上合作—2014”多国海上联合演习在青岛东南海域举行。此次演习旨在进一步加强各国海军之间的交流和合作，共有中国、文莱、印度尼西亚、马来西亚、新加坡、孟加拉国、印度、巴基斯坦等8个国家的19艘舰艇、7架直升机和部分陆战队员，混编为3个联合编队，进行了编队通信、编队运动、海上补给、联合救援、联合反劫持、轻武器射击等6个科目演习，中方参演兵力以北海舰队为主，包括导弹驱逐舰哈尔滨舰、青岛舰、沈阳舰，导弹护卫舰烟台舰、临沂舰、葫芦岛舰，两栖登陆舰长白山舰，综合补给舰洪泽湖舰，和平方舟医院船。

【中俄海军举行海上联演】 5月20－26日，“海上联合—2014”中俄海上联合军事演习在中国东海北部海空举行。演习以海上联合行动为课题，主要演练联合防空、联合反潜、联合对海突击、实际使用武器等战术科目，提高两国海军共同应对海上安全威胁的能力。此次演习，建立了水文气象军地协作机制，通过共享专线建立视频会商系统，组织水文气象会商。同时，后勤、装备保障体系也将在演习中完全实战化参战。

【北海舰队远海训练编队】 6月5日，由绵阳舰、葫芦岛舰和洪泽湖舰组成的北海舰队远海训练舰艇编队，从青岛某军港解缆起航。6月24日经过连续19个昼夜的大强度训练，横跨21个纬度、21个经度，航行5500余海里，圆满完成赴西太平洋海域战备巡逻和训练任务，顺利返回青岛某军港。

【我军首次在东海岸岛屿组织重大自然灾害联合救灾演习】 6月20日至21日，东海某列岛及附近海域举行由东海舰队某登陆舰支队联合军地多家单位的“协作—2014B”军地联合演习。这是我军首次成功在东海近岸岛屿组织重大自然灾害抢险救灾演习，进一步探索了军地联合救援的程序、内容和方法，解决了军地协调机制建立、联合指挥机构编组及信息系统构建模式等问题，提高了军地参演力量的快速反应和联合行动能力。

【“环太平洋—2014”演习】 6月25日，中国海军舰艇编队参加“环太平洋－2014”演习。演习主题为“能力、适应、合作”，有来自美国、中国、澳大利亚等23个国家参加。中国海军派出导弹驱逐舰海口舰、导弹护卫舰岳阳舰、综合补给舰千岛湖舰与和平方舟医院船4艘水面舰艇、2架直升机、1个潜水分队、1个特战分队、1个医疗分队，共计1100余名官兵参演。多国特混编队9艘舰艇组织编队运动、警戒幕队形、应急情况处置、主炮对海射击、海上补给、吊放小艇等训练，并进行了人员交叉登舰观摩活动。7月13日，参演的中国、美国等国海军的20艘主力驱护舰相继对指定经纬度点射击。这是海口舰和岳阳舰首次进行无标靶主炮射击。

【“金星2号”中欧联合反海盗演练透视】 7月14日，第17批护航编队与欧盟465编队在亚丁湾联合举行了代号为“金星2号”的中欧反海盗演练。双方先后完成了编队运动、航行补给、主炮对海射击等7个科目。

【海军首次成规模组织北大清华国防生航海实

习】 7月28日，来自北京大学、清华大学80名国防生登上郑和舰，参加航海实习。这次航海实习，是海军首次成规模组织地方高校国防生随舰实习，为进一步了解120周年前的甲午海战，认识海洋、维护海权、建设海军，培树海洋强国理念。这次实习也是落实海军与两校军民融合战略合作框架协议的具体举措，共同探索军地双方联合培养国防生的新鲜经验，促进军民融合向广度发展、向深度推进。

【北海舰队开展纪念甲午战争120周年系列活动】 8月8日，北海舰队在威海举行纪念甲午战争120周年研讨会，采取电视电话会议形式带动师旅以上党委机关同步参加。6名军以上领导和1名部队主官以甲午战争为镜鉴，紧紧围绕当前部队各方面存在的不符合战斗力标准的现象和问题，进行研讨交流。邀请军地院校知名专家围绕甲午战争、中日关系等，为舰队团以上党委机关作了专题辅导报告。组织舰队党委中心组成员、师旅以上单位领导等百名将校军官参观甲午战争博物馆、炮台、水师学堂等。

【中美海军在东太平洋举行联合演练】 8月8日，我出访舰艇编队与结伴航渡的美国海军张伯伦湖号导弹巡洋舰、独立号濒海战斗舰就《海上意外相遇规则》，开展了通话、机动等演练。

【我军首次武备试验海上应急医学救援演练】 8月17日，我军首次武备试验海上应急医学救援演练在渤海某海域展开。海上批量落水“伤员”展开自救互救，救护直升机紧急起飞救捞落水“伤员”并实施医疗后送，军地卫生力量联合作业与协同快捷高效，在近似实战条件下检验评估了海军卫生战备建设成果，填补了我军武备试验海上应急医学救援的空白。

【海军组织登陆作战中水雷战实兵对抗演练】 9月9—14日，海军数十艘反水雷作战舰艇齐聚某海域，组织以登陆作战为主线的水雷战实兵实装对抗演练，其设置的抗登陆布雷战斗、登陆作战中反水雷战斗2个课题9个科目，突出水雷作战体系各作战要素一体联动，突出练谋略、练指挥、练战法、练应急处置，强化全系统全要素全流程数据信息采集评估，探索海军按实际作战流程组织实战化训练的方法路子。

【海军牵头组织“联合行动—2014A”实兵演习】 9月23日海军在南海某海域牵头组织“联合行动—2014A”实兵演习。海军副司令员徐洪猛担任总导演。此次演习围绕海上方向联合制海作战课题实施联合作战筹划、联合指挥作业、联合制空作战、联合制海作战和联合火力打击作战等6个内容，运用新型作战应用系统，共享战场态势、链接作战要素、规划作战任务，识别引导目标打击，有效检验了作战新理念，为构建“信火一体、岸海空一体、多维一体”联合作战体系积累了宝贵经验。

【中巴海军举行海上联合演练】 10月1日，海军第17批护航编队，与巴海军舰艇在卡拉奇港以南海域成功举行了“喜马拉雅1号”联合演练。演练内容主要包括编队会合、小艇快速机动、编队运动、航行补给、直升机互降、分航告别仪式等6个项目。中方长春舰、常州舰和1架舰载直升机参加了联演，巴方参演兵力为导弹护卫舰“祖夫伊卡尔”号、导弹艇“迪夏特”号和1架舰载直升机。此次海上联合演练，是在统一的演练意图、统一的指挥口令和统一的战术动作基础上实施的。

【海军三大舰队歼击机实施对抗空战研练】 10月27日，人民海军历史上首次在预警机上设立空中指挥所引导攻击，首次组织异型战机在未知条件下自由交手。海军首次组织三大舰队航空兵规模最大、对抗性最强、实战化程度最高的歼击机对抗空战演练。

【海军参加全军野战应急油料质量保障演示】 10月29日至31日，海军组队参加全军野战应急油料质量保障演示，圆满完成了“潜艇紧急出航油料质量保障”和“舰艇境外补给油料质量保障”2个科目演示。此次全军野战应急油料质量保障演示由总后军需物资油料部主办，海军、空军、济南军区分别组队参演，演示共设6个科目，旨在研究和规范野战及应急条件下油料质量保障程序。

【“超越—2014”中坦海军陆战队联训】 11月14日，中国和坦桑尼亚“超越—2014”海军陆战队联合训练结训仪式在达市基加波尼海军基地举行，标志着中坦两军交往史上的首次联训圆满完成。这次综合演练以联合反恐为课题，组成联合行动分队采取行动，歼灭恐怖分子，解救人质。

【中澳新组织人道主义救援减灾推演】 11月

19 日至 21 日，代号为“合作精神—2014”的中澳新三边人道主义救援减灾联合室内推演，来自中国、澳大利亚、新西兰的 40 多名专业海上搜救人员参加。此次推演不仅加强了中、澳、新三国在人道主义救援减灾领域的合作与交流，还为相关国家构建海上互信机制提供了良好平台。

中国海军亚丁湾护航

【第十五批护航编队结束对肯尼亚访问】 2013 年 11 月 5 日，第十五批护航编队井冈山舰和衡水舰驶离肯尼亚蒙巴萨港，圆满结束对肯尼亚为期 4 天的友好访问。编队指挥员姜中华少将在肯尼亚海军司令的陪同下，检阅了肯海军仪仗队，参观了肯海军舰艇。

【盐城舰顺利完成五次叙化武海运护航任务】 1 月 7 日，中国参与联合护航的盐城舰进入叙利亚领海，与俄罗斯、丹麦、挪威的军舰密切配合，正式开始执行叙化武海运护航任务。1 月 27 日，盐城舰与俄、丹、挪等国家舰艇一起为负责运输叙利亚化学武器的丹麦、挪威运输船联合伴随护航，顺利完成第二次叙化武海运护航任务。2 月 10 日，盐城舰与俄、丹、挪等国家舰艇一起，顺利完成第三批叙化武海运护航任务。2 月 26 日，盐城舰与俄、丹、挪等国家舰艇为负责运输叙利亚化学武器的丹麦运输船，顺利完成第四次叙化武海运护航任务。2 月 28 日，盐城舰与俄、丹、挪军舰在事先划定的责任区内警戒待机，为承担化武装载及运输任务的挪威商船护航，顺利完成第五次叙化武海运护航任务。

【中俄编队指挥员进行海上战术磋商】 1 月 15 日俄罗斯地中海作战指挥官派会克洛夫上校登上盐城舰，与编队指挥员李鹏程进行了中俄联合行动战术磋商。双方就下一步叙化武海运联合护航行动和联合训练构想进行了深入交流并达成共识，就后续联合行动期间继续加强信息交流、密切协同配合等到方面的内容交换了意见。1 月 23 日，中国海军护航编队指挥员李鹏程一行 5 人登上俄罗斯彼得大帝号巡洋舰，与俄地中海作战群指挥官派什克洛夫上校进行第二轮中俄联合训练战术磋商。会议就联合训练组织指挥、舰机行动、安全措施等方面的内容交换了意见。

【第十五批护航编队返回湛江】 1 月 23 日，由井冈山号船坞登陆舰、衡水号导弹护卫舰、太湖号综合补给舰组成的第十五批护航编队返回湛江某军港。第十五批护航编队官兵先后为 46 批 181 艘中外船舶实施了护航，继续保持了被护船舶和编队自身两个百分百安全的记录。启航以来，先后完成护卫联合国粮食计划署“环球-安特卫普”号散货船，协调韩国、意大利舰艇一起为台塑“贵华”轮接力护航，救援“振华 8 号”商船等任务，5 次与欧盟 508 编队、美盟 151 编队、北约 465 编队等外军护航舰艇进行友好交流，并首次与乌克兰海军护航舰艇进行指挥官互访和联合军演。编队在完成护航任务后，又访问了坦桑尼亚、肯尼亚、斯里兰卡，积极宣扬我国建设“和谐世界”、“和谐海洋”的理念。

【习近平和普京共同与参加叙化武器海运联合护航的中俄军舰舰长视频通话】 2 月 6 日，国家主席、中央军委主席习近平在俄罗斯索契和俄罗斯总统普京共同与正在参加叙利亚化学武器海运联合护航的中俄军舰舰长视频通话。中国军舰舰长李鹏程和俄罗斯军舰舰长佩什库洛夫分别向两国元首汇报了护航情况。习近平指出，中俄两国军舰共同参加叙利亚化武海运联合护航行动是根据联合国宪章和安理会相关决议授权采取的联合行动。普京强调俄中两国都积极推动政治解决叙利亚问题，两国军舰官兵肩负着保障安全销毁叙利亚化武的重大责任，完成好护航任务，共同致力于维护国际和地区安全。为执行联合国安理会第 2118 号决议和禁止化学武器组织关于销毁叙利亚化武的决定，中国、俄罗斯、丹麦、挪威 4 国军舰联合开展了叙利亚化武海运护航行动，中国、俄罗斯军舰编为一组执行相关任务。

【盐城舰与黄山舰完成任务交接】 3 月 8 日，盐城舰与叙化武海运护航接替兵力黄山舰在地中海会师，并在盐城舰举行任务交接仪式，黄山舰接替盐城舰正式担负叙化武海运护航任务。盐城舰将返回亚丁湾、索马里海域继续担任第十六批护航编队指挥舰，与洛阳舰、太湖舰共同执行该海域的护航任务。

【亚丁湾上中欧海军首次联演】 3 月 20 日，

中国海军第十六批护航编队与欧盟465编队在亚丁湾海域举行反海盗联合演练。这是落实《中欧合作2020战略规划》有关“开展反海盗联合演练”内容的具体行动，也是中欧海军首次联合演练，体现了中欧双方在非传统安全领域扩大合作的意愿。编队指挥员李鹏程一行登上欧盟465编队指挥舰法国海军“西罗科风”号船坞登陆舰，与欧盟465编队指挥官布莱让会面。双方围绕联合演练的相关课目，就组织指挥、舰机行动、安全措施等进行了磋商。此次联合演练是双方轮流指挥、舰机混合编组。欧盟465编队指挥官布莱让赴盐城舰与中方指挥员李鹏程进行了联演总结交流。

【第十七批护航编队从舟山起航】 3月24日由导弹驱逐舰长春舰、导弹护卫舰常州舰以及综合补给舰巢湖舰组成的第十七批护航编队从舟山某军港起航，编队搭载舰载直升机2架、特战队员数十名，任务官兵810余人。长春舰和巢湖舰是首次执行护航任务。

【太湖舰在亚丁湾为3艘中国远洋渔船护航】 4月2日，第十六批护航编队太湖舰，为途经亚丁湾海域的我国上海蒂尔远洋渔业3艘渔船实施护航。这是中国海军第十六批护航编队第二次为我国小吨位渔船伴随护航。太湖舰已完成23批89艘中外船舶护航任务，查证驱离疑似海盗目标6批20余艘。

【我护航编队执行第700批护航任务】 4月4日，来自中国香港、希腊、印度和韩国的5艘中外船舶在海军第十六批护航编队洛阳舰的护送下，由亚丁湾东部海域向西行驶。这是中国海军护航编队执行的第700批护航任务。此前完成的699批护航任务中，被护船舶达5570艘，其中外国船舶超过50%。

【第十七批护航编队完成任务交接】 4月18日，第十七批护航编队执行完马航失联客机搜寻任务后，抵达亚丁湾海域，与第十六批护航编队在亚丁湾西部海域会师，并在盐城舰举行任务交接仪式。21日，第十七批护航编队正式接替第十六批护航编队担负亚丁湾、索马里海域的护航任务。第十六批护航编队，共完成38批126艘船舶护航任务。期间，盐城舰还圆满完成七批次叙化武海运护航任务。在与第十七批护航编队共同执行两批联合护航任务后，第十六批护航编队踏上出访突尼斯等国的航程。

【黄山舰完成第十六批叙化武海运护航任务】 4月19日，在中、俄、丹、挪舰艇编队的联合护航下，负责运输叙利亚化学武器的丹麦、挪威运输船先后安全驶出叙利亚领海。至此，中国海军黄山舰顺利完成第十六批叙化武海运护航任务。

【我护航编队夜间驱离两批疑似海盗船】 4月28—29日，第十七批护航编队常州舰在护卫711批商船编队向曼德海峡途中发现两批疑似海盗船，并发射4枚信号弹成功驱离目标。

【第十七批护航编队营救意大利遇险船员】 5月6日，第十七批护航编队护送的意大利籍“阿拉蒂娜”号商船主机故障停车，机舱着火，全体船员弃船乘救生艇离船。巢湖舰迅速营救商船船员，并向海军护航指挥所报告，以及通过水星网发布该船遇险信息和中国海军编队对其实施救援情况。

【第十六批护航编队访问塞内加尔】 5月14日，第十六批护航编队抵达塞内加尔达喀尔港，开始对塞内加尔进行为期3天的友好访问。访问期间，中国和塞内加尔海军官兵展开互访、特战队员专业交流等活动，编队盐城舰、洛阳舰对公众开放。护航编队还前往塞内加尔军属协会慰问。5月16日，第十六批护航编队从达喀尔港起航，前往科特迪瓦继续执行访问非洲任务。

【第十七批护航编队完成世界粮食计划署船舶护航任务】 5月24日，第17批护航编队长春舰护送装载人道主义救援物资的世界粮食计划署船舶“那瓦3号”，安全抵达索马里博萨索港附近海域。这是中国海军护航编队第8次为世界粮食计划署人道主义物资船舶护航。

【第十六批护航编队访问纳米比亚并举行联合演习】 6月11日中国海军第十六批护航编队在纳米比亚沃尔维斯湾附近海域与纳米比亚海军进行联合演练，这是两国海军首次开展海上联合演练。此次演练主要围绕编队运动和通信等科目展开。中国海军参演兵力为“盐城”号和“洛阳”号导弹护卫舰及一架舰载直升机，纳方出动一艘炮艇参加演练。

【第十六批护航编队结束访问南非启程回国】 6月20日，第十六批护航编队结束对南非的友好访问，从开普敦维多利亚港启程回国。至此，编队圆满完成访非任务。访非期间，编队共对突尼斯、塞内加尔、科特迪瓦、尼日利亚、喀麦隆、安哥拉、纳米比亚、南非 8 国进行友好访问，并与尼日利亚、喀麦隆、纳米比亚进行了海上联合演练。

【中国海军圆满完成叙化武海运护航任务】 6 月 23 日，禁止化学武器组织—联合国联合代表团发表声明，确认最后一批叙利亚政府申报的化学武器材料当天运出叙利亚，并对中国、丹麦、挪威、俄罗斯、英国、美国等国提供的巨大支持及展现的专业精神表示感谢。标志着中国海军已圆满完成叙利亚化学武器海运护航任务。执行叙化武海运护航任务，是中国首次为化学武器销毁提供海上运输支持，也是中国海军首次与俄罗斯、丹麦、挪威等国海军在地中海进行联合行动。中国海军先后派出 2 艘军舰与俄、丹、挪三国舰艇执行了 20 批联合护航任务，盐城舰完成了 7 批护航任务，黄山舰完成了 13 批护航任务。护航任务历时 174 天。

【欧盟海军 465 编队指挥官访问长春舰】 7 月 2 日，应第十七批护航编队邀请，欧盟海军 465 编队指挥官朱根•祖•穆林少将一行登上正在吉布提港靠泊的长春舰，与我编队指挥员黄新建及指挥所成员会面交流。欧盟海军 465 编队于 2008 年 12 月 8 日组建，主要由德国、法国、西班牙、荷兰等国家舰艇组成，任务周期 3 到 4 个月，在担负分区护航的同时，重点为世界粮食计划署运粮船只提供武装护航。

【第十七批护航编队与欧盟 465 编队举行联合反海盗演练】 7 月 14 日，第十七批护航编队与欧盟 465 编队在亚丁湾西部海域拉开了“金星 2 号”联合反海盗演练的序幕。此次演练内容包括联络官换乘、编队运动、海上航行补给、灯光通信、主炮对海射击、分航告别仪式等 7 个项目。我方参演兵力为长春舰、巢湖舰和 1 架直-9 舰载直升机，欧盟 465 编队参演兵力为德国导弹护卫舰勃兰登堡号、西班牙近海巡逻舰雷兰帕戈号和 1 架“海鹰”舰载直升机。我护航编队指挥员黄新建和欧盟 465 编队指挥员穆林共同担任海上指挥员，交替指挥联合演练。

【第十六批护航编队凯旋】 7 月 18 日，由导弹护卫舰盐城舰、洛阳舰，综合补给舰太湖舰组成的护航编队，在圆满完成第十六批亚丁湾护航、叙利亚化武海运阶段性护航以及访问非洲 8 国任务后，载誉归来。第十六批护航编队 2013 年 11 月 30 日起航，历时近 8 个月，共完成 40 批 132 艘中外船舶护航任务，继续保持了中国海军护航编队被护船舶和编队自身两个百分之百安全的纪录。盐城舰临时受命赶赴地中海，出色完成了叙利亚化武海运阶段性护航任务。

【第十八批护航编队从湛江起航】 8 月 1 日，由两栖登陆舰长白山舰、导弹护卫舰运城舰以及综合补给舰巢湖舰组成的第十八批护航编队从湛江某军港解缆起航，前往亚丁湾接替第十七批护航编队执行护航任务。编队携带舰载直升机 3 架、特战队员近百名，任务官兵 800 多人，长白山舰首次执行护航任务。

【第十七、十八批护航编队会合并展开联合护航】 8 月 19 日，第十八批护航编队抵达亚丁湾西部海域，与第十七批护航编队会合，并开始联合执行第 749、750 批护航任务。

【第十七、十八批护航编队完成任务交接】 8 月 23 日，第十七、十八批护航编队在长春舰举行交接仪式。由导弹驱逐舰长春舰、导弹护卫舰常州舰、综合补给舰巢湖舰和 2 架舰载直升机组成的第十七批护航编队，于 3 月 24 日从舟山起航，在执行完马航失联客机搜寻任务后抵达亚丁湾海域。截至 8 月 23 日，编队共执行了 43 批 115 艘船舶的护航任务，驱离疑似海盗船 12 批 61 艘，并保证了被护船舶和部队自身百分之百安全。8 月 24 日，第十八批护航编队首次独立执行第 751 批护航任务。

【第十七批护航编队访问约旦】 9 月 1 日，第十七批护航编队长春舰、常州舰抵达约旦亚喀巴港，开始为期 4 天的友好访问。这是我海军舰艇首次访问约旦。访问期间，编队指挥员一行拜会了约旦军政要员，参观了约旦海军基地和舰艇。编队还举行甲板招待会，开放舰艇接待华人华侨和约旦军民参观。中约两国官兵开展了足球友谊赛等系列文体活动。

【第十七批护航编队访问阿联酋】 9 月 14 日，第十七批护航编队长春舰、常州舰抵达阿联酋首都阿布扎比，开始对阿联酋进行为期 5 天的友好访问。访问期间，编队指挥员一行拜会了阿联酋军政要员，参观了阿联酋海军学院。编队还举行甲板招待会，开放舰艇接待华人华侨和阿联酋军民参观。中阿两国海军青年军官还就反海盗等共同关心的海上安全问题进行交流，并开展足球友谊赛等系列活动。双方还开展了以通信、目标识别等为主要科目的联合演练。

【欧盟 465 编队指挥官访问第十八批护航编队】 9 月 22 日，欧盟 465 编队指挥官、意大利海军少将吉多•兰多登临第十八批护航编队长白山舰，与指挥员张传书进行了会面与交流。双方相互介绍了执行护航任务的兵力组成、手段方法和经验做法，并就当前反海盗形势、护航模式、信息收集、情报共享等方面情况进行了探讨交流。会谈结束后，吉多•兰多少将一行参观了长白山舰和部分特战装备。

【第十七批护航编队访问巴基斯坦】 9 月 27 日，第十七批护航编队长春舰、常州舰抵达卡拉奇港，开始对巴基斯坦进行为期 5 天的访问。双方交流了反海盗的经验，并组织陆上和海上的联合演练。陆上演练主要是双方特战队员展示装备和陆上联训；海上演练主要包括编队运动、直升机互降等科目。这是我护航编队访问的最后一站。

【美盟 151 编队指挥官访问第十八批护航编队】 10 月 8 日，美盟 151 编队指挥官托尼•米拉准将一行来到阿曼苏丹国萨拉拉港，与第十八批护航编队指挥员张传书进行了会面与交流。双方相互介绍了各自护航兵力的组成、行动方式及情报信息收集情况，并对当前亚丁湾海域的护航形势进行了分析探讨。

【第十八批护航编队组织联合对空防御演练】 10 月 17 日，刚执行完第 770 批护航任务的第十八批护航编队长白山舰、运城舰，组织了一场实战背景下的联合对空防御演练，以提升舰艇在远海大洋的自身防御能力。演练中，编队进行了干扰弹、副炮对空防御等科目的实弹射击训练。

【北约 508 特混编队指挥官访问长白山舰】 10 月 24 日，北约 508 特混编队指挥官、丹麦海军黑格•詹森准将访问长白山舰，并与第十八批护航编队指挥员、南海舰队副参谋长张传书少将进行了交流会晤。双方相互介绍了各自护航行动组织、方式及区域、水星网情报收集情况，并就当前护航形势、海盗活动特点、护航信息共享等方面进行了沟通探讨。黑格准将一行参观了长白山舰及部分携行特战装备。

【第十九批护航编队起航】 12 月 2 日，由导弹护卫舰临沂舰、潍坊舰和综合补给舰微山湖舰组成的第十九批护航编队从青岛起航，奔赴亚丁湾、索马里海域接替第十八批护航编队执行护航任务，编队含 2 架舰载直升机、数十名特战队员。

【中美舰艇在亚丁湾举行海上意外相遇演练】 12 月 11 日，我第十八批护航编队运城舰、巢湖舰与美国海军“斯特莱特”号导弹驱逐舰按照《海上意外相遇规则》，在亚丁湾海域进行了《规则》运用演练，拉开了中美海上联合反海盗演练的序幕。

【第十九批护航编队完成首次油水补给】 12 月 13 日，第十九批护航编队在印度洋孟加拉湾海域进行了起航以来的首次油水同步补给。远洋综合补给舰微山湖舰采取横向补给的方式，为导弹护卫舰临沂舰和潍坊舰补给油料 200 余吨，淡水数十吨。补给时，两艘护卫舰先后担负补给舰和受补舰的外围警戒任务。

【两批护航编队举行分航仪式第十八批护航编队开始访问欧洲五国】 12 月 26 日，第十八批护航编队完成在亚丁湾、索马里海域护航任务，与第十九批护航编队在亚丁湾西部海域举行了分航仪式，由两栖登陆舰长白山舰、导弹护卫舰运城舰和综合补给舰巢湖舰组成出访舰艇编队，开始访问欧洲之旅对英国、德国、荷兰、法国、希腊等 5 国进行友好访问，其中荷兰为我海军舰艇编队首次访问。(《人民海军》报社)

极地与国际海域

极 地 工 作

综　述

2014 年是中国开展极地考察 30 周年，也是中国实施极地考察“十二五”发展规划的第 4 个年头。30 年前，邓小平同志题写了“为人类和平利用南极做出贡献”的光辉题词，拉开了中国极地考察的序幕。30 年来，中国极地考察事业从无到有，从小到大，从弱到强，在极地科学考察领域取得了一系列重要成果，在国际极地事务中发挥着日益重要的作用，成为建设海洋强国的重要组成部分。

2014 年 2 月 8 日，国家主席习近平专门致电中国第 30 次南极科学考察队，庆祝中国南极泰山站建成并投入使用。4 月，国务院副总理张高丽亲切接见了中国第 30 次南极科学考察队队员代表。11 月 18 日，习近平主席在澳大利亚霍巴特视察了“雪龙”号科考船，并慰问中国第 31 次南极科学考察队队员。习近平主席指出，南极独特的地理、海洋、气候、生态条件为人类认识地球演变历史和趋势提供了理想科研场所，探索南极奥秘事关人类未来，意义重大。希望中国南极考察队进一步加强协调与国际合作，不断探索新的科学领域，提高南极环境保护水平，为人类认识并和平利用南极贡献更多的力量。习近平主席充分肯定了极地科学考察工作 30 年取得的成绩，并指出要抓住机遇，进一步拓展极地新领域。党和国家领导人对我国极地考察工作的高度肯定，是对广大极地工作者、海洋工作者的极大关怀和巨大鼓舞，也是新时期推进海洋强国建设的强大动力。

2014 年，在党中央、国务院的正确领导下，中国极地考察事业继续保持快速发展的良好势头，广大极地考察工作者继续弘扬“爱国、求实、创新、拼搏”的极地精神，开拓进取，奋勇拼搏，无私奉献，积极推动极地考察事业的全面发展，取得了骄人的成绩。

南极新站建设与《南北极环境综合考察与评估》专项顺利推进。中国第 30 次南极科学考察完成了南极周边重点海域的环境综合考察与评估；在伊丽莎白公主地建成南极第 4 个考察站——泰山站，开展了维多利亚地新建站的地勘工作；中国第 6 次北极考察超额完成了考察任务，获得多项重要突破。尤其是“雪龙”船在南极考察期间，成功解救受困的“绍卡利斯基院士”号破冰船，并成功脱困，期间，习近平主席为此作出重要指示，李克强总理也作出批示。“雪龙”船在回国途中，参与了搜寻马航 MH370 失联客机的行动，积极履行国际人道主义救援义务，展示了中国作为负责任大国的良好国际形象。

极地战略、政策研究等深入进行，极地考察规章制度建设取得新进展，颁布了《南极考察活动行政许可管理规定》。极地考察能力建设得到进一步加强，新建科学考察破冰船顺利完成了可研报告，固定翼飞机购置取得了新进展。

30 年对于中国极地考察事业而言，是一个辉煌的过去，更是一个崭新的开始。在以习近平同志为总书记的党中央领导下，在建设海洋强国战略目标的指引下，包括广大极地考察工作者在内的全体海洋工作者必将为推动中国极地考察事业更好更快发展，为建设海洋强国和极地考察强国，为人类认识南极、和平利用南极贡献更多的力量。

极地考察活动

【南极考察】　全面完成中国第 30 次南极考察

及后勤保障工作 中国第 30 次南极科学考察是贯彻党的十八大精神和落实党的群众路线教育实践活动的一次重要的考察活动，中国第 30 次南极科学考察队肩负着建设我国南极第四个考察站——泰山站主体建筑工程任务，执行了雪龙船首次环南极考察航行任务，开展维多利地常年站的工程地勘工作，全面实施了国家极地专项的南大洋考察任务，继续推进了国家极地考察能力建设在建项目，履行了国际公约相关项目等重点任务，完成了南极考察后勤保障任务，并发扬人道主义和国际互助精神，在极其困难的情况下完成了对俄罗斯“绍卡利斯基院士”号上被困 52 名乘客的救援工作，彰显了负责任极地大国的形象，为祖国和人民争得了荣誉。

第 30 次南极考察队由 257 人组成。其中科考及相关人员 83 人，后勤保障 63 人，工程建设 21 人，管理、新闻宣传及科普 13 人，泰山站站建设人员 24 人，维多利亚地常年站工程地勘及测绘人员 10 人，雪龙船船员 42 人，赴国外站考察 1 人；按照越冬和度夏划分，其中两站越冬人员为 32 人。执行科学考察任务 30 项（含专项 11 项），其中长城站 15 项（含专项 3 项、越冬 2 项），中山站 7 项（含专项 2 项，越冬 5 项），南大洋 5 项（全部为专项），格罗夫山 1 项（专项），随船科考项目 2 项。除常规任务外，南极后勤保障以及工程建设项目 15 项，其中长城站 6 项，中山站 8 项，泰山站 1 项。

（1）首次环南极考察。第 30 次南极科学考察执行了雪龙船首次环南极考察航行任务。该航次雪龙船安全航行 31900 余海里，冰区航行 2200 余海里，航时约 2850 余小时，破冰 13.3 海里，破冰用时 142 小时，环南极航程约 11500 海里，成功实现了中国极地科考的首次环南极航行。

（2）长城站区域考察。承担长城站区域科学考察任务的人员共计 73 人（含越冬 14 人）。执行极地专项 3 项，开展了南极菲尔德斯半岛植被观测、有机氯化合物手性特征调查研究、南极鸟类保护与管理问题研究、极地冰芯采集及热结构强度分析研究海洋和陆地生物生态资源的本底调查、海洋环境监测、气溶胶、地磁日变化等 16 项科考任务和 4 个调研项目，6 项后勤保障及工程建设项目。

（3）中山站区域考察。承担中山站区域科学考察任务的人员共计 36 人（含越冬 18 人）。执行极地专项 2 项，开展了有机物污染分布状况、中山站站基冰冻圈综合考察、GPS 常年跟踪站观测和验潮、地球磁场和电离层闪烁观测、固体潮观测、高空地球物理观测等 7 项科考项目，8 项后勤保障及工程建设项目。

（4）泰山站建设。承担泰山站建设的人员共 24 人，于 2014 年 1 月 26 日正式开始建站工程。泰山队所有队员众志成城、团结协作，发扬连续吃苦、敢战必胜的精神，经过 45 天的艰苦努力，于 2014 年 2 月 7 日完成主体建筑工程。2 月 8 日，国家海洋局在北京利用远程视频连线的方式，为中国南极泰山站举行了开站仪式。

（5）格罗夫山考察。承担格罗夫山科学考察的人员共计 9 人，开展了约 200 千米长路线的冰雷达冰下地形探测，获取探测路线下的冰下地形深度信息，初步摸清格罗夫山中心地带哈丁山地区的冰下地形；安装 10 台地震仪；对格罗夫山地质与矿产资源进行了调查，采样数量 197 块，重量约 400 千克；采集了大气气溶胶、表层雪、浅雪芯、古土壤、雪坑、碎石带砖石和碎石带沉积岩砖石等样品。

（6）大洋调查。以南极半岛海域、普里兹湾海域为重点，开展了物理海洋、海洋地质、海洋地球物理、海洋化学、海洋生物与渔业资源等多学科综合考察，完成了全航程表层海水采集系统的 SBE21、万米测深仪、鱼探仪、ADCP、DGPS、XBT\XCTD、探空气球等常规走航观测数据收集任务；完成了极地环境综合专项—南极半岛调查的六个段面 33 个站点和普里兹湾调查两个段面 14 个站点及罗斯海总长度为 300 千米的地球物理测线调查任务；初步开展了南极磷虾、油气等重要资源潜力考察与评估，填补了南大洋断面大纵深综合观测的空白。

（7）维多利亚地勘测。维多利亚地常年站工程地勘及测绘人员共计 10 人。因受救援活动及被困影响，维多利亚地勘工作在保证质量的前提下，执行时间由 8 天压缩为 4 天，所有队员不分昼夜，团结协作，战风斗雪，经过 86 小时的日夜奋战，全面圆满地完成了维多利亚地新站规划区建设场地工程地质勘查、工程测绘及码头水域测量、气象站安装、码头设计调研、维多利亚地新站站区 1 : 2000 工程地质填图、工程爆破调研、维多利亚地新站重装备卸载方案调研、维多利亚地新站建筑设计调研等八项主要工作任务。

实施 2014/2015 年度中国第 31 次南极考察 根据国家海洋局批准的“第 31 次南极考察总体工作方案”，中国第 31 次南极考察队于 2014 年 10 月 30 日乘“雪龙”号从上海出发，赴南极执行“一船三站”（中山站、泰山站、昆仑站）任务。考察队共由 281 人组成，其中管理人员 5 人，科考人员 105 人，后勤保障与运行维护人员 48 人，工程建设 39 人，直升机组 10 人，派出国际合作 21 人，接待国际和双边合作 4 人，船员 48 人，随船气象保障、新闻宣传等 9 人。

该次科学考察主要执行“南北极环境综合考察与评估”专项年度外业调查任务，计划在长城站进行测绘、生态、地球物理等 16 项观测项目；在中山站进行生态环境、遥感等 5 项考察；在昆仑站进行深冰芯钻探、冰雪观测、天文等考察；在南大洋开展水文、气象、海洋地质、地球物理、海洋化学、海洋生物等考察。

【北极考察】 2014 年实施了第六次北极考察任务。该次北极科学考察由来自国内外 32 家单位的 128 名队员组成，其中包括科考人员 62 人、管理和后勤保障人员 22 人、船员 44 人，来自美国、俄罗斯、德国、法国和我国台湾地区的 7 位科学家参加考察作业。该次考察自 7 月 11 日启航，至 9 月 24 日结束，共历时 76 天，总航程 11858 海里，总航时 1201 小时，浮冰区总航程 2586 海里。考察队克服恶劣天气和北冰洋海冰较常年偏重等不利因素的影响，先后在白令海、白令海峡、楚科奇海和楚科奇海台、加拿大海盆等区域，进行了包括海洋水文气象与海冰、海洋地质、地球物理、海洋生物与生态、海洋化学等多学科海洋综合考察和冰站多要素立体协同观测，雪龙船最北到达了北纬 81° 11′ 50″ 、西经 156° 30′ 52″ 位置。

该次考察期间，共开展了 90 个固定海洋站位的考察，1 个长期冰站，7 个短期冰站的考察；并开展了走航断面观测和抛弃式观测。在浮冰区，开展了走航海冰物理特征综合观测，获取了大量北冰洋及海冰的第一手观测数据、样品和影像。

极地研究

【极地科学研究主要进展和成果】 地球科学 （1）极地冰盖变化与关键过程及其对气候响应。研究了冰盖典型流域表面高程的高分辨率时空变异特征；开展了冰雷达深冰探测数据处理方法研究；建立了更完善的冰盖三维热力—动力模型并研究了冰盖底部过程及冰层年代分布，开展了基于并行冰盖模型（PISM）的埃默里冰架流场模拟研究。研究表明，从里斯冰期，经历里斯—沃姆间冰期再到沃姆冰期，Dome A 冰盖的平均积累率总体呈现增大趋势，尤其在沃姆冰期的三四万年左右时平均积累率较其他时期明显高许多。该项研究获 “极地专项”、“973”项目支持。

（2）极地科考机器人技术在南极冰盖的应用研究。研制的机器人载荷深部冰雷达系统获取的南极现场观测数据显示，其探测能力超过 3500 米，已满足深冰探测和研究的需要。该项研究获“863”项目支持。

（3）南极海冰密集度和厚度的不确定性研究。对南极海冰被动微波遥感反演的密集度和卫星测高估算的海冰厚度进行了不确定性研究，通过不同输入参数组合的海冰厚度估算结果与相对高精度的数据比较，探索各参数对海冰厚度的影响，进而对估算参数进行优选。该项研究获“极地专项”支持，成果发表在《Annals of Glaciology》和《Scientometrics (online)》。

（4）东南极冰盖表面冰流速研究。基于 ERS-1/2、Envisat 和 PALSAR 数据探测极记录冰川的年际和季节变化。在冰川的接地区域，发现冰流速没有明显的年际和季节变化；在冰舌附近，夏季的冰流速比冬季加快约 19%。该项目由“极地专项”、“973”、“863”项目支持，成果发表在《Journal of Glaciology》，《Journal of Geodesy》，《Annals of Glaciology》和《IEEE Transactions on Geoscience and Remote Sensing》。

（5）地理信息系统和模糊层次分析法在南极考察站选址研究。从科考兴趣、环境条件、后勤保障和地形条件四个方面构建南极考察站选址指标体系，将地理信息系统和模糊层次分析法集成构建一种新的数学模型，用于确定南极考察站建立的适宜性区域，实现选址评价。该项研究得到“极地专项”支持，研究结果发表在《Antarctic Science》。

（6）重建西北冰洋晚第四纪的古海洋与古气候演变历史。研究了北冰洋上层与中深层水团对晚第四纪冰期旋回的响应与反馈、波弗特环流的演化历史、海冰与区域冰盖的变化历史、古生产力与营养物质的演化记录，揭示北冰洋在全球气候变化中的重要性。该项目得到“极地专项”与“国家自然科学基金” 支持，该成果分别在《Global Planetary Change》和《Marine Geology》上发表。

（7）全南极洲蓝冰制图。研究表明全南极洲2000年期蓝冰总面积约为234549平方千米，约占南极面积的1.65%；南极蓝冰主要分布在海岸或者裸露的山峰岩石区域，但集中分布在南极的四个区域：维多利亚地，毛德皇后地，南极横断山区域和兰伯特冰川区域。该产品已在美国国家冰雪中心（NSIDC）ftp 站点发布。该研究得到“极地专项”和“国家自然科学基金”支持，成果发表在《Annals of Glaciology》。

（8）卫星激光测高探测极地冰架表面裂隙。结果显示，探测到的裂隙点深度在2.0～31.7米之间均在海平面以上；裂隙深度变化未显示出随时间推移和冰流移动而增加的趋势，说明平流移动到冰架前缘的裂隙基本不会直接导致冰架的崩解；冰架局部应力集中区主要分布在冰流的缝合区内。该研究得到“极地专项”和“国家自然科学基金”支持，该成果发表在《中国科学》。

（9）Mertz 冰架崩解冰量损失及冰架出水高度图。利用遥感数据 Landsat 得到崩解掉冰舌面积为2560±5平方千米，利用2003—2009年的 ICESat/GLAS 数据，利用克里金插值的方法，得到 Mertz 冰架崩解前的出水高度图。该研究得到“极地专项”和“国家自然科学基金”支持，成果发表在《Remote Sensing of Environment》。

（10）冰盖进退与古气候事件考察。描述了格罗夫山地区新生代以来冰盖进退的历史过程，重点是确定了东南极冰盖于上新世时（距今300万～500万年）发生过大规模溶解垮塌事件，当时的东南极冰盖边缘距离现今海岸带后退约400千米。这一观点成为今年SCAR会议和开放科学大会上热门的话题。该项目得到“极地专项”支持。

（11）格罗夫山区冰下地形探测。第30次南极考察格罗夫山队利用透冰雷达探测冰下地形，测线超过200千米，初步数据显示格罗夫山已测区域有19个冰下沉积盆地，两个疑似液态冰下湖。该项目得到“极地专项”支持。

（12）建立了我国首个极地海冰数值预报系统和北极海冰范围预测模型。建立了我国首个极地海冰数值预报系统，提升了极地海冰预报能力。成果应用于我国第30次南极、第6次北极科考和2013年中国商船首航北极的预报服务保障中。同时，利用北极海冰范围预测模型预测2014年9月平均海冰范围。与国际多家预测结果比较表明，该模型预报偏差相对较小。该项目得到“极地专项”、“十二五科技支撑项目”和 海洋公益项目支持。成果发表在《Acta Oceanol. Sin》。

（13）北极海冰集合资料同化和预报研究。项目显著改进了北极夏季海冰密集度预报。并首次研究分析了国际上首个SMOS冰厚业务数据对海冰资料同化和预报的影响，冰厚预报精度得以显著提高。该系统于近期投入预报中心的业务测试。该研究得到“海洋公益项目”和“国家自然基金”支持。成果发表在《Journal of Geophysical Research》和《Annals of Glaciology》。

（14）基于遥感的南极绕极气旋移动路径追踪。采用遥感的手段对南极区域绕极气旋开展较长时间序列移动路径追踪，建立绕极气旋移动路径图编绘方法，重点分析普利兹湾、威德尔海区域气旋活动情况。该研究得到“极地专项”资助。

（15）泰山站天文台址观测。获得了泰山站夏季的风速风向、温度湿度等常规气象参数；获得了泰山站的大气湍流强度Cn2。观测结果显示泰山站 Cn2 的大小至少比南极点低4倍。使用星光DIMM在2014年1月15日到17日期间首次对泰山站的大气视宁度进行了测量，观测期间泰山站视宁度的平均值为0.73角秒。

（16）极地区域气候模式模拟能力的评估。

对极地区域气候模式-HIRHAM 模拟的南极区域 2 米气温进行了评估。分析发现，HIRHAM 模式模拟的近地层大气湍流状况与实际状况不同是 2 米气温模拟偏差产生的原因。该研究得到“极地专项”资助，研究结果发表在《中国科学》。

（17）南极 CO_2和 CO 浓度的本底特征。分析 CO_2和 CO 本底浓度和季节变化特征。结果显示，在不同风向和风速条件下的 CO_2浓度变化较小，仅在偏西风和静风条件下略有升高，CO_2浓度存在显著的季节变化，平均日变化都很小，监测数据具有东南极大陆沿岸的本底特征。风向和风速对 CO 监测的影响很小，也表明观测的 CO 浓度受局地污染源排放影响很小，可以代表南极中山站的本底浓度。该研究得到“极地专项”资助，研究结果发表在《Atmosphere》和《环境科学学报》。

（18）南大洋再分析和卫星遥感风速评估。对覆盖南大洋的海表面风速产品（NCEP-DOE，ERA-Interim，NCDC 和 CCMP）进行了系统地评估，结果显示，CCMP 评估结果最好。对四种风速产品进行对比分析，在空间分布上它们具有较好的一致性，而在年代际变化趋势上，ERA-Interim 风速变化呈减小趋势，与其他三种产品不同。该研究得到“极地专项”和“国家自然基金”支持，成果发表在《Journal of Atmospheric and Oceanic Technology》。

（19）南极沿岸下降风研究。通过对南极沿岸下降风的研究表明：南极中山站出现偏东向的下降风时，近地面风速变化与地面气温呈显著负相关，与逆温强度呈正相关。该研究得到“极地专项”和“国家自然基金”支持，成果发表在《Advances in Polar Science》。

（20）北极东北航道高纬航线的海冰密集度发展规律研究。基于海冰观测集成数据分析，东北航道的通航期约为 90 天，修正的高纬航线的通航期约为 60 天。高纬航线的开通可避免俄罗斯在维利基茨基海峡的强制领航服务，提高了北极航道的商业利用价值。该研究得到“极地专项”和“国家自然基金”支持。

（21）北极中央航线船基海冰密集度与冰厚空间变化规律研究。基于中国第 6 次北极考察在楚克奇海和加拿大海盆进行的海冰观测，给出了沿航线的海冰密集度和厚度分布。研究表明，在这个夏季考察区域海冰融化主要以热力学驱动为主，气旋或其他动力因素的贡献较弱。该研究得到“极地专项”和“国家自然基金”支持。

（22）南极 DomeA 深冰芯科学工程进展。Dome A 深冰芯科学工程取得了重要突破：深冰芯场地主体设施全面完工，深冰芯钻机系统安装调试完成，运行状况良好，深冰芯钻机试钻探成功，第一回次取芯 3.84 米，达到了设计要求，标志着我国深冰芯科学工程经过数年的艰苦努力正式开钻。该项目由“极地专项”和“海洋公益重点项目”资助。

（23）南极冰穹 A 区域冰芯年代模拟。对以昆仑站为中心的 70 千米×70 千米区域进行了数值模拟研究。综合模拟与雷达实测结果发现，昆仑站位置至少能提供一支 70 万年的高分辨率深冰芯记录。该课题获“973”项目支持，成果发表在《The Cryosphere》上。

（24）南极大陆地质考察与研究。调查研究表明，西福尔陆块西南部的基性岩脉经历了不均匀的麻粒岩相变质作用，以斑点状或裂隙状含石榴石矿物组合产于无石榴石基质中为特征。据推测，与太古宙内皮尔杂岩的东南边缘相似，西福尔陆块的西南边缘在印度克拉通与东南极碰撞的晚期阶段也被埋藏到雷纳造山带之下约 35 千米。相对刚性的西福尔陆块在雷纳造山带之下的短暂滞留可能导致了透入性变形的缺乏以及流体—岩石不充分的相互作用，从而造成了基性岩脉麻粒岩相变质作用的不均匀性。该项目获得“极地专项”支持，论文发表在《J. Metamorphic Geol》。

生命科学 （1）极地沉积物中的脊椎动物记录：对气候变化和人类活动的生物响应。对极地沉积物中脊椎动物亚化石、考古学和生物地球化学遗迹进行评述。对骨骼、毛发、羽毛和生物地球化学标志物以及其他如粪土沉积物的分析可以洞悉自然和人类活动对千年来极地海洋脊椎动物的影响并有助于区分二者的作用。此外，海鸟海兽在极地环境中扮演重要的传输者角色，它们从海洋转移大量营养物质和污染物到陆地生态系统。该研究得到“极地专项”和“国家自然科学基金”支持，成果发表在《Earth-Science Reviews》。

（2）企鹅食谱指示的东南极全新世磷虾丰度变化。利用古老企鹅组织中的 15N 同位素指标恢复了全新世以来东南极阿德雷企鹅的古食谱变化及其指示的磷虾丰度动态变化。研究发现，全新世以来磷虾丰度变化与东南极区域气候变化具有很好的对应关系，气候相对冷期时，磷虾丰度较大。同时，现代、古代企鹅同位素的巨大差异支持“南大洋磷虾过剩假说”。该研究得到“极地专项”和“国家自然科学基金”支持，成果发表在《Science Reports》。

（3）东南极阿曼达湾帝企鹅从海洋传输营养盐和污染物至陆地系统。对采自东南极阿曼达湾帝企鹅聚居区附近岛屿 2 个剖面沉积物序列(PI 和 EPI)开展了稳定同位素和元素地球化学分析。研究结果显示，帝企鹅活动同样可以为南极贫瘠的陆地生态系统带来大量的营养元素和污染物质；而且由于在南大洋食物链中营养位置更高，其在南极海陆物质循环中的传递作用更不应被忽略。该研究得到“极地专项”支持，成果发表在《Science of the Total Environment》。

（4）南极企鹅海豹古食谱及其与气候海冰变化之间的联系。利用稳定 C、N 同位素指标重建的结果显示，企鹅古食谱变化与南大洋气候和海冰变化具有很好的相关性；近几百年来人类对南大洋生态系统的扰动（捕杀海豹、鲸）在现代古代企鹅食谱变化中也得到了印证。该研究得到“极地专项”和“国家自然科学基金”支持，成果发表在《Chinese Science Bulletin》。

（5）极地微生物新种属及菌群功能结构研究。自极地海水和沉积物土壤样品中分离、鉴定并获得国际承认了 2 个新属以及 7 个新种。完成了北极冰川退缩前沿区域中细菌、真菌、古菌和病毒高通量测序以及宏基因组的功能分析。该项目由“国家自然科学基金”、教育部、科技部课题资助，系列成果发表在《IJSEM》。

（6）南极乔治王岛近海沉积物产蛋白酶细菌及其所产蛋白酶的多样性研究。8 个位点的南极乔治王岛近海沉积物样品中可培养的产蛋白酶的细菌数平均可达 105 个/克。这些产蛋白酶细菌隶属于不同的细菌门，抑制剂实验表明这些细菌所产的蛋白酶几乎全部为金属蛋白酶或丝氨酸蛋白酶。该研究得到 “国家自然科学基金”和“863”支持，成果发表在《PLoS ONE》。

（7）极地海冰胞外多糖产生细菌的筛选，多糖结构解析及其生态学功能。海冰细菌 Pseudoalteromonas sp. SM20310 可产大量的胞外多糖。结构解析表明该菌所产多糖为高度分支的甘露聚糖，并含有少量的其他单糖残基。菌株 SM20310 分泌的胞外多糖可帮助细菌适应变化剧烈的北极海冰环境。该研究得到 “国家自然科学基金”和“863”支持，成果发表在《Applied and Environmental Microbiology》。

（8）北极细菌裂解酶催化二甲基巯基丙酸内盐（DMSP）裂解产生二甲基硫（DMS）的分子机制。解析了北极细菌 Ruegeria lacuscaerulensis 裂解酶 DddQ 与抑制剂及底物的复合物晶体结构，阐明了 DddQ 催化 DMSP 裂解产生 DMS 的动态过程及分子机制。该研究结果首次揭示了 DMSP 裂解酶催化 DMSP 裂解产生 DMS 的机制，对进一步分析全球 DMS 的产生及其对气候的影响具有重要意义。该研究得到“国家自然科学基金”和“863”支持，成果发表在《PNAS》。

（9）北极新奥尔松和朗伊尔陆地植被与环境监测。完成对新奥尔松地区（北纬 79°）9 个样方的修复和植被生态监测的统计工作；在朗伊尔宾地区新样方的建立扩大了我国在北极斯瓦尔巴群岛上陆地生态系统监测范围。该研究得到“国家自然科学基金”和“中国科学院知识创新工程”支持，成果发表在《Climatic Change》。

（10）南极人体医学研究。研究了人类对地球上气候最极端的地区之一南极冰穹 A 地区适应的生理心理表型变化与全基因组表达差异基因间的关联分析，发现全基因组表达差异基因富集的功能集与表型中的负性情绪、性激素变化高度相关，新发现 28 个与负性情绪相关的基因。该研究成果发表在《Molecular Psychiatry》。

（11）长城站站基附近潮间带底栖海藻本底调查。将经典形态分类方法与现代 DNA 分子条形码技术有机结合，对菲尔德斯半岛藻类物种多样性进行了系统研究。目前已完成 120 余份样品鉴定，鉴定绿藻门物种 4 种，红藻门物种 18 种，褐藻门物种 7 种。该研究得到“极地专项”支持。

（12）夏季南设得兰岛海域浮游动物群落

垂直分布。基于中国第 28 次南极考察期间采集的浮游动物样品资料，对浮游动物群落垂直结构及与环境因子关系进行了分析，结果显示，浮游动物可划分为 3 个群落。叶绿素 a 和盐度分别是对群落聚类起关键影响的单因子，水深、盐度和叶绿素 a 的组合则最好地解释了群落的划分。该研究得到“极地专项”和“中国极地战略研究基金”支持，成果发表在《极地研究》。

（13）北极楚科奇海域浮游动物群落的地理分布。运用多元统计的方法对楚克奇海域浮游动物群落进行了划分，结果显示楚克奇海的浮游动物可以明显地划分为三个地理群落。分析显示单因子对群落聚类的影响作用并不明显，温度、盐度、叶绿素组合最好地解释了群落的划分。该研究得到“极地专项”支持。

（14）北冰洋海洋放线菌多样性及其生物活性潜力研究。从北冰洋楚科奇海和加拿大海盆的表层沉积物样品中分离出了 73 个放线菌菌株。对 13 株代表菌株的 PKS I 基因克隆分析显示，其具有产 erythromycin 等结构类似物的潜力。上述结果表明，北冰洋海洋沉积物中蕴含种类丰富的放线菌，并具产多种生物活性次级代谢产物的潜力。该研究得到“极地专项”和“国家自然科学基金”支持，成果发表在《Marine Drugs》。

（15）北极海洋假交替单胞菌 BSw20308 的基因组研究。对分离自北极楚科奇海的一株耐冷假交替单胞菌 BSw20308 的基因组进行了框架图测序及初步分析。结果不但有助于增进对于假交替单胞菌属在北极海洋环境中的生态学功能及适应性的认识，同时还显示该细菌在生物工程方面亦具有潜在的应用前景。该研究得到“国家自然科学基金”支持，成果发表在《Advances in Polar Science》。

（16）南极菲尔德斯半岛乔治王岛近岸海水中的浮游细菌多样性。对南极长城湾及阿德雷湾近岸 10 个站位表层水体中的浮游细菌群落结构进行了分析，结果发现，这两个海湾中具有相似的细菌群落组成，均以拟杆菌、α-变形细菌以及 γ-变形细菌为优势。在这两个海湾中，夏季期间的浮游细菌主要包括化能异养型和光能异养型。该研究得到“极地专项”支持，成果发表在《Archives of Microbiology》。

（17）南极植物光合适应多样性基因资源调查。采集的 56 份苔藓植物标本，初步鉴定为 4 科 6 属 6 种及 1 变种。将 3D 激光扫描技术用于研究南极植物的表面形态，构建了南极植物 3D 形态数据库。建立了无损处理分析微量硅藻样品的方法，初步发现了 38 个硅藻种。该研究得到“贵州省科技厅项目”支持，成果已投稿在《极地研究》。

（18）北白令海海洋环境变化驱动浮游植物的演替和碳循环机制的改变。研究调查表明在次表层冷水团中硅藻对总叶绿素 a 的相对贡献率基本达到 90%以上，硅藻的优势地位十分明显，在贫营养的上层水体，金藻的相对贡献率有所升高。冷水团的存在有利于硅藻生物量的积累，从而提升了陆架区有机碳的垂直输出，支撑了较高的底栖生物量。该研究得到“极地专项”和“国家自然科学基金”支持，成果发表在《海洋学报》(英文版)。

物理科学 （1）基于冰浮标资料的海冰运动和物质平衡研究。研究发现，海冰输出时间没有明显的变化趋势，然而，北极偶极子增强时会加快海冰输出，这比后者对北极涛动变化的响应更加明显。海冰输出时间加快时会加快上游区域东北航道的东西伯利亚海/拉普捷夫海/喀拉海航段的海冰向穿极流输出，促进航道的开通。北极偶极子主要通过影响海冰漂移的曲折度来影响海冰的输出时间。该研究得到“极地专项”和“国家自然科学基金”支持。

(2)极隙区纬度 Pc1-2 波的统计分布特征。利用南极中山站和戴维斯站观测的感应式磁力计数据统计分析了 2004 年 3、6、9、12 月的 Pc1-2 波事件，研究了 Pc1-2 波出现频次、中心频率和振幅对季节和磁地方时的分布。结果表明，极隙区纬度 Pc1-2 波的传播在很大程度上受电离层电导率的影响。该课题由“海洋公益性专项”支持，成果发表在《极地研究》。

(3) 外磁层午前 Pc3-4 波的 Cluster 卫星观测与研究。分析了一个典型的 Cluster 卫星观测的 Pc3-4 波事件。结果表明，该磁层顶附近的 Pc3-4 波是磁场引导的阿尔分波，起源于太阳风上游。该课题由“海洋公益性行业科研专项”支持，成果发表在国际无线电科学联盟（URSI 2014）会议上。

（4）中山站宇宙噪声吸收观测研究。基于南极中山站宇宙噪声接收机的观测数据，提出了一种新的计算静日曲线（QDC）的方法，将新方法得到的 QDC 与日本研究人员近期提出的一种 QDC 计算方法进行了对比。结果表明，利用新的计算 QDC 的方法得到的宇宙噪声吸收能更准确地反映宇宙噪声的空间二维变化的精细结构。该课题得到“极地专项”支持，成果发表在《Science China Technology Science》。

（5）极区中高层大气波动的观测研究。通过对 Point Barrow 站点对流层顶温度和高度的月变化可以发现，对流层顶温度和高度均呈现较为明显一波结构。通过分析十二年间对流层顶温度和高度的行星波尺度周期变化（2—30天）发现，对流层顶温度和高度都存在明显的行星波尺度周期性起伏。该课题得到“极地专项”支持，成果发表在亚洲大洋洲地球科学年会（AOGS 2014）上。

（6）亚南极模态水厚度和平均深度的变化趋势研究。基于近 10 年的 Argo 资料，对亚南极模态水的变化趋势进行研究，发现模态水的厚度和深度正在加厚（3.6±0.3 米/年）和加深(2.5±0.2 米/年)。研究表明，引起该变化的主要影响因素为南大洋加强的风应力旋度。进一步预测，亚南极模态水将进一步下沉并在南大洋深层储存更多的热含量。该研究得到“极地专项”和“国家自然科学基金”支持。

（7）北冰洋中心海域夏季海洋边界层大气汞的快速变化。通过第五次北极考察船基大气汞的在线高分辨率观测并结合 2010 年“雪龙”号在北冰洋考察的数据，获取了北冰洋大气汞的时空分布特征。在北冰洋观测到的这种不均匀分布是由于海冰融化及径流的影响。而北冰洋 7 月的大气汞浓度要低于 9 月大气汞浓度，可能是大气化学减少胜过海洋释放。该研究得到“极地专项”和“国家自然科学基金”支持，成果发表在《Scientific Reports》。

（8）第五次北极考察航线上的黑炭气溶胶。第五次北极考察期间，通过原位黑炭仪测量边界层黑炭气溶胶浓度，黑炭浓度在中纬度地区和沿岸地区明显比远洋海区和高纬地区的浓度要高。黑炭气溶胶主要受到陆源输入的影响，并且表现为季节和空间变化特征。该研究得到“极地专项”和“国家自然科学基金”支持，成果发表在《Atmosphere》。

（9）热量在北大西洋和南大洋向深层海洋输送是近十五年来全球表面温度上升速度减缓的主要原因。指出全球表面温度的上升速度与海洋热含量的变化密切相关，其中近 15 年来深层海洋变暖主要发生在北大西洋和南大洋，而太平洋 300 米以深并没有显著的变暖。在温室气体加速排放的背景下，海面吸收的热量如何分配主要取决于海洋与气候系统的内部动力过程，而这种内部变化过程也将决定未来气候变暖减缓可能持续的时间。该研究得到“国家自然科学基金”支持，成果发表在《Science》。

（10）发现加拿大海盆北极中层水在 2003—2011 年间加深。研究揭示出在海冰快速变化的背景下，中层水深度的变化不仅受控于其热力学性质的改变，还受控制于加强的波弗特流涡所带来的动力学性质的变化。该研究得到“极地专项”和“重大科学研究计划”支持，成果发表在《Journal of Physical Oceanography》。

（11）北冰洋上层海洋光学垂直衰减系数垂向变化分析。研究了北冰洋上层海洋垂直衰减系数的变化规律，并给出了海冰以及浮游植物与垂直衰减系数的关系。研究发现，海冰间接地通过改变浮游植物分布进而改变垂直衰减系数。定义了累积海冰密集度的概念，与次表层叶绿素浓度极大值层建立了线性关系。该研究得到“重大科学研究计划”支持，成果发表在《Acta Oceanologica Sinica》。

（12）北冰洋中央区夏季海冰融池中的表面热收支及太阳辐射分配。根据第四次北极科学考察期间融池表面结冰和融化时的辐射通量数据研究发现，融池表面温度与气温成比例变化，但是两者在气温高于冰点和低于冰点的条件下线性关系不同；并且当气温低于冰点时融池表面温度受气温的影响最大。通过定量计算发现，融池吸收的向下太阳辐射能一部分以净长波辐射和湍流热通量的形式散失到大气中，当气温低于冰点时，湍流热通量是净长波辐射的 2 倍多；超过50%的向下太阳辐射能被融池水吸收。该研究得到“重大科学研究计划”支持，成果发表在《Journal of Ocean University of China》。

（13）南大洋及白令海 N2O 分布特征及其

深层水体中浓度的变化。分析了南大洋和白令海水体中 N20 分布特征。研究结果显示，白令海表层海水 N20 呈不饱和状态可能与融冰过程有关。中层水存在 N20 极高值，高值的存在与传统研究中大洋低氧值层中存在 N20 高值相一致。白令海和南大洋 N20 浓度差为 4nM，说明水体在大洋传输过程中存在 N20 浓度的积累，指示大洋环流过程中海洋 N20 浓度发生的相应变化。该研究得到“极地专项”支持，成果发表在《Acta Oceanologica Sinica》。

（14）白令海中心海盆深层水异常强烈的颗粒动力学作用。利用海水中 210Po/210Pb 不平衡研究了白令海中心海盆整个水柱的颗粒动力学过程，发现 1000 米以深水体存在强烈的颗粒清除迁出作用，这在全球深海水体极其独特。提出陆架—海盆相互作用是导致白令海中心海盆深层水具有活跃颗粒动力学过程的主要原因。该研究得到“极地专项”和“国家自然科学杰出青年基金”支持，成果发表在《Journal of Geophysical Research—Oceans》。

（15）加拿大海盆河水组分近 40 年的变化规律。收集了国内外加拿大海盆海水 180 的 781 份数据，借助大西洋水—河水—海冰融化水三端元混合的同位素解构技术，发现加拿大海盆河水组分的更新时间为 5～16 年，其时间变化规律与北极涛动（AO）指数的变化密切相关。该研究得到“极地专项”、“国家自然科学杰出青年基金”和“海洋公益项目”支持，成果发表在《Acta Oceanologica Sinica》。

（16）南极普里兹湾生物泵空间变化的物理—生物耦合作用机制。借助海水 226Ra 和颗粒有机物碳同位素组成蕴含的信息，发现 δ13CPOC 与冰融水比例、颗粒有机碳浓度之间具有正相关关系，而与主要营养盐之间呈现负相关关系，由此揭示出调控普里兹湾及其邻近海域生物泵空间变化的物理—生物耦合作用机制。该研究得到“极地专项”、“国家自然科学杰出青年基金”和“海洋公益项目”支持。成果发表在《Deep-Sea Research I》。

【极地重点/共建实验室学术活动】　（1）国家海洋局极地科学重点实验室。2014 年度国家海洋局极地科学重点实验室承担在研项目 130 项，实施开放研究基金课题 5 项。在国内外学术刊物上发表论文 55 篇，其中以第一单位第一作者发表 SCI 期刊论文 27 篇，申报科技成果 5 项。新引进博士学位研究人员 2 名，在站博士后 4 名。实验室共接待国外来访人员 93 人次，派出出国考察、参加会议人员 61 人次。接待了丹麦国防部长、冰岛外交部长、丹麦北极大使、格陵兰副外长、澳大利亚塔斯马尼亚州州长等重要人物来访，与冰岛研究中心等十家单位签署了《中国—北欧北极研究中心合作协议》，成立了中国—北欧北极研究中心，举办了冰穹 A 深冰芯钻探技术与科学目标国际研讨会，承办了极地亚洲论坛战略研讨会、Muse 奖评审委员会会议等会议。此外，实验室还派员参加了《南极条约》协商会议（ATCM）等大型国际会议，国际合作有序发展，极大地推动了实验室科研和支撑能力的提高。2014 年 7 月 14 日，国家海洋局极地科学重点实验室在上海举办了“空间物理和大气过程及其气候效应”夏季研讨班。

（2）国家海洋局—大气化学与全球变化重点试验室。2014 年实验室在南北极海区碳循环、氮循环、气溶胶化学等方面取得了研究进展，发表 SCI 期刊论文 7 篇。“北冰洋碳循环及其对气候变化的响应”获得福建省自然科学技术奖二等奖。“一种大气 pCO2 自动监测系统”获得国家专利一项。接待国外学者来访和讲学 5 团次，11 人次出国参加国际学术会议和学术交流。

（3）武汉大学中国南极测绘研究中心。2014 年承担 7 项国家自然科学基金项目，1 项“863 计划”子课题，2 项 973 子课题，以及极地专项“南北极环境综合考察与评估”中 7 项极地测绘相关子课题。发表学术论文 25 篇，其中三大检索论文 19 篇。2013—2014 年，实验室派出 4 人次赴南极科学考察，4 人次赴北极科学考察。人才培养方面，实验室 2014 年招收硕士研究生 11 人，博士研究生 4 人，毕业硕士生 2 人。实验室派 5 名研究人员参加了在新西兰召开的第 32 届南极研究科学委员会开放科学大会，在大会上做了 2 项口头报告，展示了 2 个海报；派 2 名研究人员参加了在澳大利亚召开的“全球变化环境下海冰监测”国际研讨会，并做 1 项口头报告。

（4）中国海洋大学—国家海洋局极地考察办公室共建极地海洋过程与全球海洋变化重点

实验室。2014年3月19日，实验室举行了第1届学术委员会第四次会议。会议听取了实验室工作报告，对实验室一年来取得的成绩予以了肯定，并在发展方向、目标规划、存在的问题等方面提出了建设性的意见。实验室在极地海洋热存储在全球气候变化中的作用、北冰洋中层水变化、极区反照率遥感反演、北极海冰变化及其对中国气候影响等方面取得了研究进展，在国内外学术刊物上发表南北极研究论文22篇，其中SCI期刊论文8篇。8月，派1名科研人员参加了韩国的北极考察航次。9月，组织了国际合作北欧海考察航次，派6名科研人员租用挪威考察船在北欧海开展了海洋观测。在人才培养方面，2014年实验室毕业硕士研究生13名，博士研究生1名；新招硕士研究生7名，4名硕士生直接转入博士阶段学习。实验室接待国外学者来访和讲学5团次，18人次出国参加国际学术会议。

（5）中国科技大学—国家海洋局极地考察办公室共建极地生态地质联合实验室。实验室举办了多次学术交流的会议和论坛，在国内外学术期刊上发表论文多篇，其中在Earth-Science Reviews、Scientific reports等国际权威学术期刊上发表多篇高质量论文。极地生态地质联合实验室与国内外许多科研院所或学者建立了良好的合作关系。接待了美国西北太平洋国家实验室、华盛顿大学、香港大学、纽约城市大学、加拿大曼尼托巴大学等科研机构的学者来访，开展了深入学术交流，并派人赴美国和加拿大进行学术交流访问。

（6）极地医学联合实验室。2014年6月24日，在北京召开2013—2014了年度“极地医学联合实验室”学术委员会会议。会议听取了实验室年度工作汇报，讨论了实验室的未来发展，认为应重视成果转化应用，为考察工作提供保障。2014年，实验室派员参加了新西兰召开的第33届南极研究科学委员会生命科学部人类生物和医学专家工作组会议和开放科学大会、在意大利召开的“第10届世界高原医学和生理学暨高原病急救医学大会”和多个国内学术会议。实验室承担了973研究计划和极地专项等课题。

【中国极地战略研究基金】　中国极地科学战略研究基金是国家海洋局利用极地考察社会赞助经费设立的专门用于支持极地基础科学和技术研究的专设基金。2011年支持青年基金项目9项，资助总金额18万元。2012年资助自然科学重点项目7项，社会科学重点项目4项，自然科学青年基金项目20项，社会科学青年基金项目4项，总计资助项目35项，资助总金额200万元。2014年资助自然科学重点项目3项，社会科学重点项目3项，自然科学青年基金项目10项，社会科学青年基金项目3项，总计资助项目19项，资助总金额119万元。2014年，2011年9项青年基金项目均顺利通过了结题验收；完成了2012年项目中期检查工作，各项目进展顺利。2015年中国极地科学战略研究基金申请工作参照2014年基金的资助模式进行，根据年度工作安排，筹备工作正在进行中。

【中国极地考察重大项目年度情况】　（1）中国南极泰山站建设。2013年12月18日，泰山站所有队员从中山站内陆出发基地出发，于2014年1月26日抵达泰山站选址地点，正式开始建站工程。经过45天的艰苦努力，于2014年2月7日完成了泰山站全部主体建筑工程及室内装饰、厨具、卫生洁具、家具等配套设备设施的安装。2月8日，国家海洋局在北京利用远程视频连线的方式，为中国南极泰山站举行了开站仪式，时任国家海洋局局长刘赐贵宣读了习近平总书记的贺信。

中国南极泰山站为“夏季考察站”，位置坐标为东经76°58′，南纬73°51′，海拔2621米，冰盖厚度1900米。位于东南极冰盖伊丽莎白公主地区域，距离中山站522千米，距离昆仑站715千米，距离格罗夫山地区85千米。泰山站主体建筑面积410平方米，建筑总高度为雪面以上11.7米，整体呈现“红灯笼”造型。泰山站增强了自动化控制、建筑智能化以及绿色建筑的研究与应用，加大了清洁能源的应用比重。主要功能包括：科学观测、人员住宿、物资储藏、航空支持、车辆维修、通讯、应急避难等功能。

（2）南北极环境综合考察与评估（简称极地专项）。2014年是该专项全面实施、综合推进的一年，全部24个专题均已启动，并在成果集成、建章立制等工作方面取得成效。成果集成责任专家组已成功召开 4 次会议，形成了成果集成一级集成编写大纲指南、二级集成 5 个专题大纲以及三级集成的编写方案，同时提出了极地专项“十三五”滚动发展的主要设想。专项新出台了《质量控制与监督管理办法》与《考核和验收管理办法》。极地专项技术规程及标准制定工作共出版规程及标准 12 册，2014 年完成出版了 5 项规程。“极地国家利益战略评估”专题提交了《北极治理新论》等 38 份专著及研究报告，对北极治理的认知角度和知识体系进行了论述。

2014 年专项取得了重要进展。中国第 30 次南极科学考察队南大洋考察队较为圆满地完成了南极半岛邻近海域的综合考察任务；首次完成了环南极大陆走航海流观测；圆满完成罗斯海海域的海洋地球物理探索性调查；格罗夫山科学考察队执行南极内陆考察。中国第 6 次北极科学考察是该专项“十二五”期间的第二个北极航次，共完成了 90 个海洋定点站位的综合考察、7 个短期冰站和 1 个长期冰站的现场考察作业，布设了多种海洋和海冰观测浮标，开展了走航断面观测和抛弃式观测；并在浮冰区开展了走航海冰物理特征综合观测，获取了大量北冰洋及海冰的第一手观测数据、样品和影像。

（3）维多利亚地新建站站址地质勘测与环境影响评估。2014 年 1 月 13 日至 16 日，中国第 30 次南极科学考察队完成了维多利亚地新建站站址工程地质勘查、工程测绘及码头水文测量、气象站安装、站区 1：2000 工程地质填图、码头工程调研、重装备卸载方案调研、建筑设计调研等主要工作任务，为后续功能布局和站区规划、站区建设、码头选址等提供了科学数据。

根据《南极条约》和《关于环境保护的南极条约议定书》的规定，中国完成了维多利亚地新建站的综合环境影响评价，并于 2014 年 1 月 8 日提交给第 17 届南极环境保护委员会进行会间评议。5 月初，经成员国会间评议和第 17 届南极环境保护委员会评议，第 37 届南极条约协商会议认定中国提交的综合环境影响评价结论合理，符合南极环保议定书的有关规定，并建议中国在充分吸取相关评论意见后，于新建站正式开工建设之前，向南极条约协商会议提交综合环境影响评价的最终版本。

（4）固定翼飞机购置。根据发改委于 2013 年 7 月批复的文件，批准固定翼飞机购置方案，同意购置美国巴斯勒公司生产的 BT-67 型飞机，并配备必要的科研、医疗救助、起降与燃动保障、气象、通讯等装备系统，项目核定总投资 9812 万。

项目建设单位中国极地研究中心严格遵守基建管理工作相关规定和程序，推进项目的各项工作。2014 年 1 月，中国极地研究中心组织召开飞机采购技术、商务合同的专家审查会。根据专家组意见对合同进行了修改，并与美国巴斯勒涡轮增压转换有限责任公司签署合同。5 月，中国极地研究中心与埃顿商务咨询有限公司签署飞机商务咨询协议，委托其为项目提供法律及商务咨询服务。6 月，中国极地研究中心与东方通用航空有限责任公司签订委托调研 BT-67 飞机转至国内注册相关程序服务协议。同月，国家海洋局组团赴加拿大开展固定翼飞机监造、托管谈判，赴美国就飞机的改装生产过程进行细节研讨。9 月，中国极地研究中心与加拿大 KBA 公司签订中国南极固定翼飞机项目监造协议。

（5）新建极地科学考察破冰船。2014 年极地科学考察破冰船项目主要完成了国家发改委评审中心组织的可研报告评审工作。期间，新船项目办组织相关单位主要针对芬兰阿克北极技术有限公司提交的项目基本设计总布置图（A-F 版）以及第一批送审图纸进行了审核完善，开展十一项关键设备招标准备工作；系统开展项目规章制度建设和国内外技术交流；组织开展项目初步设计前期工作；启动并开展工信部极地自破冰科学考察船基本设计关键技术研究课题相关工作。

2014 年 2 月 10 日，新船项目办在北京召开中韩新建破冰船研讨会。韩国正在计划建造第二艘极地考察破冰船，双方就新建破冰船的相关情况和经验进行了交流。

极地国际合作

【极地对外交流与合作】 **国际会议** （1）2014 年北极科学高峰周会议（ASSW）。2014 年 4 月 5 日至 8 日，2014 年北极科学高峰周会议在芬兰赫尔辛基大学举行，国家海洋局极地考察办公室组团与会。会议期间举办了国际北极科学委员会（IASC）理事会及其各工作组、北极研究组织者论坛（FARO）、北极太平洋扇区工作组（PAG）、欧洲极地委员会（EPB）、新奥尔松科学管理者委员会（NySMAC）等组织的一系列会议，交流了各国科考进展、组织工作、新项目酝酿和实施情况以及各国科考支撑体系建设情况，并开展了北极研究计划第三次国际会议（ICARP III）开放日活动。中国代表团收集了大量北极科研进展信息，分别在上述分组会议上介绍了中国北极考察的情况，并与丹麦代表就中丹合作和格陵兰建站情况，与瑞典代表就两国合作情况进行了交流和洽谈。

（2）南极海洋生物资源养护委员会（CCAMLR）威德尔海海洋保护区国际专家研讨会。2014 年 4 月 7 日至 9 日，南极海洋生物资源养护委员会威德尔海海洋保护区国际专家研讨会在德国不来梅港召开，讨论在南极威德尔海海域建立海洋保护区有关科学数据和信息的组织收集问题，来自英、法、德、意、日、中、俄、韩、挪等国的 40 名专家学者出席了会议。国家海洋局极地考察办公室和农业部东海水产所派专家参会。中国代表就建立海洋保护区所需的威胁分析、科研监测标准提出建议，并对相关专家提出的适用于海洋保护区规划的部分原则的科学性提出了质疑。

（3）第 37 届南极条约协商会议（ATCM）和第 17 届南极环境保护委员会（CEP）会议。2014 年 4 月 28 日至 5 月 7 日，第 37 届南极条约协商会议和第 17 届南极环境保护委员会会议在巴西首都巴西利亚召开，29 个南极条约协商国和 11 个南极条约缔约国（非协商国）的代表出席会议，南极海洋生物资源养护公约（CCAMLR）等国际组织作为正式观察员参会。中国外交部、国家海洋局、交通运输部和同济大学组成的中国政府代表团与会。

会议审议并通过了 16 项措施、3 项决定和 7 项决议案，讨论了未来环境保护工作战略规划、环境损害的修复与补救、气候变化与环境保护、环境影响评价、区域保护和管理、南极动植物保护、环境监测报告等环保议题，以及无人机使用、极地水域船舶航行规则、搜救、后勤合作等考察运行议题，和南极刑事管辖权、南极海洋保护区、生物勘探、南极旅游等法律制度议题。

中国代表团会前做了充分的准备工作，向会议提交了建立维多利亚地新建站的综合环境影响评价报告和关于冰穹 A 南极特别管理区（ASMA）会间讨论情况等工作文件和信息文件，积极参与了多个议题的深入讨论， 并利用会间时间与澳大利亚、巴西、美国、新西兰、意大利、韩国、阿根廷、秘鲁等代表团进行了沟通交流，探讨会议有关议题的协调和南极科考国际合作问题。

（4）北极理事会北极监测与评估工作组（AMAP）“北冰洋酸化研究”项目工作组会议。2014 年 5 月 27 日至 28 日，北极理事会北极监测与评估工作组“北冰洋酸化研究”项目工作组会议在瑞典哥德堡召开。会议旨在界定北冰洋酸化产生的环境影响的评估范围，并初步确定项目研究框架。北极八国以及中国、意大利、英国、法罗群岛等观察员分别选派专家出席会议，因纽特人利益代表通过视频参加会议。国家海洋局极地考察办公室组织专家参会。会议总结了目前关于北冰洋酸化的相关资料，以及最新研究进展、成果和技术手段，分析了欠缺的科研要素，提出了评估目标，研究了工作方案并划出了重要研究海域。中国代表向会议介绍了我国北极考察情况，并提出将楚科奇海和加拿大海盆作为重点评估区域之一的建议，得到了会议的采纳。

（5）极地科学亚洲论坛（AFoPS）战略研讨会。2014 年 6 月 13 日，极地科学亚洲论坛（AFoPS）战略研讨会在中国苏州召开，中国、日本、韩国、马来西亚四个成员国代表出席会议。极地科学亚洲论坛（AFoPS）是亚洲国家交流极地研究进展，协调极地活动的重要组织，会议讨论了论坛今后发展及其与南极研究科学委员会（SCAR）和国际北极科学委员会（IASC）等组织的战略合作事宜，并组织了论坛成立十周年活动。

（6）第 33 届南极研究科学委员会（SCAR）会议。2014 年 8 月 23 日至 9 月 3 日，第 33 届南极研究科学委员会会议在新西兰奥克兰举行。会议分为国家代表会议、常设工作组会议和开放科学大会。90 名国家代表和常设工作组代表，以及科学家和学生共 920 人出席会议。国家海洋局极地考察办公室组团与会。

国家代表会议重点审议并通过了 2017 至 2022 年五年规划和未来 20 年南极科学研究的优先领域；常设工作组会议中的地球科学工作组、物理学工作组、人类生物和医学专家小组和第 6 届 SCAR 南极数据管理委员会会议，中国专家都有上佳表现；在开放科学大会中，中国科学家所做的关于海洋和海冰、地学、天文学、微生物学和医学等方面的展板和报告也获得与会专家的好评。中国代表团还与智利南极研究所相关人员具体讨论了中智南极合作计划，与德国科学家探讨了中德在甘布尔采夫山脉区域的地球物理和地质合作研究，并与美国、澳大利亚人员商讨了关于建立普里兹湾海域底层水形成研究小组的计划。

（7）第 26 届国家南极局局长理事会（COMNAP）年度会议。2014 年 8 月 27 日至 29 日，第 26 届国家南极局局长理事会年度会议在新西兰基督城召开。此前，COMNAP 还在奥克兰举办了“通过国际合作迈向成功”的主题论坛。除秘鲁外的全部成员国代表出席了会议，白俄罗斯作为观察员参会。国家海洋局极地考察办公室组团与会。

年会分为全体代表大会和工作组与专题会议。全体会议回顾了过去一年南极发生的主要事故，并讨论了南极术语编纂、飞行信息手册、搜救门户网站、蔬菜无土栽培、破冰船建造、研究设施目录和搜救等议题。分组会议包括拉斯曼丘陵、罗斯海、东南极、毛德皇后地航空网、南极半岛五个区域小组会，和安全专家组、培训专家组和污水管理工作组三个专题会议。中国代表团参加了全部区域和专家组会议，并就相关议题与有关国家进行了深入交流。会议期间，中方分别与澳大利亚、印度、英国、智利、新西兰、韩国等代表团及毛德皇后地航空网代表进行接触，就落实中国第 31 次南极考察停靠澳、新港口及有关外事活动，中秘、中智、中澳、中新南极合作及有关南极航空网络等事宜进行了会谈。

（8）北极理事会北极污染行动计划（ACAP）工作组会议。2014 年 9 月 9 日至 11 日，北极理事会下设的北极污染行动计划（ACAP）工作组会议在波兰索波特波兰科学院海洋研究所召开。美国、俄罗斯、加拿大、芬兰、挪威、瑞典 6 个成员国代表，阿留申人国际协会（AIA）和中国、韩国、波兰等观察员，以及项目资金管理方北欧环境金融公司（NEFCO）的代表共 22 人出席了会议。国家海洋局极地考察办公室组织专家与会。会议听取了俄、加等成员国代表，以及二恶英和呋喃、炭黑、汞等项目组代表的报告，探讨了进一步减少当地污染排放（包括燃烧、交通工具以及工业排放等）的项目计划，准备向 2015 年北极理事会高官会和部长会议提交报告，修改并通过了 ACAP 运行指南。中方专家分享了相关研究成果，并向会议提出了统一观测方法的建议。

（9）北极理事会北极监测与评估工作组（AMAP）第 28 次会议。2014 年 9 月 16 日至 18 日，北极监测与评估工作组(AMAP)第 28 次会议在加拿大怀特霍斯举行，来自北极理事会 8 个成员国和中国、日本、韩国、荷兰 4 个观察员国及相关国际组织的专家共 30 余人出席会议。国家海洋局极地考察办公室选派专家参会。该次会议与北极海洋环境保护工作组 (PAME)会议联合召开，并就两个工作组间的合作情况及未来合作领域等进行了讨论。会议围绕气候变化、持久性有机污染物、放射性污染物、人类健康、无人航天飞行器系统、北极可持续性观察网、与其他国际组织合作情况、AMAP 行动计划纲领和专家组更新、下一步工作计划等 11 项内容进行了汇报和交流。

（10）第 15 届极地科学亚洲论坛（AFOPS）会议。2014 年 10 月 7 日至 8 日，第 15 届极地科学亚洲论坛会议在马来西亚迪克森港召开。中国、日本、韩国、印度、马来西亚五个成员和观察员泰国共 25 名代表出席会议。中国极地研究中心组团与会。会议分为 AFOPS 十周年学术研讨会和年度会议两部分。各国代表就本国极地科学研究进展及科学与后勤合作等方面进行了交流，并讨论了 AFOPS 专刊、AFOPS 网站重启、组织结构改革和纳入新成员等问题。中方在会上介绍了中国第 31 次南极考察和第 6 次北极考察的内容和取得的成果，以及泰山站建设、维多利亚地新站选址和固定翼飞机等后勤项目进展情况，并积极参与了多项议题的讨论。

（11）第33届南极海洋生物资源养护委员会（CCAMLR）及科委会会议。2014年10月18日至31日，第33届南极海洋生物资源养护委员会及科委会会议在澳大利亚霍巴特召开，除印度以外的24个成员国（含欧盟）以及南极研究科学委员会（SCAR）等观察员组织派代表参加了会议。由外交部、农业部、国家海洋局、香港特别行政区政府和上海海洋大学组成的中国代表团出席了会议。该届会议再次聚焦海洋保护区，并集中讨论了渔业管理、资源养护、气候变化对生态系统的影响、《CCAMLR公约》签署35周年研讨会以及CCAMLR绩效评估。中国代表团深入参与了海洋保护区、磷虾渔业观察员、气候变化等议题的讨论，有力维护了国家利益。

（12）第二届北极圈论坛大会。2014年10月31日至11月2日，第二届北极圈论坛大会在冰岛首都雷克雅未克举行，来自北极理事会8个成员国和6个北极原住民组织以及非北极国家的英、法、德、意和中、日、韩、新等共40多个国家、地区、政府和非政府间国际组织共1400多位代表出席了会议。大会广泛讨论了北极国家及北极利益相关国的北极政策、气候变化和科研合作、海洋生态环境保护、安全与搜救、航运与贸易、渔业和油气开发、投资和基础设施、采矿业与可再生能源、原住民权益及国际合作等议题。芬兰、英国、日本和法国分别作了北极问题系列报告，中国、美国、韩国、意大利和欧盟代表也分别介绍了各自的北极立场和北极政策。由冰岛研究中心与中国—北欧北极研究中心联合举办的“当北方遇到东方——中国—北欧北极合作”分会在大会首日举行，冰岛总统格里姆松当天在官邸接见了中方代表团。次日，中远集团代表于向论坛介绍了“永盛”号商船首航北极的情况。

（13）第41次新奥尔松科学管理者委员会（NySMAC）会议。2014年11月6日至7日，第41次新奥尔松科学管理者委员会在印度果阿召开，22名来自王湾公司、挪威极地研究所、德国海洋与极地研究所、中国国家海洋局极地考察办公室以及斯瓦尔巴论坛等科研机构、高校和科研管理组织的代表出席了会议。会议讨论了2014年度新奥尔松地区各考察站科研活动开展、后勤支撑、科考管理系统运行以及2015年科考规划等议题，并通过了新奥尔松章程中的媒体和要员访问的沟通流程修订案。极地办代表与其他代表进行了积极沟通，并获取了有关新奥尔松地区科研进展和管理的大量信息。

【国际合作和交流】 （1）丹麦国防部长访问中国极地研究中心　2014年1月15日，丹麦国防部长尼古拉•魏曼先生一行访问了中国极地研究中心，中国国防部、上海警备区派员与会。双方表达了进一步在极地科学和科普领域开展合作，共同面对机遇和挑战的意愿。

（2）中国政府代表团访问澳大利亚南极局。2014年2月5日至11日，时任国家海洋局局长、党组书记刘赐贵率由中组部、外交部、财政部、国家海洋局和宝钢工程技术集团有限公司相关代表组成的中国政府代表团原计划途经澳大利亚前往南极，举行中国南极泰山站建成开站仪式并慰问工作在一线的中国第30次南极考察队队员。因南极天气持续恶劣，代表团受阻于澳大利亚霍巴特。代表团在霍巴特期间访问了澳大利亚南极局，并会见了澳联邦议会参议员、塔州政府官员以及与南极网络有关的企业届代表。

（3）中韩新建破冰船研讨会。2014年2月10日，中韩新建破冰船研讨会在北京召开。韩国正在计划建造第二艘极地考察破冰船，双方就新建破冰船的相关情况和经验进行了交流。

（4）丹麦北极大使和格陵兰副外长访问中国极地研究中心。2014年2月18日，丹麦外交部北极大使埃里克•威尔斯托普•劳伦森（Erik Lorenzen）和格陵兰政府副外长凯•霍尔斯特•安徒生（Kai Holst Andersen）一行访问国家海洋局。双方就深化海洋与极地领域的合作进行了交流，并一致认为，中丹两国应进一步加强在北极科研、资源开发和后勤方面的合作，加强双边、多边合作，探索建立合作框架，密切学术交流和立场沟通。次日，丹麦代表团一行访问了中国极地研究中心，并发表了题为“北极地区的未来及格陵兰的作用——基于挑战、管理与可持续”的主旨演讲。

（5）第五轮中美海洋法和极地事务对话。2014年3月27日至28日，第五轮中美海洋法和极地事务对话在中国青岛举行，中美外交和涉海部门的有关专家就当前海洋和极地领域的多个法律问题进行了深入友好的交流。国家海洋局派员参加对话并提供了相关资料。中美海洋法和极地事务对话始于 2010 年，并自 2011 年起被纳入当年中美战略与经济对话框架下的战略对话成果清单。

（6）泰国科技发展局执行副局长一行访问国家海洋局极地考察办公室。2014 年 4 月 9 日，泰国科技发展局执行副局长 Chadamas Thuvasethakul 一行访问国家海洋局极地考察办公室，就泰方人员参加中方南极考察的情况进行交流，并讨论未来合作计划和合作机制。双方一致同意进一步开展极地科学研究等方面的务实合作。

（7）澳大利亚塔斯马尼亚州州长访问中国极地研究中心。2014 年 4 月 10 日，澳大利亚塔斯马尼亚州州长威尔•霍奇曼（Will Hodgman）一行访问中国极地研究中心，双方就中澳极地合作具体事宜进行了会谈。双方回顾了国家海洋局与塔州政府签署关于南极门户的备忘录的内容和情况，同意将进一步加强南极合作，积极探索新的合作方向。

（8）“亚洲国家和北极未来”国际研讨会。2014 年 4 月 24 日至 25 日，由上海国际问题研究院和挪威南森研究所主办、中国—北欧北极研究中心协办的“亚洲国家和北极未来”国际研讨会在上海举行。来自美国、俄罗斯、挪威、芬兰等北极国家和中国、日本、韩国、印度、新加坡等亚洲国家的专家学者分别围绕北极治理的使命和演进、北极自然资源及基础设施的开发与亚洲国家的利益、亚洲国家和北极国家视角下的北极地缘政治等三大议题进行了探讨。中国外交部、国家海洋局极地考察办公室等派员参会。

（9）中冰联合极光观测台极光观测栋奠基。2014 年 6 月 2 日，中冰联合极光观测台极光观测栋奠基仪式在冰岛阿库雷里举行，中国驻冰岛大使馆、冰岛外交部、冰岛极光观测台基金会代表等 100 多人出席仪式，标志着《中国-冰岛联合极光观测台框架协议》下的极光观测台主体建筑开始建设。

（10）第二届中国—北欧北极合作研讨会。2014 年 6 月 2 日至 5 日，由冰岛研究中心与中国—北欧北极研究中心主办的第二届中国—北欧北极合作研讨会在冰岛阿库雷里举行。近 30 位来自中国与北欧国家从事极地与海洋研究的专家学者，围绕北极治理、全球经济与区域影响、海洋合作等热点领域的议题展开深入讨论。冰岛总统格里姆松在开幕式上发表讲话，中冰相关部门领导及部分北极理事会国家驻冰岛使节代表、北极原住民社团代表等应邀参加了研讨会。借此机会，冰岛外交部还组织了中冰北极经济合作圆桌会议。

（11）北极理事会北极监测与评估计划工作组执行秘书访问国家海洋局极地考察办公室。2014 年 6 月 3 日，北极理事会北极监测与评估计划工作组执行秘书拉斯-奥托•瑞尔森（Lars-Otto Rierson）一行访问国家海洋局极地考察办公室，双方举行了小型研讨会。瑞尔森向中方介绍了北极监测与评估计划工作组近期工作。双方商讨了关于如何在北极研究过程中使用无人机，以及中方人员如何参与北极理事会工作，包括工作组层面工作及由挪威研究理事会资助的科研项目等问题。

（12）玛塔•缪斯奖评审工作在中国极地研究中心举行。2014 年 6 月 25 至 26 日，玛塔•缪斯（Marta T.Muse）奖评审委员会会议在中国极地研究中心召开，中国极地研究中心主任杨惠根作为评委参会。会议评选出了 2014 年的缪斯奖得主。玛塔•缪斯奖由国际南极科学委员会（SCAR）管理，是南极工作者的极高荣誉，这是中国首次参与极地国际奖项的评选工作。

（13）冰岛外交部长访问中国极地研究中心。2014 年 7 月 1 日，冰岛外交部长斯韦英松先生和驻华大使一行访问了中国极地研究中心，就北极气候变化及社会科学研究问题进行了探讨和交流。

（14）第六轮中美战略与经济对话。2014 年 7 月 9 日至 10 日，中国国家主席习近平的特别代表国务委员杨洁篪与美国总统贝拉克•奥巴马的特别代表国务卿约翰•克里共同主持了第六轮中美战略与经济对话。期间，海洋法与极地事务对话和南极罗斯海保护区再次被列入战略对话成果清单。

（15）中国北极黄河站建站十周年国际研讨会。2014 年 7 月 28 日，中国北极黄河站建站十周年国际研讨会在挪威新奥尔松召开。国家海洋局党组成员、直属机关党委书记吕滨率团参加了十周年研讨会，并代表中国国家海洋局发表讲话。会上，挪威、德国、英国、韩国代表分别发言，祝贺黄河站十年来取得的科学成就。会后，代表团访问了挪威、德国、韩国考察站，并对中国极地考察站在新奥尔松地区特殊国际环境下的党组织建设工作情况开展了调研。

（16）中国科学家参加德国北极考察航次。2014 年 8 月 3 日至 10 月 11 日，国家海洋局第二海洋研究所派员参加了德国极地海洋研究所（AWI）组织的德国“极星号”破冰船 2014 年夏季北极科考航次，开展生物地球化学与生物标志物研究工作，与德国科学家合作研究北极海冰对全球气候变化的响应，及其对极地碳循环的影响，并于当地时间 2014 年 8 月 26 日到达北极点。

（17）挪威极地研究所所长访问国家海洋局极地考察办公室。2014 年 9 月 4 日，挪威极地研究所所长杨古纳•温特（Jan-Gunnar Winther）博士访问国家海洋局极地考察办公室，双方就中、挪极地考察平台和优势项目进行了交流，并一致同意加强联系，进一步加深在极地研究领域的合作。

（18）格陵兰教育、宗教、文化及平等部部长来访。2014 年 9 月 9 日，格陵兰（丹麦所属自治领土）教育、宗教、文化及平等部部长尼克•尼尔森率代表团访问国家海洋局，时任国家海洋局党组书记、局长刘赐贵，局党组成员、副局长陈连增会见了尼尔森一行，并就海洋与极地研究领域合作相关事宜进行了交流。随后，尼克•尼尔森一行访问了中国极地研究中心。

（19）第二轮中法海洋法和极地事务对话。2014 年 10 月 17 日，第二轮中法海洋法和极地事务对话在京召开。对话范围涉及北极理事会工作、北极经济理事会、北极圈论坛、中法北极双边合作以及北极海洋法制度等议题。国家海洋局极地考察办公室为有关议题提供了谈参，并派员出席了对话。

（20）美国国家科学基金会（NSF）下属极地项目办公室（PLR）一行来华访问。2014 年 10 月 20 日，国家海洋局副局长陈连增在北京会见了美国国家科学基金会下属的极地项目办公室（PLR）主任 Kelly Falkner 博士一行。国家海洋局极地办有关处室负责人和美国极地项目办公室科研、后勤、北极研究等部门负责人，以及美国驻华大使馆、国家科学基金会中国办公室有关人员参加了会见。中美双方介绍了各自南北极考察的相关情况，讨论了双方在南北极科学研究，以及南极后勤、环境管理和南极条约体系协商过程等方面的合作事宜。双方同意建立联络机制，并就签署《极地合作谅解备忘录》作进一步商谈。

（21）习近平主席慰问中澳南极科考人员并考察“雪龙”船。2014 年 11 月 18 日，正在澳大利亚塔斯马尼亚州首府霍巴特访问的中国国家主席习近平在澳大利亚总理阿博特陪同下参观南极科考项目并慰问两国科考人员。

习近平和阿博特来到霍巴特港区，参观了澳大利亚南极科考展览，并通过视频连线同中澳南极科考站工作人员通话。中国中山南极科考站、澳大利亚戴维斯南极科考站负责人分别汇报工作。习近平向两国科考人员表示慰问。习近平指出，南极科学考察意义重大，是造福人类的崇高事业。中国开展南极科考为人类和平利用南极作出了贡献，30 年来，中澳两国科考人员开展了全面深入合作。中方愿意继续同澳方及国际社会一道，更好认识南极、保护南极、利用南极。阿博特向两国科考人员表达问候，他表示，南极科考对人类意义重大，希望两国科研人员加强合作。习近平和阿博特共同见证了中澳南极合作谅解备忘录的签署。随后，习近平前往码头，登上中国“雪龙”号科考船，参观了中国极地考察 30 周年图片展。这是我国国家领导人首次登临“雪龙”船，既充分显示了党中央、国务院领导对极地科考工作的高度重视，对在恶劣环境下工作的极地科考人员的深切关怀，又充分体现了我国愿不断探索新的科学领域、提高科学保护水平、为人类认识并和平利用南极贡献更多力量的积极姿态，为我国极地考察事业的发展指明了方向，极大鼓舞和激励了广大极地工作者。

（22）第三轮中阿海洋法和基地事务对话。2014 年 12 月 3 日至 4 日，第三轮中阿海洋法和基地事务对话在阿根廷首都布宜诺斯艾利斯举行，国家海洋局极地考察办公室和海洋发展战略所派员随外交部团组出席了对话会议。对话聚焦海洋法和极地事务中的热点问题，在极地事务方面，重点讨论了南极海洋保护区、中阿南极事务双边沟通、联合研讨会和后勤合作等议题。会议坦承想法、扩大共识、富有成效。

（23）接待和邀请相关国家使馆、机构人员的来访。2014 年，国家海洋局极地考察办公室先后邀请和接待了加拿大驻华大使馆、冰岛驻华大使馆、丹麦（格陵兰）驻华大使馆、伊朗驻华大使馆、瑞典驻华大使馆、挪威驻华大使馆、俄罗斯驻华大使馆、新加坡驻华大使馆、新西兰驻华大使馆、英国驻华大使馆，以及挪威 Flam 极地船博物馆和美国自然科学基金会等使馆和其他机构人员来访。

极地科研及其他

【极地软科学研究】　（1）“极地国家利益战略评估”专题。“该专题是“南北极环境综合考察与评估”专项开展的软科学研究，自 2011 年 5 月正式启动，下设“极地地缘政治研究”、“极地资源利用战略研究”、“极地科技发展战略研究”、“极地法律体系研究”和“极地国家政策研究”5 个子专题。2014 年度，该专题继续对极地地缘政治关系、极地国际法和国家管辖问题等开展研究，并围绕着北极国家政策对国家在北极地区的政策、权益进行分析与评估；继续跟踪北极航道进展状况，并开展了南极磷虾与基因生物资源、北极矿产和油气资源、航道资源利用现状及中国参与路径方面的研究，同时继续对极地科学研究的前沿问题与管理体制等进行分析与研究。2014 年共完成研究报告 39 份，约 260 万字，发表论文 30 篇，出版著作及译著 9 本，撰写专报与内部报告 10 篇，完成极地政策与战略文件汇编 3 册。在开展年度研究工作的同时，专题还开展了初级成果集成工作。

此外，为加强对“极地国家利益战略评估”专题研究成果的科学化、规范化管理，保证专题研究成果的质量及使用安全，2014 年 5 月，极地专项办制定并发布了《极地专项“极地国家利益战略评估”专题研究成果管理意见》。

（2）《关于环境保护的南极条约议定书》附件六‘环境紧急状况下的责任’对南极活动影响问题研究。项目旨在对《关于环境保护的南极条约议定书》附件六中的主要制度设计“环境紧急状况下的责任”进行法理分析，并对其生效的前景、生效之后对我国南极活动的影响以及我国的应对策略进行深入研究。项目自 2014 年 3 月启动，已基本完成文献资料的收集，现正在进行文献分析和研究。

（3）北极理事会框架下北极原住民组织参与北极事务的方式与作用问题研究。2014 年度主要围绕北极理事会中六个原住民组织的性质和特点、所代表的民族历史文化、在政治经济资源等方面的关切和诉求，以及我国与原住民组织加强联系与合作的方式和渠道等问题开展了研究。项目于 2014 年 1 月启动，课题组在美国弗吉尼亚大学和国内分别收集分析了大量相关文献，并与加拿大驻华使馆和芬兰北极中心研究人员开展了交流。

（4）南极植物保护与管理问题研究。项目旨在对南极半岛、拉斯曼丘陵和维多利亚地等区域的植物分布情况进行初步研究，并为科学规范管理我国在南极半岛开展的采集植物样本等其他可能干扰植物的人类活动提供数据支撑和对策建议。项目于 2014 年 4 月启动，目前已完成了国内外相关资料的收集与分析和《南极植物保护及管理研究资料汇编》，并对相关文献数据进行了深入分析和研究。

（5）国际政治中的南极：大国南极政策研究。项目自 2009 年 7 月启动，以现实主义理论为视角，分别从环境、资源、领土要求等三个方面，并以美国（原始缔约国）、中国（新加入的缔约国）两个国家为个案，分析各南极大国的南极政策、南极地区的政治格局、南极地区的新热点以及南极条约面临的挑战。2014 年完成了该项目的研究任务，提交了 20 万字的研究报告。

（6）加拿大北极原住民地区的资源开发政策与实践研究。项目旨在对加拿大北极原住民地区社会习俗和文化变迁、加拿大北极地区资源开发利用现状、加拿大中央及地方政府关于资源开发的法律制度和管理政策进行研究，为我国加强与加拿大北极原住民的文化交流、有效参与加拿大北极地区资源的可持续开发和利用提供政策建议。项目于 2014 年 1 月启动。2014 年完成了中外文资料的收集、编译以及田野调研工作，发表1篇学术论文和系列调研报告。

（7）南极条约协商国南极立法实践及相关理论问题研究。项目2014年度主要围绕各协商国南极专题立法及软法性文件开展研究，同时扩展收集有关协商国立法和政策的新闻报道及学术文章，汇编整理了重要的法律文件，在此基础上分析了这些立法对于南极条约体系乃至南极秩序整体的影响以及对中国的启示。该项目自2012年12月启动，2014年度共完成2份研究报告，公开发表论文6篇。

（8）北极国家北极战略政策研究。该项目旨在分析北极八国北极战略政策的出发点、策略、特点以及实施过程中存在的问题，科学判定每个国家北极政策的主要特点和价值取向，并通过比较分析为中国将来制定北极战略政策、有效参与国际北极事务提供政策建议。项目自2013年7启动，2014年度主要开展了资料搜集和翻译工作，完成了初步研究报告。

（9）建立北极战略新支点：北极政经格局变化下的中日韩竞合关系研究。该项目旨在通过归纳分析中日韩三国在北极事务中的共同利益和诉求，探讨三国在北极事务中开展合作的可行性及路径方式，并着重分析三国合作建立北太平洋—北极监测和海上救助体系的可能性。项目于2013年1月启动，2014年组织召开了“亚洲国家与北极”国际研讨会，邀请了日本、韩国、新加坡、印度和北极国家的学者出席，形成研讨会论文集。发表论文1篇、研究报告2份，完成了初步研究报告的撰写。

（10）北极观测网研究。该项目旨在通过分析非北极国家建立北极观测站以及在北极获取观测资料的路径和方式，在法律、政策和科技等综合层面上为中国在北极承担或参与观测网建设提供建议。项目于2013年10月启动，2014年度完成研究报告2份，发表论文4篇。

（11）西北航道通航可行性问题研究。该项目旨在综合分析涉及北极西北航道的气象、水文、航道、技术、国际政治和国际法等问题，并通过密切跟踪外国船舶通行西北航道的实际案例，对西北航道通行可行性涉及的自然科学技术、国际政治和国际法等问题进行系统研究。项目于2013年3月启动，2014年度主要完成了中外文资料的搜集和翻译工作，并完成了若干研究报告，并于2014年10月结题。

（12）南极考察站建设选址模型与决策方法研究。该项目旨在综合考虑地形条件、科学兴趣、后勤支撑和环境条件等因素，确定面向多个目标的南极考察站适宜站址，为南极建站选址提供新的决策方法和思路。2014年在已有选址决策模型基础上进行多目标分析，评判不同选址位置的考察效率，结合现场调查结果进行综合分析和验证，对决策成果进行可视化处理，分析建站的适宜地区。公开发表论文SCI 1篇，EI 1篇。

（13）北极航道观测、预报信息分析研究。该项目旨在对相关国家北极航道地区的观测、预报系统和数据进行调研，了解其气候、海洋预报产品发布情况，编制信息目录，初步建立北极观测、预报数据及资料库。研究成果为提高我国在北极航道的预报保障能力提供支持。项目立足于当下东北航道的通行需求，同时为未来西北航道通行提供数据准备。

（14）南极鸟类保护与管理问题研究。该项目旨在以南极鸟类的种类组成、分布、数量等方面情况为基础，结合南极条约体系中的相关规定，对《南极鸟类保护管理规定》进行初步设计。项目自2013年8月启动以来，初步完成了《南极鸟类研究文献汇编（1994—2014）》，含相关中外文献250多篇；对南极长城站及其附近重点区域的鸟类情况进行了现场调查研究；研究和拟订了《南极鸟类保护管理规定》的内容草案。

（15）人类活动对南极野生鸟类的影响分析及保护管理。该项目旨在采用音频分析系统、温度自动记录仪、红外相机监测等先进技术手段对我国南极站区进行考察，探讨影响南极鸟类生存的主要因素，提出南极鸟类保护的政策建议。项目自2014年1月启动以来，多次参加专家咨询和调研，收集分析文献资料，初步形成了《人类活动对南极鸟类影响研究资料汇编》。

【南极立法】 《南极活动管理条例》立法工作。为履行《南极条约》体系规定的相关义务，维护中国极地权益，保障中国南极活动者的合法权益，保护南极环境和生态系统，加强中国南极活动的管理，促进南极的和平利用，《南极活动管理条例》（以下简称“《条例》”）的立法工作启动于 1999 年，经过多次征求相关部委意见，截止到 2011 年底，已经形成了《条例》（征求意见稿），上报至国务院法制办公室。2014 年，主要就《条例》中涉及的许可制度、环境影响评价制度、监督检查制度等主要制度开展了进一步研究，启动了实施《条例》的立法实践工作，继续对《条例》进行修订、完善，开展了编制《条例》释义和实施细则的研究工作，并加强了与相关部门的沟通、协调力度。

【管理制度建设】 （1）《南极考察活动行政许可管理规定》制定工作。该项工作于 2012 年 7 月正式启动，旨在进一步规范南极考察活动行政许可的管理和实施，维护国家形象和南极考察活动秩序，履行南极条约体系规定的权利和义务。2014 年 5 月 30 日《南极考察活动行政许可管理规定》正式公布。同时，为细化和规范南极考察活动的行政许可审批工作，明确各职能部门的责任分工，增强许可审批的严谨性、可控性和可操作性，确保审批结果的公开、公平、公正，启动了《南极考察活动行政许可审批流程》的制定工作及《主要国家南极活动行政许可相关问题研究》项目。

（2）《南极考察活动环境影响评估管理规定》制定工作。该项工作旨在进一步规范对南极考察活动的管理，配合南极考察行政许可工作的制度化运行，指导和细化南极考察环境影响评价工作的有序开展，履行南极条约体系规定的权利和义务。该工作于 2013 年 10 月正式启动，2013 年形成《南极环境影响评估制度的现状》研究报告，2014 年编制了《南极考察活动环境影响评估管理规定（初稿）》，经过多次修改并先后两次征求了共 34 家单位的修改意见后上报海洋局。目前已通过了国家海洋局法制与岛屿司的合法性审查。

（3）南极活动监督检查管理研究工作。该项工作旨在进一步研究对南极活动的规范和监督的管理办法，保障南极活动的规范、有序进行。该工作于 2014 年 2 月正式启动，经组织专家开展研究和编写，起草了对南极活动监督检查的管理规范，并征求了共 36 家单位的修改意见。同时，作为南极活动监督检查管理规范的补充，为细化其中监督检查员的相关内容，还于 2014 年启动了南极活动监督检查员管理研究工作。

【“十三五”发展规划前期研究】 “十三五”发展规划前期研究工作于 2014 年 2 月正式启动。该工作旨在更好地开展《中国极地考察“十三五”发展规划》（以下简称《规划》）的编写工作，为《规划》编写的科学性、规范性和准确性提供必要的研究和数据支撑。2014 年 6 月，分别委托 7 家科研院所、院校，就南极保护区问题、我国在南极的软实力问题、极地旅游及管理问题、极地国际事务与合作问题、北极航道与海上丝绸之路建设问题、极地文化及公共教育问题、极地科学研究前沿问题等极地领域的 7 个重点和热点问题开展专项研究，以期为准确把握极地地区国际形势、研判国际极地事务发展态势，并为《规划》的编写提供科学依据和智力支持。2014 年 6 月，国家海洋局极地考察办公室已分别与课题承担相关单位签署了研究合同，并召开了项目启动会，各项研究工作进展顺利。

【极地科普宣传教育】 （1）科普宣传教育平台。2014 年 5 月 24 日，由中国国家海洋局极地考察办公室主办、海昌控股承办，成都海昌极地海洋世界协办的极地科普教育基地会议在成都召开。来自国家海洋局极地考察办公室、国家海洋局宣传教育中心、中国极地研究中心的相关负责人出席了会议，来自全国各地的 10 家极地科普教育基地代表一同参加了会议。会议研究讨论了《极地科普教育基地管理办法》，规范了极地科普教育基地的申报条件和流程，明确了各科普基地作为国家科普教育基地的职责和义务，为各科普基地以后的科普宣传工作起到了重要的指导意义。

2014 年度，极地中心的极地科普馆免费开放 270 天，接待参观团体 100 余个，接待参观者 1.2 万余人；组织了“雪龙带你看南极”科普展览，接待参观者 10 万人次。全国 10 家极地科普教育基地组织科普展 20 余次、科普讲座 40 多场、知识竞赛 10 余场，30 多万人次参加。

（2）新闻宣传活动。由新华社、中央电视台、中国海洋报等媒体记者随中国第 30 次南极科学考察队赴南极考察现场，发回大量现场报道。期间，央视两名记者随队深入南极内陆参与我国南极第四个科学考察站——泰山站建设工作，全程记录了南极泰山站的建站过程和泰山站建站队员在南极内陆的工作和生活，在中央电视台《朝闻天下》、《新闻直播间》、《新闻联播》等重点新闻栏目播出，累计播发新闻节目近 100 条。随船的新华社和海洋报记者在四个多月的考察中，共发稿 140 余篇。新华社记者采写了 2 篇新华社内参，3 篇《参考消息》专版、1 篇《国际先驱导报》专版。除此之外，每天还发表“建松南极日记”，累计近十万字、上千张图片；共发布了 1500 篇微博、120 篇博客，吸引了十多万名粉丝的关注。

中国第 6 次北极科学考察队随船记者积极挖掘新闻素材和采访科考项目进展状况，共发回国内新闻稿件 80 多篇，新闻图片 60 多幅。

中国第 30 次南极科学考察队员贵州师范大学谢晓尧教授创作了近 40 篇中国第 30 次南极长城站科考日志文章，发表在《中国政协》、《贵州日报》、《贵州电视台》、《当代贵州》、《贵阳晚报》、《贵州商报》等媒体上，全国主流网络媒体与传统媒体纷纷转载数百次。

国家海洋局极地考察办公室、中国极地研究中心与极地考察赞助企业以及多家极地科普教育基地共同开展了多次极地科普知识巡讲活动，工作人员和参加南极考察的队员受邀与众多中小学生、广大市民面对面交流几十场次，分享了“雪龙”船上鲜为人知的故事、珍稀的极地动物、美丽纯净的极地世界、科考队员辛勤工作的场景、第一手珍贵的科考资料，让现场观众大开眼界的同时，更增强了大家的环保意识以及对大自然的热爱和探索精神。

在 2014 年 3 月全国“两会”上，贵州师范大学谢晓尧教授作为全国政协委员提出《关于支持中国南极科考站（长城站）开展可再生能源利用工作的建议》的政协提案，并建言“越来越热的南极游是对南极环境污染另一个最大的因素”，引起较大反响，为中国南极科考事业在国家层面上发声做出了贡献。

（3）极地考察相关文化产品、出版物。出版《冰海荣光：“雪龙”号南极救援脱困全纪录》，该书汇集 280 张精美图片，图文并茂、全景再现了“雪龙”船在南极开展国际救援的伟大壮举。

出版《我在南极的 17 个月》，该书是第 27 次南极科学考察中山站站长的考察记事，书中的文章是作者平日在南极考察期间发布于博客的随笔日记。作者在南极考察长达一年之多，用朴实的文字记录下科考队员在南极生活的点点滴滴。

印制《航迹——中国第三十次南极科学考察摄影纪实》，以丰富的图片配以生动的文字翔实地记录了此次南极考察的各方面工作和取得的成绩，再现了中国第 30 次南极科学考察队暨“雪龙”船参加国际救援并成功脱困的全过程。

发行一套 5 枚的中国第 30 次南极科学考察纪念封、一套 1 枚的中国第 6 次北极科学考察纪念封、一套 1 枚的中国北极黄河站建站 10 周年纪念封，深受国内外集邮爱好者喜爱，并刊发了多期极地集邮报，很好地传播了极地文化。

（国家海洋局极地考察办公室 中国极地研究中心）

国 际 海 域

综 述

2014 年，中国大洋矿产资源研究开发协会（以下简称“中国大洋协会”）在国际海域研究与开发各项工作中取得积极进展。深海海底区域资源勘探开发立法工作取得阶段性成果；中国大洋协会与国际海底管理局签订富钴结壳勘探合同，中国五矿集团公司向国际海底管理局提交多金属结核保留区矿区申请；中国大洋 30、32 航次圆满完成，34、35 航次任务顺利开启；加强了重大项目管理工作；以“三龙”（“蛟龙”号载人潜水器、“海龙”号无人有缆潜器和“潜龙一号”无人无缆潜器）为代表的深海高新技术体系逐步形成；大洋综合调查船和载人深潜支持母船等两型新船项目取得进展，国家深海基地管理中心等大洋保障能力建设大力推进；以中国大洋协会编制的 13 个国际海底地理实体命名获得国际地名分委会审议通过；积极履行承包者的国际义务，着力提升国际海域话语权。

中国大洋矿产资源研究开发协会活动

【慰问“大洋一号”科考船全体科考队员】 2014 年 1 月 26 日，中共中央政治局常委、国务院副总理张高丽在国家海洋局慰问了“大洋一号”科考船全体科考队员并接见家属代表，通过海事卫星与“大洋一号”船的科考队员代表进行了视频连线对话，代表党中央、国务院和祖国人民，向奋战在浩瀚大洋的科考队员表示亲切的慰问和新春的祝福。同日，张高丽副总理在国家海洋局与大洋科技工作者进行了座谈。座谈会上张高丽强调，要认真学习贯彻落实党中央、国务院建设海洋强国的决策部署和习近平总书记系列重要讲话精神，大力弘扬中国载人深潜精神，勇于改革创新，努力把大洋工作提高到新水平，为建设海洋强国、实现中华民族伟大复兴的中国梦作出新的贡献。

【中国大洋协会第六届常务理事会第十次会议】 2014 年 1 月 21 日，中国大洋协会第六届常务理事会第十次会议在北京召开。协会常务理事、常务理事代表以及协会办公室相关人员出席了会议。会议由金建才秘书长主持，王飞理事长做了会议总结。会议审议了中国大洋协会 2013 年业务工作总结、2014 年重点任务和《国际海底区域地理实体命名管理规定(试行)》；讨论了《国际海域资源调查与开发“十二五”规划》中期评估工作和完善大洋战略思路及开展“十三五”规划预研工作。

【中国大洋协会第六届常务理事会第十一次会议】 2014 年 8 月 26 日，中国大洋协会第六届常务理事会第十一次会议在北京召开。协会常务理事、常务理事代表及协会办公室有关人员与会。会议由协会办公室主任刘峰主持，王飞理事长做了会议总结。会议听取了第六届理事会工作进展情况和国际海底区域形势报告，对完善协会体制机制以及理事会换届等事宜进行了讨论。

【深海海底区域资源勘探开发法立法】 2014 年，全国人大环资委等部门组成的大洋立法调研团前往承担大洋任务的相关单位多次开展大洋立法调研，了解大洋工作现状及面临的主要问题，为开展深海海底区域资源勘探开发立法工作奠定基础。中国大洋协会办公室配合全国人大环资委法案室组织有关专家对大洋立法框架进行反复研讨，对立法草案反复推敲，形成了立法草案和立法说明。

【深海资源开发与深圳海洋经济发展高层研讨会】 2014 年 11 月 21 日，“深海资源开发与深圳海洋经济发展高层研讨会”在深圳召开。会议由中国大洋协会、深圳市人民政府发展研究中心共同主办。中国大洋协会办公室主任刘峰等主持会议，国家海洋局副局长、中国大洋协会理事长王飞和深圳市副市长陈彪到会并致辞。国务院参事张洪涛、工程院院士徐洵、封锡盛、中国大洋协会金建才秘书长等作了主题报告。

中国在国际海底管理局及国际海底地名分委会的活动

【访问国际海底管理局总部】 2014年6月14日，时任国家海洋局局长刘赐贵访问了国际海底管理局总部，陪同访问的有中国大洋协会金建才秘书长和中国驻牙买加大使馆、常驻国际海底管理局代表董晓军大使。刘赐贵会见了国际海底管理局副秘书长迈克•劳治，双方就共同关切的问题交换了意见。双方讨论的议题包括：中国与海管局签订的多金属结核、多金属硫化物和富钴结壳等三份合同的执行以及双方在培训、研讨会和数据共享方面的进一步合作。会谈结束后刘赐贵向国际海底管理局图书馆捐赠了图书。

【签署国际海底富钴结壳矿区勘探合同】 2014年4月29日，中国大洋协会与国际海底管理局在北京正式签订了国际海底富钴结壳矿区勘探合同，这标志着我国继2001年在东北太平洋获得7.5万平方千米多金属结核矿区、2011年在西南印度洋获得1万平方千米多金属硫化物矿区之后获得的第三块具有专属勘探权和优先开采权的富钴结壳矿区。中国大洋协会秘书长金建才和国际海底管理局秘书长涅.艾洛提.奥敦通分别代表双方在合同文本上签字。外交部、财政部、国土资源部、国家海洋局等有关部门代表出席了本次签字仪式。按照中国大洋协会与国际海底管理局签订的勘探合同要求，未来的15年内，中国大洋协会将在该区域内开展资源与评价、环境调查、采矿和选冶系统开发与试验等工作，履行培训发展中国家的科技人员的义务，并在勘探合同签订之后的10年内完成占勘探区总面积2/3区域的放弃任务，最终保留1000平方千米享有优先开采权的矿区。

【国际海底管理局进行利益相关者问卷调查】 2014年3月10日，国际海底管理局启动“利益相关者调查”问卷活动，目的是就建立采矿监管框架向管理局成员、目前和未来的利益相关者征集有关信息。调查聚焦了四个方面：财务条款和义务、环境管理条款和义务、健康和安全以及海事安全、总体考虑——利益相关者交流和透明。中国大洋协会作为合同承包者参加了本次问卷调查，并将评论意见反馈至国际海底管理局。

【国际海底管理局第20届会议】 2014年7月14日至25日，国际海底管理局第20届会议在牙买加首都金斯敦举行。中国代表团由外交部、国土资源部、国家海洋局、常驻国际海底管理局代表处和中国大洋协会办公室的代表组成。本次会议核准了7份矿区申请；重点讨论了多金属结核合同延期、开发规章、反垄断和环境管理计划等问题；审议了秘书长报告，举行了海管局成立20周年纪念会议；进行了理事会改选，法技委和财委委员补选等。

【大洋海底地理实体命名提案】 为促进国际海底区域（大洋领域）地理实体命名工作，中国大洋协会办公室在2014年组织协调大洋地理实体命名工作组对我国在国际海底区域活动范围内的海底地理实体开展了系统化、规范化命名工作，共新识别和命名124个地理实体、整理和收录57个海底地理实体命名所需资料、重新规范和标准化处理42个海底热液区名称，编制形成《中国大洋海底地理实体名录》。研究提出了17个海底地理实体命名提案，经国际地名分委会审议，有13个提案得到核准。

国际海底区域资源调查与研究

【大洋第30航次】 中国大洋第30航次科考任务由“大洋一号”船执行，自2013年12月2日从三亚启航，2014年5月29日返航青岛，本航次分为4个航段，历时179天，航程25628海里，作业海区为西南印度洋。参加航次队员共133人，分别来自国内外相关单位共30家。本航次是我国履行“西南印度洋多金属硫化物勘探合同”的开篇航次，重点在合同区开展了4个航段的多金属硫化物资源勘探工作，兼顾深海环境和深海生物多样性等调查工作。

该航次主要取得了以下成果：①多金属硫化物资源勘探取得突破，在合同区新发现11个海底热液区，使我国在大洋中脊发现的海底热液区达到44个，其中合同区海底热液区发现总数达到18个；②深海高新技术装备在海上成功应用，本航次利用我国自主研发的“进取者号”中深孔岩芯取样钻机在合同区进行了钻探调查。共钻取样品14管，钻进深度总计11.4米，获取有效岩芯 3.81 米；③多金属硫化物勘探技术方法得到发展，尝试了在合同区开展多金属硫化物的立体勘探。使用声学深拖、ROV、近底磁力仪、电法探测系统、中深孔岩芯取样钻机相互配合作业，实现了从微地形测量—资源分布调查—矿体分布探测—钻探取样这一套行之有效的多金属硫化物勘探方法，在技术和方法取得了初步成功；④履行为国际海底管理局培训人员的义务，为国际海底管理局选派人员进行了培训，来自喀麦隆、泰国和阿根廷的三名培训人员参加了本航次调查。

【大洋第 32 航次】　中国大洋第 32 航次科考任务由“海洋六号”船执行，自 2014 年 7 月 7 日从关岛启航，至 11 月 5 日返回广州，本航次分 3 个航段，历时 122 天，航行里程 14676 千米，作业海区为太平洋。参加航次队员共 95 人，分别来自国内相关单位共 13 家。本航次按照中国大洋协会国际海域资源调查与开发“十二五”规划总体工作部署，在太平洋开展富钴结壳、多金属结核、稀土等资源及环境调查工作，同时进行了生物资源及其他科学研究调查。

该航次取得的主要成果包括：①在我国富钴结壳合同区成功实现了大规模、跨年度、全方位和连续的立体环境观测，在同一个区域，实现多手段（CTD、ADCP、沉积物捕获器等）、大规模的立体环境观测，为富钴结壳矿区环境基线的研究提供丰富的实物样品与资料；②对我国 CC 区多金属结核合同区西区的试开采区开展资源调查，为合同区的资源评价以及开采提供了支撑；③我国自主研制的 6000 米无人无缆潜器（AUV）——“潜龙一号”成功在多金属结核合同区开展试验性声学应用和光学应用性实验，通过本次试验性应用对 AUV 设备性能进行了全面检验，开创了我国无人无缆潜器在深海大洋的首次探测应用；④履行了与国际海底管理局签订的富钴结壳和多金属结核的勘探合同，其中富钴结壳合同区是签订合同后的首次调查。

【中国大洋第 35 航次】　中国大洋第 35 航次科考任务由“向阳红 09”船执行，是蛟龙号载人潜水器试验性应用航次，也是蛟龙号在西南印度洋开展调查作业的首个航次。本航次共分为三个航段，第一航段自 2014 年 6 月 21 日从青岛起航，至 2014 年 8 月 16 日返回青岛，历时 57 天，作业海区为西北太平洋。参加航次队员共 103 名，分别来自国内外相关单位共 24 家。本航段在我国富钴结壳合同区采薇海山及周边邻近海域开展了 10 个潜次的下潜作业和 17 个站位的常规调查任务。第二、三航段自 2014 年 11 月 20 日从青岛起航，至 2015 年 3 月 17 日返回青岛，历时 118 天，作业海区为西南印度洋。参加航次队员共 113 名，分别来自国内外相关单位共 20 家。第二、三航段在我国西南印度洋洋脊典型热液区合同区及周边临近海域，开展了 13 个潜次的下潜作业和 32 个站位的常规调查任务。

该航次取得的主要成果包括：①第一航段共采集生物样品 116 个，富钴结壳样品 21 块 99.2 千克，多金属结核样品 24.32 千克，岩石样品 22 块 107.7 千克，沉积物样品 26 管，海水样品 1232 升，高清照片 2.92GB、高请视频 664GB，电子资料总计 680GB。基本摸清了采薇海山区富钴结壳矿产资源的分布状况，基本了解了该区域的生物多样性分布规律和环境状况；②第二、三航段共采集生物样品 723 个，热液硫化物样品 22 件 50.71 千克，碳酸盐岩 5 件 9.43 千克，热液氧化物 3 件 8.26 千克，蛋白石 2 件 26.83 千克，超基性岩 6 件 19.30 千克，玄武岩 22 件 123.1 千克，插管沉积物 10 管，表层沉积物 2 件 3.65 千克，柱状沉积物 5 件 854 厘米，海水样品 88 升，热液流体样品 12 件，高清照片 6.69GB，高请视频 635GB，电子资料总计 669GB。首次利用蛟龙号开展了西南印度洋洋脊不同类型的热液系统地质环境特征、热液流体、生物多样性特征等方面的精细调查、观测和对比研究。

【多金属结核合同区资源综合评价】　多金属结核资源评价项目主要完成了以下工作：①提交国际海底管理局的《执行多金属结核勘探合同 2013 年年度报告》编写；②对多金属结核采集扰动试验系统研究及合同区海上试验进行协调并启动了课题；③多金属结核勘探合同到期后对策研讨；④多金属结核资源分类标准的研讨；⑤多金属结核项目绩效考核工作。

该项目取得的研究成果主要包括：①AUV 声学测量获取了梳形声学测线 14 条，总计长度 101.5 千米，覆盖面积 33.6 平方千米。光学测量进行了 2 个潜次，获得探测照片 11579 张；②在合同区西区开展资源量的估算工作，在探矿阶段作业区地质取样网度为 10 千米×10 千米，在一般勘探阶段作业区地质取样网度为 7 千米×7 千米，在详细勘探阶段作业区地质取样网度为 3.5 千米×3.5 千米；③影响参照区拟设立在西小区，位于首采区东侧，长宽 10 千米×10 千米，总面积为 100 平方千米。保全参照区优先选在合同区西区西南侧，取得了参照区环境、底栖生物相关参数；④开展了拖曳系统、姿态调整装置和采集装置动力学分析；⑤多金属结核和富钴结壳合并熔炼和合并还原氨浸千克级试验研究，取得了相应的优化参数。完成了吨级规模连续试验非标设备及试验线的设计；⑥对多金属结核相关金属市场继续进行了跟踪与分析；⑦发表论文 9 篇，其中 5 篇为 SCI 论文。

【富钴结壳资源评价】 富钴结壳资源评价项目主要完成工作如下：①重大项目所属课题经费调整、海上工作需求征集、成果集成；②富钴结壳资源评价重大项目所属课题补充协议签订工作；③富钴结壳资源评价重大项目绩效考核工作；④富钴结壳资源评价项目及所属课题年度工作总结报告编写。

该项目取得的研究成果包括：①揭示了勘探区局部区域的结壳和覆盖率分布特征及小尺度上的分布规律；编制了勘探区区域地质图件；获得结壳伴生有用元素的空间变化规律等；探讨了海山地形（微地形）、底层流与结壳成矿的关系；首次获得了勘探区水体痕量元素地球化学特征；提出不同勘探阶段富钴结壳资源勘探网度；构建了富钴结壳资源评价模型、算法并编制了相关软件；获得了部分区块推断的资源量等。②收集了夏威夷群岛海山链、大西洋海山和地中海海山的有关生物、化学和物理环境资料；完成 10 套锚系的布放和回收，完成了采薇海山四周的温、盐结构和流场等分析；利用蛟龙号载人潜水器在采薇海山完成 8 次的下潜任务，获得了不同水深段内的海底高清视频和 122 个巨型底栖生物样品，揭示了不同水深段底栖生物种类组成、多样性和群落结构特征；利用 230Thex 法和 210Pbex 计算得到勘探区沉积物的沉积速率和沉积物生物扰动速率。③完成了选冶系统初步配置方案研究；获得了板状富钴结壳选矿工艺矿物学特征；获得了选矿综合样中的重要矿物的产出粒度特征、铁锰氧化物的解离特征；开展了强磁选冶、重选精矿选冶和重选精矿强磁选联合试验研究、浮选试验研究，优选了富钴结壳选冶流程。④总结了富钴结壳勘探技术方法，详细分析了各种调查技术方法的优劣；根据不同勘探阶段的要求，初步提出了富钴结壳资源勘查方案及相关技术要求。

【西南印度洋多金属硫化物合同区资源评价】 西南印度洋多金属硫化物合同区资源评价项目主要完成工作如下：①提交国际海底管理局的《执行多金属硫化物勘探合同 2013 年年度报告》编写；②联合组织了“第三届深海研究与地球系统科学学术研讨会”西南印度洋专题会场，发布了重大项目简报（[2014] 第一期）；③组织实施了合同区勘探工作规划研讨会议，制定了合同区勘探规划工作方案“合同区一般勘探工作规划（2014—2021 年）”；④重大项目年度工作总结报告和绩效考核工作。

该项目取得的研究成果主要包括：①地质及资源勘探研究，开展了西南印度洋脊合同区区域构造、地形地貌与构造演化研究，初步完成了合同区（46° E—52° E 脊段）构造解释工作。对合同区局部地段进行了综合地球物理研究。完成了 40 多个站位岩矿石样品主量、微量和稀土元素的送样和测试分析。初步建立了海底多金属硫化物三维结构特征勘探方法，并进行了水体化学异常找矿方法，沉积物地球地球化学和地球物理电磁法或电化学找矿方法等方面的研究。②获得了多金属硫化物合同区生物、化学和沉积基线的初步认识。③对原位规模取样器方面完成了主体软硬件部件的加工组装，初步形成原位测试技术方案；完成了四个样品的综合样品工艺矿物学研究，正在进行样品的可选性研究及评价。④发表和投稿论文 27 篇，其中 12 篇为 SCI 或 EI 收录；发表国家发明专利 3 项。

【深海（微）生物勘探与资源潜力评价】 深海（微）生物勘探与资源潜力评价项目完成工作如下：①成立了生物重大项目总体专家组；②召开了“十二五”深海生物重大项目学术交流会；③重大项目所属课题经费调整、海上工作需求征集、成果集成。

该项目取得研究成果主要包括：（1）利用

不同的培养基和不同的富集方法分离获得硫氧化细菌、铁还原细菌、硫酸盐还原菌、真菌、放线菌 901 株，鉴定发表 16 株细菌新种。对 100 多株初选菌株进行了液体发酵，筛选到 15 株高效抑制黄曲霉毒素产生的菌株。开展产油真菌筛选，获得 60 株产油真菌。（2）调查和分析了西南印度洋及西北印度洋 39 个样品的微生物群落结构多样性及其与环境因子相关性。初步解析铁还原菌 Kocuria sp. FXJ8.057 三价铁还原机理；完善了微生物单细胞基因组微体积扩增和分析平台。（3）在大洋 32 航次开展现场微生物分样和培养实验，获得 9 个未培养微生物的基因组片段。分离结核结壳区微生物 800 余株，发现并发表 15 个微生物新种。测序获得 3 个基因组完成图。（4）从西南印度洋热液口多金属硫化物中分离嗜热噬菌体，提取并扩增噬菌体基因组，进行宏基因组测序。（5）建立了基于发酵条件优化与色谱和波谱为导向的深海微生物菌株的培养方法；建立了发酵物的快速前处理与代谢产物的快速萃取技术。完成了 100 株海洋微生物代谢产物指纹图谱的分析、300 株微生物馏分制备、500 株微生物培养物的 HPLC-DVD 分子指纹图。对 20 株微生物进行系统的化学成分研究，分离并鉴定了 114 种特殊结构的深海天然产物的结构，其中 70 种为新颖结构化合物。（6）完成了对 800 多株海洋微生物代谢产物的分析整理工作，并逐步建立线上多方共享的深海细菌化学指纹图谱数据库平台。发现 7 株活性菌株，从中分离到具有生物活性的新化合物 24 个。（7）克隆了 21 个编码潜在药物靶点的基因至哺乳类细胞表达及果蝇与斑马鱼转基因载体。（8）从来源于不同海域（印度洋、大西洋、南海）不同生境环境（海水、沉积物）样品中分离出 300 余株深海微生物菌株。（9）构建了 2 个深海沉积物宏基因组文库。（10）从大西洋等不同海域样品中分离得到 7 个海洋细菌新种（属），完成了系统鉴定工作；基于基因组信息提出了划分微生物属的界限标准。（11）从大洋样品中分离、纯化、产电微生物，研究其形态特征、生理生化特征并进行鉴定；采用不同的电子供体，考察特异性菌株或菌群脱氯、脱硝、脱铀行为；考察底物浓度及对产电微生物的代谢行为的影响，考察微生物燃料电池运行稳定性。

深海技术发展

【国产超短基线定位系统增装】　大洋“国产超短基线定位系统增装”项目的主要目标是以科考船的需求为背景，结合已有国家计划科研成果，开展国产超短基线定位系统的研制工作，通过系统集成，安装到“大洋一号”科考船上，提供与国外超短基线系统定位服务的相互备份，满足该船在深海资源调查时对水下设备提供定位服务的需求。国产超短基线定位系统增装在“大洋一号”船后，首次承担自 2013 年 12 月 4 日起始的大洋 30 航次调查设备水下定位的试验性应用任务，在航次中水下定位 38 站，定位时间 310 小时。该项目于 2014 年 5 月 16 日通过专家验收。

【6000 米无人无缆潜器实用化改造】　大洋“6000 米无人无缆潜器实用化改造”项目主要目标是将 6000 米无人无缆潜器（“潜龙一号”）从试验到定型应用，使其性能更加稳定可靠，使用操作更加方便，更好的发挥现有技术装备的作用。2014 年 4 月 22 日，“潜龙一号”随“海洋六号”船在中国南海开展了大洋 32 航次综合试航海上试验。2014 年 8 月—9 月，“潜龙一号”随“海洋六号”船执行大洋 32 航次任务，首次开展试验性应用，在多金属结核详细勘探区总共进行了 9 个潜次的试验与应用，在近海底潜行作业时间总共 104 小时，航行 317.4 千米，最大下潜深度 5213 米，单次下潜连续工作时间 31 小时，获得了大量海底声学、光学等海洋数据。

【6000 米声学深拖系统适用性改造与维护】　大洋“6000 米声学深拖系统适用性改造与维护”项目主要目标是对“十五”期间研制的 6000 米级声学深拖系统进行适用性改造和维护，增加了浅地层剖面仪、声多普勒计程仪等设备，使系统具备同时进行海底地形地貌、浅地层地质结构、近海底流场等信息探测的能力，升级改造后的声学深拖系统不但可继续在“大洋一号”船上进行作业，也具备了在“海洋六号”船上进行作业的能力，满足执行大洋科学考察任务多条船舶的使用要求。2014 年 4 月 6000 米声学深拖系统随“竺可桢”船参加南印度洋探测任务，5 月 30 日至 6 月 1 日在南印度洋完成了 15 号测线扫测作业任务。2014 年 11 月，为了验证

国产化测深侧扫声纳电子机芯和换能器阵的工作性能，验证测深侧扫声纳探测精度，6000 米声学深拖系统进行了第二次湖上试验，结果表明，经过系统校正，对十字测线进行误差计算，取单侧作用距离 150 米，300 米×300 米区域内整体测深标准差 22 厘米，95%置信度测深误差为 44 厘米，略优于 IHO-S44 特级标准。

【“大洋一号”船科考数据网集成优化】 “大洋一号船科考数据网集成优化”项目的主要目标是通过升级网络基础设施，构建科考时间统一系统，优化数据传输中心，进一步提升“大洋一号”科考数据网数据采集与信息处理的基础能力；建成船舶综合监控显示系统和船舶状态信息显示系统，为“大洋一号”的航行与科考工作提供全面、直观的辅助决策信息。该项目的各系统服务于“大洋一号”船大洋 30 航次后，2014 年 10 月再次参加“大洋一号”船海试。使用结果表明，课题研发的“大洋一号”船舶网络系统、DTC 数据传输中心、船舶状态信息显示系统、船舶综合监控显示系统、时间统一系统、电子班报系统、远程技术支持系统均正常运行；“大洋一号”科考数据网建立了统一的时间基准，有利于对科考数据进行事件、时间的相关综合处理；对班报实现电子化管理实现了科考数据、流程集中管理、多信息系统集成优化等功能，满足“大洋一号”科考数据综合应用需求。

【中深孔钻机试用】 钻探技术是多金属硫化物矿区勘查的主要手段之一。该中深孔钻机的原型机是在国家高技术研究发展技术（863 计划）支持下，由北京先驱高技术公司在“十一五”期间研发，其最大作业水深为 4000 米，最大钻孔深度为 20 米。2013 年大洋协会办公室组织对该中深孔钻机进行了卸扣技术、控制技术等的改进和海试，并取名为“进取者”。海试结束后，“进取者”中深孔钻机在大洋 30 航次调查中进行了试用，共进行了 3 个站位的取样作业，作业时间 60 小时，其中的两个站位钻进深度分别为 3.0 米和 3.1 米，取芯长度分别为 1.75 米和 1.03 米，这是我国首次在西南印度洋获得岩芯样品，同时也为钻机的进一步升级改造和海上协调作业提供了经验。

【近底磁力仪探测】 近底磁力仪是由国家海洋局第二海洋研究所从加拿大引进的能在深水环境测量磁力大小的高技术设备，在国外已经被广泛应用于海底矿床及地质环境的调查，也是一种重要的常规热液硫化物矿区调查手段。该仪器专门为深海工作环境设计，最大工作水深可以达到水下 6000 米，量程为 8000～120000nT 绝对精度为 0.2nT（在整个量程范围内）。为了尽量减少无关的磁力干扰，国家海洋局第二海洋研究所设计了一套纯钛结构的拖体，用来作为磁力仪的载体，另外拖体上还搭载有超短基线定位系统水下应答器，能对水下拖体进行定位。在 2014 年大洋 30 航次的第 1 航段中，近底磁力仪首次在我国西南印度洋硫化物矿区进行 6 条测线的近底磁力探测，为该设备的优化改进和进一步使用积累了经验。

【4500 米级深海资源自主勘查系统研发】 “4500 米级深海资源自主勘查系统”（4500 米 AUV）是国家高技术研究发展技术（863 计划）“潜水器技术与装备”重大项目下属课题之一，其总体目标是自主研制出一套 4500 米水深的 AUV 系统，以此为平台，集成热液异常探测、微地形地貌测量、海底照相和磁力探测等技术，形成一套实用化的深海探测系统，培养一支装备操作维护队伍，并应用于多金属硫化物等深海矿产资源勘探作业。在实验室研发、室内水池试验的基础上，2014 年 11 月 3 日至 2015 年 2 月 2 日，4500 米级深海资源自主勘查系统课题组在杭州千岛湖进行了总计 118 个潜次的湖上试验，完成了系统复机、单项性能试验（传感器测试、布放与回收试验、潜水器运动性能试验、光学探测试验、自主导航和组合导航性能试验、磁力探测试验、避碰功能试验、微地貌探测及声同步性能试验）和部分综合性能试验（地形地貌探测试验、二次电池及最大续航力考核试验）。湖试结果表明，4500 米 AUV 设计科学合理、电子设备工作稳定可靠、操作规程可行有效，能够满足系统总体设计指标要求。

大洋管理工作及能力建设

【中国大洋生物基因资源研究开发基地】 ①《深海生物资源勘探与开发能力建设工程方案》汇总整编。②设计制作了 2 个微生物近底原位富集装置，由“蛟龙号”下放至西南印度洋作业区进行不同功能的原位微生物富集。

③进行国内外海洋微生物研究的专利分析，统计了 1993 年至 2012 年全球海洋微生物专利发布情况，从申请数量变化趋势、主要申请国家、专利申请者、技术领域等方向分析国内外专利申请和发布的态势。④大洋业务平台运行，大洋业务平台运行主要包括两个方面：大洋微生物资源库和大洋样品馆生物馆，主要负责入库保藏、信息提取和共享大洋微生物菌种及大洋生物样品。

【大洋微生物资源库】 ①2014 年度新增菌株信息 618 株，保藏入库 516 株，保藏冷冻干燥、超低温和液氮保藏菌种共 4128 支；为大洋课题提供资源样品 493 株；完成国家海洋局第二海洋研究所提交的 145 株菌种标准化整理与入库保藏。②管理规范的制定和完善，对菌种保藏的相关表单进行了多次简化与合并，使之更便于提交人填写；完成了 1 套“菌种排查软件”的设计与调试。

【大洋样品馆生物馆】 ①30 航次样品已顺利入库：对大洋 30 航次调查获得的沉积物、硫化物、氧化物、玄武岩等样品进行简要分类和入库，其中沉积物 31 个站位，岩石 11 个，固结碳酸盐 6 个，硫化物和氧化物共 2 个站位。经统计，本航次共获得了 50 个站位的样品。②32 航次样品入库：“海洋六号”在多金属结核合同区和富钴结壳海山区作业后，顺利返回广州麻涌码头。③软件建设：完成了《大洋生物样品管理系统》的软件基本建设，已投入使用。在征得国家海洋局第三海洋研究所安全部门和大洋协会办公室同意后，将对外开始试用。同时，为了保障该管理系统的顺畅运行和改进，与厦门鸿鑫正网络科技有限公司签订了两年的售后维护合同，确保了该系统的正常运作，发挥其样品管理功能。

【中国大洋样品馆】 ①航次现场样品保存条件保障与技术支撑，为大洋 30、32、34、35 等 4 个航次提供了现场样品包装、保存条件保障，提供各航次样品周转箱 226 只、岩芯周转箱 9 只、海水样品瓶 1400 只。完成了大洋 30、32、34、35 等 4 个航次现场样品管理综合培训，完成了大洋 30、32、35 等 3 个航次现场样品管理员岗位培训和样品管理系统使用技术支撑。②航次样品及相关资料接收，完成了大洋 30、32、35I 航次等 3 个航次大洋样品及资料的接收入馆与清点整理，经清点本年度共接收入馆大洋样品 211 站。完成了大洋 20、23、31 等 3 个航次任务使用样品分析测试数据核查、验收及报告编制工作。完成了大洋 29、30 等 2 个航次样品的描述整理和编码入库，累计描述入库样品 181 站、1154 件，获得照片 916 张、4.36 GB，产生纸质记录资料 519 页。③样品使用管理，开展了大洋 30、32、34、35 等 4 个航次现场使用样品申请审批管理，发布航次现场样品使用申请通知 6 次，库存样品使用申请通知 4 次。受理航次现场样品使用申请 73 份，受理库存样品使用申请 14 份。编制报送《样品使用分配方案》11 次、编制分配意见 400 余条。完成库存样品分配 14 批次、476 件、616 千克+732 厘米。④样品管理资料整编、数据校对、信息维护，开展了航次现场样品相关资料及接收入馆样品描述记录资料整理、复制工作，累计排序整理大洋样品资料 5348 页，复制 5497 页，累计完成样品照片整理、更名 916 张。完成了大洋 30、32、35I 等 3 个航次站位信息、采集样品信息、样品描述信息及现场管理信息的校对，校对信息 211 站、上万条。

【中国大洋样品馆科普宣传】 接待来访 80 团次、1127 人次，顺利完成了“中国海洋大学高校科学营”、“第七届全国海洋知识夏令营”等大型接待任务，顺利完成 APEC 海洋与渔业工作组代表团等重大外事接待任务 17 次。为“锦州世界园林博览会海洋科学创意馆”、“青岛市第四届中小学生科技节暨科学嘉年华活动”等重大活动提供展品或标本 10 批次，用于公益展出或教学活动。

【大洋资料中心】 ①编制了《大洋航次调查现场资料整编汇交要求》及《大洋航次调查内业资料整编汇交要求》，并在大洋 30、32、35 航次现场验收工作与大洋 20、21、30、31 航次报告验收工作中试行。②编制了《国际海域调查研究资料保密范围》，并通过了专家审议，形成了国际海域调查与开发资料国家秘密范围目录。③分别在广州、杭州、青岛、三亚四地对大洋 30 航次、31 航次、32 航次和 34 航次的参航人员进行了资料管理培训，培训总人次数过百。④完成了大洋 30、32 航次和 35 航次第一航段的现场数据资料的接收和审查，共接收纸质资料 92 册，总计 8932 页，移动硬盘 6 块，电子数据文件总计 136,766 个，数据总量 1.66TB，形成航次现场调查资料汇交报告 3 份。⑤对大洋数据库系统进行了更新、升级与维护，开展新获取大洋数据的数据库更新加载工作。更新了航迹数据库约 20 万条记录、海流数据库约 20 万条记录，更新照相摄像索引数据库 360 条记录；⑥提供数据资料服务近 200GB。

【大洋两型新船建造项目】 ①初步设计相关的技术研究和交流：为做好大洋两型新船初步设计工作，分别组织了针对船舶和调查装备专题技术研讨和交流。包括吊机装备、船舶推进系统方案、阀门遥控系统、通导及信息系统、总体和舱室布置优化以及内装方案等，同时对装备系统配置方案、声学和减噪、大型调查装备系统等进行了研究确定。组织业内专家对大洋综合资源调查船结构设计进行了专题论证。②大洋两型新船调查系统技术规格书编写：组织编写大洋新船调查系统技术规格书，邀请相关专家召开大洋两型新船调查系统规格书专题会和评审会，针对专家提出的意见和建议逐条落实，编写完成了两型新船系统规格书。③开展了两型新船相关的模拟试验：a. 大洋综合资源调查船模拟试验，针对大洋综合资源调查船设计采用的直叶浆推进系统，经充分准备，2014 年 9 月 1 日在上海船研所与外方技术供应商共同进行了直叶浆推进系统船模试验，取得了理想试验结果。试验报告提交发改委评审中心。b. 母船船型气泡试验，通过预研，完成了试验大纲和方案等技术准备工作。

大洋国际交流与合作

【举办深海大型底栖生物分类培训班】 根据中国大洋协会办公室与香港科技大学签订委托培训协议，2014 年 4 月 28 日至 5 月 10 日在香港举办了“深海大型底栖生物分类培训班”，国内 9 名海洋底栖生物研究人员参加了培训。

【参加船舶及海洋学高端研讨会】 2014 年 8 月 18 日至 22 日，船舶及海洋学高端研讨会在美国举办，中国大洋协会办公室副主任何宗玉率团参加了会议。会议主要议题是 2017 年船舶与海洋学前沿领域的机遇。讨论了船舶与海洋装备技术以及海洋保护等。双方还就东太平洋多金属结核环境调查等有关事宜进行了商讨。

【访问国际海洋法法庭和国际海底管理局】 2014 年 9 月 8 日至 14 日，中国大洋协会秘书长金建才率领中国深海立法代表团访问了位于德国汉堡的国际海洋法法庭和位于牙买加金斯敦的国际海底管理局。本次访问了解了国际海洋法法庭和国际海底管理局有关国际海底资源勘探开发立法要求、国际海底区域活动现阶段特征以及发展趋势等情况，进一步认识到立法的重要性、紧迫性以及在立法中应确立的相关制度和关键内容。

【参加深海采矿论坛第 43 届年会】 2014 年 9 月 21 日至 28 日，深海采矿论坛（Underwater Mining Institute，简称 UMI 论坛）第 43 届年会（UMI 2014）在葡萄牙举行。以中国大洋协会办公室刘峰主任为团长的中方代表团参加了此次会议。本次会议的议题为海底资源的开采与环境的融合，会议聚焦于管理和最小化海底资源采集活动对环境的影响、海底资源开发的新技术、各种类型海底资源的评价新方法、国际和区域性的相关政策和规则研究的新见解。与会专家对合同区多金属硫化物的勘探活动和相关研究工作作了报告或展板展示。

【参加多金属结核资源类型分类标准研讨会】 2014 年 10 月 13 至 17 日，国际海底管理局在印度召开了“多金属结核资源类型分类标准研讨会”。中国大洋协会时任秘书长金建才率团参加了会议。本次研讨会的目的是通过研讨借鉴陆地矿产资源/储量类型分类标准，拟定适用于海底多金属结核资源/储量等级的分类标准。

【参加金属结核勘探区（CC 区）大型底栖生物分类与标准建立研讨会】 2014 年 11 月 23 日至 30 日，国际海底管理局和韩国海洋科学与技术研究所（KIOST）共同组织的“多金属结核勘探区（CC 区）大型底栖生物分类与标准建立研讨会”在韩国蔚珍郡东海海洋研究所举行。中国大洋协会参加了会议并就多金属结核勘探区开展的大型底栖生物调查现状进行了介绍。

（中国大洋矿产资源研究开发协会）

海洋国际交流与合作

海洋国际交流与合作

综　述

2014 年，国家海洋局紧紧围绕年初设定的工作目标和思路，全面推进海洋维权与国际合作工作，在深入开展维护海洋权益的法理研究、开展对内对外宣传、拓展海洋领域国际合作、深入参与涉海国际事务等方面取得积极成效。主要体现在：

（一）密切跟踪周边海上形势，积极为海洋维权决策提供参考意见。组织专家跟踪分析海上动态，进行海洋形势研判，开展海上热点问题研究。先后在福建师范大学和国家图书馆举办了海峡两岸钓鱼岛主权与历史图片资料联合展览，举办了 5 场钓鱼岛历史专题讲座及数场专题研讨会。成功开通了钓鱼岛专题网站，宣传中国拥有钓鱼岛主权的法理和历史依据。成功举办“第四届大陆架和国际海底区域制度科学与法律问题国际研讨会”，宣传了我国有关大陆架的立场。

（二）深入推进周边海洋合作，促进 21 世纪海上丝绸之路建设。海洋领域国际合作平台建设纳入“一带一路”战略优先发展项目清单。在习近平主席访问南亚期间，在两国元首见证下，签署了我国与斯里兰卡、马尔代夫海洋领域合作文件。应马尔代夫政府请求，及时派出中方专家组赴马尔代夫为马方因灾受损海水淡化厂提供紧急技术援助。推动落实中国印尼海上合作基金和中国—东盟海上合作基金项目申报，积极促进南海地区海洋合作。国家海洋局牵头分别与福建省和山东省共建“中国—东盟海洋合作中心”和“东亚海洋合作平台”。国家海洋局牵头实施的三个合作项目在落实《南海各方行为宣言》第八次联合工作组会议上得到了多个东盟国家的积极响应。与泰国自然资源环境部共同召开了一系列双边合作会议，就推动中泰联合实验室建设达成重要共识。成功举办了第二届中国—东盟国家海洋合作论坛，就该论坛机制化、制定中国—东盟国家海洋合作共同行动计划等达成了共识。

（三）深化中国与欧美以及南太平洋国家海洋合作。习近平主席访问澳大利亚期间，与澳大利亚领导人共同登上我国极地科考船“雪龙号”进行视察，对两国极地工作者进行了慰问。在两国领导人见证下，中外双方先后签署了《中澳两国政府关于南极和南大洋领域合作备忘录》、《中新两国政府关于南极合作安排》和《中瓦两国政府关于海洋领域合作备忘录》。李克强总理访问希腊期间，出席了首届中希海洋合作论坛，并发表以海洋为主题的重要讲话，确定了 2015 年为“中希海洋年”。在两国领导人见证下，国家海洋局与希腊有关部门签署了《中希政府间海洋领域合作谅解备忘录》。国家海洋局领导分别会见了来自美国、加拿大、丹麦、葡萄牙等国涉海部门领导及驻华大使等政要，就深化海洋和极地合作进行了探讨。国家海洋局与牙买加建成首个联合海洋环境监测站。中冰联合极光观测站在冰岛落成。

（四）积极参与涉海国际事务。成功举办亚太经合组织第四届海洋部长会议，取得了包括《厦门宣言》在内的一系列重大成果。亚太经合组织领导人会议和部长级会议将蓝色经济、《海洋可持续发展报告》、蓝色经济论坛等重要成果全部写入成果文件。亚太经合组织海洋可持续发展中心举办了第三届蓝色经济论坛和部长会议配套活动，组织实施蓝色经济示范项目。在政府间海洋学委员会框架下，《南中国海区域海啸咨询中心建设实施方案》获得国际组织批准，同意在华成立南海海啸咨询中心。深入参与《伦敦公约》和《96 议定书》战略规划的起草进程。全面参与了联大海洋法非正式磋商、国家管辖范围以外生物多样性养护与可持续利用非特设工作组、全球海洋环境评估、中外海洋法与极地事务对话、《生物多样性公约》、国际海底管理局等重要国际公约和机制涉海事务的谈判与磋商。

（五）参与国际事务的能力得到大幅提升。经批准我国正式承建了世界气象组织、国际科学联盟和海委会“气候变率及可预测性研究项目”办公室、环印度洋联盟海水淡化技术转移合作协调中心、亚太脱盐协会秘书处、中国—东亚海环境管理伙伴关系区域组织海岸带可持续管理合作中心和黄海大海洋生态项目分办公室等国际在华机构。国家海洋局与教育部共同设立中国政府海洋奖学金，已有来自印尼、泰国、巴基斯坦、伊朗、孟加拉、尼日利亚以及南非等 25 国的 56 名学生在华攻读硕士或博士学位。与商务部联合举办 2014 年发展中国家海洋综合管理与蓝色经济发展部级研讨班，召开了 2014 年厦门国际海洋论坛暨第四届发展中国家海洋可持续发展部长论坛。2014 年新增北海市加入“东亚海地方政府网络”，促进区域内城市间的互动与交流。探讨与大自然保护协会、世界银行全球海洋伙伴关系、保护国际基金会等务实合作，指导地方开展对海洋状况与功能的综合评估示范。完成发改委中意合作“适应气候变化的沿海地区生态系统能力建设”项目。积极申报全球环境基金项目，探讨与其他部委合作开展生物多样性保护的新实践。

维护国家海洋权益

【2014 年维护国家海洋权益与国际合作工作会议在京召开】 2 月 25 日，2014 年维护国家海洋权益与国际合作工作会议在北京召开。陈连增副局长对维护海洋权益与推进国际合作提出四点要求：一是要把握大局，进一步做好海洋维权和国际合作整体布局与顶层设计；二是要高度重视成果落实，运行维护好已有的合作机制，建立长期稳固的合作伙伴关系，为实现全方位海洋国际合作奠定基础；三是要继续完善工作机制，大力加强海洋维权与海洋国际合作人才队伍建设；四是要认真贯彻落实中央有关文件精神和中央“八项规定”要求，严格执行外事管理制度。国家海洋局国际合作司张海文司长作了工作报告，对 2014 年维护海洋权益与国际合作重点工作进行了部署：一是继续坚持稳中求进，加强综合分析研究与对策措施储备；二是主动稳妥应对挑战，加强海上安全合作与交流；三是着力深化周边合作互利共赢局面，提升海洋外交成效；四是拓展合作发展空间，完善海洋合作的总体布局；五是主动参与国际海洋事务的发展，努力拓展海洋战略和利益“新疆域”；六是服务地方海洋经济发展，提升沿海地区海洋综合管理和可持续发展能力；七是加强外事工作管理，提高海洋维权与海洋外交的国际化水平。

【第四届大陆架和国际海底区域制度科学与法律问题国际研讨会召开】 4 月 22 日至 23 日，由国家海洋局和中国大洋矿产资源研究开发协会资助、国家海洋局第二海洋研究所和海洋发展战略研究所共同主办的第四届大陆架和国际海底区域制度科学与法律问题国际研讨会在厦门举行。大陆架界限委员会、国际海底管理局、国际海洋法法庭、联合国海洋事务和海洋法司的主要领导和重要成员，以及来自 26 个国家的知名海洋法专家与科学家共 150 余人参加了会议。国家海洋局副局长陈连增、外交部条法司副司长贾桂德出席开幕式并致辞。国家海洋局国际合作司张海文司长向大会作了主旨发言。在为期两天的会议中，与会专家和学者重点围绕与大陆架制度理论与实践相关的科学问题、与国际海底资源勘探与环境保护相关的科学问题，以及外大陆架和区域的法律问题、划定外大陆架的国际和地区实践等议题进行广泛而深入的交流和探讨。

【中英海洋法专家对话在京举行】 3 月 27 日，由国家海洋局国际合作司组织的中英海洋法专家对话在北京举行。英国代表团一行 5 人，成员来自英国驻华大使馆、外交和联邦事务部和英国皇家海军。国家海洋局国际合作司、海洋发展战略研究所、海警指挥中心、中国人民大学的专家和代表参加了此次对话。中英双方法律专家就领海无害通过制度和海峡过境通行制度、南海问题、沿海国海洋执法问题以及专属经济区军事测量等问题进行了讨论。双方均认为本次对话富有成效，加深了对双方有关立场的了解，表示希望今后进一步加强中英在海洋法领域的交流与合作。

【英国国家海洋信息中心访问国家海洋局】 3 月 10 日，国家海洋局国际合作司张海文司长接待了来访的英国国家海洋信息中心主任 Russell Pegg 和英国驻华大使馆武官 Rupert Hollins 上校。Russell Pegg 简要介绍了英国海事安全工作的概况，包括跨部门合作、国家海洋安全及相关委员会、构建国际联系网络在海洋领域的重要性、该中心的发展经验、海事安全相关事例、海洋科学知识的充分应用、增建全球海洋报告中心的重要性、通过亚洲地区反海盗及武装劫船合作区域协定（ReCAAP）和签署合作意向书开展与中国国家海洋局的合作等。

【国际海底地名分委会第 27 次会议在摩纳哥召开】 2014 年 6 月 16 日至 20 日，国际海底地名分委会第 27 次会议在摩纳哥国际水道测量组织总部召开，来自德国、美国、法国、巴西、阿根廷、中国、日本、韩国、加拿大、墨西哥、马来西亚等 11 个国家的分委会委员、秘书和观察员共 25 人参加了会议。会议主要审议了本年度包括我国在内的 12 个国家提交的 78 个新的海底地名提案。根据分委会审议意见，我国提交的 14 个海底地名提案获得通过。这 14 个海底地名提案包括楚茨海山、芳伯海山、嘉卉海丘、景福海丘、天祜海丘、蓑笠平顶山、羊海山、年丰平顶山、牧来平顶山、维骐平顶山、维骆平顶山、思文海脊、方舟海山、海东青海山，其中 12 个位于太平洋、1 个位于印度洋、1 个位于大西洋。2014 年是我国自 2011 年以来连续第四年提交海底地名提案。到目前为止，我国已有 43 个海底地名提案获得审议通过，并被纳入国际海底地名名录。

【举办钓鱼岛主权与历史图片展览及专题讲座】 6 月 15 日和 9 月 18 日，国家海洋局与有关单位合作分别在福建师范大学和国家图书馆举办了两场海峡两岸钓鱼岛主权与历史图片资料联合展览，并同时举办了 5 场钓鱼岛历史专题讲座及数场专题研讨会。共展出了 200 多幅资料图片，其中有许多资料是首次向公众展示，详细展示了钓鱼岛及其附属岛屿自古就是我国固有领土的历史和法理依据，吸引了数万名观众前往参观。

【钓鱼岛专题网站正式开通】 为宣传钓鱼岛主权属于中国的历史和法理依据，批驳日本在钓鱼岛问题上错误言行，由国家海洋信息中心主办的钓鱼岛专题网站于 12 月 30 日上线运行，网站内容包括：基本立场、自然环境、历史依据、文献资料、法律文件、论文著作、新闻动态和视频资料等栏目，公布了大量历史和法律文件，引起了国内民众和国内外媒体的高度关注，为我国开展对日舆论斗争开辟了新的阵地。

【涉外海洋科学研究审批工作】 根据《涉外海洋科学研究管理规定》，国家海洋局批复了国家海洋局第二海洋研究所涉外海洋科学研究申请 2 项，广州海洋地质调查局涉外科学研究申请 1 项。

双多边交流与合作

【中印尼合作稳步推进】 2014 年 5 月 12 日，中印尼海上合作委员会第二次会议在印尼雅加达召开。会议由外交部副部长刘振民和印尼外交部副部长共同主持。会议对国家海洋局与印尼海洋与渔业部共同承担的“中印尼海洋与气候中心联合观测站”项目进展表示满意，表示两国政府将继续支持中印尼海洋联合观测站建设。会议期间，国家海洋局代表与印尼海洋与渔业部代表就利用“中印尼海洋合作基金”支持联合观测站建设的相关工作、拟定新的合作项目等进行了交流，并就联合开展“海洋综合监督与服务”项目达成了初步共识。11 月 27 日至 29 日，第八届中印尼海洋科研环保研讨会在印尼万隆举行。来自双方海洋管理部门、科研机构的技术官员和专家学者共 93 人出席了研讨会。会议议题包括：海洋气候监测与观测体系、海洋资源的发展与应用、海洋及海岸带环境保护与能力建设。与会专家就各自在海洋科研环保领域工作取得的最新成果以及新的合作意向进行了交流。会议期间双方举行工作层会议，明确了中印尼中心主任及副主任人选，同意加强对中印尼中心运营费的使用监督和管理，进一步修订和完善《中印尼中心章程》、制定《中印尼海洋领域合作行动计划 2015

—2020》、编制中印尼中心2015年工作计划并规范中印尼中心各项运营管理制度。双方同意成立中印尼中心管理委员会，由双方技术官员、财务专家、项目专家等组成，定期召开会议，审议工作计划落实情况和项目各项经费支出情况。12月14日至12月28日，中印双方科研人员参加了印尼卡里马塔海峡的第十七航次联合考察，深入开展南海—印尼海水交换的年际变化研究，并推进“南海与印尼海水交换和巽他海峡动力学及其对鱼类季节性洄游的影响”项目的观测进展。12月29日至30日，“中印尼合作南海—西印尼海-印度洋水交换及其气候效应研讨会”在印尼巴厘召开，会议对SITE和JUV项目调查海域相关的科学问题开展了深度探讨并详细讨论了项目2015年工作计划。会议期间，中印尼双方还签署了SITE计划2015—2018年的业务协议。

【中泰合作稳步推进】 2014年8月1日，中泰海洋领域合作联委会第三次会议在北京召开。会议由国家海洋局陈连增副局长与泰国自然资源与环境部副常秘韦嘉•希玛查亚共同主持。双方共同回顾了中泰气候与海洋生态系统联合实验室以及其他中泰海洋合作在研项目的进展情况，并对在中国—东盟海洋合作基金框架下开展的合作进行了讨论。双方对合作取得的一系列重要成果表示满意，并为进一步推动中泰海洋领域合作提出以下建议：一是共同关注中泰气候与海洋生态系统联合实验室的建设和发展，二是共同推动中泰合作研究项目的开展，三是共同办好第二届中国—东盟海洋合作论坛。中泰双方同意将采取务实态度，落实已经确定的合作项目，并继续扩大和深化海洋领域合作。12月15日至17日，第二届中国—东盟国家海洋合作论坛在泰国普吉召开。论坛由国家海洋局、泰国自然资源与环境部和政府间海洋学委员会西太分委会共同举办。来自泰国、印尼、马来西亚、缅甸、柬埔寨、越南、老挝等7个东盟国家和中国共124位代表出席了论坛。泰方表示愿本着落实《南海各方行为宣言》的精神，促进地区的稳定与繁荣，推动东盟与中国在气候变化、海洋环境预报、生物多样性保护、海洋综合管理、海岸带侵蚀、发展蓝色经济等领域的合作。中方指出，中国国家主席习近平提出的“建设21世纪海上丝绸之路”的倡议，为深化中国与东盟各国海洋合作提供了难得的历史机遇，并提出四点建议：构建中国—东盟国家海洋合作伙伴关系，制定中国—东盟海洋合作行动计划，建立中国—东盟海洋合作中心，定期举办中国—东盟国家海洋合作论坛；推进海洋科技创新合作，加强能力建设和技术传播，共享最新科研成果与最佳实践经验；推动海洋生态文明建设，建立集海洋观测、信息共享、预报服务、防灾减灾、能力建设为一体的海洋综合服务体系，提升海洋防灾减灾能力；大力推进蓝色经济合作，将蓝色经济发展理念融入各自经济社会发展规划，为促进地区经济社会的发展和繁荣做出积极贡献。论坛一共安排了34场学术报告，与会各国专家充分交流了各自在相关领域的最新研究成果和经验。

【中韩合作不断深化】 2014年2月17日，国家海洋局第一海洋研究所与韩国首尔大学海洋研究所签署了《国家海洋局第一海洋研究所与首尔大学海洋研究所合作协议》。双方将在海洋观测和预报、海洋地质、海洋生态多样性保护等领域开展深入合作。3月6日，中韩海洋领域合作学术研讨会在广西北海顺利召开。会上中韩双方就中国生态文明建设及韩国海洋生态保护、海洋空间规划等内容进行了交流。6月24至26日，为落实《中华人民共和国国家海洋局和大韩民国海洋水产部海洋科学技术合作谅解备忘录》，推动中韩海洋领域的合作，中韩双方在韩国济州岛召开了中韩黄东海海洋合作研讨。该研讨会由韩国首尔大学海洋研究所举办，来自中韩两国的40余名专家参加了此次会议。与会专家围绕黄东海物理海洋、海洋生态和海洋地质开展了深入讨论与交流，并就“黄东海在区域性气候变化中的作用及其响应”、“黄海南部和东海北部生态系统动力学及其对自然和人为双重作用的响应”和“东亚大陆边缘源汇过程”等合作项目达成初步合作意向。8月12日，中韩海洋科学共同研究中心2014年度管理委员会在青岛召开。会议举行了中韩中心第九、十届领导的换届仪式，韩方权宰一博士和中方郑伟博士分别当选中韩中心第十届主任、副主任。会议对《中韩海洋领域合作规划（2015—2019)》（初稿）进行了审议。11月25日至29日，为加强中韩双方在“黄海海洋信息数据库建立与使用”项目上的合作与交流，国家海洋局第一海洋研究所海洋信息与计算中心技术人员赴韩国海洋科学技术院参加项目交流会议，并与韩国海洋研究院信息中心、图书馆、海洋预报业务化运行部门等多个业务部门进行了座谈，学习海洋数据管理、数据共享、海洋信息可视化、科研管理先进经验。

【与南亚国家合作进入新篇章】 2014 年 9 月 15 日，在习近平主席与马尔代夫总统亚明的见证下，时任国家海洋局局长刘赐贵与马尔代夫环境与能源部部长托里克•伊布拉希姆部长共同签署了《中华人民共和国国家海洋局和马尔代夫共和国环境与能源部海洋领域合作谅解备忘录》。9 月 14 日上午，中方代表团访问马尔代夫环境与能源部，对双方未来合作达成共识：尽快成立联合委员会，举行机制性会议，探讨具体合作事宜；相互借鉴，取长补短，精选项目，务求实效，扎实推进合作；鼓励双方人员往来，欢迎马方青年学者申请“中国政府海洋奖学金”；邀请马方官员、学者来华出席发展中国家海洋部长培训班、海洋学术研讨会等培训项目。马方表示愿与中方构建长期、稳定的合作机制与平台，期待与中方加强在海岛开发、保护和管理、海岸带侵蚀与修复、海啸早期预警技术、海洋资源开发等领域的务实合作。9 月 14 日下午，中方代表团访问马尔代夫渔业与农业部，表示高度重视与马在海洋领域的务实合作，要进一步加深双方海洋部门间的相互了解，促进两国海洋管理者和学者间的相互交流，推动双方在海洋科学研究、海洋资源开发与管理，防灾减灾、学位教育、能力建设等领域的务实合作。马方表示将高度重视并积极参与中方在海洋领域的务实合作。9 月 16 日，在习近平主席与斯里兰卡总统马欣达•拉贾帕克萨见证下，时任国家海洋局局长刘赐贵与斯里兰卡国防与城市发展部常秘戈塔巴雅•拉贾帕克萨共同签署了《中国国家海洋局与斯里兰卡国防与城市发展部关于建立中斯联合海岸带与海洋研究与开发中心的谅解备忘录》(简称“谅解备忘录”)。9 月 16 日上午，中方代表团访问斯里兰卡水产资源研究开发局，表示将认真履行“谅解备忘录”规定的各项责任和义务，合理规划和制定近期、中期的工作任务、目标，扎实推进中斯中心的建设和发展，将其建设成为国家友好相处、互利合作的典范，使海洋合作为中斯真诚互助、世代友好的战略合作关系的健康发展增添新的动力。9 月 17 日上午，中方代表团访问斯里兰卡国防与城市发展部，就深化中斯海洋领域合作，推动中斯联合海岸带与海洋研究与开发中心建设事宜与斯方举行了工作会谈，并达成了重要共识。7 月 17 日，国家海洋局副局长陈连增在京会见了孟加拉国驻华大使穆哈迈德•阿兹祖尔•哈克大使，双方就加强中孟海洋领域合作事宜进行了会谈。中方对未来双方合作提出了四点建议：一是鼓励双方海洋管理部门和科研机构的人员交流，确定共同感兴趣的合作领域；二是中方鼓励孟加拉国青年海洋学者申请“中国政府海洋奖学金”项目，中方将为孟方学者来华攻读学位提供便利；三是推动在海洋资源开发利用、发展海洋经济等方面的合作；四是双方适时签署中孟海洋领域合作谅解备忘录，构建长期、稳定的合作机制和交流平台，推动务实合作。孟方表示，孟加拉国拥有广阔的管辖海域，期待深化与中方在海洋资源开发与利用、海洋科学技术、能力建设等领域的务实合作，提升孟方海洋科研水平和资源开发能力，推动海洋经济发展，造福孟加拉国人民。

【与非洲国家合作逐步加强】 2014 年 4 月 14 日至 15 日，首届中国—南非海洋科技研讨会在南非开普敦召开，由国家海洋局与南非环境部联合举办。双方科学家就业务化海洋学、海洋与海岸带管理、生物多样性及保护、海洋地质、海洋资源开发利用等多个议题进行了深入交流，并对未来合作具体内容达成共识。双方一致认为，应尽快制定中国—南非海洋合作概念文件，并于 2015 年在南非召开第二届中南非海洋科技联委会会议时提交审议。4 月 16 日，中方代表团与联合国政府间海洋学委员会非洲分委会主席及执行秘书一行就推进中非海洋领域合作、制定中非未来五年合作规划等事宜进行了对话。双方同意成立专家组，优先考虑中非海洋遥感合作等事宜，并通过中国政府海洋奖学金等项目帮助非洲有关国家加强能力建设。12 月 2 日，时任国家海洋局局长刘赐贵在京会见南非环境事务部部长莫莱瓦一行，双方就进一步深化两国在海洋领域内的务实合作进行了友好交流。中方对未来合作提出六点建议：一是继续在海洋领域进行深入探讨，达成共识，利用双方现有资源，共同推动中国国家主席习近平提出的建设“21 世纪海上丝绸之路”的倡议；二是加强双方官员和专家的沟通，确保明年在南非举行的中南海洋领域合作联委会第二次会议取得成效；三是加强两国在政府间、国际和地区涉海国际组织等多边框架下全球海洋观测、应对气候变化、发展蓝色经济等海洋热点问题的磋商与合作，共同关注和参与第二次国际印度洋考察等重大国际海洋计划；四是尽快启动《中国—南非海洋科技合作规划 2015 年—2020 年》的编制工作，以此指导下一阶段中南海洋领域合作工作；五是建议在中非合作论坛机制下，设立中国—非洲海洋合作论坛；六是中方愿意支持南非青年学者申请“中国政府海洋奖学金”项目，并为南非学者来华攻读学位提供协助和便利。南非方表示希望未来在蓝色经济等领域与中方深化合作，推动中南双边关系再上新台阶。

【港澳台合作更加密切】 3 月 5 日，时任国家海洋局局长刘赐贵在京会见了香港特别行政区行政长官梁振英，就加强海洋领域交流与合作进行探讨，希望双方能加强在海洋科技人才培养、海洋监测和预报、海洋防灾减灾、海洋综合管理以及海洋文化方面的交流与合作。港方表示希望得到国家海洋局的长期支持。12 月 2 日至 4 日，海峡两岸海洋论坛第一次合作推动小组会议在台北举行，来自两岸的近 30 名代表出席了会议。双方在海洋防灾减灾与调适；海洋环境及沉积物的监测、检测与评价；海洋及海岛生态环境的养育、防护与管理；水下文化遗（资）产保护与管理；海洋能及离岸风力的应用；海洋功能区划及填海造地管理六个议题下进行了交流。在充分讨论的基础上，双方确定了三项优先推动项目：两岸客轮航线预报与技术交流合作；深海海气象海啸浮标合作研发；海漂垃圾污染防治。同时，同意在海洋环境及沉积物的监测、海洋及海岛生态环境保护、水下文化遗(资)产保护与管理、海洋能及离岸风力、海洋功能区划及填海造地管理等领域持续加强互访并逐渐开展技术交流项目。

【中马来西亚合作前景良好】 2014 年 9 月 14 日至 18 日，国家海洋局第一海洋研究所研究人员赴马与马来亚大学海洋与地球科学研究所（IOES）开展季风对南海南部海洋环境及生态系统的影响合作研究，讨论双方合作协议细则，实地考察 Bachok 海洋站，确定气象站的安装方案，并就双方在海洋遥感、近岸环境监测等领域的研究工作开展了交流。10 月份，国家海洋局第三海洋研究所与马来亚大学就联合开展“马来西亚 Bachok 观测站建设及周边海域‘源—汇’研究”项目签署了合作备忘录。11 月 27 日至 12 月 5 日，国家海洋局第三海洋研究所研究人员赴马与马来亚大学海洋与地球科学研究所开展“吉兰丹河流域—河口—陆架联合调查”工作，对吉兰丹河口、毗邻海区及流域进行了沉积物和水体现场采样，研究吉兰丹河的地貌演化及泥沙的搬运、沉积和埋藏以及该河口三角洲的现代沉积过程和动力机制。

【APEC 第四届海洋部长会期间举行多场双边会谈】 2014 年 8 月 28 日，亚太经合组织（APEC）第四届海洋部长会议在厦门成功召开。会议期间我与 APEC 成员各代表团举行了 20 余场双边会见，会见来宾包括：联合国教科文组织政府间海洋学委员会主席卞相庆、美国副助理国务卿大卫•博尔顿、印尼海洋与渔业部部长沙立夫•吉吉普•苏塔尔佐、菲律宾环境和自然资源部副部长曼努埃尔•杜克•戈罗奇、澳大利亚驻广州总领事戴德明、东亚海环境管理伙伴关系计划理事会荣誉主席蔡程瑛、秘鲁生产部副部长保罗•法比尤•常、新西兰初级产业部副部长罗杰•史密斯、文莱工业与初级资源部副常委秘书哈格•哈娜•伊布拉希姆、香港特区政府渔农自然护理署代理署长梁肇辉，以及加拿大渔业与海洋部、巴布亚新几内亚渔业和海洋资源部、韩国海洋水产部、泰国自然资源与环境部和俄罗斯联邦渔业署代表团等。中方感谢各代表团在本届 APEC 海洋部长会议筹备进程中所提供的支持和帮助，并提出作为 APEC 成员，大家有责任共同维护 APEC 的合作方向。各方对中方为筹备本届会议所做出的努力以及给予各经济体参会代表的热情接待表示赞赏，并表示愿与中方一同努力，确保《厦门宣言》顺利通过，会议取得圆满成功。

【习近平主席视察“雪龙号”】 2014年11月18日，习近平主席在访问澳大利亚期间，与澳大利亚总理阿博特一同登上正在塔斯马尼亚州霍巴特港停靠补给的中国极地科考船“雪龙号”，与中国第31次南极科考队全体队员合影，对南极科考全体队员，以及工作在南极中山站和戴维斯站的中澳两国极地工作者进行了慰问和讲话。随后，习主席对“雪龙号”进行了视察，参观了极地事业30年图片展和生物实验室，询问了南极科考装备能力情况。在视察“雪龙号”之前，习近平主席和阿博特总理共同见证了时任国家海洋局局长刘赐贵与澳大利亚环境部长签署《中澳两国政府关于南极与南大洋合作的谅解备忘录》，与澳塔斯马尼亚州州长签署《中国国家海洋局与塔斯马尼亚州政府南极门户合作执行计划》。

【李克强总理访问希腊期间出席“第一届中希海洋合作论坛”】 2014年6月，李克强总理对希腊进行了成功访问。期间，李克强总理出席了第一届中希海洋合作论坛，发表了以海洋为主题的重要讲话，提出了“建设和平、合作、和谐海洋”的海洋观，并与希腊总理一同见证时任国家海洋局局长刘赐贵与希腊海运、海洋事务与爱琴海部部长签署《中希政府间海洋领域合作谅解备忘录》，共同确定2015年为“中希海洋合作年”，宣布成立两国政府海洋合作委员会，推动两国在蓝色经济、海洋文化、科研环保等领域合作。

【时任国家海洋局局长刘赐贵访问澳大利亚、新西兰和斐济】 为配合习近平主席对澳大利亚、新西兰和斐济的国事访问，经国务院批准，时任国家海洋局局长刘赐贵率领代表团于11月15—24日访问了澳大利亚、新西兰和斐济。期间，圆满完成了接待习近平主席和澳大利亚总理阿博特对“雪龙号”的视察任务；出席与澳、新、瓦三国合作文件签字仪式，在中外领导人见证下，代表中国政府与上述三国签署海洋和南极合作协议；会见澳、新有关部门和地方州，以及南太平洋地区性组织负责人，就进一步加强在南极领域务实合作，拓展与南太平洋岛屿国家海洋合作等问题交换了意见，达成了许多共识，有力推动了与南太平洋国家在海洋和南极领域的合作。

【时任国家海洋局局长刘赐贵访问牙买加、美国和希腊，出席第一届“我们的海洋”大会】 6月12—15日，时任国家海洋局局长刘赐贵访问了国际海底管理局和牙买加水利、国土、环境和气候变化部，出席了向国际海底管理局赠书仪式，并与牙方海洋部门负责人共同为我国援建加勒比地区首个联合海洋环境监测站揭牌；在美期间，刘赐贵出席了由美方主办的第一届“我们的海洋”大会，发表专题演讲，与美副国务卿、国家海洋与大气局局长、海岸警卫队副总司令等高官举行工作会谈；访希期间，刘赐贵出席了第一届中希海洋合作论坛和双方合作文件签字仪式，在两国总理见证下与希海洋主管部门负责人签署了《中希政府间海洋合作谅解备忘录》，访问了希海运、海洋事务与爱琴海部等部门。

【时任国家海洋局局长刘赐贵会见美国海军作战部部长】 7月16日，刘赐贵在京会见了美国海军作战部部长格林纳特上将一行。向美方代表团简要介绍了国家海洋局的主要职责和重组情况。他特别强调，自1979年中美建交以来，中美不断深化各方面的友好交流与合作，在海洋等多个领域取得了卓有成效的进展。重组后的国家海洋局加强了海洋综合管理、海上执法等职责，希望双方能够继续深化在海洋领域内的沟通、交流与合作。格林纳特表示，美方高度重视与中方的关系，美国海军希望能够与中国国家海洋局建立良好关系，以进一步增强在海洋领域的各项合作，共同努力维护海上和平稳定与安全。

【时任国家海洋局局长刘赐贵会见格陵兰教育、宗教、文化及平等部部长】 9月9日，刘赐贵在京会见了格陵兰（丹麦所属自治领土）教育、宗教、文化及平等部部长尼克•尼尔森率一行。刘赐贵指出，格陵兰地理位置特殊，大部分领土都在北极圈内，拥有丰富的矿产资源，国家海洋局拥有20多家机构从事海洋和极地方面的研究，对海洋的综合管理与科学研究已经形成了完善的体系，双方的合作空间巨大。希望双方今后能够在北极的科学研究、人员培训以及后勤保障等诸多领域开展深入交流与合作。尼尔森表示，格陵兰地理位置靠近北极，在北极研究方面具有一定的优势。目前格陵兰正在积极考虑同包括中国在内的国家开展友好合作，未来希望能够通过与中方适时签署谅解备忘录或其他相关协议的方式，在教育和科学研究领域开展交流合作，相信双方的合作取得成效。

【时任国家海洋局局长刘赐贵会见葡萄牙农业与海洋部长】 2014年11月14日，刘赐贵在京会见来访的葡萄牙农业与海洋部长阿桑乔•克莉丝塔丝，双方就进一步深化中葡在海洋领域的交流与合作，共同实现海洋经济可持续发展进行了友好会谈。刘赐贵在会谈中表示，中葡在海洋领域，特别是在推动蓝色经济发展方面，有着广阔的合作空间。希望未来能够进一步加强双方的交流与合作，共同实现海洋经济的可持续发展。克莉丝塔丝高度赞同刘赐贵关于加强中葡两国海洋领域合作的意见，她表示，葡萄牙高度重视与中国的友好合作，加强两国在海洋领域的交流与合作，实现海洋经济的可持续发展，是两国的共同意愿。希望中国国家海洋局能够派代表出席在葡萄牙举办的“蓝色海洋周”和海洋部长会议。

【陈连增副局长访问瓦努阿图、斐济】 **2014年**8月12—14日，陈连增副局长访问了南太平洋岛屿国家瓦努阿图和斐济，会见了瓦总理、代理外交部长、土地与自然资源部部长、气候变化、环境和能源部部长以及斐济总理府代理常务秘书和矿业部负责人；参观了瓦气象海洋预报中心以及相关海洋观测设施，访问了总部位于斐济的南太平洋应用地球科学与科技事业部，并与上述两国和区域海洋部门和机构举行了工作会谈，在海洋防灾减灾、气候变化、海岸带管理以及海底矿物勘探等方面开展合作达成许多共识。

【王飞副局长出席第三届小岛屿发展中国家国际会议】 **2014年**9月1—4日，第三届小岛屿发展中国家国际会议于南太平洋岛国萨摩亚首都阿皮亚举行。国家海洋局副局长王飞率团出席了此次会议。联合国秘书长潘基文在大会开幕式致辞，来自各小岛屿国家的国家元首、政府首脑以及其他与会国和国际组织的百余名代表在为期四天的全会上发言，阐述各自立场。国家主席习近平特使、外交部副部长张业遂代表中国在全会发言，向国际社会阐述了中国重视发展与小岛屿国家海洋领域合作的立场。王飞副局长在出席“海洋与生物多样性”伙伴关系对话会时发言。他表示，愿意根据小岛屿发展中国家的实际需求，以能力建设为切入点发展与小岛屿发展中国家的伙伴关系，共同应对气候变化、海平面上升以及海洋生物多样性遭到破坏等威胁，为小岛屿国家的可持续发展作出贡献。

【第18届中德海洋科技合作联委会会议在柏林举行】 **2014年**11月4—5日，第18届中德海洋科技合作联委会在德国柏林举行。会议由国家海洋局国际合作司副司长陈越和德国教研部地球系统司副司长克里斯蒂安.阿莱克共同主持，来自国家海洋局预报中心、海洋一所以及德阿尔弗雷德魏格纳极地与海洋研究所、汉堡大学等两国研究机构和大学的十几位专家参加了本次会议。会上双方通报了各自海洋科技合作领域的最新进展，讨论了新的合作项目建议，确定了2015年3个中德海洋合作项目以及2015年秋在华举行中德海洋与极地合作研讨会，双方商定尽早面向各方专家启动重大合作项目的征集，以申请下一年度双方各自的财政预算支持。11月4日，在联委会召开前，双方举行了海洋科技合作研讨会，双方专家围绕海洋科研、深海研究与技术以及极地科考与科技合作三个合作领域发表了12篇口头报告。为联委会的顺利举行打下了良好基础。

【国家海洋局副局长王宏率团出席“蓝色经济峰会”】 2014年1月19日至20日，时任国家海洋局副局长王宏率团出席了在阿联酋阿布扎比可持续发展周期间举办的首届蓝色经济峰会。峰会由塞舌尔外交部长主持，塞舌尔总统James Alix Michel、阿联酋国务部长Sultan Al Jaber和第六十九届联大主席John W. Ashe出席开幕式并致辞。来自太平洋、印度洋、加勒比海地区和小岛屿国家的多位部长，以及联合国下设及相关国际组织的代表出席了此次会议。王宏代表中国在峰会上发言，并作“共筑蓝色经济繁荣之路”的报告，指出中方愿以21世纪海上丝绸之路为契机，推进蓝色经济的发展，实现区域共同发展。

【2014年亚太经合组织（APEC）第一次高官会及相关会议】 2014年2月15日至28日，2014

年亚太经合组织（APEC）第一次高官会及相关会议在浙江省宁波市举行。会议由外交部主办、宁波市承办，是我国担任 2014 年 APEC 系列会议东道主后举行的首次正式活动。来自 21 个 APEC 经济体、秘书处和相关国际组织、国内观摩团体的共计约 1800 人参加了此次会议。为筹备 2014 年 APEC 海洋部长会议，国家海洋局派出团组观摩了此次会议，学习了宁波的办会经验。

【黄海大海洋生态系项目二期项目文件审议会在北京召开】 由中国、韩国和联合国开发计划署（UNDP）共同申请的黄海大海洋生态系项目二期概念文件于 2013 年获得了全球环境基金（GEF）的正式批准。按照新的项目程序，国家海洋局国际合作司与 UNDP 中国办公室于 2014 年 2 月 28 日共同组织召开了黄海大海洋生态系项目二期项目文件审议会，对项目文件进行了审议。财政部、国家海洋局、外交部、农业部、UNDP 中国办公室、辽宁省、山东省、江苏省等相关部门和机构派员出席会议。会议建议各单位参照项目文件，结合自身情况，为下一步项目的正式实施做好各项准备工作。

【国家海洋局派员参加“海洋健康指数中国区域应用研讨班”】 由保护国际（Conservation International，CI）和美国生态分析和综合国家中心（National Center for Ecological Analysis and Synthesis，NCEAS）联合组织的“海洋健康指数（Ocean Health Index，OHI）中国区域应用研讨班”于 2014 年 1 月 12 日至 16 日在美国加州圣芭芭拉市举行。来自国家海洋环境监测中心和北海、东海、南海分局的 4 位国家海洋局代表参加。该研讨班进一步介绍 OHI 理论，并针对中国海洋健康指数的推广可行性和应用展开深入研讨和交流。

【IOC 西太分委会第九次科学大会】 联合国教科文组织政府间海洋学委员会（IOC）西太分委会（WESTPAC）第九次科学大会于 2014 年 4 月 22 至 24 日在越南芽庄举行。本届大会由越南科学技术院海洋科学研究所承办，主题为“健康海洋与西太平洋繁荣：科学挑战与解决措施”，旨在回顾 IOC/WESTPAC 成立二十五周年来的科学成就，继续促进亚洲—太平洋地区各国海洋科学家合作，共同面对海洋面临的机遇和挑战。会议围绕“认识太平洋—印度洋的海洋过程”、“保障海洋生物多样性、食品安全”、“确保海洋健康”和“交叉和热点问题”四大主题，设置了 14 个分会场，共有来自 24 个国家的 550 余名海洋科学家和政府代表参加。国家海洋局第一海洋研究所乔方利研究员、于卫东研究员应邀分别作为分会发起人主持了“海洋预测预警系统的发展与示范”和“印度洋—太平洋在区域气候变化中的作用”专题分会。经过综合评估，乔方利等 5 位科学家被授予“杰出科学家奖”，表彰其为海洋科学研究所做的重要贡献以及 IOC/WESTPAC 过去 25 年海洋科技合作的引领作用。

【APEC 第四届海洋部长会议筹委会第二次会议】 2014 年 4 月 18 日，APEC 第四届海洋部长会议筹备委员会（以下简称“筹委会”）第二次会议在京召开。国家海洋局副局长陈连增主持会议并讲话。外交部、国家发展改革委、公安部和厦门市政府等代表出席会议，国家海洋局相关部门负责人参加了会议。筹委会各工作小组汇报了相关工作方案及进展情况，并对下一步筹备工作进行了部署。

【Argo 第十五次指导工作组会议】 第十五次国际地转海洋学实时观测阵（Argo）指导工作组会议于 2014 年 3 月 17 日至 21 日在加拿大哈利法克斯市召开。会议由加拿大哈利法克斯海洋研究所承办，科学委员会联合主席——美国斯克里普斯海洋研究所的 Dean Roemmich 教授、澳大利亚联邦科学与工业组织（CSIRO）天气与气候研究中心的 Susan Wijffels 教授共同主持。来自美、英、法、德、意、加拿大、澳、印度、日本、韩、中等国共计 50 余人参加了会议。会议围绕全球 Argo 计划的实施进展、数据管理、资料应用、浮标技术等议题进行了研讨，并讨论形成 Argo 下一阶段计划。

【APEC 第四届海洋部长会议预备会暨 APEC 海洋可持续发展报告研讨会】 2014 年 3 月 18 日，亚太经合组织（APEC）第四届海洋部长会议预备会暨 APEC 海洋可持续发展报告研讨会在厦门召开，来自中国、美国、俄罗斯、日本等 13 个 APEC 成员、APEC 秘书处、APEC 工商咨询理事会（ABAC）、APEC 粮食安全政策伙伴关系机制（PPFS）约 50 位代表出席。国家海洋局国际合作司张海文司长、农业部渔业局崔利锋副局长在开幕式上致辞。中方介绍了于8月27日至28日在厦门举行的APEC第四届海洋部长会议的主题和重点议题。会议讨论了APEC海洋可持续发展报告草案，对中方在起草报告过程中发挥的重要作用表示高度肯定。该报告是APEC成员在海洋可持续发展领域共同开展的首个报告，在APEC海洋相关合作历史上具有里程碑意义。

【北太平洋海洋科学组织FUTURE开放性科学会议】 北太平洋海洋科学组织(PICES)“FUTURE”开放性科学会议（OSM)”于2014年4月15日至18日在美国夏威夷大岛召开。会议由PICES秘书处主办，围绕“FUTURE”科学计划的总体目标和三大问题共设“北太平洋海洋生态系统多重压力识别及系统响应”、“北太平洋区域气候模型”等8个议题，重点对FUTURE科学计划涉及的主要管理和科学问题进行了大范围的研讨，对“FUTURE 计划”进行中期评估，为该计划后五年的顺利实施提供执行意见与建议。来自13个国家共计100余名海洋科学管理和研究人员参加了OSM会议。国家海洋局7名代表出席了该会议，乔方利研究员代表中国就当前和下一阶段国家海洋科学项目情况进行报告。

【2014年北太平洋海洋海洋科学组织科学局中期会议】 “2014年北太平洋海洋海洋科学组织科学局中期会议（PICES ISB-2014)”于4月19日至21日在美国召开，期间PICES理事会主席、科学局主席、6个科学委员会和3个咨询委员会主席等PICES科学局代表、PICES秘书长、财务和管理委员会（F&A）主席以及6个（加、中、韩、美、俄、日）成员国的代表和专家近30人参加了会议，监测中心霍传林研究员（MEQ主席）和那广水副研究员出席会议。会议的主要议题包括PICES-2013年会以来的工作进展、PICES 25周年活动、2014年韩国PICES年会的准备情况、2015年年会主题和筹备计划、WOOSTER奖和POMA奖的提名情况、FUTURE科学计划实施情况评估等。在该会议上确定了PICES-2015年会由中国承办，中国提出的会议主题建议获科学委员会初步通过。

【南中国海区域海啸预警中心建设工作组第一次会议和太平洋海啸预警减灾系统政府间协调组南中国海区域工作组第三次会议】 2014年4月7日至9日，由我国承办的南中国海区域海啸预警中心建设工作组（TT-SCSTAC）第一次会议和太平洋海啸预警减灾系统政府间协调组（ICG/PTWS）南中国海区域工作组第三次会议在中国香港相继召开。此次会议由中国香港天文台承办，会议代表分别来自南中国海周边的中国、印尼、马来西亚、泰国等国以及政府间海洋学委员会（IOC）和日本气象厅西北太平洋海啸预警中心（NWPTAC）。由国家海洋局、国家海洋环境预报中心、中国地震台网中心和香港天文台组成的中国代表团参加了此次会议。会议进一步明确了南中国海区域预警中心建设的有关技术指标和实施方案，为下一步在IOC和南中国海周边国家支持下开展实质性建设奠定了良好基础。

【APEC 第三届海洋与渔业工作组会议】 2014年5月9日至12日，由国家海洋局主办的亚太经合组织（APEC）第三届海洋和渔业工作组（OFWG）年会在青岛举行。来自APEC各成员和APEC工商咨询理事会、APEC粮食安全政策伙伴关系机制、大自然保护协会、美国化学理事会等机构的代表70余人出席。会议回顾了去年5月第二届OFWG会议以来的工作进展，特别是APEC第四届海洋部长会筹备进程。讨论通过了OFWG 2014年工作规划、APEC海洋可持续发展报告，修改了OFWG职责范围文件，同意着手起草OFWG粮食安全行动计划。中方在会议上介绍了将于8月28日在厦门举行的APEC第四届海洋部长会有关安排。为推动APEC蓝色经济合作，中方在会上推动APEC各成员就蓝色经济形成共识。各方还提出将这一共识上升为海洋部长会和今年APEC领导人会议重要成果，并将其向联合国、粮农组织等相关国际组织和世界其他地区推广。此外，中方还在本次会议上提出了主办第三届APEC蓝色经济论坛等倡议。

【APEC海洋部长会议筹委会会务组开展联络员业务培训】 2014年6月19日，APEC海洋部长会议联络员第一次培训在厦门开展。外交部国际经济司、国家海洋局国际合作司的相关人员对来自国家海洋局和厦门市有关单位的60余名联络员进行了业务培训。培训主要针对APEC背景知识、中国主办APEC会议情况、APEC联络员总体要求、中国周边海洋发展与形势、APEC

海洋合作、外事礼仪、部长会会务工作进展等议题进行讲解。通过培训加深了联络员对APEC海洋部长会议相关知识和业务的了解，为更好服务APEC海洋部长会议奠定基础。

【亚太脱盐协会秘书处落户淡化所】 2014年6月24日，亚太脱盐协会（Asia-Pacific Desalination Association，APDA）秘书处在国家海洋局天津海水淡化与综合利用研究所揭牌，APDA和淡化所相关领导共同为秘书处揭牌。APDA是国际脱盐协会在亚太地区的分会组织，是致力于发展和促进亚太地区各国海水淡化及水处理技术交流、应用和推广的国际非政府组织。APDA理事会成员包括澳大利亚水协、日本脱盐协会、印度脱盐协会、韩国脱盐企业协会、巴基斯坦脱盐协会、中国膜工业协会、新加坡水协等7个理事单位。中国是该组织的主要发起国之一。APDA秘书处落户淡化所，为增进我国和亚太各国海水淡化产业界的交流合作提供了国际平台。

【亚太经合组织第四届海洋部长会议高官会】 2014年8月27日，亚太经合组织（APEC）第四届海洋部长会议高官会在厦门召开。会议由国家海洋局国际合作司司长张海文主持，国家海洋局副局长陈连增出席会议并致辞。来自19个亚太经合组织成员、APEC秘书处及联合国教科文组织政府间海洋学委员会（IOC）、东亚海环境管理伙伴关系计划（PEMSEA）等相关国际组织的100余名代表参加会议。参会高官对中国提交的APEC第四届海洋部长会议成果文件——《厦门宣言》（草案）进行了磋商，并达成了共识，一致同意将其提交给28日召开的APEC第四届海洋部长会议审议通过。

【第三届APEC蓝色经济论坛在厦门举行】 2014年8月25日，由国家海洋局主办的第三届APEC蓝色经济论坛在福建厦门举行，论坛的主题为“公共和私营部门的对话：促进蓝色经济发展”。国家海洋局副局长陈连增、APEC海洋和渔业工作组牵头人格雷格•施耐德、厦门市副市长倪超、APEC海洋可持续发展中心主任、国家海洋局第三海洋研究所所长余兴光等出席论坛并致辞。陈连增在致辞中对本次论坛提出三方面的期望：一是开拓思路，进行充分交流；二是脚踏实地，形成有用建议；三是着眼长远，促进务实合作。开幕式后，秘鲁产业部副部长保罗•法比尤、联合国教科文组织政府间海洋学委员会主席卞相庆等经济体、国际组织官员以及专家学者，分别围绕促进蓝色经济发展的政策支持、科技创新和产业化、可持续发展和蓝色经济等议题作主旨发言和专题报告。

【亚太经合组织第四届海洋部长会议在厦门成功举行】 2014年8月28日，亚太经合组织（APEC）第四届海洋部长会议在厦门举行，会议由时任国家海洋局刘赐贵局长主持，来自APEC 19个成员、APEC秘书处及联合国教科文组织政府间海洋学委员会（IOC）、东亚海环境管理伙伴关系计划（PEMSEA）等相关国际组织的200多名代表出席会议。会议围绕“构建亚太海洋合作新型伙伴关系”的主题，在友好、合作、建设性的气氛中，重点讨论了海洋生态环境保护和防灾减灾、海洋在粮食安全及相关贸易中的作用、海洋科技创新、蓝色经济等四个重点议题。会议通过了《APEC第四届海洋部长会议厦门宣言》，宣言在回顾和总结近年来APEC海洋现状和趋势的基础上，分别就上述四个重点领域提出了许多具体、切实可行的倡议和主张。此次APEC海洋部长会议是中国担任2014年APEC东道主所主办的九场专业部长会议之一，也是中国在海洋领域主办的最高级别的国际会议。APEC海洋部长会议的成功召开及其成果，将直接为11月份在北京召开的APEC领导人非正式会议提供成果支撑。

【ISO海洋技术分委会落户中国】 2014年7月28日，国际标准化组织技术管理局投票通过了在船舶与海洋技术委员会下成立海洋技术分委会（ISO/TC8/SC13）的第90号决议，标志着海洋技术分委会正式启动。分委会秘书处设在中国，主席由国家海洋局第二海洋研究所李家彪研究员担任，第一届任期至2019年。目前，该分委会的正式成员国有：中国、日本、韩国、新加坡、英国和美国。海洋技术分委会成立后，将开展海洋观测、资源勘探和海洋保护领域的测试方法、操作规程、设备设施、技术手段等方面的标准制定。

【ISO海洋技术分委会专家咨询组成立】 2014年8月26日，国际标准化组织船舶与海洋技术委员会海洋技术分委会（ISO/TC8/SC13）国内专家咨询组在杭州成立并开展研讨。来自国内标准化领域相关单位的咨询组专家及相关科技人员参加，海洋技术分委会主席李家彪研究员担任组长,共有15位专家受聘成为SC13国内专家咨询组，任期三年。会议讨论了SC13工作组的设置和专家咨询组的工作机制，并对海洋技术领域的国际标准需求进行探讨。

【北太平洋海洋科学组织2014年年会】 2014年10月16日至26日，北太平洋海洋科学组织(North Pacific Marine Science Organization, PICES)2014年年会在韩国丽水市召开，来自该组织6个成员国及相关国际组织的代表共计350余人参加了本次会议。本次PICES年会主题为“更好地了解北太平洋——回顾过去，展望未来”。国际合作司张海文司长作为中国国家代表率团出席，来自国家海洋局各研究所和业务中心等局属单位近20位科研人员分别在各自领域所属专题会议中进行口头报告或墙报展示。来自国家海洋局第一海洋研究所的乔方利研究员荣获由PICES科学委员会主席颁发的伍斯特奖（WOOSTER AWARD。会议通过决议，PICES 2015年年会将在中国青岛举行。

【环印度洋地区合作联盟第十四届部长理事会】 2014年10月6日至9日，环印度洋地区合作联盟（以下简称“环印联盟”）第十四届部长理事会在澳大利亚珀斯召开。由中国外交部张明副部长率团，国家海洋局、中国国际贸易促进委员会派员组成的中国代表团应邀参加本次会议。淡化所李琳梅所长在会上代表淡化所与环印联盟区域科技转移中心主任M. Molanejad教授共同签署了“中国国家海洋局天津海水淡化与综合利用研究所（ISDMU）与环印度洋地区合作联盟区域科学技术转移中心（RCSTT）关于技术合作、转移和交易（主要关于海水淡化技术）的谅解备忘录”，对于我国与环印联盟今后开展合作具有积极意义。

【第十五届APEC公共和私营部门参与海洋环境可持续发展圆桌会议】 2014年9月23日至25日，第十五届APEC公共和私营部门参与海洋环境可持续发展圆桌会议在台南举行，中国、印尼、日本、韩国、马来西亚、菲律宾、美国和中国台北等9个经济体派员参加了此次会议。国家海洋局派员出席会议。会议围绕湿地保护、鳗鱼保护与管理两个领域展开了为期2天的研讨。我方代表就厦门在沿海生态保护和海岸带综合管理方面的经验及蓝色经济理念等作了报告。

【2014年发展中国家海洋综合管理与蓝色经济发展部级研讨班】 2014年“发展中国家海洋综合管理与蓝色经济发展部级研讨班”于11月3日在北京举行开班仪式，国家海洋局副局长陈连增、商务部国际商务官员研修学院院长金旭出席开幕式并致辞。国家海洋局、商务部、福建海洋研究所等相关部门和单位的领导出席开幕式活动。来自马尔代夫、萨摩亚、斯里兰卡、苏丹、汤加、马来西亚、东帝汶、毛里求斯、密克罗尼西亚等11个国家的19名高级官员来华参加此次培训班。期间，研讨班成员出席了“2014厦门国际海洋论坛暨第四届发展中国家海洋可持续发展部长论坛”、“海洋科技成果转换洽谈会”及2014厦门国际海洋周的相关活动；访问国家海洋环境预报中心、国家卫星海洋应用中心、国家海洋局第一海洋研究所等单位。

【发展中国家海洋综合管理高级研讨会】 2014年11月3日，“2014年发展中国家海洋综合管理与蓝色经济发展部级研讨班”活动之一的“海洋可持续发展高级研讨会”在国家海洋环境预报中心举行。国家海洋局相关部门及单位分别就国际合作、海域使用、国际海底、海洋可再生能源、海洋生态及海水淡化等领域作专题介绍。来华参加研讨班的发展中国家学员认真听取了会上报告，并进行了深入的交流和讨论。高级研讨会结束后，参会代表还参观了国家海洋环境预报中心和国家卫星海洋应用中心。

【2014厦门国际海洋周】 2014年11月7日，以“海上丝绸之路与蓝色经济合作”为主题的2014厦门国际海洋周开幕。时任国家海洋局局长刘赐贵，厦门市委副书记、市长刘可清在开幕式上致辞，福建省委常委、常务副省长张志南出席开幕式。厦门市副市长倪超主持开幕式。作为厦门国际海洋周的重要活动之一，2014厦门国际海洋论坛暨第四届发展中国家海洋可持续发展部长论坛同期举行。论坛分为“海上丝绸之路与蓝色经济合作、海洋经济发展与合作、会议专题讨论及总结”三个部分。来自国内外的众多知名专家、学者在论坛上进行深入交流。

【《伦敦公约》第 36 次缔约国会议暨《96 议定书》第 9 次缔约国会议】 2014 年 11 月 3—7 日，《1972 年防止倾倒废物及其他物质污染海洋的公约》第 36 次缔约国协商会议暨《〈伦敦公约〉1996 年议定书》第 9 次缔约当事国会议在英国伦敦国际海事组织总部召开。会议重点讨论了公约与议定书的战略规划、海洋地球工程、审议科学组会议报告、遵约、边界问题、放射性废物管理、倾倒监测等问题。共有来自 51 个国家、8 个国际组织的约 170 名代表参会。国家海洋局、外交部、交通运输部海事局、驻英使馆派员组成的中国代表团参会并参与相应环节磋商。

【2014 年中国政府海洋奖学金评选委员会会议】 2014 年 5 月 20 日，2014 年中国政府海洋奖学金评选委员会会议在杭州浙江大学召开，来自国家海洋局国际合作司、国家海洋局第一海洋研究所、国家海洋局第二海洋研究所、国家海洋局第三海洋研究所、淡化所和教育部国家留学基金委等单位，以及中国海洋大学、同济大学、浙江大学、厦门大学等招生院校的代表 20 余人出席。会议根据《中国政府海洋奖学金评选办法》，综合评选出来自印度尼西亚、泰国、马来西亚、巴基斯坦、斯里兰卡、孟加拉国、尼日利亚、肯尼亚、摩洛哥、毛里求斯等国的 35 名学生入选 2014 年中国政府海洋奖学金录取名单。

【第四届 JCOMM 亚太区域海洋仪器检测技术研讨会】 2014 年 10 月 21 至 23 日，第四届 JCOMM 亚太区域海洋仪器检测技术研讨会在山东省威海市召开。研讨会由国家海洋标准计量中心主办，由威海市文登区人民政府和山东省科学院海洋仪器仪表研究所协办。研讨会为期 3 天，主题为海水盐度的测量和国际比对，会议围绕海水盐度测量方法、中国海水盐度标准物质、国际比对工作发展现状等内容作了专题报告，并对 JCOMM 第一届国际盐度比对工作进行了阶段性总结。国家海洋局、威海市相关领导出席开幕式。来自印度、巴基斯坦、马来西亚、巴拿马、多哥、澳大利亚、美国、中国等 21 个国家的 82 名代表参加了研讨会。

【联合国教科文组织政府间海洋学委员会西太分委会咨询委员会会议】 2014 年 12 月 1 日至 3 日，联合国教科文组织政府间海洋学委员会西太平洋分委会（以下简称“西太分委会”）咨询委员会在泰国普吉岛举行，来自中国、日本、韩国、印度尼西亚、越南、泰国、菲律宾、马来西亚等国和西太分委会地区办公室的近 30 名代表与会。国家海洋局国际合作司和国家海洋局第一海洋研究所有关人员应邀出席了会议。会议主要审议了西太分委会现有的项目和活动，初步审议了各成员国新的项目建议，并讨论了制定西太分委会未来战略发展方向等议题。会议还听取了中方将于 2017 年在青岛主办第十次西太国际科学大会的有关准备工作报告。

【国家海洋局召开国际组织在华机构研讨会】 2014 年 12 月 11 日，国家海洋局国际合作司召开国际组织在华机构研讨会，会议由张海文司长主持，国家海洋局 12 个单位的 30 余名代表出席。会议结合落实中央外事工作会议精神，全面梳理了有关国际组织在国家海洋局系统内设立的在华机构工作情况，深入分析了相关机构的特点、建立和运行过程中的经验、取得成果、面临的问题和困难等，并对下一步工作进行了部署。据了解，随着我国参与国际海洋合作的日益深入，一些相关国际组织在国家海洋局有关单位设立了 10 余个分支机构，这些机构的设立和运行体现了我国在推动国际海洋合作方面做出的贡献，也进一步加强了我国与相关国际组织的合作关系，培养了一批了解国际合作规则的人才队伍，提升了国内有关部门参与国际合作的水平和能力。

【国际海底管理局第 20 届会议】 国际海底管理局第 20 届会议于 7 月 14 日至 25 日在牙买加金斯顿举行。会议核准了 7 项勘探矿区申请，选举了 17 名理事会成员，通过了管理局 2015 至 2016 年财务预算，批准了对多金属硫化物勘探规章和多金属结核勘探规章各自第 21 条的修订，讨论了多金属结核勘探合同延期和开发规章制定等问题，审议了克拉里昂—克利伯顿环境管理计划执行情况，会议还举行了纪念管理局成立二十周年特别会议，对管理局工作进行了回顾和展望。国家海洋局派员作为由外交部率团的中国代表团成员出席了会议。

【联合国教科文组织政府间海洋学委员会（IOC）第 47 届执理会】 2014 年 7 月 1 日至

4 日，联合国教科文组织政府间海洋学委员会（IOC）第 47 届执理会会议在法国巴黎联合国教科文组织总部召开，国家海洋局国际合作司张海文司长率由国家海洋局国际司、预报司、预报中心、信息中心、第一海洋研究所相关专家组成的中国代表团与会。会议主要听取了 IOC 的工作报告，讨论了 IOC 各项重要计划的执行情况及后续工作安排，包括海啸预警系统建设、能力建设战略计划、第二次印度洋科考等，并投票选举了下任 IOC 执秘小范围名单。

【东亚海可持续发展地方政府网络 2014 年年会】 2014 年东亚海可持续发展地方政府网络（PNLG）年会于 2014 年 9 月 8 日至 10 日在马来西亚雪邦举办，共有来自中国、韩国、日本、马来西亚、越南、柬埔寨、泰国、菲律宾、印尼和东帝汶等 10 个国家以及 PEMSEA 办公室的代表 120 余人出席。国家海洋局国际合作司梁凤奎副巡视员率代表团出席了会议，厦门市海洋与渔业局（PNLG 秘书处）、东营市、防城港市、北海市以及泉州市海洋与渔业局的代表作为 PNLG 的成员单位参加了此次会议。大会由 PNLG 主席西哈努克省省长 Prak Sihara 先生和副主席东营市市长杨同柱共同主持。本届年会主题为“管理和参与海岸带综合管理”，分为全体成员大会、技术研讨会和实地考察三部分。中国北海市和马来西亚雪邦市的代表分别签署《PNLG 章程》，成为 PNLG 新成员。国家海洋局代表介绍了我国自实施海岸带综合管理二十多年来的成就和在 ICM 推广过程中的成果，以及国家海洋局指导地方政府实施 ICM 的经验，并对 PNLG 未来的发展提出了建议。

（国家海洋局国际合作司）

附　录

附录 1　2014 年海洋科研项目获奖成果

【国家级成果获奖项目】　南海与邻近热带区域的海洋联系及动力机制　获得国家自然科学奖二等奖。该项目由中国科学院南海海洋研究所、国家海洋局第一海洋研究所、香港科技大学共同完成。主要完成人有王东晓、方国洪、甘剑平、刘钦燕、庄伟。该项目属物理海洋学和气候学研究领域。项目的重要发现包括：（1）发现并命名了南海贯穿流，确立了南海与邻近热带区域的海洋联系方式，揭示了南海大尺度环流的开放性“贯通”特征。打破了二十世纪 90 年代以前的“印尼贯穿流是两大洋唯一通道”的大洋环流理论的局限性。（2）阐述了南海贯穿流对南海陆坡环流和中尺度涡旋的调制作用。（3）阐明了南海贯穿流的气候效应。解释了导致珊瑚白化和赤潮频发的 1997/98 年南海强暖事件，为我国区域海气耦合业务预报模型的建立与改进提供了新的理论基础。这些成果对南海环流的开放性“贯通”特征及其影响提出了创新性认识，形成了“南海贯穿流”理论。

热带海洋微生物新型生物酶高效转化软体动物功能肽的关键技术　获得国家技术发明奖二等奖。该项目由中国科学院南海海洋研究所、广东海大集团股份有限公司共同完成。主要完成人有张偲、龙丽娟、齐振雄、尹浩、田新朋、钱雪桥。该项目属轻工纺织领域。项目主要成果包括：从海洋发掘产酶微生物新属种；创制新型生物酶；发明功能肽的定向酶解技术；研发营养免疫新型功能肽和珍珠角蛋白定向制备及改造技术；创建功能肽评价模型，发掘肽类新功能；实现海洋功能肽定向制备技术的工程化应用。这些成果解决了领域内的关键难题，获国内外同行高度评价，技术达到国际领先水平，推进了行业技术升级换代，促使海洋珍珠加工企业达到行业领先，渔用饲料企业销售量占全球第一位。　　（科学技术部）

【省部级成果奖获奖项目】　渤海海上突发事故应急响应辅助决策系统研制与应用　由国家海洋局北海预报中心、中国石油天然气股份有限公司海上应急救援响应中心、山东科技大学共同完成，获得 2014 年获国家海洋局海洋科学技术奖一等奖。

“蛟龙”号载人潜水器海上试验　由中国大洋矿产资源研究开发协会办公室、中国船舶重工集团第七〇二研究所、国家海洋局北海分局、中国船舶重工集团第七〇一研究所、中国科学院沈阳自动化所、中国科学院声学研究所、北京长城电子装备有限责任公司共同完成。获得 2014 年获国家海洋局海洋工程科学技术奖一等奖。

广东近海海洋灾害应急决策辅助系统的研究开发　由国家海洋局南海预报中心和国家海洋局南海海洋工程勘察与环境研究院承担的海洋公益性专项，获 2013 年度海洋科学技术奖获奖二等奖。

渤海海底重大溢油事故海洋生态损害调查评估与修复技术体系　由国家海洋局北海环境监测中心、国家海洋局北海预报中心、中国科学院海洋研究所、中国海洋大学共同完成，获得 2014 年获国家海洋局海洋科学技术奖二等奖。

2014 年度海洋科学技术奖获奖项目名单

一等奖：（共 6 项）

1. 渤海海洋生态环境监测集成技术系统

推荐单位：国家海洋局北海分局；

主要完成单位：国家海洋局北海环境监测中心、国家海洋环境监测中心、国家海洋局北海预报中心、中国海洋大学；

主要完成人：崔文林、宋文鹏、张波、曹雅静、鲍献文、王娟、曲亮、王家金、高晓慧、郑琳、卜志国、姜独祎、单春芝、王宁、杨波。

2．基于自主卫星的大洋渔场信息获取、服务及集成应用

推荐单位：国家卫星海洋应用中心；

主要完成单位：国家卫星海洋应用中心、上海海洋大学、中国水产科学研究院东海水产研究所、国家海洋局第二海洋研究所、国家海洋环境预报中心、成都国恒空间技术工程有限公司、河北科技大学、浙江丰汇远洋渔业有限公司；

主要完成人：蒋兴伟、陈新军、陈雪忠、林明森、邹斌、邹巨洪、万丽颖、龚芳、刘波、崔建升、樊伟、雷林、张建华、朱义峰、石立坚。

3．我国近岸海域生态系统健康评价体系的建立及应用

推荐单位：国家海洋环境监测中心；

主要完成单位：国家海洋环境监测中心；

主要完成人：韩庚辰、樊景凤、马明辉、闫启仑、杨青、李洪波、柳圭泽、张振冬、邵魁双、叶金清、李宏俊、刘述锡、梁斌、霍传林、郭皓。

4．干涉与极化合成孔径雷达海洋动力环境微波遥感技术

推荐单位：江苏省海洋与渔业局；

主要完成单位：南京信息工程大学、中国科学院海洋研究所；

主要完成人：张彪、何宜军、申辉。

5．东海虾蟹类资源调查研究及其在渔业管理中的应用

推荐单位：浙江省海洋与渔业局；

主要完成单位：浙江海洋学院、浙江省海洋水产研究所；

主要完成人：俞存根、宋海棠、韩志强、薛利建、章飞军、郑基、陈小庆、江新琴、卢占晖、贺舟挺、姚光展。

6．甲壳素高附加值制品的技术创新与开发应用

推荐单位：中国海洋大学；

主要完成单位：中国海洋大学青岛博益特生物材料有限公司；

主要完成人：韩宝芹、刘万顺、彭燕飞、杨艳、宋福来、潘学理、姜惠萍、董文常菁、马海楠、冯伊琳、李叶。

二等奖：（22 项）

1．海岸带区域综合承载力评估与决策技术集成及示范研究

推荐单位：国家海洋局东海分局；

主要完成单位：国家海洋局东海环境监测中心、国家海洋局第一海洋研究所、国家海洋局北海环境监测中心、华东师范大学、国家海洋环境监测中心、国家海洋局南海环境监测中心、交通部天津水运科学研究所；

主要完成人：叶属峰、张利权、张朝晖、杨建强、刘述锡、石洪华、方宏达、张光玉、刘汉奇、过仲阳。

2．东海区典型城市风暴潮灾害辅助决策系统研究与应用

推荐单位：国家海洋局东海分局；

主要完成单位：国家海洋局东海信息中心、上海海洋大学、厦门海洋预报台、国家海洋局东海预报中心、温州海洋预报台；

主要完成人：苏诚、黄冬梅、吴向荣、堵盘军、张钊、刘志国、高静霞、何盛琪、裘军峰、郭伟其。

3．珠江口咸潮数值预报技术研究及应用

推荐单位：国家海洋环境预报中心；

主要完成单位：国家海洋环境预报中心、华东师范大学、广东省水文局、中国科学院南海海洋研究所；

主要完成人：于福江、朱建荣、王培涛、吴宏旭、齐义泉、付翔、董剑希、郑道贤、刘秋兴、吴少华。

4．略

5．多参数海洋化学仪器系统化测评技术研究

推荐单位：国家海洋标准计量中心；

主要完成单位：国家海洋标准计量中心、南开大学、中国海洋大学、国家海洋局南海标准计量中心、国家海洋技术中心；

主要完成人：姚勇、高占科、庞永超、刘景霞、张川、孔维轩、索利利、王聪、王爱军、胡波。

6．沿岸浑浊水体光学遥感探测技术及在渤黄海的业务应用

推荐单位：国家海洋局第一海洋研究所；

主要完成单位：国家海洋局第一海洋研究所；

主要完成人：崔廷伟、张杰、马毅、孙凌、宋平舰、孟俊敏、青松、郝艳玲、赵文静、刘振宇。

7．东北印度洋海洋多尺度变率及其气候效应研究

推荐单位：国家海洋局第三海洋研究所；

主要完成单位：国家海洋局第三海洋研究所；

主要完成人：邱云、李立、蔡文炬、靖春生、许金电、潘爱军、郭小钢、宣莉莉、曾明章、陈航宇。

8．海岛适用的系列海水淡化技术装备

推荐单位：国家海洋局天津海水淡化与综合利用研究所；

主要完成单位：国家海洋局天津海水淡化与综合利用研究所；

主要完成人：阮国岭、初喜章、冯厚军、赵河立、王生辉、苏立永、张乾、邵天宝、吴水波、王琪。

9．基于电磁感应的海冰厚度监测技术与系统研究

推荐单位：中国极地研究中心；

主要完成单位：中国极地研究中心、浙江大学、中国科学院沈阳自动化研究所；

主要完成人：孙波、郭井学、李丙瑞、崔祥斌、田钢、卜春光、王华军、王甜甜、王慧。

10．脊尾白虾种质资源与全人工繁育研究

推荐单位：中国水产科学研究院黄海水产研究所；

主要完成单位：中国水产科学研究院黄海水产研究所、宁波市渔业技术推广总站、江苏裕丰林农业开发有限公司；

主要完成人：李健、刘萍、李吉涛、申屠基康、黄煜棣、梁俊平、段亚飞、马朋、李洋、贾舒雯。

11．我国三沙市南海诸岛底栖海藻区系分析

推荐单位：中国科学院海洋研究所；

主要完成单位：中国科学院海洋研究所；

主要完成人：夏邦美、王广策、王永强、王旭雷。

12．用柱状光生物反应器生产微藻饵料与再生能源

推荐单位：中国科学院海洋研究所；

主要完成单位：中国科学院海洋研究所、中国海洋大学、云南爱尔发生物技术有限公司；

主要完成人：刘建国、李凌、潘克厚、张勇、林伟、朱葆华、梁文伟、黄园、杨官品、杨秋林。

13．海洋趋磁细菌多样性及资源开发

推荐单位：中国科学院海洋研究所；

主要完成单位：中国科学院海洋研究所、中国科学院三亚深海科学与工程研究所（筹）、青岛农业大学、中国科学院青岛生物能源与过程研究所；

主要完成人：肖天、吴龙飞、潘红苗、周克、张文燕、张圣妲、高峻、陈一然、张蕊、杜海舰。

14．条石鲷生殖调控及规模化生产技术的建立与应用

推荐单位：中国科学院海洋研究所；

主要完成单位：中国科学院海洋研究所、浙江省海洋水产研究所、宁德市登月水产食品有限公司、青岛金沙滩水产开发有限公司、胶南市福强水产养殖场；

主要完成人：肖志忠、李军、楼宝、刘清华、徐冬冬、肖永双、詹炜、尤锋、毛国民、马道远。

15．水产养殖虾蟹类病害防治的新途径及其免疫学基础

推荐单位：中国科学院海洋研究所；

主要完成单位：中国科学院海洋研究所；

主要完成人：宋林生、王玲玲、张莹、周智、王孟强、盖云超、王雷雷、母昌考、孙瑞、孔鹏飞。

16．寒区海洋结构物动冰力关键技术研究与应用

推荐单位：大连市海洋与渔业局；

主要完成单位：大连理工大学，国家海洋环境监测中心；

主要完成人：岳前进、许宁、张大勇、毕祥军、季顺迎、王延林。

17．北方鼠尾藻苗种规模化繁育关键技术研究

推荐单位：山东省海洋与渔业厅；

主要完成单位：山东省海洋生物研究院；

主要完成人：吴海一、徐智广、丁刚、刘玮、王翔宇、詹冬梅、吕芳、李美真。

18．应对气候变化红树林移植及资源优化技术

推荐单位：浙江省海洋与渔业局；

主要完成单位：浙江省海洋水产养殖研究所、厦门大学、中国科学院华南植物园；

主要完成人：陈少波、卢昌义、仇建标、叶勇、黄丽、王发国、郑春芳、王文卿、郑逢中、谢起浪。

19．象山港污染物控制及生态修复技术集成与示范

推荐单位：宁波市海洋与渔业局；

主要完成单位：宁波市海洋与渔业研究院、国家海洋局宁波海洋环境监测中心站、宁波大学、中国水产科学研究院黄海水产研究所、宁波海洋开发研究院；

主要完成人：尤仲杰、焦海峰、黄秀清、严小军、毛玉泽、施慧雄、骆其君、杨和福、蔡燕红、陈海敏。

20．石斑鱼种业创新与产业化工程建设

推荐单位：福建省海洋与渔业厅；

主要完成单位：福建省水产研究所、福建省海水鱼类苗种繁育科研中试基地、厦门大学、福建省淡水水产研究所；

主要完成人：黄种持、王涵生、方琼珊、郑乐云、林克冰、蔡良候、丁少雄、林建斌、钟建兴、苏展。

21．台湾海峡及毗邻海域主要渔场重要渔业资源评价与利用

推荐单位：福建省海洋与渔业厅；

主要完成单位：福建省水产研究所、国家海洋局第三海洋研究所、厦门大学、集美大学；

主要完成人：戴天元、林龙山、王军、张静、苏永全、刘勇、庄庆达、王德祥、李渊、廖正信。

22. 典型气候因子变化对海洋藻类影响机理研究

推荐单位：中国海洋大学

主要完成单位：中国海洋大学

主要完成人：唐学玺、周斌、肖慧、王影、王悠

2014 年度海洋工程科学技术奖获奖名单

特等奖：2 项

1．中国大陆架划界关键科学技术研究及应用

主要完成单位：国家海洋局第二海洋研究所，国家海洋局第一海洋研究所，国家海洋信息中心，国家海洋局第三海洋研究所，中国科学院地质与地球物理研究所；

主要完成人：李家彪，刘保华，郝天珧，吴自银，石绥祥，黎明碧，方银霞，郑彦鹏，杨鹰，唐勇，汪卫国，游庆瑜，阮爱国，高金耀，刘晨光，李守军，陈坚，李官保，尚继宏，李金蓉。

2. 海洋深水钻井关键技术研究与应用

主要完成单位：中海石油（中国）有限公司深圳分公司，中国石油大学（北京），中国石油大学（华东），中海油能源发展股份有限公司工程技术公司，中海油田服务股份有限公司，国家海洋局第二海洋研究所，深圳市远东石油钻采工程有限公司。

主要完成人：刘正礼，韦红术，唐海雄，杨进，罗俊丰，叶吉华，姜清兆，汪顺文，张新平，陈国明，蔚宝华，黄小龙，罗健生，赵琥，梁楚进，畅元江，严德，张钦岳，陈彬，姜柯

一等奖：8 项

1．我国东部海区海洋动力环境关键过程及其精细化数值模拟与应用研究

主要完成单位：中国海洋大学；

主要完成人：吴德星，陈学恩，鲍献文，林霄沛，宋军，马超，韩雪双，于华明，乔璐璐，郑沛楠，王国松。

2．包含海浪的新型全球气候数值模式的建设与应用

主要完成单位：国家海洋局第一海洋研究所；

主要完成人：乔方利，宋振亚，鲍颖，王关锁，宋亚娟，舒启，黄传江，赵伟，尹训强，李新放，杨永增，夏长水。

3．深水油气地球物理综合调查技术及其应用

主要完成单位：广州海洋地质调查局，中国石油大学（北京），中国地质大学（北京），中石化无锡石油地质研究所；

主要完成人：温宁，陈洁，张志荣，戴世坤，黄捍东，王祥春，江兴歌，江为为，罗文造，孟晓红，杨风丽，赵庆献，梁世友，韦成龙，勾丽敏。

4．浒苔无害化处理及资源化利用研究与示范

主要完成单位：青岛海大生物集团有限公司，中国海洋大学，中国科学院海洋研究所；

主要完成人：单俊伟，王海华，张磊，池姗，修志浩，刘翠，赵杰，王鹏，刘涛，刘松。

5．采用水下工程技术开发边际气田的关键技术应用

主要完成单位：海洋石油工程股份有限公司，深圳海油工程水下技术有限公司；

主要完成人：李志刚，冒家友，苗春生，琚选择，阳建军，尹汉军，姜瑛，吴志星，张青，王长涛，于成龙，胡雪峰，熊海荣，魏行超，曹永。

6．座海底式潮流能水轮发电装置关键技术及应用

主要完成单位：哈尔滨工程大学；

主要完成人：张亮，盛其虎，张学伟，孙科，廖康平，马勇，荆丰梅，杨勇，耿敬，游江，孔凡凯，姜劲，郑雄波，张建华，王晓航。

7．国产超短基线定位系统

主要完成单位：哈尔滨工程大学，国家海洋局北海海洋技术保障中心，国家海洋局第一海洋研究所；

主要完成人：孙大军，郑翠娥，张殿伦，勇俊，张居成，崔运璐，李想，卢逢春，吴永亭，刘焱雄，李昭，王永恒，韩云峰，兰华林，吕云飞。

8.深水铺管起重船“海洋石油201”研制关键技术

主要完成单位：海洋石油工程股份有限公司，江苏熔盛重工有限公司，上海船舶研究设计院，中国船舶重工集团公司第七〇二研究所，中船华南船舶机械有限公司；

主要完成人：周学仲，金晓剑，肖龙，许文兵，王晓波，张松甫，陈强，黄晓东，刘喜传，杨宏滨，闵兵，于长生，史世英，钟汉明，耿焘

二等奖：18项

1．极限波浪特性及其与结构物作用的研究

主要完成单位：大连理工大学；

主要完成人：柳淑学，梁书秀，孙昭晨，李金宣，赵西增。

2．海工混凝土超声回弹综合法测强曲线研究与应用

主要完成单位：国家海洋局第二海洋研究所，宁波市交通建设工程试验检测中心有限公司；

主要完成人：张亦飞，程传国，郝春玲，朱建朝，张海丰，康建华，李佳，许峰，王龙国。

3．工程海冰预报技术研究

主要完成单位：国家海洋环境预报中心，大连理工大学，辽宁省海洋环境预报与防灾减灾中心；

主要完成人：刘煜，季顺迎，唐茂宁，王志滨，李宝辉，隋俊鹏，王安良，赵倩，张书颖。

4．岬湾砂质旅游海滩生态修复模式与工程示范

主要完成单位：同济大学，河北省地矿局秦皇岛矿产水文工程地质大队，河海大学，上海海洋大学；

主要完成人：匡翠萍，杨燕雄，潘毅，张甲波，贺露露，邱若峰，张宇，刘松涛，顾杰。

5．埕岛油田海域灾害地质与海底管道安全防护

主要完成单位：国家海洋局第一海洋研究所；

主要完成人：孙永福，宋玉鹏，胡光海，董立峰，孙惠凤，刘晓瑜，赵晓龙，曹成林，李淑玲。

6．大洋性柔鱼类耳石研究技术及应用

主要完成单位：上海海洋大学；

主要完成人：陈新军，刘必林，陆化杰，方舟，李建华，李纲，李云凯，田思泉，马金。

7．水产品温和加工关键技术与产业化

主要完成单位：中国水产科学研究院东海水产研究所，舟山市越洋食品有限公司，福鼎

市叶东贵食品有限公司，荣成宏业实业有限公司；

主要完成人：杨宪时，李学英，许钟，迟海，陈琛，陈舒，涂敏建，王本新，叶东贵。

8．刺参养殖池塘环境调控技术

主要完成单位：山东省海洋生物研究院；

主要完成人：邱兆星，刘广斌，李莉，宋娴丽，邹琰，李翘楚，张少春，王晓红，刘恩。

9．黄金沙蚕（岩虫）人工繁养与资源恢复技术研发与示范

主要完成单位：大连海洋大学，国家海洋环境监测中心；

主要完成人：杨大佐，王刚，周一兵，袁秀堂，吴鹏宇，陈爱华，刘钢，孙永光，赵欢。

10．旋转导向钻井系统关键技术及工程化研究

主要完成单位：中海油研究总院，中海油能源发展股份有限公司工程技术分公司，西安石油大学，中天启明石油科技有限公司，西南石油大学；

主要完成人：姜伟，周建良，蒋世全，杨立平，李汉兴，菅志军，马认琦，李峰飞，程载斌。

11．大水深多井口圆柱桩腿自升式钻井平台结构设计与安全技术

主要完成单位：中国石油大学（华东），中石化胜利石油工程有限公司钻井工艺研究院；

主要完成人：曹宇光，张士华，孙晓瑜，樊敦秋，黄小光，蒙占彬，史永晋，孙永泰，张爱恩。

12．海上油气井弃置关键技术研究及应用

主要完成单位：中海油研究总院，中海油工程技术公司，中国石油大学（北京）；

主要完成人：刘书杰，杨立平，刘兆年，陈建兵，谢仁军，马认琦，杨进，夏强，刘作鹏。

13．寒区新概念抗冰平台设计研究

主要完成单位：大连理工大学，中海油研究总院，国家海洋环境监测中心；

主要完成人：岳前进，时忠民，张大勇，李刚，许宁，毕祥军，季顺迎，王延林，张文首。

14．边远岛的利用与监控技术研究与示范

主要完成单位：国家海洋技术中心，国家海洋局第一海洋研究所，国家海洋局第二海洋研究所，国家海洋局海口海洋环境监测中心站；

主要完成人：夏登文，冯林强，成方林，陶春辉，李西双，阮传文，李喜海，朱建华，常哲。

15．海洋环境监测数据一体化服务平台研发与应用

主要完成单位：国家海洋信息中心；

主要完成人：徐胜，路文海，杨翼，付瑞全，向先全，崔晓健，曾容，刘捷，王秋璐。

16．浙江省海岛（礁）环境数据建模与可视化

主要完成单位：浙江大学，浙江省第二测绘院；

主要完成人：张丰，楼燕敏，杜震洪，刘仁义，余华芬，李荣亚，杨一挺，周伟，滕龙妹。

17．恶劣海况下自保护式高效稳定波浪发电装置

主要完成单位：浙江海洋学院，山东大学，舟山市海联液压机械有限公司，浙江宏宇工程勘察设计有限公司；

主要完成人：李德堂，谢永和，王伟，张吉萍，刘延俊，李志伟，任永华，朱海芬，翁益松。

18．海洋油气相关设施用动态缆的研究和应用

主要完成单位：中海油研究总院，上海电缆研究所，大连理工大学，宁波东方电缆股份有限公司；

主要完成人：李新仲，郭宏，谢彬，朱江，屈衍，许文虎，李博，郑利军，闫嘉钰。

2014 年中国海洋大学海洋科研获奖成果

序号	获奖名称	奖种	获奖等级	获奖单位	完成人（前五位）
1	海参功效成分研究及精深加工关键技术开发	山东省科学技术奖科技进步奖	一等	中国海洋大学；中国水产科学研究院渔业机械仪器研究所；獐子岛集团股份有限公司；山东东方海洋科技股份有限公司	薛长湖；王静凤；沈建；王联珠；黄万成
2	中国北方海域末次盛冰期以来沉积物“源-汇”效应与环境演变	高等学校科学研究优秀成果奖（科学技术）自然科学奖	二等	中国海洋大学；青岛海洋地质研究所	李广雪；刘健；郭志刚；王永红；乔璐璐
3	新型消能式海上建筑物水动力分析方法与设计理论研究	高等学校科学研究优秀成果奖（科学技术）自然科学奖	二等	中国海洋大学；大连理工大学	刘勇；李玉成；李华军
4	海洋食品加工过程中质量安全控制关键技术及示范	高等学校科学研究优秀成果奖（科学技术）科技进步奖	二等	中国海洋大学	林洪；曹立民；李振兴；王静雪；唐庆娟
5	长蛸全生活史养殖与增殖放流关键技术	海洋科学技术奖	二等	中国海洋大学、马山集团有限公司、日照海辰水产有限公司、赣榆县海洋渔业技术指导站、连云港忠玉水产有限公司	郑小东；王培亮；李琪；钱耀森；王培春
6	海洋微生物培养新技术的建立及菌种库建设	海洋科学技术奖	二等	中国海洋大学、中国科学院海洋研究所	张晓华；肖天；刘晨光；赵苑；史晓翀
7	深海立管涡激振动疲劳预测方法及抑振技术	海洋科学技术奖	二等	中国海洋大学	郭海燕；李效民；孟凡顺；娄敏；刘晓春

（中国海洋大学）

附录 2 中国海洋学术团体及活动

【中国海洋学会】 2014 年，中国海洋学会推荐 2 名专家获得全国优秀科技工作者荣誉，学会被中国科协评为全国学会科普工作优秀单位，学会共有 2 个科普基地获得全国科普教育基地先进单位，获得中国科协 2014 年年鉴工作优秀组织单位和个人荣誉。

学术交流 打造学会品牌平台，提升海洋强国战略论坛影响、有效发挥学会在海洋学科发展中的引领作用。2014 年学会及分支机构主办学术会议共 13 场次。出版论文 5 种类。参与十大科技进展评选科研单位共 140 家。建立学术期刊群联盟发展，以《海洋学报》为凝聚力，团聚 8 类海洋领域内的学术期刊结成互动联络机制。创造性地开展工作，为丰富海洋科学技术交流与发展创建了重要平台和展示舞台。

【成功举办“第七届海洋强国战略论坛”】 海洋强国战略论坛作为中国海洋学会学术品牌活动，已成功举办了七届，在动员聚集海洋精英为推进建设海洋强国战略实施而做出了积极贡献。第七届海洋强国战略论坛以“依海富国、以海强国、人海和谐”为主题，在中国科协的精品论坛经费的资助下，经过精心的筹备，于 2014 年 10 月顺利召开。

本次论坛由中国海洋学会与中国太平洋学会、南京大学联合主办，中国南海研究协同创新中心、中国海洋学会女科学家工作委员会和《海洋学报》编辑部等单位共同承办。主办、承办单位发挥各自的专家优势、学术影响力和号召力，通过海洋强国论坛为从事海洋科学研究的专家、学者、科技工作者搭建了多渠道、多层次、全方位、宽领域的交流与合作平台。本次论坛通过五位院士专家的学术报告，以及四个分会场的学术交流活动，深刻阐释了依海富国、以海强国、人海和谐、合作共赢的发展理念，号召海洋科技工作者将海洋科技研究工作与社会责任并重，共同推进海洋强国战略的实施。

【联合中国太平洋学会、中国海洋湖沼学会举办 2014 年度中国海洋十大科技进展评选活动】 本次活动由学会科普部与学术部分工协作、共同开展。在分别对 2014 年度媒体相关信息筛选的同时，还发挥各自资源优势，学术部组织《海洋学报》等期刊从学术论文角度进行推荐；科普部则组织召集分支机构的专家组成专家评议小组参与审核与评议。其他两家学会也按照评选标准从各自实际出发认真组织。正是三家学会之间以及内部建立的分工协作组织模式，才保障了整个活动顺利开展。

2014 年度海洋十大科技进展在参考以往评选标准及筛选、投票评选方式的基础上，新增加了推荐、专家评议等环节，与此同时还新增加了对评选事件主体单位确认的程序，从而确保了事件真实、信息准确。新增加的环节既是活动组织的一次创新，同时也是对该活动组织规范化的一次探索。在评选过程中，学会积极联系常务理事、理事，充分发挥专家团队的优势，最大限度的组织科研院所（校）、涉海企业等单位、联系相关专业学会按照推荐、评议、投票等评选程序开展海洋十大科技进展的评选活动。评选活动中得到了学会的分支机构、理事单位等相关单位的大力支持，他们积极组织推荐、并参与评议审核，保证了入选科技进展的准确性、专业性、权威性。

【主办第三届全球海洋生物多样性大会，增强学会在国际海洋学科界的影响力】 2014 年学会积极开展国（境）内外交流合作，充分利用各方经验服务海洋事业发展。为了进一步提升广大海洋科技工作者及管理者的海洋科学素养和专业水平，促进追踪国际前沿理论、拓宽学术视野和提升学科水平，与中科院海洋研究所等单位共同主办，主题为“变化的海洋与海洋中的生命”第三届全球海洋生物多样性大会。来自全球 55 个国家的 300 余名科学家参与此次盛会，共同探讨海洋生物多样性及生态环境领域的重大科学问题。

本次会议围绕海洋生物多样性及全球变化、海洋生态系统结构与功能、海洋生态安全、海洋生物观测、海洋生物资源、深海生物多样性等科学问题展开深入交流和研讨。为国内外研究学者搭建广阔交流平台的同时，也促进和推动了我国在海洋生物多样性及其相关领域开展更为广泛的国际合作，提升中国在此领域的国际地位和学术影响力。该活动充分体现了中国的海洋基础研究在国际上的地位，有助于引导青年海洋科技工作者进入国际前沿，发出中国科学家的声音。

【牵头打造“海洋学术期刊群”，加强学会精品期刊建设和课题项目研究能力】 为充分发挥期刊的集群效应，集中优势力量，办出更优质期刊，在国内及至国际上创出品牌，产生影响力。上半年，组织召开了各期刊编辑部工作交流会，对所属期刊进行把脉问症，探索提高学报质量，创建品牌期刊的新路，开展了对主办的10个学术期刊认定及清理工作，并联合申请创办《应用海洋学学报》英文版《Journal of Applied Oceanography》。在持续三年《海洋学报》精品期刊专项资金的支持下，今年又争取到中国科协在学科发展研究项目和重点学术交流项目的经费支持，承担中国科协“2014—2015年学科发展研究项目”的“2014—2015 年海洋科学学科发展报告”的编写工作，此项工作已开始启动。

【各分支机构开展多层次专题学术交流会议取得丰硕成果】 在学会补助经费支持下，学会各分支机构发挥专业特色优势，积极开展活动。4 月 11 日至 13 日，中国海洋学会海洋经济分会承办了“青岛市与淮安市产业对接暨经济合作研究会”。5 月 24 日至 26 日，中国海洋学会海水淡化与水再利用分会联合中国膜工业协会海水及苦咸水淡化膜分会举办了“2014 年全国膜法水处理技术高级培训班”。集各方面的优势力量，各分支机构开展的学术活动在促进科研交流、成果转化、社会服务、科学普及等方面的工作，起到了十分明显的促进作用。

创新发展 1 月，中国海洋学会首次联合中国太平洋学会和中国海洋湖沼学会，组织本学会的常务理事、理事和专业领域内的专家，对 2012 年度中国海洋十大科技进展项目进行了排名筛选，经过汇总，最终评选出 2012 年度的十大科技进展项目。

科普工作 2014 年，中国海洋学会围绕海洋工作重点任务，整合学会现有科普资源，加强学会科普能力建设。一是制定海洋科普教育发展长期规划，进一步完善海洋科普组织建设，不断提高海洋科普能力；二是根据中国科协的工作重点，组织开展科普活动；三是积极配合国家海洋局的主体工作，做好海洋科普宣传；四是加强科普期刊建设。

【提出了推进全民海洋科普教育“一”“十”“百”“千”“万”工程】 根据《中国海洋学会海洋科普教育工作重点工作任务（2014—2024 年）》，提出了推进全民海洋科普教育“一”“十”“百”“千”“万”工程。“一”字工程主要包括培养 1 支专职从事海洋科普教育管理工作的团队，组建 1 个海洋科普专家库，每年承办一次“年度科技周”、“年度防灾减灾日”、“年度全国海洋宣传日”海洋科普宣传教育活动等任务。“十”字工程主要包括邀请 10 位知名海洋专家学者进校园、进社区，举办 10 场全国海洋科普教育能力培训等任务。“百”字工程主要包括建成 100 个海洋科普教育小屋，策划编创 100 种海洋科普出版物等任务。“千”字工程主要包括海洋科普走进全国 1000 个文明社区，发展 1000 家全国海洋科普教育基地等任务。“万”字工程主要包括招募 10000 名海洋科普教育志愿者等任务。

【扩大海洋科普工作委员会规模、完善海洋科学传播专家团队建设，吸收发展海洋科普教育基地】 2013 年底，根据中国科协的要求，学会成立了第一个海洋科普首席科学家传播团队，学会一边支持团队积极开展工作，一边加强团队的组织建设，扩大规模、完善管理，目标是将其建成学会首个示范专家团队。经五次常务理事会审议，新批准青岛崂山区汉河小学校、新疆华山中学等四家学校成为全国海洋科普教育基地。四家学校的加入，扩大了基地的规模，尤其是华山中学的加入，成为了学会在西部内陆地区组织开展海洋科普活动的支撑点，将辐射和带动整个新疆和内陆的海洋科普发展。

【发挥专家团队优势，积极承担课题研究，不断提高海洋科普能力】 经过申请与审核，学会的专家团队成功获得了《美丽海岛》科普影视创作项目，该项目正在实施进程中。海洋科普活动得到海洋局办公室高度重视，局办委托我会与新疆华山中学联合开展《在边疆内陆地区开展海洋科普活动理论与实践》研究，为海洋科普进内陆，提供理论基础。

同时，海洋科普经费量大幅度增加，经过

努力，共申请海洋局海洋科普活动经费 60 万。学会继续加强对分支机构和科普基地的指导和大力支持，在“海洋日”“减灾防灾日”等重大活动期间，统一组织、指导分支机构和科普基地开展科普工作，给予海洋科普资料、专项经费等支持，促进分支机构与科普基地之间的合作、交流，鼓励大家发挥优势，联合组织开展海洋科普活动，实现资源共享，形成互补合作机制。

【组织“防灾减灾日”海洋科普活动】　2014 年全国防灾减灾日期间，根据“城镇化减灾”活动主题，指导全国 34 家海洋科普基地开展海洋防灾减灾科普活动。发挥专家团队的专业优势，组织专家编写极地救援材料，进行极地防灾减灾知识的传播；与此同时联合国家海洋局减灾中心、国家海洋局信息中心开展“海洋灾害”科普宣传，通过科普基地向公众传播普及海洋防灾减灾相关知识，取得了很好的社会效果。

【承办中国科协第 42 期“科学家与媒体面对面”活动】　在国家海洋局成立 50 周年之际，为宣传海洋，学会承办中国科协的第 42 期“科学家与媒体面对面”活动，该活动以“海水淡化,服务京津冀”为主题，邀请天津海水淡化所、杭州水处理中心及时代沃顿集团的三位专家围绕海水淡化问题与中央人民广播电台、光明日报、科技日报等 30 多家媒体进行现场互动，通过媒体提问向公众解答海水淡化的技术、应用以及产业发展等问题，该活动不仅向公众传播普及海洋知识，还提高了公众利用海洋、保护海洋的意识。

【组织海洋科普进新疆等特色全国科普日活动】　全国科普日期间，学会周密策划、认真组织了一系列海洋科普宣传活动。各分支机构和科普基地积极响应，结合自身特点，组织开展了形式多样的海洋科普活动，例如青岛同安路小学联合国家海洋局第一海洋研究所组织的海岛课外实践活动、学会联合海水淡化与水再利用分会组织的海水淡化知识进社区活动、海洋科普进新疆活动等，其中最具代表性的为“海洋科普进新疆”活动，该活动被评为中国科协 2014 年全国科普日活动优秀特色活动。

为支援西部建设，提高西部边疆地区公众尤其是学生的海洋意识，学会组织了“支援西部建设，海洋科普进新疆”活动。学会向全国海洋科普教育基地——新疆华山中学捐赠了海洋生物、矿物标本、海洋科普读物、海水淡化和海洋能发电小型演示装置以及海洋装备微模型，并邀请专家就海洋热点问题进行海洋科普讲座。同时，此次活动还以华山中学作为支撑点向内陆公众传播普及海洋知识，这是海洋科普向西部边疆内陆延伸的开始，有着重要历史的意义。

【组织开展了“奔向大海，跑向未来—我跑我快乐”公益慢跑活动暨海洋科普志愿者招募活动】　6 月 8 日海洋日期间，海洋学会响应团中央“走出宿舍、走下网络、走向操场”的号召，联合广东海洋大学等国内九所涉海高校，组织开展了“奔向大海，跑向未来—我跑我快乐”公益慢跑活动暨海洋科普志愿者招募活动。5000 名师生分别在渤海、黄海、东海及南海四大区的沿海城市参加了活动，招募了数千名海洋科普志愿者。该活动不仅增强了同学们强身健体的理念，而且树立了大家热爱海洋、保护海洋的意识，并坚定了投身建设海洋强国的信念。

【举办“拥抱蓝色未来，描绘海洋梦想”主题绘画活动】　6 月 8 日海洋日期间，海洋学会联合两家科普基地——北京向东小学和北京海洋馆举办了“拥抱蓝色未来，描绘海洋梦想”主题绘画活动。60 位小学生用五彩缤纷的画笔在百米长的画卷上描绘出自己对海洋的想象、热爱与梦想，同时向全国小学生发出倡议：爱护海洋环境，宣传海洋知识，让更多的人热爱海洋、关心海洋。

【组织“关爱海洋、清洁沙滩”公益活动】　在 6.8 海洋日和 7.22 日海洋局建局 50 周年纪念活动期间，组织两家科普基地同安路小学师生和家长、北海海底世界员工以及浙江大学生暑期实践团队分别在山东青岛、广西北海和浙江舟山开展了“关爱海洋、清洁沙滩”活动。通过图片、咨询及现场捡拾海边垃圾等方式向市民讲解、普及海洋环保知识，加强公众对海洋的了解和认知，提高公众的海洋意识。

【主办“渤海明珠，美丽家乡”主题征文暨海洋公益讲座活动】　4 月份—6 月份，为积极推进海洋知识“进学校、进课堂、进教材”，海洋学会联合天津市海洋局、新蕾出版社等单位共同举办的“渤海明珠，美丽家乡”主题征文暨系列公益讲座活动。活动共收到来自天津市数十所小学的数千份参赛作品，征文期间，还邀请海洋专家深入到天津市多所学校，为师生们带去“海味十足”的科普讲座。整个活动取得圆满成功 ，不仅使同学们增长了海洋知识，增强了海洋意识，更使孩子们对探索美丽、富饶、神秘的大海产生了浓厚的兴趣。

【对《海洋世界》加强指导，加大支持力度】 《海洋世界》是国内海洋领域办刊时间最长的海洋科普期刊，由海洋学会主办。为适应新形势下，海洋科普工作需要，提高该刊的办刊水平、影响力，扩大发行量，学会对其加强业务指导，提供学会的科普平台，通过项目委托和合作的形式，加大资金和政策支持力度，已取得了较好成果。

【积极支持《海底世界》成为学会主办期刊】 《海底世界》主要是面向小学生进行海洋科学知识的普及与传播的期刊，准确的定位，使其在读者群中具有一定的影响力。目前，《海底世界》杂志正努力申请成为海洋学会主办的期刊，学会对此大力支持，并积极推进相关工作，希望通过增加海洋科普期刊，来扩大海洋科普传播的阵地和力量。

能力建设 继续加强学会基础能力建设，系统构建学会奖励体系、努力拓展学会创新发展服务领域。

【组织召开学会常务理事会对学会发展提出更高要求】 3月27日，中国海洋学会在南宁召开了第七届五次常务理事会，常务理事会在认真学习全国海洋工作会议精神的基础上，对2014年学会开展的重大活动都做了认真安排。学会结合发展需要及时增补了常务理事、理事，批准了新增科普教育基地。尤其对主动承接政府职能转移任务，提升学会综合能力提出了新的更高要求。

【组织召开了2013年度海洋科学技术奖奖励委员会第二次会议及2014年度项目申报工作】 5月26日，在北京召开了海洋科学技术奖奖励委员会第二次会议。奖励委员会含10位院士共28名专家参加。2013年度海洋科学技术奖是在经过形式审查、网络初评、专业组评审、大会终评以及30天的项目公示，交由奖励委员会核准。最终评出获奖项目40项（含海洋优秀科技图书7项）。其中一等奖7项、二等奖26项。获奖幅度约为40%。会议还就完善海洋科学技术奖奖励体系和优化程序，如何提高效率，加强宣传及扩大影响等提议进行了讨论。

【组织召开了2014年度学会工作会议贯彻落实重点工作】 4月18日，中国海洋学会在南京召开了学会年度工作会议，会议明确年度工作重点，聚焦提升学会服务创新能力。明确以学会科技同行评审为基础，积极争取科技评价、科技人员评价等政府拟转移的部分社会化服务职能任务。上半年，中国海洋学会继续与励展博览集团深化合作，共同主办 2014 OI 中国水下机器人大赛和专家、企业及媒体交流会议，积极参与新概念水下机器人参赛办法的修改制定，努力寻找使学会在社会公益、学术交流等方面的工作新领域。同时，加强与新型网络媒体的合作，不断探索与中国网、凤凰网建立长期合作关系，努力扩大学会主动服务海洋事业发展大局的社会影响。

【完成2014年度海洋科学技术奖评审工作以及颁发2013年度获奖证书】 1月至12月,按照海洋科学技术奖奖励办法规定，经过形式审查工作、网络初审、保密项目初审等评审程序及筹备工作，2014年度海洋科学技术奖评审会议于11月底顺利召开，与会专家分别对申报的海洋科学技术研究类项目和海洋科技成果转化类项目进行评审，评出海洋科学技术研究类获奖项目15项，其中一等奖3项，二等奖12项，海洋科技转化类获奖项目13项，其中一等奖3项，二等奖10项，海洋科技图书获奖项目6项。2014年度获奖项目已经奖励委员会审核确定，将予近期公布、拟定下半年召开表彰奖励会议。海洋科学技术奖作为学会承接政府职能转移的一项重要工作内容，它的意义不仅在于表彰鼓励优秀海洋科技项目，而且通过这种奖励机制激励海洋科技创新、推进海洋科技的发展。2013年度海洋科学技术奖获奖项目已在10月第七届海洋学术战略论坛为获奖者颁发获奖证书。

【学会推荐的两名海洋科技工作者获得第六届全国优秀科技工作者称号】 下半年,根据中国科协“关于开展第六届全国优秀科技工作者推荐评选工作的通知”精神和要求，经过评选，由中国海洋学会组织推荐的国家海洋局第一海洋研究所石学法研究员、国家海洋环境监测中心关道明研究员获得“全国优秀科技工作者”称号。学会拟定于 2015 年度中国海洋学会学术年会上对本届获优人员颁发证书。

【学会承接了全球气候变化重大项目中的招投标具体工作任务】 5 月 10 日，海气相互作用项目招投标工作在北京举办，根据国家海洋局明确转移的这项重要任务，学会积极主动参与承接，尝试性的承办招投标实施过程中的具体保障工作和基础性工作。熟悉和了解该项工作的流程及组织实施办法，为下一步全面承接打下了良好的基础。

【学会组织机构工作正常运行，学会管理工作进一步规范】 一年来,学会积极倡导开源节流理念，全年总收入较去年大幅增长,我们深切地感到，国家对社会组织工作极为重视，海洋事业的繁荣发展对学会工作寄予厚望。虽然学会工作仍存在专职人员少，经费不足，社会资源动员能力薄弱、学会信息化建设不能满足业务的快速发展等制约因素，但是，只要我们坚定地围绕海洋工作的中心任务，顺应大好形势，充分发挥学会独特优势，创造性开展工作，学会的发展建设路子就一定会越走越宽，影响也会越来越大。（中国海洋学会）

【中国水产学会】 **渔业统计** 统计数据质量取得了新保障。在圆满完成 2014 年度月报、半年报及 2013 年度年报数据采集、汇总工作基础上，通过建立和实施统计数据定期专家会商制度、渔业统计数据质量岗位责任制和联审制度等一系列质量控制方法，极大地提高了统计数据质量。根据《渔业统计工作规定》，第一时间向部渔业渔政管理局和国家统计局等单位提供月度、年度渔业生产统计情况报告。

统计队伍素质取得了新提升。为培养和造就一支坚持原则、精通业务、作风扎实的统计队伍，9 月在武汉举办了渔业重点县渔业统计工作人员第 16 期培训班。26 个省（区、市）渔业重点县负责渔业统计工作人员计 109 人参加了培训。到目前为止，已培训了 1850 人次基层渔业统计工作人员。通过培训，提升了统计人员的业务水平，更主要的是强化了做好渔业统计工作的责任意识。

统计标准规范取得了新突破。为进一步保障渔业统计数据的准确性、及时性，提高渔业统计资料的可比性、适用性与共享性，2014 年启动了《渔业统计技术规范》标准研究工作，目前完成了起草、征求意见工作，处于审批阶段。与国家统计局合作开展了渔业主要统计指标数据质量控制办法研究。

统计服务水平取得了新进展。为满足日前不断提高的统计数据使用需求，除正式出版《2014 年中国渔业统计年鉴》外，开发了“2013 年度全国渔业统计手册”、“2013 年各省、自治区、直辖市主要渔业统计指标情况手册”、“2013 年度全国主要统计数据卡片”等系列渔业统计产品，此外，学会还组织编撰了《中国渔业统计》工具书，供广大渔业统计工作者参考使用。

渔业信息监测 认真完成水产品市场信息采集工作，数据采集质量稳步提升。每天对信息员上报的数据进行检查和纠正，每月完成水产品市场信息简报和水产品批发市场月度数据报表，每季度完成一篇水产品季度分析报告。

成功组织信息员培训会议。为保证信息采集报送质量，5 月在武汉召开了全国水产品批发市场信息员培训班。来自全国各地水产品信息采集定点批发市场的信息员和部分水产品市场信息分析专家组成员近 90 名代表参加。

召开市场形势分析会商会。8 月在哈尔滨召开上半年全国水产品市场形势分析会。各省（区、市）水产市场分析专家共计 30 人出席会议。

水产贸易研究 开展渔业对外贸易跟踪研究。3 月与国际贸易专家组成员讨论 2014 年度渔业国际贸易重点研究内容和研究计划。设立“水产品贸易出口市场国政策及本国产业政策监测研究”等共 9 个课题供专家研究。

开展水产品贸易研究。学会先后撰写了《2013～2022 中国水产品供给、需求与贸易预测研究报告》《中国—拉美渔业研究报告》《2014 年上半年水产品对外贸易形势分析报告》等研究报告和《中国农产品贸易发展报告(2014)》水产品分报告。

开展渔业对外贸易形势分析。9 月在丹东召开 2014 上半年水产品对外贸易形势分析座谈会，渔业国际贸易跟踪研究专家以及地方各有关渔业主管部门专家一起分析上半年我国水产品进出口贸易波动原因，预测下半年水产品贸易走势，提出进一步促进水产品贸易发展的有效建议。

学术期刊 2014 年,《水产学报》正值创刊 50 周年，编辑部开拓办刊思路，多渠道提高影响力，加快学术论文传播速度和范围，缩短出版周期，在中国知网实现优先出版，同时做好信息推送、优秀论文推介、开通微信平台、过刊溯源、建立英文网站增加英文可阅读信息等工作，总被引频次、影响因子有进一步提高，综合排名在水产类期刊中位列第一，在全国 1995 种核心期刊中位列第 36，较 2013 年上升了 9 位。《水产学报》2014 年荣获第三届“中国精品期刊”、“中国百种杰出学术期刊”、“中国国际影响力优秀学术期刊”、RCCSE 中国权威学术期刊、上海市高校精品科技期刊奖等 5 个奖项，并获得中国科协精品期刊持续资助。

《科学养鱼》积极组织参加学术会议及业务培训，提高编辑队伍水平，被江苏省科技期刊学会评为金马奖优秀期刊、金马奖创意策划奖。《海洋渔业》提高了发表论文的时效性，建立和完善了期刊网站的英文版页面，为对外交流和合作提供了通道。《淡水渔业》认真保证质量，差错率极低。

决策咨询 鱼病专业委员会的专家积极参与中国科协组织的决策咨询工作。与其他相关学会的专家一起出色地完成了“中国科协生物灾害防治报告”。

水产动物营养与饲料专业委员会组织专家完成了中国工程院委托的“中国海洋工程与科技发展战略研究”重大咨询项目第四课题“海洋生物资源工程发展战略研究”的研究报告，具体负责海水养殖工程技术与装备研究报告的编写。

学会积极参与“十三五”科技发展计划决策咨询工作。2014 年不少地方科技主管部门、行业主管单位都启动了“十三五”渔业科技发展计划编写工作，学会各分支机构的专家积极为当地产业科技事业发展建言献策，参与地方“十三五”计划和科技发展计划的制定工作，受到当地行业主管部门的好评。

国际学术会议 学会与中国优质农产品开发服务协会联合主办了 2014 品牌农业发展国际研讨会。农业部副部长陈晓华、联合国粮食与农业组织助理总干事王韧等出席会议并致辞。研讨会围绕“品牌红利：信任创造价值”的主题，探讨国际品牌农业发展理念及趋势，学习借鉴国际先进经验，开阔中国农业品牌发展的国际视野，探索品牌建设可能释放的红利空间以及实现中国农业现代化的途径及策略。来自 7 个国家驻华大使馆的农业参赞和外交官参加了会议和研讨，共有 17 个国家和地区以及国际组织的代表，农业部有关司局和单位负责同志，有关地方政府部门领导、农业品牌方面专家、企业界代表等共 200 多人参加。

5 月 13 日～14 日，学会与中国海洋大学共同主办，亚洲水产学会支持的中日韩及东南亚“2014 水产品加工与质量安全”国际研讨会暨中国水产学会水产品加工与综合利用分会年会在青岛召开。30 多名国际知名学者和 240 多位国内学者参加了本次大会。会议报告 50 多个，集中展示了当今亚洲水产加工领域的最新科研成果，会议对进一步发挥亚洲水产业的核心地位作用，促进亚洲水产加工的发展，保障水产品的质量和安全将起到推动作用。会间，中国水产学会贾晓平理事长、亚洲水产学会黄硕琳理事长、中国水产学会副理事长兼秘书长司徒建通与日本水产学会国际交流委员会佐藤秀一就加强中日水产学术交流举行了会谈。

国内主要学术会议 2014 年中国水产学会学术年会于 10 月 29～30 日在长沙召开，来自全国各地的 500 多名水产科技工作者参加了会议。年会以“科技创新与产业升级”为主题，邀请中国科学院院士、中国科学院水生生物研究所研究员桂建芳，黄海水产研究所研究员陈松林，美国水产学会主席 Donna Parrish 和湖南文理学院教授杨品红作大会主题学术报告。会议设水产生物技术等 6 个专题分会场，交流论文 445 篇。会上颁发了 2013 年中国水产学会学术年会优秀论文奖，20 篇优秀论文受到表彰。期间举办了“《水产学报》创刊 50 周年暨科技期刊创新与发展研讨会”。

中国科协第 98 期新观点新学说学术沙龙于 2014 年 11 月 26～27 日在珠海举行，沙龙的主题是“海洋渔业的现在和未来”。沙龙由中国水产学会承办，中国水产学会理事长、南海水产研究所贾晓平研究员，亚洲水产学会理事长、上海海洋大学黄硕琳教授为领衔专家，21 位专家做了主题发言，并就海洋渔业资源与环境、海洋捕捞、海洋渔业管理展开了热烈的研讨和辩论，沙龙文集将结集出版。

水产动物营养与饲料专业委员会主办的“第四届华东地区水产动物营养与饲料科技论坛”共有 400 多位来自全国各地院校和企业的相关人士参加；海水养殖分会年会共有 340 多名代表参加，交流论文 40 多篇；水产生物技术专业委员会年会暨基因组时代的水产种业学术研讨会有 200 多名代表参加，发表口头报告 84 个；渔业资源与环境分会年会有 150 多名代表参加，交流论文 40 余篇；捕捞分会学术年会共有 80 余名代表参加，交流学术报告 36 个。

两岸交流 9 月 15～17 日，由中国科协主办，中国水产学会承办，台湾水产学会、福建省水产学会共同协办的海峡两岸海水养殖科技创新发展青年科学家研讨会在厦门举行。会议以“创新驱动两岸海水养殖科技共同发展”为主题，共同探讨两岸海水养殖的技术创新、海水养殖品的质量安全。来自台湾海洋大学等 5 所台湾高校的 14 位青年科学家，以及来自大陆 20 多个水产高校和水产科研院所、渔业管理和科技推广单位的 150 余位青年科学家和科技工作者参加了研讨,会上共交流了 60 篇学术报告。

国际交往 学会积极与俄罗斯、匈牙利和波兰等三国水产科研单位建联系，成功与俄罗斯水产基因与选育中心签署学术交流协议书。

8 月举办渔业节能减排高层研修班，邀请西澳驻京办首席代表介绍西澳渔业节能减排先进经验。9 月初接待了西澳渔业代表团，就人工鱼礁项目的进一步合作进行了协商。

维护与各国学会之间的正常交流渠道。近年来，学会与英美等多个国家的水产学会建立了学术和科普合作关系，并定期与之进行交流和沟通。2014 年成功推荐了学会资深会员刘家寿成为英国水产学会的国际专家。

完成国际休闲渔业相关管理规范的收集、翻译与汇编工作。学会与有关单位合作，着重收集了美、英、澳、加、日等国的休闲渔业相关管理法律、法规，并翻译成中文。

科普活动 围绕中心、注重生态、认真做好科技惠渔工作。一是组织专家深入 6 个省(市)渔村企业进行水产养殖生态修复调研，特别是对养殖生态进行调研；对山东海水工厂化养殖、山西黄河滩养殖和江苏盐碱地规模化养殖和贵州少数民族稻田养鱼进行了调研，帮助当地谋划相关产业发展计策。二是与淡水渔业研究中心合作整理、编辑印刷了水产养殖生态修复技术指导手册和水产养殖产品质量安全指导手册，宣传生态养殖知识，推广健康安全的养殖技术。三是在溧阳举办水产养殖生态修复培训，共 200 多名基层技术人员参加。

开展关注食品安全重点宣传活动。4 月，由学会上海海洋大学学生会员工作站承办，以“推广水产知识，关注食品安全”为主题的活动在上海芦云路社区开展。通过宣传新鲜水产品具有的特征等知识，让市民能够买到新鲜、健康、安全的食品，保障健康的生活质量。

重视科普队伍建设，2014 年，学会先后成立了两批科学传播专家队伍，共有 7 个团队，并推举了王武、戈贤平、庄平、刘雅丹、徐跑、李家乐、柳学周等 7 位专家为全国科学传播首席专家，开展了丰富多彩的科普活动：水产学科科普宣讲团队开展水产生态养殖与水产品质量安全等系列宣讲活动，开展生态修复水环境技术培训、河蟹生态养殖新技术等系列培训，累计培训人数 1420 人次，开展科学放生宣传活动，参加人数 120 人；全国水产学科养殖实用技术传播团队开展水产新品种养殖技术、水产病害防控和健康养殖技术等系列培训，累计参加人数近 300 人次；水产学科社会热点应急科普团队开展了“山东文登海水生态健康养殖宣传日”，“生命长江自然生态影像展”等活动，接受“长江口水域生态环境保护”专题采访报道；水产学科科普策划与创作团队创作了《国内外渔业节能减排案例与分析》、《渔业节能减排知识宣传手册》、《水产品质量安全生活知识宣传手册》及 6 本水产实用技术丛书。

为了适合信息化时代的发展，学会科普工作开拓了两种新方式。一是通过修订和增补百度百科渔业词条的方式，向大众传播渔业科技知识，修正不科学的网上渔业词条。2014 年学会认领 1500 条百科词条编写以及审核上传任务。二是建立了渔业信息服务社会平台。平台的主要内容包括两个方面，九大板块，主要是信息服务方面和渔业科学知识传播方面。通过网上平台建设，提高学会利用信息化为渔业发展服务和科学知识传播能力。

表彰举荐优秀科技工作者　根据中国科协关于开展第六届全国优秀科技工作者推荐评选工作的通知要求，学会按程序成功推荐中国海洋大学包振民教授、新疆维吾尔自治区水产科学研究所郭焱研究员、大连汇新钛设备开发有限公司孙建明教授级高级工程师等3人作为全国优秀科技工作者候选人并获得批准。12月20日，学会在中国海洋大学举办 2014 会员日主会场，表彰和宣传全国优秀科技工作者事迹，鼓励青年学者学习先进。

党建强会　2014 年，学会在河南省孟津县和江西省鄱阳县，因地制宜开展了技术培训、捐赠书籍、建立服务站等工作。在河南孟津，向当地渔民赠送水产养殖系列丛书、病害防治挂图 500 余册（张），邀请了中科院院士桂建芳等知名专家为广大渔民针对当地养殖品种的健康养殖和鱼病防治进行理论讲解，与百余名养殖户开展互动，现场解答养殖户在养殖过程中遇到的实际问题。在江西鄱阳，在当地先后举办了 3 期水产骨干技术培训班、10 期区域特色水产研讨班和 50 次塘头式季节热点解析班，就水产养殖鱼类病害发生流行的主要原因、发病特点、预防措施、诊断与防治技术等进行了详细讲解，累计辐射带动全县约 1 万户农民开展渔业生产。此外，学会通过选址、建设、装修，在当地建立了“鱼病检测及诊治示范服务站”，配备鱼病检测实验室所需设备，并聘请当地水产专家进行现场长期指导，建立了渔业专业服务窗口，公布水产 120 救急电话，建立了巡回流动渔业服务站和电子网络服务平台。中国科协党组成员、书记处书记王春法同志在考察参观后对此项工作予以高度赞扬。

会员服务　2014 年，学会的会员服务方式创新，会员服务质量和水平不断提高。一是深入调研、了解会员需求。就会员服务工作走访了厦门水产学会、浙江省水产学会、重庆市水产学会、贵州省水产学会、山西省水产学会和云南省水产学会以及西南大学、中国海洋大学、上海海洋大学等学生会员工作站，征求了有关提高会员服务质量的意见和建议。二是创新了支持基层会员服务工作的方式，如帮助浙江省水产学会争取项目，与上海海洋大学、中国海洋大学学生会员工作站联合开展活动，通过活动，不仅提高会员服务水平，也提高学会调动人才资源的能力。三是成立了中国海洋大学学生会员工作站，四是以赠书刊等形式支持省级学会和学生会员工作站开展工作。

水产科技周　成功举办 2014 水产科技周。在科技周的启动仪式上特别邀请了联合国教科文组织卡林伽科普奖获奖者李象益教授前来授课，来自全国各地的中国水产学会科普工作委员会委员、水产科学传播专家、上海海洋大学师生代表等共计 350 多人参加活动。同时举办主题为“水产科技梦与中国梦”的水产科技创新展览和“海洋科技梦•中国少年梦”为主题的科普活动。

渔业节能减排　为促进产业节能减排稳步推进，让渔业企业树立节能减排理念，了解节能减排新技术，2014 年 8 月份，学会面向企业和广大科技人员，在烟台市举办了渔业节能减排科技创新研修班。120 多名科技人员参加了研修，培训效果很好，得到培训学员的一致好评。

单耗标准研究　5 月初，学会与海关和国际交流中心及项目有关专家赴烟台开展调研，分别参观了山东永康食品有限公司和东方海洋股份有限公司。2014 年，学会组织专家完成了 3 个进出口水产品单消耗指标研究项目：冻鲽鱼块单耗标准(修订)项目、海水蟹制品加工贸易单耗标准、制作或保藏罗非鱼加工贸易单耗标准研究与探索。还完成了《农产品加工贸易单耗标准制定指导手册》的编写工作和《我国与拉美国家对虾产业贸易格局与合作潜力研究》《南美白对虾养殖国际合作研究与合作项目建议报告》。（中国水产学会）

【中国渔业学会】　2014 年，中国渔业协会秘书处在理事会的领导和支持下，注重协会自身能力建设，提倡创新服务，不断扩大服务领域，提升为行业、为会员、为政府的服务能力，较好地完成了各项工作。

承担《中韩渔业协定》、《中日渔业协定》及《中越北部湾渔业合作协定》日常管理工作　①办理相互入渔渔船许可证手续。协助农业部渔业渔政管理局办理我国渔船在韩国、日本管辖海域作业的许可证申请手续和相关事宜，协助办理韩国、日本渔船在我国海域的入渔许可证。②组织制作共同管理水域渔船名册。会同有关地方渔业部门制作到北部湾共同渔区越方一侧海域、中日暂定措施水域作业的我国渔船名册。③负责相互入渔渔船的进出水域报告。负责为进入韩、日管辖海域生产的我国渔船向对方指定机关报告进出水域情况（入域、出域报告），接受韩、日相关机构有关韩、日渔船进入我国管辖水域作业的进出水域报告。④负责相互入渔渔船的作业报告和统计分析。负责为进入韩、日管辖海域生产的我国渔船进行作业报告（作业日报、季报），接受韩、日相关机构有关韩、日渔船进入我国管辖水域作业的作业报告，并对相关报告进行统计分析。⑤协助办理其他有关实施协定的事宜。根据需要承担农业部渔业渔政管理局委托或交办的有关实施 3 个渔业协定的其他日常管理工作。

承担涉韩违规渔船罚金担保工作　2014 年，渔业协会开展了涉韩违规渔船罚金担保业务。截止 11 月上旬，已为近 20 起违规渔船案件进行了担保，并为之提供了必要的咨询、协调等服务工作，确保了船主缴纳资金的安全，努力实现迅速处理、快速放船。还为被扣押船员提供必要帮助，维护了我国渔民的合法权益。也为主管部门掌握有关违规渔船情况，加强渔船管理提供了有力支持。

积极发展渔船会员　为了更好地开展涉外渔船管理和服务工作，秘书处从今年起积极发展渔船会员，并在信息咨询、事故处理与救助、违规担保等方面提供针对性服务。在地方有关协会和基层渔民组织的大力支持和协助下，已有 247 艘渔船会员入会。

加强协会机构建设　为了进一步推动我国原生水生资源研究和保护利用工作的发展，协会于 2014 年 1 月在北京成立了原生水生物种及水域生态专业委员会；为了提高大黄鱼产业的创新能力和品牌影响，促进我国大黄鱼产业的可持续发展，10 月在福州成立了大黄鱼分会。目前，正在积极筹备设立渔船分会和渔港分会。

提升为会员服务工作水平　①协会会刊《渔业文摘》着重增加了渔业经济数据和养殖数据类文章，为会员及时了解渔业产业状况提供了更为直观和简洁的参考；积极关注涉及中小企业的政策、分析类内容；及时报道会员单位的动态信息，充分发挥会刊作为会员宣传平台的作用。

②对协会网站进行了改版，提高了上线速度和效率，协会动态信息及时在网站上发布；增强网站的日常维护工作，每日将搜集的行业信息上传。

③举办了 5 期培训班，内容分别为推进现代渔业建设、水产健康养殖与休闲渔业发展、水产疫病防治与生态种养技术、渔业安全生产标准化建设和生态环境保护技术。我们根据不同地区的需求，并结合学员提出的要求，有针对性地邀请相关专家授课并答疑，起到了很好的效果，受到广大从业人员的欢迎，也得到了各地渔业行政主管部门的大力支持。

④采取与地方渔业行业协会合作的方式，继续开展渔业行业企业信用评价工作。帮助广大渔业企业展示其信用能力，提升信用自律意识与风险防范能力。

⑤协会铜合金网衣网箱健康养殖产业联盟，于 2014 年初在北京召开了工作会议，确定了工作计划。年内联合有关单位，在福建宁德、浙江台州、海南琼海等地积极推广这项新技术，开展试点工作。

推动渔业品牌建设　①为会员企业提供服务，为四家符合条件的会员企业在申报“中国驰名商标”时出具了推荐函。②与地方渔业主管部门合作，通过组织展会和论坛的形式，提高了协会的品牌度和知名度，同时也助推特色渔业产业和地方渔业经济的发展。主要活动有：中国（北京）国际渔业博览会、中国（海南）国际海洋产业博览会、中国（福州）国际渔业博览会、中国（广州）现代渔业暨海洋经济博览会、中国（厦门）国际休闲渔业博览会。主办了“第二届中国大黄鱼产业发展论坛”和参与主办“2014 中国(大连)第三届世界海洋大会”。③协会领导还积极参与了“2014 通威科技大会”、2014 年第十四届国际盱眙龙虾节和 2014 合肥龙虾节等会员单位举办的活动。

国际交流与合作工作　①1 月，接待了丹麦法罗群岛议会渔业和工商业委员会代表一行，双方就两国渔业生产情况、水产品进出口和市场销售情况交换了意见，并决定加强联系，推进相关合作。②6月，与韩国水产会在北京召开中韩民间渔业协议会，就海上安全作业及维持海上秩序、中韩共同渔场清扫、涉韩渔业案件担保金缴纳等问题进行了磋商，双方还同意提供本国渔业团体名单，以便更有效地进行中韩民间渔业交流。会后协助韩方代表团前往山东石岛，与当地渔民座谈。使我渔民了解韩国入渔管理方面的情况，并提出我方意见，增强了渔民守法作业意识，增进双方互相理解。③10月，在大连召开中韩日三国民间渔业协议会，会议就维护三国海上安全作业秩序、海洋渔业资源管理、三国民间渔业交流合作等议题进行了商讨。中韩双方就中韩暂定措施水域内的渔场环境改善、改善朝韩交界水域作业秩序交换了意见；日方针对日本水产品遭受核污染的传闻，介绍了本国对水产品的监控情况，并就加强东海渔业资源保护等问题提出了建议。

南海渔业分会活动　①继续做好渔民培训教育工作。会员单位绝大多数是南沙渔业生产单位。3月至10月，分会与南海区渔政局密切合作，先后支持、协助粤桂琼组织举办南沙渔业涉外安全管理培训班5场，共培训南沙渔业行政管理人员、南沙渔民协会与生产企业负责人、主要职务船员等约780人。培训内容包括：南沙海域主权纷争及渔业涉外态势、南沙渔业规避涉外风险建议、南沙船位监控使用知识与管理规定、近年南沙渔业资源调查与分析，生产安全规定及注意事项等。为巩固并提高培训效果，分会还编写了《南沙渔业规避风险知识》、《南沙生产渔民须知》读本，印发给南沙渔业管理单位、生产企业及渔民。

②协助做好南沙渔业管理工作。主要有：一、建立南沙船位监控平台。4月起，经南海区渔政局同意，在分会建立了南沙船位监控平台，安排专人值班，每天掌握南沙生产渔船海上动态情况，及时发现“紧急报警”，向有关部门报告，积极帮助协调处理；二、协助办理南沙专项捕捞许可证。与粤桂琼渔民协会、合作社及港澳流动渔民协会等联系，要求它们按时、按要求做好申办工作，并确保审核发证工作准确无误、畅通快捷。三、积极协助做好南沙柴油补助分配工作。提醒有关省份认真核查，按规定时间如实填报每一艘渔船到南沙生产的实际天数，以确保公平、公正发放南沙柴油补助等。

（中国渔业学会）

【中国海洋工程咨询协会】　2014年，中国海洋工程咨询协会认真学习贯彻落实党的十八大和十八届三中、四中全会精神，以建设海洋强国和21世纪海上丝绸之路为目标，按照协会《2011—2015年发展规划纲要》和理事会一届五次会议的要求，开拓创新，扎实推进，各项工作都取得了明显成效。

完成沿海大型工程灾害风险排查首批试点。根据国务院的总体要求，依据海洋灾害风险排查工作总体部署，2014年协会全面组织完成了宁德核电、惠州炼化、锦州9-3油田第一批排查试点工作。组织开展了各试点工程资料收集、数据分析、现场核查、专题论证、报告编写，进行了中期检查和成果验收工作。根据各试点工程实地验证对排查技术规程提出的修改意见，协会对技术规程做了进一步完善，并报送国家海洋局备案。

海洋工程科学技术奖评选表彰活动。海洋工程科学技术奖是协会2011年以来开展的一项重要工作。2014年4月，协会在北京隆重召开了2013年度海洋工程科学技术奖表彰大会。国家领导人和国务院有关部门领导同志出席会议。时任国家海洋局局长刘赐贵在大会上发表了重要讲话。通过评选和表彰工作进一步激励了海洋科技工作者，对推进海洋科技创新、加快科技人才培养起到了重要的推动作用。

2014年海洋工程科学技术奖申报工作继续得到各涉海单位的积极响应，全国共有60多项成果申报，经过形式审查、网上盲评、专业组初审和评审委员会复审，一共评出29个获奖项目，其中特等奖2项，一等奖8项，二等奖19项。

2014年协会获得国家科技奖直接推荐资格，首次推荐的“海洋钻井隔水导管关键技术及工业化应用”项目获得了国家技术发明二等奖桂冠，大大提升了海洋工程科学技术奖的影响力。为促进海洋科技成果的转化、推广和应用，创造性地开展了海洋工程科技项目成果鉴定工作，并制订了鉴定办法。到2014年底，协会已对10多项海洋工程科技项目进行了成果鉴定，取得了良好效果。

海洋生态文明建设专题研究。为贯彻落实党的十八大和习近平总书记在中央政治局第八次集体学习上的讲话精神，推进海洋生态文明建设，2014 年 4 月协会举办了“海洋生态文明建设交流会”，邀请了 8 位国内有关院士和知名专家在交流会上围绕海洋生态文明建设的政策和规划、海洋经济和产业绿色政策和转型、海洋生态文明建设技术、管理和示范等主题作了专题报告，对我国海洋生态文明建设提出了极具价值的意见和建议。会议还征集了 40 余篇论文，编制了论文集，形成了一批重要的学术成果。

海洋工程装备标准化建设专题研究。为促进海洋工程装备标准化建设，建立健全我国海洋工程装备标准化体系，发挥标准在海洋装备产业创新发展过程中的引领和支撑作用，协会开展了海洋工程装备标准化建设专题研究，并组织海洋装备分会赴多地开展了调研。7 月组织部分资深专家进行了专题讨论，9 月又组织 10 多家海洋工程装备研发单位的专家召开了交流会。初步编制了《海洋工程装备标准体系框架》，梳理了当前的现状和问题，成立了海洋工程装备标准建设咨询建议起草工作组。

海洋工程建设运行评估工作。2014 年编制完成了《2013 年中国海洋工程建设年报》，对全国海洋工程建设总体情况和发展趋势进行了统计分析，为沿海经济布局调整和产业结构优化提供了一定依据。

为全面摸清我国海洋工程建设家底，协会申请在首次全国海洋经济普查工作中开展海洋工程专题调查工作，得到了国家海洋局的批准。根据国家海洋局的有关要求和工作实际，完成了《海洋工程专项调查工作方案》和《海洋工程专项调查技术规范》，确定了调查的内容和指标设计，明确了调查流程、调查手段和成果要求。

协会分支机构建设。2014 年下半年海岸科学与工程分会、海底勘查与开发分会相继成立。目前，协会已有六家分支机构成立运行。各分支机构有计划、有步骤地开展了专题研究、学术交流和研讨等活动。其中，5 月可再生能源分会在哈尔滨召开“第三届海洋可再生能源发展年会暨论坛”，9 月环境生态专业委员会在福建平潭举办“沿海经济发展与海洋生态环境保护研讨会”，12 月海洋资源开发分会在广州举办“21 世纪海上丝绸之路与资源开发研讨会”，12 月海洋装备分会在江苏举办了“加强海洋工程装备标准化建设座谈会”等活动。

另外，2014 年协会主办的《海洋开发与管理》杂志共发行学术刊 12 期、管理刊 6 期，进一步提升了协会的学术影响力。协会网站进行了优化升级，积极为广大会员服务，得到了会员的好评。

荣获全国社会组织 4A 级称号。根据民政部管理规定，协会参加了民政部组织的全国性社会组织评估工作。经过民政部组织专家对协会的基本条件、内部管理、工作业绩和社会影响等现场考察，2014 年 4 月经全国性社会组织评估委员会最终评审并报民政部批准，协会被评为 4A 级全国性行业协会。

（中国海洋工程咨询协会）

【中国海洋工程咨询协会海洋装备分会】 中国海洋工程咨询协会海洋装备分会于 2012 年 12 月在上海成立，是中国海洋工程咨询协会的分支机构之一。该分会是由国家海洋局东海分局和中船重工 702 所共同发起，经中国海洋工程咨询协会第一届理事会第三次会议审议通过，并获得国家民政部登记核准。海洋装备分会集合了国内广大海洋工程装备研发、设计、总装和管理等领域的相关部门、事业单位、科研院所、高等院校以及海洋装备领域大中型企业和专业人才。分会理事会成员单位 94 家，会员单位 117 家。

（中国海洋工程咨询协会海洋装备分会）

附录 3 部分涉海机构、单位简介

【国家海洋局北海分局】 北海分局成立于1965年，坐落于素有“东方瑞士”美称的青岛，是国家海洋局派驻青岛并代表其在渤黄海海域实施海洋行政管理的机构。负责国家海洋法律、法规在本海区的监督实施，依法对黄、渤海海域实施海洋行政管理，完成国家下达的维护海洋权益、保障海洋资源的合理开发与利用、保护海洋环境、预防及减少海洋灾害等任务。北海分局负责管辖苏鲁交界的绣针河口以北中国海域。拥有大量的管理和科技人才，学科涉及管理、法律、海洋经济、水文、气象、物理、生物、化学、地质、电子信息等专业。

维护国家的海洋权益是国家赋予海洋局的神圣职责。北海分局忠实履行国家赋予的神圣职责，以海洋行政管理、执法监察为主体，以海洋科技调查和海洋公益服务为两翼，全方位地积极开展工作，努力为国民经济建设和国防建设服务。

近年来，北海分局根据国家海洋局的指示先后多次出色地组织完成了对外国船舶在我国专属经济区进行科技调查等活动的跟踪监视任务，为维护国家的海洋权益做出了突出的贡献，确立了中国海监开展海上执法，维护国家海洋权益的主体地位，充分展示了国家海上执法监察能力。

在海洋行政管理、执法监察中，北海分局先后开展了海洋石油勘探开发环境保护管理、海洋倾废区选划与海洋废弃物倾倒管理、海底电缆管道铺设管理、海域使用规划与管理及涉外海洋科学研究管理；组织实施了海域使用联合执法行动、北海区海域使用执法大检查、北海区海砂执法大检查以及海洋石油勘探开发执法大检查等；承担并完成了海岸带和海涂资源调查、海岛资源调查、全国第一、二次海洋污染基线调查、中国大陆架及专属经济区调查；参加了“中日黑潮合作调查”、“大洋多金属结核勘查”、联合国世界气象组织的“全球大气试验”、“大型海洋资料浮标的研制开发”、“联合国UNDP项目”和中美、中法联合研究；承揽并完成了“中韩光缆路由调查”、“埕岛天然气集输工程路由调查”、“辽河油田水深勘测”、核电厂选址等海洋工程项目；组织完成了黄渤海海区各地三类废弃物倾倒区选划；开展了“胶州湾陆源排污入海总量控制研究”、“渤海溢油对海洋生物影响的研究”、“海上溢油估算及飘移扩散规律的研究”、“赤潮航空高光谱遥感监测技术研究”（国家863计划818主题），并6次远征南极，完成南极建站物资运输和南大洋考察，为维护国家海洋权益、开发海洋资源、保护海洋环境和防灾减灾做出了重要贡献。

【国家海洋局东海分局】 东海分局是国家海洋局派驻东海区负责监督管理海域使用、海洋环境保护和海岛保护、承担海区海洋经济运行监测评估、开展海洋公益服务、海洋权益维护的海洋行政主管部门。管辖北起江苏连云港赣榆南至福建漳州诏安东抵我主张专属经济区外部界线的南黄海和东海海域。东海分局的海洋工作紧紧围绕服务海洋经济发展的中心开展，在加强海洋管控能力、海洋防灾减灾、海洋环境保护和海洋科学技术等方面取得了显著成就，为东海区的海洋经济发展提供了强有力的支撑。

截止2014年末，东海分局拥有大小船艇36艘，其中千吨级以上16艘、5千吨级1艘、小艇18艘；装备有海监飞机3架，其中固定翼飞机2架、直升机1架；海上布放运行的海洋大型资料浮标7个；投入观测运行高频地波雷达3对，X波段测波雷达10台。

东海分局具备承担海洋调查监测、海洋环境观测预报、海洋地质勘探、水下地形测量、水动力和气象要素观测、生物种类鉴定、放化残素分析、海洋灾害预测预报、海域使用论证、海洋功能区划编制、海洋环境评价和海洋倾倒区选划等的业务技术能力。

【国家海洋局南海分局】 南海分局成立于1965年3月18日，是国家海洋局派驻广州的海洋行政管理机构，依法履行所管辖南海区海洋工作的监督管理、海洋事务的综合协调、海域使用、海岛保护与开发、海洋环境保护、海洋科技调查、海洋公益服务、防灾减灾、海洋行政执法、海洋权益维护等职能，并负责中国海监南海总队队伍建设和管理。

拥有海洋环境评价、海域使用论证、海洋灾害预报、海洋水文、水动力、化学、地质、气象、生物、遥测浮标、海洋计量检定、海洋信息服务、航空遥感监视监测等专业队伍，并有遍布在管辖海区及重要岛屿的台站和观测网。拥有 17 艘海洋执法和科研调查船舶、17 艘执法快艇、4 架飞机。

经过 50 年的发展，南海分局建立了完善的海洋管理机构、素质过硬的执法监察队伍和实力强劲的海洋科技开发与公益服务专业队伍，形成了由海洋站、船舶、飞机、浮标组成的多维立体海洋监测监视网和海洋执法管理系统、海洋环境预报与灾害警报系统、海洋信息服务系统，同时拥有一批先进的海洋监测、调查、测试分析、计量鉴定实验室和仪器设备，为履行职责和长远发展打下了坚实的基础。

【国家海洋局海洋减灾中心】 国家海洋局海洋减灾中心（下简称“减灾中心”）于 2011 年 12 月由中编办正式批复设立，是国家海洋局直属的正司级财政补助事业单位，主要职责是：拟订全国海洋减灾业务发展规划、计划和管理制度，对全国海洋减灾工作实施业务指导和协调；承担国家海洋灾害风险评估和区划业务系统建设与运行管理，拟订相关技术标准和规范；承担海洋灾情调查、统计与评估，建设管理海洋灾情信息库，制作和发布海洋灾情分析产品；承担海洋应急指挥平台运行管理，开展海洋灾害和环境突发事件应急响应相关工作；开展海洋防灾减灾领域科学研究、装备研发等工作，研制海洋减灾公共服务信息产品；承担局教育培训工作，负责局远程教育培训平台的建设和管理，开展培训研究等。

2014 年，按照国家海洋局部署，减灾中心组织开展《全国海洋减灾业务体系发展规划》编制工作。在前期大量专题调研和征求意见的基础上，形成了构建观测预警、风险防范、调查评估、应急处置与修复等海洋减灾核心业务体系的设想，并提出相应的发展目标、基本原则、主要任务和重点工作，完成了规划文本编制。

海洋灾害风险防范方面，减灾中心承担组织协调风暴潮、海浪、海啸、海冰、海平面上升等灾种不同尺度（国家、省、市、县 4 级）海洋灾害风险评估和区划试点工作，截至 2014 年底，已组织完成国家级、河北省、连江县、普陀区、平阳县、苍南县海洋灾害风险评估和区划的试点工作，为工作的全面开展奠定了良好的技术基础和实施经验。在 2013 年山东威海开展试点的基础上，2014 年海洋溢油风险源与敏感目标调查试点范围扩大至烟台、东营等环渤海地区。对石油平台、储运、管线等风险源和海岸类型、养殖区、保护区、海洋生物、人工利用设施等风险源和敏感目标分类分级，形成试点地区海洋溢油风险源与敏感目标专题数据库，编制海洋溢油风险源与敏感目标分布图册。为做好警戒潮位核定日常工作，减灾中心先后组织技术指导组相关成员对山东省潍坊市、烟台市、威海市和青岛市沿海 21 个岸段，上海市沿海 3 个岸段，江苏省沿海 14 个岸段的警戒潮位核定技术报告进行审查，并开展沿海各地警戒潮位核定工作成果汇编。到目前为止，已完成全国沿海省的警戒潮位核定工作。

海洋灾害调查评估方面，减灾中心组织开展了江苏、浙江、福建和广西四个试点省海洋灾害承灾体调查工作成果汇交工作，对已收集的数据和成果进行了分类整理和质量审查，完成了四个试点区工作成果验收。2014 年，减灾中心进一步完善灾害现场调查工作机制，初步形成了由减灾司领导，减灾中心指导，与预报中心、海区分局和沿海省厅（局）协同配合的工作机制。同时，减灾中心还编制完成《2013 年中国海洋灾害公报》，完成了沿海地区县级及以上海洋部门、国家海洋局海区分局、业务中心灾情信息员队伍和调查队组建工作，并开展了首次业务培训。针对今年影响较重的超强台风“威马逊”和强台风“海鸥”灾害调查，减灾中心首次通过对现场调查资料、遥感影像解译以及淹没区地形的综合分析，评估确定重点调查区域海水淹没范围，为指导现场调查和灾后损失评估提供依据，并对灾害的自然过程、灾害应对、灾害损失和影响等方面进行了对比，对灾害应对的薄弱环节进行梳理并提出了有关建议。

硬件能力和信息化建设方面，减灾中心启动了海洋减灾业务平台规划设计、海洋减灾基础数据库及管理系统等信息化建设项目，参与海洋防灾减灾专项建设工作，完成 6.6 万亿次/秒计算能力、30TB 存储能力的高性能计算集群系统建设并转入业务化运行。技术研发方面，减灾中心按计划牵头推进海洋灾情快速评估和综合研判系统研发与应用示范专项，风暴潮灾害重点防御区划定技术研究与应用示范专项于上半年通过海洋专项咨询委的评审；委托相关涉海高校、科研院所和业务中心开展了风暴潮灾害等级划分、风暴潮灾害海堤溃堤风险分析、风暴潮灾害应急疏散图制作、海冰灾害经济损失测度、台风风暴潮灾情统计指标对比、灾害调查手持终端等关键技术研究工作。此外，还投入经费和力量，设立中心青年科学基金，为培养青年技术人员的科研能力、促进青年人才成长提供了平台。

为有力地推进海洋减灾综合能力建设，国家海洋局于2014年启动了海洋减灾综合示范区建设工作，对海洋减灾现有工作成果进行整合、集成与检验，提升区域海洋减灾综合业务能力，通过积累经验和提供示范，推动全国海洋减灾工作的发展。减灾中心承担该任务的技术指导工作，组织山东、浙江、福建、广东四省开展了示范区技术方案编制，配合减灾司完成评审。2014 年底，各地工作方案均已得到国家海洋局的正式批复。此外，减灾中心启动了区域海洋减灾能力评估工作，旨在建立一套区域海洋减灾能力综合评估指标体系，构建综合评估方法，以沿海县为基本评估单元开展减灾能力调查，形成省、市两级区域海洋减灾能力综合评估报告，为国家和沿海地方及时摸清沿海地区海洋减灾现状、有效提升海洋减灾能力提供依据。

2014年12月17日,减灾中心联合中国海洋学会、中国海洋工程咨询协会、中国海洋发展研究会在北京举办了第一届海洋防灾减灾学术交流会。国家海洋局党组成员、副局长王飞出席开幕式并发表了重要讲话，国务院应急办、发改委、民政部、国管局、保监会等有关部门领导，中国工程院潘德炉院士等应邀出席。来自国务院有关涉灾部委、沿海地方海洋部门、国家海洋局、有关高校、科研院所和企业的近300 名代表参加了会议。此次会议为海洋减灾工作者搭建了一个全国范围的高水平交流平台，全面展示了我国海洋防灾减灾领域科学研究和技术研发进展，对我国海洋防灾减灾领域学术观点的融合和技术合作的深化起到了很大的助推作用。会议在全国综合防灾减灾及海洋学研究领域产生了积极影响，使社会各界更加深刻认识到海洋防灾减灾的重要意义和价值，对于推动海洋减灾事业发展发挥了积极作用。

中国海洋减灾网（以下简称“减灾网”）是由国家海洋局主办、国家海洋局海洋减灾中心承办的专业业务网站，网站全面反映国家海洋减灾体系中各相关单位在海洋防灾减灾方面的工作动态、最新进展、技术成果及应急期间的应对工作等情况，是国家海洋防灾减灾宣传教育门户和业务门户。自 7 月 22 日减灾网正式上线运行以来，减灾中心不断对网站页面及功能进行了适应性改善与提升，对多个栏目进行调整修改，修复近 50 个缺陷。截止 2014 年，网站共发布信息 823 条，其中新闻类信息 320 条、灾害预警报 449 期、海冰遥感监测通报 54 期，制作“威马逊”台风风暴潮、“海鸥”台风风暴潮与“5.12 城镇化与减灾”等 3 期专题。通过与各级海洋预报机构的协调联系，实现了国家、海区及省级海洋预报台的灾害警报产品的自动接收与转发。建立了信息搜集、转载的工作办法，拓展了减灾网信息获取渠道，丰富了信息内容。2014 年底，减灾网一期工程顺利通过验收，建设完成了 12 个一级栏目、25 个二级栏目、2 个专题栏目，同时对相关材料及源代码进行了归档，初步实现了减灾网一期工程作为海洋防灾减灾新闻宣传与公益信息服务的预期目标。

【国家深海基地管理中心】 国家深海基地管理中心成立于 2010 年 12 月，隶属国家海洋局，位于风景秀丽的青岛即墨市，是继俄罗斯、美国、法国和日本之后，世界上第五个深海技术支撑基地，为面向全国具有多功能、全开放的国家级公共服务平台。主要领域为深海勘探开发技术保障与信息服务、深海技术装备试验与维护、深海技术装备模拟培训、深海技术产业孵化以及深海科学技术普及与宣传等。

国家深海基地管理中心项目占地 26 公顷，并征用海域 62.7 公顷，于 2010 年 6 月由国家发改委批准，一期工程总投资 5.124 亿元人民币，建设内容包括科研办公楼、载人潜水器维修车间、试验水池、机电机修车间和码头等，总建筑面积约 2.6 万平方米。码头建成后，将成为中国最大的科考船停靠码头，可同时停靠 2

艘万吨级科考船、3 艘 3000 吨级科考船。

国家深海基地管理中心自成立以来承担了“蛟龙”号 7000 米级海试、“蛟龙”号试验性应用航次和潜航员选拔培训等重大任务，“蛟龙”号载人深潜器是我国首台自主设计、自主集成研制的作业型深海载人潜水器，设计最大下潜深度为 7000 米级，是目前世界上下潜能力最深的作业型载人潜水器。海试阶段，“蛟龙”号多次执行下潜任务，最大下潜深度到达 7062.68 米。

继 2013 年首次试验性应用航次后，2014 年“蛟龙”号将再次开展试验性应用航次。第一航段于 6 月底出发，前往西北太平洋的中国富钴结壳勘探合同区进行为期 40 天的探测；11 月下旬前往西南印度洋，对中国另一个海底勘探合同区进行两个航段、为期 120 天的海底热液勘探。两个航次共有 10～15 名科学家乘坐“蛟龙”号进入深海，开展矿产资源和海洋生物调查研究。

国家深海基地预计在 2015 年全面建设完工，“蛟龙”号载人潜水器届时将正式移交深海中心管理，近年深潜工作得到国内外社会各界的高度关注，提升了公众对深海的认识，增强了国民的海洋意识。

【国家海洋局海岛研究中心】 国家海洋局海岛研究中心（以下简称“海岛中心”）是 2013 年 1 月获中央编办批准设立的部委正司级事业单位，隶属于国家海洋局，为国家公益类综合型海岛科学研究机构。海岛中心位于福建省平潭综合实验区海坛岛东南部，南依坛南湾田美澳沙滩，北邻环岛路，西侧为田美路，用地总面积为 11.72 公顷(约 175.8 亩)，总建筑面积为 115000 平方米(其中，地上建筑面积 85000 平方米，地下建筑面积 30000 平方米），建筑密度 20.2%，容积率 0.725，绿地率 55%，海岛中心共分两期建设：一期工程建筑面积 6700 平方米(其中，地上建筑面积 5000 平方米，地下建筑面积 1700 平方米)，于 2013 年 7 月动工，于 2014 年 7 月竣工，现全部工作人员已入驻办公；二期工程建筑面积 108300 平方米(其中，地上建筑面积 80000 平方米，地下建筑面积 28300 平方米)，一阶段项目将于 2015 年 12 月初动工。主要是主要从事我国海岛法规规划与标准、海岛发展战略与管理配套制度、海岛环境监测评价、海岛资源调查与开发利用、特殊用途海岛保护、海岛权益维护、海岛防灾减灾与生态保护、海岛文化等方面的研究，也承担我国海岛管理培训、学术交流等任务。海岛中心网址：www.irc.gov.cn。

附录 4　2014 年国家海洋局司局级以上机构变动及干部任免情况及现职领导干部名录

国家海洋局领导

副局长：孟宏伟、陈连增、张宏声、王　飞、王　宏

党组副书记：孟宏伟

纪委书记：吕　滨

党组成员：孟宏伟、陈连增、张宏声、王　飞、王　宏、吕　滨、房建孟

总工程师：孙书贤

变动情况：

2014 年 12 月 29 日，中央决定免去刘赐贵的国家海洋局局长、党组书记职务。

中国海警局领导

局长：孟宏伟

副局长：杨　隽、孙书贤、陈毅德

变动情况：

2014 年 12 月 29 日，中央决定免去刘赐贵的中国海警局政委职务。

2014 年 3 月 14 日，根据国海人字〔2014〕166 号文，任命孙书贤、陈毅德为中国海警局副局长（保留部委正司级）。

办公室

主　任：石青峰

副主任：王　斌、王　群、律志武

变动情况：

2013 年 12 月 30 日，根据国海人字〔2014〕33 号文，任命石青峰为国家海洋局办公室主任。

2014 年 5 月 16 日，根据国海人字〔2014〕219 号文，任命王群为国家海洋局办公室副主任。

2014 年 6 月 4 日，根据国海人字〔2014〕293 号文，任命王斌为国家海洋局办公室副主任（保留部委副司级）。

2014 年 7 月 23 日，根据国海人字〔2014〕431 号文，任命律志武为国家海洋局办公室副主任，试用期一年。

战略规划与经济司

司　长：张占海

副司长：翁立新、沈　君

副巡视员：魏国旗

变动情况：

2013 年 12 月 30 日，根据国海人字〔2014〕33 号文，任命张占海为国家海洋局战略规划与经济司司长。

2014 年 4 月 17 日，根据国海人字〔2014〕175 号文，任命于建为国家海洋局战略规划与经济司副司长，魏国旗为国家海洋局战略规划与经济司副巡视员。

2014 年 6 月 4 日，根据国海人字〔2014〕293 号文，任命翁立新为国家海洋局战略规划与经济司副司长（保留部委副司级）。

2014 年 7 月 23 日，根据国海人字〔2014〕432 号文，任命沈君为国家海洋局战略规划与经济司副司长，试用期一年。

2014 年 7 月 23 日，根据国海人字〔2014〕442 号文，免去于建的国家海洋局战略规划与经济司副司长职务。

政策法制与岛屿权益司

司　长：李晓明

副司长：樊祥国、古　妩

变动情况：

2013 年 12 月 30 日，根据国海人字〔2014〕33 号文，任命李晓明为国家海洋局政策法制与岛屿权益司司长。

2014 年 4 月 17 日，根据国海人字〔2014〕175 号文，任命王忠、李文君为国家海洋局政策法制与岛屿权益司副司长。

2014 年 7 月 23 日，根据国海人字〔2014〕433 号文，任命樊祥国、古妩为国家海洋局政策法制与岛屿权益司副司长，试用期一年。

2014 年 7 月 23 日，根据国海人字〔2014〕444 号文，免去李文君的国家海洋局政策法制与

岛屿权益司副司长职务。

2014 年 7 月 23 日，根据国海人字〔2014〕447 号文，免去王忠的国家海洋局政策法制与岛屿权益司副司长职务。

海警司（海警司令部、中国海警指挥中心）

司　长（参谋长、主任）：王洪光

副司长（副参谋长、副主任）：贾建军、张春儒、胡学东、朱继思、肖惠武

变动情况：

2014 年 3 月 14 日，根据国海人字〔2014〕167 号文，任命王洪光为国家海洋局海警司（中国海警指挥中心）司长（主任）。

2014 年 5 月 16 日，根据国海人字〔2014〕220 号文，任命贾建军为国家海洋局海警司（海警司令部、中国海警指挥中心）副司长（副参谋长、副主任，保留部委正司级），胡学东、肖惠武为国家海洋局海警司（海警司令部、中国海警指挥中心）副司长（副参谋长、副主任，保留部委副司级）。

2014 年 5 月 16 日，根据国海人字〔2014〕231 号文，任命朱继思为国家海洋局海警司（海警司令部、中国海警指挥中心）副司长（副参谋长、副主任，保留部委副司级）。

生态环境保护司

司　长：于青松

副司长：许国栋、王孝强

变动情况：

2013 年 12 月 30 日，根据国海人字〔2014〕33 号文，任命于青松为国家海洋局生态环境保护司司长。

2014 年 4 月 17 日，根据国海人字〔2014〕175 号文，任命陈力群、许国栋为国家海洋局生态环境保护司副司长。

2014 年 7 月 23 日，根据国海人字〔2014〕434 号文，任命王孝强为国家海洋局生态环境保护司副司长，试用期一年。

2014 年 7 月 23 日，根据国海人字〔2014〕439 号文，免去陈力群的国家海洋局生态环境保护司副司长职务。

海域综合管理司

司　长：潘新春

副司长：丁　磊、司　慧

副巡视员：刘立芬

变动情况：

2013 年 12 月 30 日，根据国海人字〔2014〕33 号文，任命吕彩霞为国家海洋局海域综合管理司司长。

2014 年 4 月 17 日，根据国海人字〔2014〕175 号文，任命司慧为国家海洋局海域综合管理司副司长，刘立芬为国家海洋局海域综合管理司副巡视员。

2014 年 6 月 4 日，根据国海人字〔2014〕306 号文，任命丁磊为国家海洋局海域综合管理司副司长（保留部委副司级），试用期一年。

2014 年 7 月 23 日，根据国海人字〔2014〕439 号文，免去吕彩霞的国家海洋局海域综合管理司司长职务。

2014 年 7 月 23 日，根据国海人字〔2014〕507 号文，任命潘新春为国家海洋局海域综合管理司司长（保留部委正司级），试用期一年。

预报减灾司

司　长：曲探宙

副司长：王　华、于福江

变动情况：

2013 年 12 月 30 日，根据国海人字〔2014〕33 号文，任命王锋为国家海洋局预报减灾司司长。

2014 年 4 月 17 日，根据国海人字〔2014〕175 号文，任命易晓蕾、王华为国家海洋局预报减灾司副司长。

2014 年 7 月 23 日，根据国海人字〔2014〕441 号文，免去王锋的国家海洋局预报减灾司司长职务。

2014 年 7 月 23 日，根据国海人字〔2014〕443 号文，免去易晓蕾的国家海洋局预报减灾司副司长职务。

2014 年 7 月 23 日，根据国海人字〔2014〕463 号文，任命于福江为国家海洋局预报减灾司副司长（保留部委副司级），试用期一年。

2014 年 11 月 1 日，根据国海人字〔2014〕634 号文，任命曲探宙为国家海洋局预报减灾司司长（保留部委正司级）。

科学技术司

司　长：雷　波

副司长：辛红梅

副巡视员：彭晓华

变动情况：

2013 年 12 月 30 日，根据国海人字〔2014〕33 号文，任命雷波为国家海洋局科学技术司司长。

2014 年 4 月 17 日，根据国海人字〔2014〕175 号文，任命邱志高、康健为国家海洋局科学技术司副司长。

2014 年 5 月 16 日，根据国海人字〔2014〕223 号文，任命彭晓华为国家海洋局科学技术司副巡视员。

2014 年 7 月 23 日，根据国海人字〔2014〕435 号文，任命辛红梅为国家海洋局科学技术司副司长，试用期一年。

2014 年 7 月 23 日，根据国海人字〔2014〕441 号文，免去邱志高的国家海洋局科学技术司副司长职务。

2014 年 7 月 23 日，根据国海人字〔2014〕445 号文，免去康健的国家海洋局科学技术司副司长职务。

国际合作司（港澳台办公室）

司　长（主任）：张海文

巡视员、副司长（副主任）：陈　越

副巡视员：梁凤奎

变动情况：

2013 年 12 月 30 日，根据国海人字〔2014〕33 号文，任命张海文为国家海洋局国际合作司（港澳台办公室）司长（主任）。

2014 年 4 月 17 日，根据国海人字〔2014〕175 号文，任命陈越为国家海洋局国际合作司（港澳台办公室）副司长（副主任），梁凤奎为国家海洋局国际合作司（港澳台办公室）副巡视员。

2014 年 7 月 23 日，根据国海人字〔2014〕430 号文，任命陈越为国家海洋局国际合作司（港澳台办公室）巡视员、副司长（副主任）。

人事司（海警政治部）

司　长（主任）：房建孟

人事司副司长：李东旭

海警政治部副主任：徐训高

人事司副巡视员：闫国林

变动情况：

2013 年 12 月 30 日，根据国海人字〔2014〕33 号文，任命房建孟为国家海洋局人事司司长。

2014 年 3 月 14 日，根据国海人字〔2014〕168 号文，任命房建孟为国家海洋局海警政治部主任（兼）。

2014 年 4 月 17 日，根据国海人字〔2014〕174 号文，任命洪福忠为国家海洋局人事司巡视员（保留部委正司级）。

2014 年 5 月 16 日，根据国海人字〔2014〕221 号文，任命周金弟为国家海洋局人事司巡视员、副司长。

2014 年 6 月 4 日，根据国海人字〔2014〕571 号文，任命李东旭为国家海洋局人事司副司长（保留部委正司级，主持日常工作），试用期一年。

2014 年 7 月 23 日，根据国海人字〔2014〕436 号文，任命闫国林为国家海洋局人事司副巡视员。

2014 年 7 月 28 日，根据国海人字〔2014〕417 号文，免去洪福忠的国家海洋局人事司巡视员（保留部委正司级）职务。

2014 年 10 月 20 日，根据国海人字〔2014〕594 号文，免去周金弟的国家海洋局人事司巡视员、副司长职务。

财务装备司（海警后勤装备部）

财务装备司司长：刘建成

海警后勤装备部部长：王秋彧

副司长（副部长）：居　礼、吴　平、陈　颖

财务装备司副巡视员：孙春季

变动情况：

2014 年 3 月 14 日，根据国海人字〔2014〕169 号文，任命刘建成为国家海洋局财务装备司司长（保留部委正司级）。

2014 年 5 月 16 日，根据国海人字〔2014〕222 号文，任命居礼、吴平为国家海洋局财务装备司（海警后勤装备部）副司长（副部长，保留部委副司级），赵光磊为国家海洋局财务装备

司副司长，米国中为国家海洋局财务装备司（海警后勤装备部）巡视员（保留部委正司级），孙春季为国家海洋局财务装备司副巡视员。

2014 年 7 月 23 日，根据国海人字〔2014〕437 号文，免去赵光磊的国家海洋局财务装备司副司长职务。

2014 年 9 月 28 日，根据国海人字〔2014〕556 号文，免去米国中的国家海洋局财务装备司（海警后勤装备部）巡视员（保留部委正司级）职务。

机关党委

副巡视员、工会主席：李永昌

变动情况：

2013 年 12 月 30 日，根据国海人字〔2014〕33 号文，任命高丰舟为国家海洋局机关党委专职副书记。

2014 年 6 月 4 日，根据国海党发〔2014〕34 号文，任命李永昌为国家海洋局机关党委副巡视员、工会主席（保留部委副司级）。

2014 年 10 月 20 日，根据国海党发〔2014〕58 号文，免去高丰舟的国家海洋局机关党委专职副书记（保留部委正司级）职务。

国家海洋局纪委、监察部驻国家海洋局监察局

纪委书记：吕　滨

监察局局长兼纪委副书记：张力群

纪委巡视员：赵凤东

纪委副司级纪律检查员、监察局副司级监察专员：张志刚

变动情况：

2013 年 12 月 30 日，根据国海党发〔2014〕7 号文，张力群兼任中共国家海洋局纪律检查委员会副书记，免去庄敏的中共国家海洋局纪律检查委员会副书记职务。

2014 年 3 月 31 日，中央纪委办公会议决定，任命张力群为监察部驻国家海洋局监察局局长。

2014 年 4 月 7 日，根据国海党发〔2014〕18 号文，任命赵凤东为国家海洋局纪委副巡视员。

2014 年 7 月 23 日，根据国海党发〔2014〕43 号文，任命赵凤东为国家海洋局纪委巡视员。

2014 年 7 月 23 日，根据国海党发〔2014〕102 号文，任命张志刚为中共国家海洋局纪律检查委员会副司级纪律检查员。

2014 年 12 月 15 日，中共中央纪委组织部决定，任命张志刚为监察部驻国家海洋局监察局副司级监察专员。

离退休干部局

局　长：高增田

变动情况：

2013 年 12 月 30 日，根据国海人字〔2014〕33 号文，任命高增田为国家海洋局离退休干部局副局长。

2014 年 7 月 23 日，根据国海人字〔2014〕429 号文，任命高增田为国家海洋局离退休干部局局长。

国家海洋局极地考察办公室

党委书记兼纪委书记、副主任（兼）：秦为稼

副主任：吴　军、夏立民

变动情况：

2014 年 6 月 4 日，根据国海人字〔2014〕290 号文，免去翁立新的国家海洋局极地考察办公室副主任职务。

2014 年 7 月 23 日，根据国海党发〔2014〕44 号文，任命秦为稼为中共国家海洋局极地考察办公室委员会委员、书记兼纪律检查委员会委员、书记。

2014 年 7 月 23 日，根据国海人字〔2014〕438 号文，任命秦为稼为国家海洋局极地考察办公室副主任（兼）。

2014 年 11 月 1 日，根据国海人字〔2014〕633 号文，免去曲探宙的国家海洋局极地考察办公室主任职务。

2014 年 11 月 14 日，根据国海人字〔2014〕679 号文，任命夏立民为国家海洋局极地考察办公室副主任，试用期一年。

国家海洋局北海分局

局长、党委副书记（兼）、中国海监北海总

队政委（兼）：滕征光

党委书记、副局长（兼）：郭明克

巡视员、副局长：吕彩霞

副局长：陈力群、陈武军

党委副书记兼纪委书记：杜继鹏

变动情况：

2014 年 4 月 7 日，根据国海党发〔2014〕17 号文，免去洪福忠的中共国家海洋局北海分局委员会副书记、常委、委员职务。

2014 年 4 月 17 日，根据国海人字〔2014〕172 号文，任命滕征光为国家海洋局北海分局局长，免去洪福忠的国家海洋局北海分局局长职务。

2014 年 4 月 17 日，根据国海人字〔2014〕173 号文，免去洪福忠的中国海监北海总队总队长职务。

2014 年 6 月 4 日，根据国海人字〔2014〕291 号文，免去王斌的国家海洋局北海分局副局长职务。

2014 年 7 月 23 日，根据国海党发〔2014〕45 号文，任命郭明克为中共国家海洋局北海分局委员会书记，免去滕征光的中共国家海洋局北海分局委员会书记职务；任命滕征光为中共国家海洋局北海分局委员会副书记（兼）。

2014 年 7 月 23 日，根据国海人字〔2014〕439 号文，任命吕彩霞为国家海洋局北海分局巡视员、副局长；陈力群为国家海洋局北海分局副局长，试用期一年。

2014 年 7 月 23 日，根据国海人字〔2014〕440 号文，任命郭明克为国家海洋局北海分局副局长（兼）。

2014 年 10 月 20 日，根据国海党发〔2014〕59 号文，免去滕祖文的中共国家海洋局北海分局委员会副书记、常委、委员兼纪律检查委员会书记、委员职务，刘心成的中共国家海洋局北海分局委员会常委、委员职务。

2014 年 10 月 20 日，根据国海人字〔2014〕597 号文，免去刘心成的国家海洋局北海分局副局长兼中国海监北海总队常务副总队长职务。

2014 年 11 月 14 日，根据国海人字〔2014〕680 号文，任命陈武军为国家海洋局北海分局副局长，试用期一年。

2014 年 11 月 27 日，根据国海党发〔2014〕95 号文，任命杜继鹏为中共国家海洋局北海分局委员会委员、常委、副书记兼纪律检查委员会委员、书记。

国家海洋局东海分局

局长、党委副书记（兼）、中国海监东海总队总队长（兼）：刘刻福

党委书记、副局长（兼）、中国海监东海总队政委（兼）：周振华

巡视员、副局长：王　锋

副局长：魏泉苗、邱志高

党委副书记兼纪委书记：袁　丁

副局长：黄海波

副巡视员：潘增弟

变动情况：

2014 年 5 月 20 日，根据国海党发〔2014〕24 号文，免去黄火旺的中共国家海洋局东海分局委员会常委、委员职务。

2014 年 5 月 20 日，根据国海人字〔2014〕245 号文，免去黄火旺的国家海洋局东海分局副巡视员职务。

2014 年 6 月 4 日，根据国海人字〔2014〕292 号文，免去阿东的国家海洋局东海分局副局长职务。

2014 年 7 月 23 日，根据国海人字〔2014〕441 号文，任命王锋为国家海洋局东海分局巡视员、副局长；邱志高为国家海洋局东海分局副局长，试用期一年。

2014 年 10 月 20 日，根据国海人字〔2014〕599 号文，免去刘振东的国家海洋局东海分局副局长兼中国海监东海总队常务副总队长职务。

2014 年 11 月 14 日，根据国海党发〔2014〕88 号文，任命袁丁为中共国家海洋局东海分局委员会委员、常委、副书记兼纪律检查委员会委员、书记；免去周振华的中共国家海洋局东海分局纪律检查委员会书记、委员职务。

2014 年 11 月 14 日，根据国海人字〔2014〕681 号文，任命黄海波为国家海洋局东海分局副局长，试用期一年。

国家海洋局南海分局

局长、党委副书记（兼）、中国海监南海总队政委（兼）：钱宏林

党委书记、副局长（兼）：徐　胜

副局长：杨炼锋

副局长、中国海监南海总队常务副总队长：陈怀北

副局长：于　斌

党委副书记兼纪委书记：林　端

副局长：刘高潮

巡视员：成纯发

变动情况：

2014 年 10 月 20 日，根据国海党发〔2014〕61 号文，免去万向京的中共国家海洋局南海分局委员会常委、委员职务。

2014 年 10 月 20 日，根据国海人字〔2014〕601 号文，免去万向京的国家海洋局南海分局巡视员职务。

2014 年 11 月 1 日，根据国海党发〔2014〕75 号文，任命钱宏林为中共国家海洋局南海分局委员会副书记（兼），免去其中共国家海洋局南海分局委员会书记职务；免去成纯发的中共国家海洋局南海分局委员会副书记、常委、委员职务。

2014 年 11 月 1 日，根据国海党发〔2014〕82 号文，任命徐胜为中共国家海洋局南海分局委员会委员、常委、书记，试用期一年。

2014 年 11 月 1 日，根据国海人字〔2014〕621 号文，任命钱宏林为国家海洋局南海分局局长；任命成纯发为国家海洋局南海分局巡视员，免去其国家海洋局南海分局局长、中国海监南海总队总队长职务。

2014 年 11 月 1 日，根据国海人字〔2014〕643 号文，任命徐胜为国家海洋局南海分局副局长（兼）。

大洋矿产资源研究开发协会办公室

主　任：刘　峰

党委书记兼纪委书记：沈继刚

副主任：李　波、何宗玉

变动情况：

2014 年 6 月 4 日，根据国海人字〔2014〕297 号文，任命刘峰为中国大洋矿产资源研究开发协会办公室主任，免去金建才的中国大洋矿产资源研究开发协会办公室主任职务。同日，根据国海党发〔2014〕32 号文，任命刘峰为中共中国大洋矿产资源研究开发协会办公室委员会委员、副书记（兼），免去金建才的中共中国大洋矿产资源研究开发协会办公室委员会委员职务。

国家海洋局学会办公室

主　任：雷　波

国家海洋信息中心

副主任：曲绍生、何广顺、石绥祥

党委副书记兼纪委书记：赵光磊

变动情况：

2014 年 6 月 4 日，根据国海党发〔2014〕55 号文，免去李东旭的中共国家海洋信息中心委员会书记、常委、委员职务。同日，根据国海人字〔2014〕570 号文，免去李东旭的国家海洋信息中心副主任职务；根据国海党发〔2014〕53 号文，免去丁磊的中共国家海洋信息中心委员会副书记、常委、委员兼纪律检查委员会书记、委员职务。

2014 年 7 月 23 日，根据国海党发〔2014〕47 号文，任命赵光磊为中共国家海洋信息中心委员会委员、常委、副书记兼纪律检查委员会委员、书记。

2014 年 11 月 1 日，根据国海人字〔2014〕642 号文，免去徐胜的国家海洋信息中心主任职务。同日，根据国海党发〔2014〕81 号文，免去徐胜的中共国家海洋信息中心委员会常委、委员职务。

国家海洋环境监测中心

主　任：关道明

党委书记：隋吉学

副主任：隋吉学（兼）、韩庚辰、于　建

党委副书记：关道明（兼）

变动情况：

2014 年 6 月 4 日，根据国海党发〔2014〕30 号文，任命隋吉学为中共国家海洋环境监测中心委员会委员、常委、书记兼纪律检查委员会委员、书记，免去于洪军的中共国家海洋环境监测中心委员会书记、常委、委员兼纪律检查委员会书记、委员职务。同日，根据国海人字［2014］295 号文，任命隋吉学为国家海洋环境监测中心副主任（兼），免去于洪军的国家海洋环境监测中心副主

任（兼）职务。

2014 年 7 月 23 日，根据国海人字[2014]442 号文，任命于建为国家海洋环境监测中心副主任，试用期一年。同日，根据国海党发〔2014〕48 号文，任命于建为中共国家海洋环境监测中心委员会委员、常委。

国家海洋环境预报中心

主　任：王　辉

党委书记：吴　强

副主任：吴强（兼）、易晓蕾

党委副书记兼纪委书记：王亚杰

党委副书记：王　辉（兼）

变动情况：

2013 年 12 月 25 日，根据国海党发〔2014〕5 号文，免去宋学家的中共国家海洋环境预报中心委员会书记、常委、委员职务。同日，根据国海人字〔2014〕5 号文，免去宋学家的国家海洋环境预报中心副主任（兼）职务。

2014 年 7 月 23 日，根据国海人字［2014］443 号文，任命易晓蕾为国家海洋环境预报中心副主任，试用期一年。同日，根据国海党发〔2014〕49 号文，任命易晓蕾为中共国家海洋环境预报中心委员会委员、常委；根据国海人字［2014］464 号文，免去于福江的国家海洋环境预报中心副主任职务。

2014 年 11 月 1 日，根据国海党发〔2014〕67 号文，任命吴强为中共国家海洋环境预报中心委员会委员、常委、书记，任命王亚杰为中共国家海洋环境预报中心委员会副书记兼纪律检查委员会委员、书记，免去李晨阳的中共国家海洋环境预报中心委员会副书记、常委、委员兼纪律检查委员会书记、委员职务。同日，根据国海党发〔2014〕68 号文，王辉任中共国家海洋环境预报中心委员会副书记（兼）职务；根据国海人字〔2014〕618 号文，任命吴强为国家海洋环境预报中心副主任（兼），免去王亚杰的国家海洋环境预报中心副主任职务。

国家卫星海洋应用中心

主　任：蒋兴伟

副主任：林明森、刘建强

党委副书记：蒋兴伟（兼）

变动情况：

2014 年 1 月 27 日，根据国海党发〔2014〕9 号文，免去张冬艳的中共国家卫星海洋应用中心委员会副书记、委员兼纪律检查委员会书记、委员职务。

2014 年 11 月 1 日，根据国海党发〔2014〕64 号文，免去屈强的中共国家卫星海洋应用中心委员会书记、委员职务。同日，根据国海人字〔2014〕615 号文，免去屈强的中共国家卫星海洋应用中心副主任职务。

2014 年 11 月 6 日，根据国海党发〔2014〕77 号文，任命蒋兴伟为中共国家卫星海洋应用中心委员会副书记（兼）。

国家海洋技术中心

主　任：罗续业

副主任：侯纯扬、夏登文

党委副书记兼纪委书记：卜玉兵

国家海洋标准计量中心

党委书记兼纪委书记：边鸣秋

副主任：边鸣秋（兼）、姚　勇、隋　军

变动情况：

2013 年 12 月 25 日，根据国海人字〔2014〕1 号文，任命边鸣秋为国家海洋标准计量中心副主任（兼），免去吴爱娜的国家海洋标准计量中心主任职务。同日，根据国海党发〔2014〕1 号文，任命边鸣秋为中共国家海洋标准计量中心委员会书记兼纪律委员会书记，免去吴爱娜的中共国家海洋标准计量中心委员会委员职务。

中国极地研究中心

主　任：杨惠根

党委书记：袁绍宏

副主任：袁绍宏（兼）、刘顺林、李院生、孙　波

党委副书记兼纪委书记：朱建钢

国家深海基地管理中心

主　任：于洪军

党委书记兼纪委书记：刘保华

副主任：刘保华（兼）、王为群、邬长斌

党委副书记：于洪军（兼）

变动情况：

2014 年 6 月 4 日，根据国海人字〔2014〕

296 号文，任命于洪军为国家深海基地管理中心主任，免去刘峰的国家深海基地管理中心主任职务。同日，根据国海党发〔2014〕31 号文，任命于洪军为中共国家深海基地管理中心委员会委员、副书记（兼），免去刘峰的中共国家深海基地管理中心委员会副书记（兼）、委员职务。

2014 年 11 月 14 日，根据国海人字〔2014〕682 号文，任命郛长斌为国家深海基地管理中心副主任，试用期一年。同日，根据国海党发〔2014〕89 号文，任命郛长斌为中共国家深海基地管理中心委员会委员。

国家海洋局海洋减灾中心

主　任：高忠文

党委副书记兼纪委书记：李晨阳

副主任：张义钧

党委副书记：高忠文（兼）

变动情况：

2014 年 6 月 4 日，根据国海人字〔2014〕308 号文，免去李永昌的国家海洋局海洋减灾中心副主任职务。同日，根据国海党发〔2014〕35 号文，免去李永昌的中共国家海洋局海洋减灾中心委员会委员职务。

2014 年 11 月 1 日，根据国海党发〔2014〕66 号文，免去吴强的中共国家海洋局海洋减灾中心委员会书记、委员兼纪律检查委员会书记、委员职务。同日，根据国海党发〔2014〕69 号文，任命李晨阳为中共国家海洋局海洋减灾中心委员会委员、副书记兼纪律检查委员会委员、书记职务；根据国海人字〔2014〕617 号文，免去吴强的国家海洋局海洋减灾中心副主任职务。

国家海洋局海洋海岛研究中心

主　任：蔡　锋

临时党委书记：余兴光（兼）

副主任：高　文、李文君

变动情况：

2014 年 1 月 6 日，根据国海人字［2014］44 号文，任命高文为国家海洋局海洋海岛研究中心副主任，试用期一年。

2014 年 7 月 23 日，根据国海人字［2014］444 号文，任命李文君为国家海洋局海洋海岛研究中心副主任，试用期一年。

国家海洋局第一海洋研究所

所　长：马德毅

党委书记：乔方利

副所长：乔方利（兼）、高振会

党委副书记兼纪委书记：孙永福

变动情况：

2013 年 12 月 25 日，根据国海党发［2014］2 号文，任命乔方利为中共国家海洋局第一海洋研究所委员会书记兼纪律检查委员会委员、书记，免去徐承德的中共国家海洋局第一海洋研究所委员会书记、委员兼纪律检查委员会书记、委员职务。同日，根据国海人字［2014］2 号文，任命乔方利为国家海洋局第一海洋研究所副所长（兼），免去徐承德的国家海洋局第一海洋研究所副所长（兼）职务。

2014 年 11 月 1 日，根据国海党发［2014］70 号文，任命孙永福为中共国家海洋局第一海洋研究所委员会副书记兼纪律检查委员会委员、书记。同日，根据国海党发〔2014〕71 号文，免去乔方利的中共国家海洋局第一海洋研究所纪律检查委员会书记、委员职务；根据国海人字〔2014〕619 号文，免去孙永福的国家海洋局第一海洋研究所副所长职务。

2014 年 11 月 25 日，根据国海人字〔2014〕667 号文，免去李培英的国家海洋局第一海洋研究所副所长职务。同日，根据国海党发〔2014〕85 号文，免去李培英的中共国家海洋局第一海洋研究所委员会委员职务。

国家海洋局第二海洋研究所

所　长：李家彪

党委书记：钱金玉

副所长：沈家法、郑玉龙、石建左、黄大吉

党委副书记：沈伟林

变动情况：

2013 年 12 月 25 日，根据国海人字［2014］3 号文，任命李家彪为国家海洋局第二海洋研究所所长，免去张海生的国家海洋局第二海洋研究所所长职务。同日，根据国海党发［2014］3 号文，任命李家彪为中共国家海洋局第二海洋研究所委员会副书记（兼），免去张海生的中共国家海洋局第二海洋研究所委员会委员职务。

2014 年 11 月 14 日，根据国海人字〔2014〕684 号文，黄大吉任国家海洋局第二海洋研究所副所长职务，试用期一年。同日，根据国海党发〔2014〕91 号文，黄大吉任中共国家海洋局第二海洋研究所委员会委员。

国家海洋局第三海洋研究所

所　长：余兴光

党委书记：尹卫平

副所长：尹卫平（兼）、陈玉荣、张海峰

党委副书记兼纪委书记：吴日升

国家海洋局天津海水淡化与综合利用研究所

所　长：李琳梅

党委书记：韩家新

副所长：韩家新（兼）、康　健

党委副书记兼纪委书记：赵　楠

总工程师：阮国岭

变动情况：

2014 年 7 月 23 日，根据国海人字［2014］445 号文，任命康健为国家海洋局天津海水淡化与综合利用研究所副所长，试用期一年。同日，根据国海党发〔2014〕50 号文，任命康健为中共国家海洋局天津海水淡化与综合利用研究所委员会委员、常委。

国家海洋局海洋发展战略研究所

所长：高之国

党委书记兼纪委书记：贾　宇

副所长：贾　宇（兼）、商乃宁

党委副书记：高之国（兼）

变动情况：

2013 年 12 月 30 日，根据国海人字〔2014〕36 号文，免去张海文的国家海洋局海洋发展战略研究所副所长（兼）职务。同日，根据国海党发［2014］8 号文，免去张海文的国家海洋发展战略研究所委员会书记、委员兼纪律检查委员会书记、委员职务。

2014 年 7 月 23 日，根据国海党发〔2014〕50 号文，任命贾宇为中共国家海洋发展战略研究所委员会委员、书记兼纪律检查委员会委员、书记。同日，根据国海人字［2014］446 号文，任命贾宇为国家海洋发展战略研究所副所长（兼）。

国家海洋局海洋咨询中心

主　任：屈　强

党委书记兼纪委书记：柯　昶

副主任：柯　昶（兼）、许丽娜

党委副书记：屈　强（兼）

变动情况：

2014 年 11 月 1 日，根据国海人字〔2014〕616 号文，任命屈强为国家海洋局海洋咨询中心主任。同日，根据国海党发〔2014〕65 号文，任命屈强为中共国家海洋局海洋咨询中心委员会委员、副书记（兼）。

2014 年 11 月 14 日，根据国海党发〔2014〕90 号文，任命柯昶为中共国家海洋局海洋咨询中心委员会委员、书记兼纪律检查委员会委员、书记；根据国海人字〔2014〕683 号文，任命柯昶为国家海洋局海洋咨询中心副主任（兼）。

国家海洋局宣传教育中心

主　任：盖广生

党委副书记兼纪委书记：李　航

副主任：朱德洲、王　忠

变动情况：

2014 年 7 月 23 日，根据国海党发〔2014〕52 号文，任命李航为中共国家海洋局宣传教育中心委员会委员、副书记兼纪律检查委员会委员、书记，任命王忠为中共国家海洋局宣传教育中心委员会委员。同日，根据国海人字［2014］447 号文，任命王忠为国家海洋局宣传教育中心副主任，免去李航的国家海洋局宣传教育中心副主任职务。

中国海洋报社

社长兼总编辑：赵晓涛

党委书记兼纪委书记：翟亚娜

副社长：苏　涛

党委副书记：赵晓涛（兼）

副总编：翟亚娜（兼）

变动情况：

2014 年 11 月 14 日，根据国海党发〔2014〕92 号文，任命翟亚娜为中共中国海洋报社委员会书记兼纪律检查委员会委员、书记，任命赵晓涛为中共中国海洋报社委员会副书记（兼），免去其中共中国海洋报社委员会书记兼纪律检查委员会书记、委员职务。同日，根据国海人字〔2014〕685 号文，任命翟亚娜为中国海洋报社副总编（兼），免去其中国海洋报社副社长职务；根据国海人字〔2014〕686 号文，任命苏涛为中国海洋报社副社长，试用期一年。

国家海洋局机关服务中心

主　任：王文明

副主任：叶加平、张正树

党委副书记：王文明（兼）

变动情况：

2014 年 9 月 1 日，根据国海人字〔2014〕509 号文，免去单明学国家海洋局机关服务中心主任职务。同日，根据国海党发［2014］54 号文，免去单明学中共国家海洋局机关服务中心委员会副书记、委员职务。

2014 年 11 月 1 日，根据国海人字〔2014〕620 号文，任命王文明为国家海洋局机关服务中心主任。同日，根据国海党发〔2014〕72 号文，任命王文明为中共国家海洋局机关服务中心委员会副书记（兼），免去其中共国家海洋局机关服务中心委员会书记职务。

海洋出版社

社　长：杨绥华

党委书记兼纪委书记：阿　东

副社长：阿　东（兼）、牛文生

党委副书记：杨绥华（兼）

变动情况：

2013 年 12 月 25 日，根据国海党发［2014］4 号文，任命杨绥华为中共海洋出版社委员会书记兼纪律检查委员会委员、书记，免去马瑞的中共海洋出版社委员会书记、委员兼纪律检查委员会书记、委员职务。同日，根据国海人字〔2014〕4 号文，任命杨绥华为海洋出版社副社长（兼），免去其海洋出版社总编辑职务。

2014 年 6 月 4 日，根据国海人字〔2014〕294 号文，任命杨绥华为海洋出版社社长，免去隋吉学的海洋出版社社长职务。同日，根据国海党发〔2014〕29 号文，任命阿东为中共海洋出版社委员会委员、副书记（主持党委工作）兼纪律检查委员会委员、书记，任命杨绥华为中共海洋出版社委员会副书记（兼），免去杨绥华的中共海洋出版社委员会书记兼纪律检查委员会书记、委员职务，免去隋吉学的中共海洋出版社委员会委员职务。

2014 年 11 月 14 日，根据国海党发〔2014〕93 号文，任命阿东为中共海洋出版社委员会书记。同日，根据国海人字〔2014〕687 号文，任命阿东为海洋出版社副社长（兼）。

2014 年国家海洋局司局级以上机构没有变动。

图书在版编目（C I P）数据

2015中国海洋年鉴 / 中国海洋年鉴编纂委员会编.
-- 北京 : 海洋出版社, 2016.5
ISBN 978-7-5027-9506-1

Ⅰ. ①2… Ⅱ. ①中… Ⅲ. ①海洋－中国－2015－年鉴 Ⅳ. ①P7-54

中国版本图书馆CIP数据核字(2016)第135271号

中国海洋年鉴

（1982年创刊）

编　　辑：《中国海洋年鉴》编辑部
地址：天津市河东区六纬路93号　　邮编：300171
电话：（022）24010853　　传真：（022）24011262
E-mail：coy@mail.nmdis.gov.cn
责任编辑：张　荣
出　　版：海洋出版社
网址：http：//www.oceanpress.com.cn
地址：北京市海淀区大慧寺路8号　　邮编：100081
印　　刷：国家海洋信息中心印刷厂
开本：787mm×1092mm　1/16　　字数：920千字
印张：34　　印数：1～2000册
版次：2016年5月第1版　　2016年5月第1次印刷
定价：220.00元（精）